Schweinefleisch	Fleischstandard, Leitsatz-Kennziffer (LS)	Empfohlene Fleischteile	Verwe	te
	**S IX (LS 1.1.1.2)** Fettzuschnitte	Fettzuschnitte mit einem geringen Schwartenzug* und sehr geringem Magerfleischanteil	Fettmat	25 % Wasser 70 % Fett davon 29,1 % ges. FS 2,5 % BE 2,5 % BEFFE
	**S X (LS 1.1.1.2.2)** Wamme	mittelfette Wamme ohne Schwartenzug* und Drüsen	streichfähige Roh- und Leberwürste	40 % Wasser 50 % Fett davon 20,6 % ges. FS 3 % BE 7 % BEFFE
	**(LS 1.1.1.6)** Schweineleber		Leberwurstsorten, Leberpasteten, Leberkäse	76 % Wasser 5 % Fett davon 1,7 % ges. FS 1 % BE 18 % BEFFE

* Schwartenzug ist bindegewebereicher Speck unter der Schwarte.

Rindfleisch				
	**R I (LS 1.2.1.1.1)** gut entsehntes und entfettetes Rindfleisch, ohne sichtbares Fett und ohne sichtbare Sehnen	ausgesuchtes Fleisch von der Keule und vom Bug	Beefsteakhack, Schonkost; Einlagenfleisch für Rinderbierschinken; Rohwurstsorten mit hervorhebenden Qualitätsmerkmalen	75 % Wasser 4 % Fett davon 1,8 % ges. FS 1,5 % BE 19,5 % BEFFE
	**R II (LS 1.2.1.1.2)** grob entsehntes und entfettetes Rindfleisch-sichtbarer Fettanteil bis max. 5 %		Kutterfleisch für alle Brühwurstsorten der Spitzen- und Mittelqualität sowie für Rohwurstsorten	72 % Wasser 8 % Fett davon 3,6 % ges. FS 3 % BE 17 % BEFFE
	**R III (LS 1.2.1.1.3)** grob entsehntes Rindfleisch mit einem sichtbaren Fettanteil von max. 10 %	Fleisch von der Dünnung, leicht sehnenhaltige Zuschnitte	Grundmaterial für einfache Brüh- und Rohwurstsorten; Material sollte nur gewolft verarbeitet werden	69 % Wasser 12 % Fett davon 5,5 % ges. FS 3,4 % BE 15,6 % BEFFE
	**R IV (LS 1.2.1.1.3)** fett- und sehnenhaltiges Material vom Rind; sichtbarer Fettanteil von max. 15 % und stark bindegewebseiweißhaltig	Knochenputz, Kopffleisch, Beinfleisch und anderes sehnenhaltiges Fleisch	für einfache Brühwurstsorten und einfache Rohwurstsorten; Material nur gewolft verarbeiten	64 % Wasser 18 % Fett davon 8,3 % ges. FS 4,5 % BE 13,5 % BEFFE
	**R V (LS 1.2.1.1.2/ 1.1.1.2.3)** Rindfleisch, sehnenarm, mit einem sichtbaren Fettanteil von über 30 %		für streichfähige sowie schnittfeste Rohwurstsorten und bei Brührindswurst	50 % Wasser 35 % Fett davon 1,8 % ges. FS 16 % BE 11,2 % BEFFE

Quelle Analysewerte: Bizerba/Kuhlendahl

Weitere Titel aus unserem Programm

Arbeitsheft
Fleischerei heute – Verkauf heute
1. Ausbildungsjahr
von G. Eichenauer, J. Gehling, K.-D. Kudick, N. Latz, C. Simon
Bestell-Nr. **14103**

Arbeitsheft
Fleischerei heute
2. und 3. Ausbildungsjahr
Hrsg.: N. Latz
von G. Eichenauer, J. Gehling, K.-D. Kudick, N. Latz, C. Simon
Bestell-Nr. **14105**

Fachmathematik
Fleischerei heute in Lernfeldern
von J. Gehling, K.-D. Kudick, N. Latz
Bestell-Nr. **1401**

Weitere Informationen finden Sie
unter www.handwerk-technik.de

Fleischerei heute
in Lernfeldern

mit Fachenglisch

von:
Dr. Christine Brombach
Gerhard Eichenauer
Johannes Gehling
Christiane Herzog
Klaus-Dieter Kudick
Norbert Latz
Bianca Ristow
Christina Simon
Stefan Sprenger
Ronald Wiegand

6., überarbeitete Auflage

Dr. Felix Büchner
Handwerk und Technik • Hamburg

Wir danken Marcel Timmerevers ganz herzlich für seine Unterstützung bei der Erarbeitung der 6. Auflage.

ISBN 978-3-582-42982-7 Best.-Nr. 1410

Verlag Dr. Felix Büchner – Handwerk und Technik GmbH,
Lademannbogen 135, 22339 Hamburg; Postfach 63 05 00, 22331 Hamburg – 2023
E-Mail: info@handwerk-technik.de – Internet: www.handwerk-technik.de

Layout und Satz: Jesse Konzept & Text GmbH, 30179 Hannover
Korrekturausführung: PER MEDIEN & MARKETING GmbH, 38102 Braunschweig
Umschlagfoto: JackF/istockphoto.com
Druck: Himmer GmbH, 86167 Augsburg

Vorwort

Das vorliegende Lehrbuch begleitet die Auszubildenden **Fleischer/-innen** durch die gesamte dreijährige Berufsausbildung. Der Fokus liegt dabei auf der beruflichen Praxis in der heutigen Fleischerei („Fleischerei heute“) mit Blickrichtung auf morgen.

Aufgrund des lehrplanidentischen 1. Ausbildungsjahrs der Fleischer/-innen und Fachverkäufer/-innen ist das Lehrbuch im 1. Ausbildungsjahr für beide Ausbildungsberufe voll einsetzbar. Im blau hervorgehobenen Wissensspeicher können lernfeldübergreifende Themen nachgeschlagen werden.

Aufbau des Buches:

Lernfeld-Einstieg mit einer vollständigen Handlung in 6 Schritten aus der Berufspraxis: Informieren – Planen – Entscheiden – Ausführen – Bewerten – Kontrollieren

Kapitel-Einstieg mit einer Situation aus dem Berufsalltag des Musterbetriebs „Fleischerei Nusse“, die das Interesse der Auszubildenden wecken und die Bedeutung des Fachwissens für die tägliche Berufspraxis aufzeigen soll.

Nachhaltigkeit: Hier werden den Auszubildenden konkrete Vorschläge gemacht, wie man sich als Fleischer/-in nachhaltig und umweltbewusst verhalten sollte.

- **Komplexe Aufgaben** sind vom Schüler allein oder in Teamarbeit zu lösen und dienen einer handlungsorientierten Erarbeitung der Inhalte.
- Die **Wiederholungsaufgaben** ermöglichen die Eigenkontrolle und erleichtern das Wiederholen von Lerninhalten.
- Die zahlreichen **Fachrechenaufgaben** unterstützen den ganzheitlichen Unterricht.

Die **Englischseiten** zu jedem Lernfeld fördern durch entsprechende Aufgabenstellungen die Kompetenz der Auszubildenden im englischsprachigen Verkaufsgespräch.
Exercises – Information – Grammar – Vocabulary

Im **Wissensspeicher** können lernfeldübergreifende Themen nachgeschlagen werden.

Größter Wert wurde auf eine verständliche Sprache gelegt. Die zahlreichen Abbildungen dienen der Veranschaulichung des umfangreichen Fachwissens.

Viele Personen haben uns bei der Erarbeitung von „Fleischerei heute in Lernfeldern“ unterstützt. Allen sei hier herzlich gedankt.

Vorschläge und konstruktive Kritik zur Verbesserung dieses Lehrbuchs nehmen wir gern entgegen.

N. Latz, Autoren und Verlag

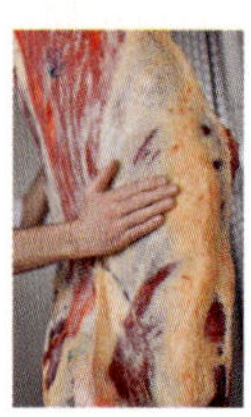

W Wissensspeicher 590

Ausgangssituation

FLEISCHEREI nusse

Der Seniorchef, Herr Max Nusse, ist weit über die Stadtgrenzen für sein großes Engagement in der Fleischerausbildung bekannt. Er möchte unbedingt die neuen Ausbildungsrahmenpläne für die Fleischer/-innen und Fachverkäufer/-innen im Lebensmittelhandwerk (Schwerpunkt Fleischerei) (im Folgenden Fachverkäuferin genannt), an denen er selbst mitgearbeitet hat, umsetzen.
Seitdem sein Sohn als Juniorchef in die Firma eingetreten ist, will die Fleischerei Nusse auch in der Lehrlingsausbildung neue Wege gehen. Somit sind beide – Vater und Sohn – an einer zukunftsorientierten Ausbildung interessiert.

Lena und Tim haben im Sommer ihre Ausbildung beendet. Sie haben beide in der Fleischerei Nusse gelernt und ihre Prüfung mit Auszeichnung bestanden. Solch gute Mitarbeiter will die Fleischerei Nusse nicht gehen lassen, sondern durch Motivation und Weiterbildungsangebote an das Unternehmen binden.

Steckbrief von Lena

Alter:
21 Jahre
Schulabschluss:
Realschulabschluss
Hobby:
Squaredance
Ausbildung:
Fleischerin

Steckbrief von Tim

Alter:
20 Jahre
Schulabschluss:
Hauptschulabschluss
Hobby:
Radfahren
Ausbildung:
Fachverkäufer
im Lebensmittel-
handwerk, Fleischerei

Deswegen sollen sie Paten der neuen Auszubildenden Sabrina und Björn werden.
Lena und Tim freuen sich schon sehr auf die neue Aufgabe, sind sie doch von ihrem Beruf absolut begeistert.

DIE NEUEN

Steckbrief von Sabrina

Alter:
16 Jahre
Schulabschluss:
Hauptschulabschluss
Hobby:
Zeichnen
Ausbildung:
Fachverkäuferin
im Lebensmittel-
handwerk, Fleischerei

Steckbrief von Björn

Alter:
20 Jahre
Schulabschluss:
Realschulabschluss
(Gesamtschule)
Hobby:
Fußball
Ausbildung:
Fleischer

FLEISCHEREI nusse

Basisinformationen zum Betrieb

Lage

Die Fleischerei Nusse befindet sich in einer größeren Kreisstadt mit 200 000 Einwohnern in der Mitte Deutschlands. Industrie- und Handelskammer sowie Handwerkskammer sind ansässig. Des Weiteren stellen mehrere Gymnasien mit verschiedenen Fachrichtungen, eine Universität, eine Fachhochschule und die mittelständische Industrie einen zusätzlichen Anziehungspunkt für das Umland dar. Außerdem machen die zahlreichen Freizeitangebote und die kulturelle Vielfalt die Stadt sehr lebenswert.

Unternehmenstyp

- Mittelständisches Unternehmen mit angeschlossenem Partyservice und Catering.
- In den beiden City-Fleischereien gehobenes bis hohes Qualitätssortiment mit großem Angebot an küchenfertigen Erzeugnissen.
- Im Zusatzsortiment befinden sich neben Feinkostsalaten auch Käse und Wein sowie andere ergänzende Zusatzartikel.
- Im Filialunternehmen des Einkaufszentrums wird ein großes Angebot an preisgünstigen Produkten präsentiert, ohne das hohe Qualitätsniveau zu vernachlässigen.

Inhaber

Max (Senior) und **Matthias Nusse** (Junior) führen das Unternehmen als OHG.

Verkaufsstellen

Hauptgeschäft:	• am Rande der Fußgängerzone in der Innenstadt • Verkaufsfläche: 70 m²
Filiale 1:	• Citylage, nur 1 km vom Hauptgeschäft entfernt • Verkaufsfläche: 62 m²
Filiale 2:	• liegt in einem Einkaufszentrum am Stadtrand, in dem die Fleischabteilung eines Supermarkts in Eigenregie von der Fleischerei Nusse geführt wird • Verkaufsfläche: 100 m²
Mitarbeiter:	insgesamt im Verkaufsbereich: 54 (einschließlich Teilzeitkräfte und Auszubildende im Verkauf)

Herstellungsbetrieb

Standort:	Gewerbegebiet am Stadtrand
Betriebsgebäude:	zweigeschossiger Flachbau auf einem Gelände von 3 500 m²
Produktionsfläche:	1100 m²
Mitarbeiter Produktion:	12, davon 2 Meister, 7 Gesellen, 3 Auszubildende
Mitarbeiter Küche:	2 Köche, 2 Küchenhilfen
Mitarbeiter Verwaltung:	5 Angestellte
Be- und Verarbeitung:	wöchentlich 48 Schweine, zwei Sauen, zwei Jungbullen, zwei Färsen und eine halbe Kuh; des Weiteren Zukauf von Geflügel, Edelteilen und Spezialitäten, besonders für Partyservice und Catering
Absatz:	85 % über drei eigene Verkaufsstellen inklusive Partyservice und Catering; 15 % über Großhandel

1 Einführen eines neuen Mitarbeiters/ einer neuen Mitarbeiterin

Sie informieren sich über die Tätigkeitsfelder, Aufgaben und Anforderungsprofile im Handwerk und besonders in der Fleischerei.

Der erste Ausbildungstag beginnt, wie kann ein guter Start gelingen?

Informieren
- Welche Informationen möchte ich bekommen?
- Was sollte ich über die Fleischerei wissen?
- Was möchte ich über meine zukünftigen Kolleginnen und Kollegen wissen?
- Welche Aufgaben werden auf mich zukommen?

Planen
- Welche Fragen möchte ich stellen?
- Wer kann mir helfen?
- Welche Fragen stelle ich besser nicht?
- Wen frage ich was?
- Wann/in welcher Situation frage ich am besten?

Entscheiden
- Ich entscheide mich, den Ausbilder zu fragen, ob mir die Auszubildende aus dem zweiten Ausbildungsjahr die Fleischerei zeigen darf.
- Ich entscheide mich, meiner Ausbilderin Fragen zu meinen Aufgaben zu stellen.

Ausführen
- Ich spreche die Auszubildende an.
- Ich lasse mich von ihr durch die Produktions- und Verkaufsräume führen.
- Ich bitte die Ausbilderin, mir meine zukünftigen Aufgaben zu nennen und zu erklären.

Kontrollieren
- Habe ich mit meinen Fragen alles Wichtige über meinen neuen Arbeitsplatz erfahren können?
- Finde ich mich jetzt an meinem zukünftigen Arbeitsplatz zurecht?
- Weiß ich, welche Aufgaben ich zukünftig haben werde?
- Muss ich nochmals nachfragen?

Bewerten
- Habe ich mich für den richtigen Ansprechpartner entschieden?
- Sollte ich zukünftig andere Kollegen oder Kolleginnen um Informationen bitten?
- Ist der Ausbilder mit meinem Vorgehen zufrieden?
- Habe ich mich gut dargestellt?

1 Berufe in der Fleischerei beschreiben

Lilly (17)

Als Fachverkäuferin mit den Tätigkeiten Kundenberatung, Verkauf und Veranstaltungsservice habe ich genau die richtige Arbeit für mich gefunden. Der Kundenkontakt ist mir sehr wichtig. Schon jetzt im zweiten Ausbildungsjahr darf ich Platten kreativ gestalten. Später mache ich mich vielleicht mit einem Partyservice selbstständig.

Alina (21)

Erst war ich unsicher und habe zunächst ein Freiwilliges Soziales Jahr abgeleistet. Aber jetzt habe ich mein Ziel klar im Blick – den Betrieb meines Vaters werde ich in einigen Jahren übernehmen und bin dann mein eigener Chef.

Malik (18)

Als Fleischer habe ich meinen Traumjob und die super Lehrstelle gefunden. Wir schlachten noch selber im Betrieb und so kann ich wirklich alles von der Pike auf erlernen. Fleisch und Wurst werden immer gegessen. Das ist ein Beruf mit Zukunft.

Finn (19)

Mein Ausbildungsbetrieb ist echt klasse. Wir produzieren mit modernsten Maschinen für den Großhandel. Vor allem gefällt mir die computergestützte Wareneingangs- und -ausgangskontrolle.

▶ Für die Beantwortung der folgenden Fragen nehmen Sie bitte jeweils ein andersfarbiges Kärtchen. Schreiben Sie in Druckbuchstaben und je Kärtchen nur eine Antwort (mit nicht mehr als fünf Wörtern).

1. Welcher Grund war ausschlaggebend für die Entscheidung, eine Ausbildung zur Fleischerin/zum Fleischer bzw. zur Fachverkäuferin/zum Fachverkäufer zu beginnen?
2. Welche Tätigkeit reizt Sie am meisten an Ihrem Beruf?
3. Welchem Vorurteil sind Sie bisher in Ihrem Freundeskreis begegnet?

Auswertung:
Die farbgleichen Kärtchen werden jeweils an einer Pinnwand befestigt. Sich ähnelnde Aussagen werden nebeneinandergeheftet.
Diskutieren Sie in Ihrer Klasse die Ergebnisse.

1

1.1 Fleischerei gestern – heute – morgen

1.1.1 Stolzes Handwerk mit tiefen Wurzeln

Seit wann es den Fleischer als selbstständigen Beruf gibt, lässt sich nicht feststellen. Sicher reichen seine Anfänge in die Frühzeit der Kulturgeschichte zurück. Um die Anfänge des Handwerks, die viele Jahrtausende zurückliegen, zu erforschen, müsste die gesamte Kulturgeschichte der Menschheit in all ihren Facetten auf den verschiedenen Kontinenten und unter den sich veränderten klimatischen Bedingungen analysiert werden.

Mit Sicherheit ist der Beruf des Fleischers älter als der des Schmieds, Schnitzers oder gar des Bildhauers, die zur Berufsausübung Metallwerkzeuge benötigten und daher in Kulturstufen auftraten, die weit nach der Steinzeit erreicht wurden. Geschichtsschreiber zum Fleischerhandwerk haben anhand von Beispielen aus dem Alten Testament (rund 4000 Jahre vor Christus) sowie aus den Hochkulturen des alten Ägyptens oder Indiens die Herkunft des Berufs aus dem Priesterstand abgeleitet. Die von den Geschichtswissenschaftlern beschriebenen Tatsachen sind historisch bewiesen und belegen den in vielen Hochkulturen, aber auch in schlichteren Kulturformen üblichen Brauch des Schlachtopfers. Die Zubereitung der Opfer setzt jedoch eine Schlachttechnik voraus, die sicherlich viel älter als jedes Ritual ist. Den Fleischer gab es somit schon, bevor es Opferpriester gab.

Aus der Zeit der ersten Städte ist bekannt, dass Fleisch als das Hauptnahrungsmittel galt. So schreibt Homer (8. Jahrhundert v. Chr.), dass „in Griechenland der Rücken von Geiß und Schaf, Rinder- und Schweinebraten sowie Würste besonders innig geliebt wurden". Im alten Rom waren Blutwürste („botuli"), Schweinswürste („lucanicae"), eine Art Rindswürste („bubulae") und Bratwürste („tomaculi") bekannt und sehr geschätzt. Bei der Herstellung von Hirnwürsten wurden Ei, Hirn, Pinienkerne, Pfeffer und andere Spezialgewürze mit Wolfsmilch vermischt, im Darm gesotten und gebraten. In der lateinischen Sprache findet sich „botulus" für Wurst und „botularius" für Wurstmacher.

Die Mettwurst („Mett" von niederdeutsch mett „[gehacktes] Schweinefleisch ohne Speck" bzw. altsächsisch meti für „Speise" und das mittelhochdeutsche maz) ist seit dem 16. Jahrhundert in Deutschland bekannt. Ebenso ist in der englischen Sprache der Begriff „meat" für Fleisch germanischen Ursprungs.

Schon immer beherrschten viele Kulturen und Völker die Technik des Haltbarmachens. Griechen und Römer trockneten ihre Lebensmittel in geheizten Räumen oder an der Sonne. Andere Speisen wurden in Essig oder Salz eingelegt. In Germanien war das Einlegen in

Schlachten eines Opferstieres

Altägyptische Schlachtszene, Grabbeigabe aus Holz, um 2000 v. Chr., aus einer Grabkammer in Gizeh, jetzt im Roemer- und Pelizaeus-Museum Hildesheim

Berliner Schlachthof

Salz, das Selchen, die am häufigsten angewandte Konservierungsmethode. Die Indianer Nordamerikas überwinterten mit Büffelfleisch, das in Streifen an der Luft getrocknet wurde. Die Tibeter schätzten schon seit alters her an der Luft getrocknetes Schweinefleisch.

In allen Kulturen ist Fleisch der wichtigste Bestandteil für den Hauptgang eines Festmahls. Es war aber nicht nur den Reichen vorbehalten. Auch Bauern und ärmere Menschen aßen viel Fleisch. Bis Ende des 15. Jahrhunderts lag der Pro-Kopf-Verbrauch an Fleisch ohne Geflügel in Deutschland bei rund 125 Kilo pro Jahr – mehr als heute verbraucht wird.

1.1.2 Tradition – Zukunft?

Im Laufe der Zeit hat das Fleischerhandwerk goldene und weniger goldene Zeiten durchlebt. Es galt als eines der ehrbarsten und hatte im Mittelalter seine große Blüte.

Heute stehen die Berufe des Fleischers/der Fleischerin und der Fachverkäuferin bzw. des Fachverkäufers für qualitativ hochwertige Fleisch- und Wurstwaren sowie eine kompetente Fachberatung – zwei Berufe mit einer langen Tradition und einer aussichtsreichen Zukunft.

Worin ist der abnehmende Fleischverbrauch begründet?
Liegt es an der BSE-Problematik, die von England ausgehend nahezu den ganzen europäischen Kontinent erfasst hat?
Oder an der MKS-Erkrankung (Maul- und Klauenseuche) vieler Tausender Schweine und Schafe im Jahre 2001?
Oder finden endlich Wissenschaftler Gehör, die seit Jahrzehnten vor einem zu hohen Fleischverzehr warnen? Sie sehen darin die Ursachen für bestimmte Zivilisationskrankheiten wie Herz-Kreislauf-Erkrankungen, Krebs oder Gicht.
Oder erfolgt ein Richtungswechsel hin zum nachhaltigen Wirtschaften (▸ S. 63), also zu umwelt-, tier- und menschengerechtem Handeln?

Die letzten vier Jahrhunderte galt Fleisch als Luxusartikel. Zunächst war es dem Adel, später anderen reichen Bevölkerungskreisen vorbehalten.

Erst in den letzten Jahrzehnten wurde Fleisch durch die Massentierhaltung und Mastverkürzung, hier vor allem bei Geflügel, aber auch bei Schweinefleisch, zu einem **preislich günstigeren Lebensmittel.** Ein weiterer Preisruck nach unten kam durch die Einbeziehung von Fleischerzeugnissen, vor allem von Würsten, in das Sortiment der Discounter. In der Wechselwirkung führte dies zu einer Industrialisierung der Wurstproduktion.

Dass Fleisch und Fleischerzeugnisse bei den Bundesbürgern einen so hohen Stellenwert haben, machen sich die Werbefachleute zunutze.
In den Zeitungsanzeigen und Angebotsprospekten als Beilage in den Zeitungen werden stets Fleisch und Fleischerzeugnisse als sogenannte Lockartikel in großer Aufmachung an herausragender Stelle platziert.

Gleichzeitig mit der bewusst gesteuerten **verstärkten Nachfrage** nach Fleisch und Fleischerzeugnissen musste ein starker **Qualitätsverfall** vor allem bei Schweinefleisch in den 1960er- bis 80er-Jahren festgestellt werden. Viele Diskussionen und wissenschaftliche Arbeiten hat es deshalb zum Thema „Verbesserung der Fleischqualität“ gegeben.

Seit Ende der 1970er-Jahre wird durch neue Züchtungen, andere Fütterungsmethoden und Haltungsformen gerade an der Schweinefleischqualität verstärkt gearbeitet. Hinzu kam die ökologische Landwirtschaft mit ihrer Rückbesinnung auf alte Schweinerassen und eine artgerechte Tierhaltung.

Pro-Kopf-Verbrauch von Fleisch (inklusive Geflügel)

um 1490	125,00 kg*
2010	89,50 kg
2011	89,20 kg
2012	88,90 kg
2013	88,80 kg
2014	87,70 kg
2015	86,60 kg
2017	88,10 kg
2018	90,10 kg
2019	85,50 kg

* ohne Geflügel
(Quelle: BVDF e. V., BVWS e. V., Bonn)

Wikipedia ist eine freie Internet-Enzyklopädie. Suchen Sie unter www.wikipedia.de nach der Bedeutung von Fachbegriffen, die für Sie von Interesse sind (z. B. Teewurst, Gelbwurst, Pinkel, Bockwurst, BSE oder Maul- und Klauenseuche).

Suchen Sie im Lexikon oder Internet nach der ursprünglichen Bedeutung der Wörter: Fleischer, Metzger, Knochenhauer, Fleischhauer und Schlachter.

1

Heute lässt sich eine **verbesserte Fleischqualität** feststellen, die aber auch ein **höheres Preisniveau** erforderlich macht. Viele Fleischereibetriebe haben erkannt, dass ihre Zukunft im Anbieten von qualitativ besserem Rind-, Schweine- und Geflügelfleisch (mit Herkunftsnachweis) zu einem höheren Verkaufspreis liegen kann.

Auch die Qualität der Fleischerzeugnisse, besonders der Wurstwaren, wurde verbessert. Wenn dazu noch die entsprechenden Serviceleistungen angeboten werden – von küchenfertigen, pfannenfertigen, verzehrfertigen Produkten von hoher Qualität und Kreativität bis zum Lieferservice, Partyservice und Catering –, sollte um die Zukunft des Fleischereigewerbes keine Sorge bestehen.

Aus dem Griechischen stammt ein Wort, das auch in die deutsche Sprache übernommen wurde:
„krisis" = „Krise"

Was viele nicht wissen:
Dieses Wort hat im Griechischen eine doppelte Bedeutung; einerseits heißt es „die Gefahr", andererseits aber auch
„die Chance zum Leben".

So lässt sich aus einer vermeintlichen Krise eine neue Chance entwickeln – mit verbesserten und gesundheitlich unbedenklichen Produkten bei einem möglicherweise geringeren Pro-Kopf-Verbrauch an Fleisch, aber auf einem höheren Preisniveau.

1.1.3 Produkte aus der Tradition – Produkte für die Zukunft

Zu den Rennern im Sortiment der Fleischereien und Fleischabteilungen zählen seit Jahren **Convenience-Produkte** (= vorgefertigte Nahrungsmittel, ▸ S. 156). Viele berufstätige Kunden verlangen nach einer möglichst einfach und schnell zuzubereitenden Mahlzeit mit Gelinggarantie. Pfannenfertiges Cordon bleu, gefüllte Rouladen, dekorierte Fleischspieße oder bereits fix und fertig marinierte, gewürzte, mit Gemüse angereicherte Pfannengerichte gehören heute ins Sortiment des Fleischerfachgeschäfts (▸ S. 164 ff.).

1.2 Beruf mit Zukunft – Zukunft im Beruf

Der Beruf des Fleischers hat sich stark gewandelt. In ländlichen Regionen gibt es noch den schlachtenden, zerlegenden und Wurst herstellenden Fleischer. In vielen Gegenden aber ist es zu einer Spezialisierung hin zum verkaufenden Fleischer oder Feinkostfleischer gekommen.

Viele Menschen verbinden den Beruf des Fleischers (bzw. Metzgers oder Schlachters, wie er in verschiedenen Regionen genannt wird) noch mit Schlachten und körperlich schwerer Arbeit.

- Die Tätigkeiten in den heutigen Fleischereien haben mit denen in den schlachtenden Fleischereien von früher nur noch wenig gemeinsam, da das **Schlachten** aus hygienischen, umweltpolitischen und betriebswirtschaftlichen Gründen in großen Schlachtbetrieben konzentriert wurde.
- Fleischereien kaufen heute nur noch in wenigen Fällen das lebende Tier, sondern erwerben **geschlachtete Tierhälften, -viertel** und auch Teilstücke.
- Die ehemals schwere körperliche Arbeit wird durch viele **krafteinsparende Maschinen,** Geräte und Vorrichtungen erleichtert, z. B. durch Rohrbahnen, Hebevorrichtungen bei Kutter, Wolf und Füllmaschine, Kunststoffbehältnisse (Eurokästen) statt schwerer Alubehältnisse.
- Hier sind Fachverkäufer/-innen und Fleischer/-innen mit einer hohen Beratungskompetenz (-fähigkeit), Geschicklichkeit beim Herrichten der Speisen und Einfallsreichtum beim **Entwickeln neuer** kundenorientierter, innovativer **Produkte** gefragt. Schon fast 50 % aller Fleischerfachgeschäfte betreiben einen dem Thekenverkauf angegliederten Imbiss.
- Die Ausweitung des **Partyservice/Caterings** als wichtiges Standbein für die Existenzsicherung des Fleischereibetriebes hat auch das Berufsbild entscheidend verändert. So waren schon im Jahr 2001 etwa 89 % aller Fleischerfachgeschäfte im Partyservice und Catering tätig. Viele Betriebe haben ihre Dienstleistung so weit ausgedehnt, dass sie ausgebildete Köche beschäftigen.

- Engagierte Mitarbeiter werden benötigt, die dem immer stärker werdenden Anspruch nach **Serviceleistung** gerecht werden.
- Fleischer/-innen und Fachverkäufer/-innen sind heute Fachleute auf dem Gebiet der **Hygiene und des Umweltschutzes,** sie sind sich ihrer Verantwortung für die Gesunderhaltung ihrer Kunden und den Schutz der Umwelt bewusst.
- Die **Computertechnik** hat in den Fleischereibetrieben Einzug gehalten – von kleinen Betrieben mit computergesteuerten Waagen oder Umluftöfen bis zu Unternehmen mit einer voll computerisierten Warenwirtschaft. Fleischer/-innen und Fachverkäufer/-innen sind heute mit den neuen Informationstechniken vertraut.

Deshalb benötigen Fleischer/-innen und Fachverkäufer/-innen heute verstärkt folgende Eigenschaften:

- **Kommunikationsfähigkeit:** Wie wird Menschen begegnet und wie werden Kunden beraten, damit die qualitativ hochwertigen Produkte erfolgreich verkauft werden können (kommunikative Kompetenz)?
- **Organisationstalent:** Wie wird der Stehempfang anlässlich einer Ausstellungseröffnung im Rathausfoyer organisiert oder was muss bei der Ausrichtung einer Hochzeit bedacht werden (Methodenkompetenz)?
- **Kreativität:** Wie wird das gegrillte Spanferkel präsentiert, sodass es zum Höhepunkt der Gartenparty des Kunden wird?
- **Teamfähigkeit:** Der Fleischereibetrieb ist kein Einmannbetrieb mehr, sondern alle Mitarbeiter arbeiten im Team (▸ S. 40).

Der Ausbildungsrahmenplan für Fleischer unterteilt das Berufsbild in 17 Bereiche mit 6 Wahlqualifikationseinheiten. Der Rahmenlehrplan sieht 13 Lernfelder vor. Die drei letzten Lernfelder des schulischen Rahmenlehrplans decken die 6 Wahlqualifikationseinheiten des betrieblichen Ausbildungsrahmenplans ab.

Grundlage aber für die erfolgreiche berufliche Tätigkeit als Fleischer/-in und Fachverkäufer/-in sind jetzt und in Zukunft ein fundiertes und anwendbares Fachwissen, praktische Fertigkeiten und Erfahrung.

6 Wahlqualifikationeinheiten (Betrieb)	Lernfelder (Schule)
• Schlachten	• Gewinnen von Rohstoffen, Herstellen von Gerichten und besonderen Fleisch- und Wurstwaren
• Herstellen besonderer Fleisch-und Wurstwaren	
• Herstellen von Gerichten	• Herstellen von verzehrfertigen Produkten
• Veranstaltungsservice	
• Kundenberatung und Verkauf	• Beraten von Kunden, Planen von Veranstaltungen und Verpacken von Produkten
• Verpacken von Produkten	

Christina
(Mitschülerin aus Björns Klasse):

Ich habe mich für den Beruf der Fleischerin entschieden. Montags ist unser Schlachttag, wir schlachten Rinder und Schweine. Aber auch die Wahleinheit Verpacken von Produkten habe ich gewählt, da wir viele Großkunden haben, die das Fleisch in Großpackungen verpackt für den Weiterverkauf erhalten, aber auch SB-Waren, die direkt an den Kunden abgegeben werden.

Stefan
(Mitschüler aus Sabrinas Klasse):

Meine Wahlqualifikationseinheiten sind der Verkauf und der Veranstaltungsservice. Besonderes Augenmerk wird bei meiner Ausbildung auf verkaufsfertige Zuschnitte und das beratende Verkaufsgespräch gelegt.

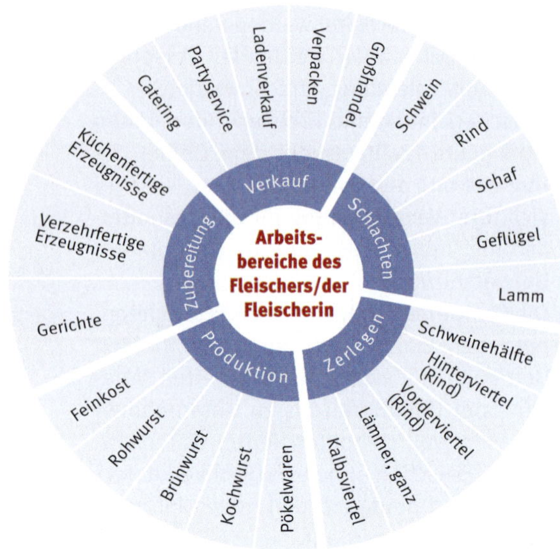

Ermitteln Sie in Ihrer Klasse durch eine „Strichliste" die Häufigkeit der in den Ausbildungsbetrieben ausgeübten Tätigkeiten, die in den Kreiseln dargestellt sind.

Dieses Fachwissen muss ergänzt werden durch die Bereitschaft und Fähigkeit des Einzelnen, auch Anforderungen in Familie, Beruf und Gesellschaft zu erkennen und zu beurteilen. Hinzu kommen Eigenschaften wie Selbstständigkeit, Kritikfähigkeit, Selbstvertrauen, Zuverlässigkeit, Verantwortungs- und Pflichtbewusstsein (Humankompetenz).
Die Bereitschaft und Befähigung, soziale Beziehungen aufzubauen und zu gestalten sowie sich mit anderen rational und verantwortungsbewusst auseinanderzusetzen und zu verständigen, sind Forderungen der **Sozialkompetenz.** Hinzu kommt noch die Entwicklung sozialer Verantwortung und Solidarität.

1.3 Ausbildungsinhalte

Die Berufe in der Fleischerei bieten eine Fülle von Tätigkeiten in den verschiedenen Bereichen. Diese Tätigkeiten sind im Ausbildungsrahmenplan für die betriebliche Ausbildung zusammengefasst und geordnet.

Die Grundlage für die Ausbildung zum Fleischer/zur Fleischerin und zur Fachverkäuferin/zum Fachverkäufer bilden jeweils die Ausbildungsordnung und der Ausbildungsrahmenplan für den Betrieb und der Rahmenlehrplan für die Berufsschule.

	Fleischer / -in	Fachverkäufer /-in
1. Ausbildungsjahr	1 (1.1) Einführen eines neuen Mitarbeiters einer neuen Mitarbeiterin 2 (1.2) Beurteilen und Zerlegen von Schwein oder Lamm 3 (1.3) Herstellen von Hackfleisch 4 (1.4) Herstellen von küchenfertigen Erzeugnissen 5 (1.5) Informieren über Fleischereiprodukte	
2. Ausbildungsjahr	6 Beurteilen und Zerlegen von Rind 7 Herstellen von Roh- und Kochpökelwaren 8 Herstellen von Kochwurst 9 Herstellen von Brühwurst	2.1 Verkauf aktiv gestalten 2.2 Waren kundenorientiert verkaufen 2.3 Speisen herstellen und anrichten 2.4 Produkte verkaufsfördernd präsentieren
3. Ausbildungsjahr	10 Herstellen von Rohwurst 11 Herstellen von verzehrfertigen Produkten 12 Gewinnen von Rohstoffen, Herstellen von Gerichten und besonderen Fleisch- und Wurstwaren 13 Beraten von Kunden, Planen von Veranstaltungen und Verpacken von Produkten	3.1 Besondere Verkaufssituationen gestalten 3.2 Waren herrichten, präsentieren und verkaufen 3.3 Gerichte herstellen und anrichten 3.4 Gerichte und Getränke präsentieren und servieren 3.5 Umsatz und Kundenbindung durch Verkaufsaktionen fördern

1.4 Fort- und Weiterbildung

Nicht nur viele interessante Aufgaben warten auf den Fleischer/die Fleischerin und die Fachverkäuferin/den Fachverkäufer während der Ausbildung, sondern auch zahlreiche Aufstiegsmöglichkeiten und Weiterbildungschancen.

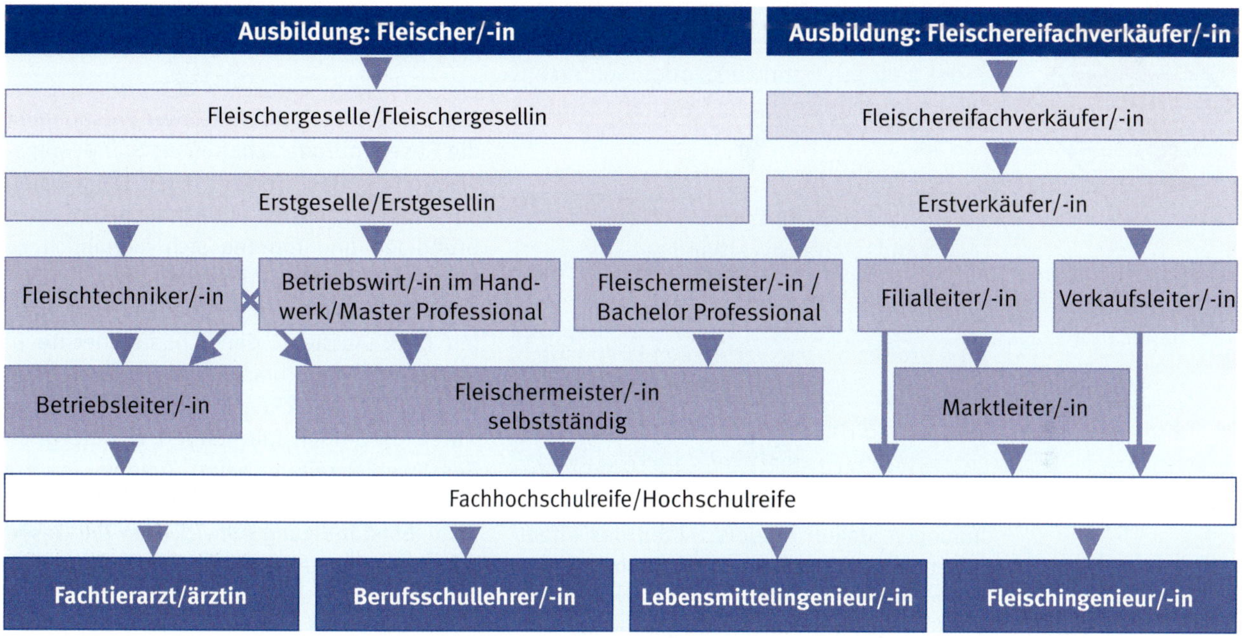

1.5 Berufsverbände

1.5.1 Unternehmerorganisationen

Es gibt eine Vielzahl von Institutionen und Verbänden im Wirtschaftsleben der Bundesrepublik Deutschland. Am bekanntesten sind die **Industrie- und Handelskammern (IHK)** und die **Handwerkskammern (HWK).** Die handwerklich orientierten Berufe sind in der Handwerkskammer vereint, die industriellen und handelsorientierten Betriebe in der Industrie- und Handelskammer. Jeder selbstständige Unternehmer muss in einer der Kammern Mitglied sein (Zwangsmitgliedschaft). Das Fleischerhandwerk gehört zur Handwerkskammer.

Beide Kammern sind Selbstverwaltungskörperschaften des öffentlichen Rechts zur Vertretung ihrer Mitglieder. Im Gegensatz zur Handelskammer sind die Vollversammlung und der Vorstand der Handwerkskammer paritätisch besetzt, d. h. zu einem Drittel aus Arbeitnehmern (Gesellen) und zu zwei Dritteln aus selbstständigen Handwerkern.

Zu den Aufgaben der Handwerkskammern zählen u. a.:

- Förderung des Handwerks
- Förderung des Genossenschaftswesens (Gewerbeförderung)
- gutachterliche Unterstützung der Behörden
- Führung der Handwerksrolle
- Regelung der Berufsausbildung sowie der Gesellen- und Meisterprüfungsordnungen
- Fortbildung der Meister und Gesellen gemeinsam mit den Innungsverbänden
- Bestellung und Vereidigung von Sachverständigen
- Aufsicht über Innungen und Kreishandwerkerschaften

Die Handwerkskammern werden finanziert durch die Beiträge der unterstellten Betriebe sowie durch Gebühren. Die Organe der Handwerkskammer sind die Vollversammlung, der Vorstand mit dem Handwerkskammerpräsidenten sowie den Vorstand unterstützende Ausschüsse.

▶ Informieren Sie sich bei Ihrer zuständigen Kammer über die Aus- und Weiterbildung zum Betriebswirt im Handwerk.

▶ Informieren Sie sich über die Allgemeine-Fleischer-Zeitung (AFZ) und bei Ihrer zuständigen Innung über das Angebot an Ausbildungsstätten zum Fleischermeister und zur Verkaufsleiterin. Unterscheiden Sie dabei nach innungseigenen Schulen und nach privat geführten Meisterschulen.

Die **Kreishandwerkerschaft** ist der Zusammenschluss aller Handwerksinnungen, die in einer Stadt/einem Landkreis ihren Sitz haben.

Innungen sind **freiwillige** Vereinigungen selbstständiger Handwerker des gleichen Handwerks oder mehrerer einander nahestehender Geschäftszweige.

▼

Aus den Innungen wird der **Landesinnungsverband** gebildet.

▼

Die Landesinnungsverbände bilden einen Bundesverband:
Deutscher Fleischerverband
Sitz: Frankfurt am Main.

Innungen stellen Körperschaften des öffentlichen Rechts dar mit den Aufgaben,

- die Lehrlingsausbildung zu überwachen,
- die Gesellenprüfungen abzunehmen,
- die berufliche Fortbildung der Mitglieder zu fördern,
- gemeinsame Werbemaßnahmen durchzuführen.

Die Innungen sind befugt, Tarifverträge abzuschließen, sofern dafür nicht der Innungsverband zuständig ist. Sie können Innungskrankenkassen bilden.

Die Innungsversammlung wählt ihren Vorsitzenden, den sogenannten Obermeister und den Vorstand. Ein Vorstandsmitglied ist der Lehrlingswart, ein selbstständiger Fleischermeister, der sich besonders um die Angelegenheiten der Lehrlingsausbildung kümmert. Alle Personen üben ihre Tätigkeit ehrenamtlich, d. h. ohne Bezahlung aus.

In der Regel bilden die Innungen einen Landesinnungsverband. Die Landesinnungsverbände bilden einen Bundesverband. Das ist im Fleischerhandwerk der Deutsche Fleischer-Verband mit Sitz in Frankfurt/Main. An der Spitze steht der Präsident des Deutschen Fleischer-Verbandes mit dem Präsidium und dem Vorstand.

▶ Nehmen Sie Kontakt auf zu Ihrem Gesellenbeisitzer in der Prüfungskommission und fragen Sie nach dem Gesellenausschuss und seinen Tätigkeiten. Vielleicht besucht er Ihre Klasse, wenn Sie ihn einladen.

1.5.2 Arbeitnehmerorganisationen

So wie sich die selbstständigen Fleischereien in den Fleischerinnungen **freiwillig** organisieren können, so können sich die Gesellen, Verkäuferinnen sowie alle anderen Arbeitnehmer in den Fleischereien auch freiwillig organisieren.

Aus der Zunftzeit im Mittelalter entstammen die Gesellenbruderschaften als Standesorganisation der Handwerksgesellen. Die meisten entstanden zunächst auf kirchlich-karitativer Grundlage und formten sich allmählich zu Gesellenverbänden mit sozialpolitischer Zielsetzung um, die auch Arbeitskämpfe führten (z. B. Aufstand der Schusterknechte in Augsburg). Hauptursache der auftretenden Spannungen zwischen Gesellen und Meistern waren die im 14. Jahrhundert einsetzenden Beschwerlichkeiten beim Zugang in die Selbstständigkeit. Mit der organisatorischen Verselbstständigung entwickelten die Gesellen auch ein eigenes Brauchtum, das je nach Region heute noch Bestand hat.

Der Deutsche Fleischergesellenbund gründete sich 1911. Später schrieb die Gewerbeordnung in Deutschland für jede Innung einen Gesellenausschuss vor, dem die Gesellenvertreter angehörten. Ihre Aufgabe besteht vor allem in der Mitwirkung bei Gesellen- und Meisterprüfungen.

Letztendlich entwickelten sich aus den Gesellenvereinen später die Gewerkschaften.

Im Jahre 1865 wurde die NGG, **Gewerkschaft Nahrung-Genuss-Gaststätten,** als älteste Gewerkschaft Deutschlands gegründet. Das Ziel ist und war, die Arbeits- und Lebensbedingungen von Menschen zu verbessern.

Angefangen hat alles mit dem Vorleser, dem NGG-Symbol für Solidarität. Die ersten Vorleser gab es schon Mitte des 19. Jahrhunderts. Es waren Zigarrenmacher, die ihren Arbeitskollegen während der überlangen Arbeitszeit aus Zeitungen, politischen und ökonomischen Schriften vorlasen. Ihren Lohn erhielten sie von ihren Zuhörern.

So erwarben sich die Zigarrenmacher Wissen und Bildung und erkannten die Ursachen ihrer menschenunwürdigen Lage und begannen, sich gegen ihre Arbeitgeber aufzulehnen. Im Dezember 1865 gründeten sie die erste überregionale Gewerkschaftsorganisation, den „Allgemeinen Deutschen Cigarrenarbeiterverein", einen Vorläufer der heutigen Gewerkschaft Nahrung-Genuss-Gaststätten (NGG).

Als Gewerkschaft setzt sich die NGG nach wie vor für gute Arbeitsbedingungen und eine positive Zukunftsentwicklung der Beschäftigten ein. Tarifarbeit und die Interessenvertretung der Arbeitnehmerinnen und Arbeitnehmer bilden den Kern gewerkschaftlicher Leistungen.
Dabei geht es nicht nur um Lohn und Gehalt, sondern auch um Arbeitszeit, Urlaubsdauer und Ruhestandsregelungen.

Komplexe Aufgabe

Entwickeln Sie in der Arbeitsgruppe ein Anforderungsprofil an einen Fleischer/eine Fleischerin bzw. eine Fachverkäuferin/einen Fachverkäufer, indem Sie einen Fragebogen entwerfen. Der Fragebogen soll Fragen
- zur Fachkompetenz,
- zur Freundlichkeit,
- zur Sprachkompetenz,
- zum gepflegten Äußeren,
- zur Schnelligkeit,
- zur einheitlichen Berufskleidung
- und Ähnliches

enthalten.

Eine mögliche Antwortstruktur könnte wie folgt aussehen:
- unbedingt notwendig
- sehr wichtig
- wichtig
- nicht so wichtig
- unwichtig
- überflüssig

Schreiben Sie den Fragebogen am PC in Word.
Führen Sie die Befragung an zehn Personen aus Ihrem Umfeld durch. Werten Sie die Fragebögen aus und diskutieren Sie Ihre Ergebnisse in der Klasse.

Aufgaben zur Wiederholung

1. Beschreiben Sie die Aufgaben der Handwerks- und Handelskammern.
2. Erläutern Sie gute Gründe, die dafür sprechen, Mitglied der Fleischerinnung zu sein.
3. Beschreiben Sie, wie sich die Arbeitnehmerorganisation im Fleischerhandwerk über die Jahrhunderte entwickelt hat.
4. Zeigen Sie denkbare Strategien auf, um den Rückgang an Fleischverzehr pro Kopf zu stoppen und wieder eine Steigerung herbeizuführen.
5. Welche Aufgaben erfüllen die Innungen?
6. Worin besteht hauptsächlich die Aufgabe des Gesellenausschusses?
7. Beschreiben Sie zwei Gründe, die dazu geführt haben, dass Fleisch heute ein sehr günstiges Lebensmittel ist.
8. Welche Faktoren führen seit Ende der 1970er Jahre zu einer besseren Fleischqualität vor allem bei Schweinefleisch?
9. Welche Eigenschaften benötigen heute Fleischereifachverkäuferinnen und Fleischer im verstärkten Maße?
10. Welche Aufstiegsmöglichkeiten ergeben sich
    a) für Fleischer,
    b) für Fleischereifachverkäufer und -verkäuferinnen?

1

% Ausgewählte Fachrechenaufgaben

1. Im Jahr 2020 arbeiteten im Handwerk rund 5,4 Millionen Menschen. Dies waren 12,5 Prozent aller Erwerbstätigen.
Wie hoch war im Jahr 2020 die Gesamtzahl der Erwerbstätigen?

2. 2021 wurden im Handwerk 360 000 Lehrlinge ausgebildet. Dies sind 29 Prozent aller Auszubildenden deutschlandweit.
Wie viele Auszubildende gab es insgesamt 2021?

3. 2016 gab es in der Bundesrepublik Deutschland 999 268 Betriebe, die in der Handwerksrolle und im Verzeichnis des handwerksähnlichen Gewerbes eingetragen waren. 2021 gab es 1 028 138 Betriebe. Wie viele Betriebe sind zahlen- und prozentmäßig dazugekommen?

4. 2011 gab es im gesamten Handwerk der Bundesrepublik 5 160 000 Beschäftigte.
2020 waren es 5 400 000.
Um wie viel Prozent hat sich die Anzahl der Beschäftigten erhöht?

5. Der Umsatz inklusive Mehrwertsteuer betrug im Gesamthandwerk

2011	591,4 Milliarden €
2016	560,0 Milliarden €
2020	651,0 Milliarden €

Um wie viel Milliarden € nahm der Umsatz
von 2011 auf 2020 zu,
von 2011 auf 2016 ab,
von 2016 auf 2020 zu?

6. **a)** 2020 gab es im Fleischerhandwerk für beide Ausbildungsberufe zusammen einen um 520 Personen oder 7,3 Prozent niedrigeren Ausbildungsbestand als im Jahr vorher.
Wie viele Auszubildende gab es insgesamt 2020?

b) Am Jahresende 2020 befanden sich noch 2509 Fleischerazubis in der Ausbildung.
79 davon waren weiblich.
Wie viel Prozent weibliche Auszubildende gab es bei den Fleischern?

7. Das deutsche Fleischerhandwerk war Ende des Jahres 2021 mit 18 747stationären Verkaufsstellen am Markt präsent. Diese Zahl setzt sich zusammen aus 10 870 eigenständigen Meisterbetrieben und 7877 weiteren Verkaufsstellen, die neben den Stammgeschäften als Filialen betrieben werden.

a) Berechnen Sie, wie viel Prozent eigenständige Meisterbetriebe und wie viel Prozent weitere Verkaufsstellen 2021 registriert waren.

b) Wie sehen die Prozentzahlen aus, wenn zusätzlich zu den stationären Verkaufsstellen rund 5 000 mobile Verkaufsstellen berücksichtigt werden?

8. Laut Mindestlohn-Tarifvertrag zwischen der Gewerkschaft Nahrung-Genuss-Gaststätten (NGG) und dem Verband der Ernährungswirtschaft (VdEW) gilt folgender Stundenlohn:

ab August 2021	10,80 €
ab Januar 2022	11,00 €
ab Dezember 2022	11,50 €
ab Dezember 2023	12,30 €

Wie hoch ist der jeweilige Mindestlohn der Arbeitnehmer bei einem Multiplikator von 169 (Stundenlohn x 39 h x 52 Wochen/Jahr: 12 Monate)?

2 In Produktion und Verkauf mitarbeiten

FLEISCHEREI nusse

Björn zu Sabrina am Ende des ersten Ausbildungstags: „Das war ja ein spannender erster Tag hier bei Nusse." Sabrina: „Und hier sind alle so nett zu mir, hoffentlich bleibt das so." Lena: „Das Arbeitsklima ist schon cool hier, da mach dir keine Sorgen." Sabrina: „Ich habe gerade meine Berufskleidung bekommen, die sieht echt stark aus. Auf den Kitteln steht: ‚Sabrina Meyer' – Fleischereifachverkäuferin (Auszubildende). Ab morgen geht es richtig los, ich bin für die Filiale im Einkaufszentrum eingeteilt."

Björn: „Vielleicht komme ich nachmittags mal dort vorbei und gucke, wie du hinter der Theke stehst. Ich bin in der Produktion und habe ja schon nachmittags Feierabend. Übrigens, Tim hat mir erzählt, dass der Arbeitsbereich für die Fleischvorbereitung umgebaut worden ist."

Tim: „Ja, ja, mit der Sauberkeit und Hygiene nehmen wir das hier ganz genau – Personalhygiene, Betriebshygiene, Produkthygiene – Hygiene, wo man hinschaut und hinhört."

Lena: „Das ist auch absolut notwendig, da gibt es aber auch einige unfreundliche, wenn nicht sogar gefährliche Zeitgenossen. Passt mal auf …"

1

Eine Hefezelle, ein Schimmelpilz und eine Bakterie treffen sich in der Wurstküche einer Fleischerei und unterhalten sich.

Heute kommen die neuen Auszubildenden. Hoffentlich waren die nicht beim Gesundheitsamt!

Das müssen die doch – wegen des Infektionsschutzgesetzes.

Na, und? Damit wird nur bescheinigt, dass sie dort belehrt worden sind. Wie sie sich dann hier verhalten, ist doch eine ganz andere Sache. Die sagen ihnen doch nicht, wie sie hygienisch arbeiten können!

Und wenn schon, die wissen doch gar nicht, was Hygiene ist – oder?

Egal, sie werden uns schon kennenlernen, ob sie wollen oder nicht.

Vielleicht haben sie von euch schon welche gesehen, aber die Vertreter aus meiner Familie sind nicht so leicht zu entdecken. Da müssen wir uns schon ganz schön anstrengen.

Mal sehen, was wir dafür tun können! Wenn die neuen Azubis es mit der Betriebshygiene nicht so genau nehmen und vielleicht bei der Reinigung schmutzige, speckige Lappen benutzen und auch die Ecken vergessen, könnte es klappen.

Ich wünsche mir, dass sie die Produkthygiene nicht so ernst nehmen. Ob sie so ein bisschen angegammeltes Fleisch trotzdem verarbeiten?

Und ich würde mich freuen, wenn dann noch die Salatschüssel so schön schmierig bleibt!

Wenn der Salat in der Schüssel ist und sie ihn nicht abdecken, können wir von Schüssel zu Schüssel Samba tanzen! Hurra!!!

Na, ich weiß nicht! Eine Bazille hat mir erzählt, dass gestern eine Schulung zur Personalhygiene durchgeführt wurde.

Mach keinen Ärger, es wäre ja furchtbar, wenn die Neuen schon wüssten, wie sie sich hygienisch verhalten müssen!

Stellt euch vor, die würden sich immer die Hände waschen, wenn sie von der Toilette kommen! Oder täglich duschen!

Das wäre ja nicht auszudenken, vielleicht wechseln sie dann auch ihre schmutzige Arbeitskleidung!

Klasse wären ja schöne unabgedeckte eitrige Wunden an den Händen und wenn sie damit im Mett herummengen würden. Lecker! Oder sie niesen ungeniert in die Gegend! Das wäre cool!

Also, hoffen wir, dass sie bei den Hygieneschulungen nicht aufpassen! So wissen sie nichts über unsere Geheimwaffen.

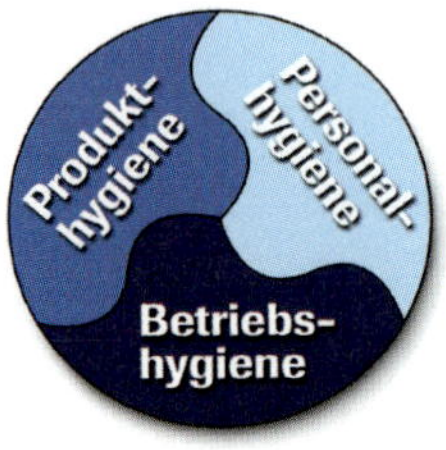

2.1 Hygiene im Fleischereibetrieb

2.1.1 Bedeutung der Hygiene

Was heißt Hygiene?

Das Wort stammt aus dem Griechischen und bedeutet „Lehre von der Gesundheit und der Gesundheitspflege des Menschen“. Hygiene hat zur Aufgabe,

- die Menschen vor gesundheitlichen Schäden zu schützen und
- den Betrieb vor wirtschaftlichen Schäden zu bewahren.

Kein Mitarbeiter eines Lebensmittelbetriebs würde sich so verhalten (und arbeiten) wie „Hanns-Guck-in-die-Luft“. Es gibt äußerst wichtige Gründe, die Hygiene ernst zu nehmen:

Sie sollten der Gefahr ins Auge sehen

Förderung des Vertrauens bei Kunden

Das Image eines Betriebs wird maßgeblich von der Zufriedenheit seiner Kunden geprägt. Systematische Betriebshygiene (► S. 33) trägt wesentlich dazu bei, Lebensmittel in einwandfreier Qualität zu produzieren, was wiederum die Kunden zufriedenstellt und damit zu einem positiven Image beiträgt.

Qualitätssicherung

Mängel, die durch unzureichende Hygiene entstehen, sind im Produktionsprozess oft nur schwer erkennbar. Eine lückenlose Hygienekette über alle Produktionsbereiche sichert eine hohe Produktqualität. Das wird als Qualitätssicherung bezeichnet.

Verderbnisvermeidung

Festgeschriebene Produktstandards dürfen nicht durch schwankende Umfeldbedingungen beeinflusst werden. Daher müssen definierte Hygienestandards (z. B. das Reinigen und Desinfizieren von Händen und Unterarmen vor Arbeitsbeginn) vorgegeben werden. Hier wirkt sich eine lückenlose Betriebshygiene sowohl auf den Produktionsprozess als auch auf die Haltbarkeit und somit auf die Qualitätssicherung eines Produkts positiv aus.

Wirtschaftlichkeit

Reklamationen, Retouren (an den Verkäufer zurückgegebene Waren) und Verderbnis produzierter Fleischerzeugnisse darf sich ein wirtschaftlich geführtes Produktionsunternehmen nicht leisten. Eine optimale Personal- und Produktionshygiene über alle Produktions- und Fertigungsstufen hilft wirtschaftliche Nachteile zu vermeiden.

Bei den Hygienemaßnahmen lassen sich drei große Bereiche unterscheiden, die allerdings miteinander verzahnt sind.

2.1.2 Personalhygiene

Der Mensch gibt bis zu 20 000 Bakterien pro Minute an die Umwelt ab – den ganzen Tag über – ca. 10 Millionen in 8 Stunden. An einzelnen Körperstellen kommen sie unterschiedlich häufig vor (► Tab. S. 27 unten).

Die Alltags- bzw. Straßenkleidung ist mit Schmutz und Bakterien behaftet. Deshalb gilt:
- Vor Beginn der Tätigkeit die Straßenkleidung komplett ablegen,
- täglich durch saubere Berufskleidung ersetzen, besonders auf saubere Arbeitsschuhe achten,
- ständig eine Kopfbedeckung während der Arbeit tragen, dabei müssen die Haare vollständig bedeckt sein,
- Ringe, Ketten, Ohrringe und Armbanduhren vor der Arbeit ablegen. Sie bieten ideale Schlupfwinkel für Mikroorganismen.

Gleiches trifft zu auf persönliche Gegenstände. Deshalb gilt weiter:
- Gegenstände des persönlichen Gebrauchs nicht mit in Betriebsräume nehmen,
- nur während der Arbeitspausen im Pausenraum essen und trinken,
- nicht in Produktionsräumen rauchen,
- keine persönlichen Nahrungsmittel in Betriebsräumen aufbewahren.

Anlegen von sauberer Berufskleidung

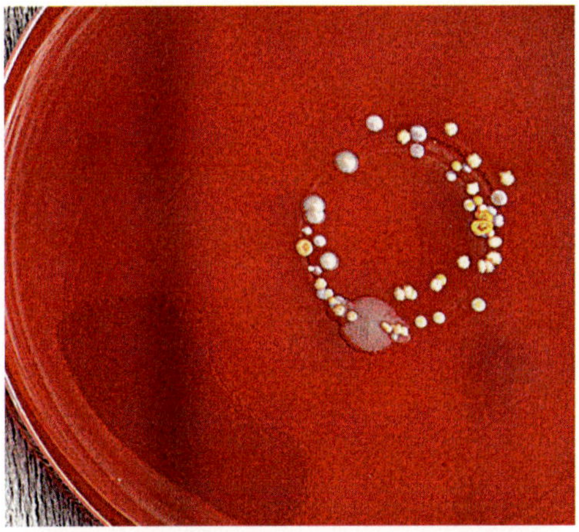

Bakterien an einem Ring

Mikroorganismen am menschlichen Körper		
Körperteile	**Gefahren**	**Schlussfolgerungen**
Haare	Sie bieten viele Lebensräume für Mikroorganismen. Die Kopfhaut produziert Schuppen.	Kopfbedeckung tragen und nur in Sanitärräumen Haare kämmen!
Stirn	Schweiß, der mit vielen Bakterien versetzt ist.	Schweiß mit einem Tuch abwischen!
Ohren	Ohrenschmalz ist stark verkeimt.	Nicht in den Ohren kratzen und danach die Ware anfassen!
Nase	Die Nasenschleimhaut sammelt als Filter Staub und Bakterien.	Nase mit Papiertaschentüchern sauber halten – anschließend Hände waschen!
Mund	Im Speichel sind sehr viele Mikroorganismen enthalten.	Nicht in die Hände husten und niesen bzw. danach die Hände waschen. Nie mit abgeleckten Fingern Lebensmittel berühren!
Haut	Sie scheidet durch die Poren ständig Mikroorganismen aus.	Ständig bedeckende Arbeitskleidung tragen – auch im Hochsommer!
Analbereich	Hier sind die meisten krank machenden Mikroorganismen „zu Hause“, selbst nach der morgendlichen und abendlichen Wäsche.	Nach dem WC-Besuch Hände waschen und desinfizieren!
Füße	Oft wird die Fußhygiene vernachlässigt. Fußpilzinfektionen – z. B. in Umkleideräumen – sind möglich.	Regelmäßig und gründlich die Füße reinigen!

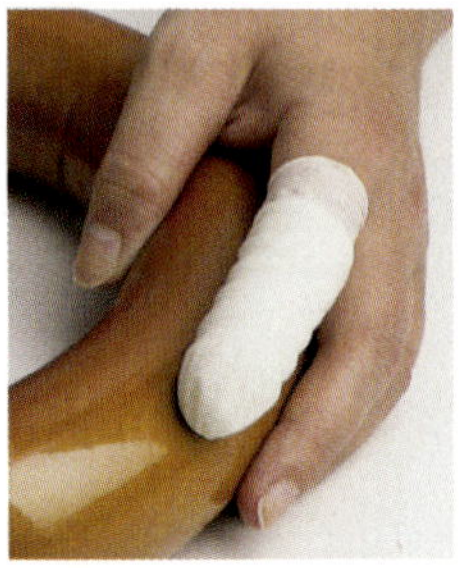

Fingerling

1

Überlegen Sie und schreiben Sie auf, welche Veränderungen Sie bei sich persönlich durchführen müssen, um den Anforderungen der Personalhygiene zu entsprechen.

Infektionsschutzgesetz

Kranke Mitarbeiter (Infektionsschutzgesetz ▸ S. 137) müssen ihre Erkrankung – auch bei bloßem Verdacht – dem Meister oder Chef melden.

Der Meister bzw. Chef ist zwar nach dem Gesetz verantwortlich, kann aber nicht, je nach Anzahl seiner Mitarbeiter, jeden Morgen eine „Gesundheitskontrolle“ durchführen.

Deutliche Alarmsignale sind
- Durchfall, Übelkeit oder Erbrechen,
- eitriger Ausfluss aus Nase oder Rachen,
- eiternde Wunden.

Mitarbeiter, die unter solchen Erkrankungen leiden, dürfen so lange nicht mit Lebensmitteln umgehen, bis ein Arzt sie wieder für gesund erklärt.

Sollte ein Arbeitnehmer z. B. Fließschnupfen haben, kann er in einer Fleischerei so lange nicht eingesetzt werden, bis sich der Gesundheitszustand deutlich gebessert hat.

Besonders gefährlich können Keime sein, die aus Wunden austreten. Deshalb bei Verletzungen (z. B. Schnittwunden) besonders aufpassen und Handschuhe oder Fingerlinge tragen.

Exkurs: Haut

In den letzten Jahren rückten die Hautgefährdungen und die ständig ansteigenden Kosten der Behandlung von Hauterkrankungen in den Mittelpunkt. Die Anzeigen der beruflich bedingten Hauterkrankungen sind seitdem steigend.

Jeder Mitarbeiter in der Produktion und im Verkauf einer Fleischerei ist absolut gefährdet, der ohne Schutzmaßnahmen
- häufig mit Wasser oder Nässe in Berührung kommt,
- mit hautbelastenden Materialien umgeht,
- häufig die gleichen Hautpartien belastet,
- aggressive Reinigungs- und Desinfektionsmittel einsetzt und
- eine empfindliche Haut besitzt.

Die Gefährdung besteht darin, dass
- die intakte, gesunde Haut gestört wird,
- die Funktion der Haut beeinträchtigt wird und
- Hauterkrankungen entstehen können.

Aufbau der Haut

Die Haut ist mit einer Fläche von ca. 2 m^2 das größte Organ des Menschen, macht ca. 15–20 % des Körpergewichts aus und ist zwischen 1 und 4 mm dick.

Die Haut besteht aus drei Hauptschichten (von außen nach innen):
- Die **Oberhaut** besteht aus fünf ineinander übergehenden Schichten, die für die Zellerneuerung verantwortlich sind.
- Die **Lederhaut** ist gut durchblutetes Bindegewebe, in dem sich die Nerven und die Hautanhangsgebilde (Haare, Nägel, Talg- und Schweißdrüsen) befinden.
- Die **Unterhaut** besteht aus Fett- und Bindegewebe und ist der größte Energiespeicher des Körpers.

Funktionen der Haut
- **Schutzfunktion:** mechanischer Schutz, chemischer Schutz, thermischer Schutz, UV-Schutz, Schutz gegen Mikroorganismen
- **Austauschfunktion:** Eindringen von Stoffen in die Haut und Abgabe von Stoffen über die Haut
- **Sinnesfunktion:** Wahrnehmung von Berührungsreizen wie Druck, Vibration, Kälte, Wärme und Schmerz
- **Stoffwechselfunktion:** Vitamin-D-Synthese und Deckung des Energiebedarfs des Körpers durch Abbau der Fettreserven der Unterhaut

Hauterkrankungen

In der Fleischerei können Kontaktekzeme auftreten.

Hierbei werden die
- häufig auftretenden **Abnutzungsekzeme** und
- selten auftretenden **allergischen Kontaktekzeme**

unterschieden.

Abnutzungsekzeme entstehen durch die Tätigkeit mit Wasch-, Reinigungs-, Desinfektions- und Spülmitteln bzw. durch ständigen Kontakt mit Feuchtigkeit. Betroffen ist in erster Linie das Verkaufspersonal in der Fleischerei. Bei Fleischern aus dem Produktionsbereich treten weniger Hauterkrankungen auf.

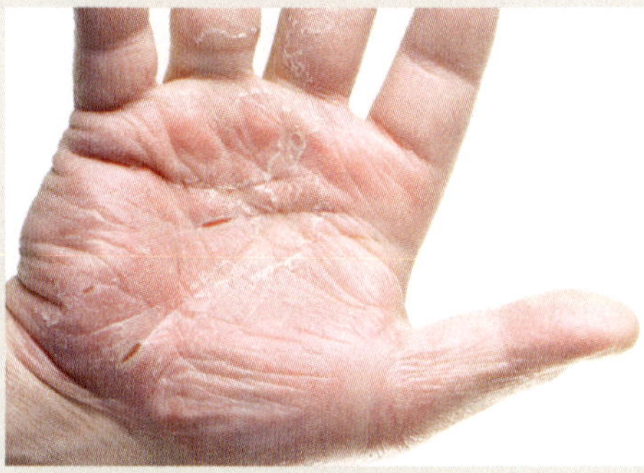

Abnutzungsekzem

Allergische Hauterkrankungen sind im Verkauf wie auch in der Produktion verhältnismäßig selten.

Die wenigen **allergischen Kontaktekzeme** entstehen durch Fleisch-Eiweiß-Kontakt, Inhaltsstoffe von Gummihandschuhen und Kontakt mit Nickel.

Hautschutz

Die Berufsgenossenschaft Nahrungsmittel und Gastgewerbe (BGN ▸ S. 56) hat ein spezielles Hautschutzprogramm für die Fleischerei entwickelt. Es empfiehlt
- konkrete Hautschutzpräparate im Rahmen eines **Hautschutzplans** sowie
- das Tragen von Schutzhandschuhen.

Der **Hautschutzplan** enthält Hinweise zum Hautschutz
- vor und während der Arbeit,
- zur schonenden Hautreinigung und
- zur Hautpflege.

Schutzhandschuhe sollten nur während der unmittelbaren hautgefährdenden Tätigkeit und nicht länger als eine Stunde (sonst den Handschuh wechseln) und nur in Verbindung mit Hautschutzpräparaten benutzt werden. Die BGN empfiehlt nur Handschuhe aus Nitril und/oder Vinyl.

Weitere Grundregeln für den Hautschutz:
- Hautschutz lange einziehen lassen
- ggf. Einsatz der Handschuhe
- Hautreinigung und Hautschutz
  - vor Arbeitsaufnahme
  - bei Handschuhwechsel
  - vor jeder weiteren Arbeitsaufnahme
  - nach Arbeitsende
- Hautpflege nach Arbeitsende

Die BGN stellt fest: Nur dann, wenn über diese **Verhaltensweisen** informiert und unterwiesen wird, diese **ständig geübt** und **trainiert** sowie **überwacht** werden, sind ein langfristiger Erfolg und die Wirksamkeit der Hautschutzmaßnahmen garantiert.

DEINE HAUT.
DIE WICHTIGSTEN
DEINES LEBENS.
2m²

1

Hygiene der Hände

Ein besonderer Bereich der Personalhygiene ist die Hygiene der Hände. Sie sind unser wertvollstes „Werkzeug“!
Je sauberer die Hände sind, desto besser ist die Hygiene. Nicht die Häufigkeit der Händedesinfektion oder -reinigung ist entscheidend, sondern
- der richtige Zeitpunkt,
- das richtige Mittel,
- die ausreichende Einwirkzeit.

Hände möglichst nur mit handwarmem Wasser waschen, um die Haut zu schonen. Fingernägel sorgfältig reinigen und pflegen. Hände gründlich reinigen und desinfizieren
- bei Arbeitsbeginn,
- bei Tätigkeitswechsel innerhalb der Produktion,
- vor und nach den Pausen,
- nach jeder Toilettenbenutzung,
- bei Niesen oder Husten.

Bei groben und stark schmutzigen Arbeiten müssen Handschuhe getragen werden.
Sehr wichtig ist es, auch die Handschuhe zwischendurch zu desinfizieren und zu wechseln.
Hände mit desinfizierender Flüssigseife aus einem Spender waschen, der das berührungsfreie Entnehmen der Seife mit Ellbogen oder Unterarm ermöglicht.
Hände mit Einweghandtüchern trocknen, um das Übertragungsrisiko zu verringern. Einweghandtücher müssen aus einer geschlossenen Spenderbox entnommen und in einer geschlossenen Abfallbox entsorgt werden.

Seifenspender

Papierhandtuchspender

Hygiene in Sanitärbereichen

Sanitärräume und Toilettenanlagen sind hochgradig keimbelastet, auch wenn sie vom Reinigungspersonal sauber gehalten werden.

Die Übertragung von Darmbakterien auf Lebensmittel ist besonders gefährlich!
Deshalb:
- Nach jedem Toilettenbesuch Hände gründlich waschen und desinfizieren und mit Einweghandtüchern abtrocknen.
- Flächen in Sanitärbereichen müssen regelmäßig mehrmals täglich desinfiziert werden.
- Besondere Gefahrenpunkte sind
  - Türgriffe,
  - Toilettenbrillen,
  - Papierhalter.
- Spülknöpfe an Toiletten sollten und Wasserhähne an Waschbecken müssen „berührungslos“ bedienbar sein.

Körperpflege

Die tägliche gründliche **Körperreinigung** mit der Benutzung eines wirksamen Deodorants gehört ebenfalls zur Personalhygiene. Doch nicht nur die Hygiene, sondern auch das Aussehen und die Vermeidung von Körpergerüchen sind wichtig. So kann Mundgeruch z. B. durch Zahnpflege vermieden werden.

Haare sollten entsprechend ihrer Neigung zum Fettigwerden alle zwei Tage bis täglich gewaschen werden. Auch beim Tragen einer Kopfbedeckung sollten die Haare darunter sauber sein. Ein kurzer Haarschnitt erleichtert die Haarpflege, bei langen Haaren sind diese zusammenzubinden oder hochzustecken. Verkäufer sollten grundsätzlich rasiert zum Dienst erscheinen, da ein Bart, gleichgültig wie lang, sich nicht mit der Personalhygiene vereinbaren lässt.

Die **Fingernägel** sind kurz und sauber zu halten. Lackierte Fingernägel sind verboten, da der Lack abplatzt und auf die Verkaufsware fällt.

Ohne Personalhygiene keine Produkthygiene !

Exkurs: Erscheinungsbild

Aufgrund steigender Ansprüche der Kunden an einen Fleischereifachbetrieb ist der Blick auf das Erscheinungsbild des Verkaufspersonals sehr wichtig. Das Erscheinungsbild umfasst den Begriff der Personalhygiene (► S. 26) sowie das kundenorientierte Verhalten (Gestik, Mimik und Körperhaltung).

Zu einem gepflegten Äußeren gehören:
- saubere Kleidung
- tägliche Körperreinigung/Zahnpflege
- regelmäßiges Haarewaschen/Rasieren
- kein Schmuck
- keine lackierten oder künstlichen Fingernägel (es sei denn, sie sind ärztlich verordnet)
- hygienisches Verhalten

Ein gepflegtes Äußeres

Das gepflegte Äußere ist durch die allgemeine Körperreinigung zu erreichen. Bei Hautproblemen sollte eine Hautärztin/ein Hautarzt aufgesucht werden, um Akne oder Hautausschlägen entgegenzuwirken. Eine übermäßige Akne wirkt sich nicht nur negativ auf das Erscheinungsbild aus, sondern ist zudem unhygienisch, da Eiterbakterien (Staphylokokken) austreten, die wiederum auf die Produkte übergehen können. Ebenso kann Hautausschlag, auch wenn er gesundheitlich unbedenklich ist, auf die Kunden ekelerregend wirken und sollte deshalb behandelt werden. Beschränkt sich der nicht ansteckende Ausschlag auf die Hände, so sind im Verkauf spezielle atmungsaktive Handschuhe zu tragen. Dezentes Schminken ist erlaubt, wenn kein Puder oder Ähnliches auf Produkte herabfallen kann. Hierbei ist es ausreichend, dass angewendete kosmetische Produkte nur das natürliche Aussehen unterstreichen. Für Verkäufer gilt, dass sie sich regelmäßig rasieren und nur ein sehr dezentes Rasierwasser benutzen.

Saubere Berufskleidung

Saubere und gebügelte **Kleidung** sollte selbstverständlich sein. Täglich ist die Berufskleidung zu wechseln. Neben den hygienischen Anforderungen an die Kleidung ist es ratsam, entsprechend der Corporate Identity (Unternehmensidentität) des Unternehmens dem Verkaufspersonal die gleiche Kleidung zur Verfügung zu stellen. An dieser kann der Kunde die Zugehörigkeit zu dem Betrieb auf den ersten Blick erkennen. Dies ist eine zusätzliche Werbung für den Betrieb.

Gestik und Mimik

Ein **kundenorientiertes Verhalten** mit angemessener positiver Gestik und Mimik gehört ebenfalls zum Erscheinungsbild. Es kann nur positiv auf Kunden wirken, wenn auch ein entsprechend freundlicher Gesichtsausdruck mit offenen, zum Kunden ausgerichteten Gesten eingesetzt wird. Positive Gestik und Mimik können durch Videoschulung eingeübt werden, damit ein Lächeln nicht aufgesetzt und künstlich wirkt und die Gestik bewusst verkaufsfördernd eingesetzt werden kann. Vorteilhaft im Umgang mit Kunden sind z. B. ruhige und bewusst überlegte Bewegungen.

Der Gesamteindruck

Hinter der Theke sollte das Verkaufspersonal nicht essen und trinken. Kaugummikauen ist im Verkaufsgespräch nur hinderlich und hinterlässt einen schlechten Eindruck bei den Kunden.

Im Umgang mit Kunden sollte sich das Verkaufspersonal darüber klar sein, dass das eigene Auftreten Aushängeschild der Fleischerei ist. Allein die Qualität der Waren reicht nicht aus, um im Wettbewerb mit anderen Fleischereien und Supermärkten zu bestehen. Ohne ein positives Erscheinungsbild des Verkaufspersonals wird kein überragender Umsatz erzielt werden können.

Berufskleidung

Notieren Sie, was Sie im Bereich der Produkthygiene in Ihrem Ausbildungsbetrieb ändern würden, wenn Sie Betriebsleiter/-in wären.

1

2.1.3 Produkthygiene

Nur eine lückenlose Hygiene in den einzelnen Arbeitsbereichen schafft eine wirksame Produkthygiene von der Rohwarenanlieferung bis zum Versand.

Wareneingang

Angelieferte Fleischwaren, Rohwaren, Hilfsstoffe in betriebseigene Behältnisse umpacken, sofern sie nicht in betriebsgeeigneten Behältnissen angeliefert werden. Weiter müssen der Zustand des Lkws, die Schutzkleidung des Fahrers, der beschädigungs- und schädlingsfreie Zustand, das Mindesthaltbarkeitsdatum und die Temperatur der Rohware kontrolliert werden (▸ S. 100). Aber auch auf die Erfüllung der Bestellung, Lieferzeit und eventuelle Fehlmenge ist zu achten.

Lagerung

Fleischprodukte immer bei den vorgeschriebenen Temperaturen lagern. Keine Kartons neben offenen Fleischwaren aufbewahren. Reinigungsmittel stets getrennt von Lebensmitteln lagern.

Produktion

Deutliche Zonentrennung zwischen reiner und unreiner Produktionsseite gewährleisten; generell auf kurze Bearbeitungszeiten achten, um Fleischprodukte möglichst schnell wieder zu kühlen.

Fachgerechte Sortierung des Abfalls

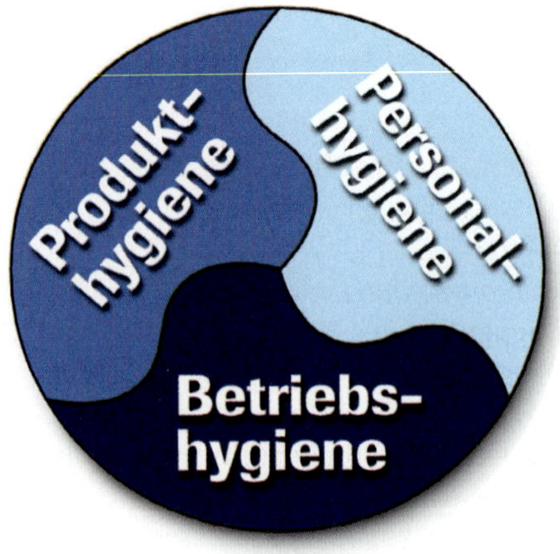

Verzahnung von Personal-, Produkt- und Betriebshygiene

Abfall

Abfälle und Konfiskate (nicht zum Verzehr geeignete Teile der Schlachttiere) in verschließbare Behältnisse entsorgen und schnellstmöglich aus dem Produktionsbereich entfernen. Die Lagerung von Abfällen und Verpackungsmaterial muss außerhalb der Produktionsbereiche erfolgen.

Temperaturen

Die Kühlkette muss in allen Produktionsstufen aufrechterhalten werden, denn die Vermehrungsgeschwindigkeit von Mikroorganismen hängt insbesondere von der Temperatur ab.

Grundsätzlich gilt:
- max. 12 °C Raumtemperatur beim Zerlegen, Zerteilen, Aufschneiden und Portionieren von Fleisch oder veredelten Fleischerzeugnissen.

Besondere Bedingungen gelten für Hackfleisch und Fleischportionen unter 100 g:
- max. 12 °C Raumtemperatur bei der Verarbeitung,
- max. 7 °C Kerntemperatur des Fleisches bei der Verarbeitung.

Unmittelbar nach der Verarbeitung müssen Hackfleisch und Fleischstücke unter 100 g bei 2 °C gekühlt oder bei –18 °C tiefgekühlt werden.

Eine lückenlose Produkthygiene von der Anlieferung der Rohware bis zur Abgabe der Fertigware sorgt für eine einwandfreie Produktqualität.

2.1.4 Betriebshygiene

Nur durchgängig hygienisch saubere Produktionsflächen über alle Fertigungsstufen verhindern den Verderb von Fleisch, Zutaten und Fertigprodukten. Das vermeidet wirtschaftliche Verluste.

- Arbeitsplatz, Arbeitstische, Geräte, Werkzeuge, Maschinen und benutzte Behältnisse reinigen und desinfizieren, und zwar
  - vor Arbeitsbeginn,
  - unmittelbar nach Gebrauch,
  - zwischendurch bei Verschmutzung,
  - nach Arbeitsende.
- Geräte und persönliches Werkzeug rechtzeitig vor ihrem Einsatz desinfizieren und reinigen.
- Auch glänzende Flächen desinfizieren, denn glänzend heißt nicht gleichzeitig keimfrei!
- Fußboden und Arbeitsflächen nach Arbeitsende einmal täglich reinigen und desinfizieren.
- Wandflächen, Kühl- und Lagerräume sowie sonstige Einrichtungsgegenstände regelmäßig gemäß den Angaben im Reinigungs- und Desinfektionsplan reinigen und desinfizieren.
- Abfallbehältnisse und Gullys einmal täglich desinfizieren.

Bei Produktionsende:

- Fleischprodukte vor Beginn der Reinigungsmaßnahmen am Ende eines Arbeitstages aus dem Produktionsbereich entfernen.
- Behältnisse und Container nach jeder Benutzung reinigen und desinfizieren.
- Im Rahmen der Reinigungsmaßnahmen am Ende eines Produktionstages müssen auch unzugängliche Stellen, z. B. Unterseiten von Maschinen, Arbeitstischen usw., gesäubert und anschließend desinfiziert werden.

Erst die absolute Einhaltung der Betriebshygiene sorgt für einen geschlossenen Hygienekreis.

Könnte die Betriebshygiene in Ihrem Ausbildungsbetrieb verbessert werden? Wenn ja, schreiben Sie Ihre Verbesserungsvorschläge auf.

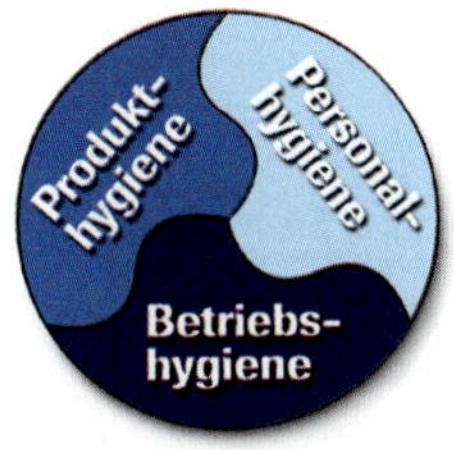

Hygienedokumentation (Möglicher Reinigungs- und Desinfektionsplan)

Betriebsstelle	Tätigkeit	Mittel	Häufigkeit	Verantwortlicher
Schlachträume				
Fußböden	Reinigung	Kraftreiniger	am Arbeitsende	________
Fenster, Wände, Türen	Nassreinigung	Reiniger	1 x monatlich	
	Desinfektion	Desinfektionsmittel	1 x monatlich	
Arbeitsgeräte, Einrichtung, Werkzeug	Nassreinigung	Reiniger	nach Benutzung	
	Desinfektion	Desinfektionsmittel	nach Benutzung	
Zerlegung/Produktion				
Fußböden	Reinigung	Kraftreiniger	täglich	
	Desinfektion	Desinfektionsmittel	1 x monatlich	
Fenster, Wände, Türen	Reinigung	Reiniger	1 x monatlich	
Lüftung/Dunstabzüge	Reinigung	Kraftreiniger	1 x monatlich	
Arbeitsgeräte, Einrichtung, Werkzeug	Reinigung	Spülmittel	täglich	
	Desinfektion	Desinfektionsmittel	1 x monatlich	
Küche/Imbiss				
Fußböden	Reinigung	Reiniger	täglich	
Fenster, Wände, Türen	Reinigung	Reiniger	1 x monatlich	
Arbeitsgeräte, Einrichtung, Werkzeug	Reinigung	Spülmittel	täglich	
Kühlräume				
Fußböden	Reinigung	Kraftreiniger	1 x in der Woche	
	Desinfektion	Desinfektionsmittel	1 x monatlich	
Wände, Türen	Reinigung/Desinfektion	Reiniger/Desinfektionsmittel	1 x monatlich	
Regale/Gehänge	Nassreinigung	Kraftreiniger	1 x monatlich	
Verkaufsraum				
Fußböden	Reinigung	Kraftreiniger	täglich	
Wände, Türen	Reinigung	Reiniger	1 x monatlich	
Arbeitsgeräte, Einrichtung, Werkzeug	Reinigung	Spülmittel	täglich	
Sozialräume				
Fußböden	Reinigung	Kraftreiniger	täglich	
Fenster, Wände, Türen	Nassreinigung	Reiniger	1 x monatlich	
Einrichtung	Nassreinigung	Reiniger	1 x vierteljährlich	
Toilettenanlage				
Fußböden, WC, Handwaschbecken	Nassreinigung/Desinfektion	Kraftreiniger/Desinfektionsmittel	täglich	
Fenster,Wände, Türen	Nassreinigung	Reiniger	wöchentlich	

2.2 Ausstattung der Produktions- und Verkaufsräume

2.2.1 Ausstattung der Produktionsräume

Die Grundrisse zeigen, wie eine mittelständische Fleischerei heute aussehen könnte.

- Vergleichen Sie diese Grundrisse mit denen Ihres Ausbildungsbetriebs. Wo sind Ähnlichkeiten, wo sehen Sie Unterschiede?
- Vermessen Sie die Produktions- und Verkäufsräume Ihres Lehrbetriebes. Zeichnen Sie den Grundriss Ihres Betriebs auf Millimeterpapier.

2.2.2 Ausstattung des Verkaufsraums

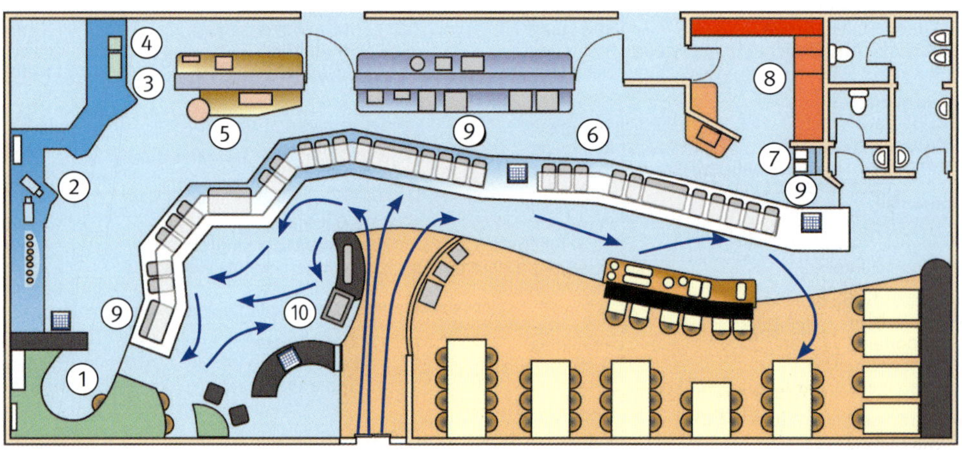

① Besprechungsecke für Partyservice/Catering, ② und ③ Arbeitstische mit Aufschnittmaschinen, ④ Arbeitsbereiche im Übergang zur Vorbereitung, ⑤ von mehreren Seiten zugänglicher Block, ⑥ Imbiss mit Mikrowelle, Kaffeemaschine und Verpackungsgerät, ⑦ Vorbereitungsplatz für Snacks, ⑧ Vorbereitungsecke für warme Speisen, ⑨ Thekenanlage, ⑩ Kassenbereich

2.3 Datenverarbeitung in der Fleischerei

Ohne Computer kann eine Fleischerei heute nicht mehr geführt werden.

Viele Produktionsanlagen sind computergesteuert – vom Kutter über die Räucheranlage bis hin zu den Kühlanlagen. Der Computer stellt nicht nur die Geburtstage der Stammkunden, sondern auch wichtige Informationen der Lagerhaltung, der Lohnbuchhaltung, Rezepte, Büfettvorschläge und vieles andere mehr zur Verfügung.
Computer können mit Filialen oder den einzelnen Waagen des Betriebs vernetzt werden. Mit der entsprechenden „Software" (den für den Betrieb passenden Computerprogrammen) ist auf einen Blick zu erkennen, was in die Filialen geliefert werden muss; Bestellungen können aufgegeben, Rechnungen erstellt werden usw.

2.3.1 Grundlagen der EDV

Die Abkürzung „EDV" bedeutet „elektronische Datenverarbeitung". Aus diesem Begriff geht hervor, dass die Daten (Preise, Gehälter, Termine usw.) auf elektronischer Basis, nämlich durch einen Computer, aufbereitet werden. Der Computer als elektronisches Gerät sowie der Drucker, die angeschlossenen Waagen, der Scanner, die Tastatur und der Bildschirm stellen die Hardware dar. Die im Computer und auf CD-ROM gespeicherten Programme stellen die Software dar. Durch individuelle oder branchentypische Software können die Daten der Fleischerei aufbereitet und ausgegeben werden.

Handelt es sich um eine große Firma, in der viele Mitarbeiter an Computern arbeiten, bietet es sich an, diese miteinander zu verbinden, damit die Mitarbeiter in den unterschiedlichen Räumen

Produktion:
Ausdrucken der Rezepturen.
Tägliche Entnahme der Rohstoffe aus der Lagerhaltung wird eingetragen, sodass der Einkauf an Rohstoffen rechtzeitig erfolgen kann.

Hauptgeschäft:
Die Verkäuferin sendet die Bestellung per Computer in die Produktion und Verwaltung.

In den Filialen:
Nach Ladenschluss erfolgen die Kassenabrechnungen von allen Filialen an die Verwaltung.

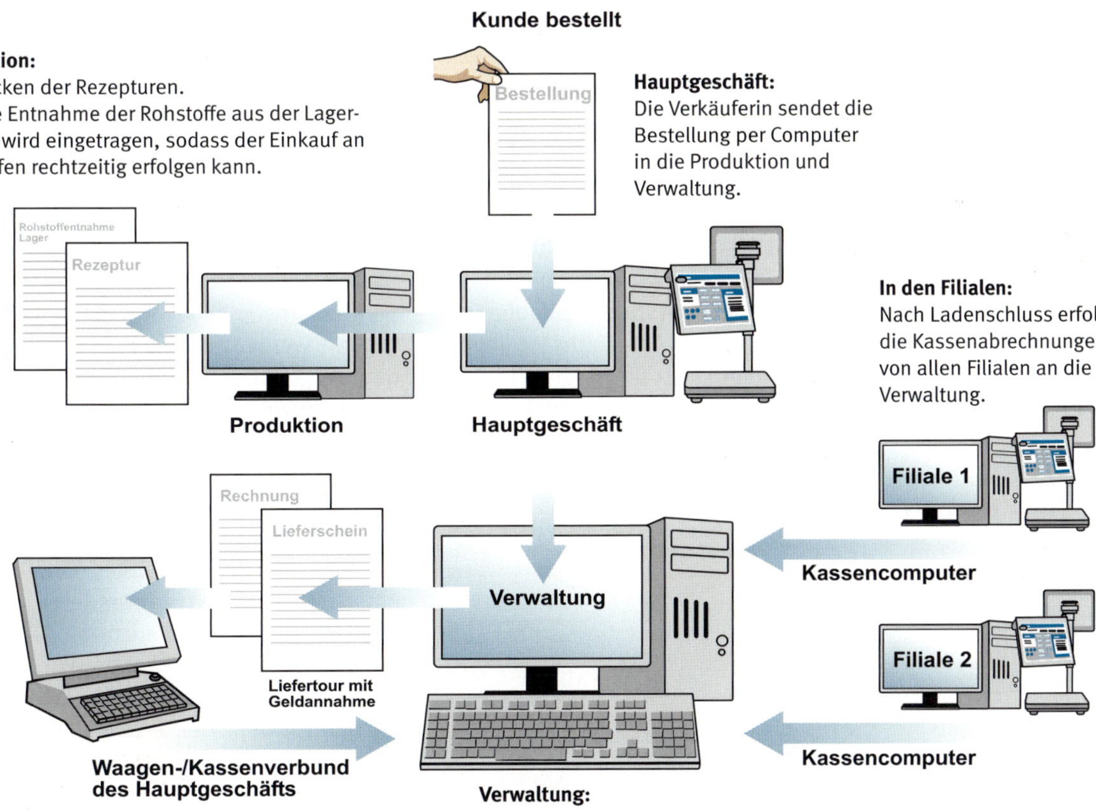

Hauptgeschäft:
Der Betrag wird in den Waagen/Kassen eingegeben. Diese Eingangsbestätigung des Geldes geht automatisch an den Computer der Verwaltung und wird dort gebucht.

Verwaltung:
Die Bestellung wird in der Kundendatei aufgenommen. Die Liefertour und der Lieferschein sowie die Rechnung werden für den Ausfahrer ausgedruckt. Der Ausfahrer gibt das vom Kunden erhaltene Geld für die gelieferte Ware in der Kasse des Hauptgeschäfts ab.

Vernetzung der EDV in der Fleischerei Nusse: Ein Kunde bestellt Waren im Hauptgeschäft, die bei Lieferung bar bezahlt werden.

1

und Abteilungen Daten und Informationen austauschen können. So entsteht ein **lokales Netzwerk** (engl. LAN – local area network). Findet eine Verbindung von Computern und Waagen beispielsweise einer Fleischerei mit deren Filialen oder Zulieferern statt, so bedarf es eines **Netzwerkes mit Datenübertragungseinrichtungen** über Unternehmens- und Grundstücksgrenzen hinaus. Dies wird als WAN (engl. wide area network) bezeichnet.

Umweltfreundliches Büromanagement:

- TFT-Bildschirme oder LCD-Bildschirme
- Videokonferenzen statt Geschäftsreisen
- Mülltrennung
- Schmierpapier statt Altpapier
- nicht alle E-Mails ausdrucken
- Faxempfang per Computer
- „Das elektronische Büro“: Die Verwaltung der meisten Daten auf elektronischem Wege statt auf Papier
- energiesparende Leuchtmittel
- zwischen den Kaffeepausen Kaffee-/Espressomaschinen ausschalten

Die Gestaltung der Programme ist meist sehr benutzerfreundlich, sodass fast alle Mitarbeiter/-innen damit arbeiten können. Viele Softwarefirmen bieten mit der Installation ihrer Programme auch eine Mitarbeiterschulung an, dabei können Kenntnisse zur Anwendung erworben werden.

Der **Datenschutz,** der Schutz von Mitarbeiterdaten, Kundendaten und Geschäftsinterna (Betriebsvermögen, Rezepturen usw.), vor unberechtigtem Zugriff muss über Passwörter sichergestellt werden.

Manche Firmen bieten eine **Kombination aus Soft- und Hardware** an, bei der die eingesetzten Computer und Touchscreen-Monitore (Vereinigung von Tastatur und Monitor) nur mit dem Programm der Firma laufen.

- Vorteile: Touchscreen-Monitore sind für die speziellen Temperatur- und Luftfeuchtigkeitsbedingungen in den Verkaufs- und Lagerräumen ausgerüstet. Die Bedienung dieser Monitore ist für Angestellte mit wenig Computerkenntnissen möglich.
- Nachteil: Man ist auf die Computerfirma derart angewiesen, dass bei einem Wechsel der Firma auch die Hardware nicht mehr einsetzbar ist.

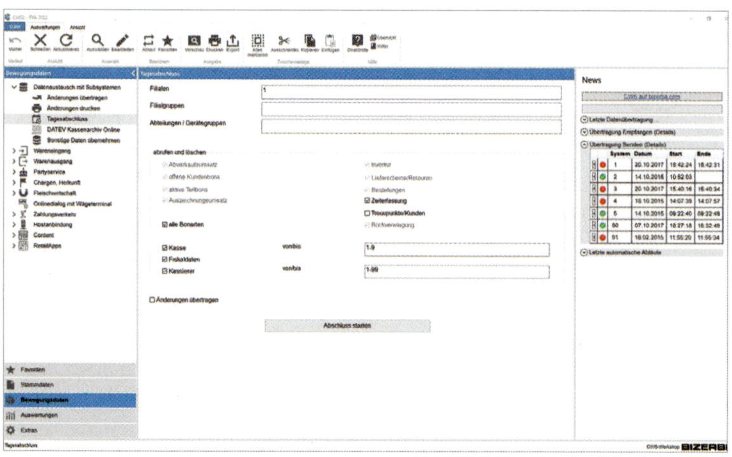

Übertragung von Daten (Artikeln, Preisen usw.) an die Filialen

2.3.2 Ziele des EDV-Einsatzes

Die grundlegenden Ziele eines Betriebs sind die Einsparung von Kosten (Kostenminimierung) und die Erhöhung des Gewinns (Gewinnmaximierung). Diese Ziele sind miteinander verknüpft. Werden Kosten eingespart, kann sich dies positiv auf den Gewinn auswirken, wenn dabei die Verkaufspreise konstant bleiben. Da der Konkurrenzdruck zwischen den Betrieben sehr hoch ist, werden bei einer Kostensenkung häufig die Preise gesenkt und damit die Konkurrenzfähigkeit erhöht.
Mithilfe der EDV kann eine Kosteneinsparung erfolgen durch

- Personaleinsparung im Bereich der Verwaltung (Rechnungserstellung, Lohnabrechnung, Bestellungen usw.),
- Zeitersparnis aufgrund von gestrafften Betriebsabläufen,
- schnellen und direkten Informationsaustausch, z. B. mit Filialen oder Kunden,
- übersichtliche Lagerhaltung und Materialverwaltung,
- Festlegen von Qualitätsstandards.

Sehr kurzfristig gedacht können Kosten eingespart werden, indem man qualitativ minderwertige Materialien einsetzt. Dies führt allerdings zu minderwertigen Produkten. Kostenersparnis sollte niemals zulasten der Qualität gehen!
Verbraucher erwarten von einer Fleischerei Qualitätsware und sind auch bereit, einen gerechtfertigten Preis zu zahlen. Qualität hängt einerseits von den verwendeten hochwertigen Materialien, aber auch von der Verarbeitungsweise ab. Ein Wiener Würstchen mit Fett- und Geleeabsatz ist keine Qualitätsware mehr, auch wenn der Geschmack stimmt.
Hier kann der EDV-Einsatz **Qualitätsstandards** bieten durch

- vereinheitlichte Rezepturen,
- vereinheitlichte Angebote (z. B. im Partyservice/Catering),
- vereinheitlichte Produktionsabläufe,
- Überprüfung der Hygienerichtlinien.

Zu den Aufgaben eines Fleischermeisters gehören die Auswertung von Umsatzzahlen, die Ermittlung von gut laufenden und weniger gut laufenden Produkten, um entweder bestimmte Produkte stärker zu bewerben oder nicht mehr zu produzieren. Darüber hinaus muss der Fleischermeister im Blick haben, wie viele Rechnungen noch ausstehen, um nicht in finanzielle Engpässe zu geraten. Manche Kunden sind nicht zahlungswillig oder -fähig oder haben eine Rechnung vergessen. Hier müssen Mahnungen geschickt werden.

Die EDV gibt eine **Übersicht über die finanzielle Situation des Betriebs** durch

- Ermittlung des täglichen Umsatzes,
- Aufzeichnung der Zahlungsverpflichtungen (Verbindlichkeiten),
- Aufzeichnung der offenen Kundenrechnungen (Debitoren),
- Ermittlung von Kennzahlen (Liquiditätsberechnung = Zahlungsfähigkeit; Rentabilitätsberechnungen = Rückfluss des investierten Kapitals),
- Buchführung für das Finanzamt mit Berechnung der abzuführenden Mehrwertsteuer usw.

Um betriebswirtschaftliche Beurteilungen vorzunehmen, muss der Fleischermeister genau über die Daten seines Betriebs informiert sein (Beispiel: Ist es sinnvoll, das italienische Büfett beizubehalten, obwohl der Arbeitsaufwand höher ist als beim bayerischen Büfett – bei gleichen Einnahmen?). Die EDV gibt einen **Überblick über die Werte des betriebswirtschaftlichen Umsatzprozesses,** nämlich

- Ausgaben
- Aufwand
- Kosten
- Einnahmen
- Ertrag
- Leistung

2.3.3 Beispiele für den Einsatz der EDV

Bei sehr großen Betrieben wird meist von EDV-Spezialisten eine individuelle, maßgeschneiderte Software erstellt. Dies ist eine sehr teure Lösung. Für kleinere bis mittelgroße Betriebe gibt es sogenannte Branchensoftware, die spezielle Lösungen für die Fleischerei mit ihren Filialen, den Verkaufswagen und eventuell den angegliederten Partyservice liefert. Ist eine Fleischerei sehr klein, reicht eventuell eine Standardsoftware mit den für alle käuflichen Tabellenkalkulations-, Textverarbeitungs-, Grafik- und Adressprogrammen.

Die branchenübliche Software ermöglicht folgende Anwendungen:

- **Leistungserstellung**
  - Rezepturverwaltung (▸ Abb. S. 38)
  - Vervielfachen der Rezepte
  - Kalkulation der Verkaufspreise
  - Energie-/Nährwertberechnungen
- **Lager- und Materialverwaltung**
  - Warenbestand (Menge, Art)
  - Wareneingang (Menge, Art, Mindesthaltbarkeitsdatum bzw. Eingangsdatum)
  - Warenausgang (Verbrauch)
- **Personalverwaltung**
  - Erstellung von Dienstplänen
  - Personalkostenabrechnung
  - Personalbuchführung
  - Personaldatenerfassung (Achtung: Datenschutz!)
- **Steuerung der Verkaufsstellen**
  - Umsatz-/Erlösmanagement
  - Erstellung von Verkaufsplänen
- **Marketing**
  - Verkaufskonzepte
  - Erstellung von Flyern
  - Erstellung von sonstigen Werbematerialien (Plakate, Visitenkarten usw.)
  - Kundenbindung (computergesteuerte Verwaltung von Treuepunkten)
  - Happy Hour
- **EG-Hygiene-Verordnungen**
  - Erstellung praktischer Anordnungen
  - Überwachung
  - Dokumentation
  - Erstellung von Informationsmaterial für die Mitarbeiter (Mitarbeiterschulung)
- **Partyservice/Catering**
  - Kundenkartei
  - Büfettvorschläge
  - Bestellungen
  - Personalkoordination
  - Rechnungen
- **Erstellung betriebswirtschaftlicher Kennzahlen**
  - Umsatz-/Erlösbetrachtung
  - Wirtschaftlichkeitsanalysen

1

- **Rechnungswesen/Buchhaltung**
  - Kontenführung (Debitoren/Kreditoren = Schuldner/Gläubiger)
  - Abrechnung
  - Kostenrechnung für Fuhrpark, Maschinen usw.

- **Verkauf**
  - Etiketten/Preisschilder nach der Lebensmittelinformationsverordnung (LMIV)
  - Artikel mit Preisen in allen Kassen
  - Kassenabrechnung nach Betriebsschluss
  - Warenlieferungen (zu Kunden und Filialen)
  - Retourlieferungen aus Filialen

Die meisten Anbieter von Programmen für die Fleischerei bieten zusätzlich zur Software entsprechende Waagen, Kassensysteme und Etikettiergeräte an.

Bei der Wahl eines Programms ist zu überlegen, wie groß der Betrieb ist, wie viele Filialen es gibt und welche sonstigen Leistungen erbracht werden (Partyservice/Catering, Marktverkaufswagen, Kundendirektlieferung usw.).

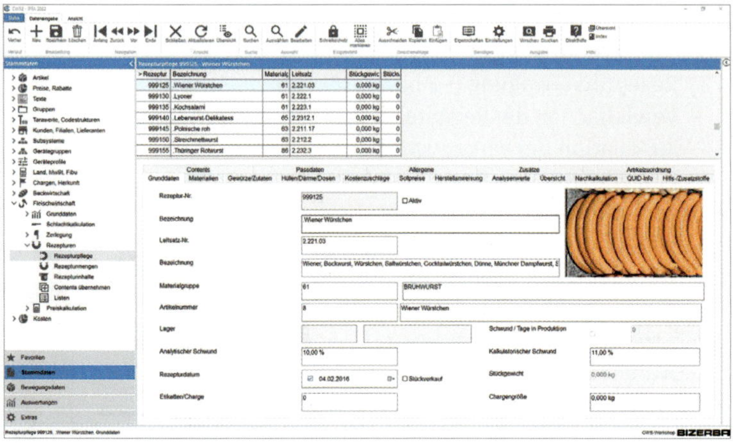

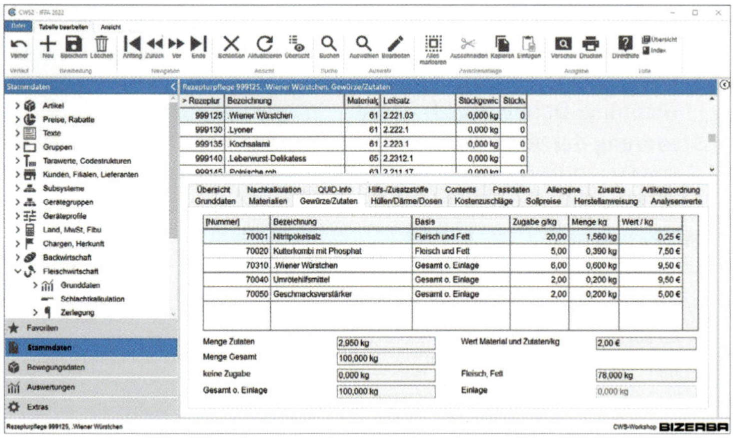

Rezepturverwaltung

Rezeptur Wiener Würstchen

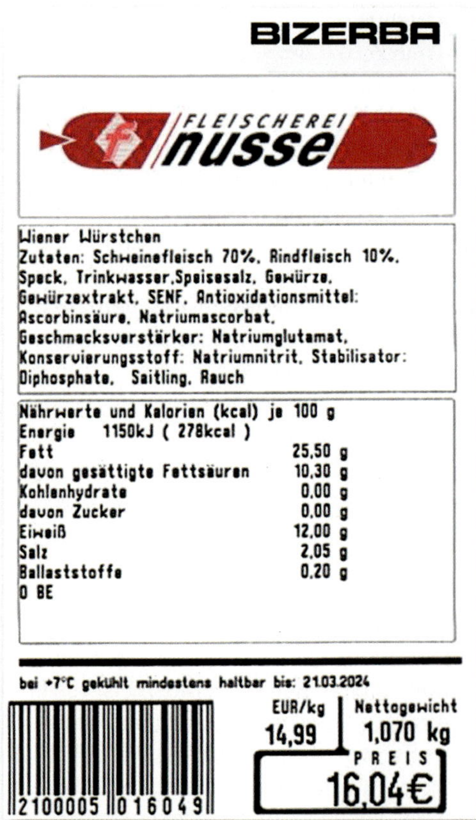

Etikett mit Wareninformationen

2.3.4 Interneteinsatz

Verschiedene Anbieter (Provider) wie T-Online und andere private Telefonanbieter ermöglichen den Zugang zum Internet.

Das Internet nutzen

Jeder, der das Internet nutzt, hat die Möglichkeit, sich eine eigene E-Mail-Adresse einzurichten, sozusagen einen elektronischen Briefkasten, über den Informationen empfangen werden können. Das Zeichen „@" ist das Kennzeichen jeder E-Mail-Adresse. Beispiel: info@fleischerhandwerk.de

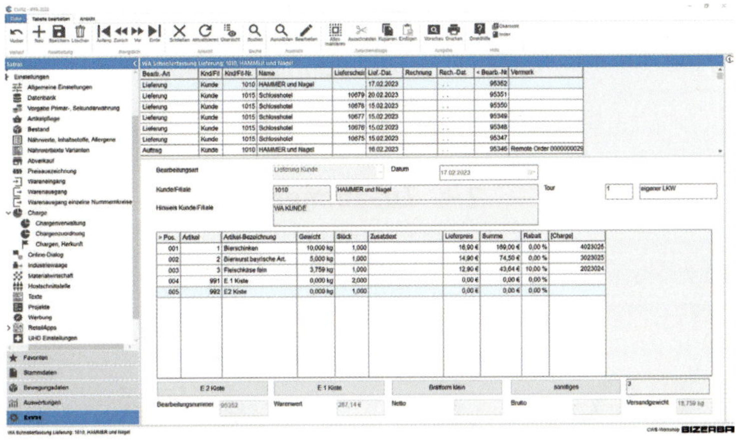
Lieferscheinerstellung

Das Internet bietet vielfältige Möglichkeiten:
- Geschäftsvorgänge können papierlos und schnell abgewickelt werden, z. B.
  - Bankgeschäfte (Homebanking),
  - Einkauf und Verkauf von Waren,
  - Bestellungen von Rohstoffen und Maschinen
  - Schriftverkehr (z. B. mit Kunden und Rohstofflieferanten).
- Informationen können eingeholt werden, z. B. über
  - die Konkurrenzsituation,
  - Angebote von Rohstoffen, Maschinen,
  - die Berufsverbände (Fortbildungsmöglichkeiten, Fachmessen, Tarifverträge, Rezepturen usw.),
  - aktuelle Bestimmungen des Lebensmittelrechts.

Eine Homepage erstellen

Um Informationen zu verbreiten oder um ein Unternehmen werbemäßig darzustellen, kann ein Dokument, eine „Homepage", gestaltet werden. Homepages sind repräsentative Adressen, z. B. von Unternehmen, und nach folgendem Schema aufgebaut:
http://www.fleischerhandwerk.de
- https: Übertragungsprotokoll
- www: world wide web (weltweites Netz)
- fleischerhandwerk: Netzadresse des Homepage-Inhabers (grundsätzlich frei wählbar; bei der Ersteinrichtung einer Homepage überprüft im Regelfall der Anbieter, ob die Adresse bereits vergeben ist)
- de: Länderkürzel, in diesem Fall Deutschland; bei internationalen kommerziell ausgerichteten Homepages findet man häufig „com"
- Die Zeichen „:", „/" und „." dienen der Trennung der einzelnen Adressteile.

Eine professionelle Homepage sollte klar strukturiert und mit aufwendigen Abbildungen gestaltet sein, um den Betrachter zu „fesseln". Die heutige Flut an Informationen bedingt, dass eine Homepage bereits beim ersten Blick des Betrachters bzw. Kunden die Aufmerksamkeit auf sich ziehen muss. Daher sollte die Hilfe von professionellen Softwarespezialisten in Anspruch genommen werden, um einen wirklich ansprechenden Internetauftritt zu erzielen.

▶ Ermitteln Sie im Internet einige Homepage-Adressen von Fleischereien, z. B. mit „Suchmaschinen" wie www.google.de. Vergleichen Sie, wie die einzelnen Homepages aufgebaut sind, welche Informationen Sie jeweils bekommen und ob sie sinnvoll sind. Wie würden Sie die Homepage Ihrer Fleischerei aufbauen und gestalten?

Homepage einer Fleischerei

Eine Homepage muss regelmäßig aktualisiert und gepflegt werden, denn nichts ist schlimmer als veraltete Informationen oder Angebote, die keine Gültigkeit mehr haben.

2.4 Zusammenarbeit im Team

Die Zusammenarbeit im Team ist sehr wichtig, denn sie trägt zu einer erhöhten Produktivität und einem guten Betriebsklima bei. Die Zufriedenheit der Mitarbeiter wiederum strahlt auf die Kunden im Geschäft aus und wirkt somit verkaufsfördernd.

Teamarbeit

Da die Fähigkeit, im Team arbeiten zu können, von den meisten Arbeitgebern sehr hoch bewertet wird, wird diese oft in Einstellungsgesprächen und -tests beim zukünftigen Mitarbeiter geprüft.

Teamarbeit kann auch erlernt und ausgebaut werden. Es gibt bestimmte Seminare, in denen die positive Zusammenarbeit trainiert wird. Lassen sich die Mitarbeiter darauf ein, dann kann ein solches Schulungsseminar eine lohnende Investition für den Betrieb sein. Die Mitarbeiter müssen nicht eng miteinander befreundet sein, um zur Teamarbeit fähig zu sein, allerdings sollten sie sich untereinander anerkennen, auch wenn es Unterschiede kultureller, religiöser oder sonstiger Art gibt. Ebenso kann eine Teamarbeit nur funktionieren, wenn Meinungsverschiedenheiten akzeptiert werden. Ein Teammitglied mit einer höheren Fachkompetenz sollte dies aber nicht ausnutzen, um die anderen zu kommandieren, sondern erklärend und helfend eingreifen, wo Fachkompetenz gebraucht wird.

& Komplexe Aufgaben

1. Ihr Ausbildungsbetrieb möchte sich im Internet präsentieren.
Beschreiben Sie Ihre Fleischerei nach folgenden Angaben:

- **a)** Nennen Sie den Namen Ihres Betriebes. Was zeichnet Ihre Fleischerei aus?
- **b)** Beschreiben Sie Ort und Lage des Hauptgeschäftes und dessen Filialen (Stadtplan, Skizze).
- **c)** Machen Sie Fotos vom Gebäude sowie von den Produktions- und Verkaufsräumen.
- **d)** Wie viele Mitarbeiter gibt es in Produktion und Verkauf: Auszubildende, Gesellen, Meister?
- **e)** Erstellen Sie einen Grundriss der Produktions- und Verkaufsräume (ungefähre Maße in m).
- **f)** Welche wichtigen Maschinen und Geräte gehören zur Einrichtung Ihres Betriebes?
- **g)** Geben Sie eine Übersicht über die Hauptprodukte Ihrer Fleischerei:
  - Fleisch
  - Fleischerzeugnisse (Schinken, Hackfleisch)
  - Wurstwaren

2. Bilden Sie Gruppen. Jede Gruppe hat die Aufgabe, in einer vorgegebenen Zeit einen Turm aus Papier zu bauen. Nur die Schere ist als Hilfsmittel erlaubt. Legen Sie 30 Bogen A4-Papier bereit.
Welche Gruppe schafft es, den höchsten Turm zu bauen?
In jeder Gruppe sollte ein Mitglied bestimmt werden, das das Team während der „Bauphase" beobachtet. Wie verhalten sich die einzelnen Teammitglieder? Diskutieren Sie Ihre Beobachtungen in der Klasse.

Aufgaben zur Wiederholung

1. Recherchieren Sie, was „Hygiene“ heißt.
2. Beschreiben Sie die Aufgaben der Lebensmittelhygiene.
3. Warum ist Hygiene so wichtig? Nennen und beschreiben Sie vier herausragende Gründe, die dies verdeutlichen.
4. Mikroorganismen kommen an vielen Körperteilen vor. Nennen Sie mindestens fünf Körperteile. Beschreiben Sie die davon ausgehenden Gefahren und die daraus zu ergreifenden hygienischen Maßnahmen.
5. Beschreiben Sie, was vor Beginn der Arbeitsaufnahme aus Sicht der Personalhygiene zu beachten ist.
6. Nennen Sie Erkrankungen, bei denen Mitarbeiter nicht mit Lebensmitteln umgehen dürfen.
7. Die Hygiene der Hände ist ein besonderer Bereich der Personalhygiene. Nennen Sie mindestens fünf Beispiele zur Handhygiene.
8. Erläutern Sie, worauf beim Wareneingang aus Sicht der Produkthygiene zu achten ist.
9. Beschreiben Sie, worauf bei der Lagerung von Lebensmitteln aus Sicht der Produkthygiene zu achten ist.
10. Nennen Sie die Temperaturbereiche, die im Betrieb beachtet werden müssen (Produkthygiene).
11. Beschreiben Sie die Maßnahmen, die bei Produktionsende im Rahmen der Betriebshygiene durchzuführen sind.
12. Was verstehen Sie unter Datenschutz?
13. Überlegen Sie, welche Kosteneinsparungen in der Fleischerei möglich sind.
14. Beschreiben Sie, was zur Qualitätssicherung gehört.
15. Erläutern Sie drei Beispiele des EDV-Einsatzes in der Fleischerei.
16. Welche beruflichen Informationen können Sie über das Internet abrufen?
    Nennen Sie drei Beispiele.
17. Erläutern Sie die Begriffe Soft- und Hardware.
18. Nennen Sie zwei Beispiele für betriebswirtschaftliche Berechnungen durch die EDV.
19. Erläutern Sie die einzelnen Angaben der folgenden Internetadresse:
    http://www.fleischereibedarf.com
20. Nennen Sie drei Beispiele aus der Praxis, bei denen Sie die EDV zu Werbezwecken einsetzen können.
21. Beschreiben Sie, welche Vorteile die Teamarbeit für die Teammitglieder bietet.
22. Erläutern Sie, wodurch sich eine gelungene Teamarbeit auszeichnet.
23. Nennen Sie Vorteile, die sich durch Teamarbeit für die Kunden erzielen lassen.

Ausgewählte Fachrechenaufgaben

1. Ein Schnellimbissrestaurant bestellt bei Ihnen:
   - am 24.09.: 6,500 kg Schweinekammsteak zu 12,94 €/kg
   - am 25.09.: 8,700 kg Wiener Würstchen zu 21,90 €/kg
   - am 26.09.: 4,300 kg Schaschlik zu 16,29 €/kg
   - am 27.09.: 5,600 kg Rostbratwurst zu 13,30 €/kg
   - am 28.09.: 5,200 kg Wiener Würstchen zu 21,90 €/kg

   a) Erstellen Sie mit dem Computer eine Rechnung, in der Sie Lieferanten und Käufer benennen.
   b) Ermitteln Sie den Bruttoverkaufspreis.
   c) Gewähren Sie 6 % Rabatt.
   d) Gewähren Sie 1,5 % Skonto (Summe in €/bei Bezahlung innerhalb von 8 Tagen in Aussicht stellen).
   e) Weisen Sie die MwSt. nach Abzug von Rabatt gesondert aus.
2. Der Personalberater der Fleischerinnung führt ein Teamseminar für neun Verkaufsmitarbeiter der Fleischerei Nusse durch. Das Seminar findet am Samstagnachmittag von 14.00 bis 18.00 Uhr und am Montagnachmittag von 13 bis 17.30 Uhr statt. Die Beraterstunde kostet 122 €.
   Für die Samstagsveranstaltung kommt ein Wochenendzuschlag von 41 €/je Stunde dazu.
   An Fahrtkosten berechnet der Berater je km 0,53 €. Die Entfernung vom Wohnort zum Seminarort beträgt 77 km. Die Rechnung wird mit 19 % MwSt. ausgestellt.
   a) Über welche Endsumme beläuft sich die Rechnung?
   b) Welche Kosten entstehen dem Fleischereibetrieb pro Teilnehmer?

3 Das Sortiment der Fleischerei kennenlernen

FLEISCHEREI nusse

Fleischermeister Nusse ruft Björn zu sich: „Bring mir doch bitte aus dem Kühlhaus die Dünnung."
Björn: „Meister, was soll ich holen?"
„Ach, in der Schule habt ihr dann wohl die Fleischteilstücke noch nicht durchgenommen."
Meister Nusse ruft Sabrina dazu: „Kommt mal mit, wir verschaffen euch jetzt mal einen ersten Überblick."
Björn: „Das ist alles Neuland für uns, das sind so viele neue Begriffe!"

Unter **Fleisch** wird Skelettmuskulatur mit anhaftendem oder eingelagertem Fett- und Bindegewebe verstanden, also das am Knochen anhaftende Fleisch. Beim Verkauf an den Endverbraucher gelten aber auch Fleischteile wie Koteletts, die einen Knochen enthalten, oder auch Schweinebauch mit Schwarte als Fleisch.

Der Begriff **„Fleischerzeugnisse"** umfasst alle Produkte, die ganz oder überwiegend aus Fleisch hergestellt worden sind. So gehören zum Beispiel das mit dem Fleischwolf zerkleinerte Rindfleisch (Rinderhack) oder der durch Pökeln (Salzen) und Räuchern bearbeitete Schinken (Rohschinken) genauso wie das fein zerkleinerte Rind- und Schweinefleisch mit Fettgewebe, Wasser, Salz und Gewürzen (Wiener Würstchen) zu den Fleischerzeugnissen.

Somit sind **Wurstwaren** (z.B. Wiener Würstchen) einerseits zwar Fleischerzeugnisse, andererseits haben sie eine solch große Bedeutung und Verbreitung, dass es notwendig ist, sie als Begriff aus den anderen Fleischerzeugnissen herauszuheben. Wurstwaren sind streichfähige oder schnittfeste Produkte aus Fleisch und Fettgewebe, zum Teil auch aus bestimmten Innereien unter Verwendung von Gewürzen und anderen Zutaten. Sie werden teilweise geräuchert und meist in Hüllen (Därmen) verkauft.

3.1 Zerlegung und Fleischteile der Schlachttiere

Der Fleischerberuf hat eine lange und ausgeprägte Tradition, sodass sich im Verlauf von Jahrhunderten viele regionale Besonderheiten gerade auch bei der Fleischzerlegung herausbilden konnten.

Grundsätzlich orientiert man sich bei der Zerlegung des Tiers am Körperbau und die Knochen werden möglichst fleischfrei herausgelöst. Die Zerlegung richtet sich aber ebenso nach dem Verwendungszweck des Fleisches (z.B. Verarbeitung oder Verkauf) oder nach den Angebotsformen (z.B. für den Großhandel oder als küchenfertiges Erzeugnis).
Aus einer Vielzahl von Zerlegemöglichkeiten haben sich Schnittführungen herausgebildet. So werden u.a. der DFV-Schnitt und der DLG-Schnitt unterschieden (DFV = Deutscher Fleischerverband; DLG = Deutsche Landwirtschaftsgesellschaft).

In diesem Kapitel soll eine Übersicht über die Fleischteile gegeben werden. In den folgenden Lernfeldern wird das Thema Zerlegung und Schnittführung vertieft. Aus diesem Grund wird hier die gröbere DLG-Schnittführung vorgestellt. Ebenso gibt es eine Vielzahl regional geprägter Begriffe für die einzelnen Fleischteile. In diesem Kapitel werden in der Regel die DLG-Begriffe verwendet.

1. *Spitzbein, hinten*
2. *Eisbein, hinten*
3. *Schinken/Keule*
(3a) *Oberschale*
(3b) *Unterschale*
(3c) *Nuss*
(3d) *Hüfte*
(4a) *Filetkotelett*
(4b) *Rippenkotelett*
5. *Kamm*
6. *Filet*
7. *Rückenspeck*
8. *Kammspeck*
9. *Brustspitze*
10. *Bauch*
11. *Wamme*
12. *Bauchzuschnitt*
13. *Bug/Schulter*
14. *Eisbein, vorn*
15. *Spitzbein, vorn*
16. *Kopf*
17. *Backe*

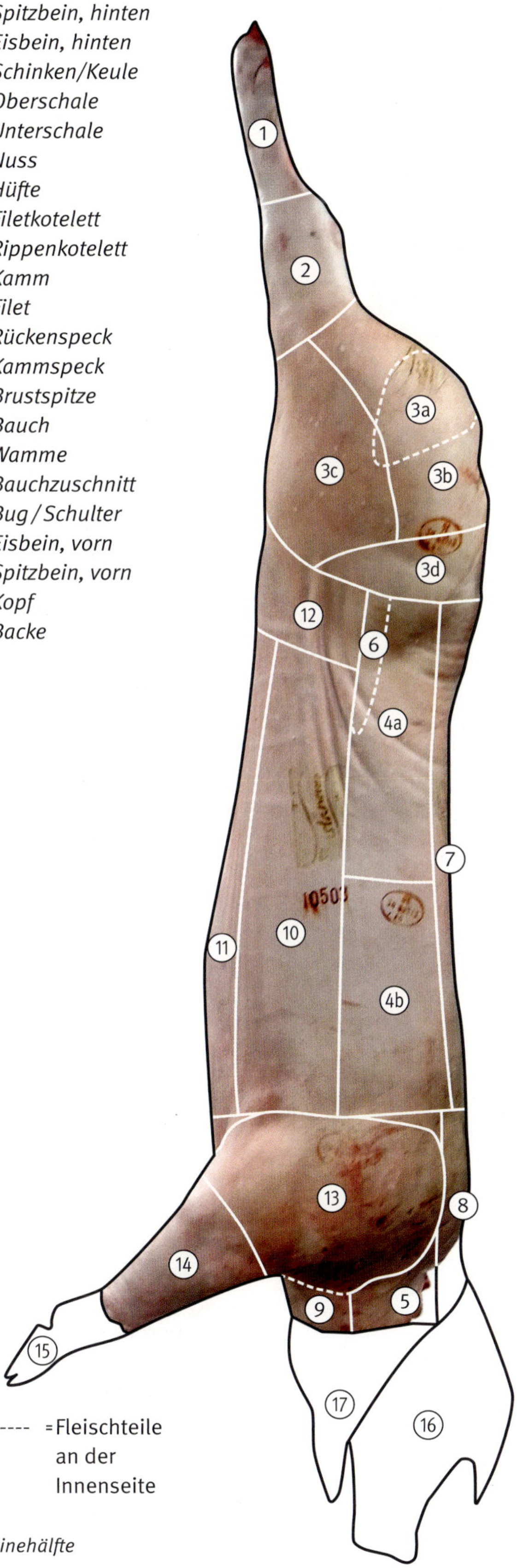

---- = Fleischteile an der Innenseite

Schweinehälfte

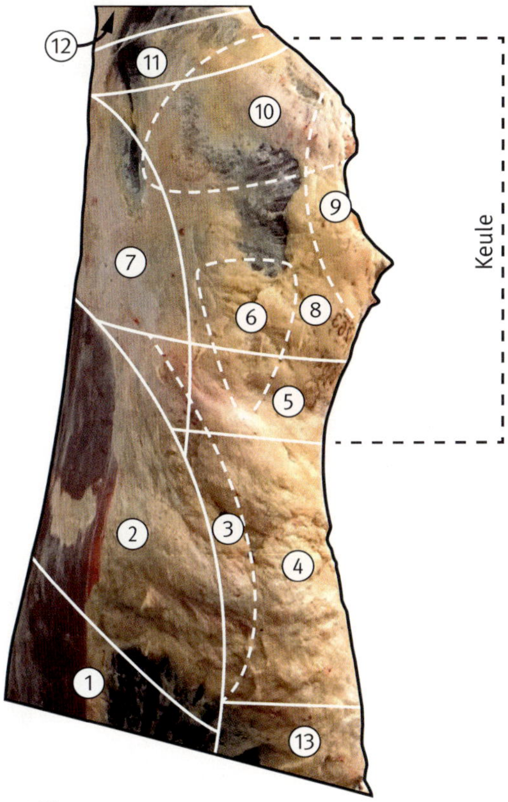

1. *Knochendünnung*
2. *Fleischdünnung*
3. *Filet*
4. *Roastbeef*
5. *Blume (Hüfte)*
6. *Tafelspitz*
7. *Kugel mit Bürgermeisterstück*
8. *Schwanzstück*
9. *Rolle*
10. *Oberschale mit Deckel*
11. *Rosenstück*
12. *Hinterhesse*
13. *Hohe Rippe*

Fleischteile des Rinderhinterviertels

(14) *Fehlrippe*
(15) *Kamm mit Hals*
(16) *Spannrippe*
(17) *Brust*
(18) *Bug*
(18a) *Dickes Bugstück*
(18b) *Schaufelstück*
(18c) *Falsches Filet*
(18d) *Restbug*
(18e) *Schaufeldeckel*
(19) *Vorderhesse*

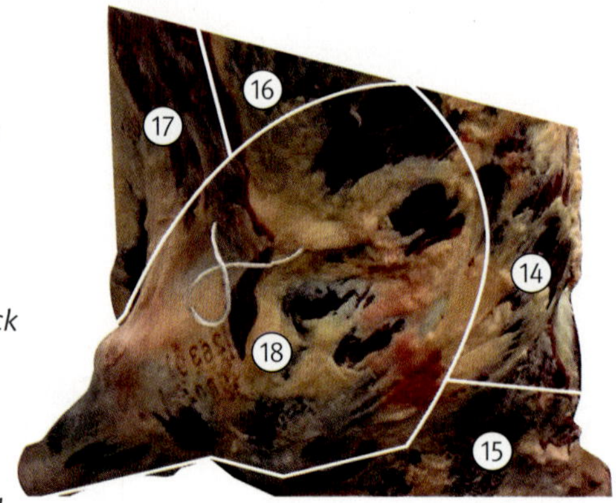

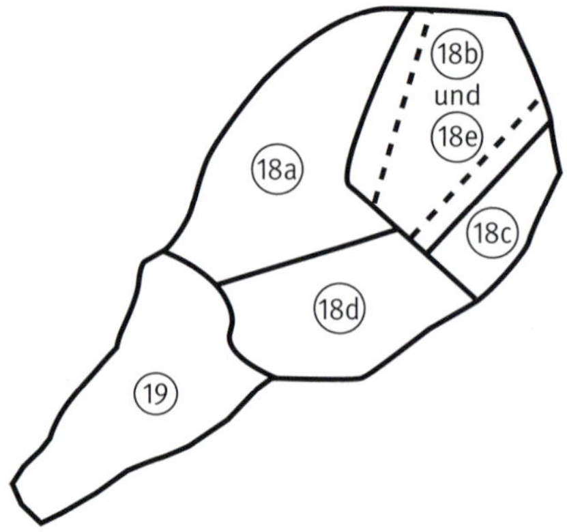

Fleischteile des Rindervorderviertels

(1) *Vorderhaxe*
(2) *Bug*
(3) *Hals*
(4) *Brust*
(5) *Rücken*
(6) *Dünnung*
(7) *Nuss*
(8) *Unterschale/ Frikandeau mit Rolle*
(9) *Hüfte*
(10) *Oberschale*
(11) *Hinterhaxe*

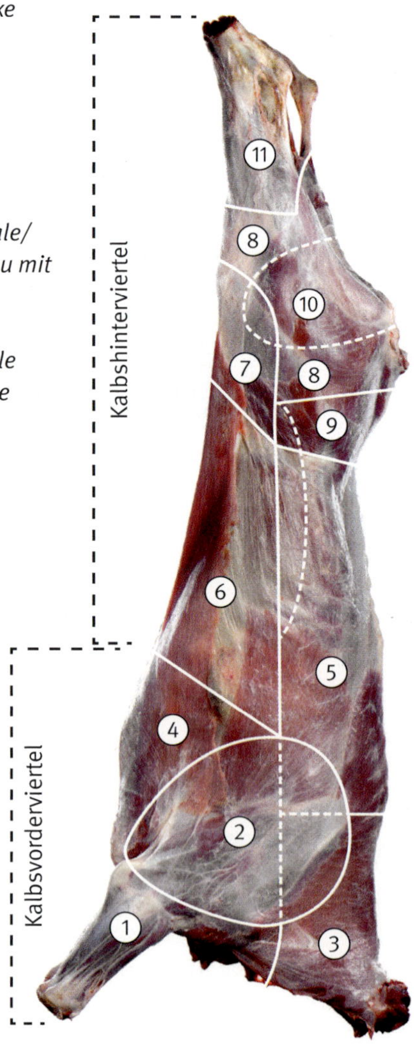

Fleischteile des Kalbs

(1) *Keule mit Hinterhaxe*
(2) *Dünnung*
(3) *Brust*
(4) *Bug*
(5) *Haxe*
(6) *Hals*
(7) *Kamm/Nacken*
(8) *Rücken/Kotelett*
(9) *Filet*

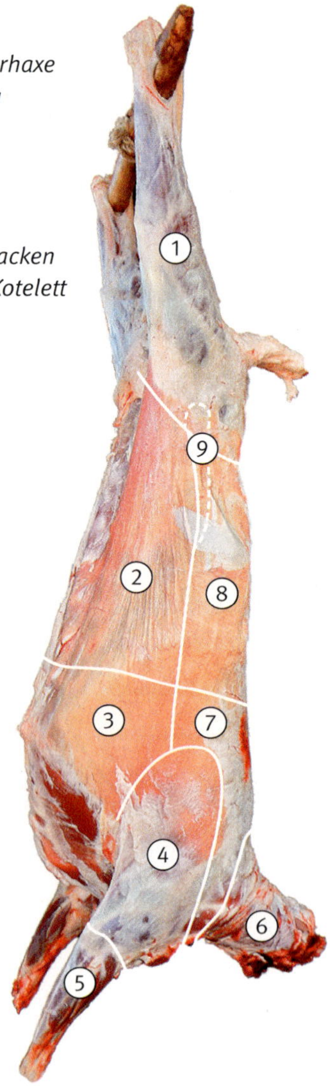

Fleischteile des Lamms

3.2 Einteilung der Fleischerzeugnisse

Werden die Wurstwaren – wie am Kapitelanfang erwähnt – separat betrachtet und die Frischfleischerzeugnisse (z. B. Rinderhack) nicht berücksichtigt, sieht eine mögliche Einteilung wie nebenstehend aus.

Fleischerzeugnisse		
Fleischerzeugnisse gepökelt		Fleischerzeugnisse ungepökelt
rohe Pökelwaren	gekochte (gegarte) Pökelwaren	
Kasseler Kotelett Schinkenspeck Katenschinken Rohschneider Rinderrauchfleisch Lachsschinken	Kochschinken Burgunder Schinken Prager Schinken Rindersaftschinken Kaiserfleisch Rinderzunge	Roastbeef Schweinebraten Kalbsbraten

1

3.3 Einteilung der Wurstwaren

Im deutschsprachigen Raum werden ca. 1500 Wurstsorten unterschieden. Kein anderes Land, kein anderer Sprachraum kennt so vielerlei Würste. Stolz bezeichnen sich die deutschen Fleischer als „die Könige der Wurstmacher".

Die Wurstwaren lassen sich in drei Hauptgruppen und in unterschiedliche Untergruppen aufteilen:

Brühwurst	Brühwürstchen Brühwürste, fein zerkleinert Brühwurst, grob Brühwurst mit Einlagen
Rohwurst	Rohwürste, schnittfest Rohwürste, streichfähig
Kochwurst	Kochstreichwürste Blutwürste Sülzwürste

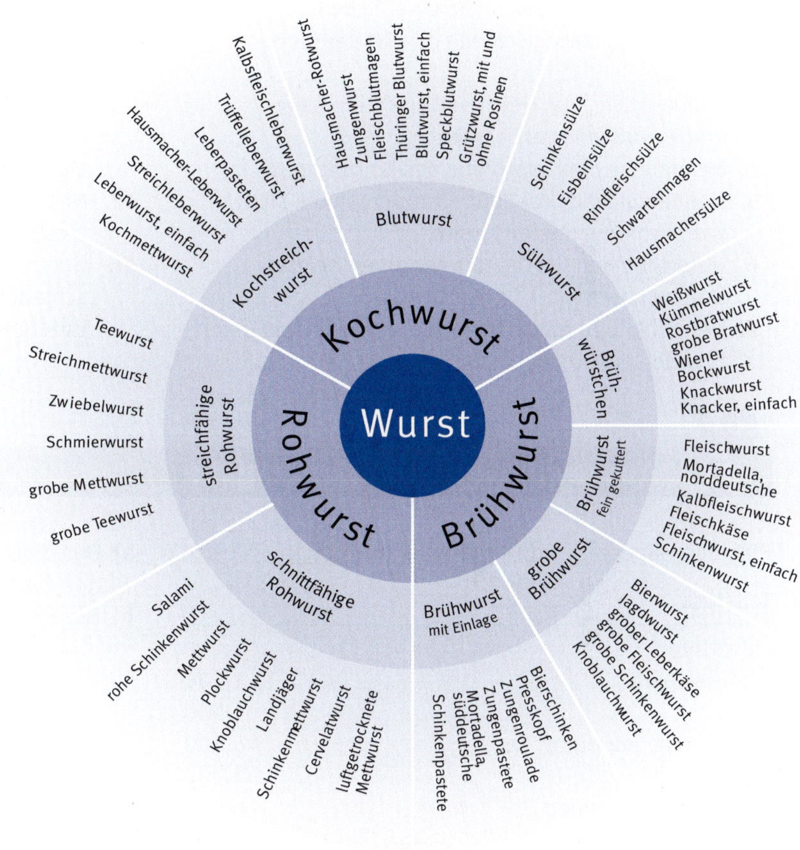

Wodurch unterscheiden sich die drei Hauptwurstgruppen?

Hauptwurstgruppen	Art des Materials	Beschaffenheit des Ausgangsmaterials	Bearbeitung des Materials bei der Herstellung	Beschaffenheit der Wurst nach der Herstellung
Brühwurst	Rind- und/oder Schweinefleisch, Speck und Eis	roh	meist unter Zusatz von Salz und Wasser (Eis) zerkleinerte Masse (Brät genannt), die gebrüht wird (teilweise vorher geräuchert)	sie ist schnittfest und bleibt es auch beim erneuten Erwärmen
Rohwurst	Rind- und/oder Schweinefleisch und Speck	roh	meist angefrorenes, im Kutter (oder Wolf) zerkleinertes Fleisch; gereift, häufig umgerötet und geräuchert; nicht erhitzt	roh, d.h. nicht gegart oder erhitzt; schnittfest oder streichfähig
Kochwurst	Schweinefleisch, Fettgewebe, je nach Sorte Leber, Blut und Schwarten	vorwiegend gegart (gekocht)	zerkleinert und anschließend nochmals erhitzt (gegart), evtl. danach geräuchert (kalt)	nur in erkaltetem Zustand schnittfest oder streichfähig; bei Wiedererwärmen wird sie weich

Komplexe Aufgabe

Ermitteln Sie das Wurstsortiment in Ihrem Ausbildungsbetrieb. Zeichnen Sie einen Wurstkreisel entsprechend dem Kreisel (▸ S. 45) und tragen Sie mit blauem Stift die Wurstsorten ein, die in Ihrem Betrieb hergestellt werden. Mit rotem Stift ergänzen Sie dann die Sorten, die von Ihrem Chef zugekauft werden.

Aufgaben zur Wiederholung

1. Nennen Sie die Fleischteile einer Schweinehälfte.
2. Nennen Sie die Fleischteile des Rinderhinterviertels.
3. Erläutern Sie, aus welchen Fleischteilen das Rindervorderviertel besteht.
4. Nennen Sie die Fleischteile des Rinderbugs.
5. Nennen Sie die drei Hauptgruppen, in die sich Wurstwaren einteilen lassen.
6. Unterscheiden Sie die Untergruppen bei den Brühwürsten.
7. Nennen Sie zu jeder Untergruppe von Kochwürsten fünf Beispiele.
8. Unterscheiden Sie die drei Hauptgruppen bei den Wurstwaren nach Art des Materials und Beschaffenheit des Ausgangsmaterials.
9. Unterscheiden Sie die drei Hauptwurstgruppen in der Bearbeitung des Materials bei der Herstellung.
10. Nennen Sie zwei mögliche Schnittführungen zur Zerlegung von Tierhälften.
11. Gliedern Sie die Fleischerzeugnisse in die verschiedenen Untergruppen und nennen Sie zu jeder Untergruppe drei Beispiele.

Ausgewählte Fachrechenaufgabe

Eine Schweinehälfte von 41,100 kg wird zerlegt:

Teilstück	kg
Fuß/Pfote	1,000
Hintereisbein	1,200
Nuss	1,100
Unterschale mit Hüfte	5,100
Oberschale	1,300
Filet- und Stielkotelett	6,800
Halskotelett	2,900
Bauch	5,900
Bauchzuschnitt	1,400
Wamme	0,900
Dicke Rippe	1,100
Bug/Schulter	5,100
Vordereisbein	0,900
Rückenspeck	1,900
Kopf mit Backe und Ohr	3,100
Zuschnitte	1,000

a) Berechnen Sie die prozentualen Anteile der einzelnen Fleischteile an der Hälfte.
b) Berechnen Sie den Zerlegeverlust in kg und %.

4 Arbeitssicherheit und Unfallverhütung beachten

Eine Mitschülerin aus Sabrinas Klasse erzählt beim Unterrichtsthema „Unfallverhütung“ folgende Begebenheit:

„Schon drei Mal war Herr Maier, der Gewürzfachberater, jetzt in unserer Wurstküche. Mein Chef scheint ihn schon länger zu kennen. Beim letzten Mal fragte er ihn, was eigentlich mit seinem Bein sei, da er humpele und es nachziehe. Herr Maier erzählte, er habe bei einer kleinen Fleischerei in Bayern seine Lehre absolviert und nach dem Zivildienst bei einem Zerlegebetrieb am Band angefangen. Beim Abtrennen des Roastbeefs vom Hinterviertel sei er mit dem Messer abgerutscht und habe die Hauptschlagader des rechten Oberschenkels getroffen.Mit dem Notarztwagen wurde er dann ins Unfallkrankenhaus gefahren und einer Notoperation unterzogen. In den folgenden acht Tagen musste er viermal operiert werden. Als Folge des Unfalls trat eine Beinverkürzung auf und aufgrund der langen Liegezeit stellte sich eine Fußveränderung ein, ein sogenannter Spitzfuß. Deshalb musste in einer weiteren Operation der Fuß versteift werden. Nach einem Dreivierteljahr wurde er endlich aus dem Krankenhaus entlassen. Die Berufsgenossenschaft Nahrungsmittel und Gastgewerbe wollte ihn zum Bürokaufmann umschulen. Mit viel Elan erreichte er, dass die Berufsgenossenschaft Nahrungsmittel und Gastgewerbe die zweijährige Technikerausbildung in Kulmbach übernahm. Mein Chef meinte, dass da wohl die Stechschutzschürze beim Arbeiten mit dem Messer gefehlt habe. Aber Herr Maier bestritt das und behauptete, niemals würde er von ihm hören, dass er keine Stechschutzschürze getragen habe.“

4.1 Unfallschwerpunkte in der Fleischerei

Jeder 13. Beschäftigte erleidet jährlich in der Fleischwirtschaft einen Arbeitsunfall.
Stich- und Schnittverletzungen mit dem Handmesser machen nahezu 40 % aller meldepflichtigen Unfälle bei der Berufsgenossenschaft für die Fleischereien aus (▸ Statistik auf Seite 48).Diese Unfälle sind zwar selten lebensgefährlich, fügen den Mitarbeitern aber großes Leid und Schmerzen zu. Nicht zu unterschätzen ist der erhebliche volkswirtschaftliche Schaden, der durch Arbeitsausfall und Zahlung von Versicherungsleistungen entsteht.

Unfallverhütung ist das oberste Gebot in der Fleischerei.
Unfallvermeidung nützt den Mitarbeitern und dem Betrieb.

4.1.1 Schutzkleidung

Stechschutzschürze

Viele schwere Unfälle mit dem Messer geschehen beim Auslösen der Knochen, da hier das Messer häufig zum Körper geführt werden muss. Stich- und Schnittverletzungen der Oberschenkel, der Genitalien und des Bauches sind die Folge.

Beim Auslösen und Zerlegen muss unbedingt eine Stechschutzschürze getragen werden.

Wichtig bei der Auswahl ist die richtige Länge der Stechschutzschürze, um je nach Körpergröße des Trägers einen optimalen Schutz der besonders gefährdeten Körperteile wie

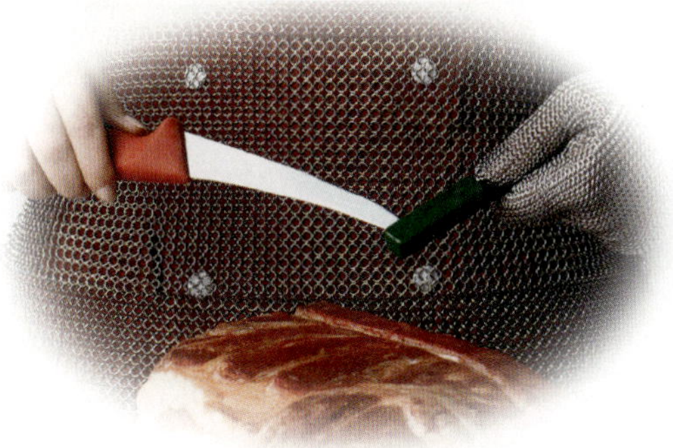

Unfallschwerpunkte (Angaben in %)

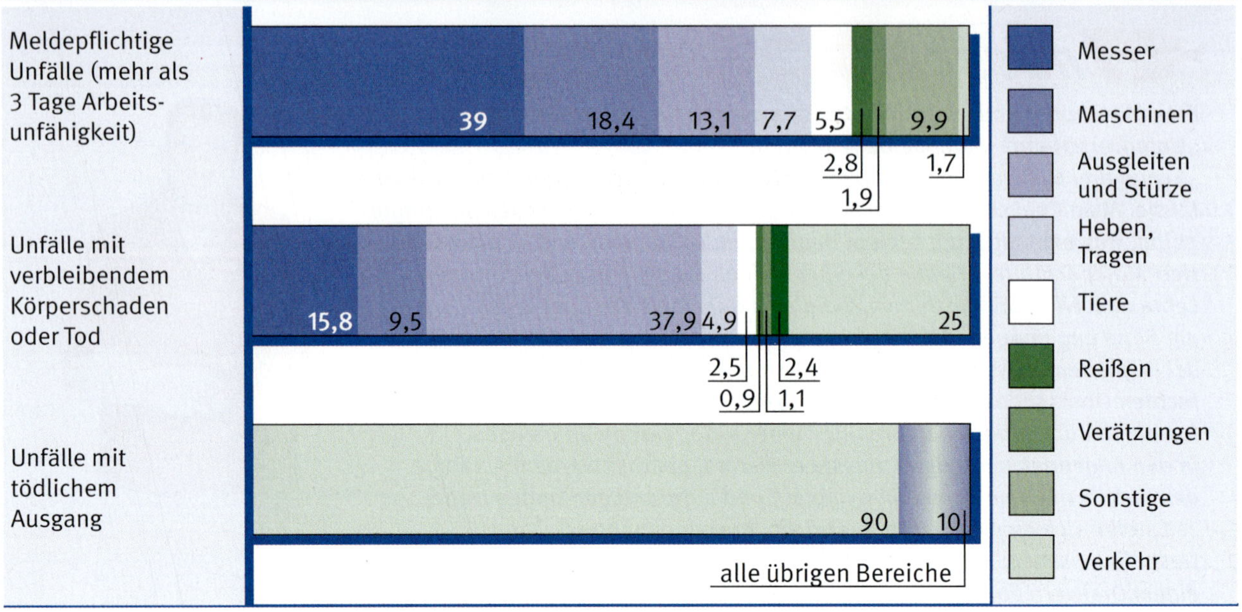

Überlegen Sie, ob Sie immer bei Auslösearbeiten eine Stechschutzschürze und einen Stechschutzhandschuh mit integriertem Unterarmschutz tragen. Welche schweren Verletzungen hätten Sie beinahe schon erlitten?

Bauch-, Genital- und Oberschenkelbereich zu gewährleisten. Dagegen ist es eine persönliche Entscheidung, ob die Schürze aus Edelstahl-Ringgeflecht oder Alu-Schuppenplättchen-Geflecht besteht.

Die heutigen Stechschutzschürzen lassen sich angenehm tragen, besonders die in Hemdform.

Stechschutzhandschuh mit integriertem Unterarmschutz

Entscheidend für die Art der Schutzkleidung ist die auszuführende Arbeit:

- Bei Schneidearbeiten und beim Austauschen von Maschinenmessern, z. B. Kutter- oder Aufschnittmaschinenmessern, bietet der Schnittschutzhandschuh aus textilähnlichem Gewebe ausreichenden Schutz.
- Bei Ausbein- und Zerlegearbeiten und bei einigen Schlachtarbeitsgängen muss der Stechschutzhandschuh getragen werden. Er besteht aus einem ca. 50 % kleineren Metallringgeflecht als die Stechschutzschürze.

Es sind unbedingt Schnittschutz- bzw. Stechschutzhandschuhe zu tragen.
An der Abschwartmaschine oder Säge darf allerdings auf keinen Fall mit Schutzhandschuhen gearbeitet werden, da hier die Verletzungen mit Schutzhandschuhen schwerwiegender sind als ohne. Denn der Stechschutzhandschuh kann durch seine Gliederstruktur von der Walze der Abschwartmaschine bzw. vom Sägeblatt der Bandsäge erfasst werden und würde dadurch die Hand des Fleischers in die Maschine hineinziehen und zu schwersten Verletzungen führen.

- Der Handschuh und der Unterarmschutz müssen fest miteinander verbunden sein. Nur so lassen sich die häufigen Verletzungen des Unterarms und des Handgelenks verhindern.
- Die neue Generation der Stechschutzhandschuhe besteht aus einem Metallringgeflecht. Dieses vereint den Handschuh und den Unterarmschutz in einem Stück.
- Der Verschluss besteht ebenfalls aus Edelstahl und gewährleistet somit eine gründliche Reinigung.
- Bei Arbeiten mit der Säge und der Abschwartmaschine ist das Tragen der Schutzhandschuhe **verboten!**

Schutzschürze, Schutzstiefel und Schutzhandschuhe
Arbeiten mit ätzenden Reinigungsmitteln und heißem Wasser gehören zum Alltag in der Fleischerei. Aus diesem Grund muss auch hierbei der Körper durch Schutzkleidung abgedeckt werden (Abb. rechts).

Augenschutzbrille und Gesichtsschutzschirm
Bei Arbeiten mit ätzenden Reinigungsmitteln (Laugen und Säuren) müssen Schutzbrillen getragen werden, die ausreichenden Schutz gegen Tropfen und Spritzer bieten.
Empfehlenswert ist das Tragen einer Schutzbrille beim Knochensägen, um sich vor möglichen Splittern zu schützen.

Der Gesichtsschutzschirm bietet Schutz vor Spritzern im Gesichtsbereich, ersetzt aber nicht die Schutzbrille.

Schutzhelm
Das Tragen von Schutzhelmen ist dort Pflicht, wo unter Rohrhochbahnen gearbeitet wird (z. B. im Schlachtbetrieb) und wo damit gerechnet werden muss, dass Materialien herabfallen können.

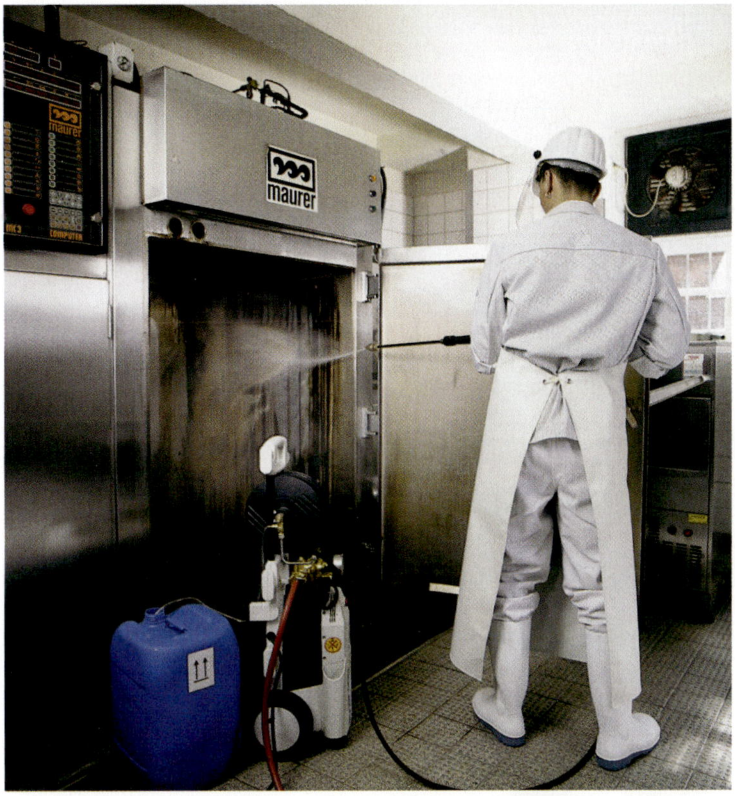

Schutz gegen heißes Wasser und Reinigungsmittel: Gesichtsschutzschirm, Schürze, Handschuhe, Stiefel

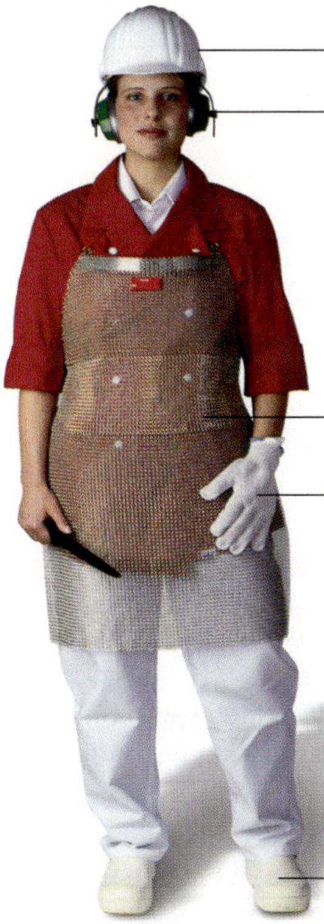

Schutzschuhe
Im Beruf des Fleischers werden häufig über längere Zeit stehende Arbeiten verrichtet. Aber auch das Gehen auf feuchten Böden erfordert angemessenes Schuhwerk.

Gehörschutz
Lärmschwerhörigkeit gehört mit zu den häufigsten Berufskrankheiten.

Durch Lärm entstandene Gehörschäden können ärztlich nicht behoben werden, deshalb müssen Gehörschäden vermieden werden!
Musik-Kopfhörer sind kein Gehörschutz!

Der Gehörschutz ist vorgeschrieben, wenn der Grenzwert bei einer Dauerbelastung von 85 dB (Dezibel) überschritten wird. Dezibel ist die Messeinheit für die Lautstärke.
Wichtig ist das Tragen von Gehörschutz vor allem bei häufigem und längerem Arbeiten am Kutter, an der Säge und im Schlachtbetrieb.

Schallquelle	dB
Atemgeräusch	25
Radio/TV in Zimmerlautstärke	55
Rasenmäher	60
Pkw	75
Diskothek	100
Kettensäge	110
Flugzeugstart	140

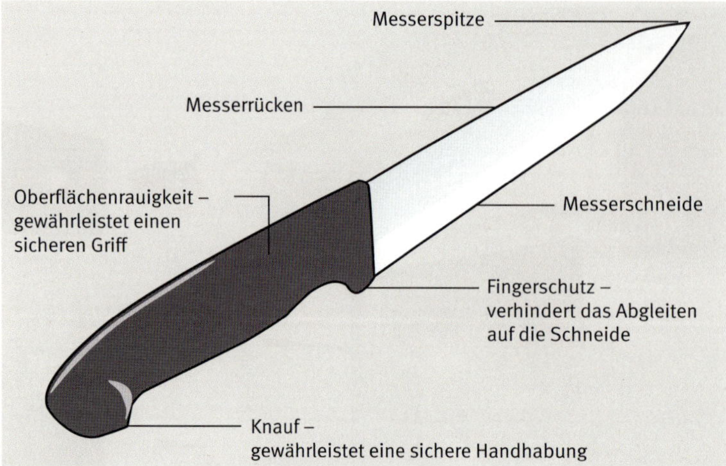

Die richtige Beschaffenheit des Messers

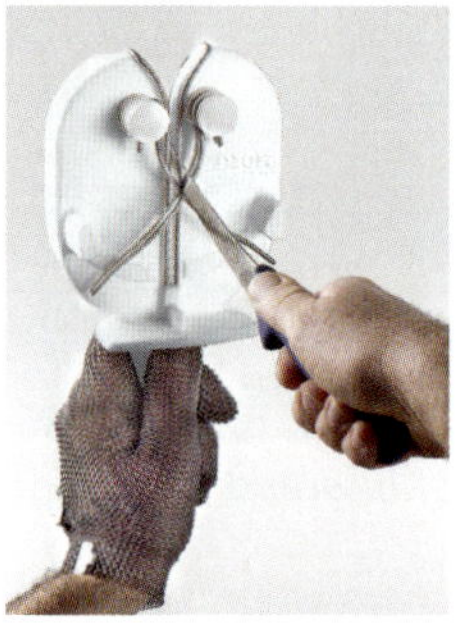

Messerabziehgerät

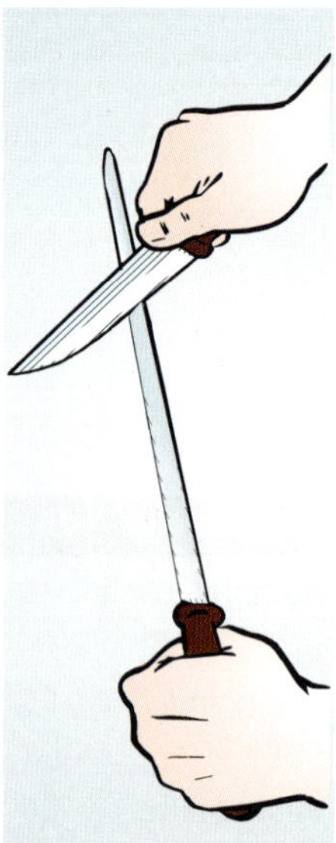

Abziehen des Messers

4.1.2 Schneidwerkzeuge und Haken

Bei den Schneidwerkzeugen werden Messer und Hackmesser unterschieden. Beide verursachen laut Statistik (▸ S. 48) die meisten meldepflichtigen Unfälle (39 %).

Messer

Auf den richtigen Griff kommt es an!
Der Messergriff muss so konstruiert sein, dass er mit der Hand vollständig umfasst werden kann und gut in der Hand liegt. Entscheidend für die Arbeitssicherheit ist, dass das Griffmaterial, die Griffgestaltung und die Oberflächenstruktur ein Abrutschen der Hand vom Griff auf die Messerschneide verhindern.

Nur richtig geschliffene Messer erhalten eine lang anhaltende Schärfe. Dies ermöglicht wiederum ein ermüdungsfreies Arbeiten.

Das Arbeiten mit stumpfen Messern erfordert viel Kraft. Dadurch kommt es zu Ermüdungserscheinungen und zum schnelleren Abrutschen am Fleisch und an den Knochen. Das Arbeiten mit scharfen Messern ist schneller und sicherer!

Auch die Schleifmaschinen haben einen indirekten Einfluss auf die Arbeitssicherheit. Der Einsatz von trockenen Schleifbändern oder Scheiben führt leicht zur Überhitzung des Materials. Dadurch kann die hohe Stahlqualität der feinen Schneide leiden, weil die Schnitthaltigkeit und die Elastizität abnehmen. Wassergekühlte Schleifmaschinen verhindern diese Erscheinungen und sind den trockenen Schleifmaschinen vorzuziehen.

Wetzstahl

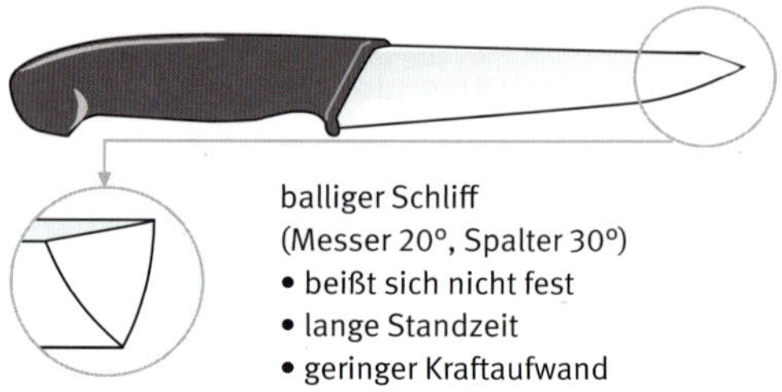

Der richtige Schliff: Messer v-förmig schleifen

Die Schleifrichtung geht immer von der Messerspitze zum Messergriff.
Begründung:
- Das Sicherheitsmaß an der Messerspitze, besonders bei Ausbeinmessern, kann besser erhalten werden (siehe Abb.).

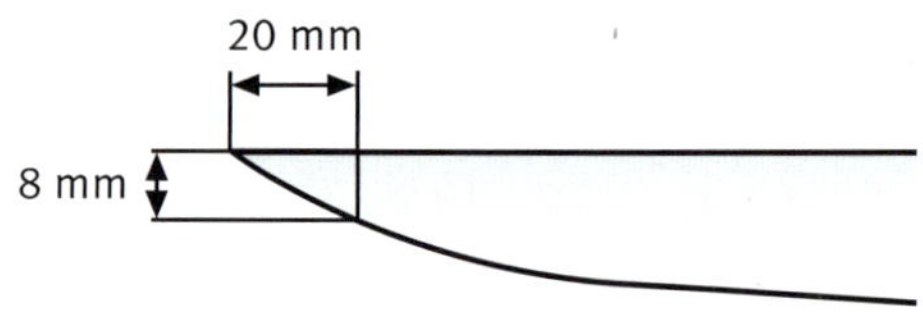

Die Klingenbreite muss, 20 mm von der Messerspitze entfernt, mindestens 8 mm betragen

Sicherheitsmaß bei Auslösemessern

- Der Verschleiß ist geringer.
- Die vorgegebene Klingenform bleibt erhalten.

Wetzstähle müssen am Griff einen umlaufenden Handschutz aufweisen.

Regeln im Umgang mit Messern:
- Messer dürfen nur im Köcher transportiert werden. Mitarbeiter sollten ihre Messer selbst greifen, um so ein direktes Weiterreichen zu vermeiden.
- Fallende Messer auf keinen Fall auffangen, sondern vielmehr beiseitetreten und es fallen lassen.
- Messer niemals ins Spülbecken legen, sondern immer am Griff festhaltend mit der Bürste reinigen.

Messer müssen sicher abgelegt werden und dürfen auf keinen Fall herumliegen. Folgende Möglichkeiten bieten sich an:

- Messerhalter an der Wand zum Einstecken
- magnetischer Messerhalter zur Wandmontage
- Ablage am Hackblock
- Köcher zum Messertransport

Je nach Arbeitseinsatz werden Messer mit bestimmten Klingenformen verwendet.

Das **Stechmesser** besteht aus einer geraden, starren Klinge (16 bis 18 cm) mit ausgeprägter Spitze.

Das **Schlachtmesser** wird hauptsächlich bei Schneidearbeiten während der Schlachtung verwendet (Klingenlänge 18 bis 21 cm).

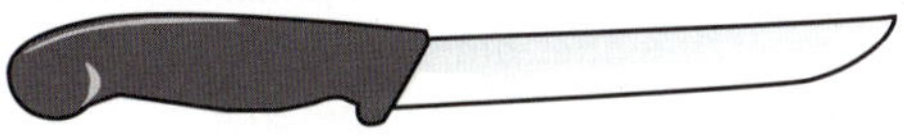

Das **Hautmesser** (Klingenlänge 16 bis 21 cm) findet seine Verwendung beim Enthäuten.

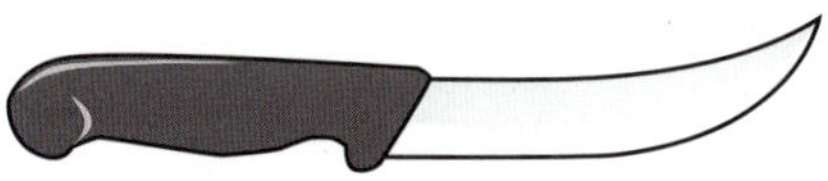

Ablageeinrichtungen für Messer

Das **Ausbeinmesser** mit der konventionellen deutschen Form hat eine Klingenlänge von 10 bis 16 cm.

Die **amerikanische Form des Ausbeinmessers** hat eine flexiblere Klinge von 16 bis 21 cm.

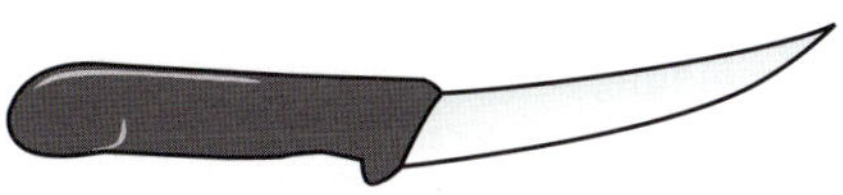

Das **Wurst- und Schinkenmesser** dient hauptsächlich zum Schneiden und Portionieren von Wurst und Schinken (Klingenlänge ca. 30 cm).

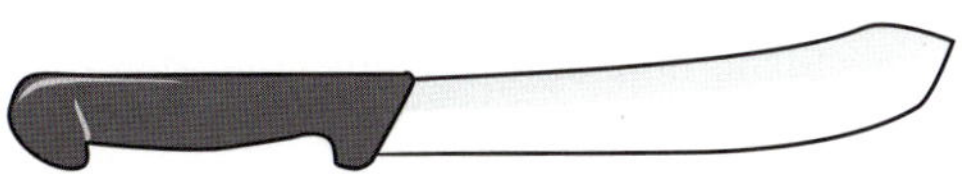

Das **Fleischmesser** mit einer Klingenlänge von 25 bis 30 cm wird insbesondere im Verkaufsbereich zum Fleischportionieren verwendet.

Das **Blockmesser** (Klingenlänge ca. 20 cm) wird zum Zuschneiden von Fleisch und zum Abschwarten benötigt.

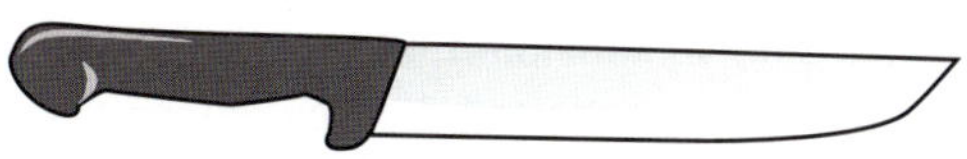

Das **Weichwurstmesser** zum Portionieren von Streichmettwurst und Kochstreichwurst hat eine besonders dünne Klinge von ca. 30 cm.

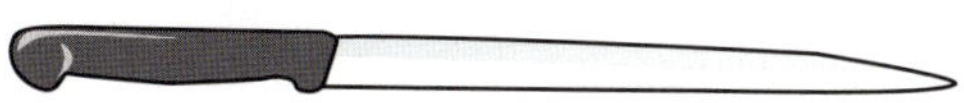

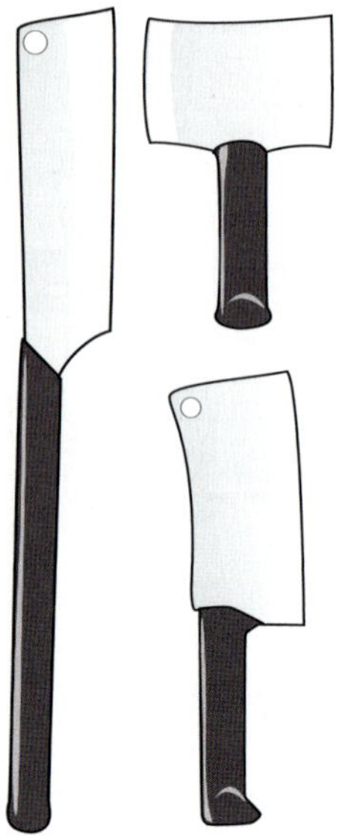

Klingenformen von Hackmesser und Spalter

Hackmesser

Zu den Messerarten gehören auch die Hackmesser (Beil, Spalter, Häuer) zum Durchhacken von Knochen. Hackmesser sind so konzipiert, dass man mit geringem Kraftaufwand aus dem Handgelenk heraus kräftige Hiebe führen kann.
Beim Schlachten benötigt man den **Spalter.** Zwar ist in fast allen größeren Schlachtbetrieben der Spalter durch die Elektrozangen (zum Abtrennen der Unterfüße) und Elektrosägen ersetzt worden, trotzdem ist er aus kleinen Betrieben nicht wegzudenken. Der Spalter muss beidhändig mit hohem Kraftaufwand geführt werden. Durch die starke Vorderlastigkeit des Spalters lassen sich große Hiebkräfte entwickeln. Wichtig beim Arbeiten mit dem Spalter sind das breitbeinige Stehen und das Tragen von Sicherheitsschuhen.

Regeln zur Verhütung von Unfällen mit Messern:
- Nur scharfe Messer benutzen.
- Auf richtige Klingenbreite und Messerspitzenmaß sowie ausreichenden Abrutschschutz achten.
- Messer fachgerecht aufbewahren.

Haken

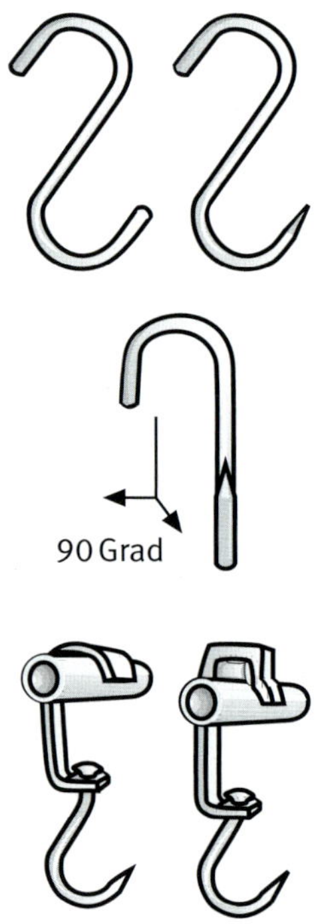

Haken

In der Fleischerei kommen verschiedene Haken zum Einsatz:
- ebene S-Haken ohne Spitze zum Aufhängen von Wurstwaren
- ebene S-Haken mit Spitze
- abgewinkelte Haken mit Spitze zum Aufspießen von Fleisch
- Rohrbahnhaken

Rohrbahnhaken werden beim innerbetrieblichen Transport eingesetzt. Eine besondere Gefährdung besteht durch einen möglichen Absturz des Hakens. Es ist deshalb notwendig, einen Schutzhelm zu tragen. Rohrbahnhaken sind so konzipiert, dass das Hakenunterteil im Hakenoberteil drehbar gelagert ist. Bei größeren Belastungen des Hakens, z. B. durch Schweinehälften oder Rinderviertel, ist der Einsatz von Rohrbahn**roll**haken ratsam.

Verformte Haken sind unbedingt auszusortieren!

4.1.3 Maschinen

Das Jugendarbeitsschutzgesetz und die Unfallverhütungsvorschriften der Berufsgenossenschaft Nahrungsmittel und Gastgewerbe regeln die Tätigkeiten von Jugendlichen unter 18 Jahren an einigen Fleischereimaschinen:
- Kutter, Entschwartungs- und Entvliesmaschinen sowie Kreis- und Bandsägemaschinen fallen unter die Schutzalterbestimmung und dürfen somit von Jugendlichen unter 18 Jahren weder betrieben noch gereinigt werden.
- Eine Ausnahme wird gemacht, wenn die Gesellenprüfung die Benutzung der oben genannten Maschinen vorsieht, der Jugendliche unter sachkundiger Aufsicht steht und älter als 16 Jahre ist.
- Jeder Jugendliche wird von seinem Ausbilder **halbjährlich** über die Sicherheitsvorschriften bei der Maschinenbenutzung unterwiesen. Auch alle übrigen Mitarbeiter müssen **einmal jährlich** vom Vorgesetzten über die sichere Benutzung der Fleischereimaschinen belehrt werden.

Unfallgefahren und Unfallvermeidung

Wolf/Ladenwolf/Automatenwolf
Unfallgefahren:
- Verletzungen der Finger und der Hand durch Hineingreifen bis zur Schnecke
- Fingerverletzungen durch Abstreifen bei laufender Maschine und bei gleichzeitiger Verwendung von Lochscheiben mit über 13 mm Durchmesser
- Schnittverletzungen im Gesicht bzw. am gesamten Körper, wenn der Wolf bei laufender Maschine auseinandergebaut wird

Unfallvermeidung:
- Niemals bei laufender Maschine in den Einlauf greifen. Stopfer benutzen! Beim Automatenwolf muss ein heruntergeklapptes Schutzgitter über der Arbeitsschnecke sein bzw. bei größeren Automatenwölfen ein Sicherheitsauftritt. Beim Hochklappen des Schutzgitters wie auch beim Betreten des Sicherheitsauftritts muss die Schnecke zum Stillstand kommen.

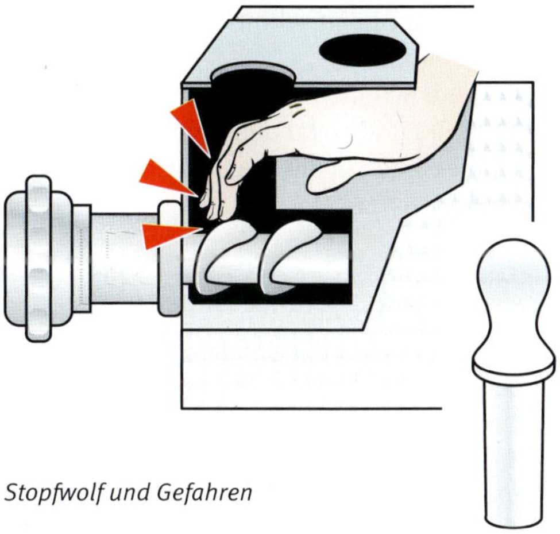

Stopfwolf und Gefahren

- Niemals bei laufender Maschine die Lochscheibe abstreifen (auch nicht bei der 2-mm-Scheibe), Schrotschutzvorrichtung montieren.
- Zum Ausbau des Wolfs Ausziehklaue oder Ausschubhebel benutzen.

Ausziehklaue zum Herausziehen der Schnecke

Kolbenfüllmaschine

Unfallgefahren:

- Quetschungen der Finger bzw. der Hand beim Schließen des Deckels
- Quetschungen der Finger bzw. der Hand bei fehlender Aussparung im Kolben
- Fingerabtrennungen oder Quetschungen beim sich bewegenden Abteilschieber

Unfallvermeidung:

- Beim Schließen des Deckels konzentriert und aufmerksam arbeiten.
- Kolbenwurstfüllmaschinen müssen eine Aussparung im Kolben besitzen.
- Der Abteilschieber muss sich beim Öffnen des Deckels nach unten bewegen und so den Auslauf freigeben.
- Der Abteilschieber muss vor dem Reinigen ausgebaut werden.

Vakuumfüller

Unfallgefahren:

- Finger und Handverletzungen beim Hineingreifen bis zum Trichterende in das darunter befindliche Förderwerk
- Quetschungen durch Herunterklappen des Trichters auf das Gehäuse

Unfallvermeidung:

- Über dem Trichter befindet sich ein Schutzdeckel. Bei größeren Maschinen gibt es einen Sicherheitsauftritt an der Maschine. Beim Öffnen des Schutzdeckels bzw. beim Betreten des Sicherheitsauftritts kommt es zum Stillstand der Maschine.
- Beim Schließen und Öffnen des Trichters immer den Handgriff benutzen.

Kutter

Unfallgefahren:

- schwere Schnittverletzungen an der Hand durch Hineingreifen bis zu den Messern bei laufender Maschine
- schwere Schnittverletzungen an der Hand und dem Unterarm beim Öffnen des Kutterdeckels durch nachlaufende Kuttermesser bei nicht korrekt funktionierender Bremse
- Schnittverletzungen beim Auskratzen des Kutterdeckels
- Schnittverletzungen beim Reinigen des Messersatzes

Arbeiten am Vakuumkutter

1

1

- Schnittverletzungen beim Messerwechsel
- Schädigungen des Gehörs

Unfallvermeidung:

- Niemals bei laufender Maschine hineinfallenden Gewürztüten, Schlesingern (Brätschabern) oder Ähnlichem nachgreifen, sondern den Not-Aus-Schalter (oder Stoppschalter) drücken. Im Übrigen ist bei den modernen Schneidmischern das Arbeiten mit dem Schlesinger bei laufender Maschine unnötig.
- Der Kutter muss so beschaffen sein, dass entweder das Öffnen bei laufender Maschine unmöglich ist oder aber die Messerwellenbremse aktiviert wird, die die Messer sofort zum Stillstand bringt. Beim Nachlaufen der Messer muss die Messerwellenbremse unbedingt nachgestellt werden.
- Schnittverletzungen beim Auskratzen des Deckels lassen sich durch eine seitliche Arbeitsstellung zum Kutterdeckel hin vermeiden.
- Beim Reinigen des Messersatzes empfiehlt sich eine Kuttermesserbürste und beim Reinigen des geöffneten Deckels eine Abdeckung für den Messersatz (z. B. ein halbierter Gewürzkanister).
- Beim Messerwechsel ist vor allem für einen sicheren Stand zu sorgen. Ferner ist das Tragen von schnittfesten Handschuhen dringend anzuraten.
- Wie schon (▸ S. 49) erläutert, beugt hier das Tragen eines Gehörschutzes späteren Gehörschäden vor. Die Montage eines Lärmschutzdeckels ist sehr sinnvoll und senkt den Lärmpegel erheblich.

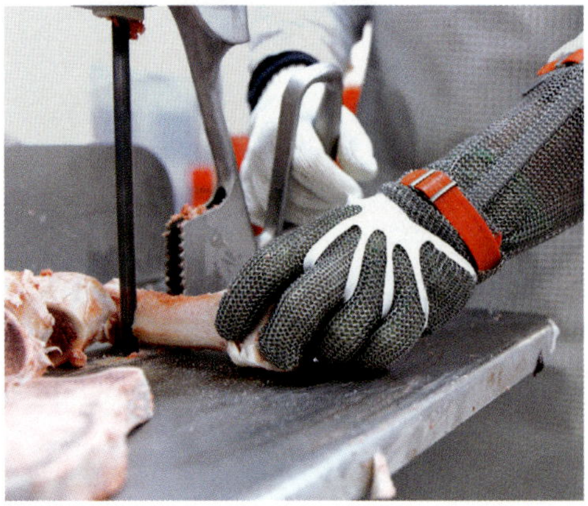

Arbeiten an der Bandsäge

Entschwartungsmaschine

Unfallgefahren:

- schwere Schnittverletzungen der Finger, der Hand und sogar des Unterarms durch Hineingreifen in die Einzugstelle zwischen Zahnwalze und Messerbalken

Unfallvermeidung:

- Konzentriertes Arbeiten ist die Grundvoraussetzung für die Unfallvermeidung.
- Beim Arbeiten ist für einen sicheren Stand durch geeignetes Schuhwerk (▸ S. 49) und durch einen fettfreien, trockenen Boden zu sorgen.
- Der Kontaktschalter darf auf keinen Fall festgesetzt werden. Der Hüft- oder Fußschalter muss, wenn er losgelassen wird, sofort zum Stillstand der Walze führen.
- Die Einzugstelle auf der Unterseite der Zahnwalze ist durch einen Schutzrechen zu sichern, der beim Herausklappen zum Stillstand der Maschine führt.
- Beim Reinigen grundsätzlich den Netzstecker herausziehen.
- Auf keinen Fall Metallgliederhandschuhe tragen.

Bandsäge

Unfallgefahren:

- schwere Finger- und Handverletzungen durch Abrutschen ins Sägeblatt

Unfallvermeidung:

- Auch hier gelten als oberstes Gebot wie bei der Entschwartungsmaschine konzentriertes Arbeiten und ein sicherer Stand beim Arbeiten.
- Bei der Tätigkeit an Bandsägen mit Andrückvorrichtung muss diese sowie die höhenverstellbare Schutzleiste benutzt werden.
- Schutz für Finger und Hand bietet ein Metallringgeflechthandschuh, wenn auch nur für kurze Zeit. Doch diese Zeit reicht aus, die Finger vom Sägeband wegzuziehen, bevor das Sägeband das Metallringgeflecht des Handschuhs durchtrennt hat. Das zeigten Tests der BGN, bei denen ein Metallringgeflechthandschuh gefüllt mit „Dummy-Finger“ an das Sägeband gehalten wurde.
  Bitte keine Beweisführung antreten!

Arbeiten an der Aufschnittmaschine

Aufschnittmaschine

Unfallgefahren:

- Schnittverletzungen an den Fingern und der Hand durch Abrutschen oder Hineingreifen in das stillstehende oder laufende Messer

Unfallvermeidung:

- Die Arbeiten an der Aufschnittmaschine müssen konzentriert ausgeführt werden.
- Bei jedem Schneidevorgang den Schneidguthalter benutzen.
- Das Rundmesser darf nur mit der entsprechenden Schleifeinrichtung geschliffen werden.
- Beim Reinigen das Messer auf „null“ stellen und den Netzstecker ziehen.
- Beim Ausbau des Messers Schnitthandschuhe tragen.

Allgemeine Unfallverhütungsvorschriften an Maschinen:

- Konzentriertes und aufmerksames Arbeiten.
- Sicherer Stand bei allen Tätigkeiten durch geeignetes Schuhwerk und rutschfesten Boden.
- Nicht an laufende Maschinenteile fassen.
- Bei Messerwechsel Schnittschutzhandschuhe tragen.
- Bei Reinigung Netzstecker ziehen oder Hauptschalter ausschalten.

Reinigung

Beim Umgang mit Reinigungs- und Desinfektionsmitteln ist zu beachten:

- Wichtig ist eine angemessene Körperschutzausrüstung (▸ S. 47 ff.).
- Man sollte nur ungemischte Reinigungsmittel verwenden und keine eigenen Mischungen mit anderen Mitteln (außer Wasser) herstellen.
- Beim Ansetzen immer das Reinigungsmittel in das Wasser geben und niemals umgekehrt. „Erst das Wasser, dann die Säure, sonst geschieht das Ungeheure“.
- Die Reinigungsmittel müssen sicher und übersichtlich gelagert sein.
- Nie in Gefäße füllen, die für Lebensmittel bestimmt sind.
- Die Gefahrenpiktogramme auf Lösungs- und Reinigungsmitteln müssen bekannt sein und beachtet werden.

Gefahrenpiktogramme

giftig

ätzend

gesundheitsschädlich, reizend

Die sinnvollste, effektivste und auch häufigste Reinigungsmethode in Fleischereien ist die 5-Stufen-Reinigung:

Vorreinigung	Hauptreinigung	Zwischenspülen	Desinfektion	Schlussspülen
– mechanische Reinigung – Entfernen grober Schmutzteile mit Spachtel, Schrubber usw.	– chemisches Lösen des Schmutzes mit Reinigungsmittel – mechanische Unterstützung	– Abspülen des gelösten Schmutzes – Abspülen des Reinigungsmittels	– Desinfektionsmittel aufbringen – Keime abtöten durch Einwirkungszeit	Abspülen aller Reinigungsmittel- und Desinfektionsmittelrückstände

Transport

Der Transport von Behältern und großen Fleischteilen ist durch moderne Hilfsmittel sehr erleichtert worden. Nicht zuletzt deswegen können immer mehr junge Frauen den Beruf der Fleischerin erlernen. Trotzdem ist es immer noch üblich und häufig nicht ganz vermeidbar, dass Lasten von Hand gehoben und transportiert werden. Hierzu ist viel Kraft vonnöten, vor allem aber die richtige Hebe- und Tragetechnik, um den am meisten gefährdeten Körperteil, die Wirbelsäule, zu entlasten.

4.2 Berufsgenossenschaft Nahrungsmittel und Gastgewerbe

BGN
Berufsgenossenschaft Nahrungsmittel und Gastgewerbe

Seit dem 1. Januar 2011 sind die Fleischerei-Berufsgenossenschaft und die Berufsgenossenschaft Nahrungsmittel und Gaststätten zur **Berufsgenossenschaft Nahrungsmittel und Gastgewerbe vereinigt.** Sie ist die gesetzliche Unfallversicherung für alle Fleischereien, Fleischwarenfabriken, Schlachtbetriebe, Geflügelschlachtereien, für die Nahrungsmittel- und Getränkeindustrie, für die Tabakindustrie, Hotels und Gaststätten, Bäckereien, Konditoreien, Brauereien, Mälzereien sowie Schausteller- und Zirkusbetriebe.
Versichert sind alle rund 3 Millionen Mitarbeitende dieser Betriebe (davon rund 250 000 aus der Fleischwirtschaft), und zwar unabhängig von ihrer Tätigkeit, ob Auszubildende, Verkäufer/-innen, Fleischergesellen, Fahrer, Reinigungskräfte, Betriebshelfer und mithelfende Familienangehörige. In der Fleischwirtschaft sind auch die Unternehmer pflichtversichert.

Aufgaben
Die Aufgaben der Berufsgenossenschaften sind im Sozialgesetzbuch VII festgelegt:
Die Träger der Unfallversicherung haben mit allen geeigneten Mitteln für die Verhütung von Arbeitsunfällen und für eine wirksame Erste Hilfe (▸ S. 58) zu sorgen.

Beiträge
Die Beiträge zur Berufsgenossenschaft entrichten die Unternehmer, für deren Unternehmen Versicherte tätig sind.
Die Höhe der Beiträge ist abhängig
- von der Betriebsgröße,
- vom Gefahrenpotenzial im Betrieb.

Je gefährlicher die Arbeit, umso höher ist der Beitrag des Unternehmers.
Oder aber:
Je weniger Unfälle von der Berufsgenossenschaft entschädigt werden müssen, je bewusster die Arbeitssicherheit in den Betrieben und von jedem Einzelnen beachtet wird, desto geringer sind
- das Leid von Verletzten,
- der Arbeitsausfall für den Betrieb,
- die Beiträge zur Berufsgenossenschaft.

Versicherungsfälle
Die gesetzliche Unfallversicherung kennt drei Versicherungsfälle:
- den Arbeitsunfall,
- den Wegeunfall und
- die Berufskrankheit.

„Der **Arbeitsunfall** ist ein plötzlich eintretendes, von außen auf den Körper einwirkendes Ereignis, das bei einer versicherten Person während einer versicherten Tätigkeit zu einem Körperschaden führt“ (Umschreibung der Gesetzesdefinition).

Der **Wegeunfall** ist ein Unfall, der sich zwischen der Haustür (nicht der Wohnungstür!) und dem Betriebsgelände bzw. auf dem Heimweg vom Betrieb ereignet. Des Weiteren sind ausdrücklich im Gesetz genannte Umwege versichert, z. B. das Abholen von Kollegen aus einer Fahrgemeinschaft oder der Transport von Kindern zur Kindertagesstätte oder Tagesmutter.

Die **Berufskrankheit** hat ihre Ursache in gesundheitsschädlichen Einwirkungen am Arbeitsplatz.
Typische Berufskrankheiten in der Fleischwirtschaft sind:
- Lärmschwerhörigkeit,
- von Tieren auf Menschen übertragbare Krankheiten.

Leistungen
Für die genannten Versicherungsfälle erbringt die Berufsgenossenschaft die Leistungen, z. B.: Kostenübernahme für
- Heilbehandlung,
- Rehabilitation,
- Witwen-, Unfall- und Waisenrenten,
  aber auch Leistungen im Rahmen von vorbeugenden Maßnahmen durch Schulung, Information, Beratung und Kontrolle vor Ort.

Das Hauptinteresse eines jeden Beschäftigten – und damit auch des Auszubildenden – muss lauten:
„Wie komme ich unbeschadet an den Gefahren im Betrieb vorbei?“

Vorsicht ist keine Feigheit und Leichtsinn kein Mut!

4.3 Brandschutz

4.3.1 Regeln zur Brandverhütung

- Grundsätzlich müssen alle Mitarbeitende über den Brandschutz und richtiges Verhalten im Brandfall informiert sein.
- Alle Mitarbeiter in der Produktion und im Imbissbereich müssen insbesondere über Brandverhütung in Rauchanlagen und Frittiergeräten informiert sein.
- Elektrische Geräte und Anlagen müssen regelmäßig vom Fachmann auf ihre Betriebssicherheit geprüft werden.
- Sofern Aufzüge vorhanden sind, muss ein Aufkleber angebracht sein, der auf ein Benutzungsverbot im Brandfall hinweist.
- Türen zwischen Treppenhäusern und Gängen müssen sich rauchdicht schließen lassen.
- Türen müssen sich in Fluchtrichtung öffnen lassen.
- Rettungswege müssen gekennzeichnet und frei von behindernden Gegenständen sein.
- Feuerlöscher und Brandschutzdecken müssen gut sichtbar angebracht und schnell erreichbar sein.
- Brennbare Flüssigkeiten niemals in Toiletten und Ausgüsse gießen.

Der **Unternehmer** ist auch hier – wie beim Arbeits- und Umweltschutz – für die Sicherheit **verantwortlich.** Er kann dies an geeignete Personen delegieren (Brandschutzbeauftragter). Eine Brandschutzordnung ist gut sichtbar, z. B. im Aufenthaltsraum, auszuhängen. Die Mitarbeiter müssen sich mit ihr vertraut machen, um einen optimalen vorbeugenden Brandschutz und ein überlegtes, schnelles Handeln im Brandfall zu ermöglichen.

Die Hauptgefahr geht im Brandfall vom Brandrauch aus, der eine giftige, ätzende oder erstickende Wirkung hat. Deshalb sind beim Verlassen von Gefahrenbereichen unbedingt die Türen zu schließen, um eine weitere Rauchausbreitung zu vermeiden. In verrauchten Räumen und Gängen sollte man am besten gebückt gehen oder kriechen, da in Bodennähe meist noch atembare Luft ist.

Brandklasse	Brennbare Stoffe	Geeignete Löschmittel
A	Holz, Papier, Kunststoffe	Wasser, ABC-Pulverlöscher, Schaumlöscher
B	Öle, Fette, Lösungsmittel, Benzin	Kohlendioxidlöscher, ABC-Pulverlöscher, Schaumlöscher
C	alle brennbaren Gase	Kohlendioxidlöscher, ABC-Pulverlöscher
D	Metallbrände	Metallbrand-Pulverlöscher

4.3.2 Löschversuche

Grundsätzlich gilt hier:
Menschenrettung vor Rettung von Gegenständen und Brandbekämpfung.

- Brände möglichst mit den nächstgelegenen, geeigneten Löschgeräten bekämpfen.
- Bei Bränden an elektrischen Anlagen ist der Strom sofort abzuschalten.
- Brände am Menschen niemals mit Feuerlöscher bekämpfen, sondern Brandschutzdecken benutzen.

4.4 Erste Hilfe

Unter Erster Hilfe werden alle Maßnahmen verstanden, die bei Unfällen, akuten Erkrankungen und bei Vergiftungen bis zum Eintreffen eines Rettungsdienstes oder Arztes erforderlich sind, um den Zustand des Betroffenen zu stabilisieren.

Erforderliche Maßnahmen:

- Unfallstelle sichern und Verletzte aus akuter Gefahr retten.
- Lebensrettende Sofortmaßnahmen durchführen (z. B. Blutstillung, Beatmung, stabile Seitenlage).
- Notruf auslösen, Rettungsdienst bzw. Notarzt alarmieren.
- Akute Schmerzen durch sachgerechte Lagerung verringern.
- Verletzte trösten.

Verletzte in Notsituationen brauchen Erste Hilfe. Diese zu leisten gehört zur Menschlichkeit. Aber auch der Gesetzgeber verpflichtet zur Ersten Hilfe bei einem Unfall, Notfall oder Unglück!

Grundregeln für die Erste Hilfe

- Ruhe bewahren.
- Übersicht über den Unfall gewinnen.
- Ggf. andere Personen an der Unfallstelle ansprechen und um Mithilfe bitten.
- Beruhigend auf die Verletzten und eventuell auch auf die Zuschauenden einwirken.
- Falsches und unüberlegtes Eingreifen anderer Helfer verhindern.

Die einzelnen Schritte bei einem Unfall, Notfall oder bei einer Vergiftung sind wie die Glieder einer Kette: Sie folgen aufeinander und greifen ineinander (▸ S. 59).
Die Erste Hilfe umfasst die drei ersten Kettenglieder. Nur eine Ausbildung in Erster Hilfe sorgt für die Stärkung der Rettungskette.
In jedem Betrieb mit bis zu 20 Beschäftigten muss mindestens ein ausgebildeter Ersthelfer vorhanden sein, der einen umfassenden Erste-Hilfe-Lehrgang erfolgreich absolviert hat und alle 2 Jahre einen Auffrischungskurs besuchen muss. Auch ein vollständig ausgestatteter Erste-Hilfe-Kasten muss sich an einer leicht erreichbaren Stelle befinden.

Lebensrettende Sofortmaßnahmen

Der Verletzte muss zügig und schonend zugleich aus der Gefahrenzone getragen oder gezogen werden. Die folgende, oft lebensrettende Erste Hilfe (Sofortmaßnahmen) wird möglichst von einem ausgebildeten Ersthelfer geleistet, bis ein Arzt bzw. der Rettungsdienst die Betreuung übernimmt.

Freimachen der Atemwege bei Bewusstlosigkeit
Bewusstlose vorsichtig in Seitenlage bringen.

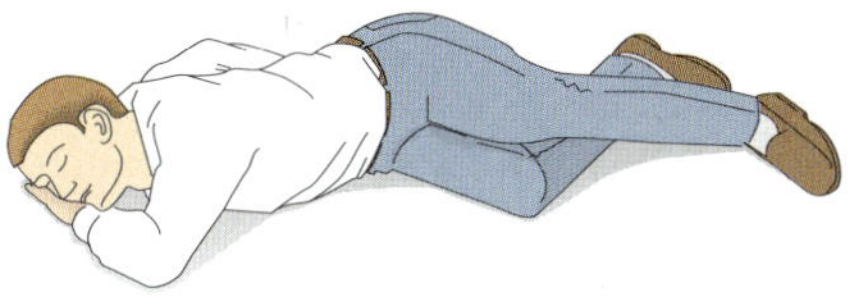

Stabile Seitenlage

Beatmung
Setzt beim Verletzten der Atem aus, muss mit der künstlichen Mund-zu-Nase-Beatmung begonnen werden.
Ist die Mund-zu-Nase-Beatmung aufgrund von Nasenbluten oder einer Verletzung nicht möglich, so erfolgt die Mund-zu-Mund-Beatmung.

Schockbekämpfung
Schockkennzeichen sind feuchte, blasse und kalte Haut, beschleunigte Herztätigkeit und beschleunigter, aber kaum wahrnehmbarer Puls.
Hilfsmaßnahmen sind das Hochlegen der Beine, um mehr Blut in den Blutkreislauf fließen und somit das Gehirn besser durchbluten zu lassen. Eine sofortige Benachrichtigung eines Arztes bzw. Rettungsdienstes ist unabdingbar.

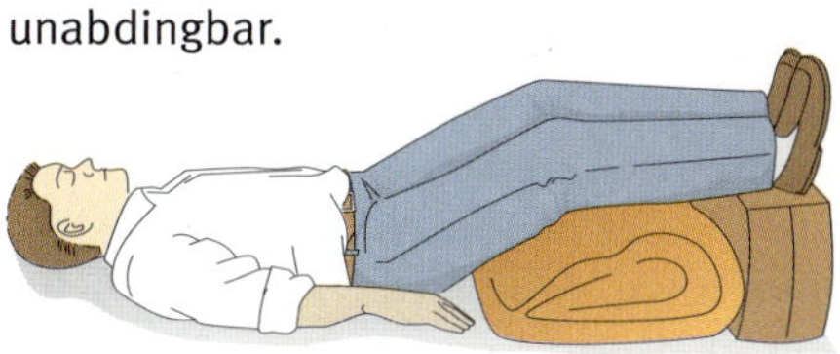

Schocklagerung

Maßnahmen bei Blutungen und Amputationsverletzungen
Bei Armverletzungen den Arm sofort hochhalten, um die Blutung zu verringern.
In der Muskellücke an der Innenseite des Oberarms die dort verlaufende Arterie gegen den Oberarmknochen drücken, um die Blutung zu stoppen. Druckverband anlegen. Einweghandschuhe anziehen.

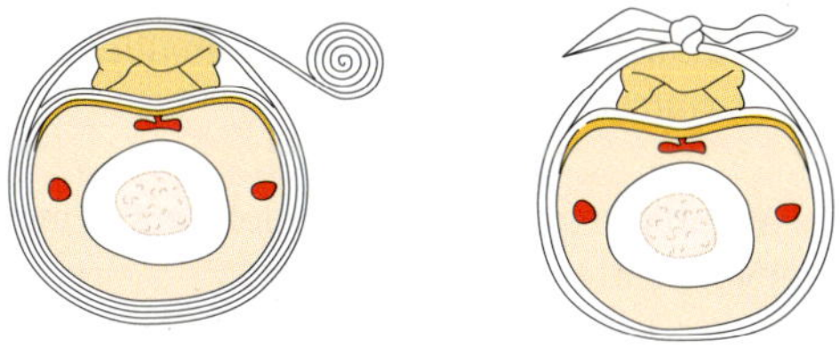

Druckverband

Bei **Amputationsverletzungen** das Amputat in ein steriles Verbandstuch oder, sofern dies nicht vorhanden ist, in ein sauberes Tuch wickeln. Sofort Arzt oder Rettungsdienst benachrichtigen.

Wundversorgung
Wunden dürfen nicht berührt, also auch nicht gereinigt oder behandelt werden.
Ein sachgerechter Wundverband besteht aus keimfreier Wundauflage und der entsprechenden Befestigung mit Heftpflaster, Mullbinde oder Dreiecktuch. Bei kleineren Verletzungen und geringer Blutung ist meist ein Pflasterwundverband ausreichend. Bei einer Wundversorgung müssen zum eigenen Schutz und zum Schutz des Verletzten vor Infektionen/Wundverunreinigungen Einweghandschuhe getragen werden.

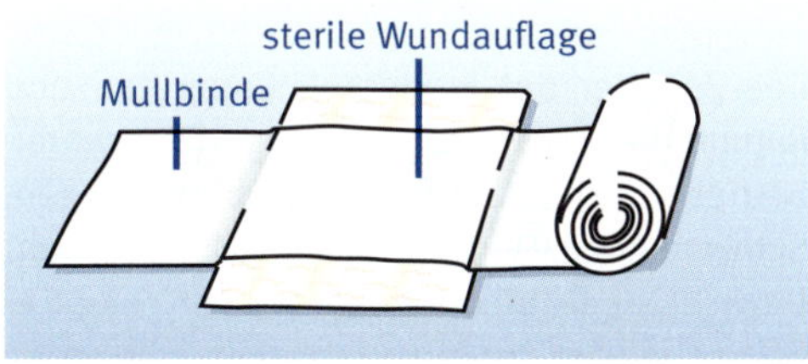

Wundverband

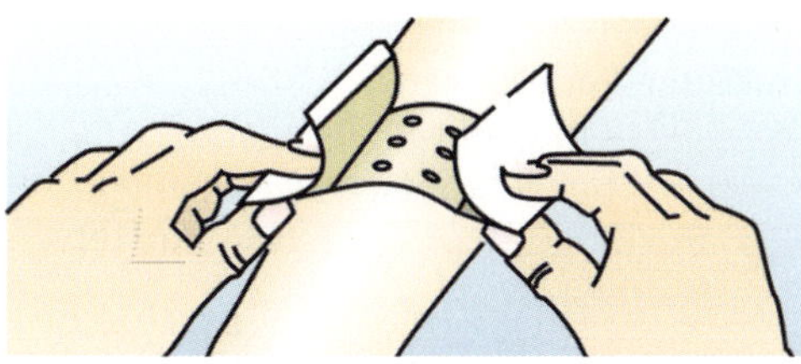

Wundschnellverband

Wegen der Infektionsgefahr sollte innerhalb von sechs Stunden ein Arzt die Verletzung beurteilen und endgültig versorgen.

Angaben beim Notruf

112

1. **Wo** ist der Unfall?
2. **Was** ist geschehen?
3. **Wie** viele Verletzte?
4. **Welche** Verletzungen?
5. **Warten** auf Rückfragen (ggf. Name und Telefonnummer für Rückrufe)

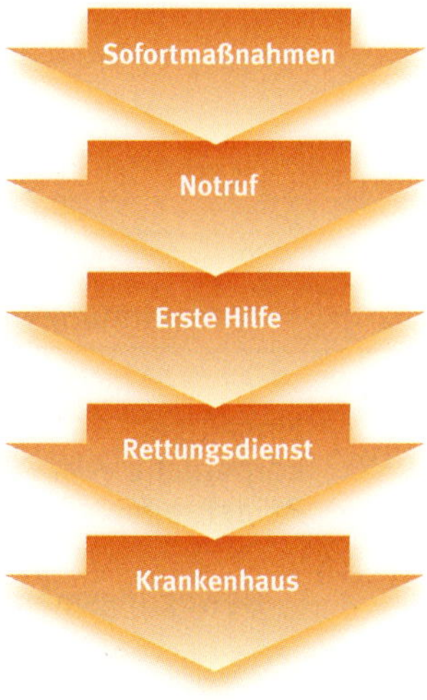

Rettungskette

Maßnahmen bei Verbrennungen und Verbrühungen

Brennende Personen entweder sofort mit Wasser übergießen, die Flammen mit einer Decke ersticken oder den Verletzten über den Boden wälzen.

Bei Verbrühungen muss die Kleidung zügig, aber vorsichtig entfernt werden.
Nach der ausreichenden Kühlung durch kaltes Wasser muss die Brandwunde mit einem sterilen Verband bedeckt werden, und zwar ohne weitere Behandlung. Der Rettungsdienst muss schnellstens angefordert werden.

Maßnahmen bei Kopf- und Bauchverletzungen

Bei einer **Gehirnerschütterung** treten Beschwerden wie Übelkeit und Erbrechen, Schwindel, Kopfschmerzen und Erinnerungslücken in Bezug auf den Unfallhergang auf.
Den Verletzten ruhig hinlegen und sofort den Arzt oder Rettungsdienst für den Transport ins Krankenhaus benachrichtigen.

Bauchverletzungen sind besonders gefährlich, da sie von außen nicht zu sehen sind. Sofort den Rettungsdienst für den Transport ins Krankenhaus rufen.

4.5 Ergonomie

Das Zeitalter der modernen Computer- und Raumfahrttechnik ist auch am Fleischereibetrieb nicht spurlos vorübergegangen. Schwere Aluminiumsatten mit 10 kg und mehr Gewicht sind durch Eurokästen von 2 kg Gewicht abgelöst worden. Brätwagen, mit denen das Wurstgut vom Kutter zur Füllmaschine transportiert und durch eine Hebevorrichtung sogar in den Füllmaschinentrichter eingefüllt werden kann, sind in vielen Betrieben vorhanden. Rohrbahnen und Aufzüge bewirken weitere enorme Erleichterungen.
Trotzdem bleiben für die Mitarbeiter in der Fleischerei immer noch viele Lasten, die durch Körpereinsatz gehoben und getragen werden müssen.

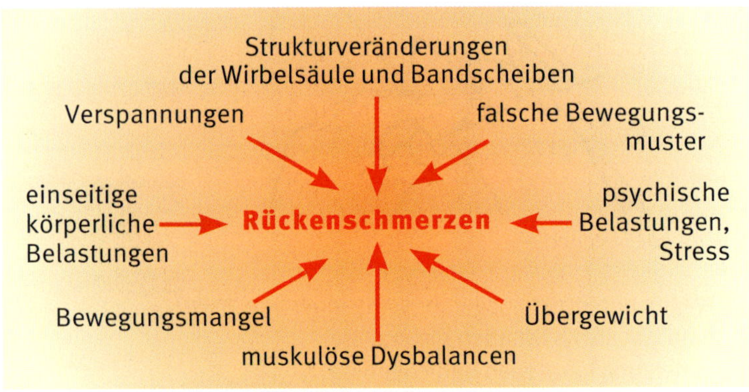

Ursachen für Rückenschmerzen

Das Kreuz mit dem Kreuz

80 Prozent der deutschen Bevölkerung leiden mindestens einmal in ihrem Leben an Rückenschmerzen. Rücken- und Kreuzschmerzen sind mittlerweile die Zivilisationskrankheit Nummer eins mit daraus resultierenden enormen medizinischen, sozialen und ökonomischen Auswirkungen.

- Rund 23 Prozent aller Arbeitsunfähigkeitstage gehen auf das Konto von Muskel- und Skeletterkrankungen.
- 30 bis 60 Prozent aller Schulkinder haben Haltungsschwächen.
- Rückenschmerzen erzeugen in der Bundesrepublik jährlich Kosten von etwa
  1 Milliarde € für Krankenhausleistungen,
  1 Milliarde € für Krankengelder und
  50 Millionen € für physikalische und medizinische Therapie.

Richtiges Heben und Tragen

Wie die Leiden, Erkrankungen und Schmerzen durch richtige Ergonomie (Wissenschaft von den Leistungsmöglichkeiten und -grenzen des arbeitenden Menschen) vermieden bzw. eingeschränkt werden können, verdeutlichen folgende Abbildungen:
Beispiel: Beträgt bei horizontal vorgeneigtem Oberkörper der Lastarm 40 cm, muss die Kraft der Rückenmuskeln im Verhältnis zur Hebelarmlänge (40 cm : 5 cm) etwa 8-mal so groß sein wie die Last (Gewicht des zu hebenden Gegenstands und Gewicht des Oberkörpers). Beträgt die Gesamtlast 50 kg (Gegenstand 10 kg, Oberkörper 40 kg), müssen die Rückenmuskeln eine Kraft von 400 kg aufbringen. Die Druckbelastung der Bandscheibe ergibt sich aus dem über der Bandscheibe liegenden Gewicht und der Kraft der Rückenmuskeln, in diesem Fall also 440 kg.

Ist der Oberkörper weniger stark geneigt, reduziert sich der Lastarm und die von der Rückenmuskulatur aufzubringende Kraft wird geringer.

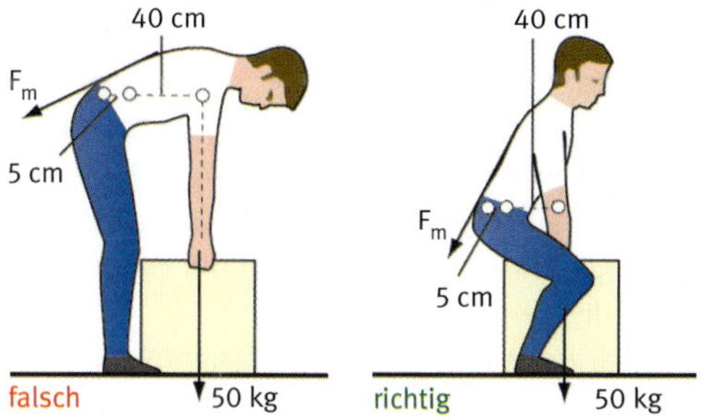

Richtiges Heben erleichtert die Belastung auf die Bandscheiben beträchtlich

Durch dieses einfache Rechenbeispiel lässt sich verdeutlichen, dass beim Heben und Tragen eines schweren Gegenstands bis zu mehrere Hundert Kilogramm auf den unteren Lendenbandscheiben lasten. Beim Heben eines 50 kg schweren Gewichts entspricht dies dem Gewicht eines Kleinwagens.

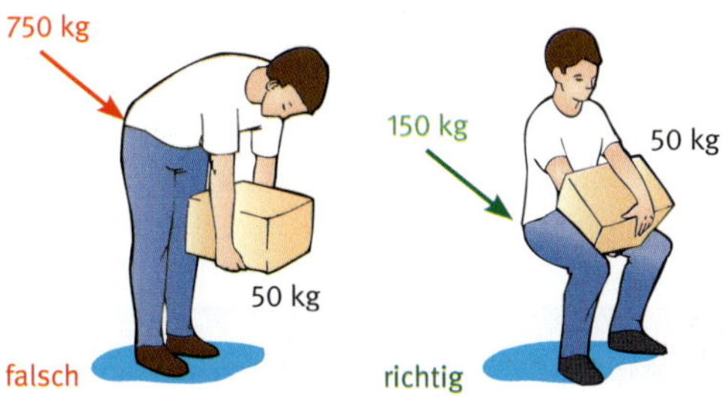

Die Wirkung des Hebelgesetzes beim Heben lässt sich mit dem Kranmodell veranschaulichen:

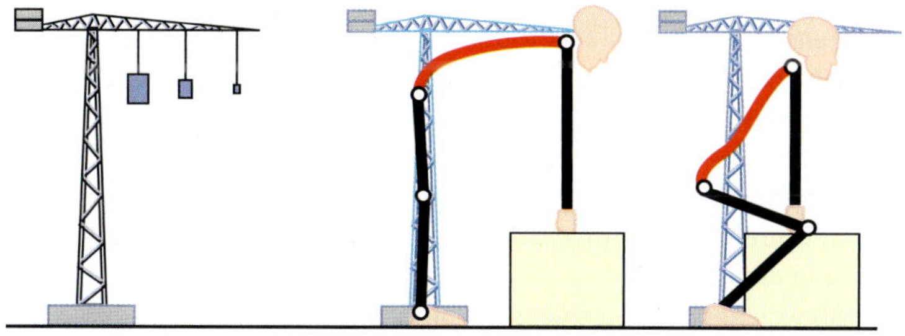
Kranmodell

Das richtige Heben schwerer Gegenstände

- Den Gegenstand nahe an sich heran stellen,
- Beine beugen,
- den gestreckten Oberkörper nach vorne neigen,
- die Last umfassen,
- den Rumpf stabilisieren,
- den Gegenstand wie ein Gewichtheber aus den Beinen heraus heben.

Komplexe Aufgabe

Gehen Sie von folgender Annahme aus:
Tim, Fleischergeselle, missachtet die Anweisung, einen Stechschutzhandschuh zu tragen.
Er verletzt sich beim Auslösen und durchtrennt die Beugesehne des linken Zeigefingers.
Die Sehne muss im Krankenhaus genäht werden.
Die Krankschreibung dauert fünf Wochen und 2 Tage.
Die Unfallarztkosten belaufen sich auf:

- Erstbehandlung 151,09 €,
- sechsmaligen Verbandwechsel á 11,66 €,
- Entfernen der Fäden 13,99 € und
- zweimalige Nachkontrolle je 29,99 €.
- Die Physiotherapie kostet je Anwendung 14,76 €. Der Verletzte erhält zwölf Anwendungen.

Da der Unfallbericht nicht eindeutig ein Verschulden des Verletzten nachweisen kann, zahlt die Berufsgenossenschaft Nahrungsmittel und Gastgewerbe.

a) Welche Kosten hat nach obiger Aufstellung der Unfall verursacht?

b) Erkundigen Sie sich bei einem Fleischereibedarfsgroßhandel nach den Kosten für einen Stechschutzhandschuh mit integrierter Stulpe und den Kosten für eine Stechschutzschürze. Vergleichen Sie die Kosten für die Unfallverhütungsmaßnahmen mit den Kosten der Verletzung und diskutieren Sie dies in der Klasse.

Aufgaben zur Wiederholung

1. Nennen Sie Ihnen bekannte Kleidungsstücke und Gegenstände zum Schutz vor Arbeitsunfällen.
2. Nennen Sie die Unfallverhütungsvorschriften, die im Umgang mit Messern eingehalten werden müssen.
3. Welche Schutzkleidung muss unbedingt bei Zerlegearbeiten getragen werden?
4. Beschreiben Sie, wie der Messergriff beschaffen sein muss.
5. Ab welchem Maß, gemessen von der Messerspitze, darf ein Messer nicht mehr benutzt werden?
6. Nennen Sie zwei Voraussetzungen für eine sichere Handhabung des Messers/Spalters.
7. Erläutern Sie, wie Messer aufbewahrt werden sollen.
8. Unterscheiden Sie die fünf Hakenarten.
9. Beschreiben Sie, welche Unfälle passieren können, wenn man mit den Messern nicht ordnungsgemäß arbeitet bzw. keine Schutzkleidung trägt.
10. Nennen Sie Gefahren, die bestehen, wenn keine Stechschutzschürze bzw. kein -handschuh getragen wird.
11. Nennen Sie den Grenzwert, ab dem ein Gehörschutz getragen werden muss und bei welchen Arbeiten er dringend zu empfehlen ist.
12. Beschreiben Sie die Unfallgefahren und ihre Vermeidung an der Abschwartmaschine, Aufschnittmaschine, dem Kutter, dem Wolf, der Füllmaschine und Bandsäge.
13. Bei welchen Arbeiten darf kein Stechschutzhandschuh getragen werden? Begründen Sie Ihre Antwort.
14. Nennen Sie Gefahrensymbole, die in der Fleischerei von Bedeutung sind.
15. Erläutern Sie, wer Mitglied der Berufsgenossenschaft Nahrungsmittel und Gastgewerbe (BGN) ist.
16. Wer ist in der BGN versichert und wer ist Mitglied?
17. Erläutern Sie, bei welchen Versicherungsfällen die BGN Versicherungsschutz gewährt.
18. Beschreiben Sie die Grundregeln der Ersten Hilfe.
19. Erläutern Sie die Rettungskette bei der Ersten Hilfe.
20. Beschreiben Sie, wie Sie sich bei Blutungen und Amputationsverletzungen verhalten.
21. Beschreiben Sie einen sachgerechten Wundverband.
22. Welche Leistungen erbringt die BGN?
23. Beschreiben Sie die Vorgehensweise beim Heben schwerer Gegenstände.

Ausgewählte Fachrechenaufgaben

1. In einem Jahr wurden 41 700 Arbeits- und Wegeunfälle registriert. Berechnen Sie anhand der Grafik auf Seite 48, wie viele Unfälle sich im Einzelnen innerhalb der folgenden Unfallschwerpunkte ereignet haben:
   a) meldepflichtige Unfälle mit mehr als drei Tagen Arbeitsunfähigkeit,
   b) Unfälle mit verbleibendem Körperschaden oder Tod,
   c) tödliche Unfälle.
2. Ein Zerlegebetrieb beschäftigte im vergangenen Jahr 2 Meister, 8 Fleischergesellen, 3 Verpacker, 1 Reinigungskraft und 4 Fahrer.
   Die Bruttolohnsumme betrug 441 756,00 €, die Gefahrklasse ist 6,4.
   Der Beitragsfuß liegt bei 1,39 €.

   $$\text{Beitrag} = \frac{\text{Bruttolohnsumme x Gefahrklasse x Beitragsfuß}}{1000}$$

   Wie hoch sind die gesamten Beiträge an die Berufsgenossenschaft?

5 Umwelt und Verbraucher schützen

FLEISCHEREI nusse

Matthias Nusse und Azubi Björn unterhalten sich am Zerlegetisch beim Auslösen von Schweineschinken über Björns neues Moped. Björn: „So ein Mist, jetzt habe ich dieses tolle Moped, das erst elf Jahre alt ist, und nun machen sie mir Schwierigkeiten mit der ASU.“ Meister Nusse: „Umweltschutz hat halt seinen Preis, Björn. Wenn es diese ASU nicht geben würde, wäre es mit unserer Luft hier in dieser Stadt bestimmt schlechter bestellt.“ Björn: „Warum müssen aber immer die Kleinen daran glauben? Ich habe sowieso nicht so viel Geld und jetzt das noch!“ Meister Nusse: „So ist das ja nun auch nicht. Jeder muss halt etwas für die Umwelt tun, egal ob Privathaushalt oder Betrieb!“ Björn: „Was macht eigentlich unser Betrieb für die Umwelt?“ Meister Nusse: „Ich meine, dass wir eine ganze Menge für unsere Umwelt tun, denn ein Fleischer, der bemüht ist, hervorragende Ware herzustellen, muss auch ein besonderes Gespür für unsere Umwelt haben!“

5.1 Bedeutung des Umweltschutzes

Die Fleischerei will ihren Kunden nicht nur kulinarische Genüsse bereiten, sondern ihnen auch zu einer gesunden Ernährung verhelfen. Grundsätzlich gilt, was der Gesundheit abträglich ist, kann auch der Umwelt schaden, angefangen beim lebenden Tier bis zum Entsorgen von Abfällen.

Ein markantes Beispiel ist die Hygiene. Einerseits ist die Hygiene im Fleischereibetrieb das absolute **Muss,** andererseits kann beispielsweise ein Zuviel an Desinfektionsmitteln ein Schaden für die Umwelt sein. Hier müssen Fleischer/-innen und Fachverkäufer/-innen fachgerechte Entscheidungen unter Berücksichtigung des Umweltschutzes treffen, denn zum einen bedeutet richtig angewandter Umweltschutz eine Kosteneinsparung für den Betrieb, zum anderen möchten immer mehr Kunden in einem Betrieb einkaufen, dem Umweltschutz ein Anliegen ist.

5.2 Nachhaltigkeit

„Erneuerbare lebende Ressourcen dürfen nur soweit verbraucht werden, wie Bestände natürlich nachwachsen.“
(nach Sachverständigenrat für Umweltfragen)

Nachhaltigkeit im Wirtschaften, im Umgang mit unserer Natur, ist in den letzten Jahren verstärkt in den Blickpunkt geraten.

Das Fleischerhandwerk hat aus unterschiedlichen Beweggründen heraus darauf reagiert:

- Aus der tiefen Überzeugung heraus, unsere Natur und die Umwelt so wenig wie möglich zu belasten.
- Aus der Erkenntnis heraus, den eigenen Kunden nur das Beste anzubieten und ihnen keinen Schaden zuzufügen.
- Aus werbestrategischen Gründen, denn immer mehr Kunden achten auf Nachhaltigkeit.
- Aus eigenen betrieblichen Überlebensfragen, denn wenn alle Ressourcen verbraucht sind, erübrigt sich die Existenzfrage.

Was ist Nachhaltigkeit?

Unter Nachhaltigkeit versteht man ...

„Entwicklung, die die Bedürfnisse heutiger Generationen befriedigt, ohne zu riskieren, dass künftige Generationen ihre Bedürfnisse nicht befriedigen können. Nachhaltigkeit ist somit Leitbild für eine gerechte gesellschaftliche Entwicklung“.
(Weltkommisson für Umwelt und Entwicklung, eingesetzt von den Vereinten Nationen)

Nachhaltigkeit ist aber nicht nur auf Umweltschutz (Ökologie) beschränkt. Man spricht heute vom Drei-Säulen-Modell der Nachhaltigkeit (Symbol im Buch =).

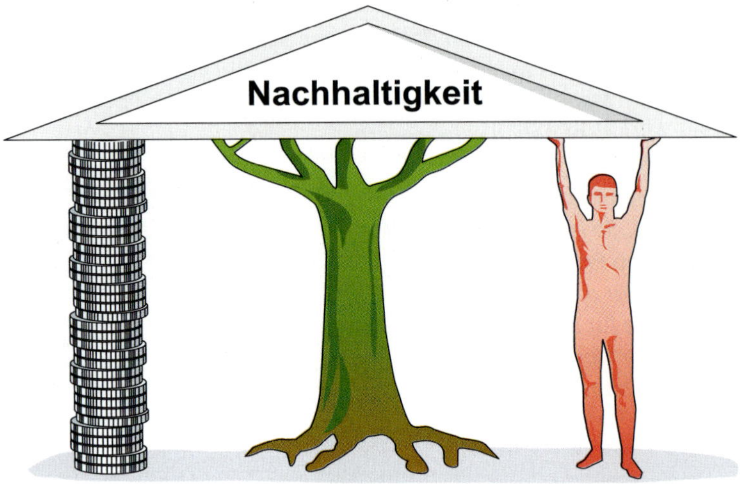

Ökonomie
Nachhaltigkeit hängt immer gleichzeitig mit wirtschaftlichen Entwicklungen und Fragen zusammen. Hier geht es um die Bereiche der Demografie bei einer immer älter werdenden Gesellschaft und weniger Kindern, die geboren werden. Aber auch um Arbeitskräfte mit ihrem Wissen und der Erfahrung, mit ihrer Arbeitszufriedenheit und ihrer Gesundheit, denn diese stellen das wirtschaftliche Kapital des Unternehmens dar. Normalerweise steht für den Betrieb immer das Kostenbewusstsein im Vordergrund. D. h.: Was kostet möglichst wenig? Nachhaltig wirtschaften beinhaltet aber auch die Frage: Was muss ich wirklich notwendigerweise leisten?

Ökologie
Hier geht es um den verantwortlichen Umgang mit Rohstoffen aus der Natur und die Erhaltung von Ressourcen bzw. ihrer weitestgehenden Wiederverwertung und somit um die Verringerung von Abfällen, Abgasen und sonstigen Emissionen.
Beispiel: „Schlag nur so viel Holz, wie nachwachsen kann.“

Soziales
Arbeits- und Gesundheitsschutz, der auch die seelischen Belange der Mitarbeiter einbezieht, flexible Arbeitszeiten sowie Familienfreundlichkeit sind grundlegende Voraussetzungen für ein dauerhaftes erfolgreiches Arbeiten.

Die Kernfrage der Nachhaltigkeit
Was ist auf weite Sicht aus jedem Blickwinkel am sinnvollsten, um zu sichern, dass auch die nachwachsenden Generationen von heutigen Entscheidungen Nutzen tragen und vor allem keinen Schaden erleiden?

Um das Prinzip der Nachhaltigkeit in allen drei Bereichen – Ökologie, Ökonomie und Soziales – umzusetzen, muss es fest sowohl im öffentlichen als auch im privaten Leben verankert werden. Ein Umdenken und ein ständiges Hinterfragen von eingefahrenen Handlungsweisen sind unumgänglich.

Was können wir direkt tun?
- Nachhaltiger Fischfang mit den richtigen Netzen und Schiffen, um so der Überfischung Einhalt zu bieten.
- Müllentsorgung über das Meer einstellen. Der Müll belastet die Gewässer und die Fische und somit den Menschen.
- Den Kaffeebauern in Südamerika einen fairen Preis für ihre Arbeit und ihre Produkte zahlen und nicht durch Preisdumping auf dem deutschen Kaffeemarkt den südamerikanischen Bauern das Existenzminimum entziehen.
- In Deutschland erzeugte und geschlachtete Hähnchen komplett vermarkten und verwerten und nicht durch Billigexport (z. B. nach Afrika) der vom deutschen Verbraucher nicht gewünschten Geflügelteile (z. B. Flügel) den dortigen einheimischen Markt zerstören.
- Den öffentlichen Personennah- und -fernverkehr nutzen, statt ins Auto zu steigen.
- Energie sparen durch den Einsatz von Sonnenkollektoren, Energiesparlampen, Austausch stromfressender Haushaltsgeräte.
- Lebensmittel aus der Region einkaufen, um lange Transportwege und somit Energieverschwendung zu vermeiden.
- Saisonal einkaufen, denn es müssen keine Erdbeeren zu Weihnachten aus Südafrika auf den Tisch kommen.

5.3 Tierschutz

Umweltschutz fängt bei der Aufzucht der Tiere an. Die Massentierhaltung ist keine artgerechte Tierhaltung. Tiere benötigen genügend Auslauf und Stallfläche. Massentierhaltung führt zu einer Menge an Gülle, die schwer zu entsorgen ist, Felder werden überdüngt, Grundwasser, Flüsse und Meere durch eine zu starke Anreicherung mit Stickstoff belastet.

Lange Tiertransporte belasten das Schlachttier unnötig, beeinträchtigen die Fleischqualität erheblich (▸ S. 91) und verschmutzen die Luft durch die Abgase der Lkws.
Der Fleischer hat die Möglichkeit, Einfluss auf die Tierhaltung und lange Transporte zu nehmen, indem er bei Fleischgroßhändlern einkauft, die nur Tiere aus artgerechter Aufzucht aus der näheren Umgebung vermarkten.

Tierhaltungskennzeichnungsgesetzes
Eine gesetzlich verpflichtende Kennzeichnung der Haltungsform befindet sich aktuell in der politischen Debatte. Diese soll zukünftig schrittweise alle Produkte tierischen Ursprungs umfassen.

Die **Initiative Tierwohl** ist ein Bündnis aus Landwirtschaft, Fleischwirtschaft und Handel. Es soll die Lebensqualität von Tieren der Geflügel- und Schweinehaltung durch finanzielle Unterstützung fördern. Das Siegel der Initiative Tierwohl soll den Kundinnen und Kunden beim Einkauf Auskunft geben über die Fleischprodukte. Diese stammen aus Betrieben, die die Tierwohlkriterien umsetzen.

5.4 Energieverbrauch

Energiegewinnung ist Voraussetzung für Energieverbrauch. Bei der Gewinnung von elektrischer Energie aus Kohle, Gas oder nuklearen Brennstoffen werden Schadstoffe freigesetzt. Ein niedriger Energieverbrauch bedeutet weniger Kosten für den Betrieb sowie eine geringere Umweltbelastung. Hauptenergieverbraucher in der Fleischerei sind die Kühl- und Gefriereinrichtungen und die Warmwasserbereiter.

Nach Möglichkeit sollten Maschinen und Geräte mit hoher elektrischer Leistung nicht gleichzeitig laufen. Dadurch werden Spitzenlasten im Stromverbrauch vermieden, was langfristig zu niedrigeren Stromtarifen führt.

Der Fleischereibetrieb bezahlt dem Elektrizitätsversorger neben dem tatsächlich verbrauchten Strom auch einen sogenannten Leistungspreis. Dieser Leistungspreis ist umso höher, je höher die elektrische Gesamtleistung ist, die in Spitzenzeiten abgefordert wird.

Um unnötige Leistungsspitzen und somit Leistungskosten zu vermeiden, kann ein elektrisches Gerät zur Leistungsmaximum-Überwachung eingebaut werden. Dieses Gerät erkennt rechtzeitig die Entstehung von Leistungsspitzen und sorgt dafür, dass beispielsweise Kochschränke und Umluftöfen mit guten Wärmespeichereigenschaften, aber hoher Leistung kurzzeitig abgeschaltet werden.

Jeder Mitarbeitende in der Fleischerei kann einen Beitrag leisten:

- Lampen dort ausschalten, wo Tageslicht ausreichend ist.
- In Räumen, die nicht häufig betreten werden, z. B. Kühlräumen, braucht nicht ständig das Licht zu brennen.
- Kühl- und Gefrierraumtüren immer nur kurz öffnen.
- Nur abgekühlte Fleischerzeugnisse in den Kühlraum einbringen.
- Kessel- und Rauchanlagen immer möglichst komplett beschicken.
- Kesseldeckel geschlossen halten.

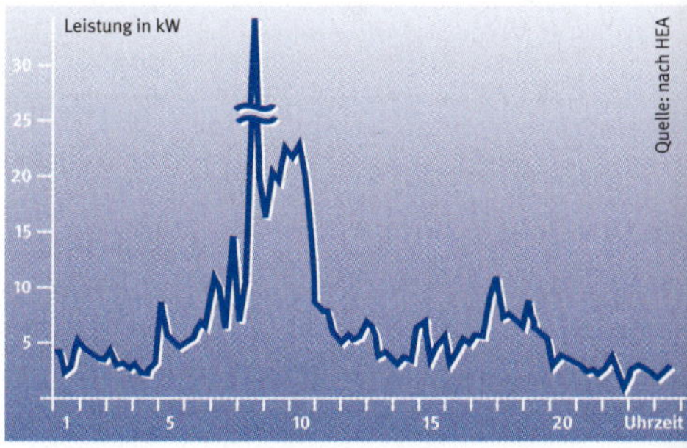

Stromverbrauch – Maximumüberwachung

Bei Neukauf ist zu beachten:
- Die Abwärme der Kühlmaschinen lässt sich zur Warmwasserbereitung nutzen. Warmes bzw. heißes Wasser wird in großen Mengen benötigt.
- Maschinen und Geräte sollen eine gute Energieeffizienz aufweisen.
- Kesselanlagen, Garanlagen und Kühlräume sollen gut isoliert sein.
- Beim Räuchern lässt sich die Lüfterleistung und Abgasfilterleistung durch halboffene Räuchersysteme vermindern.
- Durch eine Maximumüberwachungsanlage können die Stromleistungsspitzen verringert werden (vgl. Abb. S. 65).

5.5 Abwasser

Das betriebliche Abwasser von Fleischereien ist gemäß Wasserhaushaltsgesetz durch einen Fettabscheider und einen Schlammfang zu leiten. Im Schlammfang tritt eine Beruhigung des Abwasserstroms ein. Dadurch setzen sich schwere Feststoffe ab.

5.5.1 Reinigungsmittel

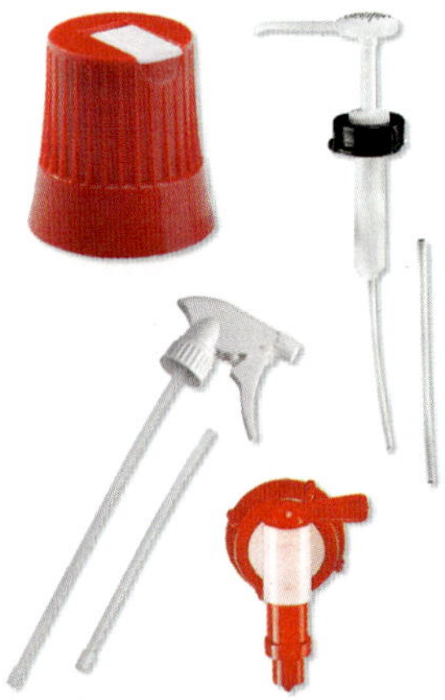

Dosierhilfen

Reinigungs- und Desinfektionsmittel sollten nur in der vom Hersteller empfohlenen Dosierung eingesetzt werden. Dazu bieten viele Hersteller Dosierungsgeräte an. Diese Vorgehensweise spart Geld und die Umwelt wird nicht stärker als nötig belastet.
Grundsätzlich gilt für das Reinigen:
- zuerst die Trockenreinigung mit Schlesinger, Besen und/oder Gummiwischer,
- anschließend die Reinigung mit heißem Wasser oder Dampf,
- zuletzt desinfizieren.

Maschinen und Geräte sollten in Bezug auf Konstruktion und Material leicht zu reinigen sein.

Brühwurstbrätreste mit kaltem Wasser entfernen, damit sie nicht „festbrennen", danach mit heißem Wasser weiterreinigen.

Der Fußboden muss rutschfest sein, die ausgewählten Fliesen sollten aber so genoppt oder aufgeraut sein, dass die Reinigung ohne großen Energie- und Wassereinsatz durchzuführen ist. Abflüsse im Boden und in Reinigungsbecken müssen mit Auffangsieben versehen sein.

Kesselfett vor dem Ablassen des Kesselwassers abschöpfen und getrennt entsorgen. Das spart heißes Wasser, Reinigungsmittel und belastet nicht den Fettabscheider.

Vorsicht bei der Lagerung und beim Umgang mit Reinigungs- und Desinfektionsmitteln! Es handelt sich fast immer um Gefahrstoffe. Schon bei der Anlieferung ist darauf zu achten, dass schadstoffhaltige Produkte den Betrieb in dichten, unbeschädigten Behältnissen erreichen. Die Lagerung muss in sicheren Auffangwannen erfolgen, sodass nichts direkt in die Abflüsse gelangen kann. Chemikalien in kleinen Mengen sollten stets in einem separaten Raum oder Schrank aufbewahrt werden.

5.5.2 Fett

Die Wirkung des Fettabscheiders kann erheblich beeinträchtigt werden durch
- zu hohe Temperaturen im Zulauf (notfalls Kesselwasser vor dem Ablaufen abkühlen oder etappenweise ablaufen lassen),
- ungenügende Schlammentleerung,
- zu starke Belastung des Abwassers mit Reinigungsmitteln. Hohe Reinigungsmitteldosen können den Fettabscheideprozess völlig unterbinden.

Fettabscheider

Reinigungsmittel müssen sparsam eingesetzt werden.
Der Fettabscheider muss wöchentlich gewartet werden, um einer Geruchsbelästigung vorzubeugen.

5.5.3 Rohrverstopfungen

Wenn Abwasserrohre verstopft sein sollten, ist der Einsatz von chemisch wirkenden Rohrreinigern zu vermeiden. Diese Produkte enthalten Wasser belastende Stoffe. Umweltverträglicher ist die Verwendung von Rohrreinigungsspiralen.

Das Umweltbundesamt hat mechanische Rohrreinigungsgeräte mit dem „Blauen Engel" ausgezeichnet. Der „Blaue Engel" ist ein Kennzeichen für umweltschonende Produkte.

Rohrreinigungsspirale

5.6 Raumklima und Abluft

In allen Betriebsräumen ist für eine gute Be- und Entlüftung zu sorgen. Sowohl Wasserschwaden von den Kesseln und Garkammern als auch die Räucheranlagen belasten die Atemluft der Mitarbeiter in den Fleischereien. Hier greifen nicht nur der Gesundheitsschutz und der Umweltschutz, sondern auch die Hygieneverordnung, denn hohe Luftfeuchtigkeit und Wärme bieten hervorragende Lebensbedingungen für Mikroorganismen.
Schadstoffe in den Abgasen von Räucheranlagen müssen vermindert werden; daher haben Hersteller von Räucheranlagen Abgasreinigungseinrichtungen eingebaut.

5.7 Lärm

Gehörschutz

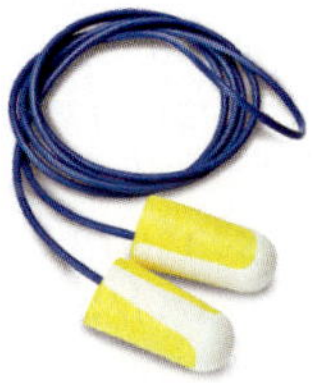

Gehörschutzstöpsel

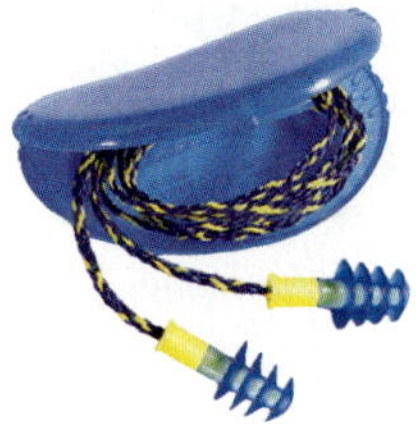

Kapselgehörschützer

Sollte der Lärmpegel 80 dB(A) überschreiten, so sind auf jeden Fall weitere Maßnahmen erforderlich.
Geräusche, die als störend empfunden werden, beeinträchtigen unser Wohlbefinden, gefährden unsere Gesundheit und verringern die Konzentrations- und Reaktionsfähigkeit bei der Arbeit mit den nicht ungefährlichen Fleischereimaschinen und Messern.
Um die Nachbarschaft vor Lärm zu schützen, helfen Schallschutzwände und Maßnahmen zur Schalldämmung an Fenstern, Türen, Toren und an den Zu- und Abluftöffnungen.

Mitarbeiter, die häufig oder ständig an Lärm erzeugenden Maschinen wie z. B. Kutter oder Bandsäge arbeiten, müssen einen Gehörschutz (▸ S. 49) tragen.

5.8 Verpackungen und Abfall

Verkaufsverpackung

Verkaufsverpackung

Das Verpackungsgesetz verpflichtet Hersteller und Vertreiber, die Verkaufspackungen erstmals in Verkehr bringen (z. B. Fleischerei), sich an einem „dualen System" zur Sammlung und Verwertung von gebrauchten Verpackungen zu beteiligen (z. B. dem System Der Grüne Punkt – Duales System Deutschland GmbH).

Grundsätzlich gilt: So wenig Verpackung wie möglich!

Schon beim Einkauf des Verpackungsmaterials muss an die Abfallentsorgung gedacht werden!

Überlegen Sie, welchen Beitrag zum Energiesparen Sie durch Veränderung Ihres Verhaltens leisten können.

Transportverpackung

1

Transportverpackung

Doch auch der Fleischereibetrieb kann Verpackungen zurückgeben. Es handelt sich hier um sogenannte Transportverpackungen, die den Transport von Waren erleichtern oder die Waren auf dem Transport vor Schäden bewahren. Dies können beispielsweise Verpackungen von neuen Maschinen oder Geräten sein oder Kartons von Kunstdärmen bzw. von Konserven und anderen Artikeln für das Zusatzsortiment. Die Transportverpackungen sind vom Hersteller und Vertreiber nach Gebrauch zurückzunehmen. Der Betrieb muss dafür Sorge tragen, dass die Transportverpackungen entweder erneut verwendet oder einer Wiederverwertung zugeführt werden.

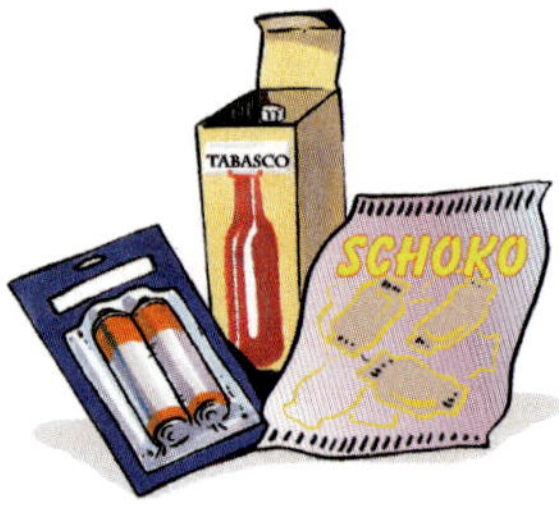

Umverpackung

Umverpackung

Dies sind zusätzliche Verpackungen, die nicht der Hygiene, der Haltbarkeit oder dem Schutz der Ware vor Beschädigungen oder Verschmutzungen dienen.
Sie fallen z.B. an, wenn Mayonnaisetuben oder bestimmte verpackte Käsesorten aus Gründen der Verkaufsförderung zusätzlich noch mit einem Karton umhüllt sind. Diese Umverpackungen können entweder vom Verkäufer oder von den Kunden (Endverbrauchern) im Geschäft entfernt werden.

Manche Kunststoffverpackungen setzen bei der Müllverbrennung giftige Gase frei. Deshalb gilt:

- Weichmacherfreie Folien zum Einwickeln von Wurst und Frischfleisch verwenden.
- Soweit es sinnvoll ist, Pergamentpapier einsetzen.
- Pappschachteln anstelle von Styroporschachteln benutzen.
- Für bedruckte Verpackungen nur lebensmittelechte und schwermetallfreie Wasserfarben verwenden.
- Für den Verkauf von Salaten anstelle von PVC-Bechern solche aus Polyethylen (PE) oder Polypropylen (PP) bevorzugen.

Keine Gefäße von Kunden entgegennehmen!

Mit sparsam verpackter Ware kann geworben werden. So kann ein Geschäft sich positiv von dem Angebot fertig verpackter Fleisch- und Wurstwaren der Mitbewerber absetzen.

Überlegen Sie, welche Maßnahmen in Ihrem Ausbildungsbetrieb durchgeführt werden müssten, um ein Öko-Audit-Zertifikat zu erhalten.

Kunden, die ihre Ware in eigenen Gefäßen mitnehmen möchten, sollten unterstützt werden. Beim Abwiegen der Ware wird ein Pergamentpapierbogen auf die Waage gelegt und beides wird den Kunden über die Theke gereicht. Sie werden die Ware anschließend selbst einpacken.
Dieses Vorgehen ist ein Gebot der Hygiene. Von Kunden mitgebrachte Gefäße dürfen nicht über die Theke gereicht werden, weil sie mit krankheitserregenden Mikroorganismen behaftet sein können!

Sonderabfall

Desinfektions- und Reinigungsmittelbehälter sollten vollständig entleert werden. Sie müssten sonst als überwachungsbedürftiger Sonderabfall kostenträchtig entsorgt werden.

5.9 Ökoaudit

Ökoaudit ist ein System zur Bewertung und Verbesserung des betrieblichen Umweltschutzes und zur Unterrichtung der Öffentlichkeit. Seit 1995 können sich Unternehmen nach der Ökoaudit-Verordnung der Europäischen Union zertifizieren lassen. Dafür ist es notwendig, dass der gesamte Betrieb vorher auf Umweltschutzaspekte hin analysiert wird. Dazu zählen

- energiesparende Leuchtmittel,
- Wasserhähne mit Perlatoren,
- die Abfallvermeidung,
- die Abfalltrennung,
- Mehrwegverpackungen,
- energiesparende Maschinen,
- die Wärmerückgewinnung und
- die kilometersparende Tourenplanung von Lieferfahrzeugen.

Die eigentliche Zertifizierung muss ein staatlich anerkannter Gutachter vornehmen. Jeder zertifizierte Betrieb gibt am Ende seine Umweltphilosophie heraus. Das ist in der Regel eine kleine Broschüre, die den Kunden zur Verfügung gestellt wird. Da zum Ökoaudit auch eine genaue Dokumentation der Zusatzstoffe wie Kutterhilfsmittel, Umrötungshilfsmittel usw. gehört, können die Kunden exaktere Angaben über die Zutaten erhalten. Dieser Service ist z. B. für Allergiker wichtig.

5.10 Verbraucherschutz

Warum Verbraucherschutz?

Der Verbraucherschutz hat die Aufgabe, den Menschen in seiner Rolle als Verbraucher bzw. Benutzer von Gütern und Dienstleistungen zu schützen.

Man geht davon aus, dass der Verbraucher gegenüber dem Hersteller bzw. Händler von Produkten im Nachteil ist, weil er in der Regel geringere Fachkenntnisse, Erfahrungen und Informationen besitzt. Dieser Sichtweise hat sich auch der Gesetzgeber in seiner Gesetzgebung angeschlossen.

Es gibt in Deutschland kein direktes Verbraucherschutzgesetz, welches alle Fragen des Verbraucherrechts regelt. Vielmehr finden wir in vielen Gesetzen, Verordnungen und Leitsätzen den Verbraucherschutz verankert.

Deutlich wird die starke Ausprägung des Verbraucherschutzes durch das Bundesamt für Verbraucherschutz und Lebensmittelsicherheit (BVL) und durch das Bundesinstitut für Risikobewertung (BfR). Den hohen Stellenwert des Verbraucherschutzes in Deutschland verdeutlicht auch der Name des **Bundesministeriums für Umwelt, Naturschutz, nukleare Sicherheit und Verbraucherschutz**, dem die genannten Einrichtungen zugeordnet sind.

Verbraucherinnen und Verbraucher sollen ohne Gefahr für ihre Gesundheit und ihre wirtschaftlichen Interessen am Geschäftsleben teilnehmen.

Moderne Verbraucherpolitik umfasst also den Schutz der Verbraucherinnen und Verbraucher vor Gefährdungen, die für sie nicht erkennbar sind, z. B. in der Lebensmittel- und Produktsicherheit.

Der hohe Stellenwert des Verbraucherschutzes lässt sich durch viele Gesetze, Verordnungen und Leitsätze verfolgen.

Das Verbraucherinformationsgesetz (VIG)

Das Verbraucherinformationsgesetz (VIG) in der Änderung vom 27. Juli 2021 stärkt die Informationsrechte der Verbraucher. Verbraucher können mithilfe des Verbraucher-Informationsgesetzes konkrete Auskunft zu bestimmten Produkten oder Sachverhalten von Behörden verlangen. Dieser Anspruch gilt nicht nur bei Gefahren oder Risiken für Gesundheit und Sicherheit, sondern er umfasst auch alle anderen wichtigen Bereiche wie etwa die Kennzeichnung, die Herkunft, die Beschaffenheit oder die Herstellung der Erzeugnisse. Es können beispielsweise Auskünfte zu Lebensmitteln, Futtermitteln und Bedarfsgegenständen wie Kleidung, Spielwaren, zu Haushaltsartikeln oder Möbeln angefordert werden. Außerdem besteht ein Informationsanspruch zu Maßnahmen zum Schutz von Verbraucherinnen und Verbrauchern.

Recherchieren Sie unter www.bfr.bund.de den Aufbau und die Aufgaben des BfR.

EG-Verordnung 178/2002

Die EG-Verordnung 178/2002 vom 28. Januar 2002 ist ein Rahmengesetz bzw. ein Grundlagengesetz für ein hohes Schutzniveau und eine umfassende Lebensmittelkontrolle in der EU.

1

Hauptziel ist es,
- die Gesundheit des Menschen und
- die Verbraucherinteressen

bei Lebensmitteln unter besonderer Berücksichtigung der Vielfalt des Nahrungsmittelangebots einschließlich traditioneller Erzeugnisse zu schützen.

Der Leitgedanke der Verordnung zum EU-Lebensmittelrecht lautet:
Lebensmittelsicherheit fängt auf den Bauernhöfen an.
Der Leitslogan lautet:
From farm to fork (vom Bauernhof bis zur Gabel)

Beides, Leitgedanke und Leitslogan, unterstreichen den Verbraucherschutz in der gesamten EU.

Lebensmittel-, Bedarfsgegenstände- und Futtermittelgesetzbuch

Das deutsche Rahmen- bzw. Grundlagengesetz, das **Lebensmittel-, Bedarfsgegenstände- und Futtermittelgesetzbuch** (LFGB) vom 1. September 2005, verfolgt folgende Zwecke im Bereich der Lebensmittel:
- die Sicherstellung des Gesundheitsschutzes beim Menschen durch Vorbeugung und Gefahrenabwehr,
- den Täuschungsschutz und
- die Unterrichtung der Wirtschaftsbeteiligten, also Verbraucher und Verwender von Futtermitteln.

Für den Bereich der Futtermittel liegt der Zweck des LFGB u. a.:
- im Schutz der Gesundheit von Tieren durch Vorbeugung und Gefahrenabwehr,
- in der Gewährleistung der qualitativen Anforderungen der von Nutztieren gewonnenen Lebensmittel und sonstigen Produkte,
- in der Gewährleistung der Unbedenklichkeit für die menschliche Gesundheit.

Verbraucherschutz im LFGB

Ein Schwerpunkt des LFGB liegt auf dem Verbraucherschutz, z. B. durch **Verbote zum Schutz der Gesundheit:**
- Es dürfen keine Lebensmittel für andere Personen hergestellt werden, die zu Gesundheitsschäden führen.
- Es dürfen keine Erzeugnisse, die mit Lebensmitteln verwechselt werden können, aber keine Lebensmittel sind, in den Verkehr gebracht werden.
- Zusatzstoffe dürfen nur verwendet werden, wenn sie laut der Verordnung (EG) Nr. 1333/2008 zugelassen worden sind.Neben den Verboten zum Schutz der Gesundheit beinhaltet das LFGB **Verbote zum Schutz vor Täuschung:**
- Es dürfen keine Lebensmittel unter irreführender Bezeichnung, Angabe oder Aufmachung in den Verkehr gebracht werden.
- Bezeichnungen, Angaben, Aufmachungen und Darstellungen über Eigenschaften wie Art, Beschaffenheit, Zusammensetzung, Menge, Haltbarkeit, Ursprung, Herkunft oder Art der Herstellung oder Gewinnung, die nicht geeignet sind, dürfen nicht verwendet werden.
- Es dürfen einem Lebensmittel keine Wirkungen zugeschrieben werden, die nach Erkenntnissen der Wissenschaft nicht zutreffend sind.
- Lebensmittel, die hinsichtlich ihrer Beschaffenheit von der Verkehrsauffassung abweichen und dadurch in ihrem Nähr- oder Genusswert oder in ihrer Brauchbarkeit nicht unerheblich gemindert sind, dürfen nicht in den Verkehr gebracht werden (z. B. Lasagne mit Anteilen von Pferdefleisch, ohne dieses zu kennzeichnen).

Komplexe Aufgabe

Organisieren Sie eine Besichtigung in einem nahe gelegenen Klärwerk und erkundigen Sie sich bei dem Klärwerksbetreiber nach möglichen Störungen des Klärwerksbetriebs bzw. welche Maßnahmen eine umweltschonendere Klärung der Abwässer ermöglichen würden.

Aufgaben zur Wiederholung

1. Erläutern Sie, warum Tierschutz gleichzeitig Umweltschutz ist.
2. Erläutern Sie den Begriff „Nachhaltigkeit“.
3. Was verstehen Sie unter dem Drei-Säulen-Modell der Nachhaltigkeit?
4. Überlegen Sie, welche Energiesparmöglichkeiten es in der Fleischerei gibt.
5. Wie sind betriebliche Abwässer in Fleischereien zu behandeln und wo ist das geregelt?
6. Beschreiben Sie, welche Möglichkeiten es gibt, die Belastung des Abwassers zu verringern.
7. Wie sind Reinigungs- und Desinfektionsmittel zu lagern?
8. Wie hoch darf der Lärmpegel in Betrieben höchstens sein?
9. Unterscheiden Sie Transport-, Verkaufs- und Umverpackung.
10. Wie verhalten Sie sich, wenn Kunden eigene Verpackungsgefäße mitbringen und was ist dabei zu beachten?
11. Erläutern Sie, was Sie unter Ökoaudit verstehen.

Ausgewählte Fachrechenaufgaben

1. Ein Fleischereibetrieb mit einer angeschlossenen Filiale verkauft durchschnittlich in der Woche 18 Schweine und 2 Rinder. Er führt das branchenübliche Zusatzsortiment.
   Die Abfallentsorgung erfolgt wöchentlich.
   Es fallen pro Woche an:
   - 200 kg Knochen, Sehnen und Fette (je kg 0,57 €)
   - ein 1,1-m^3-Behälter mit Papier (55,00 €)
   - ein 1,1-m^3-Behälter für Wertstoffe (kostenlos)
   - ein 110-l-Behälter für Konfiskate (nicht zum Verzehr geeignete Tierkörperteile) (pro Behälter 10,50 €)
   - 1 Behälter mit 1100 l Restmüll (je Monat 82,50 €)

   Wie hoch sind die Abfallbeseitigungskosten der Fleischerei in der Woche, im Monat (gerechnet mit 4,3 Wochen), im Jahr?

2. Eine Fleischerei hat eine Verarbeitungskapazität von 20 Schweinen in der Woche. Die Fleischerei ist vollelektrisch eingerichtet.
   Anschlusswerte der wichtigsten Geräte:

1 Kochkessel, 400 l	24 kW
1 Druckkochkessel, 200 l	10 kW
1 Kombiräucherkammer	24 kW
1 Heißwasserspeicher (Nachtstrom)	24 kW
1 Kutter	21 kW
1 Wolf	10 kW

   Der Gesamtanschlusswert beläuft sich auf ca. 150 kW.
   Ohne Leistungsüberwachung würde die höchste 1/4-Stunden-Leistung bei ca. 60 kW liegen.
   Die Leistungsüberwachung kann die Leistung auf 35 kW reduzieren (Leistungseinsparung 25 kW).
   Wie hoch ist die Leistungseinsparung der Fleischerei in € bei einem Leistungspreis von 150,00 €/(kW mal Jahr)?

Meeting people and introducing yourself

Meeting people

1. Work in groups of three to introduce yourself. Complete the conversation and act it out.

A

Hello. My name is ...

Hello. I'm ... May I introduce you to ...(C)?

B

Hi ..., pleased to meet you.

Pleased to meet you, too.

C

Are you a trainee, too,... (B)?

Yes. I have started my apprenticeship as a ... What are you training as?

I'm going to be a ...

And what do you do, ...(C)?

I'm also a trainee ... I work for ...

INFORMATION

Unter Freunden begrüßt man sich mit „Hello." oder „Hi." Bei formellen Begrüßungen hingegen verwendet man „How do you do?" („Guten Tag./ Angenehm."), worauf mit „How do you do?" geantwortet wird.
Erst anschließend folgt z. B. die Frage „How are you?" („Wie geht es Ihnen/dir?") mit der möglichen Antwort „I'm fine, thanks."

Introducing yourself and talking about your place of work

"My name is Sabrina Short and I'm 17 years old. I live in the east of Hamburg. At the moment I'm training as a sales assistant. I work in the fashion department of a big department store in the city and sell clothes and shoes. I start work at 8 o'clock in the morning and I finish at around 7 o'clock in the evening. I'm in the shop only four days a week because I'm at a vocational school once a week. The work is very interesting and I like working with customers. But I don't like my boss very much. He's often in a bad mood and I'm afraid to ask him questions. My colleagues at work are really nice. We often help each other and have a lot of fun."

2. Read Sabrina's blog and find the correct information.

a) Sabrina is … years old.
b) She starts work … .
c) She … clothes and shoes.
d) What does Sabrina like about her job? She likes … .
e) Why does she not like her boss? … .
f) Sabrina likes her colleagues because … .

3. Write a blog about yourself and your place of work. Start like this:

My name is … and I work in/at …

GRAMMAR: simple present			
Denk' daran: he/she/it – das 's' muss mit!			
I	work	get	go
you	work	get	go
he/she/it	works	gets	goes
we	work	get	go
you	work	get	go
they	work	get	go

VOCABULARY

vocabulary from this section:	
apprenticeship	Ausbildung
to be afraid to do sth.	Angst davor haben, etwas zu tun
butcher	Fleischer/-in
colleague	Kollege/ Kollegin
customer	Kunde/Kundin
department	Abteilung
department store	Kaufhaus
to introduce so.	jemanden vorstellen
to meet so.	jemanden treffen
mood	Stimmung
pleased to meet you	Schön Sie/dich/euch kennen-zulernen.
sales assistant	Verkäufer/Verkäuferin
to sell sth. to so.	jmd. etwas verkaufen
to train as	in der Ausbildung sein zum/zur
a trainee	Auszubildende/r
vocational school	Berufsschule
to work with so.	mit jemandem arbeiten
workplace	Arbeitsplatz

other useful vocabulary:	
butcher's shop	Fleischerei
at the butcher's	beim Fleischer
company	Firma
goods	Ware/ Waren
meat	Fleisch
retail chain	Einzelhandelskette
sausage	Wurst
sausages	Würste/Wurstwaren
to serve so.	jemanden bedienen
task	Aufgabe

2 Beurteilen und Zerlegen von Schwein oder Lamm

Sie beurteilen Fleischteile, insbesondere vom Schwein, und bewerten die Fleischqualität unter verschiedenen Gesichtspunkten.

Kunde: „Zum Mittagessen möchte ich für meine Familie Schnitzel zubereiten."

Informieren
- Welche Erwartung hat der Kunde?
- Welche Unterschiede gibt es beim Rohstoff Fleisch?
- Wie kann ich das Fleisch für den Kunden vorbereiten?
- Welche Zubereitungsmöglichkeiten gibt es?
- Benötigt der Kunde Zubereitungshinweise?

Planen
- Welche Arbeitsschritte müssen festgelegt werden?
- Welche lebensmittelrechtlichen Vorschriften gelten beim Umgang mit Fleisch?
- Welche Fleischteile sind geeignet?

Entscheiden
- Ich zeige verschiedene Fleischteile und erkläre die Besonderheiten.
- Ich helfe dem Kunden durch meine Erläuterungen bei seiner Entscheidung.
- Ich erkläre verschiedene Zubereitungsmöglichkeiten.

Ausführen
- Ich portioniere die Schnitzel in der gewünschten Scheibenstärke.
- Ich zeige dem Kunden die Schnitzel und begründe die Schnittführung.
- Während der Arbeit achte ich auf Ordnung und Sauberkeit.
- Ich gebe Hinweise für die Zubereitung.

Kontrollieren
- Habe ich die Schnittführung richtig eingehalten?
- Ist die Scheibenstärke gleichmäßig?
- Sind meine Hinweise ausreichend und verständlich?

Bewerten
- Ist der Kunde zufrieden mit den Schnitzeln?
- Bin ich mit meiner Arbeit zufrieden?
- Kann die Schnittführung noch verbessert werden?
- Sollten die Schnitzel noch mit dem Mürbeschneider behandelt werden?
- Wurden die lebensmittelrechtlichen Vorschriften beim Umgang mit Fleisch eingehalten?

6 Mikroorganismen und ihre Lebensbedingungen unterscheiden

FLEISCHEREI nusse

Sabrina und Björn beginnen gemeinsam im Herstellungsbetrieb in der Zerlegeabteilung mit der Schweinehälftenzerlegung. Tim betreut die beiden. Natürlich achtet auch der Meister auf Sabrina und Björn. „Na ihr beiden, erinnert ihr euch noch an die zwei wichtigsten Voraussetzungen für ein optimales Arbeiten?“ „Natürlich Meister, wir haben bereits die Stechschutzschürze um und der Stechschutzhandschuh mit integrierter Stulpe liegt bereit.“ Meister: „Und was ist mit dem Film, den ihr im Gesundheitsamt gesehen habt? Ich kenn da eine starke Truppe mit Geheimwaffen, die darauf hofft, dass dieser Film bei euch schnell in Vergessenheit gerät.“

Also, hoffen wir, dass die Fleischer/-innen und das Verkaufspersonal bei den Hygieneschulungen nicht aufpassen! So wissen sie nichts über unsere Geheimwaffen.

Ich kann Lebensmittel vergiften und dem Lebensmittel ist nicht unbedingt etwas anzumerken! Im Gegensatz zu dir, Schipi! Dich sieht man ja gleich in allen Farben blühen!

Nun übertreib aber nicht so, was haltet ihr eigentlich von einer Schlagzeile: „300 Gäste nach der Schlacht am Büfett mit Blaulicht ins Krankenhaus“? Wir würden berühmt werden!

Na, ich weiß nicht, das könnte auch dazu führen, dass wir mit Nachdruck vertrieben werden, dann haben wir den Salat!

Vielleicht kommen wir drei gerade nicht durch, aber einige von uns schaffen das bestimmt. Schließlich sind wir überall!

Und was der eine nicht mehr aushält, das übersteht der andere mit Bravour!

Wir finden immer einen Nährboden, mal ein schöner Fettfleck, mal ein appetitlicher Blutspritzer oder Brätklecks, dann noch die Wohlfühltemperatur, schon vermehren wir uns rasant!

Sauerstoff ist genug da, den brauchen die Azubis ja auch!

Aber nicht alle von uns brauchen Sauerstoff!

Ja, das ist gut, egal, ob Sauerstoff da ist oder nicht, einige kommen immer durch!

Mit der Temperatur können uns die Azubis eins auswischen! Ab 70 °C wird es ungemütlich und bei 120 °C überlebt keiner länger als 20 Minuten! Gut, dass nicht alles gekocht wird, was die Menschen essen!

Auch im Kühlschrank können wir leben, nur vermehren wir uns da langsamer.

Und in der Tiefkühltruhe halten wir „Winterschlaf“. Ganz wichtig für uns ist ja auch noch das freie Wasser, das aus den Lebensmitteln herausgepresst werden kann.

Aber der Meister lässt ja nichts aus, um uns das Wasser zu nehmen. Gestern hat er doch den Schinken eingesalzen!

Dieser missgünstige Mensch. Hoffen wir auf die Azubis!

Die Azubis hängen bestimmt die warmen Würstchen in das Kühlhaus. Im Nu bildet sich Kondenswasser – klasse!

Es darf bloß nirgends zu sauer sein. Igitt! Wünschen wir uns von ganzem Herzen, dass die Neuen schön schlampig sind.

Dann werden wir von einem Lebensmittel auf das nächste übertragen. Und jeder von uns bekommt sein Leibgericht! Schipi, du wohnst doch in einer Holzritze, klopf doch dreimal!

Tock, tock, tock!

6.1 Ursachen des Verderbs

Der Verderb von Lebensmitteln ist aus biologischer Sicht ein natürlicher Vorgang. Er gehört zum Kreislauf der Natur und lässt sich überall beobachten. Ein reifer Apfel, der vom Baum fällt, bleibt nur wenige Tage genießbar. Bald fängt er an zu faulen und zu schimmeln und wird schließlich zersetzt. Übrig bleibt Humus, der als Nährsubstanz wieder zum Aufbau neuen Lebens zur Verfügung steht.

Verderb kann auf ganz unterschiedliche Art und Weise auftreten. Man unterscheidet:

Art des Verderbs	Beispiel für Verderb
physikalischer Verderb; hierzu rechnet man Kälte, Feuchtigkeit, Wärme, mechanische Beschädigungen	Wiener Würstchen trocknen aus; Blattsalat welkt; Brötchen trocknen und werden hart, Gefrierbrand, heruntergefallenes Obst
enzymatischer Verderb (auch biochemischer Verderb genannt); Enzyme sind entscheidend an Stoffwechselvorgängen in Lebensmitteln beteiligt	Enzyme bauen das Fleischeiweiß ab. Dies ist zum einen unbedingt erwünscht (Fleischreifung), zum anderen wirkt es bei einer Überreifung durch Eiweißzersetzung ekelerregend (unangenehmer Geruch).
chemischer Verderb; hier handelt es sich um oxidative Prozesse	Ranzigwerden (oxidativer Verderb) von Fetten, Ölen und fettreichen Lebensmitteln (unangenehmer Geruch)
mikrobiologischer Verderb	Übertragen von Mikroorganismen aus einer eiternden Wunde auf Fleisch und Zersetzung des Lebensmittels durch Mikroorganismen
Verderb durch tierische Schädlinge	Fliegen, Schmeißfliegen (Blauer Brummer), Insekten, Motten, Küchenschaben, Käfer, Mäuse und Ratten können Schmutz, Kotrückstände, Mikroorganismen und Pilzsporen auf Lebensmittel übertragen und sind ekelerregend.

6.2 Mikroorganismen

Was heißt „Mikroorganismus"?
Mikro = Kleinst
Organismus = Lebewesen
Mikroorganismen = Kleinstlebewesen

Es werden für die Mikroorganismen aber auch andere Bezeichnungen verwandt:
Mikroben = kleiner Organismus
Keime = Krankheitserreger

Alle drei Begriffe werden nebeneinander benutzt und meinen auch dasselbe.

Wie klein sind Mikroorganismen?
Auf einen Bleistiftpunkt passen etwa 1 000 Mikroorganismen.

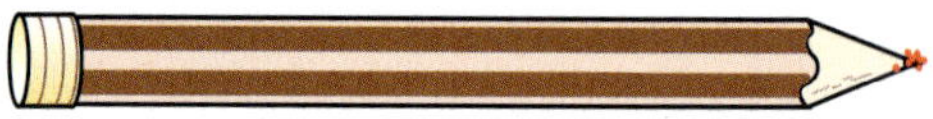

Ein Schnapsglas voll mit verschmutztem Wasser kann 200 Millionen Bakterien enthalten.

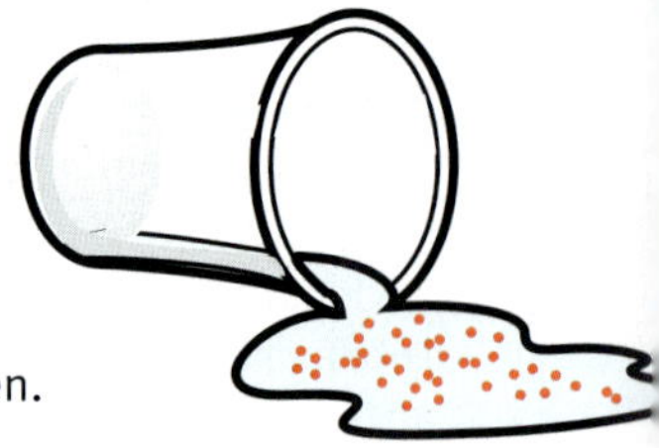

Auf eine Messerschneide passen auf 1 mm^2 bis zu 5 000 Bakterien.

1 cm^3 frisches Fleisch kann ca. 500 000 Bakterien enthalten.

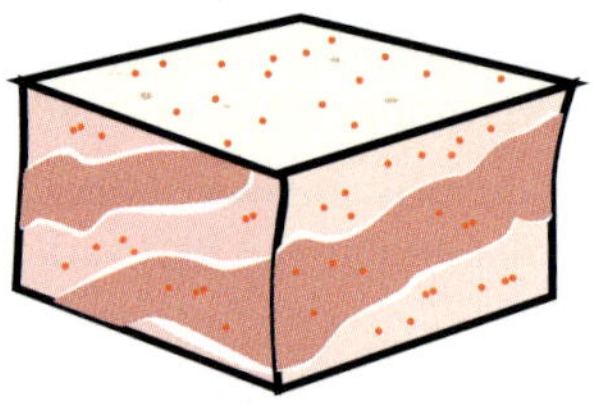

Wenn 1 g Hackfleisch weniger als 10 000 Mikroorganismen einer bestimmten Art aufweist, gilt es noch als zufriedenstellend.

Diese Ausführungen machen einerseits deutlich, wie winzig klein Mikroorganismen sind, andererseits, dass 10 000 Bakterien einer Art in nur einem Gramm Hackfleisch noch nicht problematisch sind.

6.2.1 Herkunft der Mikroorganismen

Mikroorganismen in der Fleischerei			
Hauptherkunftsbereiche	Bezeichnung nach Herkunftsbereich	Vorkommen durch Übertragung in der Fleischerei	von dort Verteilung der Mikroorganismen auf
Erde Schmutz Staub	Bodenbakterien Pilze Hefen	Staub Luft Boden Wände Geräte Maschinen Hände Kleidung	Hälften/Viertel ▼ Fleischoberfläche ▼ Teilstücke ▼ wolfgerechte Fleischwürfel ▼ Hack
Darm von Mensch und Tier	Enterobakterien, z. B. Salmonellen, Kolibakterien		
Haut und Schleimhäute der Mitarbeiter	Eitererreger, z.B Staphylokokken		

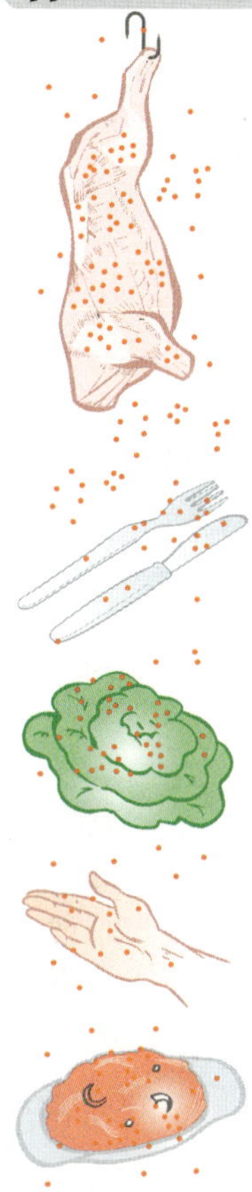
Mikroorganismen in der Fleischerei

Die Anzahl der Mikroorganismen, die sich auf oder in den verschiedenen Lebensmitteln befinden, ist sehr unterschiedlich: Früchte, Fleisch, Eier und Kartoffeln sind in ihrem Inneren praktisch keimfrei. Ihre Oberfläche ist dagegen – je nach Behandlung – mehr oder weniger stark mit Mikroorganismen belastet. Bei Frischfleisch kann man zum Beispiel einige Tausend bis einige Millionen Bakterien pro cm^2 finden, ohne dass damit eine Gefährdung der Gesundheit verbunden und ohne dass das Fleisch deshalb verdorben sein muss.

Lebensmittel, Bedarfsgegenstände, Hände	**Normaler Keimgehalt Gesamtkeimzahl je cm^2**
Kopfsalat, ungewaschen	1 000 bis 100 000
Kopfsalat, gewaschen	100 bis 10 000
Erdbeeren, frisch	100 bis 100 000
Schweinefleisch, frisch	10 000
Schweinefleisch, abgehangen	10 000 000
Waagschale in der Fleischerei	75 bis 400
Küchentisch	30
Küchenbesteck, sauber	1 bis 25
Handunterseite, gründlich gewaschen	1 bis 25
	Gesamtkeimzahl je g bzw. ml
Tatar mit Ei und Gewürzen	100 000 bis 30 000 000
Leberwurst auf Brötchen	500 000
Italienischer Salat, hausgemacht	3 000 000
Zwiebeln, gehackt	20 000
Pfeffer, gemahlen	30 000 bis 1 000 000
Trinkmilch, pasteurisiert	bis 10 000

Sogar einwandfreie Lebensmittel enthalten Mikroorganismen (siehe Tabelle links)

6.2.2 Arten und Formen von Mikroorganismen

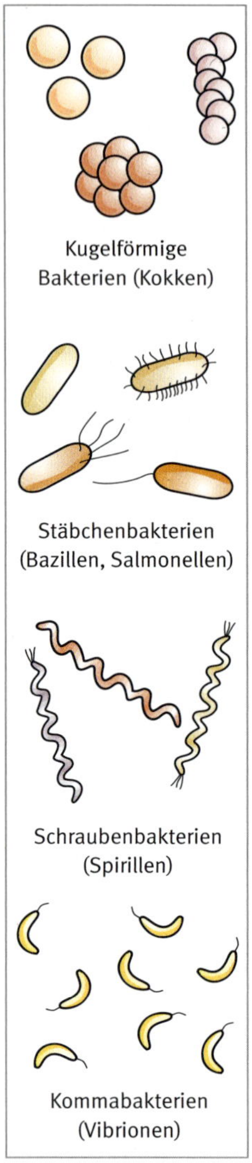

Bei den Bakterien werden vier Formen unterschieden.

Mikroorganismen lassen sich in vier große Gruppen einteilen:

- Bakterien
- Pilze
- Hefen
- Viren

Aus hygienischer Sicht haben die Viren eine untergeordnete Bedeutung, da sie sich nicht selbst teilen und sich nur in lebenden Zellen vermehren können, z. B. Erkältungsviren.

Zwischen den einzelnen Mikroorganismenarten, aber auch innerhalb der einzelnen Gruppen von Mikroorganismen gibt es erhebliche Größenunterschiede. Das Milzbrandbakterium ist eines der größten und mit einem geschulten Auge noch eben als winziger Punkt erkennbar. Es hat die Größe von 100 µm (1 µm entspricht 1/1000 mm).
Viren dagegen sind so winzig klein, dass sie nur mit einem Elektronenmikroskop sichtbar gemacht werden können. Der Erreger der Kinderlähmung hat die Größe von 0,02 µm. Der Größenunterschied zwischen einem Milzbrandbakterium und einem Virus, das Kinderlähmung auslösen kann, entspricht etwa dem Größenverhältnis einer Kuh zu einer Fliege.

Nützliche Mikroorganismen

Bei der Lebensmittelproduktion wird die Tätigkeit unterschiedlicher Mikroorganismen genutzt, um die gewünschten Produkteigenschaften zu erzielen (s. Tabelle rechts).

Gewünschte Produkteigenschaften	
Bierhefen und Weinhefen	bilden Alkohol, Geruchs- und Geschmacksstoffe und Kohlendioxid
Backhefen	lockern Hefeteige durch das von ihnen gebildete Kohlendioxid
Milch- und Essigsäurebakterien	säuern durch ihre Gärprodukte das Sauerkraut
Edelschimmelpilze	geben den Edelschimmelkäsesorten ihre typischen Geschmacks- und Aromastoffe und ihr Aussehen
Milchsäurebakterien (Joghurtkulturen)	bilden säuerliche und aromatische Stoffe zur Reifung von Joghurt und unterstützen das Dicklegen von Milch
Milchsäurebakterien	unterstützen maßgeblich die Rohwurstreifung und Pökelwarenherstellung
Nitratreduzierende (abbauende) Bakterien	helfen mit, das Nitrat in Fleischerzeugnissen und in Würsten abzubauen
Essigsäurebakterien	sorgen zum Beispiel für die Säuerung von Traubensaft zu Weinessig

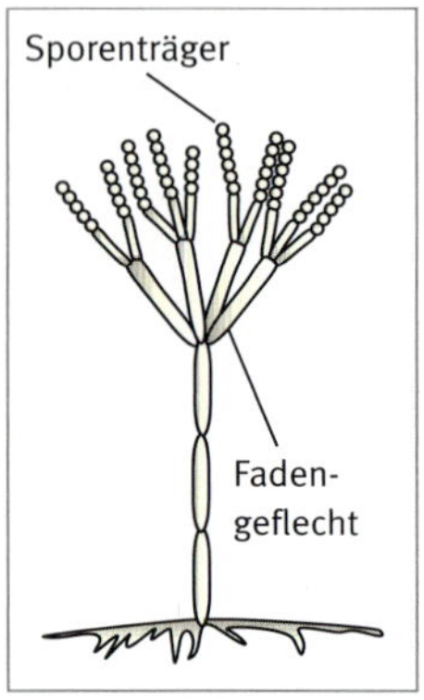

Schimmelpilz

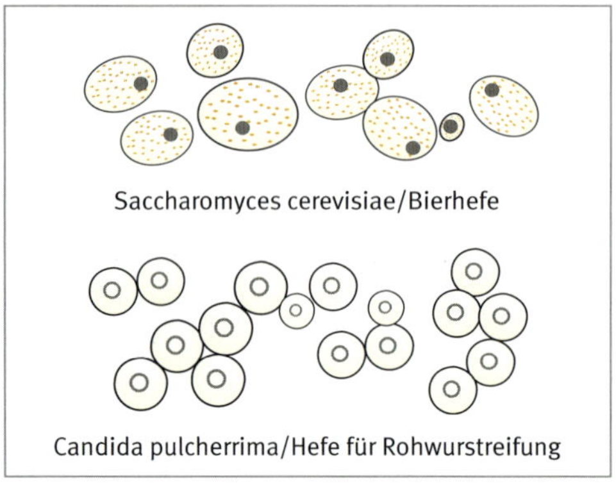

Hefearten

Nützliche und gleichzeitig schädliche Mikroorganismen

Darmbakterien sind unverzichtbar zur Verdauung, insbesondere zur Vergärung (Aufspaltung) der Cellulose; andererseits können sie schwerste Krankheiten hervorrufen, wenn sie durch unsauberes Arbeiten an Lebensmittel gelangen.
Ohne **Bodenbakterien** könnten Pflanzen nicht wachsen und gedeihen. Auf Lebensmitteln führen sie zum Verderb und bei Verzehr zur Erkrankung.

Schädliche Mikroorganismen

Sie sind für den Lebensmittelverderb und für Erkrankungen verantwortlich, indem sie

- die Nährstoffe in den Lebensmitteln zersetzen und dadurch deren Genuss-
- und Verzehrfähigkeit herabsetzen,
- die Nährstoffe der Lebensmittel in giftige Stoffe umwandeln und dadurch gesundheitsschädliche Veränderungen hervorrufen,
- sich in den Lebensmitteln vermehren, bei deren Verzehr in den menschlichen Körper gelangen und dort Krankheiten auslösen.

Schädliche Mikroorganismen werden eingeteilt in

- Verderbniserreger; diese führen zu
  - Schimmelbildung
  - Fadenziehen
  - Gärung und Säuerung (Kohlenhydrate)
  - Ranzigkeit (Fette)
  - Fäulnis (Eiweiß)
- Krankheitserreger; diese führen zu
  - Vergiftungen
  - Ansteckungen
  - Mehrfacherkrankungen
  - Zellgift-Sofortwirkung
  - Spätfolgen

Lebensmittelvergiftungen treten auf, wenn Toxine (Giftstoffe), die von den Mikroorganismen gebildet werden, vom Menschen aufgenommen werden, z.B. durch Eitererreger gebildete Toxine.

Lebensmittelinfektionen treten auf, wenn mit den Lebensmitteln krank machende Mikroorganismen aufgenommen werden, z.B. Salmonellen.

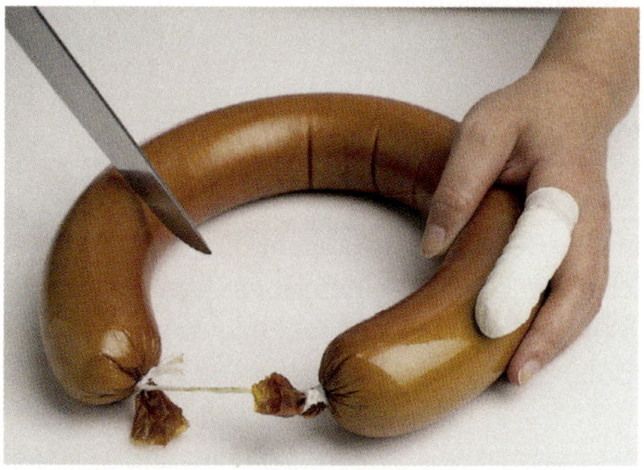

Fingerwunden verbinden, um Lebensmittelvergiftungen zu vermeiden!

Hefen

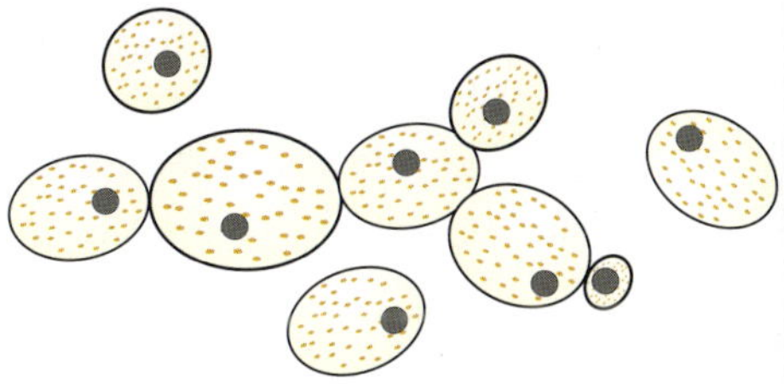

Hefezellen

Werden Lebensmittel von Hefen befallen und führt dies zu unkontrolliertem Wachstum, so entsteht ein Verderb. Dies ist beispielsweise der Fall, wenn Hefen über die Luft in Kompott oder Obstsaft gelangen und zu gären beginnen. Der Zucker wird von den Hefen zu Alkohol und Kohlensäure abgebaut. Diese Lebensmittel riechen und schmecken hefig und sind unbrauchbar.

Schimmelpilze

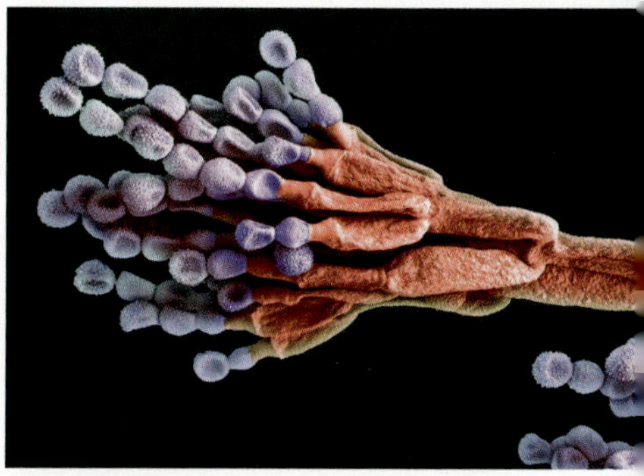

Pinselschimmel

Schimmelpilze sind alle Pilze, die ein Myzel (fadenförmige Zellen eines Pilzes) bilden. Die unerwünschten Schimmelpilze, z.B. auf rohem Schinken, Brot oder Konfitüre, sind sowohl Verderbnis- als auch Krankheitserreger. Sie sondern Giftstoffe ab, die gesundheitsschädlich sind. Schimmelpilze verbreiten sich über Sporen. Dies sind winzige Kügelchen, die für den Menschen unsichtbar durch die Luft fliegen. Auf diesem Weg gelangen sie auf Lebensmittel und können sich auf bzw. in ihnen vermehren. Der weiße bzw. farbige Flecken bildende Schimmel ist deutlich auf der Oberfläche erkennbar. Problematisch ist das unsichtbare Fadengeflecht (Myzel) des Schimmels, das sich im Innern des Lebensmittels befindet. Beide Teile des Schimmels enthalten ein krebserregendes Gift, Mykotoxin genannt.

Krankheitserregende Bakterien

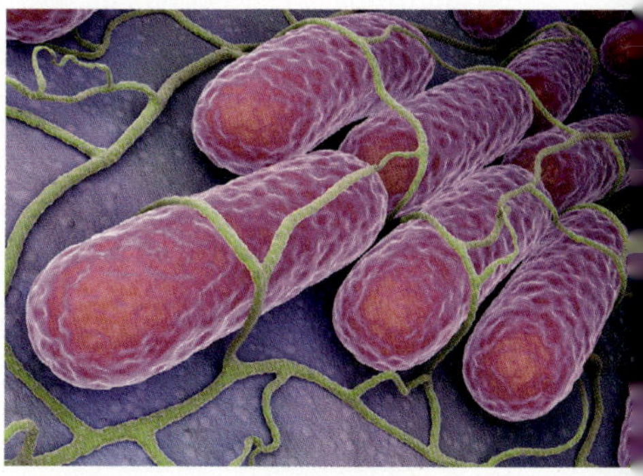

Stäbchenbakterien (Salmonellen)

Zu den krankheitserregenden Bakterienarten gehören Salmonellen, Staphylokokken, Clostridien, EHEC-Bakterien, Campylobacter und Listerien. Sie vergiften Lebensmittel oder führen zu Infektionen, wenn kontaminierte (mit Bakterien verunreinigte) Lebensmittel verzehrt werden. Die drei zuerst genannten Bakterienarten treten in der Fleischerei am häufigsten auf.

Die sechs schädlichsten Bakterienarten

Bezeichnung	Vorkommen	Übertragungsweise	Eigenschaften	Erkrankungsbild
Salmonellen	tierische Lebensmittel, die sich ganz oder teilweise in rohem Zustand befinden oder ungenügend erhitzt wurden	Verzehr von kontaminierten Lebensmitteln wie Geflügel, Eier, Fisch und Fleisch	Menschen können Salmonellenausscheider sein, ohne an Salmonellose erkrankt zu sein	Salmonellose kann zu Kopfschmerzen, starkem Durchfall, Erbrechen und damit einhergehendem Fieber führen. Kleinkinder, alte, geschwächte oder erkrankte Menschen können an der Salmonellose sterben.
Staphylokokken	Nasen- und Rachenraum des Menschen und in Wunden	über die Hände auf Lebensmittel und durch Niesen und Husten	vermehren sich auf Lebensmitteln und bilden für den Menschen schädliche Gifte	plötzliches Erbrechen, Durchfall und Bauchkrämpfe
Clostridien	unvollkommen sterilisierte Konserven; sie können in eingekochten und vakuumierten Lebensmitteln überleben und sind besonders hitzestabil	Verzehr von kontaminierten Lebensmitteln, besonders von Konserven, die einen gewölbten Deckel aufweisen (Bombagen)	gefährlichste Bakterienart in Lebensmitteln; vermehren sich sehr schnell bei Zimmertemperatur und bilden sogenannte Bombagen (Gase) oder Gifte	Die Giftstoffe der Clostridien sind in der Lage, Menschen zu töten (Botulismus).
EHEC-Bakterien (enterohämorrhagische Escherichia-coli-Bakterien)	Darm des Menschen; nicht vollständig erhitztes Fleisch und Rohmilch	Schmierinfektionen aufgrund von mangelnder Hygiene nach dem Toilettenbesuch von Mensch zu Mensch oder auf Lebensmittel	Erkrankung schon ab circa hundert Keimen möglich	blutig-wässriger Durchfall mit kolikartigen Bauchschmerzen, Krämpfen, Erbrechen, neurologischen Störungen, Erkrankung der Bauchspeicheldrüse, schwerste Nierenerkrankungen mit erforderlicher lebenslanger Dialyse
Campylobacter	Geflügelfleisch, Geflügelinnereien, Trinkwasser und Rohmilch	Verzehr der kontaminierten Lebensmittel	Eine kleine Zahl von einigen Hundert Bakterien kann eine Erkrankung auslösen.	akuter Durchfall, Erbrechen und Fieber
Listerien	Rohmilch, Milchprodukte, besonders Rohmilchkäse	Verzehr der kontaminierten Lebensmittel	besondere Gefahr bei Schwangerschaften für die ungeborenen Kinder	Bei immungeschwächten Menschen führt die Erkrankung zu grippeähnlichen Beschwerden, einhergehend mit hohem Fieber und Gehirnhautentzündungen.

6.2.3 Lebensbedingungen und Vermehrung von Mikroorganismen

Um die Vermehrung zu verstehen, ist es wichtig, den Aufbau eines Bakteriums zu kennen.

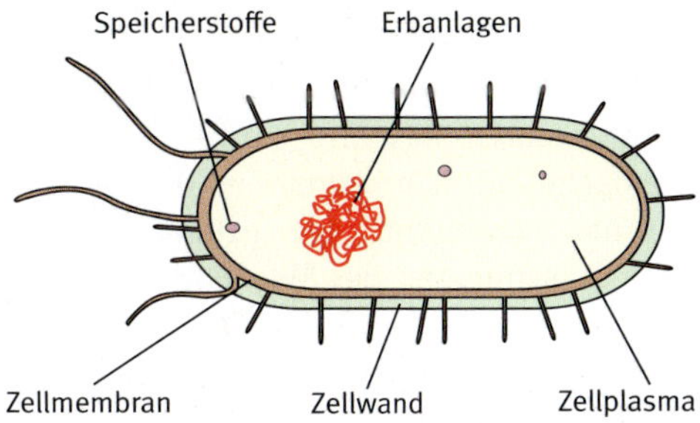

Aufbau eines Bakteriums

Bakterien sind einzellige Lebewesen. Von außen sind sie mit einer Zellwand umhüllt. Darunter befindet sich die Zellmembran. Sie ist durchlässig und für den Stoffaustausch mit der Umgebung zuständig. Im Innern befindet sich das Zellplasma, darin eingelagert sind Speicherstoffe wie Fetttropfen und Stärkekörner. Letztere dienen dem Bakterium als Nahrung.

Mikroorganismen vermehren sich durch Teilung.

Bei günstigen Vermehrungsbedingungen in Bezug auf Temperatur, Feuchtigkeit und Nährstoffe vermehren sich Bakterien alle 20 Minuten durch Zellteilung, wobei sich als Erstes der Zellkern und anschließend die Zellflüssigkeit teilt. Danach schnürt sich die Zelle zwischen den beiden Zellkernen ab – zwei neue Zellen sind entstanden.

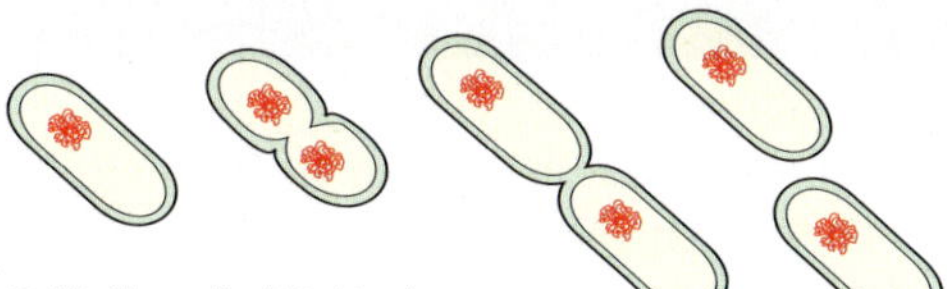

Zellteilung bei Bakterien

Diese Schnelligkeit bei der Vermehrung ist mit den Augen des Biologen betrachtet faszinierend, mit den Augen des Hygienikers gesehen allerdings beängstigend.

Bei den **Schimmelpilzen** teilen sich die Zellen nicht vollständig, sondern bilden sogenannte Pilzfäden (Hyphen).

Zellteilung bei Pilzen

Liegen keine optimalen Bedingungen zur Zellteilung vor, so bilden einige Mikroorganismen Sporen, die sehr widerstandsfähig sind und häufig erst durch Temperaturen von +121 °C abgetötet werden. Sporen sind sehr leicht und können daher durch die Luft überallhin gelangen.

Die Vermehrung der Mikroorganismen hängt ab von

- der Temperatur des Lebensmittels,
- der Dauer einer Temperatureinwirkung,
- dem Wassergehalt des Lebensmittels (freies Wasser, ▸ S. 82),
- seinem pH-Wert (Säuregrad),
- seinem Gehalt an Nährstoffen,
- dem Zerkleinerungsgrad der im Wasser gelösten Nährstoffe,
- der Anwesenheit von Sauerstoff (je nach Art der Mikroorganismen).

Es gibt Mikroorganismen, die sich besonders gut bei **Temperaturen** über +45°C vermehren, für andere sind mittlere Temperaturen zwischen +20 und +35 °C am günstigsten, wieder andere vermehren sich am schnellsten bei Temperaturen unter +15 C. Die meisten lebensmittelverderbenden und krankheitserregenden Mikroorganismen vermehren sich am besten im mittleren Temperaturbereich zwischen +20 und +35 °C. Je länger ein Lebensmittel bei diesen mittleren Temperaturen lagert, desto stärker vermehren sich die Keime – und desto größer ist folglich die Möglichkeit, dass das Lebensmittel verdirbt oder gesundheitsschädlich wird.

Günstig für die Vermehrung der Mikroorganismen sind Lebensmittel, die viele **Nährstoffe** enthalten. So fördern eiweiß-, kohlenhydrat- und fettreiche Lebensmittel die Vermehrung von Mikroorganismen. Aus diesem Grund sind rohes Fleisch, Fleischerzeugnisse, Geflügel, Milch, Eier und Salate besonders anfällig.

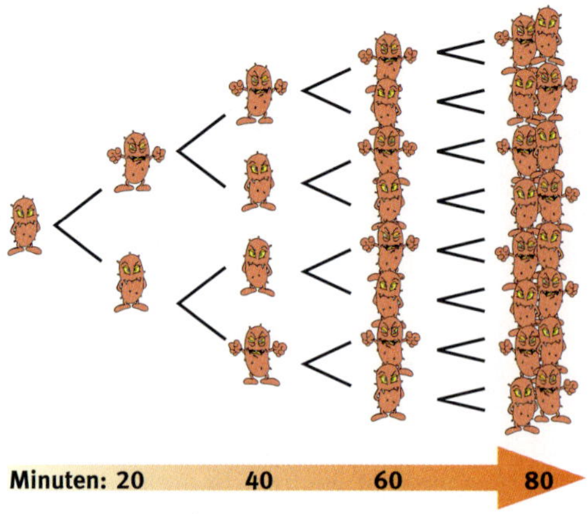

Vermehrung von Mikroorganismen

Mikroorganismen benötigen **Wasser** zum Leben. Es löst und transportiert die Nährstoffe. Entscheidend ist aber nicht der Gesamtwassergehalt eines Lebensmittels, sondern das freie Wasser, das für die Vermehrung zur Verfügung steht. Das durch Eiweiße, Salze und Zucker gebundene Wasser (▸ S. 216, a_W-Wert) fördert die Vermehrung nicht. Dadurch wird das Wachstum der Mikroorganismen gehemmt.

Der pH-Wert gibt an, wie sauer oder basisch eine wässrige Lösung ist; pH-Wert 7 = neutral.

Auch in **säurehaltigem Milieu** können Mikroorganismen wachsen. Ab einem pH-Wert von 4,2 und niedriger sind die lebensmittelvergiftenden und infizierenden Bakterien (z. B. Salmonellen) jedoch nicht mehr lebensfähig.

▶ Nennen Sie Maßnahmen, um das Wachstum von Mikroorganismen zu verringern.

Für die Vermehrung von Mikroorganismen sind die Struktur des Lebensmittels sowie die Größe der Oberfläche, die es den Mikroorganismen bietet, von entscheidender Bedeutung. So sind zum Beispiel Eier durch ihre Schale weitgehend gegen Mikroorganismen geschützt. Auch die Bindegewebshäute auf der Fleischoberfläche schützen bis zu einem gewissen Grad gegen das Eindringen von Bakterien. Ganz anders ist die Situation, wenn die schützende Muskelhülle durch eine intensive Zerkleinerung, wie bei Hackfleisch, zerstört wird. Bei dieser Zerkleinerung des Muskelfleisches wird die keimbelastete Oberfläche mit dem keimarmen Inneren des Fleisches vermischt. Gleichzeitig werden durch Zerschneiden der Muskelfasern Nährstoffe und Wasser freigesetzt und können somit den Mikroorganismen als hervorragender Nährboden dienen.

Nicht alle Mikroorganismen benötigen Sauerstoff zum Leben. Es werden **Sauerstoff** liebende, sogenannte Aerobier, und Sauerstoff verachtende, sogenannte Anaerobier, unterschieden. In Konserven und Vakuumverpackungen können sich Anaerobier vermehren und das Lebensmittel verderben. Durch starke Vermehrung gasbildender Mikroorganismen, z. B. Clostridien, durch z. B. zu geringe Temperatur oder einen zu hohen Keimgehalt des Rohmaterials, kann es bei Konservendosen zu Bombagen kommen. Diese erkennt man am vorgewölbten Deckel und Boden. Die Dosen sind sofort zu entsorgen, da sie Giftstoffe der Clostridien (Botulismus-Toxin) enthalten. Aus diesem Grund müssen vakuumverpackte Wurst und vakuumverpacktes Fleisch beim Öffnen der Verpackung kritisch begutachtet werden.

& Komplexe Aufgabe

Beschaffen Sie sich Nährböden. Diese sind meist in Schullaboren als fertige Nährböden vorrätig.
Beimpfen Sie die einzelnen Nährböden mit folgenden Gegenständen:

1. einem Fingerring
2. einer Ecke eines Reinigungslappens
3. der Innenseite einer Armbanduhr
4. dem Lippenabdruck
5. dem Fingerabdruck einer ungewaschenen Hand
6. dem Fingerabdruck einer gewaschenen Hand
7. dem Fingerabdruck einer gewaschenen und desinfizierten Hand

Stellen Sie die beimpften Nährböden für 48 Stunden bei 40 °C in einen Brutschrank.
Nehmen Sie die Nährböden heraus und kleben Sie den Deckel mit transparentem Klebeband an dem Boden des Nährbodens fest.
Der Deckel darf nicht entfernt werden können, damit kein eventuell entwickeltes infektiöses Material übertragen werden kann.
Betrachten Sie die bebrüteten Nährböden und diskutieren Sie die sichtbaren Ergebnisse in Ihrer Klasse.

Aufgaben zur Wiederholung

1. Unterscheiden Sie die Arten des Verderbs und nennen Sie jeweils ein Beispiel.
2. Was heißt „Mikroorganismus“?
3. Nennen Sie Hauptherkunftsbereiche von Mikroorganismen in der Fleischerei.
4. Welche Arten von Mikroorganismen werden unterschieden?
5. Nennen Sie nützliche Mikroorganismen und beschreiben Sie ihren Anwendungsbereich.
6. Beschreiben Sie Vorkommen, Übertragungsweise, Eigenschaften und Erkrankungsbild bei Salmonellen, Staphylokokken und Clostridien.
7. Beschreiben Sie den Aufbau von Bakterien.
8. Unterscheiden Sie die beiden Vermehrungsarten bei Mikroorganismen.
9. Von welchen Bedingungen hängt eine optimale Vermehrung der Mikroorganismen ab?
10. Wie lässt sich freies Wasser im Lebensmittel binden und mit welchem Messverfahren lässt sich dies messen?

Ausgewählte Fachrechenaufgaben

1. Auf 1 cm^2 einer schmutzigen Hand wurden 18 000 Keime gezählt.
   Berechnen Sie die Gesamtkeimzahl auf einer Handinnenfläche mit einer Breite von 11 cm und einer Länge von 17 cm.

2. Im Rahmen der betrieblichen Eigenkontrollen wurden während der Produktion von Wiener Würstchen folgende Keimzahlen in einem Gramm Brät festgestellt:

   - nach dem Kuttern 22 000 000 Keime
   - nach dem Umröten 26 000 000 Keime
   - nach dem Räuchern 20 000 000 Keime
   - nach dem Brühen 15 000 Keime

   a) Berechnen Sie die prozentualen Veränderungen der Keimzahlen in den einzelnen Produktionsschritten.
   b) Beurteilen Sie die prozentualen Veränderungen.

3. Bei einer bakteriologischen Untersuchung wurden je cm^2 eines Arbeitstisches im gereinigten Zustand 29 Mikroorganismen und im ungereinigten Zustand 158 Mikroorganismen festgestellt.
   a) Berechnen Sie jeweils die Gesamtkeimzahl der Mikroorganismen bei einer Tischgröße von 1,2 m Breite und 2,2 m Länge.
   b) Wie hoch wäre jeweils die Gesamtkeimzahl in 8 Stunden, wenn sich die Mikroorganismen alle 20 Minuten verdoppeln?

4. Salmonellenerkrankungen (Salmonellenenteritis) sind seit einigen Jahren in Deutschland rückläufig. Dagegen sind Campylobacter-Enteritis-Fälle Schwankungen unterlegen.
   Es wurden vom Robert-Koch-Institut für die Jahre 2014 bis 2019 folgende Erkrankungszahlen mitgeteilt:

Jahr	Salmonellose	Campylobacter-Enteritis
2014	16 236	71 013
2015	13 870	70 266
2016	12 962	73 999
2017	14 269	69 414
2018	13 540	67 933
2019	13 693	61 526

   a) Berechnen Sie die prozentuale Schwankungen der Salmonellenerkrankungen in jedem Jahr seit 2014.
   b) Berechnen Sie die prozentualen Schwankungen der Campylobacter-Enteritis-Fälle in jedem Jahr seit 2014.
   c) Wie viele Erkrankungen an beiden Enteritisformen kamen im Jahr 2016 auf 100 000 Einwohner, wenn von einer deutschen Gesamtbevölkerung von 84 Millionen ausgegangen wird?

7 Fleisch als Lebensmittel und Rohstoff beschreiben

FLEISCHEREI nusse

Tim, „frisch gebackener" Fachverkäufer, unterhält sich mit seinem Freund Martin, der Kfz-Mechatroniker lernt.
Martin: „Neulich habe ich eine Leberwurst gekauft, die schmeckte tranig und war auch schwer streichbar. Und das, obwohl ich sie frisch gekauft hatte."
Tim: „Na, da hat der Fleischer sicherlich das falsche Fett verwendet."
Martin: „Wieso falsches Fett? Fett ist doch gleich Fett, genauso wie Fleisch gleich Fleisch ist."
Tim: „Da vertust du dich aber gewaltig. Das ist wie beim Auto, ich kann ja auch keinen Diesel für einen Benzinmotor verwenden, obwohl Diesel und Benzin chemisch sehr ähnlich sind. Bei deiner Leberwurst hat wohl der Fleischer Rückenspeck statt Bauchspeck verwendet, und höchstwahrscheinlich war das Tier mit Fischmehl gefüttert worden."
Martin: „Das klingt ganz schön kompliziert."
Tim: „Das ist es auch. Aber das lernen wir ja alles während unserer Ausbildung."

Fleisch ist Lebensmittel, Rohstoff und Werkstoff in einem. Als „Fleisch" gelten die Teile von geschlachteten, warmblütigen Tieren, die zum Genuss für den Menschen bestimmt sind (Definition aus den Leitsätzen für Fleisch und Fleischerzeugnisse).
Da Verbraucher unter „Fleisch" vorwiegend Muskelfleisch verstehen, wurde die EG-Richtlinie 2001/101 zur Etikettierung und Aufmachung von Lebensmitteln erlassen. Diese beschränkt den Begriff „Fleisch" bei abgepackten Fleischerzeugnissen auf Muskelfleisch. Andere zum menschlichen Verzehr zugelassene Teile müssen gesondert ausgewiesen werden.

Die Fleischqualität (▸ S. 91) als die Summe aller Eigenschaften von Fleisch umfasst die gesundheitliche Unbedenklichkeit, den Geschmack und auch die technologischen Eigenschaften.

Die Qualität von Fleisch wird maßgeblich beeinflusst von

- Zucht, Geschlecht, Alter, Fütterung, Tierhaltung,
- dem Behandeln vor dem Schlachten,
- der Verarbeitung im Fachbetrieb,
- der Zubereitung zu Speisen.

7.1 Lebensmittel Fleisch

„Fleisch ist ein Stück Lebenskraft", so lautete ein Slogan einer großen Werbeagentur. In fast allen Kulturen und Epochen hat Fleisch in der Ernährung eine herausragende Rolle gespielt; schon immer wurden Fleisch und Fleischgerichte bei besonderen Gelegenheiten verzehrt.

Jagdszenen in Felsen- und Höhlenzeichnungen belegen sehr eindrucksvoll den **Stellenwert von Fleisch** in der menschlichen Ernährung. Im Spätmittelalter wurde sehr viel Fleisch verzehrt, der Verbrauch lag mit rund 100 kg pro Kopf und Jahr höher als heute. Der Fleischkonsum ging zu Beginn des 16. Jahrhunderts wieder zurück und erreichte im 19. Jahrhundert einen Tiefstand.

Über all die Jahrhunderte hinweg blieb der Fleischverzehr sehr unregelmäßig auf die Woche, das Jahr, Fest- und Fastenzeiten sowie die guten und schlechten Zeiten verteilt. Schlechte Transport- und Konservierungsmöglichkeiten, soziales Gefälle zwischen Stadt und Land sowie zwischen der herrschenden Schicht und dem einfachen Volk prägten die **Lebensbedingungen** der Menschen bis zum Beginn des 20. Jahrhunderts. Zeiten des Mangels oder des Fastens, z. B. während der Fastenzeit vor Ostern, wurden durch kurze Phasen des Überflusses und Schlemmens (zur Schlachtzeit) abgelöst.

Fleisch war in der **Verfügbarkeit** begrenzt und daher oft bestimmten Alters- oder Personengruppen vorbehalten.

Braten und Wildgerichte gab es nur für den Adel, Koch- und Siedfleisch waren Volksspeisen. Bis Mitte des 20. Jahrhunderts wurden fast alle Teile des Tieres verwendet: Füße, Kehle, Maul, Zunge, Lunge, Leber, Herz, Nieren, Hirn und Därme (heute gibt es noch entsprechende regionale Spezialitäten). In einfachen Haushalten und z. B. während und nach dem Zweiten Weltkrieg wurden Schweineschwarten mit Blut, Mehl oder Grütze vermengt gekocht und als „Wurst" verzehrt.

Lebersuppe

Tierische Fette waren wichtiger Bestandteil der Nahrung, es wurde damit gekocht, gebraten und gebacken; Speck wurde auch so gegessen. Das Grillen von Fleisch und Würstchen, wie man es heute kennt, war noch bis in die 1950er-Jahre in Deutschland weitgehend unbekannt. Erst mit steigendem Wohlstand und im Zuge einer sich verändernden „Freizeitkultur" wurde diese Art der Fleischzubereitung immer beliebter.

Brabantische Pastete

Zutaten:

- Hals, Leber, Magen, Flügel von einem Huhn
- Leber, Lunge, Herz, Nieren von einem kleinen Spanferkel
- 1 TL Petersilie
- 150 g Speck
- 100 g Champignons, frisch
- 150 g Trauben, entkernt
- 100 g Spargel
- 100 g Artischockenherzen
- 200 g Speck zum Auslegen
- 2 Tassen Sahne
- 2 Eigelb
- 750 g Mürbeteig
- 1 EL Salz
- 1 Prise Pfeffer
- 1 Prise Pastetengewürz

(aus: Fischer, Wende, Barocke Küchenfreuden)

Lebersuppe aus der Kriegsküche

Zutaten für 100 Personen:

- 2 kg Knochen
- 2 kg Leber
- ausreichend Suppengrün
- 1,5 kg Graupen
- 1,5 kg Trockenerbsen
- 3 kg Kartoffeln
- Petersilie
- 5 große Möhren
- ca. 250 g Salz
- 35 l Wasser

(aus: Horbelt, Spindler, Die deutsche Küche im 20. Jahrhundert)

Früh hatten sich Wissenschaftler über die Höhe eines **„idealen Fleischverzehrs“** Gedanken gemacht und darüber, welche Fleischarten bevorzugt gegessen werden sollten. Noch vor rund 100 Jahren wurde in der Durchschnittsbevölkerung nur ein- bis zweimal pro Woche Fleisch verzehrt, überwiegend Schweinefleisch.
Heute wird empfohlen, zwei- bis dreimal pro Woche Fleisch- und Fleischprodukte zu verzehren (oder auch häufiger kleine Mengen). Die WHO empfiehlt eine Menge von 500 g pro Woche; der durchschnittliche Fleischkonsum der Bundesbürger liegt derzeit über diesen Empfehlungen.

Vorteile von Fleisch

Fleisch ist ein zentraler Bestandteil unserer Nahrung. Es bietet:

- hochwertiges Eiweiß (▸ S. 213)
- leicht verfügbares Eisen (▸ S. 220 f.)
- Vitamine und Mineralstoffe (▸ S. 218 ff.)
- einen hohen Genuss- und Geschmackswert
- vielseitige Zubereitungsmöglichkeiten

Vor allem aufgrund des Gehalts an biologisch hochwertigem Eiweiß und verwertbarem Eisen ist es sehr wertvoll für die menschliche Ernährung. Mit Eisen, Zink und Selen aus Fleisch werden etwa 30 bis 35 % der lebensnotwendigen Spurenelemente (▸ S. 220) aufgenommen. Es gibt kaum ein anderes Lebensmittel, das einen entsprechend hohen Anteil an der Spurenelementversorgung hat.

Lebensmittelskandale

In der Vergangenheit wurden die Verbraucher immer wieder durch Lebensmittelskandale aufgeschreckt: „Hormone im Kalbfleisch“, „Salmonellen in der Wurst“, „Schwermetalle in der Leber“ oder „BSE-Fälle in Deutschland“. Obgleich die Skandale meist durch wenige Verursacher ausgelöst und oftmals in den Medien hochgespielt werden, wird die gesamte Fleischbranche davon in Mitleidenschaft gezogen. Die Verbraucher fühlen sich verunsichert, die Nachfrage nach Fleisch und Fleischprodukten sinkt, der Verkauf geht zurück.

Wichtig für den Fleischer und das Fleischerhandwerk ist es deshalb,

- eine gleichbleibend hohe Qualität anzubieten,
- die Verkaufsware lückenlos zu kennzeichnen (▸ S. 132 f.), um Transparenz zu gewährleisten,
- Innereien (▸ S. 87) (insbesondere Leber) nur von jungen Tieren anzubieten, um möglichen Bedenken der Kunden vorzubeugen.

FLEISCH - unser Anliegen, Ihr Vertrauen

Bei uns bekommen Sie Fleisch von ausgesuchten Höfen und mit Herkunftsnachweis!

Gesundheitsaspekte und bestehende Erkrankungen

Die Zusammensetzung des Fleisches (▸ S. 234 ff.) macht seinen Wert für die menschliche Ernährung aus. Fleisch und Fleischprodukte sind eiweißreich und teilweise fettreich. Durch einen übermäßigen Verzehr fett- und eiweißreicher Lebensmittel können langfristig ernährungsmitbedingte Erkrankungen (▸ S. 225 ff.) ausgelöst werden.
Kunden mit bestehender Erkrankung sind z. B. auf das Angebot von **fettarmen Produkten** angewiesen; ein entsprechendes Sortiment und der Hinweis an der Theke sollten in keinem Fleischerfachgeschäft fehlen.
Innereien enthalten viel Cholesterin (▸ S. 227). In der Leber können sich Schadstoffe (z. B. Schwermetalle, Arzneimittelrückstände, Pestizidrückstände aus dem Futter) anreichern und durch den Verzehr in den menschlichen Körper gelangen. Deshalb sollten höchstens einmal pro Monat Innereien verzehrt werden. Schwangere sollen keine Innereien und insbesondere keine Leber verzehren; die darin enthaltene Menge an Retinol (Vitamin A) kann das Ungeborene schädigen. Aufgrund der hohen Zellkerndichte enthalten Innereien, vor allem Bries, sehr viele Purine (▸ S. 229).

7.2 Rohstoff Fleisch

Warum wird zum Beispiel für Brühwurst fester Speck verwendet, für Leberwurst dagegen weiches Fettgewebe?
Dies liegt an der unterschiedlichen Zusammensetzung der jeweiligen Rohstoffe bzw. an den verschiedenen Eigenschaften der Bestandteile und der Konsistenz der Produkte. Um die jeweils optimalen Rohstoffe für ein Produkt auswählen zu können, ist Wissen über deren Eigenschaften erforderlich.

7.3 Innereien der Schlachttiere

In den Leitsätzen (LS 1.1.1.6) werden Innereien folgendermaßen definiert:
„Innereien“ für die Herstellung von Fleischerzeugnissen sind Leber, Herz, Zunge.“ ... Darüber hinaus werden auch Lunge, Schweinemilz, Nieren, von Schleimhaut befreite Mägen und Vormägen sowie Geflügelmuskelmägen verwendet.“ ... „Innereien werden nicht zu Fleischerzeugnissen verarbeitet, die zum Rohverzehr bestimmt sind.“

Innereien sind sehr eiweißreich und daher ernährungsphysiologisch besonders wertvoll.

Grundsätzlich werden alle inneren Organe einer tierärztlichen Untersuchung unterzogen. Nur die als tauglich ohne Einschränkung für die menschliche Ernährung befundenen Innereien werden für den Verbrauch oder für die Verarbeitung freigegeben.

Da noch nicht völlig geklärt ist, ob und wie BSE auf den Menschen übertragen werden kann, muss zum Schutz der Verbraucher sämtliches Risikomaterial unschädlich beseitigt werden. Dazu gehören auch Innereien:

- Schädel einschließlich Gehirn und Augen von über 12 Monate alten Rindern
- Milz von Schafen und Ziegen aller Altersklassen

Innereien sollten vor der Verwendung für Wurst überbrüht werden, um die Oberflächenkeime zu verringern und selbstzersetzende Enzyme zu inaktivieren.

Leber
Die Leber ist die größte Drüse des tierischen Körpers. Sie erzeugt Gallensaft, entgiftet das Blut und speichert Glykogen.

Durch das Filtern des Blutes in der Leber können auch Schadstoffe in der Leber eingelagert sein.

- Schweineleber: mehrere Lappen, die durch tiefe Furchen getrennt sind, feine „Läppchenzeichnung“ aus Bindegewebe. Farbe: rotbraun. Gewicht 1,5 bis 1,8 kg.

Rinderleber *Kalbsleber* *Schweineleber*

- Rinder- und Kalbsleber: Leberlappen außer kleinem Anhangslappen – Spigelscher Lappen – nicht deutlich erkennbar, sehr feste Außenhaut. Läppchenzeichnung nicht sichtbar. Farbe dunkler als Schweineleber, rotblau. Gewicht der Rinderleber ca. 6 kg.

Die Kalbsleber gilt als Delikatesse. Gewicht 4,5 bis 5 kg.

Nieren
Die Nieren sind die wichtigsten Ausscheidungsorgane für Gifte und Stoffwechselprodukte und sondern den Harn aus dem Blut ab.

BSE („Rinderwahn“) ist eine tödliche Erkrankung des Gehirns von Rindern.

Erkundigen Sie sich im Internet nach der Tierseuche BSE.

Vor der Be- und Verarbeitung der Nieren sollten in jedem Fall die inneren Harnwege und die weißen, zähen Häute entfernt werden, da sich bei einem Garprozess sofort der Uringeruch bemerkbar macht.

- Schweinenieren: dunkelbraun, bohnenförmig, glatt. Sie befinden sich in den Flomen (Fettgewebe zwischen Bauchfell und innerer Bauchmuskulatur).
- Rindernieren: rotbraun, groß, traubenartig, mit tiefen Furchen. In der Küche daher nur bedingt verwendbar.
- Schafnieren: glatt, kugelig.
- Kalbsnieren: geformt wie die Rindernieren; sie sind in der Gastronomie sehr begehrt.

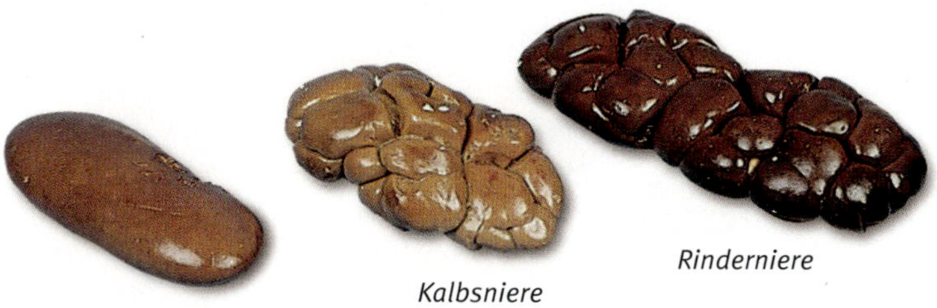

Schweineniere *Kalbsniere* *Rinderniere*

Herz
Das Herz ist ein dunkelrotes, muskulöses Hohlorgan, welches das Blut durch die Gefäße treibt und somit den Blutkreislauf aufrechthält.

- Rinderherz: ist um vieles größer als das Schweineherz und ist im oberen Teil von massivem Herzkranzfett umgeben. Aufgrund der ausgeprägten Herzmuskelfasern ist es für die küchenmäßige Verwendung nur bedingt verwendbar.
- Schweineherz: ist faustgroß und entspricht etwa der Größe des menschlichen Herzens. Die Herzmuskelfasern sind zarter und feiner als beim Rinderherz.

Kalbsherz
Rinderherz
Schweineherz

Zunge
Die Zunge ist Bestandteil des Verdauungstraktes.
Alle Teile, die am Zungenmuskel haften, sind zu entfernen, ebenso die Zungenhaut. Bei Schweinezungen genügt hierbei schon ein kräftiges Überbrühen mit anschließendem Abkratzen, bei Rinderzungen ist dies erst nach ausreichend langem Garprozess (1½ bis 2 Std.) möglich.

Rinderzunge
Schweinezunge
Kalbszunge

Lunge
Die Lunge dient der Atmung und ist doppelseitig angelegt. Sie fasst sich weichelastisch an, die Farbe ist bei gut ausgebluteten gesunden Tieren gelblich rosarot. Das Gewicht der Schweinelunge beträgt 450 bis 500 g, das der Rinderlunge 3 bis 4 kg. Die Lunge hat in der menschlichen Ernährung an Bedeutung verloren; sie wird nur noch in der Lungenwurst angeboten.

Milz
Die Milz ist ein längliches, flaches, zum Lymph- und Blutsystem gehörendes Organ. Sie dient der Bildung von Lymphozyten und Antikörpern, dem Abbau roter Blutkörperchen, der Blutfilterung und der Regulierung der zirkulierenden Blutmenge. Die Schweinemilz ist von hellrötlicher bis dunkelroter Farbe und wiegt 100 bis 300 g, die Rindermilz ist graublau bis rotbraun und hat ein Gewicht von 700 bis 1100 g.
Die Milz hat für die menschliche Ernährung keine Bedeutung mehr.
Die Rindermilz darf nicht zu Fleischerzeugnissen verarbeitet werden.

Schweinemilz

Hirn
Das Hirn, die Zentralstelle aller Nervenregulationen, besteht aus Großhirn und Kleinhirn. Es hat eine weißgraue Farbe und ist von mittlerer Konsistenz. Da es sehr eiweißhaltig ist, muss eine schnelle Bearbeitung erfolgen.
Für die menschliche Ernährung hat das Rinderhirn keine Bedeutung, da es durch die mechanische Betäubung (Bolzenschuss) beim Schlachtprozess zerstört und stark blutdurchzogen ist. Das Hirn von über 12 Monate alten Rindern ist außerdem als BSE-Risikomaterial zu entsorgen.

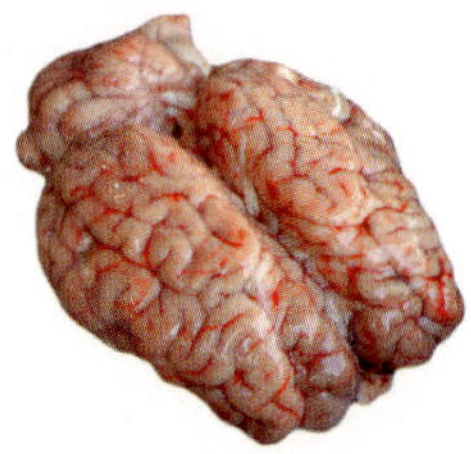
Kalbshirn

Die Schweine werden überwiegend chemisch (durch ein CO_2-Luft-Gemisch) oder elektrisch betäubt, das Hirn bleibt von sichtbaren Schäden weitgehend verschont.

Kalbsgekröse
Kalbsgekröse sind die Därme und das Darmfett (Micker) des Kalbes. Früher durfte das Kalbsgekröse aufgeschlitzt und gereinigt zu einfachen Kochwurstsorten verarbeitet werden. Die Voraussetzung war, dass die Kälber noch kein Raufutter bekommen hatten und das Lebendgewicht unter 100 kg lag. Das Gekröse ist von weißlicher Farbe und fester Konsistenz.

Schweinemicker
Im Schweinemicker, dem im Gekröse eingelagerten Fettgewebe, verlaufen Nerven, Blut- und Lymphgefäße, die die Bauchorgane versorgen.

Kuheuter
Das Kuheuter ist die Milchdrüse der weiblichen Rinder. Seine Beschaffenheit ist schwammig, die Farbe gelblich grau. Bei der Anlieferung vom Schlachthof können Kuheuter noch laktieren, d. h., es tritt noch Milch aus den Drüsen aus.

Pansen
Königsberger Fleck, Saure Rolle

Kalbsbries
(Thymusdrüse, Kalbsmilch) Das Bries ist eine hinter dem Brustbein gelegene innere Drüse mit innerer Sekretion, die für das Wachstum Bedeutung hat. Sie bildet sich nach der Geschlechtsreife zurück und steht in enger Beziehung zur Schilddrüse.
Kalbsbries gilt als leicht verdauliche Delikatesse, wird hochpreisig gehandelt und ist als Krankenkost besonders geeignet.

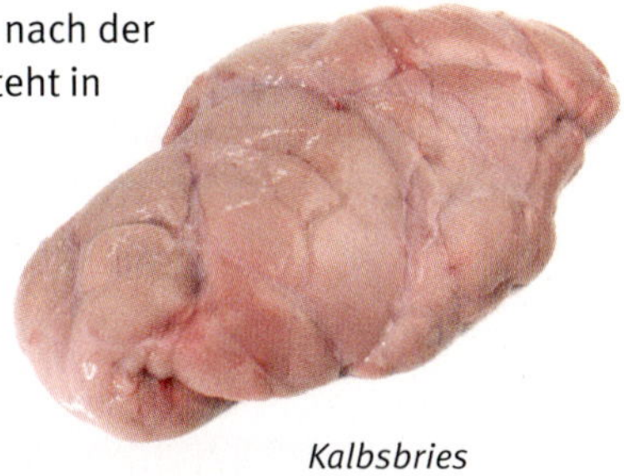
Kalbsbries

Verwendungsmöglichkeiten für Innereien

Bezeichnung	Küchenmäßige Verwendung	Verwendung in der Produktion
Leber	gebratene Leber, Leberknödel, Leberauflauf, Leberklößchen	Leberwurst, Leberpastete, Leberkäse, Schaschlik
Nieren	Nierenragout, Nierenhaschee, süßsaure Nieren	Kochwürste mittlerer und einfacher Qualität, Schaschlik, Nierenbraten
Herz	Herzgulasch, Herzragout, geschmortes Herz	Herzpastete, Mortadella, Leber- und Blutwürste
Zunge	gegarte Zunge, gepökelte Zunge, Zungenragout, Zunge in Aspik, Kalbszunge für Ragout fin	Zungenwurst, Zungenpastete, Rouladen, Brühwurst
Lunge	Lungenhaschee, saure Lunge, Ragout	Lungen-Blutwurst und Lungenwurst
Schweinemilz	Milzrollensuppe	Milzwurst (Brühwurst), Milzwurst (Kochwurst)
Hirn	gebratenes Hirn, gebackenes Hirn	} verboten, siehe Leitsätze 1.1.1.6 und 1.2.7
Bries	gebackenes Bries, Briesfrikassee, Ragout fin	
Kalbsgekröse	saure Flecke	
Micker		
Kuheuter	„Berliner Schnitzel“	

& Komplexe Aufgabe

Leber ist aufgrund ihres Glykogengehalts ein leicht verderbliches Lebensmittel und ununterbrochen zu kühlen.
Nehmen Sie Kontakt zu einem Labor für Lebensmitteluntersuchung auf und realisieren Sie folgenden Versuch: Drei Stücke Leber à 200 g werden in getrennte Folientüten eingeschweißt und jeweils bei +2 °C, +10 °C und +20 °C aufbewahrt.

Führen Sie täglich eine optische Sichtkontrolle durch und halten Sie die Ergebnisse fest. Nach 5 Tagen ist die Sichtkontrolle zu beenden und eine Abklatschprobe zu entnehmen. Diese ist nach entsprechenden Vorgaben vom Labor auf den mikrobiellen Status zu untersuchen. Bewerten Sie die gewonnenen Ergebnisse und ziehen Sie Schlussfolgerungen für Ihre eigene Arbeit im Betrieb.

? Aufgaben zur Wiederholung

1. Beschreiben Sie, was Fleisch als Lebensmittel den Verbrauchern bietet und welchen Stellenwert es in der menschlichen Ernährung hat.
2. Welche Vorteile bietet Fleisch als wichtiger Bestandteil unserer Nahrung?
3. Ordnen Sie die Innereien der Schlachttiere hinsichtlich ihrer Verwendung für den Verkauf bzw. für die Weiterverarbeitung.
4. Welche gesundheitlichen Aspekte sind beim Verzehr von Innereien zu beachten?

% Ausgewählte Fachrechenaufgaben

1. Von 55 kg Fleisch, das jeder Bundesbürger jährlich verzehrt, entfallen 61% auf Schweinefleisch.
   Wie viel kg sind das?

2. Die Fleischerei Nusse möchte den Beliebtheitsgrad von speziellen Innereien erhöhen und bietet „Geschnetzelte Kalbsleber in Madeirasauce“ an.
   10 Portionen werden nach folgender Rezeptur hergestellt:

Kalbsleber	1,500 kg
Erdnussöl	0,08 Liter
Butter	0,005 kg
Zwiebeln	0,250 kg
Madeira	0,15 Liter
Demiglace	0,60 Liter (braune Grundsoße)
Petersilie	0,005 kg
Salz, Pfeffer, Knoblauch	

   Die Portionsmenge der Leber soll auf 130 g verringert werden.
   Stellen Sie die Rezepturmengen der einzelnen Bestandteile um, wenn der Fleischermeister 25 Portionen planen möchte.

3. Berechnen Sie den Materialpreis für 32 Portionen Leberklößchen.
   Grundrezeptur für 10 Portionen:

0,100 kg Rinderleber	17,90 €/kg
0,100 kg Schweinekamm	20,90 €/kg
0,050 kg Weißbrot	7,31 €/kg
0,050 kg Zwiebeln	3,50 €/kg
1 Ei	0,10 €/Stück
Würzmittel, gesamt	0,35 €

8 Fleischqualität bewerten

FLEISCHEREI nusse

An der Fleischtheke: „Sagen Sie mal, Herr Nusse, wenn ich bei Ihnen meinen Schweinebraten kaufe, hat er immer eine kleine Fettschicht mit Schwarte.“
„Ja, Frau Helms, das ist ein Zeichen von Fleischqualität. Das Fett ist der Geschmacksträger und macht das Fleisch dazu noch saftig. Vergessen Sie nicht die schöne knackige Schweinekruste. Bei mir bekommen Sie übrigens nur Schweinefleisch von Tieren, die auch draußen Auslauf hatten.“
Frau Helms: „Das weiß ich auch zu schätzen, deshalb kaufe ich auch gerne bei Ihnen ein. Aber letztens habe ich bei einem anderen Fleischer eingekauft, weil er mit Qualitätsfleisch wirbt, doch das war ganz mager.“

8.1 Fleischqualität – Qualitätsfleisch

Der Begriff Qualität hat im Sprachgebrauch zwei unterschiedliche Bedeutungen:

- Qualität heißt übersetzt **Beschaffenheit.** Beschaffenheit ist für jeden Betrachter dasselbe, sie kann exakt beschrieben und erklärt werden. Die **Fleischqualität** ist zum Beispiel durch die objektiv erfassbaren Eigenschaften und Kennzeichen von Fleisch, die sogenannten Qualitätsfaktoren, beschreibbar.
- Im allgemeinen Sprachgebrauch ist mit Qualität eine positive Bewertung verknüpft; Qualität heißt hier **Güte;** der Begriff **„Qualitätsfleisch“** bedeutet sehr gutes Fleisch. Hierbei handelt es sich um eine persönliche, nicht objektiv messbare Einschätzung.

Die Verbraucher beurteilen oftmals mageres Fleisch als Qualitätsfleisch. Entsprechend wurden Tiere mit hohem Magerfleischanteil gezüchtet. Diese Züchtungen – allerdings auch die Mastzeitverkürzung – haben zu einer starken Beeinträchtigung der **Fleischqualität** geführt. Vor allem Schweine sind viel stressanfälliger; es gibt häufig PSE- und manchmal DFD-Fleisch (PSE = blass, weich, wässrig; DFD = dunkel, fest, trocken).

Zu den **objektiv erfassbaren Eigenschaften und Merkmalen** von Fleisch gehören:

- sensorische Eigenschaften
- ernährungsphysiologische Eigenschaften (▸ S. 86)
- technologische Eigenschaften (▸ S. 234 ff.)
- hygienische Merkmale (▸ S. 76)

Die Verbraucher stellen folgende **Anforderungen an Qualitätsfleisch:**

- Aussehen und Konsistenz, Beschaffenheit: frisches, appetitliches Aussehen; Farbe entsprechend der Tierart, keine Verfärbungen, feine Marmorierung; nicht schmierig oder ausgetrocknet; wenig Saftaustritt beim Einkauf bzw. Lagern, kein Zusammenschrumpfen beim Braten
- gesundheitlicher Wert: mager; gesundheitlich unbedenklich, keine Rückstände; hygienisch einwandfrei
- Genusswert: angenehmer Geruch und Geschmack beim Verzehr; zart, angenehmer Biss

Die **Fleischqualität** wird von folgenden Faktoren beeinflusst:

- Rasse: Fleischrassen wie das Limousin-Rind liefern zartes Fleisch und große Muskelfülle, das Angler-Rind ist auf Milchproduktion ausgerichtet und hat eine etwas geringere Fleischqualität. Das Piétrain-Schwein ist das magerste Schwein von der Ursprungsrasse her, hat einen sehr geringen Fettansatz, ist aber sehr stressanfällig.

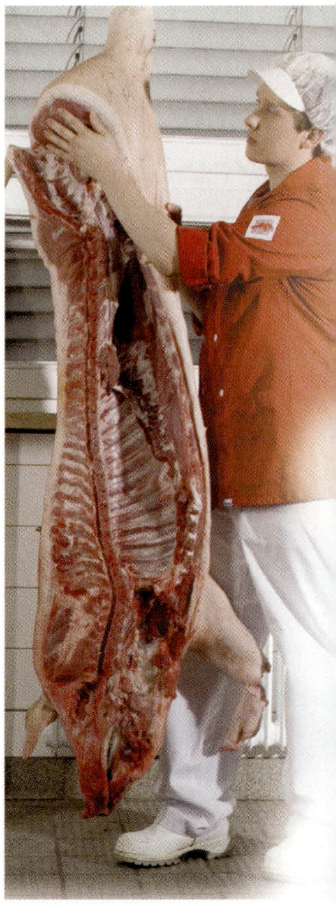

- Züchtung:
  Durch Kreuzung lassen sich unterschiedliche positive Eigenschaften einzelner Rassen verknüpfen, z. B. für geringere Stressanfälligkeit.
- Art der Haltung:
  Weidemast führt durch die stärkere Bewegung der Tiere eher zu festeren (zäheren) Muskelstrukturen als Stallmast.
- Fütterung:
  Kraftfutter erzeugt schnellere und vermehrte Muskelbildung als herkömmliches Futter.
- Alter:
  Je älter, desto fester und zäher ist das Fleisch.
- Transport:
  Kurze und schonende Transporte und Verladungen verringern den Stress der Schlachttiere und somit PSE- und DFD-Erscheinungen.
- Schlachtung:
  Eine zügige und hygienische Schlachtung mit anschließender schneller Kühlung verringert die Keimbelastung, erlaubt eine längere Lagerung und beeinflusst die Reifung.
- Reifung:
  Rindfleisch benötigt lange Reifezeiten bei niedriger Lagertemperatur. Die ergibt zarteres Fleisch als bei kurzen Reifezeiten.
- Zuschnitt:
  Nach Vliesen und somit nach Muskelpartien zugeschnittenes Fleisch erlaubt einheitliche Garzeiten; die Folge davon sind gleichmäßige Zartheit und ebensolche Scheiben beim Aufschneiden des fertigen Bratens.

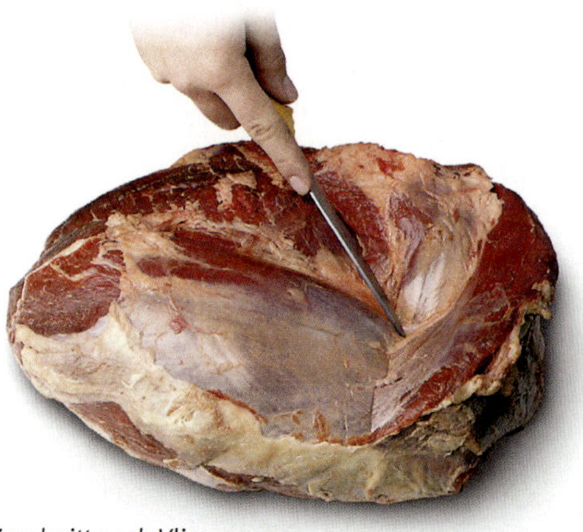

Zuschnitt nach Vliesen

8.2 Bezeichnung und Beurteilung von Schlachttieren

Es gibt zum Teil unterschiedliche Alters- und Geschlechtsbezeichnungen für Schlachttiere. Einerseits gibt es eine offizielle Bezeichnung und Einteilung durch die Handelsklassen, die sich sehr stark an den Anforderungen des Marktes orientieren. Andererseits gibt es Bezeichnungen aus dem Bereich der Biologie, die sich an der Entwicklung des Tiers orientieren.

Beispiel: **Kalb**
Biologisch betrachtet wird das Kalb in Bullen- oder Stierkalb, Kuh- und Ochsenkalb eingeteilt und beim Alter wird von ca. drei Monaten ausgegangen.

In den **Handelsklassen** (▸ S. 94 ff.) wird das Geschlecht nicht berücksichtigt und das Alter ist mittlerweile eindeutig auf acht Monate festgelegt. Kalbfleisch wird beschrieben als „Fleisch mit Kalbfleischeigenschaften von Tieren, deren Schlachtkörper als Kälber zugeschnitten sind“.

8.2.1 Bezeichnung von Schweinen

Die Bezeichnungen der Schweine hängen vom Alter, Geschlecht und Schlachtgewicht der Tiere ab.
In Deutschland hat das Kastrieren von männlichen Schweinen (Borgschwein) Tradition.

Der mit der Geschlechtsreife eintretende „Geschlechtsgeruch“ (Uringeruch) und die damit eintretende Untauglichkeit bzw. stark begrenzte Verwendungsmöglichkeit werden damit verhindert. Allerdings kommt es heute aufgrund der Mastzeitverkürzung nicht mehr zur Geschlechtsreife.

Viele europäische Länder, z. B. Dänemark, kastrieren die Ferkel nicht, weil sich dadurch vollfleischigere und vor allem magere Schweine erzeugen lassen. Eine EG-Verordnung schreibt in solchen Fällen einen Test auf 5-alpha-Androstenon (männliches Sexualhormon) vor. Wird die Höchstmenge von 0,5 µg/g (1 µg = ein Millionstel Gramm) im Fett nicht überschritten, gilt dieses Fleisch als tauglich.

Bezeichnung von Schweinen			
Bezeichnung	**Geschlecht**	**Alter**	**Schlachtgewicht**
Milchferkel (früher Spanferkel)	weiblich und männlich	bis ca. 4 Wochen nach der Geburt	bis ca. 10 kg
Ferkel	weiblich und männlich	bis ca. 6 Wochen	ca. 20 kg
Grillschwein (auch Läufer genannt)	weiblich und männlich	bis ca. 8 Wochen	20 bis 40 kg
Sauschwein	weiblich, das noch nicht geferkelt hat	ca. 21 Wochen (5 Monate)	90 bis 120 kg
Borgschwein	männlich, im Ferkelalter kastriert	ca. 21 Wochen (5 Monate)	90 bis 120 kg
Sau	weiblich	ca. 12 bis 36 Monate	120 bis 280 kg
Eber	männliches Zuchtschwein	ca. 12 bis 48 Monate	120 bis 280 kg
Altschneider	kastriertes ehemaliges Zuchtschwein	ca. 12 bis 48 Monate	120 bis 280 kg
Binneneber (Kennzeichnung: Eber)	männliches kastriertes Schwein, bei dem ein Hoden im Leistenkanal verblieben ist (ca. 1 % aller männlichen Schweine)	ca. 21 Wochen (5 Monate)	90 bis 100 kg
Spitzeber (Kennzeichnung: Eber)	Zwitter	ca. 21 Wochen (5 Monate)	90 bis 100 kg

2

8.2.2 Alters- und Geschlechtsbestimmung an Schweinehälften

Die Altersbestimmung bei Schweinehälften, sogenannten **Ladenschweinen** (Sauschweinen und Borgschweinen), ist von völlig untergeordneter Bedeutung. Ob ein Schwein vier, fünf oder sechs Monate alt ist, ist für die Verwendung unwichtig und lässt sich am Schlachttierkörper nicht erkennen. Bei Schweinen aus **ökologischer Tierhaltung** ist das Tier älter, manchmal bis zu einem Jahr alt. Dies führt meistens zu festerem und weniger zartem Fleisch. Das Alter, das nur wenige Monate mehr umfasst als bei „Ladenschweinen", lässt sich auch hier an den Schlachttierhälften nur schwer bestimmen.

Das im Partyservice/Catering häufig als Spezialität angebotene **Spanferkel** oder Ferkel ist in der Regel ein Läufer (auch Grillschwein genannt), da die Fleischqualität bei Spanferkeln aufgrund der bis dahin kurzen Lebenszeit eher wässrig und das Gewicht zu niedrig ist. Die fachlich daher nicht richtige Bezeichnung „Spanferkel" für das Grillschwein (Läufer) ist aus der Tradition heraus zu verstehen.

Bedeutung erlangt die Alters- und Geschlechtsbestimmung bei **Sauen- und Altschneiderhälften.** Das Fleisch dieser Hälften eignet sich nicht für den Frischfleischverkauf, da es sehr feste Strukturen aufweist. Gut geeignet ist dieses Fleisch für die Verarbeitung

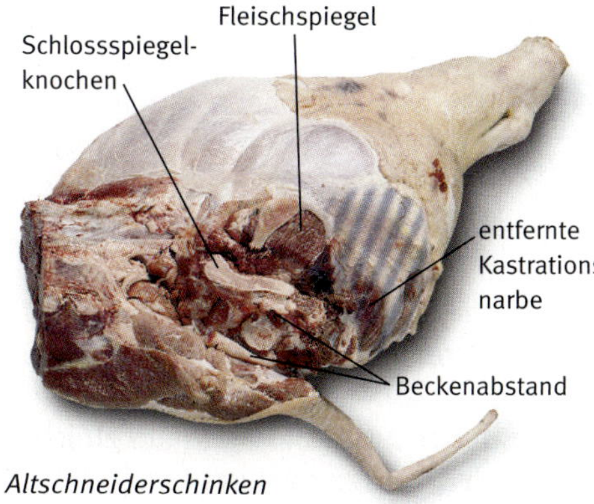

Altschneiderschinken

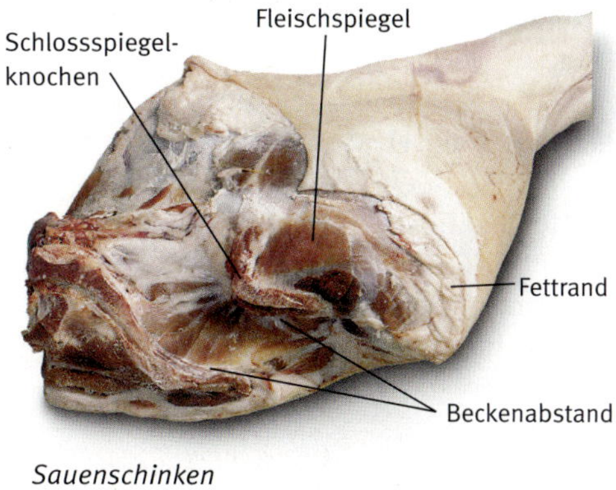

Sauenschinken

Diskutieren Sie Pro und Kontra, weshalb die ökologische Aufzucht von Schlachttieren, vor allem bei Schweinen, nicht in den gesetzlichen Handelsklassen berücksichtigt wird.

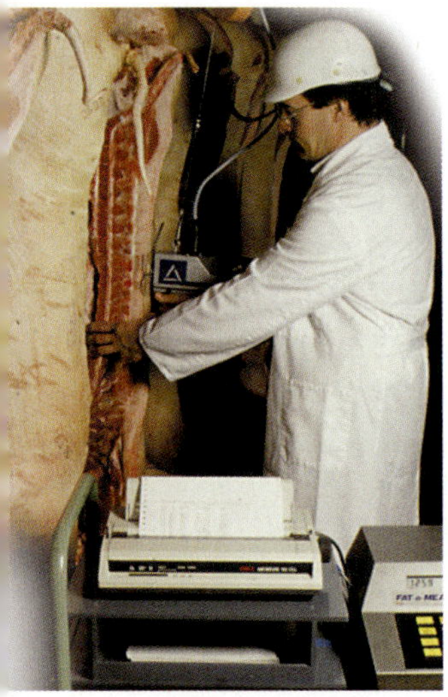
Fat-O-Meter (FOM-Gerät) zur Messung des Muskelfleischanteils

zu Brüh- und Rohwürsten und zur Rohschinkenherstellung. Der kastrierte Altschneider hat durch den nicht mehr auftretenden Geschlechtstrieb im Gegensatz zur Sau einen gleichmäßigeren Hormonspiegel und somit einen gleichmäßigeren pH-Wert; deshalb fallen die Fehlfabrikate bei Rohwurst und Rohschinken geringer aus.

Ein **Unterscheidungsmerkmal** ist u. a. die Schinkeninnenseite:

- Der Sauenschinken weist an der Schinkeninnenseite einen ovalen, bohnenförmigen Fleischspiegel mit glattem und gleichmäßigem oberen Fettrand auf.
- Der Altschneiderschinken weist einen erheblich vergrößerten Fleischspiegel an der Schinkeninnenseite auf, weil die Kastrationsnarben nach der Schlachtung weggeschnitten werden müssen und dabei der äußere Fettrand und die Schwartenhaut auf der Oberschale entfernt werden.

8.3 Handelsklassen für Schlachtfleisch

Die gesetzlichen Handelsklassen für Schlachtfleisch beruhen auf EU-Recht und sollen

- EU-weit und innerhalb der Mitgliedsländer einen übersichtlichen Handel ermöglichen,
- die Einteilung von Fleisch nach den wertbestimmenden Merkmalen ermöglichen und dadurch zu einer objektiven Bezahlung führen,
- durch Veröffentlichung von Verkaufszahlen zu einer verbraucherorientierten Erzeugung beitragen.

Die Handelsklassen dienen somit allen Marktbeteiligten vom Erzeuger bis zum Verbraucher.

In den Handelsklassen wird Fleisch eingeteilt nach

- Alter und Geschlecht (bei Schweinen nur zum Teil),
- Fleischigkeit und Fleischfülle,
- der Fettabdeckung der einzelnen Schlachttierkörper (nicht bei Schweinen).

Die Handelsklassen berücksichtigen nicht alle Faktoren der Fleischqualität und auch nicht die ökologische Viehzucht. Ein ökologisch erzeugtes Schlachttier mit geringerer Fleischigkeit kann den gleichen, wenn nicht sogar einen höheren (doppelten) Einkaufspreis je kg erzielen als ein sehr vollfleischiges Schlachttier der höchsten Handelsklasse.

Die Handelsklasseneinteilung und das unmittelbar nach der Schlachtung ermittelte Zweihälftengewicht sind **Grundlage für die Bezahlung** an den Erzeuger. Die Organe, die Haut (außer bei Schweinen) und die anderen Schlachtnebenwerte werden bei der Bezahlung nicht berücksichtigt. Die hieraus erzielten Erlöse bezeichnet der Fleischgroßhändler als „fünftes Viertel".

Nach der Klassifizierung durch amtlich geprüfte Klassifizierer erfolgt die Handelsklassenkennzeichnung mit unverwischbarer, unabwischbarer und kochechter Farbe oder mit einem anerkannten Etikett.

Der Tauglichkeitsstempel der Schlachtung ist auf ▸ S. 480 abgebildet.

8.3.1 Handelsklassen für Schweinehälften

Die Schweinehälftenklassifizierung beruht auf einer objektiven Beurteilung: der **Messung** des **Muskelfleischanteils.**

In Betrieben, die wöchentlich mehr als 200 Schweine schlachten, müssen dafür automatisch messende Klassifizierungsgeräte verwendet werden. Die Geräte unterliegen der EU-Zulassung. Kleinere Betriebe können den Muskelfleischanteil durch Messen der Speck- und Fleischstärke im Bereich des Lendenmuskels mithilfe einer Formel ermitteln.

Die Einstufung nach dem Muskelfleischanteil gilt für alle Schlachttierkörper und -hälften im Bereich von 50 bis 120 kg Schlachtgewicht. Die **Handelsklassenkennzeichnung** erfolgt auf dem hinteren Eisbein oder dem Schinken. In der zweiten Tabelle wird die starke Veränderung durch Zucht und Mast hin zu den hohen Handelsklassen deutlich.

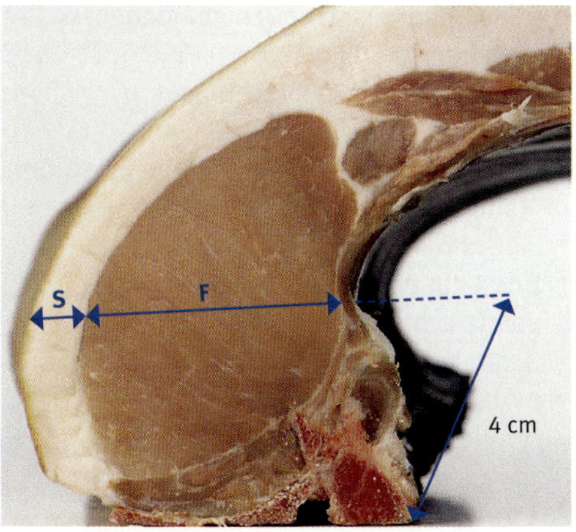

Handelsklasseneinstufung von Schweinehälften – Messlinie im Kotelettquerschnitt in Höhe der zweit-/drittletzten Rippe

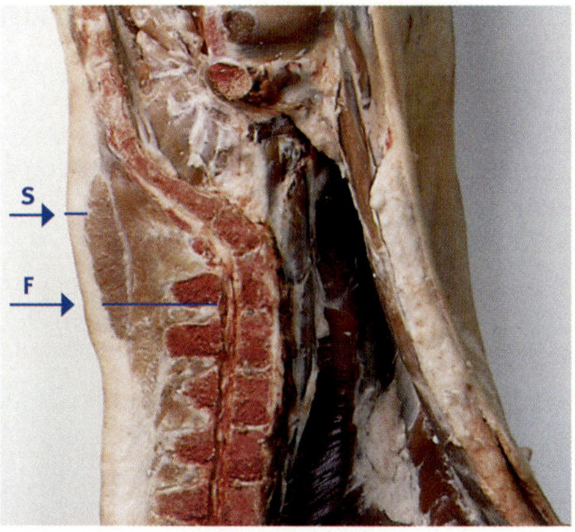

Messstellen zur Ermittlung des Muskelfleischanteils beim 2-Punkte-Verfahren

Handelsklassen für Schweine

Handelsklasse	Muskelfleischanteil in %
S	60 und mehr
E	55 bis unter 60
U	50 bis unter 55
R	45 bis unter 50
O	40 bis unter 45
P	weniger als 40
M	Schlachtkörper von Sauen
V	Schlachtkörper von Ebern und Altschneidern

Entwicklung der Handelsklassenanteile bei Schweinen in Deutschland

Handelsklasse		Handelsklasse		Handelsklasse	
„alt“	1984	vor 20 J.	2006	heute	2016
				S	50,3 %
E – extra	7,6 %	E	69,4 %	E	41,5 %
I – vollfleischig	42,8 %	U	26,2 %	U	7,6 %
II – fleischig	43,7 %	R–P	4,4 %	R–P	0,6 %
III – weniger fleischig	4,9 %	(O)			
IV – entspricht nicht E bis III	1,0 %	(P)			

8.3.2 Handelsklassen für geschlachtete Schafe

Die Vermarktung von frischem Schaffleisch hat im Gegensatz zu Schweinehälften und Rindfleisch mengenmäßig keine große Bedeutung. Gemäß der Verbrauchererwartung gibt es für Schaffleisch zwei Kategorien:

L = Schlachtkörper von unter 12 Monate alten Tieren – **Lämmer**
S = Schlachtkörper anderer Schafe – **Schafe**

Die Geschlechtsbezeichnungen Milchlammfleisch, Hammelfleisch und Fleisch von Böcken haben sehr stark an Bedeutung verloren. Da in Deutschland nur das Lammfleisch vermarktungsfähig ist, werden Begriffe wie Schaffleisch und Hammelfleisch in Werbung und Verkauf bewusst vermieden.

Die Einteilung in Handelsklassen für Fleischigkeit sowie für den Fettansatz erfolgt wie bei Rindfleisch.

Ein möglicher Stempelaufdruck wäre:
L E 3
L = Lammfleisch
E = vorzügliche Fleischigkeit
3 = mittlere Fettabdeckung

▶ Ermitteln Sie, in welcher Form Schaffleisch (Lammfleisch) in Ihrem Ausbildungsbetrieb vermarktet wird und welche Erkenntnisse die Verkaufsleitung mit dem Verkauf von Lammfleisch gewonnen hat.

2

8.3.3 Handelsklassen für Geflügel

Als Geflügelarten werden in der Verordnung über Vermarktungsnormen für Geflügelfleisch Hühner, Enten, Gänse, Truthühner und Perlhühner unterschieden. Entblutet, gerupft und ausgenommen werden sie als **Geflügelschlachtkörper** bezeichnet. Das Entfernen von Herz, Leber, Lunge, Magen, Kropf, Nieren sowie das Abtrennen der Beine und des Kopfes sind jedoch freigestellt; ein ausgenommener Schlachtkörper kann mit oder ohne Innereien (Herz, Leber, Magen, Hals) zum Verkauf angeboten werden.

Teilstücke von Geflügelfleisch müssen nach Größe und Muskulatur nachweislich einem bestimmten Schlachtkörperteil zugeordnet werden können.

Handelsklassen

Geflügelfleisch wird je nach Beschaffenheit und Aussehen der Schlachtkörper bzw. ihrer Teilstücke in die Handelsklassen **„A“** oder **„B“** eingestuft. Mindestanforderungen:
- ganz (unter Berücksichtigung der Herrichtungsform)
- sauber, frei von sichtbaren Fremdstoffen, Schmutz und Blut
- frei von Fremdgeruch
- frei von sichtbaren Blutspuren, es sei denn, sie sind klein und unauffällig
- frei von herausragenden gebrochenen Knochen
- frei von starken Quetschungen

Zusätzliche Anforderungen für die Einstufung in Handelsklasse „A“:
- Fleischfülle, vollfleischig
- Brust gut entwickelt, breit, lang und vollfleischig
- Schenkel fleischig
- einige kleine Federn, Federenden und Haarfedern sind zulässig

Art der Tierhaltung

Für immer mehr Verbraucher ist die Art der Tierhaltung ein Hinweis auf „Qualitätsfleisch“ (▸ S. 97). Bei der Etikettierung dürfen allein die nachstehenden Begriffe verwendet werden:
- „gefüttert mit ... %“
- „extensive Bodenhaltung“ (Bodennutzung mit geringem Einsatz von Arbeitskraft und Kapital)
- „Auslaufhaltung“
- „bäuerliche Auslaufhaltung“ (Möglichkeiten, den Stall zu verlassen)
- „bäuerliche Freilandhaltung“ (Haltung ausschließlich im Freien)

Bezeichnung von Geflügel

Bezeichnung	Alter	Schlachtgewicht
Huhn		
Stubenküken	3 bis 5 Wochen	350 bis 400 g
Hähnchen	6 bis 8 Wochen	750 bis 1000 g
Poularde	10 bis 12 Wochen	2,0 bis 2,5 kg
Suppenhuhn	12 bis 15 Monate	1,5 bis 2,4 kg
Kapaun	kastrierter Hahn	1,8 bis 2,5 kg
Pute/Truthahn		
Hennen	8 bis 12 Wochen	bis 5,0 kg Lebendgewicht
Hennen	15 bis 18 Wochen	7,0 bis 9,0 kg Lebendgewicht
Hähne	20 bis 24 Wochen	17,0 bis 21,0 kg Lebendgewicht
Leichte Puten/ Babypute		3,5 bis 5,0 kg (bratfertig)
Mittlere Puten		7,0 bis 10,0 kg (bratfertig)
Schwere Puten		10,0 bis 12,5 kg (bratfertig)
Zum Geflügel werden des Weiteren gezählt: Perlhuhn, Taube, Wachtel (Edelgeflügel) sowie Enten, Gänse und Strauße		

8.4 Marktverlauf und Handelsklassennotierungen

In Durchführungsverordnungen zum Vieh- und Fleischgesetz wurde die Grundlage für die Fleischpreisnotierung geschaffen.

Zur Preismeldung sind alle Betriebe verpflichtet,
- die wöchentlich mehr als 30 Rinder schlachten und
- das Fleisch dieser Tiere verkaufen oder verarbeiten.

Die Fleischpreisnotierungen enthalten:
- die Gesamtmenge nach Stückzahl
- die Kategorie mit Handelsklassen
- den gezahlten Preis

Durch die Veröffentlichung der Notierungen in der Fachpresse wird erheblich zu einer Marktübersicht beigetragen.

Schweineschlachtkörperpreise frei Schlachtstätte 1. FIGDV

Preisgebiet	Nieders./Bremen	NRW	Schl.-Holstein	Rhld.-Pfalz	Hessen
Datum	20.11.–26.11.	20.11.–26.11.	13.11.–18.11.	20.11.–26.11.	20.11.–26.11.
S	1,47–151	1,26–1,53	——	1,46–1,56	1,48–1,52
Ø	1,50	1,50	–	1,47	1,50
Stück	184530	240805	8354	6183	1065
MFA*	62,4	62,7	62,40	61,59	61,91
E	1,44–1,48	1,26–1,49	——	1,42–1,48	1,46–1,52
Ø	1,46	1,45	–	1,44	1,48
Stück	143322	98527	5838	12122	1375
MFA*	57,9	58,0	58,00	57,69	57,81
U	1,29–1,36	1,16–1,37	——	1,15–1,35	1,28–1,38
Ø	1,34	1,31	–	1,34	1,34
Stück	22219	14198	968	3304	312
MFA*	53,4	53,4	53,30	53,19	53,09
S-P	1,47	1,48	–	1,43	1,47
Stück	351366	354659	–	21930	2778
M	——	1,04–1,13	——	0,94–1,03	1,03–1,10
Ø	1,12	1,11	–	0,97	1,03
Stück	6401	8895	–	49	34

Notierungen in Euro je 100 kg SG. - *) MFA: mit dem Schlachtkörper gewogener Muskelfleischanteil in %.

Fleischpreisnotierung

8.5 Markenfleisch- und Biofleischprogramme

8.5.1 Markenfleischprogramme

Bei Markenfleisch- bzw. Gütesiegelprogrammen unterwerfen sich Fleischerzeuger und -vermarkter freiwillig bestimmten Anforderungen; sie dürfen ihre Produkte dann mit gesetzlich geschützten Gütesiegeln versehen und mit diesen werben.

Markenfleisch- bzw. Gütesiegelprogramme werden unter anderem entwickelt, um sich von Mitbewerbern abzuheben und so einen besseren Verkaufserlös zu erzielen.
Merkmale von Markenfleisch sind:

- gesetzlich geschützte Bezeichnung
- gleichbleibende Qualität
- gute Wiedererkennbarkeit beim Verbraucher

Seit Mitte 2002 wird das QS-Prüfzeichen vergeben. Bei dem ausgezeichneten Fleisch sollen „Qualität und Sicherheit" (QS) vom Erzeuger bis zum Verbraucher gewährleistet sein, da auf allen Stufen – von den Futtermitteln über Geburt und Mast bis zum Handel – Standards erfüllt werden müssen. Das QS-Prüfzeichen darf nur von Systempartnern der QS Qualität und Sicherheit GmbH sowie Bündlern genutzt werden. Das Recht zur Nutzung des QS-Prüfzeichens wird den landwirtschaftlichen Betrieben von ihrem Bündler verliehen.

Die Markenfleisch- bzw. Gütesiegelprogramme werden meistens von Erzeugergemeinschaften, Fleischvermarktern oder von Handelsgesellschaften betrieben.

QS. Ihr Prüfsystem für Lebensmittel.

EICHENHOF

NEULAND

FÜR MEHR TIERSCHUTZ
ZERTIFIZIERT NACH RICHTLINIEN DES DEUTSCHEN TIERSCHUTZBUNDES
DEUTSCHER TIERSCHUTZBUND
tierschutzlabel.info | Premiumstufe

GEPRÜFTE Qualität Bayern

Gütesiegel

Markenfleisch- und Gütesiegelprogramme für Schweine	
Kriterien	**Anforderungen**
Herkunft	Herkunftsnachweis von der Geburt bis zur Ladentheke
Erzeugung	mehr als 90 % Getreide aus der Region; Verzicht auf Leistungsförderer von Geburt an; Tierarzneimittel verboten ab 40 kg Lebendgewicht; artgerechte Tierhaltung wie u. a. Tageslicht, getrennte Liege- und Kotbereiche, 1 m^2 Liegefläche pro Schwein
Transport	tiergerechter Transport, u.a. maximal 4 Stunden Transportdauer, keine Elektrotreiber oder Schlagstöcke, mindestens 0,5 m^2 Liegefläche je 100 kg Lebendgewicht
Schlachtung	2 bis 4 Stunden Ruhezeit in der Stallgruppe; Messung der Fleischqualität – pH-Wert- oder Leitfähigkeitsmessung
Verkauf	100 % des angebotenen Frischfleisches und der selbst hergestellten Wurst müssen aus dem Markenfleischprogramm stammen
Kontrolle	u. a. durch unabhängiges Kontrollinstitut; Futterbuch, Wareneingangs- und -ausgangskontrolle beim Verkauf

DE-ÖKO-000
EU-Landwirtschaft

EU-Bio-Logo

Deutsches-Bio-Siegel

8.5.2 Biofleischprogramme

Biofleischprogramme haben vergleichbare, aber weitergehende Kriterien als die Markenfleischprogramme.

Zum Beispiel wird auf Leistungsförderer von Geburt an verzichtet. Alle Tiere haben ein Angebot an Auslauf, Weide- oder Freigeländezugang und die verwendeten Futtermittel sind ökologisch erzeugt. Die Tiere wachsen langsamer, demzufolge hat das Fleisch eine bessere Qualität.

Über eine bessere Fleischqualität gegenüber Markenfleischprogrammen lässt sich wissenschaftlich keine Aussage treffen.
Auch wenn der Anteil an Biofleisch an der Gesamtproduktion nach wie vor gering ist, so befindet er sich doch im Wachstum. In der gesellschaftlichen Debatte spielen Themen wie Tierwohl und Klimawandel eine zunehmende Rolle. Fleisch wird bewusster konsumiert.

Verbandslogos für Bioprodukte

Die zukunftsorientierte Fleischerei sollte sich auf diese Themen einstellen und sie durchaus als Chance wahrnehmen.

8.5.3 Kennzeichnung von Bioprodukten

„Bio" und „Öko" im Produktnamen und auch die adjektivische Verwendung im Zusammenhang mit einer Produktdeklaration sind im Lebensmittelbereich geschützt und dürfen nur dann verwendet werden, wenn die Erzeugung bzw. Herstellung des Produktes von einer zugelassenen Öko-Kontrollstelle nach den EU-Rechtsvorschriften für den ökologischen Landbau über alle Schritte der Wertschöpfungskette kontrolliert sind.

Bei vorverpackten Biolebensmitteln erkennt der Kunde das an der Deklaration mit dem EU-Bio-Logo mit dem international standardisierten Kontrollstellencode und der allgemeinen Herkunftsangabe der Zutaten. Das Marken geschützte nationale Bio-Siegel kann wie auch die Zeichen der Ökoverbände zusätzlich verwendet werden.

Komplexe Aufgabe

Fragen Sie bei der AFZ (Allgemeine Fleischer-Zeitung) an und bitten Sie um ein Probeexemplar.
In der AFZ gibt es mehrere Seiten „Markt und Tendenzen". Verschaffen Sie sich einen Überblick über die Vermarktung von Schweine-, Lamm-, Geflügel- und Biofleisch. Schreiben Sie die Marktpreise für Ihre spezielle Region heraus, sodass Sie die aktuellen Marktpreise für Schweinehälften, Schweinefleischteile und Lämmerpreise erhalten.

Aufgaben zur Wiederholung

1. Unterscheiden Sie Fleischqualität und Qualitätsfleisch.
2. Welche Eigenschaften und Merkmale von Fleisch sind objektiv erfassbar?
3. Von welchen Faktoren wird die Fleischqualität beeinflusst?
4. Unterscheiden Sie Ferkel, Grillschwein, Sauschwein, Borgschwein und Sau.
5. Welches männliche Sexualhormon hat im Zusammenhang mit der Ebermast eine entscheidende Bedeutung?
6. Aus welchen Gründen hat die Alters- und Geschlechtsbestimmung an geschlachteten Schweinen an Bedeutung verloren?
7. Was wird unter „Ladenschweinen" verstanden?
8. Welche Ziele werden mit den gesetzlichen Handelsklassen für Schlachttiere verfolgt?
9. Nach welchen Kriterien werden Schweinehälften in Handelsklassen eingeteilt?
10. Nach welchen Verfahren bzw. mit welchen Geräten werden Schweinehälften klassifiziert?
11. Nennen Sie die Handelsklassen für Schweinehälften und geben Sie für jede Handelsklasse zum einen die geforderte Fleischfülle in Prozent und zum anderen die Anforderungen, die an Sauen- und Altschneiderhälften gestellt werden, an.
12. **a)** In welche Kategorien wird Schaffleisch nach der Handelsklassenverordnung eingeteilt?
    b) Ist es ausreichend, Schaffleisch nur in zwei Kategorien einzuteilen?
13. Welche Mindestanforderungen stellen die Handelsklassen „A" und „B" an Geflügelfleisch?
14. Unterscheiden Sie Markenfleisch- und Biofleischprogramme.

Ausgewählte Fachrechenaufgaben

1. Ein Fleischermeister kaufte folgende Schweinehälften, Handelsklasse E, zum genannten Notierungspreis (KW = Kalenderwoche; Notierungspreise werden für 100 kg Schlachtgewicht angegeben):
   in der 5. KW 20 Stück zu 202 €
   in der 15. KW 16 Stück zu 183 €
   in der 23. KW 22 Stück zu 162 €
   a) Wie viele Schweinehälften benötigte der Fleischermeister im Durchschnitt pro Woche?
   b) Um wie viel % stiegen bzw. fielen die Schweinehälftenpreise?
2. In NRW-Süd wurden in der Woche vom 03.09. bis 11.09. folgende Schlachtzahlen in den einzelnen Handelsklassen für Schweinehälften gemeldet: E 19479; U 7898; R bis P 1396; M1 28.
   Berechnen Sie die Prozentanteile der einzelnen Handelsklassen und zeichnen Sie die Anteile in einen Kreis ein (1% = 3,6 Grad).

9 Den Wareneingang von Fleisch kontrollieren und dokumentieren

Björn und Sabrina werden vom Juniorchef zum Fleischgroßmarkt mitgenommen. Wie viele Fleischgroßhändler dort wohl sind und welche Mengen an Fleisch es zu sehen gibt? Die beiden steigen mit dem Junior aus dem Firmenauto aus und sehen als Erstes einen riesigen Sattelschlepper aus Frankreich, der an der Kühlhausschleuse angedockt hat. Über eine Rampe kommen sie zu der Tür, die zur Anlieferung führt, und können direktin den Sattelschlepper hineingucken. Der ist fast leer, aber das angeschlossene Kühlhaus ist voll mit Vierteln. Ein Fleischer steht dabei und vergleicht die Lieferpapiere mit den Kennzeichnungen auf den Vierteln. „Vertrauen ist gut, Kontrolle ist besser", sagt Meister Nusse zu seinen beiden staunenden Azubis.

9.1 Rechtliche Vorschriften beachten

Recherchieren Sie, was HACCP heißt und welches Konzept sich dahinter verbirgt.

Durch einen Betrieb ist die Wareneingangskontrolle zuerst aus rechtlicher Sicht zu betrachten. Die rechtliche Notwendigkeit der unverzüglichen Warenprüfung bei Lieferung wird durch das Gesetz (§§ 377 ff. HGB) begründet.

> „(1) Ist der Kauf für beide Teile ein Handelsgeschäft, so hat der Käufer die Ware unverzüglich nach der Ablieferung durch den Verkäufer, soweit dies nach ordnungsmäßigem Geschäftsgang tunlich ist, zu untersuchen und, wenn sich ein Mangel zeigt, dem Verkäufer unverzüglich Anzeige zu machen."

Erfolgt die unverzügliche Prüfung des Wareneingangs nicht, verliert der Käufer das Recht auf eine mögliche Mängelrüge.

Fleischer bei der Warenkontrolle

Weitere Aspekte der Wareneingangskontrolle:

- Sie ist für Lebensmittel rechtlich vorgeschrieben:
  Die EG-Verordnung 178/2002 (▸ S. 69 f.) verbietet u.a. im Art. 14 das In-den-Verkehr-Bringen von nicht sicheren Lebensmitteln. Nicht sichere Lebensmittel sind solche, die gesundheitsschädlich oder für den Verzehr durch Menschen ungeeignet sind. Ähnliches verbietet das LFGB (▸ S. 70) in den §§ 5, 6, 8 und 10 unter den Verboten zum Schutz der Gesundheit.
  In der EG-Verordnung 852/2004 (Hygieneverordnung, ▸ S. 133) werden im Kap. 11, Art. 3 und 4 die Unternehmer dazu verpflichtet sicherzustellen, dass auf allen ihren Kontrollen unterstehenden Produktions-, Verarbeitungs- und Vertriebsstufen von Lebensmitteln die einschlägigen Hygienevorschriften dieser Verordnung erfüllt werden.
  In der gleichen Verordnung steht im Anhang 11, Kap. IX:

  > „Ein Lebensmittelunternehmer darf keinerlei Zutaten, Rohstoffe, lebende Tiere akzeptieren, die erwiesenermaßen oder verdachtsweise mit Parasiten, krankheitserregenden Mikroorganismen, toxischen …"

- Sie ist ein Verfahren der Qualitätskontrolle im Sinne einer Abnahmeprüfung mit dem Ziel, Störungen zu vermeiden, die durch Materialfehler im Produktionsprozess auftreten können.
- Sie dient als Basis für die Sicherung und Durchsetzung von Ansprüchen gegenüber Lieferanten.
- Sie ist ein Instrument der betriebswirtschaftlichen Organisation sowie der betrieblichen Eigenkontrolle im Rahmen des HACCP-Konzepts und der „Guten Hygienepraxis" (GHP) (▸ S. 101).

9.2 Durchführen der Wareneingangskontrolle

Der Wareneingangskontrolle muss große Aufmerksamkeit gewidmet werden, sie darf nicht durch Oberflächlichkeit gekennzeichnet sein, denn das geht immer auf Kosten der Betriebsrentabilität und bringt enorme Verluste mit sich, die sich in den nachfolgenden Produktionsstufen nicht kompensieren lassen.

Merke: Vertrauen ist gut, Kontrolle ist besser.

Für die Warenannahme ergeben sich infolge der Durchsetzung der „Guten Hygienepraxis“ mehrere Messpunkte, die genauestens überprüft und in entsprechenden Unterlagen dokumentiert werden müssen.

Bei der Anlieferung der Schlachttierkörper sowie von Fleisch sind folgende Kriterien zu überprüfen:

- Temperatur der Ladefläche des Transportmittels?
  → sie darf 7 °C nicht übersteigen
- Hygiene des Transportmittels?
  → optische Sauberkeit, Nachweis der letzten Desinfektion der Ladefläche
- Personalhygiene?
  → das Anlegen der notwendigen Hygienebekleidung muss durch die Mitarbeiter erfolgen, die mit dem Fleisch in Berührung kommen (einschließlich des Fahrers)
- Zustand der Schlachttierkörper?
  - Anzahl und Spezifikation
  - Kerntemperatur:
    Frischfleisch = max. 7 °C
    Innereien, Blut = max. 3 °C
    Geflügelfleisch, frisch = max. 4 °C
  - Diese Temperaturen dürfen nicht überschritten werden.
  - Gewicht der Schlachttierkörper gemäß Lieferschein
  - Zusätzlich kann bei der Warenannahme der Schlachttierkörper auch der pH-Wert gemessen werden. Dadurch können sofort Rückschlüsse auf die Haltbarkeit bzw. die Verwendbarkeit des Fleisches gezogen werden.

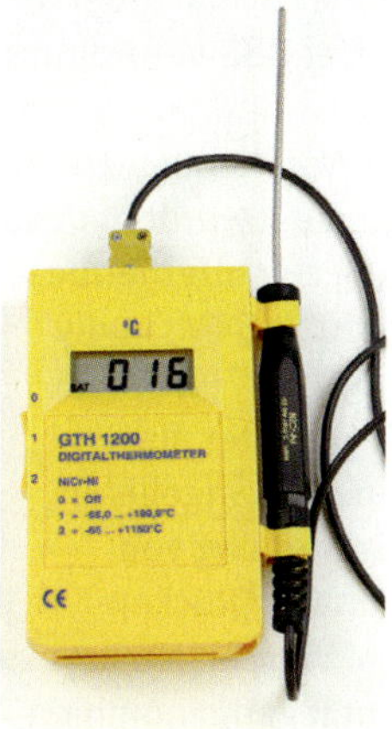

Thermometer

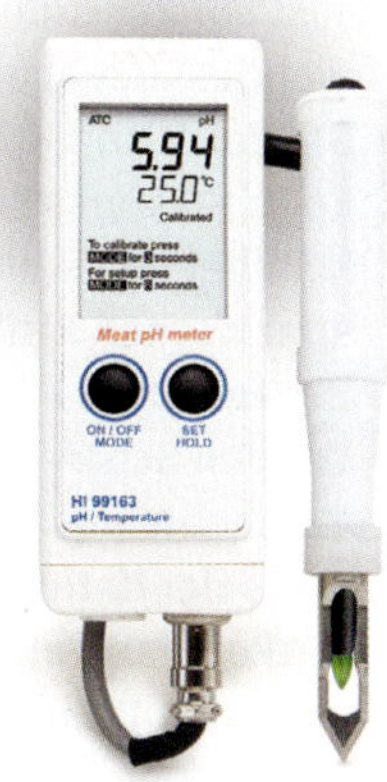

pH-Meter

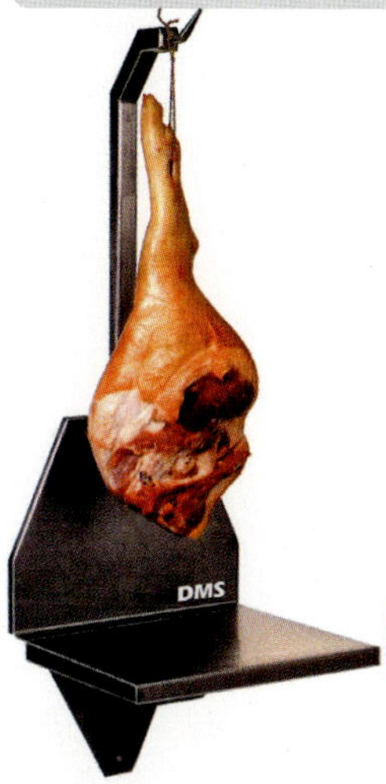

Wandwaage

Wareneingangskontrolle Fleisch

Verantwortlich: ______________ Lieferant: ______________

Prüfer: ______________ Lieferdatum: ______________

Datum der Prüfung: ______________

Produktbeschreibung: ______________

Unterschrift des Prüfers: ______________

Prüfmerkmale	in Ordnung (i.O.)	Mängel	Maßnahmen
richtige Ware laut Bestellschein			
richtige Ware laut Lieferschein			
korrekte Kennzeichnung bei verpackter Ware			
Mindesthaltbarkeitsdatum (MHD) ausreichend			
Chargen-Nr./Los-Nr.:			
Arbeitskleidung des Fahrers			
Zustand des Lieferfahrzeugs			
Zustand der Behältnisse (Euro-Kisten)			
keine Bodenberührung von Fleisch			
Schimmelbefall/Schädlingsbefall			
Geruchsabweichungen			
Aussehen			
Wässrigkeit/Saftverlust			
Oberflächenbeschaffenheit			
Sonstiges			

Temperatur bei Anlieferung:
- Fleisch/Fett max. +7 °C
- Geflügel/Wild max. +4 °C
- Innereien/Blut/Plasma max. +3 °C

Muster einer möglichen Checkliste

Gerade bei der Annahme der Schlachttierkörper ist auf der Grundlage der BSE-Verordnung Folgendes durchzuführen:

- Bei der scharfsichtigen Wareneingangskontrolle muss sichergestellt werden, dass kein bei der Schlachtung zu entfernendes spezifisches Risikomaterial (SRM) in die Zerlegeabteilung gelangt.
- Werden Schafe und Ziegen älter als 12 Monate gesägt/gespalten angeliefert, muss der Betrieb die Entfernung von Rückenmark und Dura mater (Rückenmarkshaut) überprüfen. Werden sie ungesägt/ungespalten entgegengenommen, darf die Wirbelsäule nicht geöffnet werden und sie ist inklusive Rückenmark ganz als SRM zu entsorgen.
- Werden Mängel festgestellt, wird der Schlachttierkörper oder betroffene Teile davon entweder zurückgewiesen oder nachbearbeitet und das SRM entsorgt.

Zur Erleichterung der ohnehin aufwendigen Arbeitsgänge sind Checklisten von großem Nutzen. Diese können problemlos ausgefüllt und anschließend sorgfältig archiviert werden und stehen somit bei Hygienekontrollen sofort zur Verfügung.

& Komplexe Aufgabe

Führen Sie eine möglichst lückenlose Wareneingangskontrolle innerhalb Ihres berufsbegleitenden Praxisunterrichts in Ihrer Schule durch.
Empfehlenswert wäre es, dies bei der Herstellung von Wurstwaren unter Berücksichtigung des HACCP-Konzepts zu realisieren. Die Verwendung einer Checkliste (z. B. ▸ S. 101) erleichtert Ihnen die Arbeit.

Kontrollpunkte:
- Annahme der Tierkörper
- Übergabe/Annahme des zerlegten Fleisches
- Zusammenstellen der Charge
- Übergabe/Annahme der Fertigprodukte

Vergleichen Sie Ihre Ergebnisse mit denen eines tatsächlichen Produktionsbetriebes und ziehen Sie ggf. notwendige Schlussfolgerungen.

? Aufgaben zur Wiederholung

1. Warum ist eine genaue Wareneingangskontrolle unerlässlich für den Betrieb?
2. Auf welche Kriterien ist bei der Wareneingangskontrolle besonderes Augenmerk zu richten?
3. Warum ist in der Fleischerei eine Wareneingangskontrolle gesetzlich vorgeschrieben?
4. Listen Sie mögliche Nachteile für den Betrieb auf, wenn eine Wareneingangskontrolle sehr oberflächlich oder gar nicht durchgeführt wird.

% Ausgewählte Fachrechenaufgaben

1. Laut Lieferschein werden 1478,000 kg Schweinehälften der Handelsklasse E bei der Fleischerei Nusse angeliefert. Bei der Wareneingangskontrolle wiegt Tim jedoch nur 1462,000 kg aus.
   Wie viel kg fehlen und wie viel Prozent macht die Fehllieferung aus?

2. Bei der Kontrolle der Temperatur der Schweinehälften wurde eine Kerntemperatur von 10 °C statt der geforderten 7 °C festgestellt. Da die Schweinehälften allen anderen Anforderungen entsprachen, wurden sie trotzdem angenommen. Fleischermeister Nusse stellte dem Schlachtbetrieb jedoch die Nachkühlkosten in Rechnung. Es wurden 878,500 kg Schweinehälften angeliefert.
   Wie viel Euro Nachkühlkosten wurden in Rechnung gestellt, wenn pro 100 kg und °C ein Nettobetrag von 0,87 € angenommen wird?

10 Schwein zerlegen

FLEISCHEREI nusse

Sabrina und Björn zerlegen zum ersten Mal eine Schweinehälfte. Tim weist nochmals darauf hin, wie wichtig scharfe Messer sind. „Von Anfang an ist eine saubere Arbeitsweise unerlässlich, die Schnelligkeit kommt von allein und durch viel Übung", sagt Tim aus eigener Erfahrung. Björn: „Fast jeder Betrieb hat seine eigenen Abweichungen bei der Zerlegung. Das haben wir im Berufsschulunterricht festgestellt. Aber wie sieht es in der Zwischenprüfung aus? Was erwarten die Prüfer von uns?"

10.1 Grundlagen der Fleischzerlegung

In den letzten Jahren hat sich das Verbraucherverhalten hinsichtlich des Fleischverzehrs verändert. Verbraucher ziehen magere, zubereitungsfertig hergerichtete Kurzbrat- und Bratenstücke vor. Dem muss sich die Fleischwirtschaft stellen und in der Bearbeitung der Schlachttierkörper dafür sorgen, dass die wertbestimmenden Fleischteile in höchster Qualität angeboten werden.

Dafür sind neben dem hochwertigen Ausgangsmaterial auch qualifizierte Fleischer notwendig, die das Fleisch schonend behandeln und bestmöglich zerlegen. In der Zerlegung ist der Umgang mit Messern und mechanischen Trennwerkzeugen unumgänglich. Bedingt durch den hohen manuellen Aufwand steigt mit zunehmender Arbeitsintensität die Gefahr von Schnitt- und/oder Stichverletzungen. Die persönliche Schutzausrüstung, wie Stechschutzschürze, Stechschutzhandschuhe mit integriertem Unterarmschutz, muss vollständig angelegt werden. Alle unfallverhütenden Maßnahmen und Mittel sind zu nutzen.

In der Zerlegung werden folgende Arbeitsgänge unterschieden:
- Grobzerlegung
- Feinzerlegung

10.1.1 Grobzerlegung

Der Tierkörper (Hälften, Viertel oder ganze Tierkörper) wird in größere Stücke zerlegt, um eine weitere Bearbeitung zu ermöglichen.

In der Grobzerlegung haben sich zwei verschiedene Techniken hinsichtlich der Lage des Tierkörpers durchgesetzt:

Grobzerlegung des **liegenden Tierkörpers:**
- genauere Schnittführung, da die Tierkörper auf dem Tisch fixiert sind
- evtl. höherer Verschmutzungsgrad des Fleisches, da Fleischsaftreste auf dem Tisch verbleiben
- hoher manueller Kraftaufwand, die Fleischteile müssen von Hand bewegt werden

Grobzerlegung des **hängenden Tierkörpers:**
- Schnittführung wird etwas unsicherer, da der Tierkörper nur am Haken hängt und nicht zusätzlich fixiert wird
- hygienische Forderungen werden stärker berücksichtigt, da das Fleisch nirgends aufliegt und somit keine Keime aufnehmen kann
- Kraftaufwand für den Fleischer/die Fleischerin ist geringer

Pro-Kopf-Verzehr an Fleisch (inklusive Geflügel)

1975	55,8 kg
1985	66,1 kg
1995	61,8 kg
2000	61,0 kg
2002	59,7 kg
2003	61,5 kg
2005	59,7 kg
2010	61,3 kg
2011	61,0 kg
2012	60,8 kg
2013	60,7 kg
2014	60,0 kg
2015	59,2 kg
2017	60,0 kg
2018	61,1 kg
2019	58,1 kg

(Quellen: ZMP GmbH, Bonn; BVDF e.V., BVWS e.V., Bonn; DFV e.V., Frankfurt)

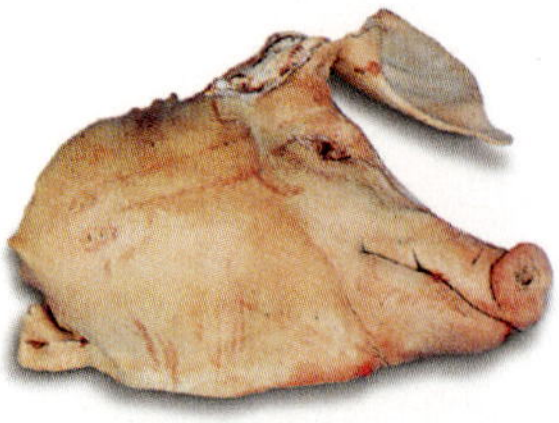

Kopf mit Fettbacke

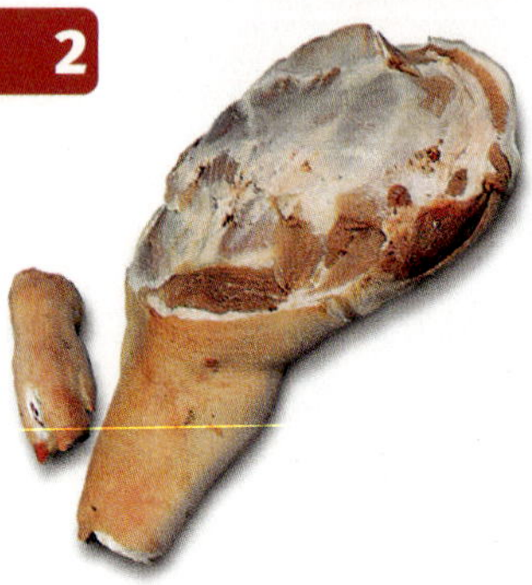

Bug/Schulter mit Bein

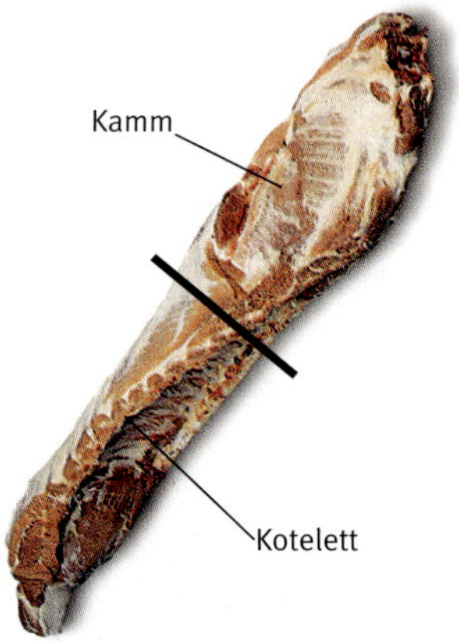

Kotelettstrang mit Kamm

10.1.2 Feinzerlegung (Entknochen, Entbeinen, Auslösen)

Die gewonnenen Teilstücke werden weiter bearbeitet; Knochen, Knorpel und grobe Sehnen werden aus dem Skelettmuskelverband herausgelöst.
Teilstücke vom Rind können auch im hängenden Zustand fein zerlegt werden. Trotz einiger Vorteile im Hygienestatus hat sich diese Form noch nicht durchsetzen können.

10.1.3 Schnittführung

Die Schnittführung bei der Zerlegung leitet sich größtenteils aus dem Körperbau des Tieres ab. Bei der Grobzerlegung wird die DLG-Schnittführung (DLG = Deutsche Landwirtschaftsgesellschaft) empfohlen.
Die DFV-Schnittführung (DFV = Deutscher Fleischer-Verband) wird bei der Feinzerlegung und beim Zurechtschneiden der Fleischstücke angewendet und baut auf der DLG-Schnittführung auf. Sie entspricht in verstärktem Maße dem natürlichen Verlauf der Muskelpartien (Vlies) und gestattet die Herrichtung hochwertigen Ladenfleisches, wie es der heutigen Verbrauchererwartung entspricht.
Gleichzeitig wird der Bedarf an Verarbeitungsfleisch berücksichtigt.

Für die Benennung der Fleischteile konnte sich in Deutschland noch kein einheitlicher Standard durchsetzen. In diesem Kapitel wird die übliche, der Schnittführung zugehörige Bezeichnung gewählt.

Bei der Zerlegung ist zu beachten, dass das Vlies nicht verletzt wird und die Knochenhaut nach Möglichkeit am Fleisch verbleibt. Somit bleibt die Faszie (sehnenartige Muskelhaut) weitgehend erhalten und Austrocknungsverluste werden verringert.

Fleisch ist ein wertvolles Rohmaterial, das eine entscheidende Voraussetzung für die Gewinnerzielung in der Fleischerei darstellt. Eine falsche Zerlegetechnik kann die Verbrauchererwartungen nicht erfüllen und zu Umsatzverlusten führen.

10.2 Grobzerlegung des Schweins

Schweinefleisch ist aufgrund seiner Bearbeitungsvielfalt und seiner Verwendungsmöglichkeiten bei den Verbrauchern sehr begehrt. Schweine lassen sich leichter aufziehen als andere Schlachttiere, was sich für die Verbraucher positiv auf die Preisgestaltung auswirkt.

Auch in der Schweinefleischzerlegung hat sich in Deutschland bis zum gegenwärtigen Zeitpunkt kein einheitlicher Standard in der Fleischteilbezeichnung durchsetzen können. Hier wurden die DLG-Bezeichnungen gewählt.

Ob die Grobzerlegung am hängenden oder am liegenden Tierkörper durchgeführt wird, richtet sich im Wesentlichen nach der technischen Ausstattung der Fleischerei und dem Verwendungszweck des Fleisches. Beide Ausrichtungen haben mit ihren unterschiedlichen Vorzügen ihre Daseinsberechtigung.
Bei der Grobzerlegung der Schweinehälften haben sich im Laufe der Jahre zwei Methoden bewährt.

Erste Methode

- Kopf mit Backe zwischen Hinterhauptbein und erstem Halswirbel (Atlas) abtrennen.
- Wamme vom Schinken/der Keule abtrennen, weiter am Kotelettstrang (ca. 2 cm über dem Kotelettauge, der geschlossenen Partie Magerfleisch des Koteletts) vorbei bis zur letzten Rippe.
- Alle Rippen bis einschließlich des ersten Brustwirbels durchsägen.
- Bauch entlang der Naht zwischen Brustspitze und Schulter abtrennen.

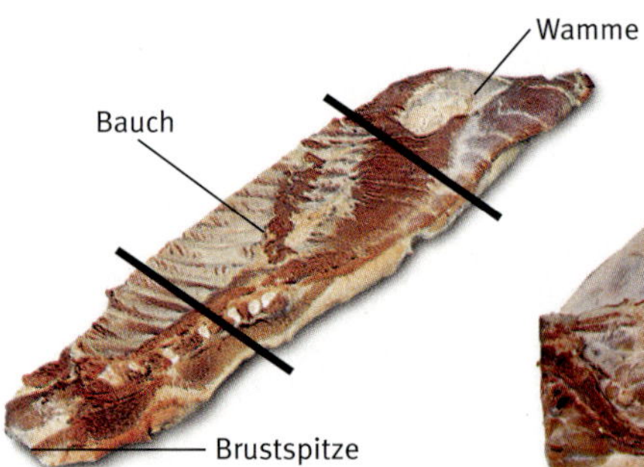

Bauch mit Wamme und Brustspitze

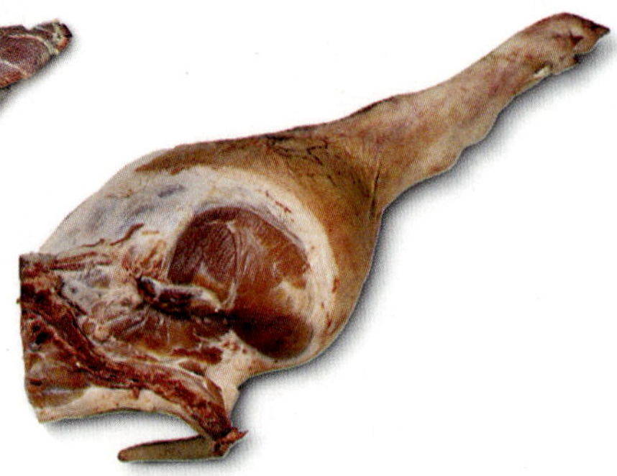

Schinken/Keule mit Bein

- Filetkopf aus der Keule herauslösen und Filet vom Filetkotelett abtrennen.
- Kotelettstrang zwischen sechstem Lendenwirbel und Kreuzbein von der Keule bis zum Vlies zwischen Rückenfett und Kotelett abtrennen.
- Kotelettstrang vom Rückenfett abvliesen.
- Schulter mit Bein vom Rückenfett abtrennen.
- Rückenfett von der Keule absetzen.
- Bauch, Kotelett und Filet zwischen sechstem Lendenwirbel und Kreuzbein abtrennen (Filetkopf verbleibt an der Keule).
- Bauch vom Kotelett ca. 2 cm oberhalb des Kotelettauges trennen.
- Filet aus dem Filetkotelett abtrennen.
- Rückenfett vom Kotelett im Vlies abziehen.

Vorderviertel mit Bein

Zweite Methode
- Kopf mit Backe zwischen Hinterhauptbein und erstem Halswirbel (Atlas) abtrennen.
- Vorderviertel mit Bein zwischen viertem und fünftem Brustwirbel absetzen.
- Die vier Rippen durchsägen und Brustspitze in der Naht von der Schulter abtrennen.
- Kamm von Schulter und Nackenfett in der Naht abtrennen.

Bauch mit Wamme

Kotelett mit Rückenfett und Filet

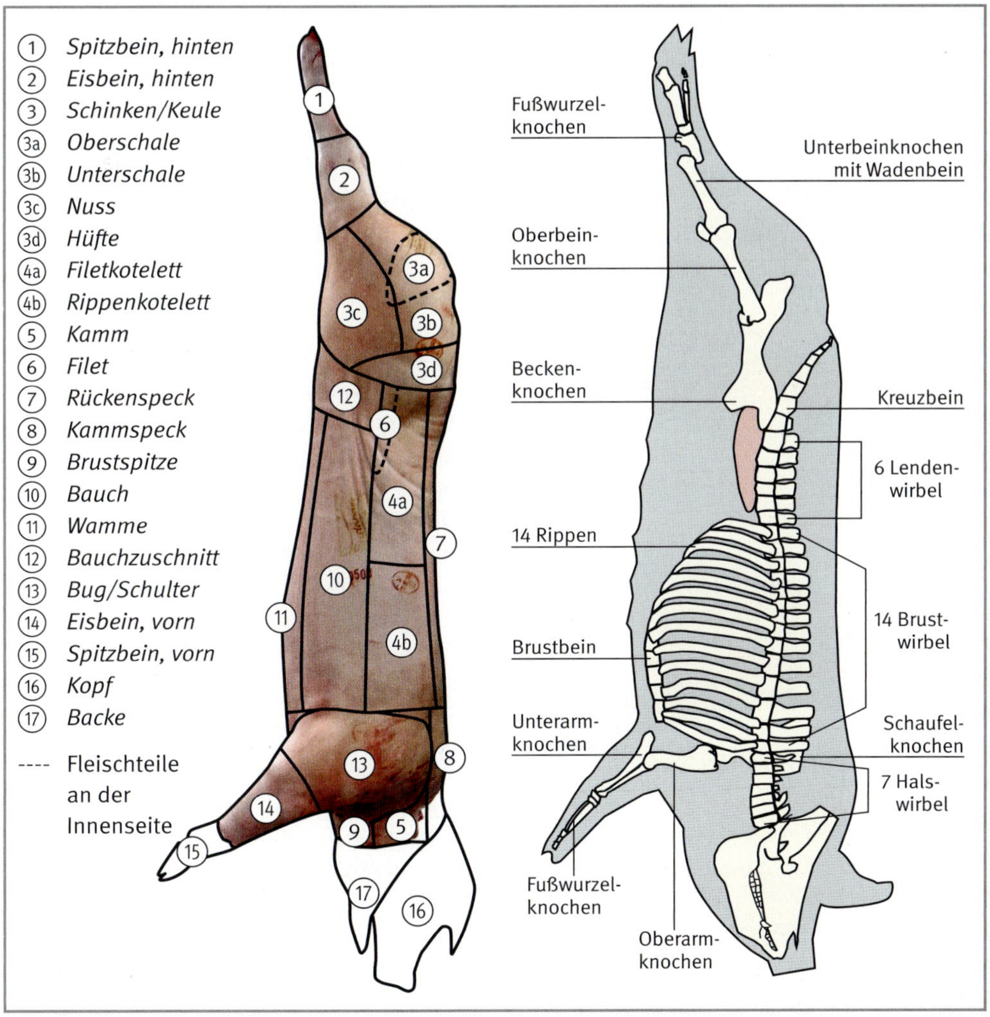

Schweinehälfte

Pro-Kopf-Verzehr von Schweinefleisch

2000	39,1 kg
2001	38,9 kg
2002	39,0 kg
2003	39,7 kg
2004	39,5 kg
2005	39,5 kg
2010	39,5 kg
2011	39,0 kg
2012	38,7 kg
2013	38,5 kg
2014	37,9 kg
2015	36,9 kg
2017	36,1 kg
2018	35,7 kg
2019	33,8 kg

(Quelle: BVDF e. V., BVWS e. V., Bonn)

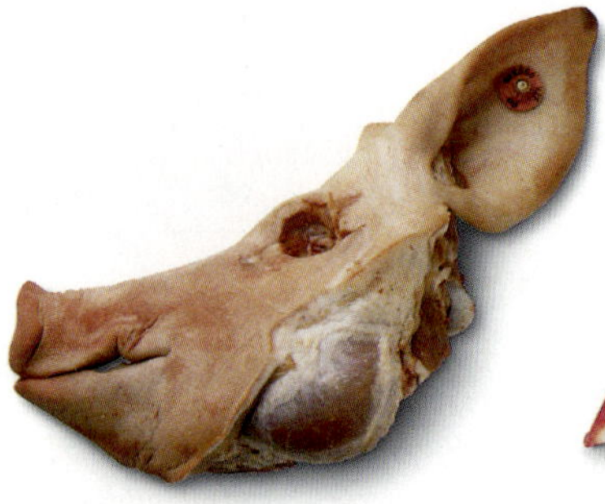

Kopf ohne Backe

Fettbacke

Bug – Standardschnitt

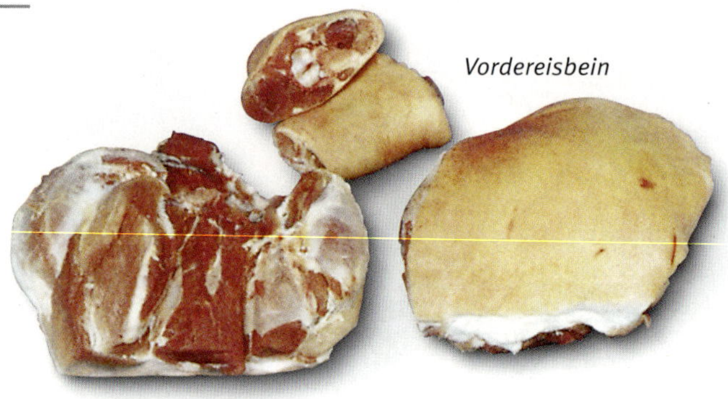

Vordereisbein

Bug, schier, mit Schwarte

Bug – DFV-Schnittführung

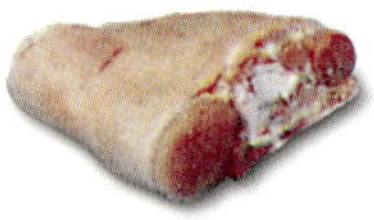

Vordereisbein

Schaufelstück

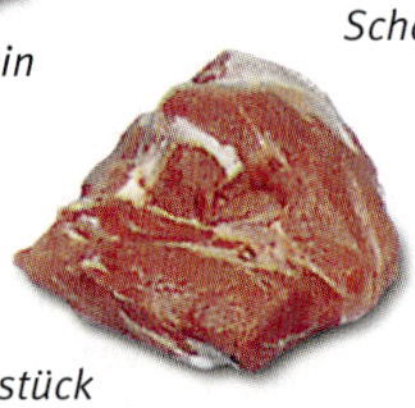

Dickes Bugstück

Bug, schier

Brustspitze/Dicke Rippe (ohne Schwarte)

Brustspitze (mit Schwarte)

Kamm mit Knochen

Kamm, ausgelöst

10.3 Ausbeinen und Zerlegen der Teilstücke

Kopf mit Backe

- Backe durch einen halbmondförmigen Schnitt vom Ober- und Unterkiefer abtrennen, dabei das Kieferfleisch nach Möglichkeit nicht verletzen.
- Je nach Verwendungszweck die Maske sauber putzen oder vom Ober- und Unterkiefer flach abtrennen.

Schulter mit Bein

- Spitzbein zwischen Fußwurzelknochen und Unterarmknochen absetzen (ggf. putzen).
- Vordereisbein mit einem Schnitt durch das Ellbogengelenk zwischen Unterarm- und Oberarmknochen von der Schulter abtrennen.
- Eisbein wahlweise als Ganzes belassen oder durch Herauslösen des Unterarmknochens zur weiteren Verarbeitung bereitstellen.
- Gelenk zwischen Schaufel- und Oberarmknochen anschneiden, Blattknochen beidseitig vorschneiden.
- Schaufeldeckel mit Knochenhaut vom Blattknochen ziehen.
- Gelenkkopf am Blattknochen freilegen, Blattknochen sauber herausziehen, Knorpel vollständig entfernen.
- Oberarmknochen vollständig herauslösen, Schulter in dickes Bugstück und Schaufelstück teilen.

Brustspitze

- Rippen flach abschälen, Fleisch zur Verarbeitung bereitstellen oder
- anhaftende Ader- und Fettreste sowie Schwarte entfernen und als dicke Rippe anbieten.

Kamm

- Hals- und Brustwirbel flach abschälen, Fleisch als Schweinesteaks anbieten oder
- Kamm mit Knochen sauber beschnitten als Frischfleisch anbieten.

Kotelett

Das Filetkotelett wird vorzugsweise für die Bereitstellung von Lachsschinken verwendet. Daher kann zwischen Rippen- und Filetkotelett hinter dem letzten Brustwirbel getrennt werden. Häufig belässt man die letzte Rippe am Filetkotelett.

- Rippenkotelett sauber beschneiden.
- Lendenwirbel flach auslösen, vom Filetstück anhaftende Fleisch- und Fettteile sowie die Kette entfernen.

Bauch

- Verbliebene Bauchmuskulatur von der hinteren Wamme lösen und die Wamme schräg bis zu den Brustknorpeln abtrennen.
- Bauch, für den Verkauf zugeschnitten: Rippen am Bauchfleisch belassen, diesen auf eine Vorzugsbreite von 22 bis 26 cm schneiden.
- Produktionsfleisch: Rippen entfernen durch flaches Abschälen der Rippen als Ganzes (Schälrippchen) oder mit einem Rippenzieher einzeln.

Filet

- Lose anhaftende Fleisch- und Fettteile entfernen. Vorsicht: Der Filetkopf verbleibt am Filet.

Keule mit Bein

- Spitzbein zwischen Fußwurzelknochen und Unterbeinknochen mit Wadenbein abtrennen.
- Hintereisbein von der Keule zwischen Unterbeinknochen mit Wadenbein und Oberbeinknochen absetzen.
- Hintereisbein wahlweise als Ganzes belassen und sauber putzen oder
- Unterbeinknochen mit Wadenbein sauber aus dem Eisbeinfleisch herauslösen.
- Kreuzbein mit den Schwanzwirbeln in der Naht zum Beckenknochen sauber abtrennen.
- Fleisch-Fett-Polster (Beckenmuskulatur) auf dem Beckenknochen/Hüftknochen vorsichtig ablösen und den Beckenknochen/Hüftknochen sauber ausbeinen.
- Naht zwischen Oberschale und Nuss auftrennen, Oberbeinknochen freilegen und sauber von den Knochenhäuten auslösen.
- Nussknochen herauslösen.
- Anfallende Fleischteile des Schinkens (Keule) sind: Ober- und Unterschale, Nuss, Hüftstück/Schinkenspeck, Eisbein.

Rippenkotelett

Lachsschinkenrohling (Kotelettauge)

Bauch, für den Verkauf zugeschnitten

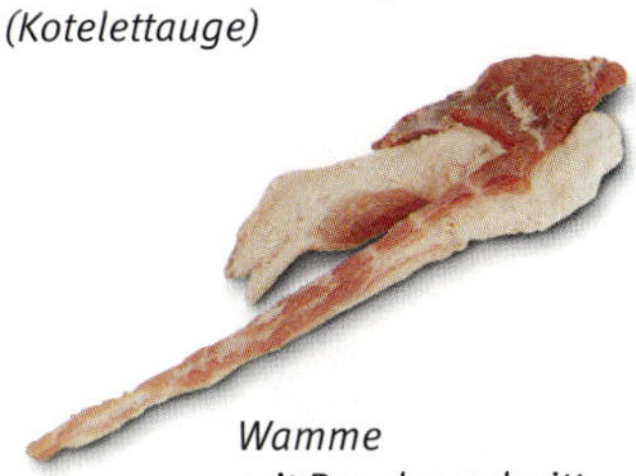

Wamme mit Bauchzuschnitt

Bauch (Rippen einzeln gezogen)

Filet

DLG-Bezeichnung	Regionale / überregionale Bezeichnungen
Backe	Göderl, Gronik, Backenspeck, Fettbacke
Kamm	Halsgrat, Nacken, Halskotelett, Halsgratkotelett, Koropstück
Spitzbein	Knöchel, Pfote, Pratzerl, Stelze
Eisbein	Haxe, Dickbein, Eisknöchel, Hachse, Hämmchen, Hinterhaspel, Schinkenbein
Bug	Bog, Schulter, Blatt
Dickes Bugstück	Dicke Schulter, Oberarmstück
Bauch	Wammerl, Ammenstück, Blattrippe, Bödele, Bündele
Wamme	Dünnung, Bauchlappen, Griff, Koder, Quabbelfett
Filet	Haas, Häschen, Lümmel, Lummer, Lungenbraten
Rippenkotelett	Karbonade (i.d.R. mit Lendenkotelett), Karree, Stielkotelett, Berliner (Kotelettstrang)
Filetkotelett	Filetkotelett, Lendenkotelett
Oberschale	Binderspalt, Binner, Binnerspalt
Unterschale	Beinscherzel, Bodenschlegel, Magenrose, Morend, Rehmer, Semer
Hüftstück	Hüfte. Schinkenspeck
Nuss	Beißelstück, Batzenstück, Knopfstück, Maus, Mäuschen, Namenlos, Qualle

10.4 Verarbeitungsfleisch

Wie bei Rindfleisch gibt es auch für Schweinefleisch eine Fleisch-Fett-Wertsortierung, die entsprechend den Leitsätzen für Fleisch und Fleischerzeugnisse in Fleischstandards (Qualitätsstufen) zu erfolgen hat.

Auch bei Schweinefleisch hat sich in vielen Betrieben der erweiterte Verarbeitungsmaterial-Standard des DFV bewährt. Dieser Standard erlaubt eine genaue Unterscheidung in der Sortierung und nachfolgend eine bestmögliche Verwendung des Fleisches.

10.5 Verwendungsmöglichkeiten für Schweinefleisch

Schweinefleisch ist preisgünstiger und hinsichtlich der Geschmacksintensität anderen Fleischsorten weitgehend überlegen, da der höhere Fettanteil bei der Zubereitung als Geschmacksträger dient.

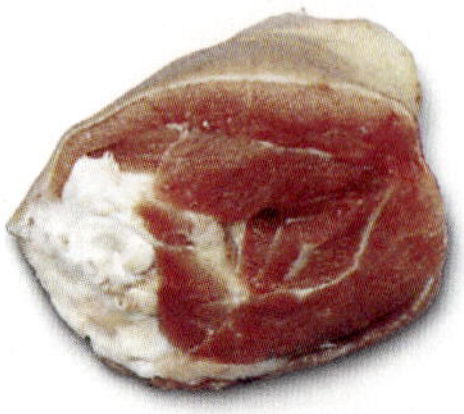

Eisbein

Eisbein, als Grillhaxe vorbereitet

Oberschale

Unterschale

Nuss

Nuss

Hüftstück/Schinkenspeck

Verwendungsmöglichkeiten für Schweinefleisch

Fleischteil (DFV-Bezeichnung)	Frischfleischverkauf	Weitere Bearbeitung zu
Backe	Suppeneinlage	Kasselerbacke, Produktionsfleisch
Kopf	Kochfleisch	Sülze
Brustspitze	Dicke Rippe, Kochfleisch, Grillscheiben	gefülltem Braten, Rollbraten
Kamm	Kurzbratstücke, Bratenfleisch	Kasseler, Rollbraten, gefülltem Braten, Sauerfleisch
Spitzbein	Kochfleisch	
Eisbein	Kochfleisch, Grillhaxe	Kasseler, Sülze, Aspikwaren
Dickes Bugstück	Braten	Wickelbraten, Vordersaftschinken
Schaufelstück	Gulasch	Rollbraten
Bauch	Kochfleisch, Kurzbratstücke, Rippenbraten	gefülltem Bauch, Bauchroulade, Bauchspeck
Wamme		Produktionsfleisch
Rückenfett	Schmalz	fettem Speck
Filet	Schweinefiletmedaillon, Braten, Fonduefleisch	Räucherlingen
Rippenkotelett	Kurzbratstücke	Kasseler, gefülltem Braten
Filetkotelett	Kurzbratstücke, Lachsrolle	Lachsschinken, Kasseler
Oberschale	Schnitzel, Rouladen, Gulasch	Rohschinkenwaren, Kochschinken
Unterschale	Schnitzel, Rouladen, Gulasch	Rohschinkenwaren, Kochschinken
Nuss	Schnitzel, Gulasch	Nussschinken, Wickelbraten
Hüftstück/ Schinkenspeck	Schmorbraten, Braten, Schweinesteaks	Schinkenspeck

10.6 Sortierung nach Standards

In den Leitsätzen für Fleisch und Fleischerzeugnisse werden fast alle Würste, aber auch das Hackfleisch, nach dem wertbestimmenden Bestandteil des Fleisches, dem BEFFE*-Wert, beurteilt.

Für Schweinefleisch sind folgende Richtwerte maßgebend:

(*BEFFE = Bindegewebseiweißfreies Fleischeiweiß , BE = Bindegewebseiweiß, ges. FS = gesättigte Fettsäuren)

	Fleischstandard, entsprechende Leitsatz-Kennziffer (LS)	Empfohlene Fleischteile	Verwendungsbeispiele	Analysenwerte
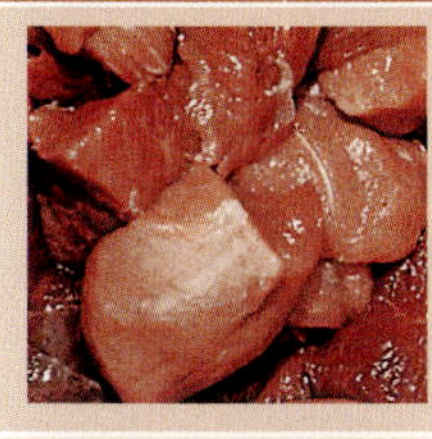	**S I (LS 1.2.1.2.1)** Schweinefleisch, fettgewebsarm und sehnenarm	Fleisch vom Schinken, dickem Schulterstück, Sauenrücken	Einlagenmaterial für Brühwurst (z. B. Bierschinken) sowie schnittfeste Rohwurst mit hoher Qualität	75 % Wasser 5 % Fett davon 1,9 % ges. FS 1 % BE 19 % BEFFE
	**S II (LS 1.2.1.2.2)** Schweinefleisch, sehnenarm, mit max. 5 % Fettanteil	Schinken- und Schulterzuschnitte, Brustspitze von Schweinen der HKl S, E	Einlagenmaterial für Brühwurst (z. B. gewolft für Jagdwurst), Grundmaterial für Aufschnittware und Kochwürste, bei guter Entfettung auch für Toastschinken	73 % Wasser 8 % Fett davon 2,5 % ges. FS 1,5 % BE 17,5 % BEFFE
	**S III (LS 1.2.1.2.2)** Schweinefleisch, grob entsehnt, mit max. 6 % sichtbarem Fettanteil	Eisbein, Stichfleisch, Wadenfleisch, Mittelschulterstück, magerer Knochenputz, Zwerchfell	Kutterfleisch für Feinbrät (nur gewolft verarbeiten), Grundmaterial für Brüh- und Rohwurst in mittlerer und einfacher Qualität	70 % Wasser 11 % Fett davon 5 % ges. FS 3 % BE 16 % BEFFE
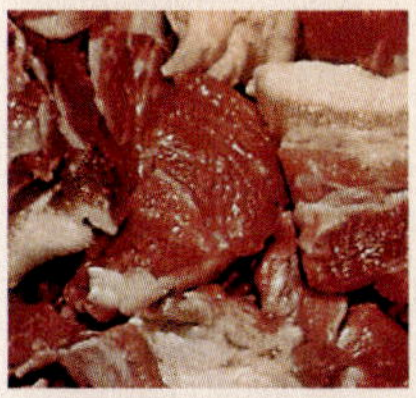	**S IV (LS 1.2.1.2.3)** Schweinefleisch, entsehnt, mit max. 30 % sichtbarem Fettanteil	Brustspitze, Zuschnitte von magerem Bauch oder Wamme (HKl S, E und U), Schulter und Schinkenspeckzuschnitte	Einlagenmaterial für Koch-, Roh- und Brühwurst der mittleren und höheren Qualität, Grundmaterial für grobe rohe Bratwurst u. Ä.	53 % Wasser 33 % Fett davon 11,6 % ges. FS 2 % BE 12 % BEFFE
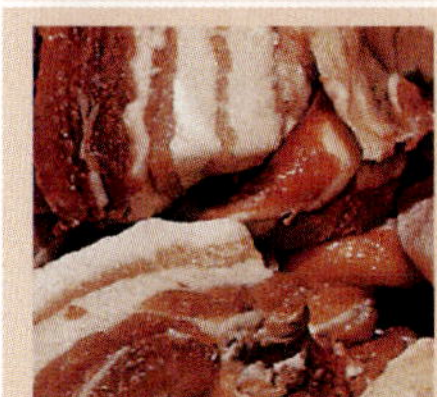	**S V (LS 1.2.1.2.3)** Schweinebauch, wie gewachsen, mit max. 60 % sichtbarem Fettanteil	kerniger Schweinebauch, wie gewachsen (HKl S, E und U), ohne Schwartenzug* und Fettwamme	Einlagenmaterial für Brüh- und Kochwurstsorten (z. B. grobe Leberwurst), gut geeignet für Bierwurst und bestimmte Rohwürste	32 % Wasser 60 % Fett davon 25,5 % ges. FS 1,2 % BE 6,8 % BEFFE
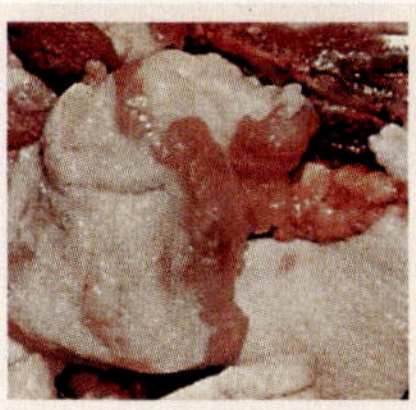	**S VI (LS 1.2.1.2.3)** Schweinebacke	Schweinefettbacke ohne Schwartenzug* und Drüsen	Einlagenmaterial für Kochwurst (z. B. grobe Leberwurst, Thüringer Rotwurst), Grundmaterial für Aufschnittbrät und Würstchen	40 % Wasser 50 % Fett davon 20,6 % ges. FS 3 % BE 7 % BEFFE

	Fleischstandard, entsprechende Leitsatz-Kennziffer (LS)	Empfohlene Fleischteile	Verwendungsbeispiele	Analysenwerte
	**S VII (LS 1.1.1.2.2)** Nackenspeck und nicht schmalziger Rückenspeck	Speck ohne Schwartenzug* vom Nacken und dünner,nicht schmalziger Rückenspeck (HKl S, E und U)	Einlagenmaterial für Halbdauerwaren und Brühwürste, Feinbrätmaterial für Brühwürste höherer Qualität (z. B. Aufschnittbrät und Würstchen)	17 % Wasser 78 % Fett davon 31 % ges. FS 2,5 % BE 2,5 % BEFFE
	**S VIII (LS 1.1.1.2.2)** Rückenspeck	kerniger, fetter Rückenspeck ohne Schwartenzug*	Einlagenmaterial für Rohwürste und Kochwürste, Fettmaterial für Feinbräte	8 % Wasser 90 % Fett davon 41 % ges. FS 1,7 % BE 0,3 % BEFFE
	**S IX (LS 1.1.1.2)** Fettzuschnitte	Fettzuschnitte mit einem geringen Schwartenzug* und sehr geringem Magerfleischanteil	Fettmaterial für Feinbräte	25 % Wasser 70 % Fett davon 29,1 % ges. FS 2,5 % BE 2,5 % BEFFE
	**S X (LS 1.1.1.2.2)** Wamme	mittelfette Wamme ohne Schwartenzug* und Drüsen	streichfähige Roh- und Leberwürste	40 % Wasser 50 % Fett davon 20,6 % ges. FS 3 % BE 7 % BEFFE
	S XI (LS 1.1.1.2.2) Fette, weiche Fettwammen ohne Schwarten mit geringem Magerfleischmantel	fette Wamme	für streichfähige Rohwurst- und Kochwurstsorten	20 % Wasser 75 % Fett davon 30.3 % ges. FS 1,8 % BE 3,2 % BEFFE
	S XII (LS 1.1.1.4) Schweinemasken	Schweinemasken ohne Mager- und Fettbacke	Einlagematerial für Kochwurstsorten und Sülzen. Grundmaterial für feine Leberwurstsorten	55 % Wasser 30 % Fett davon 11,6 % ges. FS 5,3 % BE 9,7 % BEFFE
	**(LS 1.1.1.6)** Schweineleber		Leberwurstsorten, Leberpasteten, Leberkäse	76 % Wasser 5 % Fett davon 1,7 % ges. FS 1 % BE 18 % BEFFE

* Schwartenzug ist bindegewebereicher Speck unter der Schwarte.
Zu den in der Tabelle genannten Handelsklassen ▸ S. 95.

Foto: 1–10 FRUTAROM, 11 Verlag Handwerk und Technik GmbH
Quelle Analysewerte: Bizerba/Kuhlendahl

Komplexe Aufgabe

Zerlegen Sie je eine Schweinehälfte der Handelsklassen E und U.

a) Stellen Sie das Gewicht der einzelnen Fleischteile und ihren prozentualen Anteil am Gesamtgewicht fest. Vergleichen Sie die Ergebnisse mit denen der Fachliteratur und bewerten Sie die gewonnenen Ergebnisse.

b) Ermitteln Sie anhand der gewonnenen Zerlegewerte und der aktuellen Marktpreise für Schlachtfleisch den jeweiligen Bruttopreis je kg Schweinefleisch.

c) Fertigen Sie unter Beachtung der allgemeinen Bewertungssätze für Schweinefleisch eine Preiskalkulation für die einzelnen Fleischteile vom Schwein an.

Aufgaben zur Wiederholung

1. Begründen Sie die Notwendigkeit, bei der Zerlegung nach Möglichkeit den Verlauf der Vliese zu nutzen.
2. Welche Fleischteilstücke entstehen bei der Zerlegung eines halben Schweins? Ordnen Sie diesen bestimmte Verwendungszwecke zu (Verkaufsfleisch, Be- und Verarbeitungsfleisch).
3. Erklären Sie den Zusammenhang zwischen der Fleisch-Fett-Wertsortierung und den Leitsätzen für Fleisch und Fleischerzeugnisse.
4. Wovon sind die Eigenschaften des Fleisches grundsätzlich abhängig?
5. Nach welchen Kriterien beurteilt man das Schweinefleisch?
6. Welche Maßnahmen sind notwendig, um die arbeitsschutzrechtlichen Bestimmungen bei der Zerlegung von Tierkörpern einzuhalten?

Ausgewählte Fachrechenaufgaben

1. Nach der Zerlegung eines halben Schweins mit einem Gewicht von 38,780 kg wurden folgende Anteile gewogen bzw. berechnet:

	%	kg
Fleischanteil	?	19,778
Fettanteil	29	?
Knochenanteil	13	?
Schwarten	?	2,521
Sehnen	0,5	?

Ergänzen Sie die Tabelle.

2. Wie viel kg Fleisch und wie viel kg Knochen erhält man beim Auslösen von 378,500 kg Schweinefleisch, wenn der Knochenanteil 19 % beträgt?

3. Wie viel Prozent Knochen sind im Schweinefleisch enthalten, wenn 283,750 kg schieres Fleisch und 61,444 kg Knochen gewogen werden?

4. Es werden 52,000 kg Schweinekarrees mit einem Knochenanteil von 19,9 % ausgelöst. Beim Zuschneiden für Lachsschinkenrohlinge werden nochmals 22,6 % Fleischzuschnitte entfernt. Wie viel kg Lachsschinkenrohlinge sind zu erwarten?

5. Ein Kotelettstrang vom Schwein wiegt 3,620 kg. Nach dem Auslösen der Knochen wiegt der Lachs nur noch 2,570 kg. Berechnen Sie den Knochenanteil in Prozent.

11 Lamm zerlegen

FLEISCHEREI nusse

Matthias Nusse möchte das Sortiment im Fleischbereich um Lamm erweitern. Die Lämmer kann er über einen ihm bekannten ökologisch orientierten Viehzüchter beziehen.
In Absprache mit den Köchen werden eine Woche lang Lamm-Gerichte über die Heiße Theke angeboten.
Der Juniorchef weiß, dass Sabrina und Björn Neuem gegenüber sehr aufgeschlossen sind, und fragt, ob sie mitmachen möchten.
Sabrina erklärt sich sofort bereit, alles Wissenswerte über Lammfleisch zu einem Handzettel aufzubereiten.
„Und du, Björn, kannst mir bitte zeigen, wie ein Lamm oder Schaf zerlegt wird und wie die Teile heißen."

Schaffleisch liegt bei einem Großteil der Verbraucher in der Gunst nicht weit vorn. Überlieferte Vorbehalte und häufig nicht sach- und fachgerechtes Herrichten und Anbieten des Schaffleisches haben diese Abneigung unterstützt. In den letzten Jahren ist jedoch die Nachfrage nach Schaffleisch – und hier insbesondere Lammfleisch – stärker geworden, es gilt bei Kennern als besonders edles Fleisch.

Pro-Kopf-Verzehr von Schaf- und Ziegenfleisch

2006	0,7 kg
2007	0,7 kg
2008	0,7 kg
2009	0,6 kg
2010	0,6 kg
2011	0,6 kg
2012	0,6 kg
2013	0,6 kg
2014	0,5 kg
2015	0,6 kg
2016	0,6 kg
2017	0,6 kg
2018	0,7 kg
2019	0,6 kg
2020	0,7 kg
2021	0,6 kg

(Quelle: BDF e.V., Bonn)

(1) *Keule mit Hinterhaxe*
(2) *Dünnung*
(3) *Brust*
(4) *Schulter/Bug*
(5) *Haxe*
(6) *Hals*
(7) *Kamm/Nacken*
(8) *Rücken/Kotelett*
(9) *Filet*

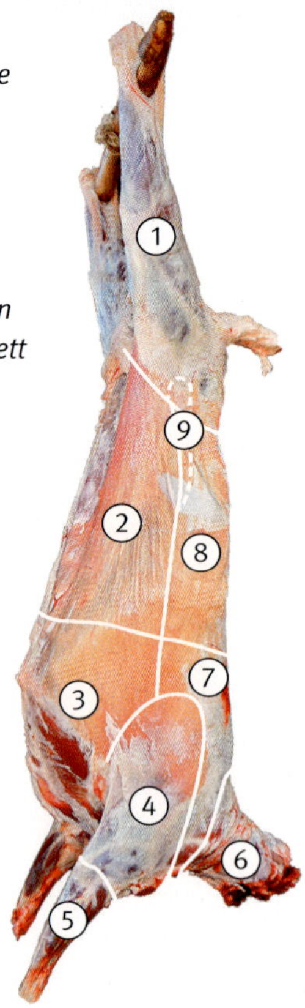

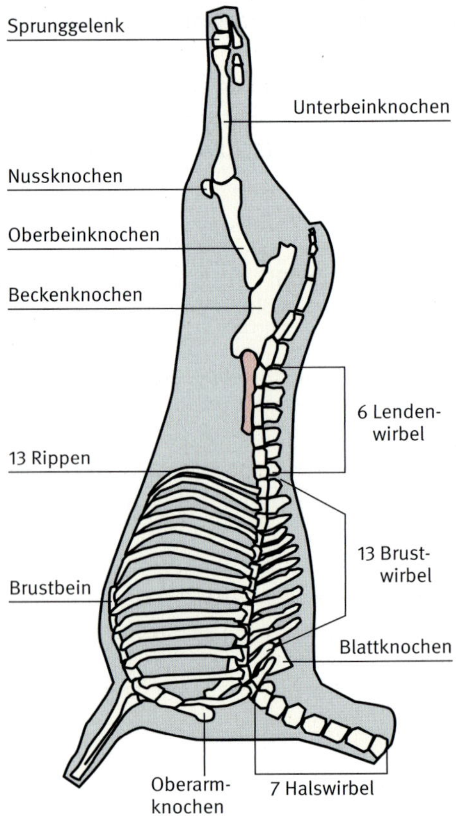

Lammhälfte

Als Ladenfleisch sollten grundsätzlich Lämmer angeboten werden, d. h. Fleisch von unter 12 Monate alten Tieren. Hier gilt als besondere Spezialität das Milchlamm mit einem Alter bis zu 6 Monaten.
Für Produktionszwecke kann Schaffleisch, Fleisch von über 12 Monaten alten Tieren, verwendet werden. Der Einsatz ist jedoch aufgrund seines spezifischen Geschmacks stark eingegrenzt.

11.1 Grobzerlegung

Lämmer werden grundsätzlich als ganze Tierkörper angeliefert. Die Art der Grobzerlegung richtet sich in erster Linie nach dem Verwendungszweck des Fleisches.
Lammfleisch, Tiere zwischen 10 und 24 kg Schlachtgewicht, wird überwiegend mit Knochen verkauft. Dabei sind der Rücken und die Keule die begehrtesten Stücke.

- Bug im Vlies abtrennen.
- Rücken mit Dünnung zwischen dem fünften und sechsten Lendenwirbel von den Keulen absetzen.
- Keulen am Kreuzbeinknochen halbieren und sauber beschneiden.
- Brust mit Dünnung links und rechts durch Sägeschnitte ca. 5 cm über dem Kernfleisch vom Rücken abtrennen.

11.2 Ausbeinen und Zerlegen der Teilstücke

Keule
Keule wie beim Schwein auslösen und in folgende Fleischteile zerlegen: Oberschale, Unterschale, Nuss, Hüfte und Haxe.

Rücken, Hals
Bei schweren Tieren den Rücken mittig halbieren und als Kotelett oder flach ausgebeint als Wickelbraten anbieten.

Bug
Wie beim Schwein entbeinen und als Ragout oder als Rollbraten anbieten.

Brust, Dünnung
Rippen aus der Brust ziehen, Knorpel herausschneiden.

In der Küche lassen sich hervorragende Gerichte aus Lammfleisch herstellen, u. a.

- Chili mit Lamm
- Lammhaxe in Currysoße
- Lammkarree mit Kräuterkruste
- Lammkoteletts mit Oliven-Schafskäse-Kruste

11.3 Verwendungsmöglichkeiten für Lammfleisch

Fleischteil (DFV-Bezeichnung)	Frischfleisch-verkauf	Weitere Bearbeitung zu
Keule	Schnitzel, Braten	Lammschinken, Spießen
Dünnung	Ragout	gefülltem Wickelbraten, Rollbraten
Brust	Ragout	gefülltem Wickelbraten, Rollbraten
Bug	Ragout, Braten	Rollbraten, Spießen
Filet	Kurzbratstücke	
Kotelett	Lammkotelett, Chops	Rollbraten
Kamm	Gulasch, Ragout, Braten, Irish Stew	
Hals	Gulasch, Ragout, Eintopf	

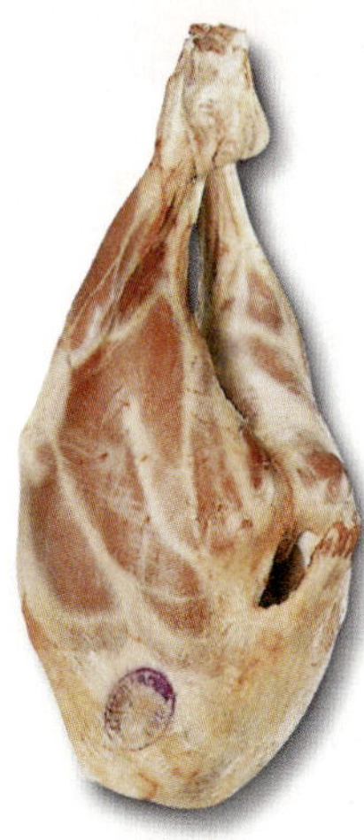
Keule mit Hinterhaxe

Rücken

Kotelett

Kotelett

Kamm

Bug

Brust

11.4 Sortierung nach Standards

Eine direkte Vorgabe für Lammfleisch ist nicht vorhanden. In der Praxis hat sich jedoch eine Anlehnung an die Kriterien, wie sie beim Rindfleisch angewandt werden, als sinnvoll erwiesen.

DLG-Bezeichnung	Regionale / überregionale Bezeichnung
Keule	Lammkeule, Hammelkeule
Dünnung	Lammdünnung
Brust	Lammbrust, Rechteckstück
Bug	Lammschulter, Schulter
Filet	Lammfilet, Lungenbraten
Rücken	Lammsattel, Lendenkotelett, Lammlendenkotelett, Lammkarree
Kamm	Lammkamm
Hals	Lammhals

& Komplexe Aufgabe

Fertigen Sie ein Plakat (Größe: mind. A3) über einen ausgewählten Artikel aus Lammfleisch an.

a) Berücksichtigen Sie saisonale Bedingungen.

b) Heben Sie die ernährungsphysiologischen Besonderheiten hervor.

c) Berechnen Sie den möglichen Bruttopreis je kg Ihres ausgewählten Artikels.
Verwenden sie dazu tages- und allgemeingültige Daten und Werte.

? Aufgaben zur Wiederholung

1. Erläutern Sie die Zerlegung eines ganzen Tierkörpers vom Lamm/Schaf. Benennen Sie die dabei entstehenden Teilstücke.
2. Geben Sie für die Fleischteile vom Lamm/Schaf geeignete Zubereitungsverfahren an.
3. Welche Gewürze und Würzmittel sind für die Herstellung verschiedener Gerichte aus Lammfleisch notwendig?

% Ausgewählte Fachrechenaufgaben

1. Lammfleisch wird für 6,60 €/kg netto angeboten. Wie lautet der Rechnungsbetrag für ein Lamm mit 15,860 kg Schlachtgewicht, wenn die Preisnotierung derzeit bei 665,00 €/100 kg liegt?

2. Bei einer Lammkeule wird mit 15,5 % Knochenanteilen kalkuliert. Die Haxe hat einen 7 %igen Anteil an der Keule. Der Zuschneideverlust wird mit 12 % berücksichtigt. Wie viel kg Lammkeule mit Knochen müssen bereitgestellt werden, wenn 20 Portionen à 180 g bestellt wurden?

3. Der Meister möchte Lammragout aus dem Lammbug für die „Heiße Theke" planen. Er weiß, dass er 12 % als wertlose Fleischteile einplanen muss und ca. 65 % nutzbares Fleisch erhält.
Wie viel kg Lammbug müssen eingekauft werden, wenn die wertlosen Fleischteile 500 g ausmachen?

4. Wie viel kg Lammkeule wurden zerlegt, wenn 7,960 kg schieres Fleisch anfallen und der Knochenanteil mit 19,8 % berücksichtigt wird?

Exkurs: Sortierung nach Standards – Putenfleisch

In den letzten Jahrzehnten hat die Nachfrage an Geflügelfleisch stetig starke Wachstumszahlen zu verzeichnen. Somit stieg auch kontinuierlich die Produktion von Wurst mit oder aus Geflügelfleisch. Deshalb ist es unumgänglich, Verarbeitungsfleisch vom Schwein und Rind zu standardisieren. Um eine gleichbleibende Qualität zu erreichen, muss konsequent auch das Verarbeitungsfleisch von Geflügel standardisiert werden.

	Fleischstandards	Empfohlene Fleischteile	Verwendungsbeispiele	Analysenwerte
	**PU I** Putenfleisch, Einlage-material	Putenbrust oder Oberkeule ohne stärkere sichtbare Sehnen, ohne Fett und ohne Haut	PU I wird meistens zu grob gekörntem Einlagematerial eventuell in Würfel geschnitten. Verwendung z. B. für die Brühwurst-Aufschnittsorten – Puten-Bierschinken – Puten-Jagdwurst Einlagematerial für Puten-Sülzen, Herstellung von Puten-Rohwurst	75 % Wasser 4,5 % Fett davon 1,5 % ges. FS 1 % BE 19,5 % BEFFE
	**PU II** Putenfleisch, Feinbrät-material	Glattes Putenfleisch mit geringem Sehnenanteil und mit nur wenig sichtbarem Fett, ohne Hautteile	Feinbrätmaterial für das Puten-Aufschnitt-Sortiment in gehobener Qualität Empfehlung: nur gewolft verarbeiten	69,5 % Wasser 9,5 % Fett davon 2,6 % ges. FS 2 % BE 19 % BEFFE
	**PU III** Putenfleisch, Kutterfleisch, Feinbrät-material	Putenfleisch-Zuschnitte mit Fett- und Hautteilen. Fett- und Hautanteile max. 10 %. Putenfleischzuschnitte von der Putenkeule sind dunkler als die von der Putenbrust. Wegen der Fleischfarbe wird das Material im Handel teilweise differenziert angeboten: Pu III von der Brust Pu III von der Keule und Karkasse	Feinbrätmaterial für Puten-Würstchen-Sortimente. Material gewolft verarbeiten, aber vor dem Wolfen sehr gut kühlen (2 °C bzw. +/– 0 °C)!	66,5 % Wasser 14 % Fett davon 4,1 % ges. FS 2 % BE 17,5 % BEFFE

Foto: FRUTAROM; Quelle Analysewerte: Bizerba/Kuhlendahl

12 Fleisch und Fleischerzeugnisse konservieren

FLEISCHEREI nusse

Es ist Samstagvormittag. Die Kühl- und Gefrierräume im Herstellungsbetrieb sind fast leer gefegt ... die beste Zeit, sie gründlich zu säubern. Bevor Tim Sabrina gründlich in diese wichtigen Hygienemaßnahmen einweist, zeigt er ihr, wo die Kühlmaschinen ein- und ausgeschaltet werden, wo man die Temperaturen und die Werte für die Luftfeuchtigkeit abliest, ggf. justiert und dokumentiert.
„Sabrina, die Aufgabe, die Werte zu dokumentieren, übernimmst du in den nächsten Wochen, einverstanden?“, fragt Tim.
„Na klar, diese verantwortungsvolle Aufgabe übernehme ich gerne. Ich finde, es sieht unheimlich wichtig aus, wenn einer von uns mit der Liste herumgeht und dort etwas einträgt.“
Tim: „Das sieht nicht nur wichtig aus, sondern das ist es auch. Weißt du, was passiert, wenn wir die Temperaturen nicht einhalten?“

Grobsinnlich verdorbenes Fleisch

Wenn rohes Fleisch abweichend riecht oder einen grünlichen Schmierbelag aufweist, so ist es mikrobiell verdorben und kann zudem mit gefährlichen Krankheitserregern kontaminiert (verseucht) sein. Frisches Fleisch ist ein guter Nährboden für verderbniserregende und krank machende Mikroorganismen. Es hat

- einen günstigen pH-Wert,
- einen hohen a_W-Wert (▸ S. 216),
- ein günstiges Nährstoffangebot (▸ S. 81).

Fleisch und Fleischerzeugnisse werden haltbar gemacht, indem man die Lebensbedingungen der Mikroorganismen (z. B. Temperatur, Feuchtigkeit, Milieu, Sauerstoffangebot, Konkurrenzflora) derart verändert, dass sie abgetötet oder in ihrer Vermehrung gehemmt werden. In der Fleischerei werden dafür hauptsächlich **physikalische** und **chemische** Verfahren angewendet.

Haltbarmachungsverfahren	
physikalische	**chemische**
Kühlen Gefrieren (▸ S. 120 f.) Trocknen (▸ S. 120) Pasteurisieren Sterilisieren Vakuumieren (▸ S. 119) Begasen Bestrahlen	Salzen Pökeln Räuchern Säuern Konservierungsstoffe

Zusätzlich gewinnt der Einsatz von **Schutzkulturen** als mikrobiologisches Verfahren an Bedeutung. Schutzkulturen sind unschädliche Mikroorganismen (z. B. Milchsäurebakterien), die das Wachstum schädlicher Mikroorganismen unterdrücken. Dieses kann sowohl durch Bildung organischer Säuren, die den pH-Wert senken, als auch durch Ausscheidung antimikrobieller Stoffe, sogenannter Bacteriocine, geschehen. Bacteriocine sind eiweißähnliche Verbindungen. Bei der Verdauung werden sie zu Aminosäuren abgebaut und sind daher für den menschlichen Organismus unschädlich.

12.1 Kühlen

12.1.1 Einfluss der Kühlung auf die Haltbarkeit

Durch Kühlung können leicht verderbliche Fleisch- und Wurstwaren kurze Zeit vor dem Verderb bewahrt werden. Die Wirkung der Kälte beruht darauf, dass mit sinkender Temperatur

- die Aktivität fleischeigener und mikrobieller Enzyme stetig abnimmt (Ausnahme: fettspaltende Enzyme),
- die verderbniserregenden Mikroorganismen in ihrem Wachstum zunehmend gehemmt werden.

Für die Enzymtätigkeit gilt die **R**eaktions**g**eschwindigkeit-**T**emperatur-Regel:

R-G-T-Regel:
Eine Temperaturerhöhung um 10 °C beschleunigt die Reaktionsgeschwindigkeit (hier die Enzymwirksamkeit und das Wachstum der Mikroorganismen) um das Zwei- bis Dreifache.

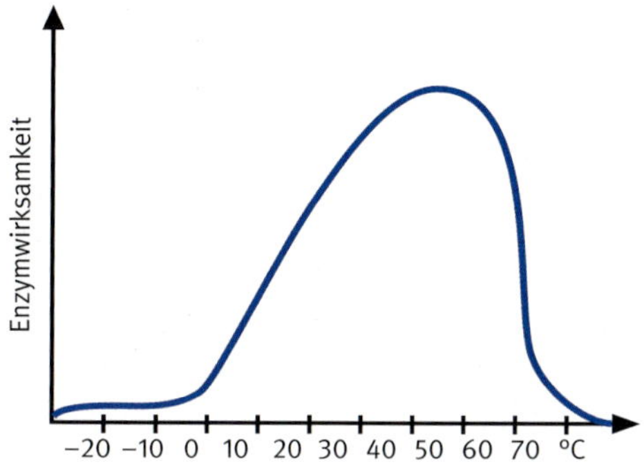

Die für das Wachstum der verschiedenen Mikroorganismen optimalen Temperaturbereiche schwanken erheblich.

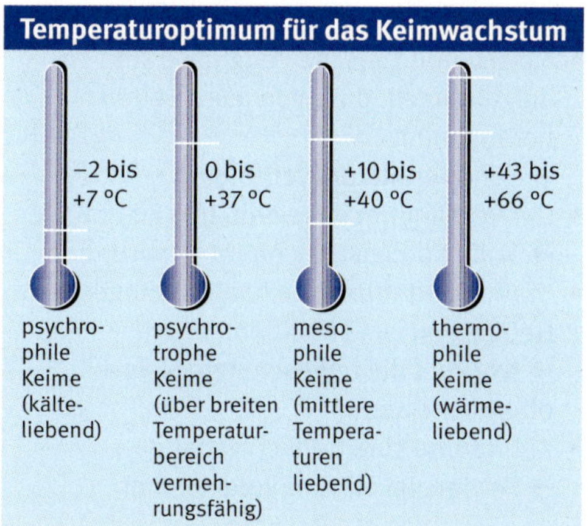

Der Verderb von Frischfleisch und begrenzt haltbaren Fleischerzeugnissen wird vor allem von psychrotrophen Mikroorganismen hervorgerufen.

Für die Lagerung von Frischfleisch gilt:
Temperaturerhöhung von 2 °C auf 7 °C
➔ Verkürzung der Haltbarkeit um die Hälfte.

Die Temperatur ist der wichtigste, aber nicht der einzige Faktor, der das Klima beim Kühlprozess bestimmt.

12.1.2 Klimafaktoren

Das Klima beim Kühlen ist von der Temperatur, der Luftfeuchtigkeit und der Luftbewegung abhängig.

Luftfeuchtigkeit

Die Luftfeuchtigkeit ist der Wasserdampfgehalt der Luft. Die Luft kann nur eine bestimmte Menge Wasserdampf aufnehmen. Ist mehr davon vorhanden, schlägt er sich in Form von Wassertropfen nieder. Die Wasserdampfaufnahmefähigkeit der Luft ist temperaturabhängig. Bei hohen Temperaturen kann viel, bei niedrigen wenig Wasserdampf aufgenommen werden. So kann beispielsweise 1 m^3 Luft

- bei –10 °C ca. 2 g Wasserdampf,
- bei 0 °C ca. 5 g Wasserdampf,
- bei +40 °C ca. 51 g Wasserdampf

aufnehmen, um voll – zu 100 % – gesättigt zu sein.

Die **absolute Luftfeuchtigkeit** gibt die größtmögliche Menge Wasserdampf an, die von der Luft bei einer bestimmten Temperatur aufgenommen werden kann. Sie wird in Gramm pro Kubikmeter (g/m^3) angegeben.

Die **relative Luftfeuchtigkeit** (rF-Wert) ist das Verhältnis der wirklich vorhandenen Luftfeuchtigkeit zur größtmöglichen Luftfeuchtigkeit bei einer bestimmten Temperatur. Sie wird also als Prozentsatz des in der Luft enthaltenen Wasserdampfes – bezogen auf die absolute Luftfeuchtigkeit – angegeben. Die relative Luftfeuchtigkeit wird mit dem Hygrometer gemessen.

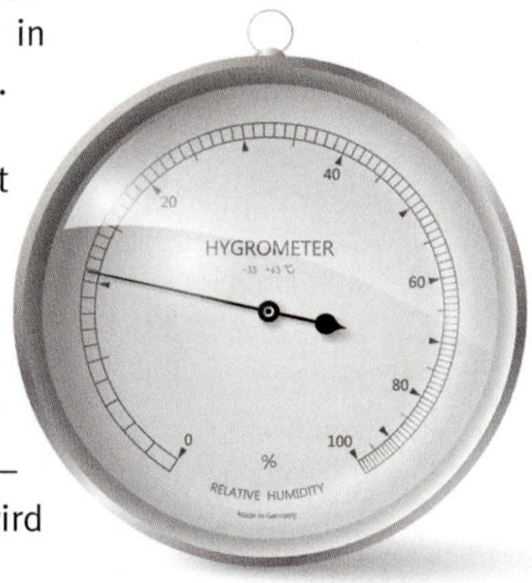

Hygrometer

Luftbewegung

Die Luftbewegung (-umwälzung, -zirkulation) dient vor allem der gleichmäßigen Verteilung unterschiedlich warmer und feuchter Luft.

Als Luftgeschwindigkeit wird sie in Metern pro Sekunde (m/s) gemessen. Bei der **natürlichen Luftumwälzung** hängt der Verdampfer (▸ S. 119) an der Decke des Kühlraums. Die am Verdampfer gekühlte dichtere Luft sinkt nach unten, während die wärmere weniger dichte Luft nach oben steigt und am Ver-

2

dampfer wieder gekühlt wird. Diese Bewegung, die ihre Ursache allein in den unterschiedlichen Temperaturen der Luft hat, wird als **natürliche Konvektion** bezeichnet. Wenn der Verdampfer an einer Wand installiert ist und die dort entstehende Kaltluft über Ventilatoren aktiv im Kühlraum verteilt wird, handelt es sich um **Zwangsumwälzung.** Die Kühlraumbeschickung ist entsprechend unterschiedlich.

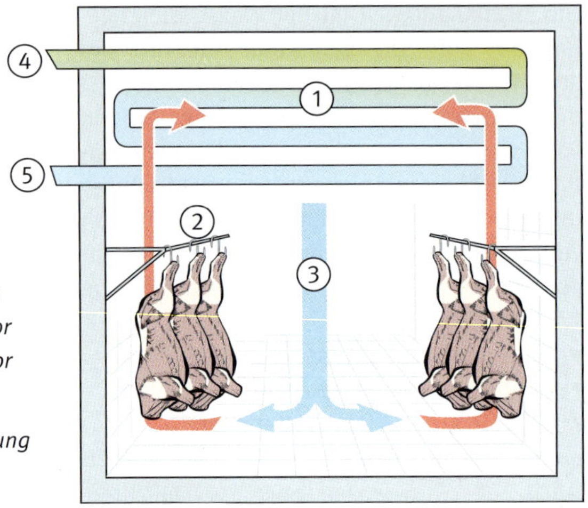

① Verdampfer
② warme Luft steigt auf
③ kalte Luft fällt nach unten
④ zum Kompressor
⑤ vom Kompressor

Kühlraumbeschickung bei natürlicher Luftumwälzung

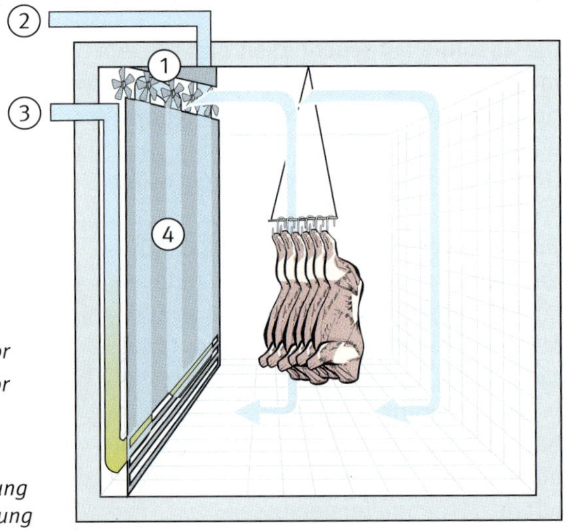

① Ventilatoren
② vom Kompressor
③ zum Kompressor
④ Verdampfer

Kühlraumbeschickung bei Zwangsumwälzung

12.1.3 Kühllagerung von Fleisch und Fleischerzeugnissen

Zur Erhaltung eines möglichst hohen Frischegrades des im Kühlraum gelagerten Fleisches und der Fleischerzeugnisse sollten die in der unten stehenden Tabelle genannten Richtwerte beachtet werden.

Zusätzlich sind einige Regeln für die Aufbewahrung der Waren im Kühlraum zu beachten:

- Temperaturschwankungen durch häufiges oder zu langes Öffnen der Tür sind zu vermeiden.
  → Die Waren beschlagen sonst.
- Gegenstände und Lebensmittel, die Gerüche, Staub und Schmutz abgeben, dürfen grundsätzlich nicht im Kühlraum aufbewahrt werden.
  → Waren können nachteilig beeinflusst werden.
- Fleisch und Fleischerzeugnisse sind so aufzuhängen, dass von allen Seiten Luft herankommt.
  → Schmierbildung verhindern
- Der Verdampfer ist regelmäßig zu enteisen.
  → Volle Kühlleistung bleibt erhalten.
- Starker Luftstrom durch falsch eingestellte Gebläse ist zu vermeiden.
  → trocknet die ungeschützte Fleischoberfläche aus
- Kühlräume sind dunkel zu halten.
  → Fettranzigkeit wird verlangsamt

Richtwerte zur Kühllagerung

	Schweinehälften	Rinderviertel	Teilstücke		Kochschinken, Brüh- und Kochwurst
			Rind	Schwein	
Raumtemperatur	−1 bis +2 °C				
relative Luftfeuchtigkeit	85 bis 90 %				
Luftgeschwindigkeit	0,1 bis 0,3 m/s				
Beleuchtungsstärke	dunkel bis 60 Lux				
Lagerungszeit in Tagen	7 (max. 14)	14 (max. 21)	2 bis 5	2 bis 3	10 (frisch) 20 (geräuchert)

① *Verdampfer*
② *Kompressor*
③ *Expansionsventil*
④ *Kühlraum*
⑤ *Kältemaschine*
⑥ *Kondensator*
⑦ *Kühlmittel für den Kondensator*

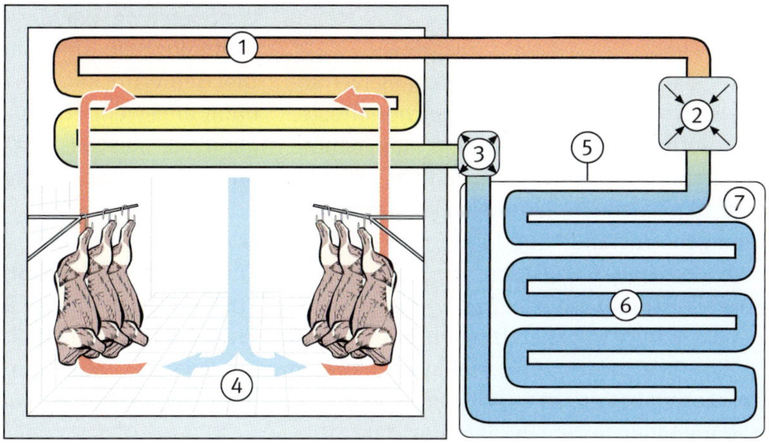

Kompressions-kältemaschine

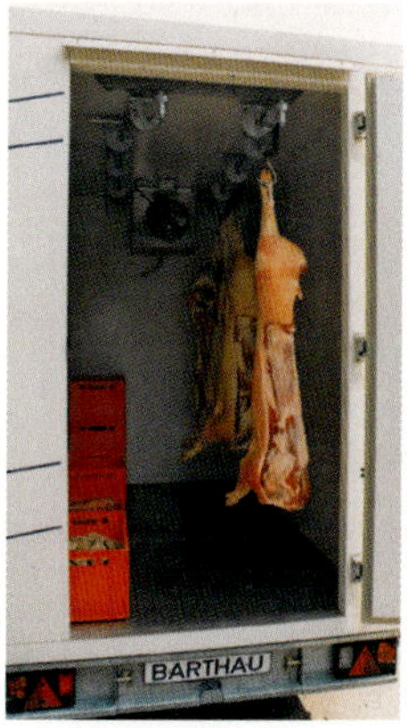

Kühltransporter

2

12.1.4 Funktion von Kältemaschinen

Wenn Flüssigkeiten verdampfen, entziehen sie ihrer Umgebung Wärme, kühlen diese also ab. Der Kühlkreislauf von **Kompressionskältemaschinen** besteht aus vier Elementen: Kompressor, Kondensator, Expansionsventil, Verdampfer. Im Verdampfer wird das Kühlmittel durch die Aufnahme von Wärme aus dem Kühlraum verdampft. Der Dampf wird in einen von einem Motor angetriebenen Kompressor gesaugt und dort auf einen hohen **Druck** gebracht. Dadurch erwärmt sich das Kühlmittel. Das unter hohem Druck stehende Gas wird dann in einem luft- oder wassergekühlten Kondensator abgekühlt und verflüssigt. Vom Kondensator fließt die Flüssigkeit durch ein Expansionsventil. Dabei entspannt sich die Flüssigkeit und geht wieder in den gasförmigen Zustand über, wobei der Umgebung – dem Kühlraum – Wärme entzogen wird.

Kälteanlagen sind Wärmepumpen, die die Wärme aus dem Kühlraum und dessen Inhalt ziehen und an die Umwelt abgeben.

12.2 Vakuumieren

Beim Vakuumieren werden durchgekühlte Frischfleischteilstücke und -portionen unter Luftentzug in eine thermoplastische Verbundfolie verpackt und versiegelt. Die Verpackungen sollen:

- mechanisch fest,
- tiefzieh-, schrumpf- und siegelfähig sowie
- gas- und wasserdampfdicht sein.

Mit dem Vakuumverpacken werden mehrere Ziele gleichzeitig verfolgt:

- Nachteilige Veränderungen des Fleisches durch Oxidation, Enzyme und Mikroorganismen sollen vermieden,
- Gewichtsverluste gering gehalten und
- Oberflächenverschmutzungen umgangen werden.
- Erwünschte, durch die Fleischreifung hervorgerufene Veränderungen sollten stattfinden können.

Als Vakuumverpackungen eignen sich Siegelrand- und Schrumpfbeutel sowie Schlauchbeutel mit einem Lagenverbund aus den Kunststoffen Polyamid (PA), Polyethylen (PE), Polyethylenterephthalat (PETP), Polyvinylchlorid (PVC) und Polyvinylidenchlorid (PVDC).

Die Lagerdauer des verpackten Fleisches erreicht bei Lagertemperaturen von –1 bis +5 °C ein bis vier Wochen, bei geschrumpften Packungen bis zu acht Wochen. Die erreichbaren Haltbarkeitsfristen hängen aber nicht nur von den Verpackungs- und Lagerbedingungen, sondern ebenso vom Anfangskeimgehalt, der geweblich-stofflichen Zusammensetzung, dem a_W- und dem pH-Wert ab.

Deshalb gilt:
Fleisch, das vakuumverpackt werden soll, muss unter strengen hygienischen Bedingungen gewonnen und gekühlt sowie umgehend, ohne eine große Keimbelastung der Oberfläche zu verursachen, verpackt werden.

Versuch:
1. Messen Sie die Temperatur in Ihrem Klassenraum.
2. Messen Sie die Temperatur von flüssigem Aceton in der Flasche.
3. Schütten Sie einige Tropfen Aceton auf einen Wattebausch und messen Sie die Temperatur des verdunstenden Acetons.
Beobachtung:
Es besteht eine deutliche Temperaturdifferenz zwischen dem flüssigen und dem verdunstenden Aceton.
Erklärung:
Aceton entzieht seiner Umgebung die Wärme, die es zum Verdunsten benötigt.

2

12.3 Trocknen

Unter den verschiedenen Trocknungsverfahren ist die Gefriertrocknung die schonendste. Die **Gefriertrocknung** ist eine sogenannte Sublimationstrocknung, d.h., das Wasser wird vom festen Zustand (als Eis) in den gasförmigen Zustand überführt. Hierzu friert man das Fleisch zunächst ein und gibt es anschließend in eine Vakuumkammer, wo es bei Unterdruck trocknet. Um den **Zeitaufwand** für das Gefriertrocknen in einem vertretbaren Rahmen zu halten, ist es wichtig, dass

- Wärmeenergie zum Verdampfen der Eiskristalle zugeführt wird (z. B. durch Mikrowellen),
- ein Wasserdampfdruckgefälle zwischen dem Gefriergut und der Kammeratmosphäre aufrechterhalten wird (mittels eines tiefgekühlten Kondensators),
- die Fleischstücke nicht dicker als 3 cm sind, damit die Diffusionswege der Wassermoleküle kurz sind.

Gefrierfleischgranulat

Für die Gefriertrocknung von Fleisch wurde ein Verfahren entwickelt, das den Zustand des Fleisches unmittelbar nach der Schlachtung konserviert. Solches gefriergetrocknete Fleisch eignet sich aufgrund seines ATP-Gehaltes und der daraus resultierenden guten Wasserbindung gut für die **Brühwurstherstellung**.

In Kombination mit gefrorenem und gekühltem Fleisch kann gefriergetrocknetes Fleischgranulat wegen seines hohen Wasseraufnahmevermögens auch zur schnellen a_W-Wert-Senkung bei der **Rohwurstherstellung** technologisch sinnvoll eingesetzt werden. Die Gefriertrocknung wird in der Regel nur dann angewendet, wenn das Fleisch bis auf geringste Restwassergehalte (in der Regel unter 1%) getrocknet werden soll.

Gefriertrocknungsanlage

Dies verursacht einen hohen **Energiebedarf.** Zudem sind die **Investitionskosten** für dieses aufwendige Verfahren hoch. Die Anwendung dieses Haltbarmachungsverfahrens erfordert ein genaues Abwägen aller ökonomischen wie ökologischen Vor- und Nachteile.

12.4 Gefrieren

Das Tiefgefrieren von Fleisch ist das schonendste Haltbarmachungsverfahren: Die Qualität wird ohne Zusätze über lange Zeit erhalten. Einige Nähr- und Wirkstoffe (Eiweiß, Vitamin B, Eisen) werden sogar besser ausgenutzt als bei frischem Fleisch.

12.4.1 Wirkung des Gefrierens auf Mikroorganismen, Enzyme und Muskelparasiten

Die Haltbarmachung von Fleisch und Fleischerzeugnissen durch Einfrieren und anschließende Gefrierlagerung ist hauptsächlich darauf zurückzuführen, dass bei sinkenden Temperaturen das Wachstum der Mikroorganismen und die Tätigkeit fleischeigener Enzyme zunehmend gehemmt werden (▸ S. 223). Zusätzlich zum Wärmeentzug kommt es beim Gefrieren als wesentliche haltbar machende Wirkung zu einer Senkung des a_W-Wertes durch Eiskristallbildung.

Neben der Konservierung werden bei der Gefrierlagerung Muskelparasiten wie Finnen und Trichinen abgetötet. Schwachfinniges Fleisch muss mindestens 144 Stunden bei −10 °C gefroren werden. Trichinen sind kältetoleranter als Finnen; sie können sicher abgetötet werden, wenn das Fleisch 10 bis 20 Tage (je nach Dicke) bei −25 °C gefroren wird. Trichinöses Fleisch darf aber **nicht** in den Verkehr gebracht werden.

12.4.2 Auswirkung der Gefriergeschwindigkeit auf die Fleischqualität

Unter **Gefriergeschwindigkeit** versteht man das Fortschreiten der Front mit Eiskristallbildung in cm/h. Es gilt folgende Definition:

$<$ 0,2 cm/h = sehr langsames Gefrieren
0,2 bis 1 cm/h = langsames Gefrieren
1 bis 5 cm/h = schnelles Gefrieren
5 bis 20 cm/h = sehr schnelles Gefrieren

Verbraucher können die Qualität gefrorener Ware erst nach dem Auftauen beurteilen. Daher muss die Fachkraft hinreichend über den Gefriervorgang informiert sein, um

- eigene Fehlprodukte auszuschließen,
- ihr Wissen an die Kunden weitergeben zu können.

Wasser ist der Hauptbestandteil von Fleisch (ca. 75 % bei magerem Fleisch). Dieses gefriert im Fleisch nicht wie reines Wasser bei 0 °C, sondern beginnt aufgrund seines Anteils an gelösten Stoffen unterhalb von –1 °C zu gefrieren. Hierbei bildet sich das Eis nicht sofort im ganzen Fleischstück aus, sondern in Abhängigkeit von der Gefriertemperatur immer nur teilweise:

- Bei –5 °C sind etwa 75 %,
- bei –10 °C etwa 82 %,
- bei –20 °C etwa 85 %,
- bei –30 °C etwa 87 % und erst
- bei –65 °C sind etwa 100 % des gefrierbaren Wassers in Eis verwandelt.

Beim Gefriervorgang friert das Wasser gleichsam stufenweise aus. Dabei reichert sich die jeweilige Restflüssigkeit im Fleisch mit löslichen Stoffen an, sodass es zur weiteren Eisbildung stetig sinkender Temperaturen bedarf.

TIROL

Bergsteiger fanden 1991 in einem Gletscher in Südtirol die Mumie eines Mannes, der seit ca. 3300 v. Chr. in dieser natürlichen Tiefkühlung konserviert war. Die Organe des Mannes waren noch intakt. Dadurch konnte erstmals in der Geschichte der Medizin und Archäologie das Schicksal eines Menschen nach so langer Zeit untersucht und bedeutende wissenschaftliche Forschungsergebnisse erzielt werden.

Eiskristalle bilden sich beim Gefrieren von Fleisch zuerst in den Zellzwischenräumen, also zwischen den Muskelfasern. Durch die Eisbildung steigt hier die Konzentration von löslichen Stoffen an und übersteigt die der Flüssigkeit in den Zellen. Zum Ausgleich der Konzentrationsunterschiede wird den Muskelzellen bei langsamem Gefrieren osmotisch Wasser entzogen. Dieses Wasser lagert sich an die bereits gebildeten Eiskristalle an, wodurch sie sich vergrößern. Dabei entstehen einerseits geschrumpfte Fleischfasern und andererseits Gebilde aus wenigen großen Eiskristallen zwischen den Muskelfasern. Die Fasern werden verformt und beschädigt.

Osmose ist eine Art Diffusion durch eine halbdurchlässige Trennschicht zum Ausgleich gelöster Stoffe. In den Körperzellen funktioniert z. B. der Salzausgleich so.

Dies führt beim Auftauen zu erhöhtem Fleischsaftverlust und verstärkter Enzymaktivität. Das Fleisch wird trocken und zäh.

Bei **schnellem Gefrieren** bilden sich die Eiskristalle zwischen den Zellen und in den Zellen fast gleichzeitig. Es bilden sich viele kleine Eiskristalle – verteilt im gesamten Fleischstück. Dies hat zur Folge, dass der

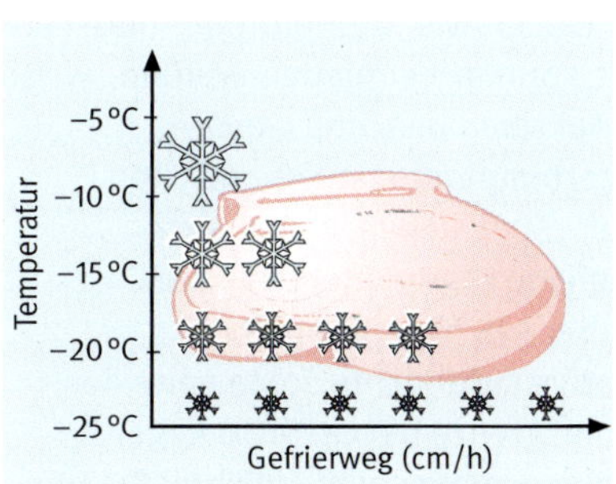

Gefriergeschwindigkeit und Größe der Eiskristalle

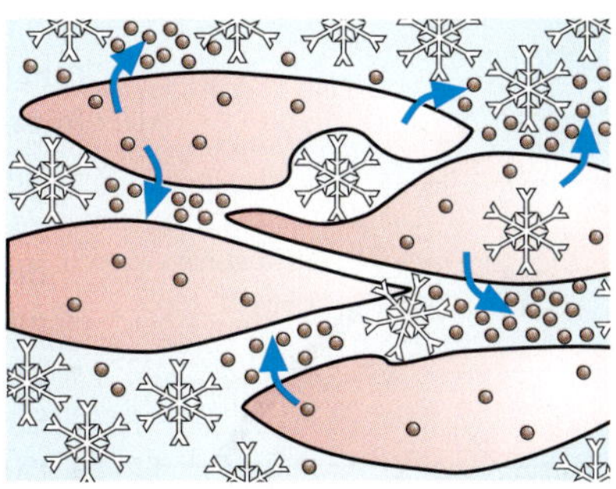
Langsames Gefrieren: große Eiskristalle, die die Fleischfasern verformen und beschädigen, erhöhter Fleischsaftverlust

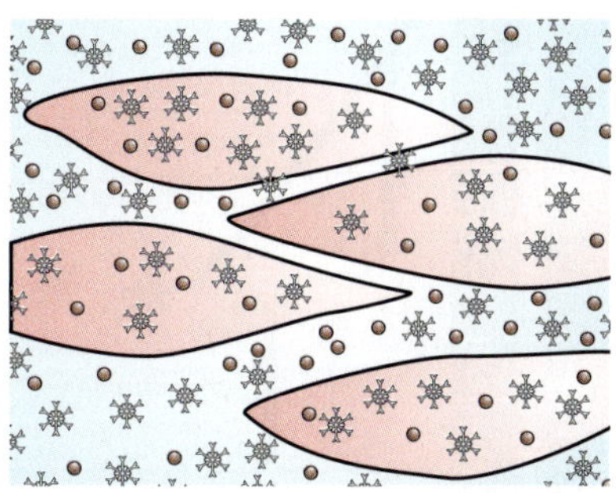
Schnelles Gefrieren: kleine Eiskristalle, kaum Fleischsaftverlust

Auftauverlust an Fleischsaft gering ist und das Fleisch saftig und zart bleibt.

Je höher die Gefriergeschwindigkeit, desto geringer die Qualitätseinbußen!

Gefrierleistung der Tiefkühlfächer in Kühlschränken

*	−6 °C Mindesttemperatur
* *	−12 °C Mindesttemperatur
* * *	−18 °C Mindesttemperatur
* * * *	−25 °C Mindesttemperatur

Die Tiefkühlfächer von Kühlschränken sind zum Einfrieren von Fleisch ungeeignet.

12.4.3 Rechtliche Vorschriften

Der Bundesgesundheitsminister hat 1991 eine Verordnung über tiefgefrorene Lebensmittel (TLMV) erlassen. Demnach dürfen Lebensmittel nur dann mit den Angaben „tiefgefroren", „tiefgekühlt", „Tiefkühlkost" oder „gefrostet" angeboten werden, wenn sie folgenden Anforderungen entsprechen:

- **Gefriervorgang:** Die Temperaturzone der Eiskristallbildung muss schnell durchschritten werden (Gefriergeschwindigkeit > 1 cm/h). Das Ende der Gefrierzeit ist erreicht, wenn die Kerntemperatur ≤ −18 °C beträgt.
- **Waren:** Nur frische Lebensmittel von einwandfreier Qualität werden tiefgefroren.
- **Transport:** Tiefkühlware muss so transportiert werden, dass ihre Temperatur an allen Punkten ständig ≤ −18 °C beträgt. Kurzfristige Schwankungen von ≤ 3° C sind gestattet.
- **Lagerung:** TK-Ware bei ≤ −18 °C lagern.
- **Temperaturnachweispflicht:** Bei Tiefkühlmöbeln ist durch ein geeignetes Thermometer die Einhaltung der Temperatur nachzuweisen. Die Lademarke darf beim Befüllen nicht überschritten werden.
- **Verpackung:** Tiefkühlware wird nur verpackt angeboten. Die Verpackungen müssen die Ware
  - vor Austrocknung,
  - vor Befall mit Mikroorganismen,
  - vor anderen nachteiligen Beeinflussungen (z. B. Geruch, Staub, Druck, Austrocknung) schützen.

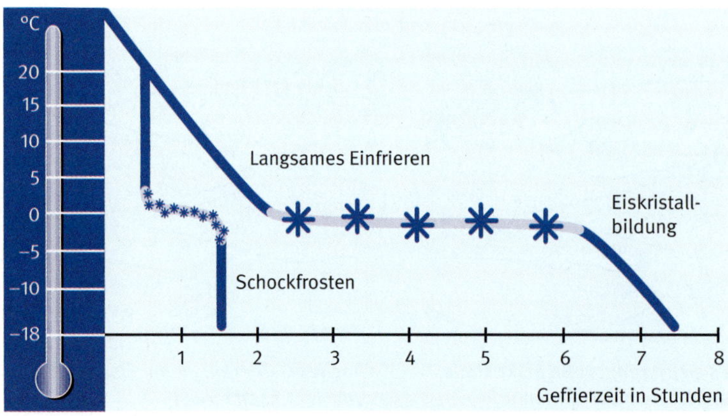

12.4.4 Gefrierverfahren

Fleisch und Fleischerzeugnisse werden mit folgenden Methoden eingefroren:

- Einfrieren im Gefriertunnel bei kaltem Luftstrom von 2 bis 5 m/s und Temperaturen von −25 bis −45 °C
- Einfrieren gleichmäßig geformter knochenloser Fleischstücke im Kontaktplattenfroster. Die Wärme wird dem Fleisch durch Kontakt mit gekühlten Metallplatten (−25 bis −45 °C) entzogen. Das geht bedeutend rascher als an der Luft.
- Einfrieren von kleinstückigem Gefriergut in Vorrichtungen, in die flüssiger Stickstoff (Siedepunkt ca. −196 °C) oder Kohlendioxid eingespritzt wird

12.4.5 Gefrierlagerung

Die sachgerechte Gefrierlagerung ist das schonendste Verfahren, um Fleisch und Fleischerzeugnisse langfristig haltbar zu machen. Fehler wie Gefrierbrand und Fettranzigkeit können vermieden werden, wenn folgende Faktoren beachtet werden:

- Die **Lagertemperatur** sollte zwischen −18 und −30 °C liegen, wobei sich die mögliche Lagerdauer bei −30 °C gegenüber −18 °C verdoppelt.
- Die **relative Luftfeuchte** sollte nahe der Sättigungsgrenze bei ca. 98 % liegen.
- Die **Luftbewegung** sollte gleichmäßig und gering sein.

- Eine eng anliegende, weitgehend wasserdampfdichte, unbeschädigte **Verpackung** sowie eine konstante Temperatur schützen vor Gefrierbrand. Gefrierbrand äußert sich durch ausgetrocknete hellrosa bis hellbeige Flecken an der gefrorenen Fleischoberfläche. Er entsteht durch Sublimation von Wasser aus den äußeren gefrorenen Fleischschichten (Sublimieren = Verdampfen von gefrorenem Wasser, ohne flüssig zu werden). Die unerwünschten Fleischveränderungen sind irreversibel, das heißt, sie bleiben auch nach dem Auftauen bestehen, da die Eiweißstoffe denaturiert (geronnen) sind und das entzogene Wasser nicht wieder rehydratisieren (= binden) können.
- Der **Lichteinfall** im Gefrierraum sollte so gering wie möglich sein, um den Fettabbau zu verlangsamen.
- Je fetter das Fleisch und je höher der Anteil an **ungesättigten Fettsäuren,** umso schneller oxidiert das Fett und desto kürzer ist die Gefrierlagerdauer. Deshalb kann Rindfleisch etwa doppelt so lange gefriergelagert werden wie Schweinefleisch.
- **Große Fleischteile** eignen sich besser als kleine, denn es gilt: Je kleiner die Oberfläche im Verhältnis zum Volumen, desto länger kann gefriergelagert werden.
Die begrenzte Lagerfähigkeit tiefgefrorener Erzeugnisse ist auf oxidativen Fettabbau und die Aktivität fettspaltender Enzyme (Lipasen) zurückzuführen.

2

Gefrierlagerung

Lagertemperatur	Fleischart	Lagerdauer
−18 °C	Speck fettes Schweinefleisch Kalb-, Lammfleisch mageres Schweinefleisch Rindfleisch Hähnchen	bis 3 Monate 4 bis 5 Monate 5 bis 6 Monate 6 bis 8 Monate 10 bis 12 Monate 10 bis 12 Monate
−24 °C	Schweinefleisch Rindfleisch Hähnchen	8 bis 10 Monate bis 18 Monate bis 18 Monate
−30 °C	Schweinefleisch Rindfleisch Hähnchen	bis 12 Monate bis 24 Monate bis 24 Monate

Luftgefrieranlage

Gefrierbrand

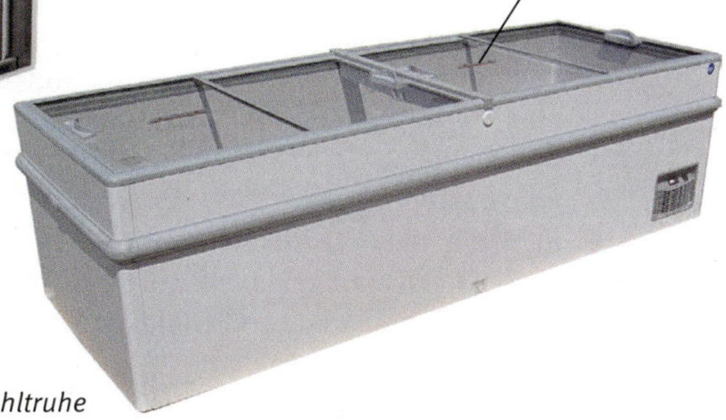

Tiefkühltruhe

2

12.4.6 Auftauen von Fleisch

Fleisch verliert beim Auftauen in der Regel Fleischsaft. Es gilt, diese Verluste durch geeignete Einfrier- und Auftaubedingungen so gering wie möglich zu halten:

- Schnelles Einfrieren führt zur besseren Rückresorption (= Wiederaufnahme) des Wassers als langsames Einfrieren.
- Der Saftverlust ist umso geringer, je langsamer aufgetaut wird.
- Fleisch für die Wurstherstellung sollte in gefrorenem Zustand verarbeitet werden.

Fleischscheiben mit einer Dicke von 1 bis 2 cm sollten unaufgetaut gebraten oder gegrillt werden. Dabei ist mit geringer Hitze zu arbeiten, damit die Kruste nicht verbrennt, während der Kern noch gefroren ist. Fleischscheiben, die erst nach dem Gefrieren paniert werden sollen, lässt man oberflächlich antauen, damit die Panade besser haftet. Soll schnell aufgetaut werden, lässt sich die Auftauzeit in der Mikrowelle wesentlich verkürzen, da hier eine gleichzeitige Erwärmung in allen Bereichen der Fleischstücke stattfindet.

& Komplexe Aufgabe

Fertigen Sie ein Messprotokoll für die Temperatur- und Luftfeuchtigkeitsmessung an.
Entwerfen Sie die Tabelle so, dass Sie viermal täglich (zu Beginn Ihrer Tätigkeit, gegen 10.00 Uhr, gegen 13.00 Uhr und zum Ende Ihrer Tätigkeit) die Temperatur und die Luftfeuchtigkeit eintragen können.
Kopieren Sie diese Tabelle entsprechend der Anzahl Ihrer Kühlräume und tragen Sie über 5 Tage die abgelesenen Werte ein. Bewerten Sie die Temperaturaufzeichnungen und die Luftfeuchtigkeitsaufzeichnungen in den verschiedenen Kühlräumen. Diskutieren Sie Ihre Ergebnisse in der Klasse.

? Aufgaben zur Wiederholung

1. Welche Eigenschaften des Fleisches begünstigen den Verderb?

2. Zählen Sie die Lebensbedingungen für verderbniserregende Mikroorganismen auf.

3. **a)** Nennen Sie die in der Fleischerei gebräuchlichen Haltbarmachungsverfahren.
b) Begründen Sie deren haltbarkeitsverlängernde Wirkung.

4. **a)** Was sind Schutzkulturen?
b) Wodurch unterscheidet sich die antimikrobielle Wirkung der Bacteriocine von der antibiotischen Wirkung der Antibiotika?

5. Woraus ergibt sich die haltbar machende Wirkung beim Trocknen?

6. Was ist Sublimation?

7. Begründen Sie den technologischen Nutzen beim Einsatz von Gefrierfleischgranulat für die Herstellung von großkalibrigen schnittfesten Rohwürsten.

8. **a)** Wofür steht die Abkürzung R-G-T-Regel?
b) Zeichnen Sie die Kurve für die R-G-T-Regel in ein Koordinatenkreuz und erläutern Sie den Kurvenverlauf.

9. Warum muss beim Kühlen nicht nur die Temperatur, sondern auch die relative Luftfeuchtigkeit beachtet werden?

10. Unterscheiden Sie absolute und relative Luftfeuchtigkeit.

11. Nennen und begründen Sie die Regeln für die Aufbewahrung von Waren im Kühlraum.

12. Wie funktioniert eine Kompressionskältemaschine?

13. Erklären Sie, warum eingefrorenes Fleisch nicht für unbegrenzte Zeit gelagert werden kann.

14. Welchen Rat geben Sie einem Kunden, der sich vor einem – durch den Verzehr von rohem Hackfleisch hervorgerufenen – eventuellen Bandwurmbefall schützen will?

15. Erläutern Sie, welcher Zusammenhang zwischen der Gefriergeschwindigkeit und der Qualität des Gefriergutes besteht.

16. Erklären Sie die Vorgänge beim Einfrieren und Auftauen von Fleisch.

17. Begründen Sie, warum sachgerechtes Gefrieren die schonendste Haltbarmachungsmethode ist.

% Ausgewählte Fachrechenaufgaben

1. Ein Vorderviertel von 69,500 kg verliert beim Abhängen und Zerlegen 3,145 kg.
Wie viel Gramm hat der ganze Schlachttierkörper mit einem Gewicht von 312,765 kg verloren?

2. Nach einer Woche im Kühlhaus wog ein Bullen-Vorderviertel statt 112,500 kg noch 110,750 kg.
Berechnen Sie den Abhängeverlust in Prozent.

3. 16 Schweinehälften haben beim Auskühlen in 24 Stunden 23,740 kg ihres Warmschlachtgewichts verloren. Das sind 3,7 %.
Berechnen Sie das Warmschlachtgewicht in kg.

4. Beim Öffnen einer Vakuumgroßpackung werden 435 g Fleischsaft ermittelt, das sind 2,86 % des Frischgewichts.
Berechnen Sie das Frischgewicht vor dem Verpacken.

5. Ein Roastbeef wiegt 16,500 kg und wurde vom Großmarkt zu 16,10 €/kg plus Mehrwertsteuer bezogen. Es hängt 9 Tage ab und wiegt nur noch 15,374 kg.
a) Wie viel Prozent beträgt der Abhängeverlust?
b) Wie teuer ist jetzt 1 kg?

6. Ein Gastwirt bestellt 6 kg Kammsteaks.
Wie viel kg Kammsteaks sind herzurichten, wenn mit einem Entsaftungsverlust von 3,2 % zu rechnen ist?

7. Für ein Vereinsessen werden bei einer Fleischerei 35 Rumpsteaks bestellt, die gegrillt 180 g wiegen sollen.
Welches Gewicht müssen die Rumpsteaks haben, wenn ein Grillverlust von 15 % und ein Abhängeverlust von 3 % angenommen werden?

8. Die abgebildete Rinderkugel soll eingefroren werden.
Wie lange dauert es, bis die Kugel durchgefroren ist, bei
a) sehr langsamem Gefrieren,
b) langsamem Gefrieren,
c) schnellem Gefrieren,
d) sehr schnellem Gefrieren?

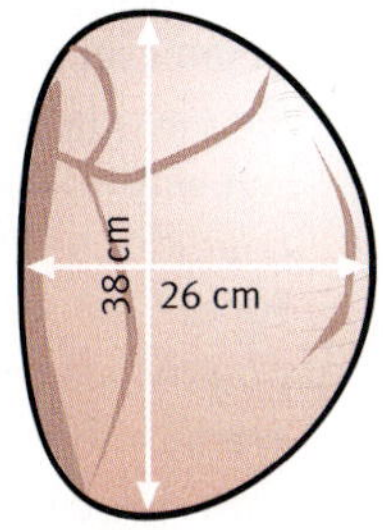

9. 6 Schweinehälften von 238,500 kg verloren durch das Einfrieren 2,1 % und durch die nachfolgende Gefrierlagerung von 3 Monaten weitere 1,4 % ihres Gewichts.
Berechnen Sie das Gewicht nach dem Einfrieren und nach der Lagerung.

10. Ein schwachfinniges gefrorenes Rind mit 288,037 kg wird aufgetaut. Es wiegt danach nur noch 225,264 kg.
a) Wie viel Prozent beträgt der Abtropfverlust?
b) Wie teuer waren die Rinderhälften bei einem Preis von 4,20 €/kg?
c) Wie teuer ist ein kg aufgetautes Rindfleisch?

11. Eine gefrorene Putenbrust von 1900 g kostet 4,32€.
a) Was kostet 1 kg gefrorene Putenbrust?
b) Was kostet 1 kg aufgetaute Putenbrust, wenn mit einem Tropfsaftverlust von 4,8 % zu rechnen ist?

Food hygiene

1. Read the text about the growth of bacteria and create a mind map about micro-organisms and the conditions they like.

The growth of bacteria

Food can go bad or rot when very small organisms called bacteria grow and multiply to unacceptable levels on food. If someone eats that food he can respond with symptoms such as cramps, nausea, vomiting and diarrhoea.
But why do bacteria grow and multiply? Bacteria are like humans. They need certain conditions like food, warmth, moisture and time in order to grow and multiply.
Food: Bacteria like foods which are moist and high in protein, i.e. meat, milk, poultry, ice cream, sausages or fish.
Warmth: Bacteria grow best at temperatures between 30–45 °C. Cold temperatures slow down their growth. Boiling (100 °C) kills most of them. However, some are very tough and need to be sterilised (heated to 121 °C for 15 minutes) to be killed.
Moisture: Bacteria grow best in moist conditions and in moist food.
Time: When the conditions are right, bacteria double in number every 20 minutes.

2. You can prevent food poisoning if you follow a few simple rules. Fill the gaps with the correct words.

kill, cooking, hands, bacteria, uncooked, toilet, grow, partly cook, frozen meat, cool down, cooked, after

a) Wash your ... before touching food and ... contact with any areas with a high rate of bacteria (... rubbish bin, floor, handkerchief, animals).

b) Do not use the same surface to prepare ... and ... meat because ... may spread through cross-contamination.

c) Do not cook ... because it may not reach a sufficiently high temperature to ... bacteria.

d) Do not ... meat and then finish ... later because when meat starts to ..., bacteria begin to ... again.

Cuts of pork

3. Write down the pork cuts in your exercise book and match the meat from the list to the pork cuts.

pork chops
loin chops
stew
roulades
fillet steak
spare ribs
steaks
rolled pork
escalopes
knuckle of pork

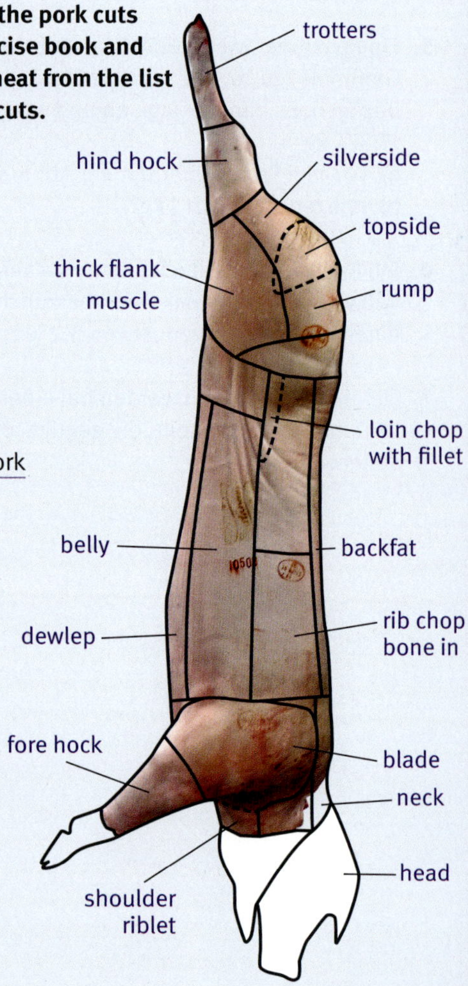

4. **A customer enters your butcher's and looks at the products in your cold shelves. She doesn't know which product to buy. Tell her something about different pork cuts and what they are used for.**

Start like this:
This is the fillet. You can cut it in slices like steaks to fry it in a pan.

INFORMATION: Questions to ask

Shop assistant/butcher:
Can I help you?
Shall I prepare them for you?
How much/many would you like?

Customer:
Can you tell me ...?
Can you prepare them, please?
How much does one weigh?
Will they keep fresh till tomorrow?
Can I have them delivered?

GRAMMAR: much or many?

How **many** steaks?	
... when you **count** them	➜ 1 Steak, 2 Steaks, 3 ...
How **much** minced meat?	
... when you **weigh** it	➜ 200 g of minced meat

VOCABULARY

to boil	kochen
chop	Kotelett
cold shelf	Kühlregal
condition	Bedingung
to cook	kochen
to cool down	abkühlen
to count	zählen
cramp	Krampf
to deliver sth. to so.	jem. etwas liefern
diarrhoea	Durchfall
to double	sich verdoppeln
to enter	betreten
escalope	Schnitzel
food poisoning	Lebensmittelvergiftung
frozen	gefroren
to fry sth.	etwas braten
to grow	wachsen
growth	Wachstum
to kill sth.	etwas (ab)töten
knuckle of pork	Schweinshaxe
minced meat	Hackfleisch
moisture	Feuchtigkeit
to multiply	sich vermehren
nausea	Übelkeit
pan	Pfanne
partly	teilweise
poultry	Geflügel
to prepare sth.	etwas herrichten/vorbereiten
to reach sth.	etw. erreichen
to respond to sth.	auf etwas reagieren
to rot	faulen, verderben
rule	Regel
Shall I ...?	Soll ich ...?
slice	Scheibe
to slow down	verzögern/verlangsamen
to spread	sich ausbreiten
stew	Eintopf
sufficient	ausreichend
surface	Oberfläche
to touch sth.	etwas berühren
tough	widerstandsfähig
to vomit	erbrechen
to weigh	wiegen

3 Herstellen von Hackfleisch

Sie stellen Hackfleisch und Hackfleischerzeugnisse her und sind sich der besonderen Bedeutung der Hygiene bewusst.

Kunde: „Für meine Grillparty möchte ich Fleischspieße für sechs Personen bestellen."

Informieren

- Welche unterschiedlichen Hackfleischerzeugnisse gibt es?
- Welche besonderen hygienischen Anforderungen werden gestellt?
- Welche Erwartung hat der Kunde?
- Welche Fleischteile dürfen verwendet werden?
- Welche Zutaten werden verwendet?

Planen

- Welche Arbeitsschritte müssen festgelegt werden?
- Welche Menge empfehle ich?
- Wie viel Zeit wird für die Herstellung benötigt?
- Welche Kosten entstehen für den Kunden?
- Wann kann die bestellte Ware abgeholt werden?

Entscheiden

- Ich erläutere die Fleischauswahl.
- Ich zeige fertige Fleischspieße in der Theke.
- Ich erkläre verschiedene Zubereitungsmöglichkeiten.
- Ich informiere über die besonderen Lagerbedingungen.
- Ich weise den Kunden auf besondere Kühlbedingungen hin.

Ausführen

- Ich bereite alle Rohstoffe vor.
- Ich achte auf die Einhaltung der lebensmittelrechtlichen Vorschriften.
- Ich portioniere die Fleischspieße nach Kundenwunsch.
- Ich verpacke die bestellte Ware und stelle sie zur Abholung bereit.
- Bei Abholung gebe ich Hinweise für die Zubereitung.

Kontrollieren

- Entspricht meine Planung den Kundenwünschen?
- Habe ich die vorgeschriebene Zusammensetzung eingehalten?
- Sind die Fleischspieße gleichmäßig gesteckt?
- Sind meine Hinweise zur Lagerung und Zubereitung ausreichend und verständlich?
- Ich bitte den Kunden um eine Rückmeldung beim nächsten Einkauf.

Bewerten

- Ist der Kunde zufrieden mit den Fleischspießen?
- Bin ich mit meiner Arbeit zufrieden?
- Waren die Rohstoffe richtig gewählt?
- Wurden die lebensmittelrechtlichen Vorschriften eingehalten?
- Konnte ich die kalkulierte Herstellungszeit einhalten?
- Wurde die Ware ordnungsgemäß verpackt?

13 Rechtliche Vorschriften beachten

FLEISCHEREI nusse

Fleischermeister Nusse ruft Sabrina und Björn zu sich hinter die Verkaufstheke. Er hält eine Schale Rinderhack in den Händen und sagt zu den beiden: „Nach der Einführungsphase und den ersten hinter euch liegenden Aufgabenbereichen werdet ihr beiden in der nächsten Zeit hauptsächlich in der Filiale und hier im Hauptgeschäft eingesetzt. Dort sollt ihr euch besonders mit der Herstellung von Hackfleisch beschäftigen.“ Sabrina: „In der Schule haben wir gehört, dass bei Hackfleisch und Hackfleischerzeugnissen die Rechtsvorschriften eine noch wichtigere Rolle als im übrigen Fachbereich spielen. Bestimmte Fleischteile sollen sogar für Hack verboten sein. Stimmt das?“ Meister Nusse: „Ja, das ist richtig.“ Björn: „Aber wie sollen wir uns in dem Labyrinth an Rechtsvorschriften zurechtfinden?“ Der Senior: „Wir haben eine sehr große Verantwortung gerade gegenüber unseren Kunden. Auch ihr werdet das Labyrinth meistern.“

Um das Labyrinth der rechtlichen Vorschriften für Hackfleisch zu meistern, ist es wichtig, die Strukturen der Rechtsgebung kennenzulernen und den Aufbau des Lebensmittelrechts zu verstehen. Im Wissensspeicher werden ausführlich die Grundlagen des europäischen und deutschen Lebensmittelrechts dargestellt.

13.1 Leitsätze für Fleisch, Fleischerzeugnisse und Hack

Die Leitsätze für Fleisch und Fleischerzeugnisse legen zur Beurteilung für jede Wurst- und Hacksorte drei Werte zugrunde:

1. den Mindest-BEFFE-Gehalt in Prozent im Gesamterzeugnis, z. B. für Schweinehackfleisch = 11,5 %
2. den Mindest-BEFFE-Gehalt in Prozent im Fleischeiweiß, z. B. für Schweinehackfleisch = 75 %
3. den Höchstgehalt an BE in Prozent im Fleischeiweiß, z. B. für Schweinehackfleisch = 25 %

Wie lassen sich die in den Leitsätzen genannten Werte einhalten? Muss man heute Chemiker sein, um Hack herzustellen und Würste zu fabrizieren?

Nein – denn die Leitsätze geben selbst Hinweise, wie die Vorgaben einzuhalten sind. Für jede Hacksorte und für jede Wurstgruppe wird das Ausgangsmaterial beschrieben.

Beispiel

Leitsatz-Kennziffer (LSKZ) 2.1.5.3.1
Gemischtes Hackfleisch, Halb und Halb
Ausgangsmaterial:
grob entfettetes Schweinefleisch (1.2.1.2.2)
grob entsehntes Rindfleisch (1.2.1.1.2)

Die Tabelle ▸ S. 130 zeigt in der Übersicht die Anforderungen der Leitsätze für Fleisch und Fleischerzeugnisse an Hackfleisch.

Für die Ausgangsmaterialien, auch Fleischstandards (für Schweinefleisch ▸ S. 109 f.) genannt, haben Verbände des Fleischergewerbes und die Zulieferindustrie Analysenwerte ausgewiesen.

Ein Betrieb, der sein Verarbeitungsmaterial nach diesen Standards sortiert, kann ohne große Schwierigkeiten die Vorgaben in Bezug auf den BEFFE-Wert einhalten, vorausgesetzt,

Anforderungen der Leitsätze für Fleisch und Fleischerzeugnisse an Hackfleisch		
Erzeugnis	**Ausgangsmaterial, Zutaten**	**BEFFE**
Hacksteak	sehnenarmes Rindfleisch (R I) grob entsehntes Rindfleisch (R II) grob entfettetes Schweinefleisch (S II) Binde- und Auflockerungsmittel (Stärke in Trockenmasse nicht über 15 %)	im zubereiteten, rohen Zustand nicht unter 12 %
Deutsches Beefsteak **Hackbeefsteak**	sehnenarmes Rindfleisch (R I) grob entsehntes Rindfleisch (R II) Binde- und Auflockerungsmittel (Stärke in Trockenmasse nicht über 20 %)	in der zubereiteten Rohmasse nicht unter 14 %
Schabefleisch, Beefsteakhack, Tatar (zum Rohverzehr bestimmt)	sehnen- und fettgewebearmes Rindfleisch (R I) (Zubereitung nur mit würzenden Zutaten und Eigelb)	nicht unter 18 %
Rinderhackfleisch (vielfach zum Rohverzehr bestimmt)	grob entsehntes Rindfleisch (R II) (Zubereitung nur mit Salz, Zwiebeln und Gewürzen)	nicht unter 14 %
Schweinehackfleisch, Schweinemett, Schweinegehacktes, Schweinegewiegtes (vielfach zum Rohverzehr bestimmt)	grob entfettetes Schweinefleisch (S II) (Zubereitung, z. B. Hackepeter, Thüringer Mett, nur mit Salz, Zwiebeln und Gewürzen)	nicht unter 11,5 %
Gemischtes Hackfleisch Halb und Halb (vielfach zum Rohverzehr bestimmt)	grob entfettetes Schweinefleisch (S II) grob entsehntes Rindfleisch (R II) (Zubereitung nur mit Salz, Zwiebeln und Gewürzen)	nicht unter 12,5 %

Behandeln

Sind die Leitsätze für den Praktiker bei der Wurstherstellung hilfreich oder eher belastend?

Begründen Sie, inwieweit die Beachtung der Leitsätze bei der Wurstherstellung für gleichbleibende Qualität und Qualitätssicherheit sorgen kann.

1. das eingekaufte Rohmaterial entspricht immer der gleichen Handelsklasse (Fleischigkeit und Fettgehalt),
2. die Sortierung wird von Fachkräften vorgenommen, die dies Tag für Tag und Woche für Woche vornehmen,
3. es gibt überprüfte Rezepturen.

Jeder Betrieb hat außerdem die Möglichkeit, eigene Standards zu definieren und danach seine Fleischsortierung vorzunehmen. Voraussetzung ist allerdings eine Laboranalyse der eigenen Standards nach Wasser-, Fett-, FE- und BEFFE-Gehalt.

Mithilfe eines Warenwirtschaftsprogramms lassen sich alle eingegebenen Rezepturen für die Wurstherstellung überprüfen und optimieren und die Analysenwerte berechnen. Anhand obiger Tabelle lassen sich die Analysenwerte auch mit einem Taschenrechner ermitteln.
Mit einer Fleischstandardisierung und dem Arbeiten nach gleichbleibenden, standardisierten Rezepturen wird eine wichtige Voraussetzung für die Qualitätssicherung erfüllt.

13.2 EG-Verordnungen und Hackfleisch

Drei Begriffsbestimmungen aus dem LFGB (Lebensmittel-, Bedarfsgegenstände- und Futtermittelgesetzbuch) und der EG-Verordnung 178/2002 haben für die Hackfleischherstellung eine große Bedeutung:

- **Herstellen** umfasst Gewinnen (auch Auswählen), Herstellen, Zubereiten, Be- und Verarbeiten und Mischen von Lebensmitteln. Herstellen schließt auch Schlachten oder Erlegen lebender Tiere ein.
- **Behandeln** umfasst u. a. Wiegen, Messen, Um- und Abfüllen, Stempeln, Bedrucken, Verpacken, Kühlen, Gefrieren, Tiefgefrieren, Auftauen, Lagern, Aufbewahren und Befördern.
- **Inverkehrbringen** umfasst das Bereithalten von Lebensmitteln (oder Futtermitteln) zum Verkauf, das Anbieten zum Verkauf einschließlich jeder anderen Form der Weitergabe, gleichgültig, ob unentgeltlich oder nicht.

13.3 EG-Verordnung 853/2004 – Hackfleisch

In den Begriffsbestimmungen der EG-Verordnung 853/2004 wird Hackfleisch wie folgt definiert:
Hackfleisch (auch „Faschiertes" genannt) ist entbeintes Fleisch, das durch Hacken zerkleinert wurde und weniger als 1% Salz enthält.
Im Anhang zur EG-Verordnung 853/2004 sind die im Folgenden erläuterten Vorschriften für Hackfleisch erlassen.

Vorschriften für Herstellungsbetriebe

Die Betriebe müssen so beschaffen sein,

- dass eine Kontamination (Verseuchung mit schädlichen Mikroorganismen) des Fleisches und der Erzeugnisse vermieden wird, und zwar
  - durch ununterbrochene Arbeitsvorgänge oder
  - durch eine Trennung zwischen den verschiedenen Produktionspartien;
- dass getrennte Räume für die Lagerung von verpacktem und unverpacktem Fleisch sowie von verpackten und unverpackten Erzeugnissen zur Verfügung stehen (Ausnahmen sind hierbei möglich);
- dass die Raumtemperaturen gewährleistet sind, und zwar
  - bei Geflügelfleisch +4 °C,
  - bei Nebenprodukten der Schlachtung +3 °C,
  - bei anderem Fleisch +7 °C;
- dass die Handwaschvorrichtungen eine Kontamination durch das Personal, das mit unverpacktem Fleisch und unverpackten Erzeugnissen umgeht, verhindern;
- dass Sterilisationsvorrichtungen mit einer Wassertemperatur von mindestens +82 °C für die Arbeitsgeräte vorhanden sind.

Vorschriften für Rohstoffe

Rohstoffe für Hackfleisch müssen folgende Bedingungen erfüllen:

- die Anforderungen für frisches Fleisch
- sie müssen aus Skelettmuskulatur bestehen einschließlich des anhaftenden Fettgewebes
- Sie dürfen nicht hergestellt werden aus:
  - Fleischzuschnitten, die beim Zerlegen und Zuschneiden anfallen (ausgenommen sind ganze Muskelstücke),
  - Separatorenfleisch (Separatorenfleisch ist maschinell von Knochen abgetrenntes Fleisch),
  - Fleisch, das Knochensplitter oder Hautreste enthält,
  - Kopffleisch (mit Ausnahme der Kaumuskeln),
  - nicht muskulären Teilen von Sehnenstreifen des Bauchmuskels,
  - Knochenputz,
  - Muskeln des Zwerchfells, es sei denn, die seröse Haut (Bindegewebshaut) ist entfernt.

Vorschriften während und nach der Herstellung

- Fleisch darf nur nach Bedarf nach und nach in den Arbeitsraum gebracht werden.
- Es darf Gefrierfleisch verwendet werden, wenn es vor dem Einfrieren entbeint worden ist (Ausnahmen sind von der Behörde her möglich).
- Das Gefrierfleisch für Hackfleisch darf nur für eine begrenzte Zeit gefroren gelagert werden.
- Bei der Herstellung aus gekühltem Fleisch müssen folgende Fristen eingehalten werden:
  - Geflügelfleisch innerhalb von drei Tagen nach der Schlachtung,
  - andere Tiere innerhalb von höchstens sechs Tagen nach der Schlachtung,
  - entbeintes, vakuumverpacktes Rind- und Kalbfleisch innerhalb von 15 Tagen nach der Schlachtung verarbeiten.
- Hackfleisch muss unmittelbar nach der Herstellung umhüllt oder verpackt werden.
- Das verpackte Hackfleisch muss unmittelbar nach dem Verpacken auf eine Kerntemperatur von nicht mehr als +2 °C gebracht werden oder bei gefrorenem Hackfleisch auf eine Kerntemperatur von –18 °C oder tiefer.
- Obige Temperaturen müssen auch bei der Lagerung und Beförderung eingehalten werden.
- Hackfleisch darf nach dem Auftauen nicht wieder eingefroren werden.

Kerntemperatur von gekühltem Hackfleisch messen

3

13.4 Lebensmittelinformationsverordnung

Nach der neuen Lebensmittelinformationsverordnung vom 25. Oktober 2011, die am 13. Dezember 2014 in Kraft getreten ist, gilt für die Kennzeichnung von Fertigpackungen und somit auch für verpacktes Hackfleisch und verpackte Hackfleischerzeugnisse, die unmittelbar an den Endverbraucher abgegeben werden, u. a. Folgendes:

- Bezeichnung (Bezeichnung des Lebensmittels; z. B. Gemischtes Hackfleisch)
- Tierart (z. B. aus Rind- und Schweinefleisch)
- Name oder Firma und Anschrift des Herstellers, Verpackers oder Verkäufers
- Herkunftskennzeichnung (Ursprungsland; falls erforderlich)
- Verzeichnis der Zutaten (z. B. 0,9 % Salz)
- Mindesthaltbarkeitsdatum, bei Hackfleisch und Hackfleischerzeugnissen das Verbrauchsdatum mit der Kennzeichnung „verbrauchen bis …" und der Aufbewahrungstemperatur (z. B. „verbrauchen bis zum 20.07. (Tag und Monat) bei einer Temperatur von nicht über +2 °C")
- Mengenkennzeichnung (z. B. Gewicht 0,500 kg)
- Nährwertkennzeichnung mit folgenden Angaben in einer übersichtlichen Tabelle:
  - Brennwert (Kaloriengehalt)
  - Fett
    davon gesättigte Fettsäuren
  - Kohlenhydrate
    davon Zucker
  - Eiweiß
  - Salz
- Angabe von Allergenen in hervorgehobener Optik
- Einfrierdatum bei gefrorenem Fleisch und gefrorenen Fleischzubereitungen
- bei Fleisch, das vor dem Verkauf tiefgefroren wurde und aufgetaut verkauft wird, Hinweis „aufgetaut"

Verpacktes Hackfleisch

Zusätzlich zur Lebensmittelinformationsverordnung muss auf Verpackungen von Hackfleisch und Hackfleischerzeugnissen von Geflügel und Einhufern (z. B. Pferden) die unter Schutzatmosphäre verpackt und mit einer längeren Haltbarkeit in den Verkehr gelangen, der Warnhinweis versehen sein: „Erzeugnisse vor dem Verzehr erhitzen".

13.5 Spezielle Anforderungen an die Bezeichnung „Hackfleisch/Faschiertes"

Auf der Grundlage eines Tagesdurchschnitts kontrollierte Zusammensetzung:

	Fettgehalt	Verhältnis Kollagen/Fleischeiweiß
Mageres Hackfleisch	< 7 %	< 12 %
Reines Rinderhackfleisch	< 20 %	< 15 %
Hackfleisch mit Schweinefleischanteil	< 30 %	< 18 %
Hackfleisch von anderen Tierarten	< 25 %	< 15 %

Das Verhältnis Kollagen/Fleischeiweiß wird als Prozentsatz des im Fleischeiweiß enthaltenen Kollagens ausgedrückt. Der Kollagengehalt ist der mit dem Faktor 8 vervielfältigte Gehalt an Hydroxyprolin.

Neben den anderen Anforderungen muss die Kennzeichnung die folgenden Angaben enthalten:

- Fettgehalt geringer als…"
- „Verhältnis Kollagen / Fleischeiweiß geringer als …"

Spezielle Anforderungen an die Bezeichnung von Wursthüllen: Ist eine Wursthülle nicht essbar, muss dies angegeben werden.

13.6 Verordnung zur Durchführung von Vorschriften des gemeinschaftlichen Lebensmittelhygienerechts

(bezogen auf Hackfleisch und Fleischzubereitungen vom 14. August 2007)

In dieser Verordnung wird u. a. der Umgang mit Hackfleisch und Hackfleischerzeugnissen bzw. Fleischzubereitungen **außerhalb** der EG-Verordnung 853/2004 geregelt. Diese Verordnung hat Gültigkeit für alle Fleischereien und Einzelhandelsunternehmen, die Hackfleisch im frischen und nicht vorverpacktem Zustand in den Verkehr bringen. Somit sind diese Regelungen der Ersatz der alten, außer Kraft gesetzten Hackfleisch-Verordnung.

Für Hackfleisch und Fleischzubereitungen sind zwei Artikel wichtig:

Verordnung über Anforderungen an die Hygiene beim Herstellen, Behandeln und Inverkehrbringen von Lebensmitteln (Lebensmittelhygiene-Verordnung - LMHV) Artikel 1: Diese Verordnung dient der Regelung spezifischer lebensmittelhygienischer Fragen sowie der Umsetzung und Durchführung von Rechtsakten der Europäischen Gemeinschaft oder der Europäischen Union auf dem Gebiet der Lebensmittelhygiene.

Achtung: Es handelt sich dabei nicht um die alte Lebensmittelhygiene-Verordnung, die mit der EG-Verordnung 852/2004 abgelöst wurde. Die neue Lebensmittelhygiene-Verordnung dient der Regelung spezifischer lebensmittelhygienischer Fragen (die nicht in den EG-Verordnungen 852 und 853/2004 geregelt sind) sowie der Umsetzung und Durchführung von Rechtsvorgaben der EU auf dem Gebiet der Lebensmittelhygiene.

Schulung

Die neue Lebensmittelhygiene-Verordnung bezieht sich bei den Schulungen auf die EG-Verordnung 852/2004. Sie fordert Fachkenntnisse über bestimmte Sachgebiete für Personen, die über keine abgeschlossene Berufsausbildung verfügen und

- sehr leicht verderbliche Lebensmittel herstellen, behandeln oder in den Verkehr bringen bzw.
- leicht verderbliche Lebensmittel herstellen oder behandeln.

Diese sind im Einzelnen:

- Eigenschaften und Zusammensetzung des jeweiligen Lebensmittels
- Hygienische Anforderungen an die Herstellung und Verarbeitung des jeweiligen Lebensmittels
- Lebensmittelrecht
- Warenkontrolle, Haltbarkeitsprüfung und Kennzeichnung
- Betriebliche Eigenkontrollen und Rückverfolgbarkeit
- Havarieplan, Krisenmanagement
- Hygienische Behandlung des jeweiligen Lebensmittels
- Anforderungen an Kühlung und Lagerung des jeweiligen Lebensmittels
- Vermeidung einer nachteiligen Beeinflussung des jeweiligen Lebensmittels beim Umgang mit Lebensmittelabfällen, ungenießbaren Nebenerzeugnissen und anderen Abfällen
- Reinigung und Desinfektion

Die Fachkenntnisse sind auf Verlangen der zuständigen Behörde nachzuweisen.

Artikel 2: „Verordnung über Anforderungen an die Hygiene beim Herstellen, Behandeln und Inverkehrbringen von bestimmten Lebensmitteln tierischen Ursprungs (Tierische Lebensmittelhygiene-Verordnung – Tier-LMHV)"

Warnhinweis bei Hackfleisch und Fleischzubereitungen

Hackfleisch, das aus oder unter Verwendung von Fleisch von Geflügel oder Einhufern (z. B. Pferden) hergestellt worden ist, oder Fleischzubereitungen, die aus oder unter Verwendung von Separatorenfleisch hergestellt worden sind, dürfen nur in Fertigpackungen mit dem Hinweis „Vor dem Verzehr durcherhitzen!" in den Verkehr gebracht werden.

Anforderungen an Räume und Einrichtungen, in denen Hackfleisch und Fleischzubereitungen hergestellt werden

- Die Herstellung und Behandlung von Hackfleisch und Fleischzubereitungen muss in einem Raum erfolgen, der so ausgerüstet ist, dass die Anforderungen an die Hygiene vor und nach der Herstellung eingehalten werden können.
- Der Raum muss über Handwascheinrichtungen für das Personal verfügen, das mit unverpacktem Fleisch, Hackfleisch oder Fleischzubereitungen umgeht. Die Handwascheinrichtung muss verhindern, dass eine Kontamination weitergegeben werden kann.
- Der Raum muss über Desinfektionseinrichtungen für Arbeitsgeräte mit einer Wassertemperatur von mindestens +82 °C verfügen.

Anforderungen an Rohstoffe

Für die Herstellung von Hackfleisch oder Fleischzubereitungen darf nur frisches Fleisch verwendet werden, das in zugelassenen Schlacht- oder Zerlegungsbetrieben gewonnen, bearbeitet oder behandelt worden ist.

3

Zusätzliche Anforderungen an die Herstellung von Hackfleisch

Hackfleisch darf nur aus Skelettmuskulatur mit anhaftendem Fett hergestellt werden.

Für Hackfleisch verboten sind:

- Fleischzuschnitte, die beim Zerlegen und Zuschneiden anfallen, ausgenommen solche, die aus ganzen Muskelstücken stammen
- Separatorenfleisch
- Fleisch, das Knochensplitter oder Hautreste enthält
- Kopffleisch mit Ausnahme der Kaumuskeln
- der zentrale sehnige Teil der Bauchmuskulatur
- Muskulatur des Hand oder Fußwurzelbereichs
- Knochenputz oder Muskulatur des Zwerchfells, sofern nicht die serösen Überzüge entfernt worden sind

Bei der Herstellung von Fleischzubereitungen aus oder unter Verwendung von Hackfleisch gelten obige Anforderungen. Eine Ausnahme besteht nur, wenn die Fleischzubereitungen eindeutig dazu bestimmt sind, nur nach Hitzebehandlung verzehrt zu werden. In diesem Fall dürfen auch Fleischzuschnitte, die beim Zerlegen anfallen, und Separatorenfleisch verwendet werden.

Anforderungen an die Hygiene vor und nach der Herstellung

Zur Herstellung von Hackfleisch oder Fleischzubereitungen darf nur Fleisch verwendet werden, das zum Zeitpunkt der Herstellung höchstens folgende Temperaturen aufwies:

- Geflügelfleisch nicht mehr als +4 °C,
- Nebenprodukte der Schlachtung nicht mehr als +3 °C,
- sonstiges Fleisch nicht mehr als +7 °C.

Das Fleisch für Hackfleisch darf nur nach Bedarf nach und nach in den Herstellungsraum gebracht werden.

Anforderungen an die Herstellung

- Zur Herstellung von Hackfleisch und Fleischzubereitungen darf auch gefrorenes Fleisch verwendet werden, sofern das Fleisch vor dem Einfrieren entbeint worden ist oder die zuständige Behörde das Entbeinen unmittelbar vor der Herstellung im Voraus gestattet hat. Im Rahmen der Lebensmittelkennzeichnung muss ein Hinweis auf den aufgetauten Zustand von Fleisch erfolgen.
- Hackfleisch oder Fleischzubereitungen, die nicht am Ort der Herstellung an den Verbraucher abgegeben werden, müssen unmittelbar nach der Herstellung umhüllt oder verpackt werden und auf eine Kerntemperatur von nicht mehr als
- +2 °C bei Hackfleisch und
- +4 °C bei Fleischzubereitungen oder
- bei mindestens –18 °C gefroren werden.
- Die Temperaturen müssen auch bei der Lagerung oder Beförderung eingehalten werden.
- Hackfleisch oder Fleischzubereitungen dürfen nach dem Auftauen nicht wieder eingefroren werden.

13.7 Leitlinien für eine gute Verfahrenspraxis

Der Bund für Lebensmittelrecht und Lebensmittelkunde e.V. (BLL) hat u.a. mit dem Bundesverband des Lebensmittelhandels, des Hauptverbandes des Deutschen Einzelhandels und dem Deutschen Fleischer-Verband **Leitlinien für eine gute Verfahrenspraxis** gemäß der EU-Verordnung 852/2004 erarbeitet. Die Leitlinie bezieht sich auf Temperaturanforderungen für bestimmte Lebensmittel **tierischen** Ursprungs, die in Betrieben des Einzelhandels **lose** oder **selbst verpackt** abgegeben werden.

- Die EU-Verordnung 852/2004 schreibt vor, dass die allgemeinen und spezifischen Hygienevorschriften zu erfüllen sind. Hierbei spielen besonders die Einhaltung geeigneter Temperaturen und die Temperaturführung eine entscheidende Rolle.
- Die Leitlinie für gute Verfahrenspraxis beinhaltet Temperaturen für die Lagerung und Abgabe von bestimmten Lebensmitteln tierischen Ursprungs in Betrieben des Einzelhandels. Hierzu zählen insbesondere Betriebe des filialisierten und nicht filialisierten **Lebensmitteleinzelhandels** sowie Betriebe der **Gastronomie** und des **Fleischerhandwerks.**

Komplexe Aufgabe

Entwerfen Sie mithilfe Ihres Computers für die Fleischerei Nusse ein Etikett für ein Kilo Gemischtes Hackfleisch. Berücksichtigen Sie dabei alle Anforderungen, die an Hackfleisch in der „SB-Packung zum sofortigen Verbrauch" gestellt werden.

Aufgaben zur Wiederholung

1. Begründen Sie die strengen Bestimmungen zur Herstellung von Hackfleisch.
2. Erläutern Sie, was alles unter diese Bestimmungen fällt.
3. Nennen Sie drei Werte, die von den Leitsätzen für jede Hackfleischsorte zugrunde gelegt werden.
4. Nennen Sie Ausgangsmaterial und Mindestgehalt an BEFFE laut den Leitsätzen für Fleisch und Fleischerzeugnisse für folgende Hackfleischsorten:
   a) Schabefleisch (Beefsteakhack), b) Rinderhack, c) Schweinehack, d) Thüringer Mett, e) Gemischtes Hack.
5. Beschreiben Sie, wie sich die in den Leitsätzen genannten Werte einhalten lassen.
6. Erläutern Sie die folgenden drei Begriffe:
   a) Herstellen, b) Behandeln, c) Inverkehrbringen.
7. Nennen Sie Anforderungen, die für Rohstoffe zur Herstellung von Hackfleisch gelten.
8. Nennen Sie Anforderungen, die für die sachgerechte Herstellung von Hackfleisch gelten.
9. Definieren Sie den Begriff „Hackfleisch" nach der EG-Verordnung 853/2004.
10. Erläutern Sie die Vorschriften, die die EG-Verordnung 853/2004 an die Herstellungsbetriebe stellt.
11. Benennen Sie die Anforderungen, die an die Rohstoffe zur Herstellung von Hackfleisch aus der Sicht der EG-Verordnung 853/2004 gestellt werden.
12. Erläutern Sie, was unter Separatorenfleisch zu verstehen ist.
13. Nennen Sie die Fristen, die bei der Herstellung von Hackfleisch aus frischem Fleisch eingehalten werden müssen.
14. Erläutern Sie, was unmittelbar nach der Herstellung von Hackfleisch zu beachten ist (853/2004).
15. Erläutern Sie, welche besondere Kennzeichnung bei Geflügel- und Pferdehack erforderlich ist.
16. Beschreiben Sie, welche Anforderungen an ein Etikett gestellt werden, das auf einer Fertigpackung angebracht wird.
17. Welche Anforderungen werden an Räume und Einrichtungen gestellt.
18. Nennen Sie Fettgehaltsstufen für einzelne Hackfleischsorten nach der „Lebensmittelinformationsverordnung".

3

Ausgewählte Fachrechenaufgaben

1. Berechnen Sie die Inhaltsstoffe Wasser, Fett, Fleischeiweiß und BEFFE für das Rinderhackfleisch in der Tabelle unten.
2. Berechnen Sie die Inhaltsstoffe Wasser, Fett, Fleischeiweiß und BEFFE für 48 kg Gemischtes Hackfleisch. Folgende Rezeptur wird zugrunde gelegt:
   1/3 R II, 1/6 R V, 1/6 S II und 1/3 S IV
   Fertigen Sie eine Tabelle an, wie in der Aufgabe 1.

		Wasser		Fett		Fleischeiweiß		BEFFE	
kg		(%)	(kg)	(%)	(kg)	(%)	(kg)	(%)	(kg)
9.000	R II								
4.500	R V								
	Verkaufsgewicht	kg Wasser		kg Fett		kg FE		kg BEFFE	
		Wasser %		Fett %		FE %		BEFFE %	
						BEFFE im FE: % BE im FE: %			

14 Hackfleisch herstellen

FLEISCHEREI nusse

Sabrina ist heute in der Filiale am Stadtrand eingesetzt und soll zum ersten Mal Hackfleisch herstellen. Sie steht verunsichert am Fleischwolf und Lena kommt auf sie zu.
Sabrina: „Ich mache sicher etwas falsch oder habe eine wichtige Vorschrift oder Verordnung nicht berücksichtigt. Wie soll ich da nur den Überblick behalten?"
Lena: „Ich kann dich trösten, das geht mir heute immer noch so."
Sabrina: „Was ich nicht so recht verstehe, ist die ständige Diskussion um Hackfleisch. Über Steaks, Rouladen oder Schnitzel wird nicht so häufig gesprochen. Warum gibt es für Hackfleisch spezielle Verordnungen?"

14.1 Hygiene

Warum gibt es gerade für Hackfleisch und Hackfleischerzeugnisse spezielle Verordnungen, Regeln und Durchführungsbestimmungen aus der Sicht der Hygiene – und nicht für Schnitzel oder Steaks?
Diese Frage lässt sich eindeutig in fünf Punkten beantworten:

- Durch die Zerkleinerung mit dem Fleischwolf wird die Oberfläche des Fleisches millionenfach vergrößert und bietet somit auch eine millionenfach vergrößerte Angriffsfläche für Mikroorganismen.
- Durch die Zerkleinerung im Fleischwolf werden die Fleischzellen aufgequetscht bzw. aufgeschnitten. Die Zellflüssigkeit, ein Wasser-Eiweiß-Gemisch, wird freigesetzt und dient den Mikroorganismen als idealer Nährboden.
- Hackfleisch wird von den Verbrauchern häufig roh gegessen.
- Die Verordnungen, Regeln und Durchführungsbestimmungen sollen dem Schutz der Verbraucher dienen.
- Ebenso sollen sie dem Fleischer und dem Verkaufspersonal als Hilfe dienen.

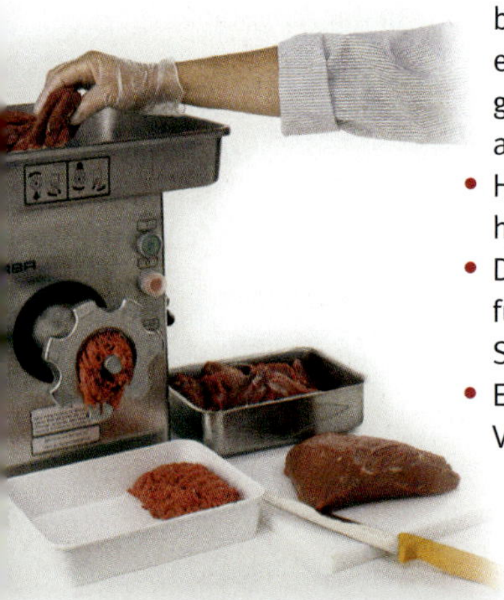

Die Verordnungen, Regeln und Durchführungsbestimmungen wollen verhindern, dass unter anderem durch falsche Behandlung, unzureichende Hygiene, zu lange Aufbewahrung Gesundheitsschäden auftreten können und dass vor allem bei zerkleinertem Fleisch Verfälschungen irgendwelcher Art vorgenommen werden.

Wareneingang

Die Notwendigkeit der Wareneingangskontrolle wurde bereits im Kapitel 9 ausführlich behandelt. Gerade wegen der Empfindlichkeit von Hackfleisch und Hackfleischerzeugnissen kommt der Wareneingangskontrolle hier eine nochmals verstärkte Bedeutung zu.
Insbesondere kommt es auf folgende Kriterien an:

- Temperatur der angelieferten Ware
- Frischezustand: Geruch, Farbe, MHD (Mindesthaltbarkeitsdatum)
- Zuschnitt, Qualität, richtige Ware
- Zustand der Verpackung: Beschädigungen, Luftzieher bei Vakuumverpackung?
- Rückverfolgbarkeit anhand der Lieferpapiere

Checklisten

Es ist notwendig, die Hygiene im Allgemeinen und bei Hackfleisch und Hackfleischerzeugnissen im Besonderen durch eine Dokumentation zu belegen. Dies ist mit einer Checkliste, wie sie ähnlich auch der DFV (Deutscher Fleischer-Verband) in seinen DFV-Leitlinien für gute Hygienepraxis empfiehlt, zu erreichen.

Infektionsschutzgesetz

Das Infektionsschutzgesetz gilt u.a. für alle Mitarbeiter bzw. Personen, die beim gewerbsmäßigen Herstellen, Behandeln oder Inverkehrbringen von Lebensmitteln tätig sind und dabei mit diesen in Berührung kommen. Es besteht die Verpflichtung, bei Durchfall, Übelkeit, Erbrechen, Hauterkrankungen, starker Erkältung oder anderen ansteckenden Krankheiten, dies unverzüglich dem Arbeitgeber mitzuteilen. Bei der empfindlichen Beschaffenheit von Hackfleisch und Hackfleischerzeugnissen gilt dies in besonderem Maße.

Schulungen

In der EG-Verordnung 852/2004 ist die Schulung der Mitarbeiter vorgeschrieben.

Lebensmittelunternehmer haben u.a. zu gewährleisten, dass Mitarbeiter entsprechend ihrer Tätigkeit überwacht und in Fragen der Lebensmittelhygiene geschult werden müssen. Das vorliegende Thema Hackfleisch macht mehr als deutlich, welche Schulungsmaßnahmen „entsprechend ihrer Tätigkeit" erforderlich sind, um der Verordnung zu genügen.

Zur Schulung der Mitarbeiter über den gesamten Lebensmittelhygienebereich wurden in den letzten Jahren Empfehlungen und Standards entwickelt (▸ S. 133).

Bei der Betrachtung der oben ausgeführten Vorschriften und Hinweise zur Hygiene wird die Wichtigkeit dieses Aspektes gerade für die Herstellung von Hack und Hackfleischerzeugnissen deutlich.

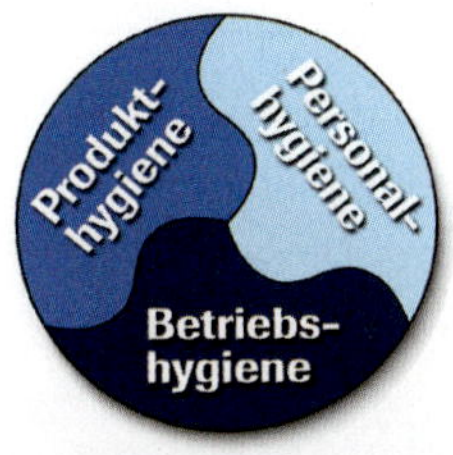

<table>
<tr><th colspan="6">Hygienedokumentation</th></tr>
<tr><th colspan="2">Häufigkeit:</th><th colspan="2">täglich</th><th>wöchentlich</th><th>monatlich</th></tr>
<tr><th colspan="6">Prüfpunkte:</th></tr>
<tr><td colspan="2">Betriebshygiene</td><td colspan="2">Warenannahme, Räume für Zerlegung, Kühlräume, Produktionsräume, Trockenlagerräume, Vorbereitungsräume, hier besonders für Hackfleisch und Hackfleischerzeugnisse, Verkaufsraum</td><td colspan="2">Hygienisch einwandfrei, sauber, trocken, frei von unangenehmen Gerüchen, frei von Schädlingen, eingehaltene Ordnung, Fenster und Türen möglichst geschlossen halten, in den Betriebsräumen nicht rauchen und essen, keine Satten und Behälter auf den Boden stellen, keine nachteilige Beeinflussung von Frischfleisch und Fleischerzeugnissen</td></tr>
<tr><td colspan="2">Personalhygiene</td><td colspan="2">Persönliche Hygiene, Krankheiten und Verletzungen, Sozialräume, Handhygiene</td><td colspan="2">Nicht auf Fleisch oder andere Lebensmittel niesen oder husten, nach Berühren von Haaren, Ohren und Nase Hände waschen und desinfizieren, Hände regelmäßig auch während der Tätigkeit reinigen und notfalls desinfizieren, ganz besonders beim Wechsel vom unreinen in den reinen Bereich und nach dem Toilettenbesuch; Sozialräume müssen den Hygieneleitlinien voll entsprechen</td></tr>
<tr><td colspan="2">Produkthygiene</td><td colspan="2">Warenanlieferung Temperaturen, Kühlkette</td><td colspan="2">Fleisch und verzehrfertige Erzeugnisse trennen, Unterbrechung der Kühlkette auf das Allernotwendigste beschränken, vorgeschriebene Temperaturen einhalten</td></tr>
<tr><td>Datum ________
Uhrzeit ________</td><td>keine Beanstandungen ☐</td><td>Maßnahmen erforderlich ☐</td><td>Maßnahmen sofort erforderlich ☐</td><td>Bemerkungen ________</td><td>verantwortlich ________</td></tr>
</table>

Beefsteakhack

Rinderhack

Schweinehack

Gemischtes Hack

14.2 Übersicht über Hackfleisch

Es handelt sich bei Hackfleisch und Hackfleischerzeugnissen um Produkte aus zerkleinertem Fleisch von geschlachteten oder erlegten warmblütigen Tieren (also nicht um Fische, die zu den kaltblütigen Tieren zählen), sofern sich diese Erzeugnisse ganz oder teilweise in rohem Zustand befinden.

Als Hackfleisch gilt:
- zerkleinertes Fleisch wie Schabefleisch (Beefsteakhack), Rinderhackfleisch, Schweinehackfleisch, Gemischtes Hackfleisch (Halb und Halb), auch zubereitet zu Schweinemett, und geschnetzeltes Fleisch
- Hamburger, Beefburger
- zerkleinerte Innereien wie Leberhack

14.3 Rohstoffauswahl

Bei der Rohstoffauswahl ist wie oben beschrieben besonders auf die Hygiene und auf die Leitsätze (▸ S. 129f.) zu achten. Die angegebenen Fleischsortierungen – Fleischstandards – sind unbedingt einzuhalten. Die Fleischstandards für Schweinefleisch sind im Kapitel 10 (▸ S. 109f.) beschrieben.

14.4 Gewürze

Auch für Gewürze gelten Leitsätze, und zwar die Leitsätze für „Gewürze und andere würzende Mittel". Zunächst die allgemeine Definition der Begriffe „Gewürze und Kräuter": „Gewürze und Kräuter sind Pflanzenteile, die wegen ihres Gehaltes an natürlichen Inhaltsstoffen als geschmacks- und/oder geruchsgebende Zutaten zu Lebensmitteln bestimmt sind."

Gewürze sind Blüten, Früchte, Knospen, Samen, Rinden, Wurzeln, Wurzelstöcke, Zwiebeln oder Teile davon, meist in getrockneter Form.

Kräuter sind frische oder getrocknete Blätter, Blüten, Sprossen oder Teile davon.

Für Hackfleisch selbst kommen nur Einzelgewürze (Pfeffer, evtl. Kümmel, Muskat, Piment, Paprika, Zwiebeln) oder Gewürzmischungen zur Verwendung.

Von großer Bedeutung für die Hackfleischherstellung, besonders aus hygienischer Sicht, ist die Lagerung und der Umgang mit Gewürzen. Diese Regeln gelten auch für die gesamte Wurst- und Feinkostherstellung sowie für alle Fleischerzeugnisse, die gewürzt in den Verkauf gelangen.

14.5 Zusätze und Zusatzstoffe

In der Regel werden zu Hackfleisch keine Zusatzstoffe verwendet. Für frisches, zubereitetes Hackfleisch (z. B. Thüringer Mett), das vorverpackt in den Handel gelangt, ist u.a. die Verwendung von E 300 Ascorbinsäure, E 301 Natriumascorbat und E 302 Calciumascorbat erlaubt. Sie dienen der Farbstabilisierung. Die Höchstmenge beträgt qs (quantum satis). Ebenfalls bei vorverpacktem Hack nach der EG-Verordnung 853/2004 dürfen Packgase, z. B. Kohlendioxid, Stickstoff oder Sauerstoff, eingesetzt werden.

14.6 Herstellung

Gemischtes Hackfleisch, Halb und Halb

LSKZ 2.1.5.3

Rezeptbeispiel:
Gemischtes Hackfleisch, Halb und Halb

Material für
100 kg Gemischtes Hackfleisch:

34,000 kg	R II grob entsehntes und entfettetes Rindfleisch, sichtbarer Fettanteil bis max. 5 %
16,000 kg	R V Rindfleisch, sehnenarm, mit einem sichtbaren Fettanteil von über 30 %
16,000 kg	S II Schweinefleisch, sehnenarm, mit max. 5 % Fettanteil
34,000 kg	S IV Schweinefleisch, entsehnt, mit max. 30 % sichtbarem Fettanteil

Gewürze und Zutaten je kg Gesamtmasse:
nur bei „zubereitetem" Hackfleisch
20 g Kochsalz
3 g Pfeffer
1 g Muskatnuss
50 g Zwiebeln

Produktbeschreibung
Vielfach zum Rohverzehr bestimmt; Gemischtes Hackfleisch, Halb und Halb enthält keine weiteren Zutaten; bei „zubereitetem" gemischtem Hackfleisch werden nur Salz, Zwiebeln und Gewürze verwendet.

Vorbereitung
- Das Fleisch sehr gut vorkühlen.
- Das Fleischmaterial nach vorgegebenen Fleischstandards sortieren und verwiegen.
- Das Fleisch in wolfgerechte Stücke vorschneiden.
- Das gesamte Fleischmaterial wiederum gut kühlen.
- Den gereinigten Fleischwolf nach einer Standzeit eventuell nochmals durchspülen und trocknen.
- Bei zubereitetem Hackfleisch Salz und Gewürze abwiegen und bereitstellen.

Herstellungsablauf
- Die gut gekühlten, vorsortierten Fleischstandards (bei zubereitetem Hackfleisch Salz und Gewürze zugeben) mischen und auf den Wolf geben.
- Das Fleisch zügig wolfen.
- Scharfe Wolfmesser einsetzen und auf Passgenauigkeit der Schnecke achten!
- Gewolftes Hackfleisch sofort in die Kühlung bringen oder in einem gekühlten Raum verpacken.

Wichtig! Erinnern Sie sich an die Unfallverhütungsvorschriften für die Benutzung des Fleischwolfs (▸ S. 52 f.).
Denken Sie an die Hygiene und besonders an die Handhygiene (▸ S. 30 f.).

Komplexe Aufgabe

Erstellen Sie eine Tabelle für den Wareneingang von Fleisch für Hackfleisch und für vorgefertigte Hackfleischerzeugnisse. Nehmen Sie Bezug auf die Tabelle im Kapitel 9.2 (▸ S. 101).

Aufgaben zur Wiederholung

1. Erläutern Sie, warum es gerade für Hackfleisch und Hackfleischerzeugnisse spezielle Verordnungen, Regeln und Durchführungsbestimmungen aus Sicht der Hygiene gibt.
2. Nennen Sie die Personen, für die das Infektionsschutzgesetz gilt.
3. Nennen Sie die Erkrankungen, bei denen nach dem Infektionsschutzgesetz die Verpflichtung besteht, den Arbeitgeber unverzüglich zu informieren.
4. Erläutern Sie, wer für die Schulungen der Mitarbeiter nach der EG-Verordnung 852/2004 verantwortlich ist.
5. Unterscheiden Sie die Hackfleischsorten.
6. Erläutern Sie, wie die Leitsätze für „Gewürze und andere würzende Stoffe" die Begriffe „Gewürze" und „Kräuter" definieren.
7. Nennen Sie die Arten von Gewürzen, die bei Hackfleisch verwendet werden dürfen.
8. Erläutern Sie, welche Zusätze zubereitetem Hackfleisch, das vorverpackt in den Handel gelangt, zugegeben werden dürfen und in welcher Menge.
9. Nennen Sie Packgase, die bei bei der Verpackung von Hackfleisch nach dem EG-Recht zur Anwendung kommen.
10. Begründen Sie die Tatsache, dass bei der Hackfleischherstellung scharfe Wolfmesser unbedingt notwendig sind.
11. Beschreiben Sie die Hygieneanforderungen, die für eine optimale Produkthygiene in Bezug auf die Hackfleischherstellung erforderlich sind.

% Ausgewählte Fachrechenaufgaben

1. Für den Ladenverkauf stellt ein Fleischermeister Gemischtes Hackfleisch her.
Er verwendet:

	kg-Preis €	Fettgehalt %
6 kg Rindfleisch R I:	6,51	4
11 kg Rindfleisch R II:	5,32	8
23 kg Schweinefleisch S IV:	4,88	33

a) Wie viel % Fett enthält die frische Hackfleischmischung?

b) Wie viel kg Fett dürfte sie gemäß Lebensmittelinformationsverordnung enthalten und wie groß ist die Gewichtsdifferenz?

c) Wie hoch ist der Materialpreis für 1 kg?

d) Wie hoch ist der Verkaufspreis je kg bei einem Rohaufschlag von 56 % und einem Gewichtsverlust von 3 % beim Verkauf?

2. Für den Verkauf in der Kühltheke stellen Björn und Sabrina in der Filiale der Fleischerei Nusse 24 kg Schweinemett her. Sie nehmen dazu 2/3 S II à kg 4,10 € und 1/3 SV à kg 2,10 €.
An Gewürzen und Zutaten verwenden sie je kg Gesamtmasse:

20 g Kochsalz	à kg	0,30 €
3 g Pfeffer	à kg	6,60 €
1 g Muskatnuss	à kg	9,80 €
50 g Zwiebeln	à kg	1,10 €

a) Berechnen Sie die Salz- und Gewürzmengen für die Charge von 24 kg.

b) Wie hoch ist der Materialpreis für die 24 kg Schweinemett?

c) Berechnen Sie den Preis für 1 kg fertiges Schweinemett bei LBGK (Lohn-, Betriebs- und Gemeinkosten) von 72 %,
Gewinn 9 % und der gesetzlichen Mehrwertsteuer.

d) Wie viel Prozent BEFFE enthält das Schweinemett?

3. Das örtliche Krankenhaus bestellt bei Fleischerei Nusse 120 kg Gemischtes Hack für Bolognese. Der Küchenchef teilt Meister Nusse mit, dass er bereit ist, für 1 kg Gemischtes Hack 3,50 € zu zahlen. Selbstverständlich hat Meister Nusse die Leitsätze und die Fettgehalte einzuhalten.
Die ausgewählte Rezeptur lautet:

18 % R II	à kg	3,12 €
32 % R V	à kg	2,44 €
8 % S II	à kg	3,30 €
42 % S IV	à kg	2,88 €

a) Berechnen Sie die einzelnen Gewichte für die Fleischstandards.

b) Berechnen Sie den Fettgehalt und den BEFFE-Wert und überprüfen Sie, ob diese Werte den Vorgaben entsprechen.

c) Da Meister Nusse den Küchenchef des Krankenhauses als Kunden behalten möchte, rechnet er keine Lohn- und Maschinenkosten, sondern nur die direkt anfallenden Gemeinkosten von 22 % dazu.
Wie viel € je kg bzw. wie viel Prozent bleiben Meister Nusse als Gewinn übrig?

4. Beim Durchlassen von Beefsteakhack durch den Fleischwolf bleiben 280 g Fleisch in den Wolfmessern und der Schnecke zurück.
Wie viel Prozent sind dies bei bei einer Charge von 18 kg und wie viel bei einer Charge von 7 kg?

15 Hackfleischerzeugnisse herstellen

FLEISCHEREI nusse

Tim: „Hallo, Sabrina! Heute Morgen bereiten wir gemeinsam einige Hackfleischerzeugnisse vor, die anschließend mit unserem Kühltransporter ins Hauptgeschäft und in die Filialen geliefert werden. Zunächst stellen wir die grobe Bratwurst her."
Sabrina: „Ich dachte, die Bratwurst ist eine Brühwurst, und jetzt erzählst du, sie ist ein Hackfleischerzeugnis?"

15.1 Hygiene

Alle Ausführungen zur Hygiene bei Hackfleisch im Kapitel 14.1 haben ausnahmslos auch für Hackfleischerzeugnisse Gültigkeit. Allerdings haben einige Hackfleischerzeugnisse, wie Fleischspieße, nicht die millionenfach vergrößerte Oberfläche wie Hackfleisch, das durch den Fleischwolf gelassen wurde. Andererseits werden für Fleischspieße meistens Holzstäbchen und verschiedene Frischgemüse verwendet.
Andere Hackfleischerzeugnisse, z. B. die frische rohe Bratwurst, enthalten knapp 2 % Salz. Dieses Salz bindet u. a. freies Wasser, das somit den Mikroorganismen nicht mehr zur Vermehrung zur Verfügung steht. Dazu kommt, dass der Naturdarm, in den die Bratwurst gefüllt wird, einen zusätzlichen Schutz bietet.

Aus diesen Gründen ist die Haltbarkeit von Fleischerzeugnissen i. d. R. etwas höher als die von Hackfleisch.

15.2 Übersicht über Hackfleischerzeugnisse

Unter Hackfleischerzeugnissen lassen sich zusammenfassen:

- Erzeugnisse aus zerkleinertem Fleisch wie Fleischklöße, Fleischklopse, Frikadellen, Buletten, Fleischfüllungen
- Bratwürste sowie zur Abgabe an den Verbraucher bestimmte Rohwurst- und Brühwursthalbfabrikate und Fleischbräte
- Letztere sowie Bratwurst nach Brühwurstart sind von der Technologie her betrachtet Brühwürste. Sie werden im Unterschied zu Brühwürsten nur nicht durcherhitzt. Das Garen liegt beim Endverbraucher, um ihm den Genuss eines absolut frischen Produktes zu ermöglichen.
- Fleischzuschnitte wie Steaks, Filets, Schnitzel, die mit Mürbschneidern oder Geräten ähnlicher Wirkung behandelt worden sind
- Schaschlik und in ähnlicher Weise hergestellte Erzeugnisse aus gestückeltem Fleisch oder gestückelten Innereien auf Spießen

Hackfleischerzeugnisse

15.3 Rohstoffauswahl

Bei der Rohstoffauswahl ist wie oben beschrieben besonders auf die Hygiene zu achten. Die angegebenen Fleischsortierungen – Fleischstandards – sind unbedingt einzuhalten. Wird eine Bratwurst nach Brühwurstart hergestellt, z. B. eine Rostbratwurst oder auch eine ungebrühte Münchener Weißwurst, so sind hierfür die Kriterien und Vorgaben für die Brühwursttechnologie zu beachten. Steaks vom Rind, die mit dem Mürbschneider oder Steaker bearbeitet werden, sollten trotz der zartmachenden Technik aus gereiftem Rindfleisch hergestellt werden. Nur gereiftes Rindfleisch besitzt den aromatischen, leicht milchsäuerlichen Geschmack, den der Verbraucher gerade bei Rindersteaks erwartet.

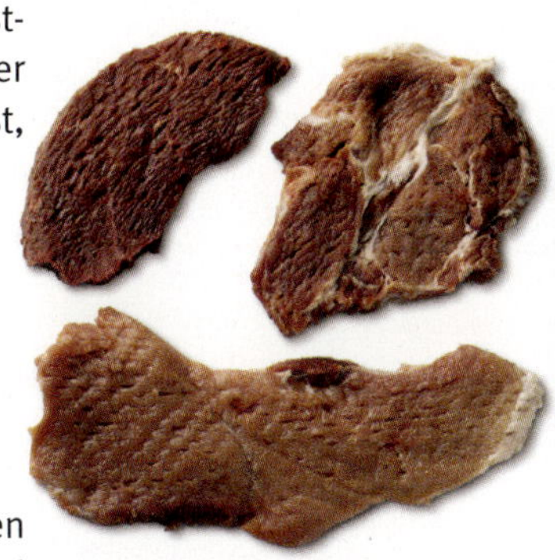

Gesteakte Fleischzuschnitte

Bei Fleischspießen kommt es besonders auf die gleichmäßige Garzeit der einzeln aufgespießten Fleischstücke an. Es ist kein Qualitätserzeugnis, wenn das eine Fleischstück zerfällt bzw. zerfasert und das andere eine zähe Struktur aufweist.

15.4 Gewürze

Die Ausführungen zu Gewürzen im Kapitel 14.4 sind auch für Hackfleischerzeugnisse anzuwenden. Bei diesen wird von den Fleischereien allerdings eine größere Vielfalt an Gewürzen und Kräutern eingesetzt. Häufig werden auch sogenannte Dekorgewürze verwendet, die durch ihr Aussehen das Hackfleischerzeugnis verbessern, es optisch lebendiger machen und den Abverkauf im Laden unterstützen. Dafür empfiehlt sich der Einsatz von codierten Gewürzsalzen und Gewürzen, die auch bei anderen Frischfleischspezialitäten eingesetzt werden. Hierbei sind das Salz und das Gewürz mit einem sehr feinen Fettfilm durch Übersprühen „versiegelt". Somit kann beim Vorwürzen von Steaks und Braten das Salz keinen Fleischsaft aus den Muskelfasern herausziehen und Gewürze können sich weder verfärben noch an Aroma verlieren. Erst beim Erhitzen entfalten sie ihre Wirkung durch das Flüssigwerden des Fettfilms. Geschnetzeltes, mit dem Steaker bearbeitete Steaks und Schnitzel werden auch mariniert angeboten. Marinaden sind säuerliche bis saure, pastöse oder flüssige Zubereitungen mit Kräutern, verschiedenen Gewürzen und Essig oder Zitronensaft. Sie beeinflussen die Zartheit, den Geschmack und verlängern die Haltbarkeit.

Marinade

15.5 Zusätze und Zusatzstoffe

Grundsätzlich werden nur wenige Zusatzstoffe verwendet. Bei den Hackfleischerzeugnissen nach Brühwurstart, wie Bratwurst, ungebrühte Münchener Weißwurst oder Fleischkäse zum Selberbacken, können allerdings auch mehrere Zusatzstoffe zur Anwendung gelangen. So sind z. B. Emulgatoren (z. B. Mono- und Diglyceride) und Stabilisatoren (z. B. Phosphate oder Citrate) erlaubt.

15.6 Herstellung

15.6.1 Frische rohe grobe Bratwurst
LSKZ 2.4.2.1.10

Produktbeschreibung

Bis erbsengroße Körnung; nicht umgerötet; in der Regel in Schafssaitlingen oder Schweinedünndärmen; vielfach roh im Verkehr, dann zum umgehenden Verzehr im gebratenen oder gebrühten Zustand bestimmt.

Rezeptbeispiel:
Frische rohe grobe Bratwurst

Material für 100 kg Bratwurstbrät:

40,000 kg	S II	Schweinefleisch, sehnenarm, mit max. 8 % Fettanteil
30,000 kg	S IV	Schweinefleisch, entsehnt, mit max. 33 % sichtbarem Fettanteil
30,000 kg	S V	Schweinebauch, wie gewachsen, mit max. 60 % sichtbarem Fettanteil

Gewürze und Zutaten je kg Gesamtmasse:

18 g Kochsalz
2 g Pfeffer, weiß
1 g Mazis
1 g Ingwer
1 g Zitronenpulver
0,3 g Kardamom

Vorbereitung

- Das Fleisch gut vorkühlen.
- Das Fleischmaterial nach vorgegebenen Fleischstandards sortieren und verwiegen.
- Das Fleisch in wolfgerechte Stücke vorschneiden.
- Das gesamte Fleischmaterial wiederum gut kühlen.
- Salz und Gewürze abwiegen und bereitstellen.

Herstellungsablauf

- Die gut gekühlten, vorsortierten Fleischstandards, das Kochsalz und die Gewürze mischen und auf den Wolf geben.
- Das Fleisch zügig durch die 5-mm-Scheibe (einfacher Satz: Vorschneider, Messer, Lochscheibe) wolfen.

- Gewolftes Material anschließend auf leichte Bindung mengen.
- In Schweinedärme, Kaliber 26/28, füllen und auf ein Stückgewicht von 100 g abdrehen oder unabgedreht zu einer Bratwurstschnecke drehen.
- Je nach Verwendungszweck verpacken und schockgefrieren oder verpacken unter Schutzgasatmosphäre oder
- gekühlt im Verkaufsraum anbieten oder
- bei + 72 °C 15 Minuten garen (Kerntemperatur + 68–70 °C).

Unabhängig von der Hygiene gilt für alle Hackfleisch**gerichte:**
Je frischer das Fleisch, umso besser das Gericht.

15.6.2 Hacksteaks LSKZ 2.1.5.6

Produktbeschreibung
Nicht umgerötet, gewürzt, unter Verwendung von Binde-, Auflockerungsmitteln und gegebenenfalls Zwiebeln; zum Verzehr im gegarten Zustand bestimmt.

Rezeptbeispiel:
Hacksteaks

Material für 100 kg Hacksteakmasse:

28,000 kg R II	grob entsehntes und entfettetes Rindfleisch, sichtbarer Fettanteil bis max. 8 %
13,000 kg R V	Rindfleisch, sehnenarm, mit einem sichtbaren Fettanteil von über 33 %
13,000 kg S II	Schweinefleisch, sehnenarm, mit max. 8 % Fettanteil
28,000 kg S IV	Schweinefleisch, entsehnt, mit max. 33 % sichtbarem Fettanteil
12,000 kg	Brötchen
6,000 kg	Fleischbrühe, ungesalzen

Gewürze und Zutaten je kg Gesamtmasse:
15 g Kochsalz
2 g Pfeffer
1 g Muskatnuss
30 g Zwiebeln

Vorbereitung
- Das Fleisch sehr gut vorkühlen.
- Das Fleischmaterial nach vorgegebenen Fleischstandards sortieren und verwiegen.
- Das Fleisch in wolfgerechte Stücke vorschneiden.
- Das gesamte Fleischmaterial wiederum gut kühlen.
- Zwiebeln schälen und fein würfeln.
- Salz und Gewürze abwiegen und bereitstellen.
- Brötchen in Fleischbrühe einweichen.

Herstellungsablauf
- Die gut gekühlten, vorsortierten Fleischstandards mischen und auf den Wolf geben.
- Das Fleisch zügig wolfen.
- Hackfleisch mit Salz und Gewürzen gut bindig mengen.
- Eingeweichte Brötchen untermengen.
- Zum Schluss die gehackten Zwiebeln dazugeben und vermengen.
- Zu Hacksteaks formen.
- Je nach Verwendungszweck verpacken und schockgefrieren oder
- verpacken unter Schutzgasatmosphäre oder
- gekühlt im Verkaufsraum anbieten oder
- braten oder grillen.

Hacksteaks

15.6.3 Fleischspieße LSKZ 2.1.4.1

Produktbeschreibung
Fleischspieße enthalten Stücke von grob entsehntem und entfettetem Rindfleisch (R II) und/oder Schweinefleisch, sehnenarm, mit max. 8 % Fettanteil (S II) sowie würzende Beigaben (z. B. Zwiebeln, Paprikaschoten, Gurken). Für den Fleischanteil von Filetspießen werden nur Teile aus dem Filet verwendet.
In rohem Zustand bestehen die Spieße mindestens zu zwei Dritteln aus Fleisch, im Übrigen aus würzenden Beilagen.

Rezeptbeispiel:
Fleischspieße

Material für einen Fleischspieß:
120 g R II oder S II
50 g Paprika, gelb, rot, grün

Herstellungsablauf

Fleischspieße

- Fleisch in Würfel von ca. 2 cm Kantenlänge schneiden.
- Paprika entkernen, alle weißen Innenhäute abschneiden.
- Paprika in ca. 2x2 cm große Stücke schneiden.
- In der Reihenfolge Fleisch – Paprika – Fleisch usw. aufstecken.
- Entsprechend der Verwendungsform behandeln: Kühlen, Verpacken, Schockfrosten oder Grillen oder Kurzbraten.

15.7 Lagerung von Hackfleisch und Hackfleischerzeugnissen

Sofern Hackfleisch oder Hackfleischerzeugnisse verpackt gelagert werden, muss dies in einem separaten Kühlraum erfolgen. (Trennung von verpacktem und unverpacktem Fleisch).
Die ideale Lagertemperatur für Hackfleisch und Hackfleischerzeugnisse beträgt 0 °C, da die vorgeschriebene Kerntemperatur nach der EG-Verordnung 853/2004 für Hackfleisch <2 °C beträgt. In Fleischereien, die nicht der EG-Verordnung 853/2004 für Hackfleisch entsprechen müssen, sollte die Temperatur in den Räumen und Einrichtungen, in denen Hackfleisch und Hackfleischerzeugnisse gelagert und befördert werden, die Innentemperatur von +4 °C nicht überschreiten.
Hackfleisch, das zur alsbaldigen Abgabe an den Verbraucher bestimmt ist, darf auch bei +7 °C aufbewahrt werden. Um den Hygienevorschriften zu entsprechen und nicht in die Grenzwertbereiche in Bezug auf die Keimbelastung zu gelangen, sollte die kurzfristige Aufbewahrung bei +7 °C maximal 2 Stunden betragen, sofern nicht ganz darauf verzichtet werden kann.

15.8 Qualitätsanforderungen an Hackfleisch und Hackfleischerzeugnisse

- Frisches Fleisch mit kräftiger Fleischfarbe
- feste Muskelstruktur, keine weiche Konsistenz (z. B. wie bei PSE-Fleisch)
- angenehmer, zum Neutralen hin tendierender Geruch, kein leimiges Fleisch

Prüfmerkmale der DLG
Die DLG (Deutsche Landwirtschaftsgesellschaft) hat für unterschiedliche Produktionsgruppen sehr ausführliche und weitgehende Überprüfungsmerkmale entwickelt. Bei der Beurteilung von Hackfleisch und Hackfleischerzeugnissen lässt sich mit folgenden Kriterien eine Bewertung durchführen:

Äußere Beschaffenheit
- schmierig
- Oberflächenbelag
- äußerlich vergrauend

Aussehen im Anschnitt
- Mischung ungleichmäßig
- Schnittbild unklar
- Zerkleinerung zu stark
- Zerkleinerung ungenügend
- Zerkleinerung zu ungleichmäßig

Zusammensetzung
- Fleischauswahl mangelhaft
- Fettanteil zu hoch
- Sehnenanteil zu hoch

Farbe
- Farbe zu blass
- Farbe zu dunkel
- Farbe ungleichmäßig
- Kern grau
- stark verblassend

Konsistenz/Beschaffenheit
- zu weich
- zu feucht

Geruch und Geschmack
- säuerlich
- fettig
- talgig
- ranzig
- Frische fehlt
- alt
- dumpfig und muffig

Bei der DLG-Prüfung werden in Bewertungstabellen die festgestellten sensorischen Produkteigenschaften nach einer **5-Punkte-Skala** bewertet.

Bei Nennung unterschiedlicher Punktzahlen innerhalb eines der Prüfmerkmale:

1. Äußeres, Zustand des Behältnisses
   – Gewichtungsfaktor x 1 –
2. Aussehen, Farbe, Farbhaltung, Zusammensetzung
   – Gewichtungsfaktor x 3 –
3. Konsistenz
   – Gewichtungsfaktor x 2 –
4. Geruch und Geschmack
   – Gewichtungsfaktor x 4 –

wird die niedrigste als Berechnungsgrundlage herangezogen; bei Mehrfach-Nennung derselben Punktzahl innerhalb eines Prüfmerkmals wird die nächstniedrigere als Berechnungsgrundlage genommen.
Jedes Prüfmerkmal-Ergebnis wird mit seinem Gewichtungsfaktor multipliziert.
Die Summe der gewichteten Bewertungen aller Prüfmerkmale wird durch 10 dividiert (10 ist die Summe aller Gewichtungsfaktoren). Es ergibt sich die **Qualitätszahl.**

DLG-Preis	Qualitätszahlen
Goldener DLG-Preis	5,00
Silberner DLG-Preis	4,50 – 4,99
Bronzener DLG-Preis	4,00 – 4,49

Um den Qualitätsanforderungen entsprechen zu können, müssen diese durch Kriterien überprüfbar sein und die Ergebnisse dokumentiert werden. Am Beispiel von Frikadellen wird die Umsetzung des HACCP-Verfahrens aufgezeigt.

5-Punkte-Plan

Punkte	Qualitätsbeschreibung	Allgemeine Eigenschaften
5	sehr gut	keine Abweichungen von den Qualitätserwartungen
4	gut	geringfügige Abweichungen
3	zufriedenstellend	mäßige Abweichungen
2	weniger zufriedenstellend	deutliche Abweichungen
1	nicht zufriedenstellend	starke Abweichungen
0	ungenügend	nicht bewertbar

Fehler und ihre Ursachen

Fehler bei Hackfleisch und Hackfleischerzeugnissen	Mögliche Ursachen
unangenehmer Geruch	– falsche Lagerung (z. B. zu hohe Lagertemperaturen) – Fleisch überlagert – Eiweißzersetzung durch Enzyme
graue Farbe	– kein frisches Fleisch verwendet – zu lange in der Theke gelagert
zu fett	– schlechte Sortierung der Fleischstandards – Rezeptur nicht eingehalten
zu hohe Keimzahl	– Hygienemängel bei der Schlachtung – vorgeschriebene Temperaturen nicht eingehalten – Hygienemängel (z. B. mangelnde Handhygiene) bei der Bearbeitung
kein klares Schnittbild	– unscharfe Wolfmesser – Temperatur des Ausgangsmaterials zu hoch

Exkurs: Frikadelle

Produktbeschreibung:

- Verpackung: 5 Stück à 100 g
  Zutaten:
  – Schweinefleisch/Rindfleisch
  – frische Zwiebeln
  – Gewürze
  – Vollei
  – Semmelbrösel
  – Öl zum Braten
- Zustand: durchgebraten
- MHD/Lagerung: 14 Tage bei <7 °C
- Zielgruppe: alle Verbraucher
- grob entfettetes Schweinefleisch (SII)
- grob entsehntes Rindfleisch (R II)

FLEISCHEREI nusse	Nusses Frikadelle
Zutaten	80 % Schweine- und Rindfleisch (nicht umgerötet), Weißbrot (Weizenmehl, Salz, Hefe), Zwiebeln, Vollei, Wasser, jodiertes Speisesalz, Gewürze mit Senferzeugnis, Kräuter
Angebotsform	in Portionen à 100 g – gebraten
Verpackung	unter Schutzatmosphäre in 5-kg-Gebinden
Lagerung	2 bis 4 °C Einhaltung der Kühlkette MHD: 7 Tage
Konsistenz	saftig
Verwendungszweck	zum Kalt- und Warmverzehr nach Öffnen sofort verbrauchen
Verbraucher	alle

Flussdiagramm Frikadelle

Wareneingang	
Lagerung	Kühlhaus · Trockenlager · TK-Lager · Verpackungslager
Vorbereitung	Abwiegen der Zutaten · Zerkleinern von Fleisch → Würfeln, Wolfen
Zubereiten	Mischen der Zutaten · Portionieren der Ware · Garen „Bratstraße“ · Abkühlen
Verpacken	Vakuum oder Schutzatmosphäre · Metalldetektor
Lagerung	Fertigwarenlager/Kühlung · Warenausgang
Transport	Kühltransport
Verkauf	Kühltheke

GEFAHRENANALYSE

Prozessschritte	Mögliche Gefahren: biologisch	physikalisch	chemisch	CCP: Risikoanalyse
Wareneingang				
Fleisch	Salmonellen	Knochensplitter	Antibiotika Reinigungsmittel	b: nein p: nein c: nein
Zwiebeln				
Zubereitung	Schimmelpilze	Steine, Schmutz	Pestizide	b: nein p: nein c: nein
Mischen der Zutaten	Salmonellen	Kontaktlinse	Acrylamid	
Bratstraße		Metallabrieb		p: ja
Erhitzen	Salmonellen			b: ja
Metalldetektor		Metallabrieb		p: ja

HACCP-Plan

CCP	Grenzwert	Überwachung	Korrekturmaßnahme
Bratstraße erhitzen	**Grenzwert** **Kerntemperatur + 80 °C/8 min**	Was? → Temperatur → Zeit Wo? → Kern Wann? → Stichproben Womit / Wie? → Temperaturfühler Wer? → Mitarbeiter Wie oft? → täglich	**Nacherhitzen**
Metalldetektor	**100 %** **> 0,8 mm**	optisch, akustisch, kontinuierlich	**Auswurf entsorgen**

Hinweis: Dieses HACCP-Verfahren ist als Beispiel zu verstehen.

Komplexe Aufgabe

Fleischerei Nusse hat den Auftrag erhalten, ein Sommerfest mit Hackfleisch-Grillspezialitäten auszurichten.

a) Bilden Sie in Ihrer Klasse Gruppen. Überlegen Sie gemeinsam, welche acht verschiedenen Hackfleischerzeugnisse Fleischerei Nusse zum Sommerfest herstellen sollte.

b) Beschreiben Sie den jeweiligen Herstellungsablauf der einzelnen Produkte.

c) Fertigen Sie eine Skizze eines großen Holzbrettes an und arrangieren Sie darauf zeichnerisch und skizzenhaft die Hackfleisch-Grillprodukte für das von Fleischerei Nusse ausgerichtete Sommerfest.

Aufgaben zur Wiederholung

1. Begründen Sie die Tatsache, dass die Haltbarkeit von Fleischspießen und frischer roher Bratwurst etwas höher ist als die bei Hackfleisch.
2. Nennen Sie zehn Hackfleischerzeugnisse.
3. Beschreiben Sie, worauf bei der Fleischauswahl zur Herstellung von Fleischspießen besonders zu achten ist.
4. Nennen Sie die Aufgaben, die Dekorgewürze in der Fleischerei erfüllen.
5. Erläutern Sie, was codierte Gewürzsalze sind und wie sie hergestellt werden.
6. Nennen Sie Vorteile von codierten Gewürzen.
7. Erläutern Sie, was Marinaden sind und was sie beim Fleisch beeinflussen.
8. Beschreiben Sie den Herstellungsablauf von roher grober Bratwurst.
9. Entwickeln Sie eine Rezeptur mit Gewichtsangaben für 15 Kilo Hacksteakmasse.
10. Nennen Sie die Gradzahl der Idealtemperatur für unter Schutzgasatmosphäre abgepacktes Hackfleisch. Welche Temperaturobergrenze gilt für das gleiche Erzeugnis nach der EG-Verordnung 852/2004?
11. Beschreiben Sie die Qualitätsanforderungen, die an das Fleisch für Hackfleisch und Hackfleischerzeugnisse gestellt werden.
12. Nennen Sie vier Fehler, die bei Hackfleisch und Hackfleischerzeugnissen auftreten können, und beschreiben Sie die möglichen Ursachen.
13. Benennen Sie die kritischen Kontrollpunkte bei der Herstellung von Frikadellen.

Ausgewählte Fachrechenaufgaben

1. Für ein Gemeindefest sollen 420 Hacksteaks zu je 80 g hergestellt werden. Der Fleischermeister nimmt seine bewährte Rezeptur:

3 Teile R I	mit 19,5 % BEFFE
4 Teile R II	mit 17 % BEFFE
6 Teile S IV	mit 12 % BEFFE

18 % Binde- und Auflockerungsmittel inkl. Gewürze und Zwiebeln
Herstellungsverlust: 3 %

a) Welche Mengen in kg benötigt er von R I, R II, S IV sowie Binde- und Auflockerungsmitteln?

b) Wie hoch ist der BEFFE-Wert der fertigen Hacksteaks?

2. Kalkulieren Sie folgende 30 Fleischspieße. Verwendet werden dazu:

3,600 kg S II	à kg 4,10 €
1,200 kg Paprika rot, gelb und grün	à kg 3,90 €
30 Fleischspieße aus Bambus, Bd. zu 200 Stück	à Bd. 1,20 €

Lohn-, Betriebsgemeinkosten (LBGK) 82 %,
Gewinn 12 % und
Mehrwertsteuer 7 %

Zu welchem Preis muss ein Fleischspieß ausgezeichnet werden?

16 Hackfleisch und Hackfleischerzeugnisse präsentieren und verkaufen

Lena und Sabrina bedienen in der Filiale am Stadtrand. Es entwickelt sich ein Dialog zwischen einer Kundin mittleren Alters und Sabrina.
Kundin: „Ich kaufe ja gerne bei Ihnen ein. Die Beratung stimmt und Sie sind alle sehr freundlich und vor allem die Sauberkeit gefällt mir. Wenn nur nicht die hohen Preise wären. Der Supermarkt gegenüber bietet das Gemischte Hack viel günstiger an und es sieht genauso gut aus."
Sabrina: „Ja, aber wir bieten Ihnen eine große Vielfalt von Hackfleisch und vor allem von Hackfleischerzeugnissen. Die Herstellung ist arbeitsintensiver, als würden wir das Hack nur durch den Fleischwolf lassen."
Lena schaltet sich ein: „Unsere Allgemeine Fleischer-Zeitung hat berichtet, dass Hack das meistverkaufte Erzeugnis der Fleischereien ist und die großen Supermärkte mit absoluten Niedrigpreisen die Kunden locken wollen." Kundin: „Das glaube ich Ihnen ja alles, aber gespart ist gespart."
In der Mittagspause legt Lena los. „Jetzt verstehe ich den Chef, wenn er sagt, Qualität hat ihren Preis und dass wir unsere Produkte interessanter und mit viel Ideen bei der Präsentation anbieten müssen."

16.1 Hackfleisch

Hackfleisch ist wegen des hohen Verbrauchsanteils (13,3 % der Frischfleischkäufe bezogen auf Rotfleisch, vor allem Rind- und Schweinefleisch, also ohne Geflügelfleisch) und als relativ preiswertes Fleisch ein besonders preisbewusster Produktbereich.

Das wiederum führt dazu, dass Hackfleisch preisaktiv herausgestellt wird. Das Ergebnis ist, dass Hackfleisch oft nur Roherträge erbringt, die unter der Norm liegen.

Die Bedientheke des Fachgeschäfts muss sich trotz allem nicht mit dem Ruf, teuer zu sein, abfinden. Eine glaubwürdige und konsequente Preispolitik, der eine ausgeklügelte Mischkalkulation zugrunde liegt, ist der Dreh- und Angelpunkt eines langfristig erfolgreichen Geschäfts.

Hackfleisch-Spezialitäten sind besonders als Ausgleich und zusätzliche Erzeugnisse zu empfehlen. Sie wirken stark ausgleichend, da ihre Roherträge weit über dem Durchschnitt liegen.

Präsentation

- Hackfleisch, Geschnetzeltes usw. immer an der Thekenrückwand platzieren aufgrund der intensiveren Kühlung.
- Das Platzieren an der Thekenrückwand erleichtert auch den Abverkauf und verhindert Kleckern.
- Geschnetzeltem, mit speziellen Marinaden angemacht, steht ein hervorhebender Platz zu.
- Zu Geschnetzeltem empfiehlt es sich, dem Kunden eine Rezeptur zur schnellen Zubereitung anzubieten.
- Nicht zu viel an Hackfleisch in die Kühltheke bringen, lieber häufiger frisches Hackfleisch nachfüllen, das zahlt sich bei der Frische aus.
- Beefsteakhack und Rinderhack kommen bei der Präsentation in weißen Schalen optisch stärker heraus.
- Schweinehack, Schweinemett und Schweinegeschnetzeltes wirken besser in dunklen (schwarzen) Präsentationsschalen.

Verkaufsargumente

Beefsteakhack
- der absolute „Frische-Hit“
- aus kontrolliertem deutschen Rindfleisch
- nur nachgewiesene, einwandfreie Qualität
- frisch durch den Wolf gelassen vor den Augen der Kunden
- ideal auch zur kalorienreduzierten Kost
- nicht billig, aber allemal seinen Preis wert

Rinderhack
- in Meisterqualität und dazu unverschämt preiswert
- frisch durch mehrmalige Herstellung am Tag
- vielseitig in der Küche verwendbar
- auch zum Rohverzehr bestens geeignet
- liefert saftige Hamburger

Gemischtes Hack
- aus saftigem Schweinefleisch und frischem mageren Rindfleisch
- Fleisch aus heimischen Beständen
- kontrolliert mit meisterlichem Sachverstand
- ideal für die schnelle, leckere Küche, dazu noch absolut preisgünstig
- großer Geschmack zum kleinen Preis

Schweinemett
- hier schmeckt die Frische durch
- darf auf keinem rustikalen Büfett fehlen
- der beliebte Artikel im Imbissbereich
- ideal für zwischendurch – auf Brötchen, dazu frisch gehackte Zwiebeln
- mit besonderer Sorgfalt in Meisterqualität hergestellt

Geschnetzeltes vom Schwein
- zart und fein
- ein Erzeugnis, das sich schnell und mühelos zubereiten lässt
- vom Schweinenacken ist Geschnetzeltes besonders saftig und schmackhaft

Leberhack
- die regionale Besonderheit für Leberknödel
- vermischt mit Schweinehack und verarbeitet zu Leberknödeln ein Schmankerl aus Süddeutschland

Verzehrempfehlungen

- Schweinemett – auf ofenfrischen Brötchen, ein Hauch von Butter darunter und frische Zwiebelringe darüber
- Gemischtes Hack – saftige Frikadellen, verfeinert mit Zwiebeln und in der Pfanne gebraten; ideal zu „falschem Hasen“, der auch zum Sonntagsessen serviert werden kann; zu Lasagne – arbeitsaufwendig, aber der Genuss beim Verzehr belohnt die Mühe
- Rinderhackfleisch – ideal für Hamburger, dazu ein Sesambrötchen mit frischem Salat, Tomaten und Gurken; sehr gut zu Spaghetti Bolognese; gefüllte Paprikaschoten – Paprikaschote mit Hack und Reis gefüllt, im Ofen gebacken, ein Genuss

16.2 Hackfleischerzeugnisse

Die Herstellung von Hackfleischerzeugnissen ist aufwendiger als die Herstellung von Hackfleisch. Mit den Hackfleischerzeugnissen und mehr noch mit den Hackfleisch-Spezialitäten kann sich das Fleischerfachgeschäft von preisbewussten Mitbewerbern abheben.

Präsentation

- Die Hackfleischqualität wird optisch besser bei der Verarbeitung von Rindfleisch.
- Hackfleisch-Spezialitäten mengenmäßig nur für den „In-etwa-Tagesbedarf“ herstellen.
- Hackfleisch-Spezialitäten saisonbedingt anbieten, z. B. Fleischkäse zum Selberbacken und gefüllte Schweinebrust eher im Winter, dagegen gesteakte und marinierte Nackensteaks eher im Sommer.

Verkaufsargumente

Rinderhackfleischrolle mit Blätterteig
- die „Vielseitige“
- eine Augenweide
- ideal zum Imbiss zwischendurch
- die schnelle Mahlzeit zu Hause
- Durch den Blätterteig benötigt man keine sättigende Beilage.
- aber auch zur Grillparty eine schmackhafte Bereicherung

Beefsteakhack

Rinderhack

Schweinemett

Geschnetzeltes

Leberhack

3

Rohe Bratwurst

3

Frische rohe Bratwurst
- egal ob im Schafssaitling oder Schweinedünndarm, ein Hit für viele Anlässe
- hergestellt nach altem Familienrezept
- schmeckt zum Grillfest im Sommer wie zur Schlachteplatte im Winter mit herrlichem Sauerkraut oder am guten Imbiss mit Senf und Brötchen

Gefüllte Schweinebrust
- mit ein wenig Zeitaufwand bei der Zubereitung das Geschmackserlebnis pur
- zeigt viel her und ist trotzdem preislich erschwinglich
- die würzige Hackfleischfüllung hat es wahrlich in sich
- mit fein abgestimmten Zutaten genießen Sie diese besondere Spezialität

Fleischspieße
- Vielfalt in der Zusammensetzung vom traditionellen Schaschlik mit Innereien, von der Leber oder Niere bis zum Gourmet-Filetspieß mit dem Besten von Rind, Schwein, Lamm oder Kalb
- vormariniert, in der Pfanne gebraten, mit körnigem Reis und frischem Salat
- vom Grill mit einer herrlichen Barbecue-Soße und einem Kräuterbutterbaguette

Cevapcici
- deftig und würzig mit einer Knoblauchnote
- schmecken vom Grill wie aus der Pfanne
- lassen Urlaubserinnerung vom Balkan wieder aufleben
- günstig und trotzdem etwas Besonderes

Fleischkäse
- zum Selberbacken in der praktischen Aluschale
- ein unvergleichliches Geschmackserlebnis, viel besser als der aufgewärmte Fleischkäse
- erregt die Geschmacksnerven
- eignet sich zum Mittagessen wie zum Abendbrot
- der Hit bei der abendlichen Skatrunde

Verzehrempfehlungen

- Frische rohe Bratwurst – in der Pfanne gebraten, dazu geschmortes Sauerkraut und deftiges Graubrot oder aber Semmelknödel oder Kartoffelpüree.
- Gefüllte Schweinebrust – angebraten im gusseisernen Topf, danach im Ofen geschmort, dazu passen Kartoffelknödel und Erbsen und Möhren.
- Filetspieße – kurz gebraten mit Kartoffelrösti, Brokkoli und anderen feinen Gemüsen und Sauce Bearnaise, ein lukullisches Erlebnis.
- Fleischkäse zum Selberbacken, davon eine Scheibe mit einem Spiegelei darauf und einem frischen Brötchen zum Abendbrot oder als Zwischenmahlzeit.

& Komplexe Aufgaben

1. Nehmen Sie sich eine Woche vor, in der kein Feiertag vorkommt. Bitten Sie Ihren Vorgesetzten/Ihre Vorgesetzte darum, dass Sie die Wareneingänge bezogen auf Frischfleisch für diese Woche aufschreiben dürfen.
Berechnen Sie den prozentualen Verkauf an Hackfleisch und an Hackfleischerzeugnissen am Gesamtverkauf allen Frischfleisches.
Überlegen Sie sich, welche Hackfleischerzeugnisse Ihr Sortiment erweitern könnten.

2. Suchen Sie im Internet oder in guten Kochbüchern nach einem Rezept für Lasagne.
- **a)** Schreiben Sie dieses Rezept so auf, als ob Sie es Ihren Kunden als Empfehlung zum Nachkochen vermitteln möchten.
- **b)** Welche Wein-Empfehlung könnte zu einer Lasagne ausgesprochen werden?
- **c)** Welches italienische Dessert würde ein Essen mit Lasagne abrunden?

Aufgaben zur Wiederholung

1. Beschreiben Sie, warum das Fleischerfachgeschäft den Verkauf von Hackfleischerzeugnissen steigern sollte.
2. Nennen Sie das Gewürz, das bei Schweinemett erst kurz vor dem Verzehr hinzugefügt werden sollte.
3. Welches Schweinefleischteil liefert ein besonders saftiges Geschnetzeltes?
4. Erläutern Sie, wozu Leberhack benötigt wird.
5. Nennen Sie je zwei Verwendungsmöglichkeiten für Rinderhack und Gemischtes Hack.
6. Erläutern Sie, wo Hackfleisch und Geschnetzeltes in der Theke präsentiert werden sollten. Begründen Sie Ihre Antwort.
7. Erläutern Sie die Vielfalt des Begriffs „Fleischspieße“.
8. Recherchieren Sie, woher ursprünglich die Cevapcici stammen.
9. Begründen Sie, warum Hackfleischspezialitäten mengenmäßig nur für den „In-etwa-Tagesbedarf“ hergestellt werden sollten.

Ausgewählte Fachrechenaufgaben

1. Folgende Hackfleischsorten und Hackfleischartikel werden in der Stadtfiliale von Fleischerei Nusse durchschnittlich täglich verkauft (Preisangabe ist der Verkaufspreis):

9,600 kg	Beefsteakhack	11,90 €
29,000 kg	Gemischtes Hack	5,90 €
19,000 kg	Rinderhack	6,90 €
17,000 kg	Schweineschinkenmett	8,90 €
9,500 kg	Frische rohe Bratwurst, grob	9,90 €
8,500 kg	Frische rohe Bratwurst, fein	10,90 €
3,000 kg	Fleischkäse zum Selberbacken	9,50 €
1,000 kg	Leberhack	5,50 €
6,000 kg	Geschnetzeltes	12,00 €
3,000 kg	Fleischspieße	10,90 €

Wie hoch ist der durchschnittliche tägliche Umsatz an Hackfleisch und Hackfleischerzeugnissen bei einem Gesamtumsatz von 4870 € pro Tag im Wochendurchschnitt?

2. In der Filiale 2 der Fleischerei Nusse im Einkaufszentrum werden täglich folgende Hackfleischsorten und Hackfleischartikel durchschnittlich verkauft:

3,600 kg	Beefsteakhack	10,90 €
42,000 kg	Gemischtes Hack	5,40 €
29,000 kg	Rinderhack	6,40 €
15,000 kg	Schweineschinkenmett	8,20 €
14,500 kg	Frische rohe Bratwurst, grob	8,90 €
11,500 kg	Frische rohe Bratwurst, fein	9,90 €
1,000 kg	Fleischkäse zum Selberbacken	8,90 €
0,500 kg	Leberhack	5,20 €
8,000 kg	Geschnetzeltes	11,00 €
2,000 kg	Fleischspieße	9,90 €

a) Wie hoch ist der durchschnittliche tägliche Umsatz an Hackfleisch und Hackfleischerzeugnissen bei einem Gesamtumsatz in der Filiale 2 von 5 100 € pro Tag im Wochendurchschnitt?

b) Um wie viel Prozent liegt der Umsatz an Gemischtem Hack, Rinderhack und Schweinemett über dem des Hauptgeschäfts?

c) Um wie viel Prozent liegt der Umsatz an Beefsteakhack unter dem des Hauptgeschäfts?

d) Um wie viel Prozent ist der Umsatz insgesamt in der Filiale höher in Bezug auf Hackfleisch und Hackfleischerzeugnisse?

e) Um wie viel Prozent liegt der Verkaufspreis in der Filiale 2 unter dem des Hauptgeschäfts bezogen auf Hackfleisch und Hackfleischerzeugnisse (durchschnittlicher Verkaufspreis)?

Food hygiene

Hygiene in the production/processing of minced meat

1. Read the dialogue and answer the questions in full sentences.

a) What does Mrs. Winter ask for?
b) Which dishes does the butcher recommend?
c) What are the differences between the various kinds of minced meat?
d) What does she buy?
e) How is minced meat produced?
f) What happens to minced meat without cooling?

Minced meat – an extremely versatile product

Butcher: Good morning Mrs. Winter. What can I do for you?

Mrs Winter: Good morning. Today I am pressed for time. I need something quick and easy to cook. What can you recommend?

Butcher: I would recommend our minced meat. It is an all-time favourite. You can prepare it in over one hundred different quick and simple ways.

Mrs Winter: Really? Can you give me an example?

Butcher: Meatballs, meat loaf or a simple bolognaise to name just a few dishes, that can easily be combined with pasta, potatoes, rice and vegetables alike. A real trend are minced meat dishes from the Mediterranean or Asia. Different herbs can turn a simple recipe into a spicy, delicious meal. Here is a flyer with different recipes for you.

Mrs Winter: Thank you very much. Which minced meat would you recommend for meatballs?

Butcher: The different kinds of minced meat are not all the same. A very important difference is the fat content. Ground beef should not have more than 20% fat, whereas ground pork can have up to 35% fat. Mixed minced meat, half pork, half beef should not have more than 30% fat. For meatballs I would recommend mixed minced meat.

Mrs Winter: Oh, very interesting. And what about your special offer: Minced meat made from veal?

Butcher: Well, minced meat can also be made from veal, lamb, chicken or turkey. But for meatballs those kinds could be a little too dry.

Mrs Winter: Okay. I´ll take 1 kilogram of mixed minced meat then... and 200 grams of steak tartar for my husband. What exactly is that, anyway?

Butcher: Steak tartar is ground raw beef or horse meat. It is delicious.

Mrs Winter: Is it fresh?

Butcher: Of course. We only use fresh meat of the best quality. Our minced meat is produced by pushing meat through the meat mincing machine every two hours. The longer minced meat is exposed to air and just placed behind the counter, the greater the risk of germs multiplying on the surface of the meat. The amount of germs increases every 20 minutes. In summer, when minced meat is exposed to higher temperatures during transport, those germs can multiply four times as fast. But I can assure you that I produced this minced meat 20 minutes ago. There you are. Anything else?

Mrs Winter: No, I think that's all, thank you. Where do I pay?

Butcher: At the checkout, over there. Thank you very much and have a nice day.

Mrs Winter: Thank you. Goodbye.

2. Work with a partner and give a short description of the different kinds of minced meat. Start like this:

Mixed minced meat is made from pork and beef. It should not have more than 30 % fat.

The perfect hamburger

3. Look at the following instructions for preparing the perfect hamburger. Put in the correct order, the capital letters in front will form a word.

A: If you want to make a cheeseburger, place a slice of cheese on the flip side about 1 minute before the burgers are done frying. The heat from the hamburgers will melt the cheese.

E: It will only take a minute or two, so don't do anything but stand there with a pot holder in your hand, ready to remove the rolls from the oven. (They go from beautifully toasted to burnt very quickly. So be careful.)

N: Divide the minced meat into 80 gram sections. You should try to touch the beef as little as possible.

M: Make sure the frying pan you are using is large enough to hold your hamburgers without squishing them together.

T: Serve your hamburgers with sliced tomatoes, cucumber, lettuce, roasted onions, a dollop of ketchup and some salt and pepper.

M: When making your own hamburgers, start with washing your hands.

D: Preheat your frying pan at a medium- high temperature.

E: Cook the hamburgers (medium-high heat) on one side, flip them once, and then cook them on the other side.

Cooking times on each side:
- 3 minutes for **RARE**
- 4 minutes for **MEDIUM**
- 5 minutes for **WELL DONE**

I: The basis of a hamburger is, of course, the minced meat from which you make the patties. The meat can be pork, beef or pork and beef mixed.

C: Before you start cooking the hamburgers, toast the cut side of the rolls. (Untoasted rolls get soggy very quickly.) Lay the rolls out on a baking sheet and put them under the grill.

3

VOCABULARY

amount of	Menge/ Anzahl
to assure so. that ...	jemandem versichern, dass
baking sheet	Backblech
counter	Ladentheke
dishes (Pl.)	Gerichte/Speisen
to divide sth.	etwas (auf)teilen
dollop	Klacks
to expose sth. to sth.	etwas etwas aussetzen
fat content	Fettgehalt
flip side	Rückseite
to fry	braten
frying pan	Bratpfanne
germs (Pl.)	Bakterien, Keime
ground beef	Rinderhackfleisch
ground pork	Schweinehackfleisch
herb/herbs (Pl.)	Kraut/Kräuter
to increase	zunehmen/wachsen
lettuce	Kopfsalat
meatball	Fleischklößchen/Frikadelle
meat loaf (Sing.)	Hackbraten
meat mincing machine	Fleischwolf
to melt	schmelzen
pot holder	Topflappen
to preheat	vorheizen/vorwärmen
to be pressed for time	in Zeitnot sein
to process sth.	etwas verarbeiten
raw	roh
recipe	Rezept
to recommend sth. to so.	jmd. etwas empfehlen
roll	Brötchen
spicy	scharf/würzig
to squish	quetschen/zerquetschen
turkey	Pute
versatile	vielseitig
well done	durchgebraten (Fleisch)

4 Herstellen von küchenfertigen Erzeugnissen

Sie stellen verschiedene küchenfertige Erzeugnisse her. Für Ihre Rezeptur wählen Sie geeignete Rohstoffe aus.

Kundin: „Was empfehlen Sie mir als Sonntagsbraten für meine Familie“?

Informieren
- Welche Kundenwünsche sind zu berücksichtigen?
- Welche Geschmacksrichtung bevorzugt die Kundin?
- Welche Portionsgrößen werden gewünscht?
- Welche lebensmittelrechtlichen Vorschriften gelten für küchenfertige Erzeugnisse?

Planen
- Welche küchenfertigen Erzeugnisse lassen sich aus Fleisch herstellen?
- Welche Fleischteile sind geeignet?
- Welche Rohstoffe, Gewürze und Zutaten können verwendet werden?
- Welche Füllung entspricht den Kundenwünschen?
- Welche Maschinen und Arbeitsgeräte werden benötigt?

Entscheiden
- Ich biete der Kundin einen Rollbraten an, den ich küchenfertig vorbereite.
- Ich erkläre der Kundin die Zubereitung für zu Hause.
- Ich schlage Gemüse- und Sättigungsbeilagen vor.
- Ich berate die Kundin, bis sie sich für eine Füllung entschieden hat.

Ausführen
- Ich richte den Arbeitsplatz ein.
- Ich stelle alle notwendigen Rohstoffe, Gewürze und Zutaten bereit.
- Ich schneide, fülle, rolle und binde das ausgewählte Fleischteil.
- Ich präsentiere der Kundin den küchenfertigen Rollbraten.

Kontrollieren
- Habe ich meine Vorschläge ausreichend verständlich machen können?
- Sollte ich eine andere Füllung empfehlen?
- Ist der Bindfaden fest verschlossen, damit er sich beim Braten nicht öffnen kann?
- Ich bitte die Kundin, beim nächsten Einkauf über den Geschmack zu berichten.

Bewerten
- Ist die Kundin mit meiner Arbeit zufrieden?
- Bin ich mit meiner Arbeit zufrieden?
- War die Füllung richtig gewählt?
- Kann ich auch anderen Kunden diese Geschmacksrichtung empfehle
- Ich notiere die Rezeptur der Füllung und den Herstellungsablauf.

17 Rechtliche Vorschriften beachten

FLEISCHEREI nusse

Nach einer längeren Phase im Produktionsbetrieb findet nun die Ausbildung von Björn und Sabrina im Hauptgeschäft statt. Dort werden sie von ihrer Patin Lena angeleitet.
Doch auch Matthias Nusse gibt gerne sein Fachwissen weiter. „Chef, können wir das alles, was für heute auf dem Produktionszettel steht, auch heute im Laden verkaufen?", fragt Sabrina.
„Aber sicher, sonst wären wir kein gutes Fachgeschäft. Frische ist das A und O einer jeden guten Fleischerei", antwortet Matthias Nusse. „Gerade hier im Innenstadtbereich wissen unsere Kunden unsere Convenience-Produkte sehr zu schätzen."
Björn: „Was für Produkte sind denn das, wie heißen die?"

17.1 EG-Verordnung 853/2004

Den heutigen Verbraucher erwartet allgemein ein vielfältiges Angebot an Nahrungsmitteln und eine große Auswahl an küchenfertigen Erzeugnissen in der Fleischerei. Es reicht nicht mehr aus, nur zugeschnittene Braten und Steaks zu präsentieren, vielmehr kommt es auf spezielle Füllungen und Bearbeitungsmethoden an.

Fleischzubereitungen

- bestehen aus frischem Fleisch einschließlich des zerkleinerten Fleisches, zusätzlich können andere Lebensmittel wie Würz- oder Zusatzstoffe zugegeben werden (z. B. mit Schweinemett und frischen Paprikawürfeln gefüllter frischer Schweinebauch);
- sind auch Erzeugnisse, die einem Bearbeitungsverfahren unterzogen wurden, das nicht die innere Muskelfaserstruktur des frischen Fleisches verändert hat (z. B. eingelegtes Rindfleisch zu Sauerbraten).

Im Anhang der EG-Verordnung 853/2004 werden die Anforderungen an Hackfleisch, Fleischzubereitungen und Separatorenfleisch beschrieben. Zu den „Vorschriften für Herstellungsbetriebe von Fleischzubereitungen" und „Hygiene während und nach der Herstellung" (▸ S. 159 f.) gehören auch die „Vorschriften für Rohstoffe zu Fleischzubereitungen".

Diese legen fest, welche Rohstoffe zur Herstellung von Fleischzubereitungen verwendet werden dürfen:

- frisches Fleisch
- Fleisch, das den Anforderungen von Hackfleisch entspricht (▸ S. 129 ff.)

Sofern die Fleischzubereitungen eindeutig nicht roh verzehrt werden, dürfen sie aus Fleisch bestehen:

- das gewolft (gehackt) oder zerstückelt worden ist, und
- aus Fleischzuschnitten, die beim Zerlegen und Zerschneiden angefallen sind (eingeschlossen ganze Muskelstücke);
- dürfen sie aus Separatorenfleisch bestehen, wenn dieses einen Untersuchungsnachweis besitzt, dass es den mikrobiologischen Kriterien für Hackfleisch gemäß EG-Verordnung 853/2004 entspricht.

Convenience-Produkte

17.2 Leitsätze für Fleisch und Fleischerzeugnisse

Die Leitsätze für Fleisch und Fleischerzeugnisse stellen für das Fleischfachpersonal ein wichtiges Hilfsmittel dar, um durch das Labyrinth von Begriffen und Definitionen hindurchzufinden. Unter der **Kennziffer 2.1** werden in den Leitsätzen für Fleisch und Fleischerzeugnisse **„spezielle Fleischteilstücke und spezielle Fleischgerichte“** definiert.

17.3 Convenience-Produkte

Anders als z. B. bei den Begriffsbestimmungen in der EG-Verordnung 853/2004 gibt es für den Begriff „Convenience“ keine eindeutige rechtliche Definition. Trotzdem lassen sich eine Verbrauchererwartung und eine Verkehrsauffassung ableiten.
Ein Oberbegriff bildet das Wort „Convenience-Produkte“.
Convenience stammt aus dem Englischen und bedeutet u. a. „Komfort“, „Behagen“, „Vorteil“, „Annehmlichkeit“. Die Übersetzung für „convenience food“ lautet: „Halbfertignahrung“, aber auch „Fertignahrung“.

Convenience-Produkte verzeichnen seit Jahren einen rasant wachsenden Markt. Dem kann und darf sich das Fleischerfachgeschäft nicht entziehen.

Im Anbieten von Convenience-Produkten liegt die Zukunft des Fleischerhandwerks. Der heutige Verbraucher hat immer weniger Zeit für die Nahrungszubereitung, es sei denn, er gestaltet in größeren Abständen ein Festessen für sich und seine Freunde als besonderes Ereignis. Kunden reagieren offen und oft sogar mit großer Sympathie auf küchenfertige Erzeugnisse aus dem Fleischerfachgeschäft.

Was fällt alles unter den Begriff „Convenience-Produkte“?

z. B.:
- Schnitzel und panierte Schnitzel
- marinierte Steaks
- Fleischspieße
- rohe und gebratene Frikadellen
- Erbsensuppe in Schlauchfolie oder im Darm (Erbswurst)
- rohe gefüllte Braten
- eingelegter Sauerbraten
- vollständige Gerichte mit Gemüse und sättigenden Beilagen

aber auch:
- geschälte Kartoffeln im Glas
- Rotkohl im Glas
- gefrorene Fischstäbchen
- gemischtes Sommergemüse in der Tiefkühlpackung
- Fleischsalat
- fertiger Milchreis mit Zimtzucker im Kunststoffbecher
- tiefgefrorene Fertigmenüs zum Aufwärmen in der Mikrowelle
- Fertigmüsli
- Fertigbrei mit Hühnchen aus dem Glas als Babynahrung

Die drei folgenden Erzeugnisse sind fachlich eindeutig definiert (geklärt), lassen sich also klar voneinander abgrenzen und sind doch jedes für sich Convenience-Produkte.

Küchenfertige Erzeugnisse

Diese Erzeugnisse sind so vorbereitet, dass sie nur (noch) zubereitet und/oder **gegart** werden müssen. Dazu zählt die fertig gerollte Roulade oder das gewürfelte Gulasch, das, nachdem noch Zwiebeln hinzugefügt wurden, nur noch angebraten und gegart werden muss. Aber auch die Geschnetzelten-Pfanne „Diana“ mit mariniertem Fleisch, Zwiebeln und Gemüse (Erbsen, Karotten, Champignons) braucht nur noch in eine heiße Pfanne gegeben und gegart zu werden.

Küchenfertiges Erzeugnis: Schweinegeschnetzeltes „Diana“

Tischfertige Erzeugnisse

Bei diesen Erzeugnissen handelt es sich um komplett fertige Produkte, die lediglich erwärmt werden müssen, wie z. B. Kalbsgeschnetzeltes in Rahmsoße.

Tischfertiges Erzeugnis: Kalbsgeschnetzeltes in Rahmsoße

Verzehrfertige Erzeugnisse

Hierbei handelt es sich um fertige Speisen, die in der Regel über die Heiße Theke im Fachgeschäft oder über den Partyservice bzw. das Catering zum sofortigen Verzehr abgegeben werden, z. B. Erbsensuppe.

Verzehrfertiges Erzeugnis: Erbsensuppe

Komplexe Aufgabe

Fertigen Sie eine Tabelle mit folgenden Spalten an:
- küchenfertige Erzeugnisse,
- tischfertige Erzeugnisse und
- verzehrfertige Erzeugnisse.

Tragen Sie in die Tabelle ein:
a) die in Ihrem Ausbildungsbetrieb hergestellten Erzeugnisse und
b) die von Ihrem Ausbildungsbetrieb zugekauften Erzeugnisse.

Aufgaben zur Wiederholung

4

1. Fleischzubereitungen bestehen
- aus frischem Fleisch und auch zerkleinertem Fleisch und möglichen Zutaten,
- aus bearbeitetem Fleisch, das nicht die innere Muskelstruktur verändert hat.

Nennen Sie jeweils zwei Beispiele.

2. Beschreiben Sie, wann Rohstoffe zu Fleischzubereitungen aus Separatorenfleisch bestehen dürfen.

3. Nennen Sie ein wichtiges Hilfsmittel für den Fleischer, um sich durch das Labyrinth von Begriffen und Definitionen hindurchzufinden.

4. Erläutern Sie den Begriff „Convenience".

5. Björn hat in der Ausgangssituation (▸ S. 155) gefragt, „Was sind Convenience-Produkte?". Geben Sie ihm eine Antwort.

6. Unterscheiden Sie folgende Begriffe und geben Sie jeweils ein Beispiel:
a) küchenfertige Erzeugnisse
b) tischfertige Erzeugnisse
c) verzehrfertige Erzeugnisse

Ausgewählte Fachrechenaufgabe

Auf dem Produktionszettel von Fleischerei Nusse stehen heute folgende Produkte:

- 20 Rouladen zum Füllen, je Stück zu 140 g
- 50 Nackensteaks, mariniert, je Stück zu 170 g
- 16 Spieße – Rind, je zu 100 g Fleisch
- 24 Spieße – Schwein, je zu 110 g Fleisch
- 10 Spieße – Lamm, je zu 120 g Fleisch
- Sauerbraten, abgepackt in Vakuumfolienbeutel, in folgenden Portionsgrößen: 3 x 1 kg, 4 x 0,750 kg, 2 x 0,500 kg
- 8 Stück Schweinerollen aus der Schweineunterschale à 550 g
- 18 Cordon bleu aus dem Kalbsrücken, à 140 g
- 4,000 kg Schweinenacken, geschnetzelt, für Chinapfanne
- 2 Rinder-Suppenrollen aus dem Bauchlappen, zugeschnitten à 2,8 kg
- 7 Putenrollbraten à 1,2 kg
- 12 Hüftsteaks, mariniert, à 180 g
- 8 Saltimbocca (Kalb) à 140 g
- 7,5 kg Schweinerollbraten aus dem dicken Schulterstück
- 4 kg Burgunder Schweinebraten (Nacken)
- 3 kg Rinderschwanzrolle zum Spicken
- 5,5 kg Kasseler für Kasseler in Blätterteig
- 3,5 kg Schweinebauch zum Füllen mit Brät-Spinat-Füllung
- 2 x 1,2 kg Oberschalendeckel für Rinderrollbraten mit Mett-Lauch-Füllung
- 8 Kalbsbrustscheiben à 160 g
- 18 Lammhalssteaks à 150 g
- 15 Gurkenschiffchen mit je 100 g Gemischtem Hack
- 14 Hähnchenkeulen, gefüllt, à 240 g

a) Stellen Sie die Materialanforderungsliste zusammen, indem Sie die Gewichte berechnen.
b) Rechnen Sie für den Zuschnitt für jeden einzelnen Artikel 10 % dazu.
c) Berechnen Sie den prozentualen Anteil an der Gesamtfleischmenge von Schwein, Rind, Kalb, Lamm und Geflügel.

(Bei der Berechnung der Gesamtmenge werden die Zutaten nicht berücksichtigt.)

18 Herstellungsprozesse planen

FLEISCHEREI nusse

Björn und Sabrina sind im Vorbereitungsraum des Hauptgeschäfts mit der Vor- und Zubereitung von küchenfertigen Erzeugnissen beschäftigt.
Sabrina: „Es ist ja einfach irre, wie viele küchenfertige Erzeugnisse wir hier vorbereiten."
Matthias Nusse: „Wenn wir mit unserem Fachgeschäft hier nicht die Verbrauchererwartung und die Wünsche unserer Kunden erkennen und berücksichtigen, hätten wir erhebliche Umsatzeinbußen. Nur wer auf die Kundenwünsche individuell eingehen kann, hat Zukunft."
„Aber es steckt doch ein ziemlicher Aufwand dahinter. Wir müssen bei der Herstellung küchenfertiger Erzeugnisse so viel berücksichtigen. Wie sollen wir uns das bloß merken?", fragt Sabrina.

18.1 Arbeitssicherheit und Arbeitsgestaltung

Eine durchdachte Arbeitsorganisation und eine gute Arbeitsgestaltung sind für einen optimalen Arbeitsablauf unerlässlich. Nichts ist störender, als ein küchenfertiges Fleischerzeugnis mit Brokkoli füllen zu wollen und festzustellen, dass versäumt wurde, tiefgefrorenen Brokkoli zu bestellen.

Wenn für die Herstellung dieses Erzeugnisses daraufhin der Brokkoli erst beschafft werden muss, dann

- vergeht wertvolle Zeit,
- verursacht die Beschaffung erhebliche Mehrkosten durch den erhöhten Personaleinsatz,
- schadet dies der Umwelt durch unnötige Transportwege und
- verschlechtern sich durch die zeitliche Verzögerung die hygienischen Bedingungen bei der Herstellung.

Diese entstandenen Mehrkosten sind beim Verkauf des Produktes nicht zu realisieren.

Bei der Organisation bzw. Arbeitsgestaltung sollte der Umweltschutzgedanke immer mit berücksichtigt werden, z. B. bei der Verpackung von Produkten oder auch bei der Kühlung. Wenn beispielsweise häufig Brokkoli eingesetzt wird, ist es umweltschonender und kostengünstiger, auf Großpackungen zurückzugreifen. Bei der Kühlung gilt auch hier: Nur so viel Fleischmaterial und andere Zutaten aus dem Kühlhaus holen, wie in einer kurzen und überschaubaren Zeit verarbeitet werden kann. Die fertigen Erzeugnisse sind ebenfalls schnellstmöglich wieder der Kühlung zuzuführen. Letzteres hilft nicht nur Energie und somit Kosten zu sparen, sondern ist ein ganz entscheidender Punkt der Hygiene (▸ S. 132 ff.).

18.1.1 Hygiene

Die „gute Hygienepraxis" ist eine Grundvoraussetzung für die Herstellung küchenfertiger Fleischerzeugnisse. Mehrere Gründe verdeutlichen die Notwendigkeit:

- Bei küchenfertigen Fleischerzeugnissen werden häufig Hackfleischprodukte mit eingearbeitet.

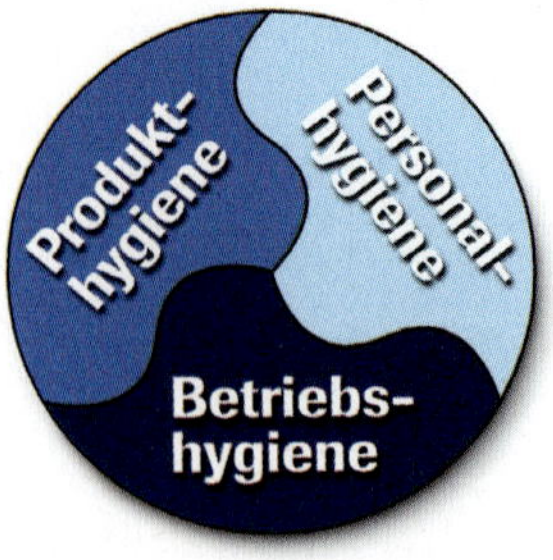

- Es werden andere Zutaten wie Zwiebeln, Kräuter oder verschiedene Gemüse eingesetzt.
- Ein ganz entscheidender Kaufgrund ist das appetitliche Aussehen und somit die Farbhaltung des Erzeugnisses.
- Häufig werden küchenfertige Erzeugnisse in kleineren Zuschnitten angeboten und haben daher eine vergrößerte Oberfläche, die wiederum eine größere Angriffsfläche für Mikroorganismen bietet.

All diese Notwendigkeiten haben wiederum zur Folge, dass bestimmte Hygienemaßnahmen befolgt werden, die selbstverständlich auch für die Herstellung und Bearbeitung anderer Produkte gelten.

Hygienemaßnahmen

- Keine Boden- und Wandberührungen der Erzeugnisse.
- Keine Bodenberührung von Behältnissen mit Fleisch und Fleischwaren.
- Zügiges Bearbeiten des leicht verderblichen Fleisches.
- Kurze Verweildauer ohne Kühlung; Fleisch und Fleischerzeugnisse dürfen max. +7 °C im Kern (Geflügel +4 °C im Kern) haben.
- Ideal wäre die Aufrechterhaltung der Kühlkette.
- Kühllagerung von Rind- und Schweinefleisch einerseits und von Geflügel und Wild andererseits ausreichend trennen, ggf. müssen die Teile umhüllt werden.
- Durchführung von Temperaturkontrollen und Dokumentation der Ergebnisse.
- Bildung von Kondensat (Beschlagen des Fleisches) verringern.
- Zerlegen von Rind- und Schweinefleisch einerseits und Fleisch von Geflügel, Wild und Hauskaninchen andererseits ort- oder zeitversetzt durchführen (ggf. die Schneideunterlage wechseln oder zwischendurch desinfizieren).
- Messer häufiger zwischendurch wechseln oder zwischen den Arbeitsgängen desinfizieren, da mit dem Messer Keime übertragen werden können.
- Möglichst durch geschicktes Arbeiten und Kühlen den Austritt von Fleischsaft begrenzen, da dieser ein hervorragender Nährboden für Mikroorganismen ist.
- Fleisch- und Speckoberfläche vor der Gefrierlagerung abdecken.

18.1.2 Maschinen, Geräte, Gewürze, Umhüllungen

Werden zur Herstellung **Maschinen und Geräte** (▸ S. 52 ff.) benötigt, so müssen diese einsetzbar sein. Bei der Reihenfolge der Herstellung ist ebenfalls auf den Maschinen- und Geräteeinsatz zu achten. So wird zuerst Fleisch durch den Wolf gelassen, das mit Kochsalz gesalzen wurde, und erst danach das Fleisch gewolft, das mit Nitritpökelsalz vermischt wurde.

Ebenso wird bei der Verarbeitung von Geflügelfleisch vorgegangen. Dieses sollte immer zum Ende der Herstellung bearbeitet werden, um ein zwischenzeitliches Desinfizieren von Geräten und Tischen zu umgehen.

Gerade für küchenfertige Erzeugnisse werden häufig Spezialwürzungen benötigt und auch codierte **Gewürze** eingesetzt. Für eine optimale Arbeitsorganisation müssen gerade diese Gewürze – am besten frisch – bereitstehen.

Gleiches gilt für **Umhüllungen,** egal ob es sich um eine Eiweiß-, Klarsicht- und Bratfolie oder um gewachsten Rollbindfaden handelt.

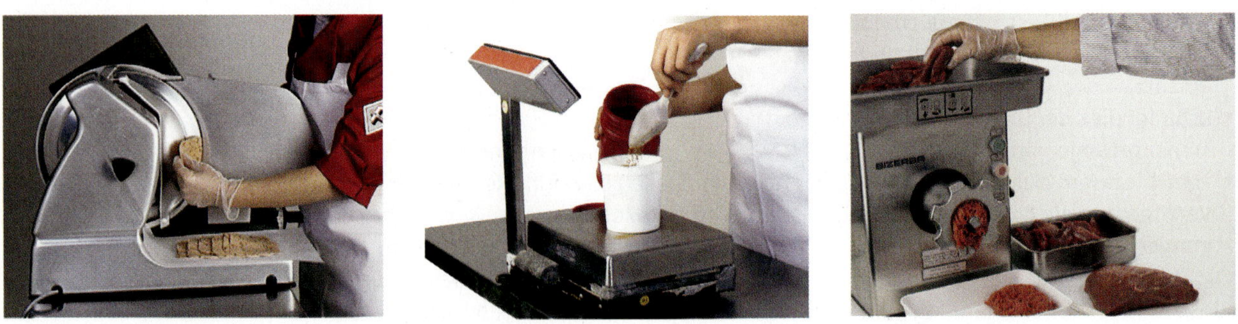

Maschinen und Geräte

18.2 Fleischauswahl für küchenfertige Fleischerzeugnisse

Neben dem Fachwissen über Herstellungsweisen und -techniken sowie Hygiene und Umweltschutz sind auch Kenntnisse über den Körperaufbau und die Muskelstrukturen der Schlachttiere erforderlich. Diese entscheiden über Einsatz und Verwendung der verschiedenen Fleischteile und somit in besonderem Maße auch über die Kundenzufriedenheit.

Fleisch zum Grillen oder Kurzbraten

Dieses Fleisch ist grundsätzlich von allen Tierarten zu gewinnen.

- Es muss aber unbedingt darauf geachtet werden, dass es sich um **junge Tiere** handelt, bei denen die Bindegewebshäute schwächer ausgeprägt sind als bei älteren Schlachttieren. Ein starkes Bindegewebe macht Fleisch zäh und schwer kaubar.
- Ebenso wie das Alter spielt besonders bei Rindfleisch die **Reifung**, die die Aromabildung und den Geschmack beeinflusst, eine wichtige Rolle. So kann durch die Reifung auch Bindegewebe aufgelockert und somit besser verzehrbar werden.
- Die meisten Kurzbratstücke befinden sich im hinteren Teil des Tierkörpers – Rücken/Keule –, da dieser weniger vom Tier bewegt wird und somit die Muskulatur bindegewebsärmer ist. Das ideale Fleischteil ist hier das Filet, das in der Beckenhöhle angesiedelt ist und vom Tier kaum bewegt wird. Im Gegensatz dazu ist Beinfleisch (Eisbein) sehr stark mit Bindegewebe und Sehnen durchzogen.
- Beide **Fleischarten, mager** und **marmoriert,** eignen sich zum Kurzbraten oder Grillen. Die zartesten Fleischstücke, die Filets, sind sehr fettgewebsarm, aber auch ein marmoriertes Rib-Eye-Steak oder ein marmoriertes Schweinenackensteak wird vom Verbraucher aufgrund der Zartheit und des Wohlgeschmacks sehr geschätzt (Fett ist **der** Geschmacksträger und lockert gleichzeitig die Muskelstruktur auf und hält das Fleisch saftig).

Fleisch zum Braten und Schmoren

Dieses Fleisch darf durchaus etwas mehr Bindegewebe enthalten. Gerade durch den Schmorvorgang wird das Bindegewebe weicher, schmeckt leicht säuerlich und verstärkt somit das Aroma. Das Braten- und Schmorfleisch, besonders vom Rind, sollte aber ebenso wie das Fleisch zum Grillen und Kurzbraten gereift sein. Auch beim Braten gilt, dass marmoriertes Fleisch saftiger und wohlschmeckender ist.

Fleisch zum Grillen und Kurzbraten

Bei der Zerlegung kommt es auf das Schneiden und Aufteilen in Vliese an. Dadurch werden gleichmäßig beschaffene Muskelpartien gewonnen, die wiederum für eine gleichmäßige Garzeit und für einen schönen Scheibenzusammenhang beim Schneiden des Bratens notwendig sind. Die Vliese (hauchdünne Bindegewebshäutchen), aber auch Bindegewebshäute und dünne Sehnenplatten verhindern ein Austrocknen des Fleisches und verringern somit Gewichtsverluste und eine Beeinträchtigung im Aussehen. Beim Verkaufsvorgang sind diese Bindegewebshäute und Sehnen zu entfernen, da sie die Bratfähigkeit (das Fleischstück biegt sich) beeinträchtigen können. Dieses Zurechtschneiden von Fleisch kurz vor dem Verkauf oder der Weiterverarbeitung wird **Parieren** genannt.

Fleisch zum Braten und Schmoren

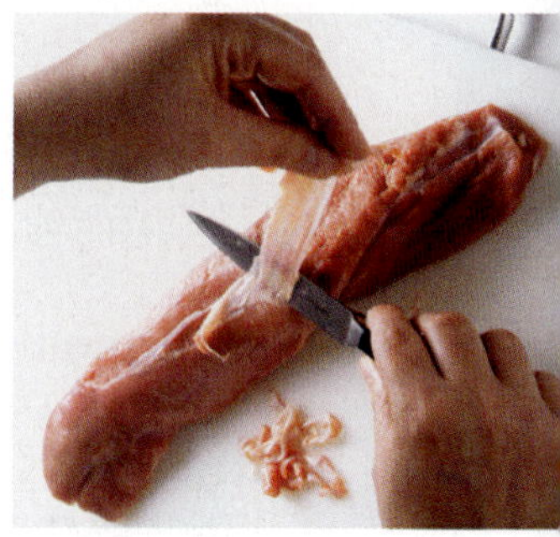

Parieren

Gerade Fleischteile aus dem preiswerten Vorderteil der Schlachttiere (Schulter/Bug und Nacken/Hals) können durch geschicktes Zuschneiden (**„New Cut“**) aufgewertet und somit auch zu einem höheren Preis verkauft werden. So werden aus einem Schaufelstück beispielsweise durch Herausschneiden der Mittelsehne zwei köstliche Flat Iron Steaks, welche zu einem deutlich höheren Preis angeboten werden können. Andererseits kann man das Fleischstück mit der Mittelsehne auch durch Einlegen in Beize zu Sauerbraten nicht nur geschmacklich beeinflussen. Die Säure wirkt auf das Bindegewebe ein, lockert es auf und macht es bekömmlich und verdaulich.

Fleisch zur Suppe

Auch hier entscheidet das Fachwissen über die Vermarktung der Produkte. Muss Fleisch für Steaks und für Braten speziell vom Rind gut reifen, so kommt es bei Suppenfleisch vom Rind auf einen zügigen Verkauf des frischen Suppenfleisches an. So wichtig für ein Steak die Aromabildung durch die Reifung ist, so wichtig ist bei der Suppe der **„frische Geschmack"**.

Suppenfleisch

Allerdings verläuft der Trend im Verkauf zu schnellen, küchenfertigen Erzeugnissen in Form von vorportionierten Produkten. Fleisch zu Eintöpfen und zu Suppen wird immer weniger nachgefragt. Umso wichtiger ist es, das anfallende Suppenfleisch – speziell vom Rind – gewinnbringend zu vermarkten. Problematisch im Verkauf ist die Fleischdünnung, auch Bauchlappen genannt. Gerade dieses Fleischteil lässt sich durch Parieren (Zuschneiden), d.h. durch Entfernen der gelben Bauchsehne und des groben Fettes zur attraktiven **Suppenrolle** aufwerten (▸ S. 167).

Lernfeld 4: Herstellen von küchenfertigen Erzeugnissen

Klasse/Kurs: Fl 1 / FL07

Bezeichnung des Erzeugnisses: **Schweinerolle mit Brokkoli-Champignon-Füllung**

Name: Benjamin Beyer   Datum: 17. Juli 20XX

1 Fleischmaterial
2 Stück Rollen von der Schweineunterschale

2 Zutaten (für 2 Stück):
150 g TK-Brokkoli
150 g Champignons
150 g weißes Brät, fein
10 g Butter zum Andünsten

3 Gewürze
50 g Zwiebeln
5 g Kochsalz
1 g Pfeffer
0,5 g Majoran

4 Herstellungsablauf
- Füllung: Die klein geschnittenen Zwiebeln und die nicht zerkleinerten Champignons in Butter dünsten und kalt stellen. Den Brokkoli blanchieren, mit kaltem Wasser abschrecken, ausdrücken und klein schneiden. Alles (außer der Rolle) vermengen.
- In die Schweinerolle seitlich eine tiefe Tasche schneiden. Die Füllung gleichmäßig in die Tasche geben und die Öffnung schließen.
- Das Ganze mit Rollbindfaden schnüren und außen mit Dekorwürzung versehen.

5 Besonderheiten
Weißes Brät im rohen Zustand ist als Hackfleisch einzustufen.

18.3 Arbeitsplanung

Nur durch eine durchdachte, geordnete Planung lassen sich Hygiene, Umweltschutz, Arbeitsschutz, Qualitätssicherheit und Qualitätsstandards einhalten.
In jeder Produktionsphase benötigt der Fleischer eine Arbeitsplanung, eine **Rezeptur mit Herstellungsablauf.** Liegt ein solcher Arbeitsplan vor, kann dieser folgende Vorgaben enthalten:
- Hygienevorgaben, z.B. in Bezug auf die Kühltemperatur
- Vorgaben zur Nachhaltigkeit, z.B. Groß- oder Kleinpackung bei Brokkoli
- Arbeitsschutzvorschriften, z.B. beim Auslösen des Schweineschinkens: Stechschutzschürze und Stechschutzhandschuh mit integriertem Unterarmschutz tragen
- Qualitätssicherheit, z.B. Überprüfung, ob alle Zutaten die Frischemerkmale aufweisen
- Qualitätsstandards, z.B. immer gleich große Teilstücke, gleiche Gewichtseinheiten und Gewürzmengen für das gleiche Erzeugnis

Je umfangreicher das Sortiment, egal ob bei Wurstwaren, Fleischerzeugnissen oder küchenfertigen Erzeugnissen, je wichtiger ist die **Dokumentation von Arbeitsabläufen** und Rezepturen. Kein Mitarbeiter hat alle Arbeitsplanungen und Rezepturen im Kopf. Durch die Dokumentation sind die vielen Schritte bei der Zubereitung abrufbar und kontrollierbar.

& Komplexe Aufgabe

Fleischermeister Nusse stellt Sabrina die Aufgabe, eine Arbeitsplanung für einen Schweinebauch-Rollbraten mit Mett-Paprika-Füllung zu erstellen. Dabei ist u.a. zu überlegen, ob der Bauch mit Knorpelleiste und/oder Schwarte hergestellt werden soll. Bei der Füllung ist darauf zu achten, inwieweit Bestimmungen für Hackfleisch zu berücksichtigen sind. Die Gewichtsverhältnisse von Bauch und Füllung sind wichtig, ebenso die Überlegung, ob TK-Paprika, getrocknete Paprika oder frische Paprika (gelb, rot oder grün) zur Verwendung kommt.

a) Wie soll der Bauch Ihrer Meinung nach aufgeschnitten werden?
b) Erstellen Sie nach dem Muster auf S. 162 eine Arbeitsplanung mit Rezept und Herstellungsablauf.

? Aufgaben zur Wiederholung

1. Erläutern Sie den Zusammenhang von Umweltschutz und küchenfertigen Fleischerzeugnissen.
2. Begründen Sie, warum die „Gute-Hygiene-Praxis“ eine Grundvoraussetzung für die Herstellung küchenfertiger Fleischerzeugnisse ist.
3. Beschreiben Sie acht Hygienemaßnahmen in Bezug auf küchenfertige Fleischerzeugnisse.
4. Nehmen Sie an, Sie stellen küchenfertige Fleischerzeugnisse her. U.a. sind dies gefüllte Hähnchenkeulen, ein Schweinebauch mit Mett-Paprika-Füllung und ein Kasseler in Blätterteig.
  a) In welcher Reihenfolge sollten Sie die küchenfertigen Erzeugnisse herstellen und was ist eventuell zu beachten?
  b) Begründen Sie jeweils Ihre Entscheidung.
5. Nennen Sie die Anforderungen, die an Fleisch beim Grillen oder Kurzbraten gestellt werden.
6. Beschreiben Sie, welche Einflüsse die Beize auf einen eingelegten Rinderbraten ausübt.
7. Beschreiben Sie die Anforderungen an „Fleisch zur Suppe“.
8. Erklären Sie folgende Begriffe:
  a) Parieren, **b)** Vliesen, **c)** Marmorierung und **d)** Bardieren?
9. Erläutern Sie, was die Fettäderchen z. B. beim Schweinenacken bewirken.
10. Begründen Sie, warum Braten- und Schmorfleisch leichte Bindegewebsansammlungen aufweisen dürfen.
11. Nennen Sie die Vorteile, die das Zerlegen von Fleisch nach „Vliesen“ bietet.

% Ausgewählte Fachrechenaufgaben

1. Auf Seite 162 finden Sie die Arbeitsplanung für „Schweinerolle mit Brokkoli-Champignon-Füllung“. Eine Rolle von der Schweineunterschale wiegt ca. 650 g vor dem Parieren. Danach wiegt sie 60 g weniger.
  a) Berechnen Sie die Mengen für 4, 7, 9 und 11 Schweinerollen.
  b) Berechnen Sie den Zuschnittverlust in Prozent und den Verlust in g für 4, 7, 9 und 11 Schweinerollen.
2. Brokkoli kostet in der 2,5-kg-Kunststoffverpackung im Großhandel 4,06 €.
Die Verpackung wiegt 21 g. In der 1-kg-Folienverpackung kostet der Brokkoli 3,54 €.
Hierbei wiegt der Beutel 24 g.
Die 300-g-Kleinpackung Brokkoli kostet 1,49 € und die Verpackung wiegt 21 g.
  a) Wie viel Prozent Folienbeutel werden bei einem 2,5-kg-Gebinde gegenüber einem 1-kg-Gebinde eingespart?
  b) Um wie viel Prozent günstiger ist die Großpackung gegenüber der 1-kg-Packung sowie den Kleinpackungen?

19 Klassische küchenfertige Erzeugnisse herstellen

FLEISCHEREI nusse

Matthias Nusse: „So, Björn, jetzt geht's an die Cordon bleus. Ich schneide aus dem Schweinerücken Schmetterlingssteaks und du legst die Scheiben vom gekochten Schinken und den Goudakäse dazwischen. Anschließend wird das Ganze mit einem Holzspießchen verschlossen, bevor wir das Cordon bleu panieren."

„In Ordnung", antwortet Björn sichtlich verwirrt. „Aber haben wir nicht vorgestern die Cordon bleus aus der Kalbsnuss geschnitten und statt Gouda Emmentaler Käse genommen? Und du, Lena, hast gesagt, Cordon bleu muss immer aus Kalbfleisch hergestellt werden."

Die Einteilung der folgenden klassischen küchenfertigen Erzeugnisse hat keine rechtliche Grundlage. Sie werden unterteilt nach fachlichen und technologischen Kriterien.

19.1 Küchenfertige Erzeugnisse – in Scheiben, geschnetzelt, gewürfelt

19.1.1 Steak

LSKZ 2.1.3.2

Nach den Leitsätzen ist ein Steak eine zum Kurzbraten oder Grillen geeignete (mürbe), nicht zu dünne, in der Regel quer zu den Fasern geschnittene Scheibe Fleisch. Diese Scheibe ist in natürlichem Zusammenhang belassen.

Sie besteht aus sehnenarmem Fleisch, meist mit anhaftendem Fettgewebe, ohne Knochen. Ausgenommen davon sind Porterhouse-Steak und T-Bone-Steak, zum Teil auch Club-Steak und Sirloin-Steak, die einen Anteil an Knochen enthalten. Wird die Tierart nicht angegeben, so handelt es sich wie bei Beefsteak, Rinderstück, Rindersteak um das Steak eines Rindes.

Rumpsteak und Schweinenackensteak

Steaks von anderen Tierarten müssen entsprechend gekennzeichnet werden, z. B. Hirschsteak, Kalbssteak, Schweinesteak, Lammsteak oder Putensteak. Diese Kennzeichnung gilt auch bei Hinweisen auf die Würzung und Zubereitung wie Paprikasteak vom Kalb oder Jägersteak vom Schwein. Ein Schweinenackensteak ist eine Scheibe aus dem Schweinenacken. Das Holzfällersteak ist entweder ein Nackenkotelett oder auch eine Scheibe aus der Schweineschulter mit oder ohne Knochen.

Lamb Chops sind sehnenarme Lammfleischscheiben ohne Knochen.

19.1.2 Schnitzel

LSKZ 2.1.3.4

Ein Schnitzel ist im Gegensatz zu einem Steak dünner geschnitten. Nach den Leitsätzen ist ein Schnitzel zum Kurzbraten oder Grillen geeignet. Es besteht aus einer Scheibe fettgewebs- und sehnenarmem Fleisch, die im natürlichen Zusammenhang geblieben ist. Im Gegensatz zum Steak fehlt hier in der Regel das anhaftende Fettgewebe.

Schnitzel sind stets ohne Knochen. Wird die Tierart nicht angegeben, handelt es sich um Schweinefleischscheiben. Schnitzel von anderen Tieren werden entsprechend gekennzeichnet, z. B. Kalbsschnitzel, Rinderschnitzel, Rehschnitzel oder Putenschnitzel.

Ein **Wiener Schnitzel** ist stets ein paniertes Kalbsschnitzel. Wird ein Schweineschnitzel paniert, so muss dies als Schnitzel **„Wiener Art"** gekennzeichnet werden. Bei einem panierten Schnitzel darf nach den Leitsätzen (vgl. dazu LSKZ 2.1.3.4) der aufgetragene Anteil an Panade höchstens 20 %, bezogen auf das Gesamtgewicht, betragen. Das erhitzte Fertigerzeugnis enthält nicht mehr als 35 % Panade.

Panade

Ein **Schnitzel à la Holstein** ist ein unpaniertes Kalbsschnitzel mit Spiegeleiauflage und Garnierung von Weißbrotecken, die belegt sind mit z. B. Räucherlachs, Sardellenfilets und Kaviar.
Ein **Rahmschnitzel** stammt ebenfalls vom Kalb.

Cordon bleu besteht nach den Leitsätzen aus zwei gleich großen Kalbsschnitzeln oder einem Kalbsschnitzel mit eingeschnittener Tasche. Dazwischen wird Schinken und Käse gelegt. Meistens wird Cordon bleu paniert. Im Original (nicht in den Leitsätzen berücksichtigt) wird Cordon bleu mit Kochschinken und Emmentaler Käse hergestellt. Wird zu Cordon bleu Fleisch von anderen Tieren verwendet, so muss dies entsprechend gekennzeichnet werden, z. B. Hähnchen-Cordon-bleu oder Cordon bleu aus Schweinefleisch.

Rezeptbeispiel: Cordon bleu

Teilstück: Kalbsrücken ohne Knochen

Zutaten für 6 Stück:

6 bis zu 1,5 cm dicke Scheiben mit Tasche geschnitten oder Schmetterlingssteaks
6 Scheiben Emmentaler Käse, in 3 mm geschnitten
6 halbe Scheiben gekochter Schinken, in 2 mm geschnitten

50 g Mehl
4 Eier
200 g Paniermehl
15 g Kochsalz
2 g Pfeffer
6 Holzspieße

Cordon bleu

Herstellungsablauf

- Fleischscheiben außen und innen mit Pfeffer und Salz würzen.
- Gekochten Schinken und Emmentaler Käse in die Tasche legen und mit dem Holzspieß verschließen.
- Panieren – zuerst in Mehl wenden, danach in Ei tauchen und zum Schluss in Paniermehl wenden.

Cordon rouge sind doppelt geschnittene, zarte Rindsschnitzel, die auf einer Seite mit Leberpastete bestrichen werden. Darauf wird eine dünne Scheibe roher Schinken gelegt. Die beiden Seiten werden zusammengeklappt und mit einem Holzspieß zusammengehalten.

Saltimbocca entstammt der italienischen Küche, hat aber in der deutschen Gastronomie eine breite Bekanntheit erlangt. Übersetzt heißt Saltimbocca „Spring in den Mund". In der Regel handelt es sich um kleine, runde, dünne Kalbsschnitzel, die mit einer Scheibe luftgetrocknetem Schinken (ideal wäre der Parmaschinken) und einem Salbeiblatt belegt werden. Das Ganze wird mit einem Holzspieß zusammengehalten und bei milder Hitze in Butter gebraten.

Saltimbocca

Rouladen, bratfertig gefüllt

Rouladen füllen

Rouladen rollen

19.1.3 Rouladen
LSKZ 2.1.3.6

„Rouladen, Fleischröllchen, Fleischvögel sind dünne zusammenhängende, unter Einschluss von Füllung gerollte, zum Schmoren geeignete Scheiben aus sehnen- und fettgewebsarmem Fleisch" (s. Leitsätze 2.1.3.6). Wird keine Tierart genannt, so handelt es sich um Rindfleisch.

Als **Füllung** für Rouladen werden häufig Speck- oder Schinkenstreifen bzw. -würfel verwendet. Dazu kommen je nach Geschmackswunsch Gurken, Zwiebeln, Pilze oder andere Zutaten. Zum Teil wird zur Füllung auch Brät oder Schweinemett verwendet.

Kalbsrouladen, auch Kalbsvögel genannt, werden aus Kalbfleisch geschnitten und enthalten vorwiegend eine Füllung aus Kalbsbrät und gekochtem Ei.

Rezeptbeispiel: Rinderrouladen

Teilstück: Rinderoberschale, Schwanzstück oder Kugel

Zutaten für 6 Stück:

6 ca. 5 mm dünne Scheiben
6 Scheiben Räucherbauch
15 g Kochsalz
2 g Pfeffer
60 g mittelscharfer Senf
3 kleine, fein gehackte Zwiebeln
6 kleine Gewürzgurken (Cornichons)

Herstellungsablauf

- Fleisch mit der Aufschnittmaschine in ca. 5 mm dünne Scheiben schneiden.
- Fleischscheiben salzen, würzen und mit Senf bestreichen.
- Mit der Füllung belegen.
- Fleischscheiben von der dünneren Seite her aufrollen und binden, mit Rouladenspangen befestigen oder mit Rouladennadeln verschließen.

19.1.4 Geschnetzeltes
LSKZ 2.1.4.3

Sofern keine Tierart angegeben wird, muss Geschnetzeltes aus sehnen- und fettgewebsarmem Kalbfleisch hergestellt werden. Es handelt sich dabei um kleine dünne, quer zu den Fasern geschnittene Scheiben oder Streifen.

Kalbsgeschnetzeltes in Rahmsoße

Sehr weit verbreitet ist Schweinegeschnetzeltes mit den unterschiedlichsten Gewürzen und Marinaden.

Frisches Schweinegeschnetzeltes

Rezeptbeispiel: Schweinegeschnetzeltes-Pfanne „China"

Teilstück: Schweinenacken oder -hüfte

Zutaten für 10 Personen:

2,500 kg	Gewürfeltes Fleisch aus dem Schweinenacken
0,250 kg	Bambussprossen aus der Dose
0,250 kg	Sojabohnenkeimlinge aus der Dose

Gewürze:

0,250 kg	„China-Gewürzsoße" zum Marinieren

Herstellungsablauf

- Schweinenacken auf der Aufschnittmaschine in dünne Scheiben schneiden.
- Danach mit dem Messer die Scheiben längs durchschneiden und danach in schmale Streifen schneiden.
- Das geschnetzelte Schweinefleisch mit der Marinade vermengen.
- Bambussprossen und Sojabohnenkeimlinge unterheben.

19.1.5 Erzeugnisse aus gestückeltem Fleisch
LSKZ 2.1.4

Das wohl bekannteste Fleisch in gewürfelter Form ist **Gulasch**. Gulasch ist gestückeltes, gegartes Rindfleisch in gewürzter Soße. Für Gulasch gibt es eine Fülle von Zubereitungsarten mit den verschiedensten Beilagen. Ebenso lassen sich alle Tierarten zu Gulasch verwenden. Die Tierart wird dann mit angegeben.

Ein besonderer Gaumenschmaus ist für viele Menschen das Fondueessen. Auch dazu wird in der Regel gewürfeltes Fleisch benötigt. Zu **Fondue** sollte nur zartes Fleisch verkauft werden und bei Rindfleisch kommt es ganz besonders auf die Reifung an.
Gewürfeltes Fleisch und gewürfelte Innereien sind auch die Basis für **Spieße** der verschiedensten Art.

19.2 Küchenfertige Erzeugnisse – Braten und Rollbraten

19.2.1 Braten
LSKZ 2.1.2.1

Auch hierbei geben die Leitsätze Hilfestellung für die Begriffsklärung. So muss ein „Braten“
- zum Braten geeignet sein,
- er muss in einem natürlichen Zusammenhang belassen sein und
- bratfertig (auch grillfertig) zugeschnitten werden.

Wird fettgewebsreiches Schweinefleisch verwendet, wie Schweinebauch, so muss dieser entsprechend kenntlich gemacht werden, z. B. „Schweinebauchbraten“.

Braten vom Rind → Ohne Angabe der Tierart wird bei Sauerbraten, Schmorbraten, Rostbraten, Burgunderbraten und Zwiebelbraten Rindfleisch erwartet.
Braten vom Kalb → Rahmbraten
Braten vom Schwein → Szegediner Braten

In den übrigen Fällen wird die Tierart angegeben, wie Schweinebraten, Rinderbraten, Hasenbraten, Rahmbraten vom Schwein, Burgunderbraten vom Schwein.

Ein Pökelbraten ist ein gepökelter Schweinebraten. Ein Zigeunerbraten wird speziell gewürzt, teilweise auch gepökelt, und ist ein Rinder- oder Schweinebraten.

Fleischspieße

19.2.2 Rollbraten
LSKZ 2.1.2.2

Ein Rollbraten ist ein im Zusammenhang belassenes, gerolltes oder von einem Netz umgebenes Fleisch. Die Tierart wird angegeben, z. B. Schweinerollbraten.
Ein **Kalbsnierenbraten** ist gerolltes Kalbfleisch ohne grobe Sehnen und ohne die gelbe Bauchhaut mit eingerollter Kalbsniere.
Unter einem **Schweinenierenbraten** verstehen die Leitsätze einen entschwarteten, gerollten Schweinebauch mit Schweineniere.
Bei einem **Putenrollbraten** handelt es sich um gerolltes gewachsenes Putenbrustfleisch mit nicht mehr als 10 % anhaftender Haut und nicht mehr als 40 % Einlagen von gewachsener Brust- und/oder Oberschenkelmuskulatur ohne Haut.
Putenoberkeulenbraten ist gewickeltes, im natürlichen Zusammenhang belassenes Putenoberkeulenfleisch, dem maximal 15 % Haut anhaftet.

Putenrollbraten

Rinder-Suppenrolle

Durch die starke Fettabdeckung und vor allem durch die sehnige Beschaffenheit ist der Bauchlappen nur begrenzt verwertbar. Der Bauchlappen ist von seiner Form her kein verkaufsförderndes Fleischteil, lässt sich aber gut als Fleisch zur Suppenrolle verwenden. Das nachfolgende Rezept ist ein Beispiel für eine Aufwertung des Bauchlappens.

Rezeptbeispiel: Rinder-Suppenrolle

Teilstück: Bauchlappen/Fleischdünnung

Zutaten für eine Rolle:
3,000 kg Bauchlappen, von der gelben Bauchsehne und starken Fettauflagerungen befreit
2 Stück Möhren von mittlerer Dicke
1 Stange Porree/Lauch

Gewürze bzw. Würzlake:
30 g gekörnte Suppenwürzung

Rindersuppenrolle

Herstellungsablauf
- Parierten Bauch rechteckig zuschneiden.
- Mit gekörnter Brühe bestreuen.
- Möhre schälen und zuschneiden.
- Lauch/Porree in einzelne Blätter lösen, gut waschen und vor allem das grüne Blatt zuschneiden.
- Lauch für 15 Sekunden in kochendem Wasser blanchieren, in Eiswasser abkühlen.
- Mit Küchenpapier abgetupfte Lauchblätter auf das Fleischstück legen.
- Möhren drauflegen.
- Das Fleischstück aufwickeln und mit Rollbindfaden verschnüren.

4

19.3 Küchenfertige Erzeugnisse – gebeizt, mariniert, gepökelt

19.3.1 Beizen

Durch den Reifevorgang ist das Fleisch bereits zart geworden. Durch Eiweißabbau während der Reifung kommt es außerdem zu einer Aromatisierung des Fleisches. Bei bindegewebsreicheren Fleischteilen, besonders Fleischteile aus dem Rindervorderviertel, z. B. Falsches Filet, Dickes Bugstück, aber vor allem beim Hessenbraten und beim Schaufelstück wirkt die Beize (Säure) auf das Bindegewebe ein. Dadurch wird es
- lockerer,
- zarter und
- vor allem wohlschmeckender und
- besser verdaulich.

Sauerbraten

Rezeptbeispiel: 1 kg Sauerbraten

Teilstück: Falsches Filet

Zutaten: 1,000 kg Falsches Filet
1,5 l Sauerbratensud,
bestehend aus:
1 l Fleischbrühe,
300 g Zwiebeln,
45 g Kochsalz,
20 g Pfefferkörnern, 5 g Pimentkörnern, 5 g Wacholderbeeren,
5 g Nelken, 5 Lorbeerblättern,
10 g Zucker,
500 ml Essig

Rinderbraten in Beize – Sauerbraten

Der so hergestellte Braten ist der deutschlandweit verbreitete und beliebte Sauerbraten.

Herstellungsablauf
- Fleischbrühe mit den fein gehackten Zwiebeln, Salz, Gewürzen und Zucker 5 Minuten kochen lassen.
- Essig hinzufügen und die Beize abkühlen lassen.
- Das Fleisch mindestens 12 Stunden vor dem Verkauf in der Beize einlegen, besser wären 48 Stunden.

Abpacken

Ideal ist das Abpacken des Sauerbratens in Vakuumbeutel.
Diese Form des Verkaufs hat viele Vorteile:
- Sauerbraten kann auf Vorrat hergestellt werden.
- Der Abverkauf ist wesentlich einfacher, da dem Kunden nicht in einer Extraschale Beize mitverkauft werden muss.
- Auch das Verpacken des Bratens ist im Vakuumbeutel wesentlich einfacher.
- Der Braten lässt sich andererseits in kürzerer Zeit beizen, da dies unter Vakuum schneller abläuft.
- Verschieden schwere Bratenstücke lassen sich vorher portionieren und auf dem Vakuumbeutel auszeichnen.
- Für das Beizen im Vakuumbeutel wird weniger Beize benötigt als im großen Gefäß (auf 1 kg Fleisch ca. 0,5 l Beize).

19.3.2 Marinieren

Ist eine starke Säuerung nicht erwünscht, so genügt ein Einlegen in trockenem Wein (weiß oder rot) bzw. in Dick- oder Buttermilch, wobei die hellen **Marinaden** (s. unten) die Farbe und den Geschmack des Fleisches mildern und die dunklen diese verstärken.

Auf jeden Fall sollte mariniertes Fleisch vor seiner Zubereitung kalt abgewaschen werden, damit das Fleisch wieder seine frische Farbe und seinen typischen Geruch erhält. Soll es anschließend gebraten werden, ist außerdem ein Abtrocknen erforderlich, denn wenn Wassertropfen in heißes Fett gelangen, verursachen sie ein starkes und damit gefährliches Spritzen.

Marinaden und damit hergestellte küchenfertige Erzeugnisse sind aus dem Verkauf nicht mehr wegzudenken, egal ob es sich um grillfertige Steaks und andere Kurzbratstücke handelt, um ganze marinierte Braten oder aber um mariniertes Geschnetzeltes mit einem breiten Spektrum an Geschmacksrichtungen und verschiedenen Zutaten.
Marinaden sind meist säuerliche, pasteuse Zubereitungen auf Ölbasis, die mit verschiedenen Gewürzen und Kräutern geschmacklich abgerundet sind.

Schweinenackensteaks

Rezeptbeispiel: Marinierte Schweinenackensteaks

Teilstück: Schweinenacken

Zutaten für 10 Personen:

2,000 kg Schweinenacken ohne Knochen

Gewürze:

0,150 kg Spezialmarinade für Nackensteaks

Herstellungsablauf

- Schweinenacken in ca. 200 g schwere Nackensteaks aufschneiden.
- Schweinenackensteaks mit der Marinade gut einpinseln.
- Vor der Zubereitung sollten die Nackensteaks rund 5 Stunden marinieren.

Marinierte Schweinenackensteaks

19.3.3 Pökeln

Mit dem Pökeln werden bei küchenfertigen Erzeugnissen drei Ziele verfolgt:

- die stabile, appetitliche Pökelfarbe,
- das Pökelaroma und
- das Fleischerzeugnis ist saftiger und zarter als ungepökeltes.

Alle drei Eigenschaften werden von vielen Verbrauchern geschätzt. Ein Pökelbraten ist ein gepökelter Schweinebraten. Ein Zigeunerbraten wird speziell gewürzt, teilweise auch gepökelt, und ist ein Rinder- oder Schweinebraten.

Burgunder Schweinebraten

Rezeptbeispiel: Burgunder Schweinebraten

Teilstück: Schweinenacken

Zutaten für 10 Personen:

2,500 kg Schweinenacken ohne Knochen

Gewürze bzw. Würzlake:

5 l Wasser
0,350 kg Pökelsalz
0,6 l Bratenzusatz, flüssig
0,5 l Rotwein

Herstellungsablauf

- Lake ansetzen.
- Mit ca. 12 % in den Schweinenacken einspritzen.
- 24 Stunden in der Lake ruhen lassen.
- Danach in Bratennetz einziehen.

Burgunder Schweinebraten

19.4 Küchenfertige Erzeugnisse mit Speck und Teig

19.4.1 Bardieren

Unter Bardieren ist das Einwickeln in eine frische Speckplatte zu verstehen, wie es bei Pariser Lachsschinken üblich ist. Anschließend wird der bardierte Braten mit gewachstem Rollbindfaden gewickelt. Der heutige Verbraucher steht dem Speck/Fett distanzierter gegenüber als früher. Aus diesem Grunde wird alternativ frischer durchwachsener Bauchspeck in Scheiben verwendet.

Der Speck hat mehrere Funktionen:

- Er macht den Braten saftiger.
- Speck enthält mehr Geschmacksstoffe als Magerfleisch.
- Durch den Kontrast zwischen weißem Speck und Bauchfleisch zu dem mageren Rindfleisch wird das Aussehen verbessert. Gleiches gilt auch für das Spicken.

4

Gespickter Braten

19.4.2 Spicken

Mit dem Spicken (Lardieren) werden die gleichen Ziele verfolgt wie mit dem Bardieren. Bekannt ist das Spicken auch aus der Restaurantküche. Dort wurde gerade das fettarme Wildfleisch gespickt. In den letzten Jahren ist aber das Bardieren an die Stelle des Spickens getreten, da mit dem Bardieren keine Muskelzellen verletzt werden. Die Speckplatten können auch beim Bardieren kurz vor Ende des Bratvorgangs entfernt werden und müssen somit nicht mitserviert werden.

Folgende Regeln sollten beim Spicken beachtet werden:

- mit der Faser spicken
- gleichmäßig spicken
- frischen, fetten Speck verwenden
- waagerecht spicken
- Speck sollte am Ende ca. 1 cm herausragen

Fettgewebsreicheres oder gespicktes Fleisch sollte eine Kerntemperatur bis zu 90 °C erreichen, denn das Fettgewebe verträgt mehr Hitze und außerdem schützt es das Fleisch vor dem Austrocknen.

In den letzten Jahren haben sich auch andere Varianten des Spickens entwickelt. Auf dem Zubehörmarkt gibt es Gemüse- und Früchtespicknadeln. So lässt sich z. B. ein ausgelöster Schweinerücken mit marinierter Paprika oder mit Champignons aus der Dose spicken. Der Schweinerücken wird mit einer zusätzlichen Dekorwürzung von außen versehen und entweder im Ganzen verkauft oder aber in Form von Rückensteaks als „Pusztasteaks“ oder „Jägersteaks“.
Eine besondere Delikatesse stellt ein Schweinenacken dar, der mit Backpflaumen gespickt wurde. Dieser Braten lässt sich z. B. als „Schwedenbraten“ verkaufen.

Spicknadeln

19.4.3 Teigmantel

Das Einwickeln im Teig hat mehrere Vorteile:

- Wie beim Bardieren hält der Teigmantel das Fleisch saftig und schützt es vor dem Austrocknen.
- Wird die richtige Einwickeltechnik angewandt und noch eine aus dem gleichen Teig benutzte Verzierung aufgesetzt, so lässt sich ein sehr attraktiver Braten erzeugen.
- Auch geschmacklich kann der Brot- oder Blätterteigmantel das küchenfertige Fleischgericht bereichern und beim Verzehr kann auf die sättigende Beilage wie Kartoffeln, Reis oder Nudeln verzichtet werden.

Ein klassisches Gericht für die Verwendung von Brotteig ist „Kasseler in Brotteig“ oder „Prager Schinken in Brotteig“.
Die Krönung für die Verwendung eines Teigmantels aber stellt „Filet Wellington“ dar. Hier handelt es sich um ein im Blätterteig gebackenes Kalbsfilet. Selbstverständlich lassen sich auch Schweine- und Rinderfilet verwenden. Nur muss dieses in der Bezeichnung berücksichtigt werden.

Kasseler in Blätterteig

Rezeptbeispiel: Kasseler in Blätterteig

Teilstück: Kotelettmittelstück

Zutaten für ein Stück:
ca. 3,000 kg Kasseler Kotelett ohne Knochen
1 große Platte TK-Blätterteig (z. B. vom Fleischer-Einkauf)
1 Ei

Kasseler in Blätterteig

Herstellungsablauf

- Fleisch auf den Blätterteig legen und mit dem Teig umhüllen.
- Überflüssigen Blätterteig abschneiden und zur Seite legen.
- Nahtstellen mit dem aufgeschlagenen Ei bestreichen und zusammendrücken.
- Aus den Blätterteigzuschnitten Verzierungen (z. B. Blätter) ausschneiden.
- Die Blätterteigverzierungen mit dem verquirlten Ei auf das eingewickelte Kassler aufbringen.

19.5 Qualitätsanforderungen

Egal ob es sich um „klassische küchenfertige Erzeugnisse“ oder um „innovative küchenfertige Erzeugnisse“ handelt, die Qualitätsanforderungen machen hier keinen Unterschied.

Frischfleisch sollte

- ein frisches appetitliches Aussehen haben,
- in der Fleischfarbe der jeweiligen Tierart entsprechen,
- keine Verfärbungen aufweisen,
- nicht schmierig oder angetrocknet sein,
- kein bzw. wenig Saftaustritt aufweisen,
- einen angenehmen Geruch haben,
- mager sein bzw. eine leichte Marmorierung zeigen,
- bei Verwendung von Dekorwürzung keine Verfärbungen des Saftaustritts zeigen,
- bei gefüllten Erzeugnissen ein klares Schnittbild aufweisen,
- sofern es gefüllt wird, eine frische und delikate Füllung aufweisen,
- bei gerollten Erzeugnissen gleichmäßig gewickelt sein.

Diese Qualitätsanforderungen können nur erreicht werden, wenn

- ausschließlich frische, einwandfreie Rohmaterialien verwendet werden,
- die Fleischteile fachgerecht und sorgfältig zugeschnitten werden,
- die Regeln der Produktionshygiene, aber auch die der Personal- und Produkthygiene eingehalten werden,
- ein schneller Verkauf gewährleistet ist.

Prüfmerkmale der DLG

Folgende Merkmale darf Fleisch **nicht** aufweisen:

- Äußere Beschaffenheit
  - unansehnliches Gesamtbild
  - Schwarte mit Borsten, schlecht enthaart
  - Federn unzureichend entfernt
  - Sägemehl auf der Anschnittfläche
  - stärkere freie Flüssigkeitsansammlung
  - Stempelfarbe nicht entfernt
  - anhaftende Knochenteilchen
- Aussehen im Anschnitt
  - Farbe zu blass
  - Farbe zu dunkel
  - Farbe ungleichmäßig
  - missfarben
  - grau/grünfleckig
  - Blutpunkte/Blutungen
- Zusammensetzung
  - Fleisch schlecht hergerichtet
  - Zuschnitt mangelhaft
  - Zerkleinerung ungleichmäßig
  - fadenziehend
- Konsistenz/Beschaffenheit
  - zu weich
  - leimig
  - zu fest
  - zu trocken
  - strohig
  - zu zäh
  - grobfaserig
  - Teile unzerkaubar
  - strukturlos, breiig/mehlig
- Geruch und Geschmack
  - säuerlich
  - sauer
  - süßlich
  - fehlende Frische nach dem Erhitzen
  - Fleischaroma zu gering
  - fremdartig
  - metallisch
  - tranig-fischig
  - seifig
  - ranzig
  - alt
  - dumpf und muffig
  - faulig

Komplexe Aufgaben

1. Bei mariniertem Geschnetzelten gibt es eine große Auswahl an Variationen. Fast alle Gewürzfirmen bieten ihren Kunden, den Fleischerfachgeschäften, eine Vielzahl von Marinaden und Rezepturen an. Informieren Sie sich bei einer Gewürzfirma über Rezepturen für mariniertes Geschnetzeltes. Wählen Sie eine Rezeptur aus, rechnen Sie die Mengen auf 5 kg fertiges Geschnetzeltes um und schreiben Sie einen Arbeitsablaufplan.
2. Für Gulasch gibt es eine Fülle von Zubereitungsarten mit den verschiedensten Beilagen. Suchen Sie mithilfe von Kochbüchern (auch über das Internet) fünf verschiedene Gulaschrezepturen heraus und schreiben Sie diese auf.

Aufgaben zur Wiederholung

1. Schlagen Sie nach, wie die Leitsätze für Fleisch und Fleischerzeugnisse den Begriff „Steak" definieren.
2. Erläutern Sie, was hinsichtlich der Kennzeichnung zu beachten ist, wenn Steaks z. B. aus Schwein, Kalb, Lamm oder Pute geschnitten und verkauft werden.
3. Unterscheiden Sie Schnitzel und Steak.
4. Prüfen Sie, wie die Leitsätze für Fleisch und Fleischerzeugnisse den Begriff „Schnitzel" definieren.
5. Unterscheiden Sie „Wiener Schnitzel" und „Schnitzel Wiener Art".
6. Erläutern Sie, welchen Anteil die Panade bei ungebratenen und welchen Anteil bei gebratenen Schnitzeln aufweisen darf.
7. Nennen Sie Anforderungen, die in den Leitsätzen für Fleisch und Fleischerzeugnisse an Cordon bleu formuliert werden.
   a) Welche Zusammensetzung hat das „Original"?
   b) Was ist zu beachten, wenn es nicht aus Kalbfleisch hergestellt wird?
8. Definieren Sie „Cordon rouge".
9. Übersetzen Sie Saltimbocca ins Deutsche und geben Sie eine Definition an.
10. Erläutern Sie, aus welchen Teilstücken sich Rouladen schneiden lassen, und unterscheiden Sie verschiedene Füllungen.
11. Geben Sie drei Beispiele an, wozu sich gewürfeltes Fleisch im Fleischereiverkauf verwenden lässt.
12. Erläutern Sie, welche Anforderungen die Leitsätze für Fleisch und Fleischerzeugnisse an einen „Braten" stellen.
13. Dürfen in ein Rollbratennetz verschiedene Fleischzuschnitte der gleichen Tierart hineingegeben und als Rollbraten verkauft werden? Begründen Sie Ihre Antwort.
14. Überlegen Sie, was zu beachten ist, wenn ein Schweinebauch als Braten verkauft wird.
15. Beschreiben Sie einen Kalbsnierenbraten.
16. Beschreiben Sie, wie viel Haut maximal ein Putenrollbraten und wie viel ein gewickelter Putenoberkeulenbraten enthalten darf.
17. Begründen Sie, warum sich gerade ein Bauchlappen ideal für eine Suppenrolle eignet.
18. Nennen Sie vier Fleischteile, die sich besonders gut für Sauerbraten eignen.
19. Nennen Sie Gründe, die dafür sprechen, Sauerbraten im Vakuumbeutel zu verkaufen.
20. Definieren Sie „Marinaden" und nennen Sie Anwendungsbeispiele.
21. Beschreiben Sie die Ziele, die mit dem Pökeln von küchenfertigen Fleischgerichten verfolgt werden.
22. Erläutern Sie die Funktion des Specks beim Bardieren und Spicken.
23. Nennen Sie die Regeln für fachgerechtes Spicken.
24. Erläutern Sie die Vorteile eines Teigmantels für bestimmte Braten.
25. Definieren Sie ein „Filet Wellington".
26. Nennen Sie Eigenschaften, die Frischfleisch aufweisen sollte, das zu küchenfertigen Fleischerzeugnissen verwendet wird.
27. Beschreiben Sie, wie sich die Qualitätsanforderungen für küchenfertige Fleischerzeugnisse erfüllen lassen.

% Ausgewählte Fachrechenaufgaben

1. Fleischermeister Nusse stellt 10 Schnitzel „Wiener Art" her. Er nimmt dazu:
- 1,500 kg Schnitzel aus der Oberschale à kg zu 4,80 €,
- 2 Eier à 65 g zum Stückpreis von 0,21 €,
- 2 % Gewürze und Mehl bezogen auf das Schnitzelgewicht, Gesamtwert 1 €,
- 0,170 kg Panade à kg 0,79 €.

Er kalkuliert mit 0,5 Stunden Arbeitszeit à Stunde zu € 21,00. Auf den Materialpreis rechnet er 68 % Rohgewinnaufschlag und die übliche Mehrwertsteuer.
Berechnen Sie das Materialgewicht, den Brutto-Verkaufspreis und den Preis für ein Stück bratfertiges Schnitzel „Wiener Art".

2. Fleischermeister Nusse beliefert eine Kantine mit panierten Schnitzeln (küchenfertig). Da er die Leitsätze kennt und einhalten will, macht er einen Versuch mit je 2 Schnitzeln und einer gleichen Bratzeit von insgesamt 3 Minuten (siehe Tabelle).

a) Errechnen Sie die fehlenden Gewichts- bzw. Prozentangaben.

b) Bei welcher Gartechnik haben möglicherweise die Schnitzel einen höheren Fettgehalt?

c) Bei welcher Gartechnik sind insgesamt die Gewichtsverluste höher?

4

	Schnitzel – Pfanne	Schnitzel – Fritteuse
Frischgewicht	162 g	167 g
Gewicht nach dem Panieren	197 g	203 g
Gewicht der Panade	? g	? g
Prozentanteil der Panade am Schnitzel vor dem Braten	? %	? %
Gewicht nach dem Braten	203 g	198 g
Gewicht der Panade nach dem Braten (Panade wurde vom Schnitzel entfernt)	54 g	60 g
Prozentanteil der Panade am Schnitzel nach dem Braten	? %	? %
Gewicht des Schnitzels ohne Panade im gebratenen Zustand	? g	? g
Gewichtsverlust der Schnitzel ohne Panade (gebraten) in Bezug auf Schnitzel (frisch)	? %	? %
Gewichtsverlust bzw. -zunahme: Gewicht nach dem Panieren in Bezug auf das Gewicht nach dem Braten	? %	? %

20 Innovative küchenfertige Erzeugnisse herstellen

FLEISCHEREI nusse

Tim hat die Arbeitsplanung für die „Schweinerolle mit Brokkoli-Champignon-Füllung“ von Björn und Sabrina erhalten. Er bespricht mit beiden den Arbeitsablauf. Tim: „Mit solchen Ideen von küchenfertigen Fleischgerichten können wir uns von unseren Mitbewerbern abheben. Unsere Kunden, gerade hier im Innenstadtbereich, wissen unsere innovativen Ideen zu schätzen.“ „Aber Tim, meinst du wirklich, dass unsere Kunden auf die ‚Schweinerolle mit Brokkoli-Champignon-Füllung‘ warten?“, wirft Sabrina ein. „Nein, natürlich nicht. Viele Kunden wissen ja auch nicht, was sich hinter den einzelnen küchenfertigen Fleischteilen verbirgt“, antwortet Tim. „Überlegt doch beide einmal, wie wir unsere Kunden an solch neue Artikel heranführen können.“

4

20.1 Innovative küchenfertige Erzeugnisse vom Schwein

Schweinebauch mit Brät-Spinat-Füllung

Der Schweinebauch ist ein recht preiswerter Artikel, der auch gerne als Lockartikel in der Werbung herausgestellt wird. Bei der folgenden Verwendung kann eine andere Kalkulation mit einer höheren Gewinnspanne zugrunde gelegt werden.

Schweinebauch mit Brät-Spinat-Füllung

Rezeptbeispiel: Schweinebauch mit Brät-Spinat-Füllung

Teilstück: Schweinebauch

Zutaten für zwei Stück:
2 Stück Schweinebauch mit Schwarte, ohne Knochen (je ca. 1,800 kg)

500 g weißes Brät, fein zerkleinert
400 g frischer Blattspinat
100 g Zwiebeln
100 g Toastbrot, gewürfelt
2 Knoblauchzehen
10 g Kochsalz
4 g Oregano, getrocknet
1 g Pfeffer

Butter zum Anrösten und Andünsten
Codiertes Dekorgewürz für die Außenwürzung

Herstellungsablauf
- Füllung: Die Toastwürfel in Butter anrösten. Die Zwiebeln klein schneiden und dünsten. Die Spinatblätter 20 Sekunden blanchieren, in Eiswasser abschrecken und mit Küchenpapier trocknen und anschließend hacken. Den Knoblauch fein hacken und mit den anderen Zutaten (außer dem Dekorgewürz) vermischen.
- Den Schweinebauch gut parieren. Mit einem scharfen Messer die Schwarte längs und quer einritzen.
- In den Bauch eine tiefe und breite Tasche einschneiden.
- Mit etwas Füllung den Bauch gut und intensiv von innen einreiben. Danach die restliche Füllung einbringen. Die Bauchöffnung zunähen. Das Dekorgewürz außen aufbringen.

Wichtig!
1. Besondere Vorschriften für Hackfleisch beachten!
2. Beim Einschneiden der Tasche Stechschutzhandschuh tragen!

Das Blanchieren hat mehrere Vorteile:
- Keime werden abgetötet.
- Enzyme werden inaktiviert.
- Gemüse wird weicher und dadurch besser verarbeitungsfähig.
- Farbe wird intensiver.

20.2 Innovative küchenfertige Erzeugnisse vom Rind

Rinder-Rollbraten mit Mett-Lauch-Füllung

Der Oberschalendeckel wird häufig zu Hack verwendet oder zu einem preiswerten Rindergulasch. Durch die Verwendung als hochwertiger Rollbraten lässt sich gerade für hochwertige junge Rinder (Färsen oder auch Jungbullen) eine andere Preisgestaltung vornehmen.

Rezeptbeispiel: Rinder-Rollbraten mit Mett-Lauch-Füllung

Teilstück: Oberschalendeckel vom Rind

Zutaten für eine Rolle:
1,200 kg Oberschalendeckel
2 große Scheiben frischer Rückenspeck
300 g Schweinemett, gewürzt
6–8 Blätter Porree (Lauch)
30 g grüner Pfeffer

Rinder-Rollbraten mit Mett-Lauch-Füllung

Herstellungsablauf
- Den Porree 1 Minute in kochendem Wasser blanchieren und im Eiswasser abkühlen.
- Den Oberschalendeckel parieren, d.h. alle sichtbaren Bindegewebshäutchen und Fettauflagerungen entfernen, den Deckel gerade zuschneiden.
- Den Oberschalendeckel mit den Porreeblättern belegen und darauf die Speckscheiben geben.
- Das Schweinemett darüberstreichen, den Oberschalendeckel aufrollen und mit Bindfaden rollen und verknoten.

Wichtig!
1. Besondere Vorschriften für Hackfleisch beachten!
2. Vor dem Aufschneiden gut durchkühlen!

20.3 Innovative küchenfertige Erzeugnisse vom Kalb

Kalbsbrustspieße

Die Kalbsbrust ist einerseits vielseitig verwendbar, andererseits zählt sie heute nicht mehr zu den bevorzugten Fleischteilen des Kalbes. Durch die Verwendung zu Spießen wird eine bessere Kalkulationsgrundlage geschaffen und gleichzeitig ein interessanter Artikel gerade für die Grillsaison angeboten.

Rezeptbeispiel: Kalbsbrustspieße

Teilstück: Kalbsbrust

Zutaten für 8 Stück:
1,300 kg Kalbsbrust ohne Knochen
16 Zucchinischeiben
16 Scheiben Karotten, blanchiert
8 Holzspieße

Kalbsbrustspieße

Herstellungsablauf
- Die gut parierte und rechteckig zugeschnittene Kalbsbrust wellenförmig zusammendrücken.
- Holzspieße in die Brust stecken.
  Der Abstand zwischen den Spießen soll etwa 2 cm betragen (etwa Daumenbreite).
- Mit dem Messer exakt gleich dicke Scheiben schneiden.
- Außen Zucchini und Karottenscheiben aufstecken.

20.4 Innovative küchenfertige Erzeugnisse vom Lamm

Lammhalssteaks

Früher war Lammhals ein preiswertes Fleischteil für Eintöpfe. Durch die geschickte Rolltechnik bieten sich interessante Lammnackensteaks an, die nicht nur zur Grillsaison ihren Platz in der Theke finden sollten.

Rezeptbeispiel: Lammhalssteaks

Teilstück: Lammnacken

Zutaten für 6 Steaks:
1,000 kg Lammnacken (doppelt) ausgelöst

Lammhalssteaks

4

Herstellungsablauf

- Aus dem Lammnacken das Nackensehnenband heraustrennen.
- Eventuelle Knorpelreste entfernen (auf akkuraten Zuschnitt achten, d. h. Fett- und überstehende Fleischteile entfernen).
- Den Hals der Länge nach teilen.
- Das breitere Ende der einen Nackenhälfte auf das schmalere Ende der anderen Hälfte legen. Mit Rollbindfaden binden und anschließend in ca. 150 g schwere Nackensteaks schneiden.

4

Gurkenschiffchen mit Hackfleisch-Reis-Füllung

20.5 Innovative küchenfertige Erzeugnisse aus Geflügel

Gefüllte Hähnchenkeulen

Hähnchenkeulen werden von vielen Mitbewerbern preisgünstig angeboten. Gerade deshalb ist hier eine Veränderung der Angebotsform notwendig, um eine andere Preisgestaltung und eine Abwechslung für den Verbraucher zu erzielen. Durch die geschmackliche Variante dürften sich die Hähnchenkeulen gut und zügig abverkaufen lassen.

Rezeptbeispiel: Gefüllte Hähnchenkeulen

Teilstück: Hähnchenkeulen

Zutaten für 10 Hähnchenkeulen:
10 Hähnchenkeulen
150 g Zwiebeln, gedünstet
100 g Champignons, fein gehackt
5 g Fertiggewürz für Feinkostsalat
3 g Petersilie, gefriergetrocknet
25 g Grillgewürz für Hähnchen für Außenwürzung
20 kurze Holzspießchen

Gefüllte Hähnchenkeulen

Herstellungsablauf

- Röhrenknochen vom dicken Stück auslösen.
- Alle Zutaten miteinander vermischen und in die knochenlose Partie geben. Mit den Holzspießchen verschließen.
- Außenseiten mit Grillgewürz für Hähnchen versehen.

Wichtig!
Durch das Dünsten bzw. Blanchieren von Zwiebeln wird ein schnelles Säuern des Erzeugnisses vermieden.

20.6 Innovative küchenfertige Erzeugnisse aus Hackfleisch

Gurkenschiffchen mit Hackfleisch-Reis-Füllung

Wie bereits ausgeführt, gibt es keinen anderen Artikel im Fleischbereich, der so stark beworben wird wie Hackfleisch. Durch den Einsatz von Hack zu innovativen Produkten lässt sich das Hack auch anders kalkulieren.

Rezeptbeispiel: Gurkenschiffchen mit Hackfleisch-Reis-Füllung

Teilstücke: z. B. von der flachen Schweineschulter oder vom Rindernacken

Zutaten für 10 Stück:
1,000 kg Gemischtes Hackfleisch
20 dünne Scheiben geräucherter durchwachsener Speck
5 kürzere Gemüsegurken
100 g Reis, gekocht
2 Eier
100 g blanchierte Zwiebeln
15 g Kochsalz
3 g weißer Pfeffer
3 g Delikatess-Paprika

Herstellungsablauf

- Die blanchierten Zwiebeln klein schneiden und mit den restlichen Zutaten (nicht Gurken und Speck) vermengen.
- Gurken waschen und in der Länge akkurat halbieren. Das innere Fruchtfleisch aushöhlen, zerkleinern und einen Teil davon in die Hackfleischmasse geben. Bei zu großen Gurken die Gurke halbieren und aus einer Hälfte zwei Gurkenschiffchen herstellen.
- Gurkenschiffchen mit Küchenpapier trocknen, mit Zitronensaft beträufeln und die Füllung einfüllen.
- Jedes Gurkenschiffchen zum Schluss mit zwei Speckscheiben umwickeln.

1. Verwendung von Hackfleisch beachten!
2. Durch das Beträufeln mit Zitronensaft bleibt die Farbe der Gurke stabiler.
3. Die Qualitätsanforderungen an die klassischen küchenfertigen Erzeugnisse (► S. 171) müssen auch hier berücksichtigt werden.

Komplexe Aufgabe

Sie haben in diesem Kapitel mehrere innovative küchenfertige Erzeugnisse kennengelernt. Überlegen Sie sich jetzt ein eigenes innovatives küchenfertiges Erzeugnis aus dem Schweinenacken. Seien Sie kreativ. Bedenken Sie, dass die ausgewählten Zutaten auch zum Schweinenacken harmonieren. Nehmen Sie sich einen Arbeitsablaufplan zur Hand und tragen Sie Rezeptur, Zutaten und Herstellungsablauf ein.

Aufgaben zur Wiederholung

1. Begründen Sie, warum es wichtig ist, den Schweinebauch vor der eigentlichen Einarbeitung der Füllung intensiv von innen mit Brät einzureiben.
2. Warum sollte beim Einschneiden der Tasche in einen Schweinebauch ein Stechschutzhandschuh getragen werden? Nennen Sie mindestens zwei Gründe.
3. Nennen Sie Vorteile, die das Blanchieren des Porrees für die Verarbeitung zu küchenfertigen Fleischgerichten bietet.
4. Erläutern Sie den Vorteil, der sich mit der Verwendung von Kalbsbrust zu Kalbsbrustspießen in Bezug auf die Kalkulation erzielen lässt.
5. Begründen Sie, warum vor dem Wickeln des Lammnackens das breite Ende der einen Nackenhälfte auf das schmale Ende der anderen Hälfte gelegt werden sollte.
6. Erläutern Sie, welcher Zweck mit dem Dünsten bzw. Blanchieren von Zwiebeln bezweckt wird.
7. Beschreiben Sie, wodurch sich die Farbe von Gemüse bzw. Obst stabilisieren lässt.

Ausgewählte Fachrechenaufgabe

Fleischermeister Nusse will überprüfen, ob er mit seiner Behauptung richtig liegt, dass sich durch innovativen Einsatz von Hackfleisch die Gewinnspanne erhöht.
Er verkauft in seinem Ladengeschäft Gemischtes Hack zu einem Verkaufspreis von 5,90 €. Der Einkaufspreis liegt bei 3,42 €, der Zuschlag von LBGK (Lohn-, Betriebs-, Gemeinkosten) und Mehrwertsteuer liegt zusammen bei 42 %.
Die Gurkenschiffchen mit Hackfleisch-Reis-Füllung kalkuliert er wie folgt:

2,000 kg	Gemischtes Hackfleisch, je kg 3,42 €
1,600 kg	Gurken, entspricht einer Stückzahl von 5 Gurken, je Stück zu 0,90 €
0,480 kg	40 dünne Scheiben geräucherter durchwachsener Speck, je kg 6,80 €
0,200 kg	Reis gekocht, entspricht einem Frischgewicht von je kg 0,100 kg, à kg zu 2,19 €
0,260 kg	Eier – entspricht 4 Stück, je Stück 0,21 €
0,042 kg	Salz und Gewürz zum Gesamtpreis von 0,50 €

Als Aufschlag rechnet er einen LBGK (u.a. höherer Arbeitsaufwand) und Mehrwertsteuer von 78 %.

a) Wie hoch ist der Selbstkostenpreis inkl. Mehrwertsteuer für 1 kg gefüllte Gurkenschiffchen?
b) Wie hoch ist der Selbstkostenpreis inkl. Mehrwertsteuer für 1 kg Gemischtes Hack im Ladenverkauf?
c) Wie viel Prozent beträgt der Gewinn im Ladenverkauf für Gemischtes Hack?
d) Die Gurkenschiffchen mit Hackfleisch-Reis-Füllung verkauft er zu einem kg-Preis von 10,90 €. Wie viel Prozent beträgt der Gewinn im Ladenverkauf für gefüllte Gurkenschiffchen?
e) Um wie viel höher liegt der Erlös bezogen auf 1 kg Gemischtes Hack in Bezug auf 1 kg der Gurkenschiffchen?

21 Garverfahren für Fleisch kennen und durchführen

FLEISCHEREI nusse

Ein junger Mann betritt das Geschäft und schaut sich unsicher um. Björn fragt ihn: „Wie kann ich Ihnen helfen?“ Der Kunde: „Ich möchte heute Abend zum Valentinstag zum ersten Mal für meine Freundin kochen. Ich brauche dazu Putenbrust, weiß aber nicht wie viel Gramm ich benötige und wie ich das Fleisch überhaupt zubereiten soll, in der Pfanne, im Ofen, im Topf? Ach, wenn das doch bloß schon überstanden wäre.“ Björn: „Nun machen Sie sich mal keine Sorgen, das wird ein gelungener Abend werden. Wir gehen Schritt für Schritt alles durch. Sie sind also zu zweit, da sollten 400 g Putenbrust ausreichen. Haben Sie eine Pfanne? ...“

Der Kampf um die Marktanteile im Fleischbereich hat über die Jahre ständig angehalten. Die Discounter haben den Fleischerfachgeschäften und den Einzelhandelsunternehmen Jahr um Jahr Marktanteile weggenommen. Zwar gab es Schwankungen, vor allem in Krisenzeiten wie BSE, Maul- und Klauenseuche, Vogelgrippe, „Gammelfleisch- oder Dioxinskandal“, aber nach einer Phase der Aufregung wechselten viele Kunden wieder zu den Discountern.

Die absolute Stärke des Fleischerfachgeschäftes liegt in der Freundlichkeit, Fachkompetenz und Servicebereitschaft des Personals. Gerade die Fachkompetenz bei der Kundenberatung ist nicht hoch genug einzuschätzen. Der Kunde erwartet auch ohne Nachfrage seinerseits eine Beratungskompetenz in Bezug auf Gewichtsangaben pro Person, Gartechniken, Garzeiten, Gartemperaturen und passende Beilagen.

„Energiesparende Gartechniken anwenden“
Bei der Auswahl von Gartechniken möglichst energiesparende Techniken einsetzen oder z. B. Gartemperaturen exakt einhalten (nicht mit offenem Deckel sprudelnd kochen, sondern mit geschlossenem Deckel leicht köchelnd).

Die Neuordnung der Berufe im Fleischbereich nach Lernfeldern trägt dieser Anforderung u. A. mit diesem Kapitel Rechnung.

In der Küchentechnologie gibt es eine große Bandbreite an Geräten, Hilfsmitteln und Techniken. Diese Bandbreite ist nicht nur im Anschaffungspreis der Geräte und der Ausstattung erkennbar, sondern auch in der technischen Handhabung der Geräte und Hilfsmittel. Die Ausstattung und die Größe einer Küche und ihrer Technik sind stark abhängig von der Art und Größe der Zielgruppe, für die diese Speisen zubereitet werden.

Es lassen sich unterscheiden:

- Großküchen, z. B. in Krankenhäusern und Kantinen
- Restaurantküchen, z. B. in Gourmetrestaurants oder auch in Speiserestaurants mit Hausmannskost
- Küchen zur Vorbereitung des Imbissverkaufs oder für die Zubereitung von Speisen im Bereich des Partyservice, z. B. in Fleischereien
- Haushaltsküchen, z. B. in Haushalten zur täglichen Nahrungszubereitung für die Familie oder den Single (Einzelpersonen)

21.1 Gartechniken für küchenfertige Erzeugnisse

Die Tabelle auf den folgenden Seiten gibt einen Überblick über die Gartechniken für Fleisch und andere Lebensmittel.

Gartechnik	Temperatur in °C			Geräte	Medium/ Hilfsmittel	Anwendung
	Anfang	Ende	Kern			
Kurzbraten 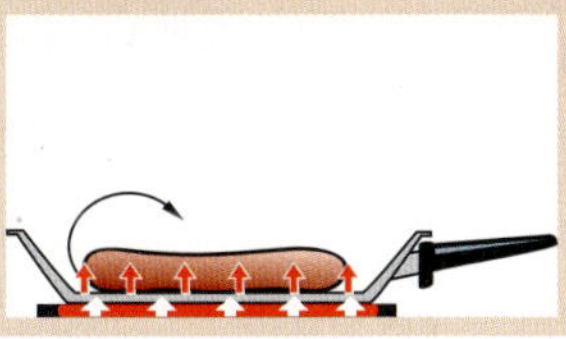	180–250	70–80	55–65	Pfanne	Metall/Fett	2 bis 3 cm dicke, zarte Fleischscheiben von allen Tierarten
Braten 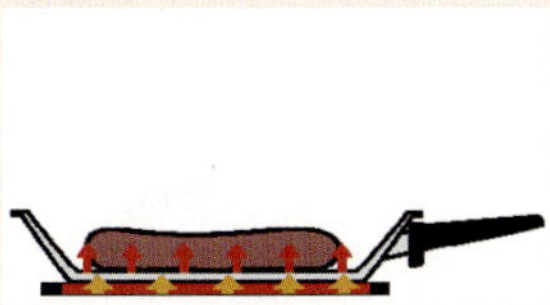	130–200	70–80	55–65	Herd, Backofen, Konvekto-mat	Heißluft/Fett, Wasserdampf	große Stücke von allen Tierarten
Sautieren *(schwenkend braten)* 	200–220	konstant	60–65	Pfanne	Metall/Butter-schmalz	Geschnetzeltes und Minutenfleisch (zartes Fleisch) aller Tierarten
Grillen 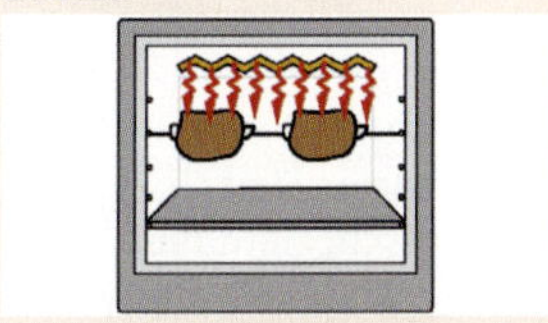	200–300	70–80	55–65	Grill, Rost oder Spieß	Strahlung/Luft	Steaks und Braten aller Tierarten
Backen 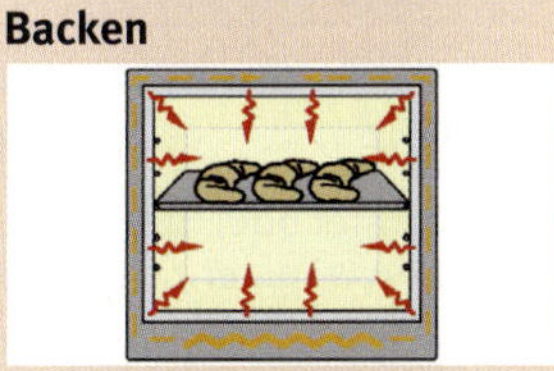	150–250	konstant	keine Angabe	Backofen, Konvekto-mat	Luft	alle Teige und Massen
Ausbacken/Frittieren 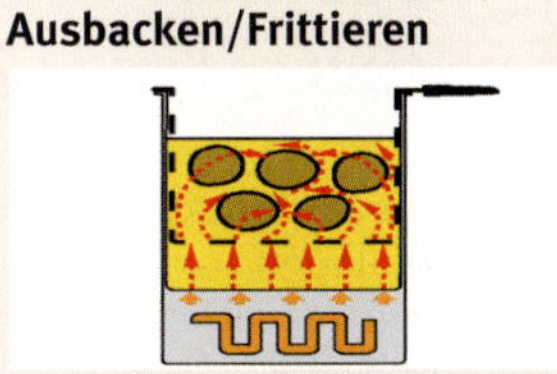	160–220	konstant	keine Angabe	Fettpfanne, Fritteuse	schwimmend in Fett	Gemüse; Gemüse, Fleisch und Fisch in Teighülle; kleine Geflügelteile
Brühen 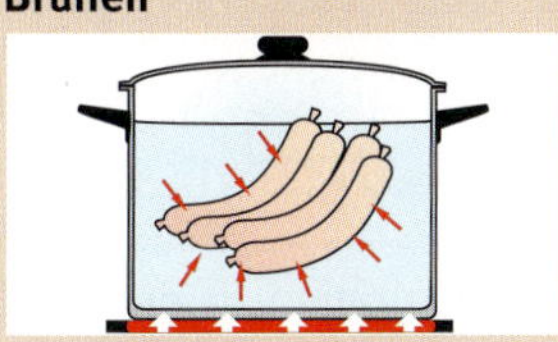	72–78	konstant	68–72	Kessel, Koch-schrank, Kombi-dämpfer	viel Wasser, Wasserdampf	zerkleinertes Fleisch, gepökeltes Fleisch, Brüh- und Kochwurst, Fleisch für Kochwurst
Blanchieren 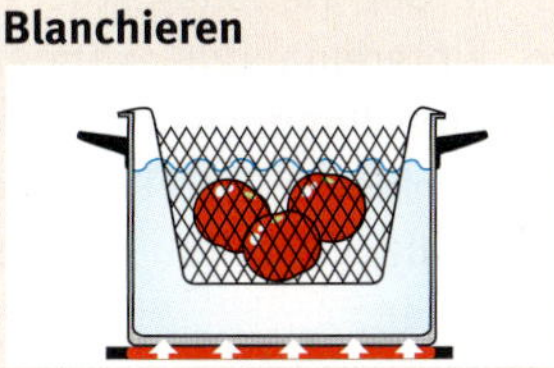	95–100	(Kurzzeiterhitzen)		Kessel, Topf	viel Wasser	Vorbehandlung zur Inaktivierung der En-zyme, bessere Farb-haltung, leichteres Entfernen der Schale z. B. bei Tomaten

4

Garziehen 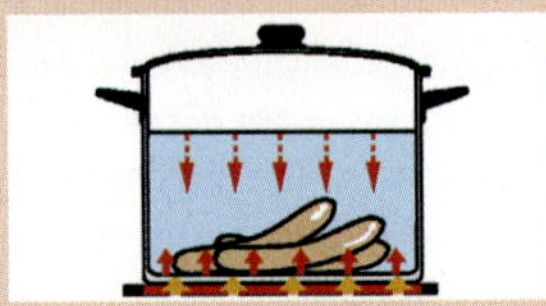	95–98	konstant	90–92	Kessel, Topf	ausreichend Wasser	Fleisch, Fisch, Geflügel, Gemüse
Kochen 	95–98	konstant	92–95	Kessel, Topf	reichlich Wasser	Teigwaren, Reis, Kartoffeln, Eier in der Schale, festes Gemüse
Dämpfen 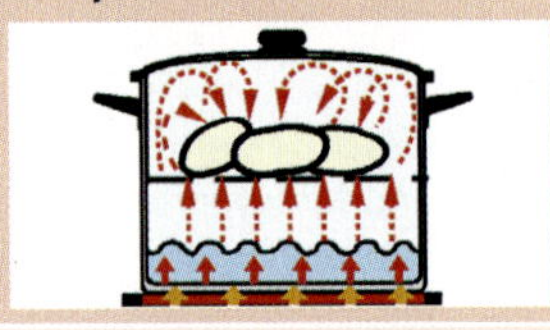	100	konstant	90–92	Topf, Kombi-dämpfer	Wasserdampf	Reis, Kartoffeln, festes Gemüse
Überdruckkochen/-dämpfen	110–121	konstant	92–95	Dampfdruck-topf, Korimat	Wasser oder Wasserdampf	Reis, Kartoffeln, festes Gemüse, Eintöpfe daraus
Dünsten 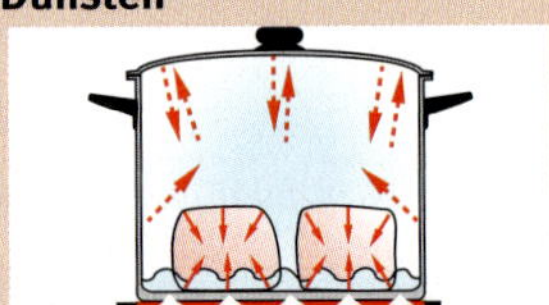	95–98	konstant	keine Angabe	gut verschließ-bares flaches Ge-fäß	Fett und Dampf (eigener Saft, mit etwas Butter, Wein oder Brühe)	zartes Fleisch, Fisch, Gemüse, meist in Portionen
Hellbraun Dünsten	ca. 150	95–98	keine Angabe	gut verschließ-bares Gefäß	Fett, Wasser, Dampf (Butter-schmalz, später helle Brühe)	Würfel oder Streifen von weniger zartem, hellem Fleisch
Schmoren* 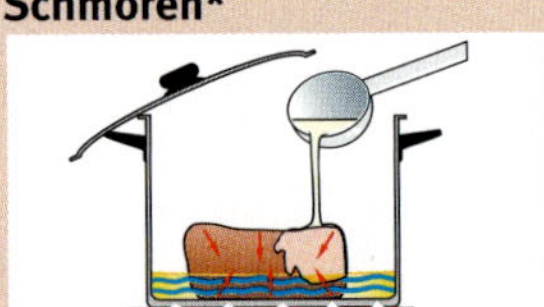	180–200	95–98	90	gut verschließ-bares Gefäß	Fett, Wasser, Dampf (Fett, später braune Brühe oder Rotwein)	Würfel, Stücke, Rouladen von weniger zartem Fleisch

** besteht aus „Braten“ (Anbraten) und „Garziehen“*

21.2 Temperatur- und Mengenangaben für Fleisch und küchenfertige Erzeugnisse

Die Angaben in den folgenden Tabellen sind sowohl eine Hilfestellung für das Fleischfachpersonal im Verkaufsbereich als auch für den Endverbraucher im Haushalt. Jedes Gerät, z.B. ein Backofen, funktioniert in der Großküche anders als in der Haushaltsküche. Haushaltsbacköfen untereinander können auch wieder stark unterschiedlich arbeiten, was abhängig ist von Hersteller, Typ und Serie. Somit können die Garzeiten kürzer, aber auch länger ausfallen.

Eine wichtige Empfehlung im Verkaufsgespräch bzw. Beratungsgespräch ist die **Angabe der Kerntemperatur.** Hierzu gibt es im Handel gute und preiswerte Geräte. Selbst ein Gerät mit flexibler und hitzestabiler Zuleitung, zwecks Dauerbetrieb während des Garens im Backofen, ist preisgünstig zu erwerben. Der Fühler steckt im Braten und das Gerät liegt auf dem Küchentisch und gibt sogar ein Signal bei erreichter Kerntemperatur.

Auch die Mengenangaben pro Person können nur einen Anhaltspunkt bieten. Hierbei sind mehrere Überlegungen zu beachten, u.a.:

- Gibt es mehrere Gänge zu essen?
- Wie setzt sich der Personenkreis zusammen? (Sitzen Kinder mit am Esstisch?)
- Handelt es sich um die eigene Familie? (Hierbei muss nicht zu großzügig gerechnet werden.)
- Handelt es sich um Gäste? (Hierbei sollte das Speisenangebot nicht zu knapp bemessen sein.)
- Sind die zu verköstigenden Personen sehr ernährungsbewusst? (Hierbei darf etwas weniger berechnet werden.)
- Nicht selten werden auch die Mengenangaben der Verkäufer vom Umsatzdenken beeinflusst.

Essen im Kreis der Familie

4

Rindfleisch

Teilstück	Rohgewicht/ Person in g	Garformen	Umluft °C bzw. Topf	Kerntemperatur °C	Zeit 500 g/Min.	Zeit 1000 g und mehr/Min.
Bürgermeisterstück	200–230	Brat./Schmoren	Umluft 140–160	75	60–65	75–80
Schaufelstück	200–230	Garziehen	Kochtopf	80–90	60–65	80–90
Falsches Filet	200–230	Brat./Schmoren	Umluft 140–160	75	65–70	85–90
Dickes Bugstück	200–230	Brat./Schmoren	Umluft 140–160	75–80	65–70	85–95
Hüfte	200–230	Brat./Schmoren	Umluft 130–150	70	50–60	70–80
Tafelspitz	200–230	Garziehen	Kochtopf	75	60–70	75–85
Rinderrollbraten	200–230	Brat./Schmoren	Umluft 140–160	75–80	65–70	85–95
Roastbeef, medium	200–230	Brat./Schmoren	Umluft 130–150	55	50–55	70–80
Roastbeef, durchg.	200–230	Brat./Schmoren	Umluft 130–150	65	55–60	80–90
Gulasch, natur	200–210	Brat./Schmoren	Schmortopf		50–60	55–65
Roulade, gefüllt	160–190	Brat./Schmoren	Schmortopf		50–60	50–60

Teilstück	Rohgewicht/ Person in g	Garformen	Dicke in cm	Zeit je Seite in Min. ENGLISCH	Zeit je Seite in Min. MEDIUM	Zeit in Min. DURCHG.
Rumpsteak	170–190	Kurzbr./Grill.	2	2–3	4	5
Filetsteak	150–180	Kurzbr./Grill.	2	2–3	4	5
Hüftsteak	160–180	Kurzbr./Grill.	2	2–3	4	5
Fleischspieß	2 à 110–130	Pfanne/Grill.				10
Geschnetzeltes	180–200	Pfanne				15–20

4

Schweinefleisch

Teilstück	Rohgewicht/ Person in g	Garformen	Umluft °C bzw. Topf	Kern-temperatur °C	Zeit 500 g/Min.	Zeit 1000 g und mehr/Min.
Backe	200–220	Garziehen	Kochtopf	80–85	60–70	80–90
Bauch	200–250	Brat./Schmoren	Umluft 140-160	75	55–60	70–80
Schweinehaxe	350–400	Garziehen	Kochtopf	85	80–90	110–120
Schweinehaxe		Brat./Schmoren Grillen	Umluft 160-170	85	80–90	110–120
Gulasch, natur	180–220	Brat./Schmoren	Schmortopf		40–50	50–60
Kamm/Nacken	220–250	Brat./Schmoren	Umluft 130-150	70–75	60–65	75–85
Rollbraten	220–250	Brat./Schmoren	Umluft 130-150	70–75	60–65	75–85
Schinken	200–250	Brat./Schmoren	Umluft 130-150	68–72	60–65	75–85

Teilstück	Rohgewicht/ Person in g	Garformen	Dicke in cm	Zeit je Seite in Min.	Zeit in Min.
Schnitzel	150–170	Pfanne	1	3	
Schnitzel, gefüllt	170–200	Pfanne	2	5–6	
Filetmedaillon	4 à 40– 50	Pfanne/Grill.	3	3–4	
Rückensteak	2 à 110–130	Pfanne/Grill.	2	4–5	
Kotelett	150–170	Pfanne/Grill.	1,5	4	
Spieß	2 à 110–130	Pfanne/Grill.	Würfel, je 2	5	
Geschnetzeltes	180–200	Pfanne			15

Kalbfleisch

Teilstück	Rohgewicht/ Person in g	Garformen	Umluft °C bzw. Topf	Kern-temperatur °C	Zeit 500 g/Min.	Zeit 1000 g und mehr/Min.
Brust, ohne Knochen	200–230	Brat./Schmoren	Umluft 130–150	75–80	50–60	60–70
Brust, gefüllt	200–230	Brat./Schmoren	Umluft 130–150	65–70	60–70	90–100
Gulasch	200–220	Brat./Schmoren	Schmortopf		35–40	40–45
Frikassee	200–220	Anschwitzen/ Garziehen	Schmortopf		35–40	40–45
Hals	200–300	Brat./Schmoren	Umluft 130–150	70–75	60–70	80–90
Haxe	300–350	Brat./Schmoren	Umluft 130–150	85	75–80	100–110
Kalbsnierenbraten	200–230	Brat./Schmoren	Umluft 130–150	75–80	65–75	85–95
Keule	200–230	Brat./Schmoren	Umluft 130–150	68–72	65–75	80–90
Rücken	200–230	Brat./Schmoren	Umluft 130–150	65–68	45–55	60–70
Bug	200–230	Brat./Schmoren	Umluft 130–150	70–75	60–70	80–90

Teilstück	Rohgewicht/ Person in g	Garformen	Dicke in cm	Zeit je Seite in Min.	Zeit in Min.
Geschnetzeltes	180–200	Pfanne			15
Filetmedaillon	3 à 70–80	Pfanne/Grill.	2	4	
Schnitzel	120–140	Pfanne	1	3	
Schnitzel, gefüllt	150–180	Pfanne	2	5–6	
Rückensteak	2 à 100–120	Pfanne/Grill.	2	4	

Lammfleisch

Teilstück	Rohgewicht/ Person in g	Garformen	Umluft °C bzw. Topf	Kerntempe-ratur °C	Zeit 500 g/Min.	Zeit in Min. >1000 g
Haxe	300–350	Brat./Schmoren	Umluft 140–160	85	60–70	
Keule ohne Kn.	200–250	Brat./Schmoren	Umluft 130–160	75	55–65	75–85
Rücken mit Kn.	250–300	Brat./Schmoren	Umluft 130–160	65–68	55–60	65–70
Schulter ohne Kn.	200–250	Brat./Schmoren	Umluft 130–160	70–80	55–65	70–80

Teilstück	Rohgewicht/ Person in g	Garformen	Dicke in cm	Zeit je Seite in Min.	Zeit in Min. >1000 g
Geschnetzeltes	180–200	Pfanne			15
Chops	120–150	Pfanne/Grill.	1,5	3–4	

Geflügelfleisch

Teilstück	Rohgewicht/ Person in g	Garformen	Umluft °C bzw. Topf	Kerntempe-ratur °C	Zeit 500 g/Min.	Zeit in Min. >1000 g
Hähnchen	400–500	Brat./Schmoren Grillen	Umluft 180–200	80–85		60
Hähnchenkeulen	220–300	Brat./Schmoren Grillen	Umluft 180–200	80–85	20	
Pute, ganz, 4 kg	500–600	Brat./Schmoren	Umluft 160–180	85		150–180
Putenbrust	180–220	Brat./Schmoren	Umluft 140–160	75	55–60	80–90
Ente, ganz, 2 kg	600–700	Brat./Schmoren	Umluft 160–180	85		90–100
Entenbrust	200–250	Brat./Schmoren	Umluft 150–170	80–85	40–45	
Gans, ganz, 4-5 kg	700–800	Brat./Schmoren	Umluft 150–170	80–85		180–210
Gänsekeule	300–400	Brat./Schmoren	Umluft 150–170	80–85	70–75	

Teilstück	Rohgewicht/ Person in g	Garformen	Dicke in cm	Zeit je Seite in Min.	Zeit in Min. >1000 g
Hähnchenschnitzel	130–160	Pfanne/Grill.	1	2–3	
Putenschnitzel	120–140	Pfanne	1	2–3	

Komplexe Aufgabe

Führen Sie einen Bratvergleich durch. Vielleicht bietet sich dazu die Möglichkeit in der Küche Ihrer Berufsschule oder Sie überraschen Ihre Familie und bereiten zu Hause zwei Braten zu.
Nehmen Sie nach Möglichkeit eine Schwanzrolle aus dem Rinderhinterviertel, parieren Sie diese und teilen Sie die Schwanzrolle in zwei gleich große Teile. Wiegen Sie die beiden Braten getrennt. Ideal wären zwei Backöfen, ansonsten müssen die Versuche hintereinander durchgeführt werden.
Nehmen Sie zwei gleiche oder ähnliche Töpfe und braten Sie die vorher gewürzten Fleischstücke von allen Seiten an. Gegen Ende fügen Sie jeweils drei klein geschnittene Zwiebeln hinzu und lassen diese goldgelb anbraten. Löschen Sie die Braten mit je einem 1/2 l heißer Brühe ab.
Stellen Sie den einen Braten im geschlossenen Topf in den Umluftofen bei 190 °C und den anderen bei 120 °C. Stechen Sie in jeden Braten ein hitzestabiles Kerntemperaturmessgerät ein oder messen Sie in Abständen mit einem einfachen Kerntemperaturmessgerät den Verlauf der Kerntemperatur. Bei Erreichen der Kerntemperatur von 80 °C nehmen Sie den jeweiligen Braten aus dem Ofen und wiegen ihn.

a) Berechnen Sie den jeweiligen Garverlust.
b) Vergleichen Sie die Dauer der Garzeit.
c) Verkosten Sie die Braten und vergleichen Sie diese miteinander.

4

Aufgaben zur Wiederholung

1. Begründen Sie die Angaben von abweichenden Garzeiten.
2. Erläutern Sie, welche Gartechniken besonders wichtig sind für die Beratung im Rahmen eines Kundengesprächs.
3. Erläutern Sie, aus welchen Gründen grundsätzlich nicht zu hohe Gartemperaturen gewählt werden sollten.
4. Beschreiben Sie, wovon die Mengenangaben für Fleisch pro Person im Verkaufsgespräch abhängig sind.
5. Nennen Sie die Kerntemperatur, die ein „Roastbeef medium“ erreichen sollte.
6. Nennen Sie die Garzeit, die ca. für Rouladen benötigt wird.
7. Nennen Sie die Kurzbratzeit, die für ein 2 cm dickes Hüftsteak je Seite benötigt wird, wenn es „medium“ gebraten werden soll.

Ausgewählte Fachrechenaufgaben

1. Ein flaches Roastbeef wird bei 140 °C bis zu einer Kerntemperatur von 52 °C gebraten. Das Frischgewicht betrug 1,202 kg, das Bratgewicht 1,075 kg. Wie hoch war der Garverlust in g und Prozent?
2. Ein dickes Roastbeef wird bei 140 °C bis zu einer Kerntemperatur von 52 °C gebraten. Das Frischgewicht betrug 1,324 kg, das Bratgewicht 1,222 kg. Wie hoch war der Garverlust in g und Prozent?
3. Ein Schweinerollbraten mit einem Frischgewicht von 2622 g wiegt nach dem Braten 1754 g. Wie hoch war der Garverlust in kg und Prozent?
4. Hähnchenkeulen wiegen frisch 488 g. Nach dem Auslösen der Knochen wiegen sie 392 g. Wie hoch ist der Gewichtsverlust in kg und Prozent?
5. Eine Rinderunterschale aus der Vakuumverpackung wiegt 6,440 kg. Der Fleischsaft wiegt nach dem Öffnen 0,110 kg.
   Die abgetrennte Schwanzrolle wiegt 2,050 kg.
   Wie hoch ist der Fleischsaftverlust in Prozent?
   Wie viel kg und Prozent beträgt das Gewicht des Schwanzstückes?
6. Obiges Schwanzstück wird im Umluftofen bei 160 °C bis zur Kerntemperatur von 80 °C gebraten. Nach dem Braten wiegt das Fleischstück 2,850 kg. Wie hoch war der Garverlust?

22 Küchenfertige Erzeugnisse präsentieren und verkaufen

FLEISCHEREI nusse

Sabrina und Björn sind ab Freitagmittag im Verkauf tätig. Sie haben den ganzen Vormittag die Fleischprodukte für den Ladenverkauf vorbereitet.
Frau Menke, eine ältere Stammkundin, betritt das Fleischerfachgeschäft.
„Junger Mann“, sagt sie zu Björn, „ich hätte gerne 1 1/2 Pfund küchenfertigen Rinderspickbraten.“
Björn, der alles richtig machen möchte, antwortet Frau Menke: „Ja, gerne, mein Chef fertigt gerade einen Spickbraten für Sie an. Aber schauen Sie mal, hier haben wir unsere Hausspezialität, das ist ‚Nusses Schaufelbraten mit Gemüsefüllung‘, der ist sehr saftig und trotzdem magerer als der Spickbraten.“

Präsentation

Fleisch, das als küchenfertige oder garfertige Spezialität oder Gericht kundengerecht angeboten wird, liegt voll im Trend und wird auch in Zukunft ein erhebliches Wachstum im Verkauf verzeichnen. Trotzdem sind küchenfertige oder garfertige Spezialitäten keine „Selbstgänger“ im Verkauf. Sie müssen beworben und an den Kunden herangeführt werden. Das Heranführen an neue Spezialitäten kann auch über Einführungspreise oder Probierpreise forciert werden.

- Jedes moderne Fleischerfachgeschäft sollte dem Kunden täglich ein Grundangebot an verschiedenen fix und fertigen Fleischspezialitäten anbieten. Fleischlose Spezialitäten dürfen dabei nicht fehlen.
- Den küchenfertigen Erzeugnissen gebührt der optimale Thekenplatz, dies ist in der Regel der mittlere Thekenabschnitt. In diesem Bereich liegen die Gewinnspannen am höchsten.
- Ein besonderer Service und gleichzeitiger Verkaufsanreiz ist das Mitanbieten einer Rezeptur. Dies ist heute über moderne Waagensysteme möglich. Die Zubereitungsanleitung ersetzt aber keinesfalls die Fachkenntnisse des Verkaufspersonals auch oder gerade bei neuen Erzeugnissen.
- Von großer Bedeutung für den Kunden sind die genaue Produktbezeichnung und die Preisauszeichnung.
- Gerade innovative Erzeugnisse sind für ein Fleischerfachgeschäft die beste Werbung und steigern das Image.
- Es sollten reichlich kleinere Portionsstücke angeboten werden, denn die Single-Haushalte und Kleinfamilien nehmen zu.
- Beim Einsatz von Teigen, z. B. Hack in der Blätterteigschnecke, sollten die Erzeugnisse des Kontrasts wegen auf Schieferplatten oder anderen schwarzen Platten präsentiert werden.

Verkaufsargumente

- Schnitzel, egal ob vom Schwein, Kalb, Rind oder der Pute – die Vielseitigen.
- Der Preis reicht vom günstigen Preis der Pute bis zur gehobeneren Preiskategorie des Kalbes. Eine Fülle von Verwendungsmöglichkeiten und Rezepturen ermöglicht den Einsatz vom Galadinner bis zur Wanderverpflegung. Abwandlungen durch Füllungen oder Panaden erlauben weitere Variationen.
- Gulasch – der Fleischwürfel mit den vielen Variationen. Die Herkunft stammt von allen Tierarten einschließlich Lamm, Kaninchen und Hähnchen.
- Ebenso variantenreich sind die Teilstücke, z. B. Rindergulasch aus dem parierten Bauchlappen bis zum Filetgulasch aus der Filetspitze oder dem Filetkopf.

Rindersuppenrolle

4

Rinderrollbraten

- Marinierte Steaks – ein Gaumenschmaus nicht nur zur Grillzeit.
- Durch den Einsatz verschiedenster Marinaden lassen sich alle Wünsche hinsichtlich des Geschmacks erfüllen, von scharf-feurig über würzig bis hin zu mild-aromatisch. Beim Grillfest dürfen diese lukullischen Leckerbissen nicht fehlen, aber auch aus der Pfanne oder vom heißen Stein erfreuen sie den Fleischliebhaber das ganze Jahr.
- Rouladen – der Verkaufsschlager am Wochenende.
- Nur wenige Fleischartikel erfahren einen solchen Zuspruch wie die Rouladen. Hier steht die Rinderroulade weit vorne, aber auch eine Schweineroulade ist nicht zu verachten. Bei der Füllung der Rouladen gibt es für Fantasie und Ideenreichtum kaum Grenzen.
- Küchenfertige Fleischgerichte aus Geflügel – da essen Sie richtig.
- Der Trend zu magerem, eiweißreichem Fleisch hält unvermindert an. Auch hier bietet das Fachgeschäft variantenreiche Produkte, angefangen vom Cordon bleu aus Hähnchenfleisch über gefüllte Hähnchenkeulen und Truthahn-Rollbraten mit Gemüse-Käse-Füllung bis zu Geflügelfleischspießen und gerollter Gänsebrust mit Leber-Maronen-Füllung.
- Braten – der Klassiker unter den küchenfertigen Fleischerzeugnissen.
- Angefangen vom beliebten Sauerbraten vom Rind und dem Schweinekrustenbraten aus der Unterschale über die mit Schafskäse gefüllte Lammkeule und den Kalbsnierenbraten bis hin zu dem zarten Putenrollbraten mit Füllung, alle diese Produkte sind ein Höhepunkt eines jeden Menüs. Der Kasseler Braten, der Burgunderbraten, das rosa gebratene Roastbeef oder die gebratene Putenbrust erfreuen sich auch großer Beliebtheit bei Büfetts.

Verzehrempfehlungen

- **Wiener Schnitzel** aus zartem Kalbfleisch, Petersilienkartoffeln mit frischem Spargel oder Blumenkohl, der Klassiker unter den vielen Schnitzelvariationen
- **Cordon bleu** aus dem Kalbsrücken geschnitten, Kroketten oder Rösti, zartes Erbsengemüse
- **Saltimbocca,** ein Gruß aus der italienischen Küche, Butternudeln oder ein knuspriges Stangenweißbrot, ergänzt mit einem knackigen Salat
- **Rinderrouladen,** der Klassiker unter den Schmorgerichten, Kartoffelklöße und Rotkohl
- **Schweinegeschnetzeltes-Pfanne „China“,** Asien lässt grüßen, lockerer, körniger Reis und ein Eisbergsalat mit delikatem Dressing
- **Gulasch** ungarischer Art mit Paprika gewürzt, Semmelknödel und ein gemischter Salat
- **Rindersuppenrolle,** auch das Auge isst mit, nach dem Kochen in Würfel schneiden, dazu weitere Suppengemüse und Suppennudeln, ein leckerer Eintopf
- **Sauerbraten,** Deutschlands beliebtester Braten, Kartoffelklöße oder Makkaroni, dazu passt Rotkohl, aber auch Apfelmus
- **Marinierte Schweinenackensteaks,** ein „Muss“ auf jedem Grill, Folienkartoffel, ein frisches Kräuterbutterbaguette, Barbecuesoße und ein Tomatensalat
- **Burgunder Schweinebraten,** echt würzig, mit Burgunder Soße, überbackenem Kartoffelbrei und Salat der Saison
- **Spickbraten,** saftig und schmackhaft nach Großmutters Art, mit reichlich Soße, Salzkartoffeln und Leipziger Allerlei
- **Schwedenbraten** mit gespickten Backpflaumen, dazu die Bratensoße mit Backpflaumen verfeinern, Kartoffelpüree und grüner Salat
- **Kasseler in Blätterteig,** eine saftige Delikatesse, Sauerkrautsalat mit Ananas und eine fruchtige Soße
- **Schweinebauch mit Brät-Spinat-Füllung,** Pommes frites und Gurkensalat oder Spaghetti mit Kopfsalat
- **Rinder-Rollbraten mit Mett-Lauch-Füllung,** Petersilienkartoffeln und Blumenkohl in Rahmsoße
- **Kalbsbrustspieße,** nicht nur zum Grillfest, ein deftiges Kartoffelrösti und Brokkoli
- **Lammhalssteaks,** auch für den verwöhnten Gaumen, Kartoffelkroketten und grüne Bohnen mit Speckstippen

Komplexe Aufgabe

In der Situation auf Seite 185 empfiehlt Björn Frau Menke „Nusses Schaufelbraten mit Gemüsefüllung“.

a) Was würden Sie der Kundin antworten, wenn diese aber lieber den Spickbraten wünscht?

b) Falls Frau Menke Ihrem Vorschlag folgt und „Nusses Schaufelbraten mit Gemüsefüllung“ kauft, welche Beilagen würden Sie ihr empfehlen?

c) Welche Möglichkeiten gibt es, „Nusses Hausspezialität“ im Abverkauf zu unterstützen?

d) Welche Hausspezialität wird in Ihrem Betrieb angeboten?

e) Wie bewerben Sie Ihre Hausspezialität?

Aufgaben zur Wiederholung

1. Welchen Thekenplatz sollten küchenfertige Erzeugnisse einnehmen? Begründen Sie Ihre Antwort.
2. Begründen Sie, warum das Mitanbieten einer Rezeptur zu einem neuen küchenfertigen Erzeugnis das Verkaufspersonal nicht ersetzen kann.
3. Erläutern Sie, wie küchenfertige Erzeugnisse mit Teigen (z. B. Hack in der Blätterteigschnecke) präsentiert werden sollten.
4. Begründen Sie, warum sich mit innovativen Erzeugnissen Werbung betreiben und eine Imagesteigerung erreichen lässt.
5. Beschreiben Sie, welche küchenfertigen Produkte Kunden empfohlen werden können, die mageres eiweißreiches Fleisch bevorzugen.
6. Nennen Sie Braten, die sich bei Büfetts großer Beliebtheit erfreuen.
7. Empfehlen Sie Beilagen zu Wiener Schnitzel.
8. Wählen Sie passende Beilagen zu Sauerbraten aus.
9. Ein Kunde wünscht die von Ihnen zum Grillen angebotenen Kalbsbrustspieße, möchte diese aber in der Pfanne zu einem Gericht zubereiten. Empfehlen Sie entsprechende Beilagen.

4

Ausgewählte Fachrechenaufgaben

1. Folgende Schnitzelpreise sind bei Fleischerei Nusse ausgewiesen:

Kalbsschnitzel	je kg 39,90 €
Schweineschnitzel	je kg 12,90 €
Putenschnitzel	je kg 12,30 €

   a) Um wie viel Prozent sind die Kalbsschnitzel teurer als die Schweineschnitzel und Putenschnitzel?

   b) Um wie viel Prozent preiswerter sind die Putenschnitzel gegenüber den Schweineschnitzeln?

2. Sabrina verkauft einem Kunden in der Fleischerei Nusse 6 küchenfertige Rouladen zu einem Stückgewicht von 190 g und einem kg-Preis von 11,90 €. Durch ihre gute Beratung kauft der Kunde zusätzlich 2 Gläser Rotkohl, je Glas zu 1,19 €, 1 Paket fertige Kartoffelklöße zu 1,89 € und sogar 6 Becher Milchreis mit Zimt und Zucker zu je 0,79 € aus dem Molkereiregal.
   Wie hoch war der Betrag auf dem Kassenbon?

Methods of cooking

There are many different ways of cooking meat.

A cooker usually has three parts: the oven, the grill and the burners or hotplates on top. It can be used for many different cooking methods.

1. Look at the pictures and find the suitable method of cooking.

Boiling/Stewing

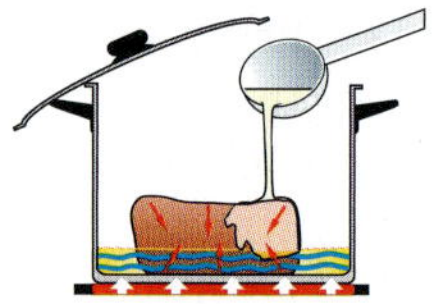

Braising

Barbecue

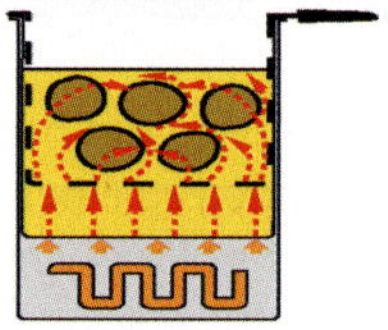

Deep frying

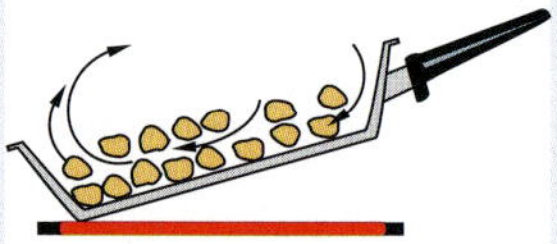

Stir-Frying

A Cooking in water or another liquid at 100 °C in a cooking pot on the hotplates; optionally with seasoned liquids and vegetables.

B Cooking food in water but with an inner container so that the water does not directly touch the food; the heat is transmitted by steam, not water.

C Marinated meat cooked quickly on a grill, over charcoal or a gas burner.

D The most important point in this method is the correct formation of a crust round the food. To achieve this, the food is put in very hot fat and lightly browned all round, including the ends. Sufficient liquid is added to the food, the pan is then covered and the food is left to simmer.

E Very gentle slow cooking in liquid at a little less than 100 °C; thinly sliced meat and vegetables simmer in water, broth or stock in a specialized pot.

F Cooking food in a large amount of very hot oil or fat.

G Slow cooking by a dry heating method, uncovered in an oven; fat and hot air transmit the heat. It is important to use a very high temperature at first to sear the surface and seal in the juices. The food must be basted frequently with the fat to prevent the outside crust from becoming too dry.

H Quick cooking by direct heat sources, beef may be placed directly under or over the heat source.

I Thinly sliced meat and vegetables rapidly tossed and stirred over high heat with a small amount of oil in a wok or a deep pan.

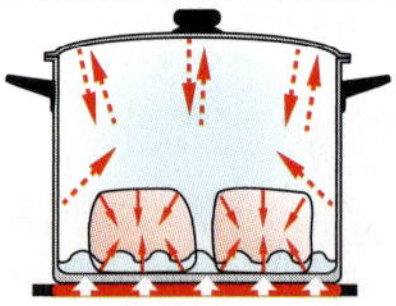

Poaching/Simmering

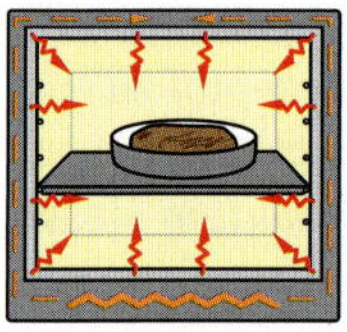

(Oven-)Roasting

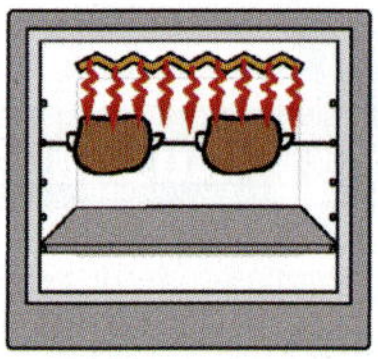

Grilling/Broiling

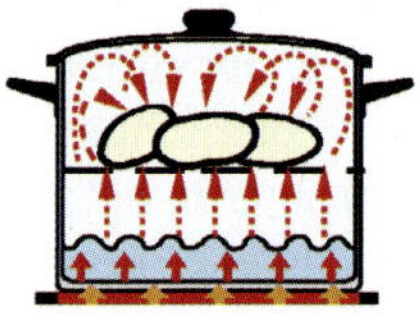

Steaming

2. Copy the table with the different methods of cooking into your exercise book and give two examples to go with each method. Start like this:

Method of cooking	Examples
Boiling	Stew, Knuckle of pork

Kitchen utensils

3. Match the words with the pictures.

apple corer
boning knife
cheese grater
citrus juicer
colander
decorator knife
egg slicer
filleting knife
garlic press
grater
herb chopper
kitchen knife
melon baller
milk pan
mortar
office knife
pan
pastry-cutting wheel
peeler
peeling knife
pepper grinder
potato ricer
salad servers
salad spinner
saucepan
sharpening steel
skimmer
whisk
zester

4. Choose a recipe for a meat dish and talk about which kitchen utensils you are going to use for it.

INFORMATION: Cooking terms

Im Englischen gibt es einige Begriffe, welche leicht verwechselt werden können.

- Der Raum, in dem die Speisen zubereitet werden, heißt **kitchen.** *Our* ***kitchen*** *is very small but full of high-tech.*
- Die Art der Zubereitung (Küche) heißt **cuisine.** *I like Asian* ***cuisine*** *a lot.*
- Speisen zubereiten heißt **to cook.** A **cook** ist ein(e) Koch/Köchin aber **a cooker** ist ein Herd/Kocher.
- A **dessert** ist eine Nachspeise, a **desert** ist eine Wüste.
- Das Essen heißt **food.** *I like Indian* ***food*** *very much.*
- Das Gericht heißt **dish.** *This restaurant serves only meat* ***dishes.***

VOCABULARY

to achieve sth.	etw. erreichen
to baste sth.	etw. mit Fett übergießen
to braise sth.; braising	etw. schmoren; Schmoren
broth	Brühe/Fleischbrühe (dickflüssig)
burner	Flamme (Gasherd)
charcoal	Holzkohle
cooker	Herd
to cover sth.	etw. ab-/bedecken
crust	Kruste
grill	Grill/ Bratrost
heat source	Wärmequelle
hotplate	Herdplatte
kitchen utensils (meist Pl.)	Küchenutensilien/-geräte
liquid	Flüssigkeit
oven	Backofen
to poach sth.	etw. pochieren/dünsten
poaching	Pochieren, Dünsten
to prevent sth.	etw. verhindern
to seal sth. with	mit etw. einschließen, versiegeln
to sear sth.	etw. scharf anbraten
to season sth.	etw. würzen/abschmecken
to simmer sth.	köcheln lassen
steam	Dampf
to steam sth.	etw. dämpfen/dünsten
steaming	Dämpfen/Dünsten
to stew sth.	etw. dünsten/schmoren
stewing	Dünsten, Schmoren
to stir	umrühren
to stir-fry sth.	etw. unter Rühren kurz anbraten
stock	Brühe (wässrig)
sufficient	ausreichend
thin	dünn
to toss sth.	etw. werfen/schwenken
to transmit	übertragen/leiten

5 Informieren über Fleischereiprodukt

Sie informieren Kunden über die Inhaltsstoffe von Fleisch und Fleischerzeugnissen sowie deren ernährungsphysiologische Bedeutung.

Kunde: „Ich möchte mein Übergewicht abbauen. Kann ich in Ihrem Fleischerfachgeschäft ein Frühstück mit reduziertem Energiegehalt einnehmen?"

Informieren
- Welche Lebensmittelgruppen gibt es?
- Welche Inhaltsstoffe haben unsere Lebensmittel?
- Welche Fleischerzeugnisse eignen sich für eine Reduktionskost?
- Welche Geschmacksrichtung bevorzugt der Kunde?

Planen
- Welche Lebensmittel sind für eine Reduktionskost geeignet?
- Welche Ernährungsform sollte ich dem Kunden vorschlagen?
- Welchen Nährstoffbedarf hat der Kunde?

Entscheiden
- Ich zeige dem Kunden geeignete Fleisch- und Wurstwaren und begründe die Auswahl.
- Ich erkläre die Vorteile einer ausgewogenen Ernährung mit Fleisch und Fleischerzeugnissen.
- Ich erläutere dem Kunden die Möglichkeiten einer veränderten Mahlzeitengestaltung.

Ausführen
- Ich verwende die ausgewählten Waren und präsentiere dem Kunden das Ergebnis.
- Ich begründe meine Vorschläge und verdeutliche Variationsmöglichkeiten.
- Ich achte auf die richtige Wortwahl, um den Kunden nicht zu verletzer
- Ich gebe Hinweise zu Nährwertangaben auf Verpackungsmitteln.

Kontrollieren
- Konnte ich meine Produktauswahl ausreichend begründen?
- Entsprechen die vorgeschlagenen Produkte dem Geschmack des Kunden?
- Sollte mein Ausbildungsbetrieb das Sortiment an Gemüse- oder Salatvariationen erweitern?

Bewerten
- Ist der Kunde mit meiner Empfehlung zufrieden?
- Bin ich mit dem Beratungsgespräch zufrieden?
- Konnte ich durch meine Informationen die Lebensmittelauswahl verständlich machen?
- Was könnte ich verbessern?

23 Ernährungslehre

FLEISCHEREI nusse

Björn und sein Kumpel Kai, Maurerazubi, sitzen in einem Imbiss und unterhalten sich.
Kai: „Björn, du weißt das bestimmt als angehender Fleischer, kann man überhaupt noch Fleisch essen? Da sind doch nur Hormone und Arzneimittel drin. Überhaupt ist Fleisch ziemlich fett und Fett macht schließlich fett."
Björn: „Du bringst da einiges durcheinander. Fleisch ist ein sehr wertvolles Lebensmittel. Es gab in der Vergangenheit immer wieder schwarze Schafe, die die ganze Zunft in Verruf brachten. Aber die Sicherheitsstandards sind heute sehr hoch, außerdem kann man mittlerweile lückenlos nachweisen, woher das Fleisch stammt. Und wenn du meinst, Fleisch macht fett, dann ist das so auch nicht richtig. Mein Essen, gebratenes Steak mit gemischtem Salat, enthält weniger Fett und Kalorien als deine Pommes mit Mayonnaise und dem panierten Schnitzel! Übrigens macht auch zu viel Zucker fett, z. B. trinkst du Limonade und hast eben vor dem Mittagessen Süßigkeiten gegessen. Also, ich bleibe da lieber bei meinem Stück Fleisch."

23.1 Ernährungsverhalten

Die menschliche Ernährung kann sehr verschieden sein. Was verzehrt wird, unterliegt einem kulturellen Wandel. Der Mensch hat sich über einen langen Zeitraum den von der Natur angebotenen und für die Region typischen Nahrungsmitteln angepasst. Die Nahrungsmittelauswahl wird durch Herkunft und Religion, aber auch durch regionale Besonderheiten stark geprägt.

Der Begriff „Ernährungsverhalten" umfasst die Beschaffung, die Zubereitung und den Verzehr von Nahrungsmitteln. Unser Ernährungsverhalten hat wesentlichen Einfluss auf unsere **körperliche Leistungsfähigkeit**, auf das **psychische Wohlbefinden**, auf **Lebensfreude**, Lebenszufriedenheit und **Lebensqualität**.

Eine wichtige Rolle für Ernährungsgewohnheiten spielt die Erziehung in der Familie. Schon das Kleinkind entwickelt sein eigenes Essverhalten. Es wird wesentlich von der Lebensmittelauswahl und dem Mahlzeitenrhythmus der Eltern geprägt. Regelmäßige gemeinsame Mahlzeiten in der Familie helfen beim Lernen von Regeln für eine gesunde Ernährung und fördern das Wohlbefinden. Für Kinder und Jugendliche ist die Vorbildwirkung der Eltern sehr wichtig, aber auch Kindergarten und Schule beeinflussen die Ernährungsgewohnheiten stark.

Essen im Kreis der Familie

Einflussfaktoren auf das Ernährungsverhalten

- **Biologischer Bedarf:** Er ist abhängig von Geschlecht, Alter, Größe, Gewicht, Gesundheitszustand und Freizeitverhalten.
- **Religiöse, kulturelle, ethische und gesundheitsbezogene Einstellungen:** Sie bestimmen, welche Lebensmittel gegessen werden, wie diese zubereitet werden und welche Technik dazu verwendet wird, z. B.
  - Viele Katholiken verzehren freitags kein Fleisch.
  - Muslime essen kein Schweinefleisch.
  - Juden essen nur koscheres Fleisch vom Vorderviertel des Rinds.
  - Vegetarier und Veganer essen kein Fleisch.
  - Gesundheits- und umweltbewusste Personen bevorzugen saisonale und Bio-Lebensmittel.
- **Verfügbares Einkommen:** gute Lebensmittel haben ihren Preis.
- **Familien- und Haushaltssituation:** Je nach Geschlecht, Alter und Anzahl der Familienangehörigen variiert das Speisenangebot, z. B.
  - Männer essen in der Regel mehr Fleisch als Frauen,
  - Singles mehr Fertiggerichte als Familien,
  - ältere Menschen weniger Fleisch als jüngere.
- **Psychische Faktoren:** Bestimmte Gefühle werden mit Essen verbunden und daher einige Lebensmittel bevorzugt gegessen oder gemieden, z. B. Schokolade, Chips.
- **Zeitfaktoren:** Wie die Ernährung aussieht, hängt auch ab von der
  - Tageszeit und Dauer der Mahlzeit,
  - Vorbereitungszeit für die Speisen der jeweiligen Mahlzeit,
  - Berufstätigkeit.

Essen im Imbiss

Hauptemährungsfehler

Viele Bundesbürger
- essen zu viel,
- essen zu fett,
- essen zu salzig und zu süß,
- essen zu energiereich,
- essen zu wenig Ballaststoffe,
- trinken zu viel Alkohol oder
- bewegen sich zu wenig.

Aus Zeitmangel werden Lebensmittel immer seltener frisch gekauft und zubereitet. Verbraucher nehmen sich weniger Zeit für die Speisenzubereitung, Fertiggerichte werden verstärkt gekauft. Snacks zum Zwischendurchessen ersetzen oft die Hauptmahlzeiten. Dadurch wird für viele Menschen die täglich zugeführte Energiemenge unüberschaubar. Lebensmittel mit langer Haltbarkeit sind gefragt. Dabei treten die Qualität der Lebensmittel oder die Frage nach Zusatzstoffen in den Hintergrund. Häufig wird unüberlegt zu stark verarbeiteten, ballaststoffarmen Lebensmitteln gegriffen.

Trotz aller Aufklärung in Ernährungsfragen ist das Ernährungswissen oft sehr gering. Vielen Verbrauchern fällt es schwer, den verzehrten Lebensmittelmengen die entsprechenden Energiegehalte zuzuordnen. Da immer mehr Lebensmittel mit Nährwertangaben gekennzeichnet sind, wird die Berechnung der aufgenommenen Energiemenge einfacher.

In der Regel entscheidet jeder Mensch selbst, wie er sich ernährt. Allerdings wird die individuelle Verhaltensweise durch das Lebensmittelangebot und die gesellschaftlichen Rahmenbedingungen beeinflusst. Je besser die Schulbildung, desto häufiger stehen frisches Obst und Gemüse auf dem Speiseplan und umso bewusster ist die Lebensmittelauswahl.

Die Folgen einer ungesunden Ernährungsweise kommen teilweise erst nach vielen Jahren zum Vorschein, z. B. in Form von Übergewicht, Bluthochdruck, erhöhten Blutfettwerten, Diabetes, Gicht oder als Herzinfarkt und Schlaganfall. Diese ernährungsmitbedingten Krankheiten haben auch Einfluss auf die allgemeinen Kosten in unserem Gesundheitswesen.

23.2 Ernährungsformen

23.2.1 Überblick

Empfehlenswerte Ernährungsformen

- **Vollwertige Ernährung:** Ernährung mit abwechslungsreicher, ausgewogener Mischkost, die Fleisch, Wurst, Eier und Fisch als wichtige Eiweiß- und Mineralstofflieferanten sowie frisches Obst und Gemüse enthält.
- **Vollwerternährung:** Ernährung mit überwiegend lacto-vegetarischer Ernährung (Pflanzenkost sowie Milch und Milchprodukte); nicht die Nährstoffe, sondern die Lebensmittel stehen im Vordergrund, z. B. aus ökologischem Anbau, mit geringem Verarbeitungsgrad (Vollkorn- statt Auszugsmehl).
- **Ovo-lacto-vegetarische Kost:** Ernährung mit pflanzlichen Produkten und Produkten, die von lebenden Tieren stammen, z. B. Eier, Milch, Milchprodukte, Honig.
- **Ayurvedische Ernährung:** Ernährung mit überwiegend lacto-vegetarischer Kost; Grundlagen: Leben ist Einheit von Körper, Geist und Seele; indische Heil- und Gesundheitskunde.
- **Anthroposophische Ernährung:** Ernährung mit überwiegend ovo-lacto-vegetarischer Kost und geringem Fleischverzehr; Grundsatz: Ernährung des Menschen im Einklang mit Natur und Kosmos.

Bedingt empfehlenswerte Ernährungsformen

- **Hay'sche Trennkost:** Ernährung mit lacto-vegetarischer Kost; Eiweiß und Kohlenhydrate werden getrennt verzehrt, die Übersäuerung des Organismus soll verhindert werden. Der Körper verfügt jedoch über Puffersysteme, die den pH-Wert konstant halten. Übersäuerungstheorie wird wissenschaftlich kontrovers diskutiert.
- **Vegane Kost:** Ernährung mit ausschließlich pflanzlichen Nahrungsmitteln, keine Produkte von toten und lebenden Tieren. Es kann zu einer Unterversorgung mit lebensnotwendigen Nährstoffen kommen, daher als Dauerkost nicht geeignet.

Vollwertige Ernährung

Vollwertige Ernährung sollte die „Standardernährung“ für jeden sein.

Vollwerternährung

Ovo-lacto-vegetarische Kost

Ayurvedische Ernährung

- **Makrobiotik:** Ernährung mit überwiegend veganer, sehr fettarmer Kost, Ursprung im Zen-Buddhismus. Lebensmittel werden nach den gegensätzlichen Kräften des Universums in Yin und Yang eingeteilt, Getreideanteil ist zu hoch, Obst und Milch fehlen. Als Dauerkost daher nur bedingt geeignet.
- **Spezielle Formen des Vegetarismus:** z. B. Schnitzer-Kost, Bircher-Benner-Kost, Waerland-Kost

23.2.2 Vollwertige Ernährung

Ernährungskreis (nach DGE)

Der Ernährungskreis der Deutschen Gesellschaft für Ernährung e. V. (DGE) spiegelt die Regeln für eine vollwertige Ernährung wider. Die Größe der einzelnen Segmente orientiert sich an den empfohlenen Aufnahmemengen der verschiedenen Lebensmittelgruppen.

DGE-Ernährungskreis®

Vergleichen Sie Ihre eigenen Essgewohnheiten mit diesen Mengenvorschlägen.

5

Mengenvorschläge pro Tag

Lebensmittel	Orientierungswerte für Erwachsene
Gruppe 1 Getreide, Getreideprodukte, Kartoffeln	täglich • 4–6 Scheiben (200–300 g) Brot **oder** 3–5 Scheiben (150–250 g) Brot und 50–60 g Getreideflocken und • 1 Portion (200–250 g) Kartoffeln (gegart) **oder** 1 Portion (200–250 g) Nudeln (gegart) **oder** 1 Portion (150–180 g) Reis (gegart) Produkte aus Vollkorn bevorzugen
Gruppe 2 Gemüse und Salat	täglich • mindestens 3 Portionen (400 g) Gemüse 300 g gegartes Gemüse und 100 g Rohkost/Salat **oder** 200 g gegartes Gemüse und 200 g Rohkost/Salat
Gruppe 3 Obst	täglich • mindestens 2 Portionen (250 g) Obst
Gruppe 4 Milch und Milchprodukte	täglich • 200–250 g fettarme Milch und Milchprodukte und • 2 Scheiben (50–60 g) fettarmen Käse
Gruppe 5 Fleisch, Wurst, Fisch und Eier	wöchentlich • 300–600 g fettarmes Fleisch (zubereitet) und fettarme Wurst und • 1 Portion (80–150 g) fettarmen Seefisch (zubereitet) und • 1 Portion (70 g) fettreichen Seefisch (zubereitet) und • bis zu 3 Eier (inkl. verarbeitetes Ei)
Gruppe 6 Öle und Fette	täglich • 10–15 g Öl (z. B. Raps-, Walnuss- oder Sojaöl) und • 15–30 g Margarine oder Butter
Gruppe 7 Getränke	täglich • rund 1,5 Liter bevorzugt energiefreie/-arme Getränke

5 am Tag OBST & GEMÜSE

Die Gesundheitskampagne 5 am Tag motiviert Menschen, mit einfach umzusetzenden Regeln ihren Obst- und Gemüseverzehr zu erhöhen.

Der Ernährungskreis berücksichtigt außerdem die zehn von der DGE aufgestellten Regeln für eine gesundheitsbewusste Ernährung. Sie stellen Anleitungen dar, die sich einfach im Alltag umsetzen lassen.

Vollwertig essen und trinken nach den

10 Regeln der DGE

Vollwertig essen und trinken hält gesund, fördert Leistung und Wohl befinden. Wie sich das umsetzen lässt, hat die Deutsche Gesellschaft für Ernährung auf Basis aktueller wissenschaftlicher Erkenntnisse in 10 Regeln formuliert.

1. Lebensmittelvielfalt genießen
Nutzen Sie die Lebensmittelvielfalt und essen Sie abwechslungsreich. Wählen Sie überwiegend pflanzliche Lebensmittel.

2. Gemüse und Obst – nimm „5 am Tag“
Genießen Sie mindestens 3 Portionen Gemüse und 2 Portionen Obst am Tag. Zur bunten Auswahl gehören auch Hülsenfrüchte wie Linsen, Kichererbsen und Bohnen sowie (ungesalzene) Nüsse.

3. Vollkorn wählen
Bei Getreideprodukten wie Brot, Nudeln, Reis und Mehl ist die Vollkornvariante die beste Wahl für Ihre Gesundheit.

4. Mit tierischen Lebensmitteln die Auswahl ergänzen
Essen Sie Milch und Milchprodukte wie Joghurt und Käse täglich, Fisch ein- bis zweimal pro Woche. Wenn Sie Fleisch essen, dann nicht mehr als 300 bis 600 g pro Woche.

5. Gesundheitsfördernde Fette nutzen
Bevorzugen Sie pflanzliche Öle wie Rapsöl und daraus hergestellte Streichfette. Vermeiden Sie versteckte Fette. Fett steckt oft „unsichtbar“ in verarbeiteten Lebensmitteln wie Wurst, Gebäck, Süßwaren, Fast Food und Fertigprodukten.

6. Zucker und Salz einsparen
Mit Zucker gesüßte Lebensmittel und Getränke sind nicht empfehlenswert. Vermeiden Sie diese möglichst und setzen Sie Zucker sparsam ein. Sparen Sie Salz und reduzieren Sie den Anteil salzreicher Lebensmittel. Würzen Sie kreativ mit Kräutern und Gewürzen.

7. Am besten Wasser trinken
Trinken Sie rund 1,5 Liter jeden Tag. Am besten Wasser oder andere kalorienfreie Getränke wie ungesüßten Tee. Zuckergesüßte und alkoholische Getränke sind nicht empfehlenswert.

8. Schonend zubereiten
Garen Sie Lebensmittel so lange wie nötig und so kurz wie möglich, mit wenig Wasser und wenig Fett. Vermeiden Sie beim Braten, Grillen, Backen und Frittieren das Verbrennen von Lebensmitteln.

9. Achtsam essen und genießen
Gönnen Sie sich eine Pause für Ihre Mahlzeiten und lassen Sie sich Zeit beim Essen.

10. Auf das Gewicht achten und in Bewegung bleiben
Vollwertige Ernährung und körperliche Aktivität gehören zusammen. Dabei ist nicht nur regelmäßiger Sport hilfreich, sondern auch ein aktiver Alltag, in dem Sie z. B. öfter zu Fuß gehen oder Fahrrad fahren.

(mehr Informationen unter www.dge.de/10regeln)

23.2.3 Bedeutung von Fleisch für eine vollwertige Ernährung

Fleischverzehr im Wandel der Zeit

Früher war Fleisch kostbar und ein Zeichen von Wohlstand. Es wurde danach bewertet, ob es fett war und ob es satt machte. Die Lebensgewohnheiten haben sich seitdem jedoch geändert.

Heute fordern die Ernährungswissenschaftler eine leichte und vielseitige Mischkost. Eine ausgewogene Ernährung mit Fleisch, Vollkornprodukten sowie Obst und Gemüse enthält alle vom Körper benötigten Nährstoffe.

Fleisch trägt dazu bei, dass einige Vitamine und Mineralstoffe aus pflanzlichen Lebensmitteln besser vom Körper aufgenommen werden. **Fleisch ist als wichtige Nährstoffquelle unersetzbar.** Mageres Fleisch und magere Wurstwaren sind wertvoller Bestandteil einer Reduktionskost.

5

Mageres Fleisch

Argumente für eine Ernährung mit Fleisch

- Fleisch versorgt den Körper mit **hochwertigem Eiweiß**.
- Fleisch **deckt den erhöhten Eiweißbedarf** von Kindern, Jugendlichen, Sportlern und körperlich schwer arbeitenden Menschen.
- Fleischeiweiß hat eine hohe biologische Wertigkeit und kann **vom Körper leichter genutzt** werden als pflanzliches Eiweiß.
- Fleisch ist ein **wertvoller Eisenlieferant**, nur wenige Lebensmittel enthalten so viel gut verwertbares Eisen.
- Fleisch zeichnet sich durch eine hohe Nährstoffdichte aus, es ist **reich an Eisen, Zink, Selen, Vitamin A sowie den B-Vitaminen** (Nährstoffe, die in einer Diät meist zu wenig berücksichtigt werden).
- Fleisch ist eines der **bestkontrollierten Lebensmittel**. Das deutsche Lebensmittelrecht gilt weltweit als vorbildlich. Bis hin zur Ladentheke wird **Fleisch streng überwacht**.
- Fleisch bietet **viel Abwechslung**. Ob Schwein, Rind, Kalb, Lamm oder Geflügel – es gibt zahlreiche Spezialitäten und Zubereitungsmöglichkeiten.

Gesundes Fleischgericht

Fleisch hat als hochwertiges Lebensmittel einen sehr wichtigen Platz in unserer Ernährung. Es gibt jedoch Menschen, die Fleischkonsum ablehnen, Vorbehalte und Bedenken haben oder nur bestimmte Fleischprodukte verzehren. Mitarbeiter eines kundenorientierten und verantwortungsbewussten Fleischerfachgeschäfts sollten mögliche Gründe eines eingeschränkten Fleischkonsums oder einer fleischlosen Ernährung (Vegetarismus) kennen und respektieren.

23.2.4 Vegetarische Ernährung

Die vegetarische Kost ist nach dem griechischen Philosophen Pythagoras (6. Jh. v. Chr.), dem Begründer des klassischen Vegetarismus, eine „lebendige Kost". Lebensmittel von getöteten Tieren werden abgelehnt. Diese Kost sollte die Menschen zu einer natürlichen und gesunden Lebensweise zurückführen.

Gründe für einen eingeschränkten Fleischverzehr oder Fleischverzicht:
- Lebensmittelskandale
- Angst vor gesundheitlichen Beeinträchtigungen (z. B. durch BSE)
- eigene Erkrankungen (z. B. Gicht)
- ethisch-moralische Gründe (z. B. Ablehnung des Tötens von Tieren, umweltbewusste Lebensweise)
- religiöse Gründe (z. B. Fasten im Christentum, Schweinefleischverbot im Islam und Judentum)

Einige Verbraucher sind „Flexitarier", d. h., sie essen gelegentlich Fleisch und Fleischprodukte, bereiten aber in der Regel kaum selbst Fleischgerichte zu. Solche Kunden nutzen das Angebot an Fertigprodukten im Fachgeschäft.

Formen des Vegetarismus

Vegetarier nehmen keine Nahrungsmittel zu sich, die von getöteten Tieren stammen. Hierzu zählen auch Fische, Weich- und Schalentiere sowie Schlachtfette. Viele Vegetarier verzichten auf den Genuss von Alkohol und Nikotin und legen großen Wert auf körperliche Aktivitäten.

Formen des Vegetarismus	Lebensmittelauswahl				
	Fleisch und Fisch	Pflanzliche Produkte	Eier	Milch und Milchprodukte	Honig
Ovo-lacto-Vegetarier		x	x	x	x
Lacto-Vegetarier	werden nicht verzehrt	x		x	x
Veganer		x			

Ovo-lacto-Vegetarier: Pflanzenkost, Milch und Milchprodukte sowie zusätzlich Ei und Eiprodukte (ovo = Ei)

Lacto-Vegetarier: Pflanzenkost sowie zusätzlich Milch und Milchprodukte (lacto = Milch)

Veganer: ausschließlich Pflanzenkost

Mischformen:
- **Pisco-Vegetarier** (oder Pesco-Vegetarier) verzehren auch Fisch, aber kein Fleisch (piscis = Fisch).
- **„Pudding-Vegetarier"** verzehren vor allem stark verarbeitete Lebensmittel, wie Fast Food oder Süßigkeiten.

Kostzusammenstellung bei Ovo-lacto-Vegetariern und Lacto-Vegetariern

Bei ovo-lacto-vegetarischer und lacto-vegetarischer Kost muss die Nahrungsauswahl mit großer Sachkenntnis erfolgen, da nur so eine ausgewogene Zusammenstellung erreicht wird. Nur dann ist es möglich, eine ausreichende Fett- und Eiweißzufuhr zu gewährleisten und Mangelerscheinungen durch eine zu geringe Zufuhr von Calcium, Vitamin B_{12}, Vitamin D, Eisen und Jod zu vermeiden. Bei einer richtigen Lebensmittelauswahl kann von einer vollwertigen Ernährung gesprochen werden. Milch und Milchprodukte, Eier, Getreide, Nüsse und Hülsenfrüchte liefern ausreichend Energie, Eiweiß, Kohlenhydrate, Fette, Ballaststoffe, Vitamine und Mineralstoffe.

Für die täglich notwendige Eiweißzufuhr ist zu beachten, dass **pflanzliche Eiweiße** eine **niedrigere biologische Wertigkeit** (► S. 215) besitzen als Eiweiße von tierischen Lebensmitteln. So liegt beispielsweise die biologische Wertigkeit von Rindfleisch bei 76 % und von Getreide bei 35 %.

Veganer

Da Veganer ausschließlich pflanzliche Produkte verzehren, kann es durch eine falsche bzw. einseitige Lebensmittelauswahl leicht zur **Unterversorgung** mit Calcium, Vitamin B_{12}, Vitamin D, Eisen und Jod kommen. Für Personengruppen mit besonderen Anforderungen an die Nährstoffversorgung, d. h. einem höheren Eiweiß-, Mineralstoff- und Vitaminbedarf, ist von dieser Ernährungsform abzuraten, weil Mangelerscheinungen kaum zu verhindern sind. Das betrifft Schwangere, Stillende, Säuglinge, Kleinkinder und ältere Menschen. **Rohköstler** verzichten zusätzlich auf gegarte Lebensmittel. Da einige Nährstoffe in gegarter Form vom Körper besser verwertet werden können, ist eine ausreichende Nährstoffversorgung hier noch schwieriger.

Veganer

Lacto-Vegetarier

Ovo-lacto-Vegetarier

23.3 Energielieferanten und Nährstoffbedarf

23.3.1 Aufgaben der Lebensmittel

Recherchieren Sie im Internet nach der Theorie der freien Radikale.

„Essen und Trinken hält Leib und Seele zusammen", formulierte Martin Luther vor über 500 Jahren Rolle und Aufgabe der Ernährung.

Nach der EG-Verordnung 178/2002 (Allgemeine Lebensmittel-Verordnung) Artikel 2 sind Lebensmittel alle Stoffe oder Erzeugnisse, die dazu bestimmt sind oder von denen nach vernünftigem Ermessen erwartet werden kann, dass sie in verarbeitetem, teilweise verarbeitetem oder unverarbeitetem Zustand von Menschen aufgenommen werden.

Bedeutung der Lebensmittel für den Körper

Lebensmittel sind „Mittel zum Leben". Unser Körper benötigt für die Erhaltung von Gesundheit und Leistungsfähigkeit folgende Stoffe:

- Baustoffe für Wachstum, Aufbau und Ersatz von Körpersubstanz
- Wasser für die Stoffwechselvorgänge, zum Zellaufbau, als Transport- und Lösungsmittel
- Brennstoffe für die Energielieferung, um Körperfunktionen und Körpertemperatur zu erhalten
- Wirkstoffe zur Regelung der Stoffwechselvorgänge und dem Schutz vor freien Radikalen, die bei chemischen Prozessen entstehen und die Entstehung von Arteriosklerose und Krebs begünstigen können
- Ballaststoffe (unverdauliche Nahrungsmittelbestandteile) für eine geregelte Verdauung
- sekundäre Pflanzenstoffe als gesundheitsfördernde Wirkstoffe

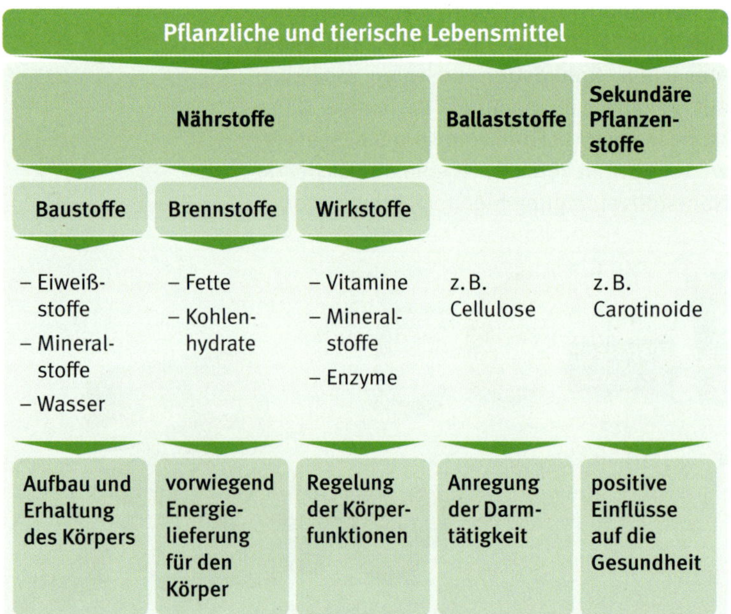

23.3.2 Energiebedarf des Menschen

Lebensmittel enthalten unterschiedlich viel Energie. Es wird zwischen den energieliefernden Nährstoffen – Kohlenhydrate, Fette und Eiweiße – und den nicht energieliefernden Nährstoffen – Vitamine, Mineralstoffe, Ballaststoffe und Wasser – unterschieden. Der **Energiebedarf zum täglichen Leben** wird als **Gesamtenergiebedarf** bezeichnet.

Der **Energiegehalt** wird angegeben in
- **kJ** (Kilojoule) oder
- **kcal** (Kilokalorien)

Für die Berechnung gilt:
- 1 kcal ≙ **4,2 kJ**
- 1 kJ ≙ 0,238 kcal

Umrechnung von **kJ** in **kcal**
➔ kJ durch **4,2** teilen

Umrechnung von **kcal** in **kJ**
➔ kcal mit **4,2** multiplizieren

Gesamtenergiebedarf = Grundumsatz + Leistungsumsatz

Da der Leistungsumsatz, der sich aus der körperlichen Aktivität ergibt, individuell ermittelt werden müsste, wurde fünf verschiedenen Tätigkeitsgruppen ein Aktivitäts-Faktor zugeteilt (PAL-Wert ▸ S. 200). Mit diesem PAL-Wert wird der Grundumsatz multipliziert.

Gesamtenergiebedarf = Grundumsatz x PAL-Wert

Grundumsatz (Ruhe-nüchtern-Umsatz)

Als Grundumsatz wird die Energiemenge bezeichnet, die ein Mensch

- bei völliger Ruhe,
- im Liegen,
- zwölf Stunden nach der letzten Nahrungsaufnahme,
- leicht bekleidet,
- in einem Raum bei einer Temperatur von 20 °C durchschnittlich benötigt.

Der Grundumsatz wird für einen Tag (24 Stunden) angegeben.

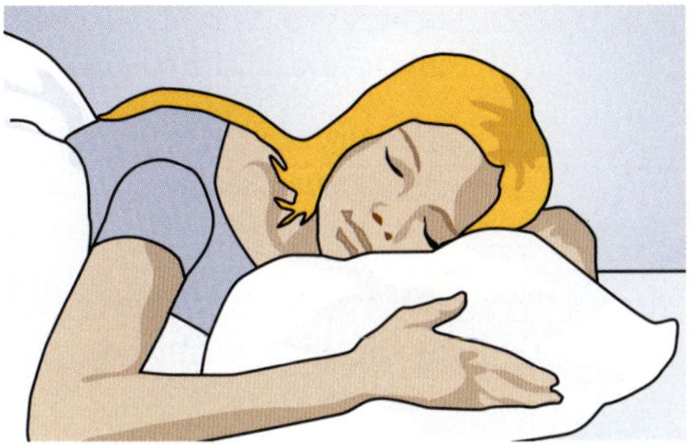

Grundumsatz

Der Grundumsatz ist die Energiemenge, die unter den genannten Bedingungen benötigt wird zur Aufrechterhaltung von

- Grundstoffwechsel,
- Herztätigkeit,
- Atmung usw. sowie
- Erhaltung der Körpertemperatur.

Faktoren, die den Grundumsatz beeinflussen:

- Alter
- Geschlecht
- Größe
- Gewicht
- Stress, Krankheit
- Schwangerschaft
- Klima

Generell haben Männer einen höheren Grundumsatz als Frauen. Etwa ab dem 30. Lebensjahr nimmt der Energiebedarf bei beiden Geschlechtern kontinuierlich ab.

Richtwerte zur Berechnung des Grundumsatzes für einen Mann, 20 Jahre, mit Normalgewicht

- Grundumsatz pro Stunde
  → ca. 4,2 kJ je kg Körpergewicht
- Grundumsatz pro Tag
  → ca. 100 kJ je kg Körpergewicht

Beispielrechnung Grundumsatz:
auszubildener Fleischer Björn, 20 Jahre, 79 kg

Körpergewicht	**x**	**100 kJ**	**=**	**Grundumsatz**
79 kg	x	100 kJ	=	7 900 kJ pro Tag
7 900 kJ	:	4,2	=	ca. 1 880 kcal pro Tag

Grundumsatz je Tag (nach DGE und Wirths)		
Alter	Mann (172 cm, 70 kg)	Frau (165 cm, 60 kg)
15–18 Jahre	7 900 kJ (7,9 MJ)	6 200 kJ (6,2 MJ)
19–35 Jahre	7 300 kJ (7,3 MJ)	6 000 kJ (6,0 MJ)
36–50 Jahre	6 800 kJ (6,8 MJ)	5 600 kJ (5,6 MJ)
51–65 Jahre	6 200 kJ (6,2 MJ)	5 200 kJ (5,2 MJ)
66–75 Jahre	5 800 kJ (5,8 MJ)	5 000 kJ (5,0 MJ)

5

Leistungsumsatz (Arbeits- und Freizeitumsatz)

Der Leistungsumsatz ist die Energiemenge, die über den Grundumsatz hinaus für die **Gehirn-** und **Muskeltätigkeit** (Arbeitsleistung) benötigt wird. Sie ist abhängig von Art und Dauer der Tätigkeit und der Umgebungstemperatur.

Leistungsumsatz

Faktoren, die den Leistungsumsatz beeinflussen:

- körperliche Aktivitäten (Beruf, Freizeit)
- geistige Aktivitäten
- Verdauungstätigkeit, d. h. Energieverluste von ca. 6 %
- Wärmeregulation, d. h. höhere Umgebungstemperatur → verstärkte Schweißbildung → entstehende Verdunstungskälte → Senkung der Körpertemperatur (durch Verdunstung von 1 l Schweiß werden dem Körper 2 400 kJ entzogen)

Übersetzen Sie den Begriff **PAL** ins Deutsche.

5

PAL-Wert

Der PAL-Wert („physical activity level") ist ein Wert für den körperlichen Aktivitätsgrad. Damit ist er ein Maß für den Energiebedarf, der je nach Tätigkeit variiert und bei der Berechnung des täglichen Energiebedarfs berücksichtigt werden muss.
Der PAL-Wert bezieht sich auf den Gesamttag.

Bei sportlichen Betätigungen und anstrengenden Freizeitaktivitäten können zum in der Tabelle angegebenen PAL-Wert 0,3 PAL-Einheiten hinzugerechnet werden.

Wird langfristig mehr Energie aufgenommen als der Körper benötigt, führt dies zu Übergewicht. Wird mehr Energie verbraucht als zugeführt, entsteht langfristig Untergewicht.

PAL-Werte bei unterschiedlichen Berufs- und Freizeittätigkeiten von Erwachsenen

Schwere der Aktivität	Physical activity level (PAL)	Beispiele
ausschließlich sitzende oder liegende Lebensweise	0,95 bis 1,2	Schlaf, alte, gebrechliche Menschen
ausschließlich sitzende Tätigkeit; keine anstrengenden Freizeitaktivitäten	1,4 bis 1,5	Büroangestellte, Feinmechaniker
sitzende Tätigkeit; zeitweise zusätzlicher Energieaufwand für gehende oder stehende Tätigkeit	1,6 bis 1,7	Laboranten, Kraftfahrer, Studierende, Fließbandarbeiter
überwiegend gehende und stehende Tätigkeit	1,8 bis 1,9	Fleischer, Kellner, Verkäufer
körperlich anstrengende berufliche oder sportliche Tätigkeit	2,0 bis 2,4	Bauarbeiter, Landwirte, Bergarbeiter, Leistungssportler

Quelle: Referenzwerte für die Nährstoffzufuhr 2000, DGE

Beispielrechnung Gesamtumsatz – Fleischer:
Björn, Auszubildender Fleischer, Grundumsatz 7 900 kJ, PAL-Wert 1,8

Grundumsatz	**x**	**PAL-Wert**	**=**	**Gesamtenergiebedarf**
7 900 kJ	x	1,8	=	**14 220 kJ**
14 220 kJ	:	4,2	=	ca. **3 390 kcal**

Beispielrechnung Gesamtumsatz – Büroangestellte:
Büroangestellte Anja, Grundumsatz 6 100 kJ, PAL-Wert 1,4

Grundumsatz	**x**	**PAL-Wert**	**=**	**Gesamtenergiebedarf**
6 100 kJ	x	1,4	=	**8 540 kJ**
8 540 kJ	:	4,2	=	ca. **2 030 kcal**

Büroangestellte mit überwiegend sitzender Tätigkeit

23.3.3 Nährstoffbedarf des Menschen

Der Mensch muss täglich essen, denn zum Leben wird Energie benötigt. Der Nährstoffbedarf ist individuell unterschiedlich. Es ist aber nicht nur wichtig die richtige **Energiemenge** aufzunehmen, sondern auch alle **Nährstoffe** in der richtigen Menge zu verzehren.

Der Gesamtenergiebedarf soll zu folgenden Anteilen durch die energieliefernden Nährstoffe gedeckt werden:
- mehr als 50 % Kohlenhydraten,
- 10 bis 15 % Eiweiß,
- ca. 30 % Fett.

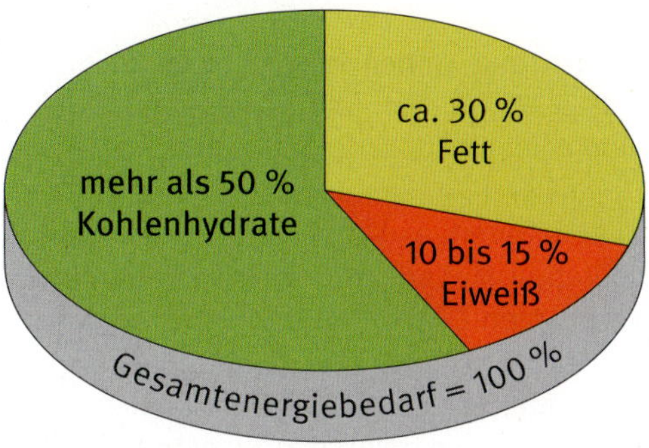

Gesamternergie- und Nährstoffbedarf

Bei einer vollwertigen Ernährung sollten Eiweiß, Fett, Kohlenhydrate sowie Mineralstoffe, Vitamine und Ballaststoffe mit den Mahlzeiten über den Tag verteilt in einem ausgewogenen Verhältnis aufgenommen werden.

Bei der täglichen Zusammenstellung der Nahrungsmittel sind der persönliche Gesamtenergiebedarf und die Nährwertzusammensetzung der ausgewählten Lebensmittel zu beachten. Der **Energiegehalt** und die **Nährstoffzusammensetzung der Lebensmittel** spielen für eine gesunde Ernährung eine wichtige Rolle.

Für die praktische Handhabung bedeutet dies:
- Lebensmittel mengenmäßig gemäß dem DGE-Ernährungskreis zusammenstellen.
- Lebensmittel nur so weit bearbeiten wie nötig, vor allem nährstoffschonend.
- Gemüse und Obst frisch verzehren oder verarbeiten, um Nährstoffverluste zu vermeiden.
- Hochwertiges Eiweiß in fettarmem Fleisch und Fisch sowie Milch und Milchprodukten auswählen.
- Lebensmittel richtig kombinieren.

Kohlenhydratbedarf

Mehr als 50 % des täglichen Energiebedarfs sind durch Kohlenhydrate (► S. 207 ff.) zu decken. Vorrangig sollten stärkehaltige und ballaststoffreiche Lebensmittel (► S. 221) verzehrt werden.

Kohlenhydrate kommen hauptsächlich in pflanzlichen Lebensmitteln vor. Eine Ausnahme ist z. B. ist der Milchzucker in Milch und in daraus hergestellten Produkten. Mindestens 2/3 des Kohlenhydratbedarfs sollten durch energiearme, ballaststoff- sowie vitamin- und mineralstoffreiche Lebensmittel gedeckt werden; 1/3 kann durch energiereiche, kohlenhydratreiche, aber ballaststoff- sowie vitamin- und mineralstoffarme Lebensmittel gedeckt werden.

Ernergiearme, kohlenhydrat-, ballaststoff- und vitaminreiche Lebensmittel

Ernergiereiche, kohlenhydratreiche, ballaststoffarme Lebensmittel

5

Lebensmittel mit versteckten Fetten

Fettbedarf

Die tägliche Gesamtfettzufuhr setzt sich aus Streichfett, Fett für die Speisenzubereitung und „versteckten“ Fetten zusammen. Sie sollte ca. 30 % der Gesamtenergiezufuhr nicht übersteigen.
„Versteckte Fette“ sind z. B. in Kuchen, Schokolade, fettreichen Käsesorten, fettreichen Fleisch- und Wurstwaren und Fettfischen enthalten. Der Anteil an ungesättigten Fettsäuren (▸ S. 210) in den verzehrten Nahrungsmitteln soll höher liegen als der Anteil an gesättigten Fettsäuren (▸ S. 210). Umsetzen lässt sich dies vor allem durch die Verwendung von Pflanzenölen, eine insgesamt fettarme Ernährungsweise und fettarme Gartechniken, z. B. Grillen, Dämpfen und Dünsten.

Eiweißbedarf

Eiweiß (▸ S. 213 ff.) kann vom Körper nicht gespeichert werden und muss deshalb regelmäßig mit der Nahrung aufgenommen werden. Der tägliche Eiweißbedarf ist abhängig von Lebensalter, Geschlecht und Körpergewicht. Säuglinge und Kinder haben einen sehr hohen Bedarf an Eiweiß für den Aufbau von Körpersubstanz. Je kg Körpergewicht werden unterschiedliche Eiweißmengen benötigt:

- 14-Jähriger ca. 0,9 g / kg Körpergewicht
- Erwachsener ca. 0,8 g / kg Körpergewicht
- über 65 Jahre 1,0 g / kg Körpergewicht

Die Eiweißzusammensetzung der Nahrung sollte ausgewogen sein. Wünschenswert ist ein Verhältnis von 1/3 tierischem und 2/3 pflanzlichem Eiweiß. Nicht mehr als 15 % der Gesamtenergie sollten durch Eiweiß zugeführt werden. Eine Unter- oder Überversorgung mit Eiweißen führt zu Erkrankungen. Daher ist es wichtig, seinen Bedarf zu kennen und ausreichend zu decken.

Wasserbedarf

Er ist abhängig von

- Alter
- Gewicht
- Art und Menge der verzehrten Lebensmittel
- Gesundheitszustand
- Umgebungstemperatur

Erwachsene sollten täglich etwa 1,5 bis 2 l Flüssigkeit trinken. Die besten Durstlöscher sind Leitungs- und Mineralwasser, verdünnte Obstsäfte und Gemüsesäfte sowie Früchte- oder Kräutertee. Kaffee und schwarzer Tee sollten in Maßen getrunken werden. Mit unverdünnten Obstsäften und Limonaden wird meist zu viel Zucker und damit zu viel Energie aufgenommen. Zusätzlich wird täglich ca. 1 l Wasser durch die Nahrung zugeführt. Wassermangel führt innerhalb weniger Tage zu Verwirrtheit, Blutverdickung, Kreislaufversagen und schließlich zum Tod.

Eiweißreiche Lebensmittel

23.3.4 Energie- und Nährstoffgehalt von Lebensmitteln

Die einzelnen Nährstoffe liefern unterschiedliche Energiemengen.

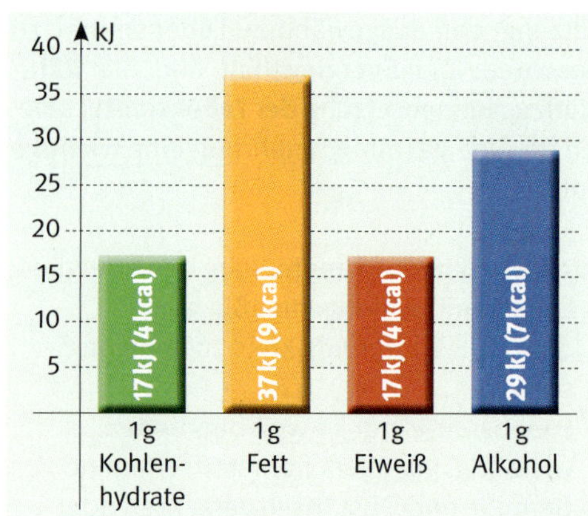

Unterschiedliche Energiemengen von Nährstoffen und Alkohol

Nährwerte einiger Lebensmittel im Vergleich

ausgewählte Lebensmittel	Nährstoffe in 100 g Lebensmittel			Energiegehalt		übliche Portion in g
	Eiweiß in g (1 g = 17 kJ)	Fett in g (1 g = 37 kJ)	Kohlenhydrate in g (1 g = 17 kJ)	für 100 g in kJ	für 100 g in kcal (kJ geteilt durch 4,2)	
Cornflakes	7,2	0,6	79,7	1 500	357	30
Croissant	5,7	25,8	34,4	1 636	390	45
Weizenmischbrot	6,2	1,1	47,7	957	228	40
Roggenvollkornbrot	6,8	1,2	38,8	820	195	50
Apfelkuchen, Hefeteig	2,8	3,3	22,8	557	133	100
Streuselkuchen	6,3	14,5	54,1	1 563	372	70
Joghurt, vollfett	3,9	3,8	5,4	299	71	150
Joghurt, 1,5 % Fett	4,3	1,5	3,6	138	33	150
Butter	0,7	83,2	0,3	3 095	737	20
Halbfettmargarine	1,6	40,0	0,4	1 514	360	20
Camembert, 30 % Fett i. Tr.	23,5	13,5	0	899	214	30
Camembert, 60 % Fett i. Tr.	17,9	34,0	0	1 562	372	30
Bierschinken	16,5	12,0	0	725	173	25
Salami	20,6	27,3	0	1 360	324	25
Kochschinken	22,5	3,7	0	519	124	30
Leberwurst, fein	13,0	34	0	1 479	352	30
Schweinefleisch, mager	21,8	2,4	0	459	109	125
Schweinefleisch, fett	17,8	21,1	0	1 083	258	125
Bratwurst	12,8	26,7	0,5	1 214	289	150
Forelle	19,5	2,7	0	431	103	150
Pellkartoffeln	2,0	0,1	14,8	298	71	200
Pommes frites	4,2	14,5	32,5	1 160	276	150
Möhren	1,0	0,2	4,8	106	25	200
Erbsen	6,6	0,5	12,3	340	81	200
Spinat	2,5	0,3	0,6	64	15	200
Tomaten	1,0	0,2	2,6	69	17	50
Apfel	0,3	0,6	11,4	228	54	125
Banane	1,2	0,2	20	368	88	125
Grießpudding	2,0	3,9	7,3	302	72	125
Schokoladenmousse	7,3	10,4	52,2	1 396	332	125
Konfitüre	0,4	0	60,0	1 027	245	20
Cola-Getränk	0	0	11,0	187	44	200
Limonade	0,1	0	12,0	206	49	200
Orangensaft	0,7	0,2	9,0	172	41	200
Mineralwasser	0	0	0	0	0	200

Energie- bzw. fettreiche Lebensmittel sind farblich gekennzeichnet

5

Beispiel für eine energiearme Mahlzeit

23.3.5 Nährwertberechnung

Um die Ernährung auf den individuellen Bedarf abstimmen zu können, muss der Nährstoff- und Energiegehalt von Lebensmitteln bekannt sein. Hilfreich dabei sind die Verpackungen von Lebensmitteln, die häufig Nährwertangaben enthalten. Zusätzlich ist es wichtig, durch Berechnungen die tägliche Nahrungsmittelzusammenstellung und die richtigen Mengen festzulegen.

Nährwerttabellen geben Auskunft über die mengenmäßige Zusammensetzung von Le-

Berechnungsbeispiel Energiegehalt – energiearme Mahlzeit

5

1. Berechnungsmöglichkeit

Ausgewählte Lebensmittel für eine Mahlzeit		Umrechnungsfaktor	Nährstoffe in 100 g Lebensmittel			Energiegehalt in kJ	
Menge in g	Lebensmittel		Eiweiß in g	Fett in g	Kohlenhydrate in g	für 100 g	für 1 Portion
200	**Kartoffeln**	x 2	2,0	0,1	14,8	**289,3**	**578,6**
200	**Möhren**	x 2	1,0	0,2	4,8	**106,0**	**212,0**
125	**Schweinefleisch, mager**	x 1,25	21,8	2,4	0	**459,4**	**574,3**
150	**Grießpudding**	x 1,5	2,0	3,9	7,3	**302,0**	**453,7**
	1 Mahlzeit – gesamt						**1 818,6**

2. Berechnungsmöglichkeit

Beispiel: 100 g Kartoffeln

Eiweiß	17 kJ	x	2,0 g	=	34,0 kJ
Fett	37 kJ	x	0,1 g	=	3,7 kJ
Kohlenhydrate	17 kJ	x	14,8 g	=	251,6 kJ
					289,3 kJ

Berechnung des Energiegehalts für 200 g Kartoffeln:

Eiweiß	17 kJ	x	2,0 g	**x**	**2**	=	68,0 kJ
Fett	37 kJ	x	0,1 g	**x**	**2**	=	7,4 kJ
Kohlenhydrate	17 kJ	x	14,8 g	**x**	**2**	=	503,2 kJ
							578,6 kJ

Berechnung des Energiegehalts für 200 g Möhren:

Eiweiß	17 kJ	x	1,0 g	**x**	**2**	=	34,0 kJ
Fett	37 kJ	x	0,2 g	**x**	**2**	=	14,8 kJ
Kohlenhydrate	17 kJ	x	4,8 g	**x**	**2**	=	163,2 kJ
							212,0 kJ

Berechnung des Energiegehalts für 125 g Schweinefleisch, mager:

Eiweiß	17 kJ	x	21,8 g	x	**1,25**	=	463,3 kJ
Fett	37 kJ	x	2,4 g	x	**1,25**	=	111,0 kJ
Kohlenhydrate	17 kJ	x	0 g	x	**1,25**	=	0,0 kJ
							574,3 kJ

Berechnung des Energiegehalts für 150 g Grießpudding:

Eiweiß	17 kJ	x	2,0 g	x	**1,5**	=	51,0 kJ
Fett	37 kJ	x	3,9 g	x	**1,5**	=	216,5 kJ
Kohlenhydrate	17 kJ	x	7,3 g	x	**1,5**	=	186,2 kJ
							453,7 kJ

Gesamtenergiegehalt der Mahlzeit:

200 g	Kartoffeln	579 kJ
200 g	Möhren	212 kJ
125 g	Schweinefleisch	574 kJ
150 g	Grießpudding	454 kJ
		1 819 kJ

(Die Abweichung von der ersten Rechnung entsteht durch praxisgerechtes Runden.)

bensmitteln. Aus den Mengenangaben zu den energieliefernden Nährstoffen wird der Gesamtenergiegehalt des Lebensmittels errechnet. Die Nährwertangaben beziehen sich auf 100 g essbaren Anteil des jeweiligen Lebensmittels. Daher müssen sie entsprechend der Verzehrmenge mit einem Umrechnungsfaktor multipliziert werden.

Diese Doppelseite zeigt zwei Berechnungsbeispiele für eine energiearme und eine energiereiche Mahlzeit.

Beispiel für eine energiereiche Mahlzeit

Berechnungsbeispiel Energiegehalt – energiereiche Mahlzeit

1. Berechnungsmöglichkeit

Ausgewählte Lebensmittel für eine Mahlzeit		Umrechnungsfaktor	Nährstoffe in 100 g Lebensmittel			Energiegehalt in kJ	
Menge in g	Lebensmittel		Eiweiß in g	Fett in g	Kohlenhydrate in g	für 100 g	für 1 Portion
200	**Pommes frites**	x 2	4,2	14,5	32,5	**1 146**	**2 292**
100	**Bratwurst**	x 1	12,8	26,7	0,5	**1 237**	**1 856**
125	**Schokomousse**	x 1,25	7,3	10,4	52,2	**1 396**	**1 745**
	1 Mahlzeit – gesamt						**5 893**

2. Berechnungsmöglichkeit

Beispiel: 100 g Pommes frites

Eiweiß	17 kJ	x	4,2 g	=	71,4 kJ
Fett	37 kJ	x	14,5 g	=	536,5 kJ
Kohlenhydrate	17 kJ	x	32,5 g	=	552,5 kJ
					1 160,4 kJ

Berechnung des Energiegehalts für 200 g Pommes frites:

Eiweiß	17 kJ	x	4,2 g	x	2	=	142,8 kJ
Fett	37 kJ	x	14,5 g	x	2	=	1 073,0 kJ
Kohlenhydrate	17 kJ	x	32,5 g	x	2	=	1 105,0 kJ
							2 320,8 kJ

Berechnung des Energiegehalts für 100 g Bratwurst:

Eiweiß	17 kJ	x	12,8 g	x	1	=	217,6 kJ
Fett	37 kJ	x	26,7 g	x	1	=	987,9 kJ
Kohlenhydrate	17 kJ	x	0,5 g	x	1	=	8,5 kJ
							1 214,0 kJ

Berechnung des Energiegehalts für 125 g Schokomousse:

Eiweiß	17 kJ	x	7,3 g	x	1,25	=	155,1 kJ
Fett	37 kJ	x	10,4 g	x	1,25	=	481,0 kJ
Kohlenhydrate	17 kJ	x	52,2 g	x	1,25	=	1 109,3 kJ
							1 745,4 kJ

Gesamtenergiegehalt der Mahlzeit:

200 g	Pommes frites	**2 321 kJ**
150 g	Bratwurst	**1 214 kJ**
125 g	Schokomousse	**1 745 kJ**
		5 280 kJ

(Die Abweichung von der ersten Rechnung entsteht durch praxisgerechtes Runden.)

Essen ist mehr als das Versorgen des Körpers mit Nährstoffen.

5

23.3.6 Mahlzeitengestaltung

Idealerweise müsste jeder Mensch seinen Tageskostplan festlegen. Im Alltag verlassen sich die meisten Menschen jedoch auf ihr Hunger- und Sättigungsgefühl. Außerdem sind sie von der täglichen Zeitplanung abhängig.

Günstig wäre es, wenn entsprechend dem persönlichen Nährstoff- und Energiebedarf die Nährstoff- und Energiezufuhr über fünf Mahlzeiten am Tag wie folgt verteilt werden könnte:

- Frühstück 25 %
- Zwischenmahlzeit 10 %
- Mittagessen 30 %
- Zwischenmahlzeit 10 %
- Abendessen 25 %

Bei der Ernährung sollte darauf geachtet werden, dass alle Nährstoffe in der richtigen Menge und Qualität verzehrt werden. Dies kann am besten mithilfe eines Tageskostplans erfolgen, der eigene Vorlieben und bevorzugte Geschmacksrichtungen berücksichtigt.

Die Verwendung von Fertigprodukten sollte die Ausnahme sein, denn **Kochen macht Spaß**.

Tageskostplan	**Menge** in g	**Energiegehalt** in kJ in 100 g des Lm	**Faktor**	**Energiegehalt** in kJ der verzehrten Lm
Frühstück 25 % (hier werden die verzehrten Lebensmittel eingetragen und berechnet)				
Istzufuhr				
Zwischenmahlzeit 10 % (hier werden die verzehrten Lebensmittel eingetragen und berechnet)				
Istzufuhr				
Mittagessen 30 % (hier werden die verzehrten Lebensmittel eingetragen und berechnet)				
Istzufuhr				
Zwischenmahlzeit 10 % (hier werden die verzehrten Lebensmittel eingetragen und berechnet)				
Istzufuhr				
Abend 25 % (hier werden die verzehrten Lebensmittel eingetragen und berechnet)				
Istzufuhr				
Gesamtenergiegehalt der verzehrten Lebensmittel (Lm)				
Persönlicher Tagesenergiebedarf				

Beispiel für den Aufbau eines Tageskostplans

Überlegen Sie, wann und wo Sie was essen. Diskutieren Sie in Ihrer Klasse über verschiedene Essensanlässe und darüber, welche Rolle das Essen dabei spielt.

23.4 Wichtige Lebensmittelbestandteile

23.4.1 Kohlenhydrate

Aufbau

Kohlenhydrate bestehen aus den chemischen Elementen Kohlenstoff (C), Sauerstoff (O) und Wasserstoff (H).

Grundbausteine der Kohlenhydrate sind Einfachzucker. Der am häufigsten vorkommende Einfachzucker ist Traubenzucker (Glucose). Die Bildung von Traubenzucker beruht auf dem **Vorgang der Fotosynthese:** Von der Pflanze wird aus der Luft Kohlenstoffdioxid und aus der Erde Wasser aufgenommen. Unter Einwirkung des Sonnenlichts bildet sich in den grünen Blättern der Pflanze Traubenzucker und dabei wird Sauerstoff abgegeben.

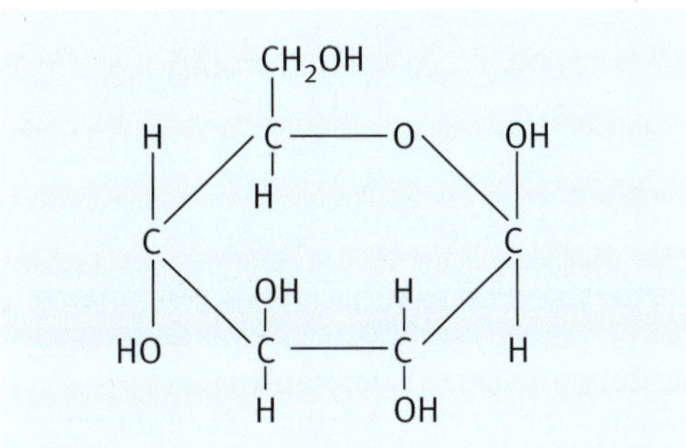

Glucose

Einteilung

Es werden folgende Kohlenhydrate unterschieden:

- **Einfachzucker:** Diese bestehen aus einem Baustein (Molekül), der als Sechsring mit fünf Kohlenstoffatomen und einem Sauerstoffatom aufgebaut ist.
- **Doppelzucker:** Diese entstehen, wenn sich zwei Einfachzuckerbausteine miteinander verbinden.
- **Vielfachzucker:** Diese sind aus vielen Einfachzuckerbausteinen aufgebaut (zwischen 20 und 50 000), die sich miteinander verbinden. Die Einfachzuckerbausteine lagern sich zu langen bzw. verzweigten Einfachzuckerketten zusammen und führen zu einem räumlichen Gebilde, das die physiologischen und technologischen Eigenschaften der Vielfachzucker maßgeblich beeinflusst.

Funktion

Kohlenhydrate sind die wichtigsten **Energielieferanten** für den Menschen. Sie werden im Organismus als Glykogen in der Leber und der Muskulatur gespeichert. Abgebaut zu Glucose gelangen sie in die Blutbahn. Einfach- und Doppelzucker werden rasch vom Körper aufgenommen und können so dem Körper schnell Energie zur Verfügung stellen.
Gehirn, Rückenmark und rote Blutkörperchen sind auf **Einfachzucker** für die Energiegewinnung angewiesen.

1 g Kohlenhydrate liefert dem Körper 17 kJ (4 kcal) Energie.

5

Die meisten Ballaststoffe (▸ S. 221) gehören zu den Kohlenhydraten.
Vorrangig sollten wenig verarbeitete und ballaststoffreiche Lebensmittel wie Vollkornprodukte, Kartoffeln, Obst und Gemüse sowie zuckerarme Speisen verzehrt werden.

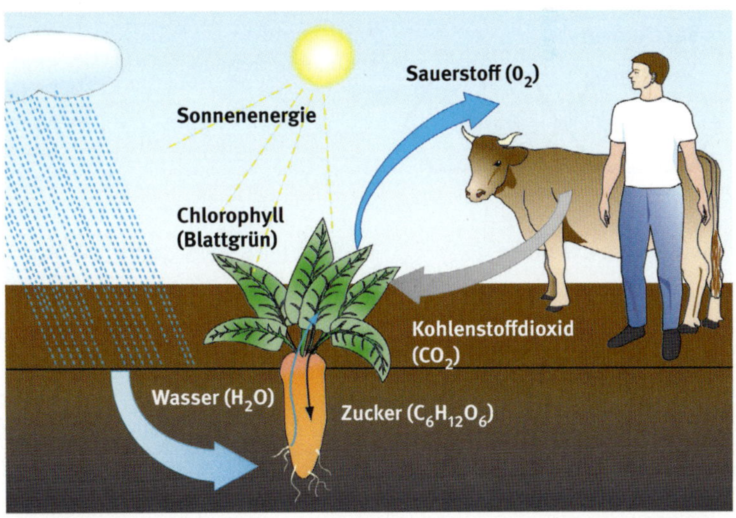

Vorgang der Fotosynthese

Kohlenstoff-dioxid	+	Wasser	+	Energie (Sonnenlicht)	=	Traubenzucker (Glucose)	+	Sauerstoff
$6\,CO_2$	+	$6\,H_2O$	+	**Energie**	=	$C_6H_{12}O_6$	+	$6\,O_2$

Vorkommen, Eigenschaften und Verwendung

Aufbau	Vorkommen	Eigenschaften	Verwendung
Einfachzucker = Monosaccharide			
Traubenzucker = Glucose 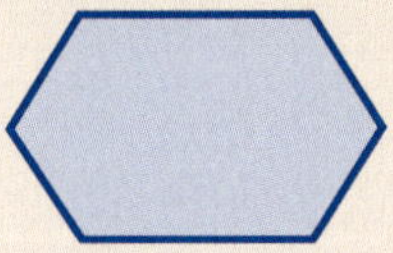	• Obst, Gemüse • Süßigkeiten • Honig	• gut wasserlöslich • Süßkraft je nach Einfachzucker unterschiedlich stark ausgeprägt • idealer Nährstoff für Mikroorganismen	• Herstellung von Fleischerzeugnissen z. B. Pökeln von Schinken (Umrötung), z. B. Rohwurstherstellung (Milchsäurebildung)
Fruchtzucker = Fructose 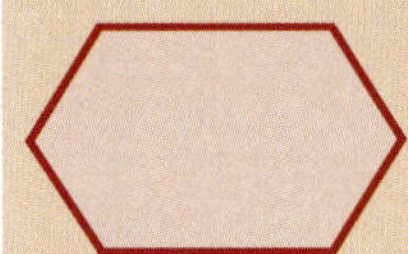	• Obst • Süßigkeiten • Honig		
Schleimzucker = Galaktose 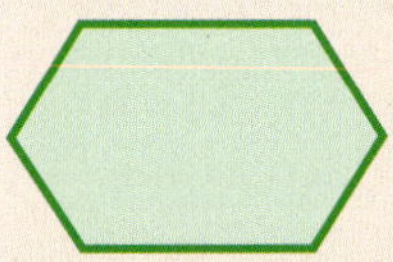	• Milch • Milchprodukte		
Doppelzucker = Disaccharide			
Rüben- und Rohrzucker = Saccharose 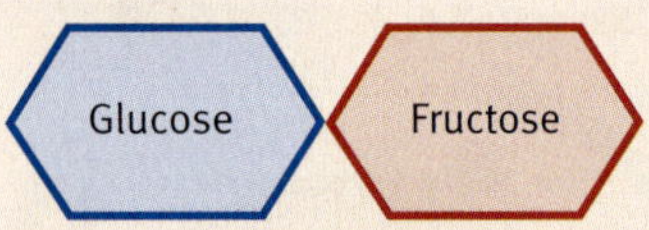	• Zuckerrübe • Zuckerrohr • Kuchen, Gebäck	• Rohr- bzw. Rübenzucker ist die süßeste Art mit starker Süßkraft • löslich in Flüssigkeiten • kann von Hefe in Einfachzucker zerlegt und dann vergoren werden	• im Haushalt als Kristall- oder Puderzucker
Malzzucker = Maltose 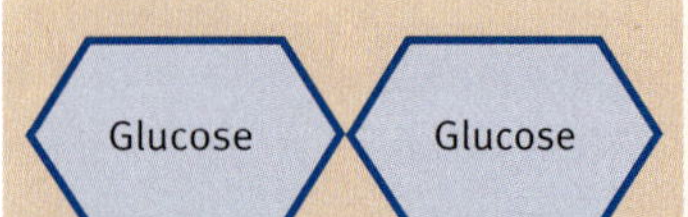	• in keimendem Getreide • Bier	• nur halb so süß wie Rohrzucker • kann von Hefe in Einfachzucker zerlegt und dann vergoren werden	• Bierherstellung
Milchzucker = Laktose 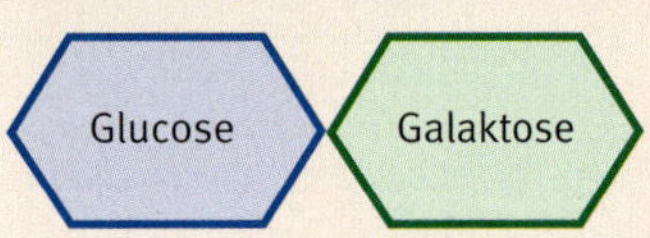	• Kuhmilch • Milchprodukte	• wenig Süßkraft • schwer wasserlöslich • wird von Hefe nicht vergoren	• Käse • Joghurt

Vielfachzucker = Polysaccharide			
Stärke verzweigte und unverzweigte Einfachzuckerketten 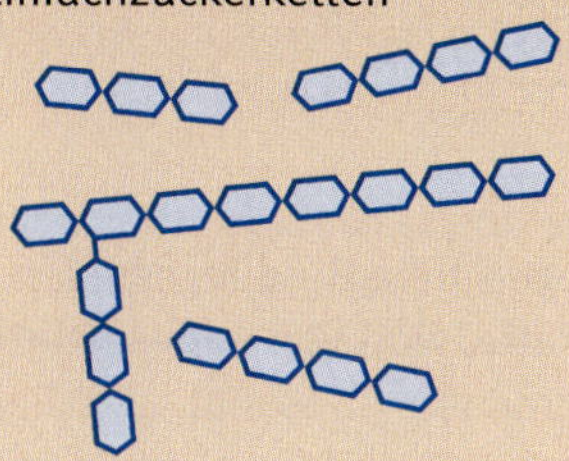	• Kartoffeln • Getreide • Hülsenfrüchte	• unlöslich in kaltem Wasser • quillt und verkleistert bei ca. 70 °C • verkleisterte Stärke bindet Wasser	• Verdickungsmittel • Binden von Flüssigkeiten
Glykogen verzweigte Einfachzuckerketten 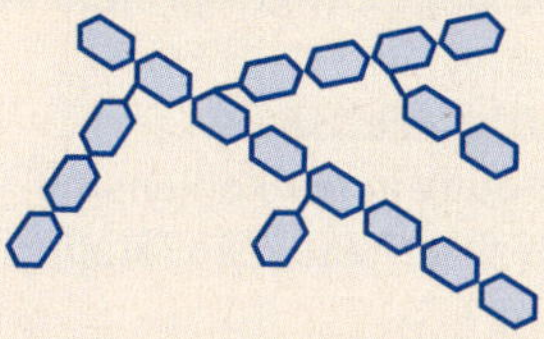	• in Muskeln und in der Leber als Reserven gespeichert • Energielieferant	• bei Bedarf Abbau zu Glucose • nach der Schlachtung wird Glykogen im Fleisch zu Milchsäure abgebaut	• Fleischreifung • Bildung von Fleischaroma
Dextrine kurze Einfachzuckerketten 	• Brot, Toast • Gebäck	• Abbauprodukt der Stärke • leicht verdaulich • Bräunungsvermögen	• Rösten • Backen • Grillen
Cellulose sehr lange Einfachzuckerketten 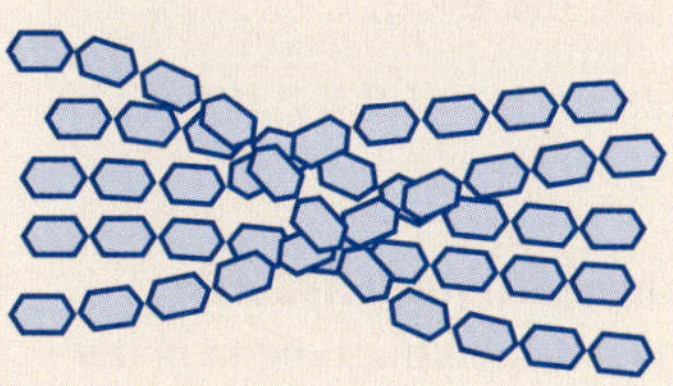	• Vollkornprodukte • Gemüse, Obst • Gerüstsubstanz in Pflanzen	• quellfähig • wasserunlöslich • unverdaulich • regt die Darmtätigkeit an	• Sättigungsmittel • Ballaststoff und Füllstoff im Darm

Zusammenfassung

- Kohlenhydrate sind wichtige Energielieferanten.
- Überschüssige Kohlenhydrate werden in Fett umgewandelt und im Fettgewebe gespeichert.
- Die richtige Auswahl und Menge der Kohlenhydrate kann Übergewicht vermeiden.
- Haushaltszucker gibt Speisen den süßen Geschmack.
- Zuckerzusatz bei der Rohwurst- und Pökelwarenherstellung fördert die Milchsäurebildung und die Umrötung.
- Stärke ist ein wichtiges Bindemittel und wird als Verdickungsmittel verwendet.
- Der Glykogengehalt im Muskelfleisch spielt eine wichtige Rolle für die Fleischreifung.

23.4.2 Fette

Aufbau und Einteilung

An der Bildung der Fette sind wie bei den Kohlenhydraten grundsätzlich die chemischen Elemente Kohlenstoff, Wasserstoff und Sauerstoff beteiligt.

Es werden zwei verschiedene Gruppen unterschieden:

Einfache Fette oder Neutralfette (Lipide)	Zusammengesetzte Fette (Lipoide)
	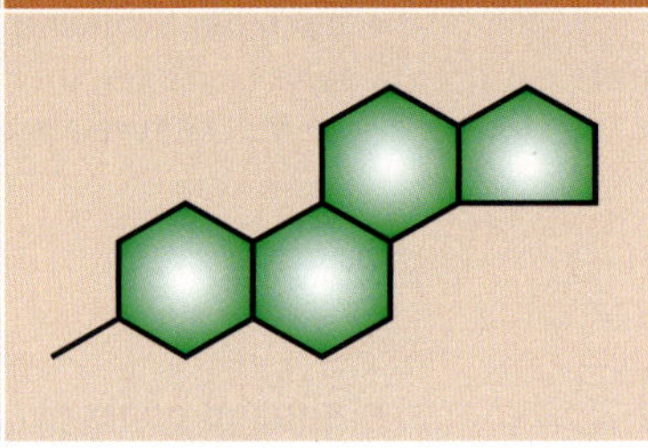

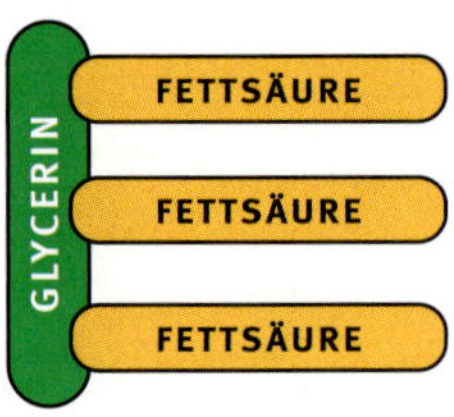

Fettmolekül

Außerdem gibt es Fettbegleitstoffe, zu denen z. B. Lecithin, Cholesterin und Carotin gehören. Die für die Fleisch- und Wurstwarenherstellung wichtigen Fette gehören zumeist zu den einfachen Fetten (Neutralfetten). Sie bestehen aus Glycerin und meist drei Fettsäuren, die sehr unterschiedliche Kettenlängen (Kohlenstoffketten) haben können.

Vom chemischen Aufbau dieser Fettsäuren und der Fettsäurearten hängen der Gesundheitswert und die unterschiedlichen Eigenschaften der Fette ab, z. B. die Verdaubarkeit und Verderbnisanfälligkeit. Die verschiedenen Fettsäuren bestimmen auch, ob ein Fett fest oder flüssig ist.

In Fettsäuren lagern sich die Kohlenstoffatome zu langen Ketten aneinander. Die Kohlenstoffkette einer Fettsäure ist von unterschiedlich vielen Wasserstoffatomen umgeben. Prinzipiell kann jedes Kohlenstoffatom vier Bindungen ausbilden. Die verbleibenden freien Bindungsplätze werden in einer Fettsäure von Wasserstoffatomen eingenommen.

Wenn eine Fettsäure **vollständig** von Wasserstoffatomen umgeben ist, spricht man von **gesättigten Fettsäuren**.

- **Beispiel: Stearinsäure**

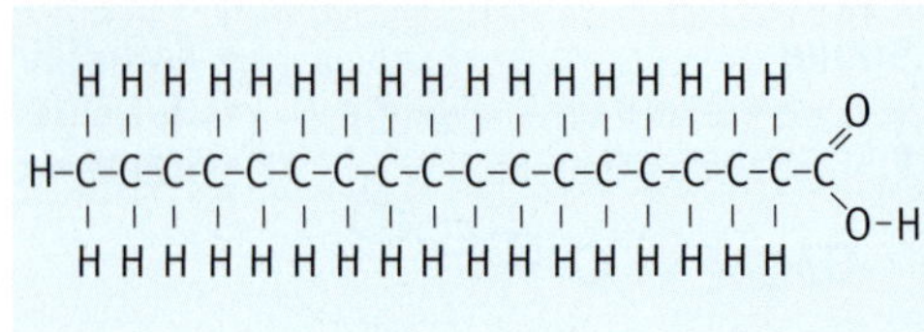

Verbleiben dagegen freie Bindungsstellen in der Kohlenstoffkette, wird von **ungesättigten Fettsäuren** gesprochen. Dies hat allerdings zur Folge, dass es zur Ausbildung von Doppelbindungen innerhalb der Kohlenstoffkette kommt.
Daher werden die ungesättigten Fettsäuren unterschieden in

- **einfach ungesättigte Fettsäuren**
  (eine Doppelbindung in der Kohlenstoffkette); es fehlen zwei Wasserstoffatome.
  Beispiel: **Ölsäure**

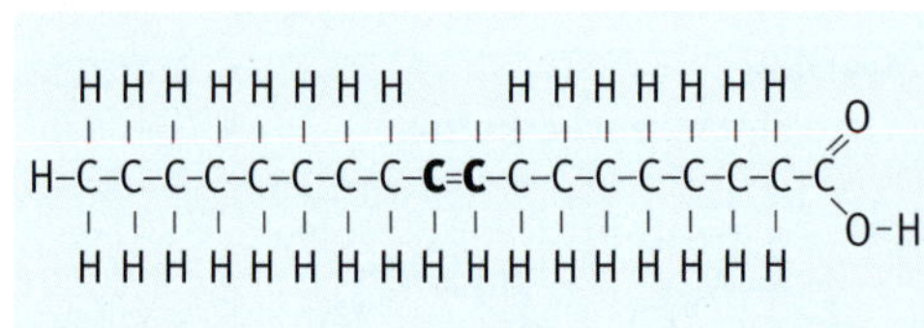

- **zweifach ungesättigte Fettsäuren**
  (zwei Doppelbindungen in der Kohlenstoffkette); es fehlen vier Wasserstoffatome.
  Beispiel: **Linolsäure**

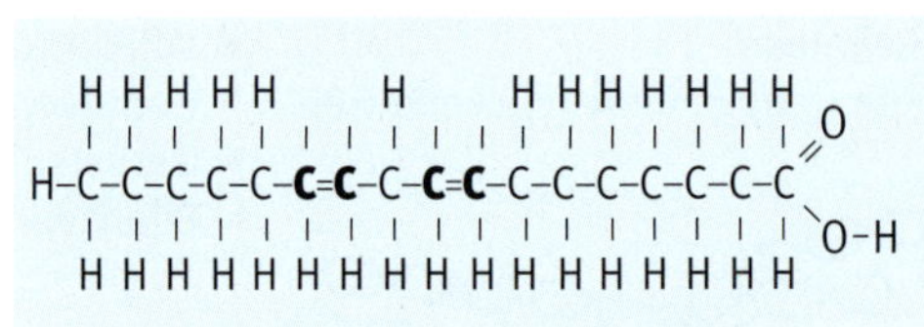

- **mehrfach ungesättigte Fettsäuren**
  (mehr als zwei Doppelbindungen in der Kohlenstoffkette); es fehlen mehr als vier Wasserstoffatome.
  Beispiel: **Linolensäure**

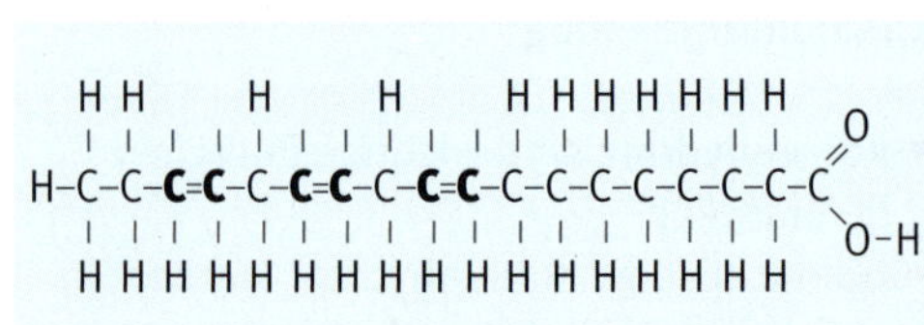

Feste Fette enthalten überwiegend **gesättigte Fettsäuren**. Es wird mehr Energie benötigt, um sie in den flüssigen Zustand zu überführen.

Viele Pflanzenfette enthalten **ungesättigte Fettsäuren** und sind aufgrund der enthaltenen Doppelbindungen **weich** oder **flüssig**. Gesättigte Fettsäuren kann der Körper selbst bilden, ungesättigte Fettsäuren nicht. Ungesättigte Fettsäuren werden daher als **lebensnotwendige (essenzielle) Fettsäuren** bezeichnet und müssen mit der Nahrung aufgenommen werden.

Vorkommen

Fette kommen in tierischen und pflanzlichen Lebensmitteln vor.

Tierische Fette	Pflanzliche Fette
Butter	Margarine
Schmalz	Pflanzenöle
Talg, Fischöl	Kokosfett
Tran	Olivenöl
Speck	Rapsöl
	Sonnenblumenöl

Fette in tierischen Lebensmitteln (z. B. Butter, Käse, Fleisch und Wurstwaren, Ei) enthalten mehr gesättigte, aber auch einfach ungesättigte Fettsäuren. Pflanzliche Fette (Ausnahme: Palm- und Kokosfett) und Meeresfische sind reich an ungesättigten, essenziellen Fettsäuren, z. B. Omega-6-Fettsäure und Omega-3-Fettsäure.

Funktion

Fett ist der energiereichste Nährstoff.

1 g Fett liefert dem Körper 37 kJ (9 kcal) Energie.

Damit liefert Fett dem Körper bei der Verbrennung doppelt so viel Energie wie Kohlenhydrate oder Eiweiße.

Fette sind nicht nur energiereich, sondern sie sind auch **Geschmacks- und Vitaminträger**. Die Eigenschaft der Fette, Aromastoffe zu binden und den Geschmack einer Speise hervorzuheben, machen Fette und damit hergestellte Lebensmittel so beliebt.

Eigenschaften und Verwendung

Alle Eigenschaften der Fette lassen sich aus ihrem chemischen Aufbau ableiten.

Tierische und pflanzliche Fette

Schmelzbereich und Siedepunkt (Rauchpunkt)

Von der Art und der Kettenlänge der Fettsäuren ist der Schmelzpunkt abhängig:

- kurzkettige Fettsäuren = niedriger Schmelzpunkt
- langkettige Fettsäuren = hoher Schmelzpunkt

Der **Siedepunkt** hängt ab vom Wassergehalt und der Fettsäurezusammensetzung des Fettes. Daher können Fette unterschiedlich hoch erhitzt werden.

Werden Fette über den Siedepunkt hinaus erhitzt, fangen sie an zu rauchen (Rauchpunkt), riechen unangenehm und bilden gesundheitsschädliche Stoffe.

Fette dürfen nicht über den Rauchpunkt erhitzt werden, sonst bildet sich Acrolein.

Die Fettauswahl muss auf die gewünschte Gartemperatur und das Gargut abgestimmt werden.

Herstellung von Speiseölen und Speisefetten

Die Herstellung von Speiseölen und Speisefetten erfolgt in zwei unterschiedlichen Verfahren.

kalt gepresst	raffiniert
• Fettreiche Samen und Früchte werden unter Druck ausgepresst. • Die Fette enthalten noch alle Vitamine, Geruchs- und Geschmacksstoffe, aber auch Begleitstoffe.	• Öle und Fette werden entschleimt, entsäuert, gebleicht, desodoriert. • Der Eigengeschmack geht verloren.
Wichtig: • Es ist eine sorgfältige Auswahl der Rohstoffe erforderlich. • Die Fette müssen schnell verbraucht werden. • **Die Fette sind nicht zum Braten geeignet.**	• Es entstehen reine, neutral schmeckende Öle und Fette. • Sie können stärker erhitzt werden. • **Die Fette sind gut zum Braten und Frittieren geeignet.**

Raffinierte Fette sind ein Grundstoff zur Herstellung von Margarine und Bratfetten.

Fetthärtung

Die Fetthärtung ist ein Verfahren, bei dem die ungesättigten Fettsäuren in flüssigen Fetten durch Wasserstoffanlagerung gesättigt werden. Das führt zu einer festen Konsistenz von flüssigen Fetten (Ölen). Das Verfahren wird z. B. in der Margarineherstellung eingesetzt. Die Fette sind dadurch vielseitiger verwendbar.

Temperaturbereiche und Verwendung von Speisefetten

Fett	Schmelzbereich	Siedepunkt/ Rauchpunkt	Erhitzbarkeit	Verwendung
Butter Margarine (wasserhaltig)	25 bis 35 °C	150 °C	130 °C	• Kochen • Dünsten • Backen • Streichfett • zum Braten nicht geeignet
Pflanzenöle flüssig, kaltgepresst	0 bis 5 °C		nicht geeignet	• Salatöl • Marinaden
Pflanzenöle flüssig, raffiniert	0 bis 20 °C	250 °C	220 °C	• Schmoren • Dünsten • Frittieren • Backen
Pflanzenfett fest (Kokosfett)	50 bis 55 °C	220 °C	200 °C	• Kurzbraten • Braten • Schmoren • Frittieren • Backen
Schweineschmalz	35 bis 50 °C	220 °C	200 °C	• Kurzbraten • Braten • Schmoren • Frittieren • Backen

- Fette mit hohem Schmelzpunkt = schwer verdaulich
- Fette mit niedrigem Schmelzpunkt = gut verdaulich

Die **Fettzersetzung** erfolgt durch wiederholtes Erhitzen oder durch zu hohes einmaliges Erhitzen. Deshalb darf Frittierfett nur zwei- bis dreimal erhitzt werden. Danach muss es entsorgt werden.

Fettverderb

Fette sollten kühl, lichtgeschützt und verpackt aufbewahrt werden, denn der Fettverderb wird durch Einwirkung von **Mikroorganismen, Licht und Sauerstoff** begünstigt. Beim Fettverderb spalten sich Glycerin und Fettsäuren. Erkennbar ist dies durch einen unangenehmen Geruch und Geschmack.

Margarine, Butter

Kokosfett

Speiseöl

Sonnenblumen-, Maiskeim-, Olivenöl

Löslichkeit

Fette sind in Wasser nicht löslich. Fette sind leichter als Wasser, schwimmen oben und können deshalb gut als Fettschicht von der Oberfläche, z. B. von Suppen und Soßen, abgeschöpft werden.

Emulgierbarkeit

Fett und Wasser sind zwei nicht miteinander mischbare Flüssigkeiten. Werden sie gemischt, sammelt sich das Fett schnell wieder an der Wasseroberfläche.

Fett lässt sich aber mit Wasser emulgieren, d. h., Fetttröpfchen können in wässriger Flüssigkeit mithilfe von Emulgatoren fein verteilt werden. Dabei umschließen die Emulgatoren, die meist aus Eiweißstoffen bestehen, die Fettteilchen und verhindern so deren Zusammenballen. Eine Emulsion ist entstanden. Auf diese Weise wird z. B. das Absetzen von Fett im Wurstbrät verhindert.

Es werden zwei Formen der Emulsion unterschieden:

- **Wasser-in-Fett-Emulsion**
  Beispiele: Margarine, Leberwurst, Brühwurstbrät
  Emulgator: Leber, Milcheiweiß, Fleischeiweiß

Beispiele für Wasser-in-Fett-Emulsion

- **Fett-in-Wasser-Emulsion**
  Beispiele: Milch, Mayonnaise
  Emulgator: Eigelb (Lecithin)

Beispiele für Fett-in-Wasser-Emulsion

Zusammenfassung

- Fett ist der größte Energielieferant. Ein Überschuss an Fett in der Nahrung wird im Körper vor allem im Unterhautfettgewebe gespeichert und kann zu Übergewicht führen.
- Fett ist Geschmacksträger und gibt dadurch Speisen das typische Aroma.
- Garen von Lebensmitteln in heißem Fett begünstigt die Entwicklung von schmackhaften Röststoffen aus Eiweißen und Kohlenhydraten.
- Fett enthält lebensnotwendige ungesättigte Fettsäuren und ist Träger des fettlöslichen Vitamins A.
- Fett hat einen hohen Sättigungswert.
- Bei einer gesunden Ernährung ist auf die Qualität der Fette zu achten.

23.4.3 Eiweiße

Aufbau

Wie die Kohlenhydrate und Fette enthalten Eiweiße (**Proteine**) die Elemente Kohlenstoff, Wasserstoff und Sauerstoff und zusätzlich die Elemente Stickstoff (N) und – einige Eiweiße – Schwefel (S).

Die Bausteine, aus denen alle Eiweiße aufgebaut sind, heißen **Aminosäuren**. Es gibt 20 proteinogene Aminosäuren (AS), die zum Aufbau von Körpereiweiß verwendet werden. Die meisten Aminosäuren werden vom Körper selbst gebildet. Neun Aminosäuren können nicht selbst gebildet werden und müssen daher mit der Nahrung aufgenommen werden. Es handelt sich um **unentbehrliche Aminosäuren**, d. h. lebensnotwendige Aminosäuren. Werden sie nicht aufgenommen, kann kein körpereigenes Eiweiß aufgebaut werden.

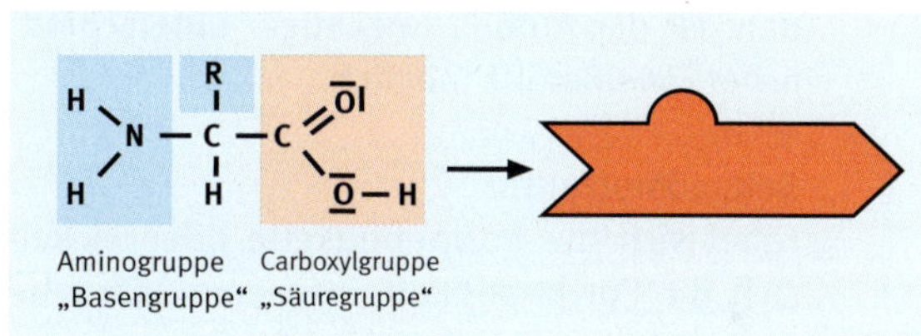

Grundstruktur einer Aminosäure

Bei der Verknüpfung der Aminosäuren reagiert die Aminogruppe (NH_2) der einen Aminosäure mit der Carboxylgruppe (COOH) der zweiten AS durch eine **Peptidbindung**.

- Verbindung von 2 Aminosäuren = Dipeptid
- Verbindung von 3 Aminosäuren = Tripeptid
- Verbindung von vielen Aminosäuren = Polypeptid

Bei Proteinen unterscheidet man verschiedene Strukturebenen, die im Folgenden erläutert werden:

Primärstruktur
Bilden die verknüpften Aminosäuren eine Kette, entsteht eine Polypeptidkette, die sogenannte Primärstruktur. Die verschiedenen aufeinanderfolgenden Aminosäuren kommen dabei in unterschiedlichen Anteilen und Reihenfolgen vor.

Die Aminosäuresequenz = **Primärstruktur** ist
- genetisch festgelegt,
- charakteristisch für ein spezielles Eiweiß,
- verleiht diesem bestimmte Eigenschaften.

Durch die **Reihenfolge** und die **Anteile** der verschiedenen Aminosäuren werden die weitere **räumliche Struktur** und damit die **Eigenschaften der Eiweiße** bestimmt.

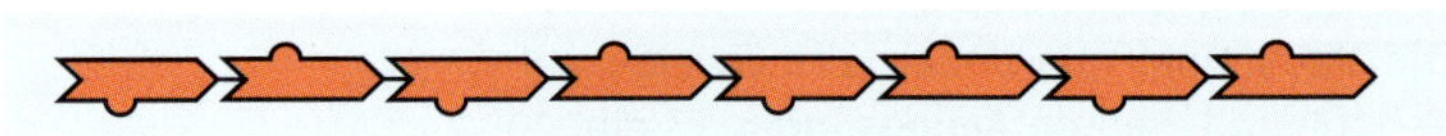

Primärstruktur: Reihung der Aminosäuren

Bei Aminosäureketten aus 2 bis 100 Aminosäuren spricht man von **Peptiden**. Erst bei einer Anzahl von mehr als 100 Aminosäuren wird von Eiweißen gesprochen.
Jedes Tier und jeder Mensch unterscheidet sich mindestens in einer Aminosäure und deren Verknüpfung in der Aminosäurereihe voneinander. Da sich Eiweißstoffe schon durch eine einzige andere Aminosäure unterscheiden, ist der Aufbau unzähliger unterschiedlicher Eiweißstoffe möglich.

Sekundärstruktur
Faltet sich die Polypeptidkette oder wickelt sich die Polypeptidkette wie eine Schraube auf, entsteht eine räumliche Struktur, die sogenannte Sekundärstruktur.

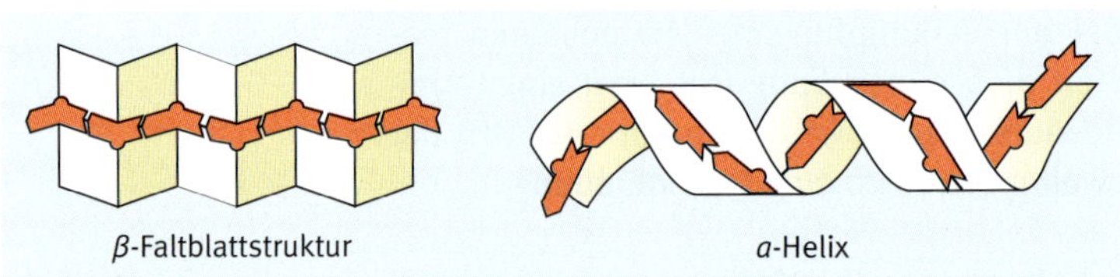

Sekundärstruktur

Tertiärstruktur
Verformt sich die Schraube zu verschiedenartigen Gebilden, entsteht die sogenannte Tertiärstruktur.
Aufgrund ihrer räumlichen Struktur können Eiweiße in kugelförmige Eiweiße und faserförmige Eiweiße unterteilt werden.

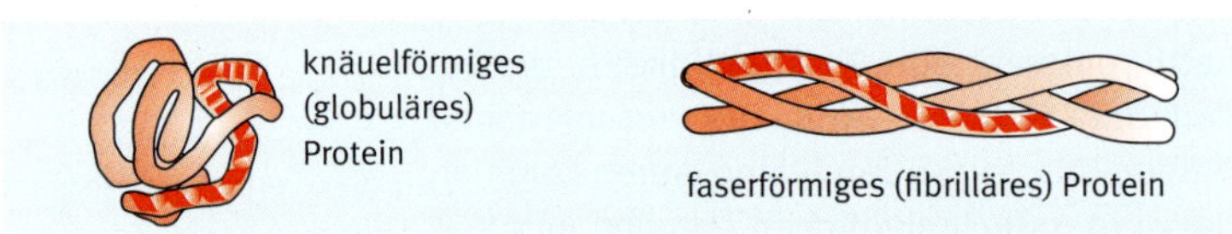

Tertiärstruktur

Quartärstruktur
Vereinen sich mehrere Wendel und Schrauben zu verschiedenen Formen bis hin zu gerüstbildenden Eiweißen, entsteht die sogenannte Quartärstruktur.

Vorkommen

Eiweiße kommen in tierischen und pflanzlichen Lebensmitteln vor.

Eiweißreiche Lebensmittel

Lebensmittel mit tierischem Eiweiß	Lebensmittel mit pflanzlichem Eiweiß
Fleisch, Wurst	Teigwaren, Brot
Geflügel	Haferflocken
Wild	Hülsenfrüchte (Bohnen, Erbsen, Sojabohnen)
Fisch, Schalen- und Krustentiere	Sojaprodukte
Ei und Eiprodukte	Nüsse
Milch, Milchprodukte	

Funktion

Eiweiße (Proteine) sind **Baustoffe** für jede tierische und pflanzliche Zelle und damit lebenswichtig für die Funktion, den Aufbau und die Erhaltung des Organismus. Im Gegensatz dazu dienen Fette und Kohlenhydrate der Energiegewinnung. Eiweiße werden hierfür nur verwendet, wenn zu wenig Kohlenhydrate und Fette aufgenommen werden.

Ohne Eiweiß kein Leben!

1 g Eiweiß liefert dem Körper 17 kJ (4 kcal) Energie.

Eiweiß wird nicht vom Körper gespeichert und muss deshalb regelmäßig mit der Nahrung aufgenommen werden.

Eigenschaften und Verwendung

Gerinnung (Denaturierung)

Durch Hitze, Säure und Alkohol, aber auch durch Kälte, gerinnt Eiweiß. Dabei wird die Eiweißstruktur verändert. Das Eiweiß kann nicht mehr quellen und wird unlöslich, z. B. bei Eierspeisen, Brühwurst und Weizengebäck.

Löslichkeit

Das im Fleischsaft enthaltene Eiweiß **Albumin** ist wasserlöslich. Suppenfleisch wird deshalb mit kaltem Wasser angesetzt und nicht lange gewässert. Die Eiweiße **Aktin** und **Myosin** der Fleischfasern sind salzlöslich und haben im gelösten Zustand ein gutes Wasserbindevermögen.

Wasserbindevermögen

Gelöste Eiweiße können viel Wasser binden, z. B. bei der Kochpökelwaren- und Brühwurstherstellung.

Quellfähigkeit/Gelbildung

Kollagen, Elastin (z. B. Sehnen, Schwarten) quellen in Wasser auf und binden beim Garen Wasser. Die Flüssigkeit ist beim Abkühlen schnittfest, z. B. bei der Herstellung von Gelatine und Sülzen.

Emulgatorwirkung

Eiweiß kann sich an den Grenzflächen wässriger Fettphasen anlagern und dadurch stabilisierend wirken, z. B. bei der Leberwurst-, Brühwurst- und Mayonnaiseherstellung.

Biologische Wertigkeit

Beim Eiweißstoffwechsel muss das mit den Lebensmitteln aufgenommene Nahrungseiweiß in Körpereiweiß umgewandelt werden. Für diesen Aufbau ist die Aufnahme der neun unentbehrlichen (lebensnotwendigen) Aminosäuren besonders wichtig, denn der Gehalt an diesen Aminosäuren bestimmt die biologische Wertigkeit eines Lebensmittels. Die im Nahrungseiweiß am wenigsten vorhandene unentbehrliche Aminosäure bestimmt die biologische Wertigkeit des Eiweißes.

Die biologische Wertigkeit von tierischem Eiweiß ist höher als die von pflanzlichem Eiweiß.

Lebensmittel	Biologische Wertigkeit	Eiweißgehalt
Hühnerei	ca. 94 %	13,0 %
Rindfleisch (mager)	ca. 76 %	21,0 %
Rotbarschfilet	ca. 80 %	18,0 %
Getreide (Weizen)	ca. 35 %	11,0 %
Milch	ca. 86 %	3,2 %
Gelatine	0 %	84,0 %

Bei richtiger Kombination verschiedener Lebensmittel lassen sich die Aminosäuren pflanzlicher und tierischer Nahrungseiweißstoffe ergänzen und so die biologische Wertigkeit der Mahlzeit erhöhen.

Beispiele für Mahlzeiten mit einer hohen biologischen Wertigkeit:

- Kartoffeln mit Quark, Fisch, Fleisch, Ei, Milch usw.
- Brot mit Käse, Fisch, Fleisch, Ei usw.
- Nudeln mit Käse, Fleisch, Ei usw.
- Hülsenfrüchte mit Fleisch, Fisch, Brot

Zusammenfassung

- Eiweiß muss täglich mit der Nahrung aufgenommen werden, weil es nicht gespeichert werden kann.
- Eiweißquellen sind tierische und pflanzliche Lebensmittel.
- Zur Bildung von Körpereiweiß müssen die lebensnotwendigen (unentbehrlichen) Aminosäuren zugeführt werden.
- Der tägliche Eiweißbedarf ist abhängig vom Alter und vom Körpergewicht.
- Die Aminosäuren können sich zusammenschließen und durch verschiedene Strukturen unterschiedliche Eiweißarten bilden.
- Eiweißreiche Lebensmittel mit hohem Wassergehalt wie Fleisch, Fisch, Pilze und Milch sind schnell verderblich.
- Bei der gesunden Ernährung ist auf die Qualität der Eiweißstoffe zu achten.

Die **biologische Wertigkeit** gibt an, wie viel g Körpereiweiß aus 100 g Nahrungseiweiß aufgebaut werden kann.

5

Lammkeule mit Kartoffeln und Gemüse

Nudeln mit Hackfleisch

Linseneintopf mit Würstchen

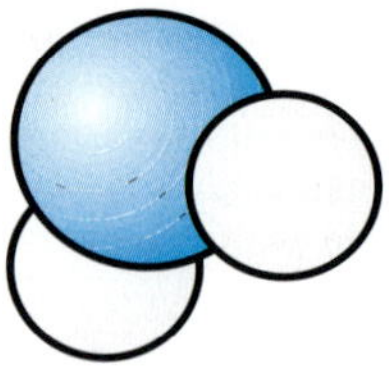

Wassermolekül

In Deutschland beträgt der Pro-Kopf-Verbrauch von Wasser ca. 128 l pro Tag, davon werden aber nur 4 % zum Kochen und Trinken verwendet.

(Quelle: Umweltbundesamt, 2021)

23.4.4 Wasser

Wasser setzt sich aus vielen **Wassermolekülen** zusammen. Ein Wassermolekül besteht aus zwei Atomen Wasserstoff (H) und einem Atom Sauerstoff (O).

Wasser befindet sich in einem Kreislauf in der Natur. Durch die Sonne bleibt dieser Kreislauf in Bewegung. Das Wasser verdunstet, bildet Wolken und Niederschläge, versickert im Boden und bildet Grundwasser.

Bedeutung des Wassers

Alle lebenden Organismen enthalten Wasser.

Ohne Wasser ist kein Leben möglich. So kann ein Mensch mehrere Tage hungern, aber nur bis zu vier Tage ohne Wasserzufuhr überleben. Wasser bildet den Hauptbestandteil unseres Körpers und erfüllt dort wichtige Aufgaben.

Wasser ist mengenmäßig das wichtigste Lebensmittel und unterliegt strengen Kontrollen.

Trinkwasser wird am meisten für Reinigungsarbeiten, die tägliche Körperpflege und Toilettenspülung verwendet. Gebrauchtes Wasser wird in Kläranlagen oder beim Versickern durch verschiedene Bodenschichten gereinigt.

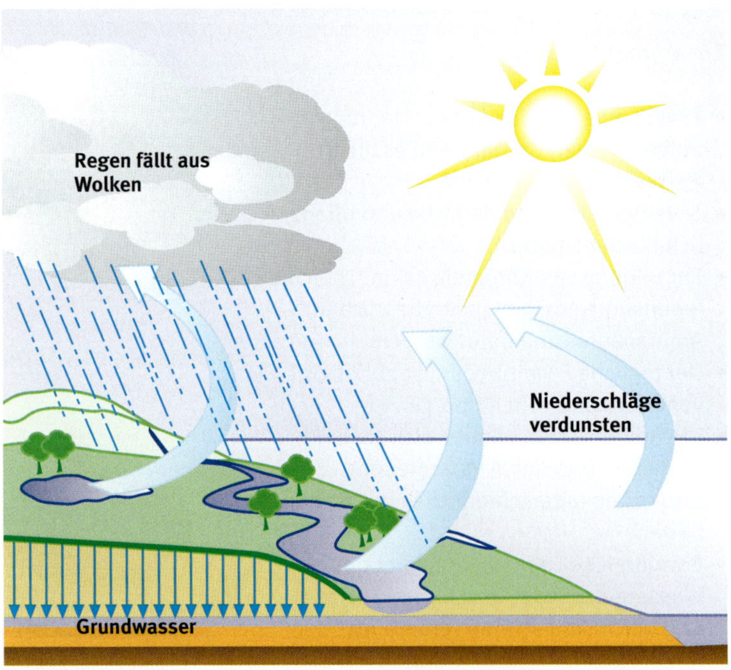

Kreislauf des Wassers

Bestimmung des a_w-Wertes

Das in Lebensmitteln enthaltene Wasser liegt als freies (ungebundenes) oder gebundenes Wasser vor.

Der a_w-Wert (**A**ctivity of **W**ater) ist ein Maß für den Anteil an freiem Wasser in einem Lebensmittel. Dieses Wasser steht den Mikroorganismen für enzymatische Vorgänge zur Verfügung. Der a_w-Wert wird auf einer Skala von 0 bis 1,0 dargestellt.

Je höher der a_w-Wert, umso kürzer ist die Haltbarkeit des Lebensmittels.
Je niedriger der a_w-Wert, umso größer ist die Haltbarkeit des Lebensmittels.

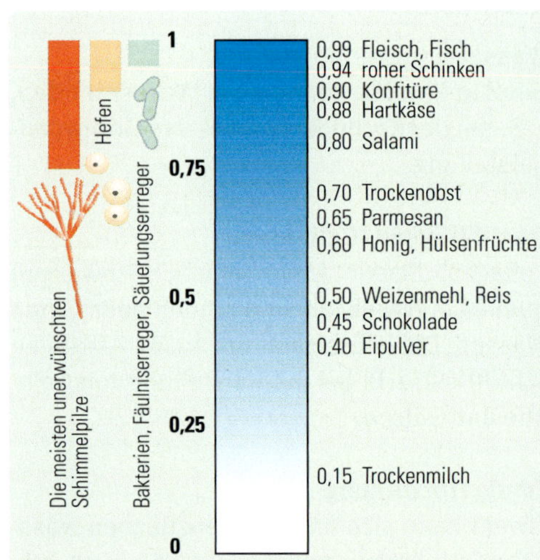

a_w-Werte einzelner Lebensmittel

Aufgaben des Wassers im Körper

Wasser wird benötigt

- zur Funktion der Zellen, des Blutkreislaufs und aller Organe
- im Verdauungssystem zum Abbau der Nährstoffe
- zum Transport der gelösten Nährstoffe
- zum Transport von Stoffwechselrückständen zu den Ausscheidungsorganen
- zur Regelung der Körpertemperatur

Wasserbilanz (ml/Tag) eines Erwachsenen (19–51 Jahre)			
Wasseraufnahme		**Wasserabgabe**	
Getränke	1 440 ml	**Urin**	1 440 ml
Nahrung	875 ml	**Stuhl**	160 ml
Oxidationswasser	335 ml	**Lunge**	500 ml
		Haut	550 ml
Summe	**2 650 ml**	**Summe**	**2 650 ml**

Wassergehalt von Lebensmitteln

Flüssigkeitsbedarf

Das Durstgefühl entsteht, wenn der Wassergehalt des Körpers sinkt. Um das Gleichgewicht von Wasseraufnahme und Wasserabgabe zu halten, muss der Mensch ausreichend trinken. Dabei sind folgende Faktoren zu berücksichtigen:

- Bei älteren Menschen ist das Durstgefühl meist gestört, deshalb müssen sie auch ohne Durst ausreichend trinken.
- Kleinkinder und Säuglinge haben durch eine erhöhte Stoffwechselaktivität einen sehr hohen Flüssigkeitsbedarf.
- Fieber, Durchfall und Erbrechen führen zu Flüssigkeitsverlust, der unbedingt schnell ausgeglichen werden muss.
- Schwitzen durch körperliche Anstrengungen oder durch trockenes heißes Klima lässt den Flüssigkeitsbedarf stark ansteigen. Er kann mehrere Liter betragen.

Durst stillt man am besten durch Wasser

Verwendung von Wasser in der Fleischerei

Trinkwasser wird eingesetzt

- als Eis zum Kuttern von Brühwurst,
- zum Garen und Kühlen von Brüh- und Kochwurst,
- zur Herstellung von Sülzen und Aspikwaren,
- beim Pökeln von Fleischwaren,
- zur Herstellung von Suppen, Soßen u.a. Speisen,
- zu Reinigungszwecken.

Anforderungen an Trinkwasser gemäß Trinkwasserverordnung:

- einwandfreier Geschmack
- klar, farblos, geruchlos
- frei von Krankheitserregern
- begrenzter Gehalt an Schadstoffen

Eigenschaften

Wasser kommt in verschiedenen Aggregatzuständen vor, d. h. gasförmig, flüssig und fest. Der Aggregatzustand ist temperatur-, druck- und energieabhängig.

Temperaturverhalten
Bei normalem Luftdruck:

- +100 °C = Siedepunkt des Wassers
  ➔ Übergang in Dampf
- +0 °C = Gefrierpunkt des Wassers
  ➔ Bildung von Eis

5

Wasser dehnt sich beim Gefrieren aus. Der Gefrierpunkt wird durch die Zugabe von Salz herabgesetzt.

Bei verändertem Luftdruck:
Die Garzeit wird verkürzt.

- Dampfdruck (Schnellkochtopf) = erhöhter Luftdruck
  ➔ Siedepunkt steigt auf über 100 °C an (bis 120 °C)
- Vakuumkochgeräte = sinkender Luftdruck
  ➔ Siedepunkt sinkt auf unter 100 °C (ca. 81 °C)

Quellvermögen
Stärke und bestimmte Eiweiße lagern Wasser ein, dadurch wird das Gewebe gelockert und das Volumen vergrößert. Wasser dient als Quellmittel für getrocknete Hülsenfrüchte.

Lösungsvermögen
Wasser löst feste und flüssige Stoffe. Bei höheren Temperaturen lösen sich feste Stoffe leichter.

Wasserhärte
Der Gehalt an gelösten Calcium- und Magnesiumsalzen bestimmt die Wasserhärte. Für Trinkwasser ist eine mittlere Härte günstig. Hartes Wasser hat einen besseren Geschmack.

Wasser ist Leben

Zusammenfassung

- Wasser ist lebensnotwendig für alle Lebewesen und Pflanzen, deshalb ist bewusster Umgang mit Wasser sehr wichtig.
- Der Flüssigkeitsbedarf des Menschen ist abhängig von Alter, Gesundheitszustand, körperlicher Tätigkeit, Klima und der Zusammensetzung und dem Salzgehalt von Nahrungsmitteln.
- Der a_w-Wert ist ein Maß für die Haltbarkeit von Lebensmitteln.
- Die Eigenschaften von Wasser ermöglichen den vielseitigen küchentechnischen Einsatz beim Umgang mit Lebensmitteln, z. B. beim Kochen, Dämpfen, Gefrieren, Quellen und Herstellen von Aufgussgetränken.
- In der Fleischerei wird Wasser beispielsweise benötigt als Eis zur Brühwurstherstellung, für Pökellake, zum Garen von Fleisch- und Wurstwaren, zu Reinigungszwecken.

23.5 Sonstige Lebensmittelbestandteile

23.5.1 Vitamine

Vorkommen und Funktion

Vitamine liefern keine Energie, sind aber lebensnotwendige Bestandteile der Nahrung, denn sie können vom Körper nicht oder nur in unzureichender Menge gebildet werden. Sie sind schon in kleinsten Mengen wirksam und müssen regelmäßig mit der Nahrung aufgenommen werden.

Es werden **fettlösliche Vitamine** und **wasserlösliche Vitamine** unterschieden. Wasserlösliche Vitamine können nur über wenige Tage, fettlösliche Vitamine hingegen länger und im Fettgewebe des Körpers gespeichert werden.

Einen erhöhten Vitaminbedarf haben Kinder und Jugendliche im Wachstum, Schwangere und Stillende, ältere Menschen, kranke Menschen und Menschen mit hoher körperlicher und seelischer Belastung.

Ein Mangel, aber auch eine erhöhte Zufuhr von Vitaminen verursacht Erkrankungen.

Eigenschaften

Die Eigenschaften der Vitamine müssen bei der Lagerung, Bearbeitung und Verarbeitung von Lebensmitteln beachtet werden.

- **hitzeempfindlich:** Besonders die Vitamine B1 und C sind sehr hitzeempfindlich. Schonende Garverfahren können hohe Vitaminverluste vermeiden.
- **licht- und sauerstoffempfindlich:** Um Vitaminverluste zu vermeiden, sollten Lebensmittel unzerkleinert, dunkel, kühl, abgedeckt und nur kurz gelagert werden.
- **wasserlöslich:** Vor allem bei zerkleinerten Lebensmitteln treten Vitaminverluste durch langes Wässern und Garen in viel Flüssigkeit auf.
- **fettlöslich:** Salate und Gemüse müssen mit Speiseöl zubereitet werden. Nur dann stehen die fettlöslichen Vitamine dem Körper bei der Verdauung zur Verfügung.

Vitaminschonende Zubereitung

Vitaminverluste können vermieden werden durch:

- Verwendung von frischen Lebensmitteln,
- kühle und dunkle Lagerung sowie
- Zerkleinerung der Lebensmittel erst kurz vor dem Verzehr,
- kurzes Waschen der Lebensmittel, nicht wässern,
- Auswahl schonender Garverfahren mit wenig Wasser, z. B. Dünsten, Dämpfen, Garen in Folie,
- Einhaltung von Garzeiten,
- Vermeidung langer Warmhaltezeiten,
- Weiterverwendung der Garflüssigkeit.

Vitamine	Funktion	Vorkommen	Mangelerscheinungen	Tägl. Bedarf von 25- bis 51-Jähr.*	
				Frau	Mann
Fettlösliche Vitamine					
A (Retinol)	Zellwachstum, Sehvorgang	Vorstufe (Carotin) in Karotten, dunkelgrünem und gelbem Gemüse, Leber, Eigelb, Milch	Sehstörungen bei Dämmerung, Haut- und Schleimhautschäden, Haarausfall	700 µg Äquivalent	850 µg Äquivalent
D (Calciferole)	Calcium- und Phosphatstoffwechsel	Bildung im Körper, Salzwasserfische, Lebertran, Butter	Knochenerweichung, Muskelkrämpfe	20 µg	
E (Tocopherole)	schützt Fettsäuren im Körper	pflanzliche Öle, Nüsse, Eier, Weizenkeime	treten selten auf	12 mg Äquivalent	14 mg Äquivalent
K (Phyllochinon)	Blutgerinnung	Blattgemüse, Milch, Leber	Störungen der Blutgerinnung	60 µg	70 µg
Wasserlösliche Vitamine					
B1 (Thiamin)	Nerven und Kohlenhydratstoffwechsel	Leber und Muskelfleisch, vor allem vom Schwein, Getreideprodukte	Nervenentzündung, Konzentrationsschwäche, Appetitlosigkeit	1,0 mg	1,2 mg
B2 (Riboflavin)	für den gesamten Stoffwechsel, Zellwachstum	Innereien, Milch und Milchprodukte, Fisch, Fleisch, grünes Blattgemüse	Risse in den Mundwinkeln, Hautveränderungen, rissige, spröde Nägel und glanzlose Haare	1,1 mg	1,4 mg
B6 (Pyridoxin)	Eiweißstoffwechsel	Vollkornprodukte, Fleisch, Leber, Kartoffeln	Appetitlosigkeit, Hautveränderungen, Depressionen	1,4 mg	1,6 mg
B12 (Cobalamine)	Blutbildung, Nerven	Leber, Fleisch, Fisch, Eier, Milch	Blutarmut, Zungenschleimhautveränderungen	4,0 µg	
Biotin	für den gesamten Stoffwechsel, Zellfunktion	Rinderleber, Eigelb, Soja, Haferflocken	Muskelschmerzen, Veränderungen der Haut und Schleimhäute	40 µg	
C (Ascorbinsäure)	Immunsystem, Eisenstoffwechsel	schwarze Johannisbeeren, Zitrusfrüchte, Kartoffeln, Kiwi, Paprika	mangelnde Abwehrkräfte	95 mg	110 mg
Folat	Blutbildung, Zellwachstum	dunkelgrünes Blattgemüse, Vollkornprodukte, Hülsenfrüchte	Blutarmut, Schleimhautveränderungen, Depressionen, offener Rücken bei Neugeborenen	300 µg Äquivalent	
Niacin (Nicotinsäure)	für den gesamten Stoffwechsel	Vollkornprodukte, Hülsenfrüchte, Fisch, Fleisch	Hautveränderungen, Depressionen, Gewichtsverlust	12 mg Äquivalent	15 mg Äquivalent
Pantothensäure	für den intermediären Stoffwechsel	in fast allen Lebensmitteln	treten kaum auf	5 mg	

*Quelle: Referenzwerte für die Nährstoffzufuhr 2023, DGE

5

Obst ist vitaminreich

Zusammenfassung

- Vitamine sind lebensnotwendige Bestandteile der Nahrung. Sie werden vom Körper nur in kleinen Mengen benötigt.
- Vitamine sind empfindliche Stoffe, die vor Hitzeeinwirkung, Licht und Sauerstoff geschützt werden müssen.
- Auf eine richtige Lagerung und die schonende Zubereitung von Lebensmitteln ist zu achten.
- Durch eine abwechslungsreiche und ausgewogene Ernährung mit einem hohen Anteil an frischen Lebensmitteln kann der Vitaminbedarf eines gesunden Menschen ausreichend gedeckt werden. Zusätzliche Vitaminpräparate und Multivitaminsäfte sind nicht erforderlich.

Vitamine in der Lebensmittelverarbeitung

Einige Vitamine besitzen Eigenschaften, die für die industrielle Lebensmittelherstellung genutzt werden können: Vitamin C (Ascorbinsäure) wirkt als Stabilisator, Antioxidationsmittel, Geschmackszusatz, Carotinoide wirken als Farbstoff und Vitamin E wirkt als Antioxidationsmittel.

23.5.2 Mineralstoffe

Vorkommen und Funktion

Magnesiumreiche Lebensmittel

Mineralstoffe sind wie die Vitamine lebensnotwendig. Sie können vom Körper nicht selbst gebildet werden.

Mineralstoffe sind anorganische Stoffe, die der Körper zur Aufrechterhaltung der Körperfunktionen benötigt. Da täglich über Stuhl, Urin und Haut Mineralstoffe ausgeschieden werden, müssen sie auch täglich zugeführt werden.

Mineralstoffe werden in **Mengenelemente** (größere Mengen im Körper, Aufnahme im Grammbereich) und **Spurenelemente** (nur in Spuren im Körper, Aufnahme im Mikrogrammbereich, $1 \mu g$ = Millionstel Gramm) eingeteilt.

Mineralstoffe wirken als **Baustoffe** für Knochen und Zähne und als **Reglerstoffe** für Stoffwechselvorgänge im Körper.

Viele Mineralstoffe sind wichtige Bestandteile von organischen Verbindungen, z. B. Eisen im Blutfarbstoff. Das im Fleisch vorkommende Eisen wird vom Körper besonders gut aufgenommen. (**Ausnutzungsgrad des vorhandenen Eisens aus** Fleisch >20 %, Leber 10–20 %, Spinat ca. 1,5 %.)

Ein erhöhter Bedarf an Mineralstoffen besteht bei:
- starkem Schwitzen,
- anhaltenden Durchfällen,
- bestimmten Medikamenten,
- bestimmten Diätformen.

Mineralstoffschonende Zubereitung

Mineralstoffe sind wasserlöslich, deshalb die Lebensmittel unzerkleinert in kaltem Wasser waschen.
Mineralstoffverluste können vermieden werden durch:
- kurzes Waschen der Lebensmittel, nicht wässern,
- Auswahl schonender Garverfahren mit wenig Wasser, z. B. Dünsten, Dämpfen, Garen in Folie,
- Einhaltung von Garzeiten,
- Weiterverwendung der Garflüssigkeit.

Zusammenfassung

- Mineralstoffverluste müssen durch die Nahrungsaufnahme ausgeglichen werden.
- Einseitige oder eine zu geringe Nahrungsaufnahme begünstigen einen Mineralstoffmangel.
- Zur Nahrungszubereitung sollte mit Jod angereichertes Kochsalz verwendet werden.
- Der Verzehr von zu viel Kochsalz kann Bluthochdruck begünstigen.
- Durch eine abwechslungsreiche und ausgewogene Ernährung mit einem hohen Anteil an frischen Lebensmitteln kann der Mineralstoffbedarf eines gesunden Menschen ausreichend gedeckt werden.

Mineral-stoffe	Funktion	Vorkommen	Mangel-erscheinungen	Tägl. Bedarf von 25- bis 51-Jähr.*	
				Frau	Mann
Mengenelemente					
Natrium	bindet Wasser im Körper, reguliert Wasserhaushalt	Salz, gesalzene Lebensmittel	kaum	1500 mg	
Kalium	wichtig für Nerven und Muskeltätigkeit	Gemüse, Obst, Kartoffeln, Milch	Muskelschwäche, Funktionsstörung des Herzens	4000 mg	
Magnesium	aktiviert Enzyme, für Mineralisierung der Knochen, Muskelkontraktion	Vollkornprodukte, Milch, Mandeln	Muskelkrämpfe	300 mg	350 mg
Calcium	Knochen, Zähne, Muskelfunktion	Milch, Milchprodukte, Grünkohl	Knochenschwund (Osteoporose), Muskelkrämpfe	1000 mg	
Spurenelemente					
Eisen	Blutfarbstoff	Fleisch, Leber, Vollkornprodukte	Blutarmut, Müdigkeit	15 mg*	10 mg
Jod	Schilddrüsenhormon	Seefisch, jodiertes Salz	Schilddrüsenunterfunktion, Kropf	200 µg	
Zink (bei mittlerer Phytatzufuhr)	wichtig für Enzymtätigkeit, Insulinspeicherung und Immunsystem	Rindfleisch, Schweinefleisch, Geflügel, Ei, Milch, Käse, Vollkornprodukte	gestörte Geschmacksempfindung, Haarausfall, Hautentzündung, Wachstumsstörungen, Durchfall, gestörte Wundheilung	8 mg	14 mg
Selen	wichtig für die Bildung von Schilddrüsenhormonen, Zellwachstum, Schutz vor Oxidation, krebsvorbeugend	Fleisch, Fisch, Eier	kaum	60 µg	70 µg

*Quelle: Referenzwerte für die Nährstoffzufuhr 2023, DGE

*(ab 51 Jahre: 10 mg)

5

23.5.3 Ballaststoffe

Vorkommen und Funktion

Ballaststoffe sind unverdauliche Nahrungsmittelbestandteile in pflanzlichen Lebensmitteln. Sie binden Wasser, sind quellfähig und regen die Darmtätigkeit an. Der Ballaststoffgehalt der Lebensmittel ist sehr unterschiedlich.

Aufgrund ihrer Löslichkeit werden Ballaststoffe in lösliche und unlösliche Ballaststoffe eingeteilt. Zu den löslichen zählt das **Pektin** in Obst und Gemüse. **Cellulose** und **Hemicellulose** gehören zu den unlöslichen Ballaststoffen. Sie befinden sich reichlich in den Schalen des Getreidekorns. Ballaststoffe regen die Darmtätigkeit an und tragen zur Bildung einer gesunden Darmflora bei.

Ballaststoffgehalt in 100 g Lebensmittel	
Lebensmittel	Ballaststoffgehalt
Weiße Bohnen, getrocknet	ca. 18,0 g
Erbsen	ca. 5,0 g
Möhren	ca. 2,5 g
Äpfel	ca. 2,0 g
Knäckebrot	ca. 10,0 g
Roggenvollkornbrot	ca. 7,0 g
Roggenmischbrot	ca. 5,0 g
Weißbrot	ca. 3,0 g

Ballaststoffreiche Lebensmittel

Ballaststoffe haben wichtige Funktionen im Verdauungstrakt:

- Sie können giftige Substanzen binden und damit unschädlich machen.
- Sie erhöhen das Stuhlvolumen und verkürzen die Passagezeit.
- Sie beugen bei gleichzeitig ausreichender Flüssigkeitszufuhr Verstopfung vor.

Eine ausreichende Zufuhr an Ballaststoffen kann des Weiteren der Entstehung von Dickdarmkrebs, Gallensteinen, Übergewicht (▸ S. 225), Diabetes (▸ S. 227) und Arterienverkalkung entgegenwirken.

Zusammenfassung

- Ballaststoffe liefern keine Energie.
- Vollkornprodukte enthalten die Bestandteile des ganzen Korns und haben dadurch einen hohen Ballaststoffgehalt.
- Die DGE empfiehlt, täglich mind. 30 g Ballaststoffe aufzunehmen, die Hälfte sollte aus Getreide und Getreideprodukten stammen.
- Bei einer ballaststoffreichen Ernährung ist eine höhere Flüssigkeitszufuhr notwendig.
- Bei der Lebensmittelauswahl ist auf natürlich belassene, unverarbeitete pflanzliche Nahrungsmittel zu achten.

23.5.4 Sekundäre Pflanzenstoffe

Sekundäre Pflanzenstoffe sind Substanzen in Lebensmitteln, die keinen Nährstoffcharakter besitzen. Sie sind in Obst und Gemüse enthalten und haben vielfältige gesundheitsfördernde Wirkungen.

Arten, Vorkommen und Funktion

- **Carotinoide:**
  Farbstoffe in roten und gelben Obst- und Gemüsesorten. Sie stärken das Immunsystem und schützen vor Herzinfarkt.
- **Phytosterine:**
  In Nüssen, Pflanzensamen und daraus hergestellten Ölen enthalten. Sie können den Cholesterinspiegel und das Darmkrebsrisiko senken.
- **Glucosinolate:**
  Scharf schmeckende Aromastoffe in Kohl, Senf und Rettich. Sie senken das Krebsrisiko.
- **Flavonoide:**
  Pflanzenfarbstoffe in Früchten, Beeren und Rotwein. Sie schützen vor Herzinfarkt und Krebs.
- **Sulfide:**
  In Lauch, Knoblauch und Zwiebeln enthalten. Sie wirken entzündungshemmend und antibakteriell, stärken das Immunsystem und senken den Cholesterinspiegel.

Zusammenfassung

- Einige sekundäre Pflanzenstoffe sind hitzeempfindlich, deshalb sollte Obst und Gemüse auch roh verzehrt werden.
- Täglich sollten drei Portionen Gemüse (1 x roh, 1 x gegart, 1 x Blattsalat) und zwei Portionen frisches Obst verzehrt werden.
- Erntefrische Lebensmittel enthalten mehr sekundäre Pflanzenstoffe.
- Bei der Auswahl ist auf saisonales Obst und Gemüse aus der Region zu achten.

Gesund durch sekundäre Pflanzenstoffe

5

23.6 Stoffwechsel und Verdauung

23.6.1 Stoffwechselvorgänge

Der Stoffwechsel umfasst alle Umwandlungsvorgänge im Körper. Um die mit der Nahrung aufgenommenen Nährstoffe für den Körper nutzbar zu machen, müssen körpereigene Stoffe gebildet werden.
Der Stoffwechsel ist an Sauerstoff gebunden, d. h., eine regelmäßige Zufuhr von Sauerstoff über die Atmung ist Voraussetzung für den Ablauf des gesamten Stoffwechsels.

Die fünf Stufen des Stoffwechsels

1. **Nahrungsaufnahme:** Flüssige und feste Nahrung wird aufgenommen.
2. **Verdauung:** Die Nahrung wird durch Kauen zerkleinert und bei den Verdauungsvorgängen in kleinste Bausteine zerlegt, damit sie vom Körper aufgenommen werden kann. Die Nährstoffe werden in eine gelöste Form gebracht.
3. **Aufnahme der Nährstoffe in das Blut:** Die gelösten Nährstoffe werden über die Dünndarmschleimhaut in das Blut oder die Lymphe aufgenommen (Resorption).
4. **Zellstoffwechsel:** Die Nährstoffe gelangen in die Zellen und werden dort zum Aufbau von körpereigenen Stoffen oder zur Energiegewinnung genutzt.
5. **Ausscheidung:** Unverdauliche Nahrungsmittelbestandteile und Abbauprodukte des Zellstoffwechsels werden mit dem Urin und Stuhlgang ausgeschieden.

Steuerung des Stoffwechsels durch Enzyme und Hormone

Enzyme bestehen aus unterschiedlichen Eiweißstoffen, die vom Körper selbst in Drüsen gebildet werden. Ihre Aufgabe ist es, chemische Vorgänge zu beschleunigen, die ansonsten sehr langsam ablaufen würden. Über 2000 Enzyme sind heute bekannt.
Enzyme sind Spezialisten, die Nährstoffe in ihre kleinsten Bestandteile abbauen. Für bestimmte Stoffwechselvorgänge gibt es spezifische Enzyme.

Enzyme für die Verdauung		
kohlenhydratspaltend	**fettspaltend**	**eiweißspaltend**
• Amylase • Maltase • Laktase • Saccharase	• Lipase	• Endopeptidase • Exopeptidase

Enzyme wirken nicht nur im Körper, sondern sie bewirken auch Veränderungen in Lebensmitteln, z. B. die Reifung von Fleisch (erwünschte Wirkung) oder den Verderb von Fleisch (unerwünschte Wirkung). Viele Enzyme werden für die Lebensmittelverarbeitung und -bearbeitung industriell hergestellt und eingesetzt.

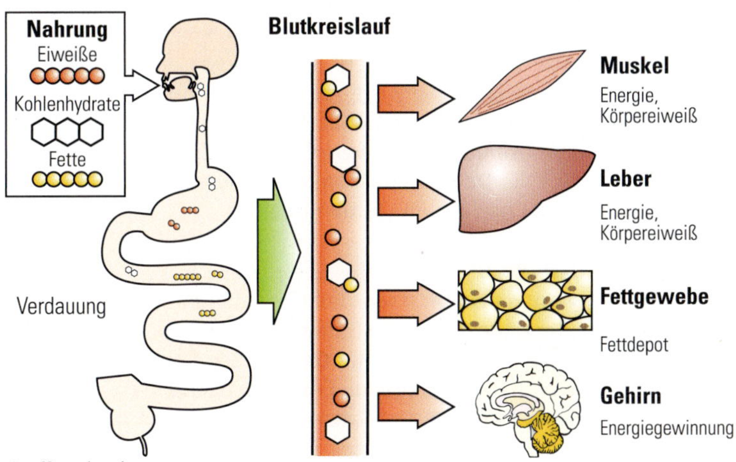

Stoffwechsel

Auch **Hormone** sind am Stoffwechsel beteiligt. Hormone werden vom Körper gebildet und in das Blut ausgeschüttet. Insulin (▸ S. 227) steuert beispielsweise den Kohlenhydratstoffwechsel.

23.6.2 Verdauungsvorgänge

Alle aufgenommenen Lebensmittel werden im Körper verdaut. Die Nährstoffe werden dabei wie folgt zerlegt:
- Kohlenhydrate in Einfachzucker
- Fette in Glycerin und Fettsäuren
- Eiweiße in Aminosäuren

Jedes Verdauungsorgan hat bestimmte Aufgaben, die Verdauungsstufen laufen nacheinander in einer Richtung ab. Damit sind ein geregelter Abbau und die Aufnahme der Abbauprodukte gewährleistet.

Die Verdauung beginnt bereits vor der Nahrungsaufnahme. Durch das schöne Aussehen, den Geruch, die Atmosphäre (oder schon allein durch den Gedanken an wohlschmeckende Speisen) werden **Verdauungssäfte** gebildet.

5

Mund
Die **Zähne** zerkleinern die Nahrung mechanisch. Dadurch werden Geschmacks- und Aromastoffe freigesetzt, die ihrerseits wieder die Speichelbildung anregen. Durch die Vermengung mit Speichel wird der Nahrungsbrei gleitfähig und lässt sich besser schlucken. Der **Speichel** der Speicheldrüsen ① enthält **kohlenhydratspaltende Enzyme**, durch die schon im Mund Stärkeprodukte zu Malzzucker abgebaut werden.

Speiseröhre ②
Die Speiseröhre ist ein etwa 20 bis 25 cm langer „Schlauch“, der vom Rachenraum in den Magen führt. Am Ende der Speiseröhre befindet sich der Magenmund.

Magen ③
Der Magen dient für kurze Zeit als „Vorratsbehälter“ der Speisen. Die Magenschleimhaut produziert **Magensäure**. Durch die in der Magensäure enthaltene Salzsäure wird die Nahrung desinfiziert, die in der Nahrung enthaltenen Eiweiße quellen auf, gerinnen und können dadurch leichter abgebaut werden. Je fettreicher eine Nahrung ist, desto länger verweilt sie im Magen. Durch die Magenbewegungen (Magenperistaltik) werden Fettkügelchen in der Nahrung feiner verteilt und emulgiert. Der Magen gibt die Nahrung portionsweise durch den Magenpförtner an den Zwölffingerdarm weiter.

Zwölffingerdarm ④
Der Zwölffingerdarm ist der obere Teil des Dünndarms, hier mündet der Gallengang. Die **Gallenflüssigkeit** wird in der **Leber** ⑤ gebildet und in der **Gallenblase** ⑥ gespeichert; sie enthält fettspaltende Enzyme, sogenannte Lipasen, die Fettmoleküle in Glycerin und Fettsäuren zerlegen.

In den Zwölffingerdarm mündet auch die **Bauchspeicheldrüse** ⑦. Täglich wird rund 1 Liter Bauchspeichel gebildet. Dieser enthält **Verdauungsenzyme** für die Spaltung der Nährstoffe in kleinste Nahrungsbausteine.

Dünndarm ⑧
Im **Dünndarm** werden **weitere Verdauungssäfte** produziert. Die eigentliche Verdauung (Zerlegung der Nährstoffe in Einfach- und Zweifachzucker, Aminosäuren und Fettsäuren) ist im Dünndarm abgeschlossen. Durch die Dünndarmwand können nun die gelösten und zerkleinerten Nährstoffe in die Blutbahn und Lymphe aufgenommen werden.

Dickdarm ⑨
Im Dickdarm werden keine Verdauungssäfte produziert. Hier wird der Nahrungsbrei „eingedickt“, d. h. Wasser entzogen, und Schleimstoffe werden zur besseren Gleitfähigkeit des verbliebenen Restes gebildet. Unverdauliche Nahrungsbestandteile, vor allem die Ballaststoffe, regen die Darmtätigkeit an und sorgen für eine schnellere **Ausscheidung**. Dickdarmbakterien vergären die in der Nahrung enthaltenen Ballaststoffe. Die Nahrungsreste werden durch den Enddarm ⑩ ausgeschieden.

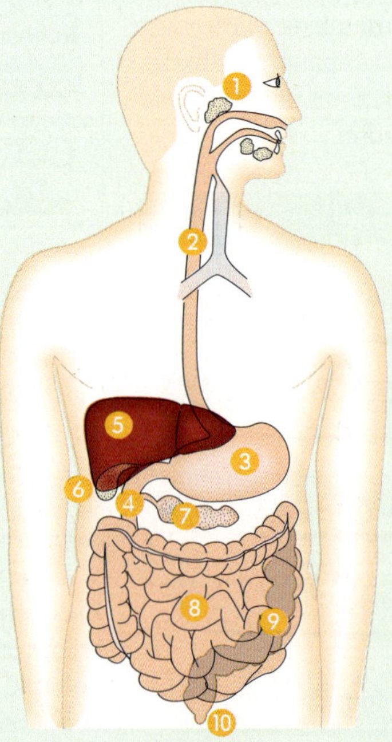

Verdauungsorgane

① Speicheldrüse
② Speiseröhre
③ Magen
④ Zwölffingerdarm
⑤ Leber
⑥ Gallenblase
⑦ Bauchspeicheldrüse
⑧ Dünndarm
⑨ Dickdarm
⑩ Enddarm/Mastdarm

23.7 Ernährungsmitbedingte Krankheiten

Ernährungsbedingte Krankheiten entstehen durch eine zu hohe, zu niedrige oder unausgewogene Zufuhr an Nährstoffen. Sie entstehen langsam, oft im Laufe von Jahrzehnten.

23.7.1 Metabolisches Syndrom

Beim metabolischen Syndrom treten folgende Krankheiten gleichzeitig auf: **Übergewicht, Diabetes, Fettstoffwechselstörung, Bluthochdruck** und **Gicht**. Das metabolische Syndrom ist – verbunden mit Bewegungsmangel – der größte Risikofaktor für Herz-Kreislauf-Erkrankungen. Das Krankheitsbild wird durch Fehlernährung hervorgerufen (▸ Schaubild unten).

23.7.2 Übergewicht/Fettsucht (Adipositas)

Übergewicht gilt als „Risikofaktor Nummer 1" für ernährungsmitbedingte Krankheiten.

Die Hauptursache für die Entstehung von Übergewicht ist eine positive Energiebilanz, das bedeutet, es wird mehr gegessen als der Körper verbraucht. Überschüssige Energie wird als Körperfett gespeichert. Durch eine allmähliche Gewichtszunahme entsteht Übergewicht.

Normalgewichtige Menschen essen die Mengen an Nahrungsmitteln, die ihr Körper braucht, das Körpergewicht bleibt gleich. Die Nahrungsaufnahme ist dem Energiebedarf angepasst.

Hunger, Appetit, Sättigung

Der Nahrungsbedarf wird vom Gehirn geregelt. Je nach Energie- und Nährstoffanteil im Körper entsteht Hunger. Zu diesem Zeitpunkt ist der Blutzuckerspiegel niedrig. Verlangt der Körper nach Nahrung, ohne dass ein Energie- oder Nährstoffmangel vorliegt, wird von **Appetit** gesprochen. Wenn der Magen gefüllt und der Blutzuckerspiegel gestiegen ist, tritt **Sättigung** ein. Lebensmittel sollten langsam verzehrt werden, denn die Sättigung tritt erst 20 Minuten nach der Nahrungsaufnahme ein.

Hunger- und Sättigungsmechanismen sind:
- Magenfülle
- Blutzuckerspiegel
- Hormonsignale
- Signale aus dem Dünndarm

Viele Menschen können die Signale ihres Körpers nicht mehr richtig deuten und das Hunger- und Sättigungsgefühl ist außer Takt. **Übergewicht** und Essstörungen sind die Folgen.

Ursachen für die Entstehung von Übergewicht

Bei Übergewicht spielen viele Faktoren eine Rolle, z. B.:
- falsche Ernährungsgewohnheiten
- falsche Ernährungserziehung
- falsche Lebensmittelauswahl
- falsche Mahlzeitengestaltung
- regelmäßiger Verzehr von Fertigprodukten
- Verzehr von Lebensmitteln mit einem hohen Verarbeitungsgrad
- Verzehr von Lebensmitteln, die zu süß, zu fett, zu salzig sind
- Bewegungsmangel im Alltag
- wenig körperliche Arbeit
- Essen aus Frust oder Langeweile oder im Stress

Aber auch genetische Veranlagungen und Krankheiten können die Ursache sein. Um

Falsche Ernährungsgewohnheiten können zu Übergewicht führen.

*Das **metabolische Syndrom** beschreibt ein komplexes Beschwerdebild (Syndrom), das sich auf den Stoffwechsel (Metabolismus) bezieht.*

dies zu klären, sind Rücksprachen mit dem Arzt notwendig.
Veränderungen sind nur möglich, wenn Fehler erkannt, analysiert und vermieden werden. Die langfristige Umstellung des Ernährungsverhaltens und eine gesunde Lebensweise sind notwendig.

BMI – der Body-Mass-Index

Zur Beurteilung des Körpergewichts wird auf den Body-Mass-Index (BMI) Bezug genommen. Er wird wie folgt berechnet:

$$\textbf{BMI} = \frac{\textbf{Körpergewicht (kg)}}{\textbf{(Körpergröße in m)}^2}$$

5

Welche Fleisch- und Wurstprodukte können Sie einem Kunden anbieten, der Produkte im Rahmen einer Mischkost zur Gewichtsabnahme sucht?

Der BMI kann auch ohne Berechnung in einem Nomogramm abgelesen werden. Größe und Gewicht der Person werden auf beiden Skalen fixiert und durch eine Linie verbunden. Die Linie zwischen der Größe und dem Gewicht ergibt den BMI der Person.

Beispiel: Frau, 1,66 m, 70 kg, BMI: 25

Body-Mass-Index-Nomogramm

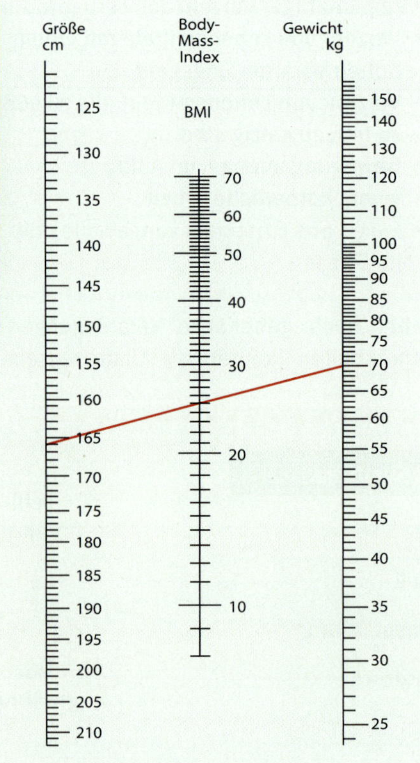

Zur Bewertung des BMI sind folgende Werte festgelegt:

BMI	Bewertung	Empfehlung
unter 18	Untergewicht	Gewichtszunahme erforderlich
18–25	Normalgewicht	
26–30	Übergewicht	Gewichtsabnahme erforderlich
über 30	Fettsucht (Adipositas)	ärztlich kontrollierte Gewichtsabnahme notwendig

Empfehlungen zur Gewichtsreduktion

Am besten eignet sich eine **kalorienreduzierte Mischkost**, da alle notwendigen Nährstoffe enthalten sind und das Gewicht langsam abgebaut wird.

Nur eine **langfristige Umstellung** des **Ernährungsverhaltens,** verbunden mit ausreichender Bewegung, führt zu einer bleibenden Stabilisierung des Gewichts.

Ziel muss es sein, durch Senkung der Energie- und Fettzufuhr einen ständigen **gleichmäßigen geringen Gewichtsverlust** zu erreichen. Dem Körper muss weniger Energie zugeführt werden als er braucht. Durch Nutzung der eigenen Energiereserven im Körper kann Depotfett abgebaut werden. Es wird eine langsame Gewichtsabnahme von max. 500 g pro Woche empfohlen.

Eine energiereduzierte, vollwertige Ernährung mit energiearmen Getränken ist die beste Basis für eine gesunde Gewichtsreduktion.

Später schützen eine ausgewogene Mischkost und eine gesunde Lebensweise, wie sie in den **10 Regeln der DGE** (▸ S. 195) zusammengefasst ist, vor dem Jo-Jo-Effekt und dauerhaft vor Übergewicht.

23.7.3 Zuckerkrankheit (Diabetes mellitus)

Diabetes mellitus ist eine Stoffwechselerkrankung, die auf Insulinmangel beruht. Insulin wird in der Bauchspeicheldrüse produziert und ist für die Energiegewinnung notwendig, wenn Glucose aus dem Blut in die Köperzellen transportiert wird.
Bei Diabetes mellitus wird zu wenig oder gar kein Insulin produziert oder das vorhandene Insulin hat eine ungenügende Wirkung. Als Folge davon ist der Zuckerstoffwechsel gestört und der Blutzuckerspiegel zu hoch.

Diabetes Typ 1

Bei Menschen mit dem Krankheitsbild Diabetes Typ 1 steigt der Blutzuckerspiegel übermäßig an, weil von der **Bauchspeicheldrüse kein Insulin** gebildet wird. Durch Spritzen muss es ein Leben lang regelmäßig zugeführt werden, weil die Insulin bildenden Zellen zerstört sind.
Diabetes Typ 1 ist nicht heilbar. Mit Schulungen wird der Umgang mit Lebensmitteln erlernt und die Ernährung an die gespritzte Insulinmenge angepasst. Dadurch sollen zu große Schwankungen des Insulinspiegels verhindert werden.

Diabetes Typ 2

Für Diabetes Typ 2 ist das **Nachlassen der Insulinproduktion** verantwortlich. Die Ursachen können erblich bedingt sein, aber meistens begünstigen Übergewicht und Bewegungsmangel diese Krankheit. Häufig treten Begleiterkrankungen auf, die schon im Zusammenhang mit dem metabolischen Syndrom genannt wurden (Übergewicht, Fettstoffwechselstörung, Bluthochdruck und Gicht).

Die Umstellung der Ernährung, ausreichend Bewegung und eine Gewichtsreduktion sind meist ausreichend, um die Einnahme von Medikamenten zu verhindern. Durch eine energiereduzierte, bewusste Ernährung mit kleinen Mahlzeiten, die gleichmäßig über den Tag verteilt sind, wird auf die reduzierte Insulinbildung Rücksicht genommen und so der Kohlenhydratstoffwechsel positiv beeinflusst.

Krankheitsanzeichen

Starke Schwankungen des Blutzuckerspiegels sind für Diabetiker sehr gefährlich und müssen vermieden werden. Im Extremfall sind sie lebensgefährlich. Sie sind Ursache für Bewusstlosigkeit, Herzinfarkt oder diabetisches Koma/Schock. Weitere Krankheitszeichen können Durstgefühle, Schwitzen, Sehstörungen und Geschwüre an den Füßen sein.

Empfehlungen für die Ernährung

Bei der Ernährung sollte Folgendes berücksichtigt werden:
- Abwechslungsreich essen.
- Ballaststoffreiche Lebensmittel wie Vollkornprodukte, Kartoffeln, Gemüse und Salat bevorzugen, da sie ein zu rasches Ansteigen des Blutzuckerspiegels verhindern.
- Gut geeignet sind mageres Fleisch, fettarme Wurstwaren und Milchprodukte.
- Regelmäßig Fisch einplanen, aber auf den Fettgehalt achten.
- Hochwertige Pflanzenöle auswählen.
- Alkohol und zuckerhaltige Lebensmittel meiden.
- Täglich mehrere kleine Mahlzeiten (6–7) einnehmen, um Blutzuckerschwankungen zu verhindern.

Empfohlene Lebensmittel bei Diabetes mellitus

23.7.4 Fettstoffwechselstörung (Hyperlipoproteinämie)

Die zwei wichtigsten Arten von Fetten im Blut sind Cholesterin und Triglyceride.
Cholesterin ist nicht wasserlöslich. Deshalb muss es für die Weiterleitung im Körper an Transporteiweiße gebunden werden. Es werden zwei verschiedene Arten an Transporteiweißen unterschieden.

LDL low density lipoprotein	**HDL** high density lipoprotein
Eiweißanteil ist im Verhältnis zur Cholesterinmenge gering.	Eiweißanteil ist im Verhältnis zur Cholesterinmenge hoch.
Ein zu hoher LDL-Spiegel verursacht Fetteinlagerungen in den Blutgefäßwänden.	Das **schützende** HDL transportiert Cholesterin zur Leber zurück und senkt so den Blutcholesterinspiegel.

Fettablagerungen führen zur Verengung der Blutgefäße. Damit steigt das Risiko, an Arteriosklerose zu erkranken. Auch erhöhte Triglyceridwerte begünstigen die Bildung von Blutgerinnseln, die Schlaganfall- und Herzinfarktgefahr steigt.

Um das Krankheitsrisiko richtig einschätzen zu können, ist es notwendig, das Verhältnis der Cholesterinformen zueinander und die Höhe der Triglyceridwerte zu bestimmen.

Ursachen für Fettstoffwechselstörungen

Ursachen für die Erkrankung sind unter anderem genetische Veranlagungen, aber auch Begleiterkrankungen, die schon im Zusammenhang mit dem metabolischen Syndrom genannt wurden (Übergewicht, Diabetes, Bluthochdruck und Gicht). Regelmäßiger Alkoholkonsum, Stress, Rauchen und Bewegungsmangel können ebenso die Krankheit auslösen.

Empfehlungen zur Ernährung

Bei der Ernährung sollte Folgendes berücksichtigt werden:
- Ballaststoffreiche Lebensmittel wie Vollkornprodukte, Kartoffeln, Gemüse und Salat senken den Blutfettspiegel.
- Durch energiereduzierte, vollwertige Ernährung Übergewicht abbauen.
- Eiweißreiche, fettarme Produkte bevorzugen, z. B. Magerfisch, Magerfleisch, Magerkäse, Sülzen, Schinken ohne Fettrand, Roastbeef, Corned Beef.
- Cholesterinreiche Lebensmittel meiden, also Eigelb und daraus hergestellte Produkte sowie Innereien.
- Reichlich Obst und Gemüse verzehren, möglichst als Rohkost oder schonend gegart.
- Fettarme Zubereitungsarten bevorzugen (Grillen, Dünsten, Dämpfen).
- Margarine und Pflanzenöle mit hohem Gehalt an ungesättigten Fettsäuren auswählen.
- Alkohol und zuckerhaltige Lebensmittel meiden.

Empfohlene Lebensmittel bei Hyperlipoproteinämie

23.7.5 Erhöhter Blutdruck (Hypertonie)

Der Blutdruck ist ein Wert, der angibt, mit wie viel Druck das Blut durch die Blutgefäße fließt. Ein niedriger Blutdruck ist im Normalfall nicht gesundheitsgefährdend. Die Betroffenen klagen jedoch über Müdigkeit und Antriebslosigkeit. Ein zu hoher Blutdruck verursacht anfänglich keine Beschwerden, aber die Blutgefäße werden schneller abgenutzt. Dadurch entsteht ein großer Risikofaktor für Herzinfarkt, Schlaganfall und Nierenstörungen.

Ursachen für Hypertonie

Ursachen für die Krankheit sind unter anderem genetische Veranlagungen, aber auch Begleiterkrankungen, die schon im Zusammenhang mit dem metabolischen Syndrom genannt wurden. Ein zu hoher Kochsalzverbrauch, Alkoholkonsum, Stress und Rauchen gelten als weitere Ursachen.

Empfehlungen zur Ernährung

Bei der Ernährung sollte Folgendes berücksichtigt werden:
- Kaliumreiche Gemüse (besonders Blattgemüse) und Obst (besonders Bananen) senken den Blutdruck.
- Bei Übergewicht durch energiereduzierte, ballaststoffreiche Ernährung und körperliche Aktivitäten Gewicht abbauen.
- Auf fettarme Ernährung achten.
- Margarine und Pflanzenöle mit hohem Gehalt an ungesättigten Fettsäuren auswählen.
- Auf kochsalzarme Ernährung mit nicht mehr als 3 bis 6 g Kochsalz pro Tag achten.
- Natriumarme Lebensmittel bevorzugen.
- Fertigprodukte und gesalzene Lebensmittel meiden.

Empfohlenes Lebensmittel bei Hypertonie

23.7.6 Gicht (Hyperurikämie)

Gicht ist eine Stoffwechselerkrankung, bei der die Harnsäurekonzentration im Blut erhöht ist. Harnsäure ist ein Abbauprodukt von Purinen (Stickstoffverbindungen), die in allen Zellkernen vorkommen. Sie wird vom Körper selbst gebildet, aber auch über die Nahrung zugeführt. Normalerweise wird überschüssige Harnsäure durch die Nieren ausgeschieden. Ist der Harnstoffwechsel gestört, steigt der Harnsäuregehalt im Blut an.

Krankheitsanzeichen

Bei erhöhter Harnsäurekonzentration im Blut lagern sich Harnsäurekristalle vor allem in Gelenken und Nieren ab. Die Harnsäurekristalle verursachen Gelenkentzündungen, die bei einem akuten Gichtanfall sehr schmerzhafte Schwellungen hervorrufen. Im Verlauf dieser Erkrankung entwickeln sich schmerzhafte Gelenkveränderungen.

Ursachen

Gicht ist eine Stoffwechselerkrankung, deren Ausbruch bei genetisch bedingten Veranlagungen durch Übergewicht und purinreiche Ernährung begünstigt wird.
Gicht tritt häufig bei übermäßigem Verzehr von purinreichen Lebensmitteln auf, vor allem durch Fleisch- und Wurstwaren, Fisch und Innereien. Bei gleichzeitigem Bewegungsmangel ist Gicht eine typische „Wohlstandserkrankung". An Gicht erkranken etwa zehnmal mehr Männer als Frauen.

Empfehlungen zur Ernährung

- Bei Übergewicht für eine Gewichtsreduktion sorgen.
- Purinarme Kost auswählen.
- Höchstens einmal am Tag fettarmen Fisch, Fleisch oder Wurst essen.
- Innereien ganz meiden.
- Hülsenfrüchte, Kohl und Kohlgemüse meiden.
- Milch und Milchprodukte bevorzugen.
- Alkoholkonsum einschränken oder ganz einstellen (vor allem Bier).
- Bis zu 2 Liter Flüssigkeit (Wasser) pro Tag trinken.

Harnsäuregehalt ausgewählter Lebensmittel in mg/100 g

Kalbsleber	240	Schinken	80
Huhn (gegrillt, ohne Haut)	230	Brötchen (weiß)	70
Linsen	160	Reis (gekocht)	50
Erbsen (grün)	150	Nudeln (gekocht)	30
Forelle (ohne Haut)	150	Bananen	25
Kalbfleisch (roh)	150	Äpfel	15
Schweinefleisch (roh)	150	Bier	15
Bierschinken	140	Kartoffeln (gekocht)	15
Bratwurst	140	Vollei	5
Rindfleisch (roh)	140	Butter	0
Mortadella	130	Kaffee, Tee	0
Leberwurst	114	Vollmilch	0
Mischbrot	84	Wein	0

Empfohlene Lebensmittel bei Hyperurikämie

23.7.7 Weitere ernährungsmitbedingte Erkrankungen

Durch verschiedene Auslöser kann es zu weiteren ernährungsmitbedingten Erkrankungen kommen. Hierzu gehören u. a.:

- Lebensmittelinfektionen, z. B. Salmonelleninfektion (▸ S. 77 ff.)
- Lebensmittelvergiftungen, wenn z. B. Eiterbakterien aus einer Fingerwunde auf Fleisch gelangen: Die Bakterien (▸ S. 79 ff.) bilden Giftstoffe, die nach dem Verzehr zu Übelkeit, Erbrechen und Durchfall führen können.
- Magenerkrankungen
- Durchfallerkrankungen
- Verstopfung
- Untergewicht
- Leber- und Gallenerkrankungen
- Nahrungsmittelallergien

5

23.8 Ernährungstrends

23.8.1 Fast Food

Fast-Food-Imbiss: unterwegs essen

Unter dem Begriff „schnelles Essen“ werden Speisen und Gerichte zusammengefasst, die vor dem Auge des Gastes schnell zubereitet werden und meistens mit den Fingern, ohne Messer und Gabel, verzehrt werden können. Vor allem Jugendliche und junge Erwachsene begeistern sich für Fast Food.

Gründe für den Erfolg von Fast Food sind u. a.:
- das Essen ist verfügbar, wenn der Hunger kommt
- schneller Service
- gleichbleibende, standardisierte Qualität
- Plaudern mit jungen Leuten
- Treffpunkt und legere Atmosphäre
- unkompliziertes, preiswertes Essen
- im Trend, moderne Gestaltung
- ständige Werbung

Ernährung mit Fast Food hat einen schlechten Ruf. Dies hat folgende Gründe:
- Der Fettgehalt der Speisen ist sehr hoch.
- Durch das schnelle Essen wird zu viel Energie aufgenommen, da das Sättigungsgefühl erst verzögert eintritt.
- Häufig sind die Portionen zu groß, besonders bei den oft angebotenen Menüs.
- Die Getränke enthalten zu viel Zucker. Der Energiegehalt von 0,5 l Milchshake entspricht fast dem einer Hauptspeise.
- Unregelmäßige Mahlzeiten führen zu Heißhunger, dem folgt zu reichliches Essen.

Eine Fast-Food-Speise muss als Hauptmahlzeit betrachtet werden und nicht nur als Snack zwischendurch.

Slow Food

Slow Food Deutschland e. V. präsentiert sich auf einem Umweltfestival

Slow Food ist ein Verein und eine Bewegung, die in über 160 Ländern engagiert ist. Gegründet wurde sie in Italien als Gegenbewegung zum Erstarken des Fast-Food-Trends. Slow, also langsam, bedeutet, einen bewussten Ernährungs- und Lebensstil zu pflegen. Slow-Food-Anhänger legen großen Wert auf die Geschmacksvielfalt natürlicher, mit Sorgfalt zubereiteter Speisen aus ökologisch und sozial nachhaltiger Herstellung – Lebensmittel sollen gut, sauber und fair sein.

23.8.2 Functional Food

„Funktionelle Lebensmittel“ sind Lebensmittel, die mit Nährstoffergänzungen angereichert wurden und einen gesundheitlichen Zusatznutzen versprechen oder haben können. Dies betrifft z. B. den Gehalt an Vitaminen, Mineralstoffen, sekundären Pflanzenstoffen, Ballaststoffen, Omega-3-Fettsäuren. Werbung zur gesundheitsfördernden Wirkung funktioneller Lebensmittel ist nur nach erfolgreichem Durchlaufen eines Zulassungsverfahrens zulässig (Health-Claim-Verordnung).

Functional-Food-Produkte

Funktionelle Lebensmittel	
Lebensmittelart	**Lebensmittelbeispiele**
Probiotische Lebensmittel (pro = für; bios = Leben)	• Milchprodukte • Fruchtgetränke • Molkenprodukte • Backwaren
Omega-3-Produkte	• Wurst • Backwaren • Brotbackmischungen
Produkte mit sekundären Pflanzenstoffen	• Margarine • Snackriegel • Frucht-/Gemüsesäfte • Fruchtsäfte mit Grüntee
Calcium-angereicherte Produkte	• Säfte • Brot • Müslimischungen
Sonstige Produkte	• ballaststoff-angereicherte Riegel • Produkte mit Kräuterauszügen

Beispiele für Functional-Food-Getränke

- **ACE-Erfrischungsgetränke**
  sollen das Immunsystem stärken. Sie werden aus Orangen- und Möhrensaft hergestellt und mit Vitaminen angereichert: Vitamin A (Vorstufe von Beta-Carotin), Vitamin C und Vitamin E.
- **Wellnessdrinks**
  sollen das Wohlbefinden verbessern. Als Inhaltsstoffe werden Kräuterextrakte wie Hopfen, Melisse und Johanniskraut für eine beruhigende Wirkung oder Ginseng zur Aktivierung hinzugefügt.
- **Sportgetränke**
  sollen die bei sportlichen Aktivitäten auftretenden Nährstoffverluste ausgleichen. Sie enthalten zusätzliche Kohlenhydrate, Vitamine und Mineralstoffe.
- **Energydrinks** sollen schnell die Leistungsfähigkeit steigern. Sie enthalten neben Wasser hauptsächlich Zucker sowie Koffein, Vitamine, Mineralstoffe, Zitronensäure, Geschmacksverstärker.

Functional-Food-Getränke

Fazit

Functional Food ist kein Ersatz für eine ausgewogene Ernährung mit einem hohen Anteil an natürlicherweise gesundheitsfördernden Lebensmitteln wie Gemüse, Obst, Fleisch, Fisch, Milch- und Vollkornprodukten. Bei einer abwechslungsreichen und ausgewogenen Ernährungsweise sind diese „funktionellen Lebensmittel" in der Regel überflüssig.

23.8.3 Novel Food

Als Novel Food werden neuartige Lebensmittel und Lebensmittelzusatzstoffe bezeichnet. Seit 1997 regelt die Novel-Food-Verordnung die Zulassung derartiger Lebensmittel. Die Zulassung wird nur erteilt, wenn die Prüfung ergibt, dass das Produkt gesundheitlich unbedenklich ist. Gemäß der Verordnung sind folgende Lebensmittel zulassungsfähig:

1. Lebensmittel und Lebensmittelzutaten mit neuer oder gezielt modifizierter primärer Molekularstruktur, z. B. Fettersatzstoffe.
2. Lebensmittel und Lebensmittelzutaten, die aus Mikroorganismen, Pilzen oder Algen bestehen oder aus diesen isoliert worden sind.
3. Lebensmittel und Lebensmittelzutaten, die aus Pflanzen bestehen oder aus Pflanzen und Tieren isoliert worden sind.
4. Lebensmittel und Lebensmittelzutaten, bei deren Herstellung ein nicht übliches Verfahren angewandt worden ist und bei denen dieses Verfahren eine bedeutende Veränderung ihrer Zusammensetzung oder der Struktur der Lebensmittel oder der Lebensmittelzutaten bewirkt, die sich auf den Nährwert, den Stoffwechsel oder die Menge unerwünschter Stoffe in den Lebensmitteln auswirkt.

(Auszug aus der Novel-Food-Verordnung)

Novel-Food-Produkt

23.8.4 Weitere Ernährungstrends

Superfood

Es gibt keine einheitliche Definition für den Begriff „Superfood". Im Allgemeinen werden so Lebensmittel, insbesondere Obst und Gemüse, bezeichnet, die aufgrund ihres Nährstoffgehaltes einen höheren gesundheitlichen Nutzen als andere Nahrungsmittel haben. Zu den Superfoods zählen z. B. Chiasamen, Rote Bete, Acai-Beeren und Kakao. Gesundheitsfördernde Eigenschaften der

Acai-Beere

Superfoods sind u.a. mögliche krankheitsvorbeugende Effekte bei Krebs oder Diabetes mellitus.

Wellness Food

Wellness

Wellness steht für ganzheitliches Wohlbefinden, für harmonischen Einklang zwischen Körper, Geist und Seele. Die verwendeten Inhaltsstoffe sollen eine anregende oder entspannende Wirkung auf den Organismus haben. Die Lebensmittelvielfalt soll nicht mit Völlerei gleichgesetzt werden, sondern mit bewusstem Umgang mit Lebensmitteln beim Essen und Trinken.

Ethnic Food

Ethnic Food

Bei diesem Trend handelt es sich um Gerichte, Zutaten, Gewürze, Getränke und Spirituosen aus der Küche fremder Länder. Einst gehörten Pizza, Döner, Gulasch und Soljanka auch dazu, doch inzwischen sind diese Speisen Teil des deutschen Essalltags. Was heute noch neu und exotisch auf den Markt kommt, ist morgen vielleicht schon Standardsortiment. Daher ist der Ethnic-Food-Trend immer in Bewegung und wird vor allem von jüngeren Verbrauchern, die bereit sind auch höhere Preise zu zahlen, gewünscht und genutzt. In diesem Bereich haben Fertigprodukte die größten Wachstumschancen.

Bioprodukte

Lebensmittel aus ökologischem Anbau gibt es nicht mehr nur im Bioladen. Viele Supermarktketten haben inzwischen eigene Bio-Sortimente. Das EU-Bio-Logo auf der Verpackung garantiert dass die Ware nach den Rechtsvorschriften des Ökologischen Landbaus, hergestellt wurde. Bei vorverpackten Biolebensmitteln erkennt der Kunde das an der Deklaration mit dem seit 2012 verpflichtenden EU-Bio-Logo mit dem international standardisierten Kontrollstellencode und der allgemeinen Herkunftsangabe der Zutaten. Das Marken geschützte nationale Bio-Siegel kann wie auch die Zeichen der Ökoverbände zusätz lich verwendet werden.

Gentechnik, mineralischer Dünger oder chemische Pflanzenschutzmittel sind verboten. Außerdem müssen Anforderungen wie artgerechte Tierhaltung, abwechselnde Fruchtfolge im Anbau und Fütterung mit ökologischen Futtermitteln ohne Zusätze von Medikamenten eingehalten werden. Das Allergiepotenzial kann z.B. längerfristig durch die Wieder- und Neuzüchtung alter Fruchtsorten gesenkt werden. Bei biologisch angebautem Obst und Gemüse ist der Gehalt an sekundären Pflanzenstoffen höher und die Belastung durch Umwelteinflüsse und Schadstoffe gering.

DE-ÖKO-000
EU-Landwirtschaft

EU-Bio-Logo

Bio
nach
EG-Öko-Verordnung

Deutsches-Bio-Siegel

Komplexe Aufgabe

Immer mehr Verbraucher achten auf eine gesunde Ernährung. Beim Verkauf von Fleisch sowie Fleisch- und Wurstwaren bietet sich die Möglichkeit, den Kunden zu erklären, dass Fleisch zu einer ausgewogenen Ernährung dazugehört und sich gut für eine Reduktionskost eignet.

a) Stellen Sie positive Argumente zusammen, die für eine ausgewogene Ernährung mit Fleisch sprechen.
b) Bereiten Sie sich auf die Beratung der Kunden im Verkaufsgespräch so vor, dass Sie die Kunden vom Gesundheitswert der Waren überzeugen und dadurch Vertrauen und Kundenbindung festigen.

Aufgaben zur Wiederholung

1. Nennen Sie die Haupternährungsfehler der Bevölkerungen in den westlichen Industrieländern.
2. Erklären Sie die 10 Regeln der DGE zur gesunden Ernährung und ihre Umsetzung im Alltag.
3. Wie sollte die Nahrung nach dem Ernährungskreis der DGE zusammengesetzt sein?
4. Begründen Sie, warum Fleisch als wichtige Nährstoffquelle dient.
5. Geben Sie an, welche Nährstoffe in unseren Lebensmitteln enthalten sind und welche Aufgaben sie erfüllen.
6. Erläutern Sie den Begriff Gesamtenergiebedarf und wovon er abhängt.
7. **a)** Nennen Sie die Maßeinheiten für den Energiegehalt der Nährstoffe.
   b) Wie viel Energie liefern jeweils 1 g Fett, 1 g Kohlenhydrate und 1 g Eiweiß? Geben Sie den Energiegehalt in beiden Maßeinheiten an.
8. Beschreiben Sie die Bildung der Kohlenhydrate.
9. Zählen Sie Beispiele auf für Lebensmittel mit pflanzlichen und mit tierischen Fetten.
10. Welche Fette eignen sich zum Kurzbraten? Begründen Sie Ihre Antwort.
11. Nennen Sie die kleinsten Bausteine der Eiweiße.
12. Beim Kochen verändern sich Eier. Welche Eigenschaft der Eiweiße ist dafür verantwortlich?
13. Formulieren Sie die Aufgaben, die das Wasser im Körper erfüllt.
14. Definieren Sie den Begriff „Wasseraktivität“.
15. Geben Sie besonders vitaminschonende Garverfahren an.
16. Beschreiben Sie die Stufen des menschlichen Stoffwechsels.
17. Nennen Sie Ursachen und Folgen von Übergewicht.
18. Fassen Sie die Kritikpunkte an einer Ernährung zusammen, die hauptsächlich aus Fast Food besteht.
19. Informieren Sie sich im Internet über aktuelle Ernährungstrends.

5

Ausgewählte Fachrechenaufgaben

1. Ein mageres Schnitzel enthält 20 % Eiweiß und 3% Fett. Eine Kundin kauft 8 Stück mit einem Gesamtgewicht von 1680 g. Wie viel Energie enthalten die Schnitzel? Berechnen Sie den Gehalt in kJ und kcal.
2. **a)** Berechnen Sie Ihren persönlichen Gesamtenergiebedarf.
   b) Wie viel g der einzelnen Nährstoffe sollten Sie zu sich nehmen, wenn der Energiebedarf zu 55 % aus Kohlenhydraten, 15 % aus Eiweiß und 30 % aus Fett gedeckt werden soll.

24 Technologische Bedeutung von Fleisch

FLEISCHEREI nusse

Einer der Höhepunkte in der Fleischerausbildung ist für Lena die Mitarbeit beim Kuttern von Brühwurst gewesen.
Sie fragt Sabrina und Björn nach dem „zentralen Merksatz der Brühwursttechnologie".
Wie aus einem Mund kommt die Antwort: „Bei der Brühwurstherstellung geht es um das Inlösungbringen von Eiweiß".
Lena: „Na, das kam ja wie aus der Pistole geschossen, aber wisst ihr auch, was sich genau dahinter verbirgt?"

5

24.1 Technologische Bedeutung der Kohlenhydrate

Fleisch enthält kaum Kohlenhydrate (▸ S. 207 ff.). Die im Fleisch enthaltenen Spuren beeinflussen jedoch die Qualität des Fleisches: Der Glykogengehalt in der Muskulatur hat Einfluss auf die Fleischreifung und ist mitbestimmend für den Geschmack des Fleisches.

Kohlenhydrate werden bei der Fleischverarbeitung als sogenannte **Hilfsstoffe** zugesetzt:

- Stärke bindet Wasser, quillt auf (z. B. in Form von Semmelbröseln bei Frikadellen, Buchweizenmehl oder Grütze bei bestimmten Kochwürsten)
- Umrötungshilfsstoffe mit Einfach- und Doppelzuckern
- Bräunungshilfe beim Braten, Zusatz zu Bratwürsten, um ihnen eine appetitliche Farbe zu verleihen
- Reife- und Schnellreifemittel bei der Rohwurstreifung

Deutsches Edelschwein; festerer Speck

Schwäbisch-hallisches Schwein; weicherer Speck

24.2 Technologische Bedeutung von Fett

Die einzelnen Fleischteile enthalten unterschiedlich viel Fett (▸ S. 210 ff.). Im Muskelfleisch kann der Fettanteil bis zu 10 % betragen. Das Fett auf Kamm, Kotelett, Schinken, Bauch, Bauchhöhle und Niere ist **Depotfett**.

Vielfach wird Schweinefleisch von Verbrauchern als „fett" angesehen, obwohl heutige Schweinerassen einen vergleichsweise geringen Fettanteil besitzen. Magere Teilstücke des Schweins enthalten unter 2 % Fett und liegen damit im gleichen Bereich wie mageres Geflügel.

Fettgewebe im Muskelfleisch macht das Fleisch zart, saftig und aromatisch. Fettarmes Muskelfleisch trocknet leicht aus und ist weniger geschmacksintensiv.

Die **Fettqualität** wird maßgeblich durch die Fettsäurezusammensetzung (gesättigt, ungesättigt) bestimmt; diese wiederum wird von der Tierart, dem Alter des Tieres und dem Tierfutter beeinflusst. *Beispiele:* Fischmehl verursacht tranigen Geschmack, Kartoffeln sorgen für weißen, kernigen Speck, Getreide und Mais machen das Fett weich und gelblich.

Fett ist nicht nur wichtig als Geschmacks- und Aromaträger, sondern hat auch technologische Bedeutung:

Die **Beschaffenheit** (Struktur, Festigkeit, Geschmack) und die technologische Verwendungsmöglichkeit von Fetten sind unterschiedlich in Abhängigkeit
- von der Tierart,
- von der Lage im Tierkörper.

Die **Festigkeit** des Fettgewebes hängt ab
- vom Gehalt an ungesättigten Fettsäuren,
- von der Struktur des umhüllenden Bindegewebes.

Schweine resorbieren Fett so, wie es im Tierfutter vorliegt. Wenn Schweinefutter einen hohen Anteil an ungesättigten Fettsäuren enthält (z. B. Getreide), bilden sie ein weiches Fettgewebe.

Rinder und Schafe können mithilfe der Darmflora ungesättigte in gesättigte Fettsäuren umwandeln und bilden so ein festeres Fettgewebe.

Bauchfett (vor allem Wammen) sorgt für Streichfähigkeit der Leberwurst und Streichmettwurst. Das kernige **Kamm- und Backenfett** wird für Brühwurst, **Rückenfett** für schnittfeste Rohwurst verwendet. **Talg** wird fast ausschließlich als technisches Fett verwendet, es ist schwer verdaulich und hat einen Schmelzpunkt von über 40 °C.

Eiweiß (► S. 213 ff.) kann als Emulgator für Fette dienen. Dabei wird an die lipophile (Fett liebende) Seite der Aminosäurekette des Eiweißes das Fett und an die hydrophile (Wasser liebende) Seite das Wasser angelagert. Fette werden so mit Wasser emulgiert.

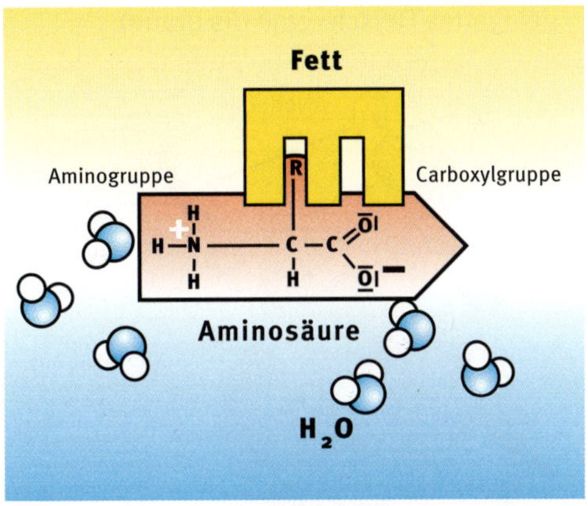

Eiweiß als Emulgator für Fett

Fettart Fachbezeichnung	**Gehalt an Ölsäure**	**Gesamtgehalt an ungesättigten Fettsäuren**	**Technologische Verwendung**
Rind			
Innentalg Eingeweidefett, Nierenfett (Talg)	32 %	46 %	als Industriefett, zum Teil exportiert (z. B. nach England für Plumpudding)
Äußerer Talg Brustfett, Schliemfett (Grifffett beim Bauchlappen)	39 %	46 %	z. B. Grifffett für Rindersalami und ähnliche Produkte
Inter- und intramuskuläres Fett „Fettadern", Marmorierung (z. B. beim Rib-Eye-Steak)			
Schwein			
Innenfett Mickerfett, Flomen	39 %	57 %	Flomen (Depotfett) zur Herstellung von Schmalz
Äußeres Fett Schinkenfett, Schulterfett, Rückenspeck, Nackenpeck, Backenspeck	45 %	57 %	• Schinkenfett (weich) und Schulterfett (etwas fester) für Kochwurst, Mettenden, auch Brühwurst • Rückenspeck (mittelfest) für Rohwurst, Blutwurst, auch Brühwurst • Nackenspeck (fest durch umhüllendes Bindegewebe) für Brühwurst • Backenspeck (fest), vor allem für Brühwurst
Inter- und intramuskuläres Fett „Fettadern", Marmorierung (z. B. beim Nacken); Bauchspeck, Backenspeck			• Bauchspeck (weich), für Streichmettwurst, Leberwurst • Backenspeck (fest), vor allem für Brühwurst

24.3 Technologische Bedeutung von Eiweiß

Myoglobin ist für den Sauerstofftransport im Muskel verantwortlich und verleiht dem Muskelgewebe die rote Farbe.

Die **Farbe** von Fleisch und Fleischerzeugnissen beeinflusst das Kaufverhalten der Kunden ganz wesentlich. Sie ist abhängig vom Zustand des Myoglobins, nämlich

- von der Art des Gases, das an das Myoglobin angelagert ist,
- von der Menge des angelagerten Gases (z. B. Sauerstoff),
- vom Frischezustand (schlachtfrisches Fleisch: kirschrot; gegartes, gesalzenes, gelagertes Fleisch: grau bis braun).

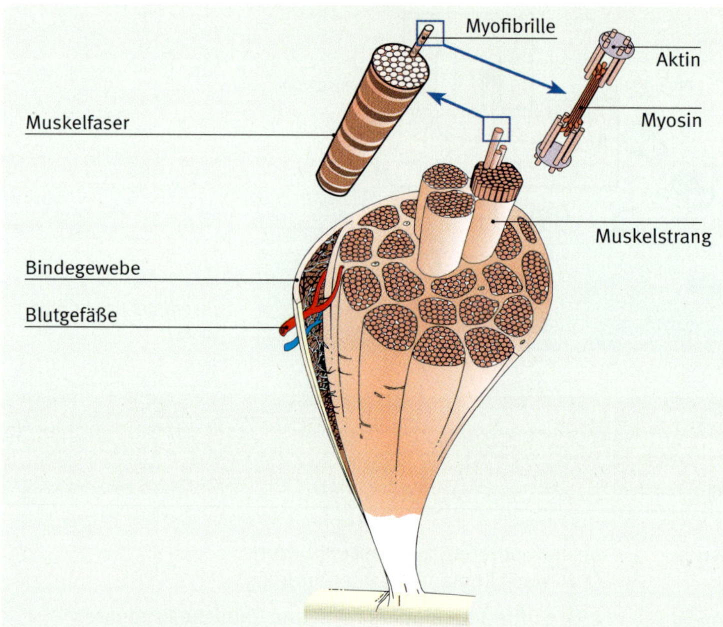

Aufbau des Muskelfleisches

Aufbau des Muskelfleisches

Muskelfleisch besteht aus einzelnen Muskelsträngen, die jeweils von Bindegewebe umhüllt sind. Jeder Muskelstrang besteht aus einzelnen Muskelfasern, die ebenfalls von Bindegewebe umgeben sind. Die Muskelfasern wiederum bestehen aus den Myofibrillen, zusammengesetzt aus Aktin und Myosin.

Die löslichen globulären Proteine befinden sich im Fleischsaft zwischen den Muskelfasern.

Nach dem **Gehalt an Bindegewebe** wird das Fleischeiweiß unterteilt in:

- Muskeleiweiß (gelöstes Eiweiß, also globuläres Eiweiß, und Struktureiweiß, also wasserunlösliches fibrilläres Eiweiß)
- Bindegewebseiweiß (kollagenes Eiweiß)

Das **Muskeleiweiß** wird auch als bindegewebseiweißfreies Fleischeiweiß (BEFFE) bezeichnet. Das Struktureiweiß ist wasserunlöslich, vermag aber Wasser zu binden und ist für die Herstellung von Brühwurst wichtig.

Kollagenes Eiweiß ist in Haut, Schwarte, Speck, Bindegewebe, Knochen und Knorpel enthalten. In heißem Wasser klebt es und quillt auf; beim Erkalten erstarrt es zu einer Gallerte. In feuchter Hitze vermag es Wasser zu binden und Fette zu stabilisieren (festigen). Verwendung findet kollagenes Eiweiß zum Beispiel für Blutwurst, Leberwurst und Brühwurst; kollagenes Eiweiß von Schwarten

Einteilung der Proteine nach der Struktur		
Struktur	**Beispiele, Vorkommen**	**Löslichkeit**
Fibrilläre Proteine (Faserproteine)	• im Muskel (myofibrilläre Proteine, Myo- = Muskel-): **Aktin** und **Myosin** • **Kollagene** = Bindegewebseiweiße (bauen Bindegewebe auf; kommen in Schwarten, Speck, Knorpeln und Knochen vor) • **Elastine** (in Sehnen und Bändern) • **Keratine** (bauen Haare, Nägel, Hufe, Federn auf)	in reinem Wasser, zum Teil auch in Salzlösungen, unlöslich
Globuläre Proteine (kugelförmige)	in Zellsäften, Blut, Milch, Eiklar • Albumine (im Fleischsaft) • Globuline (im Fleischsaft) • Myogen (im Fleischsaft) • Hämoglobin (in Blut) • Myoglobin (im Muskel)	in reinem Wasser und/oder in Salzlösungen löslich • **Albumine** in reinem Wasser und in verdünnten Salzlösungen löslich • **Globuline** in reinem Wasser unlöslich, jedoch in verdünnten Salzlösungen löslich

Zusammensetzung von Eiweiß in Magerfleisch					
	Eiweißstruktur	**Anteil**	**Vorkommen**	**Löslichkeit**	**Technologische Bedeutung**
Myosin	fibrillär	ca. 30%	Muskelfasern	löslich in Salzwasser, stark quellbar	• bei Brühwurst maßgebend für das Wasserbindevermögen • stabilisiert Fett (Bindung) bei Brühwurst und Leberwurst
Aktin	fibrillär	ca. 22%	Muskelfasern	löslich in Salzwasser	• übernimmt eine „Kittfunktion" (Klebeeigenschaft) bei Rohwurst
Globuline, Myogen	globulär	ca. 33%	Fleischsaft (Zellzwischenräume)	löslich in verdünnter Salzlösung, Wasser bindend, quellbar	• stabilisiert Fett (Bindung) bei Brühwurst und Leberwurst • übernimmt eine „Kittfunktion" (Klebeeigenschaft) bei Rohwurst
Albumine	globulär		Fleischsaft	löslich in Wasser, Wasser bindend	• für Fleischbrühe
Kollagen, Elastin	fibrillär	ca. 15%	Muskelumhüllung, Sehnen, Bänder	unlöslich, in heißem angesäuertem Wasser löslich, Wasser bindend, quellbar	• wichtig für Fleischreifung • Beizen von Sauerbraten • Gelbildung bei Sülze, Aspik

und Bindegewebe bei der Sülz- und Aspikherstellung.

Rohes Magerfleisch enthält 21 bis 22% Eiweiß. Die Tabelle zeigt die Zusammensetzung dieses Eiweißanteils und die technologische Bedeutung der verschiedenen Eiweiße.
Alle Fleischeiweiße können als Emulgator für Fett dienen (▸ S. 235).

Aktin und **Myosin** bilden unter bestimmten Voraussetzungen Aktomyosin. Dies hat bei der Fleischreifung eine große Bedeutung. Bei der Brühwurstherstellung muss Actomyosin in Aktin und Myosin aufgespalten werden. Das wird bewirkt durch

- die starke Zerkleinerung im Kutter (Zellaufschluss),
- das Kochsalz,
- die Kutterhilfsmittel.

24.4 Technologische Bedeutung von Wasser

Wasser ist der gewichts- und mengenmäßig vorwiegende Bestandteil des Fleisches. Frisches Fleisch enthält 50 bis 75 % Wasser, sein a_w-Wert beträgt 0,99.
Bei der Fleischverarbeitung wird zwischen dem freien, immobilisierten (eingeschlossenen) und gebundenen Wasser unterschieden (▸ S. 216).

Wasser dient

- als Lösungs- und Quellungsmittel für Eiweiße bei der Brühwurstherstellung,
- als Quellmittel bei der Herstellung von Gallerten.
- als Bestandteil der Lake zum Pökeln
- als Kühlungsmittel bei Brühwurst in Form von Eis

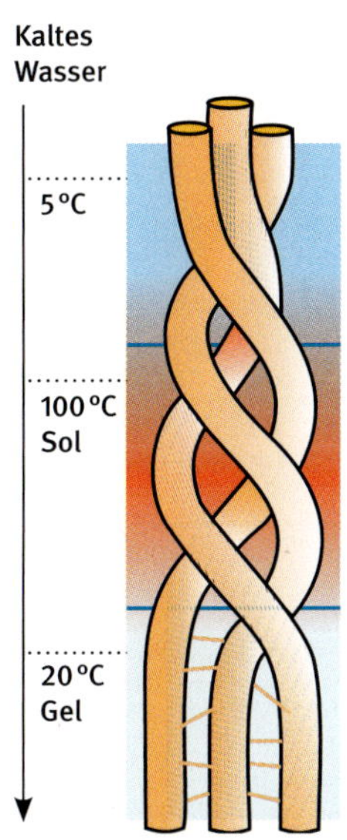

Gelbildung von Kollagen

Komplexe Aufgabe

Zerkleinern Sie 50 g mageres Rindfleisch (Beefsteakhack) sehr fein. Nehmen Sie sich jetzt jeweils 20 g Beefsteakhack und zwei 200-ml-Bechergläser zur Hand. Die eine Beefsteakhackprobe vermischen Sie intensiv mit 1 g Kochsalz. Geben Sie jeweils die Beefsteakhackproben in ein Becherglas, füllen Sie diese jeweils mit 100 ml kaltem Wasser auf und verrühren Sie alles gut miteinander. Erhitzen Sie beide Bechergläser langsam und vorsichtig über einem Bunsenbrenner. Nachdem Sie eine Temperatur von ca. 80 °C erreicht haben, nehmen Sie beide Bechergläser und vergleichen die Ergebnisse. Beschreiben Sie die Ergebnisse und ziehen Sie daraus Ihre Rückschlüsse für die Brühwursttechnologie.

Aufgaben zur Wiederholung

1. Wo und in welchen Mengen kommen Kohlenhydrate im Fleisch vor und welchen Einfluss üben sie auf das Fleisch aus?
2. Wovon hängt die Beschaffenheit der tierischen Fette ab?
3. Welche Fettarten werden beim Schwein unterschieden und wie wirken sich die Unterschiede technologisch aus?
4. Beschreiben Sie das Vorkommen und die Löslichkeit von fibrillären (faserförmigen) und globulären (kugelförmigen) Proteinen.
5. Erläutern Sie den Aufbau des Muskelfleisches vom Aktin und Myosin bis zum Muskelstrang.
6. Unterscheiden Sie Muskeleiweiß und kollagenes Eiweiß im Hinblick auf die technologische Bedeutung bei der Wurstproduktion.
7. Beschreiben Sie die Wirkungsweise des Eiweißes als Emulgator für Fette.

Ausgewählte Fachrechenaufgabe

Eine Schweinehälfte wiegt 42 kg. Sie enthält 65 % Wasser, 15 % Eiweiß, 14 % Fett, 4 % Mineralstoffe und 1 % Kohlenhydrate sowie Spurenelemente.

a) Berechnen Sie jeweils die Gewichtsanteile in kg.
b) Wie schwer war das lebende Tier, wenn das Warmschlachtgewicht 80 % betrug?

25 Verkaufgespräche und Werbung

Die beiden großen Discounter im nahe gelegenen Einkaufszentrum nehmen abgepacktes, begastes Frischfleisch in ihr Sortiment auf. Glücklich ist der Seniorchef nicht darüber, dass zwei weitere Mitbewerber in seiner Nähe sind.
Deshalb fordert er das Verkaufspersonal zu noch mehr Aufmerksamkeit und Freundlichkeit im Umgang mit den Kunden auf.

Außerdem kommt die Werbung der Fleischerei auf den Prüfstand. In einer Zusammenkunft der Handwerksmeister der Fleischerinnung wird über die Art und Weise künftiger Werbung diskutiert. Geht es doch darum, möglichst keine Stammkunden zu verlieren!

25.1 Miteinander kommunizieren

25.1.1 Verbale und nonverbale Kommunikation

Kommunikation zwischen Kunde und Verkaufspersonal

Schon wenn ein Kunde das Geschäft betritt, findet Kommunikation statt. Doch was heißt „Kommunikation"?

Kommunikation ist eine Notwendigkeit menschlichen Lebens. Sie beinhaltet den Informationsaustausch zwischen mindestens zwei Personen. Bei der Kommunikation werden Botschaften zwischen Sender und Empfänger ausgetauscht. Sender und Empfänger sind in unserem Fall das Verkaufspersonal und die Kundschaft bzw. umgekehrt.

Niemand kann alleine kommunizieren!
Niemand kann nicht kommunizieren!

Man unterscheidet zwei Arten der Kommunikation, die „verbale" und die „nonverbale".

Verbale Kommunikation

Sprache
Die verbale Kommunikation erfolgt über das **gesprochene oder geschriebene Wort**. Hierbei „verschlüsselt" der Sender seine Botschaft mittels Sprache und verschickt diese. Der Empfänger „entschlüsselt" die Botschaft, wertet die darin enthaltenen Informationen aus und erteilt eine Rückmeldung.

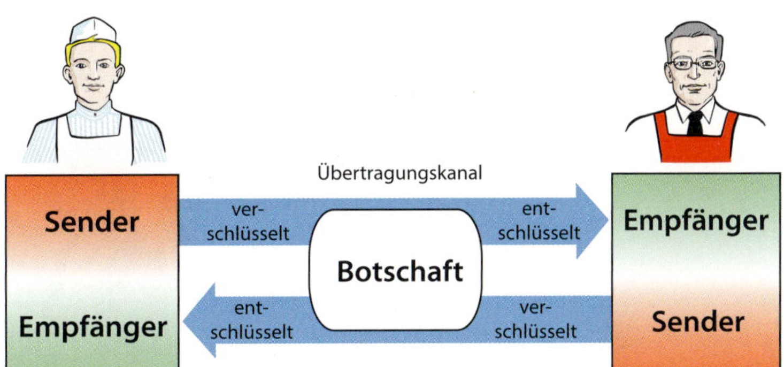

Kommunikation zwischen Sender und Empfänger

Bei der verbalen Kommunikation müssen einige Gesichtspunkte beachtet werden, um Missverständnisse und Missdeutungen gering zu halten. Hier werden drei Phasen einer verbalen gegenseitigen Kommunikation beschrieben:

(1) Äußerung der Mitteilung

Als Verkaufspersonal müssen wir darauf achten, dass der Kunde auch tatsächlich hört, was wir ihm mitteilen möchten.

Beachte:

Gesagt ... **ist noch nicht ...** **gehört.**

Verkäuferin sagt:

„Können es 80 g mehr sein?"

Kundin antwortet:

„Was haben Sie gesagt? Ich habe Sie leider nicht verstanden."

(2) Der Gesprächspartner vernimmt die Mitteilung

Hier muss das Verkaufspersonal darauf achten, ob der Kunde verstanden hat, was wir ihm mitteilen wollten.

Beachte:

Gesagt ... **ist noch nicht ...** **verstanden.**

Kundin hat gehört:

„Können die 80 g mehr bleiben?"

Kundin überlegt:

„Wieso möchte man mir mehr verkaufen?"

(3) Bewertung der Mitteilung

Der Kunde hat gehört und verstanden, was wir ihm mitteilen wollten.
Das bedeutet jedoch nicht, dass er dem Gesagten auch zustimmt.
Er kann durch Nicken oder eine andere Rückmeldung antworten.

Beachte:

Verstanden ... **ist noch nicht ...** **einverstanden.**

Kundin denkt:

„Die Verkäuferin möchte mir mehr verkaufen."

Kundin antwortet:

„Nein danke, das ist mir zu viel."

5

Schrift

Die Schrift ist eine der wichtigsten Errungenschaften der Zivilisation, da sie die Überlieferung von Wissen und kultureller Tradition erlaubt. Die Beherrschung des Schreibens und Lesens von Schriftzeichen ist für die Arbeit des Verkaufspersonals sehr wichtig.

Die Schrift hat im Geschäftsleben folgende Funktionen:

- **aufklärende**, z. B. werden die Preise von Produkten auf Preisschilder geschrieben
- **erklärende**, z. B. werden auf Handzetteln Verwendungsmöglichkeiten verschiedener Produkte dargestellt
- **werbende**, z. B. werden durch Aufsteller oder Plakate bestimmte Produkte beworben
- **repräsentative**, z. B. wenn der Firmenname auf das Verpackungsmaterial gedruckt ist

Funktion von Schrift in der Werbung

Bei der Kommunikation wird nur ein kleiner Teil der Informationen – ca. 20 % – durch Sprache und Schrift übermittelt. Der weitaus größte Teil wird nonverbal gesendet und aufgenommen.

Nonverbale Kommunikation

Die nonverbale Kommunikation (Verständigung ohne Worte) ist der **nichtsprachliche Teil** der zwischenmenschlichen Kommunikation. Sie kann absichtlich, unbeabsichtigt oder unbewusst erfolgen.

Für das Verkaufspersonal ist es notwendig, sich mit Wesen und Inhalt der nonverbalen Kommunikation und den daraus resultierenden Elementen der **Körpersprache** stärker auseinanderzusetzen.

Dazu gehören:

- Blickverhalten
- Mimik (Mienenspiel)
- Körperhaltung
- Gestik
- Körperbewegung
- Tonfall/Stimme

Mimik

Die Gesichtsbewegungen sind ein sehr ausdrucksstarkes Element der Körpersprache. So können Gefühlszustände ausgedrückt und dem Gegenüber verdeutlicht werden, welche Einstellung man zu ihm hat.

Die Mimik stellt eine fortwährende Rückmeldung zum gesprochenen Wort dar. Man erkennt am Mienenspiel, ob der verbale Teil verstanden wurde und ob die Gegenseite zustimmt oder ablehnt.

Beispielsweise lassen sich folgende Rückschlüsse ziehen:

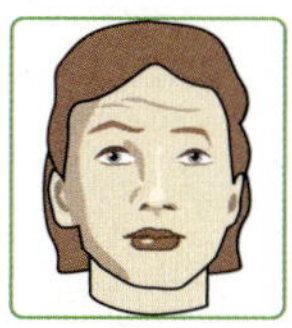

- **Stirn runzeln**
  ➔ *„Das Gesagte hat mich nicht überzeugt ...“*

- **Mundwinkel verziehen**
  ➔ *„Das ist doch lächerlich; solch ein Unfug.“*

- **Augenbrauen zusammenziehen**
  ➔ *„Ob das alles so stimmt ...?“*

- **Lächeln**
  ➔ *„Das gefällt mir.“*

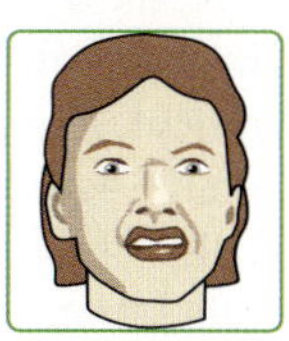

- **Nase rümpfen**
  ➔ *„Das ist ja eklig.“*

Körperhaltung

Die Körperhaltung ist Ausdruck des Zusammenspiels von Muskeln, Bändern und Knochen. Aus der Körperhaltung und den Gesten des Kunden kann das Verkaufspersonal Rückschlüsse ziehen, mit welcher persönlichen Befindlichkeit der Kunde in das Geschäft gekommen ist, beispielsweise:

Körperhaltung:

- **aufrecht, offen**
  ➔ positive Einstellung

- **leicht gebeugt**
  ➔ in sich gekehrt

- **vorgeneigter Oberkörper**
  ➔ Aufmerksamkeit, Teilnahmebereitschaft

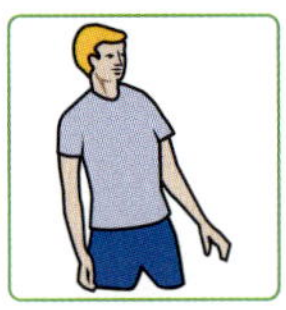

- **demonstratives Zurücklehnen**
  ➔ Desinteresse, Ablehnung

Arme:

- **verschränkt**
  ➔ unsicheres Auftreten, Abgrenzung

- **Hände hinter dem Rücken**
  ➔ Zurückhaltung

Gestik

Die Bewegungen von Armen und Beinen sowie des Kopfes werden zur Untermalung des verbalen Inhalts angewandt. Die Gestik wird umso eindringlicher, je stärker das gesprochene Wort die Gefühlsebene anspricht. Aber auch wenn uns für einen bestimmten Gegenstand oder für eine Situation nicht die richtige Beschreibung einfällt, werden für die Darstellung Hände und Arme eingesetzt.

Die Gestik lässt sich nur bedingt kontrollieren, somit werden häufig unbewusst Gefühlszustände ausgedrückt. Bestimmte Gesten lassen konkrete Rückschlüsse zu, beispielsweise:

- **Hände in die Hüfte stemmen**
  ➔ Erregung
- **Sich die Hände reiben**
  ➔ Zufriedenheit
- **Mit den Fingern trommeln**
  ➔ Unsicherheit, Nervosität
- **Fingerspiele**
  ➔ Nervosität
- **Hochziehen der Schultern**
  ➔ Hilflosigkeit

Tonfall

„Der Ton macht die Musik." Der Tonfall ermöglicht die Interpretation des gesprochenen Wortes und dessen Aussage. So wird der Unterschied zwischen einem Befehl und einer Frage durch die Stimmmodulation angezeigt. Eine unangebrachte Betonung eines sonst inhaltlich harmlosen Satzes, vielleicht noch in Verbindung mit anderen körpersprachlichen Signalen, kann diesen so entstellen, dass er missverstanden wird und zu falschen Deutungen führt.

Für das Verkaufspersonal ist es wichtig, sich auf den Inhalt des gesprochenen Wortes zu konzentrieren, um daraus die notwendigen Entscheidungen für den weiteren Verlauf des Verkaufsvorgangs zu fällen.

25.1.2 Kommunikation im Modell

Weil es immer wieder zu Missverständnissen kommt, wenn Menschen miteinander kommunizieren, wurden Modelle entwickelt, um die Mechanismen zu verdeutlichen, die zu diesen Missverständnissen führen.

Eines dieser Modelle stammt von **Friedemann Schulz von Thun** und ist als „Kommunikationsquadrat" oder **„Vier-Ohren-Modell"** bekannt geworden.

Man geht davon aus, dass jede **Botschaft** von vier Seiten wahrgenommen werden kann (bzw. mit vier unterschiedlichen Ohren gehört wird).

Vier-Ohren-Modell
- **Sachinhalt:** der reine Informationsaustausch zwischen den Gesprächsteilnehmern
- **Appell:** das, wozu sich die Gesprächsteilnehmer gegenseitig veranlassen oder bewegen möchten
- **Beziehung:** wie die Gesprächsteilnehmer zueinander stehen
- **Selbstoffenbarung:** das, was die Gesprächsteilnehmer unbewusst von sich preisgeben

Da **Kommunikation** ein wechselseitiger Prozess ist, kann man nicht nur von vier verschiedenen Seiten senden, sondern auch auf vier Seiten oder Ohren empfangen und verstehen. In jedem Gespräch sind die vier Seiten mehr oder weniger stark ausgeprägt. Missverständnisse und Konflikte können entstehen, wenn Gesprächsteilnehmer extrem stark von einer Seite „senden" oder der Gesprächspartner nur „auf einem Ohr hört".

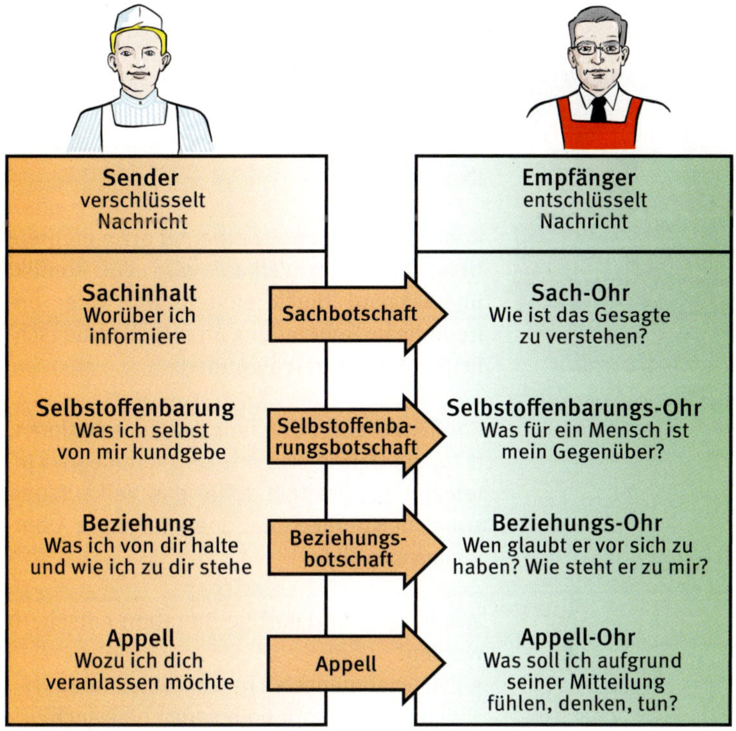

Beispiel:

Ein Kunde lässt sich verschiedene Produkte aus der Wursttheke zeigen. Er kann sich nicht entscheiden, da kein Produkt seinen Vorstellungen entspricht. Das Verkaufsgespräch zieht sich in die Länge. Die Verkäuferin sagt in einem ungeduldigen Tonfall zum Kunden: „Bitte entscheiden Sie sich jetzt, ich habe noch mehr Kunden zu bedienen."

Botschaft/Sender:	Ohren des Empfängers:
Sachinhalt	
(Was ist die Aussage?) *„Es stehen noch wartende Kunden im Geschäft."*	
Appell	
(Was soll der Empfänger tun?) *„Jetzt entscheide dich mal."*	(Was will der Sender von mir?) *„Ich soll mich beeilen."*
Beziehung	
(Was hält der Sender vom Empfänger?) *„Der kann sich nicht entscheiden."*	(Was hält der Empfänger vom Sender?) *„Die ist aber pampig."*
Selbstoffenbarung	
(Was gibt der Sender von sich preis?) *„Ich bin ungeduldig und im Stress."*	(Wie wirkt der Sender beim Empfänger?) *„Die nimmt mich als Kunden nicht ernst."*

Konflikte müssen nicht im Streit enden

25.1.3 Konfliktgespräche führen

Konflikt *(lat. confligere = aneinandergeraten, kämpfen)* bezeichnet das Aufeinandertreffen gegensätzlicher Vorstellungen oder Handlungen.

Konflikte haben meist eine, oft auch mehrere Ursachen. Beim Verkauf wird ein Konflikt überwiegend durch eine unfaire oder unfreundliche Behandlung im zwischenmenschlichen Bereich hervorgerufen.

Konflikte haben die Tendenz zu **eskalieren,** d. h., sie weiten sich aus und nehmen an Intensität zu. Deshalb sollte das Verkaufspersonal in Konfliktsituationen folgende Überlegung anstellen:

Wie kann eine derartige Situation entschärft werden?

- Zwischenmenschliche Konflikte haben neben der emotionalen auch eine sachliche Seite.
- Wird ein Konflikt verstärkt versachlicht, vermindert sich oft die gefühlsmäßige Komponente.
- Trägt mein Verhalten evtl. zur Verschärfung oder zur Lösung des anstehenden Konflikts bei?
- Gleiches nicht mit Gleichem vergelten, auch bei einem verbalen persönlichen Angriff nach Möglichkeit Fassung bewahren.
- Der Konfliktanlass kann in der Auseinandersetzung zum eigentlichen Thema werden: „Ich glaube, Sie sind zu Recht empört über mein Verhalten, ...“
- Missverständnisse, die Anlass für Konflikte sind, können deutlich gemacht werden, wenn das Verkaufspersonal die Worte des Kunden aufgreift und wiederholt: „Geh ich recht in der Annahme, dass Sie ...“
- Neben der verbalen Aufarbeitung derartiger Konflikte ist die nonverbale Komponente nicht zu vernachlässigen. Zu den nonverbalen Akzenten gehören die Körpersprache und Mimik. Kopfnicken und freundliches Mienenspiel der Gesichtszüge können zur sachlichen Lösung anstehender Konflikte beitragen.

25.2 Grundlagen des Verkaufsgesprächs

25.2.1 Der Verkaufsvorgang

Der Verkaufsvorgang gliedert sich in mehrere Abschnitte.

Begrüßung
Mit dem Eintreten des Kunden in das Geschäft muss sich das Verkaufspersonal diesem mit der vollen **Aufmerksamkeit** zuwenden und ihm signalisieren, dass er sofort bedient werden kann. Auch bei laufendem Verkaufsvorgang sollte das durch einen kurzen Gruß geschehen.

Auf keinen Fall dürfen eintretende Kunden flüchtig gegrüßt oder gar ignoriert werden.

Ist der Kunde namentlich bekannt, so sollte er mit seinem **Namen begrüßt** werden. Ein Titel wie „Herr Doktor ...“ oder „Frau Doktor ...“ sollte nur dann genannt werden, wenn dies vom Kunden gewünscht wird.

Falsch ist die Anrede mit einem Titel, den nur der Partner der betreffenden Person hat, so z. B., wenn der Mann einen Doktortitel besitzt und die Frau mit „Frau Doktor ...“ angesprochen wird.

Den Kundenwunsch ermitteln
Der Großteil der Kunden kommt mit klaren Kaufvorstellungen in das Fachgeschäft. Durch eine anregende Frage – „Was darf ich Ihnen anbieten?“ – wird dem Kunden die Bereitschaft der Verkäuferin, ihn zu bedienen, signalisiert. Hierbei sollte auf bestimmte Einstiegsfragen verzichtet werden, z. B. „Soll's was sein?“, denn genauso gut könnte man auch fragen: „Warum sind Sie in unser Geschäft gekommen?“ Dass der Kunde etwas möchte, hat er bereits mit dem Betreten des Geschäfts bestätigt.

Ware empfehlen
Bei der Warenempfehlung bzw. -anbietung ist es wichtig zu wissen, welchen Typ der Kunde oder die Kundin verkörpert. Daraus ergibt sich die Strategie des Verkaufsgesprächs.

Das Verkaufspersonal hat jetzt die Möglichkeit, einerseits die Kaufentscheidung positiv zu beeinflussen und andererseits die Leistungsfähigkeit des Geschäfts zu demonstrieren. Sofern die Verbrauchergewohnheiten des Kunden nicht genau bekannt sind, sollte zunächst das Sortiment der mittleren Qualität angeboten werden.

Die Sortenanzahl sollte angemessen sein:

- Zu viel Ware könnte dem Kunden die Wahl erschweren.
- Bei einer zu geringen Auswahl könnte die Leistungsfähigkeit der Fleischerei und des Verkaufspersonals angezweifelt werden.
- Zum Anpreisen und Zeigen des Sortiments werden Fleisch- und Wurstgabeln verwendet. Lediglich sehr große Fleischstücke dürfen mit der Hand gegriffen werden.

Kunden beraten

Die Kundenberatung ist dann von großer Bedeutung, wenn der Kaufwunsch nicht ganz eindeutig ist oder noch keine konkrete Entscheidung getroffen wurde. Dabei werden durch Worte und Argumente die Vorzüge der Ware deutlich gemacht.

Das setzt grundlegende Kenntnisse des Verkaufspersonals über die Produkte voraus, die gezielt eingesetzt werden müssen,
z. B. über die

- Zusammensetzung der Ware (Einsatzmaterialien, Gewürze und Zusatzstoffe).
- Herkunft der Ware. Positiv wird die Herkunft aus ökologisch orientierten Erzeugerbetrieben von den Verbrauchern aufgenommen. Dabei sind die entsprechenden Güte- und Markenzeichen (► S. 98) deutlich im Geschäft sichtbar zu machen und durch mündliche Erläuterungen noch stärker hervorzuheben.
- Verwendungsmöglichkeiten der Ware. Viele Kunden sind dankbar für Zubereitungs- oder Verzehrempfehlungen, die Abwechslung in ihre Verzehrgewohnheiten bringen. Hierbei geht der Trend zur Zeit in die Richtung der küchenfertigen Gerichte – möglichst ohne Fett.

Im Verkaufsgespräch kann das Personal den Kunden deutlich machen, dass es auf der einen Seite kein Fleisch ohne Fett gibt und dieses auf der anderen Seite nötig ist, um zum Beispiel die fettlöslichen Vitamine nutzen zu können.

Die Beratung darf jedoch nicht in eine Belehrung ausarten, denn hier fühlt sich der Kunde häufig brüskiert. Genauso unangemessen sind Argumente, bei denen er das Gefühl hat, ihm sei eine Ware „angedreht“ worden. Die Folge ist häufig, dass solche Kunden künftig für das Geschäft verloren sind.

Zusatzverkäufe

Zusatzverkauf bedeutet, den Kunden über ihre Kaufvorstellung hinaus ein ergänzendes Angebot zu machen.

Derartige Verkäufe ergeben einen höheren Umsatz und stellen außerdem eine Serviceleistung der Fleischerei dar. Häufig erspart man den Kunden dadurch zusätzliche Wege zu anderen Verkaufseinrichtungen.

Der Trend zu küchenfertigen Erzeugnissen – Convenience-Produkten – gewinnt immer mehr an Bedeutung. Durch moderne Herstellungsmethoden werden auch in solchen Erzeugnissen die ernährungsphysiologisch wichtigen Nährstoffe erhalten.
Fleischereien bieten ihren Kunden solche vorgefertigten Produkte an und kommen damit deren Bedürfnis nach bequemer Zubereitung entgegen.

Durch Zusatzverkäufe werden die Gerichte komplettiert und somit wird alles „aus einer Hand“ angeboten. Kauft ein Kunde z. B. ein von der Fleischerei hergestelltes paniertes Schnitzel, wird ihm dazu Kartoffelsalat und mariniertes Gemüse angeboten; auch Getränke sind vorstellbar.

Die Ware abwiegen

Die Gewichtsanzeige der Waage muss für die Käufer sichtbar sein, damit sie sich von der Richtigkeit des Eingewogenen überzeugen können. Auf gar keinen Fall darf das Anzeigedisplay durch Werbeträger oder Ähnliches zugestellt sein, da sonst häufig an der Richtigkeit des Wiegevorgangs gezweifelt wird.

Ware empfehlen

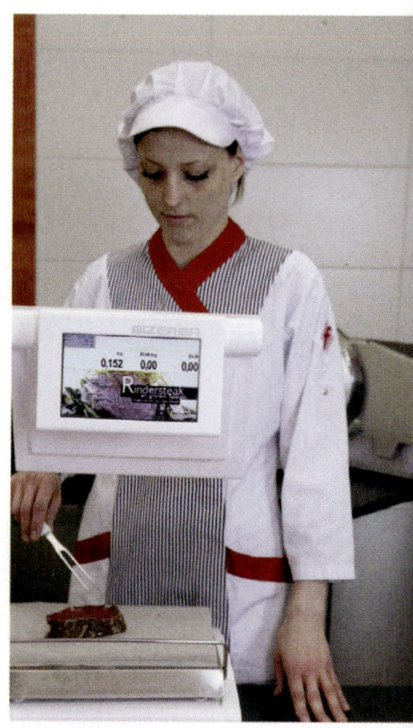

Ware abwiegen

Bei Aufschnitt- und loser Ware kann das Verkaufspersonal die Kunden durch psychologisches Geschick positiv beeinflussen.

Legt man bewusst vor den Augen des Kunden erst eine geringere und dann die noch fehlende Warenmenge auf, wirkt es so, als ob er mehr Ware für sein Geld bekommt. Dies unterstreicht die Richtigkeit seiner Kaufentscheidung.

Daher empfiehlt es sich, lieber etwas weniger auf die Waage zu legen als zu viel, denn dann muss wieder etwas abgenommen werden; das ist psychologisch ungünstig.

Die Frage „Darf es etwas mehr sein?“ verbietet sich von vornherein, denn wenn der Kunde mehr wollte, hätte er mehr verlangt.

Die Ware verpacken

Beim Verpackungsvorgang ist darauf zu achten, dass die einzelnen Sorten ausreichend voneinander getrennt sind. Bei Aufschnittware kann das durch Zwischenlagen aus Folie oder Pergament geschehen. Bei Fleisch ist die Verwendung von feuchtigkeitsundurchlässigen Plastiktüten möglich, besser ist es, wachsbeschichtetes Einschlagpapier zu verwenden.

Die Reihenfolge beim Einpacken der Ware richtet sich nach der Konsistenz und Empfindlichkeit gegenüber mechanischen Einflüssen. Empfindlichere Ware wird auf die robustere gelegt.

Außer bei Kleinstmengen sollte die gesamte Ware in eine Tragetasche gegeben werden, es sei denn, die Kunden wünschen dies nicht. Tragetaschen erfüllen die Transportfunktion und sind gleichzeitig ein hervorragender Werbeträger.

Kassieren

In Anlehnung an das Sprichwort „Bei Geld hört die Freundschaft auf“ sollte das Kassieren so erfolgen, dass jegliche Missverständnisse von vornherein ausgeschlossen werden.

Hierzu sollte jeder mit dem Kassiervorgang Betraute folgendes Schema einhalten:

- In angemessener Lautstärke deutlich den Gesamtbetrag nennen.
- Das vom Kunden gereichte Geld nehmen und sichtbar neben die Kasse legen. Dabei unauffällig die Echtheit der angenommenen Geldscheine überprüfen.
- Dem Kunden das Wechselgeld vorzählen, auch das Kleingeld in Form von Cents.
- Erst wenn das Rückgeld akzeptiert wurde, das eingenommene Geld in die Kasse legen.
- Kassenbon über die Waren aushändigen.

Kunden verabschieden

Der Verkaufsvorgang ist erst mit der Verabschiedung des Kunden beendet.

Auf gar keinen Fall darf bei einem Kunden der Eindruck entstehen, dass er nach der Entrichtung des Kaufpreises weniger Aufmerksamkeit erhält als beim Betreten des Geschäfts.

Bei der Verabschiedung sollte die gleiche Freundlichkeit aufgebracht werden wie bei der Begrüßung:

- Die Verkäuferin bedankt sich nochmals für den Einkauf.
- Der Verabschiedungsgruß sollte der Tageszeit und den regionalen Gepflogenheiten entsprechen.
- Stammkunden empfinden es als angenehm, wenn sie mit dem Namen verabschiedet werden, dadurch heben sie sich von den anderen Anwesenden ab.
- Kunden können mit besonderen Wünschen verabschiedet werden, wie z. B. „Einen schönen Abend (Tag) wünsche ich Ihnen noch“ oder „Ein schönes Wochenende“.

Verabschiedung

25.2.2 Verkaufsorientierte Ernährungsempfehlung

Für Verkaufspersonal in Lebensmittelfachgeschäften ist grundlegendes Fachwissen über Ernährung unabdingbar. Kommt beispielsweise ein übergewichtiger Kunde ins Fachgeschäft und fragt nach fettarmen Produkten, kann sich die Notwendigkeit ergeben, sich auch als „Ernährungsberater“ darzustellen und empfehlende Hinweise anzubieten.

Durch gezielte Argumentation im Verkaufsgespräch kann man zur Aufklärung des Kunden beitragen.

Beratung übergewichtiger Kunden

Lebensmittel	Empfehlenswert	Nicht geeignet
Fleisch	• Pute, • Huhn (ohne Haut), • Kalb	• Fleisch mit sichtbarem Fett, • Gans, • Ente
Wurst	• Bierschinken, • Corned Beef, • Frühstücksfleisch	• Salami, • Cervelatwurst, • Leberwurst, • Teewurst
Fett	• Olivenöl, • Rapsöl, • Sonnenblumenöl	• Butter, • Schmalz, • Kokosfett
Dressing	• Pfeffer, • Senf, • Kräuter	• Mayonnaise, • zusätzliches Salz

25.3 Grundlagen der Werbung

Werbung ist notwendig

Das Bestreben jeglicher unternehmerischer Tätigkeit ist die Erzielung von Gewinn.

Faktoren, die den Gewinn beeinflussen, sind:
- Angebot und Nachfrage
- Qualität und Preis
- Verkaufsmanagement

In den wenigsten Fällen erhöht sich der Gewinn ohne eigenes Zutun. Die Kosten lassen sich häufig nur begrenzt senken und es empfiehlt sich somit die Steigerung des Umsatzes unter anderem durch Werbung.

Werbung bedeutet die Beeinflussung des Kaufverhaltens der Kunden, um die wirtschaftliche Situation des Unternehmens zu verbessern. Z. B. soll der Kunde durch Werbung dazu bewegt werden, seine Fleischprodukte in einem bestimmten Fleischerfachgeschäft zu kaufen und nicht woanders.
Jeder Unternehmer muss demzufolge die Werbung als unverzichtbaren Bestandteil seines Marketings pflegen.

Unter **Marketing** wird die Summe aller Maßnahmen zur Steigerung des Absatzes verstanden, wobei ein wichtiges Hilfsmittel die Marktforschung ist, z. B. die Ermittlung der Kundenwünsche.

Weiterhin beinhaltet Marketing folgende Aspekte:
- an den Kundenbedürfnissen orientierte Sortimente und Produkte
- eine auf die Gesamtkonzeption des Betriebs abgestimmte Preispolitik
- an den Kunden orientierte Absatzmethoden
- die positive Beeinflussung der Nachfrage nach den Produkten des Betriebs

Werbung bietet für Verbraucher und Unternehmer eine Reihe von **Vorteilen:**
- Information der Verbraucher
- Transparenz (Überschaubarkeit) des Marktes
- Steigerung des Wettbewerbs

5

- Preissenkung durch Produktionssteigerung. Es gibt jedoch auch einige nicht zu übersehende **Nachteile:**
- Verleiten zu unkritischem Verbraucherverhalten
- Verteuerung der Waren durch hohe Werbungskosten (sofern nicht die entsprechende Produktionssteigerung erreicht wird)

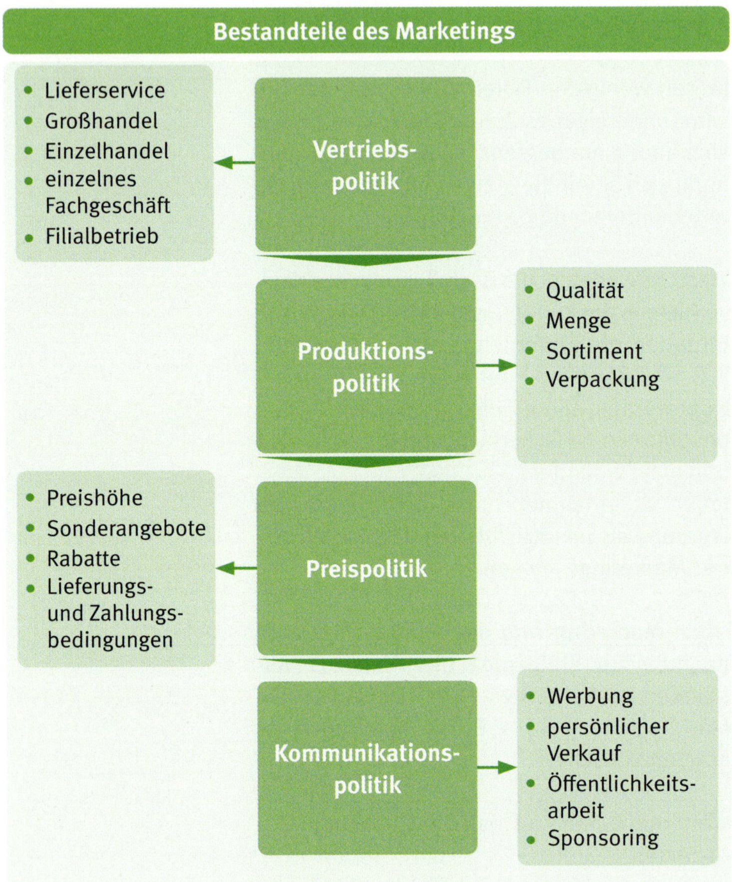

LOGO f-Marke

Grundsätze der Werbung

Damit Werbung erfolgreich ist, muss sie
- **einprägsam sein:** möglichst mit Slogan werben;
- **informativ sein:** klare Aussagen zum Produkt;
- **überzeugend wirken:** Nur durch Überzeugung kann zum Kauf bewegt werden;
- **effektiv sein:** nicht einmalige Werbebotschaften, sondern gezielte Wiederholungen;
- **aktuell sein:** saisonale und regionale Aspekte berücksichtigen;
- **ehrlich sein:** Ein durch falsche Werbeaussagen entstandenes Misstrauen ist kaum wiedergutzumachen;
- **redlich sein:** Das Gesetz gegen unlauteren Wettbewerb sagt: Werbung darf nicht gegen die guten Sitten verstoßen.

Bestimmte Werbemethoden, die oft nicht auf Anhieb erkennbar sind, sind **verboten:**
- **Irreführende Werbung:** Hierbei werden Versprechungen gegeben, aber nicht eingehalten. *Beispiel:* „Wir liefern kostenlos, wohin Sie wollen." Anschließend wird dem Kunden eine Fahrtkostenrechnung präsentiert, weil die Benzinpreise gestiegen sind.
- **Gesundheitsbezogene Werbung:** Angst machende Aussagen, Darlegungen über heilende Wirkung von Lebensmitteln oder Hinweise auf ärztliche Empfehlungen sind verboten. *Beispiel:* „Durch unsere Wurst werden Sie nicht krank!"
- **Vergleichende Werbung:** wenn Mitbewerber durch Äußerungen herabgesetzt oder beleidigt werden und daraus für sie wirtschaftlicher Schaden erwächst. *Beispiel:* „Unsere Wurst ist von höherer Qualität als die von der Fleischerei Regenbogen!"

Werbemittel

Werbung muss den Kunden mit den geeigneten Mitteln nahegebracht werden. Werbemittel dienen der Information der Kunden und der Kommunikation mit den Kunden. Wirksam sind Werbemittel mit firmenspezifischem Charakter.

Dazu gehören:
- Plakate
- Preis- und Thekenschilder
- Einwickelpapier und Tragetaschen
- Internet
- Soziale Medien
- Newsletter
- Namensschildchen und einheitliche Berufsbekleidung der Mitarbeiter

Diese Werbemittel sind mit einem ausdrucksstarken Logo, dem „Erkennungszeichen" der Firma, als Blickfänger zu gestalten.

FLEISCHEREI nusse

Komplexe Aufgaben

Stellen Sie für die Fleischerei Nusse zwei Werbemittel her.

a) Fertigen Sie einen Handzettel zur Verteilung an die umliegenden Haushalte an.
Beachten Sie, dass auf dem Handzettel das Logo erscheint. Suchen Sie einige Produkte aus dem Sortiment aus, die Sie als Angebot der Woche auf dem Handzettel platzieren. Wählen Sie eine ansprechende Gestaltung.

b) Fertigen Sie ein Plakat im Format A2 an und werben Sie für „Gefüllte Rouladen".

Aufgaben zur Wiederholung

1. In welche Abschnitte kann der Verkaufsvorgang unterteilt werden?
2. Nennen Sie die Verhaltensregeln bei der Begrüßung des Kunden.
3. Warum ist der Kundenberatung besondere Aufmerksamkeit zu schenken?
4. Warum ist Werbung für das Fleischereifachgeschäft wichtig?

Ausgewählte Fachrechenaufgabe

Eine Verkäuferin hat aus dem Barverkauf an einem Tag laut Registrierkasse 2 000,42 € eingenommen.
Laut Belegen wurden der Kasse entnommen:

- Lieferantenrechnungen: 65,50 € und 316,28 €
- Privatentnahmen: 102,26 € und 23,75 €
- Einzahlung auf Bankkonto: 1 147,43 €
- Wechselgeld bei Ladenöffnung: 101,62 €

Berechnen Sie:

a) den rechnerischen Kassenbestand,

b) die Differenz bei einem tatsächlichen Kassenbestand von 343,97 €.

Healthy eating

1. Name the food groups shown in the picture on page 194. Use this words: drinks; vegetables, dairy products; fruits; fats; beens; eggs; meat and fish; bread, grain and cereals.

2. Match the recommendations of the DGE to the right groups.

A Many are full of vitamins, minerals and secondary vegetable products. They are low in calories and still satiable. The Food Circle suggests 2 to 3 portions a day.

B This group supplies protein, iron and zinc. Non-meat foods such as dried peas and beans also provide these nutrients. The Food Circle suggests 2 to 3 servings of cooked meat, fish or poultry per week. Prefer lean meat, fish and dry beans and peas because these are the lowest in fat. Remove skin from poultry and trim away visible fat on meat. Avoid frying these foods. Only use a few nuts, because they are high in fat.

C This group contains bread, grains, cereals and pasta. These foods provide complex carbohydrates, which are an important source of energy, especially for a low-fat meal plan. You can make many low-fat choices from foods in this group. You'll need 6 to 11 servings of these foods a day.

D The foods of this group are rich in nutrients. Many are excellent sources of vitamin A, vitamin C and vegetable protein. They are low in fat and sodium and high in fiber. The Food Circle suggests 3 to 5 portions a day.

E This liquid food serves as a transportation, building material, solvent and coolant. Don't choose sugared foods and drink more than 1.5 litres a day.

F Products made with these foods provide protein, vitamins and minerals, especially calcium. The Food Circle suggests 2 to 3 servings each day. If you are breastfeeding, pregnant, a teenager or a young adult aged 24 or under, try to have 3 portions. Most other people should have 2 servings daily. Go easy on high-fat cheese and ice cream.

G This should comprise the smallest percentage of your daily diet. The foods of this group should be eaten sparingly because they provide calories but not much in the way of nutrition. These foods include salad dressings, oils, cream, butter or margarine.

3. What kinds of food and drink can you see? Which ones are good for you and which ones are bad? Make a list.

Nutrients

4. What foods provide the nutrients protein, carbohydrate and fat? Name the foods and their purpose. Start like this:

Nutrients	Provided by	Purpose
Proteins	meat, ...	to promote growth, ...
Carbohydrates	bread, ...	to give energy, ...
Fats	nuts, ...	...

5. Work with a partner and answer the following questions.
- Which nutrients can you find in meat?
- Why is meat a good, naturally occurring food filled with highly digestible nutrients?
- What type of meat do you prefer? Why?

GRAMMAR: Satzbau

Denk daran:

Die Satzgliedfolge im englischen Aussagesatz ist in der Regel:
Subjekt – Prädikat – Objekt (S-P-O). **(a)**

Im Unterschied zum Deutschen wird auch ein aus Hilfsverb + Vollverb bestehendes Prädikat nicht durch ein dazwischen stehendes Objekt getrennt. **(b)**

S-P-O gilt im Gegensatz zum Deutschen auch
- für einen mit einer Adverbialbestimmung eingeleiteten Satz. **(c)**
- für einen Nebensatz. **(d)**
- für einen Hauptsatz, dem ein Nebensatz vorangeht. **(e)**

		Subjekt	Prädikat	Objekt
a)		*The customer*	*buys*	*sausages.*
b)		*We*	*must sell*	*the meat.*
c)	*Now*	*he*	*has entered*	*the shop.*
d)	*... before*	*she*	*pays*	*at the checkout,*
e)	*...*	*she*	*counts*	*the money.*

VOCABULARY

digestible	verdaulich
food Circle	Ernährungskreis
food group	Lebensmittelgruppe
foods (Pl.)	Lebensmittel
healthy eating	gesunde Ernährung
nutrients (meist Pl.)	Nährstoffe
to occur	vorkommen/auftreten
to prefer sth.	etw. bevorzugen
to promote sth.	etw. fördern
to provide sth.	etw. liefern/bereitstellen
purpose	Zweck
recommendation	Empfehlung

6 Beurteilen und Zerlegen von Rind

Sie beurteilen Schlachttierkörper, insbesondere vom Rind, und klassifizieren diese. Sie gewinnen die Fleischteile, schneiden sie zu, benennen sie und geben geeignete Verwendungsmöglichkeiten an.

Sie erhalten von Ihrem Chef den Auftrag, in den nächsten Wochen mit Ihren Kollegen Rinderviertel zu zerlegen und Fleischteilstücke für den Verkauf vorzubereiten.

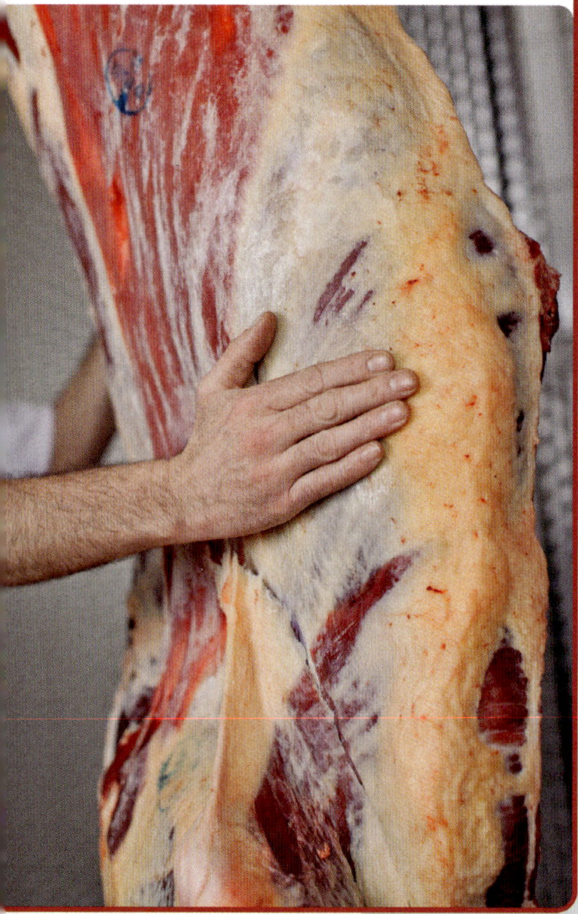

Informieren
- Wie erfolgt die Alters- und Geschlechtsbestimmung bei Rindern?
- Welche Handelsklassen werden angeboten?
- Wer kann mir zur Rindfleischzerlegung Auskunft geben?
- Welche Erwartung hat das Verkaufspersonal an die Fleischteilstücke?

Planen
- Welche Informationen brauche ich, um den Erwartungen gerecht zu werden?
- Welche Anforderungen werden an die Fleischteilstücke im Verkauf gestellt?
- Wie kann ich die Fleischqualität beeinflussen?

Entscheiden
- Ich informiere mich in den „Leitsätzen" über spezielle Fleischteile.
- Ich erfrage die Kundenwünsche mit einem Kundenfragebogen.
- Ich lerne die Schnittführung der Rinderkeule und die anfallenden Fleischteile.
- Ich präge mir die Fachbegriffe und mögliche Verwendungsmöglichkeiten ein.

Ausführen
- Ich prüfe anhand der Rindfleischetikettierung die Lagerung und Reifung des Fleisches.
- Ich zerlege Rinderkeulen, übe den Zuschnitt und die Fleischwertsortierung.
- Ich werte den Fragebogen aus und informiere meine Kollegen und den Chef.

Kontrollieren
- Habe ich die Rinderkeule fachgerecht zerlegt und die Schnittführung eingehalten?
- Wurden die Fleischteilstücke kundengerecht bearbeitet?
- Sind die notwendigen Hygienevorschriften beachtet worden?
- Wurden die Erwartungen der Kunden im Verkauf erfüllt?

Bewerten
- An welcher Stelle kann ich meine Fachkenntnisse noch erweitern?
- Wie zufrieden waren die Kunden mit dem Zuschnitt und dem Reifegrad der Fleischteile?
- Was könnte ich beim Zerlegen und Herrichten noch verbessern?
- Führt eine größere Kundenzufriedenheit zu mehr Absatz?

26 Qualitätsmerkmale von Rindfleisch

FLEISCHEREI nusse

Björn hat schon länger beobachtet, dass Meister Nusse bei der Wareneingangskontrolle Rinderviertel viel stärker in Augenschein nimmt als Schweinehälften. Er ist sogar der Meinung, dass sein Chef bei den Rindervierteln häufiger kritisch guckt als sonst.
Tim antwortet auf die vorsichtige Nachfrage von Björn: „Das ist doch klar, die Schweinehälften werden durch ein Messgerät objektiv in Handelsklassen eingeteilt, die Rinderhälften werden nur subjektiv beurteilt."

Björn ist mit dieser Erklärung aber noch nicht zufrieden ...

26.1 Bezeichnung und Beurteilung von Rindern

26.1.1 Bezeichnung von Rindern

Rinder werden nach Geschlecht, Alter und zum Teil nach Gewicht eingeteilt.

Bezeichnung von Rindern

Bezeichnung	Geschlecht	Alter	Schlachtgewicht
Kalb (Kuh-, Bullenkalb)	weiblich und männlich	bis 8 Monate	130 bis 175 kg
Fresser/Jungrind	weiblich und männlich	von 9 bis höchstens 12 Monate	180 bis 250 kg
Färse	weiblich, die noch nicht gekalbt hat	ca. 1,5 bis 2 Jahre	260 bis 300 kg
Kuh	weibliches Rind ab dem ersten Kalben	ca. ab 2,5 Jahre	230 bis 280 kg
Jungbulle	männlich, nicht kastriert	ca. 1,5 bis 2 Jahre	bis ca. 350 kg
Ochse	männlich, im Kalbsalter kastriert	ca. 2,5 bis 3 Jahre	280 bis 300 kg
Bulle	männliches Zuchtrind	ca. ab 2,5 Jahre	400 bis 440 kg

26.1.2 Altersbestimmung bei Rindfleisch

Im Gegensatz zu den Schweinehälften ist das Alter bei Rindfleisch von entscheidender Bedeutung für die Zartheit und Qualität.

Die Altersbestimmung erfolgt anhand der **Knorpelausprägung** im Bereich der Knochen. Diese Kennzeichnungen sind fließend.

Der Knorpelabbau bzw. die Verknöcherung geht langsam, aber stetig voran und verläuft vom Hinter- zum Vorderviertel. Bei jungen Tieren sind die Knorpel weich und weiß, das Knochengewebe ist rot.
Bei älteren und alten Tieren sind die Knorpel verknöchert, und durch die Einlagerung von Fett im Knochengewebe sind die Knochen gelblich.

① Schlossspiegelknochen
② Kreuzbeinwirbel
③ Lendenwirbel
④ Brustwirbel
⑤ Dornfortsatz
⑥ Brustbein
⑦ Habichtsknorpel
⑧ Dornfortsatzkappen

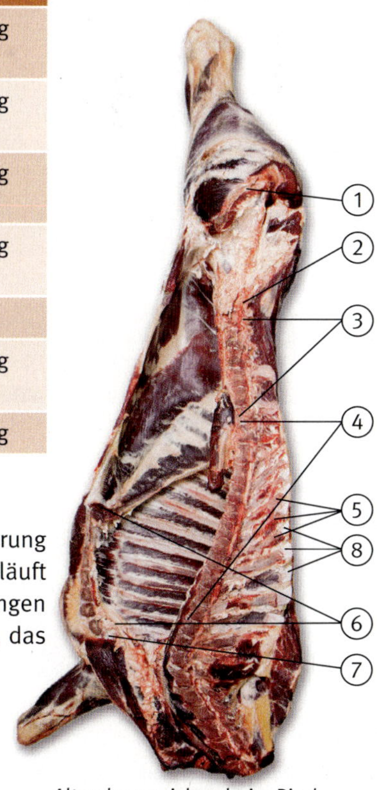

Alterskennzeichen beim Rind

Kennzeichen für junge Tiere:
- Die Kreuzbeinwirbel sind durch Bandscheiben (Knorpelmasse) getrennt
- Die Brustbeinwirbel sind durch Zwischenwirbelscheiben getrennt
- Der Habichtsknorpel ist noch nicht verknöchert
- Die Bandscheiben (Knorpelmasse) zwischen den Brust- und Lendenwirbeln sind noch weich und wölben sich nach vorn
- Der Schlossspiegelknochen ist mit Knorpelmasse überzogen

Kennzeichen für alte Tiere:
- Die Kreuzbeinwirbel bilden einen zusammenhängenden Knochen
- Die Brustbeinwirbel sind zusammenhängend verknöchert
- Der frühere Habichtsknorpel ist verknöchert
- Die Bandscheiben sind dünner, fester und die Knorpelmasse zieht sich nach innen
- Beim Schlossspiegelknochen ist nur noch knorpelfreies Knochengewebe erkennbar

Die Festlegung des Alters auf ein Jahr genau mit obigen Kennzeichen ist schwierig. Hinzu kommt, dass durch die rationelle Schlachttechnik z. B. der Schlossknochen beim Aufsägen nicht unbedingt millimetergenau mittig geöffnet wird. Das sicherste Alterskennzeichen ist die Verknöcherung der Dornfortsatzkappen (▸ Tabelle unten).

Kategorien für Rindfleisch nach Alter und Geschlecht

Alter in Jahren	ca. 2	ca. 3	ca. 4	über 5
Farbe der Dornfortsatzkappen	deutlich weiß	weißlich	gelblich weiß	gelblich
Farbe des Knochengewebes der Dornfortsätze	rot	rötlich	rötlich gelb	gelblich
Trennbarkeit von Dornfortsatzkappen und Dornfortsätzen	weich, mit dem Daumen umzubiegen	leicht abbrechbar, nur wenig verknöchert	nur noch schwer abbrechbar, aber noch gut erkennbar	Dornfortsatzkappen und Dornfortsätze bilden einen zusammenhängenden Knochen

Kategorien für Rindfleisch nach Alter und Geschlecht

Kategorie		Beschreibung
V	**Kalbfleisch**	Fleisch von Rindern von bis zu 8 Monaten
Z	**Jungrindfleisch**	Fleisch von Rindern von mehr als 8, aber höchstens 12 Monaten
A	**Jungbullenfleisch**	Fleisch von ausgewachsenen – über 300 kg Lebendgewicht – jungen* männlichen nicht kastrierten Tieren von weniger als 2 Jahren
B	**Bullenfleisch**	Fleisch von anderen ausgewachsenen männlichen nicht kastrierten Tieren
C	**Ochsenfleisch**	Fleisch von ausgewachsenen männlichen kastrierten Tieren
D	**Kuhfleisch**	Fleisch von ausgewachsenen weiblichen Tieren, die bereits gekalbt haben
E	**Färsenfleisch**	Fleisch von anderen ausgewachsenen weiblichen Tieren

* Die Schlachtkörper von „jungen ausgewachsenen" und „ausgewachsenen" Tieren werden anhand der Verknöcherung der Dornfortsatzkappen unterschieden.

Kategorien für Rindfleisch nach Alter und Geschlecht		
Merkmale	**Bullenhälfte**	**Kuhhälfte**
Beckenabstand	schmal	breit
Fleischspiegel	ungleichmäßig, quadratisch	oval, bohnen- bzw. nierenförmig
Schlossspiegel-knochen	stark gewinkelt, tritt am unteren Ende stark hervor	schmal, flach verlaufend, tritt am unteren Ende kaum hervor
Körperbau	kompakter, starker Körperbau, gedrungenes Hinterbein, muskulöses Vorderviertel	schmaler, schlanker Körperbau, lang gestrecktes Hinterbein, gering bemuskeltes Vorderbein

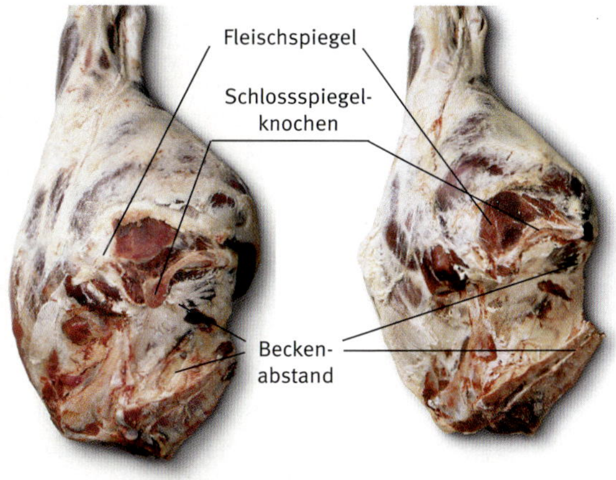

Bullenkeule *Kuhkeule (33 Monate altes Tier)*

26.1.3 Geschlechtsbestimmung bei Rindfleisch

Ebenso wie das Alter ist das Geschlecht des Rindes sehr bedeutsam, vor allem wenn es als Braten- und Steakfleisch verkauft werden soll.

26.2 Handelsklassen für Rindfleisch

Die Rinderhälftenklassifizierung beruht auf einer subjektiven Beurteilung, nämlich nach „Augenschein" durch eigens für die Klassifizierung von Schlachttierkörpern ausgebildete Klassifizierer. Messgeräte für eine objektive Beurteilung wie bei Schweinen gibt es noch nicht. Rindfleisch wird eingeteilt nach

- Alter,
- Geschlecht,
- Fleischigkeitsklasse,
- Fettgewebsklasse.

Die Kategorie D Kuhfleisch umfasst ca. 2,5 bis 12 und mehr Jahre. Das Fleisch von 3- und 4-jährigen Kühen ist allerdings durchaus für den Verkauf als Braten- und Steakfleisch geeignet.

Die **Einteilung nach Fleischigkeit** erfolgt nach der Auswölbung der wesentlichen Muskelpartien wie Keule, Rücken und Schulter.

Handelsklassen für Fleischigkeit														
E			U			R			O			P		
E+	E0	E–	U+	U0	U–	R+	R0	R–	O+	O0	O–	P+	P0	P–
vorzüglich			sehr gut			gut			mittel			gering		

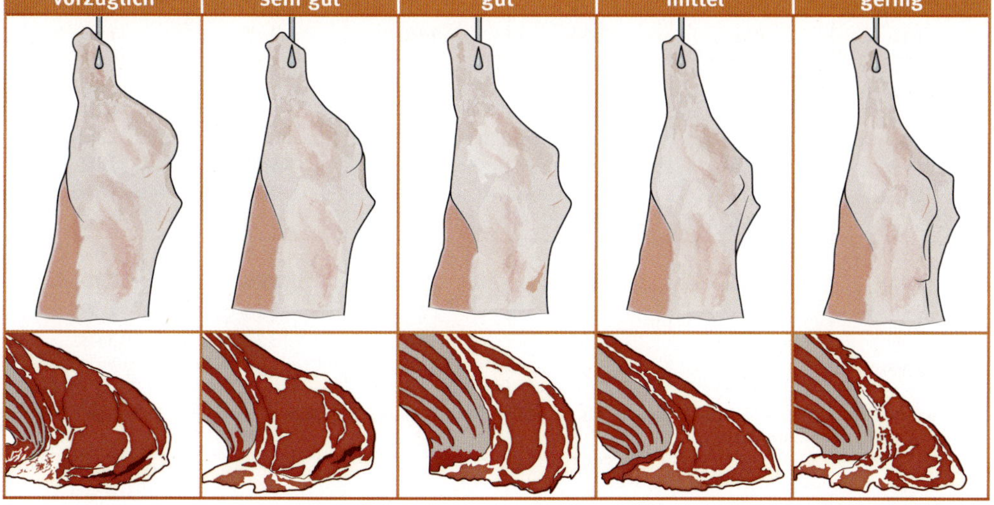

Besuchen Sie den Fleischgroßmarkt oder einen Versandschlachtbetrieb. Fragen Sie die Fachleute, wie sie mit der Handelsklasseneinteilung bei sehr jungen Kühen verfahren, bei denen die Verknöcherung der Knorpel noch nicht so stark vorangeschritten ist.

Handelsklassen für Fettansatz und Fettabdeckung														
1			2			3			4			5		
1−	10	1+	2−	20	2+	3−	30	3+	4−	40	4+	5−	50	5+
sehr gering			gering			mittel			stark			sehr stark		

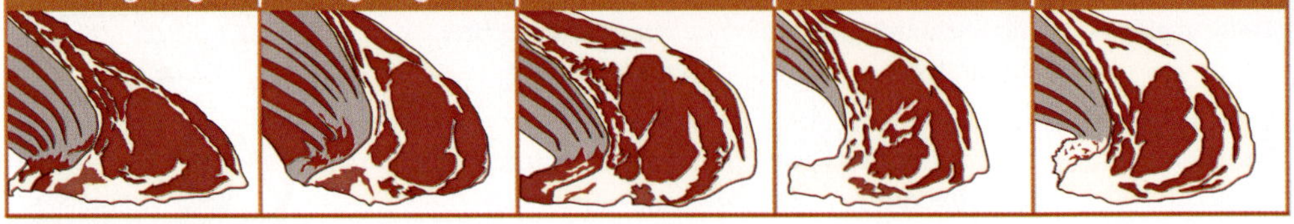

Seit dem 1. November 2010 schreibt die deutsche **Rinderschlachtkörper-Handelsklassenverordnung** verpflichtend für alle klassifizierenden Betriebe die Verwendung des sogenannten **15er-Systems** vor. Es zeigt an, ob eine Fleischigkeitsklasse und Fettabdeckungsklasse „mehr" oder „weniger" der ursprünglichen Klasse entspricht.

Weist ein Schlachttierkörper bei der Bestimmung der **Fleischigkeitsklasse** z.B. für alle drei wertbestimmenden Teilstücke eine „gute" Fleischigkeit auf, so erhält er wie bisher die Kennzeichnung „R", nur dass dem „R" jetzt die „Null" angehängt wird, also „R 0".

Zeigt ein Schlachttierkörper z.B. bei der Schulter und Keule eine „gute", beim Rücken aber eine „sehr gute" Bemuskelung, war bisher nur die Kennzeichnung mit „R" möglich. Jetzt wird mit „+" gekennzeichnet, also heißt die neue Kennzeichnung „R+". Weist der Rücken im anderen Fall nur eine „mittlere" Bemuskelung auf, so wird dies neuerdings mit einem „-" gekennzeichnet, also „R -".

Genauso wird bei den **Fettabdeckungsklassen** verfahren. Wurde bisher eine mittlere Fettabdeckung nur mit „3" gekennzeichnet, so muss jetzt bei einer mittleren Fettabdeckung mit Tendenz zur geringen Fettab-

Rinderhälftenpreise frei Schlachtstätte Datum: 17.02.20XX – 23.02.20XX

Gebiete		SH/Hamburg	NS/Bremen	NRW	MD/MV	BW/HE/RP	Bayern
Jungbullen	U 2	**385**	**387**	**384**	**379**	**389**	**388**
	Stück	155	325	464	245	1032	1467
	U 3	**382**	**384**	**382**	**377**	**387**	**387**
	Stück	187	636	787	123	562	1593
	R 2	**378**	**379**	**380**	**370**	**383**	**380**
	Stück	169	561	975	125	874	1100
	R 3	**368**	**375**	**375**	**369**	**383**	**380**
	Stück	323	817	1351	61	267	627
	O 3	**341**	**352**	**354**	**344**	**345**	**355**
	Stück	703	1174	1068	101	123	137
	E-P	**357**	**366**	**370**	**356**	**379**	**381**
	Stück	1798	4340	5476	1105	3364	5702
Färsen	U 3	**369**	**374**	–	**381**	**381**	**379**
	Stück	49	29	–	25	206	366
	R 3	**364**	**366**	**365**	**381**	**378**	**374**
	Stück	163	118	81	52	356	781
	O 3	**291**	**285**	**282**	**278**	**295**	**300**
	Stück	284	232	161	105	124	168
	E-P	**304**	**298**	**288**	**286**	**358**	**358**
	Stück	882	667	599	432	1364	2275

SH = Schleswig-Holstein, NS = Niedersachsen, NRW = Nordrhein-Westfalen, MD/MV = Brandenburg, Sachsen, Mecklenburg-Vorpommern, BW/HE/RP = Baden-Württemberg, Hessen, Rheinland-Pfalz

Marktbericht

deckung mit „3-“ und bei einer Tendenz zur starken Fettabdeckung mit „3+“ klassifiziert werden.
Durch die erweiterte Einteilung in Untergruppen können nun fließende Übergänge bei der Fleischigkeit und Fettabdeckung berücksichtigt werden. Dadurch wird mehr Transparenz und Gerechtigkeit in die Beurteilung der Rinderschlachttierkörper gebracht.

Für die Kennzeichnung der Rinderhälften nach Handelsklassen gilt die Reihenfolge:

- Bezeichnung der Kategorie
  z. B. A = Jungbullenfleisch
- Buchstabe für die Fleischigkeitsklasse
  z. B. U0 = sehr gute Fleischigkeit
- Ziffer für die Fettgewebeklasse
  z. B. 20 = geringe Fettabdeckung

Stempelaufdruck: A U0 20

& Komplexe Aufgabe

Auf ▸ S. 253 ist das Alter von Färsen mit ca. 1,5 bis 2 Jahren angegeben. Versuchen Sie über Ihren Ausbildungsbetrieb, sofern er Färsenfleisch vermarktet, an die entsprechenden Rinderpässe der Rindfleischlieferanten zu kommen.

Vergleichen Sie in Ihrer Klasse die Altersangaben in den Rinderpässen und diskutieren Sie darüber, warum die geschlachteten Färsen u. U. älter als 2 Jahre sind. Fragen Sie auch bei Ihrem betrieblichen Fleischlieferanten nach.

? Aufgaben zur Wiederholung

1. An welchen Merkmalen lässt sich das Alter an geschlachteten Rindern erkennen?
2. Beschreiben Sie die Altersbestimmung von geschlachteten Rindern anhand der Dornfortsatzkappen.
3. Unterscheiden Sie eine Bullenhälfte von einer Kuhhälfte anhand von vier Merkmalen.
4. Nach welchen Merkmalen wird Rindfleisch klassifiziert?
5. Erklären Sie folgende Abkürzungen: D P+ 1-; B R0 2+; A E- 30; C O+ 5-; E U0 4+
6. Nennen Sie den Stempelaufdruck für folgende Rinderschlachttierkörper:
   – Färsenfleisch, sehr gute Fleischigkeit, vorzügliche Fleischigkeit des Rückens, mittlere Fettabdeckung mit Tendenz zur starken Fettabdeckung
   – Kuhfleisch, mittlere Fleischigkeit, geringe Fleischigkeit der Keule, geringe Fettabdeckung mit Tendenz zur sehr geringen Fettabdeckung
   – Jungbullenfleisch, gute Fleischigkeit, sehr geringe Fettabdeckung

% Ausgewählte Fachrechenaufgaben

1. Die Rinderhälftenpreise für Jungbullen der Handelsklasse U 2 betrugen laut Notierung in der 8. KW im Durchschnitt pro 100 kg in

SH/Hamburg	385 €
NS/Bremen	387 €
NRW	384 €
BW/HE/RP	389 € (vgl. S. 256)

   a) Berechnen Sie den Durchschnittskilopreis für den Gesamtbereich der vier angegebenen Regionen.
   b) Um wie viel Prozent sind die drei anderen Regionen gegenüber NRW teurer?

2. Werten Sie den Marktbericht auf ▸ S. 256 aus.
   a) Wie viele Färsen und Jungbullen wurden insgesamt in den aufgelisteten Preisgebieten zum Verkauf angeboten?
   b) Berechnen Sie den prozentualen Anteil der einzelnen Preisgebiete.
   c) Berechnen Sie für Baden-Württemberg/Hessen/Rheinland Pfalz den prozentualen Anteil der einzelnen Handelsklassen jeweils für das Angebot an Jungbullen und Färsen.

27 Rind zerlegen

FLEISCHEREI nusse

Die Inhaber der Fleischerei Nusse wollen verstärkt um das Vertrauen der Kundschaft werben. Dazu beabsichtigen sie, einen „Tag der offenen Tür" zu veranstalten. Interessierte Kunden können vor Ort die Tätigkeiten der Beschäftigten und Räumlichkeiten der Fleischerei in Augenschein nehmen. Björn fällt die Aufgabe zu, an diesem Tag in der Zeit von 9.00 Uhr bis ca. 14.00 Uhr die Zerlegung von Färsen zu organisieren und durchzuführen. Hierbei muss er seine Kenntnisse über die Bezeichnung und Verwendung der einzelnen Fleischteile kompetent unter Beweis stellen. Bedingt durch den Publikumsverkehr sind besondere Sicherheitsregeln hinsichtlich der Hygiene und des Unfallschutzes zu berücksichtigen.

Rinderhälften werden für den Transport und für die Zwischenlagerung in Viertel aufgeteilt. Die Trennung in Vorderviertel (VV) und Hinterviertel (HV) kann zwischen der fünften und zwölften Rippe erfolgen. Zwischen welchem Rippenpaar abgeviertelt wird, hängt ab von

- ökonomischen (wirtschaftlichen) Gesichtspunkten,
- technologischen Gesichtspunkten,
- Sonderwünschen der Abnehmer.

In der Regel wird zwischen sechster und siebter Rippe geviertelt.

Fleischteile und Knochen der Rinderhälfte

1. *Knochendünnung*
2. *Fleischdünnung*
3. *Filet*
4. *Roastbeef*
5. *Blume (Hüfte)*
6. *Tafelspitz*
7. *Kugel mit Bürgermeisterstück*
8. *Schwanzstück*
9. *Rolle*
10. *Oberschale mit Deckel*
11. *Rosenstück*
12. *Hinterhesse*
13. *Hohe Rippe*
14. *Fehlrippe*
15. *Kamm mit Hals*
16. *Spannrippe*
17. *Brust*
18. *Bug*

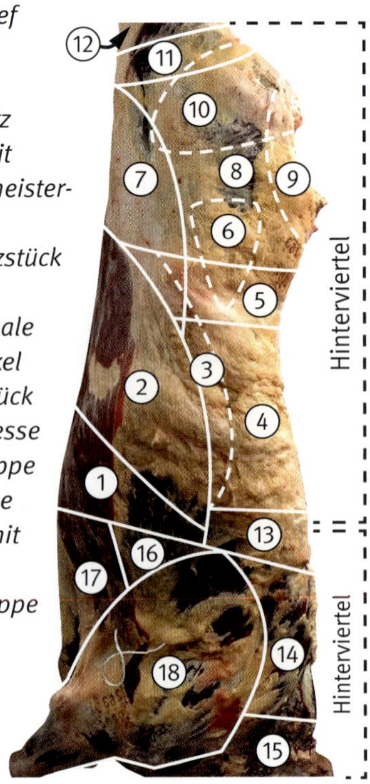

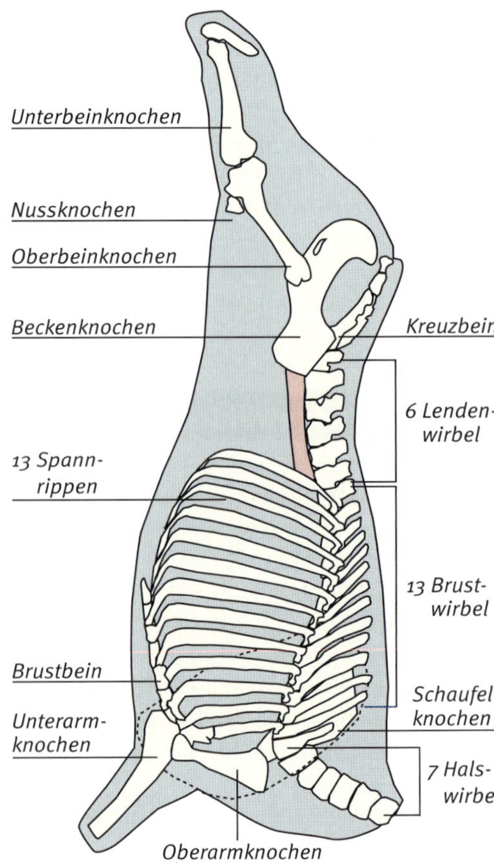

Pro-Kopf-Verzehr von Rind- und Kalbfleisch

1996	10,5 kg
2001	6,7 kg
2006	8,3 kg
2011	9,2 kg
2016	9,8 kg
2021	9,4 kg

(Quelle: BLE 2022)

27.1 Grobzerlegung

Grobzerlegung Vorderviertel (VV)

- Bug mit Hesse im Vlies von der Wand (Wand = VV ohne Bug) abtrennen
- Trennungsschnitt zwischen Hochrippe mit Hals und Brust mit Spannrippen ca. eine Handbreit (ca. 12 cm) vom Wirbelkörper entfernt

Grobzerlegung Hinterviertel (HV)

- Dünnung mit Schliem aus dem Hinterviertel herausschneiden, dabei sind die Fleisch- und Knochendünnung ca. 2 cm oberhalb des Kernstückes vom Roastbeef zu trennen (Filet verbleibt am Roastbeef)
- Filetkopf aus der Keule heraustrennen
- Roastbeef mit Filet und Hochrippe zwischen sechstem Lendenwirbel und Kreuzbeinknochen mit Schwanzwirbel abtrennen

27.2 Ausbeinen und Zerlegen der Teilstücke

Beim ladenfertigen Zurechtschneiden der Teilstücke sind Sehnen, Fett und Häute so zu entfernen, dass eine verlustarme Zwischenlagerung bis zum Verkauf möglich ist. Die dünnen Bindegewebshäute verbleiben auf dem Fleischstück.
Erst kurz vor dem Verkauf sind auch die restlichen Häute durch Entvliesen zu entfernen.

Bug mit Bein

- Gelenk zwischen Schaufelknochen und Oberarmknochen anschneiden
- Schaufelknochen links und rechts vorschneiden
- Schaufeldeckel sauber vom Schaufelknochen abziehen
- Schaufelknochen sauber freischneiden und herausziehen
- Unterarm- und Oberarmknochen vom Beinfleisch freischneiden und herauslösen
- Falsches Filet vom Schaufelstück abtrennen
- Beinfleisch vom flachen Schulterstück (Eckschulter, Schaumbug) trennen
- Flaches Schulterstück vom dicken Bugstück ablösen
- Schaufelstück vom dicken Bugstück abtrennen

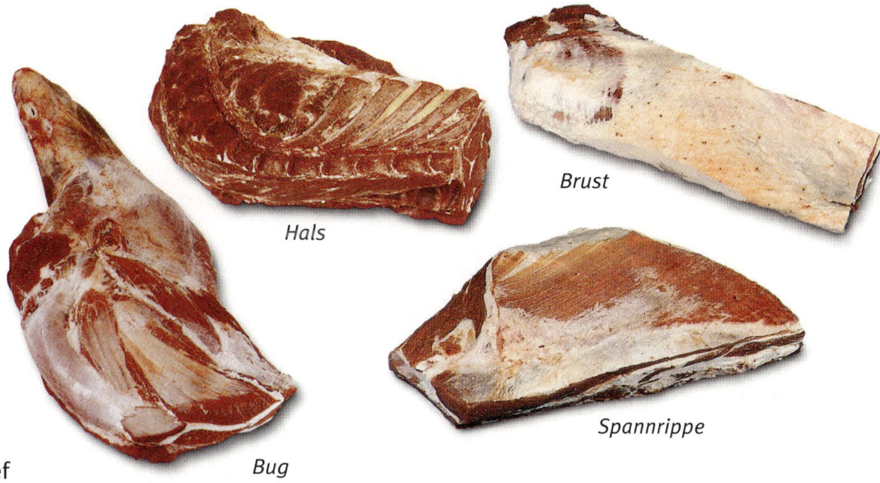

Grob zerlegte Teilstücke des Vorderviertels

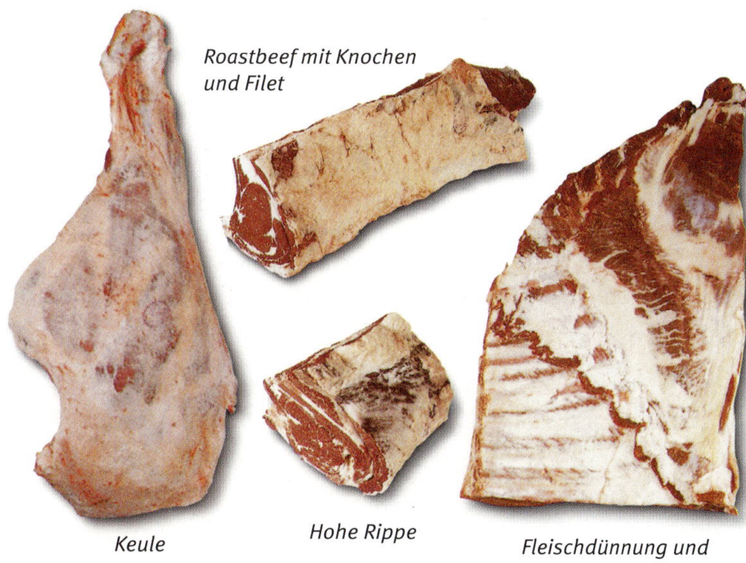

Grob zerlegte Teilstücke des Hinterviertels

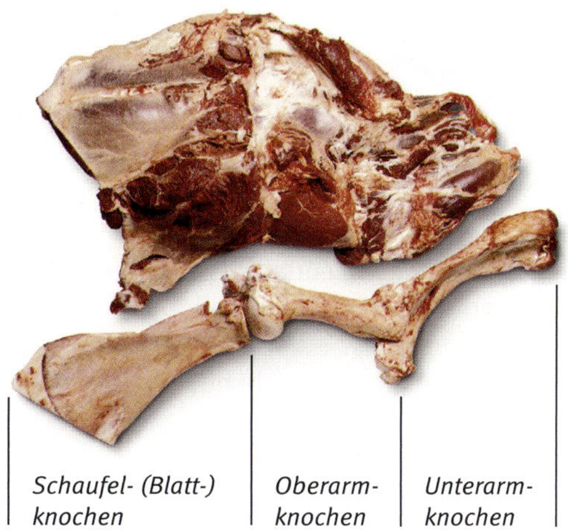

Bug (Knochen ausgelöst)

Hessenfleisch

Hesse mit Knochen

Fein zerlegte Fleischteile des Buges

Wand

Sie kann nach Bedarf in einem Stück ausgelöst werden, sonst:

- Brust mit Spannrippe vom Hals mit Fehlrippe durch einen Sägeschnitt trennen
- Hals von der Fehlrippe zwischen 7. Halswirbel und 1. Brustwirbel abtrennen
- Halswirbel in einem Stück flach ausschälen. Die Knochen der Wirbelsäule (BSE-Risikomaterial, ▸ S. 466) werden beim Zerlegen im Zusammenhang belassen
- Brust mit dem Brustbein durch einen Sägeschnitt von den Spannrippen abtrennen und je nach Verwendungszweck entbeinen, dabei können die Rippen knochenhautfrei herausgezogen werden

Brust ohne Knochen

Fein zerlegte Teilstücke der Wand

Dünnung (Lappen)

- Fleischdünnung entlang des Rippenbogens (Knorpel) von der Knochendünnung abtrennen
- Spannrippen der Knochendünnung wie die der Brust auslösen

Roastbeef mit Filet

- Filet von den Lendenwirbeln abtrennen, vom Filet wird die Fleischkette entfernt
- Brustwirbel und Lendenwirbel sauber herauslösen (BSE-Risikomaterial)
- Fleischstrang oberhalb des Kernstücks entfernen
- Ansatz der flachen Rippe entfernen
- Äußeren und inneren Teil des Hochrippendeckels abheben
- Auf der Außenseite des Roastbeefs die dicke Sehne (Spannsehne) ausreichend entfernen

Rundes Roastbeef/ Hochrippe

Roastbeef (ohne Knochen)

Keule

- Unterbeinknochen freischneiden und vom Oberbeinknochen abtrennen (ist die Hesse als Beinscheibe vorgesehen, verbleibt der Unterbeinknochen im Fleisch)
- Kreuzbeinknochen in der Naht zum Beckenknochen abtrennen
- Beckenmuskulatur vom Beckenknochen entfernen
- Beckenknochen herauslösen, dabei kann der Beckenknochen auf Höhe des Darmbeinhügels durchgesägt werden
- Oberschale im Vlies von der Kugel abtrennen
- Oberbeinknochen, Nussknochen und Kniescheibe ausbeinen
- Kugel aus dem Keulenfleisch heraustrennen
- Äußeren Kugeldeckel abtrennen
- Hüfte abtrennen, Tafelspitz und Bürgermeisterstück verbleiben am Schwanzstück
- Schwanzrolle heraustrennen
- Dickes Beinfleisch vom Schwanzstück abtrennen
- Tafelspitz vom Schwanzstück abtrennen
- Bürgermeisterstück von der Hüfte abtrennen
- Oberschalendeckel von der Oberschale abtrennen

Keule ohne Knochen (Oberschale beigelegt)

Fleischteile der Keule

DLG-Bezeichnung (Grobzuschnitt)		**Regionale / überregionale Bezeichnungen** (Feinzuschnitt)	
Rinderhinterviertel			
Hinterhesse		Hesse, Wadschenkel, Husse, Wade u.a.	
Keule	Oberschale	mit Oberschalendeckel	Kluft, Binnerspalt, Eckle, Oberschlag u. a.
	Schwanzstück	Eckschwanzstück	Unterschale, Unterspalt, Bodenschlegel u. a.
		Rundes Schwanzstück	Rolle, Wargel, Brauner Streifen, Semarolle u. a.
		Runde Wade	Rosenstück
	Blume	mit Tafelspitz	Hüfte, Huft, Spitze, Mürbschloss u. a.
	Kugel	mit Bürgermeisterstück	Nuss, Batzenstück, Beiselstück, Vorschlag u. a.
Roastbeef		Flaches Roastbeef	Roastbeef, Bratenrippe, Englischer Braten u. a.
		Rundes Roastbeef	Hohe Rippe, Hochripppe, Rostbraten u. a.
Filet		Lende, Lummer, Schlachtbraten u. a.	
Fleischdünnung		Lappen, Dünner Nabel, Flämen u. a.	
Knochendünnung		Plattrippe u. a.	
Rindervorderviertel			
Fehlrippe		Sichelrippe, Schorrippe u. a.	
Kamm		Nacken, Hals, Halsgrat u. a.	
Spannrippe		Flache Rippe, Querrippe, Leiter u. a.	
Brust		Brustspitze, Mittelbrust, Nachbrust (Dünne Brust) u. a.	
Bug	Dickes Bugstück	Dicker Bug, Dreieckstück u. a.	
	Schaufelstück	Schaufelbraten, Schaufelbug, Schulterspitz u. a.	
	Falsches Filet	Falsche Lende, Bugfilet, Buglummer u. a.	
	Restbug	Rohrbug, Schaumbug u. a.	
	Schaufeldeckel	Blattdeckel, Bugdeckel, Schabelappen u. a.	
Vorderhesse		Hesse, Vorderes Beinfleisch, Wadenfleisch u.a.	

6

27.3 Verarbeitungsfleisch

Alle Fleischteile, die nicht dem Verkauf oder der weiteren Bearbeitung zugeführt werden, sind entsprechend ihrem Fleisch-Fett-Verhältnis sowie ihrem Anteil an Sehnen zu klassifizieren. Diese Fleisch-Fett-Sehnen-Wertsortierung ist Voraussetzung für

- eine rationelle Wurstherstellung bei gleichbleibender Qualität,
- eine wirtschaftliche Kalkulation,
- eine Überprüfung der Rezepturen hinsichtlich der in den Leitsätzen formulierten Vorgaben (▸ S. 628 ff.).

27.4 Steaks

Sofern die Tierart nicht angegeben ist, handelt es sich bei Steaks um Rindfleisch.

Als Kurzbratstücke entsprechen Steaks der heutigen Verbrauchererwartung. Sie werden im Wesentlichen aus vier Teilstücken gewonnen:

- Roastbeef
- Filet
- Hüftstück
- Hochrippe

Die Leitsätze erklären u.A. folgende weitere drei Fleischteile:

- Roastbeef
  10. Brust- bis 6. Lendenwirbel, die schiere äußere Muskulatur
- Große Lende
  1. bis 6. Lendenwirbel, die gesamte Lende: Roastbeef und Filet mit Knochen
- Rundes Roastbeef
  6. bis 9. Brustwirbel, die schiere äußere Muskulatur im Bereich der Hochrippe

6

Steaks vom Rind		
Bezeichnung	**Gewicht in g**	**Herkunft**
Roastbeef, Hüfte		
Rumpsteak	ca. 150–200	Scheiben aus dem Roastbeef und dem unmittelbar anschließenden Teil der Hüfte (10. Brust- bis 3. Kreuzbeinwirbel)
Hüftsteak	ca. 150-200	aus der Hüfte, ohne Knochen
Sirloin-Steak	ca. 300-400	Scheiben aus dem Roastbeef und dem anschließenden Teil der Hüfte (10. Brust- bis 3. Kreuzbeinwirbel)
Entrecôte	ca. 150-200	aus dem runden und dem flachen Roastbeef (6. Brust- bis 6. Lendenwirbel)
Porterhouse-Steak	ca. 700-1000	Steaks aus der großen Lende, stets Filet und Knochen einschließend (häufig aus dem Bereich 4. bis 6. Lendenwirbel)
T-Bone-Steak	ca. 400-600	Steaks aus der großen Lende, stets Filet und Knochen einschließend (häufig aus dem Bereich 1. bis 3. Lendenwirbel)
Club-Steak	ca. 120-180	Scheibe aus dem hinteren Teil einer Hochrippe oder dem vorderen Teil eines Roastbeefs (8. bis 13. Brustwirbel)
Rib-Eye-Steak	ca. 200-300	aus dem runden Roastbeef (Hochrippe, 6. bis 9. Brustwirbel)
Filet		
Filetsteak	ca. 150-200	eine Scheibe aus dem Filet (meist aus dem Mittelstück)
Tournedos	ca. 150-200	Scheiben aus dem Filet
Chateaubriand	ca. 250-400	aus dem Filetmittelstück oder dem Filetkopf/doppeltes Filetsteak
Filet mignon	ca. 80-100	Scheiben aus der Filetspitze
Keule		
Beefsteak	ca. 150-200	aus der Keule
Kluftsteak	ca. 120-200	aus der Oberschale
Hüftsteak	ca. 150-200	aus der Hüfte (Blume)

Die Steaks sollten grundsätzlich aus „abgehangenen“ (gereiften) Fleischstücken geschnitten werden. Der Mürbeschneider sollte nur in Ausnahmefällen eingesetzt werden.

Das Bindegewebshäutchen ist nach Möglichkeit erst kurz vor dem Zuschneiden zum Verkauf zu entfernen. Dieser Vorgang wird auch als Entvliesen bezeichnet. So wird gewährleistet, dass die Kunden höchstmögliche Qualität angeboten bekommen.

Die BSE-Verordnung (999/2001) besagt, dass die Wirbelsäule erst bei Tieren ab dem 30. Lebensmonat zu entfernen ist. Demzufolge können Steaks von Tieren, die jünger als 30 Monate sind, auch mit Wirbelkörpern angeboten werden (▸ Tab. Seite 262).

Roastbeef und Filet

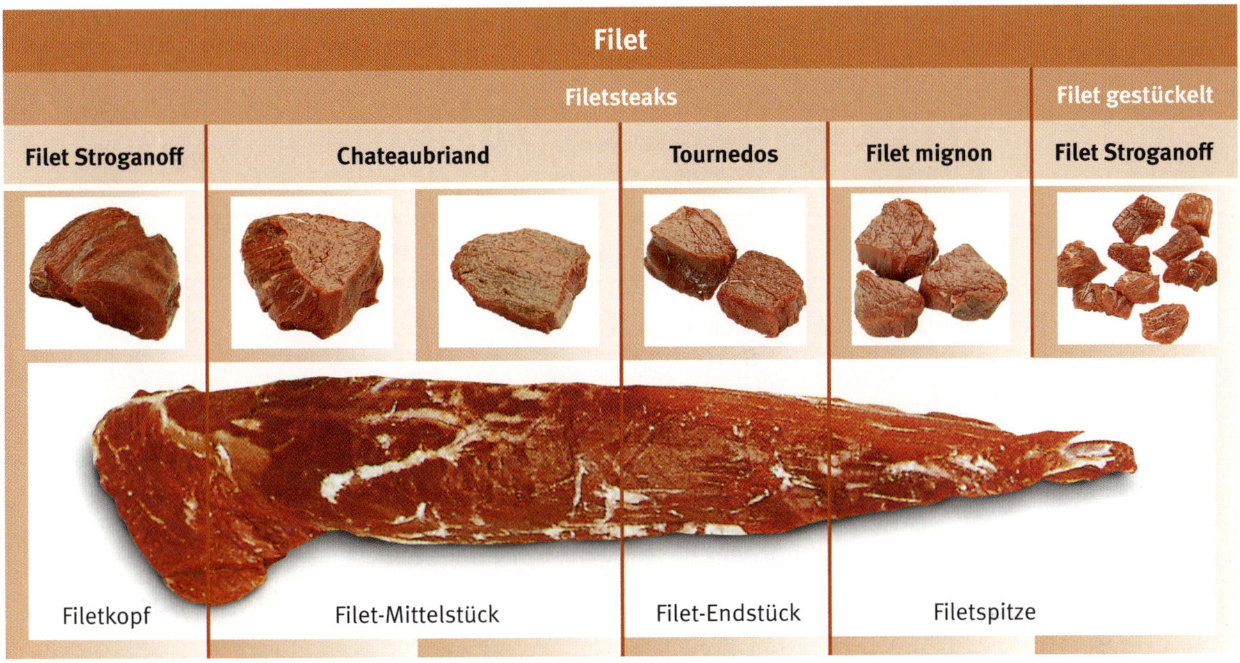

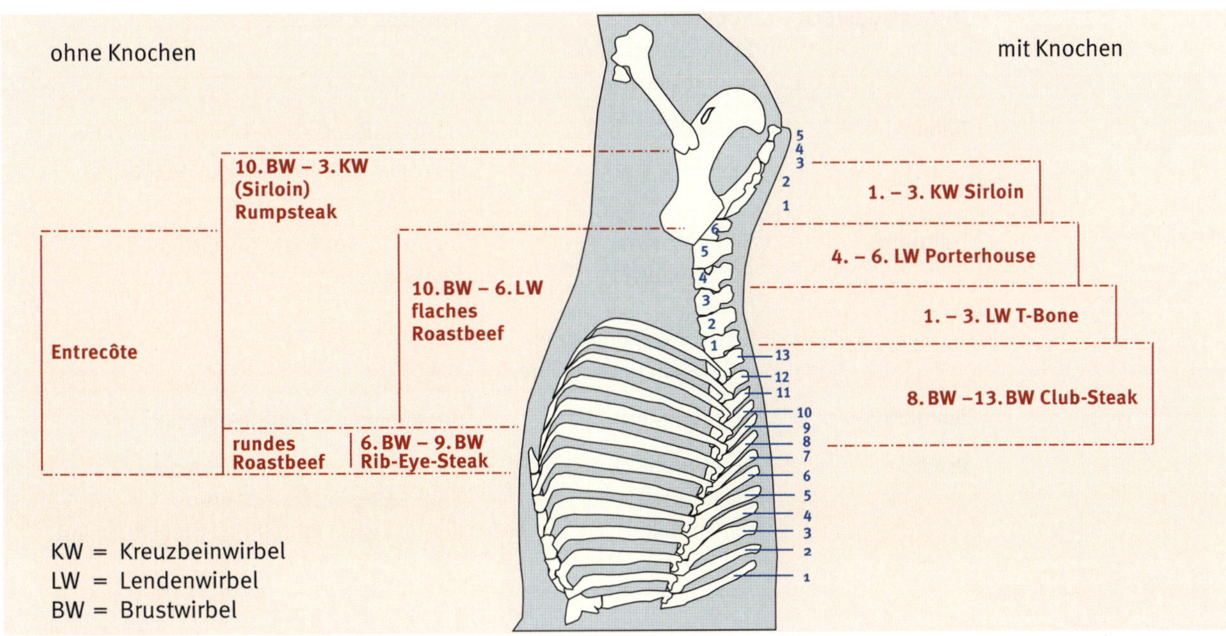

Steaks nach den Leitsätzen für Fleischteilstücke

Die größere Gewichtsangabe in der Tabelle basiert jeweils auf dem handelsüblichen Verkaufsgewicht im Frischfleischverkauf. Die geringere Gewichtsangabe spiegelt die Trendwende in der Verbrauchererwartung und in der Gastronomie wider. Das Fleisch wird als „Beilage“ innerhalb eines Menüs gesehen und somit sind die kleineren Portionen gerechtfertigt.

27.5 Verwendungsmöglichkeiten für Rindfleisch

In der unten stehenden Tabelle wird nur ein Teil der Verwendungsmöglichkeiten der Fleischteile aufgeführt, da diese regional sehr unterschiedlich sein können. Es werden deshalb Standardgerichte genannt. Rindfleisch ist in der Faser sehr kräftig und somit weniger zart. Häufig sind zähes Bindegewebe und ein erhöhter Fettanteil Grund dafür, Rindfleisch als Koch- bzw. Suppenfleisch zu verwenden (▸ S. 161).

Vorderviertel	Frischfleischverkauf	Zuschnittformen
Hesse	Suppenfleisch Gulasch (Gastronomie) Beinscheiben	im Stück, Sehnenköpfe und grobe Sehnen entfernen 4..5 cm dick, mit Markknochen
Restbug	Kochfleisch Sauerbraten	 im Stück
Falsches Filet	Bratenstück Spickbraten	ohne Knochen, Sehnenkopf entfernen mit Rückenfettstreifen spicken
Schaufelstück	Suppenfleisch Gulasch Sauerbraten Rollbraten	ohne Knochen, Sehnenkopf entfernt im Stück
Schaufeldeckel	Gulasch Rollbraten	 Spannsehne entfernt
Dickes Bugstück	Rouladen Schmorbraten Sauerbraten	Vorsicht: dicke Sehne
Kamm	Gulasch Rollbraten	dicke Nackensehne, blutdurchzogene und drüsenbehaftete Teile entfernen, im Stück
Fehlrippe	Schmorbraten Suppenfleisch Sauerbraten Steaks (aus dem Kernstück) von jungen Tieren	im Stück, Spannsehne entfernen mit Knochen
Spannrippe	Suppenfleisch	mit Knochen, kleine Teilstücke
Brust	Suppenfleisch Kochfleisch Pökelbrust	mit Knochen, kleine Teilstücke übermäßiges Fett entfernen überwiegend Mittelbrust ohne Knochen

6

27.6 Etikettierung von Rindfleisch

Seit dem 1. September 2000 ist die Rindfleischetikettierung vorgeschrieben. Grundlage ist die Verordnung (EG) 1760/2000 bzw. das Rindfleischetikettierungsgesetz und die Rindfleischetikettierungsverordnung.

Damit darf Rindfleisch nur noch vermarktet werden, wenn Angaben zur Geburt, Mast, Schlachtung und Zerlegung des Rindes, von dem das Fleisch stammt, gemacht werden.

Durch diese Maßnahmen wird die Rückverfolgbarkeit von Rindfleisch von der Laden-

Rückverfolgbarkeit bis zum Einzeltier (Herkunft Deutschland) Vorderviertel					
Erzeugung	DE 1 20 37 11				Ohrmarkennummer des Tieres
Schlachtung	3520				Schlachtnummer (Schlachthälfte)
Zerlegung	5210				Betriebseigene Nummer für jeden Schlachtkörper
	Jungbulle 1	Ochse 2	Färse 3	Kalb 4	(Differenzierung nach Kategorie und Herkunft)
	Oberschale 1	Roastbeef 2	Bug 3	Filet 4	
Teilstück (z B. Jungbulle)	5210-1-1	5210-1-2	5210-1-3	5210-4	
Einzelhandel Fleischerei-fachgeschäft Ladentheke	**„Deutsches Jungbullenfleisch“ 52 101**				

Beispiele für die Rückverfolgbarkeit

Rückverfolgbarkeit bis zu einer Gruppe von Einzelteilen (Herkunft Deutschland) Chargenbildung		
Erzeugung	DE 1 20 37 11 DE 1 10 37 20 DE 1 10 50 30 DE 1 10 50 45	Ohrmarkennummer
Schlachtung	43 20 43 21 43 22 43 23 } Liefercharge **100**	Schlachtnummer bezogen auf die Ohrmarkennummer und Lieferchargenbildung
Zerlegung	100 101 102 103 } Charge **100**	Bildung einer Charge von Teilstücken aus Schlachtkörpern verschiedener Lieferchargen eines Schlachthofs
Einzelhandel Fleischerei-fachgeschäft	350 380 } **„Deutsches Rindfleisch“ 200**	*Quelle: nach aid*

Beispiele für die Rückverfolgbarkeit

theke bis zum Stall sichergestellt – im Sinne des Verbraucherschutzes. Dabei ist die lückenlose Verbindung zwischen Ohrmarken-, Schlacht-, Zerlege- und Identifikationsnummer des Rindfleisches im Einzelhandel oder beim Fleischer wichtig.

Von dieser gesetzlichen Regelung wird frisches, gekühltes und gefrorenes Rind- und Kalbfleisch erfasst – unabhängig von der Form des Inverkehrbringens.

Die für die Verbraucher wichtigen Informationen über Rindfleisch können folgendermaßen übermittelt werden:

- Etikett auf der Fleischverpackung
- eindeutig zuzuordnendes Schild beim losen Fleisch in der Theke
- Aushang im Verkaufsraum

Bei jeder Etikettierung muss eine Referenznummer (Ident-Nummer) angegeben sein, die die Rückverfolgbarkeit des etikettierten Fleisches gewährleistet.

Bei zusätzlichen Angaben, z. B. Kategorie („Jungbulle"), Haltung und Fütterung („Weidemast"), muss ein „genehmigtes Etikettierungssystem" angewendet werden (▸ Abb. unten). Bei handwerklich ausgerichteten Fleischereien sind diese Systeme weniger üblich.

Die Einhaltung der Vorschriften für genehmigte Etikettierungssysteme wird von privaten neutralen Kontrollstellen überprüft. Diese werden von der Bundesanstalt für Landwirtschaft und Ernährung hinsichtlich ihrer Funktionsfähigkeit in regelmäßigen Abständen überprüft.

Pflichtverletzungen bei der Rindfleischetikettierung werden mit Ordnungsgeldern bis zu 25.000 € geahndet, in schwerwiegenden Fällen erfolgt eine strafrechtliche Verfolgung.

27.7 Sortierung nach Standards

Wie beim Schweinefleisch hat sich auch beim Rindfleisch die Klassifizierung der Qualitätsstandards in drei Kategorien nach den Leitsätzen nicht als günstig erwiesen. Die Einteilung in fünf Kategorien ist in der Handhabung effizienter und für die Anwender leichter nachvollziehbar (S. Einband).

Beispiel für ein Etikett

Kopfzeile
mit Namen und/oder Logo und der EU-Zulassungsnummer des für die Angaben auf dem Etikett Verantwortlichen sowie Angabe des genehmigten Etikettierungssystems.

Kategorie/Fleischart
z. B. Jungrind, Jungbulle, Bulle, Färse, Ochse, Kuh, Kalb, gemäß der Handelsklassenverordnung für Rindfleisch.

Schlachtalter
Das Schlachtalter wird über die Kategorie/Fleischart definiert.

Herkunft
Herkunft, Geburt in, Mast in: Ländername
geschlachtet in, zerlegt in: Ländername
sowie Zulassungsnummer des Schlacht- und Zerlegebetriebes

Charge/Ident-Nr.
Sie ermöhlicht die Rückverfolgbarkeit des Fleisches entweder auf das betreffende Einzeltier oder auf eine Gruppe von Tieren.

Artikel/Teilstück
individuelle Vereinbarungen der Marktpartner hinsichtlich der Benennung des Teilstückes

Zusätzliche Verbraucherinformationen
Verpackungsdatum und MHD

Metzgerei Muster Musterhausen
Orgainvent Nr.: 10001-4000007

D ES 184 | D EZ 156 | **DE-05-1995-BLE9-0001-0**

Kategorie/Fleischart **Jungbulle**	Herkunft: **Deutschland** Geburt in: **Deutschland** Mast in: **Deutschland**
Charge/Ident-Nr. **B0101322**	geschlachtet in: **Deutschland ES 184** zerlegt in: **Deutschland EZ 156**
Artikel/Teilstück **Dicker Bug**	

verpackt am: 03.01.20xx
mindestens haltbar bis: 03.02.20xx bei 0–5 °C

27.8 Dry-aged Beef

Dry-aged Beef ist trocken am Knochen gereiftes Rindfleisch. Dazu wird fast ausschließlich der Rinderrücken eingesetzt. Es versetzt Fleischliebhaber in Aufregung, da diese Steaks für sie die besten der Welt sind, das Nonplusultra.

Dry-aged Beef – ein altes Produkt in neuem Gewand? Rindfleisch am Knochen reifen zu lassen, ist das älteste Verfahren der Fleischreifung. Bis zur Mitte der sechziger Jahre des letzten Jahrhunderts ließ jeder Fleischer die Rinderpistolen nach Möglichkeit in einem separaten Kühlhaus zwei bis drei Wochen bei +2° C und 70 – 90%iger Luftfeuchte reifen. Die Rinder wurden i. d. R. montags geschlachtet. 17 Tage später wurden die Rinderpistolen zerlegt, um die Braten- und Steakfleischstücke für das bevorstehende Wochenende für den Verkauf im Laden vorzubereiten. Somit konnten der Bauchlappen und vor allem das Rindervorderviertel frisch und zeitnah nach der Schlachtung für Suppenfleisch, Hackfleisch und Fleischmaterial für die Wurstherstellung gewonnen werden. Die „Revolution“ setzte vor ca. 50 Jahren mit der Entwicklung und Verbreitung der Vakuumverpackungsmaschinen ein. Damit war der Fleischer in der Lage, das gesamte Rindfleisch schon ein bis drei Tage nach der Schlachtung zu zerlegen und verkaufsfertig zuzuschneiden. Er konnte somit alle anfallenden Zuschnitte frisch verarbeiten, besser die Kühlkapazitäten ausnutzen und gezielt die Reifedauer einzelner Fleischteile steuern. Der Begriff Wet-aged (Nassreifung) war „geboren“ (▸ S. 119).

Bald nach der Jahrtausendwende kam in Deutschland das alte Verfahren des „Abhängens“, des Trockenreifens von Rindfleisch wieder in den Blickpunkt. Möglicherweise durch Impulse aus den USA, aber sicher auch aus einer in Deutschland gewonnenen Erkenntnis, dass hiesiges Fleisch unter Wert vermarktet wird. Es wurden extra Schauschränke entwickelt, in denen ganze Rinderrücken präsentiert werden, die fast ausschließlich von deutschen Färsen mit einer guten Fettabdeckung und Fettmarmorierung stammen. In Hamburg hat ein 5 Sterne Hotel seine Restaurantspeisekarte auf Dry-aged Beef ausgerichtet und im Hoteleingang über mehrere Meter Kühlschränke mit Rinderrücken platziert.

Bezogen auf wissenschaftliche Erkenntnisse konnte die Hochschule Ostwestfalen Lippe, Fachbereich Fleischtechnologie, Folgendes zu Dry-aged Beef feststellen:

- Gezielte Marketingmaßnahmen sind der eigentliche Schlüssel des Dry-aged-Beef-Erfolgs. Das allseitige Interesse an Dry-aged Beef liegt stark im Trend, ist aber im Großen und Ganzen wenig fundiert.
- Die Trockenreifung (das Abhängen) bringt keinen wesentlichen Nutzen für die Fleischqualität.
- Nach den Untersuchungen der Hochschule gibt es keine großen Unterschiede zwischen der Reifung im Reifeschrank und den anderen Methoden.
- Insgesamt sei die Beschaffenheit des Fleisches wichtiger als das Reifeverfahren.
- Wenn es um die Aromabildung geht, sei eine längere Reifung von vier bis maximal 6 Wochen sinnvoll.
- Die Zartheit von Rindfleisch ist nach drei bis maximal vier Wochen bei der traditionellen Reifung optimal.
- Bei den mikrobiologischen Daten lassen sich den Untersuchungen zufolge leichte Unterschiede zwischen dem im Kühlraum und im Reifeschrank trocken gereiften Fleischproben erkennen.

Weiter ist festzustellen:
- Vakuum gereiftes Fleisch hat einen niedrigeren pH-Wert und schmeckt somit etwas säuerlicher.
- Dry-aged Beef verliert durchschnittlich täglich ca. 0,3 % vom Ausgangsgewicht (Kaltschlachtgewicht).
- Beim endgültigen Zuschnitt des Dry-aged Beefs am Ende der Reifung muss je nach Zuschnitt und Knochenanteil nochmals von einem **Verlust von 40 bis 60 %** ausgegangen werden.
- Alle Zuschnitte sind aufgrund der besonderen Keimsituation nachweislich zu entsorgen.
- Dry-aged Burger müssen ein absolutes Tabu sein, sie sind ein brandgefährliches Produkt und auch in Bezug auf die Kreuzkontamination unberechenbar.

6

Komplexe Aufgaben

Helfen Sie Björn bei der Vorbereitung der Veranstaltung „Tag der offenen Tür" in der Fleischerei Nusse.

1. Fertigen Sie eine „Mindmap" an, bei der Sie folgende „Hauptäste" berücksichtigen sollten:
   - organisatorischer Ablauf
   - hygienische Belange
   - Arbeitsmittelbereitstellung
   - Präsentationsmöglichkeiten

2. Zerlegen Sie ein Rinderhinterviertel.
   a) Stellen Sie das Gewicht der einzelnen Fleischteile und ihren prozentualen Anteil am Gesamtgewicht fest. Vergleichen Sie die Ergebnisse mit denen der Fachliteratur und bewerten Sie die gewonnenen Ergebnisse. (Hierzu wird das Praxis-Handbuch „Zerlegen Standardisieren Kalkulieren" vom DFV empfohlen.)
   b) Ermitteln Sie anhand der gewonnenen Zerlegewerte und der aktuellen Marktpreise für Schlachtfleisch den Bruttopreis je kg Rindfleisch.
   c) Fertigen Sie unter Beachtung der allgemeinen Bewertungssätze eine Preiskalkulation für die einzelnen Fleischteile vom Rind an.

Aufgaben zur Wiederholung

6

1. Beschreiben Sie die Arbeitsschritte bei der Zerlegung des Vorder- und Hinterviertels vom Rind. Nennen Sie die dabei entstandenen Fleischteile und Knochen.
2. Ordnen Sie die bei der Zerlegung eines halben Rindes anfallenden Fleischteilstücke verschiedenen Zubereitungsverfahren (Kurzbrat-, Brat- und Kochfleisch) zu.
3. Begründen Sie die Notwendigkeit, bei der Zerlegung nach Möglichkeit den Verlauf der Vliese zu nutzen.
4. Begründen Sie die Notwendigkeit der Einführung der Rindfleischetikettierung aus der Sicht der Fleischwirtschaft und aus der Sicht der Verbraucher.

Ausgewählte Fachrechenaufgaben

1. Ein Rind hat ein Kaltschlachtgewicht von 256 kg. Wie schwer sind die beiden Roastbeefs mit Filets, wenn der prozentuale Anteil 8,2 % beträgt?

2. Bei der Zerlegung eines Rinderbuges mit einem Gewicht von 26,400 kg wurden folgende Gewichtsanteile registriert:
   - dickes Bugstück 11,750 kg,
   - falsches Filet 2,350 kg,
   - Schaufelstück 3,550 kg und
   - Knochen 6,675 kg.

   Der Rest wurde als Produktionsfleisch verwendet. Berechnen Sie die prozentualen Anteile der einzelnen Fleischteile sowie der Knochen.

3. Fleischerei Nusse arbeitet mit einem Warenwirtschaftsprogramm. Im Rahmen der Materialwert-Kalkulation pflegt Meister Nusse regelmäßig seine Daten. In dem Zusammenhang werden in dieser Woche vier Färsenhinterviertel verwogen und im Warenwirtschaftsprogramm kalkuliert.

   Die **Materialwert-Kalkulation** hat das Ziel, die einzelnen Fleischteile entsprechend ihrem Wert zu berechnen. Es geht bei dieser Berechnung nicht um eine Verkaufskalkulation. Am Ende der Materialwert-Kalkulation, wenn alle Endbeträge für die einzelnen Fleischteile addiert werden, sollte (muss nicht absolut stimmig sein) der Einkaufswert (Einkaufspreis) wiedererzielt werden. Sind größere Abweichungen im Preis aufgetreten, so lässt sich diese Abweichung durch die Veränderung der

Fleischwertpunkte für das eine oder andere Fleischteil verringern.
Wird bei der Materialwert-Kalkulation der Einkaufspreis übertroffen, so wird dies als Überdeckung bezeichnet. Entsprechend wird von einer Unterdeckung gesprochen, wenn der Materialwert unter dem Einkaufspreis liegt. Vom kaufmännischen Gesichtspunkt betrachtet, sollte immer eine leichte Überdeckung erzielt werden.

Was sind Fleischwertpunkte und wie werden sie ermittelt?
Fleischwertpunkte (FWP) bilden ein Bewertungssystem entsprechend dem Wert der einzelnen Fleischteile. Sie werden durch eine Befragung (Erhebung) von verschiedenen Fleischereien ermittelt.
FWP sind Durchschnittswerte, mit denen die einzelnen Fleischteile in ihrem Materialwert eingestuft und bewertet werden. So hat z. B. ein Filet mit 270 FWP die höchste Bewertung und R V (Verarbeitungsfleisch) die geringste Bewertung.
Jeder Betrieb hat die Möglichkeit, im Rahmen der Materialwert-Kalkulation seine Fleischteile individuell zu bewerten. Ein Fleischerfachgeschäft, das aufgrund seiner Lage und Kundenstruktur wenig Rinderfilet verkaufen kann, bewertet dieses niedriger und dafür aber die Oberschale ohne Deckel höher, weil seine Kunden Rouladen stark nachfragen. Somit sind die FWP auch ein Steuerungselement.
In der Materialwert-Kalkulation werden Knochen, Fett und Sehnen sowie der Zerlegeverlust nicht bewertet.
Die gesamte Materialwert-Kalkulation ist, auf die Mengenberechnung bezogen (Spalte drei von links, Tabelle ▸ S. 270), auf 100 % aufgebaut. Das bedeutet, dass z. B. das Gesamtgewicht der Dünnung ohne Knochen von 4 Hintervierteln in Höhe von 43,6 kg umgerechnet wird auf 100 % = 14,21 % für die Dünnung.

306,8 kg HV = 100 % HV
43,6 kg Dünnung = x % Dünnung
x = 14,21 %

In der weiteren Kalkulation lässt sich somit sagen, dass bei 100 kg Hintervierteln die Dünnung ein Gewicht von 14,21 kg aufweisen würde.
Die Berechnung auf 100 % bzw. 100 kg ist nötig, um Vergleichskalkulationen mit anderen gleichen Schlachttierkörpern durchzuführen und dies wiederum mit den Ergebnissen der Vorwochen und Vormonate zu vergleichen.

Die **Materialwert-Kalkulation** ist so aufgebaut, dass die Gewichte der einzelnen Fleischteile während der Zerlegung der vier Färsenhinterviertel von den Gesellen in die Tabelle ▸ S. 270 eingetragen werden.

Berechnen Sie
a) den prozentualen Gewichtsanteil der einzelnen Fleischteile in der Spalte *„Menge %"* (Gesamtgewicht aller Färsenhinterviertel = Grundwert),
b) für die einzelnen Fleischteile den jeweiligen *„Materialwert €/kg"* (Einkaufspreis von 5,40 € ohne MwSt. entspricht 100 FWP, somit ist ein FWP = 0,054 €),
c) durch die Multiplikation von *„Menge %"* mit *„Materialwert €/kg"* den *„Materialwert €-Gesamt"* für die einzelnen Fleischteile,
d) durch Addieren der rechten Spalte *„Material €-Gesamt"* das *„Ist-Ergebnis"*,
e) das *„Soll-Ergebnis"*, indem Sie den Einkaufspreis mit 100 kg multiplizieren,
f) die Differenz zwischen *„Ist-Ergebnis"* und *„Soll-Ergebnis"* (=„Über- bzw. Unterdeckung"),
g) durch Addition der Prozentzahlen, die auch mit FWP belegt sind, in der Spalte *„Menge %"* die *„Kostenträger in %"*,
h) durch Division der *„Über-/Unterdeckung"* mit den Kostenträgern die *„Über-/Unterdeckung je kg – Kostenträger"*.

FLEISCHEREI nusse	**Materialwert-Kalkulation** **Rind**

Tierart: E **Handelsklasse:** U 2 **Stück:** 4 Hinterviertel
Einkaufspreis je kg: 5,40 € **Einkaufsgewicht:** 306,8 kg **Datum d. Zerlegung:** 24. 7. 20XX

Materialart	**Menge**		**Fleischwertpunkte**	**Materialwert**	
Bezeichnung	**kg**	**%**	**(FWP)**	**€/kg**	**€-Gesamt**
Dünnung ohne Knochen	43,6		55		
R II	3,2		105		
R III	3,2		82		
R V	2,0		35		
Knochen	8,4				
Fett und Sehnen	7,6				
Zerlegeverlust	0,4				
Filet ohne Kette	8,4		270		
Roastbeef ohne Kette	26,8		210		
R II	2,8		105		
R III	4,4		82		
R V	2,0		35		
Knochen	12,4				
Fett und Sehnen	3,6				
Zerlegeverlust	0,4				
Oberschale ohne Deckel	30,4		150		
Steak-Hüfte	15,2		160		
Flache Nuss	8,0		140		
Runde Nuss	13,6		140		
Bürgermeisterstück	5,6		140		
Unterschale mit Rolle	32,8		140		
Tafelspitz	8,4		140		
Gulasch II	8,8		125		
Rosenstück	3,6		125		
R I	5,6		135		
R II	4,8		105		
R III	3,6		82		
R IV	2,8		55		
Knochen	19,2				
Fett und Sehnen	12,4				
Zerlegeverlust	2,8				
Hinterviertel – Gesamt	**306,8**				

Kostenträger ____________________ %

Ist - Ergebnis bei 100 kg ____________ €

Soll - Ergebnis bei 100 kg ____________ €

Über-/Unterdeckung € - Gesamt ____________ €

Über-/Unterdeckung je kg - Kostenträger ____________ €

28 Kalb zerlegen

Das Hotel „Zur Guten Aussicht“ hat bei der Fleischerei Nusse einen größeren Posten ausgelöstes Kalbfleisch bestellt.
Heute wurde das Kalb (U 2) über die Fleischereinkaufsgenossenschaft angeliefert. Die Auszubildende Sabrina soll zusammen mit ihrem Fleischermeister Matthias Nusse diesen Tierkörper zerlegen.
Der Meister erklärt Sabrina, wann ein Tier als Kalb klassifiziert wird und in welchen Handelsklassen es angeboten wird.
Sabrina weiß, dass zunächst die Grobzerlegung durchgeführt werden muss. Sie fragt Meister Nusse, nach welchen Richtlinien Kälber weiter zerlegt werden und was sie zum Thema Arbeitsschutz beachten muss.

Zerlegetechnisch ergeben sich beim Kalbfleisch viele Gemeinsamkeiten mit dem Rindfleisch. Allerdings sind einige Besonderheiten zu berücksichtigen, die nur in der Bearbeitung des Kalbfleisches auftreten.

Bei der Grobzerlegung von Kalbfleisch ist nach der DLG-Schnittführung zu verfahren, während bei der Feinzerlegung und dem Entknochen auch hier die qualitätsgerechte DFV-Schnittführung angewendet werden sollte.

28.1 Grobzerlegung

Da Kälber aufgrund ihres Schlachtgewichts (teilweise bis zu 175 kg) nicht gut im Ganzen zu transportieren sind, werden sie im Fleischgroßhandel halbiert oder geviertelt. Der Trennschnitt in VV und HV kann im Bereich der 4. bis 7. Rippe erfolgen.

Kälber unter 100 kg Schlachtgewicht ermöglichen die Bereitstellung des „doppelten Kalbsrückens“. Der Tierkörper und damit auch der Rücken verbleibt im Ganzen, eine Spezialität für die gehobene Gastronomie.

Grobzerlegung Kalbshinterviertel

- Dünnung abtrennen (bei der Anfertigung des Kalbsnierenbratens wird nur der Schliem von der Keule getrennt)
- Filetkopf vom Beckenknochen lösen
- Rücken mit Filet und Dünnung zwischen sechstem Lendenwirbel und Kreuzbeinwirbel absetzen

Grobzerlegung Kalbsvorderviertel

- Bug dem Vlies nach von Brust und Hals abtrennen
- Brust und Hals/Nacken brustseitig parallel zur Rückenmarklinie etwa 5 cm entfernt davon trennen

Fleischteile des Kalbes

(1) *Vorderhaxe*
(2) *Bug*
(3) *Hals*
(4) *Brust*
(5) *Rücken*
(6) *Dünnung*
(7) *Nuss*
(8) *Unterschale/Frikandeau mit Rolle*
(9) *Hüfte*
(10) *Oberschale*
(11) *Hinterhaxe*

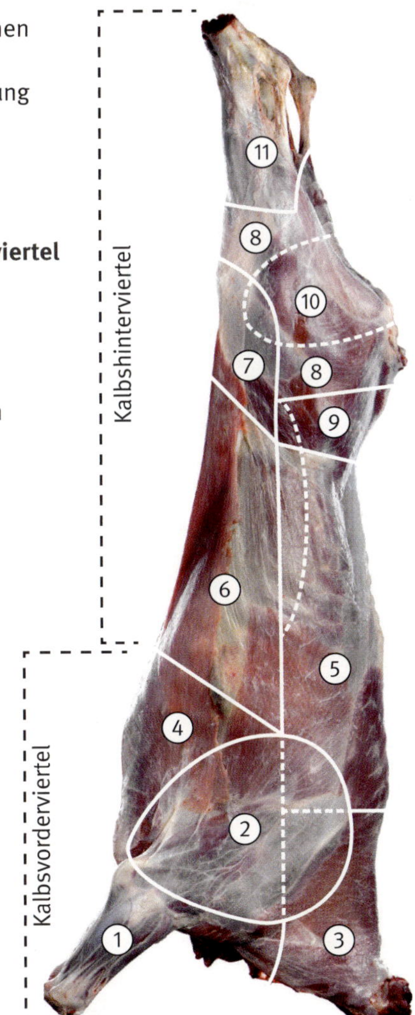

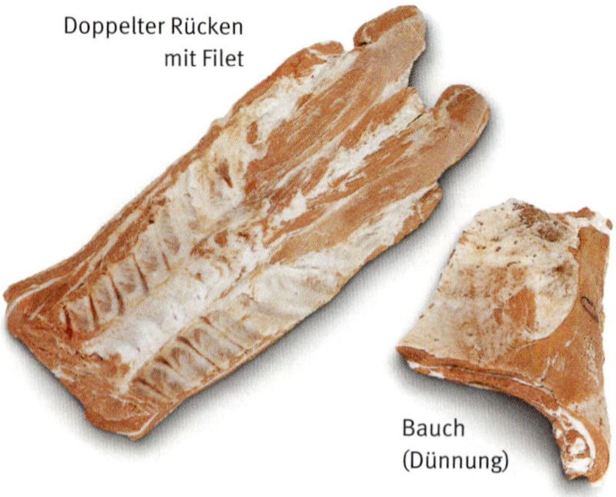

Doppelter Rücken mit Filet

Bauch (Dünnung)

Grob zerlegte Teilstücke des Kalbshinterviertels

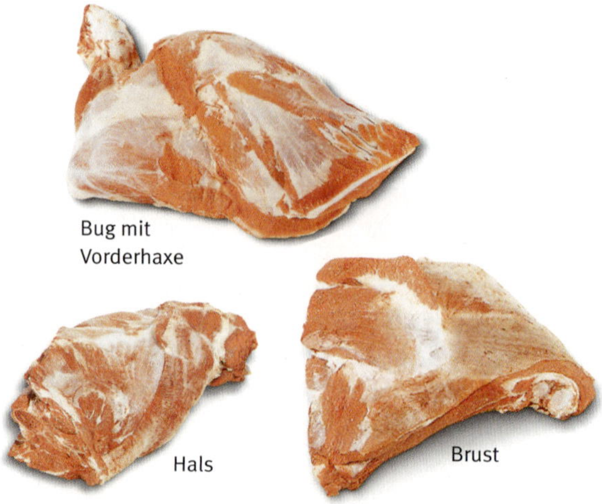

Bug mit Vorderhaxe

Hals

Brust

Grob zerlegte Teilstücke des Kalbsvorderviertels

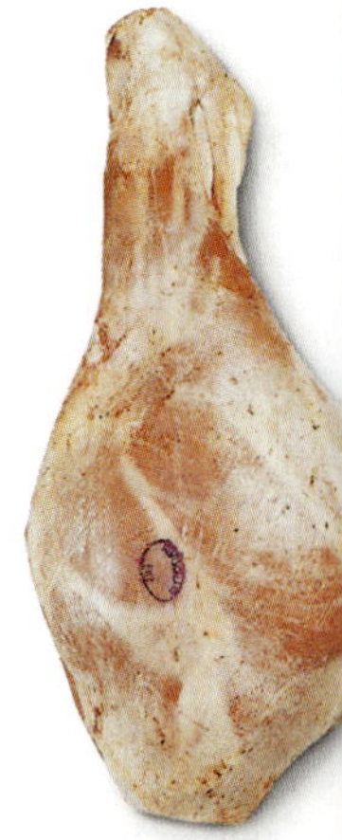

Keule

Dicke Wade

Schwanzstück mit Kalbstafelspitz

Rundes Schwanzstück

Fleischteile der Kalbskeule

Hinterhaxe

Oberschale ohne Deckel

Kugel

Blume

Vorderhaxe mit Knochen

Dicker Bug mit Schaufelstück

Falsches Kalbsfilet

Hals ohne Knochen

Kalbsnierenstück

Kalbsbrust ohne Knochen

28.2 Ausbeinen und Zerlegen der Teilstücke

Größere und damit schwerere Kälber werden wie Rindfleisch zerlegt.
Kleinere Kälber werden häufig für bestimmte Produkte auf spezielle Art und Weise zerlegt, wie nachfolgend beschrieben.

Keule

- Hinterhaxe zwischen Unterbein- und Oberbeinknochen dem Vlies nach abtrennen
- Kreuzbeinwirbel abtrennen
- Beckenknochen herauslösen, wobei der hüftseitige Teil sauber von der Knochenhaut gezogen wird
- Oberschale in der Naht zwischen Oberschale und Nuss sowie zwischen Ober- und Unterschale abtrennen
- Oberbeinknochen und Nussknochen herauslösen
- Keule weiter zerlegen wie die Rinderkeule (► S. 260)

Bug

- Vorderhaxe zwischen Unter- und Oberarmknochen abtrennen
- Gelenk zwischen Oberarm- und Schaufelknochen durchtrennen
- Schaufelknochen beidseitig vorschneiden
- Schaufeldeckel abziehen
- Schaufelknochen herausziehen
- Oberarmknochen kann „hohl“ ausgelöst werden, d. h. ohne seitlichen Einschnitt
- Schulter in die gleichen Teilstücke wie beim Rinderbug aufteilen (► S. 259 f.)

Kalbfleischteilstücke			
DLG-Bezeichnung (Grobzuschnitt)		**Regionale / überregionale Bezeichnungen** (Feinzuschnitt)	
Hinterhaxe			Stotzen (oft auch für die gesamte Keule)
Keule	Oberschale		Hohes Frikandeau, Langes Frikandeau
	Schwanzstück	Unterschale	Kurzes Frikandeau
		Rundes Schwanzstück	Rolle
	Blume		Kalbshüfte
	Kugel		Kalbsnuss
Kotelett		Rücken, Kalbsrücken, Steakrücken	
Filet		Kalbsfilet, Kalbslende	
Hals		Kalbsnacken, Nacken	
Brust		Kalbsbrust	
Bauch		Kalbsdünnung, Flanke, Dünnung	
Bug		Dickes Bugstück	Dicker Bug, Dicke Schulter
		Schaufelstück	Schaufelbraten, Schaufelbug
		Falsches Filet	Falsche Lende, Schmale Schulter, Runder Bug
Vorderhaxe		Haxe, Hacke, Kalbsstelze	

6

Rücken
Zur Herstellung eines Kalbsnierenbratens verbleibt die Fleischdünnung zu zwei Dritteln am Rücken, ansonsten wird sie zwei Finger breit über dem Kernstück des Koteletts sauber abgetrennt.

- Filet sauber vom Nierenstück abtrennen und von anhaftendem Fett befreien
- Jetzt wird entschieden, ob der Rücken als Kotelett oder ein Teil als Kalbsnierenbraten angeboten wird
- Kotelett: Knochen verbleiben im Fleisch, ansonsten sauber beschneiden
- Kalbsnierenbraten: Lendenwirbel sauber aus der Knochenhaut herausschälen. Achtung: keine Knorpelreste am Fleisch belassen! Filet (oder ohne Filet) und Kalbsnieren wieder in den Rücken einlegen, die Dünnung um den Rücken rollen und das Ganze mit Bindegarn wickeln

Brust, Knochendünnung
Je nach Bedarf kann beides als „Ragout" (Kalbsbrust wie gewachsen) oder aber als „Kalbsbrust zum Füllen" angeboten werden. In beiden Fällen verbleiben die Knochen im Fleisch, nur die Zuschnitte entsprechen dem Verwendungszweck.

28.3 Kalbfleischspezialitäten

Kalbfleisch gilt als Delikatesse und hat in der diätetischen Ernährung wie auch in der gehobenen Gastronomie seinen festen Platz. Durch seine Vorzüge wie

- fettarm, helle Farbe,
- zarte und saftige Konsistenz,
- leicht verdaulich,
- sehr kurze Zubereitungszeiten,
- schmackhaft und
- vielseitig verwendbar

werden immer mehr Kunden aufmerksam und verlangen verstärkt nach Kalbfleisch und daraus hergestellten Spezialitäten.

Tenderons: eine Scheibe Kalbsbrust, Rippe auslösen, Fleisch um die Rippe binden
Arrostini: Die Kalbsbrust auslösen, rollen, in Scheiben schneiden und mit Räucherspeck belegen
Saltimbocca: Kalbsschnitzel mit Parmaschinken und Salbei belegen
Cordon bleu: doppelt geschnittene Kalbsschnitzel, mit Käse und Kochschinken gefüllt
Osso buco: ein sehr schmackhaftes Gericht aus der Lombardei (reichste Gegend Italiens): geschmorte Beinscheiben der hinteren Haxe
Noisettes: Schnitzel aus der Kalbsnuss

Saltimbocca

Osso buco

Rezeptbeispiel:
Osso buco alla Milanese

Materialeinsatz:
4 Scheiben Kalbshaxe, ca. 4 cm dick
50 g Butterschmalz
1/2 Zwiebel
1 El. Mehl
100 ml trockener Weißwein
1 Bd. Petersilie
2 Knoblauchzehen
200 g Tomaten aus der Dose
abgeriebene Schale einer halben Zitrone
1 Sardellenfilet (muss nicht sein)

Herstellungsablauf
- In einer Pfanne das Butterschmalz erhitzen.
- Das Fleisch in Mehl wenden und von beiden Seiten gut anbraten.
- Nach und nach den Wein zugießen und verdampfen lassen.
- Die Tomaten durch ein Sieb streichen und zu dem Fleisch geben.
- Zugedeckt bei schwacher Hitze ca. 1½ Stunden gar schmoren, bis sich das Fleisch vom Knochen zu lösen beginnt.
- Dabei öfter wenden, wenn nötig, etwas heißes Wasser zugießen. Die Soße soll hierbei sämig werden.
- Die gehackte Petersilie mit der Zitronenschale und dem zerdrückten Knoblauch mischen, evtl. Sardellenfilet dazugeben und diese Mischung auf die Fleischscheiben verteilen.
- Das Fleisch nicht mehr wenden und noch weitere 5 Minuten bei schwacher Hitze ziehen lassen.
- Unbedingt heiß servieren, da das Mark kochend heiß am besten schmeckt.

28.4 Verwendungsmöglichkeiten für Kalbfleisch

In Geschmack und Gefüge hebt sich das zarte, milde und fettarme Kalbfleisch deutlich vom Rindfleisch ab. Es wird somit vorrangig zu Kurzbratstücken verwendet.

28.5 Sortierung nach Standards

In der Praxis wird Kalbfleisch nach den gleichen Kriterien wie Rindfleisch sortiert, dabei entfällt die Fleischwertklasse V (▸ S. 267).

Verwendungsmöglichkeiten für Kalbfleisch		
Fleischteil	**Frischfleischverkauf**	**Weitere Be-/Verarbeitung zu**
Dünnung	Frikassee	preiswertem Rollbraten, Kalbfleischleberwurst
Rücken	Kalbskotelett, Kalbsrückensteaks	Kalbsnierenbraten, Rollbraten
Filet	Filetmedaillons, Fondue, Braten	
Vorderhaxe/ Hinterhaxe	Schmorbraten, Gulasch, Grillhaxe, Osso buco	
Oberschale	Schnitzel, Braten, Rouladen, Geschnetzeltes	Wiener Schnitzel, Kalbsröllchen
Frikandeau (Unterschale)	Schnitzel, Braten, Rouladen, Geschnetzeltes	Wiener Schnitzel
Rolle	Medaillons	
Hüfte	Kalbssteaks, Braten	
Nuss	Braten, Schnitzel, Gulasch	Spickbraten
Hals	Kalbsragout fin, Frikassee, Gulasch	Rollbraten
Brust	Kochfleisch, Frikassee	Gefüllter Kalbsbrust, Rollbraten
Dicker Bug	Kalbsschnitzel, Kalbsbraten, Ragout, Gulasch, Frikassee	Rollbraten
Schaufelstück/ Falsches Filet	Ragout, Frikassee, Braten	

Komplexe Aufgabe

Sabrina hat mit Herrn Nusse das Kalb zerlegt und die gewonnenen Teilstücke gewogen.
Sie ist stolz, bei dieser Arbeit mitgemacht zu haben, denn nicht häufig wird Kalbfleisch angeliefert und ausgelöst. Zu folgenden Werten ist sie beim Wiegen gekommen:

KSG bei der Anlieferung: 115,3 kg

Teilstücke:

Hals o. Kn.	6,8 kg*	Kotelett o. Kn.	1,3 kg*
Brust o. Kn.	6,5 kg*	Kotelett m. Kn.	3,6 kg*
Bug o. Kn.	6,4 kg*	Steak-Rücken	1,5 kg*
Haxen	6,2 kg*	Filet	1,3 kg*
KA II	7,5 kg	Nieren	2,8 kg
KA III	18,7 kg	Oberschale	6,3 kg*
Knochen	19,5 kg	Hüfte	1,1 kg*
Fett/ Sehnen	10,5 kg	Nuss	7,3 kg*
		Unterschale	6,3 kg*

a) Errechnen Sie den prozentualen Anteil der einzelnen Positionen am Gesamtgewicht.

b) Errechnen Sie den Zerlegeverlust in kg und in Prozent.

c) Zu welchem Durchschnittspreis je kg kann das Kalbfleisch angeboten werden?
(Berechnung erfolgt unter Zuhilfenahme marktüblicher Preise.)

d) Zu welchem Bruttopreis können die ladentypischen Fleischteile (*) verkauft werden?
(Für die Fleischwertpunkte (Bewertungssätze) von zerlegtem Fleisch wird das Praxishandbuch „ Zerlegen Standardisieren Kalkulieren“ empfohlen.)

6

Aufgabe zur Wiederholung

Erläutern Sie, was man unter folgenden Kalbfleischgerichten versteht:

a) Tenderons
b) Arrostini
c) Cordon bleu
d) Kalbsnierenbraten
e) Noisettes
f) Osso buco
g) Filetmedaillons
h) Saltimbocca

Ausgewählte Fachrechenaufgaben

1. Eine Kalbshälfte von 76 kg Kaltschlachtgewicht liefert nach dem Zerlegen
31,700 kg Keule,
12,340 kg Schulter,
13,860 kg Rücken,
6,770 kg Hals und
11,330 kg Brust.
Wie viel Prozent des Kaltschlachtgewichts betragen die einzelnen Fleischanteile?

2. Berechnen Sie die Kalkulationspreise der einzelnen Fleischteile vom Kalb.
Als Grundlage für die Preisfindung entnehmen Sie die aktuellen Tierkörperpreise den wöchentlichen Marktberichten.

	Gewicht (in %)	FWP*
Haxen	7,5	70
Schulter, Bug	14,0	105
Brust	12,0	85
Kamm	17,0	80
Rücken	12,0	110
Filet	1,5	310
Lappen	6,0	40
Keule	30,0	120
	100,0	

* Fleischwertpunkte

29 Fleischreifung

Sabrina kommt ganz aufgelöst zum Juniorchef:

„Meister, ich sollte doch das einvakuumierte Roastbeef aus dem Kühlraum holen und für den Verkauf vorbereiten. Es riecht aber ganz komisch. Ich glaube, es ist schlecht.“

Der Meister beruhigt Sabrina erst einmal und erklärt ihr ausführlich, was es mit dem eingeschweißten Roastbeef und dem „komischen Geruch“ auf sich hat.

Durch das Abhängen des Fleisches wird ein Zartwerden erreicht, d. h., die Eiweißstruktur des Fleisches wird durch biochemische Vorgänge derart beeinflusst, dass die Festigkeit stark abnimmt und die Muskelstruktur mürbe wird. Diesen Zustand herbeizuführen, ist Ziel der Fleischreifung, da zartes Fleisch eine Grundvoraussetzung für einen hohen Genusswert und ein Merkmal für eine gehobene Qualität ist, die die Verbraucher erwarten und auch anerkennen.

29.1 Vorgänge im lebenden Muskel

Um die Vorgänge und Zusammenhänge während der Fleischreifung besser verstehen zu können, ist es notwendig, sich mit den Vorgängen im lebenden Muskel vertraut zu machen.

Der Muskel verrichtet Arbeit im lebenden Organismus durch **Kontraktion** (Zusammenziehung); gleichzeitig entsteht Wärme für die Wärmeregulation. Die notwendige Energie wird durch den Abbau von Glykogen (Muskelzucker) bereitgestellt.
Glykogen ist ein aus Traubenzuckerbausteinen zusammengesetzter Vielfachzucker, der in der Muskulatur und in der Leber zur Energiegewinnung gespeichert wird. Beim Abbau von **Glykogen** entsteht die energiereiche Verbindung ATP (Adenosintriphosphat), die für die Muskelkontraktion von besonderer Bedeutung ist.

Durch das Zusammenziehen der Muskeln verändern sich die **Myofibrillen** (feine Muskelfasern). Die Eiweißstoffe **Aktin** und **Myosin** gleiten ineinander, d. h., Aktinfilamente (Filamente = Endlosfasern) bewegen sich zwischen die Myosinfilamente und bilden eine feste Verbindung. Diese Verbindung heißt Aktomyosin ((▸ S. 267)S. 236 f.).
Für diesen Vorgang wird Energie benötigt, die durch den enzymatischen Abbau von ATP gewonnen wird:

$$\text{ATP} + H_2O \xrightarrow{\text{ATP abbauendes Enzym}} \text{ADP} + H_3PO_4 + \text{Energie}$$

Bei diesem Abbau des Phosphatrestes entsteht aus dem ATP das ADP (Adenosindiphosphat). ADP ist energieärmer, da während der Umwandlung Energie abgegeben wurde.
Im lebenden Organismus wird das Glykogen mit dem Sauerstoff, der durch die Atmung in den Körper gelangt, chemisch „verbrannt“. Die dabei entstehende Energie bildet aus dem ADP wieder das ATP und das Aktomyosin wird wiederum in Aktin und Myosin aufgetrennt, der Muskel erschlafft. Die Wechselwirkung von ATP und ADP ermöglicht die Muskelkontraktion und läuft so lange im Körper ab, wie Glykogen und Sauerstoff in ausreichendem Maße zur Verfügung stehen. Während der Schlachtung wird der Tod des Tieres herbeigeführt, wobei ähnliche Vorgänge wie im lebenden Körper ablaufen. Da jedoch nach dem Tod keine Nährstoffe und vor allem kein Sauerstoff mehr zugeführt werden, unterbleibt der Wiederaufbau des Ausgangsstoffes ATP.

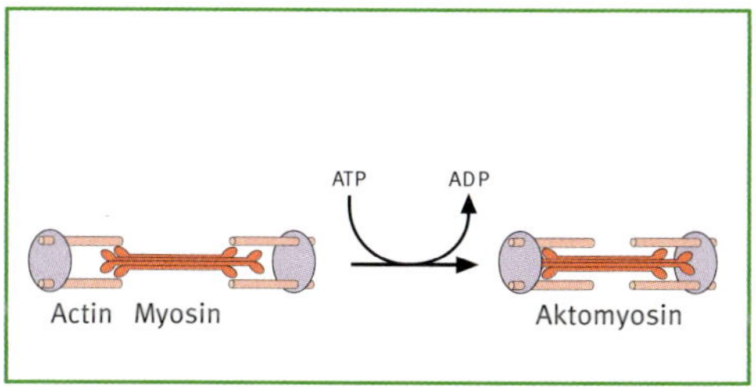

Muskelkontraktion

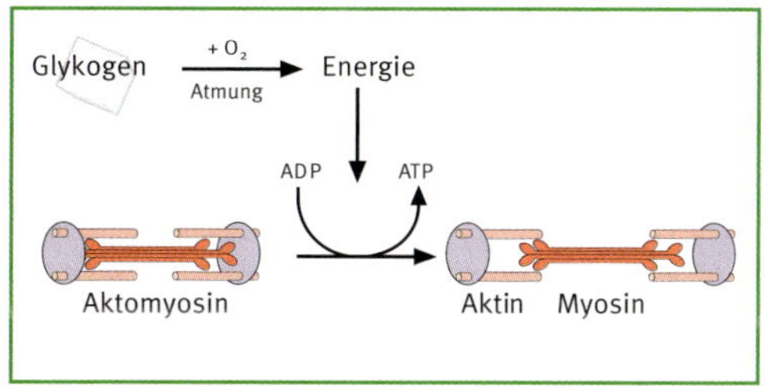

Muskelerschlaffung

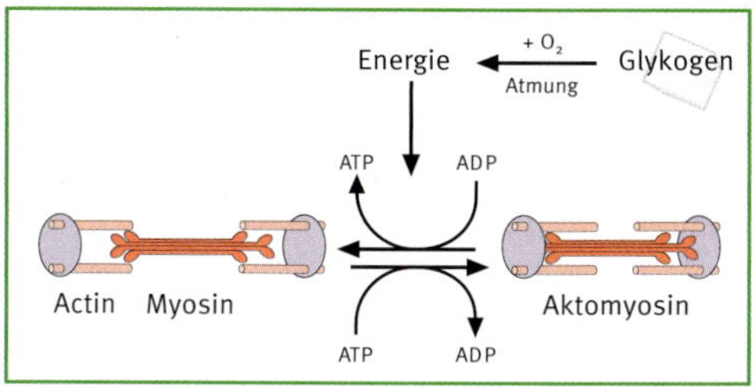

Wechselspiel ATP/ADP

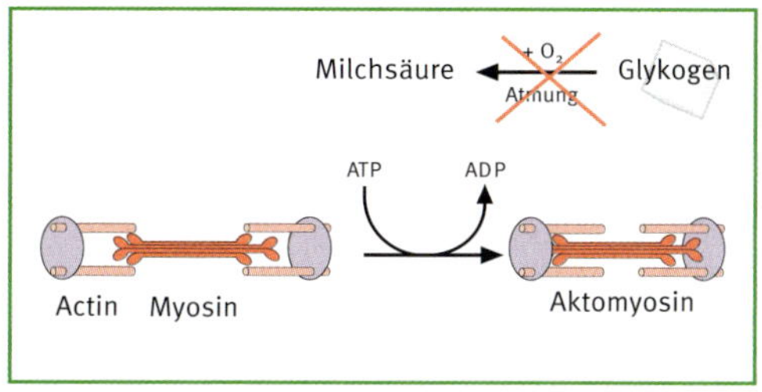

Muskelstarre

29.2 Veränderungen des Fleisches nach dem Schlachten

Nach dem Tod der Schlachttiere laufen neben den in Kapitel 29.1 beschriebenen Stoffwechselvorgängen weitere physikalische, biochemische und enzymatische Veränderungen ab. Derartige Veränderungen lassen sich grobsinnlich – durch Sehen, Riechen, Tasten – wahrnehmen. Ihre exakte Bewertung setzt jedoch ein großes Maß an Fachkenntnissen und Erfahrungen voraus.
Einfacher lässt sich die Änderung der Wasserstoffionenkonzentration und damit des pH-Werts feststellen. Die hierzu notwendigen Geräte sind leicht zu handhaben und für den Praxiseinsatz bestens geeignet (▸ S. 595 f.).

Die Kenntnis über den Verlauf des pH-Werts lässt Rückschlüsse auf erwünschte und unerwünschte Veränderungen im Fleisch zu und ist Voraussetzung für einen gezielten Einsatz des Fleisches in der Be- und Verarbeitung.

Es ist zweckmäßig, diese Veränderungen in Phasen einzuteilen, die sich klar definieren und über den pH-Status darstellen lassen:

- Phase des schlachtwarmen Zustands
- Phase der Muskelstarre
- Phase der maximalen Säuerung
- Phase der Vollreife

29.2.1 Phase des schlachtwarmen Zustands

Die biochemischen Vorgänge nach der Schlachtung sind anfangs durch die Wechselwirkung zwischen ATP und ADP gekennzeichnet. Der Sauerstoffgehalt der Muskeln, gebunden an das Myoglobin, gestattet noch für kurze Zeit den Aufbau von ATP. Diese Vorgänge laufen jedoch nur so lange ab, bis die Sauerstoffressourcen des Myoglobins erschöpft sind. Dann ist das ATP vollständig zu ADP umgewandelt und die Muskeln sind zusammengezogen.
Chemisch bedeutet das, dass der pH-Wert hoch ist (etwa 6,9 bis 6,7), der Glykogen- und ATP-Gehalt ebenfalls. Im lebenden Tier ist der pH-Wert nur geringfügig höher: etwa 7,1 bis 7,2. Bezeichnend ist das Fehlen des typischen säuerlichen Fleischgeschmacks.

Das Wasserbindevermögen (die Fähigkeit des Fleisches, eigenes oder zugesetztes Wasser festzuhalten) ist in dieser Phase noch sehr hoch, da die Muskelfibrillen sich im gedehnten, offenen Zustand befinden. Die Glykolyse (Abbau der Glukose = biologische Spaltung in Milchsäure) setzt relativ spät ein. Dieses ist eine gute Voraussetzung für den Einsatz des Fleisches zur Herstellung von Brühwurst, Kochpökelwaren und von „schlachtfesttypischen" Erzeugnissen, zumal sich die Verwen-

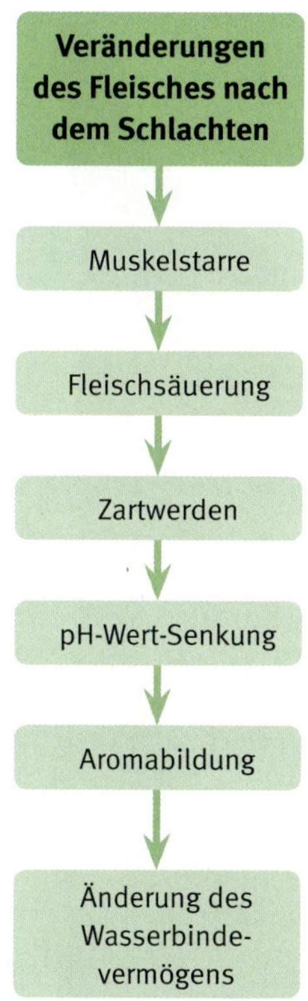

dung von Zusatzstoffen, die das Wasserbindevermögen erhöhen, verbietet, da der ATP-Gehalt noch sehr hoch ist und somit das beste Wasserbindevermögen vorliegt.

Die Phase des schlachtwarmen Zustands dauert ca. vier bis sechs Stunden, anschließend beginnt die Muskelstarre.
Die Zeitspanne bis zum Eintritt der Muskelstarre hängt von verschiedenen Faktoren ab:

- Je mehr Glykogen der Muskel zum Zeitpunkt der Schlachtung enthält, umso später tritt die Muskelstarre ein und umgekehrt.
- Die Glykolyse, erkennbar an der pH-Wert-Senkung, verläuft umso langsamer, je tiefer die Temperatur des Fleisches ist. Das bedeutet, dass bei schneller Abkühlung des Fleisches die postmortalen Vorgänge (= Vorgänge nach dem Tod) verlangsamt werden und die Muskelstarre erst später eintritt.

Wird grob gewolftes Fleisch unmittelbar nach der Schlachtung eingefroren, setzt die Muskelstarre erst nach dem Auftauen ein. Somit können die Vorzüge des schlachtwarmen Fleisches direkt in der Wurst- und Fleischwarenherstellung genutzt werden, ohne dass chemische Zusätze notwendig sind. Die Verbraucher erhalten ein aus ökologischer Sicht wertvolleres Erzeugnis.

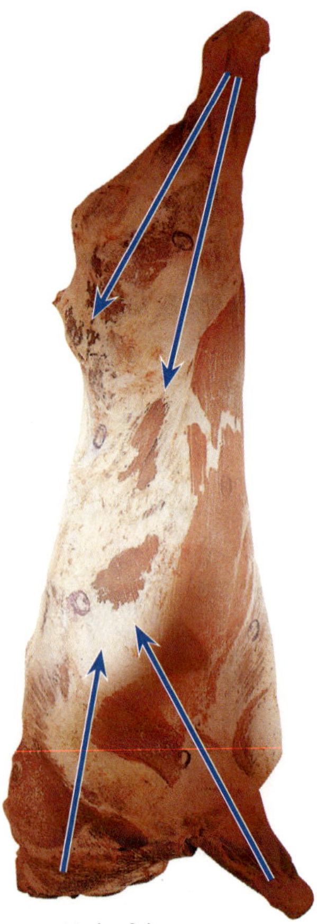
Verlauf der Muskelstarre

29.2.2 Phase der Muskelstarre

Die Muskelstarre beginnt im Regelfall ca. sechs Stunden nach dem Tod (= post mortem) des Tieres und dauert etwa sechs bis zwölf Stunden.
Die am stärksten belasteten Muskeln der Tiere, z. B. die vom Herz, Zwerchfell, Nacken, Hals und von den Gliedmaßen, werden am ehesten betroffen und die am geringsten belasteten, wie Filet und Rückenmuskulatur, erstarren zuletzt. In den am stärksten belasteten Muskeln sind die Glykogenreserven bereits vor der Schlachtung aufgebraucht und durch die freigesetzte Milchsäure und das abgebaute ATP werden schon innerhalb kurzer Zeit (etwa zwei bis drei Stunden post mortem) die Vorgänge im Muskel ausgelöst, die zur Muskelstarre führen.
Liegt zum Zeitpunkt der Schlachtung in der Muskulatur ein hoher Glykogengehalt vor, so wird dieser bis zum Eintritt in die Muskelstarre größtenteils in Milchsäure umgewandelt. Der pH-Wert sinkt somit stärker ab als bei geringem Glykogengehalt. Er ist demzufolge umso niedriger, je höher der Glykogengehalt der Muskulatur zum Zeitpunkt der Schlachtung war, und umgekehrt.

Damit Fleisch eine gute Qualität für die Be- und Verarbeitung ausbildet, ist die Geschwindigkeit, mit der die biochemischen Prozesse des Glykogenabbaus und der Milchsäurebildung ablaufen, von Bedeutung. Die pH-Wert-Senkung sollte etwa zwei Stunden nach dem Tode beginnen und die Muskelstarre zwischen der 6. und 18. Stunde verlaufen.
Jede stärkere Abweichung von diesen Mittelwerten führt zu minderer Fleischqualität (z. B. PSE-Fleisch oder DFD-Fleisch; ► S. 283 f.).

Vorgänge während der Muskelstarre:

- Abbau des Glykogens zu Milchsäure
- Abbau des ATP zu seinen Abbauprodukten
- Kontraktion der Muskelproteine Aktin und Myosin → Aktomyosin
- Senkung des pH-Werts

Während der Muskelstarre ist das Fleisch durch die feste Aktomyosinbindung weder verkaufs- noch verarbeitungsfähig. Das Eiweiß ist stark geschrumpft, das Fleisch besitzt ein geringes Wasserbindevermögen (► S. 281). Seine Farbe ist dunkel, ohne Glanz, beim Kochen wird es zäh, sein Geschmack ist fade.

29.2.3 Phase der maximalen Säuerung

Bei normalem Verlauf der Fleischreifung wird nach 20 bis 24 Stunden die nächste Phase der postmortalen Vorgänge erreicht. Sie wird als Phase der maximalen Säuerung des Fleisches bezeichnet und stellt den Übergang zur eigentlichen Fleischreifung dar.
Die Muskelstarre wird langsam gelöst, das Fleisch erreicht seinen tiefsten pH-Wert. Die selbstständige Lösung der Muskelstarre ist noch nicht hinreichend geklärt, fest steht jedoch, dass sich die Verbindung des Aktins und Myosins löst, indem die Eiweißkette aufgebrochen wird. Das Fleisch wird wieder weich und elastisch, die Muskeln sind wieder

dehnbar, die Farbe wird etwas dunkler und das Fleisch erscheint saftiger. Der tiefste pH-Wert hat einen großen Einfluss auf die Haltbarkeit und auf die technologischen Eigenschaften des Fleisches. Er sollte im Bereich von 5,4 bis 5,8 liegen.
In diesem pH-Wert-Bereich werden eiweißabbauende (proteolytische) Mikroorganismen in ihrer Lebenstätigkeit gehemmt; dies wirkt sich positiv auf die Haltbarkeitsverlängerung des Fleisches aus. In dieser Phase ist das Fleisch besonders gut für die Pökelung geeignet, da es eine „offene Struktur" aufweist und somit die Diffusion der Pökelstoffe in das Fleisch verbessert wird.

Derartiges Fleisch weist für die Rohwurstherstellung ebenfalls Vorteile auf. Ein niedriger pH-Wert deutet gleichzeitig auf ein geringes Wasserbindevermögen hin, d.h., das Fleisch gibt Wasser an die Umgebung ab, was bei der Rohwurstreifung und der damit verbundenen Verfestigung des Eiweißes erwünscht ist (▸ S. 410 f.).

29.2.4 Phase der Vollreife

Die Reifung ist die nachfolgende Phase der postmortalen Veränderungen. Dabei sind die Abweichungen zur vorangegangenen Phase grobsinnlich feststellbar. Das Fleisch wird zarter, es erhält seinen typischen Geschmack und sein ihm eigenes Aroma.
Die Fleischreifung ist in erster Linie ein autolytischer (selbstzersetzender) Prozess, der durch die fleischeigenen Enzyme bewirkt wird. Diese beeinflussen die Eiweißstruktur der Fleischfaser. Aber auch Mikroorganismen mit ihren Enzymen tragen dazu bei.

Durch die entstandene Lockerung des kollagenen Gewebes kann Wasser eingelagert werden. Dies wirkt sich wiederum positiv auf das Safthaltevermögen des Fleisches bei der Zubereitung aus, d.h., bei Garprozessen der mittleren Temperaturebene wird das Fleisch zart und saftig.

Gleichzeitig laufen chemische Veränderungen im Fleisch ab, die eine Aromatisierung hervorrufen. Viele der Abbau- und Spaltprodukte (Schwefelwasserstoff, Ammoniak) sind geschmackswirksam und Bestandteil des Fleischaromas.

Die Fleischreifung kann als beendet betrachtet werden, wenn das Fleisch sich so weit verändert hat, dass es für den menschlichen Genuss noch tauglich ist. Der pH-Wert ist jetzt wieder auf Werte über 6 angestiegen. Das Fleisch nähert sich wieder dem neutralen Bereich und bietet somit fäulniserregenden Mikroorganismen gute Lebens- und Vermehrungsbedingungen. Es wird schmierig und bekommt den typischen „Altgeruch".
Teilweise wird dieser Zustand jedoch angestrebt, so z.B. bei Wildfleisch. Durch lange Reifung bildet sich der Hautgout (Hochgeschmack) heraus. Dieses Aroma wird durch Abbauprodukte der Proteine gebildet und unter Feinschmeckern hoch geschätzt.

Der Verlauf der Fleischreifung hängt im Wesentlichen auch von einer Reihe Faktoren ab, die schon vor dem Tod des Tieres Einfluss ausüben.

Positive Einflüsse
Muskelarbeit: Die Skelettmuskulatur der Tiere, die in Freilandhaltung aufgezogen wurden, weist einen deutlich höheren Trainingszustand auf als bei denen, die im Stall gemästet wurden. Bei Freilandtieren sind höhere Glykogenreserven vorhanden. Daher tritt bei diesen die Muskelstarre später ein, das Fleisch erreicht meist einen tieferen pH-Wert. Ein derartiger Zustand ist bei der Verarbeitung von schlachtwarmem Fleisch von großem Vorteil, zumal diese hochwertigen Eigenschaften längere Zeit erhalten bleiben.

Fütterung: Durch kohlenhydratreiche Fütterung werden relativ große Glykogenreserven im Tierkörper gebildet, die nach der Schlachtung zu einem späteren Eintritt der Muskelstarre und einem tieferen pH-Wert führen. Da die Kohlenhydrate in Form von Glykogen zu Milchsäure umgewandelt werden, wird das typische Fleischaroma stärker ausgeprägt.

Negative Einflüsse
Stress ist eine Alarmreaktion des Organismus, verursacht durch erhebliche Belastung, Überreizung bzw. Überbelastung; er kann zum Zusammenbruch führen.

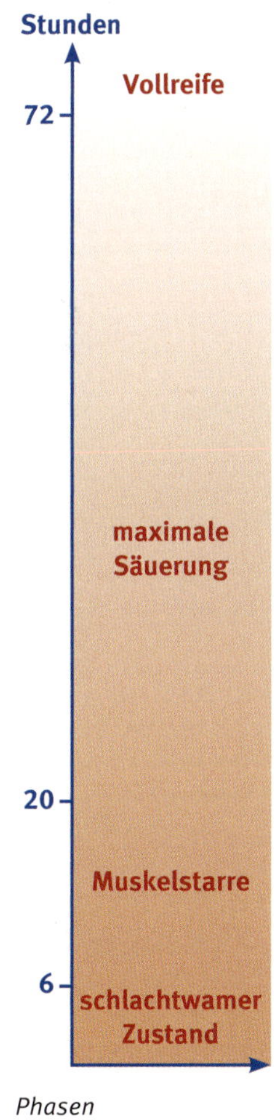

Phasen der Fleischreifung

Ihr Kunde Herr S. äußert Zweifel am Sinn der „artgerechten Tierhaltung“. Machen Sie ihm die Notwendigkeit und die Vorzüge dieser Tierhaltung deutlich und nehmen Sie dabei Bezug auf die Fleischreifung und die zu erwartende Fleischqualität.

Stallmast

Weidenmast

Wird ein Tier unmittelbar vor dem Tod zu starker Muskeltätigkeit veranlasst oder durch schnelles Treiben, starke Erregung oder Schlagen sehr gestresst, so verbraucht es viel Energie. Die im Blut befindliche Kohlenhydratmenge reicht oft nicht aus, diese Energie bereitzustellen, sodass die Glykogenreserven vermindert werden. Dieses bedeutet wiederum, dass die Säuerung mangelhaft verläuft und es somit zu einem ungeregelten Verlauf der Fleischreifung kommen kann (▸ S. 284).

Gleiches geschieht im Tierkörper beim Lebendviehtransport unter schlechten Bedingungen, wenn die Tiere stark ermüdet oder durch falsche Belüftung des Transportraums stark erhitzt sind oder wenn sie ein gestörtes Allgemeinbefinden bei schwerer Krankheit aufweisen.

Die während des Verlaufs der Fleischreifung zu erwartende Zunahme der Zartheit ist in den ersten 14 Tagen am größten, danach verlangsamt sie sich und wird schwächer.

29.3 Ungeregelter Verlauf der Fleischreifung

Manchmal verläuft die Fleischreifung in eine unerwünschte Richtung. Die normalen Merkmale werden nicht erreicht und das Endprodukt entspricht nicht den Erwartungen. Eine Reihe von Faktoren kann einen negativen Einfluss auf die einzelnen Phasen der Fleischreifung ausüben.

So sind bestimmte funktionelle Störungen im Tierkörper Ursachen derartiger Entwicklungen, aber auch äußere Einwirkungen wie Stress und unsachgemäße Behandlung der Tiere lösen Reaktionen im Tierkörper aus, die sich in Fleischqualitätsmängeln widerspiegeln.

29.3.1 Stickige Reifung

Stickigkeit oder stickige Reifung (saure Gärung) ist die Folge eines Wärmestaus im Fleisch.
Als Ursache sind hier meist äußere Faktoren zu sehen, z. B. wurden Schweine zu lange im heißen Brühbad belassen, Schlachttierkörper wurden unzureichend gekühlt oder die Brühtemperatur war beim Brühprozess zu hoch. Bei nicht sachgerechter Kühlung wird die aufgenommene Wärmeenergie nur sehr langsam aus dem Schlachttierkörper entzogen und es kommt zum Wärmestau. Die Schlachtkörpertemperatur steigt im Inneren an – hervorgerufen durch wärmeentwickelnde chemische Reaktionen – und der enzymatische Verderb ist die Folge.
Die Muskulatur nimmt einen stark sauren Geschmack an, der zu faulig-muffig tendiert. Die Fleischfarbe der tieferen Muskelschichten wird kupferrot bis braunrot.

Die stickige Reifung wird nicht durch Mikroorganismen verursacht, sondern durch saure Gärung, bei der unter anderem Schwefelwasserstoff entsteht.

Bei industriell geschlachteten Tieren tritt dieser Mangel kaum auf, da die Kühltechnik der Schlachthöfe eine optimale Abführung der Wärmeenergie gewährleistet.

Merkmale von Fleisch während der postmortalen Veränderungen				
	Schlachtwarmes Fleisch	Muskelstarre	Phase der Säuerung	Gereiftes Fleisch
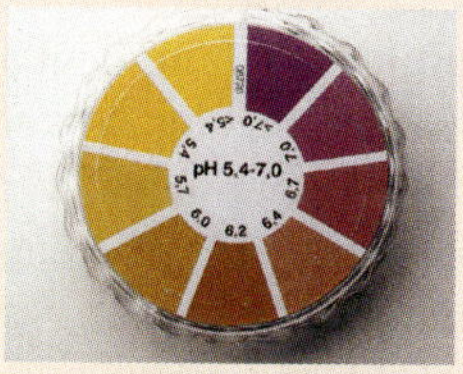				
Chemisch-physikalische Merkmale				
pH-Wert	sehr hoch (6,9 bis 6,7)	niedrig (5,9 bis 5,4)	sehr niedrig (5,7 bis 5,3)	hoch (6,0 bis 6,3)
Sensorische Merkmale				
Aussehen	zum Teil aufgehellt			zum Teil dunkel
Konsistenz	zäh, trocken	hart, saftig	weicher, saftig	zart, saftig
Geruch/Geschmack	wenig aromatisch	kaum aromatisch	säuerlich	aromatisch
Technologische Merkmale				
Wasserbindevermögen	sehr hoch	sehr gering	sehr gering	hoch
Safthaltevermögen	sehr hoch	sehr niedrig	sehr niedrig	hoch
Verwendungsmöglichkeiten				
	zur Herstellung von Brüh-/ Kochwurst „Hausschlachte-spezialitäten“	Fleisch ist weder verarbeitungs- noch verkaufsfähig	gut geeignet für die Herstellung von Rohwurst und Rohpökelware	als Ladenfleisch; zur Brühwurst-herstellung

6

29.3.2 Kälteverkürzung

Viele Reklamationen der Verbraucher beschreiben das Rindfleisch – trotz ausreichender Reifezeit (bis drei Wochen) – nach der Zubereitung als ausgesprochen zäh und trocken.
Der Fleischer kann häufig an der Trennstelle zwischen Vorder- und Hinterviertel feststellen, dass das Kernfleisch der Hochrippe sich aus der Schnittstelle herausschiebt.

Welche Ursachen können diese Erscheinungen haben?
Wird die Temperatur von Rind- oder auch Schaffleisch während der Warmfleischphase (bis zu sechs Stunden nach dem Tod) durch kältetechnische Maßnahmen auf weniger als ca. 14 °C gesenkt, kann es zur Kontraktion der Muskulatur kommen: Kälteverkürzung, „cold shortening“. Diese Neigung ist umso größer, je mehr sich die Temperatur des Fleisches in dieser Phase dem Gefrierpunkt nähert.
Derartiges Fleisch ist nach dem Garen zäh und hart.

Aus hygienischer Sicht ist es jedoch notwendig, das Fleisch unmittelbar nach Freigabe durch den Veterinär der Kühlung zuzuführen. Dadurch wird der mikrobiologische Status (Zustand) erhalten und Austrocknungsverluste werden stark reduziert.

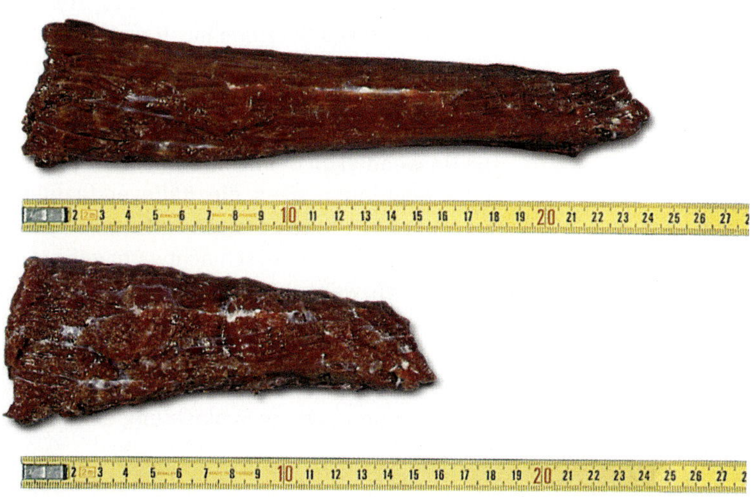

Einfluss verschiedener Temperaturen auf die Muskelkontraktion vor Eintritt der Totenstarre. Beide Muskeln waren gleich lang. Oben bei 20 °C gekühlt, unten bei 7 °C.

Um die Kälteverkürzung zu vermeiden, gibt es drei Möglichkeiten:

- Durch Steuerung der Kühlung wird die Temperatur so lange über 14 °C gehalten, bis die Muskelstarre im Schlachttierkörper eingetreten ist. Danach wird die vorgeschriebene Schnellkühlung durchgeführt (▸ S. 116 ff).
  Diese Vorgehensweise dauert eine gewisse Zeit. Um trotzdem die Austrocknungsverluste gering zu halten, muss eine ausreichend hohe relative Luftfeuchte, ca. 90 bis 95 %, im Kühlraum gewährleistet werden.

- Eine wirksame Methode zur Verhinderung der Kälteverkürzung ist die **Elektrostimulierung** (Stimulierung = Reizung). Sie sollte dort angewendet werden, wo es aus wirtschaftlicher Sicht notwendig ist, Tierkörper rasch zu kühlen oder einzufrieren.
  Hierbei wird der Tierkörper unmittelbar nach dem Tod an einen Stromkreis angeschlossen. Zwei Möglichkeiten der Durchführung stehen hier zur Auswahl:
  – Wechselstrom von 80 bis 3000 Volt, Einwirkzeit 1 bis 4 Minuten (abwechselnde Stromimpulse)
  – Gleichstrom von 21 Volt, Einwirkzeit 4 Minuten (10 bis 15 Stromimpulse pro Sekunde)
  Durch die Stromeinwirkung ziehen sich die Muskeln zusammen, die Stromunterbrechung lässt die Muskeln wieder entspannen. Diese Stimulierung beschleunigt die Vorgänge nach dem Tod des Tieres enorm. Die Zeit bis zum Eintritt der Muskelstarre wird durch Beschleunigung der Glykolyse verkürzt und der pH-Wert fällt sehr schnell auf unter 6,4.

Die Notwendigkeit der Elektrostimulierung ist darin begründet, dass die Kälteverkürzung bei schnell gekühltem Fleisch und der Auftaurigor (Auftaustarre) bei schlachtwarm gefrorenem Fleisch weitgehend verhindert werden. Die Elektrostimulation wird aufgrund des hohen technischen Aufwands nur vereinzelt angewendet. Sie ist dann sinnvoll, wenn das Fleisch sofort nach der Schlachtung eingefroren wird.

- Die dritte Methode zur Verminderung der Kälteverkürzung geht von folgenden Grundgedanken aus:

Bei der derzeit praktizierten Methode der Tierkörperaufhängung während des Halbierens bzw. des Abviertelns können sich die Muskeln verkürzen, die keiner Spannung durch das Aufhängen unterliegen. Verändert man die Aufhängung der Tierkörper, so kann die Verteilung der Muskelverkürzung ebenfalls verändert werden. Hängt man die Tierkörper am Becken statt an den Hinterbeinen auf, wird die Kälteverkürzung in jenen Muskeln der Keule und des Roastbeefs weitgehend verhindert, bei denen bei normaler Aufhängung die Kälteverkürzung auftreten würde.
Diese normabweichende Art der Aufhängung der Tierkörper wird aufgrund des erhöhten Arbeitsaufwands in der Schlachttechnologie nicht angewendet.

29.3.3 Auftaurigor

Dieser Begriff bedeutet „Eintreten der Muskelstarre unmittelbar nach dem Auftauen“.
Wird schlachtwarmes Fleisch noch vor Beginn der Muskelstarre tiefgekühlt bzw. eingefroren, so bleibt dieser Status während der Tiefkühllagerung erhalten, d. h., alle Vorgänge, die zur Muskelstarre führen, sind unterbrochen.
Beim Auftauen derart behandelten Fleisches setzen die Reifevorgänge sehr schnell ein und verlaufen rasch. Das ATP wird innerhalb kürzester Frist abgebaut, wobei die Kontraktionsvorgänge deutlich zunehmen. Ein weiteres Merkmal des Auftaurigors ist ein erheblicher Fleischsaftverlust, der bis zu 40 % (!) betragen kann.
Wie lassen sich derartige negative Erscheinungen verhindern?

- Durch Einfrieren des Fleisches möglichst vor oder kurz nach Eintritt der Muskelstarre bleibt das derzeitige Wasserbindevermögen des Fleisches weitgehend erhalten. Dieses findet Berücksichtigung bei der Verwendung von eingefrorenem Warmfleisch für die Brühwurstherstellung.
- Während des Auftauens kann wie beim Einfrieren durch Elektrostimulation die Kälteverkürzung der Muskeln verhindert werden. Dieses Verfahren wird aufgrund des hohen manuellen und technischen Aufwands sowie aus Kostengründen in der Praxis jedoch nicht angewendet.

▶ Stellen Sie die prozentualen Gewichtsverluste von Normalfleisch und PSE-Fleisch durch eine Bratprobe fest. Stellen Sie die Ergebnisse grafisch dar (z. B. im Kreisdiagramm).

6

- Das Fleisch, das zum Auftauen vorgesehen ist, ist für einige Tage bei –2 °C oder für einige Wochen bei –12 °C aufzubewahren. Dabei wird das noch vorhandene ATP langsam gespalten, da auch bei Minustemperaturen die enzymatischen Vorgänge ablaufen; nur ihre Geschwindigkeit ist stark vermindert. Hierdurch sind die Bedingungen für einen möglichen Auftaurigor weitgehend aufgehoben und das Fleisch kann ohne Einschränkungen be- und verarbeitet werden.

29.3.4 PSE-Fleisch

Diese Bezeichnung wird aus den englischen Adjektiven

P pale = blass,
S soft = weich,
E exudative = wässrig

abgeleitet.

Welche Eigenschaften hat PSE-Fleisch?

Blass: Durch biochemische Vorgänge wird ein Teil des Muskeleiweißes denaturiert; das vermindert die Durchsichtigkeit des Fleisches und lässt die rote Fleischfarbe blass aussehen.

Weich: Die weiche Beschaffenheit lässt sich weitgehend durch die enzymatische Beeinflussung des Muskeleiweißes erklären. Die Muskelfibrillen werden durch die Enzyme und Milchsäure derart verändert, dass sie ihre Festigkeit einbüßen.

Wässrig: Hierbei handelt es sich nicht um einen höheren Wassergehalt, sondern um das eigene Gewebswasser des Fleisches, das infolge der biochemischen Vorgänge schlechter an das Eiweiß gebunden ist. Gleichzeitig wird die Durchlässigkeit der Muskelzellen für das Gewebswasser erhöht.

Derartige Mängel sind meist genetisch bedingt und treten überwiegend bei Schweinen auf, die in der industriellen Mast aufgezogen wurden (▸ S. 91f.).

Diese Tiere sind gegenüber Umwelteinflüssen extrem empfindlich und reagieren bei außergewöhnlichen Belastungen, z. B. Stress auf dem Transport zum Schlachthof oder während der Schlachtvorbereitung, mit erhöhtem Energieverbrauch in diesen Phasen. Aufgrund der Erregung der Tiere kann es zur Atemnot bei ihnen kommen. Infolge des dabei entstandenen Sauerstoffmangels wird das Glykogen nicht normal verbrannt, sondern in Milchsäure umgewandelt.

Somit kommt es nach der Schlachtung und dem Tod des Tieres zu einem schnellen enzymatisch bedingten Glykogenabbau (Glykolyse). Es wird infolgedessen sehr viel Milchsäure gebildet, die im Fleisch verbleibt.

Normalfleisch (links) und PSE-Fleisch (rechts)

Der pH1-Wert ist der pH-Wert, der eine Stunde nach dem Tod des Tieres gemessen wird; er beträgt im Normalfall 5,8. Wird der Wert jedoch innerhalb dieser Zeit unterschritten (unter 5,8) und ist gleichzeitig eine blasse Farbe des Fleisches feststellbar, sind dies sichere Merkmale für eine Anomalie der Fleischreifung.

▶ Prüfen Sie den pH-Wert der in Ihrem Ausbildungsbetrieb angelieferten Schweinehälften kolorimetrisch mithilfe von Indikatorpapier (erhältlich in Apotheken und im Chemiehandel). (Kolorimetrie = Bestimmung der Konzentration einer Lösung durch Messung ihrer Farbintensität)
Stellen Sie die Untersuchungsergebnisse in grafischer Form dar und vergleichen Sie sie mit denen Ihrer Mitschüler. Suchen Sie nach möglichen Gründen bei unterschiedlichen Werten an den Tierkörpern.

Das Wasserbindevermögen ist sehr stark gemindert, sodass dieses Fleisch für den alleinigen Fleischeinsatz in der Brühwurstherstellung völlig ungeeignet ist.

Ein Mischeinsatz mit normal gereiftem Fleisch wäre vertretbar.

Bei der notwendigen Verarbeitung von PSE-Fleisch ist zu beachten, dass dieses durch das teilweise denaturierte Myoglobin zur mangelhaften Umrötung neigt und für die Herstellung von Pökelerzeugnissen nur bedingt geeignet ist. Auch wegen des starken Wasserverlustes lässt es sich schlecht pökeln; es würden trockene und salzige Produkte entstehen.

Durch sein geringes Wasserbindevermögen ist es zum Braten ungeeignet, da sehr hohe Garverluste (möglicherweise über 30 %) auftreten. Ebenso ist auf ein Einfrieren mit anschließender Lagerung wegen der hohen Tropfverluste beim Auftauen zu verzichten.

29.3.5 DFD-Fleisch

Diese Bezeichnung wird aus den englischen Adjektiven

D dark = dunkel,
F firm = fest,
D dry = trocken, leimig

abgeleitet.

Normalfleisch

DFD-Fleisch

Werden die Tiere vor der Schlachtung körperlich beansprucht, baut der Organismus viel Glykogen ab, sodass es nach dem Tod der Tiere infolge des fehlenden Glykogens zu keiner Glykolyse und der damit verbundenen Säuerung des Fleisches kommen kann. Es findet somit auch keine pH-Wert-Senkung statt. Grobsinnlich lässt sich diese Erscheinung nicht eindeutig feststellen, da die Merkmale der Anomalie, wie leimig und dunkel, nicht so deutlich ausgeprägt sind. Diese Abweichungen vom normalen Reifeprozess lassen sich jedoch sehr gut über den pH-Wert nachweisen. Der pH24-Wert beträgt über 6,2.

Dieser pH-Wert wird nicht weiter unterschritten. Das bedeutet, dass derartiges Fleisch weniger haltbar ist, weil die Milchsäure fehlt, die als natürlicher Schutz vor Fäulniserregern wirkt. Das Fleisch kann maximal sieben Tage in der Kühlung aufbewahrt werden, danach verdirbt es.

DFD-Fleisch lässt sich am besten mit anderem Fleisch gemischt zu Brühwurst-Frischware verarbeiten, da aufgrund der fehlenden Säure die Haltbarkeit der anderen Erzeugnisse, wie Rohwürste, sehr stark gemindert wäre.

Auch bei der Herstellung von Pökelerzeugnissen kann es zum Umschlagen der Lake und somit zum Totalverlust des eingesetzten Fleisches kommen (▸ S. 292 ff.).

Ein Spezialfall des DFD-Fleisches ist das **dark cutting beef,** im Anschnitt dunkles Rindfleisch. Es ist wie DFD-Fleisch verwendbar.

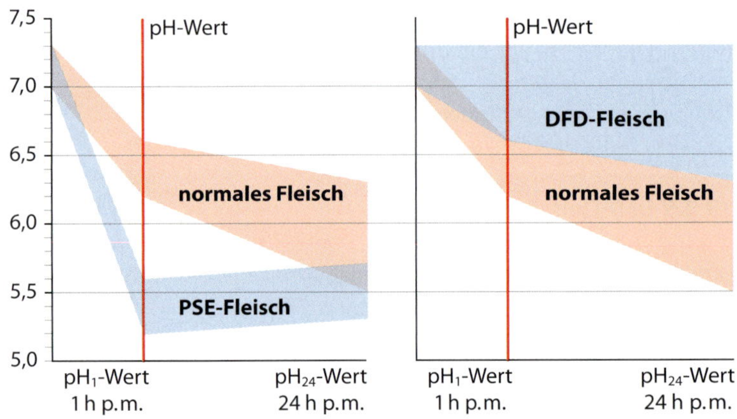

pH-Wert-Verlauf bei PSE-Fleisch (links) und DFD-Fleisch (rechts)

29.4 Reifeverfahren

Der qualitätsbewusste Fleischer ist immer bestrebt, seinen Kunden Frischfleisch in höchster Qualität anzubieten. Das bedeutet, dass er über die ihm zur Verfügung stehenden Reifeverfahren des Fleisches ausreichende Kenntnisse besitzen muss.

Durch betriebswirtschaftliche Zwänge sind aber nicht alle Reifeverfahren in jedem Betrieb durchführbar. Schwierigkeiten können sein:

- Die Materialumwälzung dauert so lange, dass die Lagerkapazitäten nicht ausreichen.
- Es sind keine oder nur bedingt nutzbare Räumlichkeiten für die Reifung vorhanden.
- Die technische Ausstattung lässt eine bestimmte Reifemethode nicht zu.

Nachfolgend werden die gebräuchlichsten Reifeverfahren für Fleisch mit ihren Vor- bzw. Nachteilen dargestellt.

29.4.1 Natürliche Reifung

Die natürliche Reifung ist die herkömmliche Methode und erfolgt durch eine bis zu 14-tägige Kühllagerung bei ca. 2 °C. Die Tierkörper befinden sich dabei frei hängend im Kühllagerraum.

In Ausnahmefällen kann dieser Zeitraum bis auf sechs Wochen ausgedehnt werden. Das ist dann notwendig, wenn Kunden ein voll ausgereiftes Stück erwarten, das schon den **Hautgout** aufweist. Da die Grenzen zwischen der „vollen Reife" und dem Beginn des Verderbs fließend sind, ist von einer Langzeitreifung nach Möglichkeit abzusehen und diese nur auf ausdrückliches Verlangen durchzuführen.

Die Reifungszeit kann durch Temperaturerhöhung beschleunigt werden. Ein Ansteigen der Lagertemperatur auf ca. 20 °C lässt das Fleisch innerhalb von zwei Tagen genauso intensiv reifen wie unter den oben genannten Bedingungen. Die erhöhte Temperatur birgt jedoch die Gefahr einer beginnenden Oberflächenfäulnis, da die Mikroorganismen plötzlich ideale Lebensbedingungen vorfinden.

Durch die Einhaltung der hygienischen Vorgaben verbietet sich ein derartiges Reifen (▸ S. 76 ff.).

Unter den wirtschaftlichen Zwängen, denen ein Betrieb heute unterliegt, ist die Methode der natürlichen Reifung kaum noch durchführbar. Zu hohe Masseverluste stehen dem möglichen Qualitätsgewinn gegenüber.

Erforderliche Reifungszeiten von verschiedenen Fleischarten bei natürlicher Reifung:

Natürliche Reifung	
Tierart	Erforderliche Reifungszeit bei +1 °C
Rindfleisch	ca. 14 Tage
Kalbfleisch	ca. 3–5 Tage
Lammfleisch	ca. 4–6 Tage
Schweinefleisch	ca. 2–3 Tage
Geflügelfleisch	ca. 0,4 Tage

29.4.2 Reifen unter Vakuum

Sollen nur ausgewählte Fleischstücke einer Reifung unterzogen werden, sind diese so schnell wie möglich in geeignete Folien zu verpacken und zu vakuumieren (► S. 119).
Je kürzer die Zeitspanne zwischen Schlachtung und Vakuumierung ist, umso geringer ist die Oberflächenkontamination durch Mikroorganismen. Dies wiederum wirkt sich positiv auf die Haltbarkeit der Fleischteile aus.

Diese Form der Reifung gewinnt immer mehr an Bedeutung, da sie gesteuert verläuft und keine schädigenden Einflüsse durch Sauerstoff möglich sind. Gleichzeitig werden sämtliche hygienischen Belange berücksichtigt.
In der Praxis hat sich erwiesen, dass die Reifung unter Vakuum einen längeren Zeitraum beansprucht. Somit kann u. U. ein Überangebot von bestimmten Fleischteilen bei gleichzeitiger Anhebung der Verzehrqualität des Fleischstückes für einen bestimmten Zeitraum kompensiert werden.

Das Reifen unter Vakuumbedingungen weist einige **Vorteile** gegenüber der herkömmlichen Reifung auf:

- schnellere Durchkühlung, da die Teilstücke viel kleiner sind als Schlachttierkörper,
- bessere Nutzung der Lagerflächen im Kühlraum, da verpackte Materialien stapelbar sind,
- keine Austrocknungsverluste während der Reifezeit, weil keine Luft eindringen und kein Fleischsaft auslaufen kann,
- es werden nur die Fleischteile gereift, die als Kurzbrat- oder Bratenfleisch vorgesehen sind. Die anderen Fleischteile können schon frühzeitig der Verarbeitung zugeführt oder als Kochfleisch frisch verkauft werden.

Beim Öffnen der Verpackung von vakuumgereiftem Fleisch ist oft ein säuerlicher Geruch wahrnehmbar.

Wie kommt es zu dieser Erscheinung?
Beim Reifen unter Vakuumbedingungen können anaerobe Mikroorganismen wachsen, vor allem Laktobazillen. Sie bilden im Fleisch Milchsäure, die eine pH-Wert-Senkung bewirkt. Da Milchsäure sehr langsam abgebaut wird, ist sie im Fleisch schwach wahrnehmbar und ein Qualitätsmerkmal von gut gereiftem Fleisch. Unter Vakuum wird jedoch durch die Laktobazillen erheblich mehr Milchsäure gebildet. Somit entsteht während der Reifung unter Vakuum oberflächlich ein abweichender säuerlicher Geruch, der bei normal gereiftem Fleisch unzerlegter Tierkörper fehlt.
Positiv ist, dass durch den höheren Anteil an Milchsäure im vakuumierten Fleisch säureempfindliche Keime, insbesondere die Eiweißzersetzer, in ihrer Stoffwechseltätigkeit stark gehemmt werden. Dadurch wird ein Verderb hinausgezögert.
Der säuerliche Geruch wird durch ca. 30-minütiges Belüften nach dem Öffnen der Verpackung stark abgeschwächt und ist nach weiteren 30 Minuten nicht mehr vorhanden.

29.4.3 Künstliche Reifung

Wie in Kapitel 29.4.2 beschrieben, laufen neben der Milchsäurebildung auch andere biochemische Prozesse ab, die die Fleischreifung unterstützen.
Derartige biochemische Prozesse werden durch die fleischeigenen Enzyme ausgelöst. Sie beeinflussen ebenfalls das Zartwerden des Fleisches. Die Wirksamkeit dieser Enzyme ist umso größer, je dünner und feiner die Muskelfasern sind. Sind die Tiere jedoch einer hohen körperlichen Beanspruchung

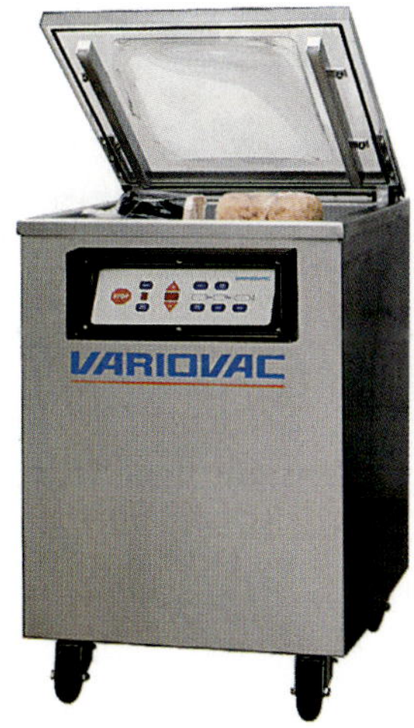

Vakuumiergerät

▶ Halbieren Sie ein ausreichend großes Stück Fleisch (z. B. Oberschale vom Rind), vakuumieren und verschweißen Sie die eine Hälfte, die andere bleibt unverpackt. Beide Hälften werden im gleichen Kühlraum unter gleichen Bedingungen ca. 14 Tage gereift. Kochen und braten Sie anschließend Stücke beider Proben und bewerten Sie diese organoleptisch. (organoleptisch = Lebensmittel nach einem bestimmten Bewertungsschema in Bezug auf Eigenschaften wie Geschmack, Aussehen, Geruch, Farbe ohne Hilfsmittel, nur mit den Sinnen prüfend)

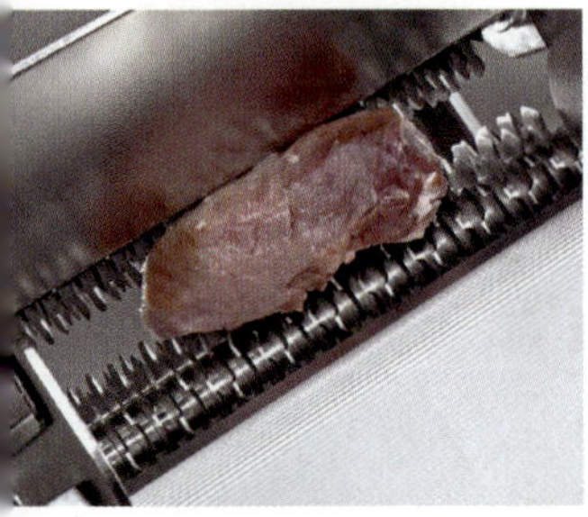
Steaker

ausgesetzt worden und die Muskelfasern somit stärker ausgebildet, dauert die natürliche Fleischreifung länger.

Um die Dauer der Reifung zu verkürzen, kann der Fleischer entsprechende Fleischstücke **„steaken"** bzw. klopfen. Dabei wird die Fleischfaser zerschnitten oder gequetscht, die Muskelfibrillen können den Fleischsaft kaum halten und er läuft aus. Wird ein so behandeltes Fleischstück gebraten, erscheint es trocken und zäh. Sollte dennoch diese Methode des „Zartmachens" gewählt werden, so sind in jedem Fall die Vorschriften für Hackfleisch zu beachten (▸ S. 129 ff.)

In einigen Ländern, die einen erhöhten Bedarf an gut gereiftem, zartem Fleisch haben, ist der Einsatz von sogenannten Zartmachern von großer Bedeutung.

Diese **Zartmacher** sind auf der Basis von **proteolytischen** (eiweißverdauenden) **Enzymen** aus bestimmten Pflanzen oder Bakterien aufgebaut. Bei der Anwendung entstehen keine unangenehm riechenden oder schmeckenden Spaltprodukte, wie sie bei fortgeschrittener natürlicher Reifung von Fleisch häufig wahrnehmbar sind.
Es fehlt aber auch das Aroma, das bei normal gereiftem Fleisch entwickelt wird.
Die Wirksamkeit dieser Präparate ist auf den Auftragsbereich beschränkt. Wird das Präparat in Form von Kristallen oder Flüssigkeit auf die Oberfläche des Fleisches aufgetragen, so kann es aufgrund seiner geringen Diffusion nur dort wirken. Die tieferen Schichten werden nicht durchdrungen.

Enzympräparate aus Bakterien und Pilzen:
- Pilz-Amylase
- Hydrolase D

Enzympräparate aus Pflanzen:
- Ficin (Milchsaft südamerikanischer Feigenbäume)
- Papain (aus dem Mangobaum)
- Bromelin (aus der Ananas)

Das Prinzip des Zartmachens von Fleisch durch pflanzliche Wirkstoffe ist nicht neu. So haben mexikanische Indianer schon vor ca. 500 Jahren Fleisch in die Blätter des Melonenbaums (Mangobaum) eingewickelt und gekocht. Dabei hat das in den Blättern enthaltene Papain das Fleisch zart gemacht.

In Deutschland ist der gewerbsmäßige Einsatz von Fleischzartmachern gemäß Zusatzstoff-Zulassungsverordnung nicht gestattet. Für den Konsumenten gilt dieses Verbot nicht, in einigen Geschäften werden Zartmacher als „Zartmachersalz" angeboten. Diese werden üblicherweise ca. 30 Minuten vor dem Garen aufgestreut und entfalten ihre Wirksamkeit sofort bzw. während des Garprozesses.

29.4.4 Reifung nach Schlegel

Bei dieser Methode werden die negativen Erscheinungen des DFD-Fleisches – wie schlechter Reifeverlauf und schnellerer Verderb durch fehlende Milchsäure – mithilfe von normalem Fleisch größtenteils ausgeglichen.
Das Prinzip ist denkbar einfach. In einem Kunststoffbehälter schichtet man wechselweise Stücke von DFD-Fleisch und normalem Fleisch übereinander. Anschließend wird der gesamte Inhalt durch eine Pressvorrichtung zusammengepresst.
Der aus dem Fleisch mit normalem pH-Wert austretende Fleischsaft senkt den der DFD-Teilstücke und hebt somit die Bedingungen für eine beschleunigte Keimvermehrung auf.
Nach einer 10-tägigen Lagerung im Kühlraum bei +1 bis +3 °C hat das DFD-Fleisch alle Qualitätsmerkmale von normal gereiftem Fleisch und lässt sich problemlos bis zu fünf Wochen unter diesen Bedingungen lagern.
Die Reifung nach Schlegel lässt sich bei DFD-Rindfleisch anwenden. Bei DFD-Schweinefleisch ist keine Qualitätsverbesserung zu erzielen.

In der Praxis hat die Methode keine oder nur eine geringe Bedeutung. Der Fleischer müsste zunächst feststellen, ob überhaupt DFD-Fleisch vorliegt; zum anderen ist der Aufwand – Kauf einer Pressvorrichtung – bezogen auf die relativ geringe Menge an DFD-Fleisch sehr hoch.
Allerdings arbeiten einige Fleischereien mit der Reifung nach Schlegel und verzichten somit auf das Vakuumverpacken der Fleischteile bis zum Verkauf im Laden.

6

▶ Braten Sie folgende Fleischstücke und bewerten Sie diese bezüglich ihres Geschmacks und ihrer Konsistenz:
- Schnitzel, natürlich gereift,
- Schnitzel (1 bis 2 Tage p. m.) mit Zartmachersalz vorbehandelt,
- Schnitzel (1 bis 2 Tage p. m.) gesteakt.

Diskutieren Sie die Ergebnisse und bewerten Sie die einzelnen Reife- bzw. Vorbehandlungsverfahren aus der Sicht der Verbraucher und des Fleischers.

Komplexe Aufgabe

Führen Sie praktische Versuche zur Bestimmung des Tropfverlusts bzw. der Scherkraft von Fleisch durch.

a) Bestimmen Sie den Tropfsaftverlust von Schweinefleisch

- Schneiden Sie eine 3 cm dicke Scheibe vom Rückenmuskel zwischen 13. und 14. Rippe ab und befreien Sie sie von aufliegendem Fett- und Bindegewebe.
- Wiegen Sie die Scheibe und schweißen Sie sie in einen Plastikbeutel ein.
- Lagern Sie den Beutel für 24 h im Kühlschrank bei 4 °C.
- Entnehmen Sie die Fleischscheibe aus dem Beutel, tupfen Sie sie ab und wiegen Sie sie anschließend.
- Ermitteln Sie mithilfe der folgenden Formel den Tropfsaftverlust.

$$\text{Tropfsaftverlust (in \%)} = \frac{\textit{Masse x} - \textit{Masse y}}{\textit{Masse x}} \cdot 100$$

Masse x = Gewicht vor der Einlagerung
Masse y = Gewicht nach der Einlagerung
Beurteilungswert für Qualitätsschweinefleisch: ≤ 4 %

b) Bestimmen Sie die Scherkraft von Rindfleisch

Hierfür benötigen Sie die Hilfe eines Lebensmittellabors, das die Warner-Bratzler-Schere zur Verfügung stellen könnte. Untersuchen Sie die Zartheit von Rindfleisch an verschiedenen Tagen der Reifung.

- Voraussetzung: Es muss sich um das gleiche Fleischteilstück handeln (optimal wäre ein Roastbeef).
- Reifungsbedingungen: Rindfleisch bei 0–4 °C. Messen Sie die Scherkraft alle 2 Tage über 4 Wochen.
- Notieren Sie Ihre Messergebnisse in einer Tabelle.
- Vergleichen Sie die gewonnenen Daten mit denen der Kurve.

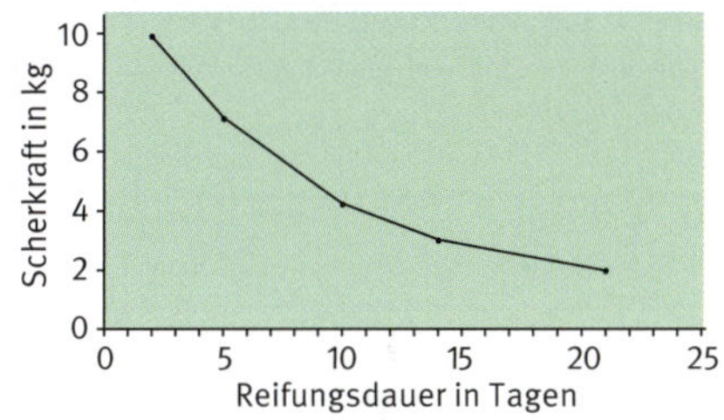

Abhängigkeit der Zartheit (Scherkraft) von der Reifungsdauer.

6

Aufgaben zur Wiederholung

1. Erläutern Sie den Vorgang der Fleischreifung.
2. Welche Vorteile werden durch das Reifen im Vakuumbeutel ausgenutzt?
3. Was bedeuten die Abkürzungen ATP und ADP? In welcher Beziehung stehen sie zueinander?
4. Definieren Sie die Begriffe PSE- und DFD-Fleisch. Beschreiben Sie die Merkmale und mögliche Ursachen dieser anomalen Veränderungen.

Ausgewählte Fachrechenaufgaben

1. Ein Vorderviertel von 69,500 kg verliert beim Abhängen und Zerlegen 3,145 kg.
   Wie viel Gramm hat der ganze Schlachttierkörper mit einem Gewicht von 312,765 kg verloren?
2. Nach einer Woche im Kühlhaus wog ein Bullenvorderviertel statt 112,500 kg noch 110,750 kg.
   Berechnen Sie den Abhängeverlust in Prozent.
3. Acht Schweinehälften haben beim Auskühlen in 24 Stunden 2,374 kg ihres Warmschlachtgewichts verloren. Das sind 3,7 %.
   Berechnen Sie das Warmschlachtgewicht in kg.
4. Beim Öffnen einer Vakuumgroßpackung werden 435 g Fleischsaft ermittelt, das sind 2,86 % des Frischgewichts.
   Berechnen Sie das Frischgewicht vor dem Verpacken.
5. Ein Roastbeef wiegt 16,500 kg und wurde vom Großmarkt zu 16,90 €/kg plus Mehrwertsteuer bezogen. Es hängt 9 Tage ab und wiegt nur noch 15,374 kg.
   a) Wie viel Prozent beträgt der Abhängeverlust?
   b) Wie teuer ist jetzt 1 kg?
6. Ein Gastwirt bestellt 6 kg Kammsteaks.
   Wie viel kg Kammsteaks sind herzurichten, wenn mit einem Fleischsaftverlust von 3,2 % zu rechnen ist?
7. Für ein Vereinsessen werden bei einer Fleischerei 35 Rumpsteaks bestellt, die gegrillt 180 g wiegen sollen.
   Welches Gewicht müssen die Rumpsteaks haben, wenn ein Grillverlust von 15 % und ein Abhängeverlust von 3 % angenommen werden?

Cuts of beef and cutting steaks

Cuts of beef

1. Write down the English and German words for the beef cuts in a chart in your exercise book. When you are finished ask your neighbour for the words like this:

"Excuse me, can you tell me the German word for 'shank'?"
"Of course, the German word for 'shank' is Ochsenbein or Hinterhesse."

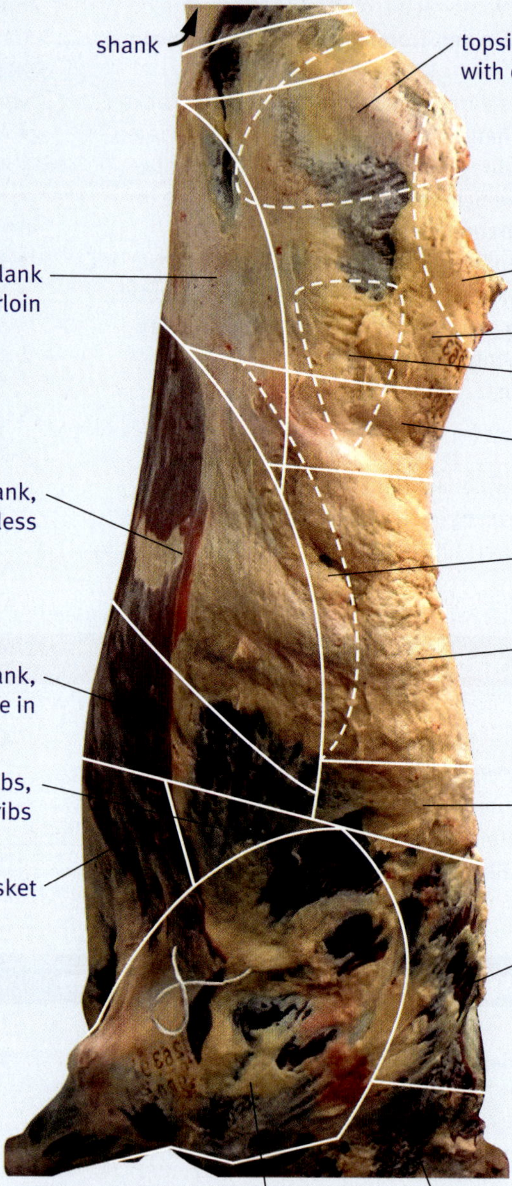

6

2. Assign these meat cuts to the beef cuts in the chart of ex. 1.

- Rump Steak
- T-Bone Steak
- Rib-Eye Steak
- Porterhouse Steak
- Shank Cross Cut
- Fillet Mignon
- Roulades
- Stewing Beef
- Topside Steak
- Roastbeef

3. A customer enters your butcher's and looks at the products in your cold shelves. He doesn't know which product to buy. Tell him something about different beef cuts and what they are used for.
Start like this:

"This is the fillet. You can cut it in slices like steaks to fry it in a pan."

Cutting steaks

4. Sabrina is a new trainee at the butcher's. Michael has just explained to her how to cut the fillet. Sabrina wrote down the instructions but she has accidentally disarranged them. Help her find the right order and match the cuts with the pictures. In the right order the letters in front will give you a well-fitting word for this exercise.

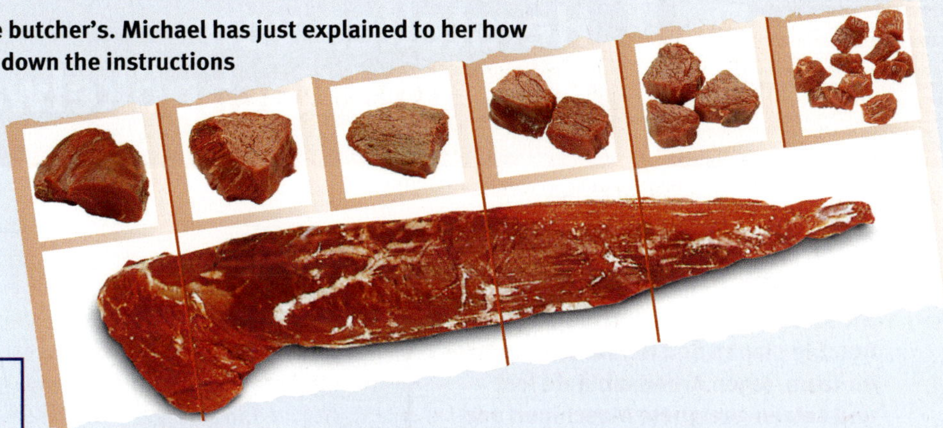

T The whole trimmed fillet makes 1 Chateaubriand, 2 Tournedos, 3 Fillet Mignons and some titbits.

F Remove the fatty piece along the side and trim off all pieces of sinew and membrane. You can use these for stew.

L The centre is cut into Fillet Steaks.

L The thinner part of the tail is cut into small Fillet Mignons and Tournedos.

E The last piece is used as a Chateaubriand.

I The tail and the tip of the head are cut into cubes for fondue or something sautéed like Stroganoff.

5. Which parts of the fillet can you use for the following dishes? Create a mindmap in your exercise book.

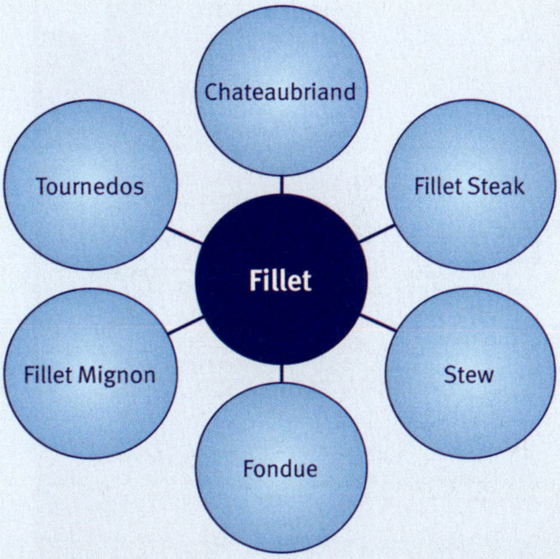

VOCABULARY

accidentally	aus Versehen	**shank cross cut**	Beinscheibe
to assign	zuordnen	**sinew**	Sehne
beef cuts	Teilstücke vom Rind	**stewing beef**	Eintopffleisch
cube	Würfel	**tail**	hinteres Ende
to disarrange sth	etwas durcheinanderbringen	**titbit**	Leckerbissen
membrane	Haut/dünnes Häutchen	**tip**	Spitze
to remove sth.	etwas entfernen/ablösen	**to trim**	putzen, (ab)schneiden
sautéed	sautiert	**well-fitting**	gut passend

7 Herstellen von Roh- und Kochpökelwaren

Sie stellen Roh- und Kochpökelwaren her. Sie planen den Herstellungsprozess im Team, legen Arbeitsabläufe fest und setzen geeignete Maschinen und Geräte zur rationellen Herstellung und Lagerung ein.

Sie erhalten von Ihrem Chef den Auftrag, in den nächsten Wochen mit Ihren Kollegen im Pökelraum zu arbeiten und Roh- und Kochpökelwaren herzustellen.

Informieren
- Welche Roh- und Kochpökelwaren gibt es in Deutschland?
- Welche Sorten werden in unserer Fleischerei hergestellt?
- Wer kann mir zur Produktbeschreibung Auskunft geben?
- Welche Erwartungen haben Kunden und Verkaufspersonal an die Produkte?

Planen
- Welche Informationen brauche ich, um diese Erzeugnisse herzustellen?
- Wie und aus welchen Rohstoffen werden die Produkte hergestellt?
- Über welche Herstellungsverfahren muss ich mich informieren?
- Wie kann ich Kundenwünsche erfragen?

Entscheiden
- Ich informiere mich in den „Leitsätzen für Fleischerzeugnisse“.
- Ich lerne die Pökelverfahren kennen und informiere mich über das Räuchern.
- Ich lasse mir von den Fleischern die Herstellungsgrundsätze erklären.
- Ich erfrage die Kundenerwartung beim Verkaufspersonal.

Ausführen
- Ich wähle die Fleischstücke aus und bereite die Pökellake vor.
- Ich wende mit Kollegen die verschiedenen Pökelverfahren an.
- Ich übe die selbstständige Weiterbehandlung der Erzeugnisse.
- Ich kontrolliere den ordnungsgemäßen Herstellungsablauf.

Kontrollieren
- Wurden die Pökelverfahren richtig angewendet?
- Wurden vorgeschriebene Zeiten und Temperaturen eingehalten?
- Habe ich fachgerecht geräuchert und gegart?
- Wurden die Erwartungen der Kunden und des Verkaufspersonals erfüllt?

Bewerten
- An welcher Stelle kann ich meine Fachkenntnisse noch erweitern?
- Wie zufrieden waren die Kunden und das Verkaufspersonal mit den Produkten?
- Was könnte ich beim Herstellungsablauf noch verbessern?
- Führt größere Kundenzufriedenheit zu mehr Absatz?

30 Rohpökelwaren herstellen

FLEISCHEREI nusse

Sabrina unterhält sich mit ihrer Kollegin Lena: „Gestern in der Berufsschule, das war ja wieder hart. Du weißt schon: 5./6. und 7./8. Stunde Lernfeld-Theorie, und das bei der brütenden Hitze.
Es ging u. a. darum, dass fetter Speck gesalzen und durchwachsener, geräucherter Speck gepökelt wird. In diesem Zusammenhang fielen auch die Begriffe ‚Pökelstoffe' und ‚Pökelhilfsstoffe', ‚Trocken- und Trocken-nass-Pökelung' sowie ‚Durchbrennen'. Da wäre bald bei mir etwas durchgebrannt. Mir war das zu viel. Kannst du mir die Unterschiede noch einmal erklären?"
„Das trifft sich ganz gut. Du hast ja in den letzten Wochen das Fleisch für unsere Schinkenspezialitäten mit ausgesucht und zugeschnitten. Ich wollte dich in den nächsten Wochen sowieso mit in den Pökelraum nehmen, damit du nun auch lernst, wie wir unsere Laken ansetzen und welche Pökelverfahren bei uns angewendet werden", erwidert Lena.

30.1 Rohpökelwaren nach den Leitsätzen

Die Leitsätze für Fleisch und Fleischerzeugnisse unterteilen die Pökelfleischerzeugnisse in rohe und gegarte Pökelfleischerzeugnisse. In den Abschnitten über Rohpökelwaren (LSKZ 2.2) und Kochpökelwaren (LSKZ 2.3) sind die Sorten von Marktbedeutung (z. B. Kochschinken, Rohschinken) unter Angabe der Tierart und des Zuschnitts beschrieben. Ferner sind für Kochpökelwaren der Gehalt an **Fleischeiweiß in der fettfreien Substanz** und für Rohschinken der **maximale Wasseranteil im weichsten (zentralen) Magerfleischanteil** als objektive Qualitätsmerkmale festgelegt (▸ Tabellen S. 302 und S. 312).

LSKZ 2.2
Rohe Pökelfleischerzeugnisse
2.2.1 Rohe Pökelfleischerzeugnisse oder *Rohpökelware, Rohschinken, Rauchfleisch, Dörrfleisch, süddeutsch auch Speck, Geräuchertes, Geselchtes* sind durch Pökeln (Salzen mit oder ohne Nitritpökelsalz und/oder Salpeter) haltbar gemachte, rohe, abgetrocknete, geräucherte oder ungeräucherte Fleischstücke von stabiler Farbe, typischem Aroma und von einer Konsistenz, die das Anfertigen dünner Scheiben ermöglicht.

2.2.1.1 Die Angaben „naturgesalzen" oder „naturgereift" werden nur bei Trockensalzung (einschließlich der Salzung mit Eigenlake) unter ausschließlicher Verwendung von Kochsalz, Zuckerstoffen und Gewürzen verwendet.

2.2.1.2 Erzeugnisse, bei denen eine Aromatisierung und Stabilisierung durch Rauch nicht stattgefunden hat, können als luftgereift, luftgetrocknet oder schimmelpilzgereift bezeichnet sein.

2.2.1.3 Bezeichnungen in Verbindung mit Kate-, Tenne-, Diele- (auch Deele-) werden bei Anwendung von Reifeverfahren mit langsamer Abtrocknung und unterbrochener Zufuhr schwachen Rauches verwendet. Die Zusatzbezeichnung „Original" oder „Echt" setzt voraus, dass die Reifung in einer Kate oder dem benannten Ort erfolgt ist.
2.2.1.4 Bezeichnungen in Verbindung mit *Katenrauch-, Landrauch-* o. Ä. werden bei einer speziellen Räucherung (z. B. Art des verwendeten Räuchermaterials) verwendet.

2.2.2 Rohschinken
2.2.2.1 *Rohschinken, Rohschneider* werden aus der Beckengliedmaße des Schweines (Schlegel) oder Teilen davon hergestellt. Vielfach haftet ihnen noch die Schwarte an. Isoliert hergestelltes Eisbein wird nicht als Schinken bezeichnet. Die Herstellung aus

Westfälischer Knochenschinken

Kernschinken

Oldenburger Landschinken

7

Nussschinken

Lachsschinken

Schweinenacken

Bauchspeck und Speck süddeutsch

den entsprechenden Teilen anderer Tierarten wird entsprechend gekennzeichnet (z. B. *Rinder-, Wildschwein-, Renschinken*). Werden Schinken nach der Herstellung aufgeteilt, so tragen die einzelnen Stücke die Bezeichnung der noch nicht portionierten Schinken. Blasenschinken werden stets in Hüllen hergestellt.

2.2.2.1.1 *Knochenschinken* sind Schinken (Unter-, Oberschale, Nuss, Hüfte), deren Knochen (Röhre) frühestens nach der Salzung entfernt wurden. Beim „Langschnitt" haften den Knochenschinken noch Spitz- und/oder Eisbein an.

2.2.2.1.2 *Spaltschinken* werden vor der Salzung von Knochen befreit und weisen gegenüber den Knochenschinken eine flache Form auf. Sie bestehen aus Unterschale, Nuss und Hüfte, vereinzelt auch mit Oberschale oder Teilen davon.

2.2.2.1.3 *Kernschinken, Kronenschinken, Papenschinken* werden aus der Unter- und Oberschale hergestellt; dies gilt auch für Rollschinken.

2.2.2.1.4 *Bauernschinken, Landschinken* werden aus einem Teilstück oder aus mehreren Teilstücken des Schinkens geschnitten; dies gilt auch für *Frühstücksschinken.*

2.2.2.1.5 *Nussschinken* besteht aus dem von den Muskeln des Kniestreckers gebildeten Teilstück (Nuss, Maus, Kugel), dem noch die Kniescheibe (Nüssle) anhaften kann.

2.2.2.1.6 *Schinkenspeck, Schinkenecke, Eckschinken* werden aus der Hüfte gefertigt.

2.2.2.2 *Rinderrauchfleisch, Neuenahrer Rauchfleisch, Hamburger Rauchfleisch, Nagelholz* werden aus der Oberschale oder dem Schwanzstück oder der Blume des Rindes hergestellt.

2.2.2.3.1 *Lachsschinken* wird aus dem „Auge" (M. longissimus dorsi) von Kotelettsträngen geschnitten. Ihm können noch die dünnen („Silberhaut"), nicht jedoch die groben Teile der Sehnenplatte anhaften. Ist Lachsschinken von einer dünnen Speckscheibe umhüllt, wird auch die Bezeichnung *Pariser Lachsschinken* verwendet.

2.2.2.3.2 *Truthahn-Lachsschinken* wird aus Brustmuskulatur (ohne Haut) eines Truthahns hergestellt.

2.2.2.3.3 *Lachsfleisch, Karbonadenschinken* besteht aus weitgehend von Fettgewebe befreiten Kotelettsträngen.

2.2.3 Sonstige Rohpökelwaren

2.2.3.1 Bei aus anderen Fleischteilen des Schweines hergestellten rohen Pökelfleischerzeugnissen wird auf das verwendete Teilstück hingewiesen (z. B. *Schulterspeck, Räucher-Nacken, Karbonaden-Rauchfleisch, geräuchertes Eisbein*). Die Verwendung von Fleischteilen anderer Tierarten wird gekennzeichnet (z. B. *geräuchertes Rinderfilet, gepökelte Gänsebrust, gepökelte Truthahnoberkeule*).

2.2.3.1.1 *Breitseite oder Ganze Seiten* bestehen aus der von Knochen befreiten Schweinehälfte ohne Kopf, überwiegend ohne Bug und Schlegel.

2.2.3.1.2 *Bauchspeck, Frühstücksspeck, Dörrfleisch* werden aus von Rippen und Brustknochen befreitem, meist noch Knorpel und Schwarte enthaltenden Schweinebauch hergestellt. Bei *Delikatess-Bauchspeck, Delikatess-Frühstücksspeck* beträgt das sichtbare Fettgewebe nicht mehr als 50 %, und die Knorpel sind bis auf technologisch unvermeidbare Reste entfernt worden.

30.2 Salzen und Pökeln

Im norddeutschen Raum benutzt man den Begriff „Pökeln" bereits seit dem Mittelalter. Damals bedeutete es das Behandeln von Fleisch und Fisch mit Kochsalz. Heute wird unterschieden:

- **Salzen:** Fleisch wird zur Verlängerung der Haltbarkeit mit reinem Kochsalz versetzt.
- **Pökeln:** Fleisch wird mit Kochsalz und Pökelstoffen behandelt. Als Pökelstoffe werden dem Kochsalz Nitrit oder Nitrat (Salpeter) zugesetzt (Verordnung (EG) Nr. 1333/2008, ▸ S. 610).

30.2.1 Erwünschte Wirkungen beim Pökeln

Beim Pökeln von Fleisch und Fleischerzeugnissen kann eine vierfache Wirkung erzielt werden:

- haltbar machende Wirkung (mikrobiologische Hemmwirkung)
- antioxidative Wirkung (Schutz vor Fettranzigkeit)
- farbbildende Wirkung (Pökelrot)
- aromabildende Wirkung (Pökelaroma)

Einreiben von fettem Speck mit reinem Kochsalz

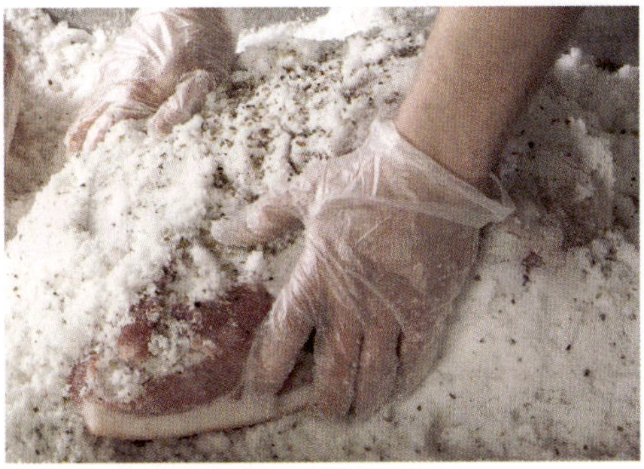

Einreiben von Schinken mit Nitritpökelsalz

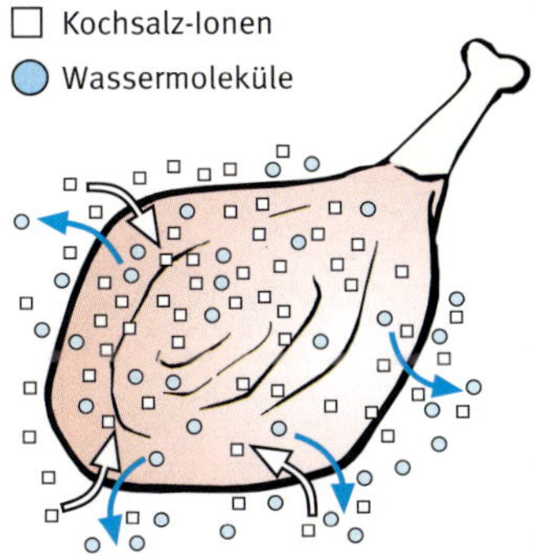

Gesalzener Schinken

Haltbar machende Wirkung

Kochsalz greift Mikroorganismen nicht direkt an. Die haltbar machende Wirkung beim Salzen beruht auf der Senkung des a_W-Werts durch

- Trocknung: Den Fleischteilen wird osmotisch Wasser entzogen.
- Wasserbindung: Die Kochsalzionen diffundieren in das Innere der Ware und binden dort Wasser.

Bei hohen Salzkonzentrationen wird den Bakterienzellen durch Osmose (▸ S. 594) direkt Wasser entzogen.

Nitrit hat eine direkte bakterizide (keimtötende) Wirkung, die jedoch nicht isoliert, sondern immer im Zusammenhang mit anderen Milieufaktoren wie pH-Wert und Temperatur zu sehen ist. Deutlich lässt sich die antibakterielle Wirkung mit einer pH-Wert-Senkung erhöhen, und zwar erzielt die Senkung des pH-Werts um eine Einheit die zehnfache hemmende Wirkung.

Nitrat (Salpeter) hat keinen unmittelbaren Pökeleffekt. Erst wenn es durch das Enzym Nitratreduktase der Pökelflora (und durch nitratabbauende Keime wie z. B. Mikrokokken) zu Nitrit abgebaut wurde, stellt sich dieser Effekt ein.

Antioxidative Wirkung

Nur mit Kochsalz hergestellte Fleischerzeugnisse unterliegen in der Regel einem schnelleren Geschmacksabbau als gepökelte, was auf die Schutzwirkung des Nitrits gegen oxidativen Fettabbau zurückzuführen ist.

Farbbildende Wirkung

Der Muskelfarbstoff **Myoglobin (Mb)** gibt dem Fleisch die Farbe. Myoglobin ist ein zusammengesetzter Eiweißstoff (▸ S. 213 f.), der sich in gelöster Form im Zellplasma befindet und gegenüber Hitze sehr empfindlich ist. Myoglobin besteht aus dem **Globin** (knäuelförmiger Eiweißstoff) und dem **Häm** als eigentlichem farbgebenden Bestandteil. Inmitten dieses Hämmoleküls befindet sich ein elektropositiv geladenes Eisenatom (Eisen-Ion). Die Farbe und Farbstabilität des Fleisches werden wesentlich durch dieses zentrale Eisenatom im Häm bestimmt und hängen ab vom **Ladungszustand** (Oxidationsstufe) des Eisens: Es kann – je nach der Anzahl der Elektronen – zweifach (Fe^{++}) oder dreifach (Fe^{+++}) positiv geladen sein. Man spricht hier von zweiwertigem (Fe^{++}) oder dreiwertigem (Fe^{+++}) Eisen. Myoglobin mit zweiwertigem Eisen verleiht dem Fleisch eine kräftig rote Färbung.

Durch Elektronenentzug (Oxidation, (▸ S. 594) geht das Myoglobin (Mb) in Metmyoglobin (MetMb) mit dreiwertigem Eisen über. Metmyoglobin führt zu einer graubraunen Fleischfarbe.

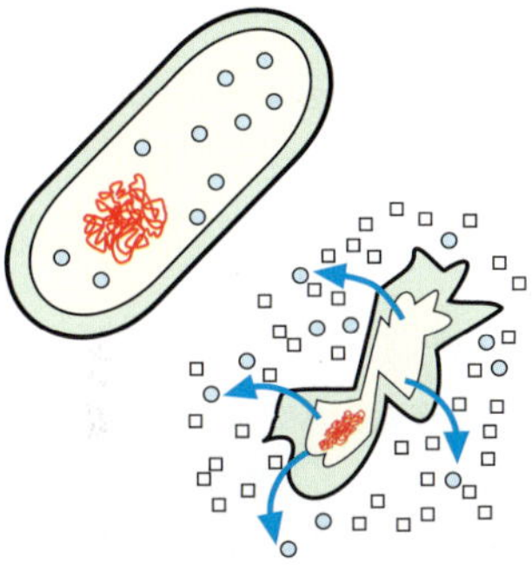

Pralle und geschrumpfte Bakterienzelle

Fetter und durchwachsener Speck

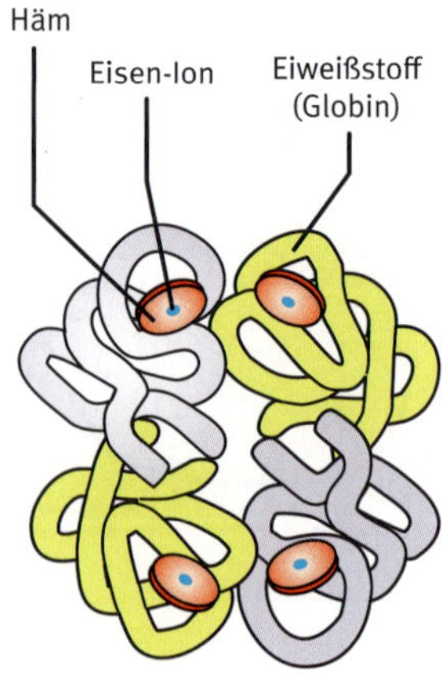

Myoglobinstruktur

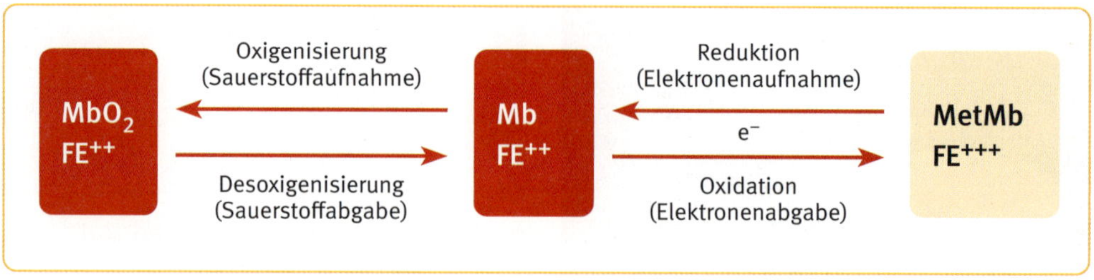

Gekochtes Rippchen mit Farbstoff Metmyoglobin

Gekochtes Kasseler mit Farbstoff Nitrosomychromogen

Die Eisen-Ionen im Myoglobin eines Fleischstücks liegen sowohl im zweiwertigen als auch im dreiwertigen Zustand vor. Daraus folgt, dass die Farbe eines Fleischstücks wesentlich vom Mengenverhältnis der beiden Ladungszustände abhängt, wie die Tabelle verdeutlicht.

Beziehung zwischen Myoglobinbildung und Fleischfarbe	
MetMb-Anteil im gesamten Muskelfarbstoff	**Fleischfarbe**
30 %	intensiv hellrot
30 % bis 50 %	rot
50 % bis 60 %	bräunlich rot
60 % bis 50 %	rötlich braun
70 %	braun

Außer vom Eisen-Ion hängen Farbe und Farbintensität von der **Art des angelagerten Gases** ab. Je nachdem, wie die Atmosphäre beschaffen ist, die das Fleisch umgibt, kann das zentrale Eisen-Ion im Muskelfarbstoff z. B. ein Sauerstoff- (O_2), ein Stickstoffoxid- (NO) oder ein Kohlenstoffmonoxidmolekül (CO) anlagern.

Als **Umrötung** wird die Umwandlung des Myoglobins in **Stickstoffoxidmyoglobin** (Pökelrot, Nitrosomyoglobin, MbNO) bezeichnet. Hierbei lagert sich ein aus dem Nitrit entstehendes Stickstoffoxidmolekül (NO) an das Eisenatom des Myoglobins (Mb) an. Das Pökelrot ist hitzestabil, d. h., ein erhitztes Stück gepökeltes Fleisch wie Kasseler sieht rot aus, während ein nur mit Kochsalz versetztes erhitztes Rippchen grau wird.

Wird das Globin nach dem Pökeln zum Beispiel durch Erhitzen denaturiert, so erhält der Farbstoff seine stabilste Ausprägung. Dieser Zustand wird als **Nitrosomyochromogen** bezeichnet.

Zur Umrötung wird Nitrat (Salpeter) oder Nitritpökelsalz verwendet. Die Salpeterpökelung dauert länger als die mit Nitrit und wird nur bei großen Fleischstücken angewendet, wie ganzen Schinken oder langsam gereiften Rohwürsten, die fest in der Konsistenz und voll im Aroma sind.

Der Zerfall des Nitrats bzw. Nitrits zu Stickstoffoxid erfolgt über Zwischenstufen.

Nitrat (KNO_3 oder $NaNO_3$) wird von Bakterien, die über das Enzym Nitratreduktase verfügen (z. B. Mikrokokken, nicht krank machende Staphylokokken), zu Nitrit ($NaNO_2$ bzw. KNO_2) abgebaut. Nitrit wird im schwach sauren pH-Bereich (pH 5,2 bis 5,7) über mehrere Reaktionsschritte zu Stickstoffoxid abgebaut (▸ Kasten unten).

Neben den eigentlichen **Umrötungsstoffen** (Pökelstoffen), welche die Umrötung direkt (Nitrit) oder indirekt (Nitrat) bewirken, werden **Umrötungshilfsstoffe** (Pökelhilfsstoffe)

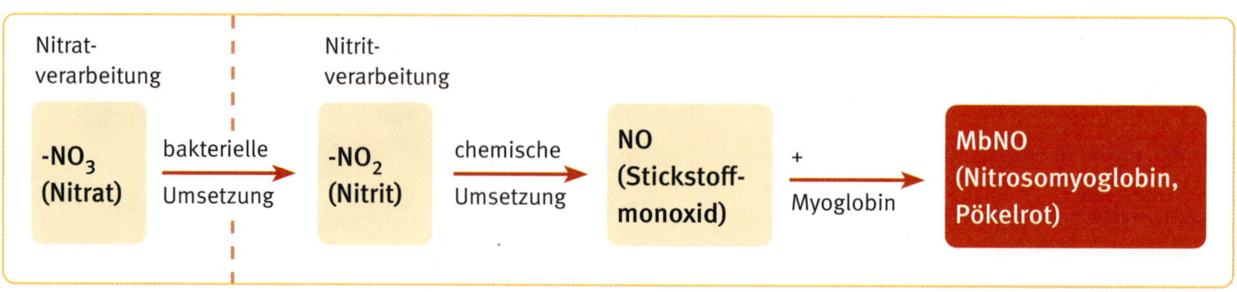

eingesetzt, die den Pökelprozess unterstützen. Der wirksamste Pökelhilfsstoff ist die Ascorbinsäure (Vitamin C). Als starkes Reduktionsmittel beschleunigt und intensiviert sie den Zerfall des Nitrits zu Stickstoffoxid. Das Gleiche gilt für das Natrium- und Calciumascorbat und für die Isoascorbinsäure (▸ S. 612). Die Zusatzmengen für Ascorbinsäure liegen zwischen 2 g und 5 g pro kg Gesamtmasse.

Aromabildende Wirkung

Beim Pökeln mit Nitrat entwickelt sich eine nitratabbauende Pökelflora, die wesentlich zum ausgeprägten Aroma solch lang gereifter Erzeugnisse beiträgt.

Bei der Reaktion von Nitrit mit Bestandteilen des Fleisches entsteht ein typischer Geruch und Geschmack, der als „Pökelaroma" bezeichnet wird. Dieses Pökelaroma unterscheidet sich eindeutig von Erzeugnissen, denen nur Kochsalz zugesetzt wurde.
Die toxischen Wirkungen von Nitrit und Nitrat sowie die lebensmittelrechtlichen Bestimmungen sind im Kapitel „Zusatzstoffe" im Wissensspeicher (▸ S. 610 ff.) beschrieben.

30.3 Pökelwarentechnologie

Unter Pökelwaren verstehen wir alle gepökelten Stückwaren, die entweder roh (z. B. Knochenschinken, Rollschinken, Rohschneider, Katenschinken, Rinderrauchfleisch, Dörrfleisch) oder gegart sind (z. B. Kochschinken, Kasseler, Kaiserfleisch, Pariser Zunge).

30.3.1 Rohstoffe auswählen

Obwohl sich das Fleisch von allen Schlachttieren zur Herstellung von Pökelwaren eignet, wird fast ausschließlich Schweinefleisch verwendet. Unabhängig davon, ob die Pökelware roh bleibt oder gegart wird, sind die Anforderungen an den Rohstoff – mit Ausnahme des pH-Werts – die gleichen (▸ Tabelle unten).
Bei den Rohstoffanforderungen bezüglich des pH-Werts ist zu beachten, dass die Zunahme der Pökelbereitschaft eine Abnahme der Wasserbindung zur Folge hat. Denn es gilt: Je niedriger der pH-Wert, desto größer sind die Zellzwischenräume („offene Struktur"), was eine bessere Diffusion des Salzes und der Pökelstoffe zur Folge hat.

7

Anforderungen an den Rohstoff für Pökelwaren

Eigenschaften	Anforderungen	Auswirkungen
optimale Kerntemperatur	2 bis 4 °C (max. 7 °C)	mikrobiologische Stabilität
pH-Wert	5,4 bis 5,8 (max. 6,0) bei *Rohpökelwaren* 5,9 bis 6,2 bei *Kochpökelwaren*	mikrobiologische Stabilität gute Salzaufnahme gute Umrötung typisch säuerlicher Geschmack
Magerfleisch		gute sensorische Eigenschaften
– Farbe	leuchtend rot	
– Geruch	angenehm frisch	
– Oberfläche	trocken	
Auflagefett		
– Farbe	weiß	
– Geruch	angenehm frisch, keinerlei Abweichungen	
Konsistenz	fest	

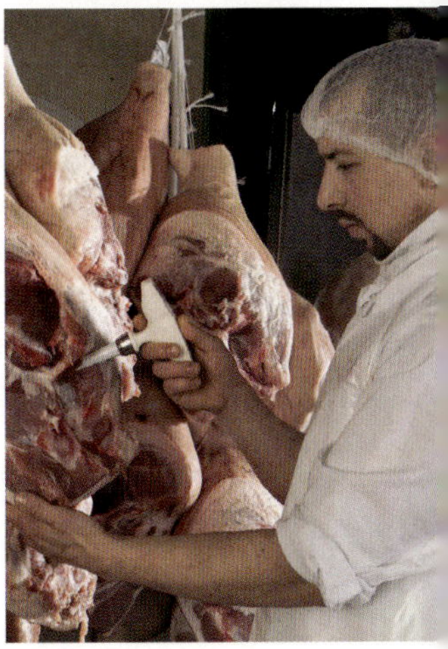

pH-Wert-Messung am ausgelösten Schinken

Auch kommt es bei niedrigem pH-Wert zu einer vermehrten Umwandlung von Nitrit in Stickstoffoxid und damit zur besseren Farbausprägung.
Die Vorteile einer guten Wasserbindung bei relativ hohem pH-Wert sind mit einer verschlechterten Diffusion des Pökelsalzes sowie einer grundsätzlich verminderten Pökelfarbbildung und -stabilität verbunden. Um die Geschwindigkeit zu beeinflussen, mit der das Salz und die Pökelstoffe in das Innere der Pökelstücke eindringen (Diffusionsgeschwindigkeit), werden verschiedene Verfahren angewendet.

Temperaturführung und pH-Verlauf nach der Schlachtung während der Abkühlphase

Zeit	Temperatur im Kern	Temperatur im Kühlhaus	pH-Wert
Schlachtwarmes Fleisch	–	–	7,3 – 7,5
8–10 Stunden Rigor mortis (Totenstarre)	+ 3 °C	+ 1 bis +2 °C	von 7,3 auf 5,9
nach24 Stunden	+ 2 °C	+ 1 bis +2 °C	End-pH-Wert 5,4 – 5,8

Eigenschaften von PSE- und DFD-Fleisch im Vergleich zu Normalfleisch

Eigenschaften	PSE-Fleisch	DFD-Fleisch
Wasserbindung	**schlechter** starke Wasserabgabe beim Erhitzen (z. B. Kochschinken, Kasseler); Produkte trockener, auch härter, zäh	**besser** geringere Wasserabgabe beim Erhitzen (z. B. Kochschinken, Kasseler); Produkte saftiger, weicher; Vorsicht bei Rohwurst und Rohschinken
Pökelbereitschaft	**verändert** manchmal blasse Pökelfarbe; verstärkte Salzaufnahme (Pökelstücke bei Trocken- oder nasspökelung salzschärfer)	**verändert** Risiko geringerer Pökelfarbbildung und -haltung erhöht; verminderte Salzaufnahme bei größeren Teilstücken
Geschmack	**verändert** kräftig fleisch-säuerlich	**verändert** nicht fleisch-säuerlich
Haltbarkeit	**verändert** nasse Oberfläche bei Rohfleisch, daher manchmal verminderte Haltbarkeit	**schlechter** verkürzte Haltbarkeit für Rohfleisch und alle Fleischwaren

Rohstoffanforderungen für Rohschinken

Der pH_{24}-Wert soll zwischen 5,4 – 5,8 liegen. Am besten geeignet sind Schweine mit einem Mastendgewicht von 135 – 150 kg oder Sauen aus der Freilandhaltung.

Übersicht über mögliche Gewürze, Zusätze und Zusatzstoffe

Kochsalz, Meersalz (es ist milder als Steinsalz), Parma Sale (Meersalz mit Nitrit), Nitritpökelsalz, Salpeter, Pökelhilfsstoffe, Zucker (nimmt die Salzschärfe) und geschrotete Gewürze (schwarzer und weißer Pfeffer, Wacholder, Koriander, Piment, Lorbeer, Senfsaat, Rosmarin, Zimt, Knoblauchgranulat).

30.3.2 Pökelverfahren

Vor dem Pökeln werden die Schinken dem Erzeugnis entsprechend zugeschnitten. Die Teilstücke sollen dadurch glatte, kantige Oberflächen erhalten. Die Vliese sollen möglichst unverletzt bleiben. Lose anhaftendes Fleisch- und Bindegewebe sowie eventuelle Verunreinigungen sind zu entfernen.

Trockenpökelung

Das älteste Pökelverfahren ist das Trockenpökeln. Dabei werden die Rohlinge zunächst mit 30 bis 50 g Pökelsalz (Nitritpökelsalz oder einem Gemisch aus Nitritpökelsalz und Salpeter oder aus Kochsalz und Salpeter) pro kg Fleisch eingerieben. Anschließend werden sie dicht nebeneinander, auf der Schwartenseite liegend, in Pökelbottiche (z. B. Holz-, Steingut-, Kunststoff-, V2A-Stahlbehälter oder geflieste Becken mit Abflussvorrichtung) übereinandergeschichtet. Die einzelnen Schichten werden dick mit Pökelsalz bestreut. Aufgrund der unterschiedlichen Salzkonzentrationen innerhalb und außerhalb der Schinken (osmotisches Gefälle) wird schon nach kurzer Zeit „Eigenlake“ gebildet; diese besteht aus ausgetretenem Fleischsaft mit darin gelöstem Pökelsalz und der Pökelflora. Die Eigenlake wird abgelassen.
Gleichzeitig mit den osmotischen Vorgängen diffundiert das Pökelsalz in das Innere der Schinkenrohlinge. Wöchentlich werden die

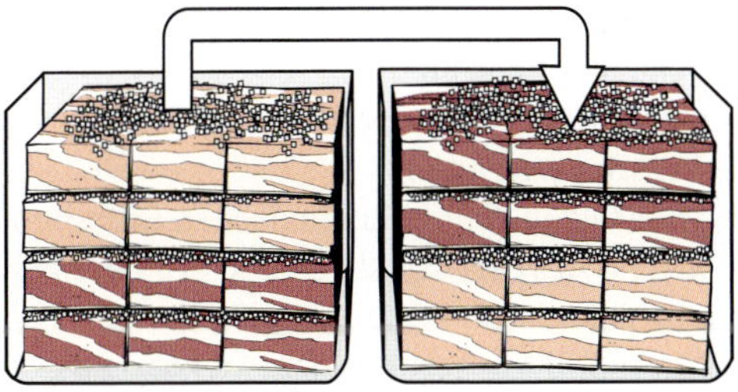

Umpacken von Schinken während der Trockenpökelung

Herstellung von Parma-Schinken		
Behandlung	**Raumtemperatur**	**Kerntemperatur**
Abkühlung der Schinken	12 Stunden bei 0 °C 36 Stunden bei −4 °C	schnell abnehmend auf +1 bis −1 °C
Salzen, Durchbrennen	2 Monate bei 0 bis 3 °C 1 Monat bei 2 bis 5 °C	etwa 1 °C etwa 3 bis 4 °C
Reifung	7 bis 24 Monate bei 15 bis 20 °C	entspricht der Raumtemperatur

Schinken in umgekehrter Reihenfolge in einen anderen Behälter umgepackt und nachgesalzen. 5 bis 10 kg schwere Schinken müssen 3- bis 4-mal umgepackt werden. Die Pökeldauer hängt vor allem vom Gewicht, aber auch von Zuschnitt und Form der Schinken ab. Als Faustregel gilt: pro kg Fleisch 2 bis 2,5 Tage bei 3 bis 5 °C, bei großen Schinken und je 1 cm Fleischdicke pro Tag bei kleineren Schinken.

Ökologischer Exkurs

Während Kochsalz für die Herstellung von Rohschinken notwendig ist (a_W-Wert-Senkung), müssen Nitrit oder Nitrat (Salpeter) nicht unbedingt zugesetzt werden.
Lange gereifte Knochenschinken, wie Parma- oder San-Daniele-Schinken (Italien), Jamon Iberico und Serano-Schinken (Spanien), Karst-Schinken (Slowenien), Savoie-Schinken (Frankreich), Virginia-Schinken (USA), werden mit Kochsalz (grobes Meersalz) und ohne Zusatz von Nitrit oder Nitrat hergestellt. Diese Schinkenspezialitäten sind nicht nur mikrobiologisch stabil, sondern sie weisen auch eine kräftig rote und stabile Farbe auf. Voraussetzungen für das Gelingen solch hochwertiger Produkte sind eine schnelle Abkühlung des Rohmaterials und vor allem eine lange Zeit des Salzens und „Durchbrennens" bei niedrigen Temperaturen (► S. 298). Die Tabelle rechts oben zeigt ein solches Verfahren am Beispiel des Parma-Schinkens.

Trocken-nass-Pökelung

Die Rohlinge werden wie beim Trockenpökeln zuerst mit Pökelsalz eingerieben und in Pökelbottiche eingelegt. Die sich bildende Eigenlake wird nicht abgegossen, sondern verbleibt in den Pökelbehältern. Meistens wird die Eigenlake mit einer frisch bereiteten Lake auf die gewünschte Salzkonzentration eingestellt (18 bis 25 % für Rohschneider, ► S. 291, LSKZ 2.2.2.1).

Nasspökelung

Bei der Nasspökelung (Tauch-, Schwimm-, Lakepökelung) werden die Schinken nach dem Einsalzen in Pökellake eingelegt. Diese kann neben Trinkwasser, Kochsalz und Pökelstoffen auch Gewürze und **Pökelhilfsstoffe** enthalten. Ascorbinsäure als Pökelhilfsstoff führt zu einem stürmischen Abbau von Nitrit zu Stickstoffoxid. (Vorsicht! Das Einatmen kann tödlich sein.) Dieses Gas würde aus der Lake entweichen und für die Umrötung des Fleisches nicht mehr vorhanden sein. Deshalb sollen als **Pökelhilfsstoffe** Ascorbat oder Zuckerstoffe verwendet werden.

▶ Taucht der Lakemesser in eine schwach konzentrierte oder in eine hoch konzentrierte Lösung tiefer ein?

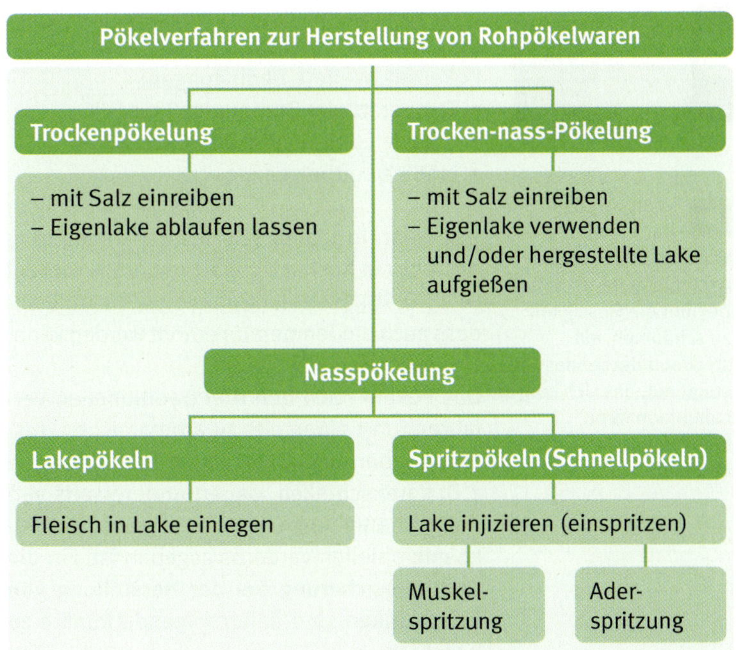

7

Dichtemessgerät nach Baumé

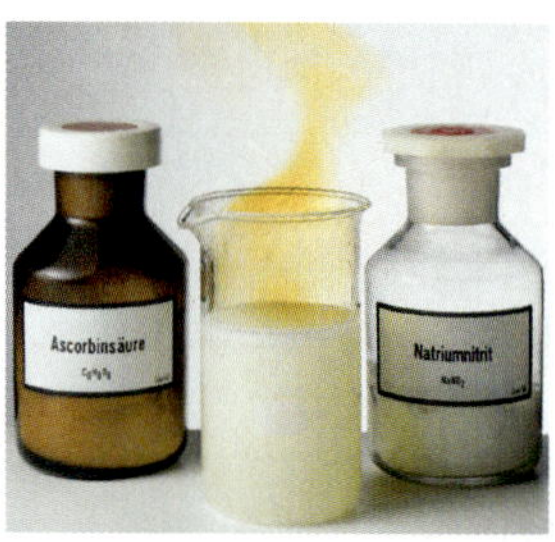

Versuch: Lösen Sie Natriumnitrit in Wasser auf und gießen Ascorbinsäure zu. Sofort beginnt die Flüssigkeit zu schäumen, ein stechend riechendes Gas steigt auf, das sich langsam braun färbt. Wie können Sie sich dies erklären?

Die frisch angesetzten Laken werden häufig mit **Dauerlaken** (Mutter-, Alt- oder Stammlaken) beimpft, um die für die Umrötung und Aromabildung erwünschte Pökelflora (Pökelbakterien) der alten auf die neue Lake zu übertragen.

Die **Salzkonzentration** der Lake beträgt je nach Art und Durchmesser der Pökelware etwa 10 bis 20 %; je größer der Durchmesser, desto höher die Salzkonzentration. Die Lakeschärfe nimmt während des Ausgleichs der Salzkonzentrationen zwischen Lake und Schinken stetig ab. Sie wird mit einem Lakemesser (Dichtemessgerät nach Baumé) kontrolliert und durch Nachsalzen auf die gewünschte Schärfe eingestellt. Nach etwa einer Woche werden die Schinken umgepackt, eingesalzen und erneut mit Lake aufgegossen.

Die praxisbekannte Faustregel schreibt bei einem Lake-Fleisch-Verhältnis von 1 : 1 bis 1 : 2 eine Pökeldauer von etwa 2 Tagen pro kg Fleisch bei großen Schinken und je 1 cm Fleischdicke pro Tag bei kleineren Schinken vor.

An das eigentliche Pökeln schließt sich das **„Durchbrennen"** an. Während dieser Bearbeitungsphase vollziehen sich die Stoffumwandlungen, die zur gewünschten Umrötung, zum typischen Produktaroma und zur mürben Konsistenz führen. Des Weiteren kommt es zu einem Ausgleich der Salzkonzentrationen im gesamten Pökelgut. Die Zeit für das Durchbrennen des Pökelguts liegt bei etwa 2/3 der Pökelzeit. Weitere Bedingungen:

- Temperatur im Brennraum 3 bis 5 °C
- relative Luftfeuchtigkeit 60 bis 80 %
- mäßige Luftbewegung

Erst wenn in jedem Teil des Schinkens mindestens ein Kochsalzgehalt von 4,5 % vorliegt (= a_W 0,96), ist er mikrobiologisch stabil, sodass auch die Temperatur erhöht werden kann.

Das Pökeln nach den drei traditionellen Verfahren führt einerseits zu aromareichen, festen, mürben und farbstabilen Produkten wie z. B. Katenschinken, dauert andererseits verhältnismäßig lange, womit ein gewisses Risiko mikrobiellen Verderbs gegeben ist. Für die **Qualitätssicherung bei der Herstellung von Rohschinken** sind daher folgende Punkte zu beachten:

- Keimgehalt des Rohmaterials (soll möglichst gering sein)
- pH-Wert des Rohmaterials (kein DFD-Fleisch verwenden)
- Kochsalz (aus mikrobiologischen Gründen ≥ 4,5 %, aus sensorischen und ernährungsphysiologischen Gründen ≤ 6 %)
- Nitrat und Nitrit (zugesetzte Mengen ausreichend für die Umrötung)
- Zucker und andere Zusatzstoffe (ausgewogene Mengen verwenden)
- Aufgusslaken (Pökelflora muss ausgewogen sein)
- Pökeltemperatur (darf nicht zu hoch sein)
- Pökelzeit (muss von ausreichender Dauer sein)
- relative Luftfeuchtigkeit (entsprechend der Pökelphase)
- a_W-Wert (zeigt ausreichendes Salzen und Durchbrennen der Schinken an)
- Räucherung (erst nach mikrobiologischer Stabilisierung des Schinkeninneren)
- Durch die Schnellpökelverfahren wie das Muskel- und Aderspritzen lassen sich die Diffusionswege und damit die Pökelzeit deutlich verkürzen.
- Schnell gepökelte Ware, wie Schinkenspeck, ist allerdings weicher und aromaärmer als langsam gepökelte Ware. Schnellpökelverfahren eignen sich in erster Linie für Kochpökelwaren (▸ S. 308 ff.).

Aderspritzverfahren

Beim Aderspritzverfahren wird die Lake in Arterien gespritzt. Beim Schinken z. B. befindet sich die Arterie auf dem Filetkopf, bei der Schulter liegt sie zwischen Schulterblatt und Oberarmknochen (Röhre) und bei der Zunge seitlich am Zungengrund. Die Lake wird durch eine stumpfe Hohlnadel mit einem Druck von bis zu 2,5 bar in die vorsichtig angeschnittenen Arterien gespritzt. Über kleinere Arterien (Arteriolen), die sich wie ein Netzwerk im gesamten Teilstück verzweigen, wird sie gleichmäßig im Pökelgut verteilt. Bei dieser Durchspülung der Gefäße wird das Restblut aus dem Teilstück herausgedrückt.

Das Aderspritzverfahren kann nur bei nicht ausgebeinten Teilstücken mit unverletztem Gefäßsystem durchgeführt werden. Es ist sehr arbeitsintensiv und wird daher nur noch selten angewendet.

Muskelspritzverfahren

Bei der Muskelspritzung wird die Lake mit einer Handspritze oder mit Durchlauf-Multinadel-Pökelinjektoren direkt in das Muskelfleisch eingespritzt. Die Pökelnadeln sind seitlich mehrfach gelocht und an der Spitze verschlossen. Der Einspritzdruck liegt bei 1 bis 2 bar. Bei höheren Spritzdrücken kommt es zu Gewebszerreißungen, wodurch qualitätsmindernde Spritzlöcher im Erzeugnis entstehen können. Gewebszerreißungen können beim Handspritzen auch dadurch vermieden werden, dass mit ziehender und nicht mit stechender Nadel gespritzt wird.

Zur gleichmäßigen Lakediffusion im gesamten Teilstück und zur erhöhten Lakeaufnahme und -bindung sollte das Muskelspritzverfahren durch das **Poltern** (Massieren, Tumbeln) mechanisch unterstützt werden. Hierbei werden die Fleischteile in einen Behälter gegeben, der um seine Längsachse rotiert. Durch eingebaute „Arme" werden die Fleischstücke mit nach oben genommen und fallen gelassen. Durch die mechanische Bearbeitung kommt es zu Zerstörungen an den Muskelfasern. Bei dieser Gewebeauflockerung wird im Fleischteil vermehrt fibrilläres Eiweiß freigesetzt und Lake aufgenommen. Die während des Polterprozesses zunehmende Freisetzung und Quellung von Muskeleiweiß in den Zellzwischenräumen und an der Oberfläche bewirkt im Produkt einen besseren Scheibenzusammenhalt, eine höhere Ausbeute und saftigere Konsistenz.

Lakebereitung

Bei den Pökelverfahren müssen je nach Produkt unterschiedlich konzentrierte Pökellaken zubereitet werden. Folgende Salzkonzentrationen sind zu empfehlen:
- für Rohschinken 18 bis 25 %
- für Lachsschinken 10 bis 14 %
- für Kochschinken 8 bis 10 %

Zur Verbesserung der Pökelfarbbildung und -haltung sollten den Spritzlaken so viel Pökelhilfsstoffe zugegeben werden, dass im gespritzten Erzeugnis 0,3 bis 0,5 g Natriumascorbat oder Isoascorbat enthalten sind.

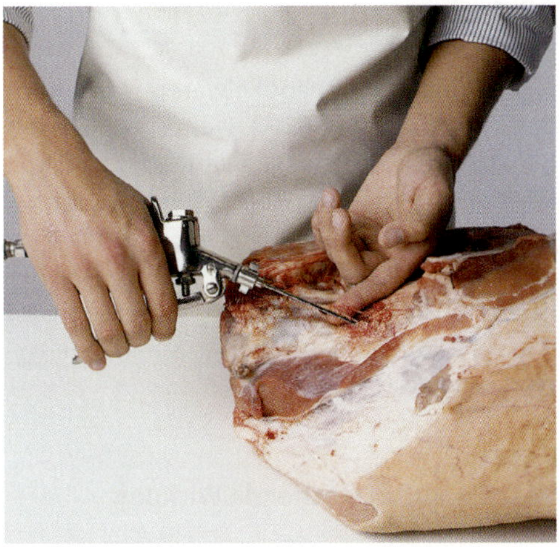
Aderspritzverfahren

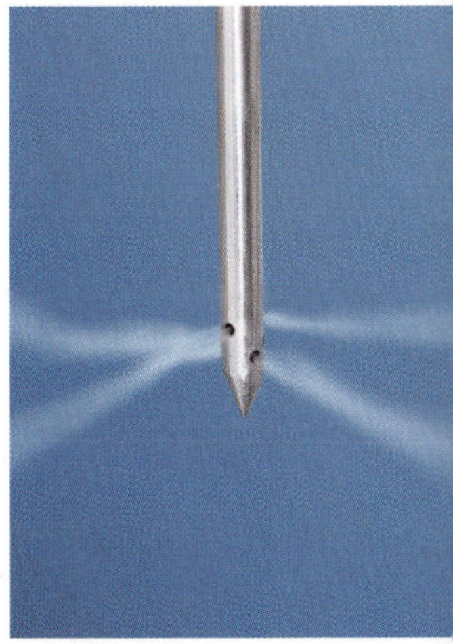
Hohlnadel

Automateninjektion

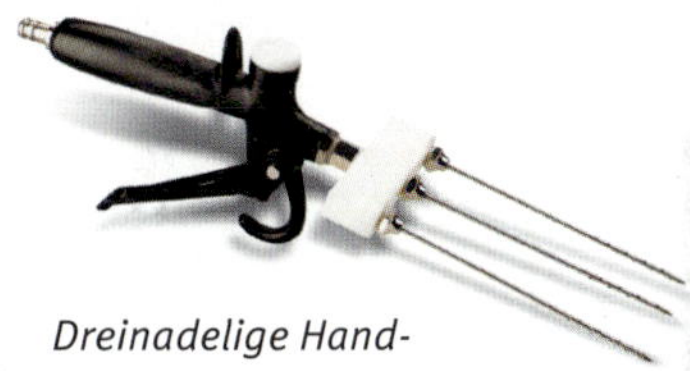
Dreinadelige Handspritze für das Muskelspritzverfahren

Tumbler

7

30.4 Trocknen

Eine Reihe von Rohpökelwaren wird nach dem Räuchern (▸ S. 315) weiter getrocknet. Bei anderen Erzeugnissen wird sogar auf das Räuchern verzichtet. Aber es gibt auch getrocknete Fleischerzeugnisse, die nur getrocknet werden.
Beim Trocknen von Fleischerzeugnissen wird Wasserdampf abgeführt und somit der a_W-Wert gesenkt (▸ S. 596).

30.4.1 Haltbar machende Wirkung

Nicht alle Mikroorganismen beanspruchen die gleiche Menge an frei verfügbarem Wasser, um zu wachsen und sich zu vermehren. Für jede Mikroorganismenart gibt es Grenz-a_W-Werte, unterhalb derer sie nicht mehr aktiv sind. Die meisten Verderbnis- und Krankheitserreger werden auch dann schon in ihrem Wachstum gehemmt, wenn der a_W-Wert nur geringfügig gesenkt wird.
Ähnlich wie beim Gefrieren werden die Mikroorganismen beim Trocknen nicht abgetötet, sondern nur in ein „Schlafstadium" versetzt. In dem Maße, wie getrocknete Fleischerzeugnisse erneut Feuchtigkeit aufnehmen, werden die Mikroorganismen wieder aktiv.
Getrocknetes Fleisch ist zwar mikrobiologisch stabil, es kann jedoch zu biochemischen und chemischen Reaktionen, z. B. Ranzigwerden der Fette, kommen, die auch zum Verderb führen.

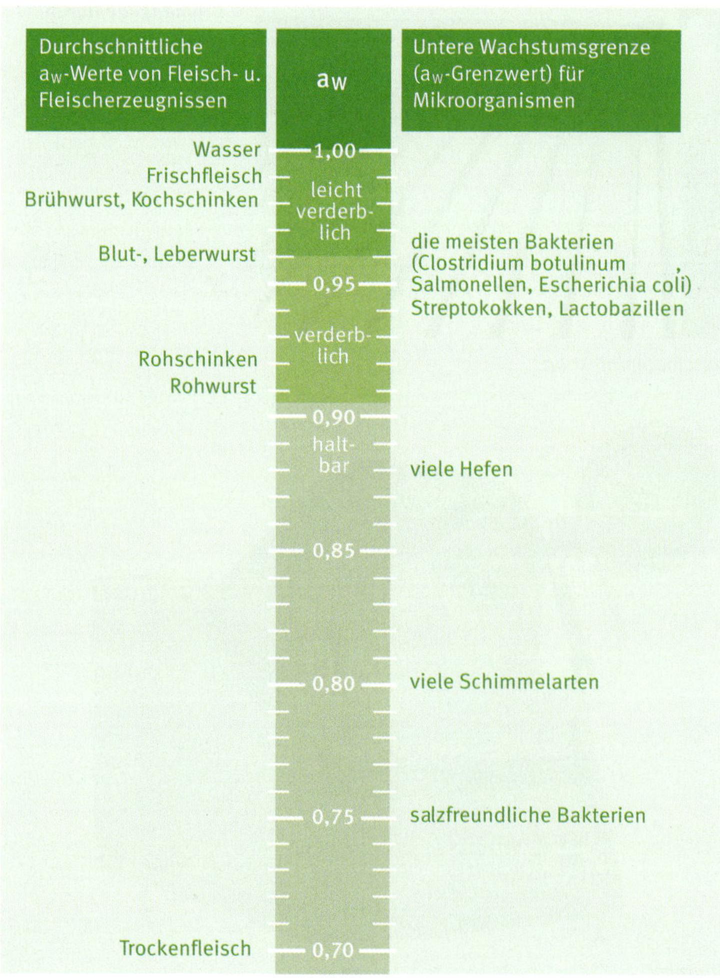

30.4.2 Getrocknete Fleischerzeugnisse

In einigen Regionen mit günstigen klimatischen Bedingungen wird heute noch Fleisch an der Luft getrocknet. Dabei wird der Wassergehalt bis unter 10 % gesenkt. Zu solchen Erzeugnissen zählen:

Fleischerzeugnis	Herkunft
Pemmikan	Nordamerika
Tassajo	Uruguay
Charque, Carne specca, Jerked Beef	Brasilien
Biltong	Afrika
Dengdang	Malaysia

Im schweizerischen Kanton Graubünden wird das Bündner Fleisch hergestellt. Das sind trocken gepökelte, luftgetrocknete Rindfleischstücke aus der Keule, die im Durchschnitt noch 45 % Wasser enthalten.

Bündner Fleisch

30.5 Herstellungsabläufe für Katenschinken und Schwarzwälder Schinken

30.5.1 Katenschinken herstellen

Ausgangsmaterial

- Nach 24 Std. Kerntemperatur ≤ 3 °C
- pH_{24} ≥ 5,8
- Spitzbeine und Schwanzknochen entfernen
- Schinken glatt und kantig zuschneiden

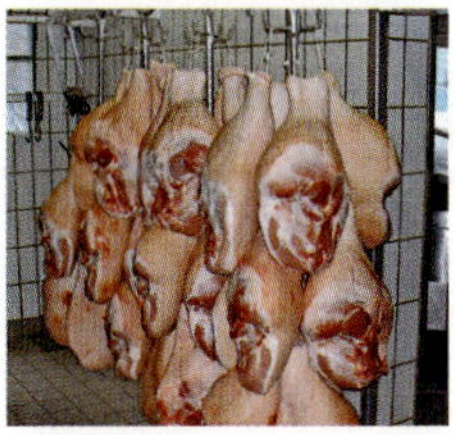

Pökeln

- Einreiben mit 40–50 g Salzmischung aus grobem Meersalz und Pökelstoffen (Nitrit und/oder Nitrat) sowie 5–6 g Zucker und geschroteten Gewürzen (Pfeffer, Koriander, Lorbeer, Senfsaat, Wacholderbeeren und Rosmarin)
- Pökeldauer: 3–4 Wochen (wöchentlich umpacken, Raumtemperatur ≤ 5 °C)

Durchbrennen

- Dauer: 2 Wochen
- Raumtemperatur ≤ 5 °C
- a_W-Wert ≤ 0,96 am Ende des Durchbrennens
- Kochsalzgehalt: 4,5 %

7

Evtl. Wässern

- Dauer: 8 – 10 Std.
- Übersalzene Randbereiche großer Schinken werden auf diese Weise entsalzen.

Räuchern

- Geräuchert wird in der kalten Jahreszeit vom Gallustag, 15. Okt., bis zum Büdeltag, 15. Mai.
- Räucherdauer: ein Vierteljahr
- Räucherverfahren: Kaltrauch (15–18 °C)
- Besonderheiten: Geräuchert wird mit unterbrochener Zufuhr schwachen Rauches aus Buchenholz in einer Kate.

Lagerung

- Zum Schutz vor Fliegen werden die Katenschinken in Baumwoll- oder Leinenbeuteln im Hängen bei Raumtemperatur gelagert.

30.5.2 Schwarzwälder Schinken herstellen

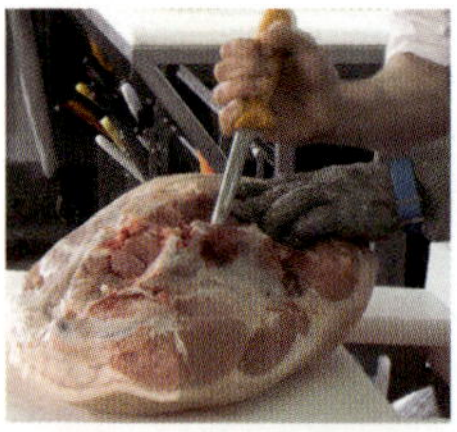

Ausgangsmaterial

- Nach 24 Std. Kerntemperatur ≤ 3 °C
- pH_{24} ≥ 5,8
- Spitzbeine und Schwanzknochen entfernen
- Knochenlosen Schinken glatt und kantig zuschneiden

Pökeln

- Einreiben mit 40–50 g Salzmischung aus grobem Meer- und/oder Speisesalz und Pökelstoffen (Nitrit und/oder Nitrat) sowie 5–6 g Zucker und Naturgewürzen wie Wacholderbeeren, Pfefferkörnern, Knoblauch und Koriander
- Pökeldauer: 3–4 Wochen (wöchentlich umpacken, Raumtemperatur ≤ 5 °C)

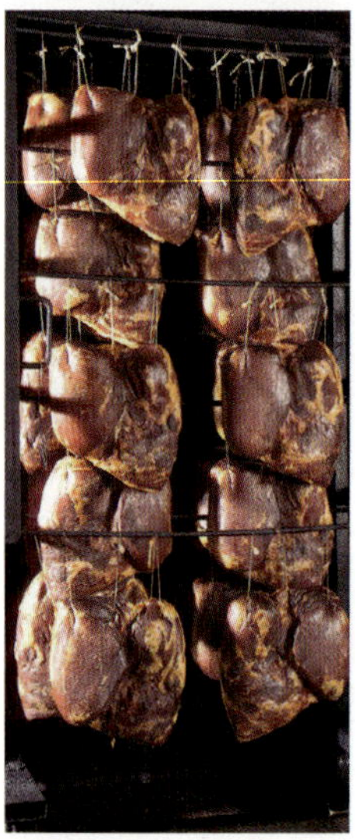

Räuchern

- Geräuchert wird im gemauerten Schwarzwaldkamin über Tannenreisig und -sägemehl
- Räucherdauer: 2–3 Wochen
- Räucherverfahren: Kaltrauch (20–30 °C)
- Besonderheiten: Geräuchert wird mit unterbrochener Zufuhr schwachen Rauches aus Tannenreisig und Tannensägemehl

Nachreifen

Zur Entfaltung des ausgewogenen Aromas und der typischen Konsistenz reift der Schinken für 2–3 Wochen in klimatisierten Räumen bei 15 °C nach. Am Ende des Nachreifens weist der Schwarzwälder Schinken ein Wasser-Eiweiß-Verhältnis von 2,2 : 1 auf. Das Wasser-Eiweiß-Verhältnis bezieht sich auf einen ganzen Schinken, d.h., er hat mindestens 25 % seines Gewichts verloren.

7

Objektive Qualitätsmerkmale für Rohschinken, Rohpökelware	Wasseranteil im Kern
Knochenschinken (Ausnahmen: Katenschinken) Schwarzwälder Schinken, Rinderrauchfleisch, Nagelholz	≤ 65 %
Rohschinken, Katen-, Schwarzwälder, Spalt-, Kern-, Kronen-, Papen-, Bauern-/Land-, Frühstücksschinken	≤ 68 %
Roll-, Nuss-, Blasen-, Karbonaden-, Eckschinken, Schinkenspeck, Schinkenecken	≤ 70 %
Lachsschinken, Lachsfleisch	≤ 72 %

30.6 Qualitätsanforderungen

30.6.1 Objektive Qualitätsanforderungen nach den Leitsätzen

Nach den Leitsätzen ist für Rohschinken der maximale Wasseranteil im weichsten (zentralen) Magerfleischanteil als objektives Qualitätsmerkmal festgelegt (siehe Tabelle).

Weitere objektive Qualitätsmerkmale sind:
- gut durchgepökelt
- Kochsalz in der Trockenmasse maximal 15 %
- Anschnitt: kräftig rote Fleischfarbe

- Speckanteil 20 % bis 25 % des Mageranteils
- Austrocknungsgrad 20 % bis 25 %
- Wasser-Eiweiß-Verhältnis 2,2 : 1
- typischer Rauchgeruch
- Speckanteil nussig, aromatisch

30.6.2 Prüfmerkmale der DLG

Äußere Beschaffenheit:
- Speckhülle zu dick
- Speckhülle nicht geschlossen
- Speckhülle verfärbt
- Rauchflecken
- Räucherfarbe ungleich
- schmierig
- äußerlich vergrauend

Aussehen im Anschnitt:
- Trockenrandbildung
- Hohlstellen
- Risse

Zusammensetzung:
- Fleischauswahl mangelhaft
- Fettanteil zu hoch
- Speckschicht zu hoch
- Sehnenanteil zu hoch

Farbe:
- grau-/grünfleckig
- Farbe zu blass
- Farbe zu dunkel
- Speck rötlich
- Blutpunkte

Konsistenz:
- zu weich
- zu feucht
- leimig
- strohig
- zu trocken
- zu fest

Geruch und Geschmack:
- salzig
- säuerlich
- süßlich
- Rauch zu stark
- Rauch zu schwach
- seifig
- lakig

30.6.3 Produktfehler bei Rohpökelwaren

Produktfehler	Mögliche Ursachen
Konsistenz zu weich	• Fleisch mit zu hohem pH-Wert ausgesucht • schlecht gekühltes Rohmaterial verarbeitet • zu geringer Salzgehalt • zu warm geräuchert • zu hohe Lagertemperaturen, zu hohe Luftfeuchtigkeit beim Lagern
Zu trocken, zu strohig	• PSE-Fleisch verarbeitet • zu niedrige Luftfeuchte beim Nachbrennen • zu hohe Reife- bzw. Räuchertemperaturen • zu niedrige Luftfeuchtigkeit beim Reifen bzw. beim Räuchern • Salzgehalt zu hoch
Schlechte Farbe (zu blass, nicht farbstabil)	• Verarbeitung von PSE- bzw. DFD-Fleisch • zu geringer Salzgehalt • Zusatz von Ascorbinsäure in die Lake bzw. in die Salzmischung (Ascorbinsäure reduziert das Nitrit) • unsachgemäß gelagertes NPS • Pökelzeit zu kurz
Stickiger, abweichender Geschmack / Geruch	• Verarbeitung von DFD-Fleisch • zu geringer Salzgehalt • hygienische Probleme • Trockenrandbildung durch zu geringe Luftfeuchtigkeit (hierdurch kommt es im Inneren des Schinkens zum Stickigwerden) • hohe Lagertemperaturen

30.7 Rohpökelwaren präsentieren und verkaufen

Der Pro-Kopf-Verzehr 2021 an Wurst und sonstigen Fleischerzeugnissen lag bei 25,7 kg (Quelle: DFV 2021). Der Spitzenreiter beim Verkauf ist nach wie vor die Brühwurst (6,2 kg pro Kopf) gefolgt von der Rohwurst.
Die absoluten Gewinner in der Verbrauchergunst waren jedoch die Schinken. Insgesamt ist der Pro-Kopf-Verzehr von Wurst seit einigen Jahren rückläufig. Immer mehr Menschen, vor allem unter 30 Jahren, verzichten auf Fleisch und Fleischprodukte (12 % im Jahr 2021) oder haben ihren Fleisch-/Wurstkonsum deutlich reduziert (55 %).

Vor allem ältere Menschen essen also regelmäßig und gerne Fleisch und Wurst, dies sollte bei der Kundenansprache und Werbemaßnahmen immer beachtet werden.

7

Entnahme aus der Theke

Schwarzwälder Schinken

7

Präsentation

- **Ausländische Spezialitäten** sollten im Block präsentiert werden. Alle Schinkenangebote sollten ebenfalls zusammenhängend und geschlossen im Block ausgelegt und nicht irgendwo in der Theke versteckt werden.
- Werden bestimmte **Länderwochen** durchgeführt, sollten selbstverständlich z. B. spanische Erzeugnisse oder italienische Spezialitäten im Länder-Block angeboten werden.
- Eine große **gemischte Schinkentheke** bietet sich als Schau- bzw. Informationstheke für besondere Anlässe wie für „Schinkenwochen" oder „Spargel-Schinken-Wochen" an.
- Als **Thekenuntergrund** eine helle Folie einsetzen. Diese verbessert die Optik und lockert das Gesamtbild auf.
- **Aufgeschnittener Schinken,** der akkurat auf ein rundes Tablett gelegt und vakuumiert wurde, hält sich nicht nur lange frisch, sondern ist eine ideale Geschenkidee.
- Einen Höhepunkt im Laden bzw. in der Theke bietet ein **Schinkenbock** und Schinkenmesser. Dieses original spanische Schinkenset darf bei keiner spanischen Familienfeier fehlen. Solch ein Set enthält alles, was für eine authentische und beeindruckende Präsentation von ganzen Schinken benötigt wird. Beherrscht der Fleischer dazu noch den Umgang mit dem Schinkenmesser mit seiner langen, schmalen Klinge und gelingt es ihm, hauchdünne Scheiben damit zu schneiden, so wird aus einem Fleischer ein „Fleischer-Künstler".

Verkaufsargumente

- „Schinken ist nicht nur ein Genussartikel, er enthält wertvolle Mineralstoffe, Spurenelemente und Vitamine, die zur gesunden Ernährung beitragen."
- „Genießen Sie Schinken und tun Sie gleichzeitig Ihrem Körper etwas Gutes."
- „Mit dem Schinken führen Sie Ihrem Körper wertvolles Kalium, Calcium, Magnesium und reichlich Vitamine der B-Gruppe zu."
- Schinken mit Jodsalz gepökelt ist ein Beitrag zur Gesunderhaltung der Schilddrüse.
- „Genießen Sie Schinkenspezialitäten – genießende Menschen sind nicht nur glücklicher, sondern auch gesünder."

- **Ammerländer Schinken** wird nach dem Pökeln 12 Wochen luftgetrocknet, bevor er bei hoher Luftfeuchtigkeit geräuchert wird. Ein mild-würziger Schinken, hergestellt an der salzhaltigen Nordseeluft, und so bedeutend, dass er als EU-weit geschütztes Produkt mit der Angabe „geografische Angabe" (g. g. A.) verkauft werden darf.
- Das Schwergewicht unter den deutschen Schinken ist der **Holsteiner Katenschinken,** der gut und gerne seine 17 kg erreichen kann. Mehrfache Trockenpökelung von Hand und monatelanges Kalträuchern geben dem Holsteiner Katenschinken seinen kernig-herben Geschmack und die saftige Konsistenz.
- **Schwarzwälder Schinken** wird seit Jahren im Schwarzwald nach traditionellen, alt überlieferten Rezepturen hergestellt. Der Schinken ist aufgrund der Rohstoffauswahl, des Herstellungsverfahrens und seiner sensorischen Eigenschaften eine Spitzenqualität und erhielt bereits 1997 – als erstes deutsches Fleischerzeugnis – den EU-Herkunftsschutz. Die Salzung erfolgt nach einem speziellen Trockenpökelungsverfahren für ca. 4 bis 8 Wochen. Anschließend werden die Schinken über Nadelhölzer aus dem Schwarzwald kalt geräuchert, wodurch der Schinken seine charakteristische dunkle äußere Farbe erhält. Durch das Räucherverfahren erhält der Schinken seinen spezifischen würzigen und nussig-milden Schinkengeschmack.
- **Westfälischer Knochenschinken** gehört zum Besten, was verkauft wird – egal ob geräuchert oder luftgetrocknet. Bei ihm werden ganze Keulen von Schweinen der höchsten Qualitätsklasse verwendet. Nach dem Trockenpökeln wird er über Hartholz kaltgeräuchert oder viele Monate lang an der Luft getrocknet.
- **Coburger Schinken** ist ein Kernschinken aus der Ober- und Unterschale. Er wird vor allem zur Brotzeit genossen. Diese geschützte Schinkensorte wird von Schweineschinken aus fränkischer Aufzucht hergestellt. Nach der Pökelung wird entschieden, ob der Schinken geräuchert oder luftgetrocknet wird. Bevor der Schinken in den Handel kommt, muss er mindestens sechs Monate reifen. Dies führt zu einem milden, zarten Geschmack.

- „Holen Sie sich Ihren spanischen Sommerurlaub nach Hause in Ihr Heim, genießen Sie **Serrano-Schinken.“** Er wird als Besonderheit als ganze Keule, also mit Eisbeinstück und Pfote, nach kurzer Trocknung aufwendig von Hand gesalzen, bevor er 6 bis 12 Monate luftgetrocknet wird. Serrano-Schinken höchster Qualität reift sogar 24 Monate lang.
- **Jamon Iberico** vom Cerdoiberico (iberisches Schwein) ist der absolute Geheimtipp für Schinkenliebhaber. Dieses seit Jahrtausenden gehaltene mediterrane hochbeinige Schwein lebt im Südwesten Spaniens. Dort stehen immergrüne Stein- und Korkeichen in lichten Wäldern. Die Schweine werden im Alter von 14 bis 18 Monaten geschlachtet. Die Eichelmast führt zu einer dicken Fettschicht, die bei den Tieren bis in die Muskelpakete dringt. Sie sorgt später für die feine Marmorierung des Fleisches und den unvergleichlichen Geschmack. Der Schinken wird mit grobem Meersalz gesalzen, reift anschließend in relativ hochbergigen Regionen, bevor er in Keller verlagert wird, in denen Edelschimmelpilze den Geschmack nach 18 bis 24 Monaten abrunden.
- **Parmaschinken** italienisch Prosciutto di Parma, ist die bekannteste Rohschinkenspezialität aus Italien. Parmaschinken g.U. ist EU-geschützt, das Herstellungsverfahren in der Region zwingend gemäß der Tradition vorgeschrieben. Die Schweine stammen ausschließlich aus Italien. Die Schlegel werden mehrmals mit Meersalz eingerieben, reifen mehrere Wochen, damit sich das Salz optimal verteilt, und werden dann luftgetrocknet. Die Schinken reifen mindestens 12 Monate. Nach einer weiteren Qualitätskontrolle erhalten die Schinken von einer unabhängigen Institution die Krone der Herzöge‘, das Gütesiegel, das jeden Parmaschinken unverwechselbar macht.
- **San-Daniele-Schinken** stammt ebenfalls aus Italien, genauer aus Friaul. Nur eine begrenzte Anzahl Schinken werden so viele Tage lang, wie sie Kilogramm an Gewicht besitzen, mit einer Salzkruste überzogen gelagert. Danach wird überschüssiges Salz abgestreift und der Schinken wird regelmäßig massiert. Anschließend wird er gründlich gewaschen, in Form gebunden und 80 Tage lang in Ruhe gelassen. Auf den Dachböden der Bauernhäuser trocknet er anschließend fast ein Jahr aus.
- **Aoste-Schinken** aus dem französischen Bergland am Rande Savoyens. Er wird mit Knochen und Schwarte gepökelt. Danach reift er 10 Monate lang in der frischen, würzigen Bergluft und erhält so seinen beliebten Geschmack und sein würziges Aroma.
- **Bayonne-Schinken** ist der berühmteste unter allen französischen Schinken. Das Besondere erfährt dieser Schinken in der Herstellung mit Salinensalz. Den letzten Schliff für den aromatischen Geschmack verleiht dieser Schinken-Spezialität die Bergluft, in der der Schinken etwa ein halbes Jahr getrocknet wird.
- **Ardenner Schinken** aus Belgien ist eine Spezialität, die sowohl geräuchert als auch luftgetrocknet den Verbraucher begeistert. Für den Ardenner Schinken wurde eine spezielle Schweinerasse gezüchtet. Die Lufttrocknung dauert bis zu einem Jahr, beim Räuchern im Kaltrauch wird meist Wacholder zugegeben. Das Endprodukt ist würzig mit ausgeprägtem Fleischgeschmack.
- **Tiroler Speck** ist eigentlich kein Speck, sondern ein Schinkenspeck. Er wird aus verschiedenen Teilen des Schinkens, aber auch des Kotelettstücks hergestellt, wobei er immer eine schmale Speckkante aufweist. Der Tiroler Schinken (Speck) wird rund zwei Monate lang mit Salz und Gewürzen gepökelt und mehrmals umgeschichtet. Nach einer längeren Räucherphase reift er in kühlen dunklen Kellern.
- **Bündnerfleisch** ist eine luftgetrocknete Schweizer Fleischspezialität aus dem Kanton Graubünden. Für die Herstellung von Bündnerfleisch werden nur magere Teile aus der Rinderkeule verwendet. Die ausgesuchten Fleischstücke werden mit Pökelsalz, Alpenkräutern und einer Gewürzmischung eingerieben, die bei jedem Hersteller Betriebsgeheimnis ist. Danach erfolgt eine kombinierte Trocken-nass-Presspökelung und eine Lufttrocknung in der frischen Bergluft der Graubündner Alpen. Bündnerfleisch hat ein mildes Aroma und ist besonders fettarm und praktisch frei von Kohlenhydraten. Dagegen ist es reich an hochwertigem Eiweiß und enthält einige wichtige Mineralstoffe und Spurenelemente.

Parmaschinken geschnitten

Serrano-Schinken am Stück

7

Bündnerfleisch

Verzehrempfehlungen

- Geschnittener Schinken kann einige Tage im Kühlschrank aufbewahrt werden, ohne seine Qualität einzubüßen, wenn er in Pergamentpapier eingewickelt wird.
- Schinken sollte mindestens 10 Minuten vor dem Verzehr aus dem Kühlschrank genommen werden, damit er sein volles Aroma entfalten kann.
- Roher Schinken, dünn geschnitten, serviert auf oder mit Tranchen von Honigmelonen ist nicht nur zur Sommerzeit ein Vorspeisengenuss. Viele bevorzugen dazu Parmaschinken.
- Noch ein kleines Geheimnis ist es, den Schinken statt mit Melonen mit frischen Feigen zu genießen.
- Roher Schinken, aber auch Kochschinken sind die idealen Begleiter von frischem Spargel – ein Genuss, auf den nicht verzichtet werden darf.
- Wenn zum Verzehr von Schinken noch ein Gewürz hinzugefügt werden darf und soll, dann ist dies frisch gemahlener Pfeffer aus der Mühle.
- Nicht zu verachten ist ein Schwarzbrot mit frischer Butter und belegt mit dünn geschnittenem rohen Schinken; dazu passen hervorragend Cornichons.
- In manchen Gegenden Deutschlands wird auch gern eine dicker geschnittene Scheibe rohen Schinkens gegessen.
- Zu den herrlich deftigen und aromatischen Schinkenspezialitäten passt ein frisch gezapftes Pils oder ein Glas trockener Rotwein.
- Bündnerfleisch wird traditionell hauchdünn aufgeschnitten und pur nur mit einer Prise frisch gemahlenem Pfeffer gegessen. Dabei entfaltet sich das einzigartige Aroma am besten. Kenner essen es auch gerne zusammen mit einem Stück Parmesankäse.

Komplexe Aufgabe

Gestalten Sie für die Spezialitäten „Katenschinken“ und „Schwarzwälder Schinken“ einen bebilderten Hausprospekt als Textdokument am PC.
Beschreiben Sie dazu die beiden Schinkenspezialitäten nach folgenden Gesichtspunkten:
- Ausgangsmaterial,
- Zuschnitt,
- Herstellungsmethode,
- besondere Merkmale der fertigen Erzeugnisse

und leiten Sie daraus Verkaufsargumente ab, die für diese beiden Schinkenspezialitäten sprechen.

Aufgaben zur Wiederholung

1. Wodurch unterscheidet sich das Salzen vom Pökeln?

2. a) Welche erwünschten Wirkungen werden beim Pökeln erzielt?
b) Wodurch werden diese Wirkungen hervorgerufen?

3. Woraus ergibt sich die haltbar machende Wirkung beim Pökeln?

4. Welcher Ladungszustand des Eisens verleiht dem Muskelfarbstoff eine
a) kräftig rote Farbe, **b)** graubraune Farbe?

5. Brühwürste werden in vier Gruppen unterteilt. Nennen Sie diese und geben Sie jeweils vier typische Beispiele an.

6. Beschreiben Sie die Vorgänge der Umrötung bei Verwendung des Pökelstoffs
a) Nitrit, **b)** Nitrat.

7. a) Nennen Sie Pökelstoffe (Umrötungsstoffe) und Pökelhilfsstoffe (Umrötungshilfsstoffe).
b) Was bewirken Pökelstoffe und Pökelhilfsstoffe?

8. Herr Müller, der stadtbekannte Arzt für alternative Heilkunst, steht am Tresen und fragt: „Es weiß doch mittlerweile jedes Kind, dass Nitrit eine hochgiftige Substanz ist. Warum verwenden Sie dieses Gift dennoch bei der Herstellung der meisten Ihrer Fleisch- und Wurstwaren?“
Antworten Sie fachgerecht.

9. Begründen Sie die elf Regeln zur Qualitätssicherung von Rohschinken.

10. Beschreiben Sie die Vor- und Nachteile des Aderspritzverfahrens gegenüber dem Muskelspritzverfahren.

% Ausgewählte Fachrechenaufgaben

Um bei Pökelwaren gleichbleibende Qualitäten zu erzielen, gilt auch hier:
- Nach Rezeptur arbeiten
- Standardisieren auch bei der Lakeherstellung

Dafür gibt es nur zwei sichere Methoden:
1. Berechnen und Abwiegen der Zutaten und Zusatzstoffe.
2. Zusätzliches Kontrollieren mit dem Lakemesser, nachdem das Salz vollständig aufgelöst ist.
   Folgende Regeln sind zu beachten:

Lake (100 %)

besteht aus **Salz** — besteht aus **Wasser**

oder: **Lake – Salz = Wasser**

oder **Lake – Wasser = Salz**

Das errechnete Ergebnis entspricht den Gewichtsprozenten (= Grad Baumé) des Salzes in der Lake – nicht zu verwechseln mit Volumenprozenten von Alkohol.
Der Prozentsatz einer Lake gibt stets die Konzentration der Salzlösung an.

1. Es soll eine 12,5 %ige Lake hergestellt werden.
   a) Aus wie viel l Wasser und wie viel kg Salz bestehen 80 l einer 12,5 %igen Lake?
   b) Wie viel kg Salz muss man zu 70 l Wasser geben, um eine 12,5%ige Lake zu erhalten, und wie viel l Lake entstehen?
   c) Wie viel l Wasser muss man zu 10 kg Salz geben, um eine 12,5%ige Lake zu erhalten, und wie viel l Lake entstehen?

2. Eine Lake besteht aus 70 l Wasser und 10 kg Salz. Wie hoch ist die Konzentration?

3. Aus 44 l Wasser und 11 kg Salz soll eine Lake hergestellt werden.
Wie viel % Wasser und wie viel % Salz enthält die fertige Lake?

4. Aus 20 l Wasser soll eine 12%ige Lake hergestellt werden.
Wie viel Salz ist zuzusetzen?

5. Wie viel Wasser und Salz enthalten 66 l Lake zu 18 %?

6. Aus 5,500 kg Salz soll eine 8 %ige Spritzlake hergestellt werden.
Wie viel Wasser ist zuzusetzen?

7. Aus 12 kg Nitritpökelsalz ist eine 7,5 %ige Spritzlake herzustellen.
   a) Wie viel Liter Wasser sind erforderlich?
   b) Wie viel kg Kochschinken können mit dieser Lake gespritzt werden, wenn die Spritzzunahme 9,5 % des Frischgewichts betragen soll?

8. Es sollen 74,500 kg parierte Hinterschinken mit einer 9 %igen Lake gespritzt werden. Einzuspritzen sind 14 % des Frischgewichts.
   a) Berechnen Sie die benötigte Lakemenge.
   b) Wie viel kg Wasser und Salz werden benötigt?
   c) Wie viel g Natriumascorbat sind notwendig bei einer Zugabe von 0,3 % je Liter Lake?

9. Zwei Laken mit unterschiedlichen Schärfen werden zusammengeschüttet, und zwar:
22 l einer 8 %igen Lake zu 52 l einer 20 %igen Lake.
   a) Wie viel kg Salz sind in der Mischlake enthalten?
   b) Wie viel Prozent beträgt der Salzgehalt der Mischung?
   c) Wie viel kg Salz oder Wasser müssten noch zugegeben werden, um die Lakeschärfe auf 18 % einzustellen?

10. 14,800 kg frische Hintereisbeine werden mit 9 % des Frischgewichts gespritzt.
Beim anschließenden Garen tritt ein Verlust von 15 % des Pökelgewichts ein.
Frische Eisbeine kosten im Laden 3,99 €/kg.
Zu welchem Kilopreis können die gegarten Eisbeine warm angeboten werden, wenn für die Bearbeitung 25 % aufgeschlagen werden?

31 Kochpökelwaren herstellen

FLEISCHEREI nusse

Björn kommt nach der Berufsschule aufgeregt in den Betrieb und steuert sofort auf Tim zu:
„Du, jetzt habe ich die absolut gute Idee, wie der Chef in der Filiale im Einkaufszentrum richtig Kohle machen kann!"
Tim: „Na dann lass mal hören, was du uns heute aus der Berufsschule für Neuigkeiten mitbringst."
Björn: „Unsere Fachpraxislehrerin meint, dass man mit einer Kombination von Zusatzstoffen wie Phosphat, Transglutaminase und Hydrokolloiden wie Carragen und richtigem Pökel-, Tumbel- und Garverfahren Gewichtszunahmen beim Kochschinken von weit über 50% erreichen kann. Stell dir einmal vor, wie günstig wir unseren Kochschinken dann anbieten könnten." „Und wo Schinken draufsteht ist keiner drin, sodass die Qualität auf der Strecke bleibt?", gibt Tim zu bedenken.

Hinterschinken

Vorderschinken

31.1 Kochpökelwaren nach den Leitsätzen

LSKZ 2.3
Gegarte Pökelfleischerzeugnisse

2.3.1 „Gekochtes Pökelfleisch" („Kochpökelwaren", „Gekochte Pökelfleischwaren") sind umgerötete und gegarte, meist geräucherte Fleischerzeugnisse, denen kein Brät (Leitsatznummer 1.3.2.2, Absatz 2) zugesetzt ist, soweit dieses nicht zur Bindung großer Fleischteile dient (z. B. bei *„Kaiserfleisch"*, Leitsatznummer 2.3.3.4).

2.3.1.1 Bei Bezeichnungen der Lebensmittel ohne Hinweis auf die Tierart *(Schinken, Geräuchertes, gegart, Geselchtes, gegart, Schwarzgeräuchertes, Pökelfleisch, gegart, Gekochtes Surfleisch, Pökelbraten usw.)* handelt es sich um – soweit in den Leitsätzen nichts Gegenteiliges angegeben ist – Teile von Schweinen; im Übrigen wird auf die Tierart hingewiesen *(Gekochter Rinderschinken, Gekochtes Rinderpökelfleisch, Gekochter Kalbsschinken, Gekochte Kalbskarbonade* usw.). *Gekochtes Rauchfleisch vom Rind* aus sehnenarmem Rindfleisch hergestellt.

2.3.2 Die Bezeichnung *Schinken* – auch in Wortverbindungen – wird nur für Erzeugnisse von mindestens gehobener Qualität verwendet…

2.3.2.1 Bei Bezeichnungen der Lebensmittel ohne Hinweis auf einen Tierkörperteil handelt es sich – soweit in den Leitsätzen nichts Gegenteiliges angegeben ist – um Teile der Hinterextremität *(Hinterschinken, Schlegel, Keule)*.

2.3.2.2 Schinken aus der Vorderextremität wird als *Vorderschinken (Schulterschinken)* bezeichnet.

2.3.2.3 *Schäufele* am Stück ist das Schulterblatt einschließlich der entsprechenden Hälfte der Schulter mit bis zu 1–2 cm dicker Speckauflage ohne Schwarte und einem Knochenanteil unter 40%. Auf etwaige Schwartenanteile wird in der Bezeichnung des Lebensmittels hingewiesen.

2.3.2.4 Bei Kochpökelwaren, die in der Bezeichnung das Wort Schinken enthalten, wird auf das Vorliegen von Knochen hingewiesen (z. B. *Beinschinken, Prager Schinken mit Knochen*). *Nussschinken,* gegart am Stück, schließt die Kniescheibe ein.

2.3.2.6 Erzeugnisse, die ganz oder teilweise aus kleineren als den in Leitsatznummer 1.2.4 Absatz 4 genannten Muskelstücken oder Formfleisch hergestellt sind (Leitsatznummer 1.24), werden in Verbindung mit der Bezeichnung des Lebensmittels ausreichend kenntlich gemacht (z. B. *Schinken,* aus Fleischstücken zusammengefügt). Die in Absatz 1 sowie Leitsatznummer 1.2.4 Absatz 4 beschriebenen Erzeugnisse enthalten mindestens 90 % BEFFE (Leitsatznummer 1.1.3.3) im Fleischeiweiß. Für Kochpökelwaren, die weder den Anforderungen gemäß Leitsatznummer 2.3.1.2 noch den Anforderungen gemäß Leitsatznummer 2.3.2 noch den Anforderungen gemäß Leitsatznummer 1.2.4 genügen, wird der Begriff *„Schinken"* oder der Wortteil *„schinken"* nicht verwendet. Sie werden mit Bezeichnungen in den Verkehr gebracht, die den tatsächlichen Charakter der Produkte hinreichend genau beschreiben und eine Verwechslung mit *Schinken, Vorderschinken* und *(Vorder-)Schinken* aus Fleischstücken zusammengefügt ausschließen.

2.3.3.1 *Gekochter Pökelkamm (Nacken-Kasseler, Kasseler Kamm)* wird aus Schweinenacken mit oder ohne Knochen hergestellt.

2.3.3.2 Die Bezeichnung *Kasseler (Kassler)* wird bei Kochpökelwaren des Schweines, soweit nicht der Kotelettstrang ohne Kamm (Karree, Karbonadenstück) zugrunde liegt, nur in Verbindung mit der entsprechenden Teilstückbezeichnung verwendet (z. B. *Nacken-Kasseler, Kasseler Kamm, Kasseler Bauch*). Entsprechend behandelte Teilstücke anderer Tierarten werden nach *Kasseler Art* bezeichnet. *Kasseler* (*Kasseler Rippenspeer, Kasseler Rippchen, Pökelrippchen, Gekochtes Ripperl, Gekochte Pökelkarbonade* usw.) wird aus dem Kotelettstrang hergestellt (Leitsatznummer 2.1.1.4.); zu Kasseler Bauch siehe Leitsatznummer 2.3.5. *Filet-Kasseler (Lummer-Kasseler)* ist *Kasseler* aus dem Lendenteil des Kotelettstranges einschließlich Filet (LS 2.1.1.4).

2.3.3.3 *Gekochter Lachsschinken* wird aus dem entsehnten „Auge" von Kotelettsträngen hergestellt.

2.3.3.4 *Kaiserfleisch* besteht aus einem oder mehreren zusammengefügten knochenfreien, weitgehend von Fettgewebe befreiten Kotelettsträngen.

2.3.4 *Gepökelte Schälrippchen* sind gepökelte Rippen sowie Brust- und Wirbelsäulenknochen mit zwischengelagerter Muskulatur (Leitsatznummer 1.4.2). Das Gleiche gilt für *Gepökeltes Kleinfleisch,* das auch Schweineschwänzchen einschließt. *Gepökelte Fleischrippchen* sind Schälrippchen mit mindestens 1 cm Fleischabdeckung; *Gepökelte Brustspitze (Gepökelte dicke Rippen)* hat eine dickere Abdeckung.

2.3.5 *Gekochter Bauchspeck* (*Gekochter Frühstücksspeck, Kasseler Bauch, Gegarter Pökelbauch, Gekochtes Pökelwammerl* usw.) wird aus von Rippen und Brustknochen befreiter, meist noch Knorpel und Schwarten enthaltender Schweinsbrust einschließlich magerer Bauchanteile hergestellt (Leitsatznummer 1.1.1.2.2). *Pariser Rolle, gegart,* ist gerollter Bauchspeck ohne Knochen, Knorpel und Schwarte.

2.3.6 *Eisbein, gepökelt (Schweinshaxe, gepökelt, Gekochte Pökelhaxe, Surhaxe, Gekochte Räucherhaxe)* wird aus schwarten- und knochenhaltigem Unterschenkel oder Unterarm des Schweines hergestellt (Leitsatznummer 2.1.1.5), von dem das *Spitzbein (Schweinspfote)* einschließlich des Gelenks abgesetzt ist. Bei *Eisbein in Gelee* (oder ... *in Aspik*) in Behältnissen wird auf einen etwaigen Knochenanteil hingewiesen.

2.3.7 *Gekochtes Hamburger Rauchfleisch* wird wie *Gekochter Rinderschinken* aus sehnenarmem Rindfleisch (Leitsatznummer 1.2.1.1.1) hergestellt.

2.3.8 *Pökelbrust (Gepökelte Rindsbrust)* wird aus Brustmuskeln von Rindern mit anhaftendem Fettgewebe hergestellt. *Gerollte Kalbsbrust, gepökelt (Gepökelte Kalbsbrust, gerollt)* wird aus Brust- sowie Bauchmuskeln von Kälbern ohne gelbe Bauchhaut hergestellt.

2.3.9 *Pökelzunge (Gepökelte Rinderzunge, Gekochte Pökelzunge, Pariser Zunge)* wird aus Rinderzunge (Leitsatznummer 1.1.1.6) hergestellt. Pökelzungen von anderen Tieren werden nach der Tierart gekennzeichnet.

2.3.10 Gegarte Pökelfleischerzeugnisse aus Geflügelfleisch
Zur Herstellung von gegarten Pökelfleischerzeugnissen aus Geflügelfleisch werden nur unzerkleinerte Teilstücke eingesetzt. In der Bezeichnung wird auf das Teilstück hingewiesen (z. B. *„Putenbrust gepökelt, gegart"* und *„Hähnchenbrustfilet gepökelt, gegart"*). Putenschinken (*Truthahnschinken*) wird aus dem unzerkleinerten Brustfilet der Pute hergestellt. Der Herstellungsprozess bei Erzeugnissen aus Puten- bzw. Hähnchenbrust ist zumindest so gestaltet, dass nach dem Füllen in Hüllen oder Behältnisse der gewichtsmäßige Anteil von Fleischstücken mit einem Gewicht von größer als 200 g (Pute) bzw. größer 100 g (Huhn) mindestens 80 % beträgt.

Nussschinken

Formschinken

Kasseler

Eisbein

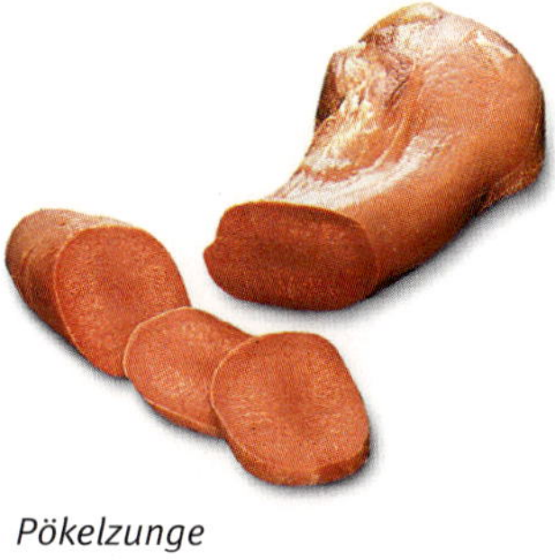
Pökelzunge

7

▶ Begründen Sie die einzelnen Maßnahmen der Materialvorbereitung bei der Kochschinkenherstellung.

31.2 Herstellungsablauf für Kochschinken

31.2.1 Rohstoffe auswählen

Rohstoffanforderungen für Kochschinken

Schweinefleisch von jungen Schweinen (wenn nicht Warmfleisch verarbeitet wird) hat nach 48 Stunden wieder eine gute Wasseraufnahmefähigkeit und Wasserbindekraft. Der optimale pH-Wert liegt zwischen 5,9–6,2. Bei einem pH-Wert von über 6,2 kann auf die Zugabe von Phosphaten und Citraten verzichtet werden. Das Fleisch muss saftig und zart und die Oberfläche kräftig und trocken sein. Es sollte einen aromatischen Geschmack aufweisen.

Übersicht über mögliche Gewürze, Zusätze und Zusatzstoffe

Kochsalz, Meersalz, Nitritpökelsalz; Zucker (hauptsächlich Dextrose und Maltodextrin), nur Natriumascorbat (keine Ascorbinsäure); Gewürze (je nach Erzeugnis: Wacholderbeerextrakt, Knoblauchgranulat, Honig oder Burgunderwein); Phosphate mit pH-Wert 7,5–8,5 zur erhöhten hitzestabilen Wasserbindung; Citrate und Acetate als Alternative statt Zugabe von Phosphaten; Geschmacksverstärker (Natrium- und Kaliumsalze der Glutaminsäure sowie Inosinat – Calcium-, Kalium- und Natriumsalze der Inosinsäure); Carrageen, ein wasserlösliches Polysaccharid, es wird durch Extraktion aus roten Seealgen gewonnen. Da es verdickend und gelierend wirkt, wird es hauptsächlich bei hohen Wasserdosierungen eingesetzt.

31.2.2 Herstellung

Wie wird das Material vorbereitet?

Für die Herstellung von Kochschinken sollen Ober- und Unterschalen von Schweinen mindestens 3 Tage alt und auf eine Temperatur von 3 bis 4 °C durchgekühlt sein. Bevorzugt dunkle Fleischstücke verwenden. Das Material sorgfältig zuschneiden und das einliegende Fettgewebe (Spinne) sowie die Sehnen herausschneiden. Danach innen mit dem Messer in Längs- und Querrichtung einritzen.

Lakebereitung

Die Laketemperatur sollte nach der Herstellung -6 bis -8 °C betragen.
Zuerst werden die Zutaten in das Wasser eingerührt und aufgelöst, danach wird das Eis zugegeben.
Die Schinken werden sofort nach dem Anrühren der Lake gespritzt. Zur Kontrolle der Einspritzmenge den Schinken vor und nach dem Spritzen wiegen!

Drei Verfahren zur Lakediffusion bei der Kochschinkenherstellung

	Poltern im Intervall	Poltern im Dauerlauf	Herstellung in Schwimmlake
Lakeschärfe	8 bis 14 %	8 bis 14 %	7 bis 8 %
Einspritzmenge	2-mal 10 % = 20 % oder 3-mal 7 % = 21 %		
Erster Tag	8 bis 12 h lang poltern Intervall: 15 min Lauf – 15 min Pause	1,5 bis 2,5 h Dauerlauf. Über Nacht in der Maschine lassen	Die gespritzten Schinken so einlegen, dass diese vollkommen von der Lake bedeckt werden. Für 10 bis 12 h bei 3 bis °C ins Kühlhaus stellen
Zweiter Tag	20 bis 30 min Dauerlauf	1,5 bis 2,5 h Dauerlauf	Schinken abtrocknen
	– entweder Kochschinkenformen mit Folie auslegen, darin die Schinken einlegen, Deckel aufsetzen und fest anpressen – oder Schinken in Kochschinkendärme, Kaliber 140 bis 160, einfüllen und anschließend garen; Kessel- oder Kammertemperatur ca. 70 °C – Auskühlen der gegarten Schinken 2 bis 3 h bei Raumtemperatur, danach 12 bis 14 h im Kühlraum		

Poltern

Kochschinken werden – unter anderem zur besseren Ausbeute – häufig gepoltert. Sofern die Poltermaschine kein eigenes Kühlsystem besitzt, sollte sie unbedingt im Kühlhaus bei einer Temperatur zwischen 3 und 4 °C stehen. Die Polterzeiten richten sich aufgrund der unterschiedlichen Laufgeschwindigkeiten nach den Angaben des jeweiligen Geräteherstellers. Besitzt die Poltermaschine eine Vakuumeinrichtung, dann sollte ein Vakuum von 0,8 bar gezogen werden.
Die Herstellungsabläufe für drei unterschiedliche Verfahren zur Lakediffusion sind in der unten stehenden Tabelle gegenübergestellt.

31.3 Qualitätsanforderungen

31.3.1 Objektive Qualitätsanforderungen nach den Leitsätzen

Nach den Leitsätzen ist für **Kochpökelwaren der** Gehalt an Fleischeiweiß in der fettfreien Substanz und als objektives Qualitätsmerkmal festgelegt.

Zusätzlich zu den objektiven Qualitätsmerkmalen gelten folgende Beschaffenheitsmerkmale.

Gegarte Pökelfleischerzeugnisse:

- gleichmäßig rosa bis rote Pökelfarbe
- Aufschnitt in dünne Scheiben möglich – guter Scheibenzusammenhalt
- Konsistenz zart, saftig, nicht wasserlässig
- mild im Salz
- ansprechendes Pökelaroma

31.3.2 Prüfmerkmale der DLG

Die Kochpökelwaren werden nach folgenden Kriterien beurteilt:

Äußere Beschaffenheit
- zerklüftet
- Lake trüb
- äußerlich vergrauend
- Kruste/Oberfläche gerissen
- Kruste/Oberfläche zu dunkel
- Kruste/Oberflächenbräunung ungleichmäßig

Aussehen im Anschnitt
- Trockenrandbildung
- Gelee trüb
- Risse
- porig

Zusammensetzung
- zu sehr gestückelt
- Fetteinlagerung
- Sehnen-/Schwartenanteile grob
- Knorpelteile

Farbe
- Oberflächenverfärbung
- Braten teilweise umgerötet
- Farbe zu blass
- Kern blass

Konsistenz
- Biss glasig
- nicht durchgegart
- Gelee zu weich
- Rand zu hart
- Schwarte zu hart
- Teile unzerkaubar

Geruch und Geschmack
- bitter
- fade
- Würzung zu schwach
- Bratenaroma zu gering
- Rauch zu schwach

7

Qualitätsanforderungen an Kochpökelwaren		
Erzeugnis	**Qualitätsmerkmal**	**Anforderung**
Kochpökelware	Fleischeiweiß in der fettfreien Substanz	Schwein ≥ 19,0 % Rind/Kalb ≥ 18,5 %
Kochschinken	BEFFE im Fleischeiweiß (chemisch)	gewachsener ≥ 85 % Formfleisch ≥ 90 %
Dosenschinken	Anteil Speck/ Schwarte	≤ 20 %
Schäuferl, Schaufele	Speckauflage Knochenanteil	< 2 cm < 40 %
Kleinfleisch	Fleischabdeckung	Schälrippchen + Fleischrippchen ≥ 1 cm, Brustspitze > 1 cm

31.3.3 Produktfehler bei Kochpökelwaren

Produktfehler	Mögliche Ursache
trocken, strohige Beschaffenheit	• Fleisch mit zu niedrigem pH-Wert • zu stark erhitzt, zu stark gepresst
schlechter Scheibenzusammenhalt	• nicht oder zu kurz gepoltert • zu geringer Druck beim Einformen
Löcher in der Ware	• zu hoher Spritzdruck • ungenügende Förderleistung der Pumpe
brätartige Einschlüsse	• zu stark, zu lange gepoltert
zu salziger Geschmack	• zu scharfe Lake • zu große Einspritzmenge
graue Stellen	• zu geringe Einspritzmenge • zu schwache Lake
schlechte Umrötung, schlechte Farbhaltung	• zu hoher pH-Wert • altes NPS • zu niedrige Kerntemperatur
grüne Stellen	• keimhaltiges Material • verschmutze Pökelnadeln
schlechte Haltbarkeit	• Fleisch mit zu hohem pH-Wert • zu hohe Pökeltemperatur • zu niedrige Kerntemperatur • zu warme Lagerung

7

31.4 Kochpökelwaren präsentieren und verkaufen

Rund 55 % der Nachfragemenge an Schinken entfällt auf Kochpökelwaren und hierbei besonders auf Kochschinken, obwohl das stetige Wachstum der letzten Jahre zum Stillstand gekommen ist. Für gekochten Schinken sprechen aus Verbrauchersicht der vergleichsweise günstigere Preis und die vielfältigen Zubereitungsmöglichkeiten.

Kochpökelwaren in der Theke

Präsentation

- Spezialitäten im Kochpökelwarenbereich sollten auf einer dekorativen Unterlage angeboten werden, z.B. auf einem farbigen Tuch.
- Kochschinkenaufschnitt sollte, wenn platzmäßig möglich, in der Thekenmitte und gefächert präsentiert werden.
- Das Schinkensortiment sollte möglichst oft mit selbst ausgewählten neuen ausländischen Spezialitäten erweitert werden.
- Mindestens zweimal jährlich könnten „Internationale Schinkenfestwochen“ durchgeführt werden.
- Häufig wird der Fehler gemacht, entweder ein zu großes Sortiment anzubieten oder verstreut einzelne Spezialitäten – dort wo zufällig Platz ist – zu präsentieren. Hier sollte eine Liste von sich gut zu verkaufenden Erzeugnissen und weniger gut zu verkaufenden Erzeugnissen geführt werden („Renner-und Penner-Liste“).
- Bei der Neueinführung eines Kochpökelwarenprodukts sollten jeweils Probierportionen zur Verkostung angeboten werden.

Verkaufsargumente

- **Gekochter Schinken,** ist leicht angeräuchert ein Genuss zu frischem Spargel.
- **Gepökelte Rinderbrust** mit Meerrettich, ein Geschmackserlebnis, das seinesgleichen sucht.
- **Prager Schinken,** warm aufgeschnitten und serviert zu Kalt-warmen-Büfetts. „Sie können sich der Zufriedenheit Ihrer Gäste sicher sein."
- **Formschinken** aus der Kochschulter, preiswert und saftig, genau richtig für den Pizzabelag.
- **Pökelkamm,** durch die Pökelung nicht nur saftig, sondern auch mit einer appetitlichen Farbe versehen.
- **Gekochter Schinken,** mager und saftig, mehr Fleisch geht nicht.
- **Burgunder Schinken** ist ein deftiger und gleichzeitig eleganter Braten für alle Zwecke.

Verzehrempfehlungen

- Kochschinken mit feiner Remoulade bestrichen, mit einer eingelegten Stange Spargel, der Klassiker auf dem kalten Büfett.
- Gekochter Schinken zum „Hawaii-Toast" mit Käse überbacken; ein schnelles, preiswertes, aber vor allem schmackhaftes Gericht für den kleinen Hunger.
- Kochschinken auf der Pizza, einer der Klassiker dieses beliebten italienischen Gerichts. Hier darf es auch der preiswertere Vorderschinken aus der Schulter sein.
- In Würfel geschnittener Hinter- oder Vorderschinken, dazu eine pikante Sahnesoße zu Nudeln. Die Krönung wird erreicht durch Bestreuen mit frisch geriebenem Käse.
- Rindersaftschinken, die Alternative zum Schweineschinken, sehr mager, mit viel wertvollem Eiweiß und Spurenelementen. Ideal für Menschen, die kein Schweinefleisch essen dürfen, aber trotzdem gerne genießen.
- Gekochter Pökelkamm, schonend gegart, dazu Sauerkraut und Kartoffelpüree.
- Kasseler, variationsreich zu vielen Gelegenheiten, mal elegant zum kalten Büfett, mal deftig-kräftig zu Grünkohl und Röstkartoffeln.
- Bratenkasseler, der magere, aber würzige Brotbelag, beliebt wegen des milden Raucharomas.
- Gekochte Pökelzunge vom Rind, eine Delikatesse nicht nur als Aufschnitt, sondern auch in Madeira-Soße mit Champignons zu Salzkartoffeln.
- Gekochtes Pökeleisbein mit Erbspüree, Sauerkraut und Salzkartoffeln, eine beliebte und kräftige Hausmannskost zum Spätherbst und Winter.
- Gekochte Pökelbrust in Meerrettichsoße, schmeckt hervorragend zu Salzkartoffeln und Roter Bete, aber auch kalt zu Toastbrot mit Meerrettichsahne.
- Beliebt ist allerorten der „Stramme Max". Auf ein Brot mit saftigem Kochschinken werden i.d.R. zwei Spiegeleier gegeben und serviert.

Kasseler mit Creme-Linsen

7

Komplexe Aufgabe

Stellen Sie einen Kochschinken her:
- lebensmittelrechtliche Vorgabe: Fleischeiweiß in der fettfreien Substanz ≥ 19 % und keine Überschreitung des Wasser-Eiweiß-Verhältnisses von 4 : 1
- technologisches Ziel: Gewichtsausbeute von 105 %
- sensorisches Ziel: 5 Punkte (sehr gut) nach der DLG-5-Punkte-Skala

Um die Vorgaben und Ziele zu erreichen und die Zielerreichung zu überprüfen,

a) bilden Sie Schülerteams von 2–3 Schülern, die geeignete Arbeitsverfahren auswählen und eine zielführende Lösungsstrategie entwickeln.

b) dokumentieren Sie Ihre Lösungsstrategie unter Angabe der Rezeptur und des detaillierten Herstellungsablaufs (Materialauswahl und Frischgewicht, Zuschnitt, Pökeln, Einformen, Garen, Kühlen, Verkaufsgewicht).

c) wenden Sie Ihre Strategie an und stellen den Kochschinken her.

d) wiegen Sie den Kochschinken zur Überprüfung der Zielerreichung und führen eine sensorische Prüfung nach dem DLG-5-Punkte-Schema durch.

e) analysieren Sie etwaige Abweichungen und leiten Maßnahmen zur Optimierung ab.

Aufgaben zur Wiederholung

1. Stellen Sie die Anforderungen an das Ausgangsmaterial für Kochschinken denen für Rohschinken gegenüber.
2. Beschreiben Sie die Vor- und Nachteile des Aderspritzverfahrens gegenüber dem Muskelspritzverfahren.
3. Was bewirkt das Poltern bei der Herstellung von Kochschinken?
4. Welches objektive Qualitätsmerkmal gilt für Kochschinken nach den Leitsätzen?
5. Erläutern sie die sensorischen Beschaffenheitsmerkmale für Kochschinken.
6. Erläutern Sie die technologische Wirkung der Zusatzstoffe bei der Herstellung von Kochschinken.

Ausgewählte Fachrechenaufgaben

1. Berechnung der Salz- und Wassermenge:
   Aus wie viel l Wasser und wie viel kg Salz bestehen 80 l einer 12,5 %igen Lake?

2. Berechnung des Salzgehalts:
   Eine Lake besteht aus 70 l Wasser und 10 kg Salz. Wie hoch ist die Konzentration?

7

3. Berechnung des Salzzusatzes zum Wasser und der Lakemenge:
   Wie viel kg Salz muss man zu 70 l Wasser geben, um eine 12,5%ige Lake zu erhalten, und wie viel l Lake entstehen.

4. Berechnung des Wasserzusatzes zum Salz und der Lakemenge:
   Wie viel l Wasser muss man zu 10 kg Salz geben, um eine 12,5 %ige Lake zu erhalten? Und wie viel l Lake entstehen?

5. Berechnung von Mischlaken:
   Sie schütten zwei Laken zusammen, die unter schiedliche Schärfen besitzen, und zwar:
   22 l einer 8 %igen Lake zu
   52 l einer 20 %igen Lake.
   a) Wie viel kg Salz sind in der Mischlake enthalten?
   b) Wieviel Prozent beträgt der Salzgehalt der Mischung?

6. Berechnung der Erhöhung des Salzgehalts:
   Der Salzgehalt von 85 kg Lake soll von 5 % auf 10 % erhöht werden.
   Wie viel Salz muss zugesetzt werden?

7. Berechnung der Senkung des Salzgehalts:
   Eine 20 %ige Lake von 50 kg soll auf einen Salzgehalt von 15 % eingestellt werden.
   Wie viel Wasser muss hinzugeschüttet werden?

8. Berechnung von Pökelgewinnen und Pökelverlusten:
   Ein Schinken von 6,936 kg wird gespritzt und gewinnt dabei 7,2 %. Nach dem Kochen wiegt er noch 6,717 kg.
   Berechnen Sie:
   a) den Pökelgewinn in kg,
   b) den Kochverlust in %,
   c) die Gesamtgewichtsveränderung in kg und in Prozent.

9. Ein Gastwirt bestellt 35 kg gekochten Schinken. Es ergeben sich bei der Produktion folgende Veränderungen:
   – Beim Auslösen der Hinterschinken fallen 15 % wertlose Knochen und Schwarten an;
   – vom verbleibenden Gewicht bleiben 65 % für den zu verarbeitenden Kernschinken übrig;
   – die Spritzzunahme beträgt 17 % vom Frischgewicht,
   – der Garverlust 21 % vom Pökelgewicht.
   Wie viel kg Hinterschinken mit Knochen und Schwarte müssen bereitgestellt werden?

32 Räuchern

FLEISCHEREI nusse

Die Kundin Frau Fröhlich betritt die Fleischerei Nusse.
Frau Fröhlich: „Geben Sie mir bitte von dem Katenschinken 200 g, aber schneiden Sie die Scheiben etwas dünner als sonst. Dabei fällt mir ein ... neulich habe ich in der Zeitung gelesen, dass geräucherter Schinken – genau wie der Zigarettenrauch – krebserregende Stoffe enthalten soll. Ich glaube, ich muss wohl jetzt auf den Katenschinken verzichten, oder was meinen Sie?“
Da sich Sabrina ihrer besonderen Verantwortung gegenüber der Kundin bewusst ist, bittet sie Lena, die das Gespräch mitbekommen hat, Frau Fröhlich zu beraten.
Nachdem Frau Fröhlich den Katenschinken gekauft und das Geschäft verlassen hat, wendet sich Lena an Sabrina und meint: „Auf diesen Zeitungsbericht müssen wir schnell reagieren, sonst setzt sich in den Köpfen unserer Kunden womöglich etwas Falsches fest. Hast du einen Vorschlag, wie wir das anstellen, Sabrina?“
„Wir könnten eine Broschüre erstellen, die Klarheit darüber schafft, z. B.: was das Räuchern unserer Fleischerzeugnisse bewirkt, welche Verfahren wir dabei anwenden und was wir für unsere Kunden tun, um eine gesundheitliche Gefährdung durch den Verzehr unserer geräucherten Fleischerzeugnisse abzuwenden“, antwortet Sabrina.
Lena: „Das ist eine ganz tolle Idee. Der Junior- und der Seniorchef werden bestimmt für unser Vorhaben zu gewinnen sein“.

Das Räuchern zählt neben dem Trocknen, Salzen und Pökeln zu den ältesten Haltbarmachungsverfahren. Räuchern dient dem Zweck, Fleischerzeugnissen ein ansprechendes Aussehen, einen angenehmen Geruch und einen herzhaften Geschmack zu geben. Die an der Oberfläche niederschlagenden Rauchbestandteile verzögern den mikrobiellen und vor allem den oxidativen Verderb.

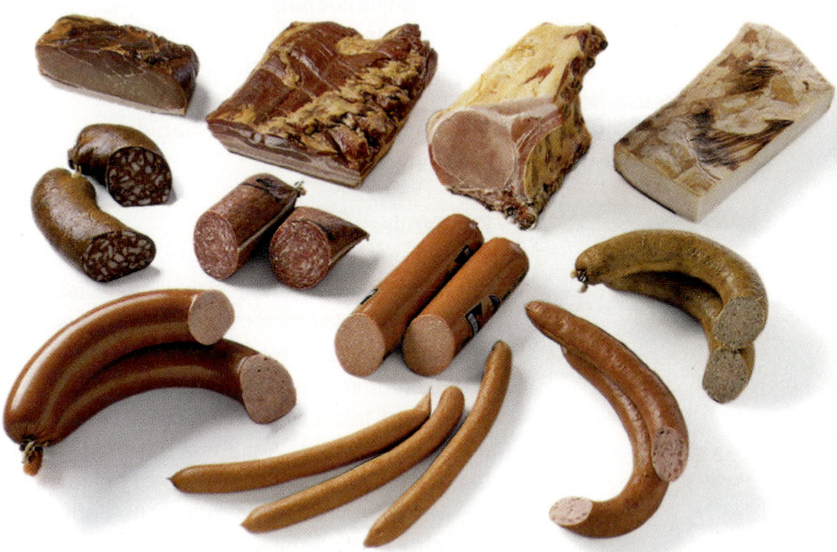

Geräucherte Fleischerzeugnisse

32.1 Bildung und Zusammensetzung des Rauches

Zur Gewinnung von Rauch werden vorwiegend Laubhölzer wie Buche, Eiche, Esche, Birke und Erle verwendet. Für schwarz geräucherte Fleischerzeugnisse wird den ge-

nannten Holzarten auch das Wurzelholz von den stärker rußenden Nadelhölzern wie Tanne, Fichte und Kiefer beigemischt. Der Rauch wird durch Verschwelen oder Verglimmen des Holzes erzeugt. Bei dieser Hitzezersetzung der drei Hauptbestandteile des Holzes (Cellulose, Lignin und Hemicellulose) entsteht ein Gemisch aus etwa 1000 verschiedenen gasförmigen, flüssigen und festen Rauchbestandteilen, von denen die meisten sowohl aroma- und farbgebend als auch antimikrobiell und antioxidativ wirken.
Flüssige und feste Rauchbestandteile bezeichnet man auch als **Rauchpartikelchen.** Die Rauchpartikelchen setzen sich größtenteils auf der Oberfläche des Räucherguts ab, wohingegen die gasförmigen Räucherstoffe in das Räuchergut eindringen. Der mengenmäßige Anteil der einzelnen Rauchbestandteile hängt von der Sauerstoffkonzentration und von der erreichten Glimmtemperatur ab.

32.2 Erwünschte Wirkungen beim Räuchern

Die erwünschten Wirkungen werden durch bestimmte chemische Verbindungen hervorgerufen, die beim Räuchern entstehen:
- die **mikrobielle Konservierung** durch Aldehyde, Säuren und Phenole
- die **antioxidative Konservierung** durch Phenole, Phenolaldehyde und Phenolsäuren
- die **Aromatisierung durch** Phenole, Carbonyle und Lactone
- die **Farbbildung** durch Carbonyle und Phenolaldehyde
- die **Härtung** (sekundäre Haut) durch Aldehyde

Konservierung

„Geräucherte Ware hält sich länger“ ist ein bekannter Ausspruch. Wir können hieraus jedoch nicht ableiten, dass z.B. Knochenschinken oder Katenrauchmettwurst nur deshalb nicht leicht verderben, weil sie geräuchert sind. Diese Annahme lässt sich an Beispielen ungeräucherter Fleischerzeugnisse, wie Parmaschinken oder südländische luftgetrocknete Rohwurstsorten, leicht widerlegen.

Die verlängerte Haltbarkeit von geräucherten Fleischerzeugnissen ergibt sich aus der Kombination der mit dem Räuchern einhergehenden Konservierungsmethoden, wie Pökeln, Trocknen, Hitzeeinwirkung beim Heißrauch, Fermentierung bei der Rohwurst.

Direkt antimikrobiell wirken Rauchinhaltsstoffe nur von der Oberfläche auf das Räuchergut ein. Deshalb ist das Räuchern – ausgenommen bei dünnkalibrigen Rohwürsten (Kaminwurzen, Landjäger, Mettenden) – in erster Linie eine Oberflächenkonservierung. Bestimmte Rauchbestandteile (vor allem die Phenole beim Kaltrauch) wirken antioxidativ, d.h., sie verzögern die Fettranzigkeit (Fettoxidation).

Aromatisierung

Je nach der Art des verwendeten Holzes weisen geräucherte Fleischerzeugnisse unterschiedliche Geruchs- und Geschmackseindrücke auf. Unabhängig von der gewählten Holzart gelten phenolische Verbindungen als für den typischen Rauchgeschmack verantwortlich. Ebenfalls tragen Reaktionen von mehrkettigen Carbonsäuren mit Proteinen im Räuchergut und auch Reaktionen von Rauchbestandteilen mit den Pökelaromastoffen zur Aromabildung bei.

Farbbildung

Die Bestandteile des Rauches beeinflussen in vielfältiger Weise die Farbe des geräucherten Fleischerzeugnisses.

Eine Rolle spielen dabei
- chemische Reaktionen der Fleischoberfläche mit Rauchbestandteilen, die sogenannte nicht enzymatische Bräunung (Maillard-Reaktion),
- Ablagerungen von farbgebenden Rauchbestandteilen aus der Stoffgruppe der Phenole,
- farbgebende Stoffe in den Rauchpartikeln, die von der Oberfläche des Räucherguts aufgenommen werden,
- die Intensität der Pökelfarbe,
- der Abtrocknungsgrad.

Härtung

Der im Rauch enthaltene reaktionsfreudige Stoff Formaldehyd bewirkt eine Vernetzung von Eiweißstoffen, z.B. von kollagenen Fasern, wodurch Brühwürste im Saitling oder Hautfaserdarm eine verbesserte Brühstabilität erhalten. Das Räuchern von Dosenwürstchen dient vor allem der Verfestigung des Saitlings. Bei der Herstellung von Würstchen im Schäldarm beeinflusst der Heißrauchprozess die Eigenhautbildung (▸ S. 623).

32.3 Unerwünschte Wirkungen beim Räuchern

Das Räuchern hat nicht nur erwünschte technologische und sensorische Wirkungen, sondern auch solche, die aus ernährungswissenschaftlicher und hygienisch-toxikologischer Sicht unerwünscht sind (Toxikologie = Lehre von Giften und Vergiftungen).

So sind die Verdaulichkeit und die biologische Wertigkeit (v.a. Minderung des Gehalts an Lysin = unentbehrliche Aminosäure, ▸ S. 215) geräucherten Fleisches herabgesetzt. Als schwerwiegender ist jedoch die Kontamination (Verunreinigung) mit **krebsauslösenden Rauchbestandteilen** anzusehen.

Überall dort, wo organisches Material biologischen Ursprungs verbrannt wird, können krebsauslösende Stoffe gebildet werden, so auch bei der Raucherzeugung. Als die wichtigste unerwünschte Stoffgruppe des Rauches gelten die polycyclischen aromatischen Kohlenwasserstoffe, kurz **PAK** genannt. Die Zahl der im Rauch enthaltenen Verbindungen dieser Stoffgruppe umfasst mehrere Dutzend.

Die als am gefährlichsten eingestufte Verbindung ist das Benzpyren, das deshalb auch zur hygienisch-toxikologischen Beurteilung von geräucherten Fleischerzeugnissen herangezogen wird. Der Gehalt an Benzpyren in geräucherten Fleischerzeugnissen darf 1 ppb („part per billion" = 1 µg/kg = 1 g/1000 t) nicht überschreiten.
Die Bildung der PAK ist abhängig von der **Glimmtemperatur,** sie beginnt bei ca. 400 °C und erreicht das höchste Ausmaß bei ca. 800 °C. Da man die Glimmtemperatur über das Sauerstoffangebot regulieren kann, ist es auch möglich, den Gehalt an Benzpyren unterhalb der gesetzlichen Höchstmenge zu halten. Bei den althergebrachten Räucherkammern kann die Luftzufuhr gedrosselt, das Räuchermaterial angefeuchtet sowie angehäuft und angedrückt werden, um die Glimmtemperatur niedrig zu halten.

Bei modernen Rauchanlagen wird der Rauch meist außerhalb des eigentlichen Räucherraums erzeugt. Dies hat den Vorteil, dass der Rauch abkühlen kann, bevor er das Räuchergut erreicht. Hierbei können sich schädliche Stoffe absetzen.

Regeln zur Minderung der gesundheitlichen Risiken durch das Räuchern:

- **Kurze Räucherzeiten einhalten.** Nicht länger räuchern als für die Ausbildung der gewünschten Raucheffekte unbedingt erforderlich. Zu starke Räucherung führt nur zu wirtschaftlichen Verlusten, unnötiger Belastung unseres Organismus mit Zusatz- und Schadstoffen sowie Verlusten an lebenswichtigen Aminosäuren.
- **Ruß- und Teerbeläge am Produkt vermeiden,** d.h. Räuchermaterial nicht aufwirbeln, Rauchspieße gründlich säubern, Ware darf Wände der Kammer und Gestänge der Wagen nicht berühren. Diese Rauchbestandteile tragen zu den erwünschten Raucheffekten nicht bei, verursachen aber eine höhere Kontamination mit krebsauslösenden Stoffen.
- **Niedrige Glimmtemperatur einhalten.** Bei Glimmtemperaturen unterhalb von 600 °C bildet sich relativ wenig an krebserregenden Stoffen, dagegen aber viel an rauch-aromatisierenden Verbindungen.
- **Vorgekühlten Räucherrauch** verwenden. Während der Abkühlung setzen sich bevorzugt die Ruß- und Teerbestandteile ab. Das Räuchergut erreicht ein an PAK armer, aber gut aromawirksamer Rauch.
- **Abziehbare Därme bevorzugt verwenden.** Die raucharomatisierenden Verbindungen dringen rascher durch die Därme als die unerwünschten PAK. Außerdem haben Verbraucher so die Möglichkeit, einen Teil der Rauchzusatzstoffe zu entfernen.

7

Langsamer Abbrand

Schneller Abbrand

32.4 Verfahren zur Rauchbehandlung

Vier Verfahren werden unterschieden:
- Kalträucherung
- Warmräucherung
- Klimaräucherung
- Heißräucherung

Kalträucherung

Die Kalträucherung erfolgt bei 18 °C (12 bis 24 °C). Temperaturen von über 20 °C begünstigen das Wachstum von bakteriellen Verderbniserregern und können daher die Haltbarkeit von Rohwürsten und zu räuchernden Kochwürsten verringern. Neben der Rauchtemperatur nimmt auch die Luftfeuchtigkeit einen wesentlichen Einfluss auf die Beschaffenheit der Räucherware. Die relative Luftfeuchtigkeit soll zu Beginn des Räucherns bei ca. 90 % liegen und später 75 % nicht unterschreiten, da sonst durch verstärkte Abtrocknung die Außenschicht verkrustet oder ein Trockenrand auftritt. Die Folgen wären Beißigkeit im Geschmack, Hohlstellen, Farbfehler, Schimmelbildung.

Kalt geräuchert werden insbesondere Speck und Bauchspeck (um 24 °C), Schinken und Rauchfleisch (18 bis 24 °C), Roh- und Dauerwürste sowie Kochwürste (12 bis unter 20 °C). Die Räucherdauer ist abhängig vom Kaliber oder Gewicht der Teilstücke und beträgt mehrere Tage bis Wochen.

Je nach Produkt stehen bei der Kalträucherung verschiedene Ziele im Vordergrund:
- Leber- und Blutwurst: vorrangig Aussehen und Aroma
- Schinken: vorrangig Haltbarkeit und Aroma

Warmräucherung

Bei der Warmräucherung hat der Rauch eine Temperatur bis 50 °C bei einer relativen Luftfeuchtigkeit um 80 %. Das Räuchermaterial sind Holzspäne und Sägemehl. Die Räucherdauer beträgt 1 bis 3 Stunden.
Wegen häufiger Qualitätsmängel und der Gefahr von Fehlfabrikaten wird das Warmräucherverfahren nur noch vereinzelt zum Räuchern von Kochpökelwaren und großkalibrigen Brühwürsten angewandt.

7

Schwarzwälder Schinken wird bei ca. 20–30 °C etwa zwei Wochen lang kalt geräuchert

Beschickung einer Heißrauchanlage

Klimaräuchern, Feuchträuchern

Bei diesem Räucherverfahren hat der Rauch Temperaturen von 25 bis 27 °C bei hoher relativer Luftfeuchte von 90 bis 100 %. Die hohe Luftfeuchtigkeit trägt dazu bei, dass die Oberfläche der Würste für das Eindringen der Rauchinhaltsstoffe durchlässig gehalten wird. Vorwiegend bei schnell gereiften Rohwüsten wird dieses Verfahren angewendet.

Heißräucherung

Das Heißräuchern erfolgt bei 60 bis 90 °C und einer relativen Luftfeuchtigkeit von 40 bis 60 %. Die hohen Temperaturen fördern zwar die Umrötung bei Brühwurst, lassen aber gleichzeitig nur wenige Raucharomastoffe in das Innere eindringen, Brühwürste und vorwiegend Kasselererzeugnisse werden im Heißrauch geräuchert.

32.5 Verfahren zur Raucherzeugung

Bei der Raucherzeugung lassen sich vier Verfahren unterscheiden (▸ Abb. unten):

- Glimmrauchverfahren
- Reibrauchverfahren
- Dampfrauchverfahren
- Fluidisationsrauchverfahren

Glimmrauch wird durch Verglimmen von Holzspänen in oder außerhalb der Räucherkammer erzeugt. Die Rauchentwicklung wird über die Frischluftzufuhr geregelt. Bei diesem Verfahren liegen die Glimmtemperaturen zwischen 400 und 800°C.

Beim **Reibrauchverfahren (Friktionsrauch)** wird ein Holzstück mit gleichbleibendem und ausreichendem Druck auf ein rotierendes Reibrad gedrückt. Das Holz wird durch die bei

Externer Glimmraucherzeuger

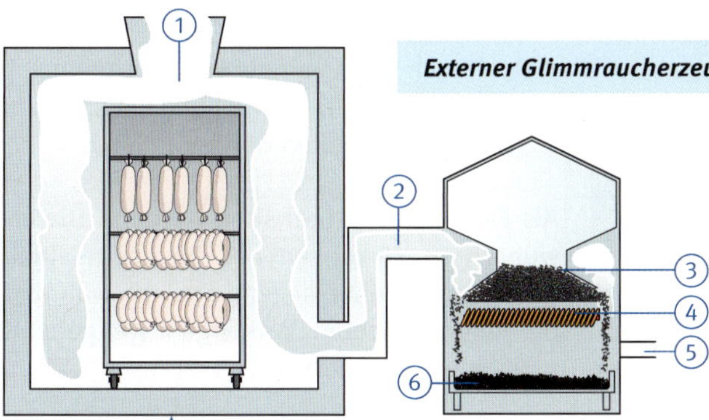

Räucherkammer

① Abluft
② Rauchzuleitung
③ Holzspäne
④ Heizspirale
⑤ Frischluftzufuhr
⑥ Abbrand

Externer Reibraucherzeuger

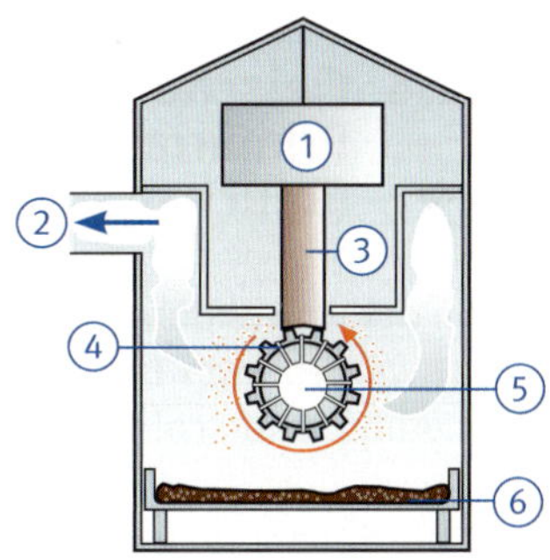

① Gewicht
② zur Räucherkammer
③ Holzstab
④ Reiberad
⑤ Frischluftzufuhr
⑥ Rückstände

Externer Dampfraucherzeuger

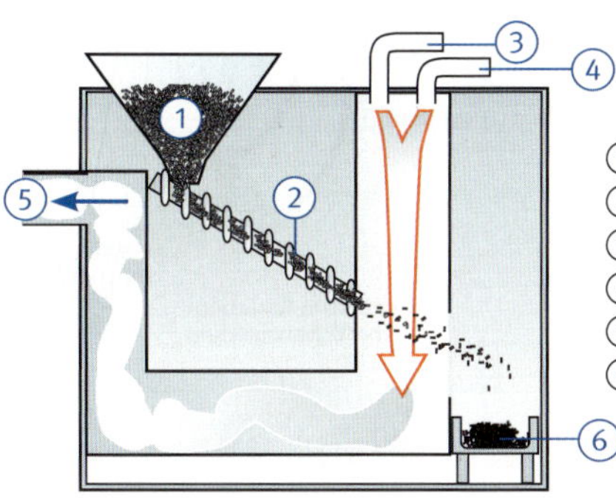

① Holzspäne
② Transportschnecke
③ Luftzufuhr
④ Dampfzufuhr
⑤ zur Räucherkammer
⑥ Abbrand

Externer Fluidisationsraucherzeuger

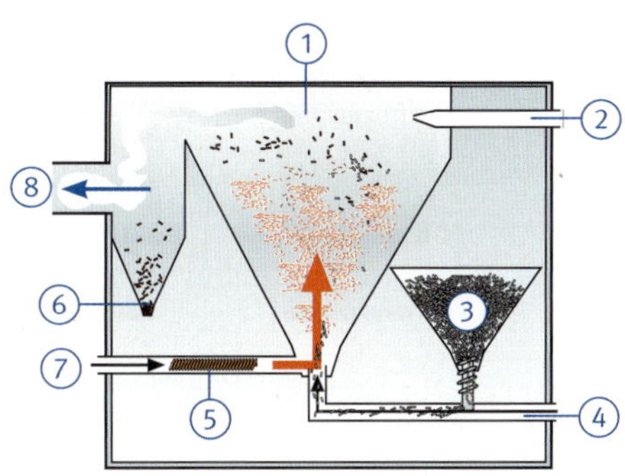

① Reaktor
② Luftzufuhr
③ Holzspäne
④ Kompressorluft
⑤ elektrischer Erhitzer
⑥ Glimmrückstand
⑦ Luftzufuhr
⑧ zur Räucherkammer

der Reibung entstehende Hitze thermisch zersetzt (Pyrolyse). Die Rauchtemperatur lässt sich z.B. über die Luftzufuhr oder über die Geschwindigkeit des Reibrads und das Gewicht des Holzstücks beeinflussen. Die Verschwelungstemperatur kann unter 400 °C gehalten werden. Der Reibrauch ist arm an Teerstoffen sowie hell und dicht.

Flüssigraucherzeuger

Der **Dampfrauch** wird dadurch erzeugt, dass ein auf 300 °C erhitztes Dampf-Luft-Gemisch durch Holzspäne geblasen wird. Der so erzeugte Rauch weist praktisch keine Teer- und Aschebestandteile auf und der Gehalt an PAK (▸ S. 317) liegt unterhalb der Nachweisgrenze. Der Dampfrauch erreicht die Räucherkammer bei Temperaturen von etwa 80 bis 100 °C, wobei die relative Luftfeuchtigkeit erheblich ansteigt (▸ S. 117). Das Verfahren eignet sich daher zur Heißräucherung von Brühwürsten.

Beim **Fluidisationsrauchverfahren** werden Holzspäne im Wirbelstrom von Heißluft (300 bis 400 °C), die in einen Reaktor eingeblasen wird, verschwelt.

32.6 Fleischerzeugnisse mit Primärrauchkondensat (Raucharoma) behandeln

Bei der Verwendung von Primärrauchkondensat werden zwei Behandlungsmöglichkeiten (s. Abb.) unterschieden:

1. Die Behandlung mit Raucharoma
Bei der Herstellung von Raucharoma wird Räucherrauch – zur Reinigung – durch Wasser geleitet, darin kondensiert und in einem mehrstufigen Verfahren gefiltert. Übrig bleibt ein von Asche, Teer und krebserregenden polyzyklischen aromatischen Kohlenwasserstoffen (PAKs) gereinigtes Rauchkondensat. Dieses Raucharoma wird dem Brät direkt zugegeben, Wursthüllen werden damit innen behandelt oder die Fleischerzeugnisse werden darin getaucht, damit geduscht oder besprüht.

2. Die Behandlung mit Rauch aus Primärrauchkondensat
Hierbei handelt es sich um wiedererzeugten Rauch aus Raucharoma. Dabei wird der Flüssigrauch unter Druckluft zerstäubt, so dass ein trockener und stabiler Rauch entsteht. Der so wiedererzeugte Rauch wird auch als *„Rauch"* deklariert.

Gegenüber den herkömmlichen Verfahren zur Raucherzeugung (▸ S. 319 f.) liegen die **Vorteile** beim Rauch aus Primärrauchkondensat:
- Das Primärrauchkondensat ist von schädlichen Substanzen gereinigt.
- Der Rauch wird in einem geschlossenen Kreislauf erzeugt, wodurch die Emissionen sehr gering gehalten werden.

Als Fazit kann festgehalten werden: Die erwünschten Wirkungen des Räucherns (▸ S. 316 f.) werden überwiegend erreicht, während die unerwünschten Wirkungen weitgehend vermieden werden (▸ S. 317) .

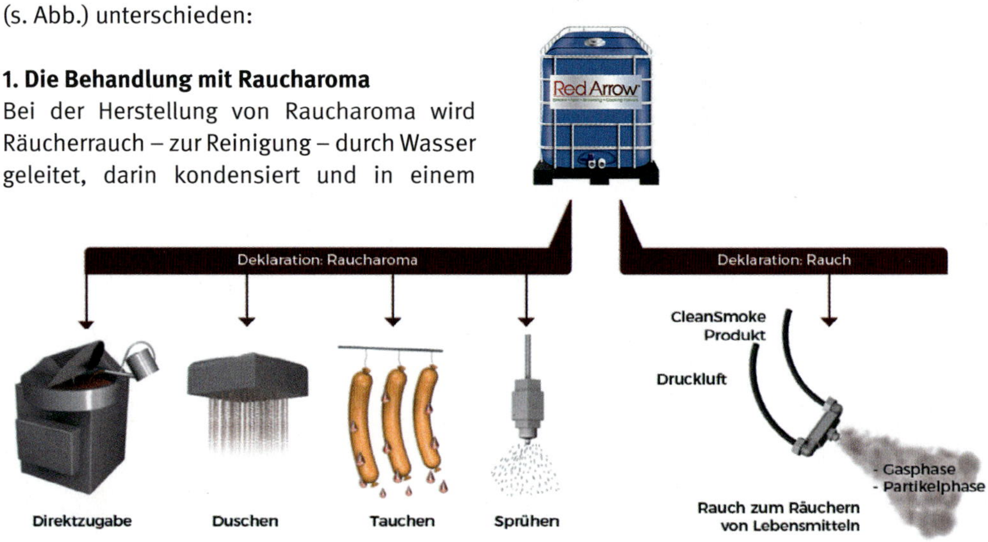

Komplexe Aufgabe

Erstellen Sie eine Broschüre über das Sortiment Ihrer geräucherten Fleischerzeugnisse. Geben Sie dazu die charakteristischen Merkmale, die optimalen Lagerbedingungen sowie die typischen Beilagen der Erzeugnisse an und fügen entsprechende Fotos hinzu.

Heben Sie hervor, was das Räuchern Ihrer Fleischerzeugnisse bewirkt, welche Verfahren Sie dabei anwenden und was Sie für Ihre Kunden tun, um eine gesundheitliche Gefährdung durch den Verzehr der geräucherten Fleischerzeugnisse abzuwenden.

Aufgaben zur Wiederholung

1. Unterscheiden Sie die vier herkömmlichen Verfahren zur Raucherzeugung.
2. Unterscheiden Sie die Räucherverfahren anhand der Merkmale:
   - Anwendungsgebiet
   - Räucherdauer
   - Kammertemperatur
   - Aufgabe der Räucherung
   - relative Luftfeuchtigkeit
3. **a)** Welche erwünschten Wirkungen werden beim Räuchern erzielt?
   b) Wodurch werden diese Wirkungen hervorgerufen?
   c) Wodurch werden die unerwünschten Wirkungen beim wiedererzeugten Rauch aus Raucharoma weitgehend vermieden?
4. Frau Fröhlich fragte in der Situation auf ▸ Seite 315, wie Sabrina das gesundheitliche Risiko durch den Verzehr von geräucherten Würsten, Speck und Schinken einschätzen würde. Überlegen Sie:
   - Welche gesundheitlichen Risiken können von geräucherten Fleischerzeugnissen ausgehen?
   - Was hat der Gesetzgeber getan, um gesundheitliche Risiken zu mindern?
   - Durch welche Maßnahmen können Schadstoffe in geräucherten Fleischerzeugnissen herabgesetzt werden?

7

Ausgewählte Fachrechenaufgaben

1. 54 kg trocken gepökelte Schweinebäuche für durchwachsenen geräucherten Speck wiegen nach dem Wässern 55,080 kg. Beim anschließenden Abtrocknen und Räuchern verlieren sie 15 %.
   a) Berechnen Sie die Gewichtszunahme beim Wässern in kg und %.
   b) Was wiegt der fertige durchwachsene geräucherte Speck?

2. Sie hängen 246 kg gesalzene Schinken in die Räucherkate. Nach 8 Wochen wiegen die fertigen Katenschinken noch 201,720 kg.
   a) Berechnen Sie den Räucherverlust in %.
   b) Berechnen Sie den Preis je kg rauchfrischer Katenschinken, wenn die gesalzenen Schinken mit 5,26 €/kg kalkuliert wurden.

3. Ein Kotelettstück von 5,200 kg wird zur Herstellung von Kasseleraufschnitt ausgelöst.
   Wertlose Knochen und Parüren betragen 14 %.
   Die Spritzzunahme beträgt 9,5% und der anschließende Räucherverlust 7%. Beim Braten gehen weitere 6,5 % verloren.

   Berechnen Sie:
   a) die Gewichte nach den einzelnen Fertigungsschritten,
   b) den Preis für 1 kg Kasseler bei einem kg-Preis von 5,45 € für ein Kotelett.

4. Eine Mettwurst wiegt nach der Herstellung 1,200 kg und kostet 18,36 €. Der Trocken- und Räucherverlust beträgt anschließend insgesamt 15 %.
   Wie teuer sind 100 g Mettwurst?

5. Eine Cervelatwurst wiegt nach dem Füllen 1800 g und nach dem Räuchern 1638 g. Bei der anschließenden Reifung gehen noch einmal 5 % verloren.
   a) Berechnen Sie den Räucherverlust in %.
   b) Berechnen Sie den Reifungsverlust μ in g.

Smoked meat

1. Read the dialogue and answer the following questions.
Write down the answers in full sentences in your exercise book.

a) What does Mrs Baker ask for?
b) What does Mike offer?
c) What kind of meat is ham made of?
d) How is the Katenschinken produced?
e) What does Mrs Baker buy?

Anna Baker is at the butcher shop and doesn't yet know exactly what she wants to buy.
So she asks the butcher for some information.

Mrs Baker: Good morning. Excuse me, could you help me?
Mike: Yes, of course. What can I do for you?
Mrs Baker: I'd like to buy some ham, but I don't know which kind is the best.
Mike: Oh well, we have more than 15 types of ham. There are bone-in hams, boneless hams, re-formed hams, dry hams, smoked hams, baked hams and hams cooked in water. They are made in different shapes from a variety of meat such as pork, beef, turkey or chicken.

Mrs Baker: I can't decide which is the best ham for my special guests this evening.
Mike: Okay, I would recommend this special ham. It's a traditional smoked ham called Katenschinken. It's made of the pig's hind leg. The meat is cured in brine and after that it is being smoked on beech wood for 2 weeks at room temperature. It's very delicious with a fine taste of beech wood. Would you like to taste it?
Mrs Baker: Yes, thank you... Mmh, you're right. It's very good. I'll take 6 slices, please.
Mike: Certainly. One moment, please. Anything else?
Mrs Baker: No, thank you, that's all. How much does it cost?
Mike: That's € 9,19, please.
Mrs Baker: Here you are.
Mike: Thank you very much and here is your change. Have a nice day.
Mrs Baker: Thank you for your excellent service. Goodbye.

2. In the dialogue Mike is talking about the production of a smoked ham.
Use the given information and continue describing it in your exercise book.

Start like this: *This is a smoked ham. It's made of ...*

Also consider the questions:

How is it produced? **What are the main ingredients?**
How is the texture? **How does it look/taste/smell?**

3. **Choose one type of ham and write a manufacturing process as you can find on page 301. Describe each step in full sentences.**

4. **Complete the word wheel with examples of the types of ham.**

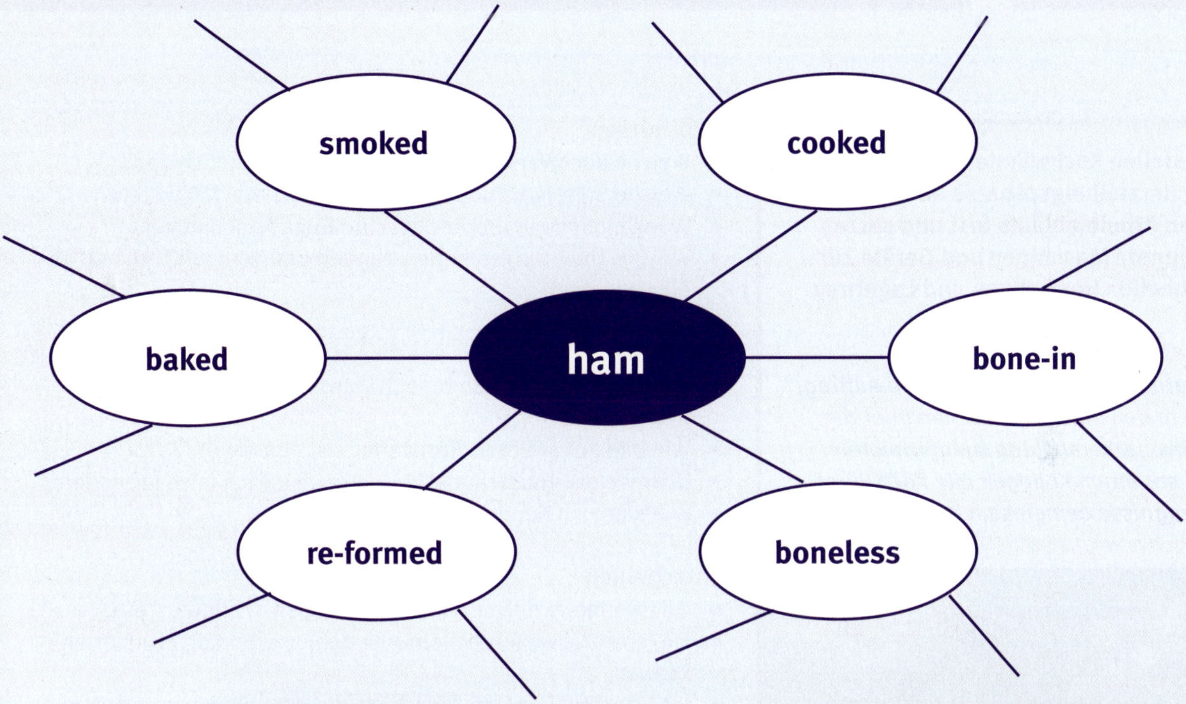

GRAMMAR: have (got) to / would like to	
have (got) to = **müssen**	
I have to/I've got to work until 7 p.m.	➜ Ich muss bis 19 Uhr arbeiten.
have (got) to *drückt eine Notwendigkeit bzw. Verpflichtung aus.*	
would like to = **möchten**	
I'd (I would) like to have some sausages.	➜ Ich hätte gern ein paar Wiener Würstchen.
would like to *drückt einen Wunsch aus.*	
Aber:	
I **like** this book.	➜ Mir gefällt dieses Buch./Ich mag dieses Buch.
I **like** reading.	➜ Ich lese gern.

VOCABULARY

beech wood	das Buchenholz
brine	die Lake
change	das Wechselgeld
to consider	berücksichtigen
to cure	pökeln, haltbar machen
to decide	sich entscheiden
ingredient/-s	die Zutat/-en
to recommend	empfehlen
shape/-s	die Form/-en
to smoke	räuchern
taste	der Geschmack
to taste	schmecken
texture	die Konsistenz/ Beschaffenheit
variety	die Vielfalt

7

8 Herstellen von Kochwurst

Sie stellen Kochwürste her. Sie planen den Herstellungsprozess im Team, legen Arbeitsabläufe fest und setzen geeignete Maschinen und Geräte zur rationellen Herstellung und Lagerung ein.

Sie erhalten von Ihrem Chef den Auftrag, sich in den nächsten Wochen über die Kochwurstherstellung zu informieren und mit Ihrem Kollegen alle Kochwursterzeugnisse gemeinsam herzustellen.

Informieren
- Welche Kochwursterzeugnisse gibt es in Deutschland?
- Welche Sorten werden in unserer Fleischerei hergestellt?
- Wer kann mir zur Produktbeschreibung Auskunft geben?
- Welche Erwartungen haben Kunden und Verkaufspersonal an die Produkte?

Planen
- Welche Informationen brauche ich, um diese Erzeugnisse herzustellen?
- Wie und aus welchen Rohstoffen werden die Produkte hergestellt?
- Über welche Herstellungsverfahren muss ich mich informieren?
- Wie kann ich Kundenwünsche erfragen?

Entscheiden
- Ich informiere mich in den „Leitsätzen für Fleischerzeugnisse".
- Ich lerne die wesentlichen Unterschiede der Kochwurstarten kennen.
- Ich lasse mir von den Fleischern die Herstellungsgrundsätze erklären.
- Ich erfrage die Kundenerwartung bei dem Verkaufspersonal.

Ausführen
- Ich wähle mit meinem Kollegen das Ausgangsmaterial aus und bereite die Gewürze vor.
- Ich wende mit Kollegen die verschiedenen Herstellungsverfahren an.
- Ich übe die selbstständige Weiterbehandlung der Wurst.
- Ich kontrolliere den ordnungsgemäßen Herstellungsablauf.

Kontrollieren
- Wurden die Herstellungsverfahren richtig angewendet?
- Wurden vorgeschriebene Zeiten und Temperaturen eingehalten?
- Habe ich fachgerecht gefüllt, abgebunden (geklippt), gegart und geräuchert?
- Wurden die Erwartungen der Kunden und des Verkaufspersonals erfüllt?

Bewerten
- An welcher Stelle kann ich meine Fachkenntnisse noch erweitern?
- Wie zufrieden waren die Kunden und das Verkaufspersonal mit den Produkten?
- Was könnte ich beim Herstellungsablauf noch verbessern?
- Führt größere Kundenzufriedenheit zu mehr Absatz?

33 Kochwurst nach den Leitsätzen

FLEISCHEREI nusse

Einmal im Monat ist „Azubi-Sitzung" in der Fleischerei Nusse. Diesmal treffen sich der Seniorchef Matthias Nusse, die beiden Azubi-Paten und Sabrina und Björn.
Senior: „Es macht Spaß zu sehen, dass euch der Beruf so viel Freude macht. Lena und Tim, ihr seid den beiden gute Begleiter. Was machen denn die Vorbereitungen auf eure praktische Zwischenprüfung, Sabrina und Björn?"
Björn: „Sabrina und ich beginnen nächste Woche in der Wurstabteilung und da soll es um die Kochwurst gehen."
Sabrina: „Da kann ich endlich meine Lieblingswurst, die Leberwurst, selber kochen."
Herr Nusse lacht: „Daran sieht man wie an vielen anderen Beispielen auch, dass unser Beruf sich weiterentwickelt hat. Früher wurde in der Tat das Fleisch für die Kochwurst vorgekocht. Davon ist man heutzutage meilenweit entfernt. Heute ist das schonende Garen angesagt."
Björn: „Also auf zur Garwursttechnologie." Alle lachen herzhaft.

Die Leitsätze unterscheiden drei Arten von Kochwurst:
- Kochstreichwürste
- Blutwürste
- Sülzwürste

Es folgt die Beschreibung einzelner Sorten oder mehrerer Sorten, die aufgrund ihrer Ähnlichkeit unter einer Leitsatz-Kennziffer zusammengefasst werden.

Nach den Leitsätzen ist allen Kochwürsten gemeinsam, dass sie vorwiegend aus gegartem Ausgangsmaterial hergestellte Wurstwaren sind, die nochmals erhitzt werden. Lediglich Blut und Leber werden meistens roh verwendet. In der Regel sind sie nur in erkaltetem Zustand **schnittfähig.**
Bei Sülz- und Blutwürsten ist dies immer der Fall. Die Schnittfähigkeit von Sülzwürsten beruht auf der erstarrten Gallertmasse (Aspik oder Schwartenbrei). Die Gallertmasse von Blutwürsten wird zusätzlich mit Blut versetzt, sodass die Schnittfähigkeit auch durch die zusammenhängende Koagulation (Gerinnung) von Bluteiweiß zustande kommt.
Die Konsistenz der Leberwürste wird in erkaltetem Zustand vom erstarrten Fett oder vom zusammenhängend koagulierten (geronnenen) Lebereiweiß bestimmt. Der Leberanteil beträgt in der Regel mindestens 10 %, bei Spitzenqualitäten 25 % und mehr.

Nach den **Leitsatz-Kennziffern** werden die Kochwürste so unterteilt:

2.4.3	**Kochwürste**
2.4.3.1	Pasteten
2.4.3.2	Leberwürste
2.4.3.3	Kochmettwürste
2.4.3.4	Blutwürste
2.4.3.5	Sülzwürste
2.4.3.5.1	Sülzen
2.4.3.5.2	Corned Meat
2.4.3.5.3	Presswürste

Verschiedene Kochwürste im Anschnitt

Aufgrund der Sortenvielfalt bei den Kochwürsten werden im Folgenden die Leitsatz-Kennziffern nur insoweit aufgeführt, wie es nach den wesentlichen technologischen Unterschieden in der Herstellung notwendig ist.

33.1 Sinn der Leitsätze für den Fleischer

Aus Sicht des Fleischers, also des Herstellers, sind in den Leitsätzen Qualitätsmerkmale für die einzelne Wurstsorte beschrieben, die er mindestens einzuhalten hat. Sie entsprechen der allgemeinen Verkehrsauffassung und dem redlichen Handwerkerbrauch und erfüllen die Verbrauchererwartung (drei Grundprinzipien, ▸ S. 628).

Für Kochwürste sind es im Wesentlichen folgende Merkmale:

- zu verwendende Ausgangsmaterialien: Fleisch, Fett, Blut und Innereien
- Zerkleinerungsgrad
- Verwendung von pflanzlichen Materialien wie z. B. Mehl oder Grütze
- Art und Form von Fleischeinlagen
- eventuell andere technologische Details, z. B. „nicht umgerötet“
- chemische Analysenwerte, z. B. BEFFE und/oder Einlagenanteil

Leberwürste

Dabei werden die Ausgangsmaterialien Fleisch und Fett sowie die Analysenwerte immer aufgeführt, alle anderen Punkte je nach Wurstsorte.

33.2 Beispiel 1: Leberwurst

> LSKZ 2.4.3.2.5
> *Leberwurst, Gutsleberwurst, Streichleberwurst, (…) Pfälzer (Hausmacher) Leberwurst u. a.*

8

Ausgangsmaterial:

- fettgewebsreiches Schweinefleisch (1.2.1.2.3)
- Fettgewebe (1.1.1.2)
- Bindegewebe (1.1.1.3)
- Schweinemasken (1.1.1.4)
- Leber (1.1.1.6)
- Herz, Zunge (1.1.1.6)
- auch grob entsehntes Rindfleisch (1.2.1.1.2), wenn zur Sicherung einer gewissen Schnittfähigkeit Brät zugesetzt wird

Rotwürste

Besondere Merkmale:

- grobe Körnung, aber auch fein zerkleinert
- Gutsleberwurst, Pfälzer (Hausmacher) Leberwurst ohne andere Innereien
- Pfälzer (Hausmacher) Leberwurst in der Regel nicht umgerötet

Analysenwerte:

- bindegewebseiweißfreies Fleischeiweiß nicht unter 9 %
- bindegewebseiweißfreies Fleischeiweiß im Fleischeiweiß chemisch nicht unter 75 %

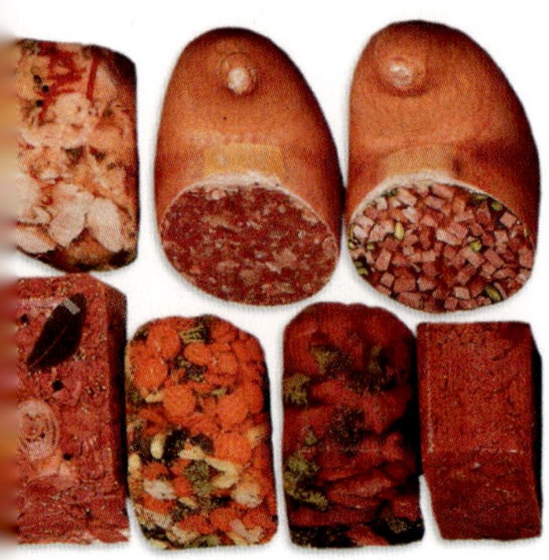

Sülzwürste

33.3 Beispiel 2: Blut- bzw. Rotwurst

> LSKZ 2.4.3.4.7
> *Rotwurst, Calenberger Rotwurst, Bauernrotwurst, Hausmacher Rotwurst, Landrotwurst*

Ausgangsmaterial:

- fettgewebsreiches Schweinefleisch (1.2.1.2.3)
- Speck (1.1.1.2.2)
- Schwarten (1.1.1.4)
- Blut (1.1.1.7)

Besondere Merkmale:

- Blut-Schwarten-Grundmasse, zum Teil auch mit fein zerkleinerter Leber und Innereien (nur Leber, Herz, Zunge) (1.1.1.6)
- in Blut-Schwarten-Grundmasse würfelförmige Einlagen von Fleisch und Speck mit teilweise anhaftender Schwarte
- teilweise als Einlage auch Schweinemasken (1.1.1.4), Herz, Leber oder Zunge (1.1.1.6)
- Calenberger Rotwurst mit Getreideerzeugnissen

Analysenwerte:

- bei einer Gesamtprobenmenge über 600 g Muskelfleischeinlagen nicht unter 15 %, es zählt die Einlage nur nach Befreiung von groben Fett- und Bindegewebsanteilen (z. B. nur der Magerfleischanteil vom Bauch)

33.4 Beispiel 3: Sülzwurst

> LSKZ 2.4.3.5.1.1
> *Schinkensülze, gewürfelter Schinken in Aspik (Gelee)*

Ausgangsmaterial:

- fettgewebs- und sehnenarmes Schweinefleisch (1.2.1.2.1)

Besondere Merkmale:

- würfelförmige Einlagen

Analysenwerte:

- bei einer Gesamtprobenmenge von über 600 g: Muskelfleischeinlagen nicht unter 50 %

33.5 Qualitative Anforderungen aus den Leitsätzen erfüllen

Wie kann der Fleischer die Qualitätsanforderungen der Leitsätze, vor allem die Analysenwerte, erfüllen?
Mithilfe der Verarbeitungsstandards, wie sie in den Lernfeldern 2 (Schwein) und 6 (Rind) beschrieben sind, erstellt er seine Rezeptur (auch mit eigenen Verarbeitungsstandards möglich). Die Rezeptur wird in einen **Rezepturkontrollbogen** eingetragen. Aus den Analysenwerten der Ausgangsmaterialien und dem Gar- und/oder Trocknungsverlust von Zwischen- und Endprodukten lässt sich ein rechnerischer Analysenwert ermitteln. Bei Verfehlung der Mindestwerte muss der Fleischer seine Rezeptur entsprechend ändern. Zusätzlich kann er mithilfe der Verarbeitungsstandards, wenn sie geldlich bewertet sind, eine Preiskalkulation durchführen (▸ Berechnungsbogen S. 386).

Beispiel für die Berechnung der Analysenwerte bei Pfälzer Leberwurst

Der Rezepturkontrollbogen ermöglicht die Berechnung aller Analysenwerte, neben Fleischeiweiß (FE), BEFFE und BEFFE in FE auch Wasser und Fett. Zur Einhaltung der Leitsätze sind nur die ersten drei Analysenwerte erforderlich.

Für das Einlagenmaterial wie im Beispiel Rotwurst ist die Berechnung wesentlich einfacher. Das Kochwursteinlagenmaterial ist gegart. Sein Gewicht nach dem Garen muss in der Rezeptur mindestens immer dem geforderten prozentualen Anteil entsprechen.
Z. B. bei Zungenwurst (LSKZ 2.4.3.4.2)
Analysenwerte:

- Zungeneinlagen nicht unter 35 % (bei einer Gesamtprobenmenge von über 600 g)

Anforderungen der Verbraucher

Neben der Erfüllung der gesetzlichen Mindestanforderungen haben Fleischer und Verbraucher Erwartungen an Aussehen, Farbe, Geschmack und Konsistenz (z. B. Streichfähigkeit oder Biss) der verschiedenen Wurstsorten. Diese sensorischen Qualitätsanforderungen und Erwartungen zu erfüllen ist bei der Produktion das eigentliche Ziel. Danach richten sich die Auswahl von Material, Gewürzen und Därmen und auch das Herstellungsverfahren.

Detaillierte Ausführungen zum Fremdwasser und Fettgehalt sind auf den ▸ Seiten 630 f. nachzulesen.

8

Berechnungsbogen zur Rezepturkontrolle

Wurstsorte:	**Pfälzer Leberwurst**	**Anforderungen der Leitsätze**	
		BEFFE nicht unter:	9,00 %
LSKZ:	**2.4.3.2.5**	BEFFE im FE (chemisch) nicht unter:	75,00 %

Gewicht (kg)	Materialarten	Wasser (%)	Wasser (kg)	Fett (%)	Fett (kg)	Fleischeiweiß (%)	Fleischeiweiß (kg)	BEFFE (%)	BEFFE (kg)
45,000	S IX	25,00	11,250	70,00	31,500	5,00	2,250	2,50	1,125
25,000	S XII (LSKZ 1.1.1.4)*	55,00	13,750	30,00	7,500	15,00	3,750	9,70	2,425
29,000	Schw.-Leber (LSKZ 1.1.1.6)	76,00	22,800	5,00	1,500	19,00	5,700	18,00	5,400
100,000	**Gesamtmaterial**		**47,800**		**40,500**		**11,700**		**8,950**
2,600	**Zutaten auf Gesamtmaterial**								
102,600	Rohmaterial Gesamtgewicht								
4,104	Brüh- und Räucherverlust –4 %		–4,104						
			43,696						
98,496	Verkaufsgewicht	44,36 %		41,12 %		11,88 %		9,09 %	

BEFFE im FE: 76,50 %
BE im FE: 23,50 %

*Schweinemasken (Schweinemasken ohne Mager- und Fettbacke)
Rezeptur für 100 kg; es wird davon ausgegangen, dass der Garverlust der erhitzten Materialien während der Herstellung durch Kesselbrühe wieder ausgeglichen wird – wie in der Praxis üblich.

Komplexe Aufgabe

Besuchen Sie in Ihrem Wohnort oder in der Umgebung ein Fleischerfachgeschäft, einen Lebensmittelmarkt mit Wursttheke, einen Verbrauchermarkt und einen Discounter. Schauen Sie sich jeweils das Angebot an Leber-, Blut- und Sülzwürsten an und notieren Sie diese in einer Liste. Haben Sie ruhig ein wenig Mut. Wenn Sie gefragt werden, wieso Sie sich Notizen machen, erzählen Sie von der Unterrichtsaufgabe im Rahmen Ihrer Ausbildung.

Vergleichen Sie, welche unterschiedlichen Erzeugnisse in Ihrer Region/Ihrer Stadt angeboten werden, um eine Übersicht über die am häufigsten angebotenen Kochwurstsorten zu erhalten.

Nehmen Sie sich Rezeptbücher – Rezeptsammlungen – und schauen Sie sich die nach Ihrer Meinung wichtigsten Rezepturen und Herstellungsabläufe an.

Aufgaben zur Wiederholung

1. Was kennzeichnet alle Kochwürste?
2. a) Welche Arten von Kochwurst werden unterschieden?
   b) Nennen Sie die Unterschiede.
3. Welche Merkmale von Kochwurst werden in den Leitsätzen für Fleisch und Fleischerzeugnisse festgelegt?
4. Wie kann der Fleischer die Qualitätsanforderungen der Leitsätze, vor allem die Analysenwerte, erfüllen?

Ausgewählte Fachrechenaufgabe

Berechnen Sie für folgende Kalbfleischleberwurst die Wasser-, Fett-, FE- und BEFFE-Werte.
Der Herstellungsverlust beträgt 2%.
Die Zutaten auf die Gesamtmasse machen 1,950 kg aus.

		Wasser		Fett		Fleischeiweiß		BEFFE	
		%	kg	%	kg	%	kg	%	kg
22,500	S-Leber	76,00		5,00		19,00		18,00	
11,250	Kalbfl. II	72,00		8,00		20,00		17,00	
5,000	S V	32,00		60,00		8,00		6,80	
36,250	S X	40,00		50,00		10,00		7,00	
	Zutaten auf Gesamtmasse								
	Rohmaterial Gesamtgewicht	kg Wasser		kg Fett		kg FE		kg BEFFE	
	Schwund	kg Schwund							
	Verkaufsgewicht	kg Wasser							
		Wasser %		Fett %		FE %		BEFFE %	
								BEFFE im FE: %	
								BE im FE: %	

34 Kochstreichwurst (Leberwurst) herstellen

FLEISCHEREI nusse

Sabrina: „Auf die Herstellung von Kalbsleberwurst habe ich schon lange gewartet. Wo ist denn nun die Kalbsleber für die Verarbeitung?“
Tim: „Das ist eine veraltete Bezeichnung. Nicht nur, dass Kalbsleber viel zu teuer ist und sich im Laden als Delikatesse verkaufen ließe, ist sie bei der Leberwurstherstellung auch nicht besser geeignet als Schweineleber.“
Sabrina: „Aber ist da nicht der Verbraucher getäuscht?“
Tim: „Heute schon! In meiner Ausbildungszeit durfte man noch Kalbsleberwurst sagen. Viele Kunden verlangen bestimmt noch aus Gewohnheit nach Kalbsleberwurst, meinen aber nach den neusten Regelungen Kalbfleischleberwurst. Die Rezeptur ist bei uns die gleiche geblieben. Wir verwenden immer noch 15 % Kalbfleisch, das ist das Minimum.

34.1 Rohstoffe auswählen und vorbehandeln

Grundsätzlich gilt bei sämtlichen Kochwurstsorten für alle Rohstoffe: je frischer, desto besser. Am besten sind schlachtwarme Ausgangsmaterialien oder – falls keine eigene Schlachtung möglich ist – mindestens von Tieren, die einen Tag zuvor geschlachtet wurden. Diese frischen Materialien wirken sich positiv auf das Aroma des Endprodukts aus.

Leber

Bei der Leberwurst gilt dies insbesondere für die Leber, die der Wurst nicht nur ihren Namen, sondern auch das charakteristische Aroma gibt. Sie neigt bei Überlagerung zu einem Altgeschmack und wird von Tag zu Tag bitterer. Beides überträgt sich auf die Leberwurst. Die Bitterstoffe befinden sich in dem gelblichen Gallensaft der Gallengänge der Leber und sind bei Lebern, die von älteren Tieren stammen, stärker ausgeprägt. Daher sollten diese gar nicht oder – wenn überhaupt – nur in geringem Maße verwendet werden. Am besten geeignet ist reine Schweineleber. Um die Bitterstoffe durch Auswaschen zu verringern, werden die weißen Gallengänge herausgeschnitten und die Schweinelebern anschließend kurz (ca. 1/2 h) gewässert.

Wegen des Bittergeschmacks ist die Leberzugabe bei der Herstellung begrenzt. Sie sollte 30 % nicht überschreiten, das Maximum liegt bei 35 %. Andererseits wird ein hoher Anteil des Emulgators Lebereiweiß und damit auch ein Leberanteil um die 30 % benötigt, um Fett- und Geleeabsatz bei feinen Sorten zu verhindern, besonders wenn auf zusätzliche Emulgatoren verzichtet wird (▸ S. 332).

Auch die weiteren Materialien stammen vorwiegend vom Schwein:
- mageres Fleisch
- Fettgewebe
- Schweineköpfe

Schweineleber

Magerfleisch

Als mageres Fleisch werden meistens Schultern und Kalbsbauchlappen (Kalbfleischleberwurst) genutzt.

Fettgewebe

Da Leberwurst eine „cremige Konsistenz“ besitzt, also im Vergleich zu vielen anderen Wurstsorten streichfähig ist, eignen sich zu ihrer Herstellung besonders alle weichen, schmalzigen Fettgewebe. Diese Eigenschaften der Fettgewebe ergeben sich aus ihrem Anteil kurzkettiger Fettsäuren und/oder deren Anzahl an Doppelbindungen (▸ S. 210 f.).

Die verwendeten Schlachtkörperteile sind die Bauchzuschnitte (auch Griffe genannt), die Wammen und die weichen Fettabdeckungen (Speckdeckel) von Schultern und Schinken. Die Drüsen in Wamme und Bauchzuschnitt sind herauszuschneiden.
Auch bei den Fetten ist die Frische von Bedeutung. Weiche Fettgewebe werden aufgrund ihrer Fettsäuren entweder schnell schmierig oder neigen zur Ranzigkeit, die sich auf das Endprodukt überträgt.

Schwarten und Köpfe

Schwarten und Köpfe sollen frei von Borsten und Klassifizierungsstempeln sein. Bei roten Leberwurstsorten müssen Köpfe und Magerfleisch gepökelt werden, um die gewünschte Farbe zu erhalten. Üblich sind die Nasspökelverfahren (▸ S. 297).

Kalbfleischleberwurst

Magerfleisch und Fettgewebe werden im Kessel oder Kochschrank bei einer Temperatur von 80 bis 90°C bis zu einer Kerntemperatur von 65°C vorgegart. Der Kochschrank bietet den Vorteil von geringeren Gewichts- und damit auch Aromaverlusten.
Die Schweineköpfe werden bei 95°C kernig (nicht zu weich) gekocht. Die Masken müssen so eben mit dem Finger durchzudrücken sein. Bei Verwendung von Schweinemasken sollte es selbstverständlich sein, dass außer Knochen, Knorpel und Ohrmuscheln auch Augäpfel und Schleimhäute entfernt werden.
Die Einhaltung der oben genannten Kerntemperatur ist von Bedeutung. Eine Unterschreitung kann zu Fett- und Geleeabsatz im Endprodukt führen (▸ S. 335).

Rezeptbeispiel: Kalbfleischleberwurst (LSKZ 2.4.3.2.1)

Material für 100 kg Masse:

30 kg Schweineleber
15 kg S II
15 kg Kalbsbauchlappen (Kalb IV)
20 kg S IX
20 kg S X

Zutaten je kg Masse:

18 g	NPS
2 g	Pfeffer, weiß
0,8 g	Mazis
0,5 g	Ingwer
0,3 g	Kardamom
0,1 g	Vanille
2 g	Rohrzucker
40 g	Zwiebeln, geschmort
1 g	Umrötungshilfsmittel
5 g	Emulgator (Mono- und Diglyceride)

34.2 Feine Leberwurstsorten herstellen

34.2.1 Gewürze

Folgende **Gewürze** werden typischerweise für Leberwurst verwendet (Zugaben pro kg Rohstoffe):

- 2 bis 3 g weißer fein gemahlener Pfeffer
- 20 bis 50 g Zwiebeln, meistens geschmort

wegen der Röststoffe – ist für Leberwurst besonders typisch für feine Sorten:

- je 0,5 bis 1 g Ingwer und/oder Mazis
- weniger als 0,5 g Kardamom und Vanille, statt Vanille wird häufig mit Vanillezucker gearbeitet
- Zimt, Nelken oder Piment,

je nach Region für grobe Sorten:

- typischerweise auch gerebelte Gewürzanteile wie Majoran und Thymian, aber auch Liebstöckel, die Zugabemengen liegen bei 1g und mehr
- ein bis zwei der oben genannten „feinen" Gewürze, zusätzlich weniger als 1 g Muskatnuss

Weitere Leberwurstzutat ist **Zucker,** üblich sind 1 bis 2 g. Der Zucker soll dem Bittergeschmack der Leber die „Spitze" nehmen, sodass es sinnvoll ist, den Zucker wenn möglich direkt der Leber zuzusetzen (fein zerkleinerte Ware). Anstelle von Zucker kann Honig verwendet werden.

Salz wird der Leberwurst als Nitritpökelsalz (NPS) oder als Kochsalz – z.B. bei Pfälzer Leberwurst – in einer Menge von 18 g pro kg Fleisch-Fett-Menge zugesetzt (beachte Anmerkung ▸ S. 348).

34.2.2 Zusatzstoffe

Die technologisch bedeutendsten Zusatzstoffe bei der Leberwurstherstellung sind die Umrötungshilfsmittel und die Emulgatoren.
Der Einsatz der Umrötungshilfsmittel Ascorbinsäure, Ascorbat bzw. Isoascorbat ist nur bei Verwendung von Nitritpökelsalz sinnvoll. Sie beschleunigen den Nitritabbau und stabilisieren die Farbhaltung im Endprodukt (▸ S. 294). Besonders notwendig sind sie bei nitritreduzierter Ware, da sich sonst aufgrund

der geringeren Nitritmenge eine unansehnliche Braunfärbung ergibt.

Emulgatoren (▸ S. 613) werden zur Unterstützung des schon vorhandenen Emulgators Lebereiweiß eingesetzt. Die wichtigsten Emulgatoren besitzen einen Glycerinbestandteil (▸ S. 210) oder bestehen aus Milcheiweiß.
Glycerinhaltige Emulgatoren sind notwendig, wenn zu wenig Lebereiweiß im Verhältnis zum Fett eingesetzt wird. Auch bei genügend Lebereiweiß können sie auf jeden Fall helfen, eine cremig homogene Leberwurstmasse zu erzielen.
Bei der Herstellung von Leberwurstkonserven sind glycerinhaltige Emulgatoren wegen der hohen Temperaturen ungeeignet. Hier wird besser Milcheiweiß eingesetzt, das allerdings deklarationspflichtig ist (▸ S. 613).

34.2.3 Därme

Alle notwendigen Kenntnisse über Därme werden im Kap. „Wursthüllen" des Wissensspeichers beschrieben.

Für Leber- und Blutwürste eignen sich **Naturdärme** besonders gut. Sie unterstreichen den rustikalen Charakter dieser Würste, aber auch durch ihren Aufbau und die Verarbeitungseigenschaften geben sie den Würsten ein individuelles Aussehen. Durch die Fähigkeit der Därme, Rauch aufzunehmen, verleihen sie den Würsten einen kräftigen Geschmack und Geruch. Hochwertige Leberwürste wie Kalbfleischleberwürste werden vorzugsweise in ein Schweinefettende gefüllt. Dagegen werden für Hausmacherleberwurst gerne Schweinekrausen eingesetzt.
Wiederum ist für die auf einer Schlachtplatte vorgesehenen Leber- und Blutwürste der enge Schweinedarm sinnvoll und notwendig. Leberwürste in einem unbehandelten Naturdarm würden austrocknen. Um das zu vermeiden, werden die Leberwürste nach dem Räuchern in ein heißes Wachsbad eingetaucht, wodurch sich eine Haut aus Wachs bildet, die das Austrocknen verhindert.

Bei **Kunstdärmen** wird gern die goldfarbene Hülle verwendet. Diese Leberwürste müssen allerdings nach den Leitsätzen für Fleisch- und Fleischerzeugnisse (1.4.7) einen hohen Genusswert und eine besondere Auswahl des Ausgangsmaterials aufweisen. Insbesondere muss ein höherer Anteil an Skelettmuskulatur (Magerfleisch) hinzugegeben werden (z. B. BEFFE mindestens 10 %)

34.2.4 Herstellung

- Die vorbereitete Leber blasig kuttern. Gegen Ende des Kuttervorgangs das gesamte Salz für die Leberwurst und den Zucker hinzufügen und unterkuttern. Leber dem Kutter wieder entnehmen.
- Anschließend das vorgegarte, heiße Fett und Magerfleisch im Kutter fein zerkleinern, das Material kann auch vorher durch die 2- oder 3-mm-Lochscheibe gewolft werden.
- Garverluste durch Kesselbrühe bzw. -fett ausgleichen und hinzuschütten.
- Falls verwendet, jetzt den in heißem Wasser (Verhältnis 1 : 5) aufgelösten Emulgator hinzufügen.
- Gewürze zugeben.
- Bei unter 60 °C die Leber unterlaufen lassen und zu einer bindigen Masse zwischen 40 und 45 °C fertigstellen.
- Direkt füllen, unter 35 °C darf die Temperatur nicht fallen, da sich sonst die Masse während des Füllens entmischen kann; die Folge wäre ein Fettabsatz.

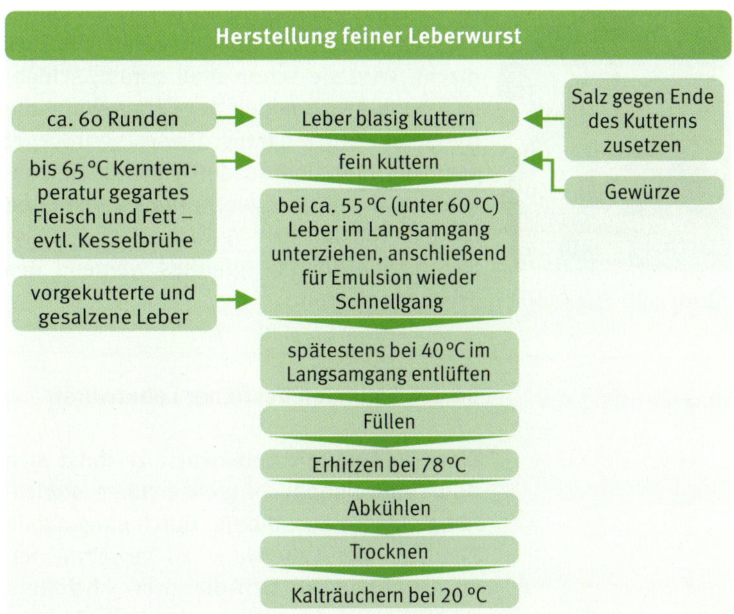

Goldfarbener Kunstdarm

Blasigkuttern der Leber

- Bei Verzicht auf Umrötungshilfsmittel: nach dem Füllen ca. 30 Minuten in einem ca. 55 °C heißen Wasserbad zum Umröten.
- Erhitzen bei 76 bis 78 °C im Kessel, entweder bis zu einer Kerntemperatur von 74 °C oder man rechnet pro mm Kaliber eine Minute Garzeit.
- Kühlen der Ware im Wasserbad oder unter der Abkühldusche.
- Produkte im Naturdarm werden zuletzt bei ca. 20 °C getrocknet und kalt geräuchert.

34.2.5 Füllen

Füllen

Die richtige Auswahl an **Därmen** wird im Kap. 3 des Wissensspeichers (▸ S. 616 ff.) beschrieben.

Während des **Füllens** sind Lufteinschlüsse, die zu grünen und grauen Verfärbungen führen, zu verhindern bzw. zu beseitigen. Etwaige Luft in der Masse neigt während des Füllens dazu, nach oben zu steigen. Um diesen Effekt zu unterstützen, wird der verschlossene Anfang des Darms immer unterhalb des Füllhorns gehalten und der Darm am Füllhornende unten dicht an das Rohr gedrückt, während oben nur locker gehalten wird. Dort kann die Luft entweichen.

8

Erhitzen nach dem Füllen

Leberwurst sollte nie zu prall gefüllt werden. Die Masse dehnt sich nach dem Abkühlen unter 10 °C aus, sodass die Ware danach immer prall ist und einen optisch guten Eindruck macht. Wird sie schon prall gefüllt, schiebt sich beim Anschneiden der kalten Wurst die Masse ein Stück heraus. Dieses vertrocknet schneller und sieht in der Theke unansehnlich aus. Es muss abgeschnitten werden und ist ein zusätzlicher Verlust. Prall gefüllte Naturdärme können überdies während des Erhitzens platzen.

34.2.6 Emulsion bei feiner Leberwurst

Eine einwandfreie Leberwurst zeichnet sich durch eine einheitliche gleichmäßige, streichfähige Masse aus, die nur durch eine stabile Emulsion der Leberwurst zu gewährleisten ist. Dazu müssen sich die zwei „abstoßenden" Flüssigkeiten Wasser und Öl (Fett) so vermischen, dass sie sich nicht wieder trennen können. Das ist nur mithilfe eines Emulgators möglich, der einen Wasser liebenden (hydrophilen) und einen Fett liebenden (lipophilen) Molekülanteil hat. Diese Teile können sich zwischen den Grenzflächen der beiden Flüssigkeiten Wasser und Öl anlagern und so die Vermischung dauerhaft erhalten (▸ S. 593).

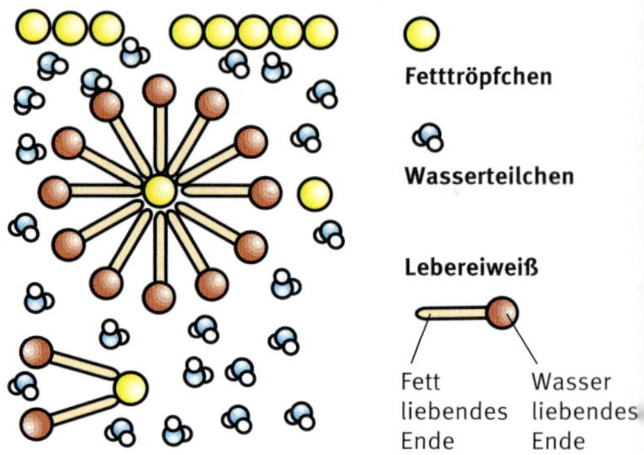

Die Aufgabe des Emulgators übernimmt bei der Leberwurst das **Lebereiweiß.** Eine stabile Emulsion der Leberwurstmasse wird außer vom Lebereiweiß noch von **weiteren Faktoren** beeinflusst:
- hoher Zerkleinerungsgrad des Fettgewebes und guter Vermischungsgrad der Masse
- Verhältnis von Fett und Leber; bereits bei 30 % Fettgewebe kann ein zu geringer Leberanteil zu Fettabsatz führen; da fast immer mehr Fettgewebe eingesetzt wird, sollte im Sinne der Produktsicherheit der Leberanteil nicht unter 25 % liegen
- Temperaturführung während des Herstellungsprozesses
- Verarbeitung von Mono- und Diglyceriden (Emulgator)

Die Erhitzung von Fettgewebe und Magerfleisch auf eine Kerntemperatur von 65 °C verhindert Fett- und Geleeabsatz im Endprodukt. Die Zugabe der Leber muss andererseits bei unter 60 °C erfolgen. Das Lebereiweiß wird bei höheren Temperaturen denaturiert (zerstört) und verliert so vor der Entstehung der Emulsion seine Eigenschaft als Emulgator. Sinkt nun die Temperatur während des Produktionsprozesses unter 35 °C, wird das Fett immer zähflüssiger und erstarrt wieder. Es kann nicht mehr in der Emulsion gehalten werden.

Erst durch die Erhitzung bis 80 °C nach dem Füllen und die damit einhergehende Denaturierung des Lebereiweißes in der Emulsion wird diese dauerhaft stabil; das erstarrte Fett verbleibt auch nach der Abkühlung im Gemisch.

34.2.7 Kochkuttertechnologie

Bei der Herstellung feiner Leberwurst im Kochkutter findet das Garen gleichzeitig mit dem Zerkleinern im Kutter statt. Dazu befindet sich an der Außenwand der Kutterschüssel zusätzlich ein Doppelmantel, dessen Innen-/Hohlraum zum Erhitzen mit Wasserdampf und zum Kühlen mit kaltem Wasser gefüllt werden kann. Diese Methode bietet folgende Vorteile:

- schnelleres Erhitzen, da das Material zerkleinert ist; dadurch kürzerer Herstellungsprozess
- keine Gar- und Aromaverluste während des Erhitzens
- genaue Temperaturführung

Temperaturführung während der Herstellung von Leberwurst

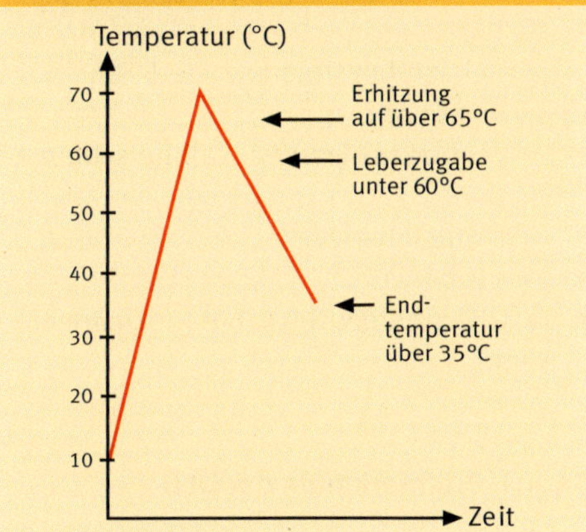

nach Bundesanstalt für Fleischforschung

34.3 Grobe Leberwurstsorten herstellen

Es gibt zwei Arten grober Leberwurst:

- feine Leberwurstmasse mit Einlage von vorgegartem und zerkleinertem Magerfleisch und in geringerem Maße Fettgewebe oder Masken
- ein insgesamt grob gehaltenes Produkt

34.3.1 Grobe Leberwurst

Rezeptbeispiel mit grober Einlage:
Grobe Leberwurst (LSKZ 2.4.3.2.5)

Material für 100 kg Masse (30 kg feine Masse, 70 kg Einlage):	**Zutaten je kg Masse:**
Feine Masse:	18 g NPS
12 kg Schweineleber	2,5 g Pfeffer, weiß
3 kg S II	0,8 g Ingwer
15 kg S IX	0,8 g Mazis
Grobe Einlage, 8 mm gewolft:	2 g Majoran, gerebelt
13 kg Schweineleber	2 g Thymian, gerebelt
57 kg S IV	1 g Zucker
	20 g Sahne, süß (kennzeichnen!)
	40g Zwiebeln, geschmort

Herstellungsablauf

- Gegartes Einlagenmaterial und Leber durch eine grobe Wolfscheibe (5 mm und größer) oder durch eine Würfelschneidemaschine zerkleinern. Grobe Gewürze zugeben.
- Die Einlage in eine feine Leberwurstmasse untermengen.

Grobe Leberwurst

Um ein klares Schnittbild zu erhalten, sollte das vorgegarte Material nicht zu weich gekocht und vor der Zerkleinerung abgekühlt werden. Die Temperatur der feinen Masse muss aber, wie oben beschrieben, über 35 °C beim Füllen gehalten werden. Daher schwenkt man die grobe Einlage vor dem Untermischen wieder mit heißem Wasser ab. Außerdem

Herstellung von grober Leberwurst mit feiner Grundmasse

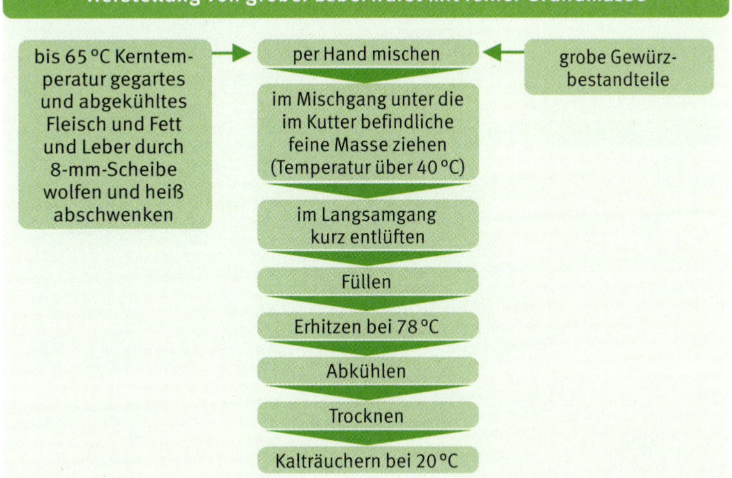

kann beim Erhitzen des Einlagematerials schmalziges Fett geschmolzen und beim Erkalten am Material haften geblieben sein. Dies wird so abgespült und kann sich in der Leberwurstmasse nicht mehr absetzen.

34.3.2 Pfälzer Leberwurst

Rezeptbeispiel mit rein grober Ware:
Pfälzer Leberwurst (LSKZ 2.4.3.2.5)

Material für 100 kg Masse:	**Zutaten je kg Masse:**
29 kg Schweineleber	18 g Kochsalz
46 kg S IX	3 g Pfeffer, weiß
25 kg Schweinemasken (S XII)	0,5 g Muskat
	0,3 g Nelke
	3 g Majoran, gerebelt
	2 g Liebstöckel, gerebelt
	2 g Zucker
	30 g Zwiebeln, geschmort

Pfälzer Leberwurst

Herstellungsablauf

- Das vorgegarte Material zusammen mit der rohen Leber durch eine feine Lochscheibe wolfen.
- Mit Salz, Gewürzen usw. vermengen.

Das Gemisch dieser Variante neigt wegen des geringeren Zerkleinerungsgrades noch eher zu Fettabsatz. Um dem entgegenzuwirken, setzt man weniger und bindegewebseiweißreicheres Fettgewebe ein. Bei diesem tritt das Fett nicht so leicht während des Erhitzens aus. Außerdem ist hier die Fülltemperatur über 40 °C zu halten. Der weitere Herstellungsprozess nach dem Füllen verläuft wie bei feiner Leberwurst (▸ S. 331).

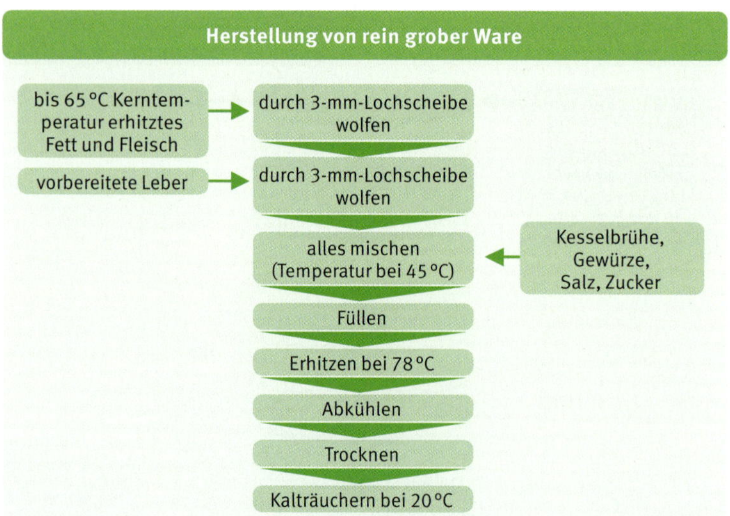

34.4 Qualitätsanforderungen

Welche Erwartungen an die sensorische Qualität von Leberwurst gestellt werden, zeigt die Tabelle.

Kriterium	Feine Leberwurst	Grobe Leberwurst
Konsistenz	• einheitliche (homogene) Masse • streichfähig • cremig	• streichfähig
Farbe mit NPS	• rötlich, rosa	• rötlich
Geschmack	• frisches Leberaroma • mild bis würzig	• frisches Leberaroma • kräftig • würzig

Fettgehaltsstufen (Toleranz +/– 5 %) (Bsp. Hamburg):

- 35 % Grobe Leberwurst, Kalbfleischleberwurst
- 40 % Gutsleberwurst
- 45 % Leberwurst
- 50 % Hamburger Gekochte (Kochstreichwurst)

34.4.1 Prüfmerkmale der DLG

Äußere Beschaffenheit

- Räucherfarbe ungleich
- Platzer
- Oberflächenbelag
- äußerlich vergrauend
- Hülle ungeeignet
- Hülle mangelhaft entfettet
- Lufteinschlüsse unter der Hülle
- Tauchmasse ungleichmäßig
- Herrichtung des Darms mangelhaft
- schlecht abgebunden
- faltig

Aussehen im Anschnitt
- Mischung ungleichmäßig
- Schnittbild unklar
- Zerkleinerung zu stark
- Zerkleinerung ungenügend
- Zerkleinerung zu ungleichmäßig
- Trockenrandbildung
- Fettabsatz
- Geleeabsatz
- Hohlstellen
- porig

Zusammensetzung
- Fleischauswahl mangelhaft
- grobe Einlage zu gering
- Sehnenanteile
- Knorpelteile

Farbe
- zu blass
- zu dunkel
- ungleichmäßig
- grau/grünfleckig
- Fleischeinlage zu blass
- stark verblassend

Konsistenz
- zu weich
- schmalzig
- im Biss zu schwammig
- zu fest
- zu trocken
- grießig
- bröckelig
- Bindung mangelhaft

Geruch und Geschmack
- salzig
- säuerlich
- süßlich
- bitter
- fettig
- Würzung zu schwach
- Würzung zu stark
- Würzung nicht abgestimmt
- Fleischaroma zu gering
- Lebergeschmack zu stark
- Rauch zu stark
- Frische fehlt
- alt
- dumpfig und muffig

Leberwurst – Hohlstellen mit Fettabsatz und Verfärbung

34.4.2 Leberwurstfehler

Leberwurstfehler	Mögliche Ursachen
Fehler in der Konsistenz	
Fett- und Geleeabsatz	• zu viel Brühe (Gelee) • Leber-Fett-Verhältnis nicht ausgewogen (zu viel Fett oder zu wenig Leber) • Ausgangsmaterial zu lange gegart • Leber ungenügend vorgekuttert • Masse nicht richtig vermengt • Masse vor dem Brühen zu kalt geworden • Wurst zu heiß gebrüht
zu fest	• zu viel Leber • zu viel Bindegewebe • Ausgangsmaterial ungenügend gegart • Fett nicht schmalzig • zu wenig Brühe
zu weich	• zu viel Brühe • Leber-Fett-Verhältnis nicht ausgewogen (zu viel Fett oder zu wenig Leber) • Ausgangsmaterial zu lange gegart • Wurst zu heiß gebrüht
bröckelig/grießelig	• zu viel Magerfleisch
Fehler im Aussehen	
dunkel, trocken	• zu viel Leber, Rinderleber • zu wenig Fett
dunkle Stellen	• Lufteinschlüsse
Fehler im Geschmack	
bitter	• zu alte Leber • nicht entfernte Gallengänge
salzig	• zu viel Salz
fade	• zu wenig Salz, Gewürz
ranzig	• zu altes Fett
sauer	• rohe Zwiebeln • zu heiß geräuchert • zu kurz/zu niedrig erhitzt

8

Komplexe Aufgabe

Auf ▸ Seite 331 finden Sie einen Ausschnitt aus einem Fließschema zur Herstellung feiner Leberwurst. Zeichnen Sie analog zu diesem Fließschema einen kompletten Herstellungsablauf für feine Leberwurst von der Materialvorbereitung bis zum Garen und Kühlen auf.

Aufgaben zur Wiederholung

1. a) Nennen Sie die verschiedenen Arten von Leberwurst und geben Sie jeweils Beispiele an.
   b) Worin unterscheiden sich die Leberwurstsorten?
2. a) Nennen Sie die sensorischen Qualitätsanforderungen an Leberwurst.
   b) Was ergibt sich daraus für die Rohstoffauswahl bei Leberwurst?
3. a) Welches Fettgewebe ist für die Leberwurstherstellung besonders geeignet?
   b) Welche dieser Fettgewebe sind für feine, welche für grobe Leberwurst zu verwenden? (▸ Verarbeitungsstandards S. 668)
4. Beschreiben Sie die Vorbehandlung der Rohstoffe für Leberwurst.
5. Nennen Sie typische Leberwurstgewürze.
6. Wie ist die Verwendung von
   a) Umrötungshilfsmitteln,
   b) Emulgatoren
   fachlich zu beurteilen?
7. Beschreiben Sie eine Emulsion.
8. a) Welche technologische Bedeutung hat das Lebereiweiß für die feine Leberwurst?
   b) Welche Faktoren beeinflussen die Emulsion außerdem?
9. Erläutern Sie die Temperaturführung bei feiner sowie bei grober Leberwurst.
10. Beschreiben Sie die Funktionsweise des Kochkutters und diskutieren Sie über die Vor- und Nachteile der Kochkuttertechnologie bei der Leberwurstherstellung.
11. Was ist beim Füllen von Leberwurst zu beachten?

8

Ausgewählte Fachrechenaufgaben

1. Fleischerei Nusse hat regelmäßig Schinkenfettdeckel und fette Wammen übrig, die er in der Fetttonne entsorgt. „Das muss doch nicht sein“, sagt er sich. Außerdem möchte er seinen Kunden im Leberwurstsortiment einmal etwas anderes bieten. Er entwickelt eine Tomatenleberwurst nach LSKZ 2.4.3.2.5, BEFFE mindestens 8 %, BEFFE in FE mindestens 75 %.
   Um möglichst viel Fett zu verarbeiten, entwickelt er folgende Rezeptur:
   27,000 kg Schweineleber
   18,000 kg Schweinemasken (S XII)
   22,500 kg Schinkendeckel (S IX)
   22,500 kg fette Wammen (S X)
   10,000 kg Tomatenmark
   a) Überprüfen Sie, ob die Rezeptur bei 3,2 % Garverlust den Leitsätzen entspricht.
   Hinweis: Tomatenmark hat weder FE noch BEFFE.
   b) Machen Sie einen besseren Vorschlag, falls die Rezeptur nicht den Leitsätzen entspricht.
2. Folgende Kalbfleischleberwurst soll hergestellt und kalkuliert werden:

22,500 kg Schweineleber	à 1,10 €/kg
11,250 kg Kalbfleisch	à 4,40 €/kg
35,250 kg Wammen	à 1,05 €/kg
6,000 kg Bauch	à 1,40 €/kg

Gewürze und Zutaten je Kilo

18 g Nitritpökelsalz	à 0,25 €/kg
2 g Pfeffer	à 6,10 €/kg
0,5 g Ingwer	à 3,60 €/kg
0,3 g Kardamom	à 6,70 €/kg
0,5 g Mazis	à 6,00 €/kg
0,1 g Vanille	à 193,50 €/kg
2 g Bienenhonig	à 3,80 €/kg
1 g Umrötungshilfsmittel	à 9,50 €/kg
50 g Zwiebeln, roh	à 0,55 €/kg

78 Stück Därme Nalo top à Bd. zu 50 Stück	13,50 €

Vorgarverlust für Wammen und Bauch	15 %
Vorgarverlust für Kalbfleisch	16 %
Herstellungsverlust	2 %
LBGK	68 %
Gewinn	12 %
Mehrwertsteuer	7 %

Berechnen Sie:

a) Die Kochbrühe in kg, die als Ausgleich für den Vorgarverlust hinzugegeben wird.

b) Wie viel € kostet ein halbes Kilo im Verkauf?

c) Wie viel % beträgt der Rohaufschlag?

d) Die Wurst soll als Sonderangebot im Zuge einer Werbeaktion zum Selbstkostenpreis inkl. Mehrwertsteuer verkauft werden. Wie hoch ist dann der Verkaufspreis für 1 kg?

3. Fleischermeister Matthias Nusse kalkuliert eine Kalbfleischleberwurst für die Filiale im Einkaufszentrum nach folgender Rezeptur:

30 kg Schweineleber	à 0,95 €/kg
15 kg KA III, gebrüht	à 3,20 €/kg
5 kg KA IV, gebrüht	à 2,90 €/kg
22 kg S VIII, gebrüht	à 1,24 €/kg
20 kg S X, gebrüht	à 1,09 €/kg
8 kg Brühe, ungesalzen	

Salz je kg Fettmaterial, Leber und Brühe: 20 g NPS

Zutaten je kg Gesamtmasse:

4 g Kalbfleischleberwurstgewürz	à 8,16 €/kg
1 g Umrötungshilfe	à 1,30 €/kg
3 g Emulgator	à 1,40 €/kg
3 g Zuckerstoffe	à 0,45 €/kg
20 g Zwiebeln, gebraten	à 1,45 €/kg
58 Meter Mitteldärme, Kaliber 60/65	à 0,66 €

Kochverlust	3,2 %
Kühl- und Abhängeverlust	3,5 %
LBGK	85,5 %
Gewinn	12,5 %
MwSt.	7,0 %

a) Wie teuer sind 100 g Kalbfleischleberwurst?

b) Die Leitsätze für Fleisch und Fleischerzeugnisse fordern einen BEFFE-Gehalt von 10 %. Wird dieser Wert eingehalten?

4. Familie Schmitz hat über die Weihnachtsfeiertage ordentlich geschlemmt. Nun möchte Frau Schmitz, dass die Familie sich wieder etwas kalorienreduziert ernährt, ohne völlig auf herzhafte Kost zu verzichten. Die grobe und feine Schweineleberwurst von Fleischermeister Nusse ist in der Familie sehr beliebt. Sie möchte daher ab und zu die feine Leberwurst einkaufen. Vorsichtshalber erkundigt sie sich bei der Fleischerin Lena, ob es auch die richtige Wahl ist. Welche der beiden Leberwurstsorten sollte Lena empfehlen?
Folgende Rezepturen liegen zugrunde:

Feine Schweineleberwurst:
30 kg Schweineleber
20 kg S II
25 kg S IX
25 kg S X
Garverlust: 2,6 %

Grobe Schweineleberwurst:
Feine Masse:
30 kg feine Schweineleberwurst
Grobe Einlage:
57 kg S IV
13 kg Schweineleber
Garverlust: 2,8 %

a) Ermitteln Sie den Fett- und Eiweißgehalt beider Produkte.

b) Schlagen Sie die Energiegehalte von Fett und Eiweiß in Kap. 23.3.2 nach und berechnen Sie den Kaloriengehalt von jeweils 100 g Wurst.

35 Blutwurst herstellen

Heute steht bei der Fleischerei Nusse u. a. Rotwurst auf dem Produktionsplan. Alle Sorten, die im Sortiment der Fleischerei Nusse vorkommen, werden frisch hergestellt.
Tim erklärt Sabrina und Björn, dass gerade über die Temperatur des Blutes und den Zeitpunkt der Blutzugabe zu den Blutwurstsorten in der Praxis viele unterschiedliche Ansätze und Meinungen bestehen.
„Wir bei Nusse geben das nach der Rezeptur abgewogene Blut erst zum Schluss zu den Einlagen und der Schwarten-Brühe-Masse hinzu.“

Rot- oder Blutwürste haben eine Blutschwartenmasse (Blut, Schwarten und Kesselbrühe) als Grundlage, in der sich fast immer eine oder verschiedene Einlagen wie Speck, Zungen, Magerfleisch, Schweinemasken und andere befinden. Die Einlage muss gut in der Blutschwartenmasse eingebunden sein und einen Kontrast zu ihr bilden.

8

35.1 Rohstoffe auswählen und vorbehandeln

Frische Ausgangsmaterialien ergeben bei Rotwurst ebenfalls einen besonders guten Geschmack. Gerade Blut und Schwarten sollten aus hygienischen Gründen frisch verarbeitet werden, da sie stark zu Verderb neigen.

Zutaten für Rotwurst

Blut

Der Blutanteil beträgt bei Rindern ca. 5 % und bei Schweinen ca. 3,3 % des Lebendgewichts. Soll Blut als Lebensmittel verwendet werden, wird es während des Entblutens aufgefangen. Um ein Gerinnen des Blutes zu verhindern, wird es durch Schlagen und Rühren vom Fibrin befreit (defibriniertes Blut).
Dies wird auch dadurch erreicht, indem die im Blut vorhandenen Calcium-Ionen, die die Umwandlung von Fibrinogen zu Fibrin katalysieren, mit Natriumcitrat oder Pyrophosphate maskiert werden.

Mit einem Gehalt von durchschnittlich 18 % hochwertigem Eiweiß und einem Energiegehalt von 350 kJ/100 g besitzt Blut einen dem schieren Muskelfleisch nahekommenden Nährwert. Es wird sowohl unmittelbar zur Herstellung von Kochwurst (Blut-, Rot- und Presswurst) als auch zur Farbgebung (z. B. bei Pasteten) verwendet. Blut hat einen sehr hohen a_W-Wert von 0,99 und einen hohen pH-Wert von über 7. Beides begünstigt Bakterienwachstum und damit den Verderb. Blut muss daher bei Temperaturen unter 3 °C gelagert werden. Altes, verdorbenes Blut ergibt einen muffigen Geschmack des Endprodukts.

Da Rinderblut zu einer dunkleren Farbe führt, ist Schweineblut zu bevorzugen. Um eine schöne Rotfärbung im Endprodukt zu erzielen, sollte Sauerstoff in das Blut eingerührt werden. Weiterhin sollte es eine gewisse Zeit vor der Zugabe zur Schwartenmasse aus der Kühlung entnommen werden, da zu kaltes Blut die Temperatur der Schwartenmasse so stark erniedrigt, dass sie zu zähflüssig zum Füllen ist (▸ S. 342).

Schwarten

Die Schwarten – Schweinehaut – sind stärker mit Keimen belastet als anderes Material. Sie sind schon bei der Schlachtung gut zu entborsten und zu reinigen. Teile mit Borsten oder Stempeln müssen entfernt werden.
Weiterhin sollten die Schwarten fettfrei sein. Schlecht entfettete Schwarten können Fettabsatz, zu weiche Konsistenz und auch schlechte Bindung der Einlage zur Folge haben.
Die Schwarten jüngerer Tiere sind zu bevorzugen, die von älteren Tieren sind härter und führen zu einer festeren Konsistenz.
Die Schwarten werden im Kessel bei ca. 80 °C so lange gegart, bis sie sich mit den Fingern so eben durchdrücken lassen.

Magerfleischeinlagen

Auch sämtliche Einlagen werden gebrüht.
Die frischen Einlagen mit Magerfleischanteil werden im Nasspökelverfahren durchgepökelt (▸ S. 297), um eine durchgängige Rotfärbung nach dem Garen – ohne graue Stellen – zu gewährleisten. Teilweise werden die Einlagen zur Minderung des Garverlusts gepoltert ▸ Abb. S. 299. Überpolterte Einlagen haben allerdings eine gummiartige Konsistenz.

Die Magerfleischeinlagen sollten wegen der Konsistenz nicht zu weich gekocht werden: Schultern bei ca. 75 °C auf eine Kerntemperatur von 65 °C, Zungen auf 75 °C. Zu weiche Einlagen können beim Schneiden, Mischen mit der Grundmasse und Füllen zerfallen und zerfasern; ein unklares Schnittbild ist die Folge. Aus demselben Grund ist es ratsam, das Material vor dem Schneiden erkalten zu lassen.
Größere Würfel (1,5 bis 2 cm Kantenlänge) werden in der Regel mit dem Messer geschnitten, kleinere mit einer Würfelschneidemaschine.

Zungen

Bei Zungen müssen vor dem Würfeln auf jeden Fall die Schleimhäute entfernt werden. Es gibt zwei Möglichkeiten:
- Vor dem Garen kurz blanchieren, dann entfernen
- Nach dem Garen von den heißen Zungen lösen

Das Entfernen der Schleimhaut bei Zungen wird erleichtert, wenn die rohen Zungen mit einer im Handel erhältlichen Milchsäurelösung gepoltert werden.
Das erkaltete Einlagenmaterial wird vor dem Mischen mit der Blutschwartenmasse mit heißem Wasser abgeschwenkt. Eventuell geschmolzenes schmalziges Fett wird so abgespült und die Einlage wieder erhitzt.

Speck

Im Gegensatz zu den Einlagen mit Magerfleischanteil wird der Rückenspeck vor dem Brühen in der Würfelschneidemaschine geschnitten. Im Kessel wird er so lange gebrüht, bis sich das schmalzige Fett vom Speck gelöst hat und er in einzelne Würfel zerfällt. Ein richtig gebrühter Speckwürfel „springt", wenn man ihn auf den Kessel fallen lässt. Zu kurz gebrühter Speck kann Fettabsatz und eine Rotfärbung der Speckeinlage im Endprodukt herbeiführen.
Die Speckwürfel müssen etwas abkühlen, da Temperaturen über 60 °C das Bluteiweiß koagulieren (gerinnen) lassen. Denaturiertes Blut kann keinen untergeschlagenen Sauerstoff mehr binden. Die Farbe des Endprodukts verschlechtert sich.

35.1.1 Konsistenz und Farbe der Blutschwartenmasse

Die **Konsistenz** der Blutschwartenmasse hängt von den Eigenschaften und der Behandlung der Schwarten ab.
Schwarten bestehen aus kollagenem Eiweiß (▸ S. 236). Durch das Erhitzen in **Wasser** quellen die Schwarten; sie nehmen Wasser auf. Je nach Erhitzungsgrad und -dauer kann die Gewichtszunahme der Schwarten zwischen 20 und 40 % liegen.

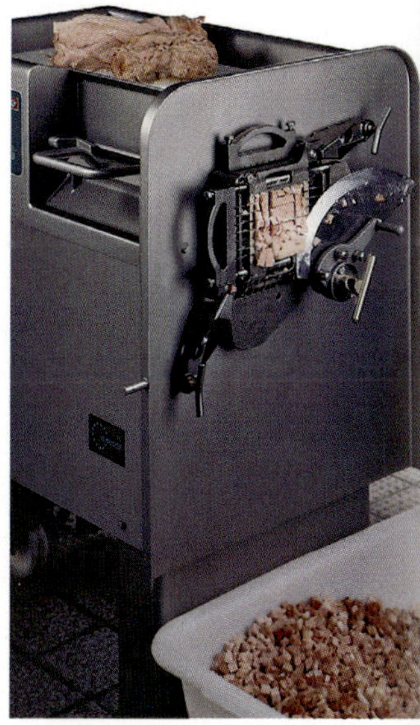
Würfelschneidemaschine

Überlegen Sie, warum Schwarten eine höhere Keimbelastung als Fettgewebe und Muskelfleisch haben.

8

Schwarten von Schlachtschweinen und Muttersauen fühlen sich unterschiedlich an. Vergleichen Sie
- in rohem Zustand,
- nach dem Kochen (2 h bei 80 °C).

- Eine zu hohe Wasseraufnahme führt zu einer weichen, gummiartigen Konsistenz der Blutschwartenmasse.
- Bei zu geringer Wasseraufnahme sind die Schwarten noch hart, sie sind zu kurz gegart. Die Blutschwartenmasse wird im Endprodukt zu fest.

Hinzu kommt die **Schüttung.** Fällt sie zu hoch aus – bei gut gegarten Schwarten – wird die Masse zu weich; ist sie zu gering, wird die Masse wiederum zu fest. Vorteilhafte Zusammensetzung der Blutschwartenmasse:

- 60 % gegarte Schwarten – leicht durchzudrücken
- 28 % Blut
- 12 % Schüttung (Kesselbrühe)

Schwarten von älteren Tieren (Sauen) sind von Natur aus härter. Die Moleküle **kollagener Eiweiße** bilden im lebenden Tier mit zunehmendem Alter zusätzliche und stärkere Verbindungen.

Die **Farbe** der Blutschwartenmasse im Endprodukt hängt ab

- von der Zugabemenge des Schweineblutes,
- vom Luftsauerstoffgehalt der Blutschwartenmasse,
- von der Temperatur bei der Zugabe.

Einfluss der Dichte auf den Rotanteil der Blutschwartenmasse

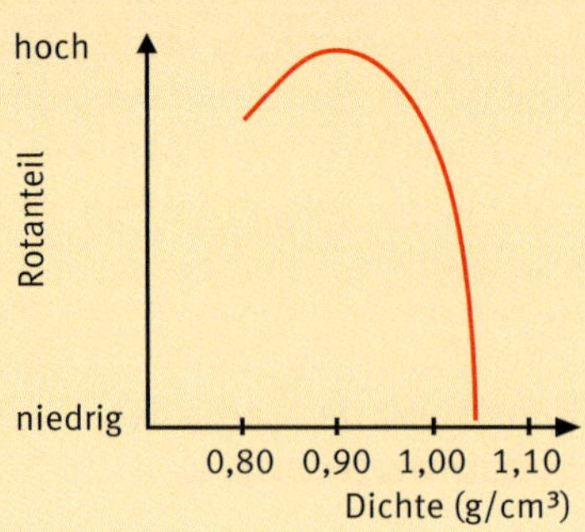

nach Bundesanstalt für Fleischforschung

Wissenschaftliche Untersuchungen haben ergeben, dass die **Dichte** der Blutschwartenmasse erheblichen Einfluss auf die Farbe der Masse hat. Die Dichte gibt das Verhältnis von Gewicht zu Volumen an, zum Beispiel Kilogramm pro Liter (kg/l) oder Gramm pro Kubikzentimeter (g/cm^3).

Die Farbe der Blutschwartenmasse setzt sich aus mehreren Farbkomponenten zusammen, z. B. Gelb, Blau, Grün und auch Rot. Um einen positiven Farbeindruck des Endprodukts zu erhalten, sollte der Rotanteil hoch sein. Dies ist bei einer Dichte der Blutschwartenmasse zwischen 0,8 und 0,95 g/cm^3 der Fall. Ideal ist eine Dichte von 0,9 g/cm^3.

Wie ist dies in der handwerklichen Praxis zu erreichen?

Die Dichte ist abhängig von der Menge an Luftsauerstoff, der in die Blutschwartenmasse eingeschlagen wird. Durch das Einrühren (Einschlagen) von Luftsauerstoff in das Blut wird die erwünschte Dichte in etwa erzielt. Abhängig vom Herstellungsverfahren in Bezug auf die Blutzugabe und die Temperaturführung im Kutter, kann die Dichte auch durch das Einkuttern des Blutes in die Schwartenmasse verbessert werden.
Eine zähflüssige Masse hält die Luft besser fest. Je höher die Temperatur der Schwartenmasse, desto flüssiger ist sie. Ideal ist daher für das Einarbeiten des Blutes in die Schwartenmasse eine Temperatur von 50 bis 60 °C – je nach Blutmenge. Durch das kältere Blut fällt die Temperatur auf knapp unter 50 °C. Die Masse ist zähflüssig, aber nicht zu starr zum Füllen.
Weiterhin ist der Blutfarbstoff **Hämoglobin** für die Farbe des Endprodukts entscheidend. Hämoglobin verhält sich beim Pökeln ähnlich wie der Fleischfarbstoff Myoglobin (▸ S. 293 f.). Er wird bei über 60 °C rasch denaturiert. Bei der späteren Zugabe von NPS kann er nicht mehr für die Umrötung genutzt werden. Das Endprodukt wird braun bis schwarz.
Ebenso braun bis schwarz wird das Endprodukt, wenn das Blut im Kessel im Wasserbad erhitzt wird. Früher wurde dies häufig praktiziert, um die Temperatur der gesamten Blutwurstmasse besonders in Bezug auf das Füllen hoch zu halten.
Die Erkenntnis, mit dem Blut, vor allem mit dem Blutfarbstoff Hämoglobin, schonend umzugehen, führte in mehreren Betrieben zu einer Veränderung des Herstellungsablaufs. So wird das abgewogene Blut erst zum Schluss, also nachdem die Einlagen mit den Gewürzen, Zutaten und der Schwartenmasse vermengt worden sind, untergemengt.

35.2 Rotwurst herstellen

Rezeptbeispiel mit hoher Einlage:
Zungenwurst (LSKZ 2.4.3.4.2)

Material für 100 kg Masse:

- 55 kg gebrühte Schweinezungen
- 15 kg Rückenspeck, auf 6 mm gewürfelt, gebrüht
- 18 kg Schwarten, gebrüht
- 3,6 kg Brühe
- 8,4 kg Blut

Zutaten je kg Masse:

- 18 g Nitritpökelsalz (NPS)
- 20 g Zwiebeln, frisch
- 2 g weißer Pfeffer
- 1 g Piment
- 1 g Koriander
- 1 g Majoran
- 0,5 g Nelken
- 0,5 g Muskat
- 0,5 g Zimt
- 2 g Rohrzucker

Rezeptbeispiel mit normaler Einlage:
Speckblutwurst (LSKZ 2.4.3.4.9)

Material für 100 kg Masse:

- 55 kg gebrühte Schweinezungen
- 40 kg Rückenspeck, auf 6 mm gewürfelt, gebrüht
- 36 kg Schwarten, gebrüht
- 7,2 kg Brühe
- 16,8 kg Blut

Zutaten je kg Masse:

- 18 g NPS
- 20 g Zwiebeln, frisch
- 3 g schwarzen Pfeffer
- 2 g Majoran
- 1 g Piment
- 0,5 g Nelke
- 0,5 g Thymian
- 2 g Rohrzucker

35.2.1 Gewürze

Folgende **Gewürze** werden verwendet (Zugabe pro kg Rohstoffe):

- je nach Sorte 2 bis 3 g weißer oder schwarzer Pfeffer, fein gemahlen
- 20 bis 30 g Zwiebeln, meist frisch, aber auch angebraten
- fein gemahlene Gewürze: 1 bis 2 g Piment und 0,5 bis 1 g Nelken
- gerebelte Gewürze: bis 2 g Majoran und bis 1 g Thymian
- je nach Sorte weniger als 0,5 g Koriander, Muskat und Zimt

Zucker – 2 g – wird häufig in Form von Rohrzucker zugegeben.
Nitritpökelsalz wird bei der Pökelung der frischen Einlagen mit Magerfleischanteil verwendet, außerdem 18 g NPS pro kg Blutschwartenmasse und Speck.

35.2.2 Zusatzstoffe

Zusatzstoffe werden bei der Rotwurstherstellung in der Regel nicht verwendet. Lediglich bei der Blutgewinnung können zur Verhinderung der Blutgerinnung Citrate eingesetzt werden (▸S. 613).

35.2.3 Därme

Blutwürste haben wie Leberwürste einen rustikalen, deftigen Charakter. Gerade für die Speckblutwürste eignet sich der Naturdarm, der den individuellen, handwerklichen Charakter unterstreicht. Hinzu kommen insbesondere der Rinderkranzdarm, die Schweinekrause und die Schweinebutte zur Verwendung. Für höhere Qualitäten, z.B. Fleischrotwurst (Thüringer Rotwurst), wird eher das Schweinefettende eingesetzt.
Dagegen empfiehlt sich, für Zungenwurst und andere großkalibrige Sorten auf Kunstdärme und im Besonderen auf PVDC-Därme (Polyvinylidenchlorid) – Sterildarm – zurückzugreifen. Die Vorteile liegen zum einen in der leichteren Füllbarkeit und der längeren Lagerfähigkeit sowie zum anderen in der standardisierten Größe der Därme, die das Aufschneiden (Slicen) für SB-Packungen ermöglicht.

Zungenwurst

Speckblutwurst

35.2.4 Herstellung

- Heiße Schwarten mit Zwiebeln unter Zugabe von 12 % heißer Kesselbrühe (Schüttung) fein kuttern.
- Heiß abgeschwenkte Magerfleischeinlage und/oder etwas abgekühlte Speckwürfel mit Gewürzen, Zucker und 20 g NPS pro kg Blutschwartenmasse und Speck vermengen.

8

- Gewürztes Einlagenmaterial mit Schwartenmasse mischen.
- Bei ca. 55 °C 28 % Blut (Raumtemperatur) untermischen.
- Sofort füllen.
- Bei 80 °C im Kessel oder Kochschrank bis zu einer Kerntemperatur von 74 °C erhitzen.
- Im Wasserbad abkühlen lassen.
- Produkte im Naturdarm bei 20 °C trocknen und räuchern.

35.2.5 Füllen

Das Füllen erfolgt **sofort** nach dem Untermischen der Einlage. Bei Standzeiten kommt es zu einem Temperaturabfall in der Masse, die Masse wird zähflüssiger. Dadurch können beim Füllen größere Lufteinschlüsse entstehen, die nicht mehr, wie im Kutter, in der Masse fein verteilt werden und somit auch keinen Einfluss auf die Dichte haben. An diesen Stellen kommt es zu Dunkelfärbungen. Bei weiterem Temperaturabfall wird die Masse zu fest zum Füllen.

Einfache Sorten ohne oder mit geringer Muskelfleischeinlage werden meist in Hüllen bis Kaliber 60 gefüllt, Sorten mit hoher Muskelfleischeinlage in Hüllen ab Kaliber 60.

35.3 Qualitätsanforderungen

Blutwürste müssen folgende Anforderungen erfüllen:

Konsistenz:
- Blutschwartenmasse nicht zu weich, nicht zu fest
- Blutschwartenmasse und Einlagenmaterial nicht gummiartig

Farbe:
- hellrot
- Fleischeinlagen pökelrot
- nur Speckwürfel, wenn verwendet, als Kontrast weiß

Aussehen:
- Blutschwartenmasse glänzend
- klares Schnittbild (eindeutige Trennung von Blutschwartenmasse und Einlage)

Geschmack:
- kräftig, würzig

Fettgehaltsstufen (Toleranz +/−5 %) (Bsp. Hamburg):
- 15 % Fleischrotwurst
- 20 % Zungenwurst
- 30 % Thüringer Rotwurst
- 50 % Blutwurst

35.3.1 Prüfmerkmale der DLG

Äußere Beschaffenheit
- Räucherfarbe ungleich
- Platzer
- Oberflächenbelag
- Hülle ungeeignet
- Hülle mangelhaft entfettet
- Lufteinschlüsse unter der Hülle
- Herrichtung des Darms mangelhaft
- schlecht abgebunden

Aussehen im Anschnitt
- Mischung ungleichmäßig
- Schnittbild unklar
- Zerkleinerung zu stark
- Zerkleinerung zu ungleichmäßig
- Speckstücke ungleich
- Fettabsatz
- Geleeabsatz
- Hohlstellen
- porig

Zusammensetzung
- Zunge ist schlecht hergerichtet
- Fleischauswahl mangelhaft
- grobe Einlage zu gering
- Zungenanteil zu gering
- Schleimhaut an der Zunge
- Fettanteil zu hoch
- Sehnen-/Schwartenteile grob
- Schwarten zu reichlich

Farbe
- Farbe zu blass
- zu dunkel
- Farbe ungleichmäßig
- grau/grünfleckig
- Zunge missfarben
- Blutbindemasse zu blass
- Blutbindemasse zu dunkel
- Blutbindemasse zu stumpf
- Fleischeinlage zu blass
- Fleisch irisierend (in Regenbogenfarben schillernd)
- nicht durchgepökelt
- Speck rötlich
- Speckteile blutig
- stark verblassend

Konsistenz/Beschaffenheit
- zu weich
- schmalzig
- im Biss zu schwammig
- gummiartig
- zu fest
- zu trocken
- Fleischeinlage zu weich
- Fleischeinlage zu fest
- Fleischeinlage zu trocken
- Zunge zu weich
- Zunge zu fest
- Zusammenhalt mangelhaft
- Teile unzerkaubar

Geruch und Geschmack
- salzig
- säuerlich
- süßlich
- bitter
- fettig
- Würzung zu schwach
- Würzung zu stark
- Würzung nicht abgestimmt
- Fleischaroma zu gering
- Zungeneinlage zu salzig
- Rauch zu stark
- Speck ranzig
- Speck fischig
- Frische fehlt
- alt
- dumpfig und muffig

Blutwurst – blutiger Kern

35.3.2 Blutwurstfehler

Blutwurstfehler	Mögliche Ursachen
Fehler in der Konsistenz	
zu fest	• zu viele Schwarten • Schwarten zu hart • Schwarten zu kurz gegart • zu wenig Brühe
zu weich	• zu wenig Schwarten • Schwarten zu weich gekocht • Schwarten schlecht entfettet
Fehler im Aussehen	
Blutschwartenmasse zu dunkel	• zu viel Blut • Rinderblut • Schwartenmasse bei Blutzugabe zu heiß
Speckeinlage rot	• Speckwürfel ungenügend oder zu (lange) weich gebrüht
Einlage mit grauem Kern	• Pökelfehler
Einlagen fallen heraus	• zu viel Einlage • zu wenig Schwarten • Schwarten schlecht entfettet • Masse ungenügend vermischt
Fehler im Geschmack	
salzig	• zu viel Salz
fade	• zu wenig Salz, Gewürz
ranzig	• altes Fett
muffig	• altes Blut

8

Komplexe Aufgabe

Stellen Sie unterschiedliche Blut-Schwarten-Brühe-Massen her. Falls Sie keinen Kutter oder keine Kolloidmühle zur Verfügung haben, nehmen Sie eine Moulinette. Dementsprechend berücksichtigen Sie die Mengen.

Herstellung in einer Moulinette: (Hinweis: Die Schwarten garen und am besten durch einen kleinen Fleischwolf drehen.)

1. Versuch: 120 g gegarte Schwarten; 56 g Blut; 24 g heiße Brühe
2. Versuch: 140 g gegarte Schwarten; 60 g Blut
3. Versuch: 160 g gegarte Schwarten; 40 g Blut
4. Versuch: 100 g gegarte Schwarten; 80 g Blut; 20 g heiße Brühe
5. Versuch: 80 g gegarte Schwarten; 80 g Blut; 40g heiße Brühe

- Geben Sie zu jeder Charge 5 g Nitritpökelsalz und 3 g Gewürzmischung für Blutwurst.
- Füllen Sie die Blutschwartenmassen jeweils in einen Einwegplastikbecher und lassen Sie sie erkalten.
- Stülpen Sie danach die Becher, schneiden Sie das Erzeugnis in Scheiben und beurteilen Sie die Proben nach Farbe, Konsistenz und Biss.
- Protokollieren Sie die Ergebnisse und diskutieren Sie diese in der Klasse.

Aufgaben zur Wiederholung

8

1. Welche Anforderungen werden an die Rohstoffe für Blutwürste, vor allem an Blut und Schwarten, gestellt? Begründen Sie Ihre Antwort.
2. Durch welche Verfahren lässt sich die Blutgerinnung verhindern?
3. Beurteilen Sie den Nährwert und den Energiegehalt des Blutes.
4. Wie müssen die Schwarten zur Blutwurstherstellung beschaffen sein?
5. Unterscheiden Sie Verfahrenstechniken zur Entfernung der Schleimhäute von Zungen.
6. Wie sollte Speck zu Blutwurst gegart werden? Begründen Sie Ihre Antwort.
7. Welches Verhältnis von Schwarten, Brühe und Blut ist vorteilhaft für die Blutschwartenmasse?
8. Wie lässt sich in der Praxis eine optimale Blutfarbe der Blutwurst erzielen?
9. Nennen Sie fünf Blutwurstfehler und beschreiben Sie zu jedem Fehler eine mögliche Ursache.

Ausgewählte Fachrechenaufgaben

1. Fleischermeister Nusse stellt eine Ia-Schlegelwurst her. Dazu verwendet er 3 Schweineschinken mit einem Frischgewicht von 25,1 kg.
   Meister Nusse notiert sich nach den einzelnen Produktionsschritten folgende Gewichte:

Gewicht nach dem Spritzen (Pökeln)	28,400 kg
Gewicht nach dem Poltern	29,850 kg
Gewicht nach dem Garen	26,050 kg
Gewicht nach dem Auskühlen	22,900 kg
Gewicht nach dem Schneiden	22,750 kg

   Berechnen Sie:
   a) die Spritzzunahme in %
   b) die Zunahme nach dem Poltern bezogen auf das Frischgewicht in %
   c) den Garverlust bezogen auf das Frischgewicht
   d) den Auskühlverlust in % bezogen auf das Gewicht nach dem Garen
   e) den absoluten Gewichtsverlust bezogen auf das Frischgewicht

2. Sie bekommen den Auftrag, eine Blut-Schwarten-Brühe-Masse im Verhältnis 28 : 60 : 12 herzustellen.
   Die gegarten Schwarten betragen 13,4 kg.
   Wie viel Brühe und Blut müssten Sie abwiegen?

36 Sülzwurst herstellen

FLEISCHEREI nusse

Sabrina und Björn stehen am Arbeitstisch und sortieren das Material für die Schinkensülze. Tim steht ebenfalls dabei und bereitet die Cornichons für die Einlage vor.
Da kommt der Meister vorbei und sagt zu Tim: „Denk daran, dass wir heute ein neues Aspikpulver verwenden wollen, nicht dass wir hinterher wieder eine Löffelsülze hergestellt haben.“
„Eine Löffelsülze?“, fragt Björn. Tim grinst: „Letzte Woche haben wir eine Schinkensülze hergestellt und als wir sie am nächsten Morgen aus dem Kühlraum holten, war sie ganz weich. Die Sülze fiel auseinander und an ein Aufschneiden mit der Aufschnittmaschine war nicht zu denken. Wir konnten sie nur mit dem Löffel probieren.“
Sabrina: „Was habt ihr denn falsch gemacht?“
„Wir haben lange gerätselt, bis wir darauf gekommen sind, dass wir ein Aspikpulver mit einer anderen Bloomzahl verwendet hatten.“
Björn: „Bloomzahl, was ist denn das?“

Sülzwürste werden unterteilt in
- Sülzen
- Corned Meat
- Presswurst

Presswürste, z.B. weißgelegter Presskopf, Schwartenmagen, haben eine Fleisch- und eventuell eine Speckeinlage, die in einem Schwartenbrei als Grundmasse eingelagert sind. Sie ähneln daher den Blutwürsten, nur dass ihnen der Blutzusatz fehlt. Die Farbe der Grundmasse ist weiß.

Sülzen haben in der Regel nur Fleischeinlagen mit eventuell anhaftendem Fett, die in klarem oder eingefärbtem Aspik (= Gallerte aus Gelatine) als Grundmasse eingelagert sind (▸ S. 513). Je nach Sorte erhalten sie Gemüseeinlagen und werden mit Essig gesäuert.

Corned Meat kann zerkleinerte Schwarten und/oder Aspik als Gallertmasse haben. Das gegarte Fleisch – fast immer mageres Rindfleisch – wird in der Regel gerissen statt in Würfel geschnitten.

36.1 Rohstoffe auswählen und vorbehandeln

Für das Einlagenmaterial der Sülzwürste gilt das Gleiche wie für Rotwursteinlagen (▸ S. 338), ebenso für die Schwartenmasse bei den Presswürsten. Bei diesen ist auch die Herstellung mit Ausnahme der Blutzugabe identisch (▸ S. 341). Sie wird durch eine höhere Schüttung ersetzt.
Bei Sülzen sind statt der Fleischeinlagen gewürfelte Brühwursteinlagen möglich.
Oft sind Gemüseeinlagen vorgesehen, die blanchiert werden sollten.

Bei Corned Meat wird das gegarte Fleisch durch rückwärtslaufende Messer im Kutter zerfasert.

Aspik

Aspik ist eine elastische, eingedickte Flüssigkeit aus kollagenhaltigen, „leimgebenden“ Substanzen.

Verschiedene Sülzwürste

8

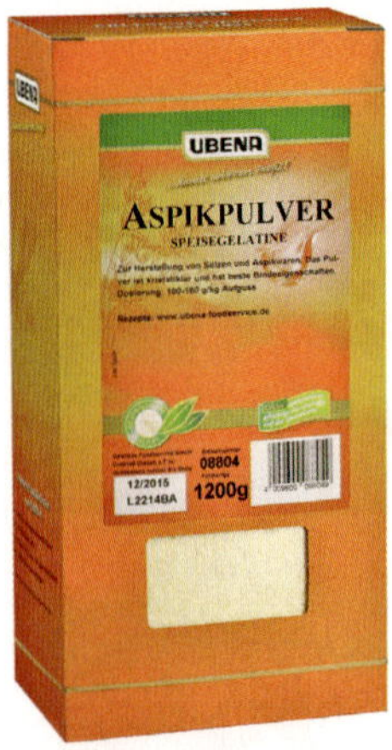

Aspikpulver

Clipmaschine für Wurst

Bei der Herstellung von Aspik gibt es zwei Möglichkeiten:

- eigene Herstellung
- Verwendung von Speisegelatine

Bei der handwerklichen eigenen Herstellung werden leimgebende Teile wie frische, fett- und borstenfreie Schwarten und Spitzbeine (Pfoten) verwendet. Vor der **eigentlichen Herstellung** werden diese sauber gewaschen.

- Vorbereitete Schwarten und Spitzbeine in den Kessel geben und mit kaltem Wasser auffüllen.
- Kurz aufkochen, anschließend 6 Stunden bei 85 °C ziehen lassen; währenddessen tritt das Kollagen in die Brühe.
- Knochen und Schwarten entfernen, Flüssigkeit eventuell sieben bzw. filtern.
- Festigkeit einstellen durch Andicken (Wasserverdunstung bei über 90 °C) oder Verdünnen mit Wasser.
- Gallerte klären durch ein Eiklar pro Liter in der heißen Brühe (▸ S. 513).
- Gallerte eventuell goldgelb färben durch Verwendung von gesalzenem Blut anstelle von Eiweiß beim Klären.
- Auskühlen lassen.
- Fettspiegel abheben; Bodenschicht mit Trübstoffen nicht verwenden.

Bei der Verwendung von **Speisegelatine** wird die Herstellung des Aspiks wesentlich vereinfacht. Sie wird aus den gleichen Materialien und zusätzlich Knochen industriell gewonnen und von der Zulieferindustrie mit unterschiedlichen **Bloomzahlen** angeboten. Je höher die Bloomzahl, desto fester ist das Aspik im Endprodukt:

- niederbloomige Gelatine bis 160
- normalbloomige Gelatine 160 bis 220
- hochbloomige Gelatine über 220

Da ein Erhitzen und/oder ein niedriger pH-Wert (durch die Zugabe von Essig) die Festigkeit des Aspiks im Endprodukt erniedrigen, richtet sich die Bloomauswahl nach dem Herstellungsverfahren bzw. nach der Würzung.

Die Speisegelatine wird in kaltem Wasser aufgelöst und sollte ca. 15 Minuten quellen. Anschließend wird die gequollene Gelatine im 50 bis 60 °C heißen Wasserbad unter ständigem Umrühren aufgelöst. Bei Verwendung von sehr feinem Aspikpulver kann dies direkt in 70 bis 80 °C heißem Wasser aufgelöst werden.

36.1.1 Festigkeit des Aspiks

Die Festigkeit des Aspiks hängt unter anderem von folgenden Faktoren ab:

- Zugabemenge der Speisegelatine
- Bloomzahl
- Temperatur des Endprodukts
- pH-Wert
- Erhitzungs- und Abkühlvorgang

So kann zum Beispiel ein Aspik, das mit einer größeren Menge niederbloomiger Speisegelatine hergestellt worden ist, bei Kühlhaustemperatur die gleiche Festigkeit besitzen wie ein Aspik mit geringer Menge hochbloomiger

▶ Stellen Sie mit 1 l Wasser und 150 ml 10 %igem Essig Aspik mit Gelatine unterschiedlicher Bloomzahl her:
• 160 Bloom
• 220 Bloom
• 280 Bloom
Vergleichen Sie die Festigkeit bei Raumtemperatur nach mindestens 16 Stunden.

Aspikfestigkeit in Abhängigkeit von der Einwirkzeit des Essigs (bei 60 °C und unterschiedlichen pH-Werten)

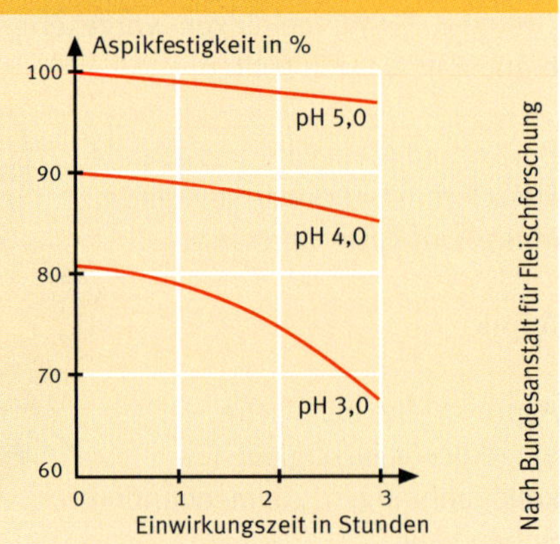

Festigkeit einer Gelatinelösung bei 10 °C in Abhängigkeit von der Zeit, ausgedrückt in % der endgültigen Aspikfestigkeit

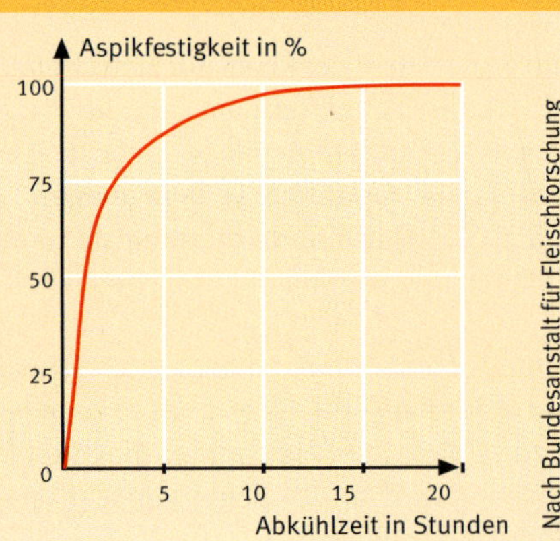

Speisegelatine. Die Festigkeit verringert sich bei beiden Produkten bei **Raumtemperatur,** beim Aspik aus niederbloomiger Gelatine allerdings wesentlich stärker.
Gegebenenfalls muss eine Gelatine mit höherer Bloomzahl verwendet werden.

Die Festigkeit eines Produkts sollte bei Raumtemperatur (= Verzehrtemperatur) geprüft werden.

Das **Nacherhitzen** der gefüllten Produkte dient der Haltbarkeitsverlängerung. Aber: je höher die Temperatur und je länger die Garzeit, desto geringer die Festigkeit des Endprodukts. Die Tabelle zeigt, welche Aspikzugabemengen und Bloomzahlen bei unterschiedlichen Temperaturen empfohlen werden.

Bei einem **pH-Wert** von 3 liegt die Festigkeit des Aspiks um 20 % niedriger als bei einem Produkt mit einem pH-Wert von 5 – bei gleicher Zugabemenge und gleicher Bloomzahl. Verstärkt wird dieser Unterschied durch Erhitzen oder langes Warmhalten: je heißer, desto schlechter die Festigkeit.
Daher sollte bei sauren Produkten der Essig erst kurz vor dem Füllen dem Aspik zugegeben werden. Bei Nacherhitzung sollte gegebenenfalls eine noch höhere Bloomzahl verwendet werden als in der Tabelle angegeben.

Temperatur	Bloomzahl	Zugabe
ohne Nacherhitzung	220	3,5 %/l Wasser (35 g)
Nacherhitzung bei 75 bis 80 °C	240	12 %/l (120 g)
Nacherhitzung bei 110 bis 120 °C	260	18 %/l /180 g)

Nach Bundesanstalt für Fleischforschung

Auch das Erkaltenlassen kann Folgen für die Festigkeit haben. So wirken sich Bewegungen während der Erstarrungszeit negativ auf die Festigkeit aus, da die Ausbildung gleichmäßiger Strukturen gestört wird.

Bei zu schnellem Abkühlen wird das Aspik sehr schnell zähflüssig, ohne dabei feste Strukturen aufbauen zu können.

36.2 Sülzen herstellen

Rezeptbeispiel einer Presswurst:
Schwartenmagen (LSKZ 2.4.3.5.3.5)

Material für 100 kg Masse:
- 65 kg Schulterfleisch, gebrüht und auf 2 cm gewürfelt
- 21 kg Rückenschwarten gekocht
- 14 kg Kesselbrühe

Zutaten je kg Masse:
- 18 g NPS
- 10 g Zwiebeln
- 3 g weißer Pfeffer
- 2 g Kümmel, ganz
- 1 g Koreander
- 0,7 g Ingwer
- 0,5 g Muskat
- 0,5 g Knoblauch
- 0,5 g Majoran

36.2.1 Gewürze

Folgende Gewürze werden verwendet (Zugabe pro kg Rohstoffe):
- je nach Sorte 2 bis 3 g weißer oder schwarzer Pfeffer, fein gemahlen
- 20 bis 30 g Zwiebeln, meist frisch, aber auch angebraten
- fein gemahlene Gewürze: 1 bis 2 g Piment, 0,5 bis 1 g Nelken, bis 2 g Ingwer und bis 1 g Mazis
- je nach Sorte weniger als 0,5 g Koriander, Muskat und Zimt
- 0,5 bis 5 g Kümmel, gemahlen, gebrochen oder ganz
- mehr als 1 g Senfkörner

Schwartenmagen

Anmerkung:
Eine schöne weiße Farbe der Schwartenmasse wird durch Milchzusatz (etwa 3 l) erreicht.

Aspikprodukte können mit Gewürzsud oder mit Spritzmitteln hergestellt werden.
Diskutieren Sie über die jeweiligen Vor- und Nachteile.

Bei Aspikprodukten wird häufig statt mit fein gemahlenen Gewürzen mit einem **Gewürzsud** gearbeitet, der dem Aspik beigemischt wird. Zur Herstellung des Gewürzsuds werden grobe (nicht gemahlene) Gewürze und/oder Gemüse in ein Leinensäckchen gebunden, dieses wird in kaltes Wasser gegeben. Das Wasser wird kurz aufgekocht. Bei geschlossenem Behälter lässt man die Gewürze einige Zeit ziehen und anschließend abkühlen. Das Säckchen wird vor der Weiterverarbeitung entfernt. Typische Gemüse sind Sellerie, Karotten, Lauch und Zwiebeln, typische Gewürze sind weißer Pfeffer, Koriander, Wacholderbeeren, Lorbeerblätter und Liebstöckel.

8

Schweinskopfsülze

Für die Würzung des Einlagenmaterials kann ein solcher Sud bei der Nasspökelung anstelle der Spritzmittel der Gewürzfirmen verwendet werden.
Salz wird in Form von 18 g Kochsalz oder Nitritpökelsalz pro Liter Aspik zugegeben.

Sauren Produkten werden **Essig** und **Zucker** zugesetzt. Als Faustregel gilt: je edler die Sülze bzw. Einlage, desto weniger Absäuerung. Und: je saurer, desto mehr Zucker.
Bei Delikatesssülzen wird Wein anstelle von Essig verwendet.

Rezeptbeispiel einer Sülze:
Schweinskopfsülze (LSKZ 2.4.3.5.1.10)

Material für 100 kg Masse:
65 kg Schweinemasken, gebrüht und auf 14 mm gewürfelt
5 kg rohe Zwiebeln, auf 6 mm gewürfelt
5 kg Essiggurken, auf 6 mm gewürfelt
14 kg Wasser, 75 °C heiß
5 kg Gelatine, 260 Bloom
6 kg Gewürzsud

Zutaten je kg Masse:
18 g NPS
35 g Essig, 10 %ig
10 g Zucker
5 g Senfkörner

Gewürzsud (Zutaten je l Wasser):
18 g NPS
30 g Pfefferkörner, gebrochen
100 g Zwiebeln
50 g Sellerie
50 g Karotten
10 g Koriander, gebrochen
3 g Lorbeerblätter

Anmerkung:
Die Salzmenge bei allen Kochwurstrezepturen ist je kg fertiger Wurstmasse zu verstehen. Wird vorgepökeltes oder vorgesalzenes Fleisch verwendet, wird bei der Produktion nur die Restsalzmenge zugegeben.
Beispiel: Schweinemasken für die Schweinskopfsülze sind bereits gepökelt; also nur noch 35 kg · 18 g NPS/kg = 630 g NPS.

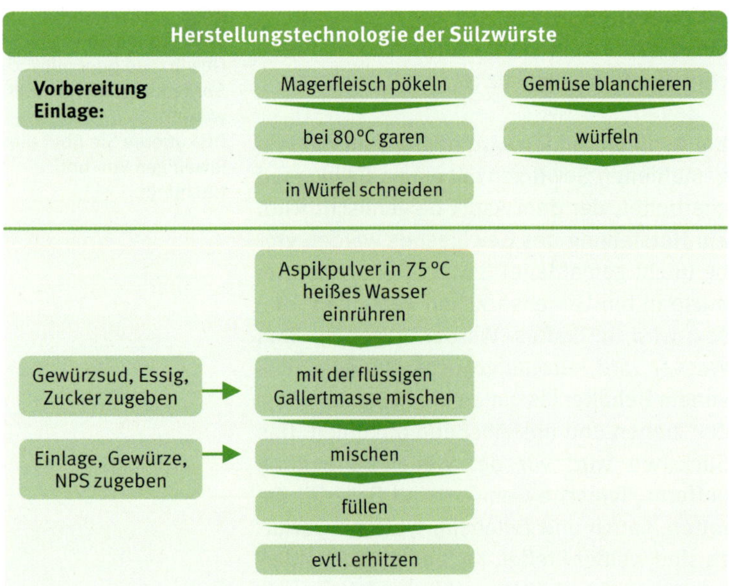

36.2.2 Därme

Sülzwürste werden häufig in klare Polyamid-Därme gefüllt. Hierbei kommen die verschiedensten Kaliber zur Verwendung. Je klarer die Gallertmasse, desto klarer auch der Kunstdarm.
Bei rustikalen Sülzwürsten, bei denen auch Schwartenbrei zur Festigkeit verwendet wird, kommen der Schweinemagen, die Rinderbutte und die Schweinebutte zur Verwendung. Vor allem Sülzen werden in Formen bzw. aus Formen gestürzt im Verkauf angeboten.

36.2.3 Herstellung

- Zum Schneiden Einlagenmaterial abkühlen lassen und zur weiteren Verarbeitung mit heißem Wasser abschwenken (auf Temperatur bringen, damit Aspik nicht zu zähflüssig wird, und anhaftendes Fett abschwenken zur Verhinderung von Fettabsatz – wie bei Rotwurst)
- Einlagenmaterial mit Gemüseeinlagen, Salz und Gewürzen (statt Sud) mischen.
- Dem flüssigen Aspik Gewürzsud (statt gemahlener Gewürze), Essig und Zucker zugeben.
- Einlagenmaterial und Aspik mischen.
- In Därme oder Formen füllen.
- Därme eventuell bei 70 °C kaliberabhängig erhitzen (pro Millimeter Kaliber eine Minute Garzeit).
- Bei ca. 14 °C mindestens 16 Stunden auskühlen lassen.

36.3 Qualitätsanforderungen

Konsistenz:
- Schwartenmasse oder Aspik nicht zu weich, Schwartenmasse nicht zu fest
- Schwartenmasse nicht gummiartig
- Einlagenmaterial nicht zu fest und trocken

Farbe:
- Schwartenmasse weiß
- Aspik klar, falls nicht gefärbt
- Fleischeinlage pökelrot

Aussehen:
- klares Schnittbild (eindeutige Trennung von Schwartenmasse bzw. Aspik und Einlage; Ausnahme: Corned Beef mit faserigem Rindfleisch)

Geschmack:
- würzig
- Sülzen eventuell säuerlich

Fettgehaltsstufen (Toleranz +/–5 %) (Bsp. Hamburg)
- 5 % Schinkensülze, Kalbfleischsülze
- 10 % Rindfleischsülze, Schweinefleisch in Aspik
- 15 % Wurstsülze
- 20 % Sülzwurst

Farbe
- Farbe zu blass
- Farbe ungleichmäßig
- grau/grünfleckig
- Fleischeinlage zu blass
- Fleisch irisierend (in Regenbogenfarben schimmernd)
- nicht durchgepökelt
- stark verblassend

Konsistenz/Beschaffenheit
- zu weich
- im Biss zu schwammig
- zu fest
- zu trocken
- bröckelig
- Gelee zu weich/verflüssigt
- Gelee zu fest
- Fleischeinlage zu weich
- Fleischeinlage zu fest
- Fleischeinlage zu trocken
- Teile unzerkaubar

Geruch und Geschmack
- salzig
- säuerlich
- süßlich
- bitter
- fettig
- Würzung zu schwach
- Würzung zu stark
- Würzung nicht abgestimmt
- Fleischeinlage zu salzig
- Fleischaroma zu gering
- Frische fehlt
- alt
- dumpfig und muffig

Corned Beef – mangelhafte Bindung

Sülzwurst – ungleichmäßige Verteilung der Einlage

36.3.1 Prüfmerkmale der DLG

Äußere Beschaffenheit
- äußerlich vergrauend
- Hülle ungeeignet
- Herrichtung des Darms mangelhaft
- schlecht abgebunden
- faltig

Aussehen im Anschnitt
- Mischung ungleichmäßig
- Schnittbild unklar
- Zerkleinerung zu stark
- Zerkleinerung ungenügend
- Zerkleinerung zu ungleichmäßig
- Fettabsatz
- Gelee trübe

Zusammensetzung
- Fleischauswahl mangelhaft
- grobe Einlage zu gering
- Magerfleischeinlage zu wenig
- Geleeanteil zu hoch
- Fettanteil zu hoch
- Sehnenanteile
- Knorpelteile
- Knochenteilchen

36.3.2 Sülzwurstfehler

Sülzwurstfehler	Mögliche Ursachen
Fehler in der Konsistenz	
bröckelig, Aspik zu weich	• zu wenig Schwarten • zu wenig Aspikpulver • Bloomzahl zu klein • pH-Wert zu niedrig • Nacherhitzung zu hoch oder zu lange
gummiartig	• zu viel Aspikpulver
Einlage zu weich	• Einlagenmaterial zu lange oder zu hoch erhitzt
Fehler im Aussehen	
Einlage mit grauem Kern	• Pökelfehler
Anschnittbild trüb	• Einlagenmaterial nicht gut abgespült
Einlage zerfasert	• Einlagenmaterial zu lange oder zu hoch erhitzt
Aspikstellen	• Einlage ungleichmäßig verteilt
Fehler im Geschmack	
zu fade	• Einlage nicht gewürzt
zu sauer	• zu viel Essig

8

Komplexe Aufgabe

Berechnen Sie die Materialkosten von Schweinskopfsülze. Schweineköpfe sind preiswert zu erhalten. Beschaffen Sie sich 10 halbe Schweineköpfe. Bereiten Sie die Köpfe vor und garen Sie sie.
Anschließend werden die Köpfe ausgebrochen und das Kopffleisch wird sortiert. Halten Sie immer die Gewichte fest, um die Berechnungen durchführen zu können.

Die Schweinskopfsülze soll aus 70 % Einlage und 30 % Gelatine bestehen. Die Preise für Gewürze und Därme erfragen Sie bei der Zulieferfirma, diese ist Ihnen sicher gern behilflich.
Vergleichen und diskutieren Sie mit Ihren Mitschülerinnen und Mitschülern das Ergebnis Ihrer Berechnungen in Bezug zu den Verkaufspreisen im Laden.

Aufgaben zur Wiederholung

1. Nennen Sie die verschiedenen Arten von Sülzwürsten und geben Sie jeweils Beispiele an.
2. Was ist Aspik?
3. Beschreiben Sie die handwerkliche Herstellung von Aspik.
4. Nennen Sie die Qualitätsstufen bei Aspikpulver sowie deren Einsatzmöglichkeiten.
5. Welche Faktoren beeinflussen die Festigkeit von Aspik?
6. Welche Vorteile bringt die Verwendung von Gewürzsud und wie wird er hergestellt?
7. Welche Wursthüllen verleihen der Sülzwurst einen rustikalen Charakter?
8. In der Eingangssituation wird von einer „Löffelsülze“ gesprochen und davon, dass das Aspikpulver eine falsche Bloomzahl hatte. Welche weiteren Ursachen könnten zu einer „Löffelsülze“ führen?
9. Nennen Sie die Fettgehaltsstufen für Sülzwürste.

Ausgewählte Fachrechenaufgaben

8

1. Folgende Preise werden für die Schwartenmagenrezeptur (▸ S. 347) angesetzt:

Schulterfleisch (S II), frisch	2,50 €/kg
Schwarten	0,10 €/kg
NPS	0,25 €/kg
Zwiebeln, geschält	1,20 €/kg
weißer Pfeffer	5,00 €/kg
Kümmel, ganz	4,65 €/kg
Koriander	4,95 €/kg
Ingwer	7,85 €/kg
Muskat	10,50 €/kg
Knoblauch	6,30 €/kg
Majoran	3,75 €/kg
Spritzmittel	6,95 €/kg
Därme: 120er-Sterildärme, Füllgewicht 3,5 kg/St., 20 St./Bund, à Bund	4,26 €

Einspritzmenge 18 %
Garverlust 20 %
10 %ige Spritzlake, Restlake nach dem Spritzen ca. 3,2 l
40 g Spritzmittel pro l Lake

Berechnen Sie die Materialkosten für den Schwartenmagen (▸ auch Anmerkung S. 348).

2. Hausmachersülze

20,000 kg S XII Kopf ohne Knochen, gekocht	
05,000 kg Kräuteraufgussbrühe	à kg 0,90 €
Zutaten je kg Brühe:	
10,0 g Nitritpökelsalz	à kg 0,24 €
25,0 g Aspikpulver	à kg 10,85 €
Zutaten je kg Gesamtmasse:	
2,0 g Pfeffer	à kg 5,50 €
0,2 g Ingwer	à kg 6,25 €
0,2 g Kümmel, gemahlen	à kg 3,20 €

Es werden 13 Sterildärme, Kaliber 90/50 à Bund zu 20 Stück zum Preis von 3,78 €/Bund benötigt.
Aus einem frischen Schweinekopf lässt sich 0,590 kg gepökeltes, gegartes Schweinekopffleisch gewinnen.
Ein Schweinekopf kostet auf dem Fleischgroßmarkt 0,80 €/kg und wiegt im Durchschnitt 1,9 kg.

a) Berechnen Sie den Preis für 1 kg gepökeltes gegartes Schweinekopffleisch.
b) Berechnen Sie den Materialpreis für 1 kg Hausmachersülze bei einem Herstellungsverlust von 2 %.
c) Berechnen Sie den Verkaufspreis für 1 kg fertige Sülze bei 63 % LBGK, 13 % Gewinn und 7 % Mehrwertsteuer.

3. Sülzwurst

30,000 kg S XII Kopf ohne Knochen, gekocht
12,000 kg S V
06,000 kg S XIV Schwarten, gekocht
12,000 kg Kräuteraufgussbrühe à kg 0,90 €

Zutaten je kg Brühe:
10,0 g Nitritpökelsalz à kg 0,24 €
25,0 g Aspikpulver à kg 10,85 €

Zutaten je kg Gesamtmasse:
3,0 g Pfeffer à kg 5,50 €
0,5 g Ingwer à kg 6,25 €
0,5 g Mazis à kg 11,20 €
0,2 g Kümmel, gemahlen à kg 3,20 €

Es werden 19 sterile Kunstdärme, Kaliber 120/50 à Bund zu 20 Stück zum Preis von 4,26 €/Bund benötigt.
Aus einem frischen Schweinekopf lässt sich 0,590 kg gepökeltes, gegartes Schweinekopffleisch gewinnen.
Ein Schweinekopf kostet auf dem Fleischgroßmarkt 0,80 €/kg und wiegt im Durchschnitt 1,9 kg.
Der Schweinebauch hat einen Garverlust, vom Frischgewicht gerechnet, von 15 %. Der frische Bauch kostet schier, ohne Schwarte 2,10 € im Einkauf.
Die Schwarten kosten 0,20 €/kg.

a) Berechnen Sie den Preis für 1 kg gepökeltes gegartes Schweinekopffleisch.
b) Berechnen Sie den Preis für 1 kg gepökelten gegarten Schweinebauch.
c) Berechnen Sie den Materialpreis für 1 kg Sülzwurst bei einem Herstellungsverlust von 2 %.
d) Berechnen Sie den Verkaufspreis für 1 kg fertige Sülze bei
0,24 € Zerlegekosten/je kg,
1,20 € Produktionskosten/je kg,
0,55 € allgemeiner Verwaltungskostenanteil/je kg,
34,9 % Verkaufskostenaufschlag,
12 % Gewinn und 7 % Mehrwertsteuer.
e) Wie teuer ist 1 kg dieser Sülzwurst?
f) Statt in Sterildärme soll die Sülzwurst in Schweinemägen gefüllt werden.
Dazu werden 15 Schweinemägen zum Preis pro Stück von 1,05 € benötigt.
Der Herstellungsverlust erhöht sich hierbei auf 5 % und durch die aufwendigere Produktion, die Produktionskosten/je kg, auf 1,60 €.
Wie viel kostet 1 kg Sülzwurst im Schweinemagen?

4. Rindfleischsülze

40,000 kg R II, gepökelt und vorgegart
7,500 kg S XIV Schwarten, gekocht
2,500 kg Kesselbrühe, heiß

Zutaten je kg Gesamtmasse:
2,5 g Pfeffer
0,5 g Ingwer
1,0 g Mazis
1,0 g Kümmel, gestoßen
20,0 g Zwiebeln, roh
4,0 g Suppengewürz

Analysenwerte in %:

	Wasser	Fett	FE	BEFFE
R II, frisch	72	8	20	17
Schwarten, gegart	65	9	26	–

R II verliert beim Garen 32 % Wasser und 2 % Fett. Der Herstellungsverlust beträgt 2 %.

Berechnen Sie den Fettgehalt im Fertigerzeugnis.

Sülzwürste

8

37 Kochwurst präsentieren und verkaufen

FLEISCHEREI **nusse**

Passend zum Beginn der kalten Jahreszeit möchte Max Nusse Kochwürste – vor allem die im Naturdarm – in seinen Filialen stärker herausstellen.
„Mit den aufkommenden Herbststürmen und winterlichen Temperaturen wünschen wir uns an Heim und Herd zurück. Unser Speiseplan ändert sich. Das Bodenständige und Solide ist wieder gefragt. Regionale Spezialitäten wie Sülzwurst oder Pfälzer Saumagen, herzhafte Vesperteller oder Schlachtplatten mit Leber- und Griebenwürsten sind wieder angesagt", schwärmt der Seniorchef.
Und Lena fügt mit Blick auf Sabrina hinzu: „Wir könnten uns schon einmal überlegen, wie wir die Wurstsorten in der Verkaufstheke gut zur Geltung bringen können und wie wir die Ware am besten anpreisen."

Am Gesamtverbrauch von Fleischwaren und Wurst haben die Leber- und Blutwürste einen Anteil von 7 % und die Aspikwaren/Sülzen einen von 2 %.
Sie stehen für ein Sortiment typischer traditioneller Wurstarten, die nach teilweise über 100 Jahre alten Familienrezepturen sorgfältig hergestellt werden. Aspikwaren und Sülzen stehen aber auch für neue, innovative und fettarme Produkte.

Die Bestandteile, wie Schweineleber oder Schweineblut, machen das Produkt zu einem hochwertigen kalorien- und vitaminreichen Nahrungsmittel. Die natürlichen Gewürze und Zusatzstoffe, z. B. Majoran, Pfeffer, Zwiebeln oder Nelken, verleihen den Produkten ihren unverwechselbaren Geschmack.

Kochwurst in der Theke präsentiert

Grundsätzliches zur Präsentation und zum Verkauf von Wurstwaren

- Wurstwaren gehören genauso wie Fleisch sofort in den Kühlraum oder in die Kühltheke. Die Kühlkette darf dabei nicht unterbrochen werden.
- Mit Schneidautomaten aufgeschnittene Wurst sollte nach dem Aufschneiden sofort wieder in die Kühlung. Dies gilt auch während der kalten Jahreszeit.
- Es sollten keine Wurstüberstände im Kühlraum lagern. Dies gilt besonders für Filialbetriebe. Die Frische leidet sehr, wenn Wurst überlagert ist.
- Wurstzuschnitte und Wurstanschnitte sollten mehrmals täglich in den Kühlraum gebracht werden, um Keimbildung zu vermeiden bzw. zu reduzieren. Sie sollten höchstens einen Tag im Kühlraum verbringen und möglichst zügig weiterverarbeitet werden.
- Wurstzuschnitte und Wurstanschnitte sollten sortiert in einem abgedeckten Behältnis im Kühlraum gelagert werden.
- Wurst nicht zu hoch in der Theke stapeln, damit die richtige Kühlung gewährleistet bleibt.
- Das Wurstsortiment muss auch in kleineren Theken stets in Blöcken platziert werden.
- Großkalibrige Wurst- und Fleischerzeugnisse haben ihren Platz stets an der Thekenrückwand.

- Kleinere Würste und Portionsstücke werden im vorderen Thekenbereich präsentiert, auch um die Entnahme zu erleichtern.

Wurstwaren unterliegen genauso wie Frischfleisch ständigen Veränderungen. Aus diesem Grunde ist es ganz besonders wichtig, für eine ausreichende und effektive Kühlung zu sorgen. Eine optimale Kühlung ist die absolute Grundbedingung für eine frische Warenpräsentation.

37.1 Kochstreichwürste (Leberwürste)

Präsentation

- Kochstreichwurst sollte teilweise auch in Portionsscheiben angeboten werden. Präsentieren Sie diese in Frischhaltefolie.
- Kochstreichwürste im Naturdarm dürfen in keiner Theke fehlen. Dies gilt besonders für regionale Spezialitäten.
- Gerade Leberwürste müssen in der kühleren Jahreszeit stärker herausgestellt und gezielt verkauft werden.
- Bedruckte Kunstdärme erhöhen die Erkennbarkeit der Produkte. Gleichzeitig sorgen sie für optische Auflockerung.

Verkaufsargumente

Pfälzer Leberwurst im Kranzdarm
- frisch oder geräuchert
- Meisterqualität
- mit Majoran, Thymian und anderen Kräutern
- sehr herzhaft

Kasslerleberwurst im Fettende
- mit fein gewürfeltem Speck
- schmeckt kräftig nach Leber

Gutsleberwurst im Fettende oder Mitteldarm
- mit viel gutem Schweinefleisch
- herzhaft
- wie hausgemacht

Kalbfleischleberwurst im Fettende
- mit wertvollem Kalbfleisch
- sahnig, streichfähig
- kräftiger Lebergeschmack

Trüffelleberwurst im Fettende
- sahnig, streichfähig
- Feinschmecker schätzen den Trüffelgeschmack

Hausmacherleberwurst
in der Schweinekrause
- deftig und kräftig mit leichtem Raucharoma
- würzig mit Majoran und frischen Zwiebeln

Verzehrempfehlungen

Leberwurst wegen der besseren Aromaentfaltung und Streichfähigkeit bei Zimmertemperatur auf Brot oder Brötchen auftragen. Zu groben Sorten passen besonders gut Cornichons.

Kochstreichwürste in der Theke

37.2 Blutwürste

Präsentation

- Es sollten in der Theke auch im Kochwurstbereich kleine Portionswürste angeboten werden. Geräucherte Miniblutwürste eignen sich sehr gut für Geschenkideen und Präsentkörbe.
- Ein kleines gängiges Aufschnittangebot bei Rot- bzw. Blutwürsten darf nicht fehlen.
- Eine sparsame, aber wirksame Thekengarnitur sorgt für eine bessere Präsentation der Rotwursterzeugnisse.

Verkaufsargumente

Hausmacher Blutwurst
in der Schweinekrause
- frisch oder geräuchert
- mit schmackhaftem Schweinekopffleisch

Touristenblutwurst im Kranzdarm
- mit kernigem Speck
- preiswert und gut

Grützwurst im Kranzdarm
- ein schnelles und preisgünstiges Gericht mit Kartoffelpüree, Apfelmus und Zwiebelringen

Blutwürste in der Theke

Zungenrotwurst im Aufschnitt
- ein hochwertiger, pikanter Brotbelag

Verzehrempfehlungen

- Gebratene Blut- oder Grützwurst mit Zwiebelringen und dazu Kartoffelpüree und Apfelkompott ist nicht nur schnell zuzubereiten, sondern ist auch würzig-deftig und preiswert.
- Thüringer Rotwurst und Zungenwurst sind meistens sehr mager und mit einem Bukett von aromatischen Gewürzen ausgestattet. Sie sind nicht nur für eine rustikale Wurstplatte geeignet.
- Blutwurst im Naturdarm, geräuchert, kann auch eine herzhafte Wegzehrung bei Wanderungen und Ausflügen sein.

37.3 Sülzwürste/Aspikwaren

Präsentation

- Es empfiehlt sich, an Spitzenverkaufstagen die gängigen Sorten des Aufschnittsortiments vorzuschneiden.
- Egal ob selbst produziert oder zugekauft, die fettreduzierten Sülzwürste von Rind, Kalb, Schwein oder Geflügel müssen werblich herausgestellt werden.
- Die meist fett- und kalorienarmen Sülzen sollten verstärkt in den wärmeren Monaten des Jahres als Aufschnitt und als vakuumierte Portionsware angeboten werden.

Sülzwürste und Aspikwaren in der Theke

- In Vinaigrettesoßen eingelegte Sülzen sind nicht nur ein Blickfang in der Verkaufstheke, sie werden auch von Feinschmeckern geschätzt.

Verkaufsargumente

Gutsfleischwurst im Saumagen
- mit sehr viel Schweinefleisch
- gepökelt, gegart
- mit gut abgeschmeckter Zwiebelwürze angemachtes Fleisch

Sülze nach Art des Hauses
- aus dem Besten der Schweineköpfe
- Spitzenqualität mit sehr viel Fleisch

Sauerfleisch aus der Schüssel
- deftig-würzig
- eine Delikatesse zu Bratkartoffeln

Putensülze im Aufschnitt
- feine Würzung
- sehr kalorienarm, da fast kein Fett
- geeignet für viele Diätformen

Verzehrempfehlungen

- Gut gekühlte Aspikwaren, wie Schinken-, Kalbfleisch-, Hähnchen- oder Putensülze im Aufschnitt, bieten nicht nur eine große Vielfalt an fettreduzierten Wurstwaren, sie sind auch sehr schmackhaft, da sie unterschiedlich gewürzt und mit einer Vielzahl verschiedener Einlagen wie Cornichons und Champignons verfeinert sind.
- Hausmacher Sülze, Sauerfleisch und andere deftige Sülzwaren sorgen für einen schnellen Mittagstisch.
- Ein frischer Salat, Bratkartoffeln und nach Wunsch Remouladensoße begleiten die Sülzen.

Komplexe Aufgabe

Stellen Sie sich in einer „ruhigen Minute“ vor die Theke in Ihrem Ausbildungsbetrieb. (Sprechen Sie dies mit Ihrem Ausbilder vorher ab.)

a) Skizzieren Sie den Aufbau der Wursttheke.
b) Überlegen Sie, wie der Aufbau verändert werden müsste/könnte, um Kochwürste noch besser präsentieren zu können.
c) Skizzieren Sie Ihre Ideen.
d) Diskutieren Sie Ihre Überlegungen mit Ihren Mitschülerinnen und Mitschülern.

Aufgaben zur Wiederholung

1. Nennen Sie fünf „Grundregeln“ zur Präsentation von Wurstwaren in der Theke.
2. Beschreiben Sie Verkaufsargumente für Kochstreichwürste.
3. Warum sollte Leberwurst bei Zimmertemperatur aufs Brot aufgetragen und verzehrt werden?
4. Ein Kunde guckt sehr kritisch auf Ihre Thekenauslage von Blutwürsten. Geben Sie Verzehrempfehlungen für Blutwürste.
5. Welche Möglichkeiten der Präsentation bieten sich für Aspikwaren in der Theke?

Ausgewählte Fachrechenaufgabe

Ein Feinkost-Geschäft bestellt anlässlich einer Herbstaktion in der Fleischerei Nusse Artikel aus der Feinschmecker-Preisliste.

Einheit	Artikel-Bezeichnung	Stückgewicht ca. kg	Bestelleinheit in St.	Stück pro Karton	Preis €/kg bzw. €/St.	Summe
15	Trüffel-Kugel	0,050	1 Btl.	6 Btl.	10,45	
18	Schnittlauch-Kugel	0,050	1 Btl.	6 Btl.	8,20	
9	Kalbfleischleberwurst	1,1	1	8	8,30	
3	Trüffelleberwurst	1,1	1	8	10,45	
5	Geflügelleberwurst	1,1	1	8	8,65	
16	Bauernhof-Leberwurst in Krausen	0,6	1	20	6,99	
14	Bauernhof-Rotwurst in Krausen	0,6	1	20	6,99	
8	Feinste Truthahnleberwurst	1,1	1	8	8,75	
7	Truthahnleberwurst mit Honig	1,2	1	8	8,75	
2	Getrüffelte Truthahnleberwurst	1,2	1	8	10,80	
4	Geflügelfleischrotwurst	1,4	1	8	9,70	

Wie hoch ist der Rechnungsbetrag bei 5 % Rabatt und 2 % Skonto?

Cooked sausage

**1. Read the dialogue and answer the following questions.
Phrase the answers in full sentences in your exercise book.**

a) What does Brandon ask for?
b) What does Sabrina offer?
c) What kind of meat are the sausages made of?
d) What does Brandon buy?

Brandon Green is in Hamburg for a week. He is at the butcher shop and wants to buy something but he doesn't speak any German.

Brandon: Good morning. Excuse me, do you speak English?
Sabrina: Yes, a little. What can I do for you?
Brandon: Do you have liver sausage?
Sabrina: Of course, we have over 20 types of liver sausage. There are fine-ground or coarse-ground ones. This one is made of pork and this one of poultry. But you can also buy liver sausage made of veal. All kinds are cooked sausages made of meat that has been cooked before. Only the liver is raw at the beginning of the production. Afterwards the sausage is heated. Would you like some?
Brandon: I'd like 100 grams of this veal liver sausage.
Sabrina: Certainly. One moment, please. Anything else?
Brandon: No, thank you, that's all. How much does it cost?
Sabrina: That's € 1,19, please.
Brandon: Here you are.
Sabrina: Thank you very much, Sir, and here is your change. Have a nice day.
Brandon: Thank you for your excellent service. Goodbye.

**2. In the dialogue Sabrina is talking about the production of liver sausage.
Use the given information and complete the description in your exercise book.**

Start like this: *This is a liver sausage. It's made of raw liver, ...*

Also consider the questions:

How is it produced?
What are the main ingredients?
How is the texture?
How does it look/taste/smell?

3. In the following two texts you get information about two other cooked sausages. Choose one of them and prepare a short report with a partner about this sausage with as many words as you can.

Headcheese is also a cooked sausage. In English, the name headcheese doesn't sound appealing which keeps many people from trying the product. In other languages its name sounds more pleasing, without the word head being part of it. Traditionally, headcheese was made entirely of the meat of a hog, cured and stuffed in pork stomachs. We may find this choice of meat less appealing today, forgetting that pork head meat is nutrient-rich and flavoursome. Today we often use lean meat for headcheese like topside, fillet or chicken breast stuffed into the casing. The gelatine starts to solidify. If left to itself, there is possibly little binding between meat pieces and gelatine.

Blood sausages have been made for thousands of years and every country has its own recipes. These recipes are generally variable takes on a similar theme. Whatever the name – Black pudding (UK, Ireland), Boudin noir (France), Blutwurst (Germany), Morcilla (Spain), Kaszanka (Poland) or Mustamakkara (Finland), the main ingredients are as follows: blood – either from pig, sheep, lamb, cow or goose; a filler that varies with the region (e.g. oatmeal, buckwheat, breadcrumbs, barley or other grains); onions and regional spices. All of these are typically mixed together, stuffed into a sausage casing and heated.

8

VOCABULARY

appealing	ansprechend
barley	Gerste
black pudding/blood sausage	Blutwurst
breadcrumbs	Semmelbrösel
buckwheat	Buchweizen
the (sausage) casing	Wurstdarm, Hülle
change	Wechselgeld
choice	Auswahl
coarse-ground	grob gewolft
consistency	Konsistenz
cooked sausage	Kochwurst
to cure	pökeln, haltbar machen
entirely	vollkommen/komplett
filler	Füllmaterial
fine-ground	fein gewolft
flavoursome	wohlschmeckend, schmackhaft
hog	(Mast)Schwein
ingredients	Zutaten
to keep so. from	abhalten
kinds	Sorte, Art
liver	Leber
nutrient-rich	nährstoffreich
oatmeal	Haferflocken
recipe	Rezept
solidify	erstarren/fest werden
stomach	Magen
to taste	schmecken
veal	Kalb

9 Herstellen von Brühwurst

Sie stellen Brühwürste her. Sie planen den Herstellungsprozess im Team, legen Arbeitsabläufe fest und setzen geeignete Maschinen und Geräte zur rationellen Herstellung und Lagerung ein.

Sie erhalten von Ihrem Chef den Auftrag, sich in den nächsten Wochen über die Brühwurstherstellung zu informieren und mit Ihrem Kollegen alle Brühwursterzeugnisse gemeinsam herzustellen.

Informieren
- Welche Brühwursterzeugnisse gibt es in Deutschland?
- Welche Sorten werden in unserer Fleischerei hergestellt?
- Wer kann mir zur Produktbeschreibung Auskunft geben?
- Welche Erwartungen haben Kunden und Verkaufspersonal an die Produkte?

Planen
- Welche Informationen brauche ich, um diese Erzeugnisse herzustellen?
- Wie und aus welchen Rohstoffen werden die Produkte hergestellt?
- Über welche Herstellungsverfahren muss ich mich informieren?
- Wie kann ich Kundenwünsche erfragen?

Entscheiden
- Ich informiere mich in den „Leitsätzen für Fleischerzeugnisse".
- Ich lerne die wesentlichen Unterschiede der Brühwurstarten kennen.
- Ich lasse mir von den Fleischern die Herstellungsgrundsätze erklären.
- Ich erfrage die Kundenerwartung bei dem Verkaufspersonal.

Ausführen
- Ich wähle mit meinem Kollegen das Ausgangsmaterial aus und bereite die Gewürze vor.
- Ich wende mit Kollegen die verschiedenen Kutterverfahren an.
- Ich übe die selbstständige Weiterbehandlung der Wurst.
- Ich kontrolliere den ordnungsgemäßen Herstellungsablauf.

Kontrollieren
- Wurden die Herstellungsverfahren richtig angewendet?
- Wurden vorgeschriebene Zeiten und Temperaturen eingehalten?
- Habe ich fachgerecht gefüllt, abgebunden (geklippt), gegart und geräuchert?
- Wurden die Erwartungen der Kunden und des Verkaufspersonals erfüllt?

Bewerten
- An welcher Stelle kann ich meine Fachkenntnisse noch erweitern?
- Wie zufrieden waren die Kunden und das Verkaufspersonal mit den Produkten?
- Was könnte ich beim Herstellungsablauf noch verbessern?
- Führt größere Kundenzufriedenheit zu mehr Absatz?

38 Brühwurst nach den Leitsätzen

Da Björn weiß, dass der betriebliche Ausbildungsplan für die kommenden Wochen u.a. die Herstellung von Brühwürsten vorsieht, hat er schon einmal in den Leitsätzen gestöbert, hat sich Notizen gemacht und fragt Tim, ob er denn wisse,
- *wodurch Brühwürste, Brät und Brühwursthalbfabrikate charakterisiert sind?*
- *wie die Brühwürste nach den Leitsätzen für Fleisch und Fleischerzeugnisse eingeteilt werden?*
- *welche Qualitätsanforderungen für Brühwürste gelten?*

Für einen Fleischergesellen, der seine Ausbildung mit Auszeichnung bestanden hat, sind dies natürlich willkommene Fragen.

Brühwürste sind nach den Leitsätzen für Fleisch und Fleischerzeugnisse hitzebehandelte Wurstwaren, bei denen zerkleinertes rohes Fleisch mit Salzen unter Zusatz von Trinkwasser (meistens als Eis) ganz oder teilweise aufgeschlossen wurde und deren Muskeleiweiß beim Garen zusammenhängend koaguliert ist. Brühwürste bleiben auch bei erneutem Erhitzen schnittfest.

Brät ist
- das unter Zusatz von Trinkwasser und Salzen zerkleinerte rohe Fleisch,
- die für die Brühwurstherstellung zum Abfüllen fertiggestellte Rohmasse.

Brühwursthalbfabrikate sind Würste, die roh in den Verkehr kommen, aber dazu bestimmt sind, vor dem Verzehr hitzebehandelt zu werden und dabei schnittfest werden (z. B. rohe Bratwürste zum Selbstbraten, rohe Weißwürste zum Selbstbrühen, roher Leberkäse zum Selbstbacken).

Zusammensetzung

In den Leitsätzen wird festgelegt:
- die Zusammensetzung des Ausgangsmaterials, z. B. Fett-/Sehnenanteil
- der Zerkleinerungsgrad
- die Umrötung
- das Wursthüllenkaliber
- eventuell weitere technologisch interessante Details
- Analysenwerte, insbesondere der wertbestimmende Anteil an bindegewebseiweißfreiem Fleischeiweiß, der **BEFFE**-Wert (▸ S. 628).

Standardisierte Fleischsortierung

Um dies in der Praxis zu gewährleisten, ist auch hier eine standardisierte Fleischsortierung unumgänglich. Aber auch um die Verbrauchererwartung zu erfüllen und den Lebensmittelkontrolleuren keinen Grund zur Beanstandung zu geben, müssen Brühwürste genau wie Kochwürste und alle anderen Erzeugnisse mit gleichbleibender Zusammensetzung und Qualität hergestellt werden.

Foto: FRUTAROM

Brühwursthalbfabrikate

Hierzu ist ein präzises Vorsortieren des Fleisches nach visuell (mit den Augen) erkennbarem Magerfleisch-, Bindegewebe- und Fettgewebeanteil notwendig.

Einteilung

Die ca. 150 in den Leitsätzen aufgeführten Brühwurstsorten werden in vier Gruppen eingeteilt:

2.4.2 Brühwürste

2.4.2.1 Brühwürstchen

2.4.2.2 Brühwürste, fein zerkleinert

2.4.2.3 Grobe Brühwurst

2.4.2.4 Brühwurst mit Einlagen

Im Folgenden werden Ausgangsmaterial, besondere Merkmale und Analysenwerte dieser Gruppen unter Angabe der Leitsatz-Kennziffer (LSKZ) beschrieben.

38.1 Beispiel 1: Brühwürstchen

LSKZ 2.4.2.1.2
Wiener, Wiener Würstchen, Bockwurst, Würstchen, Saftwürstchen, Cocktailwürstchen, Dünne, Münchner Dampfwurst, Saitenwürstchen, Bouillonwürstchen, Fleischwürstchen, Jauersche, Knobländer

Brühwürste

Ausgangsmaterial:

- grob entsehntes Rindfleisch (1.2.1.1.2)
- fettgewebsreiches Schweinefleisch (1.2.1.2.3)
- Speck (1.1.1.2.2)

Besondere Merkmale:

- fein zerkleinert
- Bouillonwürstchen und Jauersche teilweise etwas gröber, umgerötet
- engkalibrig

Analysenwerte:

- bindegewebseiweißfreies Fleischeiweiß nicht unter 8 %
- bindegewebseiweißfreies Fleischeiweiß im Fleischeiweiß:
  - histometrisch nicht unter 70 Vol.-%
  - chemisch nicht unter 75 %

38.2 Beispiel 2: Fein zerkleinerte Brühwurst

LSKZ 2.4.2.2.1
Lyoner, Schinkenwurst, (Norddeutsche) Mortadella, Pariser Fleischwurst, Rheinische Fleischwurst, Frankfurter Fleischwurst, Kalbfleischwurst, Kalbfleischkäse, Breslauer, Sardellenwurst

Ausgangsmaterial:

- grob entsehntes Rindfleisch (1.2.1.1.2)
- grob entsehntes Kalb-/Jungrindfleisch (1.2.1.1.2)
- grob entfettetes Schweinefleisch (1.2.1.2.2)
- fettgewebsreiches Schweinefleisch (1.2.1.2.3)
- Speck (1.1.1.2.2)

Besondere Merkmale:

- umgerötet
- in Hüllen mit größerem oder mittelgroßem Kaliber

Analysenwerte:

- bindegewebseiweißfreies Fleischeiweiß nicht unter 8 %
- bindegewebseiweißfreies Fleischeiweiß im Fleischeiweiß:
  - histometrisch (Gewebeanteil, mikroskopisch bestimmt) nicht unter 65 Vol.-%
  - chemisch nicht unter 75 %

38.3 Beispiel 3: Grobe Brühwurst

LSKZ 2.4.2.3.2
Jagdwurst (norddeutsche Art), Grobe Schinkenwurst, Gefüllte Schweinsbrust, Gefüllter Schweinsfuß, Gefüllter Schweinskopf, Grobe Lyoner, Stuttgarter, Bierwurst, Hildesheimer, Grobe Stadtwurst, Nürnberger Stadtwurst, Frühstücksfleisch, Stuttgarter Leberkäs(e), Römerbraten, Wienerbraten, Bierkugel, Senatorenwurst

Ausgangsmaterial:
- grob entsehntes Rindfleisch (1.2.1.1.2)
- grob entfettetes Schweinefleisch (1.2.1.2.2)
- Speck (1.1.1.2.2)
- in Stuttgarter Leberkäse nicht unter 5 % Leber (1.1.1.6)

Besondere Merkmale:
- fein zerkleinerte Grundmasse, bis erbsengroße Körnung
- Jagdwurst und Grobe Schinkenwurst teilweise kirschgroße Fleischteile
- umgerötet
- Nürnberger Stadtwurst meist in Schweinedünndärmen, Stuttgarter, gefüllte Schweinsbrust in Brustmuskulatur (ohne Knochen, meist mit Knorpel), Schweinsfuß und Schweinskopf meist in genähter Schwarte, die übrigen Hüllen mit mittelgroßem oder größerem Kaliber

Analysenwerte:
- bindegewebseiweißfreies Fleischeiweiß nicht unter 8 %
- bindegewebseiweißfreies Fleischeiweiß im Fleischeiweiß:
  - histometrisch nicht unter 70 Vol.-%
  - chemisch nicht unter 80 %

38.4 Beispiel 4: Brühwurst mit Einlagen

LSKZ 2.4.2.4.1
Bierschinken, Rinder-Bierschinken, Geflügel-Bierschinken, Schinkenpastete

Ausgangsmaterial:
- sehnen- und fettgewebsarmes Rindfleisch (1.2.1.1.1)
- grob entsehntes Rindfleisch (1.2.1.1.2)
- fettgewebs- und sehnenarmes Schweinefleisch (1.2.1.2.1)
- Speck (1.1.1.2.2)
- bei Geflügelbierschinken: auch sehnen- und fettgewebsarmes Geflügelfleisch (1.2.1.3.1)
- grob entsehntes Geflügelfleisch (1.2.1.3.2)

Besondere Merkmale:
- fein zerkleinerte Grundmasse mit groben, sehnen- und fettgewebsarmen Fleischeinlagen
- sofern als Einlage kein Schweinefleisch verwendet wird, wird auf die Tierart hingewiesen
- überwiegend kirsch- bis walnussgroße Einlagen, bei Rinderbierschinken auch geschnetzelt
- umgerötet
- meist in Hüllen mit großem Kaliber

Analysenwerte:
- bindegewebseiweißfreies Fleischeiweiß nicht unter 13 %
- bindegewebseiweißfreies Fleischeiweiß im Fleischeiweiß:
  - histometrisch nicht unter 80 Vol.-%
  - chemisch nicht unter 88 %
- bei einer Gesamtprobenmenge über 600 g grobe Fleischeinlagen nicht unter 50 %

Detaillierte Ausführungen zum Fremdwasser und Fettgehalt sind auf der ▸ S. 630 f. nachzulesen.

Brühwurst mit Einlagen

& Komplexe Aufgabe

Detaillierte Ausführungen zum Fremdwasser und Fettgehalt sind auf der ▸ S. 630f. nachzulesen. Viele Brühwurstsorten sind im ganzen deutschsprachigen Bereich bekannt und haben somit eine überregionale Bedeutung, z.B. Wiener Würstchen, Fleischwurst, Jagdwurst oder Bierschinken. Andere Brühwürste, die ebenfalls in den Leitsätzen aufgeführt sind, haben dagegen eher eine regionale Bedeutung, wie Münchener Dampfwurst, Jauersche oder Hamburger Sardellenwurst.

Suchen Sie aus dem Internet und aus Rezeptursammlungen (z.B. verschiedener Gewürz- und Zulieferfirmen) zehn verschiedene Brühwürste heraus, die Ihnen vom Namen her unbekannt sind und in Ihrer Region nicht hergestellt bzw. nicht verkauft werden. Berücksichtigen Sie bei Ihrer Auswahl nach Möglichkeit alle vier Untergruppen, also Brühwürstchen, fein zerkleinerte Brühwurst, grobe Brühwurst, Brühwurst mit Einlagen.

? Aufgaben zur Wiederholung

1. Was ist
   a) Brühwurst?
   b) Brät?
   c) Brühwursthalbfabrikat?
2. Wie heißen die vier Brühwurstgruppen nach den Leitsätzen für Fleisch und Fleischerzeugnisse?
3. **a)** Nennen Sie jeweils die drei Qualitätsstufen für Rind- und Schweinefleisch nach den Leitsätzen.
   b) Warum unterscheiden sich die Qualitätsstufen für Rindfleisch in der Formulierung von denen für Schweinefleisch?
   c) Warum arbeiten die meisten Fleischereien mit einer erweiterten Sortierung von Verarbeitungsfleisch (R I–R V, S I–S X)?
4. Welche Vorteile ergeben sich aus einer standardisierten Rohstoffauswahl?
5. Wie viel Prozent Fleischeinlage muss Bierschinken mindestens enthalten?
6. Welche Prozentzahl darf der Leberanteil bei Stuttgarter Leberkäse nicht unterschreiten?
7. Nennen Sie fünf Brühwurstsorten mit unterschiedlichen BEFFE-Werten.

% Ausgewählte Fachrechenaufgaben

9

1. Die Standardrezeptur von Wiener Würstchen aus der Fleischerei Nusse ist wie folgt: 20 kg R II, 37 kg S III, 12 kg S VI, 7 kg S VII, 24 kg Scherbeneis. Der analytische Schwund liegt bei 8 %.

   Anlässlich des Schützenfestes möchte ein Imbissbetrieb zu einem günstigen Preis Wiener Würstchen von Fleischermeister Nusse beziehen. Nusse verändert seine Rezeptur und rechnet nach, ob der geforderte BEFFE-Wert von Wiener Würstchen noch eingehalten werden kann. Bei der ersten Rezepturveränderung setzt er statt R II nun R III ein und statt Schweinebacke S IX. Bei der zweiten Rezepturveränderung erhöht er die Scherbeneismenge um 10 % und verringert um die gleiche Menge R II.
   a) Berechnen Sie bei allen drei Rezepturen den Fett-, BEFFE- und den BE-Gehalt sowie den Fremdwassergehalt in %.
   b) Welche Rezeptur würden Sie für die Jahrmarktlieferung auswählen?
2. Meister Nusse stellt nach folgender Rezeptur Bierschinken her:
   50 % Grundbrät aus 20 kg R II, 20 kg S III, 20 kg S VII, 20 kg S IX, 20 kg Schüttung
   50 % Einlagenfleisch S I

   Im Rahmen einer veränderten Marketingstrategie möchte er sich bewusster von den Discountern absetzen und nimmt nun statt 50 % Grundbrät nur noch 40 % und erhöht die Fleischeinlagen entsprechend.
   a) Berechnen Sie die neuen Mengen für das Grundbrät.
   b) Um wie viel % steigt der BEFFE-Wert bei der veränderten Rezeptur gegenüber der alten Rezeptur?
   c) Um wie viel % sinkt der Fett-, BE- und Wassergehalt bei der veränderten Rezeptur gegenüber der alten Rezeptur?

39 Brühwurst herstellen

FLEISCHEREI nussel

Tim steht mit Sabrina und Björn am Kutter, um das Brät für Mortadella herzustellen. Gegen Ende des Kuttervorgangs nimmt Tim eine Handvoll Brät aus dem Kutter und hält es schräg gegen das Licht.
Sabrina: „Was guckst du so intensiv auf das Brät, Tim? Stimmt etwas damit nicht?“
Tim: „Das Brät soll schwach glänzend sein, glatt in der Konsistenz und von heller Farbe. Wenn das Brät diese Eigenschaften erfüllt, können wir dies auch für die fertige Mortadella erwarten. Sie soll dann nämlich eine helle Farbe, eine homogene (gleichmäßige) Konsistenz und ein leicht glänzendes Anschnittsbild aufweisen.“
Björn fragt sich inzwischen, ob es nicht auch noch andere Prüfmethoden für das Brühwurstbrät gibt.

Die Brühwürste sind unter den drei Wurstgruppen die beliebtesten und die am meist verkauftesten Würste. Um die Herstellung kurz und präzise zu beschreiben lässt sich die ganze Brühwursttechnologie mit dem Satz umschreiben: **„Es geht alles darum Eiweiß in Lösung zu bringen“.**

Dies fängt bei der Rohstoffauswahl an, berührt stark die Zustandsformen, beeinflusst die Auswahl der Zusätze und Zusatzstoffe, nimmt Einfluss auf die Darmauswahl und wird ganz entscheidend durch den Maschineneinsatz, speziell des Kutters, gesteuert. Letztendlich endet alles bei einer möglichen Fehlersuche und Ursachenanalyse, wobei die Fehler immer durch einen Mangel an Eiweißlösung (Eiweißaufschluss) entstehen.

39.1 Rohstoffe auswählen

Um die Qualitätsanforderungen an eine Brühwurst zu erfüllen, benötigt man „gut bindendes Fleisch“; d. h., das Eiweiß im Fleisch soll

- ca. 70 % des eigenen Wassers sowie zugesetztes Wasser hitzestabil binden,
- 20 bis 35 % Fett in der Brühwurst fixieren.

Das Fett wird teilweise emulgiert und teilweise in ein netzartig ausgebildetes Gerüst aus Fleischeiweiß und Wasser aufgenommen.

Alter und Teilstücke

Ausschlaggebend bei der Fleischauswahl ist die Bindekraft des Fleischeiweißes. Das Fleisch jüngerer Tiere, wie Fresser (▸ S. 253), Jungbullen, Kälber und Schweine, weist ein besseres Bindevermögen auf als das Fleisch älterer Tiere, wie Bullen, Kühe und Sauen.

Während die bindegewebsarmen edlen Teilstücke der Hinterviertel die besten Bratenstücke ergeben, wird für Brühwurst vor allem mageres, kollagenhaltiges Vorderviertelfleisch verwendet.

Zustandsform

Grundsätzlich kann Brühwurst aus **schlachtwarmem, gekühltem** oder **gefrorenem** Fleisch hergestellt werden. Zwischen diesen drei Zustandsformen bestehen entscheidende Unterschiede im Bindevermögen des Fleischeiweißes. Das höchste Wasser- und Fettbindevermögen besitzt das Fleisch kurz nach der Schlachtung **(Warmfleisch).**
Beim schlachtwarmen Fleisch sind wasser- und fettbindende Zusätze (Kutterhilfsmittel und Emulgatoren) nicht erforderlich. Es hat einen

- hohen pH-Wert,
- hohen Gehalt an natürlichem Adenosintriphosphat (ATP, ▸ S. 276).

Änderung des Wasserbindevermögens von Rindfleisch nach dem Schlachten

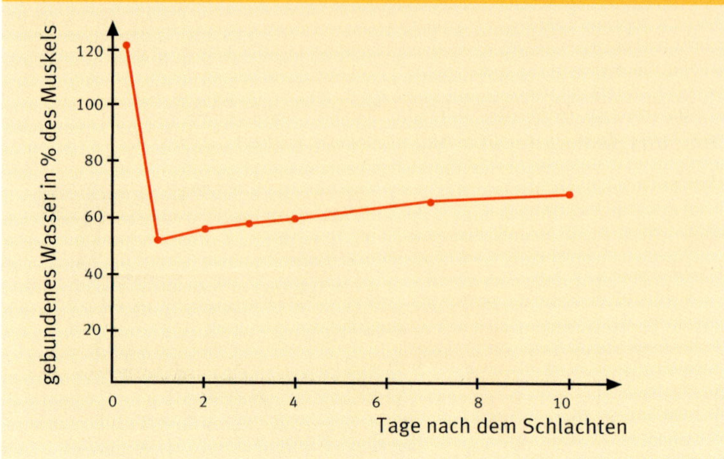

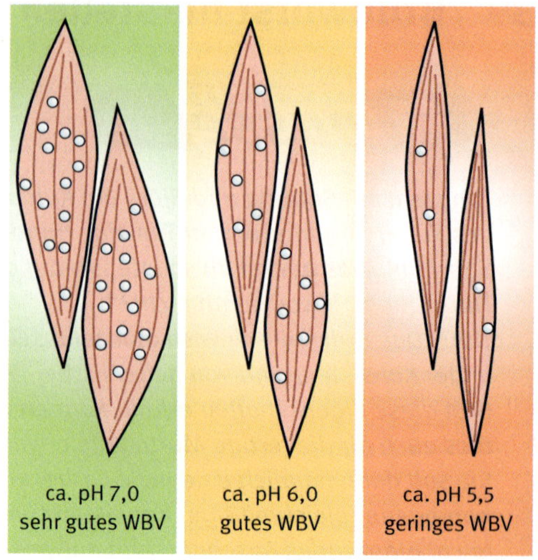

Wasserbindung in Abhängigkeit vom pH-Wert

Der pH-Wert beeinflusst das Wasserbindevermögen (WBV) des Aktomyosins entscheidend. Das beste Wasserbindevermögen besitzt schlachtwarmes Fleisch mit hohem pH-Wert von ca. 6,5. Mit sinkendem pH-Wert stößt das Eiweiß zunehmend Wasser ab. Am ungünstigsten ist die Wasserbindung bei einem pH-Wert um 5,0 bis 5,2 (isoelektrischer Punkt von Aktomyosin).

Folgende Regeln lassen sich in Bezug auf das WBV ableiten:

- hoher pH-Wert → gutes WBV
- niedriger pH-Wert → geringes WBV
  DFD-Fleisch → gutes WBV (▸ S. 283)
- PSE-Fleisch → geringes WBV (▸ S. 283)

Solange im Muskelfleisch noch Adenosintriphosphat (ATP) vorhanden ist, löst diese energiereiche Verbindung den Myosinkopf vom Aktinfilament und spaltet somit den Aktomyosinkomplex (▸ S. 276).

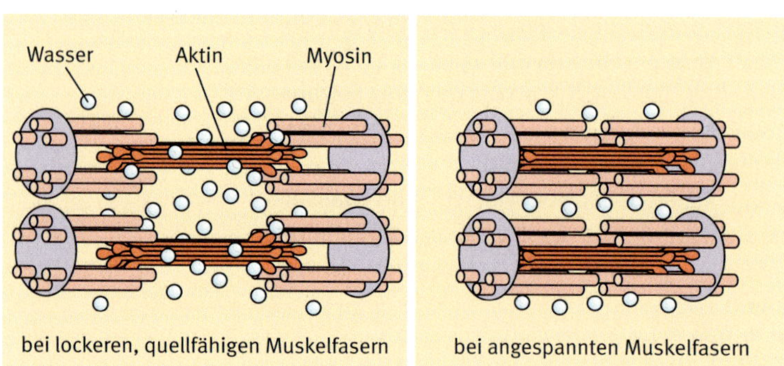

Zustand von Aktin und Myosin

Das führt zu lockeren, quellfähigen Muskelfasern, in denen mehr Fremdwasser eingelagert und gebunden werden kann, als dies in angespannten und erstarrten Muskeln der Fall ist. Darum wird ATP in der Fachsprache auch „Weichmacher" genannt.

ATP ist im Fleisch nach der Schlachtung bis zum Einsetzen der Totenstarre (Rigor mortis) vorhanden. Der genaue Zeitpunkt, wann die Totenstarre einsetzt, lässt sich in der betrieblichen Praxis nicht ermitteln und hängt ab von

- der Tierart,
- dem Teilstück,
- der Stressbelastung vor dem Schlachten,
- der Temperatur im Schlachttierkörper.

Faustformel: Beim Rind steht etwa 6 h und beim Schwein etwa 1 h nach der Schlachtung (post mortem) noch ausreichend ATP als „Weichmacher" zur Verfügung.

Aus organisatorischen Gründen ist es den meisten Betrieben jedoch nicht möglich, Warmfleisch so kurzzeitig nach der Schlachtung zu Brühwurst zu verarbeiten. Der „Warmfleischeffekt" kann durch Zerkleinern und gründliches Vermengen mit Salz konserviert werden. Der so hergestellte **Warmschrot** kann unter Kühlung etwa drei Tage oder durch sofortiges Gefrieren bis etwa drei Monate erhalten werden. Gefrorenes Warmfleisch muss ohne vorheriges Auftauen sofort gefroren verarbeitet werden, da sonst bei steigender Temperatur die Enzyme aktiviert und das ATP im

zerkleinerten Fleisch sehr schnell abgebaut würde.
Eine weitere Möglichkeit, die Eigenschaften des Warmfleisches für die Brühwurstherstellung zu konservieren, besteht darin, das Fleisch mit flüssigem Stickstoff im Kutter **schockzufrosten** und zu granulieren. Das so tiefgefrorene Granulat kann einige Wochen gefriergelagert und nach Bedarf direkt verarbeitet werden.

Ausgekühltes Fleisch **(Kaltfleisch)** hat ein deutlich geringeres Wasser- und Fettbindevermögen als Warmfleisch. Kaltfleisch sollte erst drei Tage nach der Schlachtung zu Brühwurst verarbeitet werden, da dann der pH-Wert und somit auch das Bindevermögen wieder leicht ansteigen.

Soll Brühwurst aus tiefgefrorenem Fleisch hergestellt werden, so ist es in dünner Schicht schnell einzufrieren und im gefrorenen Zustand zu verarbeiten.
Langsam eingefrorenes Fleisch würde viel Tropfsaft und damit gelöste Salze und Eiweißstoffe verlieren, die für das Bindevermögen wertvoll sind (▸ S. 120).

Auswahl des Fettgewebes

Das Fettgewebe für die Brühwurstherstellung muss sorgfältig ausgewählt, hygienisch einwandfrei gelagert und verarbeitet werden. Von wenigen Ausnahmen abgesehen, wie z. B. der Rindswurst, bei der ausschließlich Rindertalg als Fettgewebe verarbeitet wird, wird Speck vom Schwein verwendet. Es sollen nur frischer, kerniger und zäher Nacken-, Rücken- und Bauchspeck sowie Schweinebacken verwendet werden.

Der Speck sollte
- im Kühlhaus bei –1 bis +2 °C und mäßiger Luftbewegung nicht länger als 5 Tage,
- im Gefrierhaus nicht wärmer als –18 °C und nicht länger als 30 Tage bevorratet werden.
- Länger gelagerter Speck führt zu geschmacklichen Nachteilen und verkürzt die Lagerfähigkeit von Brühwürsten.

Weicher Speck ist ungeeignet, da er durch den Temperaturanstieg beim Kuttern leicht zu schmieren beginnt und beim Brühen der Wurst zu unerwünschtem Fettabsatz führen kann. Insbesondere der Speck, der als Einlagematerial (z. B. für Bierwurst oder Italienische Mortadella) verwendet wird, muss fest und hitzebelastbar sein.
Weicher Speck hat einen zu hohen Anteil an ungesättigten Fettsäuren aufgrund
- eines zu niedrigen Schlachtalters, da erst mit zunehmendem Alter die untere der beiden Speckschichten wächst, die reich an gesättigten Fettsäuren ist.
- der Fütterung mit Mais, Ölsamen oder Pressrückständen von Ölsamen, die sehr viel ungesättigte Fettsäuren enthalten.

▶ Stellen Sie mit unterschiedlichen Fettmengen (0, 12, 25, 33, 50 % S IX) Fleischwurst her.
Verwenden Sie für die Versuchsauswertung das unten stehende Schema.

▶ Stellen Sie für die Versuchsreihe nach dem Magerbrätverfahren Lyoner her. Halten Sie Ihre Erkenntnisse und Folgerungen in der Tabelle schriftlich fest.

Weicher und kerniger Rückenspeck im Vergleich

Unterschiedliche Fettarten	Versuch 1 S VI	Versuch 2 S VII	Versuch 3 S VIII	Versuch 4 S IX	Versuch 5 S X
Temperatur des fertigen Bräts					
Farbe					
Konsistenz					
Fett-, Geleeabsatz					
Haftprobe					
Pressbild					
Gewicht vor dem Brühen					
Gewicht nach dem Brühen					
Gewichtsverlust in Gramm					
Gewichtsverlust in Prozent					
Farbe					
Konsistenz, Biss					
Geschmack					
Gesamturteil					

Versuche zur Verwendung unterschiedlicher Fettarten bei der Brühwurstherstellung

9

39.2 Wirkung von Zusätzen und Zusatzstoffen

39.2.1 Zusätze

Stellen Sie mit unterschiedlichen Kochsalzmengen (0, 1, 2, 3, 5 %) feine Bratwurst her.
Entwickeln Sie für die Versuchsauswertung ein entsprechendes Schema wie für den Versuch auf S. 365.

Kompressorium zur Herstellung von Pressbildern

Zusätze zur Brühwurst sind Zutaten außer Fleisch, Fettgewebe und Zusatzstoffen (▸ S. 610 ff.).
Hierzu zählen Kochsalz, Wasser, Gewürze (▸ S. 601 ff.) und fleischfremde Lebensmittel, wie sie in den Anlagen zur Fleischverordnung aufgeführt sind (▸ S. 615).

Kochsalz

Salz wird der Brühwurst als Kochsalz oder Nitritpökelsalz in einer Menge von 20 bis 24 g pro kg Fleisch-Fett-Menge bzw. 18 g auf Gesamtmasse zugesetzt. Dabei geht vom Salz eine dreifache Wirkung aus:

- Neben der Eigenschaft, salzig zu schmecken, unterstützt Kochsalz das Eigenaroma von Magerfleisch, Fettgewebe und Gewürzen und trägt somit zum typischen Produktaroma bei. Bei zu geringer Salzdosierung, unter ca. 1,4 %, werden Fleisch- und Gewürzaroma sensorisch isoliert wahrgenommen und hinterlassen einen unharmonischen Aromaeindruck der Wurst **(geschmacklich-geruchliche Wirkung)**.
- Salz senkt den a_W-Wert der Wurst und hat somit eine haltbar machende Wirkung (▸ S. 292).
- Salze – hierzu zählen auch die Natriumsalze der Genusssäuren und der Diphosphorsäure – erhöhen die „Ionenstärke“ und damit die Löslichkeit und Quellung der beim Kuttern freigesetzten myofibrillären Eiweißstoffe (▸ S. 236). Die Ionenstärke ist ein Maß für die Gesamtwirkung aller im Brät vorhandenen Salze. Dabei nehmen die salzlöslichen Eiweißstoffe mit steigender Salzkonzentration zunehmend Wasser auf (Quellung) und halten es fest (Wasserbindung). Diesen Vorgang nennt man auch **Einsalzen** der Proteine. Das größtmögliche Wasserbindevermögen liegt bei 5 % Kochsalz im Magerbrät. Bei höheren Salzkonzentrationen nimmt das Wasserbindevermögen wieder ab, es kommt dann zum sogenannten Aussalzen der Proteine **(Wirkung auf salzlösliche Eiweißstoffe)**.

Quellvermögen und Löslichkeit von Actomyosin bei unterschiedlichen Salzkonzentrationen

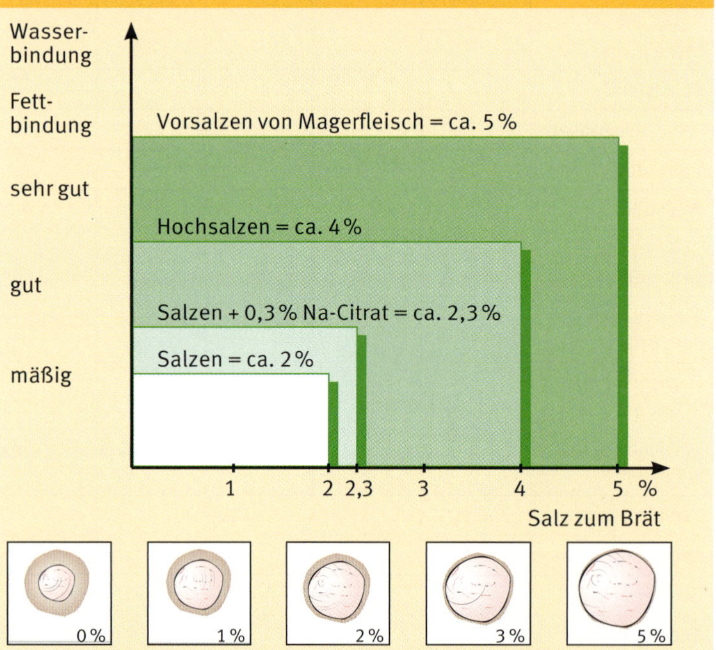

Pressbilder zum Wasserbindevermögen des Bräts bei unterschiedlichen Salzkonzentrationen

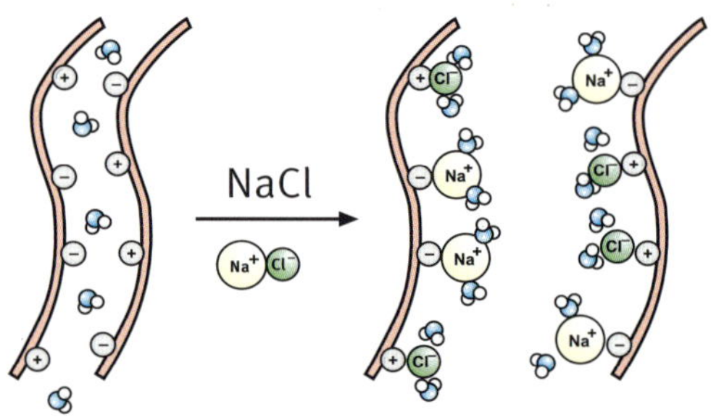

Einsalzeffekt bei Eiweißstoffen

Der Kochsalzeffekt auf das Wasserbindevermögen kann aus geschmacklichen Gründen nicht voll ausgenutzt werden, da das Produkt bei einem Salzgehalt von über 2 % bezogen auf die Gesamtmasse „versalzen“ schmeckt.

Die „Hochsalzung“ bei Dosenwürstchen bildet eine Ausnahme (Abb. links). Bei diesem Verfahren wird das Brät mit 4 bis 5 % einer Mischung aus Kochsalz und Nitritpökelsalz gekuttert. Als Aufguss wird jedoch schwachprozentige Lake oder Wasser verwendet. Die Konzentrationsunterschiede zwischen Aufguss und den vorübergehend zu salzigen

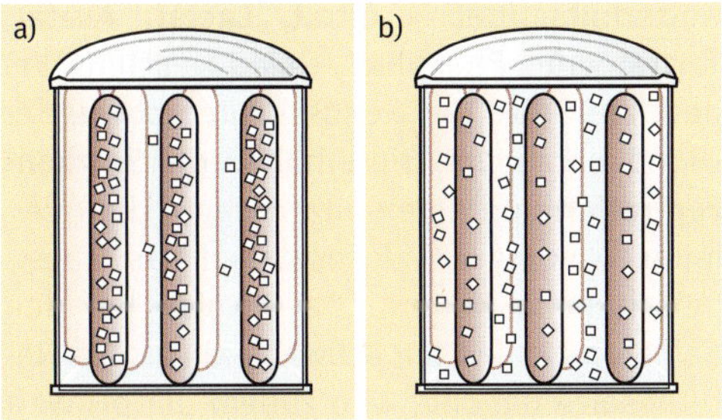

Konzentrationsverhältnisse zwischen Würstchen und Aufguss. a) direkt nach Dosenverschluss, b) beim Verkauf der Dosenwürstchen

Würstchen gleichen sich – je nach Würstchenkaliber – innerhalb von 1 bis 3 Tagen nach dem Erhitzen wieder aus. Das Salz tritt also erst dann in den Aufguss über, wenn Wasser und Fett in der Brühwurst bereits gebunden sind.

Wasser

Die in Salzwasser löslichen Eiweißstoffe sind für die hitzestabile Fett- und Wasserbindung der Brühwurst ausschlaggebend. Sie quellen jedoch nur, wenn neben dem Salz eine ausreichende Menge an Wasser vorhanden ist.
In Abhängigkeit von der Rezeptur und von dem Bindevermögen des Fleischeiweißes rechnet man mit einem Schüttungsanteil von 50 % zum Magerfleisch **(Wirkung als Quellungsmittel).**
Je stärker der Zerkleinerungsgrad, desto mehr Actomyosin kann aus den Muskelzellen freigesetzt und im Brät verteilt werden. Die rotierenden Kuttermesser erzeugen allerdings eine Reibungswärme, die zur Hitzedenaturierung (Gerinnung) der Eiweißstoffe führen kann. Denaturierte Proteine haben kein Bindevermögen. Um die Reibungswärme schnell abzuführen, gibt man während des Kutterns das Trinkwasser in Form von Eis zu. Eisschnee und Scherbeneis sind Eiswürfeln vorzuziehen, da sie sich schneller im Brät verteilen **(temperaturregulierende Wirkung).**

Fleischfremde Zutaten

Bei den fleischfremden Zutaten sind es vor allem deren Eiweißstoffe, die technologische Bedeutung bei der Brühwurstherstellung haben. Sie können im Brät emulgierend, quellend oder gelierend wirken.

Die Gefahr von Fettabsatz während des Erhitzens bei der Brühwurstherstellung nimmt mit steigender Temperatur zu. **Milcheiweiß** sorgt dafür, dass die Fetttröpfchen auch bei hohen Temperaturen in der Wurstmasse nicht zusammenfließen. Es lagert sich im Brät an Fettteilchen an und umhüllt sie so, dass die Fetttröpfchen höhere Drucke überstehen, ohne zu platzen (▸ Abb. rechts).

Milcheiweiß wird dem Brät als Pulver, Gelee oder Emulsion zugesetzt. Als Emulsionen sind folgende Mischungsverhältnisse üblich: Milcheiweiß : Fettgewebe : Wasser = 1 : 5 : 5 bis 1 : 8 : 8.
Unerwünscht sind häufig bei Brühwürsten mit Milcheiweiß
- Fehlen des produkttypischen „Bisses“,
- helle Farbe,
- abgeflachtes Aroma.

Blutplasma erhöht in erster Linie die Wasserbindung. Dabei wirken die im Plasma gelösten Eiweißstoffe direkt durch ihr enormes Wasserbindevermögen, das höher ist als das der Fleischeiweißstoffe. Indirekt wirkt Blutplasma auf das Wasserbindevermögen des Bräts, indem es den pH-Wert erhöht. Der pH-Wert des Blutplasmas liegt bei 7,8.
Die gelösten Bluteiweißstoffe bilden erst bei Temperaturen oberhalb von +75 °C ein festes, stabiles Gel aus. Deshalb müssen Brühwürste mit Blutplasma in allen Teilen auf mindestens +75 °C erhitzt werden.
Blutplasma wird aus mikrobiellen Gründen am besten in gefrorenem Zustand verarbeitet, wobei es zusätzlich als Kältereserve beim Kuttern dient.

Pflanzliche Eiweißstoffe wie Weizen-, Erbsen- oder Sojaeiweiß werden vor allem bei Rezepturen eingesetzt, bei denen die Menge oder Qualität des Fleischeiweißes nicht ausreicht, um Wasser und Fett stabil zu binden.

Stückige Einlagen wie Paprikaschoten, Tomaten, Oliven, Käse, hart gekochte Eier geben einigen Brühwurstsorten einen besonderen Geschmack und machen das Brühwurstsortiment attraktiver. Bei der Bestimmung des BEFFE-Gehalts solcher Brühwürste wird das Produkt ohne Einlagen untersucht. Hierauf ist bei der Standardisierung zu achten.

9

Versuche zur Farbbildung von Brühwürsten.
Stellen Sie mit folgenden Zusätzen Fleischwurst her:
- Kochsalz
- Kochsalz und Ascorbat
- Nitritpökelsalz
- Nitritpökelsalz und Ascorbat

Verwenden Sie für die Versuchsauswertung das Schema auf ▸ S. 365.

Wiener Würstchen

9

Versuche zur Farbbildung von Brühwürsten.
Nummerieren Sie 4 Reagenzgläser und geben Sie in jedes 5 ml Fleischsaft. Geben Sie folgende Substanzen zu und schütteln Sie jeweils leicht:
- zu 1 eine Spatelspitze Kochsalz
- zu 2 je eine Spatelspitze Kochsalz und Ascorbinsäure
- zu 3 eine Spatelspitze Nitritpökelsalz
- zu 4 je eine Spatelspitze Nitritpökelsalz und Ascorbinsäure

Stellen Sie die vier Reagenzgläser etwa 30 Sekunden ins siedende Wasserbad und vergleichen Sie eventuelle Farbveränderungen.

39.2.2 Zusatzstoffe

Mit Ausnahme von Phosphat können die einzelnen bei der Herstellung von Brühwürsten zugelassenen Zusatzstoffe gemäß dem Grundsatz „quantum satis" zugesetzt werden (▸ S. 610). Für den verantwortungsbewussten Einsatz von Zusatzstoffen gilt der Grundsatz: **So wenig wie eben möglich, so viel wie unbedingt notwendig.**

Für die Herstellung von Brühwurst können eingesetzt werden:
- Umrötungsstoffe und Umrötungshilfsstoffe (▸ S. 291)
- Kutterhilfsmittel (▸ S. 612)
- Emulgatoren (▸ S. 613)
- Geschmacksverstärker (▸ S. 614)

Das Nitrit im Nitritpökelsalz und das Nitrat sind die beiden einzigen **Umrötungsstoffe,** die für die Herstellung von Brühwurst zugelassen sind, wobei das Nitrat eine absolut untergeordnete Bedeutung hat.
Neben der Art der verwendeten Umrötungsstoffe und Umrötungshilfsmittel wird die Anschnittfarbe von Brühwürsten beeinflusst:
- vom Myoglobingehalt des Magerfleisches, wobei gilt:
  - hoher Schweine- und Kalbfleischanteil
    ➔ weiße Ware
  - hoher Rindfleischanteil
    ➔ rosa bis rote Ware
- von der Behandlung, hier gilt:
  - sofort nach dem Füllen brühen
    ➔ weiße Ware
  - erst heiß räuchern, dann brühen
    ➔ rosa oder rote Ware
- vom Kutterverfahren, wobei gilt:
  - Zerkleinerung des Fettgewebes beim Fettbrätverfahren
    ➔ weiße Ware
  - mäßige Zerkleinerung des Fettgewebes beim Magerbrätverfahren
    ➔ rosa Anschnitt
  - wenig Sauerstoffeinschluss beim Vakuum- und Stickstoffkuttern
    ➔ stabileres Pökelrot (Brätverfahren ▸ S. 369 f.)

Die Kochsalzkonzentration kann aus geschmacklichen Gründen nicht beliebig erhöht werden.

Kutterhilfsmittel – Citrat, Lactat, Acetat, Tartrat oder Phosphat – sind geschmacksneutrale Salze der Genusssäuren sowie der Diphosphorsäure. Sie erhöhen die **Salzkonzentration** und unterstützen damit die quellende Wirkung von Kochsalz auf das Magerfleisch beim Kuttern. Da es sich bei den Salzen meistens um schwach alkalische Natriumsalze handelt, wird zudem der pH-Wert im Brät leicht angehoben.
Beim Phosphat kommt noch eine für das Wasserbindevermögen ganz entscheidende Wirkung hinzu: Es trennt das Actomyosin in Actin und Myosin und schafft so mehr Raum, in dem Wasser eingelagert und gebunden werden kann. Damit bewirkt Phosphat im Kaltfleisch das Gleiche, was ATP im lebenden Muskel und im Warmfleisch bewirkt. Phosphat kann in einer Menge von 5 g/kg dem nicht schlachtwarmen Fleisch unter dem Hinweis „mit Phosphat" zugesetzt werden.
Citrat als Kutterhilfsmittel muss nicht kenntlich gemacht werden.

Emulgatoren (▸ S. 613) werden eingesetzt, um stabile Emulsionen zu bekommen. Die technologische Wirkung von Emulgatoren bei der Brühwurst hängt wesentlich von der Frage ab, ob das Brühwurstbrät eine Emulsion darstellt. Wissenschaftler der Bundesanstalt für Fleischforschung in Kulmbach kommen hier zu einem klaren Nein.
Da Emulgatoren bei der Brühwurst allenfalls eine geringfügige Wirkung haben, kann bei sorgfältiger Rohstoffauswahl auf sie verzichtet werden.

Geschmacksverstärker, z. B. Glutamat, wirken auf zweierlei Weise:
- Die Empfindlichkeit der Geschmacksknospen der Zunge wird verstärkt.
- Der Speichelfluss wird erhöht und damit ein „volles Mundgefühl" ausgelöst.

Neben den Geschmackswahrnehmungen sauer, süß, salzig, bitter (▸ S. 600) vermitteln Geschmacksverstärker die fünfte Grundgeschmacksart, das „Umami". **Umami** ist ein japanischer Begriff und etwa mit „schmackhaft" zu übersetzen.
Glutamat kann bei dafür anfälligen Menschen ein Unwohlsein hervorrufen, das häufig als „China-Restaurant-Syndrom" bezeichnet wird.

39.2.3 Därme

Für die Brühwurstherstellung werden des Weiteren sämtliche **Kunstdärme** verwendet. Brühwürstchen werden sowohl in Cellulose-Schäldärme „in Eigenhaut" als auch in essbare Kollagensaitlinge gefüllt. Für Brühwürste, die heiß geräuchert werden, eignen sich die gas- und wasserdampfdurchlässigen Hautfaserdärme, die sowohl großkalibrig – für Aufschnittware – als auch in Kranzform für Fleisch- oder Stadtwurst angeboten werden. Überwiegend verwendet man jedoch die gas- und wasserdampfundurchlässigen Cellulosedärme, die sperrschichtlackiert und eingefärbt sind, oder Kuststoffdärme aus Polyamiden, Polyestern und PVDC-Mischpolymerisaten, weil dadurch der Arbeitsgang des Heißräucherns eingespart wird und Gewichtsverluste vermieden werden.

Ob Natur- oder Kunstdärme bevorzugt werden, hängt sowohl von den sensorischen, hygienischen, technologischen und wirtschaftlichen Bedingungen und Zielsetzungen des Betriebes ab – wobei gerade bei der Herstellung von Brühwürstchen dem Naturdarm der Vorzug zu geben ist.

39.3 Herstellung von fein zerkleinertem Grundbrät

Das fein zerkleinerte Grundbrät für die Brühwurst wird meistens im Kutter hergestellt. Dabei sollen die Kuttermesser **möglichst** viele Muskelfasern zerschneiden, um das Actomyosin freizusetzen.

Zugesetztes Salz, Wasser und gegebenenfalls Kutterhilfsmittel bringen die fadenförmigen Eiweißkörper in Lösung und lassen sie quellen. Auf diese Weise bildet sich im Brät ein zähflüssiges Netzwerk aus, in das Fettteilchen hitzestabil eingelagert werden.

Je intensiver die Zerkleinerung, also je mehr Muskelfasern zerstört werden, desto mehr Actomyosin steht für die Ausbildung eines stabilen Eiweißgerüsts zur Verfügung.

Welche Bedeutung haben die Kuttermesser für die Wasserbindung im Brät?

Eine intensive Zerkleinerung ist wesentlich von der Anzahl der Kuttermesser abhängig. Je größer die Anzahl, desto mehr Fleischfasern können zerstört werden, desto schneller steigt allerdings auch die Temperatur. Bei Messern, deren gerade Schliffe im Winkel zueinander stehen (Stufenschnitt), steigt die Brättemperatur langsamer an als bei Sichelmessern.

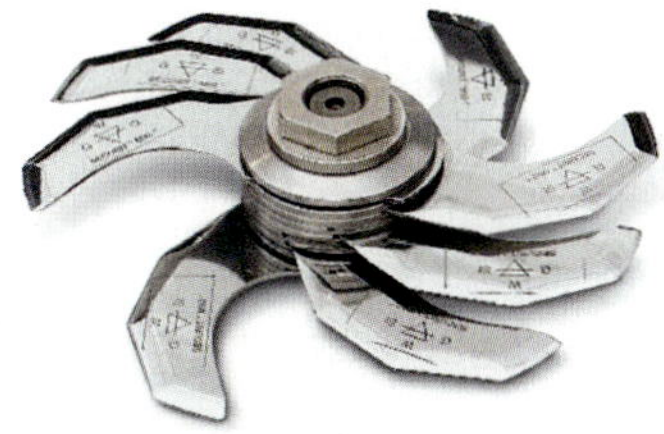

Brühwurstmessersatz mit 8 Stufenschnittmessern

Es ist zu beachten, dass der Spalt zwischen Messerschneide und Kutterschüsselwandung nicht zu groß ist (etwa 0,75 mm).

Der Vorteil einer intensiven Zerkleinerung des Magerfleisches wird schnell durch den Nachteil ansteigender Brättemperatur aufgehoben. An den Schnittkanten der Kuttermesser, die mit bis zu 7 000 Umdrehungen pro Minute rotieren, können Temperaturen entstehen, die das Eiweiß gerinnen lassen. Geronnenes Eiweiß steht für die Fett- und Wasserbindung nicht mehr zur Verfügung. Deshalb sollte die Oberfläche der Kuttermesser möglichst wenig Reibungswärme verursachen. Kuttermesser sollen daher genügend scharf sein und eine polierte, glatte Oberfläche haben.

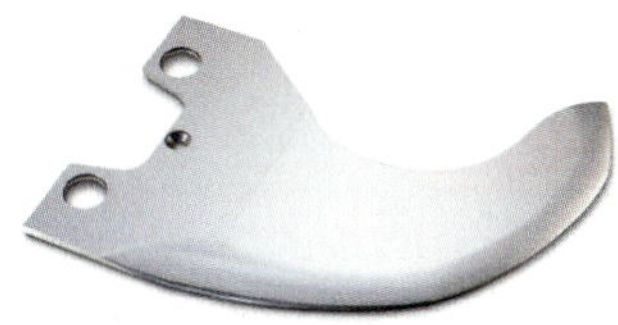

Sichelmesser

39.3.1 Brätverfahren

Nach der Reihenfolge, in der das Material in den Kutter gelangt, werden drei Brätverfahren unterschieden:

- Magerbrätverfahren
- Fettbrätverfahren
- Gesamtbrätverfahren

Unabhängig davon, ob der Betrieb das Mager- oder Fettbrätverfahren bevorzugt, wird häufig das Magerfleisch **„trocken gekuttert"**, bevor das Eis zugegeben wird. Hierdurch wird es intensiv zerkleinert, da die Fleischfasern von den Kuttermessern besser erfasst werden. Es ist darauf zu achten, dass an den Schnittstellen so wenig wie möglich Eiweiß durch Reibungswärme der Kuttermesser denaturiert, d. h., das Fleisch muss gut durchgekühlt oder – besser noch – gefroren sein.

Je niedriger die Temperatur des Magerfleisches, desto länger kann trocken gekuttert werden.

9

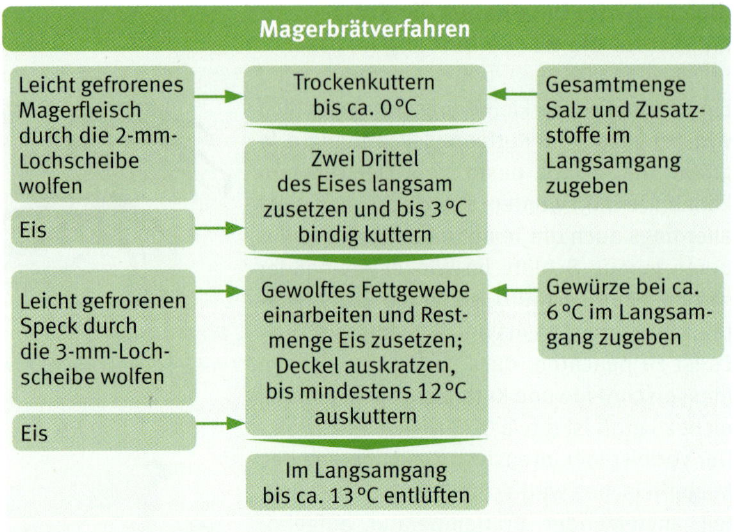

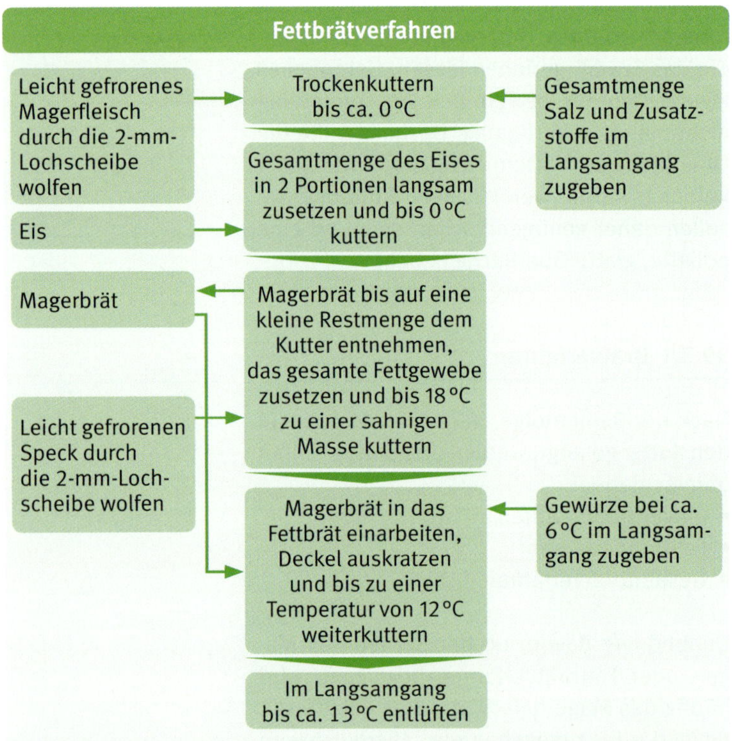

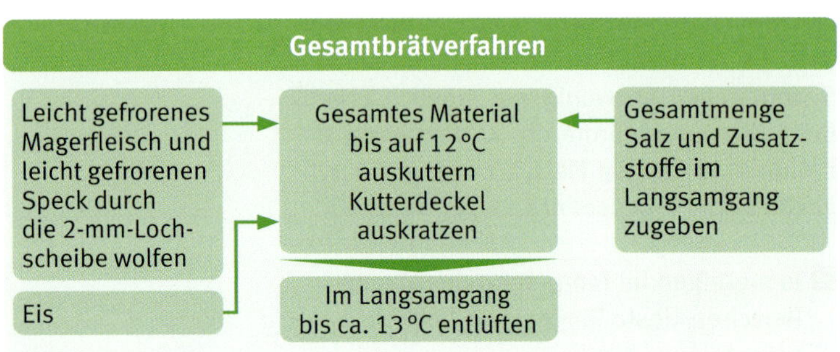

Magerbrätverfahren

Beim Magerbrätverfahren wird das gut gekühlte oder leicht gefrorene Magerfleisch und Fettgewebe durch die 2- oder 3-mm-Lochscheibe gewolft. Das gewolfte Magerfleisch wird zusammen mit dem gesamten Salz und den Zusätzen einige Runden trocken gekuttert. Zwei Drittel des Eises werden langsam zugegeben und im Schnellgang bis etwa 3 °C gekuttert. Jetzt wird das vorgewolfte Fettgewebe in das Magerbrät eingearbeitet, wobei das restliche Eis hinzugefügt wird. Bei ca. 6 °C im Langsamgang Gewürze zugeben und im Schnellgang bis zu einer Temperatur von mindestens ca. 12 °C kuttern. Anschließend wird das Brät im langsamen Kuttergang bis zu einer Endtemperatur von ca. 13 °C entlüftet. Höhere Brättemperaturen können leicht zu Geleeabsatz in der fertigen Wurst führen. Bei Phosphatzusatz als Kutterhilfsmittel kann die Endtemperatur auch höher sein, ohne dass die Wurst Gelee absetzt.

Fettbrätverfahren

Beim Fettbrätverfahren wird zunächst das Magerfleisch mit den Zusätzen gekuttert, wobei das Eis portionsweise zugegeben wird. Das fertige Magerbrät wird bis auf einen kleinen Rest dem Kutter entnommen. Anschließend wird der gewolfte und gut gekühlte Speck zu einem feinen, cremigen Fettbrät ausgekuttert, dann das Magerbrät stufenweise untergearbeitet.

Bei diesem Verfahren wird der Speck besonders fein zerkleinert. Dies führt zu einer guten Fettemulgierung und zu einer deutlich helleren Farbe in der Wurst. Für Brühwürste, bei denen ein heller Anschnitt erwünscht ist (z. B. Weißwurst, Wollwurst, Gelbwurst oder kontraststarke Aufschnittware), ist dieses Verfahren vorteilhaft, wenn auch zeitaufwendiger. Die Brätendtemperatur soll 15 °C nicht überschreiten, damit das Fettgewebe nicht zu schmieren beginnt und die Wurst Fett absetzt.

Magerbrätverfahren:
Zerkleinerter Speck wird in das Magerbrät eingekuttert.
Fettbrätverfahren:
Magerbrät wird unter das Fettbrät gekuttert.

Gesamtbrätverfahren

Das Gesamtbrätverfahren erfordert den geringsten Arbeits- und Zeitaufwand. Alle Bestandteile des Bräts, also Magerfleisch, Speck, Eis, Zusätze und Zusatzstoffe, werden gleichzeitig gekuttert. Dieses Verfahren setzt sehr leistungsfähige Kutter voraus, um grundsätzliche Verfahrensnachteile auszugleichen:

- Der Aufschluss der Fleischfasern ist dadurch erschwert, dass die gesamte Schüttung und das Fettmaterial im Kutter sind.
- Die Salzkonzentration im Magerfleisch liegt erheblich niedriger als bei den vorgenannten Verfahren, weil das Salz von Anfang an auf die gesamte Brätmasse verteilt wird.

39.3.2 Vakuum- und Stickstoffkutterung

Bei hohen Messergeschwindigkeiten werden erhebliche Mengen an Luftsauerstoff in das Brät eingearbeitet. Dies kann die Qualität verschlechtern:

- Farbmängel: zu blass, schlechte Farbhaltung, Vergrauung
- Geschmacksmängel: durch Fett- und Eiweißabbau
- Konsistenzmängel: zu weich, zu locker

Diese Qualitätseinbußen können vermieden werden, wenn überflüssiger Luftsauerstoff entzogen (Vakuumkuttern) oder verdrängt wird (Stickstoffkuttern).

Beim Vakuumkuttern soll – bei gut sortiertem Material – das Vakuum nicht höher als 80 % sein. Bei zu hohem Vakuum wird das Brät zu stark verdichtet und die fertige Wurst hat eine gummiartige Konsistenz. Das kombinierte Vakuum- und Stickstoffkuttern hat ein

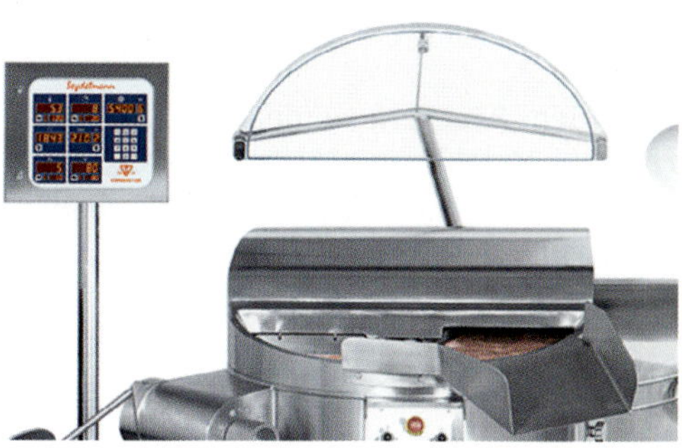

Vakuum-Koch-Kutter

Prüfen des Bräts		
Art der Probe	**Durchführung**	**Erwartetes Resultat**
Sichtprobe 	Etwas Brät schräg gegen das Licht halten	Brät ist – schwach glänzend – glatt – hell
Fingerprobe 	Hand aus dem Brät ziehen und Finger spreizen	Je stärker die Bindung, desto stärker der Widerstand zwischen den Fingern
Ballenprobe 	Etwas Brät zwischen den Ballen beider Hände in kreisförmiger Bewegung zerreiben	Brät folgt den Bewegungen langsam ziehend und zeigt von oben das Bild einer stilisierten Rose
Haftprobe 	Schlesinger mit etwas Brät senkrecht hochhalten	Brät haftet und gleitet nur zäh fließend vom Schlesinger
Druckprobe 	Bohnengroße Brätprobe auf Fließpapier zwischen den Platten eines Kompressoriums pressen	Bei ausreichender Bindung darf sich kein Wasser aus dem Brät pressen lassen
Wasserprobe 	Brät mit kaltem Wasser von den Händen waschen	Bei guter Emulsion lassen sich die Hände fettfrei abspülen

Stellen Sie nach den drei verschiedenen Kuttermethoden Wiener Würstchen sowie Weißwurst her. Verwenden Sie für die Versuchsauswertung das Schema auf ▸ S. 365.

technologisch sehr hohes Niveau. Bei diesem Verfahren wird zunächst ein hohes Vakuum (80 bis 90 %) gezogen. Dadurch vermeidet man die nachteiligen Veränderungen durch den reaktionsfreudigen Luftsauerstoff. Anschließend wird das Vakuum durch Einleiten von reaktionsträgem Stickstoff auf ca. 10 % entspannt. Auf diese Weise bekommt das Brät wieder ein normales spezifisches Gewicht. Die Wurst wird nicht gummiartig. Beim Kuttern wird fast kein Metmyoglobin gebildet. Der Nitritzusatz kann sogar durch Beimischen von Kochsalz zum Nitritpökelsalz eingeschränkt werden (▸ S. 291 f.).

Trotz moderner Hochleistungsmaschinen, insbesondere des Kutters, ist die Fähigkeit des Fleischers gefordert, die Brätqualität bzw. den Zustand des Bräts richtig zu beurteilen und einzuschätzen.

Regeln für die Grundbrätherstellung

- Gut entsehntes, mageres, leicht gefrorenes Fleisch verarbeiten, denn nahe dem Gefrierpunkt wird das fibrilläre Muskeleiweiß besser aufgeschlossen.
- Fettgewebe und Bindegewebe nur so lange kuttern, bis sie als Teilchen nicht mehr sichtbar sind. Zu starke Zerkleinerung kann auch zu schlechter Wasser- und Fettbindung führen.
- Wenn kein Warmfleisch oder Phosphat als Kutterhilfsmittel verarbeitet wird, sollte die Kutterendtemperatur +13 °C nicht übersteigen.

Entnahme von Einlagenmaterial für Bierschinken aus dem Tumbler

39.4 Weitere Behandlung

39.4.1 Füllen

Nachdem das Zwischenprodukt Brät fertiggestellt ist, muss es möglichst schnell in Wursthüllen (▸ S. 616) oder andere Behältnisse gefüllt werden. Längere Standzeiten von Brät oder Brühwursthalbfabrikaten begünstigen die Vermehrung von z. B. säurebildenden Bakterien und somit einen pH-Wert-Abfall. Dies kann zu Gelee- und Fettabsatz in der fertigen Wurst führen.

Beim Füllen in Wursthüllen ist eine möglichst weite Fülltülle zu verwenden. Hierdurch wird das Brät mechanisch nicht so stark belastet, da der Fülldruck bei gleicher Füllgeschwindigkeit niedriger ist.

Zu dünne Fülltüllen verursachen eine ungleichmäßige Festigkeit. Dies führt zu Konsistenzmängeln und Geleeabsatz.

39.4.2 Räuchern

Beim Räuchern von Brühwurst geht es weniger um die Konservierung; vielmehr werden folgende Ziele verfolgt:

- Raucharomatisierung
- Rauchfärbung
- Härtung von Natur- und Kollagensaitlingen für Dosenwürstchen
- Unterstützung der Eigenhautbildung bei Schäldarmwürstchen (▸ S. 315)

Unter den Brühwürsten werden insbesondere die Brühwürstchen vor dem Garen geräuchert. Dabei können Farbfehler und/oder zähe Därme vermieden werden, indem die Programme optimal auf das entsprechende Räucherverfahren abgestimmt sind (▸ S. 373).

Nach dem Räuchern werden z. B. die Würstchen 15–20 Minuten bei 72 bis 75 °C gebrüht und anschließend zum Abkühlen 10 Minuten geduscht.

Richtwerte für die Herstellung von Würstchen (Saitling, Ø 20/22 mm) mit gleichbleibender Qualität						
	Umröten			Räuchern		
	r. F. in %	Temp. in °C	Zeit in Min.	r. F. in %	Temp. in °C	Zeit in Min.
Glimmrauch, offenes System	60	45	60	75	60	45–60
Glimmrauch, geschlossenes System	60	50	45	80	70	20–30
Reibrauch	75	45	60	85	60	40–60
Dampfrauch	60	45	30	50	70	10–20

r. F. = relative Luftfeuchtigkeit, Temp. = Temperatur

39.4.3 Garen

Mit dem Garen von Brühwürsten werden folgende Ziele verfolgt:

- Koagulation des Eiweißnetzwerks zu einem stabilen Eiweißgerüst, in dem Wasser und Fettteilchen auch beim erneuten Erwärmen fest gebunden bleiben
- längere Haltbarkeit (ca. 6 Wochen bei +5 °C) durch Ausschalten von Mikroorganismen (Ausnahme: Sporenbildner) und Inaktivierung von Enzymen (► S. 518)
- Erlangung der produkttypischen Eigenschaften (z. B. Farbe, Aroma, Geschmack)

Wenn kein Blutplasma als Eiweißergänzung verwendet wird, bildet sich ein stabiles Eiweißgerüst bei etwas weniger als +70 °C aus. Der erzielte Abtötungseffekt bestimmt ganz wesentlich die Haltbarkeit der Wurst (► S. 457).

39.4.4 Kühlen

Die Haltbarkeit der Brühwürste ist wesentlich von der Kühlraumtemperatur abhängig. Eine Höchsttemperatur von +4 °C sollte eingehalten werden, wobei gilt:

Jedes Grad kälter kann die Haltbarkeit um Tage verlängern.

(► S. 116 ff. und ► S. 413 ff.)

Wurstkühlraum

9

Herstellungstechnologie der Brühwurst im Überblick

Arbeitsablauf	Brühwürstchen	Fein zerkleinerte Brühwurst	Grobe Brühwurst	Brühwurst mit Einlagen
Rohmaterial auswählen	Entweder Warmfleisch oder frisches, gut entsehntes, gut gekühltes oder leicht gefrorenes Kaltfleisch mit einem pH-Wert von mindestens 5,9. Kerniger frischer Speck ohne Schwartenzug			
Material standardisieren, vorbereiten	Gleichbleibende Fleischsortierungen in Übereinstimmung mit den Leitsätzen durch genaues Einwiegen Gut entsehntes Einlagematerial verwenden			
Zutaten und Maschinen vorbereiten	Därme wässern, bei Kunstdärmen Herstellerangaben beachten, Zusätze und Zusatzstoffe abwiegen, Maschinen rüsten		Fleischwürfel am Tag vor der Herstellung ansalzen, am Herstellungstag tumbeln oder leimig-bindig kneten	
Zerkleinern	Saubere und scharfe Wolf- und Kuttermesser. Beim Kuttern mit mindestens einem Sechser-Messersatz arbeiten (möglichst Stufenschnittmesser), **Kutterschüssel höchstens bis zu drei Viertel füllen,** Temperaturen einhalten, kurz vor dem Ende des Kutterns den Deckel auskratzen			
Füllen	Weite Fülltülle benutzen, nicht zu schnell füllen, prall füllen			
Umröten/Räuchern	Relative Luftfeuchtigkeit, Temperatur und Zeit dem Produkt, Kaliber und Räucherverfahren anpassen			
Garen	Bei einer Wassertemperatur von +78 °C bis zu einer Kerntemperatur von +75 °C brühen. Faustregel: Pro Millimeter Kaliber eine Minute. Nach dem Brühen duschen oder im Wasserbad abkühlen			
Lagern	Im Kühlraum (je nach Produkt auch in 2 %iger Lake): bei mäßiger Luftbewegung, einer relativenLuftfeuchte um 90%, dunkel bis 60 Lux und einer Temperatur von –1 bis +2 °C (höchstens + 5 °C)			

9

39.5 Brühwurstfehler

Überall, wo gearbeitet wird, können auch Fehler gemacht werden. Wichtig ist jedoch, dass man bereit ist, aus den Fehlern zu lernen. Dazu ist es für den Fleischer wichtig, dass er den erkannten Fehler auf seine möglichen Ursachen zurückführt, damit er Maßnahmen zur Verhinderung des Fehlers ergreifen und sie auf ihre Wirksamkeit hin überprüfen kann. Im Folgenden sind einige typische Brühwurstfehler und deren Ursachen aufgeführt.

Brühwurstfehler	Mögliche Ursachen
Fehler im Aussehen	
faltiger Darm	• zu locker gefüllt • zu starke Trocknung beim Räuchern oder beim Lagern
zu blasse Rauchfarbe	• Anteil an Fettgewebe zu hoch • zu wenig Muskelfarbstoff oder Umrötungsmittel • Darm beim Räuchern zu feucht
zu dunkle Rauchfarbe	• Rindfleischanteil zu hoch • Rauchatmosphäre zu trocken • zu lange Räucherung
beschlagene Wurst	• ungenügende Räucherung • Kühltemperaturen zu hoch • Luftfeuchtigkeit im Kühlhaus zu hoch
mangelhafte Umrötung	• zu wenig Muskelfarbstoff oder Umrötungsmittel • kein Umrötungshilfsmittel verwendet • NPS zu feucht oder überlagert
grauer Kern	• Umrötungszeit zu kurz • Umrötungstemperatur zu niedrig • zu geringe Kochzeit und Temperatur
Fehler in der Konsistenz	
grüne Flecken in Lufteinschlüssen	• unhygienische Verarbeitung • Magerfleisch zu lange vorgesalzen • zu wenig Umrötungshilfsstoff • Erhitzung zu niedrig
zäher Darm	• ungenügende Wässerung • zu lange Trocknung und Räucherung
Wurst ist zu fest	• zu viel Bindegewebe • zu geringe Schüttung • zu hoher Magerfleischanteil • zu hohes Vakuum
Fett- und Geleeabsatz	• zu geringer Magerfleischanteil • zu hoher Anteil an PSE-Fleisch • zu viel Schüttung • zu lange Brätstandzeiten • zu hoher Wasser- und Fettanteil • zu starke mechanische Brätbelastung beim Füllen • zu hohe Temperatur beim Räuchern und Garen
Herausfallen der Einlagen	• Einlagen zu feucht • Einlagen unzureichend mit dem Brät verrieben
Fehler im Geschmack und Geruch	
säuerlicher Geschmack	• überlagertes Rohmaterial • zu hoher GdL-Anteil (▸ S. 319) • unhygienisches Arbeiten • zu lange Brätstandzeiten im Sommer • zu niedrige Kerntemperatur beim Garen • Kühl- und Lagertemperatur zu hoch, vor allem bei vakuumverpackter Ware
verdorbener Geschmack	• zu hoher Anteil an DFD-Fleisch • zu hoher Keimgehalt des Ausgangsmaterials • zu niedrige Kerntemperatur beim Brühen

Faltiger Darm

Unterschiedliche Räucherfarbe

Grüne Flecken in Lufteinschlüssen

Geleeabsatz

Nicht fest verbundene Einlage

Komplexe Aufgabe

Bei nächster Gelegenheit, wenn Sie im Betrieb, in der Berufsschule oder in der überbetrieblichen Unterweisung Brühwurstbrät kuttern, wenden Sie die auf ▸ S. 371 beschriebenen und mit Abbildungen verdeutlichten Prüfmethoden von Brät an. Vergleichen Sie Ihre Ergebnisse mit denen im Fachbuch und versuchen Sie diese, sofern Unterschiede auftreten, zu erklären.

Aufgaben zur Wiederholung

1. Welche Anforderungen werden an gut bindendes Magerfleisch für die Brühwurstherstellung gestellt hinsichtlich
   a) Art und Alter der Tiere,
   b) Lage der Teilstücke,
   c) Zustandsform des Fleisches,
   d) pH-Wert,
   e) ATP-Gehalt?
2. Wie ist die Verwendung von
   a) PSE-Fleisch,
   b) DFD-Fleisch
   für die Brühwurstherstellung fachlich zu beurteilen?
3. **a)** Was ist „Warmfleisch"?
   b) Wie verändert ATP den Actomyosinkomplex?
4. **a)** Bei welchem pH-Wert ist Actomyosin nach außen elektrisch neutral?
   b) Wie verhält sich Actomyosin am isoelektrischen Punkt gegenüber dem Dipol Wasser?
5. Wie lässt sich die gute Bindekraft von Warmfleisch eine Zeit lang erhalten?
6. **a)** Welches Fettgewebe eignet sich zur Brühwurstherstellung?
   b) Wie soll der Speck gelagert werden?
7. Was bewirkt Kochsalz bei der Brühwurstherstellung?
8. Bei den Brühwürsten unterscheidet man weiße und rote Ware.
   a) Wie kommt dieser Unterschied zustande?
   b) Nennen Sie je drei Beispiele.
9. Was bewirkt das Eis beim Kuttern?
10. **a)** Unter welcher Voraussetzung erscheint der Einsatz von Milcheiweiß bei der Brühwurstherstellung sinnvoll?
    b) Welche sensorischen Abweichungen entstehen dabei?
11. Was ist beim Einsatz von Blutplasma zu beachten?
12. Was sind Zusatzstoffe?
13. Was bedeutet „quantum satis"?
14. **a)** Wodurch erhöhen Kuttersalze die Bindekraft von Magerfleisch?
    b) Welche Wirkung hat Phosphat als Kutterhilfsmittel?
    c) Unter welcher Bedingung darf kein Phosphat zugesetzt werden?
    d) Wie ist der Zusatz von Phosphat zu kennzeichnen?
15. Wie wirken Geschmacksverstärker?
16. Welches Ziel wird bei der Zerkleinerung des Magerfleisches im Kutter verfolgt?
17. Welche Bedeutung haben die Kuttermesser für die Wasserbindung im Brät?
18. Welche Vorteile bringt das Trockenkuttern?
19. Erläutern Sie das Mager-, Fett- und Gesamtbrätverfahren.
20. Welches Kutterverfahren wählen Sie zur Herstellung von Münchner Weißwurst? Begründen Sie.
21. Welche Vorteile ergeben sich beim Vakuum- und Stickstoffkuttern?
22. Welche Regeln gelten für die Grundbrätherstellung?
23. Welche Ziele werden verfolgt
    a) beim Räuchern,
    b) beim Garen von Brühwurst?
24. Welche Funktionen haben die Prüfproben bei Brühwurstbrät?
25. Eine Mortadella hat einen grauen Kern. Worin könnten die Ursachen liegen?
26. Warum wird i. d. R. das Einlagematerial für grobe Brühwurst vorgesalzen?

40 Herstellen der vier verschiedenen Brühwurstgruppen

FLEISCHEREI nusse

Meister Nusse spricht Björn und Sabrina an: „So, das hier sind also eure ersten Wiener Würstchen, die ihr mit der Hand gefüllt und abgedreht habt? Björn, hol doch bitte mal zum Vergleich unsere Wiener, die wir mit der Abdrehvorrichtung herstellen, aus dem Kühlhaus.“ Sabrina und Björn stellen fest, dass ihre Würstchen im Vergleich zu den mit der Vorrichtung abgedrehten Wienern unterschiedlich lang geworden und schon jetzt nicht mehr prall sind.
Meister Nusse: „Das Füllen und Abdrehen von Würstchen müsst ihr noch üben. Aber keine Sorge, das klappt schon.“
Sabrina und Björn fragen sich, worauf die Unterschiede, die sie gerade festgestellt haben, zurückzuführen sind.

40.1 Brühwürstchen herstellen

Rezeptbeispiel: Münchener Weißwurst
(LSKZ 2.4.2.1.8) BEFFE nicht unter 6,5 %

Material für 100 kg Brät:

20 kg R II (KA oder JR)
20 kg S III
25 kg S IX
25 kg Eis
10 kg Schwarten

Zutaten je kg Gesamtmasse:

18 g Kochsalz
3 g Kutterhilfsmittel
2 g Pfeffer, weiß
1 g Mazis
1 g Glutamat
1 g Zitronenpulver
20 g Zwiebeln, frisch
8 g Petersilie, frisch

Herstellungsablauf

- Schwarten kochen (▸ S. 330), gut auskühlen lassen und durch die 2- oder 3-mm-Lochscheibe wolfen.
- Brät nach dem Fettbrätverfahren, aber auch nach dem Magerbrätverfahren kuttern (▸ S. 370).
- Petersilie in den letzten Kutterrunden auf 3 bis 4 mm körnen.
- Im Langsamgang das gewolfte Schwartenmaterial zusetzen, einige Runden mitkuttern.
- Brät in Schweinedärme Ø 28/30 füllen und ca. 25 Minuten bei ca. 72 °C brühen.
- Abschließend die Würste im kalten Wasser abkühlen oder duschen.

Weißwurst

Anmerkung: Viele Fleischereibetriebe verzichten bei der Rezeptur auf Schwartenzugabe.

Rezeptbeispiel: Wiener Würstchen
(LSKZ 2.4.2.1.2) BEFFE: nicht unter 8 %

Material für 100 kg Brät:

20,000 kg	R II	grob entsehntes und entfettetes Rindfl., sichtbarer Fettanteil bis max. 5 %
30,000 kg	S III	Schweinefleisch, grob entsehnt, mit max. 6 % sichtbarem Fettanteil
12,000 kg	S VI	Schweinebacke ohne Schwarte
14,500 kg	S IX	Fettzuschnitte
23,500 kg		Eisschnee

Zutaten je kg Gesamtmasse:

18 g Nitritpökelsalz
3 g Kutterhilfsmittel mit Phosphat
1 g Umrötungshilfsmittel
2 g Pfeffer, weiß
0,5 g Mazis
0,3 g Koriander
0,2 g Ingwer
2 g Paprika edelsüß

9

Wiener Würstchen

Herstellungsablauf

- Fleisch- und Fettmaterial nach Standards sortieren
- Standardisiertes Material nach Rezeptur verwiegen
- Gewürze und Zutaten abwiegen und bereitstellen
- Därme in lauwarmem Wasser einweichen
- Eis abwiegen und bereitstellen
- Fleisch- und Fettmaterial getrennt durch die 2 mm Lochscheibe wolfen
- Magerfleisch in den Kutter geben und 6–8 Runden (je nach Ausgangstemperatur des Materials) mit dem Nitritpökelsalz und Kutterhilfsmittel ankuttern
  - ca. 2/3 des Eises zugeben und bis + 2 °C im Schnellgang kuttern
  - das Fettmaterial hinzufügen und anschließend das restliche Eis
  - weiter kuttern im Schnellgang bis 8 °C
  - danach in den langsamen Gang schalten
  - Gewürze und restliche Zutaten einkuttern
  - im Schnellgang bis 10 °C kuttern
  - Kutter abstellen und den Kutterdeckel auskratzen
  - anschließend im Schnellgang bis 14 °C (max. 15 °C) fertig kuttern
  - im langsamen Gang 6 Runden entlüften
  - Brät in Schafssaitlinge 20/22 füllen und nach Kundenbedarf abdrehen
  - Wiener (abhängig von der Rauchanlage) z. B. bei 50 °C 30 Minuten trocknen und röten
  - anschließend bei 60 °C 30 Minuten räuchern
  - danach bei 75 °C im Kessel 20 Minuten brühen
  - abschließend die Würste im kalten Wasser abkühlen oder duschen

40.1.1 Därme

Bei keiner Wurstgruppe bzw. Untergruppe findet der **Naturdarm** eine so breite Verwendung wie bei Brühwürstchen.

Brühwürstchen sind nicht nur im deutschsprachigen Raum, sondern weltweit verbreitet. Eine besondere Verbrauchererwartung gerade beim Wiener Würstchen ist die Knackigkeit des Bisses sowie die sehr gute Essbarkeit (Verzehrfähigkeit) des Schafsaitlings, aber auch die des engen Schweinedarms. Andererseits ermöglicht gerade auch der enge Schweinedarm das „Herauslutschen“ der Münchener Weißwurst.

Hauptsächlich für die Fleischwarenindustrie wurde der Schäldarm entwickelt. Der Schäldarm wird in Raupen geliefert und lässt sich bei Füllautomaten sogar automatisch auf die Fülltülle stülpen. Das erspart vor allem Lohnkosten, aber auch die Füllfähigkeit ist durch exakt genormte Kaliber und Längen und eine gute Füllfestigkeit ideal. Nach dem Brühen „kräuselt“ sich der Darm und er lässt sich problemlos vom Würstchen schälen. Die Maschinenindustrie hat hierfür spezielle Schälmaschinen entwickelt. Die so hergestellten Würstchen werden sehr häufig in Gläsern oder Dosen verpackt und verkauft. Da in der Zutatenliste kein Darm angegeben werden kann, werden diese Würstchen z. B. als „Wiener Würstchen in Eigenhaut“ gekennzeichnet.

40.1.2 Qualitätsanforderungen

- „produktspezifischer Biss“
- prall, saftig, ohne zu spritzen
- abgestimmte Würzung
- deutliches Fleischaroma
- zarter Darm

Fettgehaltsstufen (Toleranz +/−5 %) (z. B. Hamburg)
- 20 % Rindswürstchen
- 25 % Wiener Würstchen, Rostbratwurst
- 30 % Frische Bratwurst, Hamburger Knacker

Prüfmerkmale der DLG

Äußere Beschaffenheit
- Sattelstellen zu stark
- Rußstellen
- Rauchflecken
- Räucherfarbe ungleich
- Platzer
- Lake trüb
- Fettabsatz in der Lake
- Länge ungleich
- Oberflächenbelag
- Falten

Aussehen im Anschnitt
- Schnittbild unklar
- Zerkleinerung ungenügend
- Fettabsatz
- Geleeabsatz
- Hohlstellen
- porig

Zusammensetzung
- Fleischauswahl mangelhaft
- Fettanteil zu hoch
- Sehnen-/Schwartenteile grob
- Sehnenanteil zu hoch
- Knorpelteilchen

Farbe
- Farbe zu blass
- zu dunkel
- Farbe ungleichmäßig
- grau/grünfleckig
- stark verblassend

Konsistenz/Beschaffenheit
- zu weich
- schmalzig
- im Biss zu schwammig
- gummiartig
- zu fest
- zu trocken
- im Biss zu kurz
- Darm zu zäh
- Darm hart
- Bindung mangelhaft

Geruch und Geschmack
- salzig
- säuerlich
- süßlich
- bitter
- fettig
- Würzung zu schwach
- Würzung zu stark
- Würzung nicht abgestimmt
- Fleischaroma zu gering
- Rauch zu stark
- Frische fehlt
- lakig
- alt
- dumpfig und muffig

40.2 Fein zerkleinerte Brühwurst herstellen

Rezeptbeispiel: Fleischwurst
(LSKZ 2.4.2.2.2) BEFFE nicht unter 7,5 %

Material für 100 kg Brät:
10 kg R II
20 kg R III
18 kg S III
30 kg S IX
22 kg Eis

Zutaten je kg Gesamtmasse:
18 g Nitritpökelsalz
3 g Kutterhilfsmittel
1 g Umrötungshilfsmittel
2 g Pfeffer, weiß
0,5 g Mazis
0,5 g Koriander
0,3 g Ingwer
1 g Paprika, edelsüß
eventuell Knoblauch

Fleischwurst

40.2.1 Herstellung

- Material nach dem Magerbrätverfahren oder Gesamtbrätverfahren kuttern.
- Fertiges Brät in Kunstkranzdärme (z. B. Hautfaserdärme) Ø 43/47 ringförmig abbinden.
- Anschließend die Wurst ca. 60 Minuten bei 60 bis 70 °C heiß räuchern und danach auf eine Kerntemperatur von ca. 72 °C brühen.
- Abschließend die Fleischwurst in kaltem Wasser gut auskühlen lassen.

40.2.2 Därme

Bis in die Zwanzigerjahre des letzten Jahrhunderts wurden alle Wurstsorten in Naturdärme gefüllt. Die Verknappung des Naturdarms durch die zunehmende Produktion von Wurstwaren führte zur Entwicklung von „Naturdarmersatzprodukten". Dies galt besonders für die Brühwurst und hier wiederum für die Aufschnittprodukte wie Jagdwurst, Bierschinken und Mortadella.
Eine besondere und interessante Entwicklung stellte hier der Hautfaserdarm dar, der vor-

9

Fleischwurst

nehmlich aus Rinderspalthäuten hergestellt wurde. Dieser Darm zeigt gute Lagerfähigkeiten, aber vor allem gute Fülleigenschaften und durch die Kalibergenauigkeit des Darms auch eine gleichmäßige Rauch- und Garzeit. Der Rauch war geschmacklich gewünscht, farblich gewollt und für die Haltbarkeit notwendig. Allerdings zeigen sich nach rund einer Woche Austrocknungserscheinungen und Faltenbildung. Dies macht eine wöchentliche Produktion der Erzeugnisse notwendig, wie übrigens auch bei der Verwendung von Naturdärmen.

In den Sechziger- und Siebzigerjahren des letzten Jahrhunderts kamen entscheidende Veränderungen bei den Kunstdarmprodukten zum Tragen. Der PVDC-Darm als eingefärbte Hülle löste den Hautfaserdarm ab. Seine Weiterentwicklung ist der heute am meisten verbrauchte Kunstdarm mit den drei Aufbauschichten:

- Cellulose
- Faservlies zur Verstärkung und
- PVDC als Beschichtung

40.2.3 Qualitätsanforderungen

- gleichmäßige Farbe im Anschnitt
- feste, aber nicht gummiartige Konsistenz
- deutliches Fleischaroma
- einheitliches Schnittbild (keine Hohlstellen)
- kein Gelee- und Fettabsatz

Fettgehaltsstufen (Toleranz +/–5 %)
(z.B. Hamburg)

- 20 % Champignonpastete
- 30 % Mortadella, Fleischwurst, Leberkäse, fein

Prüfmerkmale der DLG

Äußere Beschaffenheit

- Hülle abgelöst
- Oberflächenbelag
- Falten
- Hohlräume unter der Hülle
- schlecht abgebunden

Aussehen im Anschnitt

- Schnittbild unklar
- Zerkleinerung ungenügend
- Fettabsatz
- Geleeabsatz
- Hohlstellen
- porig

Zusammensetzung

- Fleischauswahl mangelhaft
- Fleisch schlecht hergerichtet
- Fettanteil zu hoch
- Sehnenanteil zu hoch

Farbe

- Brät zu blass
- Brät zu dunkel
- Brät stumpf
- Farbe ungleichmäßig
- Kern blass
- grau/grünfleckig
- stark verblassend

Konsistenz/Beschaffenheit

- zu weich
- schmalzig
- im Biss zu schwammig
- gummiartig
- zu fest
- zu trocken
- im Biss zu kurz
- Bindung mangelhaft

Geruch und Geschmack

- salzig
- säuerlich
- bitter
- fettig
- Würzung zu schwach
- Würzung zu stark
- Würzung nicht abgestimmt
- Fleischaroma zu gering
- Frische fehlt

40.3 Grobe Brühwurst herstellen

Rezeptbeispiel: Bayerische Bierwurst
(LSKZ 2.4.2.3.1) BEFFE nicht unter 9,5 %

Material für 100 kg Brät:

24 kg R III
16 kg Eis
10 kg R II (grobe Einlage)
30 kg S III (grobe Einlage)
30 kg S VII (grobe Einlage)

Zutaten je kg Gesamtmasse:

18 g Nitritpökelsalz
5 g Kutterhilfsmittel (für das Feinbrät)
1 g Natriumascorbat
2 g Pfeffer, weiß
0,5 g Muskat
0,5 g Koriander
0,2 g Kümmel, gemahlen
3 g Senfkörner
eventuell Knoblauch

40.3.1 Herstellung

- Den kernigen Nacken-/Rückenspeck sowie das R II für die Halbdauerware am Tag vor der Herstellung auf –10 °C anfrieren.
- Das Magerfleisch für das Feinbrät auf –5 °C anfrieren und zusammen mit allen Zutaten (außer den Senfkörnern) kurz trocken ankuttern.
- Das Eis nach und nach zukuttern, bis ein stabiles Magerbrät entsteht.
- Feinbrät bei 6 bis 8 °C aus dem Kutter nehmen.
- Das angefrorene R II und S VII in den Kutter geben und auf 6 bis 8 mm körnen.
- Anschließend das Feinbrät wieder zugeben und den Kutter 1 bis 3 Runden im Langsamgang laufen lassen.
- Das gut gekühlte S II durch die 8-mm-Lochscheibe wolfen, in den Kutter geben und im Langsamgang bis zur gewünschten Körnung kuttern. Zum Schluss die Senfkörner im Mischgang intensiv einarbeiten.
- Das Brät wird in gas- und wasserdampfdurchlässige Kunstblasen (z. B. Cellulose-Blasendärme) gefüllt und anschließend 60 Minuten bei ca. 60 °C heiß geräuchert.
- Auf eine Kerntemperatur von ca. 72 °C brühen.
- Würste in kaltem Wasser abkühlen, dann aufhängen und abtrocknen lassen und wenn nötig abschließend bei ca. 20 °C nachräuchern.

Bierwurst

Bierwürste sind Halbdauerwaren (Brühdauerwürste). Bei einer Erhitzung auf über 75 °C und einem a_W-Wert unter 0,95 zählen sie zu den Shelf-Stable-Products (▸ S. 524).

40.3.2 Herstellung von Brät mit grober Körnung

Nach der Grundbrätbereitung werden entsprechend der Rezeptur die Magerfleisch- und Fettgewebseinlagen eingearbeitet.
Hierzu wird i. d. R. das Einlagematerial vorgesalzen, damit das gröbere Einlagematerial umröten kann und es nicht später zu Farbfehlern im Endprodukt kommt. Danach wird es mit den entsprechenden Gewürzen und gegebenenfalls Zusatzstoffen vorbehandelt.

Bei der groben Brühwurst wird das Einlagematerial je nach gewünschter Endkörnung entweder durch eine entsprechende Lochscheibe gewolft (Faustregel: Endkörnung + 2 mm = Millimetermaß der Lochscheibe) und dem Grundbrät beigekuttert, oder das grobe Material wird im Kutter etwa auf Erbsengröße zerkleinert.

40.3.3 Därme

Für Bier- und Blasenwürste werden gerne Därme verwendet, die geräuchert werden müssen. Diese Wurstsorten erhalten durch die Räucherung einen ganz besonders deftigen und rustikalen Charakter.
Als Naturdarm wird die Blase verwendet, und zwar von Rind, Kalb, Schwein und Schaf.
Bei den Kunstdärmen ist der Cellulosedarm die ideale Alternative, da er eine gute Rauchannahme besitzt und durch die hohe Transparenz die gekörnte Struktur gut sichtbar werden lässt.

40.3.4 Qualitätsanforderungen

- abgestimmte Würzung
- deutliches Fleischaroma
- kein Absatz von Gelee und Fett
- klares Schnittbild
- keine groben Sehnenteile
- produktspezifisch feste Konsistenz

Fettgehaltsstufen (Toleranz +/–5 %) (z. B. Hamburg)

- 25 % Hackbraten, Leberkäse, grob
- 30 % Jagdwurst, Bierwurst

Prüfmerkmale der DLG

Äußere Beschaffenheit

- Rußstellen
- Rauchflecken
- Räucherfarbe ungleich
- Hülle abgelöst
- Hülle nicht abziehbar
- Oberflächenbelag
- Falten
- Hohlräume unter der Hülle
- schlecht abgebunden

Aussehen im Anschnitt

- Mischung ungleichmäßig
- Schnittbild unklar
- Zerkleinerung zu stark
- Zerkleinerung ungenügend
- Zerkleinerung zu ungleichmäßig

Grobe Brühwurst

- Fettabsatz
- Geleeabsatz
- Hohlstellen
- porig

Zusammensetzung

- Fleischauswahl mangelhaft
- Fleisch schlecht hergerichtet
- Fettanteil zu hoch
- Sehnenanteil zu hoch
- Magerfleischeinlage zu wenig
- Knorpelteilchen

Farbe

- Brät zu blass
- Brät zu dunkel
- Brät stumpf
- Farbe ungleichmäßig
- Kern blass
- grau/grünfleckig
- stark verblassend
- Fleischeinlage blass
- Fleischeinlage zu dunkel
- sonstige Einlage Verteilung ungleichmäßig
- Fleisch irisierend

Konsistenz / Beschaffenheit

- zu weich
- schmalzig
- im Biss zu schwammig
- gummiartig
- zu fest
- zu trocken
- im Biss zu kurz
- Bindung mangelhaft
- Fleischeinlage zu weich
- Fleischeinlage zu fest
- Fleischeinlage zu trocken
- Fleischeinlage zu zäh

Geruch und Geschmack

- salzig
- säuerlich
- süßlich
- bitter
- fettig
- Würzung zu schwach
- Würzung zu stark
- Würzung nicht abgestimmt
- Fleischaroma zu gering
- ranzig
- Frische fehlt

40.4 Brühwurst mit Einlage herstellen

Rezeptbeispiel: Rinderbierschinken
(LSKZ 2.4.2.4.1) BEFFE nicht unter 13 %

Material für 100 kg Brät:

18 kg S II
18 kg S VI
19 kg Eis
55 kg R I (Einlage)

Zutaten je kg Gesamtmasse für das Feinbrät:

18 g Nitritpökelsalz
5 g Kutterhilfsmittel mit Phosphat (für das Feinbrät)
1 g Natriumascorbat
2 g Pfeffer, weiß
1 g Mazis
0,5 g Ingwer
0,2 g Kardamon

Zutaten je kg R I:

22 g Nitritpökelsalz
1 g Natriumascorbat
2 g Pfeffer, weiß
0,5 g Muskat
0,5 g Senfpulver
0,2 g Ingwer
0,2 g Kardamon

40.4.1 Herstellung

- Zutaten dem Einlagematerial am Tag vor der Herstellung zusetzen.
- Einlagematerial am Herstellungstag tumbeln.
- Grundbrät nach einem der beschriebenen Kutterverfahren herstellen.
- Eine kleine Menge des Grundbräts in die gut bindigen R-I-Würfel reiben.
- Die restliche Menge des Grundbräts gut untermengen.
- Das Brät in Sterildärme Ø 90 oder 105 füllen und bei ca. 75 °C auf eine Kerntemperatur von 72 °C brühen.
- Abschließend die Würste in kaltem Wasser gut auskühlen lassen.

Grobe Fleischeinlagen werden getumbelt oder in der Mengmulde so lange geknetet, bis sie leimig-bindig sind, damit die Fleischwürfel beim späteren Aufschneiden der Wurst nicht herausfallen. Anschließend werden sie mit dem Grundbrät intensiv vermengt.

Bierschinken

40.4.2 Därme

Brühwurst mit Einlage wird nicht selten in Pastetenformen hergestellt. Dazu wird die Pastetenform häufig mit einer Folie bzw. Spezialpapier ausgelegt. Nach der Herstellung und Entnahme aus der Form werden die Erzeugnisse meistens vakuumverpackt.
Ansonsten werden für Brühwurst mit Einlage fast ausschließlich Därme aus „Cellulose verstärkt mit Faservlies, beschichtet mit PVDC" bzw. eingefärbte Därme aus Polyamid (Sterildärme) verwendet. Beide Darmarten garantieren eine gute und lange Frischhaltung des Produkts und ideale Verarbeitungsfähigkeiten des Darms. Ferner lassen sich die Därme leicht vom Wurstgut entfernen, was gerade auch für slicende Ware ideal ist.

40.4.3 Qualitätsanforderungen

- abgestimmte Würzung
- sorgfältige Fleischauswahl
- kein Fett- und Geleeabsatz
- gleichmäßiger Zerkleinerungsgrad
- keine Hohlstellen
- Haftenbleiben der Einlage

Fettgehaltsstufen (Toleranz +/– 5 %) (z. B. Hamburg)
- 10 % Schinkenpastete
- 15 % Bierschinken

Prüfmerkmale der DLG

Äußere Beschaffenheit
- Speckhülle zu dick
- Speckhülle nicht geschlossen
- Speckhülle mit Schwartenteilen
- Hülle nicht abziehbar
- Oberflächenbelag
- Hohlräume unter der Hülle
- schlecht abgebunden

Aussehen im Anschnitt
- Mischung ungleichmäßig
- Schnittbild unklar
- Zerkleinerung zu stark
- Zerkleinerung ungenügend
- Zerkleinerung zu ungleichmäßig
- Fettabsatz
- Geleeabsatz
- Hohlstellen

Zusammensetzung
- Fleischauswahl mangelhaft
- Fleisch schlecht hergerichtet
- Fettanteil zu hoch
- Sehnenanteil zu hoch
- Magerfleischeinlage zu wenig
- Knorpelteilchen

Farbe
- Brät zu blass
- Brät zu dunkel
- Brät stumpf
- Farbe ungleichmäßig
- Kern blass
- grau/grünfleckig
- stark verblassend
- Fleischeinlage blass
- Fleischeinlage nicht durchgepökelt
- Fleischeinlage zu dunkel
- sonstige Einlage Verteilung ungleichmäßig
- Fleisch irisierend

Konsistenz/Beschaffenheit
- zu weich
- schmalzig
- im Biss zu schwammig
- gummiartig
- zu fest
- zu trocken
- im Biss zu kurz
- Bindung mangelhaft
- Zusammenhalt mangelhaft
- Fleischeinlage zu weich
- Fleischeinlage zu fest
- Fleischeinlage zu trocken
- Fleischeinlage zu zäh

Geruch und Geschmack
- salzig
- säuerlich
- süßlich
- bitter
- fettig
- Würzung zu schwach
- Würzung zu stark
- Würzung nicht abgestimmt
- Fleischaroma zu gering
- ranzig
- Frische fehlt
- alt

& Komplexe Aufgaben

1. Die Münchner Weißwurst erfreut sich nicht nur in München bzw. in Süddeutschland großer Beliebtheit. Überall in Deutschland wird sie hergestellt und von den Kunden gerne gekauft und verzehrt.
Häufig wird darüber gesprochen, dass nach alter Tradition die Münchener Weißwurst bis zum Angelus-Läuten (Mittagsläuten der Kirchenglocken) verzehrt werden soll.
Was bedeutet dieser Hinweis und worauf begründet sich diese „Vorschrift"?
Schauen Sie sich dabei genau die Rezeptur und die Verzehrempfehlungen an.
Nehmen Sie auch das Internet zur Recherche in Anspruch.

2. Versuchen Sie zwei Bierschinken nach gleicher Rezeptur herzustellen. Die Fleischwürfel für den Bierschinken I poltern Sie ganz normal.
Beim Bierschinken II geben Sie den Würfeln allerdings noch 10 % Wasser hinzu.
Bei kleinen Poltermaschinen ist der Versuch schon mit ca. 6 kg Fleischwürfeln möglich.
Führen Sie den Versuch in der Berufsschule, in der überbetrieblichen Ausbildungsstätte oder in Ihrem Ausbildungsbetrieb durch. Schneiden Sie die beiden von Ihnen auf diese Weise hergestellten Bierschinken einen Tag später an und prüfen Sie sie nach dem DLG-Prüfschema. Was stellen Sie fest?

Aufgaben zur Wiederholung

1. Nennen Sie fünf charakteristische Gewürze für fein zerkleinerte Brühwurst.
2. Welchen Vorteil bieten PVDC-Därme für die Herstellung von Mortadella gegenüber Hautfaserdärmen?
3. Aus welchen drei Aufbauschichten besteht heute der am häufigsten eingesetzte Kunstdarm für Mortadella?
4. Welche Qualitätsanforderungen werden an fein zerkleinerte Brühwurst gestellt?
5. Warum sollte Bierwurst im Idealfall geräuchert werden?
6. Welche Därme würden beim Räuchern der Bierwurst zur Verwendung kommen?
7. Wie sollte die Grobeinlage für Bierwurst vorbehandelt werden? Begründen Sie Ihre Antwort.
8. Wie lautet die Faustregel für das Wolfen der Grobeinlage in Bezug auf die Auswahl der Lochscheibe?
9. Wie lange und bei wie viel °C wird Bierwurst/Jagdwurst in etwa gebrüht?
10. Nennen Sie die DLG-Prüfmerkmale, die für Konsistenz/Beschaffenheit vorgegeben werden.
11. Nennen Sie die Materialien für 100 kg Bierschinken.
12. Welche Qualitätsanforderungen werden an Bierschinken gestellt?
13. Wie heißen die DLG-Prüfmerkmale für die Farbe bei Brühwurst mit Einlage?
14. Bei einem Bierschinken fallen beim Aufschneiden die Einlagenstücke heraus. Welche Ursachen könnte es dafür geben?

Ausgewählte Fachrechenaufgaben

1. Für die Brühwurstberechnungen sollen die Berechnungsbögen zur Wurstkalkulation (▸ S. 386) und Rezepturkontrolle (▸ S. 420) zugrunde gelegt werden.

Fleischermeister Nusse möchte zu Silvester Wiener Würstchen zu einem Sonderpreis von 0,35 € à 90 g verkaufen.
Er legt seiner Kalkulation folgende Rezeptur zugrunde:

26 kg S III (Schweinefl., grob entsehnt)	2,75 €/kg
20 kg R II (grob entsehnte und entfettet)	4,33 €/kg
31 kg S VII (Nackenspeck, Rückenspeck)	0,63€/kg
50 % Schüttung auf R II und S III	

Gewürze und Zutaten je kg Gesamtmasse:

18 g NPS	0,23 €/kg
5 g Kutterhilfsmittel	2,45 €/kg
1 g Natriumascorbat	2,57 €/kg
2 g Pfeffer, weiß	7,83 €/kg
1 g Muskat	4,62 €/kg
1 g Paprika, edelsüß	3,45 €/kg
0,5 g Koriander	2,95 €/kg
0,5 g Ingwer	6,20 €/kg

- An Därmen werden Saitlinge Ø 20/22 mm für insgesamt 22,06 € verwendet.
- In der Spritze bleiben 1,262 kg Brät zurück, die abgezogen werden und im Wert unberücksichtigt bleiben.
- Ferner ist mit Herstellungsverlusten von 8 % und Verkaufsverlusten von 3 % zu rechnen.
- Meister Nusse kalkuliert mit 40 % Gemeinkosten und 20 % Gewinn und Risiko.
- Die Mehrwertsteuer beträgt 7 %.

a) Wie teuer wird ein Wiener Würstchen?
b) Wie viel Wiener Würstchen kann Nusse zu Silvester verkaufen?
c) Wie viel € Gewinn/Verlust macht Nusse wirklich?
d) Die Leitsätze fordern einen BEFFE-Wert, der nicht unter 8 % liegen darf.
Stimmt die Rezeptur?

9

2. Die Rezeptur für eine Mortadella (Leitsatz-Kennziffer 2.4.2.2.1) lautet:

60 kg R II (grob entsehntes und entfettes Rindfleisch)	4,25 €/kg
60 kg S II (magere, sehnenarme Schulter- und Schinkenzuschnitte)	3,60 €/kg
80 kg Backe	1,15 €/kg
50 % Schüttung auf R II und S II	

Zutaten auf 1 kg Gesamtmasse:

18 g NPS	0,20 €/kg
6 g Gewürzmischung	10,35 €/kg
5 g Kutterhilfsmittel	2,40 €/kg

– Als Därme verwendet er 4 Bund Steril Ø 120 mm, braun gelocht, à Bund 4,75 €.
– Gewichtsverlust durch Be- und Verarbeitung 4 %.

a) Wie hoch liegt der Brutto-Abgabepreis für 1 kg Mortadella, wenn mit 44 % Gemeinkosten, 10 % Gewinn und Risiko sowie 7 % MwSt. kalkuliert wird?

b) Die Leitsätze fordern einen BEFFE-Gehalt von 8 %. Stimmt die Rezeptur?

Berechnungsbogen zur Wurstkalkulation

Berechnung der Gewichte (kg)	Bezeichnung der Rechenposten	Angaben (€/kg oder %)	Berechnung der Preise (€)
	Berechnung der Rohstoffe		
0,000 kg		0,00 €	0,00 €
0,000 kg		0,00 €	0,00 €
0,000 kg		0,00 €	0,00 €
0,000 kg		0,00 €	0,00 €
0,000 kg		0,00 €	0,00 €
0,000 kg		0,00 €	0,00 €
0,000 kg		0,00 €	0,00 €
0,000 kg		0,00 €	0,00 €
0,000 kg	= Fleisch-Fett-Gewicht und Preis		0,00 €
0,000 kg	+ Zutaten auf Fleisch und Fett		0,00 €
0,000 kg	+ Zutaten auf Gesamtmasse		0,00 €
0,000 kg	+ Schüttung		-------
0,000 kg	= Brätgewicht und Preis		0,00 €
----------	+ Därme		
0,000 kg	= Materialgewicht und Preis		0,00 €
0,000 kg	- Füll-, Brüh-,Räucher-, Schwundverlust	0,00 %	-------
0,000 kg	= Abgabegewicht und Preis		0,00 €
	Kalkulationsaufschläge		
	+ Gemeinkosten	0,00 %	0,00 €
	= Selbstkosten		0,00 €
	+ Gewinn	0,00 %	0,00 €
	= Abgabepreis		0,00 €
	+ Verkaufsmarge	0,00 %	0,00 €
	= Netto-Abgabepreis		0,00 €
	+ Mehrwertsteuer	0,00 %	0,00 €
	= Brutto-Abgabepreis		0,00 €
	Brutto-Abgabepreis pro kg einschließlich MwSt.		

9

3. Fleischermeister Nusse probiert eine neue Rezeptur für Bayerische Bierwurst (Leitsatz-Kennziffer 2.4.2.3.1) aus und legt seiner Kalkulation folgende Werte zugrunde:

24 kg R III (Lappen, leicht sehnenhaltige Zuschnitte)	4,18 €/kg
10 kg R II (grob entsehntes und entfettetes Rindfleisch)	4,57 €/kg
30 kg S II (grobe Einlage, magere, sehnenarme Schulterzuschnitte)	3,85 €/kg
30 kg S VII (grobe Einlage, Nackenspeck, Rückenspeck)	0,80 €/kg
6 kg Eis	0,00 €/kg

- 3,9 kg Zutaten auf Gesamtmasse (Nitritpökelsalz, Gewürze, Zusatzstoffe, Zusätze) 16,35 €
- Der Schwund (Wasserverlust bei der Wärmebehandlung) beträgt 6 %.
- Zum Füllen werden 4 Bund Kunstblasen à 7,15 € benötigt.
- Kalkulationsaufschläge: Gemeinkosten 36 %,
- Gewinn und Risiko 15 %, Mehrwertsteuer 7 %

a) Prüfen Sie, ob diese Rezeptur den Leitsatzanforderungen an eine Bierwurst gerecht wird und ob die regionalen Fett- und Wassergehalte für diese Halbdauerware nicht überschritten werden.

b) Berechnen Sie den Brutto-Abgabepreis pro kg Ware.

4. Meister Nusses Standardrezeptur für Bierschinken lautet wie folgt:

Bezogen auf 100 kg Grundbrät

13 kg R II (grob entsehntes und entfettetes Rindfleisch, sichtbarer Fettanteil bis max. 5%)	à kg 4,45 €
34 kg S III (Schweinefleisch, grob entsehnt, mit max. 6 % sichtbarem Fettanteil)	à kg 3,30 €
20 kg S IX (Fettzuschnitte)	à kg 1,80 €
13 kg SVI (Schweinebacke)	à kg 1,90 €
20 kg Eisschnee	à kg 0,20 €

Für die Einlage

60 kg S I (Schweinefleisch, fettgewebsarm und sehnenarm)	à kg 5,10 €

Gewürze und Zutaten je Kilo Gesamtmasse

18 g Nitritpökelsalz	à kg 0,30 €
6 g Gewürzpräparat für Bierschinken oder Aufschnitt	à kg 11,20 €
4 g Kutterhilfsmittel mit Phosphat und Umrötungshilfsmittel	à kg 2,40 €
10 g Milchzucker	à kg 3,50 €

Gewürze und Zutaten je Kilo für die Einlage

22 g Nitritpökelsalz	à kg 0,30 €
6 g Gewürzpräparat für Bierschinken	à kg 11,20 €

- Das Verhältnis von Grundbrät zu Fleischeinlage beträgt 40 % zu 60 %.
- Der analytische Schwund beträgt 0 %.
- Meister Nusse kalkuliert mit 72 % LBGK (Lohn-, Betriebs-, Gemeinkosten), 8 % Gewinn und 7 % Mehrwertsteuer.

Für einen Sonderposten Bierschinken für einen Großkunden gibt er zu den 60 kg Fleischwürfeln 10 % Schüttung in die Poltermaschine. Entsprechend erhöht er im Verhältnis das Grundbrät.

a) Wie viel kostet 1 kg Bierschinken nach der Standardrezeptur von Meister Nusse?

b) Wie viel kostet 1 kg Bierschinken nach der veränderten Rezeptur mit 10 % Schüttung auf die Bierschinkenwürfel?

c) Wie hoch ist der Fremdwassergehalt nach Feder in der Standardrezeptur?

d) Wie hoch ist der Fremdwassergehalt nach Feder in der veränderten Rezeptur für den Sonderposten Bierschinken?

5. Die bisherige Rezeptur für Putenbierschinken lautet:
24 kg Pu II (glattes Putenfleisch mit geringem Sehnenanteil und mit nur wenig sichtbarem Fett, ohne Hautteile)
16 kg Pu-Fett (Fettzuschnitte von der Pute)
10 kg Eisschnee
50 kg Pu I (aus Putenbrust oder Oberkeulen geschnittenes Einlagenmaterial ohne stärkere sichtbare Sehnen, ohne Fett und ohne Haut)
3,9 kg NPS, Gewürze und Zutaten insgesamt

- Der analytische Schwund beträgt 0%.

Die veränderte Rezeptur sieht ein Mischungsverhältnis von 45 % Grundbrät zu 55 % Putenbrustwürfel vor.

Berechnen Sie die Fett- und BEFFE-Werte für die alte und die neue Rezeptur.

9

41 Brühwurst präsentieren und verkaufen

FLEISCHEREI nusse

Lena zu Sabrina: „Du weißt doch, dass mich unser Meister letzte Woche zu einem Marketingseminar geschickt hat?“
„Klar weiß ich das. Ich musste ja hier im Laden mit einspringen, weil du nicht da warst. Normalerweise wäre ich ja mit Björn in der Produktion gewesen.“
„Sabrina, ich würde gerne mit dir einige neue Ideen, die ich von dort mitgebracht habe, umsetzen. Was hältst du davon, wenn wir diese Woche unsere Brühwurstfabrikate in der Theke besonders herausstellen?“
Sabrina: „Das ist eine tolle Idee, aber wie wollen wir das anstellen, wie können wir unsere Produkte noch besser in den Mittelpunkt stellen?“

Am Gesamtverbrauch von Fleischwaren und Wurst haben die Brühwürste folgenden Anteil:

(Laut Statistik ist bei Aufschnitt die Sortenzuteilung nicht genau deutlich)

	Pro-Kopf-Verzehr in kg	Mengenanteil in Prozent
Brühwurst	6,2	24
Würstchen	3,7	14
Aufschnitt	1,5	6

9

Rund 40 % des Fleischwaren- und Wurstverzehrs belaufen sich somit auf Brühwurst.
Brühwurst besticht durch ihre Frische und Saftigkeit. Sie ist ein vielseitiges Erzeugnis. Die Verwendung reicht vom Brotbelag (Aufschnitt) über die gesamte Würstchenpalette bis hin zur Verwendung für warme Hauptmahlzeiten (Wurstgulasch, heißer Fleischkäse) und Wurstsalate.

Grundsätzliches zur Präsentation und zum Verkauf von Wurstwaren wird im LF 8 Kochwürste, (▸ S. 358) beschrieben.

41.1 Brühwürstchen

Präsentation

- Präsentieren Sie Würstchen gezielt zur Mitte hin und möglichst weit vorn im Block. Um eine farbliche Abwechslung zu erzielen, sollten Debrecziner, Cocktailwürstchen, Brühpolnische, Weißwurst und eventuell Rostbratwürste verwendet werden.
- Durch die Verwendung von Platten und Schüsseln lässt sich die Präsentation der Würstchen auffallender, lockerer und abwechslungsreicher gestalten.
- Durch entsprechende Dekorationsmaterialien wie Steinguttopf mit Weißwurst, Gläser mit süßem Senf und Brezeln und/oder kleine dekorative Schalen mit Ketchup, geriebenem Meerrettich und Senf oder auch Schalen mit Silberzwiebeln, Cornichons und Radieschen lässt sich die Präsentation von Würstchen optisch hervorragend herausstellen.
- Gerade auch zur Grillsaison empfiehlt sich die Präsentation einer Grillplatte mit Grillutensilien, um den Verkauf von Grillwürsten zu steigern.

Verkaufsargumente

- **Wiener Würstchen** im Natursaitling, knackig im Biss, mild würzig im Geschmack, leuchtende kochpökelrote Farbe
- **Würstchen nach Frankfurter Art,** mit viel ausgesuchtem Schweinefleisch, rauchzart und kesselfrisch
- **Münchner Weißwurst** im Naturdarm des Schweins, zwieblig, mit frischer Petersilie, eine Spezialität, die über München hinaus von vielen geschätzt wird
- **Brühpolnische** im engen Schweinedarm, kräftig im Biss und in der Würzung, mit leichter Knoblauchnote und Majoran
- **Knacker** im engen Schweinedarm, kräftig im Rauchgeschmack, saftig im Biss, dazu ein milder Senf
- **Rostbratwurst** im zarten Dünndarm vom Schwein oder Schaf, mit viel frischem Schweinefleisch und aromatischem Majoran

Verzehrempfehlungen

Münchner Weißwurst wird warm, in der Regel zur Brotzeit verzehrt. Semmeln, Brezeln und süßer Senf sind typische Beilagen. Nach altem Brauch soll Weißwurst das Zwölf-Uhr-Läuten nicht erleben, das heißt, sie soll noch am Herstellungstag verzehrt werden.

41.2 Fein zerkleinerte Brühwurst

Präsentation

- Gleichgültig ob bei einer großen oder kleinen Theke, stets sollte die Ware in Blöcken präsentiert werden. Ringware, Portionswürste und Würstchen in Blöcken anordnen.
- Portionsstücke und kleinere Würste immer im vorderen Bereich der Theke direkt zum Kunden hin platzieren. Dies erleichtert auch die Entnahme der Erzeugnisse.
- Bei Ringware, z. B. Fleischwurst im Ring, sollte mindestens eine Wurst im Schrägschnitt angeschnitten und präsentiert werden.
- Leberkäse und Fleischkäse sollten in Portionsstücken und in Scheiben angeboten werden. Hierzu passt als Empfehlung Kartoffelsalat.

Fleischkäse

Verkaufsargumente

- **Mortadella** mit Pistazien, mild im Geschmack, mit viel Fleischaroma
- **Fleischkäse,** heiß aus dem Backofen, der ideale Snack für zwischendurch auf Brötchen oder Semmeln, schmackhaft und sättigend und trotzdem preiswert
- **Fleischwurst** im Ring, ob warm oder kalt, mit Senf oder Ketchup, ideal als Zwischenmahlzeit oder für ein zünftiges Abendbrot
- **Lyoner,** im großen Kaliber als Aufschnitt, mild im Geschmack – vielseitig verwendbar – auch zu Salat und trotzdem preisgünstig
- **Gelbwurst** im Aufschnitt, ein Produkt aus dem süddeutschen Raum mit feiner Petersiliennote, mittlerweile auch im Norden bekannt und geschätzt

Verzehrempfehlungen

Fleischwurst wird zum Butterbrot sowohl heiß als auch kalt verzehrt, oftmals mit Senf. Sie wird gern zum „Reinbeißen", seltener aufgeschnitten verwendet. Besonders eignet sie sich für Wurstsalat.

41.3 Brühwurst grob

Präsentation

- Der Brühwurstaufschnitt wird durch Anbieten auf einer dekorativen Unterlage, wie z. B. ein farbiges Tuch, besonders gut herausgestellt.
- An Spitzenverkaufstagen empfiehlt sich das Vorschneiden der gängigsten Aufschnittsorten.
- Falls der Brühwurstaufschnitt vorgeschnitten angeboten wird, sollte ein Abtrocknen oder Beschlagen der Wurstscheiben durch Wenden vermieden werden.
- Bei angeschnittenen Brühwurstsorten ist tagsüber ständig auf frische Anschnittflächen zu achten.

Bierwurst

Verkaufsargumente

- **Jagdwurst** mit Senfkörnern, viel Fleischaroma, ein MUSS in jedem Brühwurstsortiment
- **Bierwurst,** ein Aufschnitt mit Biss, kräftig in der Würzung, mit feinem Raucharoma, gerade das Richtige für einen gelungenen Skatabend
- **Krakauer,** mit leichter Majoran- und Knoblauchnote, deftig und kräftig, am besten mit Rauchgeschmack, gehört zum Proviant einer zünftigen Wanderung

Verzehrempfehlungen

Bierwurst, eine bayerische Spezialität, schmeckt auch ohne Butter auf einem deftigen, gut belegten Bauernbrot, im Winter mit Gewürzgurke, im Sommer mit Tomate. Ideal platziert ist sie auf einer Vesperplatte. Dazu schmeckt ein frisch gezapftes Weißbier.

41.4 Brühwurst mit Einlage

Präsentation

- Selbst hergestellte, aber auch zugekaufte fettreduzierte Wurstwaren vom Rind und Geflügel sollten werbekräftig herausgestellt werden.
- Imitierte Wildschweinpastete oder Schinkenpastete als fettarme, aber hochwertige Produkte mit viel Eiweiß bedürfen auch einer edlen Dekoration. So passt durchaus ein guter Rotwein aus dem Zusatzsortiment des Geschäfts als Dekoration in die Theke.

Verkaufsargumente

- **Bierschinken** mit viel magerem Schweinefleisch, der ideale Brotbelag für eine feine und fettarme Abendmahlzeit
- **Rinderbierschinken,** kräftig in Farbe und Geschmack, viel Fleischaroma, mager und sehr eiweißreich
- **Imitierte Wildschweinpastete** mit Pistazien, mit feinem Schweinefleisch aus dem Hinterschinken, ein fettarmer Aufschnitt für Kunden, die das Besondere schätzen
- **Schinkenpastete** im Bauchspeckmantel, die Pastetenform verleiht der Schinkenpastete eine besondere Note
- **Geflügelbierschinken** mit grünem Pfeffer, mildes Fleisch mit pfeffriger Note, der ideale Brotbelag für gesundheitsbewusste Verbraucher

Verzehrempfehlungen

Rinderbierschinken mit seinem geringen Fettgehalt kann auch auf Brot mit einem fettreduzierten Aufstrich noch seinen ausgeprägten Fleischgeschmack entfalten. Er sollte dünn aufgeschnitten werden und ist dann – z. B. im Vergleich zu rohem Schinken – recht preiswert.

Wildschwein und Champignonpastete

9

Komplexe Aufgabe

Planen Sie in Ihrem Ausbildungsbetrieb für den Verkauf eine „Würstchen-Werbewoche“. Notieren Sie dafür die Würstchensorten, die in Ihrem Betrieb hergestellt bzw. verkauft werden.

a) Sortieren Sie die Würstchen nach Gruppen.

b) Suchen Sie weitere fünf Würstchensorten aus Rezeptursammlungen heraus, die Ihr Würstchensortiment ergänzen und bereichern könnten. Die Zulieferindustrie der Fleischbranche (vor allem die Gewürzfirmen) bieten dazu eine Fülle an Wurstrezepturen an.

Aufgaben zur Wiederholung

1. Suchen Sie analog zu den Verkaufsargumenten auf ▸ S. 388 f. vier weitere Verkaufsargumente für Würstchen.
2. Formulieren Sie Verzehrempfehlungen für Wiener Würstchen.
3. Welche Verzehrempfehlung könnten Sie Ihrem Kunden für Fleischkäse geben?
4. Entwickeln Sie Vorschläge für eine Präsentation von fünf Sorten Brühwurst mit Einlage.
5. Nennen Sie weitere Verkaufsargumente für grobe Brühwurst.
6. Wie sollten Leber- und Fleischkäse in der Theke angeboten werden?
7. Was muss bei der Präsentation von vorgeschnittenem Brühwurstaufschnitt in der Theke bei loser Abgabe beachtet werden?
8. Welche Grillwürste sollten auf einer dekorativen Platte in der Theke zusammen präsentiert werden?

Ausgewählte Fachrechenaufgabe

In der Fleischerei Nusse ist der Personalnotstand ausgebrochen. Zwei Mitarbeiter befinden sich im Urlaub und zwei weitere sind kurzfristig erkrankt. Dazu hat Meister Nusse einen großen Catering-Auftrag erhalten, den er aus Image-Gründen nicht ausschlagen konnte. Zudem hat die Fleischerei Nusse vor zwei Wochen ihre große Brühwurst-Spezialitätentheke angekündigt. Meister Nusse zieht die Notbremse und bestellt ein exklusives Brühwurst-Aufschnittsortiment bei einem namhaften Fleischwarenunternehmen in seiner Nähe.

Rechnen Sie anhand unten stehender Bestellung den Rechnungsbetrag aus, den Meister Nusse zu überweisen hat. Er erhält 5 % Rabatt und 2 % Skonto bei Bezahlung innerhalb einer Woche.

Einheit	Artikel-Bezeichnung	Stückgewicht in kg	Bestelleinheit in St.	Stück pro Karton	Preis €/kg bzw €/St.
4	Truthahn-Kräuter-Jagdwurst	1,9	1	6	8,80
2	Truthahn-Bierschinken	1,9	1	6	9,35
3	Mortadella mit Pistazien	1,5	1	6	8,15
5	Sardellenwurst in der Schweinebutte	1,8	1	6	8,20
3	Käsebierschinken	1,9	1	6	9,55
4	Kaiserjagdwurst	1,9	1	6	8,90
2	Schinkenpastete mit Pistazien	1,5	1	6	9,65
2	Imitierte Wildschweinpastete	1,5	1	6	9,65
3	Zungenpastete	1,5	1	6	9,45
4	Tiroler Zungenwurst	1,9	1	6	8,90
5	Göttinger Bierwurst	1,9	1	6	8,95
3	Schinkenkrakauer	1,9	1	6	8,85
4	Paprika-Mortadella	1,9	1	6	8,05
2	Käseschinkenwurst	1,9	1	6	8,55
1	Olivenpastete	1,5	1	6	8,55
3	Kalbfleischpastete	1,5	1	6	9,25

Boiled sausage

1. **The huge group of boiled sausages can be further subdivided into groups. Create a chart in your exercise book and match the following examples of boiled sausages to the corresponding group.**

2. **Find examples as many as you can for each group.**

Bierschinken

Weißwurst

Fleischwurst

Bierwurst

fine-ground boiled sausage | **coarse-ground boiled sausage** | **scalded sausage** | **boiled sausage with supplements**

3. **Now choose one of the examples from exercise 1 and find as many describing words as you can. Write them down in form of a word spider/mindmap in your exercise book. Read them out to your classmates without revealing the name of this sausage. Let them guess which sausage you are describing.**
For example:

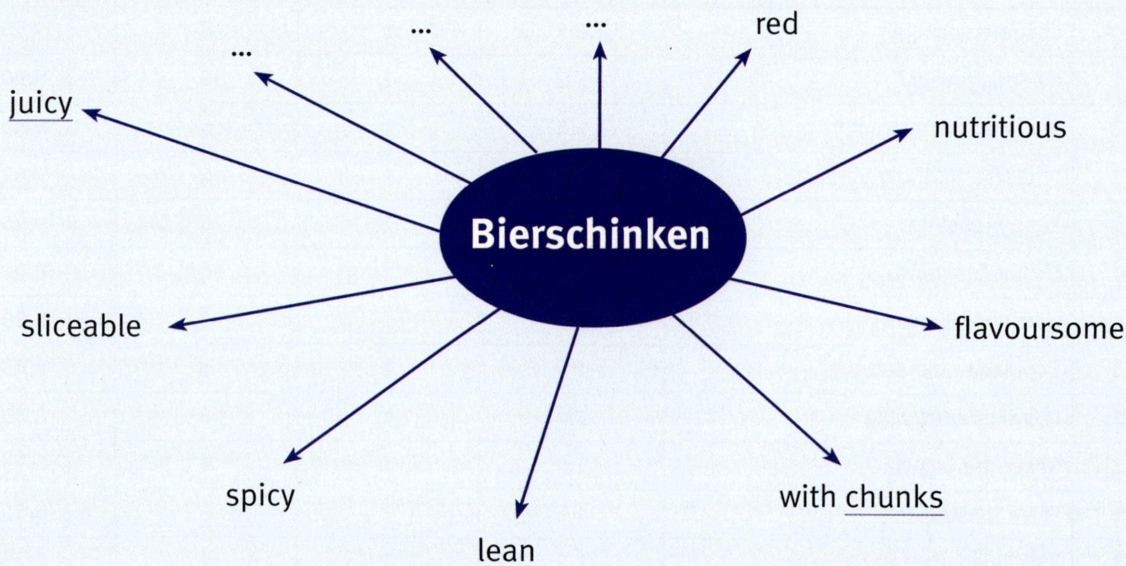

4. **For the production a lot of sausages we need special herbs and spices to get the typical and unique taste. The pictures below show some herbs. Write the English names in your exercise book and match the German words to the English ones.**

mint

thyme

bay leaves

chives

marjoran

rosemary

basil

oregano

dill

sage

Coriander

tarragon

chervil

parsley

5. **On the right you see a list of herbs and spices. Draw a chart in your exercise book.**

a) Which of them are herbs and which are spices?
b) Which ones are the classic Italian herbs?
c) Which ones would you use to make a spicy sausage?

mint	paprika	pepper
tarragon	parsley	saffron
basil	thyme	cinnamon
clove	aniseed	capers
ginger	oregano	cumin
chervil	coriander	nutmeg
garlic	dill	marjoram
caraway	sage	rosemary
bay leaf	mugwort	woodruff

6. **Which herbs or spices do you need for boiled sausage? Give 5 examples and compare with your neighbour.**

9

VOCABULARY

chunks	Brocken
herbs	Kräuter
juicy	saftig
scalded sausage	Brühwurst
spices	Gewürze
to subdivide	unterteilen, gliedern
supplements	Einlagen

10 Herstellen von Rohwurst

Sie stellen Rohwürste her. Sie planen den Herstellungsprozess im Team, legen Arbeitsabläufe fest und setzen geeignete Maschinen und Geräte zur rationellen Herstellung und Lagerung ein.

Sie erhalten von Ihrem Chef den Auftrag, sich in den nächsten Wochen über die Rohwurstherstellung zu informieren und mit Ihrem Kollegen alle Rohwursterzeugnisse gemeinsam herzustellen.

Informieren
- Welche Rohwursterzeugnisse gibt es in Deutschland?
- Welche Sorten werden in unserer Fleischerei hergestellt?
- Wer kann mir zur Produktbeschreibung Auskunft geben?
- Welche Erwartungen haben Kunden und Verkaufspersonal an die Produkte?

Planen
- Welche Informationen brauche ich, um diese Erzeugnisse herzustellen?
- Wie und aus welchen Rohstoffen werden die Produkte hergestellt?
- Über welche Herstellungsverfahren muss ich mich informieren?
- Wie kann ich Kundenwünsche erfragen?

Entscheiden
- Ich informiere mich in den „Leitsätzen für Fleischerzeugnisse".
- Ich lerne die wesentlichen Unterschiede der Rohwurstarten kennen.
- Ich lasse mir von den Fleischern die Herstellungsgrundsätze erklären.
- Ich erfrage die Kundenerwartung bei dem Verkaufspersonal.

Ausführen
- Ich wähle mit meinem Kollegen das Ausgangsmaterial aus und bereite die Gewürze vor.
- Ich wende mit Kollegen die verschiedenen Herstellungsverfahren an.
- Ich übe die selbstständige Weiterbehandlung der Wurst.
- Ich kontrolliere den ordnungsgemäßen Herstellungsablauf.

Kontrollieren
- Wurden die Herstellungsverfahren richtig angewendet?
- Wurden vorgeschriebene Zeiten und Temperaturen eingehalten?
- Habe ich fachgerecht gefüllt, abgebunden (geklippt) und geräuchert?
- Wurden die Erwartungen der Kunden und des Verkaufspersonals erfüllt?

Bewerten
- An welcher Stelle kann ich meine Fachkenntnisse noch erweitern?
- Wie zufrieden waren die Kunden und das Verkaufspersonal mit den Produkten?
- Was könnte ich beim Herstellungsablauf noch verbessern?
- Führt größere Kundenzufriedenheit zu mehr Absatz?

42 Rohwurst nach den Leitsätzen

FLEISCHEREI nusse

Sabrina zu Lena: „Soeben hat mich doch der Kunde ganz böse in Schwierigkeiten gebracht. Er fragte, warum Hackfleisch, da es ja roh ist, nur einen Tag lang verkauft werden darf, wir andererseits aber im Schaufenster Werbung mit unseren Rohwürsten, den rohen Mettenden, Landjägern und Kaminwurzen machen würden, die sich besonders jetzt zur Sommerzeit als Wanderproviant eignen würden."

„Damit du bei der nächsten Frage gut vorbereitet bist, schau doch mal in die Leitsätze. Wenn du genau hinguckst und dein bisheriges Wissen mit einbringst, findest du in der Definition zu ‚Rohwurst' das Schlüsselwort."

Die Leitsätze für Fleisch und Fleischerzeugnisse definieren genauso wie die Begriffe Brühwurst und Kochwurst auch den Begriff Rohwurst und schaffen somit deutschlandweit eine einheitliche Verkehrsauffassung.

Rohwürste sind laut den Leitsätzen „in der Regel umgerötete, ungekühlt (über +10 °C) lagerfähige, in der Regel roh zum Verzehr gelangende Wurstwaren, die streichfähig oder nach einer mit Austrocknung verbundenen Reifung schnittfest geworden sind. Zucker wird in einer Menge von nicht mehr als 2 % zugesetzt".

In der Definition des Begriffs Rohwurst ist auch die Unterteilung der Rohwürste in schnittfeste und streichfähige Rohwürste festgelegt. Die unterschiedliche Konsistenz (Beschaffenheit) der beiden Untergruppen wird einerseits durch die Verarbeitungstechnik und andererseits durch die Fettauswahl bestimmt.

Einteilung

Nach den **Leitsatz-Kennziffern** werden die Rohwürste (2.4.1) wie folgt unterteilt:

2.4.1.1 Schnittfeste Rohwürste
2.4.1.2 Streichfähige Rohwürste

42.1 Schnittfeste Rohwürste

Sie sind gereift und ohne Kühlung lagerfähig. Im Verlauf der Reifung hat das an der Oberfläche der Fleischteilchen ausgetretene Muskeleiweiß die Fleisch- und Fettgewebsteilchen miteinander verbunden. Bei grober Körnung ist Fettgewebe zu erkennen. Bei luftgetrockneten und schwach geräucherten Erzeugnissen sind auf dem Darm zuweilen weißliche Beläge von Mikroorganismen zu erkennen.

Wertbestimmende Faktoren sind, wie bei den anderen Wurstsorten auch, der Gehalt an BEFFE insgesamt und BEFFE im Fleischeiweiß (FE). Die Mindestanforderungen sind in den Leitsätzen festgelegt.

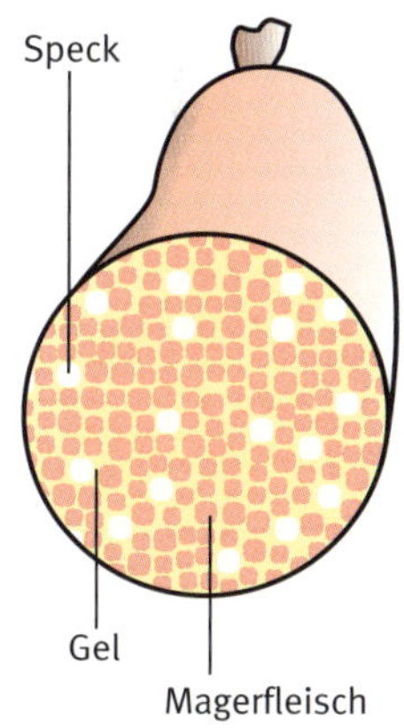

*Bei den **schnittfesten** Rohwürsten gehen im Verlauf der Reifung Fleisch- und Fettgewebsteilchen durch gelöstes Fleischeiweiß miteinander eine Bindung ein.*

10

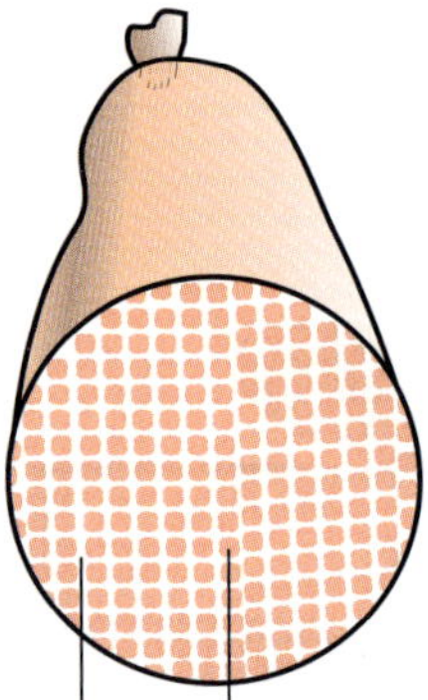

*Bei den **streichfähigen** Rohwürsten wird diese Eiweiß-Fett-Bindung weitgehend verhindert; das Fett umschließt hier das Eiweiß des Magerfleisches als „Gleitfilm". Der Gleitfilm verhindert zusätzlich das Austrocknen der Wurst. Hinzu kommen bei den streichfähigen Rohwürsten im Verhältnis höhere Fettanteile. Hier wird vor allem Fettgewebe mit schmalzigen Eigenschaften (z.B. Bauch- und Schinkenfett) verwendet.*

Des Weiteren wird bei schnittfesten Rohwürsten nach dem Reifegrad und der Qualität unterschieden. So muss der BEFFE-Wert bei Rohwürsten mit Belägen von Mikroorganismen oder in Hüllen mit Pigmentanteilen oder in weißer Tauchmasse um ein Zehntel höher als bei den einzelnen Sorten angegeben sein. Bei Hinweisen auf einen besonders hohen Reifegrad (z.B. „Dauer-", „ausgereift" oder „hart gereift") liegt der BEFFE-Wert um zwei Zehntel höher.
Die Verwendung von weißer Tauchmasse oder weiß pigmentierter Hülle muss kenntlich gemacht werden.

Nach den Leitsätzen für Rohwurst lässt sich für **schnittfeste Rohwürste** (2.4.1.1) zusätzlich folgende Unterteilung ableiten:
- Cervelatwurstsorten (ca. 1 mm Körnung)
- Salamisorten (2 bis 3 mm Körnung)
- Blockwurstsorten (5 bis 10 mm Körnung)

Ausgangsmaterial:

LSKZ 2.4.1.1.2
Salami, Katenrauchwurst, Mettwurst, Salametti, Katenkeule, Pfefferkeule, Rinderwurst, Rindswurst, Rindersalami

- Sehnen- und fettgewebsarmes Rindfleisch (1.2.1.1.1)
- Grob entsehntes Rindfleisch (1.2.1.1.2)
- Grob entfettetes Schweinefleisch (1.2.1.2.2)
- Speck (1.1.1.2.2)

Besondere Merkmale:
- Mittelkörnig
- Rinderwurst, Rindswurst, Rindersalami, nur aus grob entsehntem Rindfleisch (1.2.1.1.2) und Speck (1.1.1.2.2)

Analysenwerte:
- Bindegewebseiweißfreies Fleischeiweiß nicht unter 13 % (bei Kaliber über 70 mm nicht unter 12,5 %)
- Bindegewebseiweißfreies Fleischeiweiß im Fleischeiweiß, chemisch nicht unter 80 %

42.2 Streichfähige Rohwürste

Die Reifung verläuft abhängig von der einzelnen Sorte. Streichfähige Rohwürste sind umgerötet. Sie haben im Gegensatz zu den schnittfesten Rohwürsten nur eine geringe Abtrocknung und sind dadurch nicht für eine längere Lagerung bestimmt. Das aus dem zerkleinerten Fettgewebe freigesetzte Fett umhüllt die Fleischteilchen und bewirkt die Streichfähigkeit. Diese ist bei fein zerkleinerten Erzeugnissen am ausgeprägtesten.

Nach den Leitsätzen für Rohwurst lässt sich für **streichfähige Rohwürste** (2.4.1.2) zusätzlich folgende Unterteilung ableiten:
- fein zerkleinerte Teewurst- und Streichmettwurstsorten (ohne Körnung)
- grobe Tee- und Mettwürste bis (2 mm)
- Schinkenmettwurstsorten (bis 5 mm)

LSKZ 2.4.1.2.1
Teewurst, Teewurst Rügenwalder Art, Grobe Teewurst, Rindswurst

Ausgangsmaterial:
- Fettgewebs- und sehnenarmes Schweinefleisch (1.2.1.2.1)
- Grob entfettetes Schweinefleisch (1.2.1.2.2)
- Sehnen- und fettgewebsarmes Rindfleisch (1.2.1.1.1)
- Fettgewebe (1.1.1.2)

Besondere Merkmale:
- Fein zerkleinert oder grobkörnig
- bei Rindswurst nur sehnen- und fettgewebsarmes Rindfleisch (1.2.1.1.1) und Fettgewebe (1.1.1.2)

Analysenwerte:
- Bindegewebseiweißfreies Fleischeiweiß,
  – fein zerkleinert nicht unter 10 %,
  – grob nicht unter 11 %
- Bindegewebseiweißfreies Fleischeiweiß im Fleischeiweiß, chemisch nicht unter 85 %

Detaillierte Ausführungen zum Fremdwasser und Fettgehalt sind auf der ▸Seite 630 f. nachzulesen.

10

Komplexe Aufgabe

Die Verbrauchererwartung gerade in Bezug auf ausländische Rohwurstsorten ist in den letzten Jahren enorm gewachsen. Diese Sorten sind nicht in den Leitsätzen „gelistet“. Dafür aber bietet der Zulieferhandel für Fleischereien und andere Großhandelsunternehmen ein großes Sortiment an Rohwürsten aus dem europäischen Ausland.
Finden Sie heraus, welche ausländischen Rohwurstsorten in Ihrem Umfeld (z. B. Stadt, Wohnviertel) angeboten werden.

Aufgaben zur Wiederholung

1. Welche Anforderungen stellen die Leitsätze für Fleisch und Fleischerzeugnisse an Rohwürste?
2. Was ist in Bezug auf den Gehalt an BEFFE im Fertigprodukt zu beachten:
   a) bei Rohwürsten mit weißen Hüllen, Tauchmassen, weißen Belägen von Mikroorganismen oder Stärke,
   b) bei Rohwürsten mit Hinweisen wie „Dauerwurst“, „ausgereift“ oder „hart gereift“?
3. Wodurch unterscheiden die Leitsätze schnittfeste und streichfähige Rohwürste?
4. Wodurch wird die unterschiedliche Konsistenz (Beschaffenheit) der beiden Untergruppen – schnittfest und streichfähig – bestimmt?
5. Nennen Sie mithilfe der Leitsätze für Fleisch und Fleischerzeugnisse zehn Rohwürste mit unterschiedlichen BEFFE-Werten.
   Berücksichtigen Sie dabei die Rohwurst mit dem höchsten und mit dem niedrigsten BEFFE-Wert.

Ausgewählte Fachrechenaufgaben

1. Berechnen Sie für die Salami-Rezeptur (▸ S. 405) mithilfe folgender Tabelle die Wasser-, Fett-, Fleischeiweiß- und BEFFE-Werte.
2. Berechnen Sie für die Cervelatwurst-Rezeptur (▸ S. 407) mithilfe der Tabelle, die Wasser-, Fett-, Fleischeiweiß- und BEFFE-Werte.

	Wasser		**Fett**		**Fleischeiweiß**		**BEFFE**	
	(%)	(kg)	(%)	(kg)	(%)	(kg)	(%)	(kg)
Zutaten auf Gesamtmasse								
Rohmaterial Gesamtgewicht	kg Wasser		kg Fett		kg FE		kg BEFFE	
Schwund	kg Schwund							
Verkaufsgewicht	kg Wasser							
	Wasser %		Fett %		FE %		BEFFE %	
							BEFFE im FE: %	
							BE im FE: %	

43 Schnittfeste Rohwurst herstellen

FLEISCHEREI nusse

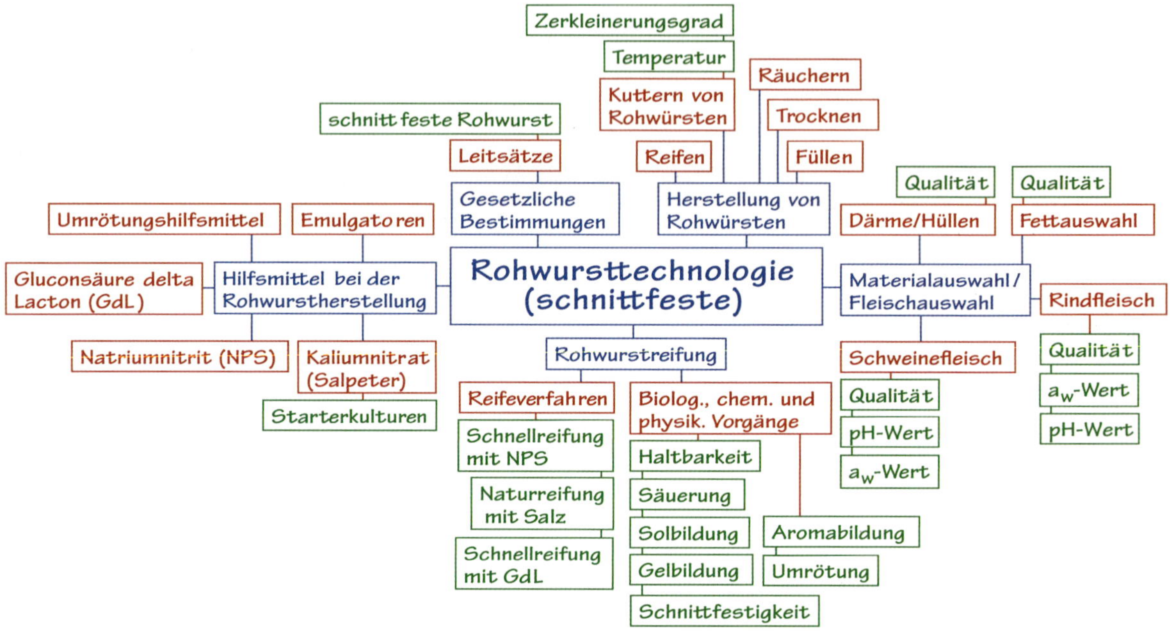

Björn zu Sabrina: „Wenn ich mir die Mindmap zur schnittfesten Rohwursttechnologie ansehe, dann finde ich, hebt die Technologie ganz schön ab. Da soll noch einmal jemand sagen, dass unser Beruf so einfach ist." Sabrina: „Das sehe ich auch so, wobei die Salami, die wir beide letzte Woche mit Meister Nusse hergestellt haben, recht leicht von der Hand ging." Björn: „Die Herstellung fand ich einfacher als bei der Brühwurst und bei der Leberwurst." Sabrina: „Aber warum hat Herr Nusse gesagt, dass immer mehr kleinere Betriebe von der Herstellung schnittfester Rohwürste absehen und die Produkte eher zukaufen?"

10

▶ Vergleichen Sie in Ihrem Betrieb die Kilopreise von je drei verschiedenen Brühwurst-, Kochwurst- und Rohwurstsorten. Welche Aussagen lassen sich über das Preisverhältnis machen?

Die geschichtliche Entwicklung der Rohwurst basiert auf der Notwendigkeit, Lebensmittel das ganze Jahr über ohne Kühlung bevorraten zu müssen, also auch in den Sommermonaten. Das heißt, es mussten Wege gefunden werden, rohes zerkleinertes Fleisch zu konservieren, und dies möglichst ohne Einwirkung von Hitze; denn erhitzte Erzeugnisse hatten oft nur eine begrenzte Haltbarkeit. Die Herstellung von Fleischprodukten, z.B. Rohwurst, erfolgte wie die Hausschlachtungen aus Haltbarkeitsgründen fast nur im Winter. Wenn die Wurst erst einmal fest geworden war, ließ sie sich auch bei höheren Temperaturen länger lagern. Rohwurst wurde daher zum Teil auch „Sommerwurst" genannt.

In früheren Zeiten war die recht komplizierte Reifung von Rohwürsten noch nicht so ausgefeilt und steuerbar. Vor allem die Beeinflussung der Reifungsvorgänge mithilfe sogenannter Starterkulturen (spezielle Mikroorganismen) war nicht bekannt. Diese Tatsache sowie andere fehlende Kontrollmöglichkeiten und Steuerungselemente der Prozessführung führten nicht selten zu Fehlfabrikaten. Zusätzlich wurden für die langen Reifungsvorgänge große Lagerkapazitäten benötigt.

Die hohen Produktionskosten und das damit verbundene Produktionsrisiko sowie die hohen Lager- und Kapitalkosten rechtfertigten einen hohen Preis für die Rohwürste. Wer diesen Preis akzeptierte, wurde mit einem einmaligen Geschmack belohnt. Mit zunehmendem Wohlstand stieg die Nachfrage nach dieser edlen Ware. Die Rohwurstindustrie entwickelte sich sprunghaft und schloss in weiten Teilen Deutschlands schnell diese Angebotslücke.

Bedingt durch die technische und mikrobiologische Entwicklung ist es heute möglich, dass jeder Fleischer seine Fleischzuschnitte zu hochwertigen Produkten verarbeiten kann. Das Produktionsrisiko ist gesunken und kann außerdem durch sichere Arbeitsweisen eingeschränkt werden. Daher ist der Gewinn ebenso wie die Vielfalt der Produkte überdurchschnittlich

Auch heute noch entstehen bei der Herstellung von Rohwürsten relativ hohe Produktionskosten. Vor allem

- durch die Auswahl von entsprechend hochwertigem Fleisch (sehnen- und fettarmes Rindfleisch I, Schweinefleisch I),
- durch beträchtliche Gewichtsverluste bei Trocknung, Reifung und Räucherung der Rohwürste wird das Verhältnis zwischen Wareneinsatz und Produktausbeute ungünstig und muss entsprechend einkalkuliert werden.

Hinzu kommt eine sehr vielschichtige Technologie. Die Mindmap („Gedächtnislandkarte") auf ▸ S. 398 stellt die verschiedenen Aspekte zur Herstellung von schnittfester Rohwurst dar, vor allem die aufwendige Steuerung der notwendigen Reifungsprozesse.

43.1 Rohstoffe auswählen

Um die Haltbarkeit der Rohwurst zu gewährleisten, müssen die Rohstoffe, Fleisch und Fettgewebe, so keimarm wie möglich sein. Voraussetzungen dafür sind:

- frisches Fleisch
- sorgfältige Zerlegung und Sortierung
- gute Kühlung

Je geringer der Anfangskeimgehalt ist, desto sicherer sind die Rohwurstherstellung und die -reifung.

Das Fleisch sollte außerdem einen normalen pH-Wert-Verlauf haben und weder PSE- noch DFD-Eigenschaften aufweisen (▸ Grafiken S. 284).

DFD-Fleisch gibt kein Wasser ab.
PSE-Fleisch rötet schlecht um und führt häufig zu blasser, rissiger Wurst mit ausgeprägtem Salzgeschmack.

Die besten Eigenschaften für die Rohwurstherstellung hat das Fleisch älterer Schlachttiere wie Kühe, Sauen, kastrierte Eber, alte Bullen und Ochsen (SI und/oder SII, RI und/oder RII). Dieses Fleisch ist besonders dunkel in seiner Farbe und ergibt somit auch eine intensive Pökelfarbe. Die Struktur des Fleisches ist fest, deshalb wird auch die Wurst schneller fest. Da ältere Tiere weniger stressempfindlich sind, ist außerdem der pH-Wert-Verlauf meist günstiger.

Da Sehnen im Anschnitt der Wurst gut sichtbar sind, sollte das Fleisch immer gut entsehnt sein, denn Sehnen mindern den Verkaufserlös der Ware.

Das **Fettgewebe** (SV, SVIII) sollte die gleichen Eigenschaften haben wie das Fleisch: fest und kernig, aber nicht zäh. Anhaftende Schwartenreste sind sauber zu entfernen, denn sie wirken im Anschnitt der Wurst wie Sehnen. Die Eigenschaften des festen Rückenspecks übertragen sich auch auf die Merkmale der Wurst. Für die Beschaffenheit des Specks spielt die Fütterung der Tiere eine erhebliche Rolle, denn je ölhaltiger das Futter der Schweine war, desto öliger ist auch ihr Speck.

43.2 Wirkung von Zusätzen und Zusatzstoffen

43.2.1 Salz und Umrötungsstoffe

Salz bildet die erste „Hürde" (▸ S. 415) für die nicht erwünschten Mikroben auf dem Weg zur Haltbarkeit der Rohwurst. Deshalb sollte immer genügend Salz (26 bis 28 g/kg) zugegeben werden.

Natriumnitrit ($NaNO_2$) hat neben der umrötenden Wirkung auch eine keimhemmende auf Botulinusbazillen.

Der Gesetzgeber erlaubt außerdem bei lange gereifter Ware die Verwendung von **Kaliumnitrat** (Salpeter, KNO_3) bis zu einer Menge von 300 mg/kg. Gleichzeitig beschränkt er die Höchstmenge an Restnitrit/-nitrat im fertigen Erzeugnis auf 250 mg/kg (▸ S. 611). Auch die Beimischung von Salpeter (KNO_3) zum Nitritpökelsalz ist nach der Zusatzstoff-Zulassungsverordnung erlaubt.

schlechtere Qualität

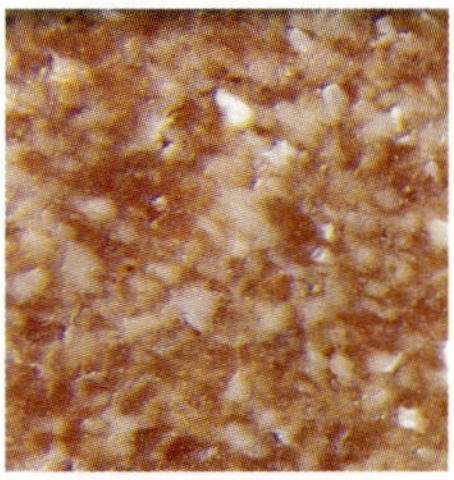

bessere Qualität

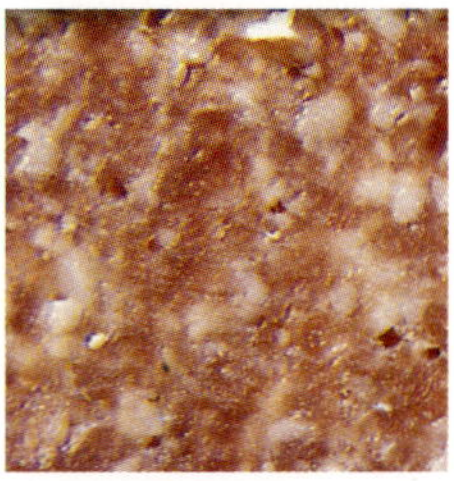

Plockwurst bei normalem Licht

schlechtere Qualität

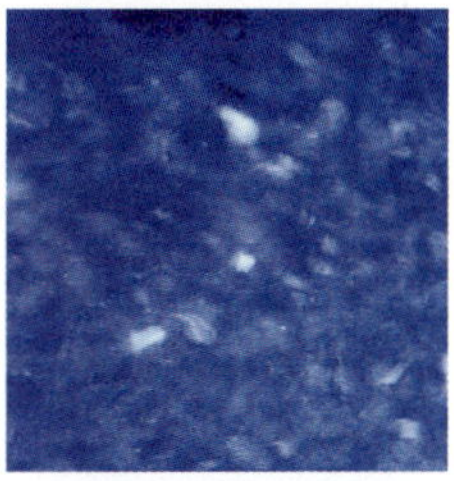

bessere Qualität

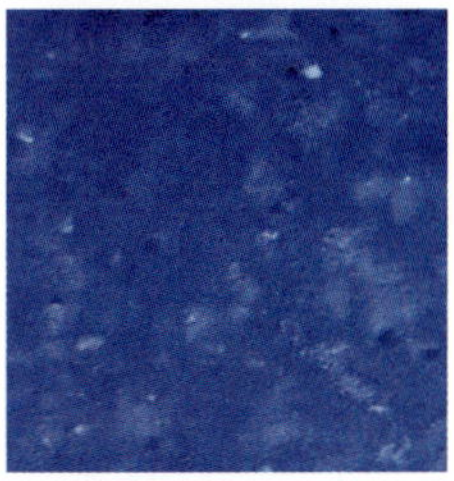

Plockwurst unter UV-Licht

10

NPS und/oder Salpeter?

Farblich und geschmacklich besteht kein Unterschied zwischen der Wirkung von Salpeter (Nitrat) und Nitrit. Die bessere Farb- und Aromabildung beruht ausschließlich auf der längeren Reifezeit der mit Salpeter produzierten Wurst. Das gleiche Ergebnis ist mit lange gereifter NPS-Ware zu erzielen.

Der entscheidende Unterschied zwischen Salpeter und Nitritpökelsalz liegt darin, dass Salpeter (KNO_3) beim Umrötungsprozess in der ersten Stufe nur durch Bakterien (Starterkulturen) zu Nitrit abgebaut werden kann; es handelt sich also um einen bakteriellen Abbau (Naturreifung).
Beim Abbau von Nitrit ($NaNO_2$) zu Stickstoffmonoxid (NO; „Stickoxidgas“) in der zweiten Stufe handelt es sich um einen rein chemischen Vorgang (Reduktion = Elektronenaufnahme, ▸ S. 594).

Bei einer zu schnellen Absäuerung und/oder einer mangelhaften Temperaturführung oder einer zu kurzen Reifedauer werden die Starterkulturen geschädigt und der bakterielle Abbau von Nitrat zu Nitrit verläuft unvollständig. Neben den gesundheitlichen Risiken durch den Verzehr des nicht abgebauten Restnitrats (Nitrosaminbildung im Magen des Menschen), kommt es zu einer fehlerhaften Umrötung der Rohwurst.

Unter günstigen Bedingungen werden bei der Umrötung von kräftig rotem Fleisch ca. 100 mg Nitrit/Nitrat pro kg Erzeugnis benötigt. Diese Menge ist auch für die Hemmung von Botulinusbazillen und EHEC (▸ S. 414) erforderlich.

Meersalz kann in der Rohwurstherstellung ebenfalls eingesetzt werden. Es enthält geringe Mengen Nitrat.

Empfohlene Salzmengen je kg Wurstmasse für Rohwurst:

- 28 g Meersalz für hart gereifte mittlere Kaliber (Restnitrit/-nitrat >10 mg).
  Bei langen Reifezeiten reicht der geringe Nitratgehalt des Meersalzes für die Umrötung aus. Bei der Verwendung von Meersalz sollte das Fleisch älterer Tiere verwendet und auf einen geringen Anfangskeimgehalt geachtet werden.
- 8 bis 9 g Kochsalz + 16 bis 20 g NPS (Nitritpökelsalz) für alle Rohwürste mit ausreichend Umrötehilfsmitteln (Restnitrit/-nitrat > 20 mg)
- 28 g NPS für alle Rohwürste mit Umrötehilfsmitteln (Restnitrit/-nitrat >50 mg)
- 28 g Kochsalz + 0,3 g Salpeter für lange gereifte Ware (Restnitrit/-nitrat > 250 mg)
- 28 g NPS + 0,15 g Salpeter für großkalibrige, lange gereifte Ware (Restnitrit/-nitrat >60 mg)

Welche dieser Varianten gewählt wird, ist eine individuelle Entscheidung des Fleischers. Auch andere Mengen und Kombinationen sind möglich. Es kann jedoch nur so viel umgerötet werden, wie Fleischfarbe vorhanden ist.

Salz spielt außerdem eine wichtige Rolle bei der Entwicklung der **Schnittfestigkeit** der schnittfesten Rohwurst.

43.2.2 Zucker

Zucker darf der Rohwurst bis zu 2 % zugesetzt werden. Das entspricht einer Menge von 20 g/kg. Damit kann schon ein deutlicher Süßgeschmack erzielt werden.

Technologisch sinnvoll ist eine Zugabe bis maximal 7 g/kg. Der Zucker dient den in der

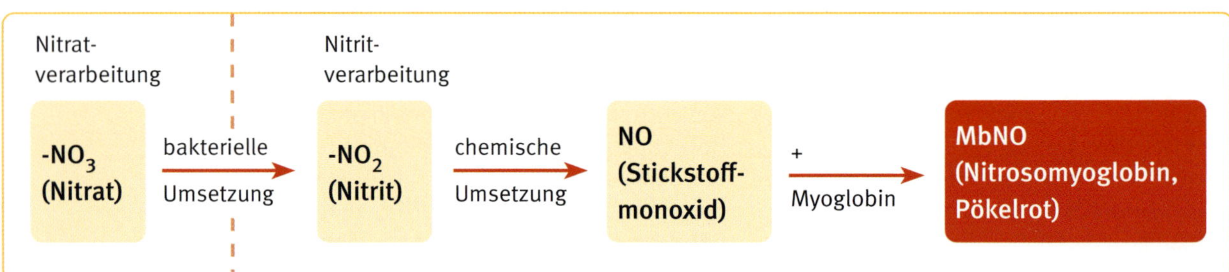

Rohwurst vorkommenden oder zugesetzten Mikroorganismen als Nahrung (▸ S. 414). Bei diesem Stoffwechsel wird der Zucker zu **Milchsäure** abgebaut, die den pH-Wert verringert. Soll der pH-Wert sehr schnell sinken, ist Einfachzucker zu verwenden, der direkt abgebaut wird (▸ S. 414). Meistens ist aber eine langsame, gleichmäßige pH-Wert-Absenkung erwünscht, damit die Wurst nicht übersäuert wird. Deshalb werden Einfach-, Doppel- und Mehrfachzucker (z. B. Maltodextrin) in bestimmten Anteilen gemischt, um auch mittel- und langfristig eine gleichmäßige Wirkung zu erreichen.

Neben den von der Zulieferindustrie angebotenen **Fertigmischungen**, über deren Wirkungsweise der Hersteller informiert, werden oft Rohzucker und **Honig** oder bei Wurstspezialitäten **Himbeersirup** verwendet. Honig und Himbeersirup wirken sich geschmacklich deutlich aus, daher ist eine Dosierung über 5 g/kg nicht zu empfehlen.

Glucono-delta-Lacton (GdL)

Das chemisch hergestellte delta-Lacton der Gluconsäure wirkt wie Zucker: Es senkt durch seine Umwandlung in Verbindung mit Wasser sofort den pH-Wert. Dies führt dazu, dass GdL schon kurz nach Zugabe in das Rohwurstbrät dieses verfestigt.

43.2.3 Gewürze und Aromen

Welche Gewürze und Aromen verwendet werden, hängt unter anderem von der Rohwurstsorte, regionalem Brauch und individuellen Rezepturen ab.

Übliche Zugaben pro kg Fleisch:

- 2 bis 4 g weißer, fein gemahlener Pfeffer je kg Fleisch bilden bei fast allen Rohwürsten die Grundwürzung für eine leichte Schärfe und ein deftiges Aroma.
  1 bis 2 g des gemahlenen Pfeffers können durch ebenso viel ganzen oder geschroteten weißen oder schwarzen Pfeffer ersetzt werden. Damit kann bei groben Rohwürsten ein rustikales Aussehen gefördert werden.

Salami, normale Reifung

Zutaten pro kg: 5 g Doppelzucker, 2 g Einfachzucker, 28 g NPS
Reifetemperatur: 2 Tage 24 °C, 4 Tage 22 °C

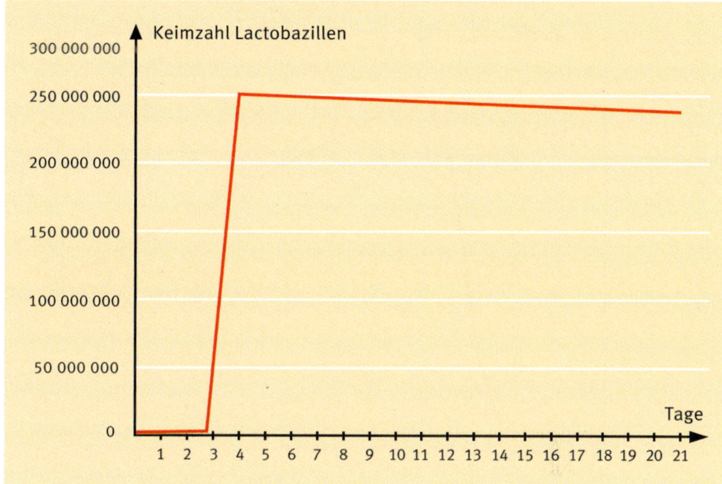

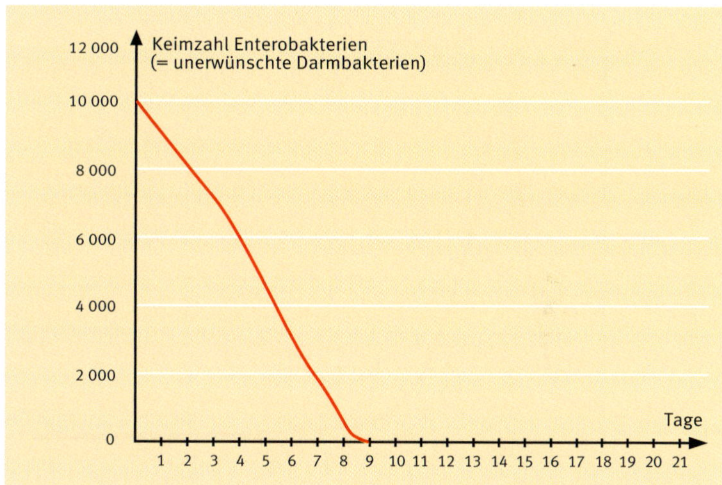

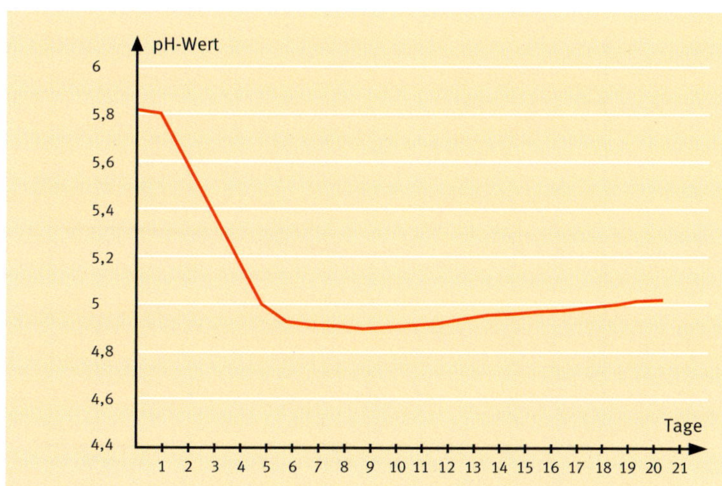

Salami, langsame Reifung

Zutaten pro kg: 3 g Doppelzucker, 300 mg Nitrat, 28 g Kochsalz
Reifetemperatur: 1 Woche 18 °C

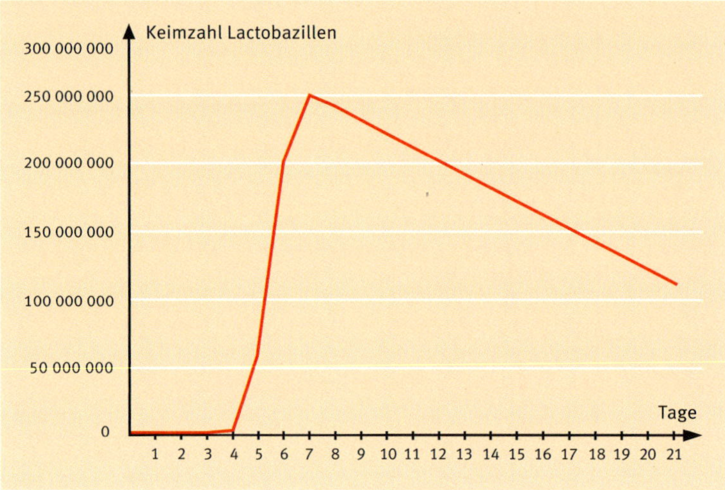

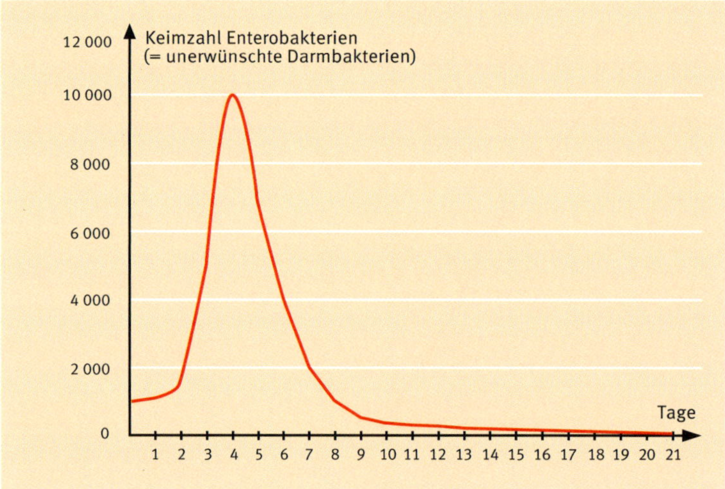

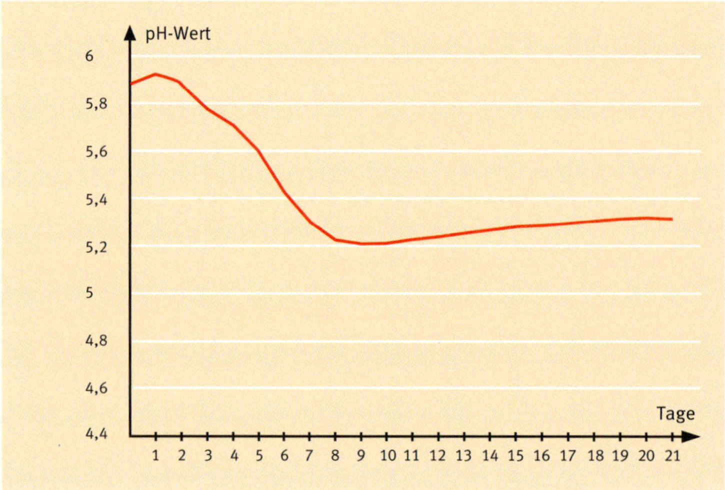

- Je nach Region werden bis zu 0,5 g Ingwer, Mazis, Koriander, Kardamom, Paprika, Senfkörner oder Knoblauch zugesetzt. Sie runden den Geschmack individuell ab.
- Die Zugabe von **Spirituosen** (Rum, Weinbrand, Kümmel, Wacholder oder Kirschwasser) ist regional unterschiedlich. Sie ist durchaus kritisch zu sehen, denn Alkohol spaltet Fett und begünstigt somit die „Beißigkeit". Eher zu empfehlen ist die Zugabe von **Aromen,** die keine negativen Einflüsse auf die Rohwurstqualität haben, oder der vollständige Verzicht auf Alkohol, um eine Gewöhnung an das Aroma zu vermeiden – zu den Wurstkonsumenten gehören z. B. auch Kinder und Kranke.
- Rotwein für italienische Salami ist ebenfalls vorsichtig zu handhaben. Der Wein bringt zwar Aromastoffe in die Salami, aber auch Wasser, das wieder entzogen werden muss. Hier ist ebenfalls die Zugabe von Rotweinaroma sinnvoller.
- **Rosmarinextrakt** verzögert schon in geringsten, geschmacklich nicht wirkenden Mengen die Ranzigkeit und fördert somit die Haltbarkeit. Er sollte daher unbedingt zugesetzt werden.

43.2.4 Umrötungshilfsmittel

Ascorbinsäure und ihr Salz, das Ascorbat, sind ebenso wie das preisgünstigere Isoascorbat Stoffe, die den Nitritabbau fördern und stark beschleunigen. Ihr Einsatz ist bei schnell gereiften Rohwürsten sinnvoll und notwendig, wenn mit geringeren Nitritmengen gearbeitet wird. Der Ausnutzungsgrad des Nitrits lässt sich so verbessern (► S. 612).

43.2.5 Geschmacksverstärker

Die Salze der Glucuronsäure und der Glutaminsäure haben keinen Eigengeschmack, aber sie öffnen und aktivieren die Geschmacksknospen im Mund. Sie sind keine Geschmacksverbesserer, sondern nur Geschmacksverstärker. Wenn zu erwarten ist, dass eine Rohwurst gut schmecken wird und alle Einflussfaktoren stimmen, ist der Einsatz von Geschmacksverstärkern sinnvoll. Eine gute Wirkung ist schon ab 0,5 g/kg zu erreichen, über 1 g/kg ist keine Verbesserung mehr zu erzielen. Es lässt sich andererseits auch feststellen, dass, wenn eine Rohwurst gut schmeckt, auf eine weitere Verstärkung durch Glutamat verzichtet werden kann.

43.2.6 Starterkulturen

Die von der Zulieferindustrie angebotenen sogenannten Starterkulturen sind Mikroorganismen, die sich auch natürlicherweise in den Rohwürsten entwickeln. Die natürlich vorhandenen Mikroorganismen benötigen jedoch Zeit für die Entwicklung. Um diese Zeitspanne abzukürzen und somit eine schnellere und gezieltere Wirkung zu erreichen, werden heute bei fast allen Rohwürsten Starterkulturen eingesetzt.

Wirkung der eingesetzten Mikroorganismen:

- Durch **Lactobazillen** (Milchsäurebakterien) der Stämme Sake und Plantarum wird viel Milchsäure gebildet und somit der pH-Wert deutlich abgesenkt. Nicht unerwünscht ist dabei die bessere mikrobielle Stabilität, da der niedrige pH-Wert eine „hohe Hürde“ darstellt (▸ S. 415). Lactobazillen beeinflussen die Gelbildung der Globuline, die Wurst wird schneller schnittfest.
  Lactobazillen sind auf Zuckerzugaben zur Säureherstellung angewiesen. Mit der Säure fördern sie den Nitritabbau und somit die Umrötung.
- **Pediokokken** vom Stamm Pentosaceus bilden im Vergleich zu den Lactobazillen eine etwas mildere Säure und somit auch ein milderes Aroma. Sie sind ebenfalls von der Zuckerzugabe zur Säureherstellung abhängig. Durch die Säure beschleunigen Pediokokkenstämme außerdem den Nitritabbau und somit die Umrötung.
- **Staphylokokken** vom Stamm Carnosus und Xylosus hemmen das Wachstum unerwünschter Staphylokokken. Sie können Nitrat gut abbauen und verbessern daher die Farbe sowie das Aroma der Rohwurst und verzögern das Ranzigwerden des Fettes. Durch ihre lipolytischen (Fett zersetzenden) und proteolytischen (Eiweiß zersetzenden) Aktivitäten entstehen typische Aromen.

Salami mit Starterkulturen, Lactobazillen

Zutaten pro kg: 3 g Doppelzucker, 4 g Einfachzucker, 28 g NPS
Reifetemperatur: 2 Tage 24 °C, 4 Tage 22 °C

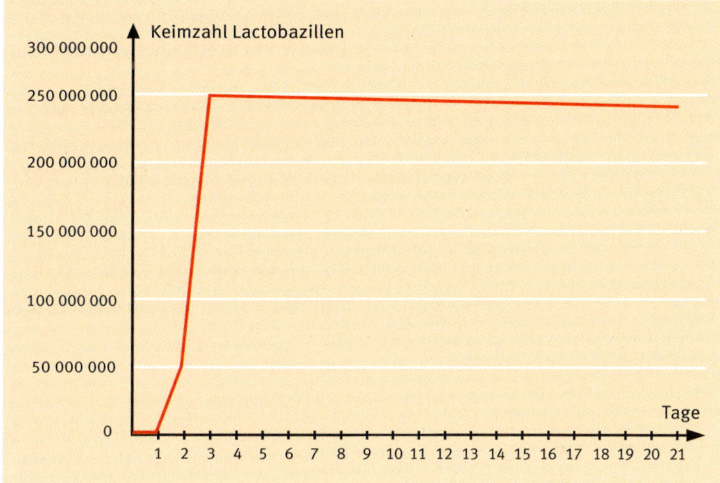

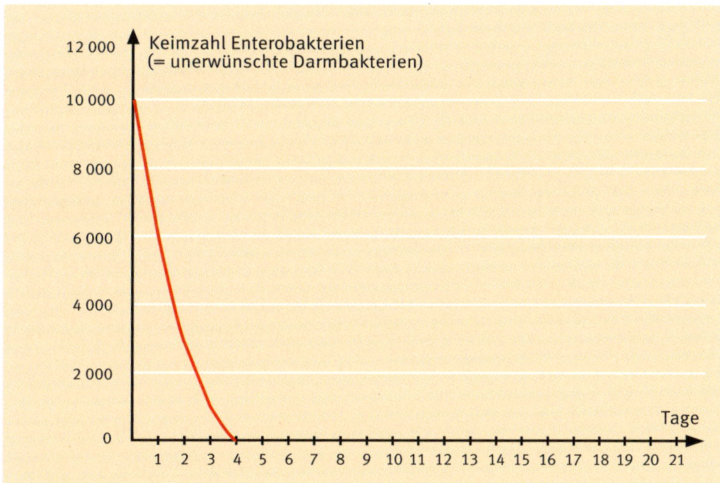

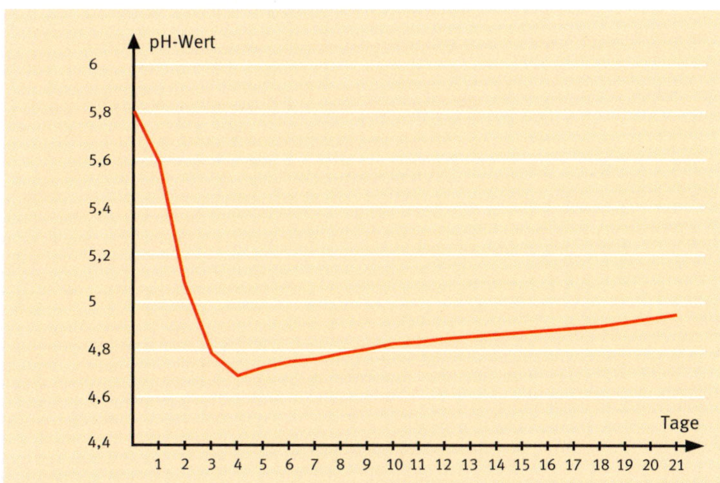

10

- **Schimmelpilze** und **Hefen** bilden auf der Oberfläche der Därme einen weißlichen Belag. Sie heben gleichzeitig den pH-Wert in der Wurst an und wirken so auf den Geschmack und das Aroma ein. Allein durch ihr Vorhandensein schützen sie außerdem vor unerwünschten Oberflächenbelägen.

Ein positiver Nebeneffekt ist, dass mit der Zugabe erwünschter Bakterien eine Konkurrenzflora für die nicht erwünschten, aber auch vorhandenen Bakterien entsteht. Die von den zugegebenen Bakterien produzierten Säuren schaffen unter anderem ungünstige Bedingungen für Fäulniserreger, Colibakterien und Salmonellen.

Art und Menge der Starterkulturen sollten aufeinander abgestimmt sein, denn nur so lässt sich eine optimale Wirkung auf die Wurst erzielen.

Lactobazillen, Pediokokken und Staphylokokken benötigen für ihren Stoffwechsel **Kohlenhydrate**. Je schneller sie arbeiten sollen, desto schneller verfügbare Zuckerarten (Einfachzucker) werden gebraucht. Für die langsame Naturreifung (▸ S. 401) ist hingegen eine Mischung verschiedener Zuckerarten zu empfehlen (z. B. Einfachzucker, Doppelzucker und Trockenstärkesirup), damit für jede Phase der Reifung ausreichend Energie vorhanden ist.

Die Hersteller bieten sowohl gefrostete als auch gefriergetrocknete Produkte mit unterschiedlicher Zusammensetzung und Anwendungsempfehlung an; die Verarbeitungshinweise der Hersteller sind zu beachten.

Erklären Sie die Entwicklung der Enterobakterien bei den drei verschiedenen Reifungsabläufen (▸ S. 351, 352, 353).

43.3 Därme

Naturdärme können meistens Feuchtigkeit besser speichern als Kunstdärme. Im Allgemeinen gilt: Je dickwandiger ein Darm ist, desto mehr Wasser kann er aufnehmen und als Puffer gegen zu schnelles Austrocknen dienen. Daher sind Enddärme vom Schwein und Rind, wenn diese Kaliber erwünscht sind, nahezu ideale Därme für schnittfeste Rohwürste. Ebenso gut lassen sich die Mitteldärme verwenden.
Ist das Kaliber zu eng bei den Schweine- oder Rinderfettenden, so bietet der Darmhandel auch genähte Fettenden, vorzugsweise vom Schwein, an. Dabei werden zwei getrocknete Schweinefettenden aufgeschnitten, gleichmäßig zugeschnitten und anschließend mit der Nähmaschine zusammengenäht.
Seit mehreren Jahren bietet der Darmhandel auch eine ganz besondere Naturdarmvariante an. Hierbei werden Schweinedünndärme oder Schafssaitlinge aufgeschlitzt und mit Eiweiß aneinandergeklebt. Mit diesem Produkt werden die exzellenten Eigenschaften dieser beiden Dünndärme, also einerseits die sehr gute Wasserabgabefähigkeit, verbunden mit einer beim Austrocknen mitgehenden Hülle, die sich sehr gut dem Wurstgut anpasst, und andererseits die Verzehrfähigkeit des Darms im großen Kaliber vereinigt.
Für die meisten Mettwurstarten empfehlen sich Kranzdärme. Mettwürste, die schnell fest werden dürfen oder sollen, sind in Schweinedünndärme oder sogar Saitlinge (▸ S. 621) zu füllen.

Naturdärme müssen sorgfältig vom Darmfett befreit, gesalzen und kurz vor dem Füllen gewässert werden (▸ S. 620). Sie sollen Feuchtigkeit aufnehmen, aber für die anschließende Verarbeitung im Innern nicht zu nass sein, denn Nässe verursacht eine Ablösung des Darms von der Wurst und Graustellen.

Kunstdärme für Dauerwürste, die trocknen sollen, müssen Feuchtigkeit gut austauschen können. Es empfehlen sich Hautfaser- und Seidengerüstdärme. Leinendärme und ähnliche Hüllen, die Feuchtigkeit gut austauschen, sollten für schnell reifende und nicht stark trocknende Rohwürste verwendet werden.

10

43.4 Herstellung

Die folgenden Rezepturen und Standards sind als Vorschläge zu sehen. Das Fleisch, die Maschinen und Anlagen sowie die Därme und Zutaten schaffen immer wieder andere Bedingungen, die Veränderungen der Rezepturen notwendig machen.

43.4.1 Salami

Produktbeschreibung:
2 bis 3 mm starke Speckteilchen in kräftig rotem Fleisch, luftgetrocknet mit etwas weißem Belag, würziges Reifearoma mit leichter Knoblauchnote.

Rezeptbeispiel:
Salami (LSKZ 2.4.1.1.2)

Material für 100 kg Rohwurstmasse:

30 kg R II
10 kg S II (wird mit dem Rindfleisch fein gekuttert)
30 kg S II
30 kg S VIII

Gewürze und Zutaten je kg Gesamtmasse:

18 g Nitritpökelsalz
10 g Kochsalz
1 g Umrötungshilfsmittel (Ascorbat)
5 g Zuckermischung
0,5 g Starterkulturen für naturreifende, luftgetrocknete Rohwurst (Anweisung des Herstellers beachten)
3 g Pfeffer, weiß, gemahlen
0,5 g Koriander
3 g Weinbrand
0,5 g Knoblauch, flüssig

Salami, luftgetrocknet

Vorbereitung
Das Material nach Chargenmenge entsprechend der Kuttergröße zusammenstellen und abwiegen.
Das gesamte Fleisch- und Fettmaterial vor der Herstellung ca. 48 Stunden bei –20 °C durchfrieren.
Zutaten abwiegen und bereitstellen. Das Salz separat abwiegen.
Umrötungshilfsmittel (Ascorbat oder Ascorbinsäure) und Zucker können zusammen abgewogen werden.
Gewürze und Starterkulturen jeweils getrennt abwiegen.
Gegebenenfalls den Messerkopf des Kutters auswechseln. Messerkopf mit drei Messern einsetzen.
Bei warmer Temperatur im Produktionsraum ist der Kutter mit Scherbeneis und Kochsalz einige Runden laufen zu lassen, um ihn auf den Gefrierpunkt herunterzukühlen.

Herstellungsablauf

- Das tiefgekühlte Material in faustgroße Stücke teilen, damit die Kuttermesser in der Lage sind, das Material zu erfassen und zu zerkleinern.
- Das Rindfleisch (R II) und die 10 kg Schweinefleisch (S II) werden in den Kutter gegeben und bis zur feinsten Körnung gekuttert.
- Anschließend werden der Speck (S VIII) und das Schweinefleisch (30 kg S II) zugegeben und bis zur gewünschten Körnung weitergekuttert.
- Salz, Gewürze und Hilfsstoffe müssen zeitgleich gleichmäßig eingestreut werden, sodass sie sich gut mit dem Wurstgut vermischen können, ca. 5 bis 8 Runden.
- Zum Schluss des Kutterns sollte die Masse leicht bindig sein und leicht klumpen, um sie sofort füllen zu können.
- Ballen formen, entlüften und in den Füller pressen.
- Die Rohwurstmasse bei –1 bis –5°C luftfrei abfüllen; besonders geeignet sind Seidengerüstdärme mit einem Kaliber von 40 bis 50 mm. Sie sind dünnwandig, gut feuchtigkeitsaustauschend und haben ein natürliches Aussehen.

10

Herstellung schnittfester Rohwurst mit mittelgrober Körnung (Salami)

Vorbereitungen

- R II wiegen und abgedeckt frosten auf −20°C
- S II wiegen und abgedeckt frosten auf −20°C
- S VIII wiegen, in dünne Blättchen schneiden und offen frosten auf −20 °C

Produktionstag

R II und ein Drittel des S II im Kutter fein zerkleinern	Därme bereitstellen und wässern
Restliches S II zugeben und im Kutter grob zerkleinern	Gewürze und Salz getrennt abwiegen, Zucker abwiegen
S VIII ebenfalls in den Kutter geben und zerkleinern	Starterkulturen in den Kutter geben
	Gewürze zugeben
Wenn die gewünschte Körnung von ca. 2–3 mm erreicht ist, werden Zucker und Salz zugegeben	Salz und Zucker zugeben
Auf gleichmäßige Mischung achten, damit nicht zu viel Bindung entsteht	Das Brät soll im Kutter leicht klumpen
Ballen formen und luftfrei in den Füller bringen	Füllen – am besten in Naturdärme – Mitteldärme und (Rindermastdärme speichern die meiste Feuchtigkeit)
luftfrei füllen	

1. bis 20. Tag

bei 17 bis 22 °C reifen	s. Tabelle rechts

21. bis 28. Tag

Bei 14 bis 16 °C nachreifen und kalt räuchern oder lufttrocknen	Beimpfung mit Schimmelkulturen verbessert die Aromabildung deutlich

Cervelatwurst

Reifung und Räucherung

Die mit einem Umrötehilfsmittel hergestellte Salami ist in wenigen Stunden umgerötet. Reifen und abtrocknen sollte sie jedoch langsam, denn zu schnelles Trocknen führt fast immer zum Trockenrand. Die Reifezeit dauert zwei bis drei Wochen; in dieser Zeit entwickelt sich das typische Aroma.

Wenn die Abtrocknung fast abgeschlossen ist, kann die Salami in Schimmelkulturen getaucht werden. Danach verbleibt sie bei leicht erhöhter Luftfeuchtigkeit nochmals drei bis vier Tage in der Reifeanlage, damit die Kulturen den typischen weißen Belag bilden können.

Empfohlene Einstellungswerte für Reifeanlagen

Tag	Feuchte in %	Temperatur	Luftgeschwindigkeit	Intervall
1	92	22 °C	stark	Dauer
2	90	22 °C	schwach	Dauer
3	88	20 °C	schwach	20/20
4	87	20 °C	schwach	20/20
5	86	20 °C	schwach	20/30
6	85	20 °C	schwach	20/30
7	84	20 °C	schwach	20/30
8	83	19 °C	schwach	10/30
9	82	19 °C	schwach	10/30
10	81	19 °C	schwach	10/30
11	80	18 °C	schwach	10/30
12	79	18 °C	schwach	10/30
13	78	18 °C	schwach	10/30
14	77	17 °C	schwach	10/30
15	77	17 °C	schwach	5/30
16	76	18 °C	schwach	5/30
17	76	18 °C	schwach	5/30
18	76	17 °C	schwach	5/30
konstant bis zum Verkauf				

43.4.2 Cervelatwurst, fein

Produktbeschreibung:

fein zerkleinerte, gut schnittfeste Wurstmasse von hellroter Farbe mit feinwürzigem Geschmack, mild gesäuert und herzhaft geräuchert.

Rezeptbeispiel: Cervelatwurst, fein (LSKZ 2.4.1.1.4)

Material für 100 kg Rohwurstmasse:

25 kg R I	(auf 2 mm gewolft und gut gefrostet)
50 kg S II	(auf 2 mm gewolft und gut gefrostet)
25 kg S VIII	(am Vortrag gut entschwartet, in dünne Scheiben geschnitten und offen gefrostet)

Gewürze und Zutaten je kg Gesamtmasse:

28 g	Nitritpökelsalz
1 g	Umrötungshilfsmittel (Ascorbat)
7 g	Zuckermischung (4 g Einfach- und 3 g Doppelzucker)
0,5 g	Starterkulturen für schnell reifende Rohwurst (Anweisung des Herstellers beachten)
3 g	Pfeffer, weiß, gemahlen
0,5 g	Ingwer
2 g	Weinbrand

Vorbereitung

Das Material nach Chargenmenge entsprechend der Kuttergröße zusammenstellen und abwiegen.

R I und S II getrennt auf 2 mm wolfen.

Das gesamte Fleisch- und Fettmaterial vor der Herstellung ca. 48 Stunden bei –20 °C durchfrieren.

Zutaten abwiegen und bereitstellen. Das Salz separat abwiegen.

Umrötungshilfsmittel (Ascorbat oder Ascorbinsäure) und Zucker können zusammen abgewogen werden.

Gewürze und Starterkulturen jeweils getrennt abwiegen.

Gegebenenfalls den Messerkopf des Kutters auswechseln. Messerkopf mit drei Messern einsetzen.

Bei warmer Temperatur im Produktionsraum ist der Kutter mit Scherbeneis und Kochsalz einige Runden laufen zu lassen, um ihn auf den Gefrierpunkt herunterzukühlen.

Herstellungsablauf

- Magerfleisch in den Kutter geben und auf ca. 5 mm kuttern,
- Speck hinzugeben und weiterkuttern bis max. –5 °C

Herstellung schnittfester Rohwurst, fein zerkleinert (Cervelatwurst)

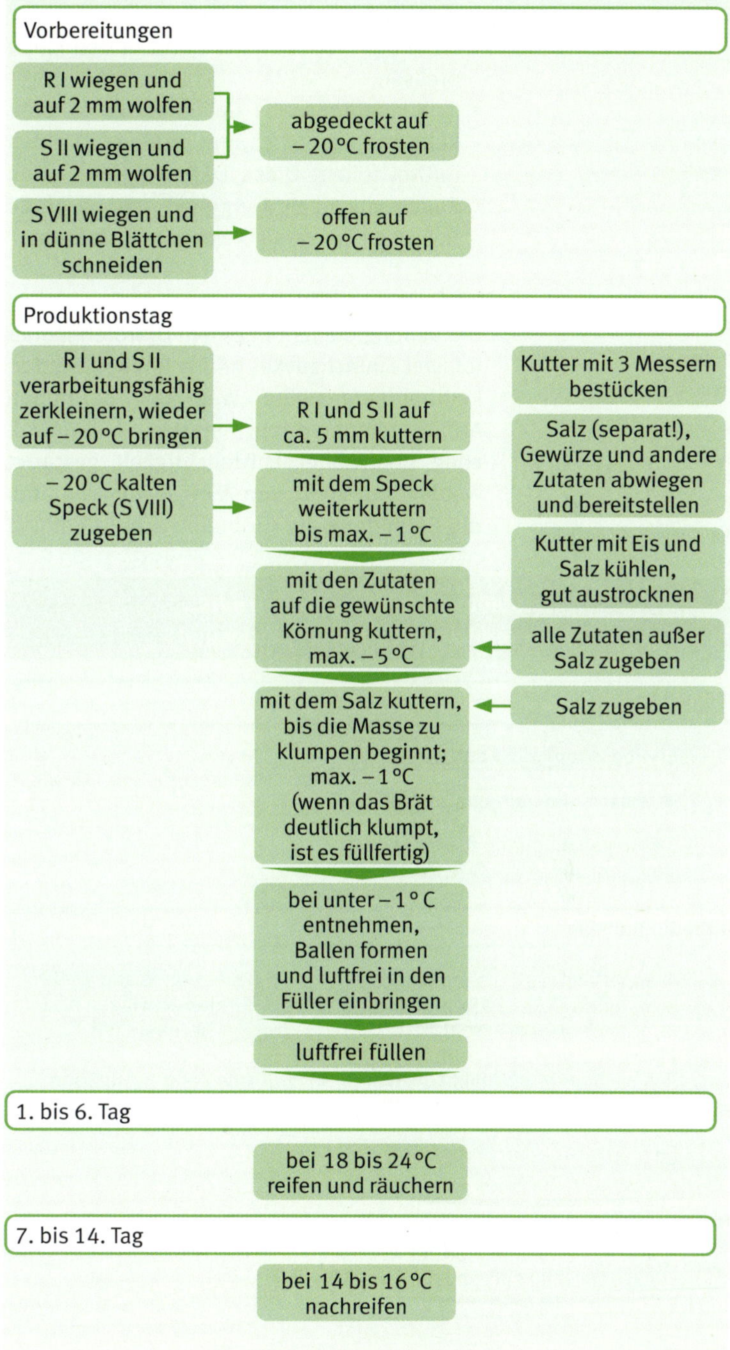

- Gewürze und Hilfsstoffe müssen zeitgleich gleichmäßig eingestreut werden, sodass sie sich gut mit dem Wurstgut vermischen können.
- Sollte die Masse noch nicht fein genug sein, muss sie nochmals gefrostet werden.

10

- Salz zufügen.
- Zum Schluss des Kutterns sollte die Masse leicht bindig sein und leicht klumpen, um sie sofort füllen zu können.
- Ballen formen, entlüften und in den Füller pressen.
- In Kunstdärme aus Cellulose mit Verstärkung von Faservlies, mit größerem Kaliber luftfrei füllen. Diese Därme nehmen den Rauch gut an und ergeben schöne große Scheiben mit wenig Resten im Aufschnitt.

Reifung und Räucherung

Die Reifung dieser mit einem Umrötehilfsmittel, viel Einfachzucker und schnellen Starterkulturen hergestellten Ware kann bei hohen Anfangstemperaturen, starker Luftumwälzung und hoher Luftfeuchtigkeit gestartet werden. Innerhalb von 7 Tagen wird sie über die Gelbildung der Globuline schnittfest und kann in den Verkauf kommen. Aufgrund ihres niedrigen pH-Werts schmeckt sie leicht milchsäuerlich.

Empfohlene Einstellungswerte für Reifeanlagen

Tag	Feuchte in %	Temperatur	Luftgeschwindigkeit
1	92	24 °C	stark
2	91	23 °C	schwach
3	90	22 °C	schwach
4	89	21 °C	schwach
5	88	20 °C	schwach
6	Feuchtrauch	18 °C	stark
7	Verkaufsbeginn		

Herstellung schnittfester Rohwurst, grob zerkleinert (Schinkenplockwurst)

Vorbereitungen
- R I wiegen und auf 3 mm wolfen
- S II wiegen und auf 8 mm wolfen
- S V wiegen, in dünne Blättchen schneiden und auf −20 °C frosten

Produktionstag
- R I, SII und S V im Wolf zusammengeben und gekühlt halten
- Salz, Gewürze und andere Zutaten abwiegen und bereitstellen
- alle Zutaten zugeben → alles leicht unterheben, dann auf die gewünschte Körnung wolfen
- im Menger kneten, bis das Brät kittartig ist
- bei unter −1 °C entnehmen, Ballen formen und luftfrei in den Füller einbringen
- luftfrei füllen

1. bis 20. Tag
- bei 16 bis 18 °C reifen und räuchern

21. bis 28. Tag
- bei 14 bis 16 °C nachreifen

10

43.4.3 Schinkenplockwurst

Produktbeschreibung:

grob zerkleinerte, gut schnittfeste, kräftig geräucherte Dauerwurst z. B. im Rindermastdarm mit deftig würzigem Geschmack, roter Farbe und intensivem Rauch- und Pfefferaroma.

Rezeptbeispiel: Schinkenplockwurst Colbassa (LSKZ 2.4.1.1.1)

Material für 100 kg Rohwurstmasse:

25 kg R I (auf 3 mm gewolft und gut gekühlt)
50 kg S II (auf 8 mm gewolft und gut gekühlt)
25 kg S V (am Vortag gut entschwartet, klein gewürfelt und offen gefrostet)

Gewürze und Zutaten je kg Gesamtmasse:

20 g Nitritpökelsalz
8 g Kochsalz
0,5 g Umrötungshilfsmittel (Ascorbat)
5 g Zuckermischung (1 g Einfach-, 1 g Doppelzucker und 3 g Maltodextrin)
0,5 g Starterkulturen für naturreifende Rohwurst (Anweisung des Herstellers beachten)
2 g Pfeffer, weiß, gemahlen
2 g Pfeffer, schwarz, geschrotet
5 g Paprika
0,1 g Rumaroma

Vorbereitung
Gut gefrosteten Bauchspeck und das Fleisch abwiegen und bereitstellen.
Zutaten abwiegen.

Herstellungsablauf
- Bauchspeck mit allen Zutaten gut vermischen.
- Auf den Wolf geben und mit einem einfachen Satz auf 5 mm wolfen.
- Bindig mengen, aber nicht übermengen. Die Rohwurstmasse soll sich von der Hand oder dem Mengarm der Maschine lösen.
- Ballen formen, entlüften und in den Füller pressen.
- Die Rohwurstmasse luftfrei in Rinderfettenden oder andere Därme füllen, dabei die Darmkappe leicht drehen, damit die Rohwurstmasse nicht abreißt (Füllfehler).

Reifung und Räucherung
Die mit einem Umrötungshilfsmittel hergestellte Schinkenplockwurst ist bereits wenige Stunden nach dem Füllen umgerötet und kann sofort kalt angeräuchert werden. Das Anräuchern dient der Vorbeugung gegen das Schmierigwerden des Darms. Wird zu viel Rauch gegeben, wird der Darm hart und kann kaum noch Feuchtigkeit austauschen.

Da die Rindermastdärme sehr gut Feuchtigkeit speichern können, sind Trocknungsfehler selten. Das Reifen und Abtrocknen dauert entsprechend lange, was der Aromabildung zugute kommt.
Bei nicht zu kühlen Lagerräumen und guter Pflege kann die Ware auch ohne Klimareifung über lange Zeit reifen. Der Naturdarm nimmt Rauch gut an und hat zudem den Vorteil, dass die Wurst während der Lagerung nicht zu stark nachtrocknet.

Am Ende der Reifung steht das intensive Räuchern zur Geschmacks- und Farbgebung.

Schinkenplockwurst

43.5 Füllen

Damit das Fett nicht an der Innenwand des Füllrohrs schmilzt, sollte die Temperatur der Wurstmasse zwischen –1 und –5 °C liegen. Höhere Temperaturen lassen sich sehr gut an dem weißen Film unter der Darmhaut erkennen. Das Brät verliert an diesen Stellen seine Bindigkeit und die Aufschnittscheiben können ringförmig auseinanderfallen.
Bei **Vakuumfüllern** liegt die optimale Brättemperatur nahe 0 °C, da sonst die Masse zu fest wird und sich im Trichter des Füllers staut. Das Füllrohr sollte in seiner Größe dem Darmkaliber angepasst sein, denn ein zu kleines Füllrohr führt durch den höheren Druck und die starke Reibungswärme im Füllrohr zu einer unnötigen und starken Materialerwärmung. Hierzu kommt es auch durch zu schnelles Füllen.

Lufteinschlüsse müssen durch geschicktes Füllen, Stippen oder Vakuumieren der Ballen vermieden werden. In Hohlstellen können sich aerobe Mikroorganismen entwickeln und zu Farbfehlern in der Wurst führen. Erste Anzeichen sind die grauen Ränder der Lufteinschlüsse. Später werden sie größer. Außerdem kommt eine Grünfärbung hinzu und die Ranzigkeit des Specks breitet sich auf die ganze Wurst aus.

43.6 Reifung von schnittfester Rohwurst

43.6.1 Ablauf der Reifung

Damit es zur Ausbildung einer schnittfesten Rohwurst kommen kann, muss während des Reifungsprozesses schrittweise eine möglichst feste Bindung zwischen den einzelnen Fleischbestandteilen sowie zwischen den Fleisch- und Fettbestandteilen herbeigeführt werden. Wie aber kommt es zu dieser Verfestigung?

Eine wichtige Rolle für die Verfestigung der Rohwurstmasse spielen
- das zugesetzte **Salz,**
- die sich bildende Säure oder das in Form von **GdL** zugesetzte Säuerungsmittel,
- der **Wasserentzug.**

10

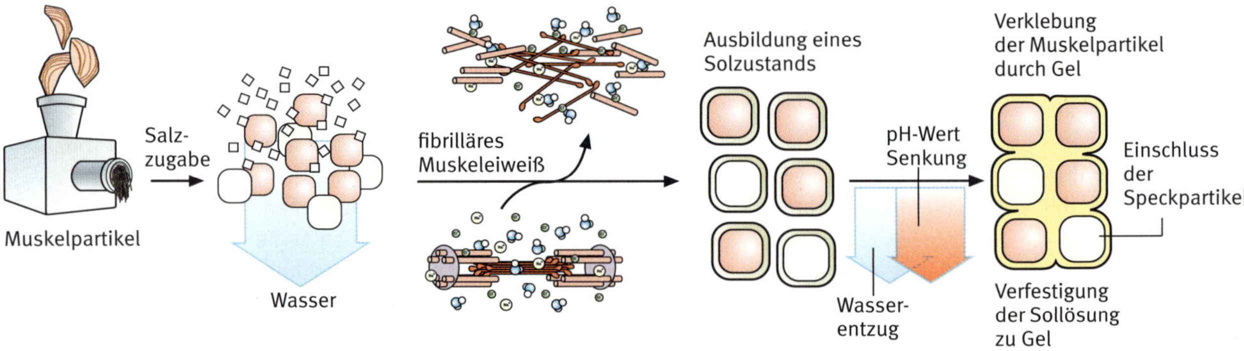

Entwicklung der festen Konsistenz

Prinzip der Entwicklung einer festen Konsistenz bei Rohwurst

Im **Prinzip** kommt die Bindung zwischen Fleischteilchen sowie zwischen Fleisch- und Fettteilchen dadurch zustande, dass die Fleischeiweiße an der Oberfläche der gekutterten Fleischteilchen durch den Salzzusatz verkleben (gelartiger Eiweißfilm) und andere Fleisch-/Fettpartikel nun daran haften bleiben („verkitten"). Durch eine anschließende Quellung des Eiweißes im Fleischinneren verfestigt sich die Rohwurstmasse als Ganzes (Fixierung der Fett- und Fleischpartikel). In dem Maße, wie durch Wasserentzug das Volumen der Rohwurstmasse abnimmt, beginnt die Rohwurstmasse bei richtiger Reifung zu quellen und füllt somit den Darm voll aus.

Die einzelnen Schritte der Verfestigung der Rohwurstmasse

Erster Schritt:
Mechanische Zerkleinerung des Fleisches (wolfen, kuttern) unter Salzzugabe, um Fleischeiweiß freizulegen (Fleischeiweiß tritt aus). Das Salz kann nur einwirken, wenn das Fleischeiweiß freigelegt ist!

10 ▶ Begründen Sie, was an einer schnittfesten Rohwurst nicht stimmt, wenn die einzelnen Fettpartikel aus einer Rohwurstscheibe (z. B. Salamischeibe) herausbrechen.

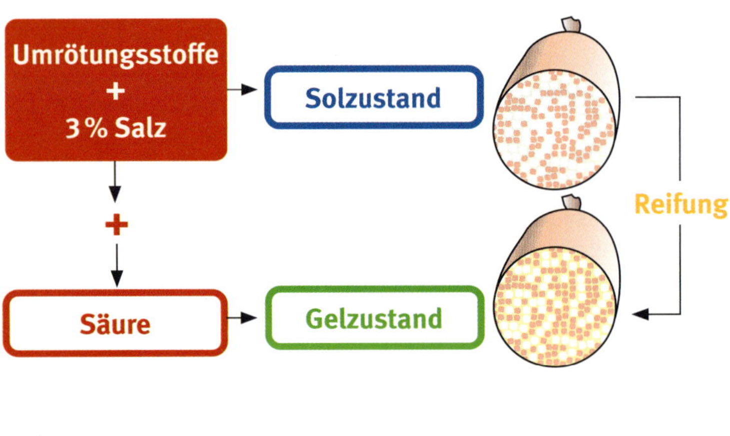

Zweiter Schritt:
Aufgrund des Wassergehalts lösen sich die wasserlöslichen Eiweiße (z. B. Albumine) und mit der Zugabe von Salz lösen sich zusätzlich alle salzwasserlöslichen Fleischeiweiße (z. B. Globuline wie Actin und zum Teil Myosin).
Dies wird dadurch erreicht, dass Salze in Wasser in ihre Ionen zerfallen (▸ Kap. 1); diese lagern sich an den Seitenketten der Fleischeiweiße an und somit wird die elektrostatische Anziehung auf die einzelnen Wasserteilchen erhöht. Je mehr Fleischeiweiß freigelegt werden kann, desto höher ist die Bindung in der Rohwurstmasse.

Dritter Schritt:
Das salzwasserlösliche Fleischeiweiß überzieht nun Fleisch- und Fettpartikel mit einem flüssigen (solartigen) Eiweißfilm und geht gleichzeitig in einen klebrigen Zustand über. Nun verkleben Fleischteilchen untereinander sowie Fleisch- und Fettteilchen miteinander.

Vierter Schritt:
Während des weiteren Reifungsprozesses kommt es je nach Reifeverfahren (Natur- oder Schnellreifung) zu einer mehr oder weniger schnellen und starken Absäuerung der Rohwurstmasse sowie zu Wasserverlusten durch Abtrocknen.
Bei pH-Werten unter 5,5 verändert sich die Beschaffenheit des solartigen Fleischeiweißfilms. Es kommt zu einer Verfestigung des solartigen Fleischeiweißes, also zu einer gelartigen Beschaffenheit, die nun ähnlich einem Kleister (jedoch damit nicht zu verwechseln!) die Verklebung zwischen Fleisch- und Fettpartikeln ermöglicht. Die Rohwurstmasse wird als Ganzes verklebt.

Fünfter Schritt:
Durch niedrige pH-Werte (unter 5,5) beginnen Fleischeiweiße zu quellen (Gerinnung des Fleischeiweißes). Dieses geschieht nun im Fleischinneren, sodass zum einen Wasser herausgepresst wird und zum anderen die Rohwurstmasse an Festigkeit und Volumen gewinnt. Entscheidend ist, dass dieser Vorgang die Fettpartikel fest in die Rohwurstmasse einbindet, sodass sie später nicht aus den Aufschnittscheiben herausfallen.

Bei einer hart **gereiften Rohwurst** (z. B. Ungarische Salami) ist die Konsistenz absolut fest, das bedeutet, nicht mit dem Finger einzudrücken. Dagegen ist eine nicht hart, aber schnittfest gereifte Rohwurst sehr wohl mit dem Finger noch leicht einzudrücken. Bei der Schnittfestigkeit kommt es darauf an, dass dünne Aufschnittscheiben geschnitten werden können. Diese Scheiben sind verformbar (z. B. Salamiröllchen für Aufschnittplatten im Partyservice). Hart gereifte Rohwürste werden in hauchdünne Scheiben geschnitten, sind aber nur schwer verformbar.

Wirkung von GdL auf die Verfestigung der Rohwurstmasse

Längere Standzeiten sind zu vermeiden, denn das Brät reißt sonst beim Füllen ab.

Nach der Reifung ist auf eine fachgerechte Lagerung zu achten, damit es nicht zu fortgesetzten hohen Trocknungsverlusten kommt.

Wird GdL in kleineren Mengen zugesetzt, fördert es die Umrötung und das Schnittfestwerden sowie die Konservierung.
Bei starker pH-Wert-Absenkung durch GdL verursacht die intensive Säure einen schnellen Fettabbau. Die Wurst schmeckt dann leicht seifig und wird schnell beißig (beginnende Ranzigkeit).

Vielfach wird GdL von der Zulieferindustrie in Mischungen angeboten. Die Herstellerhinweise zur Zusammensetzung und Verarbeitung sind genau zu beachten.

Durch die pH-Wert-Absenkung mittels GdL kommt es also zur unverzüglichen Gelbildung der Globuline.

43.6.2 Verfahren der Reifung

Während der Reifung finden die beschriebenen biologischen, chemischen und physikalischen Vorgänge statt (Verfestigung und Gelbildung, Säuerung, Trocknung, also Wasserentzug, Umrötung, Aromabildung). Dabei werden verschiedene Reifeverfahren angewendet.

Naturreifung

Diese Form der langsamen Reifung fand früher ausschließlich im Winter statt, denn sie ist nur bei günstigen klimatischen Bedingungen durchführbar. Heute lässt sich dank der Technik selbst im Sommer jedes Klima simulieren. Unabhängig davon sollte ein Reiferaum folgende Bedingungen erfüllen:

- keine hygroskopischen (Wasser anziehenden) Wände
- dunkel oder blau gestrichene Fenster, da sonst die Wurst aufgrund der UV-Strahlung verblasst
- gute Belüftung, kein Durchzug
- gleichmäßige Temperatur (15 bis 18 °C)

Ist der Raum kälter, dauert die Reifung länger. Die Reifedauer liegt je nach Kaliber und Hülle der Ware zwischen zwei und acht Wochen. Dabei kann es notwendig werden, die Wurst zwischendurch abzuwaschen oder anzufeuchten. Ziel ist es, eine gleichmäßige Abtrocknung von innen nach außen zu erreichen.
Die Naturreifung gewinnt durch den Trend zu Bioprodukten, zu möglichst natürlichen Lebensmitteln, wieder an Bedeutung.

Schnellreifung

Die Schnellreifung hat den Zweck, die Wurst rasch umzuröten und über die Gelbildung der Globuline schnittfest werden zu lassen. Durch schnell säuernde Starterkulturen bei gleichzeitig höheren Temperaturen wird der pH-Wert schnell abgesenkt.

Die Steigerung der Schnellreifung ist die Schwitzreifung bei bis zu 36 °C und 100 % Luftfeuchtigkeit. Auf diese Weise kann Rohwurst innerhalb von 48 Stunden aufschnittfähig werden. Der Trocknungsverlust lässt

10

sich hierbei nur durch eine Räucherung der Ware verringern. Diese Form der Reifung hat heute kaum noch eine Bedeutung, da mittels GdL das gleiche Ergebnis mit geringerem Aufwand erreicht werden kann.

GdL-Reifung

Bei dieser kürzesten Form der Rohwurstreifung wird Glucono-delta-Lacton (►S. 401f.) dem Rohwurstbrät unmittelbar zugesetzt. Dies hat eine sehr schnelle pH-Wert-Absenkung und somit eine schnelle Gelbildung der Globuline zur Folge. Je nach zugesetzter Menge kann die Wurst selbst bei Kühlraumtemperatur innerhalb von 24 Stunden schnittfest werden.

Schwache Dosierungen von Gdl können die Reifung begünstigen, hohe Dosierungen hingegen die Übersäuerung und das Ranzigwerden beschleunigen.

Pressreifung

Viereckige Kantsalami oder -plockwurst wird fast immer der Pressreifung unterzogen; dafür wird die Wurstmasse in Därmen oder Eiweißfolien in Kästen gepresst. Durch das Pressen soll die Ware Feuchtigkeit verlieren, eine viereckige Form erhalten und aufschnittfähig werden. Häufig bekommen diese Rohwurstblöcke zusätzlich eine Beschichtung mit Pfeffer, Kräutern und Ähnlichem.

Viereckige Landjäger

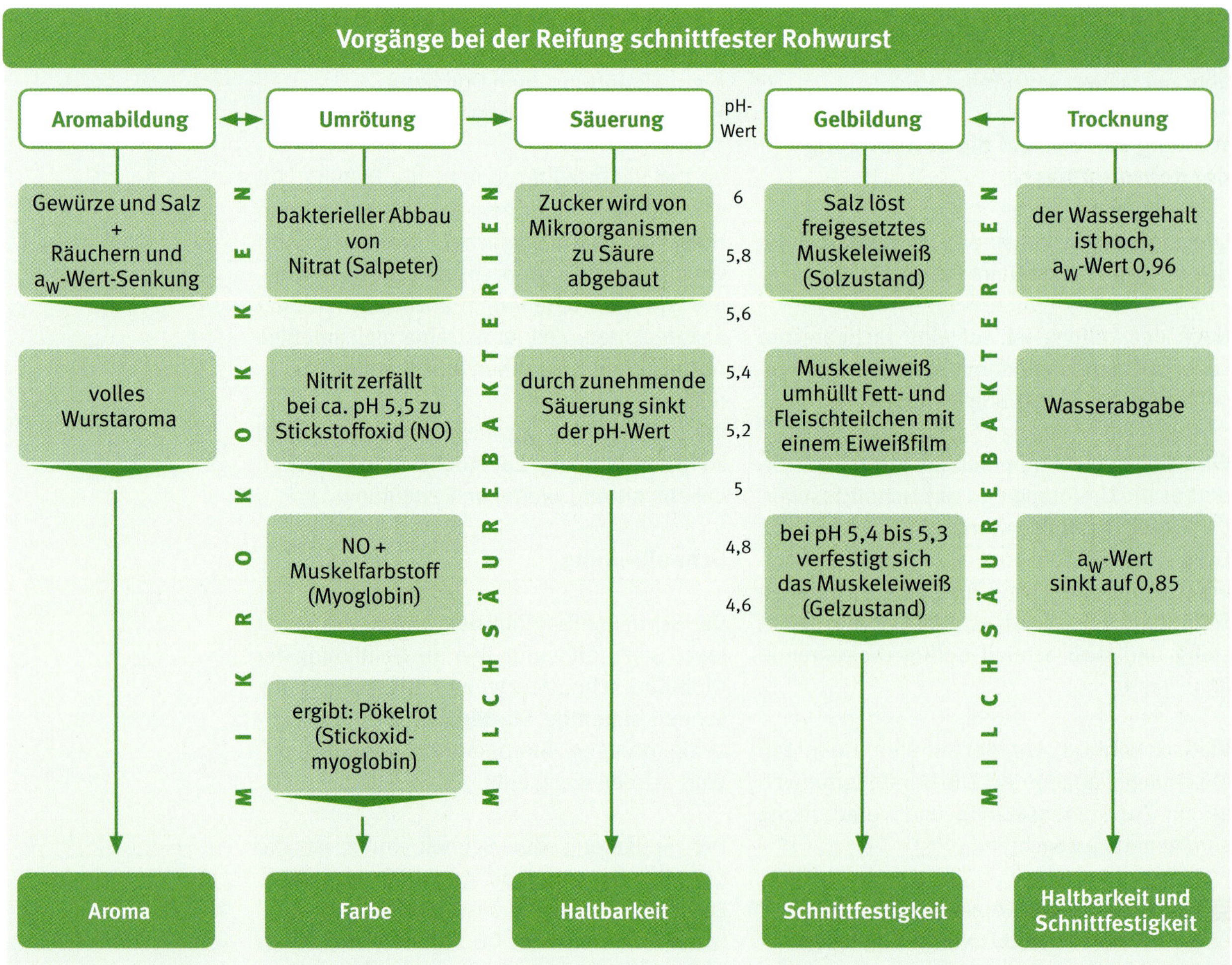

10

Lakereifung

Bei der Lakereifung wird die Rohwurst in 6- bis 12%ige Nitritpökelsalzlake eingehängt und die Lake auf ca. 20 bis 22 °C temperiert. Dabei zieht das Salz der Lake freies Wasser aus der Wurst. Weil geringe Salzmengen aus der Lake in die Ware eindringen, darf diese mit nicht mehr als 26 g/kg (eher etwas weniger) gesalzen werden. Die Reifung ist nach fünf bis sieben Tagen abgeschlossen, ohne dass die Wurst zwischendurch abgewaschen werden muss. Sie kann nun geräuchert werden und es ist nur noch eine geringe Nachreifezeit notwendig.
Die Lakereifung ist eher in den nördlichen Bundesländern üblich.

Vakuumreifung

Dieses Reifungsverfahren wird bei 0,3 bis 0,5 bar Unterdruck und 20 bis 22 °C im Autoklav (Korimat, ▸ S. 388) oder Standvakuumbehälter durchgeführt. Dabei quillt die Oberfläche der Wurst auf und das Eiweiß tritt leichter aus dem Gewebe aus, was eine schnelle Gelbildung fördert. Durch das Teilvakuum wird das Wachstum aerober Mikroorganismen gehemmt. Luftbläschen im Brät treten aus und die Masse wird dichter. Nach etwa einem Drittel der Reifezeit, die je nach Kaliber einen bis sieben Tage dauert, sollte das Teilvakuum für bis zu 3 Stunden unterbrochen werden, um einer Hohlraumbildung vorzubeugen.
Die Vakuumreifung wird in Betrieben angewendet, die nicht über Klimakammern verfügen.

Lufttrocknung

Das Eigenaroma einer Rohwurst kommt am besten durch die Lufttrocknung der Wurst zur Geltung, denn hierbei wirken sich keine fremden Einflüsse wie Schimmel oder Rauch auf den Geschmack der Wurst aus. Der Wasserentzug aus der Wurst wird so lange fortgesetzt, bis die Wurst schnittfest oder sogar hart gereift ist. Dabei dürfen sich durchaus leichte Beläge von Hefen bilden, die vor dem Verkauf nur trocken abgebürstet werden müssen.
Wie die Naturreifung gewinnt die Lufttrocknung durch den Trend zu Bioprodukten wieder an Bedeutung.

Schimmelreifung

Schimmelreifung

Die Bildung eines Schimmelbelags auf einer Dauerwurst sollte erst am Ende eines der vorgenannten Reifeverfahren einsetzen. Wenn die Wurst schon umgerötet und schnittfest ist, werden Schimmelkulturen auf die Oberfläche der Wurst aufgebracht. Bei leicht erhöhter Luftfeuchtigkeit kann sich der erwünschte weiße Belag bilden. Nebeneffekte sind eine Anhebung des pH-Werts und eine deutliche Beeinflussung des Geschmacks.
Die Schimmelreifung wird – eher im süddeutschen Raum – anstelle der Räucherung angewendet.

Bei zu schnell gereifter Ware kann sich die pH-Wert-Anhebung dahingehend auswirken, dass die „Hürde Säure“ entfällt und negative Keime sich wieder entwickeln können. Dann ist eine Kühllagerung erforderlich.

Räucherung

Dauerwürste sollten nach Beendigung der Reifung geräuchert werden, streichfähige Rohwürste (▸ S. 421) hingegen möglichst bald nach dem Füllen. Mit dem Rauch sollen folgende Wirkungen erzielt werden:

- Aromatisierung
- Farbveränderung (Lichtschutz)
- Oberflächenabtrocknung
- Oberflächenkonservierung

Damit die Ware sich nicht zu stark erwärmt, muss kalt (18 bis 22 °C) geräuchert werden. Günstig ist feuchter Rauch, damit die Rauchaufnahme verstärkt wird, ohne dass die Oberfläche der Wurst verhärtet. Sonst kann es nachträglich zu Trocknungsfehlern kommen.

10

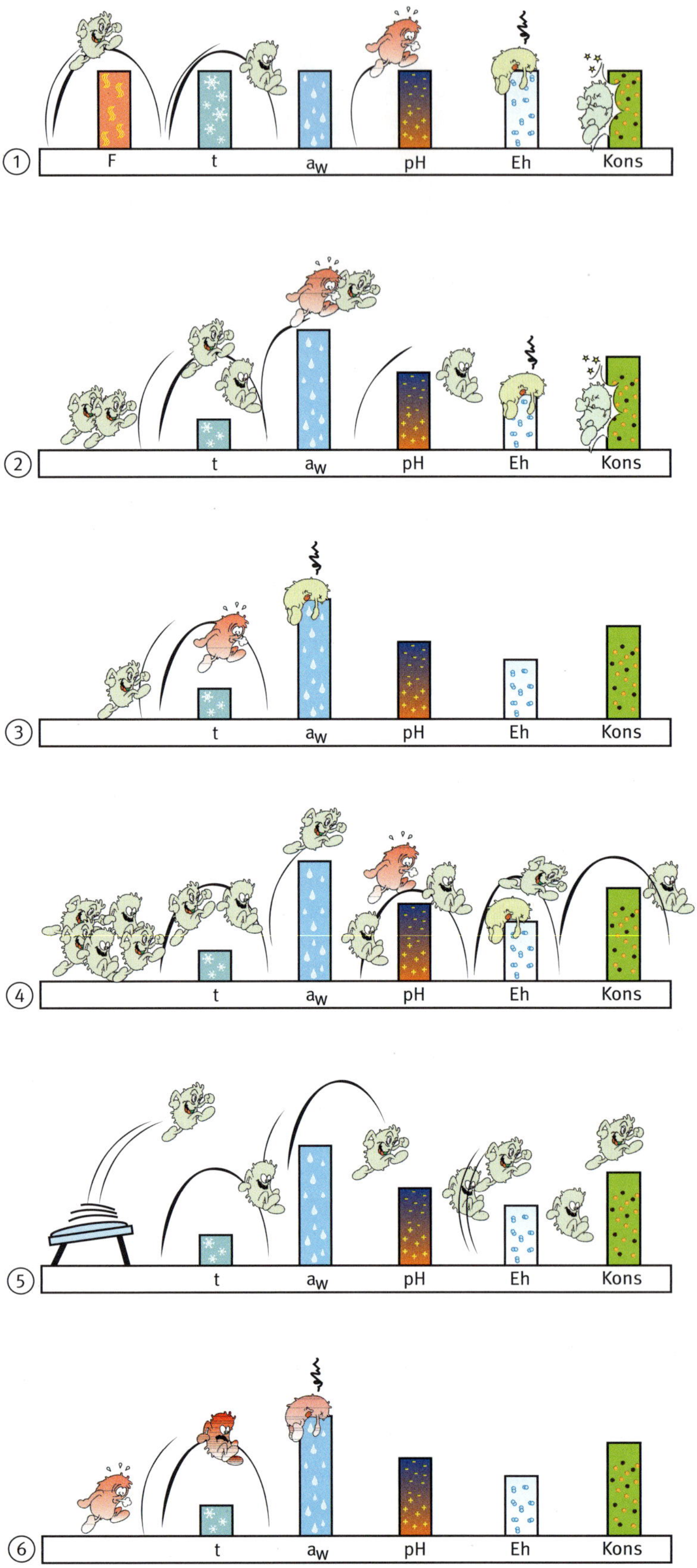

43.7 Das Hürdenkonzept

43.7.1 Prinzip des Hürdeneffekts

Zahlreiche Konservierungsverfahren werden bei der Herstellung von Fleisch- und Wurstwaren eingesetzt. Kühlen, Gefrieren, Pasteurisieren, Sterilisieren, Trocknen, Salzen, Pökeln, Räuchern helfen, die Erzeugnisse mikrobiologisch stabil (Schutz vor Verderb) und sicher (Schutz vor Lebensmittelvergiftungen) zu machen. Dabei beruhen diese Schutzwirkungen bei allen Verfahren auf nur wenigen „Hürden" für die Mikroorganismen:

- **F-Wert:**
  hohe Temperatur beim **Erhitzen**
- **t-Wert:**
  niedrige Temperatur beim **Kühlen und Gefrieren**
- **a_W-Wert:**
  Senkung des verfügbaren Wassers beim **Trocknen, Pökeln, Räuchern, Gefrieren, Gefriertrocknen**
- **pH-Wert:**
  ausreichende Säuerung beim **Reifen, Fermentieren**
- **Eh-Wert:**
  vermindertes Sauerstoffangebot beim **Evakuieren, Einsatz von Antioxidantien**
- **konservierend wirkende Stoffe:**
  Nitrit und Rauch keimtötend beim **Pökeln, Räuchern, Fermentieren**

Die mikrobiologische Stabilität fast aller Fleischerzeugnisse wird durch die Kombination von mehreren Hürden herbeigeführt; diese Wirkung wird „Hürdeneffekt" genanntund in der Abbildung veranschaulicht.

Beispiel Nr. 1 stellt das Prinzip dar. In diesem Beispiel können die Mikroorganismen nicht alle sechs Hürden überspringen. Folglich handelt es sich um ein mikrobiologisch stabiles Produkt. Allerdings ist das Beispiel Nr. 1 nur ein theoretischer Fall, denn sämtliche Hürden sind gleich hoch – und das wird praktisch nicht vorkommen.

Die **Beispiele Nr. 2, 3 und 4** sind dagegen praxisnäher. Die Hürden t-Wert und Eh-Wert sind bei diesen Produkten verhältnismäßig niedrig. Der pH-Wert wirkt schon etwas stärker. Am wichtigsten ist der a_W-Wert, gefolgt von der Konservierungsstoff-Hürde.

Das Fleischerzeugnis in **Beispiel Nr. 2** ist mikrobiologisch stabil, denn die Hürden werden von vorhandenen Mikroorganismen, die hier einen mittleren Keimgehalt repräsentieren, nicht übersprungen.
Ist der Anfangskeimgehalt niedrig **(Beispiel Nr. 3)**, reichen wenige Hürden bzw. Hürden von geringer Höhe aus, um die mikrobiologische Stabilität zu gewährleisten.
Sind andererseits zu viele Mikroorganismen am Start, was bei mangelnder Schlacht- und Betriebshygiene der Fall sein kann, dann können diese Keime die Hürden überspringen. Wie im **Beispiel Nr. 4** kommt es zum Verderb oder sogar zu Lebensmittelvergiftungen trotz der üblichen Konservierungsmaßnahmen.
Das **Beispiel Nr. 5** weist darauf hin, dass ein an Vitaminen und Nährstoffen reiches Lebensmittel den Mikroorganismen gute Entwicklungsmöglichkeiten bietet („Trampolineffekt") und daher die Hürden in diesen Produkten hoch sein müssen, damit sie nicht übersprungen werden können.
Das **Beispiel Nr. 6** soll das Verhalten schwer angeschlagener Mikroorganismen veranschaulichen. Werden z.B. Bakteriensporen in Fleischerzeugnissen durch F-Wert-Erhitzung geschädigt, d.h. nicht abgetötet, sondern nur in ihrer Lebensfähigkeit beeinträchtigt, dann kann sich daraus zwar eine Bakterienkultur entwickeln. Diese Kultur ist jedoch nicht vital und kann daher schon durch wenige kleine Hürden gehemmt werden.

43.7.2 Haltbarmachung von schnittfester Rohwurst nach dem Hürdenkonzept

Bei sorgfältiger Rohstoffauswahl und hygienischer Behandlung kann der Anfangskeimgehalt in der Rohwurst gering gehalten werden. Dennoch müssen die immer noch vorhandenen Keime unterdrückt werden, um die Rohwurst zur Dauerwurst, also haltbar zu machen. Bei manchen aggressiven Lebensmittelvergiftern wie zum Beispiel den **EHEC-Bakterien** (▸ S. 80) reichen allerdings schon weniger als 100 Keime aus, um Krankheiten auszulösen. Diese können vor allem für Kinder unter 6 Jahren lebensbedrohlich sein!

Einflussfaktoren (Hürden) auf die Rohwurststabilität bei Naturreifung

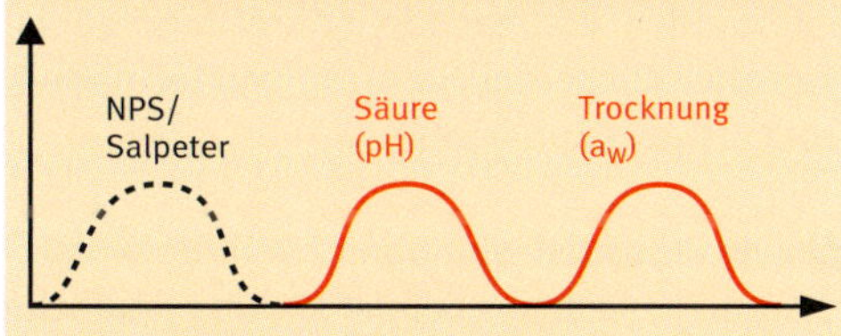

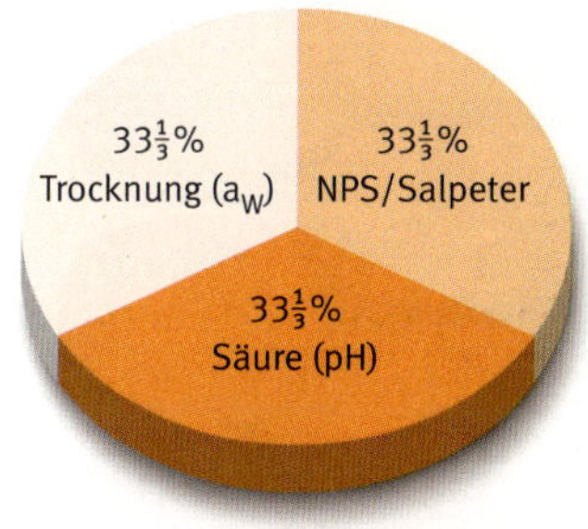

Einflussfaktoren (Hürden) auf die Rohwurststabilität bei Schnellreifung mt GdL und verringertem Salzgehalt

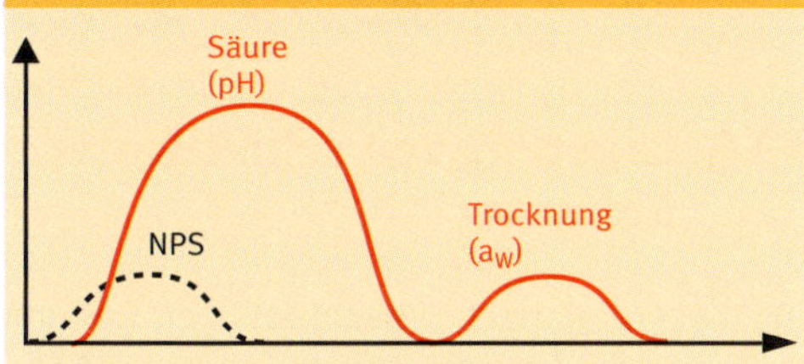

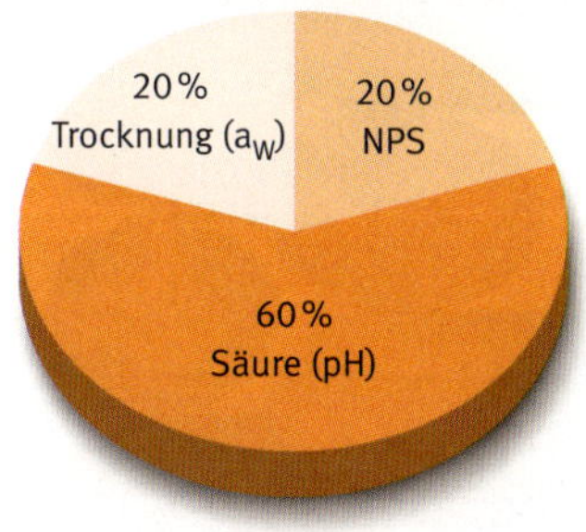

Einflussfaktoren (Hürden) auf die Rohwurststabilität bei der Herstellung von Landjägern

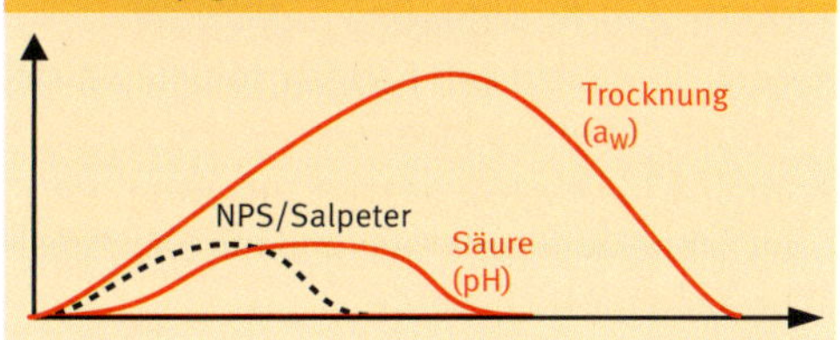

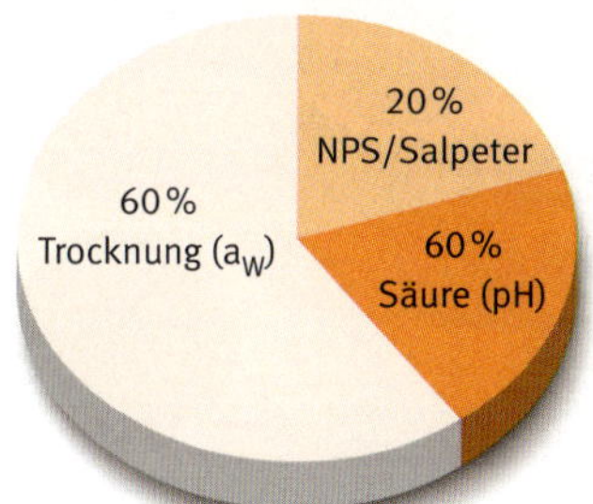

Die EHEC-Stämme kommen am häufigsten bei Rindern vor. Bei aufgeklärten Krankheitsausbrüchen der letzten Jahre waren nicht ausreichend erhitzte Rindfleischprodukte die Ursache; dazu gehören auch Rohwürste!

Die Keimhemmung erfolgt in der ersten Phase durch die Salzzugabe. Das Salz wirkt sich indirekt über den a_W-Wert auf die Stabilität der Ware aus. Um die **„Hürde Salz"** (▸ S. 414) optimal auszulegen, wurden früher bis zu 40 g/kg zugegeben. Durch die modernen Technologien und veränderten Essgewohnheiten (▸ S. 194) brauchen oder sollen nur noch 24 bis 26 g/kg bei streichfähigen Rohwürsten und 26 bis 28 g/kg bei schnittfesten Rohwürsten zugegeben werden.

Nur bei der Verwendung von GdL (▸ S. 413) kann die **„Hürde niedriger pH-Wert"** die keimhemmende Wirkung des Salzes teilweise ersetzen.

Rohwurstsortiment

Die zweite Hürde (Säure) muss langsam durch vorhandene oder zugegebene Mikroorganismen und Kohlenhydrate (Zuckerstoffe) aufgebaut werden. Erst nachdem die Mikroorganismen den Zucker zu Säure abgebaut haben, wirkt diese keimhemmend.

Eine Rohwurst wird dann zur Dauerwurst werden, wenn ihr bei der Reifung deutliche Mengen an Wasser entzogen wurden. Der a_W-Wert entscheidet letztendlich über die Haltbarkeit der Wurst und darüber, ob sie gekühlt gelagert werden muss.

43.8 Lagerung von schnittfester Rohwurst

Die Lagerung nach Abschluss der Reifung sollte so sein, wie die Bedingungen am Ende des Reifevorgangs gewesen sind. Das heißt, dass die Ware

- dunkel hängen soll, damit sie durch das UV-Licht nicht verblasst,
- kühl, aber nicht kalt hängen soll, damit sie keinen Kälterand bekommt,
- unter 8 °C gelagert werden soll, wenn sie im Schnellreifeverfahren und mit Schimmelbelag hergestellt wurde,
- im Sommer nicht zu warm hängen soll, damit kein Fett abtropft,
- luftig, aber nicht in Zugluft hängen soll, damit sie nicht zu stark nachtrocknet.

10

43.9 Qualitätsanforderungen

- würziges Reifearoma
- milde Säuerung
- kräftiges rotes Fleisch
- bei geräucherter Ware: kräftiger Rauchgeschmack
- deftig würziger Geschmack mit Pfeffernote
- gute Schnittfestigkeit
- je nach Sorte: trockene Konsistenz

Fettgehaltsstufen (Toleranz +/−5 %)
(z. B. Hamburg)

- 30 % Kabanossi, Schinkenplockwurst
- 35 % Kohlwurst
- 40 % Cervelatwurst, Salami
- 45 % Plockwurst, Katenrauchwurst

43.9.1 Prüfmerkmale der DLG

Äußere Beschaffenheit

- Rauchflecken
- Räucherfarbe ungleich
- Hülle abgelöst
- Hülle nicht abziehbar
- schmierig
- Schimmel unerwünscht
- Oberflächenbelag
- äußerlich vergrauend
- Hülle nicht abziehbar
- Hülle mangelhaft entfettet
- Falten zu viel
- Hohlräume unter der Hülle
- schlecht abgebunden

Aussehen im Anschnitt

- Mischung ungleichmäßig
- Schnittbild unklar
- Zerkleinerung zu stark
- Zerkleinerung ungenügend
- Zerkleinerung zu ungleichmäßig
- Speckstücke ungleich
- Trockenrandbildung
- Geleeabsatz
- Hohlstellen
- porig
- Risse

Zusammensetzung

- Fleischauswahl mangelhaft
- Fettanteil zu hoch
- Sehnenanteil zu hoch
- Magerfleischeinlage zu wenig
- Knorpelteilchen

Farbe

- Farbe zu blass
- Farbe zu dunkel
- Farbe ungleichmäßig
- Kern blass
- Kern grau/grünfleckig
- stark verblassend
- Speckteile blutig
- Speck rötlich (nicht durch Würzung!)

Konsistenz/Beschaffenheit

- zu weich
- schmalzig
- zu feucht
- gummiartig
- zu fest

- Darm zu zäh
- grießig
- bröckelig
- Rand zu hart
- Bindung mangelhaft
- Teile unzerkaubar

Geruch und Geschmack
- salzig
- säuerlich
- sauer
- süßlich
- bitter
- fettig
- Würzung zu schwach
- Würzung zu stark
- Würzung nicht abgestimmt
- Fleischaroma zu gering
- zu frisch, unreif
- nach Hülle
- Rauch zu schwach
- Rauch zu stark
- beißig
- talgig
- ranzig
- Speck ranzig
- lakig
- Frische fehlt
- alt
- dumpfig und muffig

43.9.2 Fehler bei schnittfester Rohwurst

Die Herstellungstechnologie der Rohwurst ist sehr vielschichtig. Entsprechend kann es an vielen Stellen zu Fehlern kommen. In der Tabelle sind wichtige Rohwurstfehler genannt.

Fehler bei schnittfester Rohwurst	
Rohwurstfehler	**Mögliche Ursachen**
Fehler im Aussehen	
grauer Rand	• Nitritauswaschung durch zu langsame Abtrocknung nach dem Füllen oder beim Abwaschen • Kälterand durch zu kalte Lagerung vor Abschluss der Umrötung
• graue Stellen unter dem Darm **• graue Stellen im Anschnitt**	• durch unsaubere Naturdärme oder zu nasse Därme • zu wenig Salz (NPS) oder zu wenig Umrötungsmittel im Kochsalz bzw. im Kochsalz-NPS-Gemisch, dadurch Vermehrung von nicht erwünschten Mikroorganismen • zu hoher Anfangskeimgehalt • ungleichmäßig verteiltes Salz
grauer Kern	• zu kurze Reifedauer oder zu geringe Temperatur • zu schnelle Säuerung bei KNO_3-(Salpeter)-Verarbeitung
poriger Anschnitt	• schlechte Bindung durch zu kurzes Kneten • Ballen waren nicht luftfrei • Füllfehler, nicht luftfrei gefüllt
Trockenrand (dunkelrot)	• ungleichmäßige Reifung durch zu schnelle Abtrocknung von außen, bedingt durch zu trockene Luft oder zu starke Luftumwälzung (Zugluft) • Schrumpfung der Wurstmasse durch Nachtrocknung im Kern der Ware, dies führt zu Hohlraumbildung mit grauem Rand
Fehler in der Konsistenz	
schlechte Bindung	• schmalziges Fett umschließt die Fleischteilchen
weicher Kern	• ungleichmäßige Reifung • noch nicht abgeschlossene Reifung
ringförmig auseinanderfallende Scheiben	• zu weit aufs Füllhorn geschobener Darm • ungleichmäßig gefüllt

Grauer Rand

Graue Stellen im Anschnitt

Grauer Kern

Poriger Anschnitt

Sonstige Fehler	
muffiger Geschmack	• unerwünschter Schimmelbelag • zu stark gereiftes Fleisch • falsche Zuckerarten oder -mischungen • hoher PSE-Fleisch-Anteil • zu hohe Reifungs- und Räuchertemperaturen (begünstigen starke pH-Wert-Absenkung)
Beißigkeit	• zu hohe Reife- oder Räuchertemperatur • Fettabbau durch Alkohol
Seifigkeit	• Fettabbau durch zu hohen pH-Wert oder DFD-Fleisch-Anteil

& Komplexe Aufgaben

1. Bilden Sie sechs Gruppen, davon zwei arbeitsgleiche Gruppen, also immer eine Kontrollgruppe. Jeweils zwei Gruppen erarbeiten in der Theorie und im praktischen Versuch die Zusammenhänge einer Reifungsmethode.
Gruppe 1 + 2: Naturreifung
Gruppe 3 + 4: Schnellreifung mithilfe von Lactobazillen (bakteriologische Säuerung)
Gruppe 5 + 6: Schnellreifung mithilfe von GdL (chemische Säuerung)

Materialien:
- 6 durchsichtige Kunststoffbecher
- Gewürze, Umrötungsmittel, Salz, Starterkulturen, GdL
- Wurstmasse für Mettwurst (etwa 1,5 kg) vgl. Rezeptur für Salami ▸ S. 354
- pH-Meter mit Vorstich oder pH-Box (Merk)
- 6 kleine Plastikschüsseln (etwa 20 cm Durchmesser)
- 6 Petrischalen
- Waage

Untersuchen Sie die drei Proben über vier Tage.
Halten Sie Ihre Beobachtungen und Ergebnisse in einer Tabelle fest.
Vergleichen und diskutieren Sie Ihre Ergebnisse in der Klasse.

Auswertungstabelle:

	pH-Wert	**Umrötung**	**Verfestigung (Gelbildung**	**Aromabildung**	**Reifezeit**
1. Tag					
2. Tag					
3. Tag					
4. Tag					

2. Zeichnen Sie ein Fließschema zur Herstellung von schnittfester Rohwurst, wie sie in Ihrem Ausbildungsbetrieb hergestellt wird. Vergleichen Sie es mit dem Fließschema auf den Seiten 406 bis 408.

Aufgaben zur Wiederholung

1. Welche Vorgänge bei der Herstellung und vor allem bei der Reifung bewirken, dass eine Rohwurst zur haltbarsten Wurstgruppe gehört?
2. Wodurch werden die relativ hohen Produktionskosten bei der Rohwurstherstellung verursacht?
3. Begründen Sie die hohen Salzmengen bei der Rohwurstherstellung.
4. Warum sind DFD- und PSE-Fleisch zur Rohwurstherstellung ungeeignet?
5. Welche Eigenschaften sollte Fleisch für Rohwurst besitzen?
6. Welche Tiere erfüllen am ehesten die Anforderungen an Fleisch für Rohwurst?
7. Worin besteht der entscheidende Unterschied zwischen Salpeter- und Nitritpökelsalzverwendung bei der Rohwurstherstellung?
8. Beschreiben Sie den Abbau von Nitrat über die einzelnen Abbaustufen bis zum Pökelrot.
9. Welche Zugabemenge von Zucker zu Rohwurst ist technologisch sinnvoll?
10. Beschreiben Sie den Einfluss von Zucker bei der Rohwurstreifung.
11. Durch welche Einflüsse kommt es zur Verfestigung (Schnittfähigkeit/Gelbildung) von schnittfester Rohwurst?
12. Welche Arten von Starterkulturen lassen sich unterscheiden und welche Wirkung erzielen sie?
13. Welche fünf Vorgänge werden bei der Reifung von schnittfester Rohwurst unterschieden?
14. Welche Produktergebnisse werden am Ende einer optimal verlaufenden Reifung erwartet?
15. Unterscheiden Sie die verschiedenen Reifeverfahren, indem Sie die wesentlichen Unterschiede wie Technologie, Temperatur und Reifezeit in eine Tabelle eintragen.
16. Welche Hürden werden nach dem Hürdenkonzept zur Haltbarmachung von Rohwurst unterschieden?
17. Nennen Sie fünf Anforderungen an die Lagerung von Rohwurst.
18. Beschreiben Sie fünf Rohwurstfehler und ihre Ursachen.

Ausgewählte Fachrechenaufgaben

Für die Rohwurstkalkulation sollen die Berechnungsbögen auf Seite 420 zugrunde gelegt werden.

Fleischermeister Nusse kalkuliert eine **Schlackwurst** (LSKZ 2.4.1.1.3) mit folgender Rezeptur:

12,5 kg	R I	FWP	165
25,0 kg	S II	FWP	165
12,5 kg	S VIII	FWP	18

(FWP = Fleischwertpunkte)

- Einkaufspreis (EK) Schweine 1,98 €/kg (1,98 € entsprechen 100 FWP)
- Einkaufspreis (EK) Bullen 3,43 €/kg (3,43 € entsprechen 100 FWP)

Zutaten je kg Fleisch-Fett-Menge:

28,0 g	Nitritpökelsalz	0,33 €/kg
0,3 g	Ascorbat	13,55 €/kg
7,0 g	Zuckermischung	2,35 €/kg
3,0 g	weißer Pfeffer, gem.	9,77 €/kg
4,0 g	Weinbrand	11,18 €/kg
0,4 g	Starterkulturen	54,80 €/kg

- Hautfaserdärme in Keulenform (Füllgewicht 1,6 kg) 0,90 €/Stück
- Reifeverlust nach 14 Tagen 9,5 %

Bei der Preiskalkulation bezieht sich der Fleischermeister auf die von ihm errechneten Einzelkosten. Danach kostet die Zerlegung je kg zerlegtes Fleisch 0,28 €, die Produktion kostet je kg hergestelltes Erzeugnis 1,22 €.
Verpackungskosten und Vertreterprovision werden nicht berechnet.

- Kommissionierungskosten 0,25 €
- allgemeiner Verwaltungskostenanteil 0,55 €
- Auslieferungskosten 0,25 €
- Großhandelsgewinn 5,5 %

Bei der „Verkaufspreiskalkulation Einzelhandel“ kalkuliert der Fleischermeister mit einem

- Verkaufskostenaufschlag von 34,27 %
- Einzelhandelsgewinn 12,5 %
- Mehrwertsteuer 7 %

a) Berechnen Sie den Materialpreis des Fleisches über die Fleischwertpunkte.

b) Wie teuer ist 1 kg Schlackwurst
- im Großhandel,
- im Einzelhandel?

c) Berechnen Sie den Wassergehalt, den Fettgehalt, den FE-Gehalt und den BEFFE-Gehalt der Schlackwurst in % anhand der Angaben in der Tabelle.

	Wasser	Fett	BE	BEFFE
R I	75	4	1,5	19,5
S II	73	8	1,5	17,5
S VIII	8	90	1,7	0,3

d) 1 g Fett enthält 37 kJ bzw. 9 kcal,
1 g Eiweiß enthält 17 kJ bzw. 4 kcal.
Wie viel kJ bzw. kcal beinhalten 100 g Schlackwurst?

e) Berechnen Sie das Fett-Eiweiß-Verhältnis.

f) Berechnen Sie das Wasser-Eiweiß-Verhältnis.

g) Wie hoch ist der prozentuale Gehalt an BEFFE im FE?

h) Wie hoch ist der prozentuale Gehalt an BE im FE?

Materialwert- und Verkaufspreiskalkulation Wurstwaren

Wurstsorte: ______________________

Leitsatz-Kennziffer: __________

Rezept-Nr.: __________ Datum: __________

Einkaufspreis Schweine: __________ €/kg

Einkaufspreis Bullen: __________ €/kg

Materialwertkalkulation

Mengen in kg	Materialart	Fleisch-wert-Punkte	Materialwert €/kg	Materialwert € insgesamt
	RI			
	SII			
	SVIII			
	= Rohmaterial			
	+ Salz g/kg			
	+ Ascorbat g/kg			
	+ Zuckermischung g/kg			
	+ Pfeffer g/kg			
	+ Weinbrand g/kg			
	+ Starterkulturen g/kg			
	= Brätgewicht			
	+ Därme €/Stück			
	= Rohmaterial/Gesamtgewicht			
	– Schwund %			
	= Wurst/Verkaufsgewicht			
1 kg	**Wurst/Materialwert**			

Kostenart	Vollkosten €/kg
1 kg Wurst/Materialwert	
+ Zerlegekosten	
+ Produktionskosten	
+ Verpackungskosten	
= Herstellkosten	
+ Kommissionierungskosten	
+ Allg. Verwaltungskostenanteil	
= Großhandelsselbstkosten A	
+ Auslieferungskosten	
+ Vertreterprovision	
= Großhandelsselbstkosten B	
+ Gewinn %	
= Großh.-Verkaufspreis ohne MwSt.	

Kostenart	Vollkosten €/kg
Großhandelsselbstkosten A	
+ Verkaufskostenaufschlag in %	
= Einzelhandelsselbstkosten	
+ Gewinn %	
= Verkaufspreis ohne MwSt.	
+ % MwSt.	
= Verkaufspreis mit MwSt.	

10

44 Streichfähige Rohwurst herstellen

FLEISCHEREI nusse

Sabrina zu Lena, als sie gerade Teewurst in die Theke legt: „Du glaubst gar nicht, wie spannend ich die vielen Fachausdrücke finde und vor allem die Erklärungen dazu, wie es zu den unterschiedlichen Namen, Bezeichnungen und Begriffen gekommen ist. Nur warum die ‚Rügenwalder Teewurst', Teewurst heißt, hab ich noch nicht herausgefunden."
Lena: „Ich hab mir das schon häufig überlegt, aber immer hab ich es vergessen, mal im Internet nachzuforschen."
Gleichzeitig sagen die zwei: „Na, mal sehen, wer es morgen von uns beiden herausgefunden hat." Beide lachen heftig.

44.1 Rohstoffe auswählen

Obwohl für diese Wurst ebenfalls der Grundsatz gilt: Viel Farbe im Fleisch ergibt auch eine farbintensive Wurst, kann auch das Fleisch jüngerer Tiere verwendet werden (SI/SII, RI/RII). Dieses enthält zwar mehr Wasser und ist weniger farbintensiv, aber die Haltbarmachung beruht hier nicht auf vermehrtem Wasserentzug (schnelle Abtrocknung) und Räucherung, sondern auf der Einwirkung von Salz und der pH-Wert-Absenkung. Die Wurstfarbe wird durch den relativ hohen Fettgehalt ohnehin beeinflusst; daher spielt eine intensive Fleischfarbe bei der Fleischauswahl eine untergeordnete Rolle.

Die schnelle Abtrocknung ist also nicht erwünscht, im Gegenteil – die Wurst soll möglichst lange streichfähig bleiben. Um die Cremigkeit günstig zu beeinflussen, wird das weiche Fettgewebe von Schweinebauch und Wammen bevorzugt (SX, SXI).
Es müssen jedoch alle Drüsen sorgfältig entfernt werden, damit die in ihnen enthaltenen Zuckerstoffe die Ware nicht zum Säuern bringen.

44.2 Wirkung von Zusätzen und Zusatzstoffen

Für die streichfähige Rohwurst gelten bezüglich der Zusätze und Zusatzstoffe die Ausführungen im Kap. 2.2.5 des Wissensspeichers.

Emulgatoren

Die Mono- und Diglyceride der Speisefettsäuren dürfen bei der Herstellung von streichfähigen Rohwürsten eingesetzt werden (quantum satis, ▸S. 610). Sie werden durch Emulgatoren streichfähiger und haltbarer.

44.3 Därme

Für Teewurst eignen sich engkalibrige Mitteldärme. Sie nehmen den Rauch gut an und sehen rustikal bzw. natürlich aus. Fast ein Geheimtipp ist die Verwendung von Pferdekranzdärmen (Dünndarm des Pferdes). Sie sind im geschleimten Zustand von Rindermitteldärmen durch eine leichte Biegung zu unterscheiden. Sie haben das Kaliber 40 bis 90, sind einerseits sehr stabil, andererseits aber sehr atmungsaktiv und zeichnen sich durch eine gute Rauchannahme aus.
Cellophandärme, aus Cellulose hergestellt, nehmen den Rauch ebenfalls gut an und sind hochtransparent. Sie bieten außerdem den Vorteil, dass die Wurst während der Lagerung nicht so stark austrocknet und daher länger streichfähig bleibt.
Für die grobe Mettwurst empfehlen sich Kranzdärme, weite Schweinedünndärme oder Hautfaserdärme. Soll die Mettwurst sehr frisch und streichfähig in den Verkauf kommen, so ist auch hier der Cellophandarm eine gute Alternative. Er nimmt den Rauch gut an und die Wurst bleibt lange streichfähig.

Teewurst

44.4 Herstellung

44.4.1 Teewurst

Produktbeschreibung:
fein zerkleinerte, gut streichfähige Wurstmasse mit feinwürzigem Geschmack, blassroter Farbe und intensivem Raucharoma.

Rezeptbeispiel: Teewurst (LSKZ 2.4.1.2.1)

Material für 100 kg Rohwurstmasse:	**Gewürze und Zutaten je kg Gesamtmasse:**
20 kg R II	24 g Nitritpökelsalz
20 kg S II	1 g Umrötungshilfsmittel (Ascorbat)
40 kg S V	2 g Pfeffer, weiß, gemahlen
20 kg S VIII	1,5 g Paprika, edelsüß
	0,2 g Kardamon
	0,3 g Ingwer, gemahlen
	3 g Bienenhonig oder Himbeersirup

Herstellung von Teewurst, fein zerkleinert

Vorbereitungen

- Speck entschwarten, wiegen und in dünne Blättchen schneiden → im feuchten Kaltrauch intensiv räuchern → über Nacht gut kühlen
- Evtl. entschwarteten Speck im feuchten Kaltrauch intensiv räuchern
- Materialien getrennt auf 2 mm wolfen
- Material getrennt durchfrieren bei – 20 ° C

Produktionstag

- Speck, Schweinebauch und die Hälfte von S II kuttern bis – 4 °C → Kutter entleeren und Material frieren
- Salz (separat!), Gewürze und andere Zutaten abwiegen und bereitstellen
- R II und andere Hälfte von S II bis +4 °C kuttern (← Materialien getrennt auf 2 mm wolfen)
- Das zuerst gekutterte S II, S VIII und S V in den Kutter geben →
- Kuttern bis 16 – 18 °C (← Salz zugeben bei +12 °C)
- Ballen formen und luftfrei in den Füller einbringen
- luftfrei füllen

1. Nacht

- reifen und räuchern

Vorbereitung
Das Material nach Chargenmenge entsprechend der Kuttergröße zusammenstellen und abwiegen.
Alle Materialien getrennt auf 2 mm wolfen und bei –20 °C durchfrieren.
Zutaten abwiegen und bereitstellen. Das Salz separat abwiegen.
Gegebenenfalls den Messerkopf des Kutters auswechseln. Messerkopf mit sechs Messern einsetzen.
Bei warmer Temperatur im Produktionsraum ist der Kutter mit Scherbeneis und Kochsalz einige Runden laufen zu lassen, um ihn auf den Gefrierpunkt herunterzukühlen.

Herstellungsablauf
- Speck, Schweinebauch und die Hälfte vom S II in den Kutter geben und so fein wie möglich zerkleinern, ohne jegliche Zutat.
- Bei 4 °C den Kutter entleeren und das gekutterte Material in das Gefrierhaus stellen.
- Rindfleisch (R II) mit der anderen Hälfte des S II ebenfalls bis +4 °C kuttern.
- Anschließend das zuerst zerkleinerte S II mit Speck (S VIII) und Bauch (S V) mit in den Kutter geben und unter Zugabe der Gewürze bis 12 °C zerkleinern.
  Bei 12 °C das Salz hinzufügen und bis zu einer Endtemperatur von 16–18 °C fertig kuttern.

Reifung und Räucherung
Teewurst ist in wenigen Stunden umgerötet und wird kalt geräuchert.

44.4.2 Grobe Mettwurst

Produktbeschreibung:
grob zerkleinerte, streichfähige Wurstmasse mit würzigem Geschmack, roter Fleischfarbe und weißen Speckteilen.

Grobe Mettwurst

Rezeptbeispiel: Grobe Mettwurst
(LSKZ 2.4.1.2.3)

Material für 100 kg Rohwurstmasse:

50 kg S II (auf 3 mm gewolft und gut gekühlt)
50 kg S V (am Vortag gut entschwartet und gut grkühlt)

Gewürze und Zutaten je kg Gesamtmasse:

24 g Nitritpökelsalz
1 g Umrötungshilfsmittel (Ascorbat)
3 g Rohzucker
3 g Pfeffer, weiß, gemahlen
0,1 g Knoblauch

Vorbereitung

Das Material nach Chargenmenge zusammenstellen und abwiegen.
Alle Materialien gut kühlen.
S II auf 3 mm wolfen.
Zutaten abwiegen und bereitstellen.
Alle Zutaten gut vermischen und über dem gesamten Fleisch verteilen.

Herstellung

- Alle Zutaten gründlich locker durchheben.
- Material auf den Wolf geben.
- Durch die 3-mm-Scheibe mit einem Messer oder durch die 5-mm-Scheibe mit zwei Messern wolfen.
- Masse mengen, bis sie gleichmäßig ist. Eine lockere Bindung hält die Ware länger streichfähig.
- Ballen formen, entlüften und in die Füllmaschine geben. Luftfrei in die vorbereiteten Därme füllen.

Reifung und Räucherung

Die Umrötung der mit einem Umrötungshilfsmittel hergestellten Mettwurst dauert nur wenige Stunden; sie wird kalt geräuchert.

44.5 Füllen

Zum Füllen der streichfähigen Rohwurst gelten die Ausführungen im Kapitel 10.2.5. Ansonsten werden für streichfähige Rohwürste sehr häufig Cellophandärme benutzt, die sehr vorsichtig und mit Gefühl gefüllt werden müssen, da sie leicht überdehnen.

44.6 Reifung und Lagerung von streichfähiger Rohwurst

Für Teewurst und grobe Mettwurst gilt: Je frischer die Wurst, desto geringer der Schwund (5 %). Bei einer Lagerung von mehr als zwei Wochen kann der Schwund 12 % übersteigen und die Streichfähigkeit beeinträchtigt sein. Damit kein Fett abtropft, sollte Teewurst in den Sommermonaten in der Kühltheke präsentiert werden.

Feine Mettwurst im Ring

44.7 Qualitätsanforderungen

- gut streichfähige Wurstmasse
- bei fein zerkleinerten Würsten intensive Feinheit des Wurstguts
- blassrote Farbe bei fein zerkleinerter Streichmettwurst
- rote Fleischfarbe mit weißen Speckteilchen bei groben Produkten
- intensives Raucharoma

Herstellung von grober Mettwurst

Vorbereitungen	
S V am Vortag gut entschwarten und sehr gut kühlen	Auf Knorpel und Drüsen achten!
S II gut kühlen, evtl. leicht anfrosten.	
Produktionstag	
S II auf 3 mm wolfen	Kranzdärme wässern
S V in die Mulde geben, das gewolfte Fleisch darüber verteilen und die Zutaten einstreuen.	Alle Zutaten abwiegen und gut mischen.
Alles locker vermischen und auf den Wolf geben.	
Alles zügig mit einem Messer auf 3 mm oder mit zwei Messern auf 5 mm wolfen.	je nach gewünschter Körnung
Mengen bis die Masse gleichmäßig ist.	Eine lockere Bindung verlängert die Streichfähigkeit
Ballen formen und luftfrei in den Füller einbringen.	
Luftfrei in die Kranzdärme füllen.	Därme ausstreifen, damit sie nicht zu nass sind.
1. Nacht	
reifen und kalt räuchern	

Fettgehaltsstufen (Toleranz +/−5 %)
(z. B. Hamburg)
- 30 % Teewurst, grob und fein zerkleinert
- 40 % Zwiebelmettwurst, Braunschweiger Mettwurst
- 50 % Streichmettwurst

44.7.1 Prüfmerkmale der DLG

Äußere Beschaffenheit
- Rauchflecken
- Räucherfarbe ungleich
- Hülle abgelöst
- Hülle nicht abziehbar
- schmierig
- Schimmel unerwünscht
- Oberflächenbelag
- äußerlich vergrauend
- Hülle nicht abziehbar
- Hülle mangelhaft entfettet
- Falten zu viel
- Hohlräume unter der Hülle
- schlecht abgebunden

Aussehen im Anschnitt
- Mischung ungleichmäßig
- Schnittbild unklar
- Zerkleinerung zu stark
- Zerkleinerung ungenügend
- Zerkleinerung zu ungleichmäßig
- Trockenrandbildung
- Fett und Wursthülle ölig
- Hohlstellen
- porig
- Risse

Zusammensetzung
- Fleischauswahl mangelhaft
- Fettanteil zu hoch
- Sehnenanteil zu hoch
- Magerfleischeinlage zu wenig
- Knorpelteilchen
- Paprika zu viel

Farbe
- Farbe zu blass
- Farbe zu dunkel
- Farbe ungleichmäßig
- Kern blass
- Kern grau/grünfleckig
- stark verblassend

Konsistenz/Beschaffenheit
- zu weich
- schmalzig
- zu feucht
- gummiartig
- zu fest
- bröckelig
- Rand zu hart
- Bindung mangelhaft
- Teile unzerkaubar

Geruch und Geschmack
- salzig
- säuerlich
- sauer
- süßlich
- bitter
- fettig
- Würzung zu schwach
- Würzung zu stark
- Würzung nicht abgestimmt
- Fleischaroma zu gering
- Rauch zu schwach
- Rauch zu stark
- beißig
- talgig
- ranzig
- lakig
- Frische fehlt
- alt
- dumpfig und muffig

44.7.2 Fehler bei streichfähiger Rohwurst

Fehler bei streichfähiger Rohwurst	
Rohwurstfehler	**Mögliche Ursachen**
graue Flecken im Anschnitt	• hohe Kontamination mit Peroxid bildenden Milchsäurebakterien (hoher Keimgehalt) • zu wenig Umrötungshilfsmittel • überlagertes NPS
ranziger Geschmack	• Fett überlagert, auch tiefgefroren
geplatzte Hülle	• durch Gasentwicklung infolge von starkem Keimbefall
Randvergrauungen	• Kälterand durch zu kalte Lagerung vor Abschluss der Umrötung • durch überlagerte Naturdärme • ungenügend ausgestreifte Därme verwendet
starker Räucherrand zu fest, wenig streichfähig	• zu heiß geräuchert • Rezeptur zu mager • zu viel GdL • zu geringe relative Luftfeuchte bei der Reifung
unklares, verschmiertes Schnittbild, vor allem bei grober Streichmett-wurst	• Verarbeitung von zu weichem Speck • schlecht gekühltes Rohmaterial • Rezeptur zu fett • zu hoher Gehalt an Bindegewebe • zu warme Zerkleinerung
stark faltig, Hülle abgelöst	• Rezeptur zu mager, dadurch schnelles Abtrocknen mit Bildung von Falten • Därme ungenügend gewässert • zu schwach gefüllt
zähe Streichmettwurst	• durch zu frühe Salzzugabe hohe Bindigkeit • erhöhte Gelbildung der Globuline durch zu starke Säuerung

Komplexe Aufgabe

Recherchieren auch Sie im Internet – wie Sabrina und Lena von der Fleischerei Nusse – die Herkunft der Teewurst.

Schreiben Sie darüber eine kleine „Geschichte“, die Sie erzählen können, falls Sie von einem Kunden nach der Bedeutung oder Herkunft des Namens gefragt werden.

Aufgaben zur Wiederholung

1. Unterscheiden Sie die Art der Bindung bei schnittfester und bei streichfähiger Rohwurst.
2. Die Anforderungen an das Fettgewebe für schnittfeste und streichfähige Rohwurst sind unterschiedlich. Benennen Sie die Unterschiede und bezeichnen Sie die Fettarten, die am ehesten den jeweiligen Anforderungen entsprechen.
3. Aus welchen Gründen ist eine schnelle Abtrocknung bei streichfähigen Rohwürsten unerwünscht?
4. Welche Wirkung erreichen Emulgatoren bei streichfähiger Rohwurst?
5. Welche Därme werden für Streichmettwurst bevorzugt?
6. Beschreiben Sie den Herstellungsablauf von Teewurst?
7. Was ist beim Füllen von Zellophandärmen zu beachten?
8. Nennen Sie vier Rohwurstfehler, die bei streichfähiger Rohwurst auftreten können. Beschreiben Sie jeweils eine mögliche Fehlerursache.

Ausgewählte Fachrechenaufgabe

Fleischermeister Nusse stellt folgende Teewurst her:

8 kg	R II	4,45 €/kg
8 kg	S II	3,85 €/kg
16 kg	S V	2,80 €/kg
8 kg	SV III	1,90 €/kg

Gewürze und Zutaten je Kilo Gesamtmasse:

24 g	NPS	0,24 €/kg
1 g	Umrötungshilfsmitttel	12,62 €/kg
2 g	Pfeffer, weiß, gemahlen	6,77 €/kg
1,5 g	Paprika, edelsüß	3,45 €/kg
0,2 g	Kardamom	3,60 €/kg
0,3 g	Ingwer, gemahlen	6,25 €/kg
5 g	Bienenhonig	6,20 €/kg

In seiner Kalkulation geht er davon aus, dass ein Herstellungs- und Reifungsverlust von 5 % eintritt. Er kalkuliert mit 72 % LBGK, 9 % Gewinn und 7 % MwSt.

Wie hoch ist der Ladenverkaufspreis für 100 g Teewurst?

45 Rohwurst präsentieren und verkaufen

FLEISCHEREI nusse

Lena und Sabrina sitzen in der Mittagspause beisammen und überlegen, wie sie in den nächsten Wochen vor den Sommerferien den Thekenabschnitt für Rohwurst besonders gestalten können.
Lena zu Sabrina: „Übrigens, in einem tollen Buch über Fleisch habe ich eine Sage über die Rohwurst gefunden."
„Los, erzähl", sagt Sabrina.
Lena: „Die Sage erzählt, dass ein Wanderbursche mit dem Teufel die Wette einging, drei Tage lang nur mit einem Stecken durch das Land zu ziehen, ohne Hunger zu leiden. Er füllte einen langen Darm mit gehacktem Fleisch, trocknete die lange Wurst und hatte so einen essbaren Wanderstab."
An dieser Geschichte ist wahr, dass schon in alter Zeit Fleisch in Därme gefüllt wurde, um als Proviant auf Wanderungen oder bei der Jagd zu dienen. Diese Würste wurden meist luftgetrocknet oder auch geräuchert. Letztendlich lässt sich unsere heutige Rohwurstherstellung im Kern darauf zurückführen.
Sabrina zu Lena: „Ich glaub, ich hab's! Ich habe eine Idee, wie wir die Theke gestalten."

Schnittfeste Rohwürste

Am Gesamtverbrauch von Fleischwaren und Wurst haben die Rohwürste folgenden Anteil:

	Pro-Kopf-Verzehr in kg	Mengenanteil in Prozent
Rohwurst	4,6 kg	18 %

Der Verzehr von ausländischen Rohwurstsorten ist in den letzten Jahren angestiegen. Somit lässt sich feststellen, dass die neuen (neu für den deutschen Markt) europäischen Rohwurstsorten zulasten der herkömmlichen Sorten Marktanteile erobert haben. Rund vier Fünftel des Rohwurstverzehrs konzentrieren sich auf schnittfeste Rohwurst, ein Fünftel auf streichfähige Rohwürste.

Rohwurst, einst aus der Not heraus entstanden, um Fleisch haltbar zu machen, ist heute zu einem in der Regel hochwertigen Erzeugnis avanciert. Die Produkte sind von wenigen Ausnahmen im hochpreisigen Segment zu finden und ihr Angebot zieht viele Kunden an.

45.1 Schnittfeste Rohwurst

Präsentation

- Das Lebensmittelrecht erlaubt nur für Rohschinken und Rohwürste die Präsentation ohne Kühlung. Sie dürfen im Laden hinter der Theke am Gehänge aufbewahrt werden. Aus diesem Grunde muss das Rohwurst-Gehänge sehr gepflegt und ihm viel Aufmerksamkeit gewidmet werden. Dekorative Produkte sollen das Auge auf sich lenken und erfreuen. Rohwurst-Girlanden schwingen von Haken zu Haken. Diese sind dekorativ voll behängt nach dem Motto „wenig Gehänge, viel Ware". Gerade die vielen unterschiedlichen Formen der Rohwurst fördern eine dekorative Gestaltung.
- Salami-, aber auch Schinkenaufschnitt sollte in der Thekenmitte liegen und gefächert angeboten werden.

- Bei der dekorativen Präsentation von Rohwurst sind die unterschiedlichen Farbtöne der Därme eine zusätzliche Präsentations-Chance.
- Rohwurst-Spezialitäten im Ring sind mit ihren Krümmungen zur Kundenseite hin zu platzieren. Zusätzlich sind hierbei die Würste auch im Anschnitt zu zeigen. Dies fördert zusätzlich den Appetit.
- Grundsätzlich gilt: Rohwurststückware im hinteren Thekenbereich platzieren – kleine Portionswürste exakt ganz nach vorn legen.
- Neu ins Sortiment aufgenommene Salami-Spezialitäten sollten hauchdünn geschnitten mit Zahnstocher zum Probieren angeboten werden.
- Das Rohwurst- und Schinkensortiment sollte möglichst oft mit eigens ausgewählten neuen ausländischen Spezialitäten erweitert werden.
- Je frischer die schnell gereifte Cervelatwurst (mit GdL) im Verkauf erscheint, desto geringer ist ihr Schwund (5 bis 8 %). Bei Lagerung von mehr als zwei Wochen kann der Schwund 10 % übersteigen, was nicht erwünscht ist.

Verkaufsargumente

Mettwürstchen, Mettenden, Kohlwurst
- im zarten Schweinedünndarm
- aus gutem Schweinefleisch – kernig, eignen sich zum Rohessen und zum Warmverzehr
- dürfen bei keinem Grünkohlessen fehlen
- eignen sich aber auch als Reiseproviant und als kleine Mahlzeit zwischendurch

Schinken-Mettwürstchen im zarten Saitling
- ein Produkt der Spitzenklasse mit sehr hohem Magerfleischanteil
- das Füllen in Schafssaitlingen ist ein Qualitätskennzeichen
- eignet sich zum Roh- und Warmverzehr
- **Kaminwurzen und Landjäger** im Naturdarm deftig, kräftig mit sehr gutem Biss
- sie dürfen auf keinem rustikalen Rohwurstbrett fehlen
- bestechen auch durch ihr gutes Raucharoma

Luftgetrocknete Mettwurst im Seidengerüstdarm
- in guter Luft getrocknet und gereift
- mit ausgeprägtem Reifearoma

Cervelatwurst
- staubfein zerkleinert im genähten Schweinefettende
- geschätzt beim Verbraucher wegen ihrer Saftigkeit und mild-sauren Aromas

Salami, luftgetrocknet
- im geklebten Schweinedünndarm
- dünn geschnitten wegen ihres intensiven Geschmacks
- daher ist sie trotz ihres hohen Preises noch günstig
- sie ist wegen ihres Aussehens und Aromas eine „Perle“ im Sortiment der Rohwürste
- hat einen Hauch von Knoblauch

Echt ungarische Salami mit Naturschimmelbelag
- dieser ist das Kennzeichen dieser internationalen Spezialität
- sie darf in keinem guten Rohwurstsortiment fehlen
- voll ausgereiftes Aroma

Französische Salami
- mit Pfeffer umhüllt
- voll ausgereift
- typisch französischer Geschmack
- eine Wurst mit großer Tradition
- grob gekörnt mit optisch hervortretendem Speck

Original Mailänder Salami
- Spitzenprodukt mit perfekter Reifung
- volles Aroma
- echter weißer Naturschimmel auf der Außenhaut

Verzehrempfehlung

Cervelatwurst – auf einem herzhaften, dünn mit Butter bestrichenen saftigen Roggenbrot schmeckt dieser Rohwurstaufschnitt am besten.

Salami – sie sollte wegen ihres intensiven Geschmacks hauchdünn geschnitten werden und auf mit Butter bestrichenes italienisches Weißbrot oder herzhaftes Weizenmischbrot gelegt werden. Bei Zimmertemperatur entfaltet die Salami ihr volles Aroma.

Schinkenplockwurst – sie kann wegen ihres intensiven Geschmacks dünn geschnitten und zum Beispiel auf Pumpernickel gelegt werden. Auch bei dieser Rohwurst entfaltet sich das Aroma bei Zimmertemperatur am besten.

Schnittfeste Rohwürste

45.2 Streichfähige Rohwurst

Die groberen Sorten der streichfähigen Rohwurst sind in Grenzen streichfähig. Dagegen sind die feinen Sorten sehr gut streichfähig. Sie sind sehr fein zerkleinert, wobei sich das Fett mit dem Fleisch so eng vermischt, dass das Fleisch nicht mehr austrocknen kann.

Präsentation

- Die grobe Mettwurst ist aufgrund ihres Aussehens und ihres frischen Rauchgeruchs im Laden und bei den Kunden sehr beliebt.
- Bei längerer Lagerung ist bei der groben Mettwurst der Schwund hoch und die Streichfähigkeit beeinträchtigt.
- Teewurst erfreut sich wegen ihres frischen Raucharomas vieler Liebhaber. Außerdem trägt ihre Streichfähigkeit zur Beliebtheit bei.
- Auch für Teewurst gilt: je frischer die Wurst, desto geringer der Schwund (< 5 %). Bei einer Lagerung von mehr als zwei Wochen kann der Schwund 12 % übersteigen und die Streichfähigkeit stark beeinträchtigt sein.
  Damit kein Fett abtropft, sollte die Streichmettwurst in den Sommermonaten in der Kühltheke präsentiert werden.

Verkaufsargumente

Zwiebelmettwurst im Sterildarm
- herzhafter Zwiebelgeschmack
- viel frisches Schweinefleischaroma
- „frisch auf's Brötchen" schmeckt sie besonders gut

Streichfähige Rohwürste im Verkauf

Teewurst im Cellophandarm
- gut streichfähig
- frisches, intensives Raucharoma
- mild würzig mit leichter Paprikanote
- feinst zerkleinert
  Berühmt ist die „echte Rügenwalder Teewurst". Diese Bezeichnung ist jedoch ausschließlich denjenigen Herstellern erlaubt, die ursprünglich aus Rügenwalde kamen.

Braunschweiger Mettwurst im Kranzdarm
- kräftiger Fleischgeschmack
- sehr würzig
- mittelfeine Körnung
- lachsrote Rauchfarbe
- ein Klassiker unter den streichbaren Rohwürsten

Streichmettwurst im Pferdedünndarm
- angenehmes Raucharoma
- sahnig aufzustreichen
- ergiebig

Verzehrempfehlung

Teewurst – dünn auf Brot gestrichen, kommt der würzige Geschmack bei Zimmertemperatur am besten zur Geltung und die Wurst ist dann sehr ergiebig. Hier kann zum Beispiel ein Roggenmischbrot verwendet werden, das gut zu bestreichen, also fest genug ist. Butter wird hier nicht verwendet!

Grobe Mettwurst – sie schmeckt sehr gut auf Brot gestrichen (ohne Butter!) und mit Zwiebelringen garniert. Bei Zimmertemperatur entfaltet sich der würzige Geschmack am besten.

Frische Zwiebelmettwurst (nach der gesamten Rohwursttechnologie zu urteilen, gibt es keine „frische Rohwurst"). „Frische Zwiebelmettwurst" oder „Mett im Darm" bilden hier die Ausnahme. Auch hier handelt es sich um gesalzenes, gewürztes und gewolftes Schweinefleisch (Mett) – den klassischen Inhalt aller Mettwurstsorten. Der entscheidende Unterschied besteht jedoch darin, dass diese Wurst weder gereift noch geräuchert wird. Deshalb gilt hier: frisch anbieten, zügig verkaufen und alsbald verzehren, je schneller sie verkauft und verzehrt wird, desto besser sind der Geschmack und die Produktsicherheit.

Komplexe Aufgabe

Überlegen Sie, welche geschickte Dekoration sich für die Theke eignet, um die Rohwurstspezialitäten in der Fleischerei Nusse zu präsentieren.

Schreiben Sie vier verschiedene Dekorationsmöglichkeiten auf und benennen Sie auch die dazu passenden Rohwursterzeugnisse.

Aufgaben zur Wiederholung

1. Wie ist die Entwicklung des Pro-Kopf-Verzehrs von Rohwurst in den letzten 10 Jahren zu beurteilen? Recherchieren Sie im Internet.
2. Nennen Sie Verkaufsargumente für Mettwürstchen/ Mettenden.
3. Wodurch zeichnen sich Kaminwurzen und Landjäger hinsichtlich des Verkaufs aus?
4. Welche Präsentationsmöglichkeiten erlaubt das Lebensmittelrecht speziell nur für Rohschinken und Rohwürste?
5. Wie sollten Rohwurstspezialitäten im Ring präsentiert werden?
6. Wann darf die Teewurst als „echte Rügenwalder Teewurst" verkauft werden?
7. Schreiben Sie eine Verzehrempfehlung für Teewurst.

Ausgewählte Fachrechenaufgabe

Fleischermeister Nusse plant mit seinem Team einen „Rohwurstmonat". Viele seiner Kunden fragen vor allem nach den Sommerferien nach ausländischen Spezialitäten aus dem Rohwurstsortiment.
Meister Nusse ordert folgende Produkte für sein Hauptgeschäft und die beiden Filialen:

65 Stück	Sylter Lammsalami zu 250 g	a kg	11,20 €
42 Stück	Mecklenb.Hirschsalami zu 0,900 kg	a kg	11,75 €
75 Stück	Aoste Ringsalami zu 0,350 kg	a kg	13,25 €
22 Stück	Aoste Baguette Salmi zu 1,150 kg	a kg	13,35 €
7,200 kg	Saltufo Salamikugeln mit Sommertrüffel, umhüllt mit Parmesan	a kg	22,75 €
9,600 kg	Ungarisch Paprika Kolbasz	a kg	10,85 €
72 Pack.	Afumello Kaminwurzen a 10 Stück zu je 1 kg	a kg	11,49 €
34 Stück	Salamella Napoli a 0,400 kg	a kg	11,99 €
11,500 kg	Spanische Paprikawurst Campotron	a kg	7,99 €
23,700 kg	Original Italienische Salami Salsicia	a kg	14,65 €
8,4000 kg	Original Wiener Dürre	a kg	7,15 €
9,400 kg	italienische Salami Nobile	a kg	12,55 €
6,600 kg	Ungarische Paprika Kolbasz Stange	a kg	4,49 €
13,200 kg	Pick-Salami Stangen	a kg	13,99 €
28 Stück	Pick-Salami Tourist a 400 g	a kg	5,79 €
21 Stück	Pick-Salami a 750 g	a kg	13,99 €
12,700 kg	Ital. Salami Sopressa Veneta	a kg	14,15 €
13,700 kg	Ital. Salami Nostrano grob	a kg	13,98 €
11,100 kg	Finocchiona Ital. Salami mit Fenchel	a kg	13,55 €
14,300 kg	Ital. Salami Milano fein	a kg	13,29 €
15,700 kg	Spianata Romana ½ Stücke	a kg	12,85 €
10,900 kg	Spianata Romana pikant ½ Stücke	a kg	12,99 €
16,200 kg	Chorizo Asador	a kg	7,79 €
27 Stück	Chorizo Asador a 300 g	a Stück	2,85 €
12,800 kg	Chorizo Asador Picante	a kg	7,49 €
9,500 kg	Chorizo Pamplona	a kg	6,65 €
13,400 kg	Pan De Salchichon Regio (E)	a kg	8,75 €
8,800 kg	Salchichon extra (E)	a kg	7,55 €
6,900 kg	Longaniza Payes (E	a kg	10,59 €
5,200 kg	Chilisalami (D)	a kg	5,75 €
6,400 kg	Pepperoni- Salami (D)	a kg	9,75 €
8,300 kg	Parmesalami (D)	a kg	9,75 €
7,500 kg	Zwiebella Salami (D)	a kg	6,79 €
13,200 kg	Pfeffersalami (D)	a kg	6,99 €
12,900 kg	Deutsche Salami	a kg	9,25 €
19,600 kg	Deutsche Truthahn Salami	a kg	8,29 €

a) Über welche Bruttosumme beläuft sich die Bestellung?
b) Meister Nusse hat einen Rabatt von 9 % ausgehandelt. Da er innerhalb einer Woche die Rechnung begleicht, zieht er von der Rechnungssumme nochmals 2 % Skonto ab. Wie hoch war der Überweisungsbetrag.
c) Im Hauptgeschäft wurden 42 % der Rohwurstaktion verkauft, in der Filiale 1 33 % und der Rest in Filiale 2. Wie hoch ist der jeweilige Anteil in Kilogramm?
d) Meister Nusse rechnet mit einem LBGK-Satz von 32 %, mit einem Gewinn von 23 % und der MwSt.
e) Stellen Sie die bestellten Rohwurstmengen nach Ländern in einem Kreisdiagramm dar.
f) Stellen Sie ebenfalls in einem Kreisdiagramm die anteiligen Einkaufskosten nach Ländern dar.
g) Meister Nusse wirbt damit, für jedes verkaufte Kilo einen Euro an die Armenküche zu überweisen. Wie hoch ist der Überweisungsbetrag, wenn 88 % der georderten Rohwürste verkauft wurden?

10

Raw sausage

1. a) Read the dialogue and underline the important steps of making raw sausages.
b) Put the steps of the production process in the correct order.

Sabrina is sitting next to Lena during the morning break.

Sabrina: Today we are going to produce a charge of homemade Salami. Did you ever make some before, Lena?
Lena: Oh, of course. I produced it a lot of times during my apprenticeship.
Sabrina: Would you please tell me what is important for making a real good Salami?
Lena: First of all you need perfect ingredients like lard, pork or beef.
Sabrina: Is it possible to use meat from other animals?
Lena: Yes, it is. For Hungarian Salami for example you can use the meat of a donkey. We take poultry for our special turkey Salami. It is important that the meat we use is raw at the beginning of processing.
Sabrina: But how do we preserve the sausages?
Lena: That's a special process. They are preserved by lactic acid fermentation, and they may be dried, brined or smoked. Most raw sausages will keep for a long time.
Sabrina: Like our homemade Salami. Sometimes they rest for 3 or 4 weeks.
Lena: Exactly. After that they got their special taste.
Sabrina: Oh look, there is some of it. I will have a taste of it for breakfast ... Mmh, delicious!
Lena: Enjoy it. And hurry up. We have a lot of work today. Particularly the production of Salami.

2. In the dialogue Sabrina is talking about the production of Salami. Use the given information and complete the description in your exercise book.

Start like this: *This is Salami. It´s made of raw meat like ...*

Also consider the questions:

How is it produced?
What are the main ingredients?
How is the consistency?
How does it look/taste/smell?

3. a) Draw a schematic diagram like the one on page 408 in your exercise book and fill in the important production steps.
b) Present your schematic diagram to the class in a short report and explain the steps.

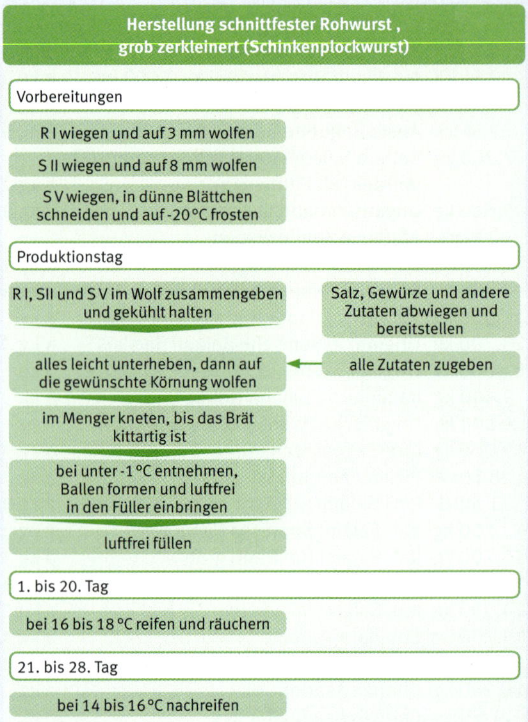

4. Read the information about sausage casings.
Discuss the following questions with your neighbour:

a) What is the difference between natural and synthetic casings?
b) What are the advantages and what are the disadvantages?
c) Which kind would you use for Salami?

Casings

Traditionally, sausage casings were made of the cleaned intestines or stomachs in the case of haggis and other traditional puddings. Today, however, natural casings are often replaced by collagen, cellulose, or even plastic casings, especially in the case of industrially manufactured sausages. Some forms of sausage, such as sliced sausage, are prepared without a casing. Additionally, luncheon meat and sausage meat are now available without casings in tins and jars.

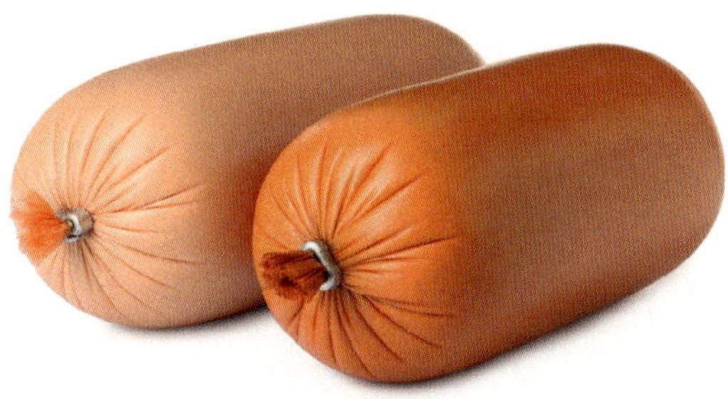

10

VOCABULARY			
to brine	pökeln	**lard**	Schweineschmalz/-fett
charge	Charge	**luncheon meat**	Frühstücksfleisch
donkey	Esel	**poultry**	Geflügel
haggis	schottisches Gericht aus Schafsinnereien	**to preserve**	haltbar machen
intestine	Darm	**tin**	Dose
jar	Einweckglas	**turkey**	Truthahn
lactic acid fermentation	Milchsäuregärung		

11 Herstellen von verzehrfertigen Produkten

Sie stellen verzehrfertige Produkte für verschiedene Anlässe und Tageszeiten her. Sie planen den Herstellungsprozess im Team, legen Arbeitsabläufe fest und setzen geeignete Maschinen und Geräte zur rationellen Herstellung und Lagerung ein.

Sie erhalten von Ihrem Chef den Auftrag, in den nächsten Wochen mit Ihrer Kollegin die verzehrfertigen Produkte für den Imbissbereich vorzubereiten, sich über die Herstellung zu informieren und alle Erzeugnisse gemeinsam herzustellen.

Informieren

- Welche verzehrfertigen Produkte können im Imbissbereich angeboten werden?
- Welche Erzeugnisse werden in unserer Fleischerei hergestellt?
- Wer kann mir bei zur Produktbeschreibung Auskunft geben?
- Welche Erwartungen haben Kunden und Verkaufspersonal an die Produkte?

Planen

- Welche Informationen brauche ich, um diese Erzeugnisse herzustellen?
- Wie und aus welchen Rohstoffen werden die Produkte hergestellt?
- Über welche Herstellungsverfahren muss ich mich informieren.
- Wie kann ich Kundenwünsche erfragen?

Entscheiden

- Ich informiere mich in den „Leitsätze für Fleischerzeugnisse".
- Ich lerne die wesentlichen Unterschiede der küchenfertigen Erzeugnisse kennen.
- Ich lasse mir von meiner Kollegin kalte und warme Speisen erklären.
- Ich erfrage die Kundenerwartung bei dem Verkaufspersonal.

Ausführen

- Ich wähle mit meiner Kollegin das Ausgangsmaterial aus und bereite die Zutaten vor.
- Ich wende mit meiner Kollegin die verschieden Herstellungsverfahren an.
- Ich übe die selbständige Herstellung der Erzeugnisse.
- Ich kontrolliere den ordnungsgemäßen Herstellungsablauf.

Kontrollieren

- Wurden die Herstellungsverfahren richtig angewendet?
- Wurden vorgeschriebene Zeiten und Temperaturen eingehalten?
- Habe ich fachgerecht Materialien ausgewählt, richtig gegart oder gekühlt?
- Wurden die Erwartungen der Kunden und des Verkaufspersonals erfüllt?

Bewerten

- An welcher Stelle kann ich meine Fachkenntnisse noch erweitern?
- Wie zufrieden waren die Kunden und das Verkaufspersonal mit den Produkten?
- Was könnte ich beim Herstellungsablauf noch verbessern?

46 Der Imbissverkauf

Sabrina liest in ihrer Mittagspause gerade die Tageszeitung, Lena macht mit ihr zusammen Pause.
Sabrina: „Sag mal, Lena, hast du auch schon in der Zeitung von den zwei Salmonellenerkrankungen in den Kliniken gelesen?“ Lena: „Na klar, das kam ja sogar im Fernsehen, weil man gar nicht so schnell die Ursache gefunden hat. Ist denn jetzt klar, woran es lag?“
Sabrina: „Ja, in der einen Klinik war es der Fruchtjoghurt, der mit Salmonellen verseucht war. Aber verstehst du, wieso ein Fruchtjoghurt, der aus Früchten, Joghurt und Quark zusammengerührt worden ist und noch nicht einmal Fleisch enthält, auf einmal zu einem salmonellenverseuchten Produkt wird?“
Lena: „Klar, überleg doch mal: Du musst nur die einzelnen Bereiche abchecken wie die Personalhygiene. Wenn da einer gepennt hat und mal mit dem Finger probiert hat, der nicht sauber war, weil er vergessen hat, nach der Fleischverarbeitung die Hände zu waschen. Es gibt tausend Möglichkeiten ...“
Sabrina: „Dann ist das in unserem Betrieb mit dem Imbiss ja total gefährlich, da wir Fleischprodukte anbieten.“
Lena: „Gefährlich wird es dann, wenn man die Vorschriften nicht einhält und die gute Hygiene-Praxis nicht berücksichtigt.“

46.1 Hygiene in Küche und Imbiss

Die Hygiene in Küche und Imbiss wird durch das Zubereiten verschiedener Speisen mit den unterschiedlichsten Produkten sehr problematisch. Bei einer gewissen Raumgröße ist die Gefahr der Kreuzkontamination sehr groß. Alle Mitarbeiter, die hier arbeiten, müssen sich der Gefahren bewusst sein. Lebensmittelinfektionen müssen ausgeschlossen werden! Ein privatwirtschaftlicher Betrieb kann sich keine negativen Schlagzeilen leisten und schon gar kein Gerichtsverfahren.

Was ist also alles zu berücksichtigen, um mit gutem Gewissen die Produkte zu verkaufen? Auch hier sind alle drei Bereiche der Hygiene zu berücksichtigen: die Personalhygiene, die Betriebshygiene und die Produkthygiene (▸ S. 26 ff.). Jeder einzelne Mitarbeiter muss die Hygienevorschriften beachten und entsprechend dokumentieren.

Bei der Arbeit im Imbissbereich mit Rohstoffen, die Salmonellenträger sind (z. B. Eier und Fleisch), ist die Produkthygiene nicht das Problem, denn die Mitarbeiter kennen die Vorschriften der Hackfleischverarbeitung (▸ S. 129 ff.) sowie Garzeiten und Kerntemperaturen (▸ S. 188 ff.). Schwierig ist hingegen die penible Einhaltung der Personal- und Betriebshygiene. So können in unbedenkliche Produkte wie pasteurisierter Joghurt durch

- Probieren mit verschmutzten Fingern,
- unkontrolliertes Niesen,
- Schneiden von Früchten auf verdreckten Schneidebrettern oder
- Rühren von Produkten in unsauberen Gefäßen/mit unsauberen Geräten

Bakterien geraten, die sich dann bei unsachgemäßer Kühlung vermehren und so Krankheiten in lebensbedrohendem Maße hervorrufen.

Wichtig ist neben der Kontrolle und Dokumentation der kritischen Punkte (Erhitzung, Kühlung ...) und den daraus resultierenden Maßnahmen bei Abweichungen die ständige Schulung der Mitarbeiter. Diese müssen immer wieder darauf hingewiesen werden, wie wichtig die eigene Hygiene ist, z. B. die Desinfektion der Hände nach einem Toilettengang, nach der Verarbeitung von Fleisch oder nach dem Naseputzen (▸ S. 26 f.). Im Bereich der Betriebshygiene ist auf die besondere Reinigung von Geräten und Räumen zu achten, die ebenfalls zu kontrollieren und zu dokumentieren ist. Dieser Bereich sollte, wenn möglich, durch praktische Schulungen an Aufmerksamkeit gewinnen.

Kontrollen und Dokumentation

Neben den üblichen Kontrollen und Dokumentationen, die das HACCP-Konzept vorsieht, sollte der Betriebsinhaber/Geschäftsführer darüber nachdenken, Fremdprüfungen und Kontrollen durchführen zu lassen. Regelmäßige Abklatschtests in den Betriebsräumen und an den Geräten sollten zur Routine werden. Ebenso sollten Inkognito-Verkostungen und Beobachtungen des Personals stattfinden, um negative Angewohnheiten, die lebensbedrohliche Auswirkungen haben können, herauszufinden und abzustellen.

Die Dokumentation der Rezepturen und Kontrolle der Einhaltung hat nicht nur einen wirtschaftlichen Hintergrund, sondern ist ebenfalls wichtig, um unkontrollierte Verarbeitung und Verwendung nicht vorhergesehener Lebensmittel zu verhindern. Bei kritischen Kontrollpunkten muss nachvollziehbar sein, aus welchen Rohstoffen etwas zubereitet wird, um Gefahren zu eliminieren.

Plakatwerbung

46.2 Marketing im Imbissverkauf

Ein Imbissverkauf, der einer Fleischerei angeschlossen ist, hat den Vorteil, vom Marketing der Fleischerei zu profitieren. Die Angebote im Imbissbereich sollten auf der Homepage der Fleischerei präsentiert und Aktionen vorgestellt werden können. Durch den guten Namen der Fleischerei bekommt der Imbiss die entsprechende Aufmerksamkeit. Es ist deshalb umso wichtiger, im Imbiss 100 % gute Qualität zu liefern, um den guten Ruf nicht zu verlieren und dem Stammgeschäft nicht zu schaden.

Werbemaßnahmen

Der Imbiss zieht vor allem Laufkundschaft an, deshalb sollten **Plakate** oder **Aufstelltafeln,** die Angebote aus dem Imbiss anpreisen, in unmittelbarer Nähe des Ladengeschäfts stehen. Vorbeilaufende Kunden mit dem kleinen oder großen Hunger werden dann von den schnellen Leckereien angezogen.
Den Stammkunden kann durch **Beratungs- und Verkaufsgespräche** der Imbissbereich schmackhaft gemacht werden, sodass auch sie darauf aufmerksam werden. Weitere kostspielige Werbemaßnahmen machen sich nur bei größeren Gerichten bezahlt. Der Imbiss lebt von der Schnelligkeit der Mitarbeiter, die in kürzester Zeit bei guter Qualität viele Hungrige zufriedenstellen.

Aktionswochen sollten in regelmäßigen Abständen eingeplant werden, um den Bekanntheitsgrad zu erhöhen. Diese Aktionswochen können unter einem bestimmten Thema stehen (z. B. Bayrische Woche, Frühlingswoche, Ferienangebote ...) und sollten zusätzlich zu den neuen, sonst nicht vorhandenen Gerichten günstige Angebote bereithalten, die die Kundschaft anziehen. So können über den Imbissverkauf Laufkunden zu Stammkunden werden. Es sollte vermieden werden, zu viele und zu ähnliche Produkte anzubieten, da die Gefahr besteht, dass ein Produkt in der Theke liegen bleibt. Zum Beispiel sollten Frikadellen nicht gleichzeitig mit der schwedischen Spezialität Köttbullar angeboten werden. Das Ziel ist es, die Aufmerksamkeit auf die Spezialität zu lenken und die Küche nicht durch eine Vielzahl von Varianten zu überfordern.

Öffentlichkeitsarbeit

Der Imbissbereich der Fleischerei sollte bei keinem Vereinsjubiläum, Gemeinde-, Schul- und Kindergartenfest fehlen. Bei solchen Veranstaltungen ist nicht die Gewinnmaximierung das Ziel, sondern der Werbeeffekt. Dabei sollte gerade kostendeckend gearbeitet werden. Der gute Ruf, sich sozial zu engagieren und sich für die Gemeinschaft einzusetzen, wird sich auszahlen. Vor allem die Präsenz bei Kinderfesten lohnt sich, da viele Kunden danach umso mehr Bereitschaft zeigen, den Betrieb zu unterstützen und Waren hier zu beziehen. Kinder, die hier einen Imbiss zum Kindertarif bekommen, bringen als Erwachsene dieses Erlebnis bei einem Fest immer mit der Fleischerei Nusse in Verbindung. Zudem sind Kinder die Kunden von morgen: Einmal an einen guten Geschmack gewöhnt, greifen sie auch später auf diese Produkte zurück. Kinder beeinflussen in hohem Maße ihre Eltern. Der Name der Fleischerei, der z.B. auf dem Sonnenschirm vor dem Imbissstand oder auf dem Geschirr aufgedruckt ist, erreicht einen sehr hohen Bekanntheitsgrad. Besonders dann, wenn noch ein Artikel mit Foto in der Zeitung erscheint, wie gut die Versorgung beimStadtfest wieder funktioniert hat und das ohne Preissteigerung bei guter Qualität.

Kundengruppe Kinder

& Komplexe Aufgaben

1. Wählen Sie ein Produkt in ihrem Betrieb aus, das mit Bakterien kontaminiert und zu einer Lebensmittelvergiftung oder -infektion führen kann, bei der die Kunden zu Schaden kommen könnten.
   Überlegen Sie sich, welche Umstände dazu führen könnten.
   Welche Maßnahmen verhindern, dass ein solches Produkt in den Verkehr kommt?
   Welche Lücken gibt es unter Umständen in Ihrem Betrieb? Sprechen Sie darüber mit dem Betriebsleiter und diskutieren Sie Ihre Ergebnisse in der Klasse.
2. Planen Sie eine Aktionswoche Ihrer Wahl mit entsprechenden Sonderangeboten.
   Fragen Sie Ihren Betriebsleiter, ob es möglich wäre, diese im Betrieb durchzuführen.

? Aufgaben zur Wiederholung

1. Nennen Sie die drei Bereiche der Hygiene, die auch beim Imbissverkauf beachtet werden müssen.
2. Wie können selbst unbedenkliche Produkte mit Bakterien infiziert werden? Nennen Sie mindestens drei Beispiele.
3. Erläutern Sie den Stellenwert der Mitarbeiterschulung in Hinblick auf die Hygiene.
4. Benennen Sie die Aufgaben eines Fremdprüfers in einem Betrieb. Welche Fehler könnte ein Fremdprüfer aufdecken? Nennen Sie fünf Beispiele.
5. Erläutern Sie drei Werbemaßnahmen für den Imbissverkauf.
6. Was verbirgt sich hinter dem Begriff „Öffentlichkeitsarbeit“. Welchen Stellenwert hat sie?

% Ausgewählte Fachrechenaufgaben

1. Für ein Kinderfest mit 60 Kindern sollen Sie an Ihrem Imbissstand auch Getränke (Apfelsaftschorle und Traubensaftschorle, je 50 % Saft und 50 % Mineralwasser) bereithalten.
   Jedes Kind trinkt ca. drei Gläser Schorle à 200 ml. Wie viel Liter Saft und Mineralwasser brauchen Sie?
2. Sie benötigen Schweinebraten für 10 Personen. Schreiben Sie eine Warenanforderung.
   Zutaten für 4 Personen: 1 kg Schweinefleisch, 15 g Salz, 2 g Pfeffer, 1 g gemahlener Kümmel, 1 g Curry, 3 g Knoblauchpaste, 150 g Zwiebeln, 50 ml Ketchup
3. Ein Teelöffel (TL) fasst 5 ml. Wie viel TL werden für 1/8 l benötigt?

47 Verzehrfertige Produkte herstellen

FLEISCHEREI nusse

Tim ist heute im Ladenverkauf. Gegen Mittag betritt Herr Rübner, ein sehr unentschlossener Stammkunde, den Laden. Tim kennt ihn schon, denn er kommt regelmäßig in der Mittagspause vorbei und fragt hungrig nach verzehrfertigen Produkten: „Was haben Sie denn heute für mich und meinen hungrigen Magen, junger Mann?“ Tim erklärt ihm, welche Erzeugnisse er ihm anbieten kann. Herr Rübner ist aber nicht ganz zufrieden und fragt: „„Gibt es nicht noch mehr Rezepturen für verzehrfertige Produkte? Ich komme jeden Tag der ganzen Woche immer zur Mittagszeit bei Ihnen vorbei und ich habe nun das ganze Programm schon durchprobiert.“

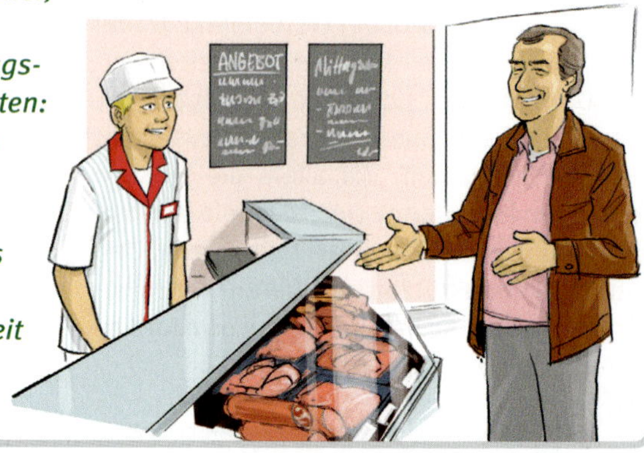

47.1 Schnitzel, Kotelett, Bratwurst, Hackfleischprodukte & Co.

47.1.1 Schnitzel

▶ Schneiden Sie zwei Schnitzel 1 cm dick und panieren Sie beide. Braten und garen Sie nun je ein Schnitzel
- in 50 g eben zerlaufenem Schmalz
- in 50 g sehr heißem Schmalz

Wiegen Sie beide Schnitzel, vergleichen Sie die Restfettmenge und begründen das Ergebnis.

Schnitzel

Schnitzel sind dünne Fleischscheiben von Schlachttieren. Geschnitten werden sie von der Oberschale, Nuss, Hüfte und eventuell von der Unterschale mit Rolle. Wenn sie mit dem Mürbeschneider behandelt werden, fallen sie unter die Bestimmungen für Hackfleisch.

Vorbereitung
Meistens werden Schnitzel mit Salz, Pfeffer und Paprika gewürzt und mit Mehl, Ei und Paniermehl paniert. Aber auch andere Umhüllungen oder Zusätze sind möglich.

Zubereitung
Zum Ausbacken wird reichlich Fett benötigt. Zu empfehlen sind Butterschmalz oder Schmalz, da sie auf 160 bis 180 °C erhitzt werden können. Diese Temperatur ermöglicht eine schnelle Krustenbildung und eine gleichmäßige Bräunung.
Butter oder Margarine können nur bis max. 150 °C erhitzt werden. Sie sind nur zum Garen kleinerer Stückzahlen verwendbar, wobei das Fett für jede Fleischportion erneuert werden muss. Geschmacklich betrachtet ist das Ausbacken in Butter oder Margarine jedoch insbesondere für Kalbfleisch besser geeignet.

Nach erfolgter Bräunung die Schnitzel wenden. Dickere Fleischscheiben noch langsam etwas nachgaren. Falls Butter zum Ausbacken verwendet wurde und sie noch hell ist, kann sie zum Teil mitserviert werden.
Schnitzel können auch kalt, z. B. als Schnitzelbrötchen, verkauft werden. Frisch zubereitet schmecken sie am besten. Aus Zeitmangel können fertiggestellte Schnitzel evtl. vorsichtig in der Mikrowelle erwärmt werden.

47.1.2 Kotelett

Man unterscheidet Filetkotelett und Rippenkotelett vom Schwein. Meist wird aus dem Filetkotelett der Lachsschinken bereitgestellt, sodass nur noch eine dünne Fleischscheibe mit Knochen vom Rippenkotelett zur Herstellung von verzehrfertigen Produkten genutzt wird. Die Vor- und Zubereitung entspricht der des Schnitzels (▸S. 164 f.).

47.1.3 Fleischkäse und Leberkäse

Fleischkäse und Leberkäse gehören zur Kategorie der fein zerkleinerten Brühwürste. Beide enthalten grob entsehntes Rind- und Schweinefleisch plus Speck. Der Leberkäse enthält zusätzlich noch mindestens ca. 5 % Leber. Nach dem Wolfen werden die Zutaten gekuttert und gewürzt. Fleischkäse enthält zudem des Öfteren gebratene Zwiebeln. Das Brät wird umgerötet, in Formen gefüllt, gebrüht oder gebacken. In Bayern ist keine Leber für den Leberkäse notwendig, außerhalb Bayerns muss er als „Leberkäse nach bayrischer Art“ bezeichnet werden oder als „Fleischkäse“. Der BEFFE-Anteil muss mindestens 7,5 % betragen. Wird der Leberkäse bzw. Fleischkäse roh in den Verkehr gebracht, so ist er ein Brühwursthalbfabrikat und unterliegt den Bestimmungen für Hackfleisch (►S. 129 ff.). Da beide Produkte umgerötet sind, sollten sie nicht über 160 °C erhitzt werden, da sonst das krebserregende Nitrosamin entsteht. Kunden sollten bei Nachfrage darauf hingewiesen werden, dass Leberkäse bzw. Fleischkäse nur bei milder Hitze aufgebraten werden sollten. Im Übrigen erhält der Fleischkäse eine schönere hellbraune Kruste, die nicht so stark ausgeprägt ist, wenn die Backtemperatur bei 120 °C liegt. Ebenso sind die Garverluste wesentlich geringer. Beide Produkte können warm verzehrt werden oder kalt z. B. auf Brot oder Brötchen gereicht werden.

Rezeptbeispiel: Leberkäse

Zutaten für eine Form:
400 g mageres Rindfleisch
400 g mageres Schweinefleisch
50 g Leber
Salz, Pfeffer
¼ l lauwarmes Wasser
200 g grüner Speck ohne Schwarte
1 Zwiebel
Majoran
Butter für die Form

Herstellungsablauf

- Fleisch in grobe Stücke schneiden und in den Kutter geben, unter Beigabe von Salz, Pfeffer und lauwarmem Wasser glatt kuttern.
- Grünen Speck (unbearbeiteter Speck) grob gewolft unter das Fleischbrät geben.
- Fein gehackte Zwiebeln und Majoran ebenfalls unter das Brät mischen.
- Masse zum Backen in eine gebutterte Kastenform geben, die Oberfläche glatt streichen und rautenförmig einritzen.
- Auf mittlerer Schiene ca. 1,5 Stunden backen bei 100 °C (Umluft) bis zur Kerntemperatur von 68 °C.

47.1.4 Bratwurst

Alle Brühwurstsorten, die im gebratenen Zustand verzehrt werden, sind prinzipiell Bratwürste. Je nach Geschmack sind sie grob oder fein zerkleinert. Sie können roh oder gebrüht in Verkehr gebracht werden. In rohem Zustand fallen sie unter die rechtlichen Bestimmungen für Hackfleisch und sollten am Tag der Herstellung, spätestens am folgenden Tag, verkauft werden. Bratwürste sollten ohne Nitritpökelsalz hergestellt werden, da es bei dem Bratvorgang zu einer Erhitzung von über 200 °C kommt und hierbei sonst das krebserregende Nitrosamin entstehen würde. Das Kaliber der Bratwürste soll unter 32 mm liegen. Beispiele für Bratwürste sind: Nürnberger, Kulmbacher, Thüringer, Rheinische, Kalbs- und Schweinsbratwurst.

Bratwurst

Im Sommer werden Bratwürste am häufigsten zum Grillen verkauft. Sie können auch in der Pfanne zubereitet im Geschäft verkauft werden. Oft findet der Verkauf von Bratwürsten an Imbissständen statt, bei Festen, Kirmes, Weihnachtsmärkten u. a. Veranstaltungen.

47.1.5 Hackfleischprodukte

Es heißt, „Hackfleisch ist das Fleisch der unbegrenzten Möglichkeiten“. Dies liegt daran, dass Hackfleischprodukte nicht nur mit den unterschiedlichsten Gewürzen und anderen Zutaten verarbeitet werden können, sondern auch mit den unterschiedlichen Garmethoden wie Braten, Grillen, Kochen, Garziehen, Schmoren oder Dünsten. Da Hackfleisch meist günstiger ist als Fleischstücke und je nach Geschmack zubereitet werden kann, ist es so beliebt, dass es in fast jedem Land bestimmte Hackfleischspezialitäten gibt. Den höchsten Bekanntheitsgrad erlangen dabei die Gerichte, die sich auch kalt, möglichst aus der Hand (sozusagen als Fingerfood) verspeisen lassen, da diese Speisen oft in Kneipen und Brauhäusern zu den Getränken ohne großen Aufwand verzehrt werden können.

47.1.6 Frikadellen

Die Frikadellen (▸ S. 145) sind wohl die bekanntesten Hackfleischprodukte. Sie werden auch als Fleischklopse, Fleischpflanzerl oder Buletten bezeichnet. Zu mindestens 70 % müssen Frikadellen aus Hackfleisch bestehen – dieses wiederum zur Hälfte aus Schweinefleisch und zur anderen Hälfte aus Rindfleisch. Schaf- oder Kalbfleisch ist laut Leitsätzen für Fleisch und Fleischerzeugnisse nicht vorgesehen. Die restlichen 25 % bestehen aus Lockerungsmitteln, dies sind meist eingeweichte und ausgedrückte Brötchen. In den Lockerungsmitteln sind pro kg Masse bis zu 4 Eier erlaubt. Der BEFFE-Anteil (▸ S. 628) der rohen Frikadelle muss im rohen Fleischanteil mindestens 11,5 % betragen. Frikadellen werden gebraten und können anschließend warm oder kalt verzehrt werden. Kalt können sie mit einem Brötchen und Senf verkauft werden. Warm werden sie meist mit deftigem Gemüse (Wirsing, Möhren, Kohlrabi ...) angeboten.

Frikadellen

Rezeptbeispiel: Frikadellen

Zutaten für 10 Stück:
700 g Rindfleisch
(oder 350 g Rind- und 350 g Schweinefleisch)
75 g Zwiebeln (ca. 2 Stück)
1 trockenes Brötchen
1 Ei
15 g Salz
3 g Pfeffer
2 g Paprika
etwas Senf, eventuell gehackte Petersilie
Bratfett

Herstellungsablauf
- Brötchen in ½ l lauwarmem Wasser einweichen.
- Hackfleisch, fein gehackte Zwiebeln und das aufgeschlagene Ei in eine Schüssel geben.
- Das Brötchen mit der Hand gut ausdrücken und zum Hack geben (Gewichtszunahme durch das Einweichen rund 275 %). Gehackte Petersilie einstreuen, würzen.
- Alle Zutaten mit sauberer Hand mengen.
- Hände mit Wasser anfeuchten, aus der Masse Frikadellen formen und im Bratfett braten.

Hackbraten

47.1.7 Mettbrötchen

Für Mettbrötchen benötigt man Schweinehackfleisch, welches gut gewürzt mit Paprika, Salz und Pfeffer auf ein Brötchen gestrichen wird. Um es präsentieren zu können, wird es oft mit Zwiebelringen und Gewürzgurken dekoriert, wobei die Zwiebelringe mit Paprikapulver abgestäubt werden können. Mettbrötchen müssen gut gekühlt gelagert werden. Zu lange sollte ein Brötchen nicht kühl gelagert werden, da es seine Knackigkeit (Rösche) verliert und leicht zäh wird, deshalb sollten sie möglichst frisch zubereitet werden. Auf Veranstaltungen sollte man davon absehen, Mettbrötchen anzubieten, wenn keine ausreichende Möglichkeit der Kühlung besteht.

47.1.8 Hackbraten

Ein Hackbraten kann auch als „Falscher Hase“ bezeichnet werden. Was früher ein Arme-Leute-Essen war, hat heute ein höheres Ansehen erlangt. Hackbraten wird aus Rind- und/oder Schweinehackfleisch hergestellt. Wie bei den Frikadellen werden als Lockerungsmittel eingeweichte und ausgedrückte Brötchen zugegeben sowie Eier. Nach Geschmack werden Zwiebeln, Pfeffer, Paprikagewürz, Salz und andere Gewürze zugefügt. Der Hackbraten bleibt saftiger, wenn er noch mit Speckstreifen gespickt wird. Er wird in Kastenformen gefüllt und abgebacken. Der Kohlenhydratanteil (aufgeweichte Brötchen) kann hier geringer sein als bei den Frikadellen, da die Kastenform dem Hackbraten die Form und den Halt gibt und er nicht so leicht auseinanderfallen kann wie die Frikadellen. Wird er roh an Kun-

Rezeptbeispiel: Hackbraten oder „Falscher Hase“

Zutaten:
700 g Gemischtes Hack
ca. 15 g Salz und
4 g weißer Pfeffer
etwas Muskat und Majoran
100 g helle Brötchen
60 ml Fleischbrühe
60 g Zwiebeln
6 hart gekochte Eier

den abgegeben, so unterliegt er den Bestimmungen für Hackfleisch. In gebackenem Zustand kann er scheibenweise mit Brot oder anderen Beilagen verkauft werden.

Herstellungsablauf
- Brötchen in der heißen Fleischbrühe einweichen.
- Hackfleisch mit Salz und anderen Gewürzen mischen, die fein gehackten Zwiebeln und die Brötchen untermischen.
- Kastenform buttern und zur Hälfte mit der Hackfleischmasse füllen.
- Hart gekochte Eier (Stangenei) in einer Reihe in die Hackfleischmasse drücken, mit der Restmasse auffüllen und glatt streichen.
- Bei 180 °C (Ober- und Unterhitze) ca. 1 h backen, bis die Kt. mind. 70 °C beträgt.

47.1.9 Hacksteak

Das Hacksteak (▸ S. 143) enthält wesentlich hochwertigeres Fleisch als die Frikadelle. Es wird aus 80 % sehnenarmem Rindfleisch, grob entsehntem Rindfleisch und grob entfettetem Schweinefleisch hergestellt und enthält maximal 20 % Bindemittel. Gewürzt wird es manchmal mit Zwiebeln, ansonsten nur mit Pfeffer und Salz, evtl. mit Paprikagewürz. Der BEFFE-Gehalt liegt beim Hacksteak bei mind. 12 % der Rohmasse. Hacksteaks können auch im Brötchen warm oder kalt verzehrt werden.

Rezeptbeispiel: Hacksteak

Zutaten für 10 Stück:
800 g Gemischtes Hack
ca. 15 g Salz
frischer weißer Pfeffer
etwas Muskat
100 g Brötchen
60 ml Fleischbrühe
25 g Zwiebeln

Herstellungsablauf
- Brötchen in der heißen Fleischbrühe einweichen.
- Hackfleisch mit Salz und Gewürzen gut bindig mengen.
- Brötchen und Zwiebeln dazugeben.
- Hacksteaks formen und braten.

47.1.10 Königsberger Klopse

Geformte Hacksteaks

In sehr alten Rezeptbüchern steht zu lesen, dass Königsberger Klopse früher mit einem durch den Fleischwolf gedrehten Salzhering gewürzt werden sollten. Um einen pikanten Fischgeschmack zu erzeugen, können aber auch klein gehackte Sardellenfilets zugegeben werden (dies erspart die Reinigung des Fleischwolfs). Die Königsberger Klopse können zur Hälfte aus Rinderhackfleisch und zur anderen Hälfte aus Kalbshackfleisch bestehen. Sie werden gewürzt mit Salz, Pfeffer und Zwiebeln und enthalten pro 500 g Fleisch ca. zwei eingeweichte, ausgedrückte Brötchen und ein Ei.

Königsberger Klopse werden nach dem Rundwirken in kochende, mit Lorbeerblatt und Pfefferkörnern gewürzte Fleischbrühe eingelegt, worin sie bei schwacher Hitze gar ziehen. Anschließend wird die Fleischbrühe mit einer Mehlschwitze angedickt, sodass die Königsberger Klopse in einer weißen Soße serviert werden können. Dazu werden meist Petersilienkartoffeln oder Reis mit Kopfsalat und Roter Bete gereicht.

Rezeptbeispiel: Königsberger Klopse

Zutaten für 12–15 Stück:	**Für die Soße:**
700 g Gemischtes Hack	50 g Butter
15 g Salz	50 g Mehl
etwas weißer Pfeffer	1 l Fleischbrühe
etwas Muskat	50 g Kapern und
100 g Brötchen	evtl. 10 g Sardellen
80 ml Wasser	
100 g Zwiebeln	

Herstellungsablauf
- Brötchen in Brühe einweichen.
- Hackfleisch mit Salz und Gewürzen gut mischen.
- Brötchen untermischen.
- Zwiebeln dazugeben.
- Tischtennisballgroße Klöße formen.
- Mehl in der Butter anschwitzen (anbräunen) und vorsichtig mit 1 l Fleischbrühe glatt rühren.
- Sardellen und fein gehackte Kapern in die Soße geben und in der Soße die Klößchen gar ziehen lassen.

Königsberger Klopse

Spaghetti Bolognese

Lasagne

47.1.11 Tatar

Tatar, Schabefleisch und Beefsteakhack bestehen stets aus sehnen- und fettgewebsarmem Rindfleisch ohne jeden Zusatz. Zubereitetes Schabefleisch, auch Tatar, darf außer würzenden Zutaten nur Eigelb enthalten. Der Mindest-BEFFE-Gehalt liegt bei 18 %. In Restaurants wird Beefsteak-Tatar am Tisch des Gastes frisch zubereitet, sodass der Gast über die Menge der Gewürze mitentscheiden kann. Neben Salz, Pfeffer und Paprikagewürz können bei Beefsteak-Tatar noch Kapern, Sardellen, Zwiebeln und Paprikastückchen untergemischt werden. Beefsteak-Tatar wird immer roh verzehrt – mit oder ohne Brot.

47.1.12 Gefüllte Paprika oder Zwiebeln

Diese werden mit gewürztem Hackfleisch fertig zubereitet und in der Heißen Theke der Fleischerei angeboten oder zum Fertiggaren für zu Hause verkauft. Roh unterliegen diese Produkte den rechtlichen Bestimmungen für Hackfleisch (▸ S. 194 ff.).

47.1.13 Ausländische Hackfleischspezialitäten

Auch in anderen Ländern ist Hackfleisch sehr beliebt, wobei die einzelnen Rezepte differieren können, weswegen von einer detaillierten Rezeptbeschreibung abgesehen wird.

In **Griechenland** kennt man die deutsche Frikadelle z. B. mit Schafskäse gefüllt oder die sogenannten griechischen **Kjeftedes.** Dies sind knusprige Hackfleischwürstchen, die auch aus Hammelhackfleisch zubereitet werden können. Der Fleischteig wird hier neben den gewöhnlichen Gewürzen, mit getrockneter Minze, Olivenöl und 0,01 l Ouzo auf 500 g Fleisch gewürzt. Dazu werden handtellergroße Pfannkuchen mit viel Zwiebeln gereicht.

Köttbullars sind kleine Hackfleischklößchen, die nach **schwedischem** Rezept hergestellt und in einem Fleischsud gegart werden. Besonders beliebt sind sie bei Kindern, da sie mild im Geschmack sind und so klein, dass sie problemlos in den Kindermund passen. Sie werden entweder in einer dicken Tomatensoße oder mit gebratenem Speck serviert.

In **Italien** kennt man **„Frikadellen“,** die mit reichlich frischen Kräutern, Kapern und/oder Oliven zubereitet werden. **Spaghetti Bolognese** ist ebenfalls ein typisch italienisches Gericht, welches auch bei uns bekannt ist. Ebenso ist die italienische **Lasagne** von deutschen Tischen nicht mehr wegzudenken. Hierbei spielt die Schichtung in der Auflaufform eine besondere Rolle. Zwischen grünen oder weißen Lasagnenudelplatten wird die Hackfleisch-Tomatensoße abwechselnd mit einer Béchamelsoße eingefüllt, sodass später auf dem Teller ein hübscher Farbkontrast entsteht.

In **asiatischen Ländern** wird ein **Hacksteak** oft mit Ingwer und/oder Curry gewürzt, während in **Jugoslawien** die Hacksteaks sehr scharf gewürzt auf den Holzkohlegrill gelegt werden. Bei uns sind die jugoslawischen **Cevapcici** recht bekannt, die auch auf dem Holzkohlegrill als scharfe Hackfleischröllchen gegart werden. Dazu wird gerne Reis und gegrilltes Gemüse gereicht.

Mexikanisches Hackfleisch wird meistens mit Zwiebeln, Knoblauch, Äpfeln, Zitronensaft, Peperonischoten, Tomaten, Rosinen, gefüllten Oliven, Zimt und Pinienkernen hergestellt.

47.2 Belegte Brötchen, Kanapees, Sandwiches & Co.

47.2.1 Belegte Brötchen

Brötchen können mit den unterschiedlichsten Aufschnitt- und Käsesorten belegt werden. Hier kommt es darauf an, einen passenden schmackhaften, nicht allzu fetthaltigen Aufstrich unter dem Belag zu wählen. Es bieten sich gewürzte, fettreduzierte Mayonnaisen an, die sich leicht verstreichen lassen und gleichzeitig mehr Geschmack auf das Brötchen bringen. Da das Auge bekanntlich mitisst, ist die Art der dekorativen Belegung (Scheiben, Röckchen) sehr wichtig – dazu kommt noch die entsprechend passende Garnitur.

Belegte Brötchen

47.2.2 Kanapees

Kanapees (Canapés) werden auch als Cocktailbissen oder Cocktailhappen bezeichnet, da sie auf größeren Empfängen gerne mit den Getränken, speziell den Cocktails, gereicht werden. Cocktail kommt aus dem Englischen und bedeutet Hahnenschwanz, der ja bekanntlich sehr bunt ist. Deshalb ist es auch möglich, dass sich die Bezeichnung „Cocktailbissen oder -happen" nicht nur auf das Getränk, zu dem es gereicht wird, bezieht, sondern durch die bunte Dekoration selber mit einem bunten Hahnenschwanz verglichen werden kann.

Bei den Kanapees handelt es sich um sehr kleine (mundgerecht), verschieden, meist herzhaft belegte und sehr dekorativ angerichtete Appetithäppchen. Herzhaft belegt werden sie, damit sie den Mund stimulieren, der Speichel zusammenläuft und somit eine appetitanregende Wirkung erzielt wird. Ebenso werden die Augen durch die bunte Vielfalt der Dekoration angeregt.
Bei sehr großen Empfängen eignen sich Kanapees, da sie klein und mundgerecht sind und hierdurch weder Servietten noch Besteck oder Teller benötigt werden. Deshalb ist bei dem Belegen darauf zu achten, die Dekoration nicht zu hoch zu gestalten, damit der Gast den mundgerechten Happen problemlos in den Mund schieben kann.

Oft wird Weißbrot als Unterlage gewählt, welches aus Toastscheiben rund oder oval ausgestochen werden kann. Es besteht auch die Möglichkeit, Rauten, Drei- oder Vierecke zu schneiden. Je nach Auflage bleibt das Weißbrot ungetoastet oder wird unter dem Salamander geröstet. Neben Weißbrot können ebenfalls andere Brotsorten verwendet werden. Wichtig ist immer, dass das Brot in eine bestimmte Form geschnitten wird und die Krusten vorher entfernt werden. Je nach Auflage und Dekoration können auf die Kanapees Butter, Buttermischungen oder Mayonnaisen gegeben werden. Um größere Mengen zu erstellen, wird das Brot oft in Scheiben geschnitten, dann belegt und erst anschließend ausgestochen oder geschnitten. Davon ist allerdings abzuraten, da der Belag sehr darunter leiden kann (roher Schinken z. B. franst schnell aus beim Schneiden und wird besser einzeln verteilt).

Kanapees

47.2.3 Sandwiches & Co.

Sandwiches sind belegte Brote, bei denen die belegten Brotscheiben direkt übereinanderliegen.
Das geschnittene Brot (z. B. Kastenweißbrot) wird mit Butter oder Remoulade bestrichen und kann dann nach Belieben belegt werden. Zum Belegen können kaltes (Geflügel-) Fleisch, Salat, Käse, Schinken, Eier usw. verwendet werden. Zur Frischhaltung und der Optik wegen, wird häufig ein Salatblatt zusätzlich zwischen die Scheiben gelegt.
Manchmal wird ein Sandwich auch „doppelt" mit vier Scheiben, dann aber sehr dünn belegt, angeboten. Es sollte jedoch immer gut abzubeißen sein.

Wichtig ist, dass das Sandwich im Unterschied zum belegten Brot, immer als „Klappbrot" hergestellt wird. Aus diesem Grund werden Sandwiches gerne im „Vorbeilaufen" mitgenommen und gegessen.

Sandwiches

11

Erfunden wurden sie wohl von einer Haushälterin eines gewissen Lord Sandwich in England. Dieser liebte Kartenspielen über alles und vergaß darüber auch das Essen. So wurden für ihn Klappbrote hergestellt, die er während des Spiels essen konnte ohne sich dabei die Finger zu beschmutzen. Er musste noch nicht einmal genauer hinsehen, da diese Brote bedeckt sind und man nicht in den Belag greifen kann.

Das sogenannte Club-Sandwich kann kalt und warm gegessen werden.

Rezeptbeispiel:
Sandwich mit geräuchertem Truthahn

Zutaten für 40 Sandwiches:
40 Scheiben Weißbrot (evtl. mit Sonnenblumenkernen)
ca. 150 g weiche Butter
1 Glas Aprikosenkonfitüre
ca. 40 Scheiben Truthahnschinken
20 Scheiben Emmentaler Käse
20 Salatblätter (evtl. Rucola-Salat oder Lollo rosso)
ca. 400 g Paprikaringe und
200 g rote Zwiebelringe

Herstellungsablauf

- Weißbrot erst mit Butter und dann mit der Aprikosenkonfitüre bestreichen.
- 20 Brotscheiben mit jeweils 2 Scheiben Truthahnschinken, 1 Scheibe Käse, 1 Salatblatt, Paprika- und Zwiebelringen belegen.
- Jeweils die zweite gebutterte Scheibe Brot auflegen und diagonal durchschneiden.

11

Rezeptbeispiel:
Gorgonzola-Spinat-Sandwich für den besonderen Geschmack

Zutaten für 40 Sandwiches:
40 Scheiben Vollkorntoast oder englisches Früchtebrot
ca. 150 g weiche Butter
40 TL Waldorfsalat
800 g Gorgonzola und
40 junge Spinatblätter

Herstellungsablauf:

- Toastbrotscheiben mit Butter bestreichen und 20 Scheiben davon mit Gorgonzola belegen.
- Auf dem Gorgonzola je 2 TL Waldorfsalat verteilen, mit 2 Spinatblättern belegen.
- Die weitere gebutterte Brotscheibe auflegen und diagonal durchschneiden.

Rezeptbeispiel: Entenbrust-Sandwich (das „Edel-Sandwich")

Zutaten für 40 Sandwiches:
40 Scheiben Weißbrot mit Peperoni
ca. 150 g Butter
20 Salatblätter
800 g gebratene Entenbrust (in Streifen geschnitten und in 75 ml Sojasoße mariniert)
200 g rote Zwiebelringe
200 g rote Paprikaringe
40 Scheiben Salatgurke

Herstellungsablauf

- Weißbrotscheiben buttern und 20 Scheiben mit Salat belegen.
- Darauf die Entenbruststreifen, Zwiebel- und Paprikaringe sowie die Salatgurke auflegen.
- Mit der zweiten Brotscheibe bedecken und diagonal durchschneiden.

Deftige Schmalzbrote

Vollkorn- oder Roggenbrote werden mit Schweineschmalz bestrichen und mit Zwiebelringen garniert. Alternativ dazu kann auch Griebenschmalz verwendet werden. In diesem Fall passt Weizenmischbrot sehr gut dazu. Schmalzbrote lassen sich ideal auf rustikalen Holzbrettern anrichten.

Schichtpumpernickel

Schichtpumpernickel

Dieses dunkle, etwas süßlich schmeckende Vollkornbrot eignet sich hervorragend, um es mit Käse zu belegen und dann in verschiedene Formen zu schneiden.
Es sollten immer mindestens drei bis vier Scheiben Pumpernickel mit schaumig geschlagener Butter bestrichen und danach mit Gouda-Scheiben oder Schmelzkäse belegt

werden. Dann werden die belegten Pumpernickel übereinander geschichtet und mit einem vollen Wassertopf beschwert. Nach einigen Stunden können daraus die verschiedensten Formen geschnitten werden.
Es kann auch Frischkäse zur Füllung verwendet werden (hier sind mehrere Farbkombinationen möglich z. B. erste Schicht mit Paprikakäse und zweite Schicht mit Kräuterkäse).

Gefüllte Käsekräcker

Diese kleine Leckerei ist wiederentdeckt worden. In den 70er Jahren waren die gefüllten Käsekräcker der Renner auf jeder Party. Danach gerieten sie in Vergessenheit, heute sind sie wieder „in".
Für die Käsekräcker (im Handel erhältlich) wird eine Mischung aus Quark und etwas Sahne hergestellt und mit Paprika, Salz und Pfeffer gewürzt. Mithilfe eines Spritzbeutels wird die Mischung auf die Kräcker gegeben und jeweils ein weiterer Kräcker, wie ein Sandwich, oben drauf gelegt.
Statt Quark kann alternativ für die Füllung auch Frischkäse mit Sahne gemischt werden. Die Quarkvariante ist aber kalorienärmer. Je nach Wahl können die Kräcker süß oder sauer garniert werden.

47.3 Fingerfood

Wie der Name schon sagt, umfasst Fingerfood alle Speisen, die so zubereitet werden, dass sie mit den Fingern, also ohne Besteck, gegessen werden können. Die Darbietungsform umfasst Röllchen, Päckchen, kleine Böden, Schälchen, auf Spießen und Stäbchen. Auch Knabbereien und Lebensmittel zum Dippen gehören dazu. Streng genommen sind Fastfood-Artikel ebenfalls Fingerfood.

Wenn ein Restaurant Fingerfood anbietet oder ein Partyservice ein Büfett für einen Stehempfang ausrichtet, handelt es sich hier nicht um „schnelles Essen", sondern um eine besondere Auswahl von Speisen der verschiedensten Geschmacksrichtungen – meist sehr exotisch und mit einem hohen Gesundheitswert und Genusswert – was bei Fastfood-Produkten seltener der Fall ist.

Fingerfood Vorspeisenplatten

Fingerfood kann als kleiner Imbiss oder als großes Büfett angerichtet werden. Es eignet sich für viele Gäste, die auf wenig Raum zusammenkommen und der Problematik von ausreichend sauberem Geschirr entgehen wollen, z. B. Feierlichkeiten oder Picknick im Freien.
Fingerfood ist aufgrund seiner exquisiten Zutaten (z. B. Garnelen, Papaya, Krupuk, Pitahaya, Tortillas, Trüffel, Lachs ...) gesellschaftsfähig. Durch die unterschiedliche Geschmacksbreite von salzig, scharf, sauer und würzig bis süß und die entsprechend bunte Farbzusammenstellung kann die ganze Bandbreite eines Büfetts abgedeckt werden. Die angebotene Menge hängt vom Anlass ab. Es sollten aber für eine Hauptmahlzeit ca. 14 Stücke pro Person gerechnet werden mit 8 bis 10 verschiedenen Rezepten.
Eine sehr einfache Variante des Fingerfood ist z.B. die Pflaume im Speckmantel. Dieses Rezept stammt aus Spanien, wo diese kleinen Häppchen Tapas genannt werden. Man bekommt sie in Restaurants als Vorspeise mit einem Glas trockenen Sherry oder in den Bars, um eine Grundlage für die noch folgenden alkoholischen Getränke zu schaffen.

Rezeptbeispiel: Pflaume im Speckmantel

Zutaten für 40 Stück:
40 Backpflaumen (entkernt, getrocknet)
200 ml roter Portwein
40 geschälte Mandeln
40 Scheiben hauchdünner, durchwachsener Speck
8 EL Olivenöl

Herstellungsablauf
- Die Pflaumen über Nacht in Portwein einweichen.
- Danach die Pflaumen gut abtropfen lassen und mit je einer Mandel füllen.
- Die Speckscheiben um die einzelnen Pflaumen wickeln und mit Zahnstochern oder Holzspießchen feststecken.
- Zum Schluss die Pflaumen so lange in heißem Fett braten, bis der Speck knusprig ist. Dann auf einer Platte mit grünen Kräutern servieren.

11

47.3.1 Wraps

Neben den Klassikern wie Chicken Wings mit verschiedenen Dips, gefüllten Kartoffeln oder Gemüsetatar auf Kartoffelscheiben sind zurzeit die mexikanischen Tortillas gefüllt mit Fleisch und Gemüse sehr beliebt. Tortillas sind meist aus Maismehl, die amerikanischen Wraps aus Weizenmehl hergestellt. Beide sind als Fertigprodukte zu kaufen.

Wraps

Rezeptbeispiel: Wraps oder Tortillas mit Hähnchen- und Gemüsefüllung

Zutaten für 20 Teigrollen:
4 Hähnchenbrustfilets
Gewürze
6 EL Öl
2 kleine Zucchini (gestiftet)
4 Möhren (gestiftet)
4 Paprikaschoten (rote und gelbe) in Streifen geschnitten
5 Tomaten enthäutet, in Streifen geschnitten
20 Teigrollen

Herstellungsablauf
- Die Teigrollen kommen zum Erwärmen in den Backofen bei 250 °C.
- Die Hähnchenbrustfilets waschen, parieren, trocken tupfen und in Streifen schneiden.
- Anschließend werden sie gebraten und mit Salz und Pfeffer gewürzt.
- Ist das Öl nach dem Anbraten des Fleisches noch zu gebrauchen, können darin die Paprika und die Möhren gegart und anschließend gewürzt werden. Zum Schluss werden die Zucchini im Öl gegart.
- Alle Zutaten fein mischen und auf die Teigrollen verteilen. Die Teigrollen werden entweder schräg zu Tüten aufgewickelt oder gerade aufgerollt, damit man sie dann halbieren kann.

Rezeptbeispiel: Tatar vom Glattbutt

Zutaten für 20 Löffel Tatar vom Glattbutt:
600 g Glattbutt
Zitronengras ca. 2 EL
1 rote und 1 grüne Chilischote
1 EL Ingwerwurzel
Gewürze und Zitronensaft

Herstellungsablauf
- Das Glattbuttfilet wird mit einem scharfen Messer gehackt ohne es zu zermatschen.
- Mit den restlichen klein geschnittenen Zutaten wird das Glattbuttfilet gemischt und auf die Löffel verteilt.
- Nach 10 Minuten Wartezeit kann man die Zutaten auf einem Löffel entsprechend garniert präsentieren.

Werden Soßen beim Anrichten von Fingerfood benötigt, empfiehlt sich die Darreichungsform in einem Löffel.

47.3.2 Sushi und Sashimi

Die relativ neuen Errungenschaften aus Japan, die auch zum Fingerfood gezählt werden, sind Sushi und Sashimi. Bei beiden zählt vor allem die absolute Frische, da sie mit rohem Fisch zubereitet werden.
Bei frischem Fisch muss nicht nur aus geschmacklichen Gründen auf extreme Frische geachtet werden, sondern besonders aus hygienischen. Denn Bakterien in rohen Produkten vom Tier vermehren sich sehr schnell.

Ursprünglich kommt Sushi aus Südostasien, aber in Japan haben sich diese Fingerfood-Häppchen am stärksten durchgesetzt. Sushi gibt es in sehr vielen Varianten, das bekannteste ist das Norimaki-Sushi, wobei Reis und Fisch in Seetang – genauer in Noriblätter – gerollt werden.

Rezeptbeispiel: Norimaki-Thunfisch-Sushi

Zutaten für 60 Sushis:
500 g Sushi-Reis
100 ml Reisessig
80 g Zucker
25 g Salz
6 Noriblätter
2 EL Wasabi-Paste
250 g frischer Thunfisch
ca. 90 g eingelegter Rettich
ca. 100 g Salatgurke
eingelegter Ingwer (als Beilage)
eine Bambusmatte (zum Rollen)

Herstellungsablauf

- Um Norimaki-Sushi herzustellen, muss der Reis, nachdem er gründlich gewaschen wurde, gekocht werden. In einem halben Liter Wasser wird der Reis für eine halbe Stunde eingeweicht und dann langsam bis zum Kochen erwärmt. Nach dem Aufkochen bleibt der Reis 15 Minuten zum Quellen stehen.
- Nach weiteren 10 Minuten Abdampfzeit wird er in eine Steingutschüssel umgefüllt und mit der Hälfte der Würzmischung (100 ml Reisessig mit Zucker und Salz aufgekocht) begossen und dann untergemengt (Rest der Flüssigkeit verwerfen).
- Das Noriblatt auf die Bambusmatte legen und den Reis 0,5 cm hoch auf dem Noriblatt verteilen. Rundherum 1 cm Rand lassen.
- In die Mitte eine längliche Vertiefung ziehen und dort die Wasabi-Paste unterbringen.
- In diese Querrille hintereinander zwei rohe Thunfischstreifen legen.
- Das Noriblatt wird nun in der Bambusmatte eingerollt und vorsichtig festgedrückt.
- Der Noriblattrand wird befeuchtet und ebenfalls festgedrückt.
- Auf das zweite Noriblatt kommen in die Querrille die Gurkenstreifen und auf das dritte die Rettichstreifen. Diese werden auf die gleiche Weise gerollt und festgedrückt.
- Wenn alle drei Rollen fertig gestellt sind, werden sie nebeneinander gelegt und gleichzeitig mit einem scharfen Messer in ca. 3 cm breite Stücke geschnitten und mit dem eingelegten Ingwer serviert.

Wer es weniger aufwendig mag, kann die Noriblätter statt sie mit der Bambusmatte zu pressen, auch mit der Hand locker tütenförmig rollen. Zusammen mit einem Salatblatt und verschiedenen frischen Fisch- oder Garnelenstücken auf Reis mit Wasabi-Paste garniert, ist dies immer ein Eyecatcher (Hingucker).

Per Hand gerollt nennt man sie dann Temaki-Sushi und wenn der Reis zuerst auf die Bambusmatte gelegt und das Noriblatt nach innen gerollt wird, spricht man von Uramaki-Sushi. Hierbei empfiehlt es sich, den Reis außen mit Sesam oder Leinsamen zu bestreuen, damit das Sushi ohne aneinander oder an den Fingern zu kleben, verzehrt werden kann.

Sashimi wird meist auf kleinen Salat- oder Algenblättern angerichtet. Bei dieser Variante des Fingerfood ist alles roh, es gibt nicht einmal den gekochten Reis.

Rezeptbeispiel: Lachs-Sashimi

Zutaten für 60 Lachs-Sashimi:
500 g Lachsfilet ohne Haut
50 g eingeweichte Wakame-Algen
100 g Rettich hauchdünn geschält und eingeweicht (er kräuselt sich dann)
15 Limetten Scheiben (für jedes Sashimi ¼ Scheibe)
3 EL Wasabi-Paste und rote Shisoblätter

Herstellungsablauf

- Auf die Wakame-Algen wird die Wasabi-Paste aufgetragen und mit den gekräuselten Rettichstreifen bestreut.
- Den Lachs mit einem scharfen Messer in sehr kleine Würfel schneiden (ca. 1 cm^2) und ca. 3 Würfel auf ein Algenblatt verteilen.
- Die Garnierung mit der geviertelten Limettenscheibe und den roten Shisoblättern vervollständigen.

Sushi und Sashimi schmecken besonders gut, wenn man dazu verschiedene Soßen, z. B. Sojasoße reicht.

Als „Dessert" eines Fingerfood-Buffets bieten sich z. B. Schwarz-Weiß-Gebäck, Wallnuss-Konfekt oder Trüffelpralinen mit Rum an.

47.4 Salate

„Feinkostsalate sind verzehrfertige Erzeugnisse aus Zutaten tierischer und/oder pflanzlicher Herkunft in einer geschmacklich hierauf abgestimmten Soße".
(Leitsätze für Feinkostsalate)

Fleisch- und Wurstsalate sind Klassiker. Inzwischen haben sich aber auch viele andere Salate ihren Platz erobert: Rindfleisch-, Geflügel-, Ochsenmaulsalat, Schinkensalat, italienischer Salat, Schweizer Wurstsalat, Braten-, Eiersalat und viele mehr. Diese im Allgemeinen gemischten Salate müssen durchziehen,

Sushi und Sashimi

11

denn nur dann entfalten sie ihren vollen Geschmack. Immer häufiger werden jedoch nur die Zutaten für die Salate auf Platten oder in Schalen präsentiert und die passenden Dressings separat angeboten. Diese Form des Anrichtens berücksichtigt den Kundenwunsch, sehen zu können, aus welchen Zutaten der Salat besteht, den Eigengeschmack der Zutaten zu kosten und die Art und Menge des Dressings selbst bestimmen zu können.

Überlegen Sie, welche Salate ebenfalls mit separatem Dressing angerichtet werden können.

Im Folgenden wird am Beispiel des Geflügelsalates die Herstellung beider Angebotsvarianten beschrieben.

47.4.1 Geflügelsalat

Rezeptbeispiel: Geflügelsalat, herkömmliche Mischung in einer Schüssel

Zutaten für den Salat:
500 g gegartes Hähnchenfleisch, in kleine Würfel geschnitten
150 g Ananasstücke
150 g Spargelstücke
150 g Champignonscheiben

Zutaten für das Dressing:
200 g geschlagene Sahne
100 g Mayonnaise
50 g Ketchup
50 g Orangensaft
20 g Weinbrand
20 g geriebenen Meerrettich
Salz, Pfeffer, Worcestershiresauce, Chili und Zucker nach Geschmack

Geflügelsalat, herkömmlich

Zuerst alle Zutaten für den Salat mischen, dann die Zutaten für das Dressing. Alles miteinander vermengen und abgedeckt in einer Schüssel durchziehen lassen.

Damit sich die geschmackgebenden Zutaten besser entfalten können, Salate und Dressings gut durchziehen lassen!

Rezeptbeispiel: Geflügelsalat mit extra Dressing

Zutaten für den Salat:
1000 g gebratene Hähnchenbrustfilets, schräg in dünne Scheiben geschnitten
400 g Pfirsichspalten (Konserve oder frische Pfirsiche in etwas Weißwein gegart)
200 g Orangenfilets
Pfirsiche und Orangen gleichmäßig und dekorativ auf dem Fleisch verteilen.

Zutaten für das Dressing:
250 g Mayonnaise
200 g geschlagene Sahne
200 g Joghurt
100 g Orangensaft
30 g Zitronensaft
20 g Weinbrand
100 g Schnittlauchröllchen
Salz, Chili und Zucker nach Geschmack

Alle Zutaten des Dressings vermischen und gut durchziehen lassen.
Den Salat getrennt vom Dressing servieren und anbieten.

Geflügelsalat – das Dressing wird kurz vor dem Verzehr über die Zutaten gegeben

47.4.2 Salate mit Fisch

Salate mit Fisch haben eine längere Vorbereitungszeit als andere Salate und sind deshalb preislich auch höher anzusetzen. Besonders beliebt sind Salate mit Fischfilets, frisch geräuchert, da sie eine besondere Leichtigkeit vermitteln.

Rezeptbeispiel: Salat mit frisch geräuchertem Steinbeißer

Zutaten:
6 frisch geräucherte Steinbeißer-Filets
ca. 500 g gemischte Blattsalate, z. B. Lollo rosso, Lollo bianco, Eichblattsalat (mundgerecht zerpflückt)
40 Cocktail-Tomaten
200 g klein geschnittene Zwiebeln (sehr feine Ringe)
10 hart gekochte Eier
Salz und Pfeffer zum Abschmecken
jeweils 1 EL Petersilie und Schnittlauch
120 ml Aceto balsamico (Essig)
1 EL Zucker
120 ml Olivenöl

Herstellungsablauf

- Den frisch geräucherten Fisch in kleine Stücke teilen. Die Vinaigrette anrühren und mit Aceto balsamico (▸ S. 653), Salz, Pfeffer und Zucker vermengen, bis sich Salz und Zucker gelöst haben. Danach das Öl mit dem Schneebesen unterschlagen.
- Tomaten halbieren.
- Die Blattsalate und Tomatenhälften auf Tellern anrichten, dazwischen die Fischstücke arrangieren. Alles mit Zwiebelringen bestreuen sowie mit der Vinaigrette beträufeln. Zum Schluss ein halbes gekochtes Ei auf jeden Teller an die Seite legen und alles mit Petersilie, Schnittlauch sowie Salz und Pfeffer bestreuen.

47.4.3 Mengenanteile in Salaten

Bei der Herstellung von Salaten müssen die Bestimmungen der Leitsätze für Feinkostsalate zur Zusammensetzung berücksichtigt werden (siehe Tabelle rechts).

Wurstsalat, wenn er mit Essig und Speiseöl hergestellt wird, muss jedoch mindestens 50 % Wurst enthalten, wobei die Wurstarten unterschiedlich sein können.

Für viele **andere Salate** gilt, dass sie zu 40 % aus festen Bestandteilen und mindestens zu 20 % aus ihren namengebenden Bestand-

Fischsalat

teilen bestehen müssen. Werden aber die Worte „Delikatess", „Spitzenqualität" oder „Premium" verwendet, muss der Anteil an diesen wertbestimmenden Bestandteilen höher sein und/oder die Rohstoffauswahl muss sehr sorgfältig sein; und/oder der Salat muss sich geschmacklich von den üblichen Salaten abheben.

Von dieser Regelung ausgenommen sind:

- **Geflügelsalat:** mindestens 25 % Geflügelfleisch; weitere Zutaten können z. B. Eier, Speisepilze, Obst, Gemüse sein.
- **Matjessalat:** mindestens 50 % matjesartig gesalzene Heringsfilets oder Matjesfilets oder Matjesfiletteile nordischer Art. Auf die Verwendung von Matjesfiletteile nordischer Art oder Heringsfiletteile nach Matjesart muss hingewiesen werden.
- **Krabbensalat:** mindestens 40 % Krabbenanteil, Garnelen oder Shrimps (aber: Nordseekrabbensalat enthält nur Nordseekrabben!)

Fleischsalat mit Mayonnaise nach den Leitsätzen

	Fleischsalat	Feiner Fleischsalat
Fleischgrundlage	mindestens 28 %	mindestens 34 %
Gurken und würzende Bestandteile	höchstens 25 %	höchstens 16 %

47.5 Qualitätsanforderungen

Wie schon im ▸ Kapitel 19.5 beschrieben, sollten die Qualitätsanforderungen erfüllt werden. Die größte Gefahr bei Nichterfüllung der Qualitätsanforderungen ist die Gesundheitsgefährdung der Kunden. Auch der Umsatzrückgang ist nicht unbeträchtlich, da sich die Qualität des Imbissverkaufs auch auf das Hauptgeschäft auswirken wird.

Wenn die Qualitätsanforderungen entsprechend eingehalten werden und somit auch die gesetzlichen Vorschriften erfüllt sind (▸ hier auch die Rechtsvorschriften und Definitionen Kapitel 13 und 17), kann eine Gesundheitsgefährdung ausgeschlossen werden. Für die Wirtschaftlichkeit eines Imbissbereiches sind natürlich neben der Qualität noch weitere Faktoren zuständig. Die Qualität ist aber ein sehr wesentlicher Faktor.

Neben den objektiven Prüfmerkmalen der DLG (▸ S. 145, 171) zählt auch der subjektive Eindruck des Verbrauchers. Das heißt, der Fleischer muss ebenfalls den Geschmack des Verbrauchers berücksichtigen, um für seinen Standort „Qualitätsware“ anbieten zu können. Natürlich beinhalten die Leitsätze für die einzelnen Lebensmittel schon den Geschmack des Verbrauchers und trotzdem muss der Fleischer für seinen Kundenkreis ausloten, ob die Kunden zufrieden sind und seine Ware als Qualitätsware bezeichnen. Um dies herauszufinden, gibt es mehrere Möglichkeiten. Wichtig ist immer, mit den Kunden ins Gespräch zu kommen und am besten auch mit den „Noch-nicht-Kunden“, um Gründe zu erfahren, warum diese in der Fleischerei den Imbissverkauf nicht nutzen.

Für die Fleischerei Nusse bietet sich z. B. eine Gelegenheit, im Einkaufszentrum potenzielle Laufkundschaft nach der Einstellung zur Fleischerei Nusse zu befragen. Hierzu kann ein Fragebogen dienen mit einem kleinen Anreiz, diesen entsprechend auszufüllen. Für einen ausgefüllten Fragebogen kann eine Probe einer Wurst z. B. kostenfrei abgegeben werden. Dies erhöht automatisch den Bekanntheitsgrad der Fleischerei und eröffnet Möglichkeiten, ein eventuell verloren gegangenes Image zu erkennen und dagegen zu steuern. Würde bei einer solchen Befragung heraus kommen, dass die Mehrzahl der potenziellen Kunden nicht von der Qualität überzeugt ist, müssten Schritt für Schritt Konsequenzen gezogen werden. Zuerst müssten alle rechtlichen Qualitätsanforderungen überprüft werden und dann Verkostungen stattfinden, um die Produkte dem Geschmack der Kunden anzugleichen. Hierbei können neben anderen Fleischern die Kunden mit einbezogen werden.

Um Qualität zu wahren, sollen besonders die Beschwerden ernst genommen werden. Nur wer entsprechend auf einen verärgerten Kunden eingeht, kann diesen durch Entschädigung, Verständnis und Fehlerkorrektur als Kunden behalten.

Nachhaltigkeit im Imbissverkauf

Verkürzt man die Zeit des Garvorgangs, verringert sich der Energieverbrauch.

Beispiel asiatische Küche:
Alle Zutaten sind für die Zubereitung in kleinstückiger Größe vorbereitet worden, wodurch die Wärmeenergie bei der Zubereitung wirtschaftlich auf das Gargut einwirken kann.
Die Gerichte sind meist in wenigen Minuten verzehrfertig.
In der traditionellen Küche sind zusammenhängende Gerichte kaum unter 30 Minuten zuzubereiten.

Nachhaltigkeit durch Verzicht auf ...	Stattdessen ...
Portionstütchen für Ketchup, Senf, Mayonnaise	große Plastikflaschen als Spender aufstellen
Einweggeschirr	Snacks auf Porzellan- und Glasbehältnissen ausgeben
Teller bei kleinen Snacks	oft reicht eine Serviette
bunte Servietten	weiße, unbedruckte Servietten verwenden
unnötiges Verpackungsmaterial beim Außer-Haus-Verzehr	Naturmaterialien, z. B. Suppe im Brot

11

& Komplexe Aufgaben

1. Suchen Sie aus verschiedenen Rezeptbüchern ähnliche Rezepte zu den Hackfleischerzeugnissen ab ▸ S. 437 und vergleichen Sie diese miteinander. Was stellen Sie fest?
2. Probieren Sie verschiedene landestypische Hackfleischrezepte aus und schreiben Sie mithilfe des Computers ein eigenes Rezeptbuch über internationale Hackfleischrezepte.
3. Erarbeiten Sie in der Klasse einen Fragebogen zum Thema Kundenzufriedenheit, in dem Sie Fragen festhalten, die Sie den Kunden in Ihrem Ausbildungsbetrieb stellen möchten (z. B. Welche Erzeugnisse kaufen Sie bei uns besonders gern? Fühlen Sie sich durch das Verkaufspersonal gut beraten?).
   Legen Sie den Fragebogen im Laden (vor allem im Imbissbereich) aus.
   Werten Sie die Antworten später mithilfe des Computers aus und präsentieren Sie Ihre Ergebnisse der Klasse.

? Aufgaben zur Wiederholung

1. Welche Gefahren können bei Nichteinhaltung der Qualitätsanforderungen für verzehrfertige Erzeugnisse entstehen?
2. Wie gehen Sie mit einer Reklamation um?
3. Beschreiben Sie den Begriff „Kulanz“.
4. Warum ist es so wichtig, dass Kunden Beschwerden aller Art vortragen?
5. Wie wird in Ihrem Betrieb Leberkäse hergestellt?
6. Wie wird in Ihrem Betrieb die Einhaltung der Rezepturen sichergestellt?
7. Warum fallen Bratwurst und ein gesteaktes Schnitzel rechtlich unter die Bestimmungen für Hackfleisch?
8. Erläutern Sie den Unterschied zwischen Grund- und Leistungsumsatz.

% Ausgewählte Fachrechenaufgaben

1. Wie viel kJ hat 1 g Fett?
2. Berechnen Sie den Energiegehalt von
   a) 250 g Eiweiß
   b) 95 g Kohlenhydraten
   c) 30 g Fett
   d) 75 g Alkohol.
3. Wie hoch ist der Energieverbrauch, wenn Sie 70 Minuten wandern? Wie viel und von welchen Lebensmitteln könnten Sie dafür essen?
4. Berechnen Sie den Energiegehalt eines Frühstücks mit 1 Scheibe Vollkornbrot, 1 Scheibe Weißbrot, 25 g Butter, 30 g Marmelade und 2 Eiern.
5. Wie hoch ist Ihr persönlicher Nährstoffbedarf pro Tag?
6. Berechnen Sie den Energiegehalt des Imbissgerichtes aus Gemüsepastete, Joghurtkräuterdressing, Salat und Baguette.
7. Ermitteln Sie die Prozentanteile der Zutaten für die beiden Geflügelsalate ▸ S. 446.
8. Für die Kalkulation der beiden Geflügelsalate (▸ S. 446) werden folgende Preise zugrunde gelegt:

– Hähnchen frisch (Fleischanteil nach dem Garen: 40 %)	2,60 €/kg
– Ananas (Abtropfgewicht 490 g)	1,10 €/Dose
– Spargelstücke (Abtropfgewicht 495 g)	1,70 €/Dose
– Champignons (Abtropfgewicht 460 g)	1,40 €/Dose
– Sahne	2,10 €/kg
– Mayonnaise	1,90 €/kg
– übrige Zutaten insg.	2,00 €
– Hähnchenbrustfilets (Garverlust 10 %)	5,20 €/kg
– Pfirsiche (Abtropfgewicht 460 g)	1,10 €/Dose
– Orangen (Filetanteil 30 %)	1,20 €/kg
– Joghurt	0,90 €/kg

Berechnen Sie die Materialkosten für je 100 g der beiden Geflügelsalate.

11

48 Warm- und Kaltlagerung

FLEISCHEREI nusse

Sabrina soll heute helfen, die Heiße Theke zu bestücken. „Wo kommen eigentlich die Frikadellen hin? Soll ich die schon warm machen?“
„Nein, halt! Die Frikadellen werden erst gekühlt gelagert!“, ruft Björn: „Am Morgen haben wir im Imbissbereich erst mal die belegten Brötchen und erst kurz vor Mittag stellen wir die warmen Sachen für den Mittagsimbiss in die Heiße Theke. Vorher würde es sich nicht lohnen, und wer will schon Frikadellen essen, die vier Stunden warm gehalten werden?“
„Ja, aber wenn wir um kurz nach 11 Uhr anfangen mit den warmen Sachen, kann es dann nicht trotzdem passieren, dass bestimmte Produkte, die nicht nachgefragt werden, ganz lange in der Theke bleiben und dabei ihre Qualität verlieren?“, meint Sabrina.

Warmlagerung

Bei der Warmlagerung ist Folgendes zu beachten:

- Die Temperatur warmer Gerichte zum Direktverzehr muss mind. 65 °C betragen, damit sich hier keine lebensmittelvergiftenden Bakterien halten und vermehren können.
- Wenn ein Produkt nicht „läuft“, muss dafür gesorgt werden, dass es aus der Theke genommen wird, denn es gibt nichts Schlimmeres als eine schlechte Qualität durch zu lange Wärmeeinwirkung.
- Stückige Produkte (Frikadellen, Leberkäse, Schnitzel, Braten, Hähnchen o. Ä.) nicht zu lange warm halten, Zeiten aufschreiben und nach einer mit dem Chef abgesprochenen Zeit entsorgen.
- Im Wasserbad dürfen keine kalten Speisen aufgewärmt werden, da hier keine ausreichende Kerntemperatur erreicht wird. Also erst Produkte auf mind. 70 °C erhitzen und dann im Wasserbad warm halten.
- Vorsicht mit Produkten vom Vortag! Sind diese wirklich noch verzehrtauglich (Soßen, Suppen, Geschnetzeltes, Gulasch)? Wenn ja, nicht mit frischen Produkten mischen, auf mind. 70 °C erhitzen und dann warm halten. Nach zwei Tagen übrig gebliebene Reste entsorgen.
- Bestimmte Produkte lassen sich überhaupt nicht warm halten, da diese direkt einen hohen Qualitätsverlust erleiden würden, z. B. Pommes frites werden sofort zäh und weich. Ist eine Fritteuse vorhanden, können Pommes frites portionsweise angeboten und dann zubereitet werden. Bei einer Fritteuse muss allerdings das Frittierfett regelmäßig erneuert werden, damit potenzielle Kunden nicht von einem üblen Geruch abgehalten werden, den Imbiss zu betreten. Wenn das Frittierfett gewechselt wird, muss dies komplett geschehen, teilerneuertes Frittierfett wird umso schneller verbraucht. Dies ist dann nicht wirtschaftlich.
- Entsprechend der Kaltlagerung sind hier die Lagerzeiten und -temperaturen ebenfalls zu dokumentieren. Dies dient der Qualitätssicherung.

Behälter zur Warmlagerung

Kaltlagerung

Die Kaltlagerung stellt im Imbissbereich meist kein Problem dar. Genauso wie bei der Kaltlagerung der anderen Lebensmittel in einer Fleischerei müssen auch hier die verkaufsfertigen Produkte kalt gelagert werden. Die Temperatur für Fleisch- und Fleischerzeugnisse und andere leicht verderbliche Le-

11

bensmittel, z. B. Feinkostsalate, beträgt 7 °C. Bei Hackfleischzubereitungen, Geflügelfleisch und Wild beträgt die Lagertemperatur nur 4 °C, bei Innereien höchstens 3 °C. Sollten noch Fisch oder Schalentiere angeboten werden, so dürfen diese nur bei 2° C auf Eis gelagert werden.
Bei weiteren vorverpackten Lebensmitteln ist auf die Herstellerangabe auf der Packung zu achten. Natürlich ist auch hier die Einhaltung der Temperaturen zu beachten und zu dokumentieren. Gerade im Sommer ist es wichtig, die Kühlkette nicht unnötig zu unterbrechen, denn sonst kommt es trotz der Dokumentation zu Verstößen und Gesundheitsproblemen.

PRAXISTIPPS:

Kühlschränke und Truhen möglichst voll bestücken, um beim Öffnen der Türen nicht zu viel Energie zu verschwenden, so bleibt die Kühltemperatur am besten konstant.
Werden Salate (► S. 445) in der eigenen Küche zubereitet, z. B. Kartoffelsalat oder Geflügelsalat, so müssen die gegarten Komponenten erst heruntergekühlt werden, bevor die schon kalten Komponenten, z. B. Mayonnaise, Gurken, Zwiebeln und Obst, dazugegeben werden.

Voll bestückter Kühlschrank

& Komplexe Aufgabe

Listen Sie die warmen Produkte aus ihrem Imbissverkauf auf und führen Sie eine Woche lang eine Statistik, wie viel der überlagerten Produkte weggeworfen werden müssen. Berechnen Sie den Verlust
a) als Materialverlust und
b) als entgangene Einnahmen.

Setzen Sie beide Zahlen in das Verhältnis zu den Einnahmen.
Wie viel % beträgt je der Verlust zu den Einnahmen?
Finden Sie dies wirtschaftlich in Ordnung? Oder haben Sie Verbesserungsvorschläge zu machen?

? Aufgaben zur Wiederholung

1. Bei welcher Temperatur müssen warme Gerichte mindestens gelagert werden?
2. Was könnte passieren, wenn diese Temperatur unterschritten wird?
3. Erläutern Sie das Aufwärmen von kalt gelagerten Speisen.
4. Wann sollten Sie übrig gebliebene Reste spätestens entsorgen?
5. Bei welcher Temperatur sollten Feinkost-Salate gelagert werden?
6. Wie werden Fisch und Schalentiere gelagert?
7. Nennen Sie eine Möglichkeit, um bei Kühlschränken und Gefriertruhen Energie zu sparen.

% Ausgewählte Fachrechenaufgaben

1. Täglich werden 5 kg Kartoffeln benötigt. Die Lieferzeit beträgt 6 Tage, der Mindestbestand ist mit 30 kg angegeben.
   Wann muss bestellt werden?
2. Eine Person hat einen Energiebedarf von 8000 kJ. Berechnen Sie die Kohlenhydratzufuhr für diesen Menschen, wenn man davon ausgeht, dass dieser Mensch 60 % seines Energiebedarfs durch Kohlenhydrate deckt.
3. 75 g Fett decken den Tagesbedarf eines Jugendlichen.
   Berechnen Sie den Energiegehalt von diesem Fett.

49 Präsentation und Verkauf

FLEISCHEREI nusse

Herr Lorch betritt die Fleischerei Nusse, um dort, wie schon öfter, einen kleinen Imbiss in der Mittagszeit einzunehmen. Sabrina: „Guten Tag Herr Lorch. Sie sehen schon so hungrig aus, ich kann Ihnen heute eine gefüllte grüne Paprika mexikanische Art mit lila Reis und Salatbeilage empfehlen.“
Herr Lorch: „Hallo, Sabrina, schön, dass Sie heute bedienen, Sie haben recht, ich habe einen Riesenhunger. Grüne Paprika mit lila Reis hört sich ja sehr spannend an, irgendwie sehr ungewöhnlich. Ich glaube, ich bleibe aber lieber bei dem Altbewährten, geben Sie mir doch lieber ein Schnitzel mit Pommes Frites und einem Salat, da weiß ich, was ich habe.“
Sabrina: „Ja, in Ordnung, Herr Lorch, ich lasse es Ihnen sofort fertig machen.“

Belegte Brötchen

Präsentation

Die Präsentation der Speisen ist sehr wichtig, da bekanntlich das Auge mitisst. Ein Kunde kann meist über die visuelle Betrachtung dazu gebracht werden, unbekannte Speisen zu probieren.
Es kann schon sehr hilfreich sein, wenn die Warmhalteschalen hinter der Theke offen sind, damit der Kunde die vorbereiteten Speisen sehen kann. Aber Achtung: Wärmeverlust!
Viele Kantinen gehen dazu über, von den Tagesgerichten je einen Probeteller herzurichten, der dann ausgestellt wird, damit die Kunden die Portionsgröße, Aussehen und Zusammenstellung besser beurteilen können. Dies kommt bei den Kunden sehr gut an.
Wenn es der Platz erlaubt, können Aufsteller mit Fotos von den Gerichten aufgebaut werden, hier kann der visuelle Anblick gerade die Lust auf neue Speisen wecken.
Eine Preisliste, die gut sichtbar aushängt und auf der sämtliche Speisen sowie Getränke aufgeführt sind, sollte nicht fehlen. Diese muss auch deklarationspflichtige Inhaltsstoffe ausweisen, die in manchen Speisen oder Getränken enthalten sind.

Die angebotenen Speisen sollten überschaubar sein; dies ist wichtig,

- um Frische zu garantieren. Bei einem zu großen Angebot muss eine sehr große Lagerhaltung erfolgen, die zwangsläufig dazu führt, dass es „Ladenhüter“ gibt, die wenig nachgefragt und zu lange gelagert werden.
- um die Speisen entsprechend präsentieren zu können. Probeteller oder Fotos können nur von einem kleinen Angebot erstellt werden.
- um öfter neue Speisen anzubieten, die bei einer zu großen Auswahl untergehen würden.

Meist werden die Kalt- und Warmtheke nebeneinander aufgestellt, da auch viele kalte Speisen beim Imbiss nachgefragt werden. Die Warmtheke sollte hier den zentraleren Platz erhalten, da hier die gefragten warmen, meist fleischhaltigen Speisen angeboten werden, die teurer sind, als die Salate und kalten Beilagen aus der kalten Theke.
Zu Präsentationszwecken ist es sinnvoll, kontrastreich zu arbeiten, bei Fotos mit hellen Tellern sollte ein schwarzer Hintergrund gewählt werden. Auf Garnituren sollte auch nicht verzichtet werden (▸ S. 564), bunte Salatteller können schon ansprechend vorbereitet werden und in einem speziellen Teil der Kalttheke aufbewahrt werden.

Verkaufsargumente

- **Leberkäse** ist einzigartig fein und doch würzig im Geschmack, im frischen Brötchen auch mal schnell im Gehen zu essen.
- **Bratwurst** ist der Klassiker unter den sehr schnellen Gerichten, immer beliebt, nicht nur bei Veranstaltungen, schnell gegessen im Brötchen oder als Currywurst aus der Schale.

- Die **Frikadelle,** ob kalt oder warm, steht bei Jung und Alt immer hoch im Kurs.
- **Hackfleischprodukte** sind vielseitig zu würzen, deswegen gut zu kombinieren und als Füllungen in Paprika oder Gemüsezwiebeln verleihen sie dem Gemüse einen herzhaften Geschmack.
- **Feinkostsalate** als edle Gaumenkitzler machen Hunger auf mehr, können je nach Geschmacksrichtung vielseitig als Beilagen verwendet werden oder eine besondere Position auf einem Salatteller einnehmen.

Verzehrempfehlungen

- **Jägerschnitzel** mit Zwiebeln und Champignons in würziger Soße mit feinen Salzkartoffeln und Salatbeilage
- **Rahmschnitzel,** natur gebraten, mit Rahmsoße, dazu Erbsen und Möhren und Petersilienkartoffeln
- **Saltimbocca** vom Kalb, natur gebratenes Kalbschnitzel mit rohem Schinken belegt und Parmesan bestreut überbacken, dazu Brokkoli und Makkaroni (italienisches Gericht)
- Frischer **Leberkäse,** immer ein Genuss zu Salat/Spinat und Spiegelei oder mit Kartoffelsalat oder einfach zwischen einem frischen Brötchen mit Salatgarnitur
- **Bratwurst** wird im Imbissbereich immer gerne mit Pommes frites zusammen angeboten, kann aber auch mit Salzkartoffeln und Salat angeboten werden.
- **Frikadellen** mit Kohlrabi in Rahmsoße, dazu Salzkartoffeln
- **Gefüllte Paprika** (mit Hackfleisch oder vegetarische Variante mit Tomatenstückchen, Paniermehl und Schafskäse) mit verschiedenen Reisbeilagen, Tomatensoße und Salat
- **Tatar** frisch auf einem Brötchen, dazu Sauergemüse
- **Frischer Matjessalat** mit dunklem gebuttertem Vollkornbrot und Apfelscheiben

& Komplexe Aufgabe

Schreiben Sie eine Speisekarte für den Imbissverkauf.

a) Berechnen Sie hierzu die Verkaufspreise anhand der Einkaufspreise der Ware plus 120 % Aufschlag.

b) Entspricht der so kalkulierte Preis Ihren Imbisspreisen?

c) Mit welchem Aufschlag kalkuliert Ihr Chef?

d) Fragen Sie nach, wie sich der Aufschlag in Ihrer Fleischerei zusammensetzt.

? Aufgaben zur Wiederholung

1. Welche Angaben auf der Speisen- und Getränkekarte sind wichtig?
2. Welche Salate können Sie als Beilagen-Salate anbieten?
3. Nennen Sie Salate, die Sie als eigenständigen Salatteller empfehlen würden.
4. Ein Kunde weiß nicht, was er sich unter dem Gericht „Gefüllte Paprika“ vorstellen soll. Erläutern Sie ihm dieses Gericht. Welche Beilage können Sie empfehlen?

% Ausgewählte Fachrechenaufgaben

1. Wie viele Kartoffeln müssen für jeweils 85 Personen gekauft werden, wenn die verzehrfertige Menge pro Person 175 g beträgt, bei Pellkartoffeln ein Putzverlust von 15 % auftritt, bei Salzkartoffeln von 22 %?
2. Wie viel Gramm Fett befinden sich in ¾ l Milch
   a) Bio Milch mit normalem Fettgehalt von 3,8 % Fett,
   b) Vollmilch und **c)** fettarmer Milch?
3. Ein Stück vom Kotelettstrang wiegt 2,5 kg. Es entstehen 430 g Knochenanteile. Wie viel Knochen sind dies in Prozent?
4. 1 kg frische Möhren kosten 1,99 €. Die Putzverluste betragen 19 %. Berechnen Sie
   a) den Preis für 1 kg geputzte Möhren und
   b) für 75 Portionen à 150 g.

Take-away food

Ordering take-away food

1. Get together with a partner and role-play the dialogue.

Shop assistant: Who's next?
Customer: Me. Can I have a sandwich with ham and tomato, please?
Shop assistant: Certainly. Would you like white or brown bread?
Customer: Brown, please.
Shop assistant: With butter?
Customer: Yes, please.
Shop assistant: Would you like some mayo on it, too?
Customer: Just a little bit, please.
Shop assistant: Anything else? Maybe something to drink?
Customer: Yes, do you have mango smoothies?
Shop assistant: I'm sorry, we only have water, lemonade, coke or apple juice.
Customer: I'd like a lemonade.
Shop assistant: Here you are. Anything else?
Customer: No, thank you, that's all.
Shop assistant: That's € 4.49 altogether, please.
Customer: Thank you. Here you are.
Shop assistant: Here is your change. Thank you and have a nice day.
Customer: Goodbye.

2. Take-away food is a special kind of food and there are many different types of it. Which ones do you like? Look at the pictures below and say which food you like or dislike. Form 8 sentences. The words and phrases given below might help you. Start like this:

I don't like sushi, because there is raw fish in it.

to taste delicious/ to be healthy/ to be unhealthy/ to taste sweet, sour, salty, spicy, unpleasant, bitter, hot/ to be too salty, sour,.../ there is too much fat, garlic, onion,... in it

3. Which types of take-away food do you offer at your butcher's shop? Find a partner and act out a dialogue like the one above for a product you sell.

INFORMATION: Phrases for ordering take-away food

Customer	Shop assistant
Can I have a salami sandwich, please?	*Sure/Certainly.*
Do you have coke?	*Of course.*
I'd like a coffee.	*Would you like ...*
	Do you want ...
	Here you are.
	Anything else?
Thank you.	*You're welcome.*

Preparing finger food

4. Read the recipe for the sandwich with ham and cheese and put the directions in the correct order.

Sandwich with ham and cheese

Ingredients

6 slices thin cut white bread
6 slices ham
6 slices cheese
1/2 small red onion, very thin sliced
6 leaves fresh lettuce
2 plum tomatoes, thin sliced
2 radishes, thin sliced
60 g mayonnaise
salt

Directions

- Stack the slices of bread alternating.
- Top each cheese covered slice with 1 slice of ham, thinly sliced tomato, onion and radish seasoned with a pinch of salt.
- Cut each sandwich diagonally into 2 equal parts.
- Trim all crust off bread.
- Spread mayonnaise on remaining slices of bread and top with 1 leaf of lettuce.
- Apply layer of cheese on 3 slices of bread.

5. Choose a take-away food your butcher's shop offers and write down a recipe for it like the one above.

6. Find a partner and read your directions without revealing the name of the product. Can he/she find out what it is?

11

VOCABULARY

to apply layer	etwas schichtweise legen
to cover sth.	etwas bedecken
directions (Pl.)	hier: Zubereitung
equal	gleich
ingredient	Zutat
leaf	Blatt
to order	bestellen
pinch	Prise
plum tomato	Eiertomate/Romatomate
radish	Radieschen
to spread sth.	etwas bestreichen
to stack	stapeln
to take-away	zum Mitnehmen
to top	belegen
to trim sth.	etwas (ab)schneiden

12 Gewinnen von Rohstoffen, Herstellen von Gerichten und besonderen Fleisch- und Wurstwaren

Sie beurteilen Schlachttiere nach ihrem Ernährungs- und Gesundheitszustand und leiten verschiedene Verwendungsmöglichkeiten ab. Sie planen die Schlachtung, transportieren und schlachten die Tiere unter Berücksichtigung des Tierschutzes, der Arbeitssicherheit und der Auswirkungen auf die Fleischqualität.

Sie erhalten von Ihrem Chef den Auftrag, in den nächsten Wochen mit Ihrer Kollegin in der Küche zu arbeiten. Dort werden Speisen zubereitet und Gerichte zusammengestellt. Sie sollen den wöchentlich wechselnden Speiseplan erstellen und die Gerichte mit zubereiten.

Informieren
- Wie kann das Angebot auf die Kundenerwartung gerichtet werden?
- Welche Regeln sind bei der Auswahl von Speisen zu beachten?
- Wie können ernährungsbewusste Kunden zufriedengestellt werden?
- Welches Preisniveau ist vertretbar?

Planen
- Welche Grundsätze gelten bei der Zusammenstellung von Gerichten?
- Wie kann eine ausgewogene Nährstoffzusammensetzung erreicht werden?
- Wie erfolgt die Kalkulation von Mengen und Preisen bei einem Gericht?

Entscheiden
- Ich beachte die Kundenerwartung – günstiger Preis bei guter Qualität.
- Ich plane vollwertige Mahlzeiten, wo sich Hauptzutat und Beilagen harmonisch ergänzen.
- Ich lege Portionsgrößen fest und kalkuliere Preise für täglich wechselnden Mittagstisch.
- Ich variiere verschiedene Fleisch- und Fischarten, Suppen, Eintöpfe und Süßspeisen.

Ausführen
- Ich erstelle einen Wochenspeiseplan mit speziellen Tagesgerichten.
- Wir kochen im Team verschiedene Speisen und stellen sie zu Gerichten zusammen.
- Ich achte auf vitaminschonende und fettarme Garverfahren sowie kurze Warmhaltezeiten.
- Ich richte mich darauf ein, dass Kunden das Essen vor Ort einnehmen oder mitnehmen.

Kontrollieren
- Wurde die Erwartung der Kunden erfüllt?
- War das Speisenangebot abwechslungsreich genug und waren die Rohstoffe immer frisch?
- Welche Gemüse- und Sättigungsbeilagen könnten ergänzt oder getauscht werden?

Bewerten
- Bin ich mit dem Herstellen und Anrichten von den Gerichten zufrieden?
- Waren für jeden Geschmack die Gerichte richtig zusammengestellt?
- Wie zufrieden waren die Kunden mit den Gerichten auf dem Wochenplan?
- Was könnte ich noch verbessern?

50 Fleischgewinnung

Infolge der medienwirksamen Fleischskandale einiger „schwarzer Schafe“ der Fleischbranche ist auch die Kundschaft bei der Fleischerei Nusse verunsichert und fragt verstärkt nach Fleisch aus eigener Schlachtung.
Bisher haben die beiden Inhaber darauf verzichtet, eine eigene Schlachtung aufzubauen.
Tim und zwei weitere Gesellen werden zu einer Informationsrunde, die von Matthias Nusse initiiert wurde, eingeladen. Gegenstand ist die bessere Versorgung der Kundschaft mit Fleisch aus eigener Schlachtung, in Verbindung mit dem Biohof „Herrmannshof“.
„Dann wollen wir mal die Ärmel hochkrempeln und loslegen“, sagt Tim und freut sich schon auf die neuen Aufgaben.

Unter dem Begriff „Fleischgewinnung“ ist im engsten Sinne das Schlachten zu verstehen.
Schlachten ist jede Tötung eines Tieres, bei der eine Blutentziehung nach vorangegangener Betäubung vorgenommen wird.
Es dient somit der Fleischgewinnung für den menschlichen Genuss, umfasst aber mehr Tätigkeitsmerkmale, als sie sich in der Definition widerspiegeln.

50.1 Historische Entwicklung des Schlachtens

Fleisch war schon immer ein Nahrungsmittel des Menschen. Somit ist das Schlachten von Tieren zum Zwecke der Gewinnung von Fleisch für die menschliche Ernährung schon in der vorgeschichtlichen Zeit nachweisbar, ebenso die Zähmung wild lebender Tiere zu Haustieren, die Domestikation.
Funde von Schweine- und Rinderknochen aus der Bronze- und der frühen Eisenzeit deuten auf das Halten von Haustieren für Ernährungszwecke hin.
Fleisch erreichte bei den Kulturvölkern eine hohe Wertschätzung: Es diente als Opfergabe für Götter und der Genuss unterlag strengen Regeln.

Bei den Ägyptern mussten diejenigen Tiere, die den Göttern geopfert werden sollten und den Priestern als Nahrung dienten, zuvor untersucht und für rein befunden werden.
Außerdem galt bei den Ägyptern und Juden das Schweinefleisch als unrein, während die Römer es bevorzugt aßen.
1276 schrieb die Stadt Augsburg in ihrem Stadtrecht den Schlachtzwang im öffentlichen Schlachthaus fest. In dieser Zeit entstand auch der Begriff „Freibank“. Hierbei handelt

▶ Lesen Sie das Tierschutzgesetz, das Gesetz über das Schlachten von Tieren und die Tierschutz-Schlachtverordnung.

Höhlenbewohner in vorgeschichtlicher Zeit (nach Zeichnung von A. Hodel)

12

www.adr-web.de
www.proplanta.de

es sich um getrennt von der Fleischbank aufgestellte Verkaufstische, Bänke genannt, auf denen nicht einwandfreies, wie z. B. finniges Fleisch verkauft wurde.

Marktszene im 18. Jahrhundert (aus einem Gemälde von J. Beuckelaer)

1869 wurde für das spätere deutsche Reichsgebiet eine Vorschrift erlassen, dass der Betrieb von Schlächtereien der Genehmigungspflicht unterliegt.
Durch die jetzt vorgeschriebenen Schlachttier- und Fleischuntersuchungen erhielt die Errichtung von Schlachthäusern in den Städten ganz Europas einen enormen Aufschwung. Dadurch wurden die neuzeitliche Entwicklung des Schlachthofwesens und der Schlachttechnologien sowie die Durchsetzung der Schlachthygiene eingeleitet.

50.2 Schlachttierrassen

50.2.1 Rinderrassen

Früher wurden die Rinder entsprechend der geografischen Herkunft in Höhen- und Niederungsvieh eingeteilt. Heute werden folgende Arten (Rassen) unterschieden:

- Zweinutzungsrinder (Fleckvieh, Rotbunte, Gelbvieh, Pinzgauer)
- milchbetonte Zweinutzungsrinder (Schwarzbunte, Braunvieh, Rotvieh/Angler)
- Fleischrassen (Charolais, Deutsch Angus, Limousin, Weiß-blaue Belgier)

Anteil (in %) der Rassen am deutschen Rinderbestand 2021

Schwarzbunte	39 %
Fleckvieh	29 %
Rotbunte	4 %
Braunvieh	3 %
Sonstige	25 %

AMI, 2021

12

Rasse		Herkunft und Verbreitung	Besondere Merkmale
	Deutsche Schwarzbunte	• aus der norddeutschen Niederung • deutschlandweite Verbreitung	Der heutige Bestand ist eine Kreuzung zwischen schwarz-weißem Niederungsvieh und Holstein Friesian. • hohe Milchleistung
	Deutsche Rotbunte	• aus Nordamerika • deutschlandweite Verbreitung	Aus dem aus Holstein Friesian entwickelten Red-Holstein-Bestand aufgebaut. • hohe Milch- und Fleischleistung • geringe Verfettung

Rasse		Herkunft und Verbreitung	Besondere Merkmale
	Deutsches Rotvieh/ Angler	• aus Angeln (Landschaft in Schleswig-Holstein) • Verbreitung in den Höhenlagen Rheinland-Pfalz, Hessen, Harz, Westfalen	• milchbetontes Zweinutzungsrind • sehr gutes Verhältnis vom Gesamtfutteraufwand zu Milchleistung
	Deutsches Fleckvieh	• aus dem Berner Oberland	• hohe Milch- und Fleischleistung • Frohwüchsigkeit und Anpassungsfähigkeit • hohes Fleischwachstum ohne zu starke Verfettung, hohe Schlachtausbeute (Verhältnis zwischen Lebendgewicht und Schlachttierkörpergewicht kurz nach der Schlachtung)
	Deutsches Braunvieh	• aus der Zentralschweiz • gegenwärtige Haltung fast ausschließlich in Südbayern und Baden-Württemberg	• gute Masteigenschaft der Bullenkälber (tägliche Zunahme ca. 1 200 g)
	Deutsches Gelbvieh	• aus Nordbayern (Franken)	• fleischbetonte Zweinutzungsrasse • hoher Ausschlachtungsgrad (Schlachtausbeute) • feinfaseriges, gut marmoriertes Fleisch
	Pinzgauer	• aus dem Pinzgau (Hohe Tauern)	• ruhiges Temperament • gute Anpassungsfähigkeit • gute Fleischqualität (zarte Marmorierung, feine Fleischfaser)
	Charolais	• aus der Umgebung von Charolais und Nièvre (Südosten Frankreichs)	Diese Tiere kamen um 1960 nach Deutschland. • Einnutzungsfleischrind • hohe tägliche Gewichtszunahme (ca. 1300 g) • geringe Neigung zur Fettbildung • hoher Ausschlachtungsgrad
	Limousin	• aus Südwestfrankreich	• robuste und genügsame Tiere • hoher Ausschlachtungsgrad • gute Fleischqualität (geringe Fettabdeckung, gute Fetteinlagerung in den Muskeln bei ausgemästeten Tieren) • gilt als bestes Fleischrind Europas
	Weiß-blaue Belgier	• aus dem Ardenner Hochplateau/ Südhälfte Belgiens	• kann als Fleischrind wie auch als Zweinutzungsrind gehalten werden • Tiere mit Zuchtrichtung Fleisch weisen eine extreme Bemuskelung auf (Doppelender) • hoher Ausschlachtungsgrad, hoher Anteil wertvoller Teilstücke, beste Schlachtkörperqualität

50.2.2 Schweinerassen

Die Ursprungsrassen der Schweine konnten die Verbrauchererwartung in den 60er-Jahren nicht erfüllen, galt es doch, mehr Fleisch und weniger Fett zu züchten. Daher wurde die Reinzuchterzeugung vermindert und die Kreuzung von zwei oder mehreren Rassen bevorzugt. Diese Zwei- und Mehrrassenkreuzungen aus den 70er-Jahren zielten auf vermehrte Fleischfülle ab. Eine Verschlechterung der Fleischbeschaffenheit wurde zugunsten der Fleischmenge hingenommen.
Ende der 80er-Jahre erfolgte die Rückbesinnung auf eine bessere Fleischbeschaffenheit. Durch die Dreirassenkreuzung und die Hybridzucht (Hybrid – von zwei Elternteilen stammend, die sich hinsichtlich bestimmter Leistungsmerkmale stark unterscheiden) wurde die Stressanfälligkeit der überzüchteten Reinrassen vermindert und gleichzeitig die Fleischqualität erhöht.
Eine eindeutige Rassenbestimmung ist daher schwierig.

Bei der Zucht der Mastschweine werden in der Hauptsache Kreuzungssauen aus Deutscher Landrasse und Deutschem Edelschwein zu 90–95% durch einen Pietrain-Eber gedeckt. In den anderen Fällen wird ein Eber der Duroc-Rasse eingesetzt. Andere Rassen haben in der Schweinemast nur noch eine untergeordnete Bedeutung und sind jeweils weniger als 1% an der Zucht beteiligt. Dies sind die Rassen
- Leicoma
- Angler Sattelschwein
- Hampshire
- Schwäbisch-Hallisches Schwein
- Bunte Bentheimer

Rasse		Herkunft und Verbreitung	Besondere Merkmale
	Deutsche Landrasse	• aus Landschlägen unter Einkreuzung von Yorkshire-Ebern entstanden	• Zucht sehr stark auf Fleischanteil ausgerichtet • fruchtbares, fleischreiches und wenig stressanfälliges Universalschwein
	Deutsches Edelschwein	• aus alten Landschweinen durch Verdrängungskreuzung entstanden	• Züchtung auf Frühreife und Frohwüchsigkeit ausgerichtet • charakteristische Stehohren • wenig stressanfällig
	Duroc	• Anfang der 80er-Jahre aus den USA	• sehr gute Fleischbeschaffenheit • robust und stressstabil
	Leicoma	• ehemalige DDR • heute noch in Brandenburg, Mecklenburg-Vorpommern und Thüringen vertreten	• verschiedene Ausgangsrassen (Deutsche und Niederländische Landrasse, Duroc, Estnische Baconrasse und Deutsches Sattelschwein in verschiedenen Anteilen) • kaum stressanfällig, sehr robust • sehr gute Fleischbeschaffenheit
	Piétrainschwein	• belgischer Landschweinschlag (Dorf Piétrain)	• Ende der 50er-Jahre in die Bundesrepublik Deutschland importiert • hoher Muskelfleischanteil • sehr stressanfällig

Die heutigen Mastschweine sind überwiegend sogenannte Hybridschweine (Kreuzungsschweine), deren genetisches Material hauptsächlich von den aufgeführten Schweinen (▸ S. 460) stammt.

50.2.3 Schafrassen

Schafe haben als Schlachttiere eine geringe Bedeutung, liegt doch der Pro-Kopf-Verbrauch bei ca. 2 kg im Jahr. Das Schaf wird als Mehrfachnutzungstier gehalten.
Milchschafe ergeben kaum eine Fleischausbeute und haben keine Bedeutung in der Fleischerei.
Fleischschafe sind für den Verbraucher als Lammfleisch interessant; dazu zählen das Schwarzköpfige Fleischschaf, das Weißköpfige Fleischschaf, das Merinolandschaf und das holländische Texelschaf. Die Heidschnucken dienen mehr der Traditionspflege und haben nur Bedeutung in der Lüneburger Heide. Die Haltung dieser Tiere ist nicht ganz unproblematisch, da sie eine geringere Widerstandsfähigkeit gegenüber klimatischen Einflüssen aufweisen als die anderen Schafrassen.

Anteil (in %) der Rassen am deutschen Schafbestand

Merinolandschaf	30,1 %
Merinolangwollschaf	14,3 %
Deutsches Schwarzköpfiges Fleischschaf	16,9 %
Texelschaf	8,6 %
Kreuzungen	12,7 %
übrige Rassen	17,4 %

Rasse		Herkunft und Verbreitung	Besondere Merkmale
	Merinolandschaf	• Kreuzung zwischen spanischem Feinwollschaf mit Landschafrassen • süddeutscher Raum	• problemlose Haltung mit hohen Aufzuchtquoten • gute Schlachtausbeute
	Merinolangwollschaf	• Kreuzung zwischen Merinolandschaf und fleischbetonten Rassen • Mittelgebirgslagen und Ackerbaugebiete Thüringens und Sachsens	• Züchtung für die Produktion von Schlachtlämmern und kammfähiger Halbfeinwolle • gute Bemuskelung, frohwüchsig und fruchtbar
	Deutsches Schwarzköpfiges Fleischschaf	• englische Fleischschafrasse • Nord- und Mitteldeutschland	• fruchtbar • gute Schlachtkörperqualität
	Texelschaf	• nach 1960 aus den Niederlanden • niedere und mittlere Lagen Deutschlands	• frühreifes Fleischschaf mit guter Fleischleistung • sehr gute Schlachtkörperqualität

50.3 Schlachttierkrankheiten

Alle Lebewesen, so auch die Schlachttiere, sind mehr oder weniger dem Krankheitsbefall ausgesetzt.
Für den Fleischer ist es wichtig, die bedeutendsten Krankheiten zu kennen, damit sowohl gesundheitliche Folgen für Menschen als auch wirtschaftliche Schäden durch die Verbreitung von Seuchen über den Schlachthof vermindert bzw. vermieden werden.

Die Krankheiten lassen sich einteilen in
- Infektionskrankheiten,
- Invasionskrankheiten,
- allgemeine krankhafte Veränderungen.

50.3.1 Infektionskrankheiten

Infektion bedeutet Ansteckung, Übertragung. Infektionskrankheiten sind Erkrankungen, die durch kleinste, nur mit starker Vergrößerung erkennbare Lebewesen (Bakterien, Bazillen, Viren und Pilze) hervorgerufen werden. Diese Kleinstlebewesen dringen durch die natürlichen Öffnungen in Maul, Nase und Zitzen oder durch Wunden in den Tierkörper ein und vermehren sich in ihm.
Der Verlauf einer Infektionskrankheit ist abhängig von der Art und Zahl der eingedrungenen Erreger sowie dem Gesundheitszustand und den Abwehrkräften des Tieres.

Die Übertragung kann erfolgen durch
- Kontaktinfektion: direkte Berührung der Tiere im Stall
- Ausscheidungsprodukte: Speichel bei Maul- und Klauenseuche, Milch bei Tuberkulose, Kot bei Milzbrand
- Gegenstände: Futter, Eimer, Mistgabeln, Stricke
- Zwischenträger: Tiere und Menschen, die mit den befallenen Tieren in Berührung gekommen sind

Milzbrand und Rauschbrand

Die Erreger, Milz- bzw. Rauschbrandbazillen, sind sehr widerstandsfähig und werden durch Abwasser, Futter und Berührung übertragen. Beim Milzbrand zeigt das lebende Tier Atembeschwerden, Fieber, Muskelzittern und blutigen Ausfluss aus Nase und Maul. Beim Schlachten zeigen sich teerartiges schwarzes Blut und eine geschwollene Milz.

Beim Rauschbrand treten gashaltige Schwellungen unter der Haut auf, die beim Darüberstreichen knistern (rauschen). Beim Schlachten sieht man verfärbtes, blutiges Gewebe und Organe mit Blutungen, es riecht widerlich.

Beide Krankheiten verlaufen für die Tiere tödlich, Milzbrand ist auch für Menschen sehr gefährlich. Bei beiden Krankheiten besteht Schlachtverbot und Anzeigepflicht. Sie sind in Deutschland in den letzten Jahrzehnten nicht mehr aufgetreten.

Tollwut

- **Erreger:** ein Virus, das sich im Speichel erkrankter Tiere befindet. Es wird durch Biss oder Belecken von Wunden und Hautöffnungen übertragen.
- **Merkmale:** Am **lebenden Tier** sind das unruhige und veränderte Benehmen durch Brüllen oder Grunzen, Stoßen, Beißen sowie Zahmheit bei sonst scheuen Wildtieren feststellbar. Später tritt eine Lähmung des Hinterteils, des Unterkiefers und der Zunge ein.
  Am **geschlachteten Tier** sind außer unverdautem Mageninhalt keine krankhaften Veränderungen sichtbar.
- **Beurteilung:** Die Krankheit verläuft nach drei bis sieben Tagen tödlich; das gesamte Tier ist für jeglichen Genuss **untauglich** und muss fachgerecht entsorgt werden.
  Es besteht Anzeigepflicht. Bei Verletzungen (Biss) durch ein tollwütiges Tier muss unverzüglich der Arzt aufgesucht werden, da Tollwut auf den Menschen übertragbar ist.

Maul- und Klauenseuche (MKS)

- **Erreger:** das Maul- und Klauenvirus. Es kommt im Speichel, in der Milch und in den blasigen Entzündungen der erkrankten Tiere vor.
- **Merkmale:** Das **lebende Tier** zeigt ein stark gestörtes Allgemeinbefinden, Fressunlust, Fieber, Abmagerung, die Milchdrüsen laktieren nicht (sondern keine Milch ab),

Lahmen beim Gehen und Stehen. An den Schleimhäuten und im Klauenspalt zeigen sich kleine, meist erbsengroße Bläschen, die eine gelbliche Flüssigkeit enthalten.

Am **geschlachteten Tier** können folgende Merkmale ersichtlich sein:

- Schwellung im Maul
- Schwellung der Luftröhre
- unklare Schwellung am Herzbeutel, sieht teilweise aus wie gegart (Tigerherz)

- **Beurteilung:** Bei bösartigem Krankheitsverlauf können die eitrigen Entzündungen zu Blutvergiftungen führen, die tödlich enden. Bei gutartigem Verlauf endet die Krankheit nach 14 Tagen mit dem Vernarben der Bläschen.
  Das Fleisch ist für den menschlichen Genuss untauglich. Es besteht Anzeigepflicht.

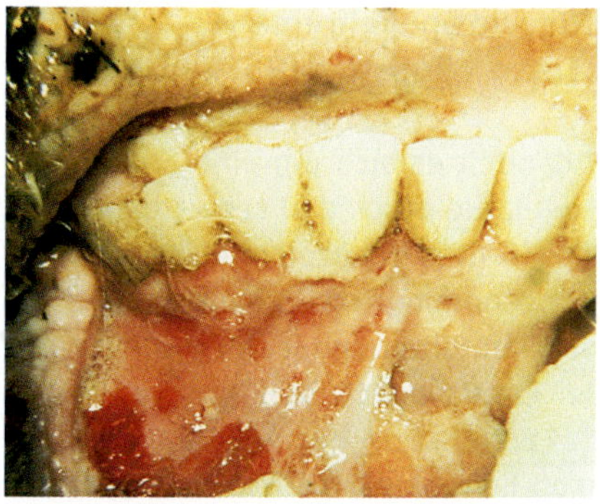

MKS – Veränderungen an Lippen und Zahnfleisch beim Rind

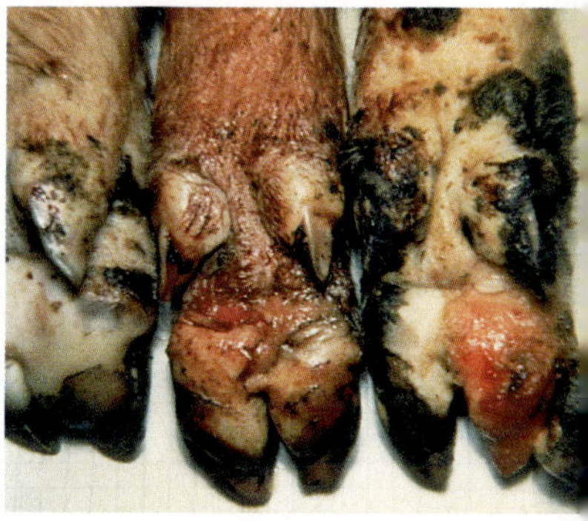

MKS – Veränderungen an den Klauen beim Schwein

Rotlauf

- **Erreger:** das Rotlaufbakterium. Es tritt nur bei Schweinen auf, befindet sich im Blut der befallenen Tiere und ist sehr leicht auf Menschen übertragbar.
- **Merkmale:** Das **lebende Tier** verweigert das Futter, verkriecht sich und hat einen schwankenden Gang. Es treten Fieber und Flecken am ganzen Körper auf, die sich von Rot nach Blaurot verfärben. Der Kot enthält Schleim und Blut.
  Am **geschlachteten Tier** sind Leber, Milz, Nieren und Lymphknoten sowie die Magen- und Darmschleimhaut geschwollen und stark gerötet.
  Die roten Stellen treten beim Brühen stark hervor. Speck und Fleisch sind grau verfärbt.
- **Beurteilung:** Die Krankheit kann sehr lange dauern und tödlich sein.
- Das Fleisch ist in Abhängigkeit vom Grad der Erkrankung für den menschlichen Genuss häufig untauglich.

Schweinepest

- **Erreger:** ein Virus, das Wild- und Hausschweine befällt.
- **Merkmale:** Diese Krankheit ist unheilbar und hauptsächlich durch Veränderungen des Verdauungsapparats, der Lunge, der Haut sowie der Lymphknoten gekennzeichnet.
  Am **lebenden Tier** sind sind auffällige Merkmale, das Abscheuern der Wolle und Störungen der Körperkoordination vor allem beim Laufen feststellbar.
  Am **geschlachteten Tier** treten nach dem Brühen und Enthaaren die Hautblutungen besonders deutlich hervor. Weitere Merkmale sind Blutungen der Nierenrinde sowie eine starke Schwellung der Lymphknoten.
- **Beurteilung:** Bei Befall eines Tieres ist der gesamte Tierbestand des jeweiligen Stalles zu töten und unschädlich zu beseitigen. Da diese Krankheit eine große Ansteckungsgefahr in sich birgt, werden um die Befallgebiete großflächige Schutzzonen mit strengen Handels- und Transportverboten errichtet.
  Diese Krankheit ist auf den Menschen nicht übertragbar. Das Fleisch darf aber keinesfalls in den Handel kommen, damit sich die Seuche nicht durch Verfütterung von Speiseresten weiterverbreitet.

Von Rotlauf befallenes Schwein

Scrapie (Traberkrankheit)

- **Erreger:** Prionen (► S. 464)
- **Merkmale: Am lebenden Tier** sind auffällige Merkmale das Abscheuern der Wolle und Störungen der Körperkoordination und beim Laufen. Vereinzelt wird auch der verstärkte Hang zum Wassersaufen beobachtet.
  Die Inkubationszeit beträgt drei bis vier Jahre.
  Der Übertragungsweg ist nicht genau bekannt. Anzunehmen ist die Übertragung der Krankheit in der Gebärmutter der Tiere auf den Embryo. Die Verfütterung von Tiermehl infizierter Schafe gilt als sicherer Infektionsherd.

50.3.2 Bovine Spongiforme Enzephalopathie (BSE)

Hierbei handelt es sich um eine Erkrankung von Rindern, die durch den schwammartigen Zerfall des Hirns gekennzeichnet ist.
Es wird angenommen, dass sie vom Rind auf den Menschen übertragbar ist (!) und dort zu einer der Creutzfeldt-Jakob-Erkrankung (CJD) ähnlichen Erkrankung, der new variant Creutzfeldt-Jakob-Erkrankung (Abk.: nvCJD), führt. Die CJD ist ebenfalls eine schwammartige Degeneration des Zentralnervensystems.

Geschichtlicher Hintergrund

- **18. Jhdt.:** Bei Schafen tritt die Traberkrankheit (engl. Scrapie) auf. Hierbei erscheinen die gleichen Symptome wie beim BSE-Befall der Rinder.
- **1978:** Die EU ändert die bis dahin sehr präzise Kennzeichnung bzw. Inhaltsangabe von Tierfutter.
- **1984/1985:** Ende 1984 wurde erstmalig die Erkrankung eines Rindes an BSE in West Sussex in England festgestellt. Das Tier verstarb am 11. Februar 1985.
- **1987:** Entdeckung der besonderen Form von Eiweißen, den Prionen. Gleichzeitig wurde erkannt, dass diese auch bei anderen seltenen Krankheiten eine Rolle spielen.
  Erste Hinweise auf die Prionenübertragung durch Tiermehl.
- **1988:** Die britische Regierung verbietet die Tiermehlverfütterung an Wiederkäuer, der Export bleibt aber erlaubt.
- **1990:** Die EU führt die Meldepflicht für BSE-Fälle ein.
- **1994:** Die EU erlässt ein Verbot zur Verfütterung von Tiermehl an Rinder und Schafe. Die Verfütterung an andere Tiere bleibt jedoch erlaubt.
- **1995:** Der erste Patient stirbt an nvCJD, der neuen Variante der Creutzfeldt-Jakob-Krankheit, die vermutlich durch den Konsum von Rinderprodukten auf den Menschen übertragen wird.
- **1996:** Am 20. März erklärt das britische Gesundheitsministerium, es gebe eine neuartige Form einer sonst seltenen Hirnerkrankung. Angesichts der Ähnlichkeit der Symptome zwischen der bei Menschen auftretenden CJD und BSE müsse von einer Übertragung des unbekannten Erregers zwischen Rind und Mensch ausgegangen werden.
- **2000:** 26. November, erster Fall von BSE an einem in Deutschland geborenen und aufgezogenen Rind.
  Die Bundesregierung beschließt erst jetzt ein Gesetz zum Verbot für die Verfütterung von Tiermehl, obwohl EU-weit dieses Verbot schon seit 1994 rechtskräftig ist.
- **2001:** Die Bundesregierung beschließt das am 22. Februar in Kraft tretende „Gesetz zur Änderung futtermittelrechtlicher, tierkörperbeseitigungsrechtlicher und tierseuchenrechtlicher Vorschriften im Zusammenhang mit der BSE-Bekämpfung".
- **2021:** Die EU lockert das Verbot der Zufütterung von Tiermehl unter strengen Auflagen.

12

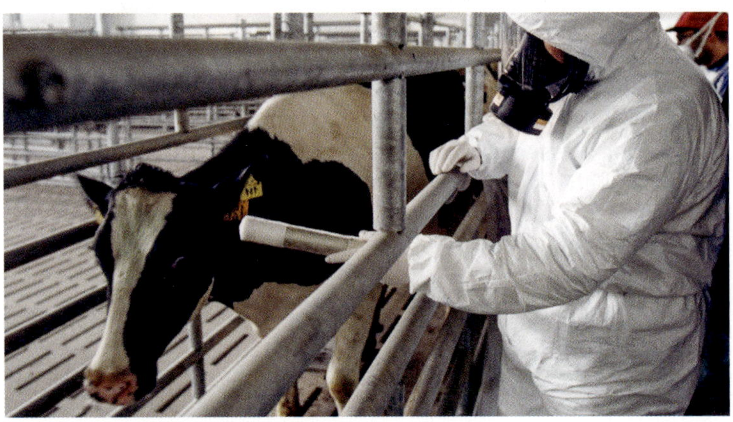

Rind mit Verdacht auf BSE-Erkrankung

Ursache

Als mögliche Erreger sind Prionen bzw. Viren mit besonderen Nukleinsäuren erkannt worden. Normalerweise sind Prionen (PrP^{C}) keine Krankheitserreger, da sie in körpereigenen Eiweißen enthalten sind. Durch Genmutation oder Infektion wurde aus dem PrP^{C} das BSE auslösende PrP^{SC}. Der Zusatz „C" steht für cellulär, „Sc" für Scrapie-spezifisch.
Die Herkunft und der Übertragungsmechanismus sind noch nicht hinreichend geklärt.
Die Verbreitung von BSE ist aller Wahrscheinlichkeit nach durch die Verfütterung von Tier- und Knochenmehl infizierter Rinder erfolgt.

Merkmale

Bei Rindern lassen folgende Krankheitserscheinungen den BSE-Verdacht zu:

- Zähneknirschen, Kopfreiben
- Ohrzucken, veränderte Ohrenstellung
- besondere Angst, Unruhe, Aggressionen

- Verlust der Kontrolle über Gliedmaßen, Torkeln, Taumeln und Einknicken
- Milchrückgang, Gewichtsverlust

Rinder erkranken in der Regel im Alter von 4 bis 5 Jahren. Eine endgültige Klärung des Krankheitsbildes kann nur über Gewebeproben aus Hirn und Rückenmark erfolgen. Zurzeit ist dies nur am geschlachteten Tier möglich.
In Deutschland müssen alle Schlachtrinder, die älter als 48 Monate sind, einem BSE-Schnelltest unterzogen werden. Dieser Regelung hat der Bundesrat zugestimmt, sie gilt seit dem 1. Januar 2009. Aus Sicht der Verbraucher empfiehlt das Bundesinstitut für Risikobewertung, die routinemäßige Vernichtung des als „Spezifisches Risikomaterial (SRM)" bezeichneten Gewebematerials aller Rinder beizubehalten, die über ein Jahr alt sind.

Nachweistests
Ein BSE-Schnelltest ermöglicht die Feststellung von BSE bereits vor dem Auftreten krankheitsbedingter Gewebeveränderungen.

- **Probenentnahme:** Nach dem Abtrennen des Kopfes vom Schlachtkörper wird sofort mit einem speziellen Löffel eine Probe des Hirnstamms bzw. Rückenmarks entnommen. Diese wird in einem verschlossenen und gekennzeichneten Probegefäß ins Labor gegeben.
- **Probenvorbereitung:** Im Labor wird aus einer genau definierten Region des Stammhirns eine etwa 0,5 g schwere Probe herausgeschnitten und in einer bestimmten Menge Flüssigkeit zerkleinert und homogenisiert.
- **Untersuchung:** Ein Teil der homogenisierten Hirnprobe wird mit einem eiweißspaltenden Enzym behandelt. Dadurch wird das normale Prionprotein (Prioneiweiß) abgebaut (verdaut), das BSE-spezifische Prionprotein bleibt aber erhalten und kann nun – falls es vorhanden ist – mit einem speziellen Vorgang nachgewiesen werden.
  Der ganze Untersuchungsvorgang dauert vom Eintreffen der Probe im Labor bis zur Übermittlung des Ergebnisses etwa 6 bis 8 Stunden.
  Ergibt sich beim Schnelltest ein Verdacht auf BSE, so ist eine genauere Untersuchung im nationalen Referenzlabor für BSE und Scrapie an der Bundesforschungsanstalt für Viruserkrankungen der Tiere in Tübingen notwendig. Hier werden die Hirngewebeproben des toten Tieres im Labor und unter dem Mikroskop untersucht. Erst dieser Test, der bis zu vier Tagen dauert, gibt endgültigen Aufschluss darüber, ob das Tier an BSE erkrankt war. Mögliche Untersuchungsmethoden über das Blut sind in der Testphase. Damit wäre eine **Erkennung der BSE-Infektion am lebenden Tier** auch bei geringer Infektion möglich, nicht wie zurzeit nur am geschlachteten Tier und nur bei hochgradig infektiösem Material.

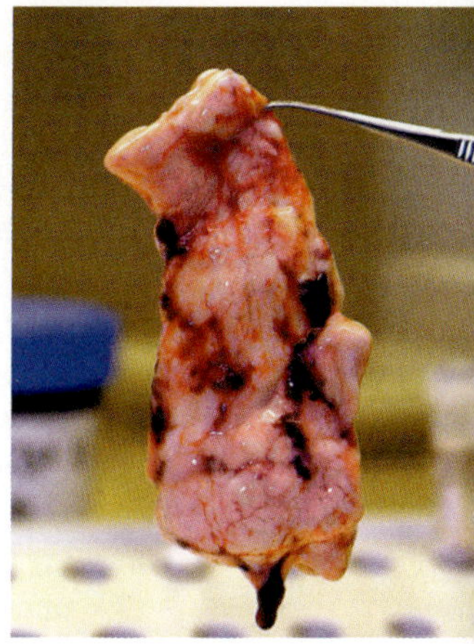
BSE – Probenstück

Beurteilung
Die Frage nach der Übertragung auf den menschlichen Organismus ist gegenwärtig nicht endgültig zu beantworten, da bis jetzt nur Tierversuche durchgeführt worden sind.
Eventuelle Übertragungsmechanismen über das Fleisch auf den Menschen (durch Verzehr von infiziertem Fleisch) sind bisher nicht hinreichend geklärt, müssen jedoch als wahrscheinlich angenommen werden. Neueste Erkenntnisse in der Forschung belegen, dass das menschliche Lymphsystem derartige Prionen einlagern kann, ohne das die Krankheit ausbricht (Stiller Träger). Eine direkte Verbindung von BSE zu der beim Menschen bekannten Creutzfeld-Jakob-Erkrankung ist derzeit nicht erkennbar, beide weisen jedoch eine ähnliche Symptomatik auf.

Das Fleisch BSE-befallener Tiere ist folgendermaßen **unschädlich zu beseitigen:**
Das Material wird 30 Minuten bei 140 °C und einem Druck von 3 bar behandelt. Anschließend wird es in offenem Feuer verbrannt. Das Verfahren ist sehr kostspielig, aber die alleinige Verkochung oder Verbrennung zur Beseitigung und „Knackung" der pathologisch veränderten Prionen reicht nicht aus, da sie ausgesprochen resistent sind.

Folgende Teile von Schafen und Ziegen gelten als Risikomaterialien und sind unschädlich zu beseitigen:

- Schädel einschließlich Gehirn, Augen, Mandeln, Rückenmark von über 12 Monate alten Tieren
- Milz von Schafen und Ziegen

12

www.bfr.bund.de

Informieren Sie sich mithilfe des Internets über den neuesten Stand der wissenschaftlichen Erkenntnisse hinsichtlich der BSE-Problematik. Leiten Sie daraus Hinweise zur besseren Aufklärung Ihrer Kunden ab.

Rinder	Risikomaterial
< 12 Monate	Schädel einschl. Hirn, Augen, Zungenbein, Rückenmark **jedoch nicht:** Unterkiefer, Zunge vor dem Zungenfortsatz des Zungenbeinkörpers
< 24 Monate	Wirbelsäule einschl. Rückenmarksnervenknoten **jedoch nicht:** Schwanzwirbel, Dorn- und Querfortsätze der Hals-, Brust- und Lendenwirbel
jedes Alter	Mandeln (Tonsillen), Darm (vom Zwölffingerdarm bis Enddarm), Darmgekröse, alle Körperteile von positiv auf BSE getesteten Tieren einschl. Haut

Hinsichtlich der Problematik der Wirbelsäule ist folgender Stand verbindlich:

Alter der Rinder

- < 12 Monate:
  Die Wirbelsäule braucht nicht aufgetrennt werden (ganze Kälber sind möglich).
- > 12 bis 24 Monate:
  Der Tierkörper muss mittig an der Wirbelsäule aufgetrennt und das Rückenmark entfernt werden.
- > 30 Monate:
  Die Wirbelsäule muss komplett entfernt werden und die Untersuchung auf BSE bzw. TSE ist in Deutschland Pflicht (nationales Recht).
  Die EU plant, die Anhebung der Pflichtuntersuchung für Rinder erst ab dem 30. Lebensmonat in nationales Recht umzuwandeln.

Spiralig aufgerollte Muskeltrichine

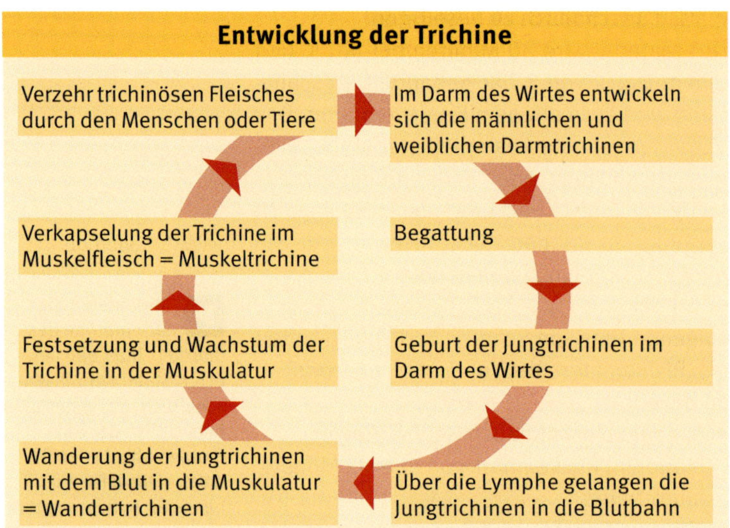

50.3.3 Invasionskrankheiten

„Invasion" ist ein feindlicher Einfall von Krankheitserregern. Invasionskrankheiten werden durch Schmarotzer oder Parasiten hervorgerufen. Diese niederen Tiere halten sich während eines oder mehrerer Lebensabschnitte oder während ihres ganzen Lebens in oder auf dem Körper des befallenen Tieres auf. Dabei zeigen sich bei den Tieren meist keine auffälligen Krankheitserscheinungen. Diese werden erst bei der Schlachttierkörperuntersuchung (Fleischuntersuchung) festgestellt. Die Erreger sind teilweise nur mit dem Mikroskop erkennbar. Sie gehören jedoch nicht zu den Mikroorganismen, sondern sind kleinste, vielzellige Lebewesen.

Schmarotzer sind oftmals auf den Menschen übertragbar und können schwerwiegende Erkrankungen auslösen.

Trichinen (Trichinella spiralis)

Die Trichinenkrankheit oder Trichinose wird durch kleine Rundwürmer, die Trichinen, hervorgerufen. Sie sind am vorderen Ende zugespitzt, am hinteren Ende stumpf abgerundet und haben eine dünne, durchsichtige Körperwand. Im Fleisch liegen sie eingerollt in einer Kapsel. Die weibliche Trichine erreicht eine Länge von 2 bis 4 mm, die männliche von 1,5 mm. Die Trichine kann alle fleischfressenden Tiere befallen.

Durch den Genuss von trichinösem Fleisch ist die Trichinose auch auf den Menschen übertragbar.

Trichinen kommen nur in der quer gestreiften Muskulatur vor, jedoch nicht im Herzmuskel. Bevorzugte **Aufenthaltsorte** der Trichinen sind Nierenzapfen, Zwerchfell, Zwischenrippen- und Bauchmuskulatur sowie Zunge.

Für den **Nachweis** der Trichinen im Fleisch wird auf größeren Schlachthöfen die Verdauungsmethode angewendet. Dabei wird von 100 oder 50 Schweinen (abhängig von der Schlachtkapazität) jeweils ein ca. haselnussgroßes Fleischstück aus dem Zwerchfell herausgeschnitten und mit einer dem Magensaft ähnlichen Flüssigkeit versetzt. Diese

wird im Trichinoskop, einem speziellen Vergrößerungsglas, untersucht.
Gemäß Fleischhygienegesetz sind alle Schweine, auch Wildschweine sowie Pferde auf Trichinen zu untersuchen.
Trichinöses Fleisch ist untauglich.

Trichinose des Menschen

Die Trichinose des Menschen ist in ihrem Ablauf abhängig von der Zahl der aufgenommenen Trichinen und verläuft parallel zu deren Entwicklung. Zunächst tritt eine fieberhafte Darmentzündung mit Appetitlosigkeit, Übelkeit, Erbrechen und blutigem Durchfall (Darmtrichinen) auf. Ab der zweiten bis dritten Woche beginnen durch die Wanderung der Jungtrichinen Schmerzen in der gesamten Muskulatur, besonders in der Zwerchfellmuskulatur und den Muskeln der Gliedmaßen; gleichzeitig sind Anschwellungen im Gesicht, Schluckbeschwerden und Heiserkeit zu beobachten.

Der Höhepunkt der Krankheit liegt in der fünften bis sechsten Woche, wobei ein tödlicher Ausgang durch Störung der Atmung und durch Muskelzerfall nicht auszuschließen ist. Nach Überstehen der Krankheit bleiben rheumatische Erscheinungen in der Muskulatur zurück.

Finnen

Finnen sind Larven von verschiedenen Bandwürmern, deren Entwicklungszyklen sich durch fortwährenden Wechsel des eigentlichen Wirtes und des Zwischenwirtes auszeichnen.

Stark finniges Fleisch ist untauglich, schwach finniges ist nach dem Einfrieren tauglich.

Bedeutung für den Menschen

Nicht nur der Genuss finnigen Fleisches, sondern auch die Aufnahme von Bandwurmeiern durch Unsauberkeit, z.B. beim Umgang mit Hunden, kann beim Menschen schwerste Gesundheitsstörungen (unter Umständen sogar mit Todesfolge) hervorrufen.
Man unterscheidet:

- gesundheitsschädliche Finnen: Rinder- und Schweinefinnen

- gesundheitsunschädliche Finnen: Hülsenwürmer (Echinokokken) und dünnhalsige Finnen. Sie sind für den Menschen ungefährlich, da sich nur bei Hunden hieraus Bandwürmer entwickeln können.

Nach dem Genuss von finnigem Fleisch wird die Kapsel der Finne verdaut, der Kopf stülpt sich, heftet sich an die Darmwand und wächst zum Bandwurm aus. Dieser kann Darmblutungen, Darmgeschwüre und Verdauungsstörungen verursachen. Außerdem kommt es beim Rinderbandwurmbefall zu einem erheblichen Nahrungsentzug beim Menschen.

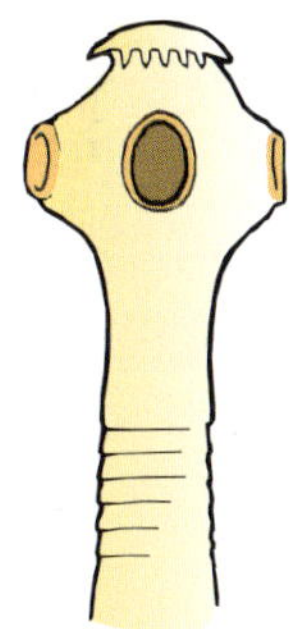

Kopf des Bandwurms mit Hakenkranz

Körpersegment (Proglottiden) des Bandwurms

Leberegel

Sie finden sich in den Gallengängen von Rindern, Schafen und Ziegen sowie in seltenen Fällen bei Schweinen.

Einen Teil ihrer Entwicklung machen sie im Wasser in einer Schnecke durch und gelangen, nachdem sie sich an Grasstängeln abgesetzt und verkapselt haben, beim Weidegang in den Körper der Tiere. Im Magen löst sich die Kapsel der jungen Larve, wandert in die Gallengänge aus und setzt sich mithilfe der Saugnäpfe dort fest. Anschließend wird sie geschlechtsreif und ruft Entzündungen sowie kalkige Entartungen hervor.

Die Leber ist genussuntauglich; sofern keine starken Veränderungen der Muskulatur vorliegen, bleibt der Tierkörper tauglich.

50.3.4 Sonstige Erkrankungen und Mängel

Abmagerung

Diese tritt häufig als Folge einer Krankheit auf, Fleisch und Fett sind wässrig und verfärbt. Derartige Tierkörper sind als untauglich zu beurteilen.
Eine Abmagerung kann jedoch auch auf eine starke Ausnutzung des Tieres sowie auf hohes Alter zurückzuführen sein. Solches Fleisch ist meist trocken, zäh und dunkelrot.
Im Gegensatz zur krankheitsbedingten Abmagerung ist es jedoch tauglich und vorzugsweise zur Herstellung von Dauerwurst geeignet.

Geschmacks- und Geruchsabweichungen

Binneneber
Ein Binneneber ist ein unvollständig verschnittener (kastrierter) Eber; d. h., bei der Kastration wurde versehentlich nur ein oder gar kein Hoden entfernt.
Beim Ausschlachten treten der oder die Hoden zutage und der typische Geschlechtsgeruch ist wahrnehmbar.
Das Fleisch ist als untauglich einzustufen.

Altschneider
Hierbei handelt es sich um einen Zuchteber, der ca. 12 bis 14 Wochen vor der Schlachtung kastriert wird, um den Geschlechtsgeruch aufzuheben. Wird dieser Zeitraum bis zur Schlachtung nicht eingehalten, kann der Geschlechtsgeruch wie beim Binneneber auftreten. Das Fleisch ist als untauglich einzustufen.

Vorschriftsmäßiges Verladen der Schlachttiere

50.4 Schlachtviehtransport

Seit dem 1.1.2022 gelten verschärfte Regelungen für den Transport von Tieren, die in der **Tierschutztransportverordnung** festgeschrieben sind. Der Begriff Transport umfasst hier nicht nur die Ortsveränderung unter Berücksichtigung des Tierwohls, sondern
- das Ausstallen der Tiere,
- das Verladen in Transportfahrzeuge,
- die Beförderung zur Schlachtstätte,
- das Ausladen der Tiere,
- die Schlachttieruntersuchung,
- die Erholung der Tiere von den Transportbelastungen.

50.4.1 Transportbedingungen

Jegliche Ortsveränderung durch Transportfahrzeuge stellt eine enorme Belastung für die Schlachttiere dar. Dadurch kommt es immer wieder zu einer Minderung der Fleischqualität infolge von Verletzungen oder Stress (► S. 283 f.) bzw. sogar zu Totalverlusten durch Todesfälle. Für die Werterhaltung der Schlachttiere ist ein sachgemäßer Schlachtviehtransport unerlässlich. Neben den Forderungen der Tierschutztransportverordnung (TierSchTrV) sollte Folgendes berücksichtigt werden:
- Tiere sollten schonend und artgerecht behandelt werden.
- Sie sind nach Tierart getrennt zu transportieren.
- Sie sollen mit geringer Futterfüllung und gut getränkt befördert werden.
- Sie sollen in sauberem und unverletztem Zustand sowie bei ungestörtem Allgemeinbefinden sein.
- Die Tiere sollen von ihnen bekanntem Stallpersonal ausgestallt und verladen werden.
- Gewaltanwendungen sind zu vermeiden, da sie in der Regel nicht zum Ziel führen und bei den Tieren unnötig Stress bewirken.
- Tiere, die gemeinsam gehalten wurden, sind nach Möglichkeit auch gemeinsam zu transportieren.

Die Anforderungen an die **Transportmittel** sind in der Tierschutztransportverordnung festgehalten.

Schlachttiere werden überwiegend mit Kraftfahrzeugen transportiert. Ökologisch günstiger wäre der Transport mit der Eisenbahn. Für kürzere Strecken (<100 km) ist der Aufwand durch die Verladetätigkeiten jedoch ungleich größer als der Nutzen, weshalb die Bahn nur bei extrem langen Transportwegen (> 400 km) genutzt wird.

Die Tiere dürfen ausschließlich mit geeigneten Geräten getrieben werden. Elektrische Treibhilfen dürfen nur in Ausnahmefällen auf die Hinterbeinmuskulatur bei gesunden, über ein Jahr alten Rindern und über vier Monate alten Schweinen angewendet werden, wenn diese die Fortbewegung verweigern.

Für das zu transportierende Schlachtvieh ist ausreichend **Platz** zu gewährleisten. Als Richtwerte gelten:

- Schweine: 0,5 bis 0,8 m^2/100 kg Körpermasse
- Kälber: 0,4 bis 1,1 m^2/100 kg Körpermasse
- Rinder: 1,3 bis 2,0 m^2/100 kg Körpermasse

Die Beförderung der Tiere darf innerstaatlich nicht länger als viereinhalb Stunden dauern, wenn nicht sichergestellt ist, dass die Außentemperatur während der Beförderung zu keinem Zeitpunkt mehr als 30 °C beträgt.
Für **Langzeittransporte** gilt weiterhin:

- Tränken mindestens alle 12 Stunden
- Füttern mindestens alle 24 Stunden

Seit dem 1. Januar 2023 gilt auch die Neuregelung für den Transport von Kälbern. Ein Transport von Kälbern ist erst ab einem Alter von 28 Tagen erlaubt. Vorher galt ein Mindestalter von 14 Tagen.

In der Aufstallung hat sich das Abduschen der Schweine mit Kaltwasser bewährt. Dadurch wird die Körpertemperatur gesenkt, die Tiere sind weniger erregt und aggressiv.

50.4.2 Transportschäden

Neben den Störungen des Kreislauf- und Stoffwechselgeschehens der Tiere beim Transport können noch weitere negative Erscheinungen auftreten.

Der Einsatz ungeeigneter oder nicht entsprechend hergerichteter Transportfahrzeuge, unsachgemäßes Ein- und Ausladen der Tiere sowie eine rücksichtslose Fahrweise haben **Transportschäden** zur Folge wie

- Quetschungen
- Zerrungen
- Verletzungen
- Knochenbrüche
- Blutergüsse
- Todesfälle

Verletzungen sind vor allem festzustellen infolge

- Schlagens oder sonstiger Misshandlung der Tiere
- starker Erregung der Tiere (Scheuen und starke Reflexe)
- mangelhafter Beschaffenheit des Fahrzeugbodens (rutschiger Boden, Bodenspalten)
- rauer Bordwände
- gemeinsamer Verladung böser, widerspenstiger Tiere
- mangelhafter Gruppierung der Tiere durch Nichtnutzung oder falsche Anwendung der Trenngitter
- unsachgemäßer Anbindung der Tiere
- Nichteinhaltung der Beladedichte
- zu starker Beschleunigung und Abbremsung des Fahrzeugs

Todesfälle können auftreten bei

- mangelhafter Luftzufuhr (besonders in den Sommermonaten)
- Überbelegung der Transportfahrzeuge
- Strangulierung angebundener Tiere
- Herz-Kreislauf-Versagen bei Schweinen (besonders aus Intensiv- bzw. Stallmast)

50.4.3 Schlachttieruntersuchung

Die Schlachttierbeschau aller Schlachttiere während des Ausladens oder direkt im Anschluss daran ist notwendig, um ihren derzeitigen sichtbaren Allgemeinzustand zu beurteilen. Daraus leitet sich die Erteilung der Schlachterlaubnis ab bzw. es ergeben sich Auflagen hinsichtlich des Schlachtzeitpunktes. So kann der Tierarzt unter Umständen eine sofortige Schlachtung ohne Ruhezeit von kranken oder verletzten Tieren anordnen, für die anderen Tiere eine verlängerte Ruhezeit anweisen oder die Schlachtung aus seuchenpolizeilichen Gründen verbieten (siehe Tierseuchengesetz).

▶ Stellen Sie mithilfe aller Ihnen zur Verfügung stehenden Quellen folgende Informationen zusammen:
- aufgetretene Schlachttiererkrankungen der letzten zehn Jahre,
- aufgetretene Transportschäden und -verluste der letzten zehn Jahre.

Stellen Sie Ihre Ergebnisse grafisch dar und diskutieren Sie mit Ihren Mitschülern über die möglichen Ursachen des Grafikverlaufs.

50.4.4 Schlachtviehvermarktung

Die Form der öffentlichen Vermarktung der Schlachttiere (auch **Lebendvermarktung**) war früher gängige Praxis und wird heute noch vereinzelt – mit abnehmender Tendenz – durchgeführt.
Die lebenden Tiere, meist Rinder und Kälber, werden vom Erzeuger oder Viehhändler zum Markt gebracht, der oft an öffentliche Schlachthöfe angegliedert ist, und dort verkauft.
Die Vermarktung dieser Tiere erfolgt „freihändig", d. h., die Qualität des Tieres wird auf der Grundlage des Erscheinungsbilds eingeschätzt und durch bestimmte Griffe untermauert. Auf dieser Basis wird zwischen Verkäufer und Käufer der Preis ausgehandelt.
Die Bezahlung der klassifizierten Tiere erfolgt für das ermittelte Lebendgewicht. Preisabschläge gibt es, wenn das Gewicht des Magen-Darm-Inhalts überhöht ist.

Mit den **Fleisch- und Fettgriffen** lassen sich der Ernährungszustand und der Ausmästungsgrad des Tieres relativ einfach ermitteln. Von ihnen hängt die zu erwartende Gesamtausbeute der Schlachtung ab.
Das Alter lässt sich bei Rindern über die Vorderzähne des Unterkiefers, bei weiblichen Rindern zusätzlich über die Hornringe ermitteln.

Die Lebendvermarktung hat aus folgenden Gründen weniger Bedeutung:
- durch die Zunahme der sogenannten Versandschlächtereien
- die Schlachthöfe bezahlen nur das erzielte Fleisch in Abhängigkeit von der Qualität
- die Schlachtkörpervermarktung bietet mehr Gerechtigkeit für beide Seiten

50.5 Schlachttechnologien

Die Schlachttechnologien umfassen alle Prozesse, die im Rahmen der Fleischgewinnung notwendig sind.
Dazu gehören:
- Betäuben
- Entbluten
- Enthäuten (Rinder, Schafe)
- Brühen und Enthaaren (Schweine)
- Brühen und Entfedern (Geflügel)
- Entnahme des Magen-Darm-Pakets (alle Verdauungsorgane außer der Speiseröhre)
- Entnahme des Geschlinges (Herz mit Schlund, Zunge, Leber, Lunge)
- Spalten der Tierkörper
- Schlachttierkörperuntersuchung
- Klassifizierung

50.5.1 Schlachten von Rindern

Betäuben

Durch das Betäuben wird das Bewusstseinszentrum im Großhirn des Tieres ausgeschaltet. Dadurch soll das Tier empfindungs- und wahrnehmungslos (Tierschutz) und möglichst bewegungslos (Unfallschutz) werden. Dieser Zustand muss bis zum Tod des Tieres anhalten.

Die Betäubung der Schlachttiere ist gesetzlich vorgeschrieben (siehe Tierschutzgesetz und Gesetz über das Schlachten von Tieren). Nur bei rituellen Schlachtungen (vom Gesetzgeber klar definiert) oder unter bestimmten Umständen (Notschlachtung) darf darauf verzichtet werden (EG-Verordnung 1099/2009).

12

Lebendvermarktung

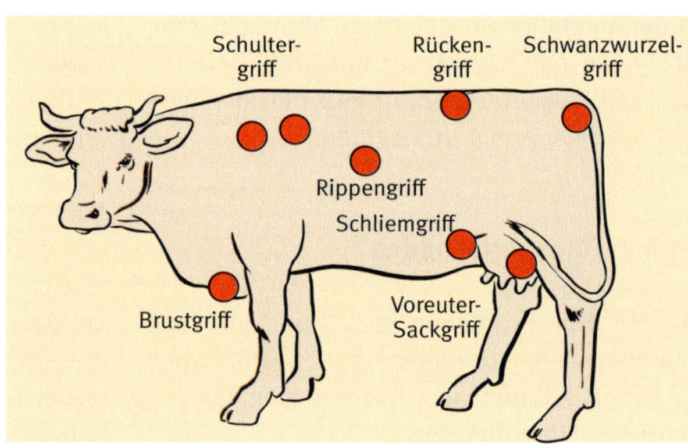

Griffstellen beim Rind

Mechanische Betäubung

Dem Fleischer stehen drei Betäubungsmethoden zur Auswahl:

- mechanische Betäubung mittels Bolzenschussgerät
- elektrische Betäubung mittels Strom
- chemische Betäubung mittels CO_2-Luft-Gemisch bzw. Edelgase oder CO

Die mechanische Betäubung der Rinder mit dem **Bolzenschussgerät** hat sich als die wirkungsvollste Methode durchgesetzt. Nachdem das Rind in einer Betäubungsbox fixiert worden ist, wird der Bolzenschussapparat gespannt, auf die Schädeldecke (Schnittpunkt der Diagonalen zwischen Augen und Hornansatz) aufgesetzt und ausgelöst. Durch Zündung einer Kartusche, einer Pulvertreibladung in einer Metallhülse, oder durch Druckluft wird ein Bolzen aus der Führung gedrückt, der den Schädelknochen durchschlägt und in das Großhirn eindringt, wobei ein Teil des Gehirns irreparabel zerstört wird. Das Kleinhirn bleibt intakt, sodass die Herz- und Atemtätigkeit aufrechterhalten bleiben.

Die Versuchsphase der elektrischen Betäubung, die aufgrund der BSE-Problematik durchgeführt wurde, ist größtenteils beendet und erfolgreich in die Praxis umgesetzt. Der Betäubungsprozess des Rindes unterliegt der elektronischen Prozesssteuerung. Nach einer elektrischen Fixierung über Nasen- und Nackenelektroden mittels Strom von ca. 3,5 A etwa zwei Sekunden lang erfolgt der eigentliche Betäubungsvorgang. Eine Elektrodenplatte verbleibt am Flotzmaul, eine zweite wird am Brustbein fixiert, dabei fließt ein Strom von etwa 3,5 A ca. 18 bis 20 Sekunden.

Entbluten

Das Entbluten der Schlachttiere ist aus folgenden Gründen notwendig:

- Blut ist aufgrund seines hohen Anteils an Eiweiß ein idealer Nährboden für Fäulnisbakterien. Je besser entblutet, desto länger also die Haltbarkeit des gewonnenen Fleisches.
- Blut gerinnt innerhalb kurzer Zeit im Schlachttierkörper. Damit wäre das Fleisch ungenügend oder nicht ausgebluteter Tiere in Bezug auf Verwendbarkeit, Verarbeitungseigenschaften und Genusswert erheblich qualitätsgemindert.

Unmittelbar nach der Betäubung werden die Rinder entblutet. Dazu wird das Tier mithilfe von Schlingketten und einer Hebevorrichtung (Elevator) an den Hinterbeinen aufgehängt. Durch einen **Bruststich** (ca. eine Handbreit vor der Brustspitze) werden die Hals- und Vorderbeinarterie kurz vor ihrer Verzweigung durchtrennt und das Blut wird mit Unterstützung des noch schlagenden Herzens aus der Stichstelle geleitet. Die Luft- und Speiseröhre dürfen dabei nicht verletzt werden, damit Speiseröhreninhalte sich nicht mit dem Blut vermischen.

Das austretende Blut wird in zwei Kategorien eingeteilt:

- **Stoßblut:** Es fließt im hohen Bogen aus der Stichwunde.
- **Sickerblut:** Da die Herztätigkeit nachlässt, wird das Blut nun nicht mehr herausgedrückt, es fließt langsam.

Die liegende Entblutung ist bezüglich der Arbeitssicherheit vorteilhafter, jedoch heute aus Kostengründen nicht mehr üblich.
Denn trotz ausreichender Betäubung kommt es während des Anschlingens der Hinterbeine häufig zu heftigen Vorder- und Hinterhandbewegungen. Das Personal ist im Bereich der unkontrolliert schlagenden Hinterbeine der Tiere einer erheblichen Gefahr ausgesetzt.
Bei der liegenden Entblutung erfolgt das Anschlingen erst nach der völligen Erschlaffung der Muskulatur. Bei dieser Art des Blutentzugs ist jedoch der apparative, räumliche und finanzielle Aufwand wesentlich höher als bei der hängenden Entblutung.

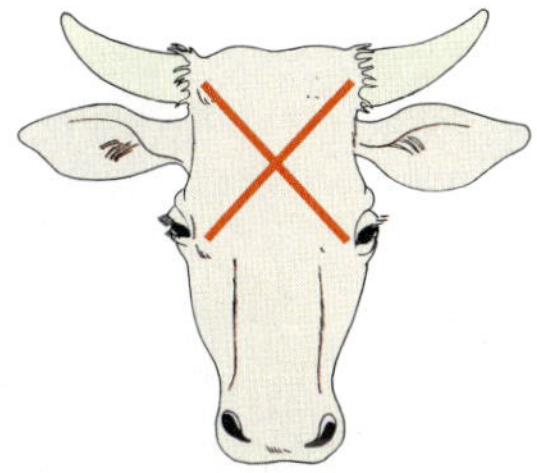

Ansatzstelle für den Bolzenschussapparat

Bolzenschussapparat (druckluftbetrieben)

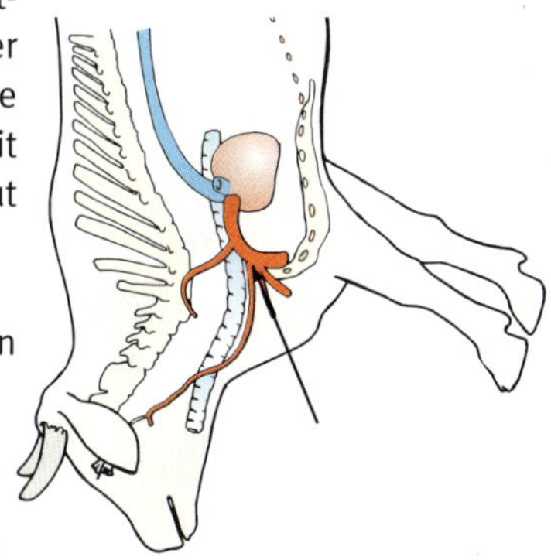

Entbluteschnitt beim Rind

12

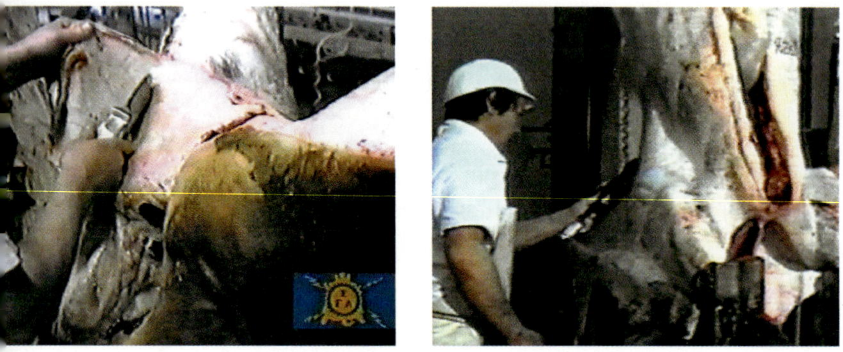

Freischlachten der Keulenpartien (links) und der Nackenpartie (rechts)

Enthäuten

Die äußere Haut (Fell) wird vom Unterhautgewebe ohne anhaftendes Fettgewebe getrennt, wobei weder die Haut noch das Fleisch verletzt werden sollten.
Die Enthäutung der Rinder kann mit Handwerkzeugen oder auch nach manueller Vorbereitung mit Maschinen erfolgen.

Handenthäuter und Messerenthäuter

Vor dem eigentlichen Enthäuten wird der Kopf abgetrennt, die Hörner werden abgesetzt und der Kopf wird enthäutet. Vor der maschinellen Enthäutung werden außerdem die Vorderfüße abgetrennt.

Manuelles Enthäuten

Hier verbleiben die Vorderbeine am Tierkörper. Die Schnittlinien zum Vorschneiden der Haut sind vorgeschrieben. Sie entsprechen den Forderungen der Lederindustrie, die eine annähernd quadratische Hautform benötigt, um möglichst viel Leder zu gewinnen.
Als Handwerkzeuge dienen einfache Messer (breite, mit nach oben gebogener Klinge) bzw. spezielle Messer- oder Handenthäuter. Diese sind mit pulsierenden oder rotierenden Klingen ausgestattet und unterstützen durch ihre Scherwirkung das Abtrennen der Haut.

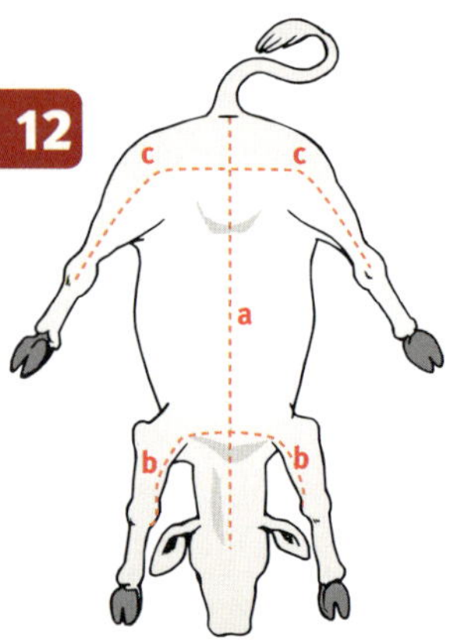

Gliedmaßenschnitte

Zum **Vorschneiden** der Haut sind ein Mittelschnitt und vier Gliedmaßenschnitte notwendig.

- Mittelschnitt (a):
  Er wird geradlinig vom Hals über Brust und Bauch zum After geführt, ohne die Afterkrone zu verletzen.
- Gliedmaßenschnitte Vorderbeine (b):
  Man schneidet längs des Fußes bis hinter das Fußwurzelgelenk und führt hinter dem Gelenk das Messer rechtwinklig zur Brustspitze, bis der Schnitt im Mittelschnitt mündet.
- Gliedmaßenschnitte Hinterbeine (c):
  Die Sehnen des Unterfußes werden durchtrennt. Die Haut wird längs des Fußes über dem Sprunggelenk bis etwa 30 cm hinter dem Gelenk aufgeschnitten. Von dieser Stelle aus wird das Messer im rechten Winkel an der Innenseite der Keule bis zum Mittelschnitt geführt.

Nach dem Vorschneiden erfolgt das Vorschlachten der Haut, das Lösen der Haut von Beinen, Brust, Bauch, Hals und Keulen, meist mit elektrisch betriebenen Messern. Anschließend wird die gesamte Haut abgetrennt. Üblicherweise hängt der Tierkörper während dieser Arbeit, sodass das Eigengewicht der Haut unterstützend wirkt und der Trennvorgang erleichtert wird.

Maschinelles Enthäuten

Das Vorschneiden und Vorschlachten der Haut erfolgt wie beim manuellen Enthäuten. Dabei ist darauf zu achten, dass die Gliedmaße so weit freigeschlachtet werden, dass sie an der Enthäutevorrichtung fixiert werden können.

Der vorgeschlachtete Tierkörper hängt fest an einer Schlachtbahn. Die Abzugsvorrichtung besteht aus einer Laufschiene, an der ein Schlitten entlanggeführt wird. Am Schlitten wird die Haut der Vorderglieder mit Ketten befestigt.

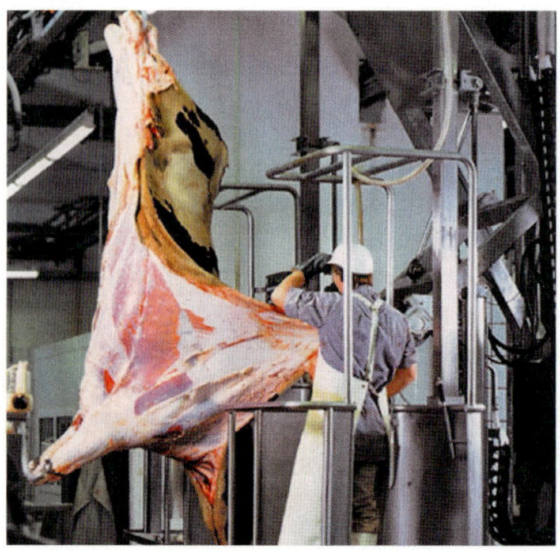

Mechanische Hautabzugsvorrichtung

12

Die Haut muss immer in Längsrichtung der Körpermuskeln abgezogen werden, damit das Muskelfleisch nicht einreißt. Da die Muskeln am Bug quer zum hängenden Tierkörper und am Rücken längs verlaufen, muss die Haut vom Bug waagerecht und vom Rücken senkrecht abgezogen werden.
Aus diesem Grund wird der Schlitten durch die Laufschiene erst waagerecht, dann im Bogen ansteigend und zuletzt senkrecht nach oben geführt.

Bei manchen Maschinen wird die abgezogene Haut auf eine Rolle aufgewickelt, damit die Haut nicht die Oberfläche des Fleisches berühren und es somit zu keiner Verschmutzung kommen kann.

Ausnehmen des Magen-Darm-Pakets

Nach dem Enthäuten ist sofort das Magen-Darm-Paket herauszunehmen, um eine Anreicherung der Körperhöhlen mit Keimen aus dem Magen-Darm-Trakt zu vermeiden.

Zunächst trennt man die Keulenpartie beckenseitig bis zum Schlossbein. Dieses wird mit dem Hackmesser oder der Schlossbeinsäge „aufgeschlosst". Durch einen Kreisschnitt wird der After umschnitten und vom Tierkörper gelöst. Der abgetrennte Teil wird sofort in eine Plastiktüte gegeben, um Verschmutzungen zu vermeiden.
Anschließend wird der Bauchschnitt bis zum Brustbein geführt, die Becken- und Baucheingeweide werden nach Durchschneiden des Dünndarmansatzes entnommen (mit Ausnahme der Nieren). Die Speiseröhre ist magenseitig vor dem Durchtrennen zweifach abzuklemmen oder abzubinden. Dadurch wird ein Ausfließen des Magen- und Speiseröhreninhalts verhindert.
Das Magen-Darm-Paket wird durch geeignete Unterlagen aufgefangen und hieraus werden Milz und Vormägen abgetrennt.

Ausnehmen des Geschlinges

Bevor das Geschlinge (Brusteingeweide) entnommen werden kann, muss das Brustbein in seiner ganzen Länge mit einem Spalter oder einer Brustbeinsäge aufgespalten werden.

Danach wird der sehnige Teil des Zwerchfells durchtrennt und die Lunge mit dem Herzen sowie die Luft- und Speiseröhre werden herausgenommen.

Spalten der Tierkörper

Ein Spalten der Rinder ist nach der EU-Frischfleischrichtlinie 64/433 zwingend notwendig. Das Tier muss dem Tierarzt in zwei Hälften vorgestellt werden.

In der Einzelschlachtung hat sich das Spalten des Tierkörpers mit dem Spalter (▸ S. 50) bewährt. Beim Durchhacken der Wirbelsäule in Längsrichtung wird „gefedert", d. h., die Dornfortsätze, auch Federn genannt, bleiben abwechselnd auf der linken und rechten Hälfte. So ist gewährleistet, dass die Knochenmasse der beiden Hälften annähernd gleich und der Wirbelkanal für die Fleischbeschau geöffnet ist.

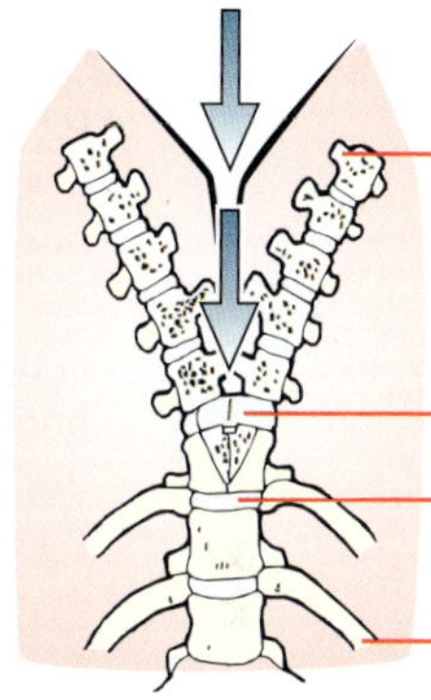

Aufspalten der Wirbelsäule

In mittleren Schlachtbetrieben werden handgeführte **Spaltsägen** eingesetzt, wobei die Arbeitshöhe durch eine Hebebühne beeinflusst werden kann.

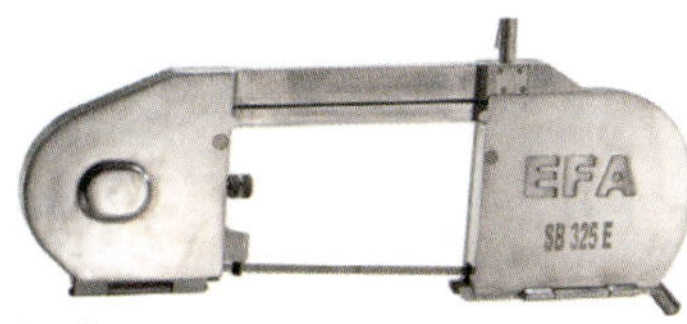

Spaltsäge

In industriellen Schlachtbetrieben mit hohen Schlachtzahlen werden **automatische Spaltvorrichtungen** eingesetzt. In diesen Halbier-

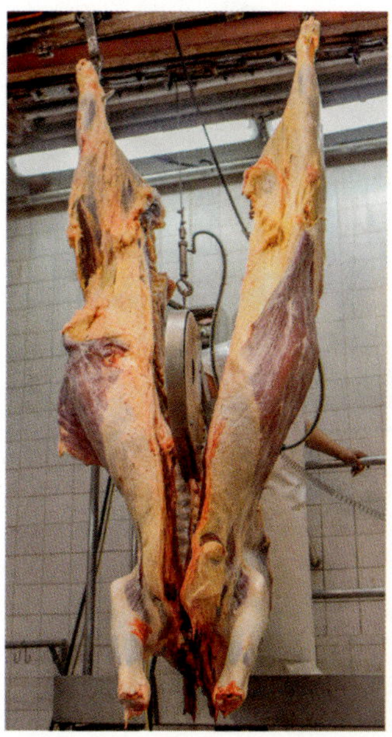
Spaltsäge

maschinen werden die Tierkörper direkt am Band fixiert und durch mechanische Sägen von oben nach unten halbiert. Für die genaue mittige Führung der Sägen läuft vor dem Sägeblatt eine Führungsrolle, die an die Wirbelsäule angedrückt wird.

Nach dem Halbieren wird der Tierkörper innen mit fließendem Wasser ausgespült, um eventuelle Verunreinigungen (z.B. Knochenmehl) zu beseitigen.

Das **Rückenmark** als BSE-Risikomaterial wird gegenwärtig mittels einer Rückenmarkfräse herausgefräst oder mittels Rundmesser herausgetrennt, durch eine Vakuumdüse abgesaugt und direkt in spezielle Risikomaterialbehältnisse transportiert. Die Nachreinigung der Sägeflächen erfolgt evtl. mithilfe eines Dampf- bzw. Nasssaugers.

Die nachfolgende Zerlegung der Rinder – ohne Spaltung der Wirbelsäule – hat sich bisher nicht durchsetzen können und ist rechtlich noch nicht realisierbar.

50.5.2 Schlachten von Schweinen

Betäuben

Da die Schlachtzahlen der Schweine im Verhältnis zu den Rinderschlachtungen um ein Vielfaches größer sind, haben sich zwei Betäubungsmethoden durchsetzen können.

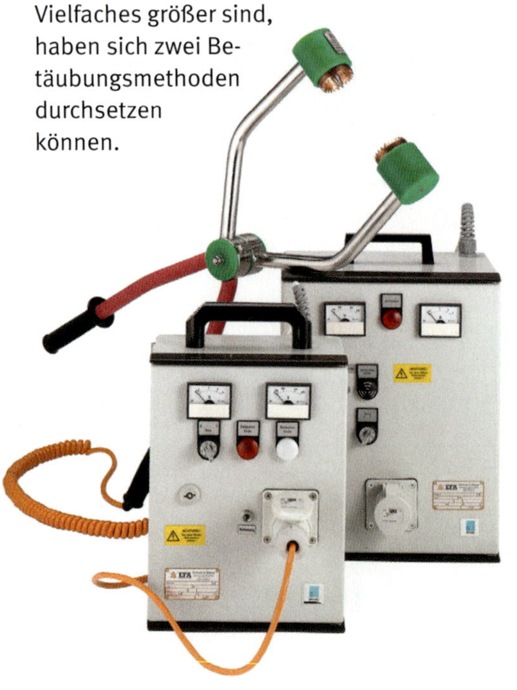

Betäubungszange

12

Elektrische Betäubung

Bei dieser Methode durchströmt elektrischer Strom mittels an den Kopf gesetzter Elektroden das Gehirn. Hierdurch wird ein epileptischer Anfall bewirkt und so die Bewusstlosigkeit herbeigeführt. Dabei ist darauf zu achten, dass der Strom einen nahezu geraden Weg durch das Gehirn nimmt, um die Wirksamkeit zu garantieren. Ideale Ansatzpunkte für die Elektroden sind Ohr/Ohr bzw. Ohr/ Auge.

Betäubungszangen und -gabeln wurden in den letzten Jahren durch die **Hochvoltbetäubung** verdrängt. In diesen Anlagen werden die Tiere fixiert und durch Fußelektroden automatisch bzw. durch Betäubungsbügel manuell betäubt. Dabei sind Spannungen zwischen 400 bis 1000 Volt anzulegen.

Für Strom, Spannung und Frequenz gibt es keine einheitlichen Regelungen, somit bestehen Unterschiede zwischen den Schlachtbetrieben.

Bei den gebräuchlichen Betäubungsgeräten wird eine Wechselspannung zwischen 70 und 300 V empfohlen. Die Stromstärke sollte mindestens 1,25 A betragen, um die Empfindungs- und Wahrnehmungslosigkeit nach einer Sekunde eintreten zu lassen.

Auch hinsichtlich der Einwirkdauer, die in der Praxis durchschnittlich 10 bis 30 Sekunden beträgt, gibt es betriebliche Unterschiede.
Bei höheren Werten besteht die Gefahr, dass das Tier den Herzstillstand erleidet. Durch den vorzeitigen Tod kann das Tier nicht mehr ausbluten und das Fleisch ist infolgedessen unbrauchbar.

Aus tierschutzrechtlichen Gründen sollte die ordnungsgemäße Betäubung durch die Werte für Strom und Einwirkdauer dokumentiert werden.

Betäuben mit CO_2-Luft-Gemisch

Bei dieser Methode werden die Tiere durch Einatmen des Co2-Gasgemisches und durch Sauerstoffmangel betäubt, ohne dass Schäden im Fleisch auftreten.
Da CO_2 ca. 1,5-mal schwerer als Luft ist, wird eine Betäubung in Tunneln, Kanälen oder

Gruben vorgenommen, wodurch eine schnelle Vermischung mit der Umgebungsluft vermieden wird.
Die Anwendung von reinem CO_2 ist nicht möglich, da das Tier infolge des Sauerstoffmangels ersticken würde. Deshalb muss ein CO_2-Luft-Gemisch im Verhältnis von 30 : 70 eingehalten werden.

Der Vorteil dieser Betäubungsmethode besteht darin, dass die Tiere am Ende der Einwirkzeit völlig entspannt sind und sich in einem tiefschlafähnlichen Zustand befinden. Die Ausblutung wird durch keine Reflexe behindert, demzufolge ist der Ausblutungsgrad sehr hoch.

Der scheinbare Vorteil ist jedoch aus tierschützerischer Sicht nicht ganz unbedenklich, da die Bewusstlosigkeit erst nach ca. 40 Sekunden eintritt und die Tiere sich vorher in einer dementsprechend langen Erregungsphase befinden. Dies führt wiederum zu Stress, der sich auch nachteilig auf die Qualität des Fleisches auswirken kann (▸ S. 276 ff.).

Neuerdings werden Versuche durchgeführt, die Schweine statt mit CO_2 mit 90 %vol Argon zu betauben. Argon ist ein Edelgas mit narkotisierender Wirkung, weist aber nicht die Nachteile des CO_2-Gases auf.
Allein die anfallenden Kosten haben eine breite Anwendung der Argonbetäubung verhindert. Aus der Sicht des Tierschutzes ist es jedoch zu überlegen, dieser Methode in Zukunft den Vorrang zu geben.

Blutentzug

Die Schweine können wie die Rinder an den Hinterbeinen aufgehängt werden.

Der Einstich erfolgt im unteren Halsteil, wobei durch Querbewegungen des Messers die Halsarterie geöffnet wird. Die Luft- und Speiseröhre dürfen hierbei nicht verletzt werden, um ein Verunreinigen des Blutes mit Keimen und Mageninhalt auszuschließen.
Ebenso ist das Messer nicht in einem zu spitzen Winkel zu führen, da ein „Verstechen" der Schulter möglich wäre oder das Blut in den Brustraum eindringen und dort gerinnen könnte.

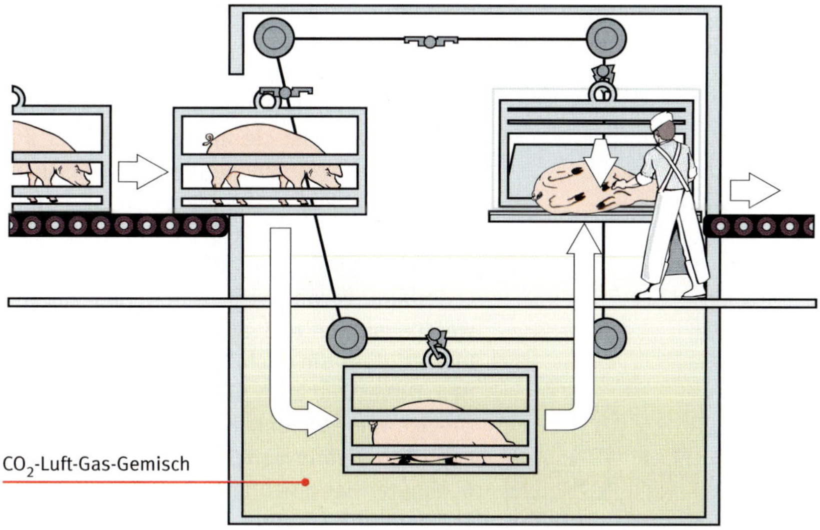

CO_2-Betäubung (Paternostersystem)

Schweineblut wird aufgrund seiner hellen Farbe vorzugsweise zur Herstellung von Blutwürsten verwendet, sodass eine sofortige **Stabilisierung des flüssigen Blutes** mit Citraten notwendig ist. Diese verhindern, dass das Blut gerinnt.

Die zu erwartende Blutmenge beträgt ca. 3 % des Schlachtgewichts, das entspricht etwa 2 bis 3 Litern.

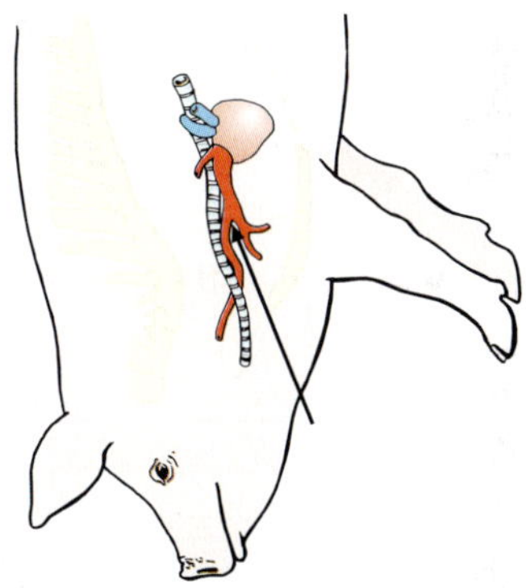

Blutentzug durch Bruststich

Die **liegende Entblutung** hat in den letzten Jahren in der Schweineschlachtung immer mehr an Bedeutung gewonnen. Denn durch die Betäubung werden im Tier Stresshormone in die Blutbahn ausgeschüttet, die wiederum die Ausbildung von PSE-Eigenschaften im Fleisch begünstigen. Da der Zeitpunkt des Blutentzugs bei der liegenden Entblutung nach der Betäubung früher ist als bei der hängenden, können die Hormone nicht so lange wirken, die PSE-fördernden Prozesse werden verringert.
Zum anderen wird durch die liegende Entblutung eine bessere technologische Einordnung des nachfolgenden Brühverfahrens erreicht.

Brühen

Die Haut des Schweins besteht überwiegend aus kollagenen Bestandteilen (Bindegewebseiweiß). Daher ist sie als leimgebender Zusatz in der Wurstherstellung unerlässlich. Dazu muss jedoch das Haarkleid (Borsten) entfernt werden. Die Haare und Borsten des Schweins sind mehr oder weniger mit der Lederhaut verwachsen. Durch das Brühen werden sie so weit aus der Lederhaut gelockert, dass sie leicht entfernt werden können. Dabei wird auch die Oberhaut abgelöst.

Sprühwasser-Brühanlage (Brühtunnel)

Die Schweine werden mit heißem Wasser bei einer Temperatur von 58 bis 60 °C ca. 5 bis 6 Minuten lang gebrüht. Das Einhalten der Temperatur ist wichtig, da sich bei „verbrühten“ Schweinen die Borsten nur schwer entfernen lassen.

Das Brühen der Schweine im **Brühtrog** ist aus hygienischer Sicht nicht ganz unbedenklich, auch wenn eine Vorreinigung der Tierkörper erfolgt: Schon nach kurzer Zeit hat sich das Brühwasser mit hitzebeständigen Keimen angereichert, sodass ein Befall der Tierkörperoberfläche nicht verhindert werden kann.

Im **Brühtunnel,** wo die Tierkörper feucht gesättigter Heißluft (Wasserdampf) mit einer Temperatur von 60 bis 65 °C für 5 bis 8 Minuten ausgesetzt werden, können die Keime nicht mehr über die Stichstelle oder Luftröhre in das Innere des Tierkörpers eindringen. Die äußere Anreicherung wird durch das spätere Abflammen beseitigt.

Da beim Brühtunnel die Anschaffungs- und Betriebskosten wesentlich höher sind als beim Brühtrog, wird diese Methode nicht durchgängig angewendet.

Enthaaren

Nach dem Brühen werden die Haare und Borsten sowie die Oberhaut mit einer „Glocke“ (kegelförmiges Schabegerät aus Stahlblech) oder maschinell durch Entborstungsmaschinen entfernt.

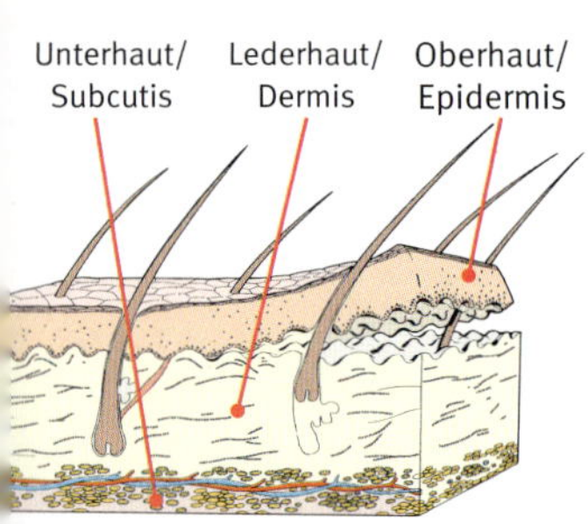

Querschnitt durch die Haut

Diese Maschinen bestehen meist aus zwei oder drei gleichläufig rotierenden Walzen, die mit verschiedenen Kratzelementen versehen sind. Dadurch wird das Schwein um seine Längsachse gedreht und die Borsten und Haare werden entfernt. Zur Unterstützung

Entborstungsmaschine

dieses Arbeitsgangs wird ca. 60 °C heißes Wasser über den Tierkörper gebraust.

Die maschinelle Enthaarung ist häufig unvollständig, sodass eine Nachbearbeitung notwendig ist, um die verbliebenen Haare und Borsten zu beseitigen. Das Nachenthaaren kann mit gasbeheizten **Flammgeräten** erfolgen. Dadurch verschließen sich die Poren der Haut, Keime können nicht mehr eindringen und die Zahl der auf der Hautoberfläche befindlichen Mikroorganismen wird gesenkt.

Noch vorhandene Restpartikel und -haare können mit einer Glocke oder einem Messer entfernt werden. Während dieser Nachbehandlungsphase werden Augen und Ohrmuscheln entfernt, die Zunge wird vom Unterkiefer her vorgeschnitten und die Sehnen der Hinterpfoten werden freigelegt.

Als vorteilhaft hat sich ein nochmaliges Abbrausen des ganzen Tierkörpers mit Wasser erwiesen, um Brennrückstände zu beseitigen.

Ausnehmen des Magen-Darm-Pakets

Die Keulen werden beckenseitig bis zum Schlossbein durchtrennt, das Schlossbein wird im Bereich der Fuge mit dem Messer „aufgeschlosst“ und der Bauch bis zum Brustbein aufgetrennt.

Durch einen Kreisschnitt wird der After (Krone) umschnitten, vom Tierkörper gelöst und so befestigt, dass er nicht in die Bauchhöhle gleiten kann.

Nach dem Durchtrennen des Gekröseansatzes und der Speiseröhre wird das Magen-Darm-Paket entnommen und abgelegt.

Künftig wird diese Arbeit von computergesteuerten Maschinen übernommen werden können.

Ausnehmen des Geschlinges

Die Schweine werden vor dem Entnehmen des Geschlinges „aufgebrüstet“, d.h., das Brustbein wird auf einer Seite in den Knorpelenden der Rippen aufgetrennt (meist rechts), der Hals bis zum Kinn aufgeschnitten. Das Zwerchfell wird durchgetrennt und das Geschlinge einschließlich Leber und Zunge aus dem Tierkörper herausgeschnitten. Die Speiseröhre sowie das Herz werden aufgeschlitzt, ausgespült und das Geschlinge wird zur Fleischbeschau bereitgehalten.

Spalten der Tierkörper

Beim Halbieren der Schweine wird üblicherweise eine mechanische handgeführte **Kreissäge** verwendet. Dabei wird die Wirbelsäule halbiert und der Wirbelkanal geöffnet. Dieser Vorgang ist notwendig, um bei der Fleischbeschau die Beschaffenheit des Rückenmarks beurteilen zu können. Hieraus ergeben sich für den Tierarzt Anzeichen für eventuelle Krankheiten. Bei manuell geführten Sägen ist zur **Unfallverhütung**

- die Säge im Zweihandbetrieb zu bedienen,
- die Schutzvorrichtung, die teilweise Abdeckung des Sägeblatts, auf Wirksamkeit zu prüfen,
- das Sägeblatt auf feine Haarrisse zu kontrollieren.

Schlachtbetriebe mit hohen Durchsatzleistungen haben – ähnlich wie bei den Rinderschlachtanlagen – sogenannte **automatische Trennanlagen.** Die Tierkörper werden am Schlachtband automatisch fixiert und durch Hackautomaten halbiert.
Vorteile der Automaten:

- Es fällt kein Sägemehl an.
- Die Trennstellen sind nicht verschmiert.
- Die Trennstellen werden nicht durch rotierende Sägeblätter erwärmt.
- Die Hygiene wird stärker berücksichtigt.

Nach dem Durchsägen der Schweine müssen Rückstände, z.B. Knochenmehl, sorgfältig entfernt werden, da durch diese Verschmutzungen das Fleisch schneller verderben kann.
Nach dem Durchsägen müssen die Tierkörper innerhalb von 24 Stunden auf eine Kerntemperatur von +7 °C gekühlt werden. Dieses betrifft hauptsächlich Schlachthöfe, da Haus- und Individualschlachtungen derartigen Bedingungen nicht unterliegen.

50.5.3 Schlachten von Kleintieren

Betäuben

Für das Betäuben von Kälbern, Schafen und Ziegen hat sich der Bolzenschussapparat aufgrund der geringen Schlachtzahlen bewährt. Hier ist jedoch zu beachten, dass bei der Auswahl der Kartusche für das jeweilige Tier die richtige Stärke gewählt wird.

Blutentzug

Bei Kleintieren und Kälbern wird der Blutentzug durch einen Querschnitt in der oberen Halsgegend und die Durchtrennung der Halsgefäße eingeleitet. Die ausfließende Blutmenge beträgt etwa 1 bis 2 Liter und liegt im Verhältnis zum Schlachtgewicht der Kälber bei ca. 6 % und der Schafe und Ziegen bei ca. 4 %. Dieses Blut wird wegen der geringen Menge nicht weiterbehandelt, sondern als Tierfutter aufgearbeitet.

Enthäuten

Kälber wie auch Kleintiere werden mehrheitlich mit Handwerkzeugen (Enthäutemesser, Handenthäuter) liegend enthäutet. Die Schnittführung ist analog zu der des Rindes. Bei der Enthäutung des Schafes kann man teilweise auf den Einsatz von Hilfsmitteln verzichten, da hier große Hautpartien mit dem Handknöchel „ausgestoßen“ werden können.

Ausnehmen des Magen-Darm-Pakets und des Geschlinges

Diese Arbeitsgänge entsprechen denen bei Rindern bzw. Schweinen.

Spalten der Tierkörper

Schafe und Ziegen werden üblicherweise nicht gespalten.
Kälber, deren Schlachtkörpermasse über 100 kg liegt, werden gemäß den Vorgaben für Rinder gespalten.

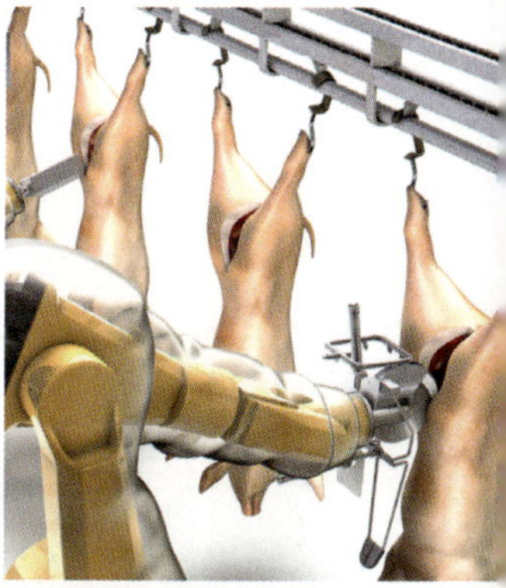

Robotereinsatz in der Schweineschlachtung

Innereien des Schweins

50.5.4 Schlachten von Geflügel

Der Begriff „Geflügel“ meint alle Nutzvögel, z.B. Haushühner, Enten, Gänse, Puten (► S. 648).

Nachfolgend werden die Arbeitsgänge der industriellen Geflügelschlachtung dargestellt.

Automatische Rupfanlage

Betäuben

Bei der Betäubung werden zwei Verfahren unterschieden.
Die Betäubung im **elektrischen Wasserbad** garantiert eine effektive Betäubung. Hierbei wird das kopfunter hängende Tier in den mit Wasser gefüllten Betäubungsapparat transportiert, der an eine Elektrode angeschlossen ist. Die andere Elektrode bildet der Aufhängebügel. Beim Eintauchen des Kopfes in das Wasser fließt elektrischer Strom durch den ganzen Tierkörperm meist 70 Volt bei 100mA, und das Tier wird sofort bewusstlos.
Die **MultiPhasen-CAS-Betäubung** verläuft unter kontrollierter Atmosphäre. Der Einsatz von Kohlendioxid in mehreren Phasen garantiert

- einen verbesserten Tierschutz
- so gut wie keine auftretenden Blutflecken
- kaum auftretende Knochenbrüche

Entbluten

Nach der elektrischen Betäubung werden mit einem Halsschnitt die Halsarterien, Halsmuskeln und Nervenstränge durchtrennt.
In modernen Schlachtanlagen erfolgt dies durch rotierende Messer, denen der Hals des Tieres durch eine Leitschiene zwangsweise zugeführt wird.

Brühen

Ähnlich wie beim Brühen der Schweine dient dieser Prozess der Vorbereitung des Entfederns, auch Rupfen genannt.
Die Brühtemperatur ist von der Art des Geflügels abhängig und reicht von 50 °C bis 58 °C. Eine höhere Temperatur ist zu vermeiden, da sonst die Eiweißschichten verleimen und sich die Federn nicht oder nur unvollständig entfernen lassen.
Die Brühzeit hängt häufig von der Mastform der Tiere ab. Bei Wassermasttieren beträgt die Brühdauer 2 bis 3,5 Minuten, sonst sind 1 bis 2 Minuten ausreichend.

Entfedern, Rupfen

Unmittelbar hinter der Brüheinrichtung ist der Rupfer installiert, damit das gebrühte Geflügel ohne wesentliche Abkühlung zum Entfedern gelangt. Das Rupfen erfolgt vollautomatisch unter Zusatz von Wasser, dessen Temperatur die Brühtemperatur nicht überschreiten darf.
Bei den Rupfmaschinen handelt es sich meist um zwei parallel angeordnete Fingerwalzen, an denen gegeneinander arbeitende Scheiben mit langen Rupffingern befestigt sind. Durch das entgegengesetzte Drehen der Scheiben werden die Federn herausgezogen.
Danach werden in einem Gas-Sengofen die Haar- und Flaumfedern abgesengt und der Tierkörper mechanisch gewaschen.

Ausnehmen und Entdärmen

Nachdem der Kopf und die Füße maschinell abgesetzt worden sind, muss der Tierkörper wieder an den Beinen aufgehängt werden.
Das Ausschlachten beginnt mit dem Kloakenschnitt und dem anschließenden Öffnen der Bauchhöhle. Dieser Schnitt führt um den After herum, wobei darauf zu achten ist, dass die Kloake nicht in den Bauchraum zurückfällt und somit den Tierkörper aus hygienischer Sicht unbrauchbar macht.
In modernen Schlachtbetrieben wird die Kloake mit der „Kloakenpistole“ maschinell umschnitten und unter Ausnutzung von erzeugtem Vakuum herausgesaugt.
Die Därme und Innereien werden überwiegend durch Ausnehmemaschinen entfernt.

12

▶ Stellen Sie für die verschiedenen Schlachttierarten den Schlachtvorgang mit den einzelnen Arbeitsgängen schematisch dar und nennen sie die wichtigsten Arbeitsverrichtungen

Behandlung der Innereien

Die Gallenblase darf beim Abtrennen von der Leber nicht beschädigt werden.
Leber und Herz werden gesondert der Verpackung und Kühlung zugeführt.
Mit Magenbearbeitungsmaschinen wird der Drüsenmagen abgetrennt, der Muskelmagen aufgeschnitten und die innere Hornhaut geschält.

Reinigen der Schlachttierkörper

Nach dem Ausnehmen werden die Innen- und Außenflächen der Tiere gründlich gewaschen, um eventuelle Verunreinigungen, lockere Gewebeteile und Blutgerinnsel zu entfernen.

50.6 Fleischuntersuchung

Die Schlachttier- und Fleischuntersuchung durch Tierärzte und Fleischkontrolleure wird in der EG-Hygiene-Verordnung 854/2004 für alle Tierkörper vorgeschrieben.
Die Fleischbeschau ist sofort nach der Schlachtung oder nach erfolgtem Import durchzuführen und das Fleisch auf seine Genusstauglichkeit zu untersuchen.

Grobsinnliche Untersuchung (alle Schlachttiere)

Dabei wendet der Fleischbeschauer drei Erkennungsmethoden an:
- **Sehen:** Die gesamte Tieroberfläche wird begutachtet.
- **Fühlen:** Abtasten der Organe und bestimmter Körperregionen.
- **Anschneiden:** Die inneren Organe und Drüsen sowie markante Punkte am Körper werden zur besseren Begutachtung schichtenweise angeschnitten.

Bei allen Methoden wird auf wahrnehmbare krankhafte Veränderungen untersucht.

Untersuchung auf Trichinen (alle Schweine und andere Allesfresser sowie Pferde)

Hierbei wird die Verdauungsmethode angewendet. Bei der Verdauungsmethode wird ein Sammelansatz von 100 Proben (vom Übergang zur Sehnenplatte des Zwerchfells) einer Lösung, bestehend aus 2 Liter Wasser, 16 ml Salzsäure und 10 g Pepsin, zugeführt und 30 Minuten im Magnetrührer der künstlichen Verdauung ausgesetzt. Dabei würden sich die Trichinellen aus dem Muskelverband lösen. Aus dem entstandenen Ansatz werden nach weiteren spezifischen Arbeitsgängen (Filterung, Absetzzeiten) ca. 40 ml entnommen, auf einer Standglasplatte aufgegossen und 8 bis 10 Minuten mittels Trichinoskop durchmustert.

Bei positivem Befund der Sammelprobe von 50 oder 100 Tieren werden nochmals gruppenweise 10 Einzelproben zu je 10 g (10 Schweine mit 2 x 0,5 g) untersucht. Wenn eine Gruppe positiv ist, wird jedem Tier dieser Gruppe 50 g Fleisch entnommen und getrennt untersucht.

Rückstandsuntersuchung

Diese Untersuchung kann aufgrund ihres zeitlichen und technologischen Aufwands nur stichprobenartig durchgeführt werden. Das Fleisch der Tiere wird auf unerlaubte Mastsubstanzen sowie Schadstoffe begutachtet:
- Hemmstoffe (Antibiotika) in Muskulatur und Nieren
- Thyreostatika (Stoffe zur Hemmung der Schilddrüsenfunktion) in Fleisch, Blutserum und Futtermittel
- fettlösliche Organochlorpestizide (Unkraut- und Insektenvernichtungsmittel) und PCB-Einzelkomponenten (PCB = polychlorierte Biphenyle)
- Blei und Cadmium
- Arzneimittelrückstände
- Hormone
- andere Stoffe (Wachstumsförderer)

Bakteriologische Fleischuntersuchung

Sie wird stichprobenartig oder bei Verdacht auf Krankheitserreger durchgeführt.
Eine auf Platten beimpfte Nährlösung wird bei 37 °C +/–1 °C mindestens 18 bis 24 Stunden bebrütet und anschließend ausgelesen.

Grobsinnliche Untersuchung

Einfuhruntersuchung

Fleisch, das aus Ländern außerhalb der EU importiert wurde, unterliegt der Einfuhruntersuchung.

Genusstauglichkeit des Fleisches

Die Genusstauglichkeit des untersuchten Fleisches wird in verschiedenen Bewertungsstufen dargestellt:
- **Tauglich:** Es liegt keine Beanstandung vor
- **Tauglich nach Brauchbarmachung:** erst nach Erfüllung bestimmter Auflagen, wie Kältebehandlung, Erhitzung, Trocknung oder Salzen, voll tauglich
  Hierunter fallen:
  - schwach finniges Rindfleisch
  - Fleisch von Binneneber und Zwitter
  - Fleisch gesunder Tiere aus Salmonellenbeständen
- **Untauglich:** ist zum Genuss für Menschen untauglich, z. B. stark finniges Fleisch, schwere Infektionskrankheiten bzw. Hemmstoffe

Der Tauglichkeitsgrad des untersuchten Fleisches wird mit Farb- oder Brennstempel sichtbar gemacht.
Die Form des Stempels ist in der EG-Hygiene-Verordnung 854/2004 vorgeschrieben.

Untersuchungsstempel

Gemäß EG-Verordnung 657/2006 sind alle Schlachtbetriebe grundsätzlich zulassungspflichtig, d. h., sie müssen über eine international anerkannte Zertifizierung verfügen.

- Tauglichkeitsstempel
  EWG-Stempel ①
- Untauglichkeitsstempel ②
- Auslandsstempel
  - Tauglich (Importstempel) ③
- Beseitigung ④

①

②
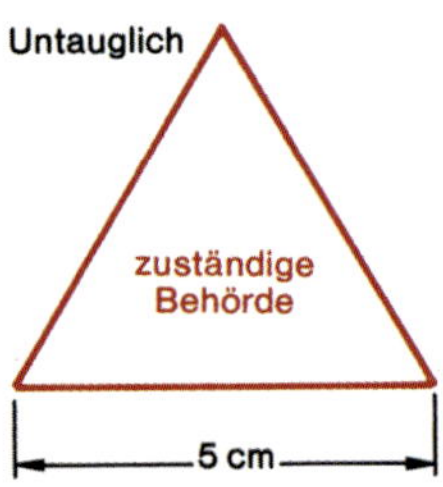

③
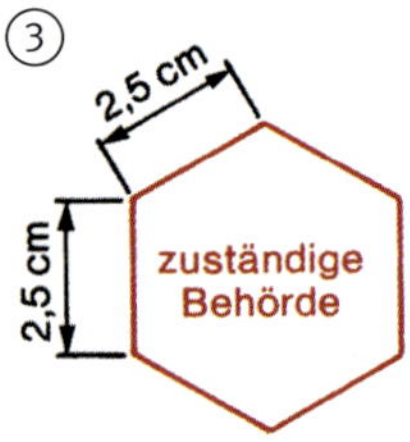

④

50.7 Behandlung der Innereien, Därme und Schlachtnebenprodukte

Innereien

Die Innereien der Tiere sind so zu gewinnen und während des Schlachtvorgangs aufzubewahren, dass sie bis zur Fleischbeschau jederzeit dem dazugehörigen Tierkörper zugeordnet werden können.
- Die Gallenblasen werden gesammelt und der industriellen Verwertung zugeführt.
- Die Herzen sind aufzuschneiden und mit klarem Wasser auszuspülen.
- Das gesamte Geschlinge ist mit fließendem Wasser abzuspülen.

Därme

Die aus dem Schlachtkörper entnommenen und vom Tierarzt als tauglich befundenen Därme sind einer weiteren Bearbeitung zu unterziehen.
Im bearbeiteten Zustand können die Därme bereits als Wursthülle verwendet werden. Ansonsten werden sie mit Kochsalz eingerieben und zwischengelagert.
Die Därme der Rinder sind grundsätzlich als Risikomaterial einzustufen und bis auf Widerruf unschädlich zu beseitigen.
Beim Schaf wird lediglich der Dünndarm, auch Saitling genannt, verwendet.
Alle anderen Därme haben wegen der aufwendigen Gewinnung keine Bedeutung und werden in der Fleischerei durch vorteilhaftere künstliche Wursthüllen ersetzt (▸ S. 621).

Blut

Auf den ▸ Seiten 474 ff. wurde schon die Blutbehandlung mit Zitraten beschrieben. Daneben ist die Gewinnung von Blutplasma aus wirtschaftlichen Gründen in Betracht zu ziehen. Es ist möglich, der Brühwurst bis zu 10 % Blutplasma zuzusetzen, ohne dass Qualität und Genusswert der Wurst beeinträchtigt werden.
Wird stabilisiertes Blut, das bis zu 65 % Blutplasma enthält, in Separatoren zentrifugiert, setzen sich die roten Blutkörperchen als sogenanntes Dickblut und das Plasma als leicht gelbliche flüssige Substanz ab. Dieses Plas-

ma ist bei 0 bis 5 °C maximal 5 Tage haltbar, wird aber meistens gefroren als Scherbenplasma vermarktet und im Austausch zu Eis (Schüttung) bei der Brühwurstherstellung eingesetzt. Blutplasma lässt sich leicht weiterverarbeiten, z. B. durch Trocknung.

Schlachtnebenprodukte

- **Häute/Felle:** Die Häute werden nach dem Abziehen vom Schlachttierkörper sofort in ein Zwischenlager gebracht, wo sie bis zur Abholung aufbewahrt werden. Ist eine Zwischenlagerung von mehr als einem Tag notwendig, sind die Häute auf der Innenseite mit Salz zu bestreuen und so zu stapeln, dass Innenseite auf Innenseite und Außenseite auf Außenseite liegen. Die Lagertemperatur sollte ca. 10 bis 12 °C betragen. Das Salzen ist notwendig, um den Fäulnisbakterien das Wasser als Lebensgrundlage zu entziehen; gleichzeitig wirkt das Chlorid keimwachstumshemmend.
- **Drüsen:** Für die Herstellung verschiedener Medikamente, z. B. Insulin, benötigt die pharmazeutische Industrie Drüsen, die Hormone und andere Sekrete bilden. Die jeweiligen Drüsen werden separat gesammelt und weitergegeben.
- **Sonstige Schlachtnebenprodukte:** Zu den sonstigen Schlachtnebenprodukten gehören Knochen, Schlachtfette, Hörner, Klauen, Haare und Borsten. Sie werden nach Möglichkeit weiterverwendet, sind dann jedoch getrennt in kühlen Räumen zu lagern, damit sie möglichst lange frisch bleiben.
  Teile von Schlachttieren, die aus verschiedenen Gründen für untauglich erklärt wurden, jedoch von tauglich beurteilten Tieren stammen, wie z. B. Brühwasserlungen (durch reflektorische Atmung des Schweins beim Brühen entstanden), Geschlechtsteile, Ohrausschnitte usw., können zur Herstellung von **Futterkonserven** für Hunde und Katzen verwendet werden. Das ausgewählte Material sollte unverzüglich in den Tierkörperverwertungsbetrieben bei 133 °C und 3 bar Druck 20 Minuten sterilisiert werden, um anschließend weiterverarbeitet zu werden.
  Teile oder gesamte Tierkörper, die unschädlich beseitigt werden müssen, wie z. B. Risikomaterialien, werden verbrannt.

50.8 Schlachtkörpervermarktung

Grundlage für die Vermarktung ist die Qualität des Schlachttierkörpers. Dieser wird anhand vorgegebener Merkmale klassifiziert (▸ S. 92 f., 253 ff.). Die Klassifizierung sowie das Gewicht unmittelbar nach der Schlachtung bilden die Grundlage für die Bezahlung der angelieferten Schlachttiere.
Diese Form der Bewertung und Einstufung der Schlachttierkörper hat gegenüber der Lebendviehvermarktung erhebliche **Vorteile:**

- Bei der Lebendviehvermarktung kann nur geschätzt werden.
- Fleischfülle und Fleisch-Fett-Verhältnis lassen sich am Schlachtkörper durch entsprechende Messgeräte objektiv beurteilen.
- Da nur der Schlachtkörper und die verwertbaren Organe bezahlt werden, wird eine überdurchschnittliche Füllung des Magen-Darm-Trakts nicht mitbezahlt und auf die Erzeugung gesunder Schlachttiere hingewirkt.

Bei der Schlachttierkörpervermarktung hat der Fleischer die Rindfleischetikettierungsverordnung zu berücksichtigen (▸ S. 263 f.).

Salzkonservierung der Rohhäute

50.9 Kühlen der Schlachttierkörper

Nach dem Tod des Tieres wird das dynamische Gleichgewicht des im Tierkörper befindlichen biologischen Systems stark verändert. Die natürlichen Barrieren und Wirkungsmechanismen zum Schutz des Organismus vor Krankheiten sind nahezu aufgelöst, der **autolytische** (griech. = selbstzersetzende) **Abbau** des Fleisches setzt ein.
Aufgabe der Kältebehandlung ist es, durch Wärmeenergieentzug und die damit verbundene Temperaturabsenkung den Vorgang der Autolyse zu verlangsamen und die Entwicklungsmöglichkeiten von Mikroorganismen einzuschränken (▸ S. 116 f.).
Auch wenn durch die Kühlung die Haltbarkeit des Fleisches verlängert wird, ist es nur begrenzte Zeit lagerfähig, da die kältetolerierenden Mikroorganismen sich auch unter diesen Bedingungen weiter vermehren können.
Die Lagerfähigkeit von gekühltem Fleisch ist auch in entscheidendem Maße von der **Oberflächenfeuchtigkeit** abhängig.

Schlachttierkörper im Kühlraum hängend

12

Bei trockener Oberfläche können sich die Mikroorganismen nicht vermehren, da ihnen das freie Wasser zur Aufrechterhaltung ihres Stoffwechsels und Wachstums fehlt.
Aus diesem Grund sollte vor der Kältebehandlung die Oberfläche der Schlachttierkörper abgetrocknet sein; eine Austrocknung ist jedoch zu vermeiden.
Die im frisch geschlachteten Fleisch ablaufenden biochemischen Vorgänge, wie die Glycolyse und Fleischreifung, werden durch die Kühlung nur geringfügig verzögert.
Eine möglichst rasche **Abkühlung** hat den Vorteil, dass Gewichtsverluste gering gehalten werden und die hygienische Beschaffenheit verbessert wird.
Es können jedoch auch **Nachteile** auftreten:
Zu rasch abgekühltes **Rind- und Schaffleisch** erreicht auch bei längerer Lagerung nicht die gleiche Zartheit wie langsam abgekühltes Fleisch. Es darf vor Eintritt der Totenstarre nicht kontrahiert gewesen sein, d.h., zu rasches Abkühlen unter +14 °C vor der Totenstarre führt zu einer Kontraktion und zum „cold shortening" (► S. 281 f.). Aus diesem Grund heraus ist das Abkühlen von Schlachtkörpern mit überwiegender Verwendung als Laden- oder Küchenfleisch zu steuern: Die Temperatur im Fleisch sollte in den ersten 10 Stunden 14 °C nicht unterschreiten.
Bei **Schweinefleisch** hat sich die Schnellabkühlung durchgesetzt. Die Schweinehälften gelangen nach dem Schlachten in einen Schnellabkühltunnel. Dort werden die Schlachttierkörper bei Lufttemperaturen bis zu 8 °C und einer Luftgeschwindigkeit von 2 bis 3 m/s in ca. 2 Stunden kontinuierlich intensiv abgekühlt.

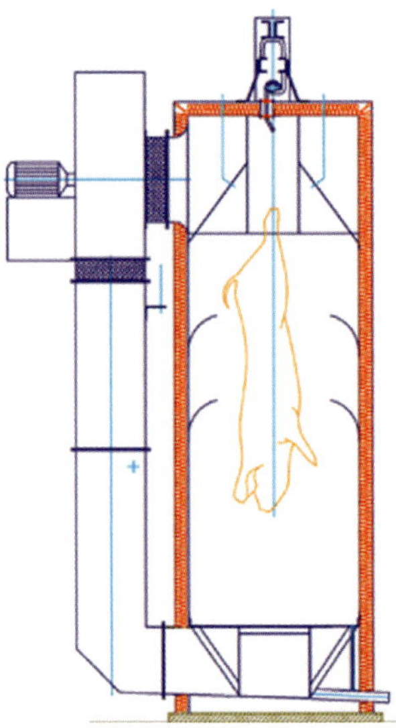

Kondensations-Brühtunnel, vertikal

Die negativen Einflüsse des schnellen Abkühlens wie beim Rindfleisch konnten beim Schweinefleisch nicht festgestellt werden. Es wurde sogar beobachtet, dass PSE-Merkmale weniger stark hervortraten.
Die mögliche Lagerfähigkeit der Schlachttierkörper bei einer Temperatur von 0 °C bis +2 °C und einer relativen Luftfeuchte von 85 bis 90 % beträgt etwa bei:

Rindfleisch	14 bis 21 Tage
Kalbfleisch	7 bis 14 Tage
Lammfleisch	7 bis 14 Tage
Schweinefleisch	7 bis 14 Tage
Innereien	3 Tage

50.10 Schlachtung und Umwelt

In der Schlachtung entstehen Umweltbelastungen durch:

- Schlachtabfälle, z.B. Kot, Urin, Blut, Borsten
- Abwasser aus den Wasch- und Brühanlagen und durch die Desinfektion und Reinigung
- Abwassermenge je Tier:
  - Rinder 500 bis 1000 l
  - Schweine 200 bis 500 l
- Geruchsemission (Geruchsstoffe, Abluft)
- Lärm
- Energieverbrauch

Die Einsparungen bei Energie- und Wasserverbrauch sind beschränkt, da die Lebensmittelsicherheit und Hygiene gewährleistet werden muss.

In den letzten Jahrzehnten hat sich die Struktur und die Anzahl der Schlachtbetriebe deutlich verändert. Heute gibt es vergleichsweise wenige, aber dafür sehr große Schlachtbetriebe. Es gibt Schlachtstraßen für jede Tierart, die Schlachtkapazität für Schweine beispielsweise liegt bei über 20 000 Tiere pro Tag.

Betriebsgenehmigungen werden nur mit strengen Auflagen erteilt.
Folgende Maßnahmen können die Umweltbelastung verringern:

Schweineschlachtung:

- Ersatz der offenen Brühkessel durch abgedeckte, im Durchlaufprinzip arbeitende Anlagen
- Einsatz von Doppelpendeltüren an Brüheinrichtungen mit hängender Brühung
- Die Abluft der Brennenthaarung kann fast geruchsfrei sein durch:
  - sorgfältige Einstellung des Gas-Luft-Gemisches
  - Reaktionstemperatur ca. 700 °C
  - Verweilzeit der Abgase in der Reaktionszone 0,5 bis 1 Sekunde

Abwässer:

- Grobreinigung durch Rechen und Siebe
- Befreiung der Abwässer von Fett und kleinsten Fleischresten in Kläranlagen durch Fettabscheider oder besondere Aufbereitungsanlagen

Abgasreinigung:
Bei der biologischen Abgasreinigung wandeln Mikroorganismen die Abgase der Schlachthöfe (sie sind alle biologisch abbaubar) in CO_2 und H_2O um.

Komplexe Aufgabe

Fertigen Sie ein Fließschema über den Ablauf der Schweine- oder Rinderschlachtung an.
Beginnen Sie bei der Übernahme der Lebendtiere vom Transportfahrzeug und enden Sie mit der Übergabe der Schlachttierkörper an die Versandfahrzeuge.
Verwenden Sie für das Fließschema folgende Vorlage:

Arbeitsgang	Arbeitsmittel/ Geräte/Maschinen	Arbeitsbeschreibung
Annahme der Lebendtiere	Gummitreibstock Elektrotreibstab	Die Tiere werden vorsichtig, ohne Gewaltanwendung vom Transportfahrzeug in die Stallungen getrieben

Aufgaben zur Wiederholung

1. An welchen Merkmalen kann der Fleischer ein krankes von einem gesunden Tier unterscheiden?
2. Was ist beim Transport der jeweiligen Schlachttiergattung mit dem Kraftfahrzeug zu beachten?
3. Erläutern Sie den Zusammenhang zwischen unsachgemäßem Transport der Schlachttiere und der daraus resultierenden möglichen Fleischqualität.
4. Beurteilen Sie die verschiedenen Betäubungsmethoden
   a) aus wirtschaftlicher Sicht,
   b) aus Sicht des Tierschutzes.
5. Erläutern Sie die verschiedenen Blutbehandlungsmethoden.
6. Warum ist nach der Fleischhygiene-Verordnung eine Schlachttier- und Fleischuntersuchung vorgeschrieben?
7. Wann wird eine zusätzliche bakteriologische Fleischuntersuchung angeordnet?
8. Stellen Sie die verschiedenen Stempelformen der Tauglichkeitsgrade von untersuchtem Fleisch dar und erläutern Sie deren Bedeutung.
9. Erläutern Sie die biochemischen Vorgänge im Fleisch nach der Schlachtung. Welche Schlussfolgerungen ergeben sich daraus für die Behandlung des Fleisches?
10. Erläutern Sie den Schlachtvorgang der verschiedenen Schlachttierarten und zeigen Sie Möglichkeiten auf, negative Einflüsse auf das Fleisch auszuschalten.
11. Warum ist dem Kühlprozess der Schlachttierkörper besondere Aufmerksamkeit zu widmen?

Ausgewählte Fachrechenaufgaben

1. Das Schlachtgewicht eines Rindes wird mit 57 % angegeben, der Schlachtverlust beträgt 276 kg. Wie viel kg beträgt das Schlachtgewicht?

2. Das Lebendgewicht einer Kuh beträgt 382 kg. Wie viel Prozent hat das Tier verloren, wenn der Schlachtverlust 206 kg beträgt?

3. Eine Lieferung von 15 Schafen mit einem Gesamtlebendgewicht von 589 kg wiegt nach dem Schlachten noch 285 kg.
   Wie viel Prozent beträgt der Schlachtverlust?

4. Ein Kalb hat ein Kaltschlachtgewicht von 104 kg. Es hat nach dem Zerlegen ein Materialgewicht von 98,84 kg. Der Selbstkostenpreis beträgt 7,35 € je kg, der Rohgewinn 37,53 % und der Nettogewinn 5,9 %.
   a) Wie viel Prozent vom Kaltschlachtgewicht verbleiben nach dem Zerlegen?
   b) Wie viel Prozent sind das vom Lebendgewicht, wenn der Schlacht- und Auskühlverlust 37 % beträgt?
   c) Wie hoch ist der Durchschnittskalkulationspreis je kg?
   d) Wie viel Prozent beträgt der Rohaufschlag?
   e) Wie hoch ist der Materialpreis je kg?

51 Herstellen von Gerichten

Herr Nusse schreibt in einem Rundbrief an alle Mitarbeiter, dass ihm der neu eingerichtete Feinkost- und Heiße-Theke-Bereich im Supermarkt des Einkaufszentrums zusätzlich zu der von Fleischerei Nusse schon betriebenen Fleischabteilung angeboten wurde. Er bittet deshalb alle Mitarbeiter, Vorschläge zu machen, wie diese betrieben werden könnten.

Sabrina zu Lena: „Ich war kürzlich im Urlaub in Frankreich und habe dort über die Feinkostabteilungen und Heißen Theken in den Fleischereien und Supermärkten echt gestaunt. Was wohl in unserer Stadt im Einkaufszentrum so verkauft werden könnte?“
Lena: „Schau dich doch mal in der Stadt um, welche Angebote es in den anderen Märkten, aber auch im Delikatessen-Geschäft und in den City-Imbissen gibt.“

Begriffe	Erklärung	Besonderheit
Essen (Urbedeutung vermutlich: einverleiben)	Oberbegriff für alles, was gegessen wird	eine nicht näher definierte Anzahl von Speisen und Gerichten; vergleichbar mit Mahl; auch Festessen, großes Essen, Festmahl
Speise (aus dem lat.: spenden)	ein zubereiteter Nahrungsrohstoff, z. B. gebratenes Roastbeef (zubereitetes Essen; ursprünglich aus der Sprache der Klöster = Austeilung von Lebensmitteln an Arme)	Garprodukt; stets bestehend aus einem Rohstoffgemisch (vorrangiger Stoff und zweitrangige Stoffe), z. B. Roastbeef mit Salz und Gewürzen
Gericht (im Sinne von an-, zu-, einrichten)	ernährungsphysiologisch sich ergänzende Speisenkombination aus vier Speisen (3+1): • **Eiweißträger** = Fleisch, Fisch, Geflügel, Ei • **Ballaststoffträger** = Gemüse, Salat • **Stärketräger** = Kartoffeln, Reis, Nudeln, Klöße • **Geschmacksträger** = Fett • **Soße** = meist gebunden, hell oder dunkel	Soße (die vierte Komponente eines Gerichts) ist eine flüssige Speise. Da sie aber nicht als alleiniger Bestandteil verzehrt wird, sondern andere Speisen vielfältig ergänzt, ist sie keine „echte“ Speise aus der Sicht des Services (des Servierens).
Menü (abgeleitet aus dem lat. minutus: klein)	systematisierte Speisen- und Gerichtefolge mit mindestens drei Gängen	maximale Speisen- und Rohstoffkombination durch Verkleinerung der Portionen

12

Hühnerfrikassee

51.1 Begriffserklärungen

Es ist auch beim Thema „Herstellen von Gerichten" notwendig, im Vorfeld verschiedene Begriffe zu klären. Gerade bei diesem Thema gibt es zum Teil große Abweichungen zwischen Köchen und Fleischern vor allem in der Herstellung. Viele Fleischereien erzielen mittlerweile erhebliche Umsätze mit der Herstellung von Gerichten, aber auch mit Partyservice und Catering (▸ S. 545 ff.), sodass in zunehmendem Maße auch Köche eine Anstellung in Fleischereien erhalten. Umso wichtiger ist die Klärung von Grundbegriffen und Herstellungsabläufen, damit im täglichen Miteinander Reibungsverluste vermieden werden. Köche neigen in der Regel zu klassischen Herstellungsverfahren, wohingegen der Fleischer eher innovativ und produktorientiert vorgeht.

Beim Verkauf von Gerichten in der Fleischerei sollten folgende Regeln beachtet werden:

- Eine Auswahl von drei bis vier verschiedenen Gerichten sollte nicht überschritten werden.
- Statt dessen sollte ein häufiger Wechsel bei den Gerichten erfolgen.
- Es sollte immer ein preiswertes Gericht dabei sein, ebenso wie ein anspruchvolles.
- Schwerpunktwochen mit regionalen und internationalen Gerichten sollten vorweg angekündigt werden.
- Zumindest freitags sollte immer ein Fischgericht angeboten werden.

51.2 Hygiene

Anders als in der Fleischzerlegung und in der Wurstproduktion werden in der Küche, aber auch im Imbissbereich, Partyservice/Catering und in der Feinkostabteilung viele unterschiedliche Rohstoffe eingesetzt und zu den verschiedensten Gerichten und Produkten verarbeitet. Meist ist für diesen Teil der Produktion räumlich nicht viel Platz vorhanden. Die Ursache liegt darin, dass dieser Bereich häufig das jüngste Standbein einer Fleischerei bildet und nicht selten noch expandiert. Die Rohstoffe reichen von unverarbeiteten tierischen Lebensmitteln wie Frischfleisch über frische pflanzliche Lebensmittel wie Salat, Gemüse und Obst über verarbeitete tierische Lebensmittel wie Fleisch- und Fischerzeugnisse, Käse und Eierprodukte, aber auch pflanzliche Erzeugnisse, z. B. Mehl.

Die meisten verzehrfertigen Produkte wie fertige Braten, Eintöpfe, Suppen oder Aufläufe werden durchgegart in den Verkehr gebracht. Der kritische Kontrollpunkt (CCP) des HACCP-Konzepts liegt, wie in fast allen Bereichen der Fleischerei, bei der Erhitzung und deren Kontrolle.

Für den Küchen-, Imbiss-, Feinkost-, Partyservice- und Cateringbereich gelten wie auch in den übrigen Bereichen der Fleischerei folgende Hygieneanforderungen:

- Die **Temperaturangaben** der Fleischerei gelten auch für die Kühlgeräte im Küchenbereich.
- Eine natürliche oder mechanische **Be- und Entlüftung** gerade beim Einsatz von Friteusen und Grillgeräten ist erforderlich. Hierbei lässt sich auch die Bildung von Kondenswasser und großer Hitze verringern. Wichtig: Die Lüftungsfilter müssen regelmäßig gewartet und gereinigt werden!
- **Ordnung** ist auch im Küchen- und Imbissbereich das oberste Gebot.
- Eine **räumliche Trennung** der verschiedenen Arbeitsbereiche und Arbeitsvorgänge, wie in der Fleischerei gefordert, ist für den Küchenbereich nahezu unmöglich. Umso wichtiger ist die Einteilung in Funktionsbereiche wie: Warenannahme, Warenlagerung, Vorbereitung, Zubereitung und Ausgabe der Speisen und Gerichte. Die Gefahr durch sogenannte Kreuzkontaminationen ist groß und lässt sich nur durch eine Personal- und Betriebshygiene mit regelmäßiger Reinigung und Desinfektion verhindern.
- Beim Braten und Grillen muss auf die vollständige Durcherhitzung geachtet werden. Die vorgegebenen Kerntemperaturen und Erhitzungszeiten müssen eingehalten werden. Bei Geflügel ist dies die Kerntemperatur von 80 °C für mindestens 3 Minuten oder 70 °C für mindestens 10 Minuten.
- Verbrauchtes Frittierfett beeinträchtigt im starken Maße selbst die besten Produkte. Hierbei gilt: Frittierfett regelmäßig erneuern. Verwendungsdauer ca. 20 Betriebsstunden bei einer Frittiertemperatur von max. 175 °C, nur zum Frittieren geeignete Fette einsetzen.

Raumklima/Abluft

- Bei roh verarbeitetem Fleisch, z. B. Schweinemett für Mettbrötchen, sind die speziellen Vorschriften für Hackfleisch zu beachten.
- Bei der Herstellung von zusammengesetzten Speisen wie Kartoffelsalat müssen die gegarten Zutaten vorher heruntergekühlt werden, da die Zutaten kalt verarbeitet werden müssen.
- Risikoreiche Produkte aus **rohen Eiern** wie Mousse au Chocolat oder Mayonnaise sollten nicht hergestellt und dürfen nicht verkauft werden. Der Zulieferhandel bietet hier exzellente Convenience-Produkte meist auf pasteurisierter Eibasis, die nicht nur leicht zu verarbeiten sind, sondern auch durch geschickte Verfeinerungen den klassischen Erzeugnissen kaum nachstehen.
- Sinnvoll sind in jedem Fall freiwillige Rückstellproben, die eingefroren gelagert werden. Diese sind umso wichtiger, je größer und empfindlicher der belieferte Personenkreis ist, aber auch wenn die gelieferten Produkte von verschiedenen Lieferanten stammen.

Auch im Küchen- und Imbissbereich gilt: Personal-, Betriebs- und Produkthygiene sind vom Verantwortlichen zu kontrollieren und zu dokumentieren.

Für das Warmhalten von verzehrfertigen Speisen gilt:

- Bei durchmischbaren Erzeugnissen, z. B. Soßen, Eintöpfen, Suppen oder Geschnetzeltem, dürfen Restmengen oder abgekühlte Erzeugnisse nicht einfach erwärmt, sondern müssen auf mindestens 70 °C erhitzt werden.
- Im Wasserbad dürfen keine kalten Speisen aufgewärmt werden.
- Die Warmhaltetemperatur muss mindestens 65 °C betragen.
- Stückige durchgegarte Erzeugnisse wie Frikadellen, Schnitzel, Fleischkäse, Braten oder Hähnchenteile werden beim vorgeschriebenen Warmhalten leicht trocken und es entsteht eine Randbildung. Beides beeinträchtigt erheblich die Genussqualität. Hierbei gilt: Warmhaltezeiten möglichst kurz halten!

Für die vorgeschriebene Dokumentation gilt: Alle verwendeten Rezepte in einem speziellen Ordner ablegen!

12

51.3 Brühen, Suppen und Eintöpfe

51.3.1 Brühen

Die Basis für Suppen, Soßen und Eintöpfe sind hochwertige Brühen (auch Fonds genannt), die von den Knochen bzw. vom Fleisch hergestellt werden. Am besten eignen sich Rinderknochen (Hals-, Brust-, Rücken- und Schlossknochen).

Grundbrühen	Zusätze
Fleischbrühe	Rinderknochen und z. B. Rinderhesse
Geflügelbrühe	Geflügelknochen und z. B. Geflügelfleisch (Keulen)
Wildbrühe	Wildknochen und z. B. Wildfleisch (Hesse)
Fischbrühe	Fischgräten und z. B. Fischfleisch

Hühnersuppe

Die geschmacklich neutralsten Brühen können von Kalbsknochen gewonnen werden, kräftiger ist immer eine Rinderbrühe. Brühen von Schweineknochen sind eher selten und nahezu nur für deftige Eintöpfe aus Hülsenfrüchten zu verwenden. Hühner-, Gemüse- und Fischbrühen sind nur für entsprechende Suppen zu gebrauchen.

Bei der Herstellung von Brühen ist Folgendes zu beachten:

- Um eine kräftige Brühe mit viel Geschmack zu erhalten, sind die Knochen immer kalt aufzusetzen und nur langsam zum Kochen zu bringen.

- Knochen sollten frisch vom Fleisch getrennt sein.
- Salz nicht ins kalte Wasser geben, da ansonsten Eiweißteilchen gelöst werden und die Brühe trübe wird.
- Am besten die Brühe nur ganz langsam ziehen lassen. Bei Überschreitung der Kochzeiten wird kollagenes Eiweiß gelöst, die Brühe kann dadurch leicht leimig schmecken.

Bei der Herstellung von Brühen lassen sich zwei Herstellungsmöglichkeiten unterscheiden

Beispiel 1: Herstellung einer Knochenbrühe (Koch)

Herstellung der Knochenbrühe

Rinderknochen und Sehnenzuschnitte blanchieren (Blanchieren = kurzzeitig in siedendes Wasser geben), abspülen und kalt ansetzen.

Aufkochen, Salz zugeben abschäumen und entfetten (das Fleischeiweiß gerinnt bei ca. 70°C), bei Bedarf Gewürzbeutel zugeben, Kochzeit ca. 3 Stunden.

Zugabe von Kräutersträußchen und Gemüsebündel (Möhren, Sellerie und Lauch).

Durch ein Tuch passieren.

Beispiel 2: Herstellung einer Knochenbrühe (Fleischer)

Herstellung der Knochenbrühe – 100 l

In den Autoklav einen Ring und einen Korb einsetzen, ungesägte Knochen und Pfötchen/Spitzbeine hineingeben (von Letzteren ca. 5–8 kg zwecks Geleebildung).

100 l Wasser einfüllen, 120 °C einstellen, den Deckel gut verschließen.

Ventil offen lassen bis 100 °C im Deckel erreicht werden, danach Ventil schließen.

Werden 120 °C erreicht, Thermometer zurück auf 90 °C stellen Heizung muss eingeschaltet bleiben, da sonst die Brühe sauer werden kann.

Die Grundbrühe sollte immer in der Nacht vor dem Verbrauch hergestellt werden (mindestens 12 Stunden vorher). Am besten ist der in vielen Fleischereien vorhandene Dampfdruckkessel Autoklav („Korimat“, ▸ S. 500) geeignet. Die Brühe ist damit einfach, gut und schnell herzustellen. Die Knochen brauchen nicht gesägt zu werden. Wichtig ist, dass ca. 5–8 kg (auf 100 l Brühe) Spitzbeine (Pfötchen) hinzugegeben werden.

Klare Brühe

Die Herstellung verläuft wie bei obigem Rezept, nur müssen erst ca. 100 l Wasser nach dem Aufkochen (Blanchieren – ca. 5 Minuten) abgelassen werden. Die Knochen danach kalt nachspülen und mit kaltem Wasser wieder aufsetzen und 100 g Kochsalz zugeben. Den Deckel schließen und 90 °C einstellen, für ca. 12 Stunden garen.

Brühen, kLare Suppen	Gebundene Suppen	Sonstige Suppen	Eintöpfe
Fleischbrühe	Gemüsesuppe, z. B. Frühlingssuppe	Regionalsuppen, z. B. Hamburger Aalsuppe	Gemüseeintopf
Geflügelbrühe	Rahm- oder Cremesuppen – Bindung durch Mehl; meist Zugabe von Sahne und Butter zum Verfeinern, z. B. Geflügelcremesuppe	Nationalsuppen, z. B. Minestrone	Hülsenfruchteintopf
Wildbrühe	Legierte Suppen (mit Eigelb und Sahne gebunden), z. B. Geflügelsamtsuppe, Spargelsamtsuppe	Spezialsuppen, z. B. Thailändische Tom Yum Suppe	Reiseintopf
Fischbrühe	Püreesuppen – erhalten ihre Bindung durch püriertes Gemüse (in erster Linie Kartoffeln, aber auch Linsen, Erbsen Karotten u. a.), z. B. Kartoffelpüreesuppe	Kalte Suppen, z. B. Gazpacho	Teigwareneintopf
Gemüsebrühe	Gebundene braune Suppen, z. B. Gulaschsuppe oder Ochsenschwanzsuppe	Fruchtkaltschalen, z. B. Himbeerkaltschale	Kartoffeleintopf

12

Cremesuppe

51.3.2 Suppen

Das **Binden von Cremesuppen** geschieht, indem klein geschnittenes Suppengemüse wie Sellerie, Lauch, Möhre und Zwiebel (je nach Suppenart) mit Butter und Mehl angeschwitzt wird. Das Mehl soll dabei leicht aufschäumen, damit es den Klebergeschmack verliert. Wenn die Masse etwas erkaltet ist, wird sie mit heißer Brühe unter Rühren aufgefüllt. Danach muss sie ca. 30 Minuten leicht köcheln.

Bei den **Gemüserahmsuppen** wird statt Fleischbrühe die entsprechende Gemüsebrühe verwendet. Die Geschmackshervorhebung wird durch Pürieren des Gemüses, z. B. Brokkoli, erreicht.

Suppen sollen den Magen auf das, was noch an Gerichten kommt, einstimmen. Sie sollen geschmackvoll, leicht verdaulich, aber nicht zu reichlich und nicht sättigend sein. Sie bestehen aus einem flüssigen Teil und einer geschmackgebenden Einlage. Der flüssige Teil kann sowohl klar als auch gebunden sein.

Bei den ungebundenen Suppen spricht man von klaren Suppen oder Brühen (▸ S. 487 f.). In der Wertigkeit darüber stehen die **Kraftbrühen** oder **doppelten Kraftbrühen.** Letztere erhalten ihre besondere Kraft durch zusätzliches Kochen mit Klärfleisch (geschrotetes Rinderbeinfleisch, Eiweiß und Suppengemüse). Auf 2,5 l (10 Tassen) Brühe werden ca. 400 g beziehungsweise 800 g Fleisch gegeben. Als Einlagen dienen z. B. fein geschnittenes Gemüse, Reis, feine Teigwaren, aber auch Nocken von Gries oder Klößchen von Fleisch, nicht zuletzt auch Eierstich und Markklößchen.

Erbsensuppe

51.3.3 Eintöpfe

Im Gegensatz zu den Vorsuppen sollen Eintöpfe sättigen. Deshalb enthalten sie auch einen deutlich höheren Anteil an sättigenden Bestandteilen wie Gemüse, Kartoffeln, Hülsenfrüchten, Nudeln, Graupen oder Reis. Meist enthalten sie noch Einlagen wie Fleisch- oder Wurstwürfel beziehungsweise ganze Würstchen oder Fleischklößchen. Die Portionsgröße liegt hier zwischen 0,5 – 0,75 l.

Die Klassiker unter den Eintöpfen sind die Gulaschsuppe und die Erbsensuppe. Sie lassen sich gerade in der Fleischerei hervorragend herstellen.

Rezeptbeispiel: Erbsensuppe
– hergestellt im Autoklav –

Zutaten für 100 l:
55 l Brühe
7,5 kg Erbsen, grün, ungeschält, getrocknet
7,5 kg Erbsen, grün, geschält, getrocknet
10,0 kg Kartoffeln, geschält
5,0 kg Möhren (auch als TK-Ware erhältlich)
3,0 kg Lauch (auch als TK-Ware erhältlich)
1,0 kg Sellerie (auch als TK-Ware erhältlich)
1,0 kg Zwiebeln (im Sommer möglichst nicht wegen der Gefahr des Säuerns)
12–15,0 kg Fleischerzeugnisse (alles was im Verkaufsraum anfällt, mit Ausnahme von Blut-, Leber-, Streichmettwurst) – geräucherte Fleischerzeugnisse roh lassen
50 g Suppenkraut, getrocknet
150 g Flüssigwürze
50 g Petersilie
30 g Pfeffer
Salz und Majoran nach Geschmack (Gesalzene Räucherwaren beachten!)

Herstellungsablauf

Am Vortag:
- 60 l Brühe über Nacht im Korimaten herstellen.
- 7,5 kg ungeschälte Erbsen ca. 12 Stunden mit genügend kaltem Wasser einweichen.
- Geschälte und geputzte Kartoffeln, Möhren, Lauch, Sellerie, Zwiebeln mit dem Fleisch durch das 12-mm-Gatter des Speckschneiders lassen (oder mit dem 3er-Messerkopf des Kutters zerkleinern), in eine Satte füllen und kühl stellen.

Am Herstellungstag:
- Brühe aus dem Korimaten durch ein Haarsieb ablassen, Knochen herausnehmen und den Kessel reinigen.
- Von den eingeweichten Erbsen das nicht aufgenommene Wasser abgießen.
- In den Korimaten den Ausgleichsring und das Bodenblech einsetzen.
- Brühe einfüllen und das getrocknete Suppenkraut hinzugeben.

- Gerät auf die höchste Stufe (120 °C) einstellen.
- Wenn die Brühe kocht (100 °C), beide Erbsensorten einfüllen.
- Kochen die Erbsen, alle restlichen Zutaten hineingeben, umrühren und den Deckel gut verschließen.
- Ablassventil offen lassen, bis der Deckel 100 °C anzeigt.
- Danach das Ventil schließen.
- Sind 120 °C erreicht, die Heizung ganz ausstellen.
- Circa. 20 Minuten ziehen lassen.
- Den Druck durch das Ablassventil ablassen, bis kein Dampf mehr entweicht.
- Anschließend den Deckel öffnen und gut umrühren.
- Das Bodenblech und den Ausgleichsring mit einem Haken herausziehen.
- Beim Umrühren Gewürze und Salz zugeben und abschmecken.

51.4 Fleischgerichte

Fleischgerichte stehen von Berufs wegen im Mittelpunkt der Herstellung von Gerichten. Im Lernfeld 4 (▸ S. 178 ff.) wurden die Herstellungs- und Garverfahren vorgestellt. Im Folgenden werden einzelne Fleischgerichte mit unterschiedlichen Garverfahren beschrieben. Die Beschreibung der Herstellung der folgenden fünf Fleischgerichte wurde mehr konventionell dargestellt, d. h., es wurde mehr das Zubereiten im Haushalt bzw. in der Restaurationsküche (Restaurantküche) beschrieben. Auf das vereinfachte Herstellen von Gerichten im Kombidämpfer oder im Dampfdruckkessel wird auf den ▸ Seiten 488 (Erbsensuppe) und ▸ 500 f. hingewiesen.

Merke: Sind die Grundlagen des Herstellens von Gerichten bekannt, lassen sich besser die vereinfachten Herstellungsverfahren einsetzen.

Vorbereitung von Fleisch

Mit dem Einkauf eines guten Stücks Fleisch ist noch kein Gericht zubereitet. Der Braten, das Kotelettstück, das Schnitzel, das Steak oder der Sauerbraten muss richtig vorbereitet werden, damit ein perfektes Fleischgericht mit hohem Genusswert daraus entsteht. Zubereitungsformen für Fleisch sind Kochen (Garziehen), Schmoren, Braten, Kurzbraten und Grillen.

Für Diätgerichte wird Fleisch gedünstet, d. h. im eigenen Saft oder mit wenig zugegebener Flüssigkeit gegart oder in einem Spezialtopf gedämpft.

Fleisch in leicht erwärmtem Wasser

51.4.1 Gekochtes Fleisch

Von der eigentlichen Herstellungsweise her wäre die Bezeichnung „gegartes Fleisch" zutreffender. In der Umgangssprache wird aber immer noch häufig von „gekochtem Fleisch" gesprochen.

Das Kochen von Fleisch (u. a. Knochendünnung, Fleischdünnung, Hesse, Spannrippe, Rinderbrust mit Knochen) findet Anwendung bei der Herstellung von Brühen (Fonds), ▸ S. 486 f.

Hierbei kommt es vor allem darauf an, dass das Fleisch seine Kraft und den guten Geschmack an die Kochflüssigkeit abgibt. Das Fleisch wird deshalb zusammen mit den Knochen in kaltem Wasser aufgesetzt. Das Wasser soll das Suppenfleisch gut bedecken. Sehr langsam wird die Flüssigkeit zum Kochen gebracht.

Das Garen von Fleisch wird ebenfalls als Kochen bezeichnet, wenn es auf das saftige Fleisch ankommt und nicht auf eine kräftige Brühe (u. a. Tafelspitz, ausgelöste, parierte Rinderbrust, Schaufelstück, falsches Filet). Hierbei wird das Fleisch gleich in kochendes Wasser gelegt, damit die äußere Eiweißschicht gerinnt und das Fleisch verschließt. Somit tritt weniger Fleischsaft aus und das Fleisch laugt nicht aus. Danach wird es unter dem Siedepunkt langsam gegart.

Gegartes Schweine-, Kalb- oder Lammfleisch wird vorwiegend zu Gemüseeintöpfen gegessen. Es wird, abhängig von der Garzeit des Gemüses, einige Zeit vor- oder zusammen mit den Gemüsen gegart.

Rezeptbeispiel: Tafelspitz
Beilagen: Bouillon-Kartoffeln und Schnittlauchsoße

Teilstück:
Tafelspitz (Hüftdeckel)

Zutaten:
1 kg Tafelspitz
1 $^1/_2$ l Fleischbrühe
Salz
frisch gemahlener schwarzer Pfeffer
3 mittelgroße Zwiebeln
2 Bund Suppengrün
1 Bund Petersilie
1 Lorbeerblatt
5 Pfefferkörner
1 kg Kartoffeln
500 g Möhren
$^1/_2$ l Fleischbrühe
500 g Lauch
6 Eigelbe
6 EL Weißwein
200 g Crème fraîche
Salz
frisch gemahlener Pfeffer
Zucker
3 Bund Schnittlauch

Herstellungsablauf
- Fleisch in kochende Fleischbrühe geben.
- Mit Salz und Pfeffer würzen und zugedeckt ca. 1 Stunde unter dem Siedepunkt garen.
- Zwiebeln schälen und in Ringe schneiden.
- Suppengrün putzen, waschen, klein schneiden.
- Petersilie waschen, fein hacken.
- Die Hälfte der Petersilie mit den Zwiebelringen, dem Suppengrün, dem Lorbeerblatt und den Pfefferkörnern zu dem Fleisch geben und noch ca. eine 1$^1/_4$ Stunde garen.
- Das gare Fleisch (Kerntemperatur 75 °C) aus der Brühe nehmen, in Alufolie wickeln und warm stellen.
- Kartoffeln schälen und waschen.
- Möhren putzen, schälen, waschen.
- Beide Zutaten in kleine Würfel schneiden.
- In der Fleischbrühe zum Kochen bringen und etwa 5 Minuten kochen lassen.
- Lauch putzen, waschen, zu den Möhren und Kartoffeln geben, zum Kochen bringen.
- Gar kochen lassen, mit Salz und Pfeffer würzen.
- Eigelbe mit Weißwein und Crème fraîche verrühren.
- Mit Salz und frisch gemahlenem Pfeffer und Zucker würzen.
- Vorsichtig im Wasserbad aufschlagen bis die Masse dicklich wird.
- Schnittlauch abspülen, trocken tupfen, fein schneiden und unter die Soße heben.
- Das Fleisch in Scheiben schneiden und mit den Bouillon-Kartoffeln und der Schnittlauchsoße servieren.

Als weitere Beilage (Ballaststoffträger) passt zu diesem Fleischgericht Rote Bete oder eine Salatplatte.

51.4.2 Geschmortes Fleisch

Das zum Schmoren bestimmte Fleisch wird i. d. R. mit den gewünschten Gewürzen eingerieben. Danach kommt das Fleisch in sehr heißes Fett und wird rundherum scharf angebraten. Anschließend wird die heiße Fleischbrühe (notfalls auch heißes Wasser) angegossen und bei geschlossenem Deckel gegart. Das Fleisch wird häufiger mit dem Bratensatz übergossen und die verkochte Flüssigkeit ersetzt. Einfacher ist es, den angebratenen Braten mit dem geschlossenen Topf in den Backofen (Umluftofen) zu stellen.
Somit kann auf das Begießen mit Bratensatz verzichtet werden.

Rezeptbeispiel: Geschmorte Lammschulter
Beilagen: Salzkartoffeln und Butterbohnen

Teilstück:
Lammschulter

Zutaten:
750 g Lammschulter mit Knochen
1 Knoblauchzehe
1 TL Salz
$^1/_2$ TL grob gemahlener Pfeffer
3 EL Speiseöl
1 Zwiebel
$^1/_2$ Bund Frühlingszwiebeln
$^1/_2$ Bund Möhren
1 Staudensellerie
2 Tomaten
125 ml ($^1/_8$ l) Rotwein
frisch gehackte Petersilie
1 kg Kartoffeln
Salz

12

Geschmorte Lammschulter

Fertiger Schmobraten im Anschnitt

Herstellungsablauf

- Lammschulter von außen entfetten und enthäuten.
- Knoblauchzehe abziehen, fein hacken, mit 1 TL Salz bestreuen und mit der flachen Messerseite zerdrücken.
- Lammschulter mit dem Knoblauch und dem Pfeffer einreiben.
- Fleisch von beiden Seiten im Speiseöl anbraten und danach warm stellen.
- Zwiebel schälen und vierteln.
- Frühlingszwiebeln putzen, das dunkle Grün bis auf etwa 15 cm entfernen, Knollen abziehen, waschen und in Scheiben schneiden.
- Möhren putzen, schälen, waschen und in Scheiben schneiden.
- Staudensellerie putzen, die harten Fäden an der Außenseite abziehen, die Stängel waschen, abtropfen lassen und in Streifen schneiden.
- Zwiebeln, Frühlingszwiebeln, Möhren und Staudensellerie im Bratensatz kurze Zeit schmoren lassen.
- Tomaten für ca. 30 Sekunden in kochendes Wasser geben, danach sofort in kaltem Wasser abschrecken, enthäuten, vierteln, entkernen und zusammen mit der angebratenen Lammschulter zu dem Gemüse geben.
- Topf auf dem Rost in den vorgeheizten Backofen schieben.
- Nach ca. 20 Minuten den Rotwein hinzugießen.
- Nach insgesamt 45 Minuten das Fleisch in Alufolie einwickeln und zehn Minuten ruhen lassen.
- Knochen vorsichtig herausschneiden.
- Fleisch in Scheiben schneiden und auf dem Gemüse in der feuerfesten Form anrichten.
- Kartoffeln waschen und dünn schälen.
- Keimlingansätze entfernen.
- Kartoffeln nochmals kalt waschen.
- Größere Kartoffeln ein- oder zweimal durchschneiden und mit Salz in einen Kochtopf geben.
- Auf stärkster Stufe zum Kochen bringen.
- 15 Minuten auf niedriger Stufe weiterkochen.
- Etwa 10 Minuten bei abgeschaltetem Herd garen.
- Wasser abgießen und die Kartoffeln im offenen Topf unter häufigerem Schütteln auf der noch heißen Kochplatte abdämpfen lassen.

51.4.3 Gebratenes Fleisch

Es gibt zwei Möglichkeiten, Fleisch zu braten: entweder im Backofen oder in der Bratpfanne.

Für die Zubereitung im **Backofen** wird das Fleisch mit den gewünschten Gewürzen eingerieben und auf ein mit Wasser ausgespültes Rostbratblech gelegt. Dieses wird in den vorgeheizten Backofen geschoben. Sobald die austretende Flüssigkeit verdampft ist und der Bratensatz braun wird, wird heiße Fleischbrühe (oder heißes Wasser) nachgegossen. Dies muss bis zum Ende der Garzeit wiederholt werden. Anschließend ruht das Fleisch noch für ca. 10 Minuten im ausgeschalteten Backofen. In der Ruhezeit verteilt sich noch gleichmäßig der Fleischsaft im Braten, es tritt weniger Fleischsaft aus und der Braten lässt sich besser schneiden.

Fleisch, das in der **Pfanne** gebraten wird, kommt in sehr heißes Fett, damit sich die Zellen durch das Gerinnen des Eiweßes sofort schließen und der Saft im Fleisch bleibt. Gewürzt wird erst, wenn der Braten auf einer Seite angebraten ist, und zwar auf der schon angebratenen Seite. Aus dem Bratensaft lässt sich eine kräftige Soße bereiten.

Rezeptbeispiel: Schweine-Krustenbraten
Beilagen: Kartoffelklöße und Rotkohl

Teilstück:
Schinkenstück
(Schweineunterschale)

Schweine-Krustenbraten

Zutaten:
$1\,{}^1/_2$ kg Schweinebraten mit Schwarte
Salz
Pfeffer
Speiseöl
frische Rosmarinnadeln
heißes Wasser
helles Bier
Weißwein
3–4 EL Sahne
0,270 kg Kloßpulver „halb und halb“
0,600 kg kaltes Wasser
1 kg Rotkohl
60 g Schmalz
1 große Zwiebel
1 Lorbeerblatt
5 Nelken, ganz
Salz
Zucker
2 EL Essig
${}^1/_8$ l Wasser
3–4 saure Äpfel
1 TL Weizenstärke
1 EL kaltes Wasser

12

Herstellungsablauf
- Schwarte des Schweinebratens quadratisch einscheiden.
- Mit Salz und Pfeffer einreiben.
- Mit Speiseöl bestreichen und mit frischen Rosmarinnadeln bestreuen.
- Braten mit der Schwarte nach oben auf den Rost auf eine mit Wasser ausgespülte Fettpfanne legen und in den vorgeheizten Backofen schieben.
- Sobald der Bratensatz bräunt, etwas heißes Wasser hinzugießen.
- Verdampfte Flüssigkeit nach und nach ersetzen.
- Circa 30 Minuten vor Ende der Bratzeit das Fleisch mehrmals mit hellem Bier bestreichen, damit die Kruste schön kross und braun wird.
- Bratzeit ca. 2 bis 2 1/2 Stunden.
- Den fertigen Braten ca. 10 Minuten ruhen lassen, danach in Scheiben schneiden und auf einer Platte anrichten.
- Bratensaft mit Wasser loskochen und durch ein Sieb geben.
- Anschließend den Bratensatz zum Kochen bringen und mit Soßenbinder binden.
- Mit Salz, Pfeffer und Weißwein abschmecken und mit der Sahne verfeinern.
- Kloßpulver „halb und halb“ (besteht je zur Hälfte aus rohen und gekochten Kartoffeln) nach Packungshinweis zubereiten.
- Fertig-Rotkohl aus der Dose oder dem Glas verwenden, aufwärmen und mit Gewürzen abschmecken oder
- vom Rotkohl die groben äußeren Blätter ablösen, den Kopf in Viertel schneiden und den Strunk entfernen, den Kohlkopf waschen und sehr fein schneiden oder hobeln.
- Fett zerlassen und die in Würfel geschnittenen Zwiebeln darin hellgelb rösten.
- Den Kohl kurze Zeit darin erhitzen.
- Lorbeerblatt, Gewürznelken, Salz, Zucker, 1 EL Essig, das Wasser und die geschälten und klein geschnittenen Äpfel zufügen.
- Kohl 65–75 Minuten auf kleiner Herdstufe gar dünsten lassen.
- Mit Salz, Zucker und Essig abschmecken.
- Das Fleisch in Scheiben schneiden, mit Soße begießen, dazu Rotkohl und Klöße reichen.

51.4.4 Kurz gebratenes Fleisch

Manche Fleischstücke wie Steaks (▸S. 164), Schnitzel (▸S. 164), Koteletts (▸S. 326), Leberscheiben eignen sich am besten zum Kurzbraten. Sie werden ungewürzt in sehr heißes Fett gelegt und auf jeder Seite kräftig angebraten. Die Würzung erfolgt erst nach dem Kurzbraten, da das Salz sonst den Fleischsaft entziehen kann und andererseits die Gewürze verbrennen würden.

Fleischscheiben wie Steaks oder Koteletts, sofern sie nicht paniert oder meliert sind, können auch ohne Fett in eine heiße Pfanne eingelegt werden. Sie kleben dann zwar am Pfannenboden fest, lösen sich aber, wenn die Schnittfläche des Fleisches trocken ist. Dann tritt intramuskuläres Fett aus und löst das Fleisch vom Pfannenboden. Nun das Fleisch wenden und wenn sich das Fleisch wieder vom Boden gelöst hat, kann es weiter langsam garziehen unter Zugabe von (Kräuter-) Butter, Salz und Gewürzen bis zum gewünschten Garpunkt (50–65 °C). Merke: Für gutes Fleisch gibt es kein besseres Fett als Butter.

Rezeptbeispiel: Leber Berliner Art
Beilagen: gedünstete Apfelscheiben, Kartoffelpüree und Tomatensalat

Teilstück:	Zutaten:
Kalbsleber	4 Scheiben Kalbsleber à 150 g
	$^1/_2$ l Milch
	Weizenmehl
	60 g Butterschmalz
	Salz
	4 Zwiebeln
	2 säuerliche Äpfel
	1 kg Kartoffeln
	etwas Salz
	75 g Butter
	$^1/_4$ l Milch
	Muskatnuss
	0,5 kg Tomaten
	150 g Zwiebeln
	40 g Petersilie
	40 g Schnittlauch
	Salz, Pfeffer und Zucker
	Essig und Öl
	1 Knoblauchzehe

Herstellungsablauf
- Wenn nötig, von der feinen Haut befreien und evtl. Sehnen und Röhren entfernen.
- Leber für ca. 1 Stunde in Milch einlegen, damit sie vorhandene Bitterstoffe verliert.
- Leber kurz abspülen, trocken tupfen, in Weizenmehl wenden.
- Butterschmalz in der Pfanne erhitzen und die Leber darin von beiden Seiten braten.
- Anschließend mit Salz bestreuen und warm stellen.
- Zwiebeln schälen, in Ringe schneiden und in der Pfanne unter Wenden bräunen.
- Zwiebeln warm stellen.
- Äpfel waschen, das Kerngehäuse ausstechen und in Scheiben schneiden.
- Äpfel ggf. mit Zitronensaft beträufeln, damit sie nicht braun werden.
- Apfelscheiben in die Pfanne geben und ca. 5 Minuten bei geschlossenem Deckel und mittlerer Hitze dünsten.
- Leber, Zwiebelringe und Apfelscheiben auf vorgewärmten Tellern anrichten.
- Kartoffeln waschen und dünn schälen und nochmals kalt waschen.
- Größere Kartoffeln ein- oder zweimal durchschneiden und mit Salz in einen Kochtopf geben.
- Kartoffeln gar kochen lassen.
- Wasser abgießen, Kartoffeln sofort durch die Presse geben oder fein zerstampfen.
- Butter und so viel heiße Milch hinzugeben, bis die Kartoffeln eine breiartige Beschaffenheit erhalten.
- Topf für kurze Zeit wieder auf die Kochplatte stellen und den Brei dabei schlagen.
- Mit frisch geriebener Muskatnuss und Salz abschmecken.
- Tomaten für ca. 30 Sekunden in kochendes Wasser geben, danach sofort in kaltem Wasser abschrecken, enthäuten und in dünne Scheiben schneiden.
- Zwiebeln schälen und klein würfeln.
- Knoblauchzehe abziehen, fein hacken, mit 1/4 TL Salz bestreuen und mit der flachen Messerseite zerdrücken.
- Petersilie und Schnittlauch gut waschen, abtropfen lassen und klein schneiden.
- Aus Salz, Pfeffer, Zucker Essig, Öl und Knoblauch eine Marinade bereiten und diese unter die Tomaten, Zwiebeln, Petersilie und den Schnittlauch ziehen.

Leber Berliner Art

51.4.5 Gegrilltes Fleisch

Im Zusatzgerät des Backofens, in einem separaten Elektrogrill oder auch auf dem Grill im Freien lässt sich Fleisch in kurzer Zeit schmackhaft zubereiten. Das mit Küchenpapier abgetrocknete Fleisch wird entweder ungewürzt auf den Grill gelegt oder vorher in Öl und Kräutern mariniert. Fleischscheiben, die gegrillt werden, dürfen nicht zu dünn geschnitten werden und sollten auch nicht ganz ohne Fett sein, damit sie nicht trocken werden.

12

Garen bei trockener Hitze: Grillen

Wie beim Kurzbraten wird auch beim Grillen erst nach dem Garvorgang gewürzt.

Rezeptbeispiel: Grillhähnchen
Beilagen: Reis und Leipziger Allerlei

Teilstück: 2 Grillhähnchen à 900 g

Zutaten:
2 Grillhähnchen à 900 g
Salz, Pfeffer, Paprikapulver
Öl
Leipziger Allerlei als TK-Ware
Salz
Butter
Pommes frites (TK-Ware zum Aufbacken im Backofen)
Salz

Herstellungsablauf
- Hähnchen säubern und abflämmen.
- Hähnchen waschen und mit Küchenpapier abtrocknen.
- Von innen mit Salz, Pfeffer und Paprika würzen.
- Hähnchen auf einen Grillspieß stecken und von außen würzen.
- Grilltemperatur 250 °C.
- Hähnchen zwischendurch mit Öl und Gewürzen bepinseln.
- Garzeit ca. 45 Minuten.
- Wenig Wasser in einem Topf zum Sieden bringen.
- Das noch gefrorene Gemüse in das siedende Wasser geben.
- Wenig Wasser in einem Topf zum Sieden bringen.
- Gemüse unter dem Siedepunkt garen bis zur Bissfestigkeit.
- Pommes frites nach Vorschrift auf der Packung zubereiten, z. B. im Umluftofen:
- Den Backofen auf 200 °C vorheizen.
- Nach Erreichen die Backofentemperatur auf 180 °C regulieren.
- Die Pommes frites mindestens 14 Minuten auf mittlerer Schiene je nach gewünschter Knusprigkeit und Bräunung backen.
- Das Produkt zwischendurch wenden.
- Die optimale Backzeit ist abhängig vom Backgerät und dem gewünschten Bräunungsgrad.
- Anschließend nach Belieben würzen.

12

51.5 Beilagen

Im Kapitel 51.1 wurden grundlegende Begriffe definiert. Danach besteht ein Gericht aus vier Speisen. Wird der Eiweißträger (Fleisch, Fisch, Geflügel, Ei) als Hauptspeise gewählt, so lassen sich die drei anderen Speisen in dem Fall als Beilagen definieren.
- **Ballaststoffträger** – Gemüse, Salat
- **Stärketräger** – Kartoffeln, Reis, Nudeln, Klöße
- **Soße** – meist gebunden, hell oder dunkel

Ballaststoffträger – Gemüse

Bei den Gemüsen (▸ S. 644) gilt es darauf zu achten, dass die Vitamine geschont werden und es nicht zu weich gegart wird. Das Abbinden mit Mehlschwitze, wie es früher gerne getan wurde, ist heute nicht mehr üblich. Es wird noch etwas Butter zum Gemüse gegeben oder, will man es leicht abbinden, ein wenig Sahne.
- Anders die klassischen **Wintergemüse** wie Rotkohl, Weißkohl, Grünkohl und auch Sauerkraut. Sie benötigen unbedingt etwas mehr Fett, am besten Schmalz oder, wenn vorhanden, auch Gänseschmalz. Für Wirsing und Kohlrabi ist Butter das Beste.
- **Edelgemüse,** wie Spargel, feine Erbsen, feine Karotten, Brokkoli, kleine Blumenkohlröschen und Prinzessbohnen, werden sehr gerne mit echter Hollandaise (Eigelb-Butter-Soße) serviert.
- Ein wichtiges Gemüse in der Fleischerei ist das **Sauerkraut.** Es muss daher ganzjährig vorhanden und von höchster Qualität sein.

Gemüsebeilagen

Spargel

Nach dem Garen sollte es noch etwas Biss haben und nur leicht gebunden werden (mit Weizenmehl oder einer geriebenen rohen Kartoffel).

Was bei keinem Gemüse fehlen darf, ist die Prise Zucker. Zucker rundet den Geschmack ab und macht die Verwendung von Geschmacksverstärkern überflüssig.

Pommes frites

Bratkartoffeln

Stärketräger - Sättigungsbeilagen

Bei der Fleischzubereitung ist die Vermeidung von Gewichtsverlusten vorrangig, um es saftig und zart zu halten. Bei der Zubereitung der Beilagen wird auf die Schonung der Vitamine allergrößter Wert gelegt.

- Das beginnt beim **Garen der Kartoffeln.** Am schonendsten ist das Kochen in der Schale, die größten Geschmacksverluste entstehen bei in Wasser gegarten Salzkartoffeln. Besser ist das Dünsten oder Dämpfen der geschälten Kartoffelstücke.
- Bei **Bratkartoffeln** werden die kalten Kartoffelscheiben in eine Pfanne mit heißem Fett gegeben. Ist das Fett nicht heiß genug, so saugen die Kartoffeln das Fett auf und werden nicht kross.
- **Frittierte Kartoffeln** wie Pommes frites oder Kroketten nur kurz in heißem Fett (170 °C–180 °C) ausbacken und, wenn nötig, nur offen heiß halten, nicht zugedeckt (sie werden sonst durch den Wasserdampf weich).
- **Nudeln** (▸ S. 641) dagegen werden immer in reichlich Salzwasser gegart. Sie sollen noch etwas bissfest sein (al dente). Damit sie nicht zusammenkleben, werden sie kalt abgespült. Bei Bedarf können die Nudeln kurz in etwas Butter oder Olivenöl in der Pfanne angeschwenkt und mit Salz und evtl. Muskat abgeschmeckt werden.
- **Reis** kann so gekocht werden, dass alle Garflüssigkeit aufgenommen wird. Dabei werden fein geschnittene Zwiebeln in etwas Butter glasig gedünstet; danach kommt der Reis dazu und etwa doppelt so viel Wasser oder Bouillon wie Reis. Einmal kurz umrühren, danach nicht mehr rühren, da der Reis sonst klebt. Nur noch kurz aufkochen lassen und zum Nachquellen warm stellen. Man kann auch den Reis wie die Nudeln in reichlich Salzwasser garen und danach weiter zubereiten.
- Egal um welche **Klöße** es sich handelt, alle lässt man in reichlich Salzwasser gar ziehen, d.h. ins kochende Wasser hineingeben und die Hitze zurückschalten. Wenn die Klöße schwimmen, sind sie gar.
- Zu den beliebtesten Beilagen gehören die **Aufläufe oder Gratins.** Sie sind gut warm zu halten und können auch noch viele andere Zutaten (Gemüse) enthalten, sodass weitere Beilagen entfallen können. Während Kartoffelgratins meist noch recht saftig sind, quellen Nudeln stark nach, was sie oft trocken erscheinen lässt.

Verschiedene Nudeln

Soßen

- Braune gebundene Soßen entstehen beim Schmoren von Fleisch. Sie werden entsprechend zu diesen Speisen gereicht. Sie können auf Wunsch durch die verschiedensten Zutaten wie Rotwein, Sahne, Madeira, Weinbrand verfeinert und natürlich auch durch Garnituren wie Pilze, Paprikaschoten und andere würzige Zutaten ergänzt werden.
- Beim Kurzbraten entsteht meist nur wenig Bratensaft (Jus). Ergänzend können hier noch Kräuterbutter und ähnliche Buttermischungen zum Steak serviert werden.

  Ähnlich wirken auch die Eigelb-Butter-Mischungen, z.B. die Sauce Hollandaise, die in ihrer neutralen Form zu feinem Gemüse gegeben wird. Durch die vielfältigen Möglichkeiten der Abwandlung mit Kräutern, Gewürzen und auch Extrakten passen sie auch zu hochwertigem Fleisch.
- Helle Soßen werden aus den Brühen von gekochtem Fleisch hergestellt und dazu gereicht. Auch sie können auf die verschiedensten Arten abgewandelt werden. Am bekanntesten ist sicherlich die Meerrettichvariante, aber auch die Varianten mit Senf, Kräutern oder Curry sind sehr beliebt.

Optimierung der Bioverfügbarkeit durch Beilagen am Beispiel des Mineralstoffs Eisen

Der Mineralstoff Eisen hat eine zentrale Funktion bei der Blutbildung. Entscheidend für die Ausnutzung des Eisengehalts von Fleischwaren sind die Beilagen. Eisen wird besonders gut in Gegenwart von Vitamin C resorbiert. Dazu ist es nötig, zu zeigen, wie viel Eisen in den einzelnen Lebensmitteln vorhanden ist und wie viel davon ausgenutzt werden kann.

Die folgende Tabelle zeigt die biologische Wertigkeit des Mineralstoffs Eisen, der für die Blutbildung benötigt wird, ohne Beilagen:

Lebensmittel	Eisengehalt von 100 g in mg	Resorbierbarkeit in %
Fleisch	2–3	21
Schweineleber	22	15
Fisch	0,4–0,7	12
Weizen	2	5
Getreide	2,5	3
Spinat	4,1	1,5
Reis, unpoliert	2,6	1
Salat	1,1	1

Werden jedoch die einzelnen Fleischspeisen mit anderen Zubereitungen, die Vitamin C enthalten, kombiniert, so ergeben sich für die Auswertung deutlich bessere Werte:

Gericht	Resorbierbarkeit des Eisens in %
Würstchen mit Sauerkraut	90
Roastbeef mit grünen Bohnen und Pellkartoffeln	60
Schweinefleisch mit Bohnen und Milch	45
Hacksteak mit Salzkartoffeln und Bohnen	40

Aus Fleisch ist Eisen gut resorbierbar. Bei einem Fleischgericht sind Fleisch und ganz besonders die Leber wichtige Eisenlieferanten. Sauerkraut und Kartoffeln sind wichtige Vitamin-C-Lieferanten. Vitamin C begünstigt die Mineralstoffaufnahme, indem es die Reaktionsanfangstemperatur senkt. Deshalb ist es vorteilhaft, tierische und pflanzliche Kost zu kombinieren.

51.6 Zusammenstellung von Menüs

Bei der Zusammenstellung der Gerichte soll darauf geachtet werden, dass sie schmackhaft, vollwertig und abwechslungsreich sind. Das Abwechslungsreiche gilt ganz besonders bei der Zusammenstellung von umfangreicheren Menüs (► S. 565 f.).

Beispiele für zusammengestellte Menüs

Markklößchensuppe
*
Schweinekrustenbraten
mit Rotkohl und Klößen
*
Gefüllter Bratapfel
mit Preiselbeeren

- Das einfache 3-Gänge-Menü für kalte Herbst- und Wintertage.
- Die kräftige Suppe wärmt auf und sättigt schon etwas.
- Der Krustenbraten mit seinem leichten Fettrand und der Schwarte liefert ausreichend Kalorien.
- Die dazugehörige Soße lässt sich prima von den kräftigen Klößen auftunken.
- Der Rotkohl, ein typisches Wintergemüse, ist gut für den Stoffwechsel im Darm und beugt, wie andere Kohlgemüse auch, Darmerkrankungen vor.

* * *

Spinatsalat mit Champignons mit geräuchertem Forellenfilet
*
Hühnersuppe mit Eierstich
*
Kalbsbraten mit Kartoffelgratin
*
Schokoladenmousse-Nocken an Birnenstücken, Mandeln und Preiselbeergarnitur

- Der Salat soll den Appetit anregen. Er enthält reichlich Frühlingszwiebeln und frische Petersilie, somit auch viel Vitamin C, das die Eisenresorption begünstigt. Das Forellenfilet liefert das wichtige tierische Eiweiß.

- Auch die leichte, gut entfettete Hühnersuppe enthält frische Petersilie. Der Eierstich ist als Einlage sehr beliebt und gut zu bevorraten.
- Der rosa gebratene Kalbsrücken ist noch sehr saftig und bekommt daher nur einen ganz leichten Bratensaft mit angerichtet. Durch das Gratin wird auch nicht viel Soße benötigt.
- Ein solches Dessert – großzügig auf einem Teller angerichtet – ist die Krönung eines guten Essens.

* * *

Leberpastete an Blattsalaten
mit Himbeerdressing
*
Champignoncremesuppe
*
Lachssteak an Blattspinat
und gedünstete Butterkartoffeln
*
Reis „Trauttmansdorff"

- Die würzige Leberpastete hat mit dem fruchtigen Blattsalat die ideale Ergänzung, bietet eine gute Eisenaufnahme und macht Appetit auf mehr, da sie den Stoffwechsel schon gut anregt.
- Die Champignoncremesuppe stimmt durch ihren milden Geschmack schon auf den kommenden leichten Fischgang ein.
- Der Hauptgang ist eine beliebte Kombination, die auch farblich keine Wünsche offen lässt. Zudem ist er nicht zu kalorienreich, fördert die Eisenaufnahme und beugt Blutarmut vor.
- Der Sahnereis mit den frischen Früchten ist der Gipfel des Genusses und verlangt nur noch einen Espresso und einen guten Williams Christ Brand hinterher.

* * *

Wildpastete an Sauce Cumberland
und Feldsalatröschen
*
Klare Tomatensuppe mit Basilikum
*
Seezungenröllchen auf Kräuterrisotto
mit Sauce Hollandaise überbacken
*
Züricher Geschnetzeltes mit Rösti
und gebackenen Zucchinischeiben
*
Vanilleeis mit heißen Himbeeren

- Die Johannisbeersoße an der Wildpastete ist eine gute Kombination, nicht nur farblich, auch für die Appetitanregung gibt es nichts Besseres.
- Die Tomatenwürfel in der klaren Rinderbrühe bilden einen guten Kontrast zu dem frischen grünen Basilikum und sind auch geschmacklich eine optimale Ergänzung.
- Die zarten Seezungenröllchen in Harmonie mit dem Risotto und der milden Hollandaise bereiten geschmacklich auf das feine Kalbsgeschnetzelte vor.
- Die knusprigen Rösti bilden einen idealen Kontrast zum sahnigen Fleisch und den frittierten Zucchinischeiben.
- Am Anfang fruchtig säuerlich und jetzt der himmlisch süße Gegensatz mit „Eis und heiß"

* * *

Tomaten-Bruschetto
auf Knoblauchtoast
*
Elsässer Zwiebelsuppe
*
Rumpsteak mit Kräuterbutter,
Röstkartoffeln und Speckbohnen
*
Kirschquarkbecher
„Schwarzwälder Art"
oder
marinierte Allgäuer Käsehappen

- Ciabattascheiben in Olivenöl und Knoblauch angeröstet, belegt mit reichlich Tomatenwürfeln und Parmesankäse, gewürzt mit frisch gemahlenem schwarzen Pfeffer und Salz und noch dazu mit köstlichem Olivenöl beträufelt.
- Die Steigerung ist die würzige, leicht pfeffrige Zwiebelsuppe, mit einem Schuss Weinbrand abgeschmeckt.
- Auch das herzhafte Rumpsteak, englisch gebraten, mit würziger Kräuterbutter, knusprigen Röstkartoffeln und deftigen Speckbohnen rieht sich ein in die Vorgängerspeisen mit ihrem leicht rustikalem aber trotzdem gehobenen Charakter.
- Zum Schluss steht eine Entscheidung an. Derjenige, der es bis zum Ende würzig-herzhaft mag, entscheidet sich für marinierte Allgäuer Käsehappen. Den anderen verlangt es nach einem süßlichen Dessert.

5-Gänge-Menü

Champignoncremesuppe

Rumpsteak mit Kräuterbutter, Röstkartoffeln und Speckbohnen

12

Vanilleeis mit heißen Kirschen

51.7 Regionale Gerichte

Will man die deutsche Küche in wenigen Sätzen beschreiben, so kann man sagen, dass Kartoffelgerichte in allen Varianten, in Verbindung mit Kohl und deftigen Würsten, weitverbreitet sind. Dazu kommen deftige Suppen aus Hülsenfrüchten, im Küstenbereich natürlich auch Fisch in seiner Vielfalt und im schwäbisch-alemannischen Raum die Teigwaren.
Früher waren – bedingt durch die harte Arbeit – die typischen Gerichte sehr fett- und somit auch kalorienreich. Dies hat sich jedoch in den letzten Jahrzehnten geändert. Es wird heute mit weniger Fett und fast ohne Mehlschwitzen gesundheitsbewusster gekocht.

In der Gastronomie gibt es folgende **Trends**:

- **Slow Food** steht für Lebensmittelgenuss, jede Form von Gentechnik wird abgelehnt
- **Bowl Food** wird in Schüsseln gereicht, gefüllt ist die Schüssel meist mit Reis, Quinoa o. ä., darauf Gemüse mit Fisch oder Fleisch.
- **Ethnic Food** muss aus gesunden, frischen und höchstens tiefgefrorenen Rohstoffen hergestellt werden
- **Novel Food** wird aus Lebensmitteln hergestellt, bei denen die eingesetzte Biotechnologie vom Hersteller als unbedenklich garantiert werden muss
- **Cuisine d'assemblage** erreicht ihre größte Vielfalt durch die Verwendung von frischen Rohstoffen und Convenience-Erzeugnissen

All diese Einflüsse und ganz besonders die Cuisine d'assemblage wirken in die regionale Küche hinein. Natürlich fließen auch Einflüsse aus dem benachbarten Ausland in den Grenzregionen ein, umso mehr, wenn auch andere Volksgruppen heimisch sind.

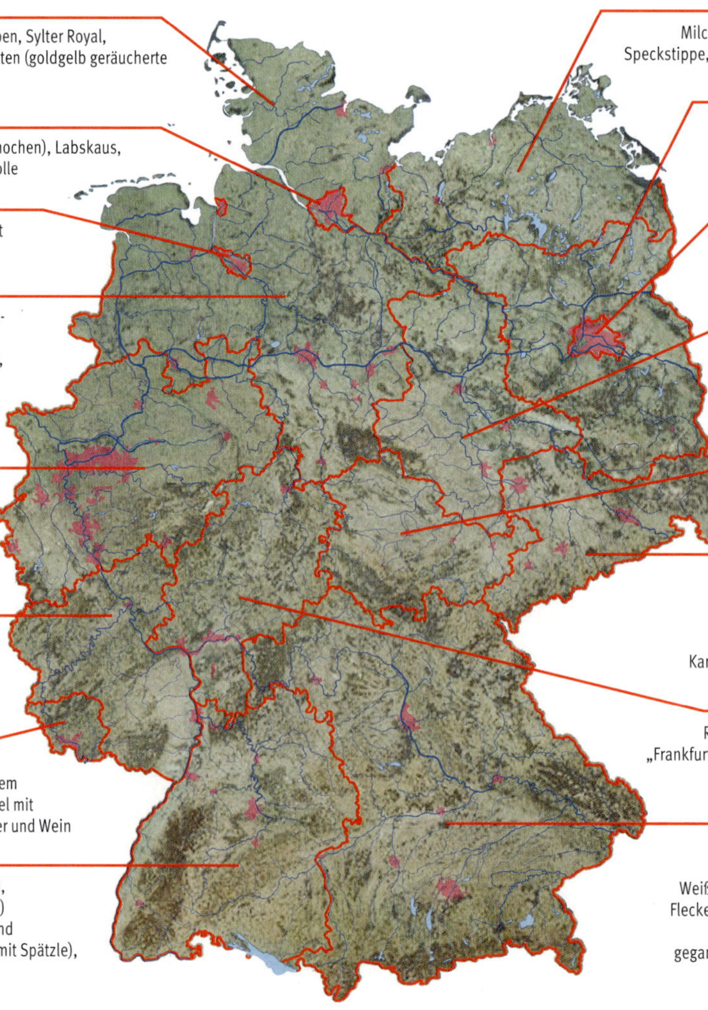

12

51.8 Qualitätsanforderungen an fertige Fleischgerichte

- zarte Struktur des Fleisches
- Bissfestigkeit des Fleisches
- ausgewogener Geschmack /abgestimmte Würzung
- Beilagen abgestimmt auf das Fleisch
- Bissfestigkeit der Beilagen
- ausreichend Soße
- farbliche Abstimmung von Fleisch und Beilagen

Prüfmerkmale der DLG

Äußere Beschaffenheit in verzehrfähigem Zustand

Farbe
- zu blass
- zu dunkel
- ungleichmäßig
- grau/grünfleckig
- Bräunung missfarben

Fleisch
- Fleisch zu sehr zerstückelt
- Fleisch schlecht hergerichtet
- Fleischauswahl mangelhaft
- Magerfleischeinlage zu wenig
- Fettanteil zu hoch
- Sehnenanteil zu hoch
- Knorpelteile
- Kruste/Oberfläche dick
- Knochenteilchen
- Panade/Backteig schrumpelig, faltig
- Panade aufgeblasen, ablösend, geplatzt
- Saftaustritt bei panierten Erzeugnissen
- Fleischeinlage blass
- Fleischeinlage zu dunkel
- sonstige Einlage zu viel
- sonstige Einlage zu grob

Soße
- Farbe zu hell
- Farbe zu dunkel
- Soße zu trüb
- Soße zu fett
- Soßenanteil zu hoch

Konsistenz/Beschaffenheit

Fleisch
- zu weich
- im Biss zu schwammig
- wässrig
- gummiartig
- zu fest
- zu trocken
- zäh
- Zusammenhalt mangelhaft
- zerfasert
- Teile unzerkaubar
- Panade im Biss zu hart, zäh
- Panade im Biss zu weich, zerfallen
- Panade pappig, kleistrig, schleimig

Soße
- Soße zu dick
- Soße schleimig
- Soße klumpig
- Soße entmischt
- Soße griesig

Geruch und Geschmack

Fleisch
- salzig
- sauer
- süßlich
- bitter
- fettig
- Würzung zu schwach
- Würzung zu stark
- Würzung nicht abgestimmt
- Fleischaroma zu gering
- Lockerungsmittel schmeckt zu stark vor
- metallisch
- talgig
- tranig – fischig
- seifig
- ranzig
- Frische fehlt
- alt
- dumpfig und muffig
- schimmelig
- faulig

Soße
- salzig
- zu sauer
- zu süß
- bitter
- Würzung nicht abgestimmt
- Würzung zu stark
- Würzung zu schwach
- Soße mehlig
- brennerig
- talgig
- ranzig
- Frische fehlt
- dumpfig und muffig

51.9 Spezielle Herstellungs- und Verpackungstechnologien

Wie bereits erwähnt, nimmt das Herstellen von Gerichten in Fleischereien stetig zu. Immer häufiger werden Köche in Fleischereien mit der Zubereitung der Gerichte betraut. Das Herstellen von Gerichten in Fleischereien ist nicht so sehr mit „dem Kochen" in einem Restaurant vergleichbar, als vielmehr mit dem Herstellen von Gerichten in Großküchen von Kantinen, Krankenhäusern u.Ä. Zudem greift der Fleischereibetrieb selbstverständlich auf vorhandene Fleischereimaschinen zurück, die für die Herstellung von Fleisch- und Wurstwaren eingesetzt werden.
So wird beispielsweise die **Würfelschneidemaschine** nicht nur für Speck zu Blutwurst oder für das Würfeln von Schweinekopffleisch für Sülzwurst eingesetzt, sondern auch z.B. zum Würfeln von Möhren, Sellerie, Zwiebeln und Lauch für Erbsensuppe. Der Wolf kann eingesetzt werden, um Fleisch für Gulasch durch den einfachen Satz mit der 13-mm-Scheibe zu lassen. Mit der Füllmaschine lässt sich problemlos Erbswurst in den Darm einfüllen, um sie als Portionsware im Fachgeschäft verkaufen zu können.

Drei weitere wichtige Geräte vereinfachen (rationalisieren) die Produktion von Gerichten:
- der Autoklav (Korimat)
- der Kombidämpfer
- das Menü-Verpackungsgerät

51.9.1 Autoklav (Korimat)

Autoklav

12

Der **Autoklav** ist ein Universalgerät, in dem das Kochgut mit Überdruck, mit Unterdruck (Vakuum) oder drucklos gekocht, gedämpft, sterilisiert (▸ S. 518) oder auf andere Weise behandelt werden kann. Der Autoklav entspricht den technischen Regeln für Druckbehälter (TRB), den Unfallverhütungsvorschriften „Druckbehälter" und den VDE-Richtlinien. Der Autoklav ist ein technisch hoch entwickeltes Gerät, bei dessen Umgang man folgende Regeln berücksichtigen muss:

- Druckbehälter dürfen nur von unterwiesenen Personen bedient werden, von denen zu erwarten ist, dass sie ihre Aufgaben zuverlässig erfüllen und die hierfür maßgebenden Vorschriften einhalten.
- Der Betreiber hat dem Bedienungspersonal Anweisungen zu erteilen, insbesondere über In- und Außerbetriebnahme, Wartung, Verhalten bei außergewöhnlichen Vorkommnissen und Beseitigung von Störungen.
- Der Druckbehälter muss so betrieben werden, dass Beschäftigte oder Dritte nicht gefährdet werden. Schutzzonen sind einzuhalten.
- Jugendliche, die dem Jugendarbeitsschutzgesetz unterliegen, dürfen Druckbehälter nicht bedienen, es sei denn unter sachkundiger Aufsicht zur Erreichung des Ausbildungsziels.

Vorsicht bei kochendem Wasser!
Hier kann bei vollem Kessel, auch wenn der Druck abgelassen ist, dennoch heißes Wasser überschwappen.
Verbrühungsgefahr! Unbedingt Schutzkleidung tragen!

Bedienungshinweise

- Beim Druckschnellkochen von lose eingelegtem Kochgut im Korimaten sollte die oberste Lage mit dem Bodenblech oder Kesselschwimmer bedeckt werden, um ein Hochschwimmen zu vermeiden.
- Der Kessel darf beim Druckschnellkochen bis max. eine Handbreit (ca. 10 cm) unter dem Kesselrand gefüllt sein (Ausnahme Gegendruck-Sterilisation).
- Vor dem Öffnen des Deckels nach einer Druckkochung muss immer zuerst der Dampfablasshahn geöffnet werden.

Der Autoklav ist ideal für die Herstellung größerer Chargen von:
- Suppen aller Art
- Irish Stew und
- anderen Eintöpfen
- Grünkohl
- Chili con Carne
- Königsberger Klopse
- Sauce Bolognese
- Hühnerfrikassee

Darüber hinaus wird der Autoklav eingesetzt für:

- Vakuumdämpfen
- Schnellkochen von Köpfen
- Aspik-Herstellung
- Schmalzherstellung

51.9.2 Kombidämpfer

Der Kombidämpfer wurde im Jahr 1976 entwickelt und hat seinerzeit die Groß- und Gewerbeküche von Grund auf verändert. Rund 600 000 Geräte sind heute weltweit im Einsatz. Der Kombidämpfer wird auch Heißluftofen oder Konvektomat genannt. Das Prinzip des Kombidämpfers beruht darauf, dass in einem geschlossenen Raum erhitzte Luft (Wärme) auf das Gargut übertragen wird. Die eingebauten Ventilatoren ziehen die Luft aus dem Garraum an, leiten die Luft über Heizelemente und verteilen sie danach gleichmäßig in den Garraum. Durch diese Verfahrensweise ist es möglich, gleichzeitig verschiedene Produkte auf mehreren Ebenen zu garen. Die Produkte sollten in Bezug auf Garzeit und Gartemperatur zusammenpassen. Durch die Verwendung von Backblechen lässt sich eine Geschmacksübertragung beim Garen verschiedener Erzeugnisse verhindern. Die Garzeiten im Kombidämpfer gleichen denen des konventionellen Back- und Bratofens.

Wichtige Funktionen eines Kombidämpfers sind:

- Automatische Wassereinspritzung in den Garraum, um die trockene, heiße Luft zu befeuchten
- Garraumbeleuchtung und große Sichttüren, um den Garvorgang ohne Öffnen des Garraums zu beobachten
- Thermostat regelt die konstante Temperatur
- Kerntemperaturmesser zur Kerntemperaturüberwachung
- Zeituhr
- Herausnehmbare Einbauelemente aus dem Garraum, um die Reinigung zu erleichtern
- Garprozessprogrammierung
- Regler, um die Ventilatorengeschwindigkeit und damit die Umluftintensität zu steuern

Vorteile:

- Kurze Aufheizzeit
- Optimale Ausnutzung des Garraums
- Gleichzeitiges Zubereiten verschiedener Speisen ohne Geschmacksübertragung
- Schonende Garmethode durch automatische Gargut-, Energie- und Temperaturüberwachung
- Durch schonende Garmethoden wiederum bleiben Vitamine, Mineralien und Nährstoffe weitestgehend erhalten
- Kein Wenden des Garguts
- Weniger Energieverbrauch gegenüber den herkömmlichen Brat- und Backöfen
- Ins Gerät integrierte Reinigungsvorrichtungen

Nachteil:

Unter- und Oberhitze lassen sich nicht getrennt regulieren.

Die Hersteller von Kombidämpfern bieten eine Fülle von Gerätemodellen an, sodass für jeden Betrieb eine individuelle Lösung gefunden werden kann. Dies reicht vom Doppelgerät auf kleinstem Raum, Geräten mit integriertem Fettablauf über Geräte mit einem Luftkatalysator, um Gerüche gerade im Ladenbereich von Fleischereien zu vermeiden, bis hin zu Großgeräten für Großküchen.

Die neueste Generation der Kombidämpfer, sogenannte **Self-Cooking-Geräte,** garen vom Großbraten über Kurzgebratenes, Geflügel, Fisch, Beilagen, Kartoffelgerichte bis zu Eierspeisen, Backwaren und verschiedenen Desserts alles vollautomatisch nach den Wünschen des Gerätebedieners. Herkömmliche Eingaben wie Temperatur, Garzeit, Luftgeschwindigkeit oder Garraumklima entfallen. Ebenso kann man sich das ständige Kontrollieren und Nachregeln und das komplizierte Programmieren sparen.
Das Self-Cooking-Kontrollgerät erkennt selbstständig die produktspezifischen Anforderungen, die Art und Größe des Garguts sowie die Beschickungsmenge. Garzeit, Temperatur und das ideale Garraumklima werden individuell errechnet und laufend angepasst.

Der Kombidämpfer bietet auch die Möglichkeit, nach dem **„Cook-and-chill-Verfahren“** zu arbeiten.

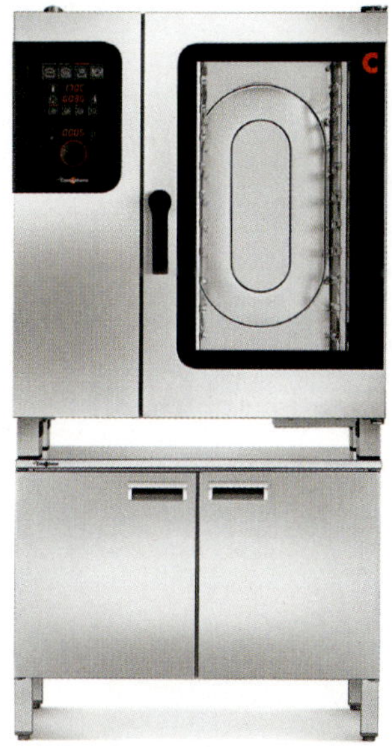

Gas-Heißluftdämpfer

12

Nach diesem Verfahren werden die gegarten Speisen sofort nach der Produktion gekühlt und somit ein unerwünschtes Weitergaren mit allen negativen Begleiterscheinungen wie unter anderem Gewichts-, Geschmacks- und Nährstoffverluste vermieden. Die Qualität der Speisen bleibt auf höchstem Niveau. Je nach Bedarf werden die gekühlten Speisen z.B. auf Tellern oder auch im Gastronormbehälter angerichtet und im Self-Cooking-Gerät in nur wenigen Minuten vollendet.

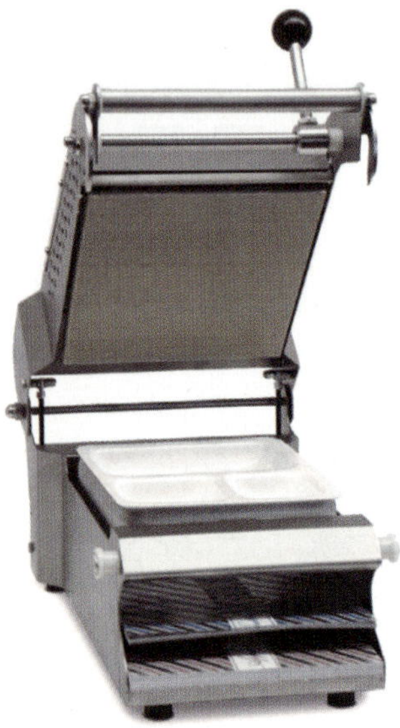

Siegelgerät

Daraus ergeben sich folgende Möglichkeiten:

- Möglichkeit, fertige Gerichte im Fleischer-Imbiss auf höchster Qualitätsstufe – „wie frisch gekocht" – anzubieten
- Herstellung auch von größeren Mengen an Speisen – ideal für den Partyservice und fürs Catering
- Bessere Ausnutzung von Zeitkapazitäten im Betrieb – es lassen sich Speisen in weniger arbeitsintensiven Zeiten vorbereiten
- Dadurch auch Einsparung von Personalkosten

Alle Kombidämpfer sind heute für **Gastronorm-Geschirr** gebaut. Gastronorm (GN) bedeutet die innerbetriebliche Normierung aller in der Küche gebräuchlichen Einrichtungen, Apparate und Einsätze. Gastronorm ist ein Maßsystem, das durch die Abstimmung der Normen einen rationellen Arbeitsablauf ermöglicht. Das Grundmaß GN 1/1 hat die Größe 530 x 325 mm. Die Einsätze sind in verschiedenen Tiefen erhältlich.

Einsatzmöglichkeiten

- Koch- und Druckkochapparate
- Selbstbedienungsanlagen
- Warmhaltebehältnisse, sogenannte Bain-Maries
- Kühl- und Tiefkühlschränke
- Schubladen und Schrankeinbauten
- Transport- und Lagereinheiten

Das führt zur:

- Beschleunigung der Arbeitsabläufe – Rationalisierung der Produktion
- Vergrößerung des Stapelvolumens auf kleineren Flächen
- maximalen Ausnutzung des vorhandenen Raums
- Größe und Tiefe der Einsätze sind optimal anpassbar
- Verkürzung der Arbeitswege
- Verwendung derselben Einheiten für Transport und Lagerung
- Vereinfachung der innerbetrieblichen Transporte

51.9.3 Siegelgeräte

Unverzichtbar für ein Fleischerfachgeschäft ist ein Siegelgerät zum Herstellen von Verkaufs- und Transportverpackungen von Fertiggerichten. Dies ermöglicht, dass die hausgemachten Menüs auslaufsicher und warmhaltend direkt an den einzelnen Kunden im Fachgeschäft verkauft werden oder aber an Einzelpersonen geliefert werden können. Es gibt Siegelgeräte in verschiedenen Größen und für verschiedene Verpackungen.

Bei den Schalen werden unterschieden:

- ISO-Schalen, Warmhalteschalen bis zu 30 Minuten, nicht für die Mikrowelle geeignet
- CPET-Schalen für Heißluft- und Mikrowellengeräte, 40 °C bis +220 °C,
- HDPE-Schalen, bruchsicher, wiederverwendbar, gasdicht
- PP-Schalen, zum Sterilisieren und Pasteurisieren geeignet, auch für Heißluft- und Mikrowellengeräte, –50 °C bis +121 °C

Bei den Folienrollen gibt es

- Aluminiumfolien (nur für ISO-Schalen)
- Klarsichtfolien für die anderen Schalenarten

Vorteile:

- Heißes Essen bleibt 30 Minuten heiß.
- Kein Auslaufen von Flüssigkeiten.
- Saubere Trennung der Menübestandteile.
- Problemloser Transport auch mehrerer Menüs.
- Schalen sind schnittfest und geschmacksneutral.
- Siegelgeräte sind kompakt und leicht zu bedienen.

51.10 Präsentation und Verkauf

Die von Fleischereien hergestellten Gerichte haben mehrere Verkaufsadressaten, z. B.:

- Schulkantinen, die gerade in Ganztagsschulen den Schülern eine warme Mittagsmahlzeit anbieten
- Kindertagesstätten
- kleinere Alten- und Pflegeheime
- fleischereieigener Imbiss, der meistens im Verkaufsraum integriert ist
- im Rahmen von Partyservice und Catering kommen die Gerichte an den Kunden
- Firmen, die über keine eigene Kantine verfügen
- Essen auf Rädern für ältere, kranke oder behinderte Mitbürger
- und nicht zuletzt die Kunden, die sich täglich das abgepackte heiße Gericht im Fleischerfachgeschäft abholen

Präsentation

Die Werbung und die Werbungsmöglichkeiten wurden schon in den verschiedenen Lernfeldern dargestellt. Deshalb wird in diesem Kapitel nur auf Werbemaßnahmen, die speziell für Fertiggerichte gelten, eingegangen. Es gibt mehrere Möglichkeiten der Präsentation. Alle Varianten sollten in Betracht gezogen werden, um die Einführung des Verkaufs von Fertiggerichten optimal zu gestalten bzw. um den Abverkauf von Fertiggerichten zu steigern.

- Der Kunde isst mit dem Auge. Damit der Kunde Appetit bekommt und auch die anderen präsentierten Gerichte kaufen möchte, sollte im Fachgeschäft jede Fertiggerichtsorte in geöffneter Verpackung präsentiert werden.
- Eine Werbung in der örtlichen Zeitung mit Nennung der täglich variierend angebotenen Gerichte kann ebenfalls verkaufsfördernd wirken.
- Handzettel mit Informationen über die täglich wechselnden Gerichte werden in Briefkästen des Verkaufeinzugsgebiets verteilt.
- Über Internet werden Newsletter mit den täglichen Gerichten versendet.
- Eine gut aufgebaute und gepflegte Homepage mit den entsprechenden Informationen trägt ebenfalls zur Verkaufssteigerung bei.

Verkaufsargumente

- „Sie haben keine Zeit und/oder Lust zu kochen? Wir haben für Sie das passende Fertiggericht."
- „Fertiggerichte in unseren Verpackungen – und Ihre Küche bleibt sauber."
- „Wir kochen für Sie und Sie haben Zeit für andere Dinge."
- „Unsere Fertiggerichte werden frisch gekocht und Sie können Ihr Gericht durch unser Verpackungssystem frisch genießen."
- „Fertiggericht aus Ihrem Fachgeschäft – von Profis für Sie zubereitet."
- „Wir bereiten die Gerichte schonend zu, um die Nährstoffe zu erhalten."
- „Unsere Gerichte sind ausgewogen zusammengestellt und liefern wertvolle Mineralstoffe und Vitamine."
- „Unsere Gerichte werden täglich frisch zubereitet."
- „Sie haben im Büro nur eine kurze Mittagspause und wollen nicht lange im Restaurant auf Ihr Essen warten? Wir liefern direkt ins Büro."
- Eintöpfe und Suppen bieten eine preiswerte und deftige Mahlzeit
- Durch die praktische Verpackung kein Ineinanderlaufen der Menü-Bestandteile.
- Durch die optimale Verpackung eignen sich die Fertiggerichte hervorragend auch zum Einfrieren.
- Die schonende Zubereitung ist die ideale Voraussetzung zum Einfrieren der Fertiggerichte und somit zur Vorratshaltung.
- Erbsensuppe ist besonders gut geeignet für große rustikale Feste wie Richtfeste, Straßenfeste, Wallfahrten und Sportveranstaltungen.

Verzehrempfehlungen

- **Tafelspitz** mit Bouillon-Kartoffeln und Schnittlauchsoße – der Klassiker unter den Kochfleischgerichten, mittlerweile eine europäische Spezialität aus der österreichischen Hauptstadt Wien.
- **Geschmorte Lammschulter,** Salzkartoffeln und Butterbohnen – ein Gericht für Genießer – und dies nicht nur in der gehobenen Gastronomie, sondern auch als vorzügliches Fertiggericht aus dem Fleischerfachgeschäft

Praktische Verpackung für Suppen

Kein Ineinanderlaufen der Menübestandteile

12

„Heiße Theke" im Ladengeschäft

- **Leber Berliner Art,** gedünstete Apfelscheiben, Kartoffelpüree und Tomatensalat – ein schnelles Gericht mit viel Mineralstoffen und Frische
- **Schweine-Krustenbraten,** Kartoffelklöße und Rotkohl – ein deftiges Gericht voller Geschmack, so wie es die Deutschen lieben
- **Grillhähnchen,** Pommes frites und Leipziger Allerlei – das schmeckt nicht nur den Kindern, knusprig gegrilltes Hähnchenfleisch mit fettarmen Pommes frites und viel frischem Gemüse

& Komplexe Aufgaben

1. Sabrina hat den Aufruf von Matthias Nusse ernst genommen und überlegt, welche Vorschläge sie ihm für den Betrieb einer Heißen Theke im Supermarkt unterbreiten könnte.
   Nach einem langen Bummel durch die Stadt und vielen neuen Inspirationen, möchte sie einen Speiseplan für drei Wochen erstellten, auf dem die Kunden jeden Tag zwischen drei Gerichten wählen können. Helfen Sie Sabrina bei der Zusammenstellung.
2. Matthias Nusse ist sehr angetan von Sabrinas Idee mit dem Speiseplan. Schlagen Sie ihm drei Tagessuppen und drei Eintöpfe vor, die er zusätzlich im Fleischerimbiss anbieten kann und die auf die Gerichte des von Ihnen in Aufgabe 1 erstellten Speiseplans abgestimmt sind.

? Aufgaben zur Wiederholung

1. Erklären Sie den Begriff „Gericht" im Zusammenhang mit dem Herstellen von Gerichten.
2. Wie lässt sich im Zusammenhang mit dem Herstellen von Gerichten das risikoreiche Verarbeiten von rohen Eiern umgehen.
3. Welchen Vorteil bieten die Rückstellproben und wann sollte darauf nicht verzichtet werden?
4. Beschreiben Sie die Herstellung von Knochenbrühe im Autoklaven.
5. Worauf kommt es beim Kochen von Fleisch an (nicht bei der Herstellung von Brühe)?
6. Welche drei Arten von Beilagen werden unterschieden?
7. Fertigen Sie eine kleine Tabelle an und unterscheiden Sie
   a) Garverfahren (Gartechniken),
   b) Bezeichnung eines Fleischgerichts,
   c) Bezeichnung des verwendeten Fleischteils,
   d) die entsprechenden Beilagen.
8. Was wird unter der „Optimierung der Bioverfügbarkeit" von Eisen durch Beilagen verstanden?
9. Erläutern Sie das „Cook-and-Chill"-Verfahren mit dem Kombidämpfer.
10. Warum ist ein Siegelgerät für ein Fleischerfachgeschäft, das Fertiggerichte für den Außer-Haus-Verzehr verkauft, unverzichtbar?

% Ausgewählte Fachrechenaufgaben

1. Eine Schweinekugel hat ein Frischgewicht von 1,925 kg. Nach zweieinviertel Stunden bei 180 °C im Umluftofen erreicht sie eine Kerntemperatur von 72 °C. Das Fertiggewicht beträgt 1,300 kg. Wie hoch ist der Bratverlust in %?
2. Ein Kunde bestellt bei Ihnen im Rahmen eines warmen Büfetts für 60 Personen Schweinebraten mit Soße. Sie gehen von 120 g fertigem Braten pro Person aus. Wie viel kg frische Schweinekugeln müssen vorbereitet werden?

52 Besondere Fleisch- und Wurstwaren herstellen

FLEISCHEREI nusse

Björn sitzt mit Tim zusammen und bespricht mit ihm die bevorstehende Abschlussprüfung. Björn hat sich zu Beginn seiner Ausbildung u. a. für die Wahlqualifikationseinheit „Herstellen besonderer Fleisch- und Wurstwaren“ entschieden. Nach der Ausbildungsordnung fallen unter diese Einheit Pasteten und Rouladen, Sülzen und Aspikwaren, heiße Braten und Bratenaufschnitt, Geflügelprodukte und regionale Spezialitäten. „Wer die Wahl hat, hat die Qual“, muss sich Björn von Tim anhören, doch das hilft ihm auch nicht weiter. „Hast du denn schon alle besonderen Fleisch- und Wurstwaren, die zur Auswahl stehen und die wir selbst produzieren, kennengelernt?“, fragt Tim. „Entscheidend für eine Wahl sollte für dich auch das Besondere daran und der Schwierigkeitsgrad sein.“

52.1 Brühwurstartige Pasteten und Rouladen

(LSKZ 2.4.2.2.4 und 2.4.2.4.1–4)

Hierbei handelt es sich um brühwurstartige Erzeugnisse mit oder ohne Fleischmantel, die dekorativ in Formen eingelegt und gegart werden. Sie sind aufschnittfähig und haben ein aufwendiges Schnittbild. Diese reine Aufschnittware wird in den Fleischereien seit Jahrzehnten in kleinen Sortimenten hergestellt.

Die imitierte Wildschweinpastete besteht aus einer fein zerkleinerten und umgeröteten Grundmasse, in der sich reichlich magere, umgerötete Fleischwürfel mit einem dunkelroten Rand befinden.

Die Pastete wird entweder in großkalibrige Därme gefüllt oder in Presskästen während des Garens in eine viereckige Form gebracht. Bei der zuletzt genannten aufwendigeren Zubereitung werden Pastetenformen mit einem dekorativen Rand ausgelegt (Speck- und/oder Mosaikrand), mit dem mit der Einlage vermengten Brät luftfrei gefüllt und anschließend gebrüht.

Rezeptbeispiel: Imitierte Wildschweinpastete (LSKZ 2.4.2.4.2)

Material für 100 kg:

- 50,000 kg S I Schweinefleisch fettgewebs- und sehnenarm
- 32,000 kg Aufschnitt-Grundbrät
  (12,8 kg S II sehnenarm mit max. 5% Fettanteil
  6,4 kg S IV Schweinebauch ohne Schwarte mit max. 30 % sichtbaren Fettanteil
  3,2 kg S VI Schweinebacke
  3,2 kg S IX Fettzuschnitte
  6,4 kg Eis)
- 18,000 kg Mosaikumrandung

Zutaten je kg für das Aufschnitt-Grundbrät

- 18 g Nitritpökelsalz
- 5 g Kutterhilfsmittel
- 1 g Umrötungshilfsmittel
- 2 g Pfeffer, weiß
- 1 g Mazis
- 0,5 g Ingwer
- 0,2 g Kardamom
- 5 g Pistazien

Zutaten je kg für das Einlagenfleisch S I

- 18 g Nitritpökelsalz
- 2 g Pfeffer, weiß
- 0,5 g Mazis
- Schweineblut, gepökelt

Imitierte Wildschweinpastete

PRAXISTIPP:

Dieser dekorative Mosaikrand kann auch für jede andere Pastete verwendet werden. Das Auslegen der Formen mit dünnen Speckscheiben ergibt zwar einen noch besseren Kontrast zur Farbe der Füllung, ist aber wegen des „fetten" Aussehens heute nicht mehr so beliebt.

Materialvorbereitung

Mosaikrand:

- Einen mit Folie ausgelegten Pastetenkasten mit hellem umgerötetem Feinbrät füllen und das Brät brühen.
- Eine ebenso große Portion Brät mit ca. 5 % Blut dunkelrot einfärben und genauso verarbeiten wie das helle Brät.
- Nach dem Durchkühlen beide Brätblöcke mit der Aufschnittmaschine in 2 bis 4 mm dicke Scheiben schneiden und die Schnittflächen dünn mit Brät bestreichen.
- Die Scheiben abwechselnd in eine Pastetenform legen, aufeinanderpressen und nochmals brühen.
- Nach dem Auskühlen quer zu den Schichten und längs zur Kastenform dünne Scheiben schneiden.
- Mit diesen Scheiben die Formen für die imitierte Wildschweinpastete auslegen.

Einlage:

- In magere, sehnenarme Schweinefleischwürfel ca. 5 % Blut, eine deftige Schinkenwurstwürzung, 2 % Nitritpökelsalz und 0,05 % Ascorbat einmassieren.
- Nach der Umrötung das stückige Fleisch auf einem Blech im Heißluftherd angaren.
- Lose Blutreste nach dem Garen gut abspülen, damit sie das helle Brät beim Einmengen nicht dunkel färben.
- Aus dem gleichen Grund und wegen der besseren Bindefähigkeit die Fleischstücke vor dem Verkneten äußerlich trocknen lassen.

Herstellungsablauf

- Pastetenkasten mit Folie und Mosaikrand auslegen. Anstelle des Mosaikrands können, wie im Bild gezeigt, auch magere Schweinebauchfleischscheiben verwendet werden.
- Mindestens 40 % der Einlage mit mindestens 2 % Pistazienkernen und maximal 58 % Brät verkneten und in die vorbereitete Form luftfrei einfüllen (eventuell vakuumieren).
- Oberseite ebenfalls mit Mosaikrand (oder Schweinefleischscheiben) abdecken und die Form mit dem Deckel unter Druck verschließen.
- Entsprechend jedem anderen Brühwursterzeugnis die Pastete bei 78 °C brühen, wobei eine Kerntemperatur von 72 °C erreicht werden sollte.

Diese und andere Einlagen wie gepökelte und gegarte Schweinezungen, Fleisch-, Schinken- und Herzwürfel, Filet, gekochte Eier, Brokkoli, Champignons, Paprikaschoten und sogar Nüsse und Käsewürfel bilden eine vielseitige und bunte Bereicherung des Brühwurstsortiments. Sie sind ein Blickfang in jeder Wursttheke, auf belegten Brötchenhälften und Aufschnittplatten. Der Kreativität bei der Auswahl und Kombination der Einlagen sind kaum Grenzen gesetzt.

52.2 Galantinen, Rollpasteten, Ballotinen

(LSKZ 2.4.2.4.2)

Diese Produkte sind wertvolle Fleischteile (oft auch ganzes Geflügel oder Kleintierteile, vollständig entbeint), die meistens ohne Formen gegart und anschließend mit Aspik überzogen (chemisiert = ausgepolstert) werden.

52.2.1 Galantinen

Galantinen sind gefüllte Tierkörper.

Rezeptbeispiel: Poulardengalantine

Zutaten für 10 Portionen

Materialeinsatz:

2,400 kg (2 Stück) Poularde
Gewürze
0,120 kg Geflügelleber
0,4 l Portwein
0,4 l Madeira
0,200 kg Poulardenfleisch
0,100 kg Schweinefleisch II
0,050 kg Speck
0,100 kg gekochter Schinken
Salz
Pfeffer
Pastetengewürz
Salbei
Rosmarin
0,025 kg Trüffel

12

Frische Poularde

Halb entbeinte Poularde

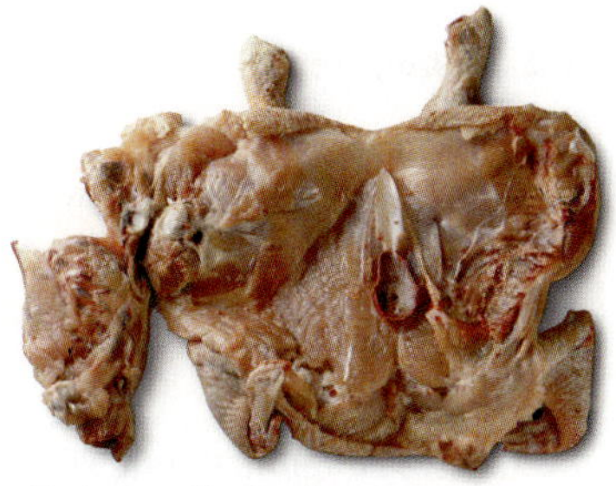
Entbeinte Poularde

Poularde mit Füllung und eingelegter Garnitur

Materialvorbereitung

- Zwei große Poularden von der Wirbelsäule her aufschneiden, Brustbein anritzen, von unten herausdrücken.
- Vom Brustbein ausgehend die übrigen Knochen des Wirbelkörpers heraustrennen.
- Aus dem offen liegenden Geflügelfleisch die Keulen, Flügel und das Schlüsselbein im vorderen Brustbereich ebenfalls vorsichtig heraustrennen, ohne die Haut zu verletzen.
- Den nicht fleischigen Teil der Flügel abschneiden.
- Von einer der Poularden ein Brät herstellen:
  Zutaten pro kg Fleisch:
  20 g Kochsalz
  2,5 g weißer Pfeffer, gemahlen
  1 g Mazis
  250 g gefrorene Sahne
  Das Fleisch fein wolfen; aus den Zutaten ein Brät kuttern.

Herstellungsablauf

- Mit dem Brät die Innenseite der beiden anderen Poularden einreiben.
- Das übrige Brät einfüllen und 200 bis 400 g Putenleberstücke als Garnitur einlegen (sie sind zum Unterkneten zu weich).
- Die Masse einrollen beziehungsweise den Rücken zunähen oder zustecken.
- Eine Außenwürzung kann aufgestreut werden. Dann wird im Heißluftofen bei 120 bis 130 °C gegart, bis eine Kerntemperatur von ca. 72 °C erreicht wird.

Präsentationsmöglichkeiten

Imbissverkauf
Zwei Scheiben der Poulardengalantine von je ca. 100 g zusammen mit Waldorfsalat, Johannisbeergelee und Blätterteighalbmonden anbieten. Als Garnitur eignen sich Feldsalatröschen.

Thekenverkauf
Von der Roulade drei bis vier Scheiben abschneiden und zusammen mit dem Rest der Poularde auf einer Platte anrichten und wie oben beschrieben garnieren. Dazu einen Salat und eine Soße empfehlen.

Kaltes und warmes Büfett
- Bei einer kalten Präsentation können kleine Törtchen mit Waldorfsalat und/oder mit Johannisbeergelee gefüllte Calvadosäpfelchen die Poulardengalantine ergänzen.
- Zu einer heißen Galantine passen eine Rahmsoße, hausgemachte Nudeln und Apfelspalten als Garnitur.
- Wenn statt der Poularden kleine Hähnchen verwendet werden, haben die Scheiben dieser Hähnchenroulade die ideale Größe für die Belegung von Kanapees.

Kanapees sind kleine, delikat belegte Brotscheibchen mit aufwendigen, geschmacklich passenden Garnituren.

▶ Bei welcher Kerntemperatur der Poulardengalantine sollte der Garvorgang beendet werden und warum?

Poulardengalantine im Anschnitt

52.2.2 Rouladen

Rezeptbeispiel: Filetroulade mit Pfifferlingen
(LSKZ 2.4.2.4.2)

Material für 100 kg:
66,000 kg Sauenfilet ohne Filetkopf
10,000 kg Tiefkühlpfifferlinge
2,000 kg Schinkenwürfel
1,000 kg Zweibelwürfel
20,000 kg Aufschnittbrät
1,000 kg Petersilie

Auf Eiweißfolie ausgelegte Filets, zum Teil schon mit Brät bestrichen

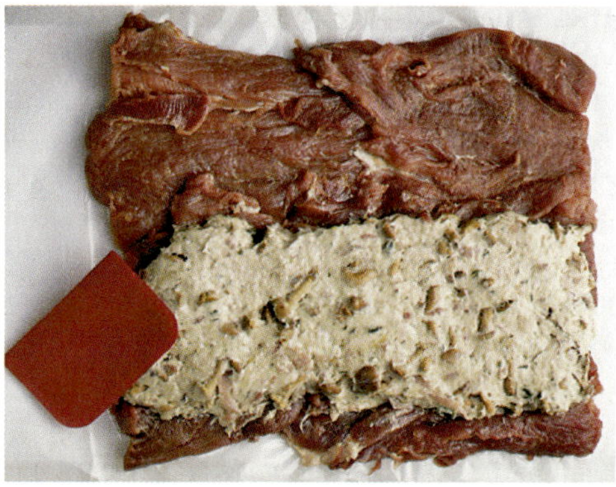

Materialvorbereitung

- Vier dicke Schweinefilets wie einen Kochschinken mit Pökellake spritzen, kurz antumbeln und über Nacht ruhen lassen.
- 500 g Tiefkühlpfifferlinge mit 100 g Schinkenwürfeln, 50 g Zwiebelwürfelchen und grünen Pfefferkörnern anschwitzen. Noch heiß in einem Tuch gut ausdrücken, dabei den abfließenden Fond auffangen. Beides kalt stellen.
- 1000 g nicht zu stark ausgekuttertes Aufschnittbrät mit dem Fond verkneten, anschließend mit den Pilzen und 50 g fein gehackter Petersilie gut bindig kneten.

Herstellungsablauf

- Die vier Schweinefilets flach aufschneiden und die Schnittflächen gut bindig reiben. Die Filets paarweise zu einem Rechteck auslegen, wobei die Spitzen überlappen sollen.
- Das Pilzbrät aufstreichen und mit dem Fleisch aufrollen.
- Für die spätere Verwendung als Aufschnittware oder auf dem kalten Büfett die Roulade am besten mit Eiweißfolie einrollen, binden und auf 72 °C Kerntemperatur im Heißluftofen garen.
- Wenn die Roulade im Heißverzehr angeboten werden soll, ist die Umhüllung mit Netzfett oder Alufolie zu empfehlen.

Sorgfältiges Einstreichen/Einreiben verbessert die Bindung zwischen Brät und Fleisch!

Präsentationsmöglichkeiten

Imbissverkauf
- Zwei bis drei dünne Scheiben (nicht über 120 g) mit Pfefferrahmsoße, Kroketten und einem fruchtigen Blattsalat (z. B. Eichblattsalat mit Birnenspalten) anbieten.

Thekenverkauf
- Die hochwertige Aufschnittware in der Theke zusammen mit rosa gebratenem Roastbeef präsentieren.

Kaltes und warmes Büfett
- Eine Bratenplatte in Kombination mit Roastbeef bringt die edle Filetroulade besonders gut zur Geltung.
- Als Bestandteil eines warmen Büfetts passen die Beilagen wie im Imbissverkauf dazu. Die Kroketten können eventuell durch Butternudeln ersetzt werden.
- Dünnere Rouladen von ebenso zubereiteten Filets eignen sich auch als Belag für Kanapees.

Eingerollte und gebundene Roulade

Gegarte Filetroulade

12

52.2.3 Ballotinen

Ballotinen sind kleine gefüllte Fleischteile, meist Portionsstücke.

Rezeptbeispiel: Entenballotine

Zutaten für 10 Portionen

Materialeinsatz:
10 Stück Entenkeulen
0,600 kg Bratwurstbrät (fein)
0,200 kg Backpflaumen
0,050 kg Pistazien
Pfeffer
Piment
Zimt

Materialvorbereitung

- Zehn Entenkeulen durch Entbeinen von der Innenseite ausgehend vom Oberschenkelknochen und dem Gelenk befreien. Dabei den Unterschenkelknochen durchbrechen und eventuell vorhandene Splitter entfernen.

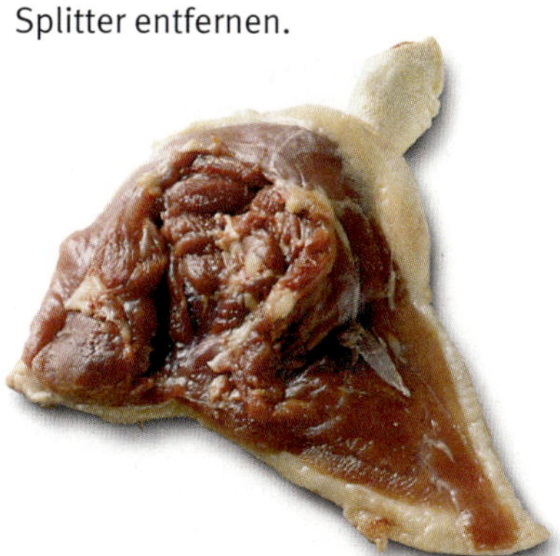

Halb entbeinte Entenkeule

- Füllung: 20 entsteinte Backpflaumen zwei- bis dreimal durchschneiden und mit einigen Pistazien, etwas Pfeffer, Piment, Zimt und 300 g Bratwurstbrät mischen.

Gefüllte und gewürzte Entenkeule

Herstellungsablauf

- Die Füllung mit einem Spritzbeutel (ohne Tülle) in die Keulen füllen.
- Die Keulen von außen leicht salzen und gut pfeffern.
- Die Keulen in Alufolie einwickeln und im Heißluftofen dämpfen.
- Nach dem Garen die Folie entfernen und die Keulen in trockener Heißluft überbräunen. Für den Imbissverkauf sollte dies erst kurz vor dem Verkauf geschehen.
- Knochen und sonstige Reste anbraten und davon mit Rotwein Bratensaft (Jus) ziehen. Diesen herzhaft mit Salz und Pfeffer würzen und mit Gelatine binden.
- Die kalten Keulen mit dem gebundenen, klaren Bratensaft einpinseln.

Präsentationsmöglichkeiten

Imbissverkauf
Im Warmverzehr passen ein Rotkohl-Orangen-Salat mit Walnüssen und Rösti dazu. Die unglasierten Keulen kurz gratinieren (überbacken).

Thekenverkauf
Damit der Kunde die Füllung sieht, die glasierten Keulen anschneiden und wie beim Imbissverkauf garnieren. Die Keulen können sowohl stückweise als auch nach Gewicht verkauft werden. Große Keulen reichen für zwei Portionen.

Kaltes Büfett
Aus einer Keule mindestens drei bis fünf Scheiben schneiden und mit Sellerie-Mandarinen-Salat zusammen anrichten.

52.3 Krustenpasteten

Krustenpasteten sind in Teighüllen gegarte Fleischerzeugnisse, deren Brät (Farce) meistens mit Sahne verfeinert wird. Sie werden nach dem Erkalten mit Aspik ausgegossen, damit der Scheibenzusammenhalt gegeben ist und Hohlräume ausgefüllt sind.

Krustenpasteten enthalten meist kochstreichwurstähnliche Füllungen (LSKZ 2.4.3.1.1) oder Brühwurstbrät als Grundmasse (LSKZ 2.4.2.4.2 oder 3).

Entenballotine im Anschnitt

Ermitteln Sie ein Rezept für Waldorfsalat als Beilage zur Poulardengalantine.

12

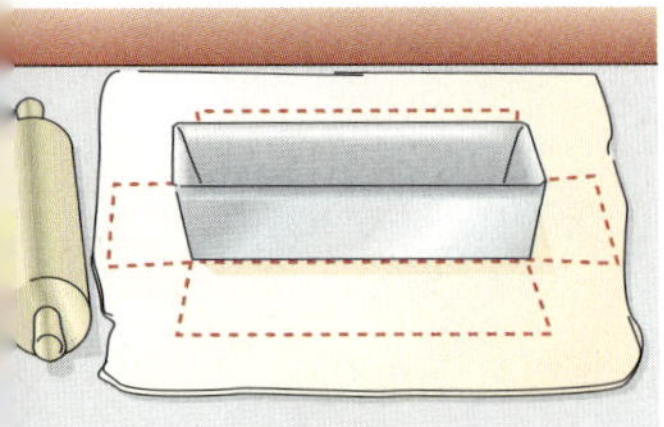

Form mit Teig auslegen

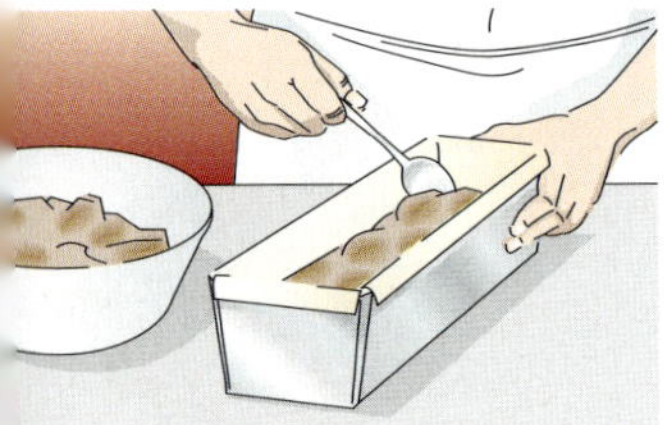

Brät einfüllen

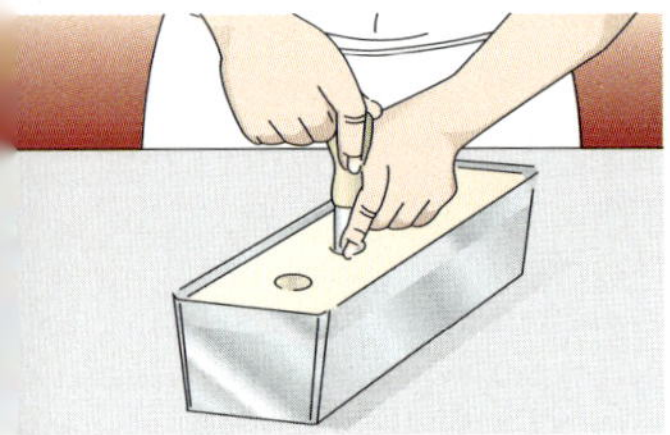

Kamine einstechen

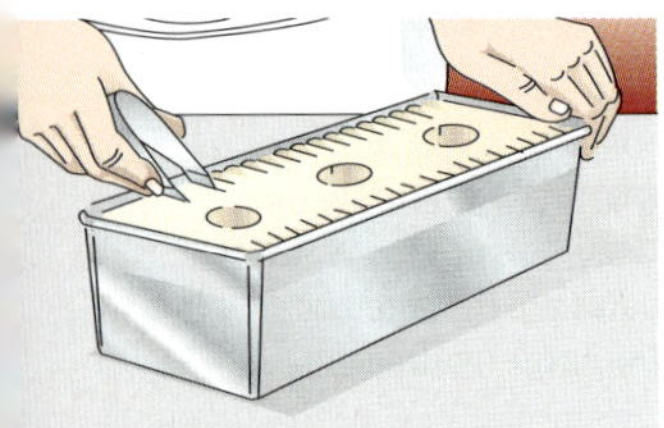

Pastete verzieren

Pastete backen

Rezeptbeispiel: Lammfiletpastete
(LSKZ 2.4.2.4.2)

Zutaten:
Für den Pastetenteig (reicht für zwei Formen mit je 2 kg Fassungsvermögen):
1 000 g Weizenmehl
400 g Schmalz, gut gekühlt
10 g Salz
400 g kaltes Wasser
Mit dem Teig die ausgefettete Form auslegen.

Für die Einlage:	Für das Brät:
8 gut gereifte Lammfilets	800 g S II
schwarzer Pfeffer	300 g S VIII
Thymian	300 g Sahne
Knoblauch	30 g Pökelsalz
Weinbrand	Umrötungshilfsmittel und die empfohlene Menge eines Pastetengewürzes

Materialvorbereitung

- Pastetenteig: Alles auf einer kalten Unterlage (Marmorplatte) gut verkneten und kalt stellen, einige Stunden ruhen lassen, am besten am Vortag herstellen.
- Einlage: Acht gut gereifte Lammfilets in etwas schwarzem Pfeffer, Thymian, wenig Knoblauch und etwas Weinbrand marinieren (einen Tag durchziehen lassen). Danach in einer beschichteten Pfanne kurz heiß anbraten. Wenn ohne Fett angebraten wird, ist später die Bindung zum Brät besser. Mit Küchenkrepp abtupfen und abkühlen lassen.
- Brätherstellung: Alle Brätzutaten zu einem feinen Brät verarbeiten.
- Garnitur: Pistazien; kleine gepökelte Lammleberwürfel, blanchierter Blattspinat oder Wirsingblätter u. a.

Herstellungsablauf

- Die Pastetenformen ausfetten und mit dem ausgerollten Pastetenteig auslegen.
- Formen mit Garnitur ergänzen bzw. in das Brät einarbeiten.
- Formen zur Hälfte mit dem Brät füllen.
- Die Filets mit dem Brät einreiben und mittig in die Formen einlegen.
- Mit dem restlichen Brät die Formen auffüllen, mit dem Teig abdecken.
- In den Teigdeckel einen runden Kamin einstechen und diesen mit einem Pergamentpapierröllchen ausfüllen (der beim Garen entstehende Dampf muss abziehen können, sonst zerreißt die Kruste).
- Mit Teigresten können Verzierungen aufgelegt werden. Alles mit einer Eigelb-Milch-Mischung bestreichen.
- Gebacken werden die meisten Pasteten bei ca. 160 °C bis zum Erreichen einer Kerntemperatur von ca. 70 °C. Zu beachten ist, dass die Kerntemperatur außerhalb des Backofens noch weiter ansteigt.
- Nach dem Erkalten wird durch den Schornstein flüssiger Aspik, evtl. mit Weinbrand oder Sherry leicht parfümiert, eingefüllt, damit alle eventuellen Hohlstellen ausgefüllt sind.
- Nach dem Durchkühlen können Scheiben von ca. 1/2 cm Stärke geschnitten werden.

Präsentationsmöglichkeiten

Imbissverkauf
Eine Scheibe dieser Pastete enthält genug Teigrand, um als Sättigungsbeilage zu dienen. Daher genügt ein bunter Salat als Beilage. Sein Geschmack sollte nicht zu intensiv sein, da sonst der Lammgeschmack überdeckt wird.

Thekenverkauf
Circa 1/2 bis 1 cm dicke Scheiben mit Cumberlandsoße (würzige Johannisbeersoße) oder dezentem Minzdressing anbieten.

Kaltes Büfett
Die Scheiben nach dem Schneiden leicht mit Aspik glasieren. Mögliche Beilagen sind ebenfalls ein bunter Salat und die genannten Dressings.

Das Glasieren bringt nicht nur Glanz, es schützt auch die Oberfläche vor dem Austrocknen.

52.4 Terrinen, Pasteten, Rillettes, Parfaits

(LSKZ 2.4.3.1.1)

Dies sind kochstreichwurstähnliche Produkte. **Terrinen und Pasteten** sind meistens kochwurstartige Füllungen, die in Steinguttöpfen gegart und mit Aspik und Garnituren verziert werden. Terrinen werden mit Speck, Pasteten mit Teigmantel ausgelegt.

Parfaits sind die noch feinere Form der Terrinen. Sie werden im Wasserbad pochiert und schmelzen praktisch auf der Zunge.

Rillettes bestehen im Allgemeinen aus fettgewebsreichem gebratenem Schweinefleisch, das mittelgrob bis grob zerkleinert, gewürzt, in Formen mit Deckel gefüllt und nochmals erhitzt wurde.

52.4.1 Terrinen

Rezeptbeispiel: Putenleberterrine
(LSKZ 2.4.3.1.3)

Zutaten für 5 kg Farce:
1 500 g Putenleber (Reste von Gallengängen unbedingt entfernen)
1 000 g gegarte Putenunterschenkel ohne Haut und Sehnen
2 000 g gegarter fetter Schweinebauch
400 g Brühe oder Sahne (Kennzeichnung der Terrine: „mit 8 % Sahnezusatz"); zu empfehlen ist Sahne, da sie das Produkt deutlich verfeinert
100 g gedünstete Frühlingszwiebeln und Schnittlauch
60 g Kochsalz
30 g Pökelsalz
12 g weißer Pfeffer, fein gemahlen
2 g Kardamom
1 g Piment
2 g Ascorbat

Die Zugabe von Sahne ist nur bei entsprechender Kennzeichnung erlaubt.

Herstellungsablauf

- Das Brät entsprechend den Arbeitsschritten bei der Herstellung von Delikatessleberwurst zubereiten (► S. 330).
- Die Masse in eine Terrine füllen und bei 80 °C im Kombidämpfer mit leichter Dampfzugabe garen.
- Nach dem Abkühlen auf ca. 40 °C Aspik aufgießen, um Hohlstellen zu schließen, um die Oberfläche vor dem Austrocknen zu schützen und um die Garnitur aus Mandarinen-, Ananas- und Kirschstücken aufzunehmen.

Präsentationsmöglichkeiten

Imbissverkauf:
Scheiben der Putenleberterrine auf einem Salatteller (Blattsalat mit Früchten) mit Baguette und Butter anrichten.

Thekenverkauf:
- Dickere Scheiben oder Tortenstücke herausschneiden und zusammen mit der Terrine in der Theke platzieren.
- Beilagentipps und Serviervorschläge dazu präsentieren oder auf dem Preisschild vermerken (z. B.: „als Vorspeise zum kleinen Salat" oder „auf Toast als leichtes Abendessen").

Kaltes Büfett:
- Die Terrine wie beim Thekenverkauf präsentieren.
- Die in Scheiben oder Ecken geschnittene Terrine auf einer exquisiten Platte mit Mandarinen, Ananasstücken und Kirschen garnieren.
- Edle Kanapees mit der Terrine belegen oder die Masse aufspritzen und ebenfalls mit Obst dekorieren.

Leberterrine

Leberpastete

Gänserillette

Vergleichen Sie die Gewinnspanne einer Delikatessleberwurst mit der einer Leberterrine.

Stellen Sie eine Leberterrine mit Trüffeln und Champignons her.
- Ermitteln Sie die Materialkosten und die Arbeitszeit.
- Überlegen Sie, um wie viel die Arbeitszeit durch kleine Serien und mehr Übung reduziert werden kann.
- Vergleichen Sie den Preis mit dem eines Convenience-Produkts.

12

Ausgelegte Form

Gefüllte Form

Gemüsepastete im Anschnitt

12

▶ Überlegen Sie, ob Sie für die Gemüsepastete nicht auch den Füllrest einer groben Bratwurst sinnvoll verwenden können.

52.4.2 Pasteten

Rezeptbeispiel: Gemüsepastete

Zutaten für 5 kg Farce:
3 000 g mageres Schweine-, Kalb- oder Geflügelfleisch (die Pastete entsprechend kennzeichnen)
500 g Sahne oder Speck
je 500 g Sellerie, Möhren und Grünes vom Lauch, blanchiert und in Streifen geschnitten; nach dem Blanchieren in Eiswasser abschrecken und auf Küchenkrepp abtrocknen lassen
80 g Kochsalz
15 g weißer Pfeffer, gemahlen
2 g Muskat
3 g gemahlener Kümmel

Herstellungsablauf

- Die äußeren grünen Blätter eines Wirsingkopfes waschen, blanchieren und in Eiswasser abkühlen lassen.
- Ein Netzfett vom Schwein gut wässern.
- Backformen mit dem Netzfett auslegen und das Fett zum späteren Abdecken der Oberseite seitlich überhängen lassen.
- Das Fleisch mit dem Salz und den Gewürzen auf 2 mm oder feiner wolfen und anschließend mit der Sahne gut bindig reiben.
- Die Innenseite der abgetupften Wirsingblätter mit dem Brät einreiben und die Formen mit den Blättern auslegen.
- Das Brät mit dem Gemüse verkneten, in die ausgelegten Formen füllen und glatt streichen.
- Die Form mit Wirsingblättern und dem Netzfett abdecken.
- Die Pastete wie einen Fleischkäse garen. Das Netzfett darf leicht anbräunen.
- Den entstandenen Bratfond heiß abgießen, mit Gelatine binden, mit Sherry abschmecken und die abgekühlte Pastete mit dem Fond einpinseln.
- Das fertige Produkt durch Aufstreuen eines schmalen Gemüsestreifens garnieren und diesen ebenfalls mit Aspik glasieren.

Fleisch ist zwar hochwertig, zusammen mit Gemüse wird es jedoch noch wertvoller und das Gericht kalorienärmer.

Präsentationsmöglichkeiten

Imbissverkauf
Dieses leichte Sommergericht zusammen mit einem Joghurtkräuterdressing als Spiegel unter zwei Scheiben der Pastete kalt servieren. Dazu passen ein kleines Salatbouquet (Büschel, Strauß) und ein Stück Baguette.

Thekenverkauf
- Die Pastete auf einem Brett mit danebenstehendem Dressing ausstellen. Der Verkauf sollte getrennt erfolgen, damit der Kunde sich die Pastete selbst anrichten kann.
- Ein Hinweisschild mit der Aufschrift „Die kalorienreduzierte Sommermahlzeit“ bringt den Kunden auf den Geschmack.

Kaltes Büfett
Die Pastetenscheiben mit Sherryaspik dünn glasieren und ebenfalls mit Dressing und Salat präsentieren.

52.4.3 Entenrillette

Rezeptbeispiel: Entenrillette (LSKZ 2.4.3.1.5)

Zutaten:
2 kg Entenkeulen
20 g Salz je kg
3 g weißer gemahlener Pfeffer je kg
30 g frische Salbeiblätter, davon 20 g fein gehackt
100 g Apfelchiligelee

Entenrillette im Anschnitt

Herstellungsablauf

- Die Entenkeulen anbraten und in wenig Bratensaft gar schmoren, sauber entbeinen und enthäuten.
- Das Fleisch mit dem Bratensaft und dem Fett grob wolfen oder leicht ankuttern.
- Die Masse mit Salz, Pfeffer und 20 g Salbeiblättern würzen.
- Die fertige Masse zum Erkalten in eine Terrine füllen und öfter umrühren, damit das Fett nicht nach oben steigt.
- Nach dem Festwerden der Oberfläche diese glatt streichen und mit dem Apfelchiligelee einpinseln.
- Für die Garnitur das Rillette mit blanchierten Salbeiblättern sternförmig belegen und nochmals mit dem Apfelchiligelee überziehen.

Präsentationsmöglichkeiten

Imbissverkauf
Ein Rillette-Tortenstück von 80 g auf einem Salatteller mit Feldsalat, Möhren und Sellerie anrichten. Dazu Bauernbrot oder Baguette reichen.

Thekenverkauf
- Tortenstückartige Portionen aus der Terrine schneiden und nach Gewicht verkaufen.
- Ein Plakat mit folgender Aufschrift erstellen:

> **Entenrillette**
> *nach einem Rezept aus der Normandie*
> *Das Geschmackserlebnis*
> *zum Bauernbrot oder zum Baguette!*
> 100 g **3,99 €**

Kaltes Büfett
Das Rillette in einer rechteckigen Metallform erkalten lassen und anschließend stürzen. Apfelchiligelee mit Sherryaspik mischen und damit das Rillette rundum überziehen. Gut durchkühlen lassen oder leicht anfrosten, damit es sich besser aufschneiden lässt. Nun in 1/2 cm dicke Scheiben schneiden, diese nochmals diagonal halbieren und passende Kanapees damit belegen. Die Brotecken mit Salbeiblättern und Apfel-Möhren-Salat-Bouquets garnieren.

52.5 Feinsülzen
(LSKZ 2.4.3.5)

Feinsülzen sind geschmacklich und optisch hervorragende Erzeugnisse aus wertvollem Fleisch. Sie werden meistens in mittelgroßen Formen oder als Portionseinheit präsentiert.

Da im Aspikteil einer Sülze in der Regel kein Fett enthalten ist, ist der Brennwert von Sülzen mit hohem Aspikanteil sehr gering. So enthält die nachfolgend beschriebene Schinkensülze nur ca. 1 % Fett und 14 % Eiweiß. Der Energiegehalt liegt bei ca. 70 kcal oder 293 kJ je 100 g.

Kanapees mit Entenrilette und -ballotine

52.5.1 Schinkensülze

Rezeptbeispiel: Schinkensülze in Tortenform
(LSKZ 2.4.3.5.1.1)

Zutaten:
55 % gepökelte und gebrühte Fleischwürfel vom Schwein. Wird Rind, Pute oder Kalb verwendet, muss die Tierart angegeben werden: „Delikatesssülze vom …"

35 bis 40 % klarer Aspik aus Weißwein, kräftiger Fleischbrühe und 100 g Aspikpulver je 1 l Flüssigkeit

5 bis 10 % Garnituren aus Gemüse wie Spargel, Champignons, Möhren, Sellerie usw. (Auch Eier und Trüffel eignen sich hierfür sowie fast alle anderen Zutaten, die für ein appetitliches Aussehen der Sülze sorgen.)

Schweinezunge in Meerrettichaspik

Schön garnierte Aspiktorte

12

Herstellungsablauf

- Die gewünschte Form zum Chemisieren (Auspolstern, Auskleiden) mit dem noch flüssigen Aspik auspinseln.
- Die Garnituren kontrastreich oder farblich abgestimmt in einem ansprechenden Bild auf den Boden der Form legen. Die schönste Seite der Garnitur sollte nach unten zeigen, da die Form gestürzt wird.
- Die Garnituren leicht mit Aspik beträufeln, damit sie beim Einfüllen des Fleisches nicht verrutschen.
- Das Fleisch mit den restlichen Garnituren mischen und in die Form füllen. Den Aspik angießen und das Fleisch leicht andrücken, damit es mit dem Aspik überzogen ist.

Aspik kann wie jede Fleischbrühe durch langsames Aufkochen mit gut verrührtem Eiweiß (Eiklar und/oder mageres, grob gewolftes Rindfleisch) geklärt werden.

Die sich dabei in der kalten Flüssigkeit lösenden Eiweiße binden beim Erhitzen die trübenden Stoffe. Es darf dabei nicht gerührt werden. Der auftreibende graue Schaum wird vorsichtig mit einem Schaumlöffel abgehoben.

Überlegen Sie, ob es für Ihren Betrieb sinnvoll ist, für selbst gemachte Feinkostartikel Werbemaßnahmen durchzuführen.

Präsentationsmöglichkeiten

Imbissverkauf
Ein Tortenstück von ca. 100 g auf einem Teller zusammen mit einem Salatbouquet und einem kleinen Töpfchen Remoulade oder Kräuterschmand platzieren. Als Beilage können unter anderem Rösti, Partybrötchen oder Toast dienen.

Thekenverkauf
Die Tortensülze auf eine Platte stürzen, anschneiden und mit den gleichen Garnituren wie im Imbissverkauf dekorieren.

Kaltes Büfett
Die Tortensülze schneiden, auf einer (Spiegel-)Platte anrichten und mit einem Kräuterdip in der Nähe der Salatbar präsentieren. Die bei einem Büfett üblichen Partybrötchen passen sehr gut dazu.

52.5.2 Fleischsülze

Rezeptbeispiel: Rindfleischsülze in Meerrettichaspik
(LSKZ 2.4.3.5.1.3)

Material für 4,200 kg:
2,000 kg magere Rinderbrust
0,200 kg Meerrettichwürfel
0,500 kg Weißwein
0,200 kg Apfelwürfel
0,200 kg Mangospalten

Aspik:
0,600 kg Fleischbrühe (circa)
0,100 kg Aspikpulver
Kochsalz
Tabasco

Materialvorbereitung

- Eine nass gepökelte Ochsenbrust kräftig tumbeln, über Nacht schichtweise mit Folie zwischen den Stücken in eine Schinkenform einlegen und ruhen lassen. Am folgenden Tag unter leichtem Druck garen und anschließend kalt stellen.
- Je 2 kg Fleisch
  - 200 g frische Meerrettichwürfelchen in 500 ml Weißwein nicht zu weich kochen.
  - 200 g Apfelwürfel ebenfalls kurz in Weißwein blanchieren.
  - 200 g Mangospalten in etwas Weißwein kurz garen.
- Alles sofort kalt abspülen. Die Fonds durch ein Tuch passieren, damit daraus ein klarer Aspik hergestellt werden kann.
- Aspikherstellung:
  Die Fonds mit kräftig schmeckender Fleischbrühe auf 1 l auffüllen, mit Salz und Tabasco abschmecken und mit 100 g Aspikpulver binden.

Herstellungsablauf

- Die kalte Form mit Aspik gut auspinseln.
- Die Mangospalten in der Mitte der Form gleichmäßig aneinanderreihen.
- Die Apfel- und Meerrettichwürfel beidseitig der Mangospalten einstreuen.
- Die Früchte mit Aspik leicht angießen und kalt stellen.

- Das Fleisch mit der Aufschnittmaschine in dünne Scheiben schneiden und schräg in die vorbereitete Form stellen. Durch das schräge Einschichten werden bei geradem Anschnitt immer mehrere Scheiben angeschnitten. So entsteht ein gleichmäßiges Schnittbild.
- Den restlichen Aspik angießen, das Fleisch leicht in die Flüssigkeit drücken und die fertige Sülze kalt stellen.

Präsentationsmöglichkeiten

Imbissverkauf

Ein bis zwei Scheiben Sülze à ca. 120 g auf einem Teller mit einer Salatgarnitur, einer kleinen mit Sahnemeerrettich gefüllten Tomate sowie zwei bis drei Rösti anrichten. Diese Kombination ergibt eine delikate und kalorienarme Mahlzeit. Besonders im Sommer wird diese vollwertige und gesunde Speise viele Liebhaber finden.

Thekenverkauf

- Einige Scheiben der Sülze mit Salat garniert auf eine Platte legen.
- Ein Plakat mit folgender Aufschrift danebenstellen:

> **Rindfleischsülze**
> *Die Schlemmermahlzeit zum Schlankwerden!*
> *100 g nur* **2,69 €**
>
> *Unsere Beilagenempfehlung:*
> *Apfeljoghurtmeerrettich*
> *oder Preiselbeersahnemeerrettich*
> *und Rösti*

Kaltes Büfett

Sülze auf einer Spiegelplatte zum Teil aufgeschnitten anrichten, mit gefüllten Calvadosäpfelchen und kleinen gefüllten Tomaten garnieren. In die Tomaten passt am besten der Apfeljoghurtmeerrettich.

52.6 Bratenaufschnitt

Bratenaufschnitt wird nahezu immer kalt und dünn aufgeschnitten verzehrt. Daher ist es wichtig, dass dieser für den Kunden gut aussieht, saftig ist und schmeckt. Das heißt, der Garverlust muss gering gehalten werden. Optimale Rohstoffeigenschaften wären:

- zartes, gut marmoriertes und gereiftes Fleisch mit pH-Werten über 6,0,
- gut zugeschnitten, damit später im Laden keine Zuschnitte mehr anfallen.

Ist dagegen das Fleisch nicht zart genug, muss es mariniert werden. Nachteil dabei ist, dass Zeit vergeht, bis das Fleisch durchgezogen und die Ware getumbelt worden ist. Ansonsten muss das Fleisch auf andere Weise zart gemacht werden, wobei zusätzliche Kosten entstehen. Hat das Fleisch einen niedrigen pH-Wert, muss dieser reguliert, d. h. angehoben werden, sonst ist die Wasserabgabefähigkeit des Fleischeiweißes und somit der Bratverlust zu hoch. Dies wiederum hat zur Folge, dass der Braten viel Wasser (Saft) verliert und neben dem erhöhten Gewichtsverlust auch noch trocken wird.

Bratenaufschnitt

▶ Geben Sie in einen Topf einen Liter Wasser und Brühwürfel für drei Liter Wasser und lassen Sie dies kurz aufkochen. Nun legen Sie ein Stück helles Schweinefleisch in die kochende Brühe und lassen es gar ziehen. Nach Erreichen der Kerntemperatur von 58 °C nehmen Sie es heraus, lassen es etwas abkühlen und schneiden es dann an.
Nun ermitteln Sie, wie viel der gewürzten gelben Brühe während der Garzeit eingezogen ist.
Welche Folgerungen ziehen Sie daraus?

Da das im Fleisch enthaltene Wasser bei Erwärmung stark ausdehnt, ist es wichtig, die Erwärmung so langsam wie möglich durchzuführen. Empfehlenswert ist hier das sogenannte „Delta-Verfahren". Hier wird die Kammertemperatur so gesteuert, dass sie immer 20 °C mehr beträgt als die momentane Kerntemperatur des Bratens. Unter diesen Bedingungen kann sich das geronnene Eiweiß der Oberfläche des Bratens an den Innendruck anpassen und der Saft wird gehalten. Der Braten muss schon vor Erreichen der gewünschten Kerntemperatur aus dem Ofen genommen werden, denn durch den Temperaturausgleich im Fleisch steigt die Gradzahl nochmals an.

Jeder Grad mehr Kerntemperatur kostet ca. 1 % mehr Bratverlust!

Solange der Braten von innen unter Druck steht, unter keinen Umständen anschneiden, der Saft läuft sonst aus dem Fleisch.
Es muss sich erst entspannen, der Druck muss nachlassen! Am besten erst kalt anschneiden!

Bei **gepökeltem Fleisch** besteht die Gefahr, dass es durch das Braten zu salzig wird. Dem kann man vorbeugen, indem man es in Wasser gar ziehen lässt. Soll es aber trotzdem eine schöne braune Kruste bekommen, so kann man es mit Zucker bestreuen oder mit Honiglösung bepinseln und dann bei hoher Temperatur kurz den Zucker karamellisieren lassen. Dabei geht die Süße verloren und das Fleisch bekommt einen herrlichen Glanz.

Das Aufbringen von **Dekorwürzungen** gibt dem Fleisch zwar eine gewisse Farbigkeit, es zieht jedoch während der relativ kurzen Bratzeit kaum ein. Es hat im Gegenteil sogar den Nachteil, dass bei hoher Brattemperatur die Gewürze sehr schnell bitter werden.

Noch gravierender ist der Nachteil, dass lose, farbintensive Gewürze die Aufschnittmaschine stark verschmutzen. Besser ist es, in diesem Fall die Dekorwürzungen mit Aspiklösung nach dem Braten aufzubringen oder den Braten mit Eiweißfolie zu schützen.

Auch das Salzen des Fleisches bringt keine geschmacklichen Vorteile im Kern des Fleisches, nur die Oberfläche schmeckt salzig und verliert einen Teil ihrer Feuchtigkeit durch das Salz.

Anders ist es, wenn das Fleisch mit einer Salzlösung gespritzt wird. Hier lässt sich nicht nur die Wasserbindefähigkeit des Eiweißes verbessern, sondern auch Flüssigwürzungen einbringen. Leichtes Tumbeln wirkt sich genau wie beim Pökeln auch hier positiv aus.

Wenn **Füllungen** in das Fleisch eingerollt oder gespritzt werden sollen, so muss auf die gute Verbindung zwischen Fleisch und Einlage geachtet werden. Gemüse (Achtung Wassergehalt! Trockengemüse oder -früchte sind eher zu empfehlen.) sollten unbedingt mit Brät gebunden werden. Hackfleisch ist hier nicht so gut geeignet. Auf jeden Fall, egal ob Hackfleisch oder Brät, muss eine höhere Kerntemperatur angestrebt werden. Das wiederum hat zur Folge, dass das Fleisch trockener wird.

Geschmackliche Vorteile bringt auf jeden Fall das Spicken (Lardieren) mit grünem oder geräuchertem fettem Speck (▸ S. 291). Fallen die Speckwürfel beim Aufschneiden aus den Bratenscheiben heraus, entstehen unschöne Löcher im Fleisch. Besser ist es, das Fleisch mit dünnen Speckscheiben zu umlegen (bardieren) und festzubinden. Die Speckscheiben werden zwar nach dem Garen entfernt, aber ihr Fett ist dann bereits ins Fleisch eingezogen und hat den Schwund reduziert.

Wirtschaftlicher Aspekt:

Die langen Garzeiten beim *„Niedrigtemperaturgaren"* erfordern eine intensive Planung der Geräteausnutzung. So können hier sinnvoll Nachtzeiten genutzt werden, denn es lässt sich alles programmieren und somit kann der Ofen unbeaufsichtigt arbeiten. Außerdem ist Nachtstrom billiger.

12

▶ Bei einem Schinkenspeck, dick mit Salz eingerieben, benötigt dieses ca. zehn Tage, bis es den Kern des Fleisches erreicht. Was soll also bei einer Bratzeit von 1–3 Stunden einziehen können?

52.7 Regionale Wurstspezialitäten

52.8 Fleisch- und Wurstkonserven

52.8.1 Ziele der Hitzebehandlung

Oberstes Ziel der Hitzebehandlung ist es, die Lebensmittel relativ lange haltbar zu machen. Dabei sollen Genuss und Nährwert möglichst nicht leiden.

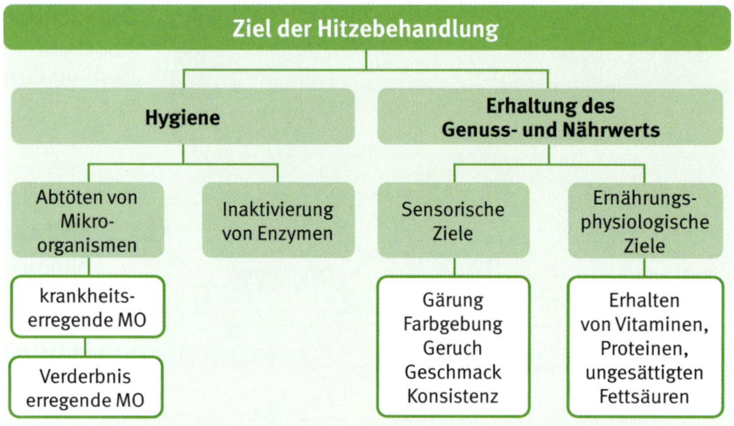

52.8.2 Wirkung der Hitzebehandlung auf Mikroorganismen und Enzyme

Bei der Kältebehandlung wird lediglich die Geschwindigkeit mikrobieller, enzymatischer und chemischer Vorgänge verlangsamt.
Bei der Anwendung hoher Temperaturen hingegen denaturieren Eiweißstoffe, sodass Enzyme vollständig inaktiviert und Mikroorganismen abgetötet werden können. Somit kann durch das Erhitzen von Lebensmitteln eine relativ lange Haltbarkeitsdauer – das oberste Ziel der Konservenherstellung – erreicht werden. Die Höhe der Temperatur und die Dauer ihrer Einwirkung, die zum Zelltod führt (Abtötungseffekt, ▸ S. 520 f.), sind bei den verschiedenen Bakterien unterschiedlich.

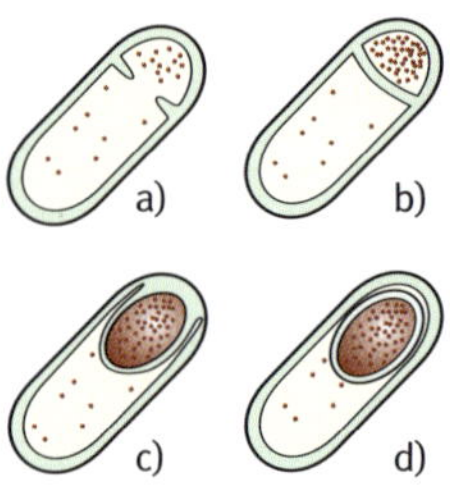

Schema der Sporenbildung bei Bakterien
a) Einschnürung der Zellmembran
b) bis d) Abkapselung und „Doppelummantelung" der Spore

Man kann sich das Absterben der Mikroorganismen in einer Konserve als einen fortschreitenden Prozess vorstellen. Dabei steigt die Zahl der abgestorbenen Mikroorganismen proportional (im gleichen Verhältnis) zur Höhe der Temperatur und der Dauer ihrer Einwirkung im „Kern" (geometrischer Mittelpunkt) der Konserve (▸ S. 519).

52.8.3 Pasteurisierung, Sterilisierung

Da teilungsfähige, nicht Sporen bildende Mikroorganismen schon bei Temperaturen etwas oberhalb ihrer maximalen Wachstumstemperatur absterben, hingegen die Sporen von Mikroorganismen weitaus höhere Temperaturen überleben, lassen sich prinzipiell zwei Verfahren der Haltbarmachung durch Hitze unterscheiden:

Pasteurisierung ist die Erhitzung auf Temperaturen unterhalb von 100 °C. Sie bewirkt keine vollständige Inaktivierung von Mikroorganismen und Enzymen. Pasteurisierte Lebensmittel (z. B. Halb- und Dreiviertelkonserven wie Brühwurst oder Dosenschinken) sind daher **ohne Kühlung nicht haltbar,** es sei denn, sie haben einen niedrigen pH-Wert (pH $\leq$ 4,5) und/oder niedrigen a_W-Wert ($\leq$ 0,95).

Sterilisierung ist die Erhitzung auf Temperaturen über 100 °C mit weitestgehender Inaktivierung von Mikroorganismen und Enzymen, sodass langfristig haltbare und ungekühlt lagerfähige Erzeugnisse (Vollkonserven) entstehen (zur Einteilung der Konserven ▸ S. 523).

52.8.4 Herstellungsablauf

Erhitzungsanlagen

Konserven können bei normalem Luftdruck im offenen Kessel im Wasserbad bei Temperaturen $\leq$ 100 °C pasteurisiert werden. Höhere Wassertemperaturen, wie sie zum Sterilisieren erforderlich sind, können nur in geschlossenen Überdruckbehältern (Autoklaven, Korimaten) erreicht werden. Hierbei erweisen sich sogenannte Überdruck- oder Gegendruckautoklaven als vorteilhaft gegenüber Normalautoklaven. Eingeleitete Pressluft oder eingeleiteter Wasserdampf kompensiert hierbei den Doseninnendruck während der gesamten Sterilisation. Auf diese Weise können auch empfindliche Behältnisse wie Gläser oder Folienbeutel, vor allem aber Würstchen, sterilisiert werden, ohne zu platzen. Der Gegendruck soll so eingestellt werden, dass er dem Doseninnendruck in etwa entspricht.

In Abhängigkeit von der Temperatur kann man ungefähr mit folgenden Doseninnendrucken rechnen:

108 °C ➔ 1,5 bis 1,8 bar
118 °C ➔ 2,0 bis 2,3 bar
121 °C ➔ 2,3 bis 2,5 bar

Anforderungen an das Ausgangsmaterial

Der günstigste Verarbeitungszeitpunkt des Fleisches ergibt sich als Kompromiss zwischen den erwünschten postmortalen Stoffumwandlungen und den unerwünschten mikrobiellen Veränderungen.
Wie bei allen Be- und Verarbeitungsverfahren gilt auch bei der Konservenherstellung: Je niedriger der Anfangskeimgehalt, desto geringer der Restkeimgehalt nach der Wärmebehandlung und damit die Haltbarkeit der Konserven (▸ Tab. S. 524).
Ebenso wie der Anfangskeimgehalt des Fleisches für die Konservenherstellung so gering wie möglich sein sollte, so dürfen auch nur keimarme Gewürze bzw. Gewürzaromen verwendet werden. Als Naturprodukte sind Gewürze hitzeempfindlich und verändern sich in Geschmack und Stärke. Das muss bei der Konservenherstellung berücksichtigt werden (▸ S. 601 ff.).

Anforderungen an die Behältnisse

Für die Herstellung von Konserven werden Weißblechdosen, Aluminiumdosen, Gläser und Weichpackungen eingesetzt. Sie müssen hygienisch einwandfrei, hermetisch verschließbar (absolut dicht), hitze- und druckstabil, korrosionsfrei sowie stapel- und lagerfähig sein. Am gebräuchlichsten sind verzinnte Weißblechdosen, die zum Schutz vor chemischen Reaktionen mit aggressiven Füllgütern verniert, d. h. mit einer goldfarbenen Kunststofflackierung überzogen sind.

Füllen von Konservendosen

Bevor die Behältnisse gefüllt werden, müssen sie gründlich mit heißem Wasser gereinigt und abgetrocknet werden. Die Dosen sollen so gefüllt werden, dass der Inhalt so eben mit dem Deckel in Berührung kommt. Der Bördelrand der Dose darf nicht mit Füllgut verschmiert sein, um einen sicheren Verschluss zu gewährleisten. Zu gering befüllte Dosen bilden einen relativ großen Kopfraum, in dem Luftsauerstoff eingeschlossen wird. Dieser kann zu Farbabweichungen und sonstigen sensorischen Qualitätseinbußen führen.

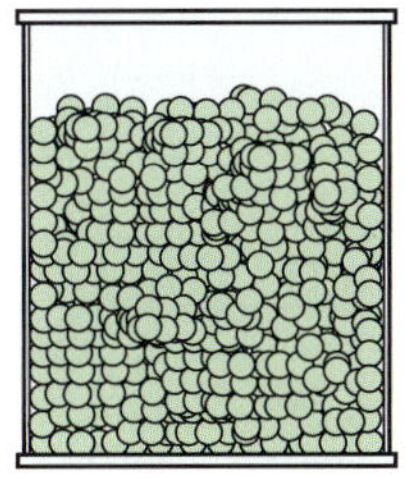

Zu gering befüllte Dose

Richtig befüllte Dose

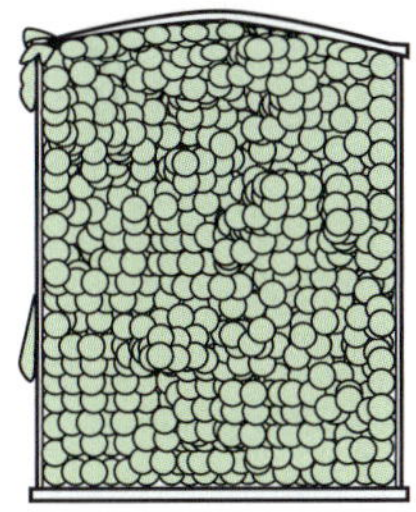

Überfüllte Dose

	Reifegrad des Fleisches zum Verarbeitungszeitpunkt	Haltbarkeit der Konserven
Schweinefleisch	3 bis 4 Tage, Gefrierfleisch	Halbkonserven, Dreiviertelkonserven, Kesselkonserven
Rindfleisch	6 bis 8 Tage, Gefrierfleisch	
Schweinefleisch	1 bis 2 Tage	Voll- oder Tropenkonserven
Rindfleisch	3 bis 5 Tage	

Behältnisse für Konserven

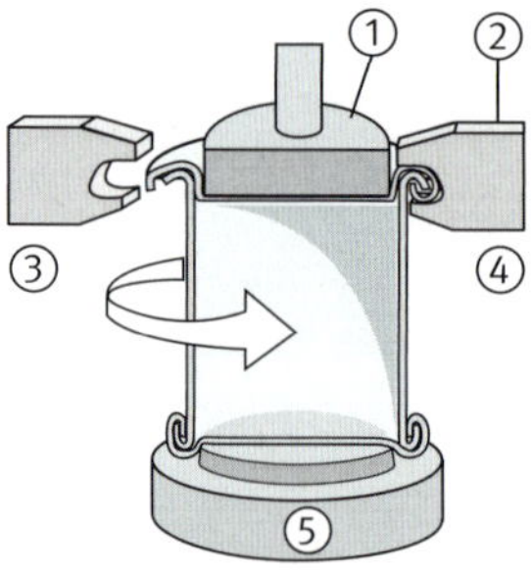

Vorrollen
① Verschließkopf
② Vorrolle
③ Beginn
④ Ende
⑤ Pinole

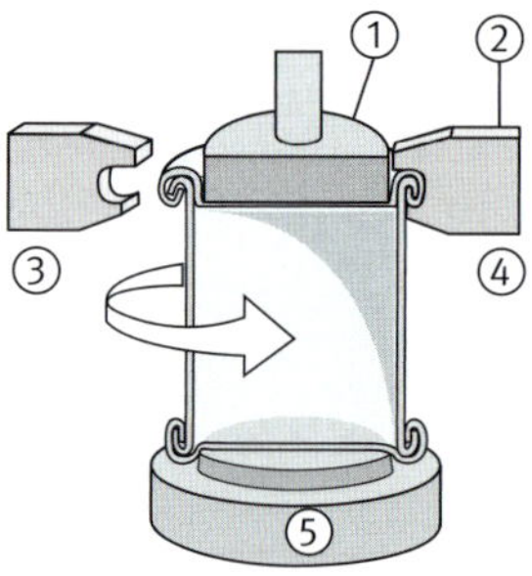

Andrücken
① Verschließkopf
② Andrückrolle
③ Beginn
④ Ende
⑤ Pinole

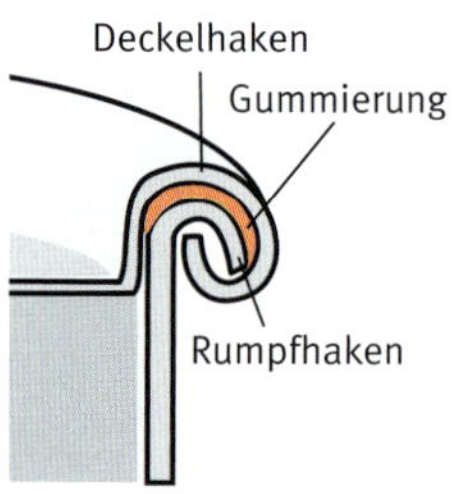

Vorgerollter Falz

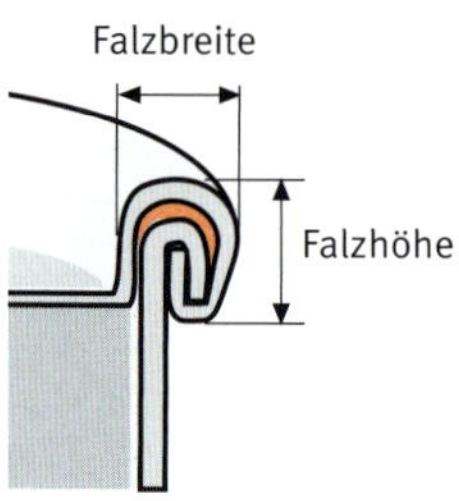

Fertig angedrückter Falz

Überfüllte Dosen führen zu Vorwölbungen von Dosendeckel und -boden, den sogenannten Scheinbombagen (▸ S. 526).
Es ist darauf zu achten, dass die deklarierte Füllmenge eingehalten wird.

Verschließen von Konservendosen

Das sachgerechte Verschließen der Dosen zählt zu den wichtigsten Arbeitsvorgängen bei der Konservenherstellung. Nur der hohen Drücken standhaltende, absolut dichte Verschluss schützt vor einer Kontamination (Verseuchung) mit Mikroorganismen nach der Sterilisation und somit vor Fehlprodukten. Die Verschließmaschinen arbeiten, abgesehen vom Grad der Automatisierung, alle nach dem gleichen Verschlussprinzip. Dabei wird in zwei Arbeitsgängen ein Falzverschluss zwischen dem umgebördelten, flanschartigen Dosenrand und dem aufgelegten Deckel hergestellt.
Im **ersten Arbeitsgang** wird die Dose mit aufgelegtem Deckel zunächst auf den Drehteller (Pinole) der Verschließmaschine gestellt und gegen den **Verschließkopf** gepresst, der genau in den Deckelkern passt. Anschließend drückt die erste Rolle (Vorrolle) mit dem tiefen Profil gegen den Deckelrand der rotierenden Dose. Dabei werden Deckelrand und Rumpfbördel ineinandergerollt.
Im **zweiten Arbeitsgang** drückt die zweite Rolle (**Andrückrolle** mit flacherem Profil) den vorgerollten Doppelfalz zusammen, sodass die fertige Falznaht entsteht. Die Dichtungsmasse im Deckelrand sorgt für eine absolut dichte Falznaht.

Konservenverschluss-maschine

52.8.5 Hitzekonservierung nach dem F-Wert

Bei der Herstellung von Konserven wird eine möglichst lange Haltbarkeit bei gleichzeitiger Erhaltung des Nähr- und Genusswerts angestrebt. Hieraus resultiert folgender Zielkonflikt: Mit zunehmender Erhitzungsdauer verlängert sich einerseits die Haltbarkeit eines Lebensmittels, andererseits leidet dabei sein Nähr- und Genusswert.

Die Forderung für eine nachhaltige und dennoch schonende Hitzeeinwirkung muss also lauten:
So lange wie nötig, so kurz wie möglich.

Um dieser Forderung zu genügen, muss die antimikrobielle Wirkung eines Erhitzungsvorgangs exakt bestimmt werden. Die Temperatur, die für einen gewünschten Abtötungseffekt benötigt wird, dringt nicht mit einem Sprung bis zum Kern vor, sondern es gibt bei der Hitzekonservierung eine **Steigephase, Haltephase und Abkühlphase.** Während dieser Phasen herrschen unterschiedliche Temperaturen. Jeder Temperatur kann für ein bestimmtes Zeitintervall (z. B. eine Minute) ein bestimmter antimikrobieller Effekt verlässlich zugeordnet werden.

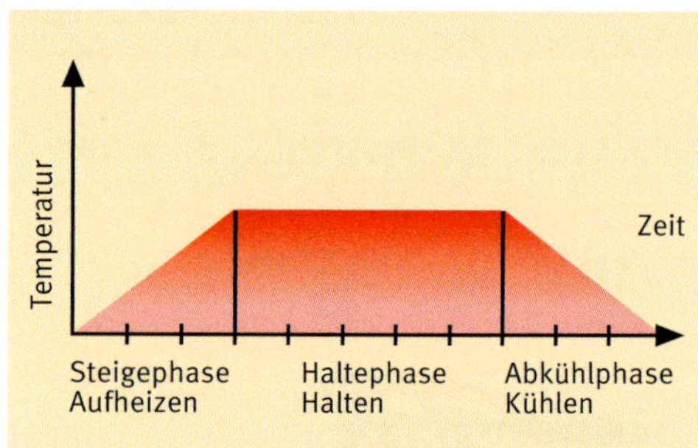

Als Maß für die Summe aller während eines Erhitzungsvorgangs erzielten Abtötungseffekte wurde der F-Wert eingeführt. 1 F entspricht dem Abtötungseffekt, der durch eine einminütige Erhitzung bei einer Temperatur von 121,1 °C erreicht wird.

Temperatur und **Zeit** stehen als die beiden Einflussgrößen des F-Werts in folgender Beziehung:

Sterilisationszeit	Kerntemperatur	F-Wert
0,01 min	141,1 °C	F = 1
0,10 min	131,1 °C	F = 1
1,00 min	121,1 °C	F = 1
10,00 min	111,1 °C	F = 1
100,00 min	101,1 °C	F = 1

Will man vollkommen sichergehen, auch die Sporen des gefährlichen Wurstvergifters Clostridium botulinum abzutöten, so beträgt der geforderte F-Wert 2,5.

Zur Berechnung des F-Werts muss der Temperaturverlauf im kältesten Punkt des Füllguts während des gesamten Erhitzungsvorgangs bekannt sein. Die Lage des **kältesten Punkts,** also dort, wo die Temperatur am langsamsten ansteigt, ist abhängig von der

- Art des Füllguts,
- Art des Erhitzungsverfahrens,
- Form der Dosen,
- Größe der Dosen.

Bei überwiegend flüssigen Füllgütern, z. B. tafelfertige Suppen, Gulasch, Würstchen in Lake, wird die Wärme durch **Konvektion,** d. h. **Wärmeströmung** (rasches Zirkulieren von Flüssigkeit) übertragen. Der kälteste Punkt befindet sich bei Suppen auf einem Strömungswirbel im unteren Drittel der Dose. Bei Würstchen liegt dieser im Zentrum des Würstchens, das sich in der Dosenmitte befindet.

Bei pastösem oder festem Doseninhalt, z. B. Kochschinken, Brüh- und Kochwurst, wird die Hitze vom Rand der Dose – von Teilchen zu Teilchen – in das Innere übertragen, wodurch sich der kälteste Punkt im geometrischen Mittelpunkt der Dose befindet.

Wärmeübertragung

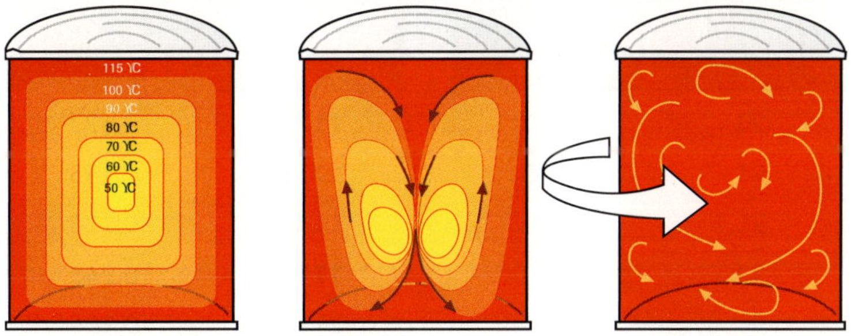

Wärmeleitung (Konduktion) *Wärmeströmung (Konvektion)* *Wärmeleitung (Konduktion)*

Diese Art der Wärmeübertragung wird **Konduktion** oder **Wärmeleitung** genannt.

Durch sogenanntes **Rotationssterilisieren** kann die Dauer der Hitzeeinwirkung bei flüssigen Füllgütern wesentlich verkürzt werden. Dabei wird die Dose während der Sterilisation bewegt, um den Inhalt durchzumischen und somit die Wärmeübertragung zu beschleunigen.

Bezogen auf das **Dosenformat** erfolgt die Wärmeübertragung umso schneller, je größer die Oberfläche im Verhältnis zum Volumen ist. Dieses Verhältnis wird mit zunehmender Dosengröße (bei gleicher Form) schlechter, d. h., die Durcherhitzung dauert länger. Bei der Standerhitzung durch Wärmeleitung ist besonders darauf zu achten, da es sonst leicht zu Geruchs-, Geschmacks- und Konsistenzabweichungen in den Randzonen infolge zu starker und langer Hitzeeinwirkung kommen kann.

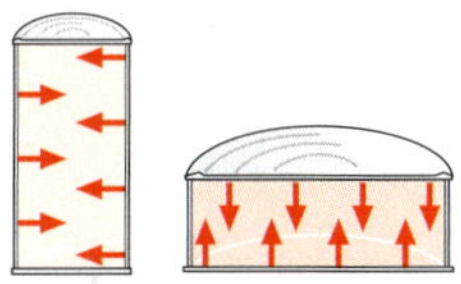

Günstige Dosenformen

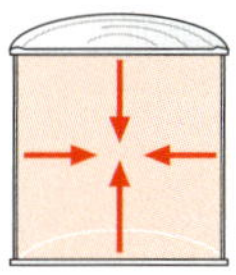

Ungünstige Dosenform

Der Temperaturverlauf im kältesten Punkt des Füllguts wird mithilfe von Thermoelementen verfolgt, deren Messfühler exakt platziert werden können.

12

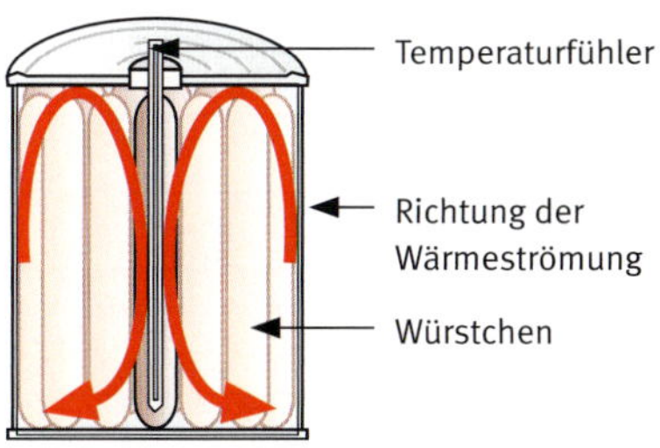

Konvektion – Messung des kältesten Punkts bei Würstchen

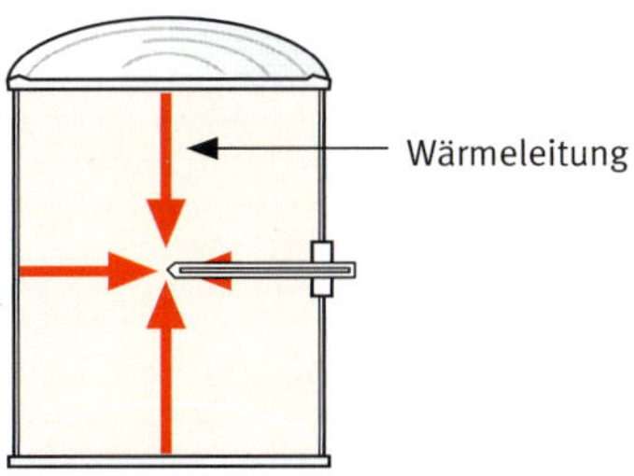

Konduktion – Messung des kältesten Punkts bei pastösem oder festem Doseninhalt

Temperaturmessung

Letalitätswerte für einminütige Erhitzung

Temperatur in °C	Letalitäts-werte	Temperatur in °C	Letalitäts-werte
90	0,001	112	0,123
91	0,001	113	0,155
91,1	0,001	114	0,195
92	0,001	115	0,245
93	0,002	116	0,309
94	0,002	117	0,389
95	0,002	118	0,490
96	0,003	119	0,617
97	0,004	120	0,776
98	0,005	121	0,977
99	0,006	121,1	1,000
100	0,008	122	1,230
101	0,010	123	1,549
101,1	0,010	124	1,950
102	0,012	125	2,455
103	0,015	126	3,090
104	0,019	127	3,890
105	0,025	128	4,989
106	0,031	129	6,166
107	0,039	130	7,762
108	0,049	131	9,772
109	0,062	131,1	10,000
110	0,078	132	12,303
111	0,089	133	15,488
111,1	0,1	134	19,498

Zur Berechnung des F-Werts werden die den verschiedenen Temperaturen entsprechenden Abtötungseffekte (Letalitätswerte oder L-Werte) aus einer Tabelle entnommen und addiert. **Die Summe der L-Werte ist der erzielte F-Wert.**

Bei der Berechnung wird der gesamte Zeitraum herangezogen, in dem merklich keimtötende Temperaturen für Clostridium botulinum im kältesten Punkt der Konserve herrschen, d.h. sobald während der Steigephase eine Temperatur von 90 °C überschritten und in der Abkühlphase wieder unterschritten wird.

Beispiel:
Herstellung von Dosenwürstchen zur Vollkonserve – geforderter F-Wert: 4,5
Nachdem die Konserven eingebracht sind und der Autoklav eingeschaltet ist, wird das Ansteigen der Kerntemperatur beobachtet. Ab ca. 90°C wird jede Minute die Kerntemperatur abgelesen und die zugehörigen L-Werte notiert. Nach dem Abschalten des Autoklaven werden die L-Werte der Temperaturhalte- und Abkühlungsphase noch bis zum Erreichen von 90 °C notiert. Als Summe der L-Werte erhält man den F-Wert für die Sterilisation der Dosenwürstchen.

Die Vorteile der Konservierung nach dem F-Wert gegenüber dem alleinigen Messen der Kerntemperatur sind vor allem:
- Die gesamte keimtötende Wirkung während der Steige-, Halte- und Abkühlphase wird ermittelt, sodass sich der Zeitpunkt genau bestimmen lässt, wann der Doseninhalt hinreichend konserviert ist.

12

Autoklavierungsprotokoll

Ware:			Datum:			
Dosenformat:			Thermostateinstellung:			
Zugesetzt bei:			Menge im Korimaten:			
Heizstufe:			Gegendruck:			
Zeit in min	Kontakt-thermometer	Deckel-thermometer	Kern-temperatur	L-Wert	Druck in bar	Bemerkungen

- Unnötig lange Kochzeiten werden vermieden, dadurch:
  - weniger Fett- und Geleeabsatz,
  - geringere Nährstoffverluste,
  - bessere Qualität.
- Die Konservenherstellung lässt sich besser standardisieren und dokumentieren und erfüllt damit eine wesentliche Voraussetzung der Qualitätssicherung.

	Zeit in Minuten	Temperatur im Kern in °C	L-Wert
Erhitzungsphase	4	90	
	5	93	
	6	98	
	7	101	
	8	107	
Haltephase	9	113	
	10	117	
	11	120	
	12	120	
	13	119	
	14	118	
Abkühlungsphase	15	118	
	16	116	
	17	113	
	18	111	
	19	110	
	20	109	
	21	107	
	22	106	
	23	100	
	24	93	
	25	90	
F-Wert			

52.8.6 Einteilung der Fleischkonserven

Je nach dem durch die Hitzebehandlung erzielten Abtötungseffekt und der daraus resultierenden Lagerfähigkeit werden sechs Typen von Fleischkonserven unterschieden:
① Halbkonserven
② Kesselkonserven
③ Dreiviertelkonserven
④ Vollkonserven
⑤ Tropenkonserven
⑥ Shelf-Stable-Products (SSP)

Halbkonserven, Kesselkonserven und Dreiviertelkonserven sind nur gekühlt lagerfähig, während die drei letztgenannten ohne Kühlung haltbar sind.

Die Haltbarkeit der SSP-Produkte, z. B. „italienische Mortadella“, „Kabanossi“, „Tiroler“, „Geldersche Rauchwurst“ und saure Sülzen, beruht nicht nur auf der Hitzeeinwirkung, sondern vor allem auf zusätzlichen keimschädigenden Einflüssen wie Säuregrad (pH $\leq 4{,}5$), Wasseraktivität ($a_W \leq 0{,}95$), Redoxpotenzial und Nitritgehalt (▸ Kap. 1).
Solche Einflüsse, die sich dem Wachstum und der Vermehrung von Mikroorganismen in den Weg stellen, bezeichnet man treffenderweise auch als **Hürden.** Die konservierende Wirkung aller mikrobiostatischen (keimhemmenden) Einflüsse auf ein Fleischerzeugnis wird demzufolge als **Hürdeneffekt** bezeichnet (▸ S. 413 ff.).

▶ Zeichnen Sie obiges Schema zur Berechnung des F-Werts ab und berechnen Sie mithilfe der Tabelle S. 522 den F-Wert der Dosenwürstchen.

12

Einteilung von Konserven nach Haltbarkeit

Der F-Wert ist ein Maß für die Summe aller während eines Erhitzungsvorgangs erzielten Abtötungseffekte:
F = 1 → Abtötungseffekt, der durch 1-minütige Erhitzung bei 121,1 °C erreicht wird.

Typ	Bezeichnung und Lagerfähigkeit von Konserven	Hitzeeinwirkung und andere Hürden	dadurch inaktivierte Mikroorganismen	Produktbeispiele
①	Halbkonserven 6 Monate unter 5 °C	68 bis 75 °C erreicht	nicht Sporen bildende Mikroorganismen	Dosenschinken, Brühwurst
②	Kesselkonserven 1 Jahr unter 10 °C	F = 0,4	wie I und psychrotrophe Sporenbildner	Brüh-, Sülz-, Leberwurst
③	Dreiviertelkonserven 1 Jahr unter 10 °C (15 °C)	F = 0,6 bis 0,8	wie II und mesophile Bazillus-Arten	Brüh- und Kochwurst
④	Vollkonserven 4 Jahre bei 25 °C	F = 4,0 bis 5,5	wie III und mesophile Clostridium-Arten	Fleisch im eigenen Saft, Würstchen, Gulasch
⑤	Tropenkonserven 1 Jahr bei 40 °C	F = 12,0 bis 15,0	wie IV und thermophile Sporenbildner	Gulasch, Corned Beef
⑥	Shelf-Stable-Products 1 Jahr unter 25 °C	Erhitzung, a_w, pH, Eh, Nitrit	wie I, und die überlebenden Sporenbildner werden gehemmt	Leber-, Blut- und Brühwurst

Nach Bundesanstalt für Fleischforschung

52.8.7 Kennzeichnung von Konserven

Wer würde eine Konservendose kaufen, auf der nur zu lesen wäre: „Holzfäller-Eintopf – mit besten Zutaten hergestellt"?
Kaum ein Verbraucher würde dies tun, könnte er doch nicht erkennen,

- um welche Art Lebensmittel es sich handelt,
- ob Inhalt und Preis in einem annehmbaren Verhältnis zueinander stehen,
- ob nicht wegen falscher oder zu langer Lagerung Verderb des Inhalts befürchtet werden muss,
- ob das Lebensmittel im Übrigen seinen Vorstellungen einer geschmackvollen, gesunden und ausgewogenen Ernährung entspricht.

Um sich hierüber klar zu werden, erwarten kritische Verbraucher nähere Angaben auf der Verpackung des Lebensmittels.

Die Lebensmittelinformations-Verordnung (LMIV) ist ein wichtiger Schritt zu dem Ziel, den Verbrauchern die erforderlichen Informationen zu verschaffen.
Konserven gehören zu den Fertigpackungen und müssen somit nach der LMIV gekennzeichnet werden.

Haltbarkeit des Produkts	Formulierung	Tag	Monat	Jahr
unter 3 Monate	„mindestens haltbar bis"	+	+	
3 bis 18 Monate	„mindestens haltbar bis Ende"		+	+
über 18 Monate	„mindestens haltbar bis Ende"			+

Welche Kennzeichnungselemente sind vorgeschrieben?

- **Bezeichnung des Lebensmittels** (z. B. Jagdwurst)
- **Zutatenverzeichnis** in absteigender Reihenfolge ihres Gewichtsanteils. Alle Stoffe, die bei der Herstellung eines Lebensmittels verwendet werden, sind Zutaten. Die Zutat mit dem größten Gewicht wird als erste und die mit dem geringsten Gewicht als letzte aufgeführt. In bestimmten Fällen ist auch der prozentuale Gewichtsanteil einzelner Zutaten anzugeben, zum Beispiel, wenn eine Zutat in der Bezeichnung des Lebensmittels erwähnt oder durch Abbildungen auf der Verpackung hervorgehoben wird (**QUID-Regel** – **Qu**antitative **I**ngredients **D**eclaration). Zu den Zutaten zählen auch die Lebensmittelzusatzstoffe, die mit dem Klassennamen gefolgt von der Bezeichnung oder der E-Nummer aufzuführen sind.
- **Allergenkennzeichnung:** Zutaten, die häufig zu Lebensmittelunverträglichkeiten führen, werden im Zutatenverzeichnis hervorgehoben.
- **Nettofüllmenge**
  - bei allen reinen Fleischerzeugnissen (z. B. Jagdwurst, Leberwurst, Fleisch im eigenen Saft, Sülzen) Angabe der Füllmenge in Gramm
  - bei allen Fleischerzeugnissen in einer Aufgussflüssigkeit (z. B. Dosenwürstchen) Angabe der gesamten Füllmenge in Gramm (Lake- und Würstchengewicht) und Angabe des Abtropfgewichts (Restgewicht des Würstchens nach dem Abtropfen).
- **Mindesthaltbarkeitsdatum:** Das MHD gibt an, wie lange ein Lebensmittel bei richtiger Aufbewahrung seine spezifischen Eigenschaften behält.
- **Firmenanschrift:** Es sind Name oder Firma und Anschrift des Unternehmens anzugeben.
- **Ursprungsland oder Herkunftsort** sind anzugeben, falls ohne diese Angabe Verbraucher über das tatsächliche Ursprungsland oder den tatsächlichen Herkunftsort des Lebensmittels in die Irre geführt werden könnten.
- **Nährwertkennzeichnung:** Auf der Verpackung müssen Brennwert, Fett, gesättigte Fettsäuren, Kohlenhydrate, Zucker, Eiweiß und Salz angegeben werden.

Weitere Kennzeichnungselemente sind:

- **Endpreis** und in unmittelbarer Nähe dazu der
- **Grundpreis** (€/kg)
- **Losnummer**

Wie sind die Kennzeichnungselemente anzubringen?

Alle Pflichtangaben sind an einer gut sichtbaren Stelle deutlich, gut lesbar und gegebenenfalls dauerhaft anzubringen. Zudem müssen sie in mindestens 1,2 mm großer Schrift – bezogen auf das kleine „x“, also den mittleren Buchstabenteil – gedruckt werden. Bei kleinen Verpackungen (größte Oberfläche weniger als 80 Quadratzentimeter, also kleiner als die Hälfte einer Postkarte) muss die Schrift mindestens 0,9 Millimeter groß sein.

Welchen Sinn hat die Los-Kennzeichnung?

Konserven und andere Lebensmittel werden von immer weniger Firmen in immer größeren Mengen hergestellt und zu den unterschiedlichen Verkaufsstätten auf dem gesamten Globus gebracht. Wenn in einer Verkaufsstätte z. B. eine Konservendose mit gesundheitsschädlichen Rückständen gefunden wird, so können alle Konserven mit der gleichen Losnummer aus dem Verkehr gezogen werden. Die Herstellerfirma kann somit über eine Rückrufaktion Verbraucher vor gesundheitlichen Schäden schützen und ihren unmittelbaren wirtschaftlichen Schaden auf das verunreinigte (kontaminierte) Los beschränken.

Losnummern bei Konserven

Kennzeichnungselemente bei Konserven

12

Bombage

52.8.8 Bombagen

Das Auftreiben der Dose durch Drucksteigerung infolge übermäßiger Gasbildung oder Ausdehnung des Doseninhalts ist der auffälligste Fehler einer geschlossenen Konserve. Da sich Deckel und Boden der Dosen vorwölben, bezeichnet man diese Art von Fehlern als Bombagen. Bombagen können bakteriell, chemisch oder physikalisch bedingt sein. Bakteriell verursachte Bombagen treten am häufigsten auf und sind am gefährlichsten, weil sie zu schweren Lebensmittelvergiftungen führen können.

Grundsätzlich ist darauf zu achten, dass die Lagertemperaturen nicht unter 0 °C fallen. Ab dieser Temperatur kann das Füllgut gefrieren, durch die Volumenvergrößerung könnte die Verschlussnaht zwischen Dosenrand und Deckel aufreißen und den Verderb des Doseninhalts einleiten.

	Bakterielle Bombagen	Chemische Bombagen	Physikalische Bombagen (Scheinbombagen)
Entstehung	Vermehrung gasbildender Mikroorganismen durch – zu hohen Anfangskeimgehalt des Rohmaterials – zu geringe Temperatur – zu geringe Sterilisationszeit – nachträgliche Kontamination durch z. B. unzureichenden Verschluss	Gasbildung durch chemische Reaktionen – des Füllguts, z. B. von Knochen und Essigsäure unter Bildung von Kohlensäure – von Fruchtsäuren im Füllgut mit der Dosenwand unter Bildung von Wasserstoff	Ausdehnung des Füllguts infolge – Überfüllung – Einfüllen von zu kaltem Fleisch oder Brät – Frost
Verhütung	– hygienisch arbeiten – ausreichend sterilisieren – chloriertes Trinkwasser zum Sterilisieren verwenden und Verschluss überprüfen	– Rohstoffe sorgfältig auswählen – hinreichend verzinnte und vernierte Dosen verwenden	– sachgerecht befüllen und lagern

12

& Komplexe Aufgabe

Regionale Spezialitäten bei Wurstwaren bilden eine Tradition, die es zu pflegen gilt.
Erkundigen Sie sich nach den regionalen Wurstspezialitäten in Ihrer Region.
Bemühen Sie sich, z. B. über Ihren Ausbilder eine der Rezepturen zu erhalten.
Notieren Sie sie in Ihrer Unterrichtsmappe.
Vergleichen Sie Ihre Ergebnisse in der Klasse.

Aufgaben zur Wiederholung

1. Kann der Einstieg in den Feinkostbereich zur Gewinnsteigerung und Arbeitsplatzsicherung beitragen? Begründen Sie Ihre Antwort.
2. Erstellen Sie eine Produktbeschreibung für eine Zungenpastete analog zur imitierten Wildschweinpastete. Nennen Sie weitere Brühwurstpasteten und beschreiben Sie deren Herstellung.
3. Beschreiben Sie die Vorbereitung einer Filetroulade mit Pfifferlingen zum Füllen.
4. Erläutern Sie die Herstellung einer Krustenpastete. Was bewirkt der Aspik im Produkt?
5. Nennen Sie die Unterschiede zwischen Terrinen, Pasteten, Rillettes und Parfaits.
6. Beschreiben Sie Galantinen, Rollpasteten und Ballotinen.
7. Wodurch lässt sich das Platzen der Konservendosen während der Sterilisation vermeiden?
8. Welche Anforderungen werden bei der Konservenherstellung gestellt an
   a) das Ausgangsmaterial,
   b) die Gewürze und Zutaten,
   c) die Behältnisse?
9. Worauf soll beim Füllen der Konserven geachtet werden?
10. Welche Konservenfehler können auftreten bei
    a) zu gering befüllten Dosen,
    b) überfüllten Dosen?
11. Welche Arbeitsschritte werden bei einer Dosenverschlussmaschine von der
    a) Vorrolle,
    b) Andrückrolle
    verrichtet?
12. Beschreiben Sie sowohl den Zielkonflikt bei der Konservenherstellung als auch dessen Lösung.
13. Was gibt der F-Wert an?
14. Welcher F-Wert führt zur sicheren Abtötung der Sporen von Clostridium botulinum?
15. Geben Sie Beispiele für Wärmeübertragung durch
    a) Konvektion,
    b) Konduktion.
16. Welche Vorteile bietet die Konservierung nach dem F-Wert?
17. Wie werden die Konserven eingeteilt?
18. Wie können
    a) bakteriell bedingte,
    b) chemisch bedingte,
    c) physikalisch bedingte
    Bombagen vermieden werden?

Ausgewählte Fachrechenaufgaben

1. Die Materialpreise für die Putenleberterrine (▸S. 511) betragen:

Putenleber	2,10 €/kg
Putenunterschenkel, frisch (Garverlust 20 %)	2,50 €/kg
fetter Schweinebauch, frisch (Garverlust 10 %)	2,30 €/kg
Sahne	2,10 €/kg
Frühlingszwiebeln	3,20 €/kg
Koch- und Pökelsalz	2,00 €/kg
Gewürze insg.	10,00 €/kg

   Ermitteln Sie die Materialkosten für die Putenleberterrine.

2. Ein Roastbeef wird für den Ladenverkauf abgebraten. Das Frischgewicht beträgt 2 510 g. Nach der Bratzeit von eineinviertel Stunden bei 125 °C bis zur Kerntemperatur von 50 °C verbleibt ein Fertiggewicht von 2 340 g.
   a) Wie hoch ist der Bratverlust in %?
   b) Für das Wochenende rechnet Fleischermeister Nusse mit einem Verkauf von 8,4 kg Roastbeef als Bratenaufschnitt. Er kalkuliert einen Aufschneideverlust von 8 % ein. Wie viel frisches Roastbeef muss er bereithalten?
   c) In der letzten Woche war Matthias Nusse beim Braten des Roastbeefs unter Zeitdruck. Er hat ein 1708 g schweres Stück bei 160 °C in 70 Minuten gegart. Versehentlich erreicht das Roastbeef 56 °C Kerntemperatur. Anschließend beträgt das Fertiggewicht 1438 g. Wie hoch war hier der Verlust in Prozent?
   d) Wie viel gebratenes Roastbeef konnte er bei einem Aufschneideverlust von 8 % verkaufen?

Cooking main courses

Meat dishes

For many people the meat dish is the highlight of a meal. Meat is delicious, nutritious and can be cooked in many different ways. Here are some examples:

Cordon bleu is made from veal. The veal is coated with breadcrumbs, stuffed with cheese and ham and fried. It can be served with potato gratin and mushrooms.

Irish stew is made from mutton. Mutton, sliced onions, potatoes and white cabbage are mixed together and stewed.

Indian style beef is made of braised beef. The main ingredients are curry sauce and exotic fruits such as pineapple and mango. It is usually served with rice.

Knuckle of pork is boiled or roasted pork meat. It is usually served with sauerkraut, mashed peas and boiled potatoes.

1. Answer the following questions.

a) What are the special features of meat?
b) What kind of meat is Cordon bleu made of?
c) What can cordon bleu be stuffed with?
d) How would you prepare Irish stew?
e) What can you serve with knuckle of pork?

INFORMATION: A main course with meat includes a meat dish, side dishes and a sauce. Here are some examples:

Meat dishes
A meat dish is a food item that serves as the main ingredient at a meal. Some common meat dishes include: pork, beef, veal, lamb, mutton, poultry, game and wildfowl.

Typical international meat dishes are:
- fried pork chop – gebratenes Schweinekotelett
- fried veal cutlet – gebratenes Kalbsschnitzel
- braised fillet of beef – geschmortes Rinderfilet
- Irish stew – Hammelragout
- meatloaf – Hackbraten
- suckling pig – Spanferkel
- roast stuffed goose – gebratene gefüllte Gans
- fried chicken – Brathähnchen
- roast hare – Hasenbraten

Side dishes
A side dish is a food item that accompanies the meat dish at a meal. Some common side dishes include: potatoes, rice, pasta, bread, couscous, salad and vegetables.

Typical potato side dishes are:
- baked potato – Backkartoffel
- boiled potatoes – Salzkartoffeln
- mashed potatoes – Stampfkartoffeln
- roast potatoes – gebackene Kartoffeln
- fried potatoes – Bratkartoffeln
- french fries/chips – Pommes frites
- potato wedges – Kartoffelecken
- potato salad – Kartoffelsalat
- dumplings – Klöße

12

2. Do you know any main courses with meat? Use the meat dishes and side dishes from above or a dictionary, if necessary, and write down ten main courses with meat, vegetables, side dish and a sauce.

Recipes

A recipe is very helpful for cooking. It lists all the ingredients you need and tells you how to prepare them.
In LF 4 you got to know different methods of cooking.
Now you can use that knowledge for cooking with a recipe.

Cabbage rolls

Ingredients:

for the meat dough:
- 1 pound mixed minced meat
- 1 small onion
- 1 egg
- 4 tablespoons breadcrumbs
- pepper and salt

- 1 medium head cabbage
- 2 litres saltwater
- 1 onion
- 100 grams bacon
- 1/2 litre meat broth
- pepper, salt, flour (optionally nutmeg, caraway, mustard, tomato puree)

Directions

A) Fry the rest of the cabbage with bacon and onion till it is golden brown.
B) Remove the faded leaves from the cabbage and cut off the stalk.
C) Wrap up each meat portion in two leaves and bind in packages.
D) Put the minced meat in a bowl with sliced onion, egg, breadcrumbs, salt and pepper.
E) Scald the cabbage in saltwater and take off 16 leaves.
F) Knead these ingredients thoroughly and divide the dough into eight portions.
G) Serve the rolls with boiled potatoes.
H) Season with salt and pepper and thicken the sauce with flour.
I) Put everything in a pot and then in the oven.

3. **Do you know how to prepare cabbage rolls? Work in groups of three and read the recipe above. The preparation steps are muddled. Find out what is wrong and put the individual steps of preparation in the right order.**

4. **What´s your favourite main course? Write a list of the ingredients you need to cook it and describe the preparation just as in the recipe above.**

VOCABULARY

accompany sb.	jm. begleiten
bowl	Schüssel
breadcrumbs	Paniermehl
cabbage	Kohl
caraway	Kümmel
to coat sth.	etw. umhüllen
common	geläufig
dough	Teig
faded	verblasst/verblüht
feature	Eigenschaft
flour	Mehl
game	Wild
ingredients	Zutaten
to knead	kneten
meat dishes	Fleischspeisen
mustard	Senf
mutton	Hammelfleisch
nutmeg	Muskatnuss
poultry	Geflügel
to scald sth.	etw. überbrühen
stalk	Strunk
to stuff sth.	etw. füllen
to thicken sauce	Sauce binden
thoroughly	gründlich
wildfowl	Wildgeflügel

12

13 Kundenberatung, Planen von Veranstaltungen, Verpacken von Produkten

Sie räumen Theken ein, ermitteln mithilfe angemessener Fragetechniken Kundenwünsche und verkaufen Produkte. Sie beraten Kundinnen und Kunden, dabei berücksichtigen Sie Kundenprofil und Kundenerwartungen.

Sie kennen die Fragen für das Annehmen und Bearbeiten von Bestellungen. Sie sollen Ihre Kenntnisse bei der Organisation einer Familienfeier umsetzen. Ihr Chef beauftragt Sie, sich auf ein Beratungsgespräch vorzubereiten.

Informieren
- Welche Speisen und Getränke kann ich dem Kunden anbieten?
- Was ist beim Zusammenstellen von Speisen und Getränken zu beachten?
- Welche Regeln zum Aufbau von Büfetts gibt es?
- Wie werden Tische richtig eingedeckt und dekoriert?

Planen
- In welcher Preiskategorie wird angeboten?
- Welche Speisen und Getränke werden in welcher Menge benötigt?
- Wer übernimmt welche Vorbereitungsarbeiten zu welcher Zeit?
- Welche Arbeiten erledigt das Servicepersonal vor Ort?

Entscheiden
- Ich empfehle ein kalt-warmes Büfett mit Selbstbedienung.
- Die Büfettgestaltung und das Eindecken der Tafel erfolgt durch unsere Mitarbeiter.
- Ich entscheide mich für die Bereitstellung von Getränken auf Kommission.
- Später werden Fingerfood und andere Snacks serviert.

Ausführen
- Die Präsentation der Speisen erfolgt auf einem festlich gestalteten Büfett.
- Ich achte auf die richtige Platzierung der Speisen.
- Das gebrauchte Geschirr wird abgeräumt und die Getränke werden serviert.

Kontrollieren
- War die Zusammenstellung der Speisen in Ordnung?
- Konnte das abgesprochene Preis-Leistungs-Verhältnis eingehalten werden?
- War der Kunde mit unserem Service zufrieden?
- Könnte ich die Serviceleistungen im Beratungsgespräch noch besser erklären?

Bewerten
- Wie kann ich die gesammelten Erfahrungen bei der nächsten Beratung nutzen?
- War erkennbar, dass die Mitarbeiter zuverlässig und im Team arbeiten?
- Ist zuverlässige Teamarbeit wichtig für ein Imagegewinn und Werbung für den Betrieb?

53 Kundenberatung

FLEISCHEREI nusse

Sabrina: „Guten Tag, was darf ich Ihnen heute anbieten?“
Herr Kraus: „Ich hätte gerne etwas zum schnellen Zubereiten.“
Sabrina: „Da kann ich Ihnen Gyrospfanne oder Chinapfanne empfehlen.“
Herr Kraus: „Ich nehme 800 Gramm von der Gyrospfanne.“
Sabrina: „Darf ich Ihnen dazu unseren Zaziki aus der eigenen Herstellung anbieten? Dazu den griechischen Salat und etwas Brot? So hätten Sie ein vollständiges Gericht.“
Herr Kraus: „In Ordnung, geben Sie mir bitte von den angebotenen Waren die Menge für zwei Personen.“
Sabrina: „Darf ich Ihnen noch etwas anbieten?“
Herr Kraus: „Nein, danke, das reicht für heute.“

Viele Lebensmittelskandale mit und um das Fleisch sind in den Gedächtnissen der Kunden haften geblieben. Durch das Auftreten der Krankheit BSE (Bovine Spongiforme Enzephalopathie) wurden die Verbraucher noch mehr verunsichert; teilweise wurde als Folge auf Fleisch, insbesondere Rindfleisch, verzichtet. Daher werden die Verbraucher immer kritischer, kaufen bewusster ein und lernen sehr schnell, nur das Fleisch zu kaufen, welches in der Qualität ihren Vorstellungen vollkommen entspricht.

Für die Konsumenten kann die Herkunft des Fleisches für die Kaufentscheidung bedeutend sein. So haben sich ökologisch orientierte Tierproduzenten zu Verbänden zusammengeschlossen, die den Verbrauchern garantieren, die Tiere unter artgerechten und ökologisch sinnvollen Bedingungen aufzuziehen und ihnen Fleisch zur Verfügung zu stellen, das sie in Bezug auf Rückstände unbedenklich verzehren können. Derartige Verbände sind z. B. Bioland, Demeter, Naturland, Biokreis u. a.
Alle Tierproduzenten sind aufgerufen, sich der „Initiative Tierwohl“ anzuschließen, um dem Tierschutz einen noch höheren Stellenwert zu geben.

Betritt ein Kunde ein Fleischereifachgeschäft, setzt er Fachkompetenz in allen Belangen voraus, und zwar nicht nur beim Inhaber, sondern bei allen Mitarbeitern einschließlich der Auszubildenden. Letztere eignen sich diese fachliche Kompetenz jedoch erst an.
Neben Fachwissen erfordert die Verkaufstätigkeit Menschenkenntnis sowie Kenntnisse über die gesetzlichen Bestimmungen und die Werbung.

53.1 Sortiment

Das Verkaufssortiment eines Fleischereifachgeschäfts wird in zwei Bereiche unterteilt:

53.1.1 Haupt- oder Grundsortiment

Hierzu zählen folgende Produkte:
- Fleisch (▸ LF 2, 6)
- Fleischerzeugnisse
  - Roh- und Kochpökelwaren (▸ LF 7)
  - ungepökelte Fleischerzeugnisse (▸ LF 4)
- Wurstwaren
  - Kochwurst (▸ LF 8)
  - Brühwurst (▸ LF 9)
  - Rohwurst (▸ LF 10)
- Pasteten, Rouladen, Galantinen, Terrinen (▸ LF 12)
- Feinsülzen (▸ LF 12)
- Salate (▸ LF 11)

Diese Produkte machen im Fleischereifachgeschäft den Hauptumsatz aus.

53.1.2 Zusatz- oder Nebensortiment

Die Produkte des Zusatz- oder Nebensortiments haben einen geringeren Anteil am Gesamtumsatz und gehören zum Serviceumfang. Die Kunden können ihre Einkäufe an Fleisch- und Wurstwaren komplettieren, ohne zusätzliche Wege zu anderen Geschäften in Kauf nehmen zu müssen.

Zum Zusatz- oder Nebensortiment gehören:
- Backwaren
- Nudeln
- Obst, Gemüse
- Milch, Milchprodukte (Käse)
- Speisefette und -öle
- Geflügel
- Fisch
- Konserven
- Würzmittel
- Getränke

53.2 Verkaufsraum

Der Verkaufsraum ist das Aushängeschild der Fleischerei. Der erste Eindruck, den die Kunden vom Geschäft erhalten, ist verkaufsfördernd oder -mindernd.

Moderne Fleischereien haben ihre Ladenfronten weitgehend verglast, es entsteht ein „gläsernes" Geschäft. Schon im Vorbeigehen können die Kunden die Auslagen in der Verkaufstheke sehen und somit Anreize zum Kauf erhalten.

Das Geschäft ist „offen", alles ist einsehbar, die Kunden registrieren, „hier hat man nichts zu verstecken". Dies erhöht im entscheidenden Maße die Vertrauensbasis zwischen Fleischer und Kunden.

53.2.1 Fleisch- und Wursttheke

Die Verkaufstheke erfüllt zwei wichtige Aufgaben:
- Präsentation der angebotenen Waren
- Trennung der Kunden von der Ware

Ein Glasaufsatz ermöglicht den Kunden freie Sicht auf die Auslagen und verhindert ein Berühren der Waren durch die Kunden. Gleichzeitig sind die Verkaufstheken mit einer Kühleinrichtung ausgerüstet, damit die Waren nicht so schnell verderben und bei entsprechender Temperatur angeboten werden können.
Um die Keimentwicklung auf und in den präsentierten Waren ausreichend zu hemmen, sollte die Temperatur innerhalb des Glasaufsatzes ca. +4 °C nicht überschreiten. Damit wird eine maximale Innentemperatur in der Ware von +7 °C garantiert.
Im Vergleich zur Raumgröße sollte die Verkaufstheke nicht zu klein dimensioniert sein, um das Sortiment optimal präsentieren zu können.

Auslagen von Waren des Zusatzsortiments sind durch feste Abgrenzungen aus Glas oder ähnlichem Material zu trennen.

Verglaste Ladenfront

Fleisch- und Wursttheke

Die Verkaufstheke sollte so stehen, dass die Kunden auf ihrem Gang durch den Laden so viel wie möglich vom Gesamtsortiment mit den Augen erfassen können. Das Hauptaugenmerk muss dabei auf das Grundsortiment gerichtet sein.

Die Reihenfolge der Auslagen unterliegt den betrieblichen Erfordernissen, sollte aber so aufgebaut sein, dass ein „Kundenfluss“ entsteht und zügig bedient werden kann (▸ S. 534 f.).

53.2.2 Heiße Theke

Der ausschließliche Verkauf von Fleisch sowie Fleisch- und Wurstwaren hat in der heutigen Zeit keinen Bestand mehr. Die Fleischerei ist immer mehr zu einem Dienstleistungsbetrieb geworden.
So ist das Anbieten von verzehrfertigen Gerichten aus der Heißen Theke eine Serviceleistung der Fleischerei. Diese Speisen sind überwiegend Standardgerichte und aufgrund ihres günstigen Preises sowie der schnellen Verfügbarkeit bei den Kunden begehrt.

Die Ausstattung der Heißen Theke sollte so sein, dass die fertigen Komponenten der einzelnen Gerichte über einen gewissen Zeitraum im Wasserbad warm gehalten werden können, ohne dass qualitätsmindernde Einflüsse erkennbar sind.
Kurzbraterzeugnisse sollten nach Möglichkeit zum Zeitpunkt des Abrufs gebraten werden.

53.2.3 Raumgestaltung

Bei der Ausgestaltung des Verkaufsraums sind die örtlichen baulichen Gegebenheiten zu berücksichtigen. Der Raum ist so zu gestalten, dass die Kunden zügig und ohne Einschränkung bedient werden können, jedoch auch Freiräume für die Annahme von Bestellungen und die Nutzung der Heißen Theke vorhanden sind.
Der Fußboden sollte grundsätzlich aus wasser- und fettundurchlässigem Material bestehen, das rutschhemmend sein muss.

Die Wände sind nach Möglichkeit bis unter die Decke zu verfliesen. Zwingend ist dies nicht, jedoch optimal aus hygienischer Sicht. Blickfänge aus anderen Materialien, wie Naturholzverblendungen, Klinker oder Holzbalken, sind entsprechend zu versiegeln (▸ S. 26 ff.).

Der Raum sollte mit einer gut gestalteten, arbeitsplatzbezogenen Allgemeinbeleuchtung ausgestattet sein, die sowohl den Verkaufs- als auch den hinteren Arbeitsbereich ausleuchtet. Hierbei ist DIN EN 12464-1 „Licht und Beleuchtung – Beleuchtung von Arbeitsstätten – Teil 1: Arbeitsstätten in Innenräumen“ zu berücksichtigen. Für Verkaufsbereiche sind mindestens 300 Lux erforderlich, für Kassenbereiche 500 Lux. Das Licht soll blendfrei und schattenfrei angebracht sein.
In der Verkaufstheke sollte am besten Licht mit einer warmweißen Lichtfarbe eingesetzt werden, damit die Fleischfarbe nicht verfälscht wird.

Einrichtung der Heißen Theke

Mögliche Ladengestaltung mit Heißer Theke

13

53.3 Verkaufsvorbereitung

Um einen reibungslosen Verkauf zu gewährleisten, ist eine gute Vorbereitung notwendig. Dazu zählt auch die Überlegung, welches Sortiment in die Verkaufstheke aufgenommen wird. Viele Waren werden jeden Tag auf den gleichen Platz gelegt, dennoch sind saisonale Besonderheiten zu berücksichtigen.

53.3.1 Fleisch

Im Sommer sind grillfähige Fleischzuschnitte stärker zu berücksichtigen, im Winter dagegen energieliefernde Fleischstücke wie Eisbein und Ähnliches.

Fertig portionierte Fleischteilstücke werden häufig nachgefragt und sind in ausreichender Menge in Schalen bzw. Tabletts anzubieten. Stark saftendes Fleisch und Innereien sind in Schalen mit Siebeinsatz zu präsentieren, um ein Verschmieren der Verkaufsfläche zu verhindern.

Schale mit Siebeinsatz

unpariert

pariert, die „Sonnenseite"

Kotelettfleisch, ausgelöst

Beim Portionieren sollte immer quer zum Fleischfaserverlauf geschnitten werden. Damit wird eine kurze Faser erzielt und das Fleisch erweckt den Eindruck, mürbe zu sein.

Empfohlene Stückgewichte		
Rind	Filetsteak	150–180 g
	Hüftsteak	160–180 g
	Roastbeef	200–230 g
	Rouladenscheiben	140–160 g
Schwein	Schnitzel	150–170 g
	Medaillon	40– 50 g
	Steak	110–130 g
	Bauchscheiben	90–110 g
	Kotelett	150–170 g
Kalb	Kotelett	200–240 g
	Schnitzel	120–140 g
Lamm	Chops	120–150 g
	Kotelett	120–150 g
Geflügel	Putensteak	120–140 g
	Hähnchenschnitzel	130–160 g

Ein herkömmliches „Abhängen" des Fleisches ist aus betriebswirtschaftlichen Gründen heute kaum noch zu vertreten. Hochwertige Stücke (Rindfleisch) werden **vakuumgereift** (▸ S. 285). Damit ist gewährleistet, dass die Kunden gut gereifte Ware erhalten. Dies sollte in der Beratung besonders hervorgehoben werden. Auf den Einsatz von Steakern sollte ganz verzichtet werden. Die Verwendung von chemischen Zartmachern im gewerblichen Bereich ist verboten.

Bei der **Präsentation** des Fleisches sollte den Kunden immer die „Sonnenseite" zugewandt sein, um so einen zusätzlichen Kaufanreiz zu erzeugen.

53.3.2 Wurst- und Aufschnittwaren

Beim Aufschneiden von Wurst und anderen Waren sind die Kundenfrequenzen an den einzelnen Wochentagen sowie saisonale Aspekte zu berücksichtigen.
An heißen Sommertagen wird der Absatz der Wurst wesentlich geringer sein als an Tagen der kälteren Jahreszeiten. Auch Feiertage sind stärker in die Überlegung einzubeziehen.

Ein Teil der Wurst sollte immer im Anschnitt auf Platten präsentiert werden. Wurstwaren mit einem Kaliber unter 60 mm sollten im Winkel von ca. 45° angeschnitten werden, um eine optische Vergrößerung des Anschnitts zu erzielen. Die Anschnittfläche ist hierbei immer in Blickrichtung des Kunden zu legen. Wurst mit einem Kaliber über 60 mm schneidet man meistens gerade an.

Wurstanschnitt im 90°- und im 45°-Winkel

Wurstsorten aus der gleichen Gruppe sind jeweils gemeinsam zu präsentieren, d. h. Brühwurst zu Brühwurst, Rohwurst zu Rohwurst usw.

53.3.3 Küchenfertige Erzeugnisse

Einen großen Teil der Verkaufsvorbereitung nimmt die Herstellung von küchenfertigen Erzeugnissen (► S. 154 ff.), auch Convenience-Produkte genannt, in Anspruch.
Diese werden wegen ihrer einfachen Handhabung gerne von den Kunden angenommen. Sie besitzen ein appetitliches Aussehen, sind sehr gut im Geschmack, unterstützen die Verbraucher in der leichten Zubereitung und bieten eine enorme Vielfalt.

Zu den Convenience-Produkten zählen:
- grill- und bratfertige Zuschnitte (Steaks)
- Roll- und Wickelbraten
- bratfertige Rouladen
- Sauerbraten
- Spickbraten
- Spieße
- Hacksteaks und Frikadellen
- Geschnetzeltes
- Cordon bleu
- Backfertiges

53.3.4 Einräumen der Verkaufstheke

Beim Einräumen der Verkaufstheke sind die Waren so anzuordnen, dass die Kunden in einer bestimmten Laufrichtung an der Theke vorbeigeleitet werden und möglichst viel von den Auslagen optisch wahrnehmen.
- Das Sortiment sollte vielfältig und dennoch sehr übersichtlich angeordnet sein.
- Fleisch sowie Fleisch- und Wurstwaren bilden immer den Schwerpunkt.

Ein derartiger **Thekenbelegungsplan** kann wie folgt aussehen:
Fleisch → Wurst → Schinken → Feinkost → Salate → Käse → Fisch → Imbiss → Desserts

Wild sollte streng getrennt von anderem Fleisch angeboten werden. Bei erlegtem Wild ist der im Fleisch verbleibende Restblutgehalt sehr hoch; das führt zum relativ schnellen Verderb des Fleisches.

Geflügel muss aus hygienischen Gründen getrennt vom übrigen Sortiment angeboten werden:
- in separater Geflügelfleischtheke
- durch Glasscheibe getrennt
- in Schalen, aus denen kein Fleischsaft auslaufen kann
- vorverpackt (auf Kunststofftabletts mit Folie)

Bei einer Thekenlänge von beispielsweise 5 m ist eine Frischgeflügelpräsentation von ca. 1 m ratsam.

Bei **Fisch** ist eine klare räumliche Trennung innerhalb der Kühltheke erforderlich. Ein Vermischen und die gegenseitige negative Be-

Hackfleischbällchen in Wirsingblättern

Rouladen, bratfertig gefüllt

Cordon bleu

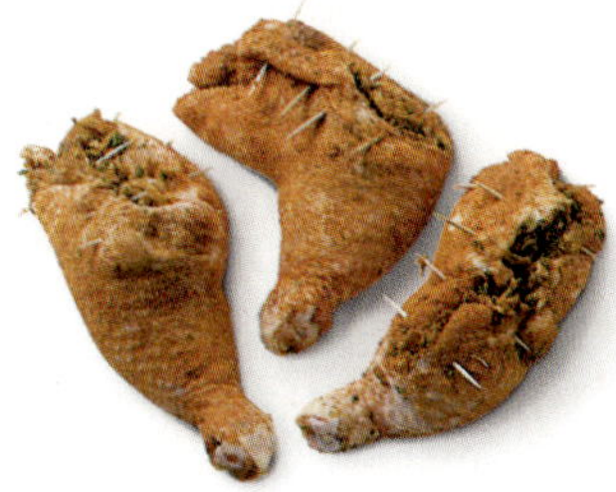

Gefüllte Hähnchenkeulen

Mögliche Thekenbelegung

1. *Fleisch*
2. *Wurst*
3. *Schinken*
4. *Feinkost, Salate*
5. *Käse*

einflussung der einzelnen Sortimente muss ausgeschlossen sein. Das Verkaufspersonal sollte Einweg- oder Gummihandschuhe für den direkten Verkaufsvorgang benutzen. Frischfisch ist grundsätzlich auf Scherbeneis und durch Folie abgedeckt anzubieten.

In der **Käsetheke** sollten möglichst alle Käsegruppen vertreten sein (►S. 646). Sind das Käse- und das Fleisch-/Wurstsortiment in der gleichen Verkaufstheke untergebracht, so ist auf eine ausreichende Abschirmung durch Glaswände zu achten, damit das starke Käsearoma nicht auf das andere Sortiment übergreift.

Backwaren können ohne besonderen Gestaltungsaufwand im Bereich der Heißen Theke präsentiert werden, wo sie je nach Bedarf so verkauft oder weiterbearbeitet werden können.

Produkte, die nicht gekühlt werden müssen, können – je nach Raumgestaltung – in eigenen Regalen oder hinter der Theke an der Wand, also im Sichtbereich der Kunden, platziert werden (z. B. **Nudeln, Konserven**).

53.4 Kunden

Alle Arbeitsplätze in der Fleischerei sind vom Gewinn und letztendlich von den Kunden abhängig. Viele Produkte und die meisten Dienstleistungen sind in Beschaffenheit und Preis oft sehr ähnlich. Um die eigenen Erzeugnisse von denen der Konkurrenz abzuheben, sind **guter Service und kompetente Beratung ein wichtiger Bestandteil** der Arbeit des Verkaufspersonals. Deshalb muss das ständige Bemühen um die Zufriedenheit der Kunden den Antrieb des Verkaufs darstellen, unabhängig von persönlichen Befindlichkeiten ihnen gegenüber.
Ein gegenseitiges Vertrauensverhältnis zwischen Kunden und Verkaufspersonal ermöglicht es, die Kundenwünsche schneller zu erkennen und besser auf die Verbraucher einzugehen.

Die richtige Einschätzung der Kunden erleichtert den Umgang mit ihnen.
Eine grundsätzliche Einteilung erfolgt nach:
- Geschlecht (z. B. weiblich, männlich)
- Familienstand (z. B. verheiratet, ledig)
- Alter (z. B. Kinder, Jugendliche, Rentner)
- sozialer Stellung (z. B. Arbeiter, Student, Hausfrau, Arzt)
- Charakter (z. B. Weisheit, Eigenarten, Typus, Naturell)

53.4.1 Kundenarten

Die Kunden lassen sich grob in Seh-, Stamm- und Laufkunden einteilen.
Sehkunden wollen sich informieren, Preise vergleichen oder oft nur etwas Zeit überbrücken.
Laufkunden betreiben Zielkäufe, weil die Waren günstig sind, sie unbedingt die Ware benötigen oder zufällig vorbeikommen.
Die **Stammkunden** gehören zu dem Personenkreis, dessen Anzahl der Betriebsinhaber ständig vergrößern möchte.

Diese Stammkunden bieten einige nicht zu übersehende **Vorteile:**
- Sie stellen eine kalkulierbare Umsatzgröße dar.
- Es besteht ein tieferes Vertrauensverhältnis zwischen Verkaufspersonal und Kunden als beim Laufkunden.
- Das Verkaufsgespräch verläuft auf der Grundlage gegenseitigen Vertrauens.
- Die Kunden können meist persönlich mit Namen angesprochen werden.
- Die Eigenarten der Kunden sind weitgehend bekannt, man kann sich darauf einstellen.

Dieser Kundenkreis kann unter gewissen Umständen jedoch auch **Nachteile** mit sich bringen:
- Ein ständiger Kunde, der unserem Geschäft den Rücken kehrt, zieht meist andere mit.
- Aus dem Verhältnis zum Betrieb leiten manche Stammkunden gewisse Vorrechte ab, die oft unangemessen erscheinen (z. B. sofortige Bedienung bei großem Kundenandrang).
- Aus der persönlichen Bekanntschaft kann sich für das Verkaufspersonal oft die Grenze zwischen Geschäftlichem und Privatem verwischen, sodass die Angestellten zum Beispiel in Klatschgeschichten hineingezogen werden, die oft Streit und Verärgerung zur Folge haben.

Laufkunden, häufig die künftigen Stammkunden, haben ebenfalls verschiedene Vorteile:
- Die Verkaufsgespräche nehmen selten einen zu vertraulichen Charakter an.
- Das Bedienen geht oft schneller, da die Kunden keine längere Unterhaltung ohne Kaufzweck führen möchten.

„Stammkundin"

„Laufkunde"

- Laufkunden können über die Mundpropaganda den Kundenkreis stark vergrößern.

Besondere **Schwierigkeiten**, die sich bei Laufkunden zeigen können:
- Der Kundentyp muss erst ausgelotet werden, um eine gute Grundlage für das Verkaufsgespräch zu haben.
- Ein Vertrauensverhältnis muss erst geschaffen werden.
- Laufkunden bringen ein größeres Maß Misstrauen mit sich, das schwerer zu überwinden ist als bei den Stammkunden.

53.4.2 Umgang mit Kunden

Für das Verkaufspersonal ist die Beurteilung eines Kunden eine der wichtigsten und zugleich schwierigsten Aufgaben, ergibt sich doch aus dieser Beurteilung die Handlungsstrategie für das Verkaufsgespräch. Die Einteilung der Käufer in „gut" und „böse" ist grundlegend falsch. Hier ist Menschenkenntnis erforderlich, um die richtige Umgangsform mit den Verbrauchern zu gewährleisten.

Anhaltspunkte für die Beurteilung von Kunden können sein:
- äußere Erscheinung und Kleidung
- Körperhaltung
- Ausdrucksweise
- Stimme
- Mienenspiel

Ein einziges Beurteilungsmerkmal genügt jedoch nicht für die Einschätzung, da die Summe aller Merkmale die Persönlichkeit ausmacht.

53.4.3 Kundentypen

Kundentyp	*Merkmale*	*Umgang*
der/die Entschlossene 	– sicheres Auftreten – Kaufwunsch steht bereits beim Betreten des Geschäfts fest – äußert Kaufwunsch klar und deutlich ohne Umschweife, besitzt gute Warenkenntnisse – setzt auch gute Warenkenntnisse beim Verkaufspersonal voraus	– schnell, zügig und korrekt bedienen – unnötige bzw. umfangreiche Beratung unterlassen – Verkaufsargumente klar, sachlich und gut begründet darlegen
 **der/die Eilige**	– spricht schnell und in kurzen Sätzen – wirkt hektisch, ungeduldig und nervös – möchte schnell und ohne Umschweife bedient werden – drängt andere Kunden zur Eile	– schnell und zügig bedienen – umfangreiche Beratung vermeiden
der/die Unentschlossene 	– wirkt unsicher und ratlos – weiß nicht konkret, was er kaufen möchte – ist sehr zurückhaltend – blickt hilflos suchend über die Thekenauslage – kann sich schwer entscheiden – ist dankbar für Hinweise und Entscheidungshilfen – möchte beraten werden	– kein zu großes Angebot vorlegen, z. B. nur zwei Artikel zur Auswahl – Kunden Zeit lassen zum Überlegen – nicht zu stark bedrängen – Fragen klar und verständlich beantworten – keine Ware anbieten, deren Kauf er später bereuen könnte – gezielte und kurze Hinweise auf Qualität, Geschmack und Preis der vorgelegten Waren
der/die Gesprächige 	– hat ein großes Redebedürfnis – ist meist sehr freundlich – schweift oft vom eigentlichen Verkaufsthema ab – lässt sich schwer im Redefluss stoppen – hat meist unklare Kaufwünsche	– ausreden lassen – Gespräch nicht zu sehr abschweifen lassen – Unterbrechungsmöglichkeiten nutzen, die den Kunden nicht verärgern (z. B. wenn er Luft holt) – Interesse auf die Ware lenken – während des Gesprächs weiter bedienen
der/die Schweigsame 	– schweigsam – unentschlossen – hat keine klare Kaufvorstellung – kann sich schwer entscheiden – gibt wenig Hinweise auf seinen Kaufwunsch – zurückhaltend	– angebotene Ware deutlich sichtbar präsentieren – Gestik und Mimik des Kunden aufmerksam beobachten – offene Fragen stellen, die eine längere Antwort erfordern (▸ S. 283)
 **der/die Preisbewusste**	– fragt häufig nach Preisen der Ware – sucht Sonderangebote – versucht Rabatte oder Preisvorteile zu bekommen	– auf günstige Angebote oder Rabattaktionen hinweisen – Qualität und Vorzüge hochpreisiger Waren deutlich machen
der/die Gesundheitsbewusste 	– verlangt genaue Auskunft über die Zusammensetzung der Ware – bevorzugt Ware aus ökologischer/biologischer Aufzucht – ist bereit, für „gesunde" Lebensmittel einen höheren Preis zu bezahlen	– die gesundheitlichen Vorzüge der verwendeten Rohstoffe und Fleischwaren hervorheben, z. B. fettarme, salzreduzierte oder jodhaltige Waren, Verwendung von Gewürzen aus biologischem Anbau – Waren aus der Region anbieten, aus kontrollierten Aufzucht- oder Markenfleischprogrammen mit Gütesiegeln (z. B. Biosiegel) empfehlen – den höheren Preis gegenüber herkömmlichen Waren nachvollziehbar begründen

Kundentyp	*Merkmale*	*Umgang*
der/die Skeptische 	– trifft vorsichtig Entscheidungen – stellt viele Fragen – ist nicht entschlussfreudig	– exakte Beratung und Wiederholung seiner Wünsche – Zeit lassen für Entscheidung – auf keinen Fall zu einer Entscheidung überreden – durch sachliche Argumente überzeugen – Fragen genau und verständlich beantworten
der /die Anspruchs-volle 	– sucht nur Spitzenqualität – der Preis spielt eine untergeordnete Rolle – wünscht eine kompetente Beratung und Bedienung – fragt nach Zutaten und Eigenschaften der Ware – besitzt häufig gute Warenkenntnisse	– qualitativ hochwertige Waren anbieten – Beratung mit ausführlichen Verkaufsargumenten über Zusammensetzung und Eigenschaften der Waren – ausgewählte Waren sorgfältig verpacken – passende Zusatzempfehlungen geben – auf zusätzliche, auch kostenpflichtige Serviceleistungen des Geschäfts hinweisen, z. B. Lieferung, Partyservice
der/die Rechthabe-rische 	– sehr selbstbewusst – unterbricht andere oft – weiß auf alles eine Antwort – oft sehr anmaßend und unhöflich	– nicht widersprechen – geduldig sein, ruhig bleiben – Feingefühl zeigen

53.4.4 Fragetechniken

Im Umgang mit dem Kunden muss der Fragetechnik eine größere Bedeutung beigemessen werden, um eine verkaufsfördernde Wirkung zu erzielen.

Die Behauptung „Wer fragt, der führt, und wer führt, der gewinnt" sollte sich als Grundsatz des Verhaltens gegenüber dem Kunden im Verkaufsgespräch darstellen. Es ist wichtig, gegenüber dem Kunden die „richtigen" Fragen zu stellen, um ihm dann auch entsprechend seinen Wünschen ohne Umwege und Missverständnisse das anzubieten, was er eigentlich möchte.

Es gibt in der Fragetechnik grundsätzlich zwei Fragearten:

Frageform	**Erklärung**	**Beispiel**
offene Frage	Bei der offenen Frage steht das Fragewort am Anfang. Die Antwort kann nicht „Ja" oder „Nein" lauten; sie wird so gestellt, dass der Kunde im ganzen Satz antworten sollte.	„Was wünschen Sie bitte?" „Was kann ich für Sie tun?" „Welche Wünsche haben Sie?"
geschlossene Frage	Bei der geschlossenen Frage steht das Verb (oder Hilfsverb) am Satzanfang. Die Antwort kann nur aus einem „Ja", „Nein" oder „Vielleicht" bestehen.	„Möchten Sie dieses Stückchen Kasseler?" „Gefällt Ihnen dieses Stück Roastbeef?"

Nun kann man nicht jedes Verkaufsgespräch mit diesen zwei grundlegenden Fragearten realisieren, dazu ist die Problematik zu vielschichtig.
So gibt es in bestimmten Situationen noch weitere Fragearten, deren Inanspruchnahme durch das Verkaufspersonal beim Kunden eine Beeinflussung der Entscheidung herbeiführt (s. Tabelle unten).

In Zukunft wird das Verkaufsgeschehen immer mehr von der „mentalen Partnerschaft im Verkauf“ geprägt. Das heißt, das Verkaufspersonal stellt sich auf die Kunden innerlich wie auch äußerlich ein und gibt ihnen das Gefühl des Sichwohlfühlens, einer gewissen Nachbarschaft und Zuwendung.
Hieraus ergeben sich für das Verkaufspersonal bestimmte Regeln beim Umgang mit den Kunden:

- Nehmen Sie sich Zeit für die Kunden.
- Sprechen Sie die Kunden mit Namen an.
- Seien Sie freundlich und herzlich.
- Beraten Sie die Kunden bestens.
- Seien Sie kooperativ und denken Sie mit.
- Seien Sie bereit, aufkommende Probleme zu lösen.
- Behandeln Sie alle Kunden gleichermaßen gut.
- Seien Sie hilfsbereit.
- Erledigen Sie Routinearbeiten in der Zeit, in der keine Kunden warten.
- Bauen Sie Vorurteile ab.
- Bleiben Sie auch in negativen Situationen freundlich.
- Werden Sie gegenüber den Kunden nicht ungeduldig.
- Nichts ist „unmöglich“.
- Zeigen Sie sich als Persönlichkeit.

Frageform	Erklärung	Beispiel
Informationsfrage	Hiermit möchte man Informationen über die Bedürfnisse und Ausgangslage des Kunden gewinnen. Eine solche Frage beginnt immer mit „Wie viel“, „Wie“, „Wann“, „“Wo“ oder „Wer“.	„Für wie viele Personen benötigen Sie die Aufschnittplatten?“ „Wann dürfen wir Ihnen Ihre Bestellung liefern?“
Alternativfrage	Mit einer Alternativfrage gibt man dem Gesprächspartner die Wahl zwischen zwei positiven (!) Möglichkeiten.	„Möchten Sie lieber die Kalbfleischleberwurst oder die Delikatess-Leberwurst?“ „Wollen Sie lieber Wiener Würstchen oder Käsewiener?“
Suggestivfrage	Bei der Suggestivfrage wird der Fragende versuchen, den Gesprächspartner in seinem Sinne zu beeinflussen. Typisch für diese Frageart sind Wörter wie „doch“, „wohl“, „auch“, „ist“, „bestimmt“ oder „sicherlich“.	„Sind Sie nicht auch der Meinung, dass die Käseplatte besonders gut gelungen ist?
Rhetorische Frage	Bei einer rhetorischen Frage stellt man selbst eine Frage und beantwortet diese auch gleich. Diese Fragetechnik wird gerne genutzt, um die Aufmerksamkeit des Kunden zu erhalten bzw. zu gewinnen. Der Kunde muss hier mitdenken.	„Wie lösen wir dieses Problem? Das Beste wäre, wenn wir ...“
Gegenfrage	Mit einer Gegenfrage wird auf eine Frage des Gesprächspartners reagiert. Diese Fragetechnik ist nicht unüblich, da sie es ermöglicht, Zeit zu gewinnen und ggf. die Gesprächsführung wieder zurückzugewinnen.	Kunde: „Wann können Sie liefern?“ Verkäufer: „Zu wann würden Sie die bestellte Ware geliefert haben wollen?“
Kontrollfrage	Durch eine Kontrollfrage kann man überprüfen, ob die Gesprächspartner noch miteinander übereinstimmen. Diese Fragetechnik ist sehr wichtig; somit können schon im Vorfeld Unklarheiten und Differenzen weitgehend vermieden bzw. beseitigt werden.	„Habe ich Sie richtig verstanden, dass Sie 12 kg Roastbeef blau bestellen wollen?“ „Kann ich davon ausgehen, dass Sie die Rechnung sofort bei Erhalt der Ware begleichen?“

53.5 Sonderfälle beim Verkauf

53.5.1 Annahme einer Bestellung

Bestellungen werden meist persönlich, telefonisch oder E-Mail aufgegeben. Gründe für Bestellungen können vielschichtig sein:

- Für einen außergewöhnlichen Anlass werden besondere Waren gewünscht, z. B. Platten für Geburtstage oder Feiertage.
- Zu einem bestimmten Termin, z. B. Geschäftseröffnung, Betriebsfeier, werden größere Warenmengen benötigt.
- Das Vorrätighalten/Herstellen von Waren bis zu einem späteren Liefertermin, z. B. Herstellen von Landschinken.

Persönliche Bestellannahme

Gibt der Kunde die Bestellung im Geschäft auf, notiert sich die Verkäuferin sofort wichtige Daten und die Wünsche des Kunden im Bestellbuch. Hierfür gibt es ausgezeichnete Vordrucke, es kann aber auch formlos erfolgen. Zu den Eintragungen gehören:

- Name, Adresse und Telefonnummer des Kunden, ggf. Lieferadresse
- Warenart und bestellte Menge, so genau wie möglich
- besondere Wünsche hinsichtlich der Ausführung, z. B. Koteletts in Scheiben ohne Wirbelkörper
- Abhol- oder Liefertermin und genaue Uhrzeit
- vereinbarte Zahlungsbedingung bzw. Vermerk über Vorausleistungen wie Anzahlungen usw.

Alle Eintragungen sind dem Kunden nochmals vorzulesen, um Missverständnissen vorzubeugen und Korrekturen zu ermöglichen.

Telefonische Bestellannahme

Aus Zeit- und Kostengründen erfolgen telefonische Bestellungen immer häufiger.
Auch wenn ein direkter Sichtkontakt fehlt, müssen bestimmte Regeln eingehalten werden, denn ein Kunde merkt auch am Telefon, ob er als „König" oder als „Störfaktor" eingestuft wird:

- Verkrampfen Sie sich nicht am Telefon, bleiben Sie locker und versuchen Sie zu lächeln. Dadurch erhalten Sie eine freundliche Stimme.
- Sprechen Sie deutlich, formulieren Sie klar und argumentieren Sie kompetent.
- Alle Angaben sind schriftlich festzuhalten, auch Datum und Uhrzeit des Telefongesprächs.
- Melden Sie sich mit einem Gruß, dann mit dem Namen der Firma und zuletzt mit dem eigenen Namen, z. B. „Guten Tag; Fleischerei Wolf, Herr Lange am Apparat. Was kann ich für Sie tun?"
- Merken Sie sich den Namen des Kunden, sodass Sie ihn auch namentlich ansprechen können.
- Folgende Angaben erfragen und notieren:
  - Name, Adresse und Telefonnummer des Kunden, ggf. Lieferadresse
  - Warenart und bestellte Menge, so genau wie möglich
  - besondere Wünsche hinsichtlich der Ausführung, z.B. Grillspezialitäten mit einer bestimmten Würzung
  - Abhol- oder Liefertermin und genaue Uhrzeit
  - vereinbarte Zahlungsbedingung
- Wiederholen Sie die Angaben des Kunden, um Hörfehler auszuschließen.
- Schwierige Angaben buchstabieren lassen.
- Unterbrechen Sie den Kunden bei den Angaben nicht, es könnten wichtige Informationen überhört werden.
- Versichern Sie dem Kunden, dass seine Bestellung zügig und termingerecht realisiert wird.
- Bei größeren Bestellungen, die einen gesetzten finanziellen Rahmen überschreiten, bitten Sie den Kunden, eine Anzahlung vorzunehmen.
  Dadurch wird das finanzielle Risiko der Firma bei Nichtabholung der Bestellung gemindert.
- Bedanken Sie sich bei dem Kunden für den Auftrag und beenden Sie das Gespräch mit einem freundlichen Gruß.

Telefonische Bestellannahme

Welche der Begrüßungsformeln empfinden Sie für die Kunden als angemessen?

1. „Fleischerei Nusse"
2. „Müller"
3. „Fleischerei Nusse, Sie wünschen?"
4. „Fleischerei Nusse, Müller, Sie wünschen?"
5. „Fleischerei Nusse, Müller. Guten Tag, Sie wünschen?"
6. „Fleischerei Nusse. Guten Tag. Sie sprechen mit Julia Müller. Was kann ich für Sie tun?"

Begründen Sie Ihre Wahl.

13

53.5.2 Reklamation und Umtausch

Trotz immenser Anstrengungen aller in der Produktion und im Verkauf Beschäftigten, nur einwandfreie Produkte herzustellen und zu verkaufen, kann es zu Reklamationen kommen.

Reklamation

Bei einer Reklamation handelt es sich um eine Beanstandung einer Ware oder Dienstleistung. Für eine Reklamation gibt es unterschiedliche Gründe:

„Beruhigen Sie aufgebrachte Kunden"

Produktreklamation
- Die Ware ist verdorben.
- Das Erzeugnis entspricht nicht der Verkehrsauffassung.

Stück-/Mengenreklamation
- Die verkaufte und bezahlte Ware stimmt nicht mit der gewünschten Menge überein.

Qualitätsreklamation
- Die Ware weist Mängel in der Beschaffenheit und Zusammensetzung auf.

Verpackungsreklamation
- Der Inhalt weist Folgen einer unzureichenden oder schadhaften Verpackung auf.

▶ Führen Sie mit Ihren Mitschülern ein Rollenspiel zum Thema „Reklamation" durch und beurteilen Sie anschließend das Verhalten des „Verkaufspersonals" gegenüber dem Beschwerdeführer.

Preis-/Rechnungsreklamation
- steht in Verbindung mit der Rechnungslegung oder dem Zahlungsvorgang an der Kasse.

Bestell-/ Lieferreklamation
- ist Reklamation, die eine Bestellung zur Auslieferung oder die Auslieferung selbst betrifft.

Servicereklamation
- betrifft das Verhalten des Verkaufspersonals oder die gesamte Verkaufsatmosphäre.

Sind die Gründe für eine Reklamation gerechtfertigt, so muss diese entsprechend bearbeitet werden. Selbst mit offensichtlich nicht gerechtfertigten Reklamationen muss entsprechend sorgfältig umgegangen werden. Hierzu ist viel Feingefühl und Behandlungsgeschick erforderlich, denn der Geschäftsinhaber möchte den Kunden behalten und nicht durch eventuelle Herausforderungen verlieren.
Nach Möglichkeit ist der Fleischermeister oder der Geschäftsinhaber hinzuzuziehen.
Sollte das nicht möglich sein, ist über den Vorgang eine kurze schriftliche Notiz anzufertigen und diese unverzüglich an die genannten Vorgesetzten weiterzuleiten.

Um eine Reklamation auch im Sinne des Geschäfts erfolgreich zu bearbeiten, sollten folgende Regeln eingehalten werden:
- Eine **Beanstandung** sollte nie vor den Augen und Ohren anderer Kunden bearbeitet werden.
- **Beruhigen** Sie aufgebrachte Kunden und versuchen Sie, durch gezielte Fragen die Tatsachen und die Gründe der Bemängelung zu erfahren.
- Gehen Sie immer davon aus, dass der **Kunde recht hat** (recht geben, nicht haben = Kulanz). Der Wert der Reklamationsware ist oftmals gering, ein verlorener Käufer stellt einen weitaus größeren Schaden dar.
- Zeigen Sie **Interesse** an der Beschwerde und signalisieren Sie dem Kunden, dass Sie alles tun werden, um Derartiges künftig auszuschließen.
- Erfinden Sie **keine Ausflüchte,** mit denen Sie die Beschwerde ablehnen. Gestehen Sie das Verschulden ein, auch wenn Sie persönlich nicht verantwortlich sind, denn Sie vertreten das Geschäft. Die Reklamation geht nicht gegen Sie als Einzelperson.
- **Entschuldigen** Sie sich beim Kunden auch im Namen der Firma.
- Die Beanstandung sollte **unbürokratisch** und schnell bearbeitet werden. Als **Wiedergutmachung** kann, zumindest bei Stammkunden, ein Geschenk mitgegeben werden, z. B. ein Feinkostprodukt.

Umtausch

Es kann auch vorkommen, dass eine Ware getauscht werden soll. Gemäß Hygieneverordnung ist dies jedoch nur bei fest verpackten Gegenständen möglich, wie z. B. Konserven, Trockensuppen, Gewürzen. Voraussetzung ist, dass die Verpackung unverletzt ist.

Lose Ware darf aus hygienischen Gründen nicht umgetauscht werden. Reklamierte und zurückgegebene Ware ist sofort aus dem Verkehr zu ziehen und zu vernichten.

53.5.3 Lieferung

Zum Servicepaket eines Fleischereifachgeschäfts gehört die Lieferung von gekauften Waren.

Laut EG-Hygiene-Verordnung 852/2004 sind alle Waren in einem geschlossenen Behältnis bzw. mit ausreichender Umhüllung zu transportieren. Der geschlossene Wagenaufbau des Lieferfahrzeugs gilt als ein geschlossenes Behältnis, sofern der Laderaum mit lebensmittelechten und hygienisch unbedenklichen Materialien ausgekleidet ist.
Die Fahrweise des Fahrzeuglenkers sollte angemessen sein, damit die Ware in einwandfreiem Zustand ankommt und die zu beliefernden Kunden nicht durch eventuell notwendige verspätete Ersatzlieferungen verärgert werden.

Die Entgegennahme der Ware ist durch den Käufer zu bestätigen. Er sollte in seinem eigenen Interesse die Lieferung auf Vollständigkeit und Mängel überprüfen. Durch seine Unterschrift bestätigt er die Realisierung der Bestellung. Verdeckte Mängel, wie z. B. nicht offensichtliche Produktionsfehler (versalzene Ware u. dgl.), kann er jedoch später noch reklamieren.

Die Erzeugnisse sind getrennt nach Art in Transportbehälter zu legen, mit Papier oder Folie abzudecken und die Behältnisse sicher zu stapeln.

Komplexe Aufgaben

1. Vergleichen Sie die empfohlenen Stückgewichte für Fleisch (▸ S. 534) mit den tatsächlichen in Ihrem Ausbildungsbetrieb. Begründen Sie mögliche Unterschiede.
2. Stellen Sie die verschiedenen Kundentypen durch jeweils einen Mitschüler/eine Mitschülerin aus Ihrer Klasse in einem fiktiven Verkaufsgespräch dar. Dieses sollte möglichst unter realen Bedingungen (Verkaufsraum usw.) geschehen und mittels Videotechnik aufgezeichnet werden.

   Anschließend ist das Verhalten des „Verkaufspersonals" durch die Teilnehmer/-innen unter folgenden Aspekten auszuwerten:
   a) Wurde das eigene Verhalten durch das des Kunden beeinflusst?
   b) Sind die obligatorischen Verhaltensregeln berücksichtigt worden?
   c) Ist der Kunde angemessen behandelt worden?

Aufgaben zur Wiederholung

1. Wie wird das Sortiment im Fleischereifachgeschäft unterteilt? Nennen Sie einige Produktgruppen.
2. Welche Anforderungen werden an die Verkaufsräume der Fleischerei gestellt?
3. Nennen Sie einige grundsätzliche Anforderungen an das Verkaufspersonal im Umgang mit Kunden.
4. Welche markanten Merkmale haben die einzelnen Kundentypen?
5. Welche Anhaltspunkte gibt es für Sie, den Typ eines Kunden zu erkennen?
6. Nennen Sie Grundregeln, die beim Verkauf von Fleisch berücksichtigt werden sollten.
7. Warum ist der Kundenberatung besondere Aufmerksamkeit zu schenken?

% Ausgewählte Fachrechenaufgaben

1. Folgende Schinken-Braten-Platte (MwSt. inklusive) soll hergestellt werden:

400 g Knochenschinken	zu 14,52 €/kg
300 g Lachsschinken	zu 17,38 €/kg
250 g Rauchfleisch	zu 18,82 €/kg
500 g Schweinebraten	zu 14,93 €/kg
250 g Kochschinken	zu 13,80 €/kg
Garniermittel:	
400 g Weintrauben	zu 3,78 €/kg
1 Glas Spargel	zu 2,72 €
Arbeitsaufwand 30 Minuten	zu 16,87 €/Std.
Auslieferungskosten 28 km	zu 0,48 €/km
Plattenmiete	3,06 €

Berechnen Sie den Verkaufspreis.

2. Ein Glas Senfgurken kostet im Einkauf 1,52 €. Wie teuer wird es verkauft, wenn 45 % Rohaufschlag plus Mehrwertsteuer zu berücksichtigen sind?

3. Eine Fleischerei bezieht 70 Dosen Gänseleberpastete für insgesamt 296,80 €.
a) Wie viel € muss eine Dose im Verkauf kosten, wenn mit einem Gemeinkostensatz von 28 % und einem Gewinn von 14 % gerechnet wird (plus Mehrwertsteuer)?
b) Wie viel € kosten 100 g der Pastete, wenn eine Dose 70 g enthält?

4. Ein Fleischermeister bestellt zwei Fässer Sauerkraut (zum Kasseler Braten) mit je 50 kg und bekommt 5 % Rabatt. 1 kg Sauerkraut kostet im Einkauf 0,55 €, für den Transport werden 4,00 € je Fass berechnet. Die Gemeinkosten einschließlich Verpackung betragen 40 %. Wie viel kosten 250 g Sauerkraut, wenn der Gewinn 11% plus Mehrwertsteuer beträgt?

5. 50 Dosen Champignons können zum Preis von 0,80 € je Dose bezogen werden. Bei einer Abnahme von 100 Dosen beträgt der Preis pro Dose nur noch 0,77 €. Aufgrund der Lagerkapazitäten erhöhen sich aber die Gemeinkosten bei der Abnahme von 100 Dosen um 2 % auf 24 %.
Wie hoch ist der Verkaufspreis bei der Abnahme von
a) 50 Dosen,
b) 100 Dosen,
wenn ein Gewinn von 11 % plus Mehrwertsteuer zugrunde gelegt wird?

6. Eine Packung Lasagne darf im Verkauf aufgrund der Konkurrenzsituation nicht teurer sein als 3,10 €. Zu welchem Preis darf die Lasagne maximal eingekauft werden, wenn 4 % Bezugskosten, 33 % Gemeinkosten, 10,5 % Gewinn und die Mehrwertsteuer berücksichtigt werden müssen?

7. Eine 650-g-Dose „Leipziger Allerlei" wird in der Fleischerei für
a) 2,49 €, **b)** 1,99 €, **c)** 2,70 €
angeboten.
Wie hoch ist jeweils der Einkaufspreis, wenn die Bezugskosten 0,07 €, die Gemeinkosten 28 %, der Gewinn 10,5 % betragen und die Mehrwertsteuer berücksichtigt wird?

8. **a)** Eine kleine Flasche Tomatenketchup kostet im Einkauf 0,72 €.
Wie teuer wird sie verkauft, wenn 58 % Rohaufschlag und die Mehrwertsteuer zu berücksichtigen sind?
b) Eine Tomatenflasche kostet im Einkauf 1,19 €. Mit welchem Rohaufschlag hat der Fleischer kalkuliert, wenn die Einkaufskosten gleich hoch wären?

9. **a)** Für den Fleischsalat im SB-Regal beträgt der Verkaufspreis pro kg 15,99 €.
Der Fleischermeister kalkuliert mit einem Rohaufschlag von 65 % zuzüglich der Mehrwertsteuer. Wie hoch ist der Materialpreis pro kg?
b) Wie hoch ist der Materialpreis für 1kg Waldorfsalat, wenn hier der Verkaufspreis pro 1 kg bei 19,99 € liegt und der Rohaufschlag sowie die Mehrwertsteuer gleich bleiben?

54 Kunden anlassbezogen beraten

Herr Weyer möchte seinen 70. Geburtstag feiern und die Fleischerei Nusse soll den Partyservice übernehmen. Er ruft in der Fleischerei Nusse an und Sabrina geht ans Telefon. Beide stimmen den Termin ab. Es ist der 12. Mai. Die Fleischerei Nusse verfügt an diesem Tag über freie Kapazitäten. Der 70. Geburtstag soll sehr groß gefeiert werden, denn Herr Weyer ist Vorstand im örtlichen Reitverein und Inhaber einer Firma für Sanitäranlagen. Er möchte ca. 150 Personen einladen.
Sabrina bittet Herrn Weyer, zu einem ausführlichen Beratungsgespräch in die Fleischerei zu kommen, da sie im Büro Unterlagen und Fotos von Büfetts und Gerichten hat, die Herrn Weyer bei der Auswahl seiner Speisen helfen können. Herr Weyer ist sehr angetan von dieser Idee. Er hat bisher selten Feierlichkeiten organisiert und wünscht sich, dass seine Gäste sich wohlfühlen, genug zu essen und zu trinken haben und die Feier mit einer entsprechenden Tisch- und Raumdekoration einen stilvollen Rahmen bekommt.

54.1 Bedeutung des Partyservice für die Fleischerei

Der Partyservice hat in der Fleischerei tiefe Wurzeln. Schon vor fünfzig Jahren und früher bestellten in der Regel die Stammkunden zur Taufe, Kommunion, Konfirmation, Hochzeit oder Silberhochzeit bei ihrem Fleischer meist Aufschnittplatten, aber auch aufgeschnittene kalte Braten, die abgeholt oder auch vom Fleischerfachgeschäft ausgeliefert wurden.

So wurde bald von vielen Fleischern erkannt, dass durch den Bereich des Partyservice ein **zusätzlicher Gewinn** erwirtschaftet werden kann. Viel später erst haben die eigentlich für den Partyservice „Zuständigen“, die Gastronomen, verstanden, dass ihnen mit dem **Außer-Haus-Geschäft** eine wichtige Einnahmequelle verloren gegangen ist. Nun sind mittlerweile viele Gastronomen auch im Veranstaltungsgeschäft tätig. Eine dritte Gruppe, die Cateringunternehmen, die sich ausschließlich mit dem Partyservice und Catering befassen, haben sich in den letzten Jahren sehr stark entwickelt.
Besonders für den Fleischer ist Vorsicht geboten, wenn der Partyservice und das Catering „so nebenher“ geführt werden sollen. Es kann schnell passieren, dass der Fleischer den Kundenerwartungen dann nicht gerecht wird. Die Unzufriedenheit der Kunden kann sich folglich auf das **Stammgeschäft** auswirken und langjährige Stammkunden könnten verloren gehen.

Wo liegt der Unterschied zwischen Partyservice und Catering?
Beim Partyservice handelt es sich um die **reine Lieferung** von Speisen und Getränken.
Das **Catering** (engl. to cater = Belieferung mit Speisen und Getränken) umfasst zusätzlich zum Partyservice auch die **komplette Serviceleistung** im Rahmen von (Groß-)Veranstaltungen, z. B. mit der Bereitstellung von Personal und Infrastruktur eines Gastronomiebetriebs.

54.2 Das Beratungsgespräch vorbereiten

Der Ablauf des Beratungs- und Verkaufsgesprächs wird entscheidend von der Art und Größe der Veranstaltung beeinflusst. So wird das Verkaufsgespräch zu einem 40. Geburtstag mit 25 Personen zügiger verlaufen (aber auch verlaufen müssen), als das Firmenjubiläum eines großen Unternehmens am Ort mit 400 Gästen aus Wirtschaft, Verwaltung, Politik und Kundenstamm.

Anlässe für Partyservice
Private Anlässe:
- Hochzeit, Silberhochzeit
- Taufe
- Kommunion
- Konfirmation
- runder Geburtstag
- Richtfest, Hauseinweihung
- Gartenfest/Grillparty

Geschäftliche Anlässe:
- Stehempfang
- Geschäftseröffnung
- Ausstellung/Vernissage
- Firmenjubiläum

Allen Kunden ist gleich, dass sie einen wichtigen Anlass entsprechend begehen und ihre Gäste zufrieden sehen möchten. Werden hier selbst Kleinigkeiten vergessen, kann dies den Gesamteindruck sehr mindern.

Anforderungen an den Verkäufer
- umfassende Produkt- und Leistungskenntnisse
- sicheres Auftreten
- positive Ausstrahlung
- gepflegtes Äußeres

Ungestörte Verkaufsatmosphäre

*So sollte es **nicht** sein!*

13

- Er muss von dem Produkt, dem Veranstaltungspaket, das er den Kunden anbietet, selbst überzeugt sein.
- Eine gute Menschenkenntnis sowie die Gabe, sich in die Kunden hineinzuversetzen, hilft, bei den Kunden eine Zufriedenheit zu erreichen.
- Er muss gut über die Konkurrenzsituation informiert sein:
  - Welche Angebote haben andere Fleischereien?
  - Womit kann ich den Kunden locken?
  - Was hebt mich von der Konkurrenz ab?
- Dabei sollten aber niemals abfällige Bemerkungen über die Konkurrenz gemacht werden.
- Er sollte eine gewisse Kombinationsgabe haben. So kann er bei besonderen Absprachen Kosten-Preis-Verhältnisse berücksichtigen und die Kundeninteressen mit den technischen Möglichkeiten in Einklang bringen.
- Er sollte den Kunden das Produkt durch Worte und Abbildungen verschiedener Büfetts, Platten und Gerichte veranschaulichen.

Verkaufsatmosphäre schaffen
Der Verkäufer muss sich auf mögliche Aktionen oder Reaktionen der Kunden einstellen. Hilfreich ist es, Zahlen und Fakten bereits durchgeführter Geschäfte durchzusehen. So können zum Beispiel Fehler in der Vergangenheit erwähnt werden; die Kunden empfinden es als positiv, wenn sich der Veranstalter mit Problemen auseinandersetzt und diese zur Sprache bringt.

Wenn der Kunde in das Büro des Partyservice kommt, sollte eine gute und **ungestörte Verkaufsatmosphäre** geschaffen werden:
- Es ist dafür zu sorgen, dass kein Telefon klingelt oder andere Mitarbeiter nicht in das Büro kommen.
- Der Schreibtisch sollte niemals zwischen Kunde und Verkäufer stehen – er wird oftmals als Barriere empfunden, die sich leicht auf das Gespräch übertragen kann. Für ein Verkaufsgespräch eignet sich am besten ein runder Tisch, bei dem beide gleichzeitig in die Angebotsmappe schauen können.

- Alle Gesprächspartner sollten die gleichen Stühle haben. Die Kunden dürfen sich nicht durch einen harten Stuhl als Bittsteller fühlen, während der Verkäufer im Chefsessel thront.
- Kaffee oder Mineralwasser sollten bereitstehen, Plätzchen oder Kanapees als Kostproben können die Gesprächsatmosphäre abrunden.
- Unmittelbar vor dem Gespräch ist noch einmal das eigene Erscheinungsbild zu kontrollieren, um eine Unsicherheit während des Gesprächs zu vermeiden. Die Kleidung sollte der Fleischerei angemessen sein. Zu einem Partyservice, der sich einen modernen Anstrich gibt, passt kein Verkäufer in einem Trachtenanzug; zu einem durchschnittlichen Partyservice kein Verkäufer im Designeranzug.
- Vor dem eigentlichen Gesprächsbeginn sollte der Verkäufer eine Konzentrationsphase einlegen. Der Kunde wird feststellen, ob sich der Verkäufer auf ihn eingestellt hat. Selbst wenn es nicht zu einem Vertragsabschluss kommt, so wird der Kunde doch die Bemühungen anerkennen und fühlt sich nicht als einer von vielen behandelt. So hat der Verkäufer bei einem nächsten Gespräch eine bessere Ausgangsposition, um zu einem Vertragsabschluss zu kommen.

54.3 Ablauf des Beratungsgesprächs

- Eröffnungsphase
- Vertrauensphase
- Produkt- oder Angebotsphase
- Abschlussphase

Eröffnungsphase

In der Eröffnungsphase stellt sich der Verkäufer vor. Der Verkäufer sollte das Gleiche trinken wie der Kunde. Damit begibt er sich auf die gleiche Ebene, wie durch den runden Tisch, der Kunde fühlt sich dadurch wohler. Für Entspannung kann der Verkäufer sorgen, indem er etwas Mitgebrachtes zeigt (z.B. Fotos der letzten Veranstaltung, weitere bebilderte Materialien, die die Angebotskarte ergänzen) oder ein unverfängliches Gespräch beginnt.

Das **Eingangsgespräch** sollte sich noch nicht auf das Produkt beziehen, sondern auf das Tagesgeschehen, das Wetter o.Ä. Politische Themen sind zu vermeiden, da hier die Gefahr zu groß ist, eine Stellung zu beziehen, die dem Kunden nicht zusagt und deshalb das Verkaufsgespräch stört. Der Verkäufer sollte nicht über sich reden.

Das Eingangsgespräch gibt dem Verkäufer Zeit, den Gesprächspartner hinsichtlich des Kundentyps einzuschätzen (▸ S. 538). Oftmals ist die Phase des Kennenlernens entscheidend für den erfolgreichen Vertragsabschluss und entscheidet über Sympathie oder Antipathie zwischen Verkäufer und Kunden.

Die Eröffnungsphase ist gekennzeichnet durch:
- gegenseitiges Vorstellen
- Eingangsgespräch
- Einschätzung des Kunden

Eröffnungsphase

Vertrauensphase

In der Vertrauensphase ist es wichtig, Bedenken abzubauen, z.B. durch „Small Talk", ein lockeres Gespräch. Der Kunde könnte Angst davor haben, dass der Partyservice nicht seinen Wünschen entsprechende Platten liefert oder unpünktlich ist, dass seine Gäste nicht satt werden oder unzufrieden sind mit der Auswahl oder dem Aussehen der Speisen usw. Diese negativen Punkte müssen vom Verkäufer erkannt und ausgeschaltet werden. Weiterhin muss er durch gezielte Fragestellung (Anlass, Gästezahl, Gästekreis usw.) den Bedarf des Kunden vollständig ermitteln.

Vertrauensphase

Die Vertrauensphase ist gekennzeichnet durch:
- Abbau von Bedenken der Kunden
- Erfragung der genauen Wünsche
- Ermittlung des Bedarfs der Kunden

Angebotsphase

In der Angebotsphase soll nun ein möglichst hohes Verkaufsziel erreicht werden. Der Verkäufer sollte sich das zu erreichende Verkaufsziel hoch stecken, um einen für den Betrieb positiven Abschluss zu erzielen. Das bedeutet, dass der Verkäufer z. B. nicht nur ein Büfett verkauft, sondern auch die Lieferung von Getränken, Dekoration und Geschirr. Um den Kunden nicht zu überfordern, sollten höchstens drei verschiedene Angebote unterbreitet werden.

In der Angebotsphase sollten sich nun die verschiedenen Vorschläge genau auf die in der Vertrauensphase ermittelten Wünsche und besonders den Bedarf des Kunden beziehen.

Kinderbüfett

Alter der Gäste

Kinder

- **Büfettvariante,** da Kinder selber auswählen und sich bewegen können. Langes Stillsitzen während eines Menüs kann man von Kindern nur bedingt erwarten.
- **Kein Alkohol** in Speisen und Desserts
- **Beliebt sind:** kleine Schnitzel, durchgebratene Steaks, Chicken Nuggets, panierter Fisch, Frikadellen, mildes Gemüse (Erbsen, Möhren, Blumenkohl) und Nudeln, Reis und z. B. Kartoffelecken.

Junge Menschen

haben einen gesunden Appetit (Frauen essen meist weniger als Männer).

- Essen als Event
- Die Speisen können exotischer und ausgefallener sein.
- sind eher experimentierfreudig und möchten viele Dinge probieren.
- Es können in einem Menü mehr Gänge gereicht werden oder auf einem Büfett sollten mehr kleine Platten stehen mit unterschiedlichen Angeboten wie Wraps, Sushi, Känguruschinken oder Ähnliches.
- Speisen dürfen auch meist stärker gewürzt werden, Curry, Rosenpaprika, scharfe Soßen oder pfeffrige Aufstriche werden als Bereicherung akzeptiert.

Betagte Senioren

- kleinere Portionsgrößen
- leicht verdauliche Speisen (Schweinefleisch und Geflügel ist grundsätzlich Rindfleisch vorzuziehen)
- Gerichte, die einen hohen Bekanntheitsgrad in der Region haben, z. B. Schweinebraten mit Gemüseallerlei und Kartoffelgratin oder Putenbrust mit jungen Erbsen und Reis. Bei Büfettplatten sollten Platten der Region gewählt werden, z. B. Schinken- oder Wurst- und Käseplatten (auf Sushi und Wraps kann eher verzichtet werden).
- Speisen sollten keine „Körner“ oder kleine harte Partikel enthalten, z. B. Pfefferkörner in der Pfeffersoße oder Preiselbeerkonfitüre zu Camembert (Zahnprothese).
- keine exotischen Gewürze verwenden und die Speisen nicht zu scharf zubereiten
- Zeitpunkt des Essens an den Tagesablauf anpassen

Allergien

In dem Beratungsgespräch ist unbedingt zu erfragen, ob Allergiker unter den Gästen sind. Die Art der Allergie ist zu vermerken und alle Speisen sind darauf zu überprüfen. Wenn auch nicht alle Speisen vermieden werden können, so müssen die Speisen gekennzeichnet werden, die das entsprechende Allergen enthalten. Das Personal muss ebenfalls darüber informiert werden.

Kultureller Hintergrund und Glaubensrichtung

Ebenfalls sollte im Beratungsgespräch erfragt werden, ob zum Beispiel verschiedene kulturelle Hintergründe und Glaubensrichtungen bei den Gästen zu beachten sind. Sollte z. B. Halal-Fleisch angeboten werden?

Aktiv verkaufen heißt handeln, die Gesprächsführung liegt beim Verkäufer, er kanalisiert die Wünsche und Bedürfnisse des Kunden. Der Verkäufer muss den Kundennutzen deutlich machen, denn der Nutzen wird gekauft. Dabei ist es wichtig, die Annehmlichkeiten und nicht den Preis in den Vordergrund zu stellen.

Grenzen und Probleme bei den Gästewünschen sind erst am Ende dieser Phase aufzuzeigen. Sie sind aber deutlich anzusprechen, damit keine falschen Erwartungen entstehen. Wichtige Punkte des Verkaufsgesprächs müssen schriftlich festgehalten werden. Dazu kann ein **Formblatt** herangezogen werden, das auch als Stütze dient, um keine wichtigen Punkte zu vergessen. Besondere Absprachen können unter dem Punkt „Sonstiges“ erfasst werden.

In Bezug auf den **Preis** muss der Verkäufer Stehvermögen beweisen. Die Preise aus der Angebotskarte haben ihre Berechtigung. Dies kann der Verkäufer durch die Leistung bei der Herstellung und dem Service begründen. Bei sehr umfangreichen Bestellungen sollte vorher vom Geschäftsführer ein genauer Spielraum für Rabatte oder Skonto festgelegt werden.

Die Produkt- oder Angebotsphase ist gekennzeichnet durch
- Anvisieren eines hohen Verkaufsziels
- aktives Verkäuferverhalten
- Unterbreiten von Angeboten
- Kanalisieren der Kundenwünsche
- Aufzeigen von Grenzen/Problemen

Angebotsphase

FLEISCHEREI nusse — VERKAUFSGESPRÄCH/BESTELLUNG

Datum Beratungsgespräch:	19. Oktober 2023
Datum Bestellung:	25. Oktober 2023
Kunde:	Norbert Weyer
Ansprechpartner:	Norbert Weyer
Lieferanschrift:	Hamburger Str. 48, Neustadt
Telefon:	01234/56789
E-Mail-Adresse:	n.weyer@t-online.de
Anlass:	70. Geburtstag
Anzahl der Gäste:	150
Ort der Veranstaltung: (drinnen/draußen)	Gemeindezentrum – Kirchengemeinde – drinnen
Menü oder Büfett:	Büfett
Speisenwünsche:	siehe Speisen- und Getränkeplan
Begrüßungsgetränk (Aperitif):	Riesling Sekt – Deutschland
Getränke:	siehe Speisen- und Getränkeplan
Kaffee u. Ä.:	Kaffee, Espresso und Cappuccino
Abschlussgetränk (Digestif):	Brand von der Williams Christ Birne und Cognac
Tischordnung:	rechteckige Tische
Anordnung und Form der Tische:	U-Form, beidseitig bestuhlt
Tischdekoration:	insgesamt 17 Tischgestecke
Sitzordnung:	Sitzplan und Platzkarten werden rechtzeitig vom Kunden übergeben
Servicekräfte:	6 Bedienungen und 4 Mitarbeiter am Büfett
Zubehör:	Geschirr, Besteck, Gläser
Musik, Künstler:	2 Musiker – Moonlight affair
Ablauf der Veranstaltung (Ansprachen):	nur kurze Begrüßung durch den Gastgeber, evtl. Gästebeiträge
Beginn der Veranstaltung:	17.00 Uhr
Ende der Veranstaltung:	gegen 1.30 Uhr
Preis:	
Rechnungsanschrift:	Hasestraße 6, 45678 Igelstadt
Liefertag/Uhrzeit:	12. Mai 2024/Aufbau Beginn 15.00 Uhr
Abholung/Uhrzeit:	
Sonderwünsche:	
Bemerkungen:	Gemeindezentrum muss am nächsten Morgen aufgeräumt und besenrein übergeben werden

Abschlussphase

In der Abschlussphase kommt es darauf an, die **Kaufsignale** zu erkennen. Dies ist ein heikler Punkt. Werden die Kaufsignale nicht erkannt, nimmt die Bereitschaft des Kunden, zu kaufen, ab. Kaufsignale können sein, wenn der Kunde nach Veränderungen von Kleinigkeiten fragt: „Kann ich bei dem rustikalen Büfett anstatt der Käseplatte eine Fischplatte bekommen?" oder „Wäre es möglich, den Geflügelsalat diesmal ohne Ananas herzustellen?"

Ein weiteres Signal zur Kaufbereitschaft ist die Frage nach den Terminen: „Können Sie uns am ... beliefern?" Das deutlichste Kaufsignal aber ist die Frage nach den Kosten: „Was würde ein zusätzliches Dessert kosten?" oder „Wenn Sie noch die Getränke mitberechnen, was würde uns das Büfett für 50 Personen dann kosten?"

Nach dem Vertragsabschluss ist es günstig, noch einmal ein **Resümee** zu ziehen, damit der Kunde keine Reue empfindet. Denn nun muss er in seiner Familie, seiner Firma oder seinem Bekanntenkreis vertreten, dass er der Annehmlichkeit wegen sehr viel Serviceleistung gekauft hat. Das Resümee des Verkäufers gibt dem Käufer Argumentationshilfen, um seinen Entschluss zu bestärken und in Diskussionen mit seinem Umfeld zu bestehen. Die Kaufentscheidung sollte als „richtig", „gut", „vernünftig" und „korrekt" bezeichnet werden. Diese Wortwahl verhindert eine Reue bei dem Kunden.

Üben Sie das Verkaufsgespräch als Rollenspiel in der Klasse.

Die Abschlussphase ist gekennzeichnet durch:
- Erkennen von Verkaufssignalen
- Vertragsabschluss
- Resümee

Abschlussphase

13

54.4 Das Speisenangebot vorstellen

▶ Stellen Sie eine Liste mit Speisen aus eigener Herstellung sowie zugekauften Spezialitäten auf. Diskutieren Sie in Ihrer Klasse, welche Speisen aus eigener Herstellung aus wirtschaftlichen Gründen besser zugekauft werden und ob sich eventuell zugekaufte Spezialitäten nicht doch preisgünstiger selber herstellen lassen.

Die Kernfrage des Beratungsgesprächs ist die Auswahl an Speisen und Getränken. Deshalb ist es wichtig, dem Kunden einen Überblick über die zur Auswahl stehenden Speisen und Getränke zu geben und bei der Auswahl zu beraten und zu helfen.

Das Speisenangebot ist zu unterteilen in:
- Speisen aus eigener Herstellung
- zugekaufte Spezialitäten
- zugekauftes Standardsortiment

Eine besondere Form der Darreichung der Speisen ist der Plattenservice (▸ S. 496), bei dem die Speisen auf den verschiedenen Platten mit unterschiedlicher Legetechnik und Garnitur ansprechend aufbereitet werden. Die verschiedenen Platten werden oft mit weiteren Speisen (Suppen, Brot, Soßen, Salaten, Buttermischungen, Obst, Desserts ...) zu einem Büfett zusammengestellt (▸ S. 504).

54.4.1 Speisen aus eigener Herstellung

Der Erfolg eines Partyservice, der einer Fleischerei angeschlossen ist, basiert zu einem großen Teil auf den Speisen, die die Kunden aus dem Stammgeschäft kennen und gerne ihren Gästen bei einer Feierlichkeit anbieten möchten.

Speisen aus eigener Herstellung, die auch im Stammgeschäft der Fleischerei verkauft werden, haben den Vorteil, dass hier bei einer anliegenden Veranstaltung nur die Produktionsmenge erhöht werden muss, der Arbeitsaufwand also nur geringfügig größer ist. Die Kunden erhalten die ihnen bekannte Qualität.

Weitere Speisen aus eigener Herstellung können das Speisenangebot erweitern, auch wenn sie nicht im Stammgeschäft verkauft werden, z. B.
- fertig gegarte Braten
- Eintopfgerichte
- Suppen
- Cordon bleu
- Kalbsragout
- Kraftbrühe
- Cremesuppen
- Champignonpfanne mit Speck

Wichtig ist hierbei, dass die Rezepte notiert werden und auf die genaue **Einhaltung der Rezepte** geachtet wird. Die Kunden wählen nämlich oft die Gerichte, die sie bei einer anderen Feier schon gegessen haben, und sind enttäuscht, wenn diese ganz anders schmecken, weil sie nicht nach dem gleichen Rezept zubereitet wurden.
Das Speisenangebot aus eigener Herstellung sollte **überschaubar** bleiben. Ist das Angebot zu groß, fällt den Kunden die Entscheidung sehr schwer. Zusätzlich hat das Personal Probleme, da viele verschiedene Speisen oft in kleinen Mengen zubereitet werden müssen. Die Rezepte hierzu können nicht alle behalten werden und das Personal muss diese ständig nachschlagen. Zudem erhöhen sich die **Lagerhaltungskosten,** da bei vielen zur Auswahl stehenden Gerichten auch entsprechend mehr Zutaten bevorratet werden müssen.

≡ Speisen aus eigener Herstellung müssen immer eine gleichbleibende Qualität aufweisen, um die Kunden zufriedenzustellen. Aus wirtschaftlichen Gründen soll das Angebot überschaubar sein.

Speisen aus eigener Herstellung

13

54.4.2 Zugekauftes Standardsortiment

Hierzu gehören Brote, Brötchen, Baguettes, verschiedene Buttersorten, Käseauswahl, Obst usw. (▸ S. 490), die von den Kunden bei einem Büfett, aber auch bei einem Menü erwartet werden.

Diese Lebensmittel sollten einen gewissen Qualitätsstandard haben, da z. B. alte Brötchen oder angetrockneter Käse ein negatives Licht auf das gesamte Speisenangebot fallen lassen.

Zugekauftes Standardsortiment

54.4.3 Zugekaufte Spezialitäten

Zugekauft werden Spezialitäten, die nur unter erhöhtem personellem Aufwand in der Fleischerei zu erstellen wären. Sind solche qualitativ hochwertigen Speisen industriell oder in einer anderen Lebensmittelbranche gefertigt, so werten sie das eigene Angebot auf, ohne durch einen hohen Personalaufwand weitere Kosten zu verursachen.

Beispiele hierfür sind:
- Fisch-, Käse-, Vollwert- oder Nudelspezialitäten, die durch Erwärmen oder dekoratives Anrichten eine letzte Vollendung durch den Partyservice erfahren
- Kuchen- oder Dessert-Büfett. Hier sollte der Fleischer mit einer Konditorei zusammenarbeiten, die Torten sowie Süßspeisen anbietet, da ein Fleischer nicht die entsprechenden Geräte und die Erfahrung hat, um qualitativ hochwertige Torten und Süßspeisen zu produzieren.

Zugekaufte Spezialitäten

54.5 Das Getränkeangebot vorstellen

Das Getränkeangebot im Partyservice unterteilt sich in:

Aufgussgetränke	Alkoholfreie Getränke	Alkoholische Getränke
Kaffee Tee Trinkschokolade	Milchgetränke Frucht- und Gemüsesäfte Fruchtnektare Fruchtschorlen Limonaden Mineralwässer	Wein Bier Spirituosen Liköre Mixgetränke

13

Cappuccino

Latte macchiato

Tasse Kaffee

Tee

Trinkschokolade

54.5.1 Aufgussgetränke

Kaffee

Zu den am meisten gewünschten Angeboten gehört der Kaffee. Mittlerweile gibt es eine Vielzahl an Kaffeegetränken, die von den Kunden gewünscht werden:

Kaffeegetränk	Eigenschaft
Espresso	Kleiner (ca. 40 ml), sehr starker Kaffee (durch stark geröstete Kaffeebohnen), hergestellt mit Dampfdruck-Methode
Cappuccino	Über Dampfdruck-Methode hergestellter Kaffee mit aufgeschäumter Milch
Café au lait (Milchkaffee)	Großer Kaffee mit heißer Milch gemischt und Milchschaum wie beim Cappuccino
Latte macchiato	Heiße Milch mit Espresso, serviert in einem Glas mit aufgeschäumter Milch
Kaffee	Traditioneller deutscher Filterkaffee; Darreichungsform meist in Tasse oder Kännchen
Türkischer Kaffee	Hergestellt durch Aufbrühen des gemahlenen Kaffeepulvers in einer Kanne ohne Filter; sehr geschmacksintensiv

Tee

Neben Kaffee-Getränken findet der Tee auch einen sehr starken Zuspruch. Unter Tee versteht man den Aufguss aus den jüngsten und feinsten Blättern des Teestrauchs. Dieser wächst nur in tropischen und subtropischen Gebieten. Daraus werden die bekannten Schwarzteesorten, aber auch der Grüntee hergestellt. Der Unterschied zwischen Schwarz- und Grüntee liegt einzig in der Fermentation. Bei der Fermentation verfärben sich die grünen Teeblätter erst zu kupferroten, dann zu dunklen Teeblättern. Der austretende Zellsaft oxidiert mit dem Luftsauerstoff und ätherische Öle entwickeln sich.
Der grüne Tee hingegen ist unfermentiert. Deshalb ist dieser heller im Aufguss.

Neben dem Tee gibt es auch noch Kräuter- und Früchtetees aus heimischen Blättern, Kräutern, Gewürzen, Blütenblättern verschiedener Pflanzen.

Trinkschokolade

Trinkschokolade wird in großen Tassen oder Bechern hergestellt, indem ca. 200 ml Milch erhitzt werden, um darin ca. 30 g Bitterschokolade aufzulösen oder lösliches Schokoladenpulver (Instantpulver) einzurühren. Der Schokoladengeschmack sollte dominieren.
Es gibt auch Instantpulver, die einen gewissen Anteil an Trockenmilch enthalten, sodass diese nur mit heißem Wasser aufgelöst werden müssen.

54.5.2 Alkoholfreie Getränke

Milchgetränke: Eisschokolade, Erdbeermilch, Bananenmilch, Milchshakes

Erfrischungsgetränke:

- **Fruchtsäfte** bestehen zu 100 % aus Früchten.
- **Gemüsesäfte** bestehen zu 100 % aus Saft, der aus Gemüse stammt.
- **Fruchtnektare** bestehen zu 25–50 % aus Fruchtsaft oder Fruchtmark, gemischt mit Wasser und maximal 20 % Zucker.
- **Fruchtsaftgetränke** enthalten je nach Fruchtart zwischen 6 und 30 % Fruchtsaft; ebenfalls gemischt mit Wasser und Zucker wie bei den Fruchtnektaren.

Erfrischungsgetränke

- **Limonade** enthält nur zwischen 3 und 15 % Fruchtsaft, versetzt mit Wasser, Kohlensäure, Zucker, Aromaextrakten und/oder natürlichen Aromastoffen oder Zitronensäure.
- **Fruchtschorle** ist eine Mischung aus Fruchtsaft (mind. 50 %) und Mineralwasser oder Trinkwasser.
- **Mineralwasser** stammt aus einer Quelle, die einen gewissen Anteil an Mineralstoffen aufweist. Es wird am Quellort in Flaschen abgefüllt und entspricht der Reinheit der Trinkwasserverordnung.

54.5.3 Alkoholische Getränke

Wein

Der vergorene Saft von Weintrauben wird als Wein bezeichnet. Es gibt rote und weiße Trauben, entsprechend der Farbe des Saftes also Rot- und Weißwein. Da sich die meisten Farbstoffe der Weintrauben in der Schale befinden, kann durch schnelles Abpressen des roten Traubensafts und dessen Vergärung ein Roséwein hergestellt werden.

Die **bekanntesten Weißweinrebsorten** für **deutschen Wein:**
Riesling, Müller-Thurgau, Weißburgunder, Grauburgunder, Silvaner, Kerner, Ruländer

Die **bekanntesten Rebsorten für Rot- bzw. Roséwein:**
Dornfelder, Schwarzriesling, blauer Portugieser, blauer Spätburgunder, Trollinger, Lemberger

Um die Qualität der Weine erkennen zu können, sind diese in **Qualitätsstufen** eingeteilt:
- **Deutsche Weine** (einfache Weine der niedrigsten Qualitätsstufe)
- **Deutsche Landweine** (etwas höhere Qualität)
- **Deutsche Qualitätsweine** (Wein aus einem der 13 anerkannten Weinanbaugebiete in Deutschland)
- **Deutsche Qualitätsweine mit Prädikat** (stammt ebenfalls aus bestimmten Anbaugebieten, jedoch zusätzlich 6 Prädikatsstufen die sich durch Erntezeit und Qualität der Ernte unterscheiden)

Ausländische Weine werden in ähnliche Güteklassen unterteilt.

Bier

Nach dem deutschen Reinheitsgebot wird Bier aus rein natürlichen Rohstoffen hergestellt: aus Malz, Hopfen, Hefe und Wasser. Dieses Reinheitsgebot hat keinen rechtsverbindlichen Charakter mehr, allerdings wird Bier danach noch häufig gebraut.

Biersorten	Merkmale
Helles Bier	schmeckt leicht würzig, wenig herb
Export	siehe helles Bier, etwas vollmundiger als helles Bier, aber weniger herb als Pils
Pils	spritzig, hell, mit herbem Hopfengeschmack und der typischen weißen Schaumkrone
Weiß-/ Weizenbiere	mit leicht malzigem Aroma und feinem Hopfengeschmack, hervorzuheben ist der hohe Gehalt an Kohlensäure, der das Einschenken fast zur Kunst werden lässt
Altbier	hopfenbitterer Geschmack, relativ dunkle Farbe, sehr aromatisch; regionale Verbreitung in/um Düsseldorf
Kölsch	hopfenbitterer, aromatischer Geschmack; helles Bier, darf nur in Köln gebraut werden (Herkunftsbezeichnung = geschützte regionale Spezialität)
Alkoholarme Biere	Lightbiere enthalten max. 1,5 % Alkohol
Alkoholfreies Bier	max. 0,5 % Alkohol

Weißwein *Rotwein* *Weizenbier* *Altbier*

Spirituosen

Spirituosen werden immer durch Destillation eines alkoholhaltigen Getränks hergestellt, d. h., das alkoholhaltige Getränk wird erhitzt, der verdunstende Alkohol wird aufgefangen und abgekühlt, sodass hochprozentiger Alkohol entsteht, der meist mit Trinkwasser verdünnt wird, damit er wieder trinkbar wird. Je nach alkoholhaltigem Grundgetränk entstehen so die unterschiedlichsten Spirituosen, deren Geschmack durch Lagerung in Fässern noch verbessert werden kann. So entsteht Weinbrand z. B. bei der Destillation von Wein.

Spirituose	Merkmale
Cognac und Armagnac	Weinbrände, deren Weine als Grundgetränk aus bestimmten Gebieten Frankreichs stammen (Herkunftsbezeichnung)
Brandy	Branntwein aus Italien, Spanien oder Griechenland
Calvados	aus Apfelwein (Cidre) hergestellt
Kornbrand	aus Getreide als Rohstoff hergestellt
Obstbrand	aus verschiedenen Obstsorten hergestellt
Obstgeist	ganze Früchte werden mit einem Destillat übergossen
Wodka	Branntwein, der meist aus Korndestillat hergestellt wird (manchmal auch aus Kartoffeln), schmeckt neutral, in Mixgetränken kaum herauszuschmecken
Rum	sehr aromareiche Spirituose aus Zuckerrohr; wird gerne für Heißgetränke genutzt (Grog, Lumumba, Kaffee mit Schuss) und für das Einlegen und Konservieren von Obst (Rumtopf)
Whisky, Whiskey	aus Getreide hergestellt; es gibt Scotch Whisky aus Schottland, Irish Whiskey aus Irland und den Bourbon Whiskey aus den USA. Die geschmacklichen Unterschiede variieren zwischen sehr rauchigem Aroma bis hin zu milden Sorten.

Verschiedene Spirituosen

13

Liköre

Liköre werden ebenfalls durch Destillation aus alkoholhaltigen Getränken hergestellt. Allen Likören gemeinsam ist, dass hier Wasser, Zucker und Geschmacksstoffe zugegeben werden. Der Alkoholgehalt liegt durch Wasser und Zuckerzugabe geringer als bei anderen Spirituosen, muss aber mind. 15 Vol-% betragen, außer bei Eierlikör, hier reichen 14 Vol-%.

Bei den Likören unterscheiden wir drei Arten:
- **Fruchtliköre** mit Alkohol, Wasser, Zucker und Fruchtsaft oder Fruchtaroma
- **Emulsionsliköre** mit Alkohol, Wasser, Zucker, Eiern, Sahne oder Milch
- **Kräuterliköre** mit Kräutern und Gewürzen

Mixgetränke

Vielfach werden Mixgetränke schon fertig gemischt angeboten, z. B. Radler oder Weizenbier mit Grapefruitsaft oder Ähnliches. Wenn Bier nicht gezapft werden kann, macht es Sinn, fertige Mixgetränke zu kaufen, da der Service dadurch vereinfacht wird.

Getränkeangebot im Partyservice

Im Regelfall schließt sich innerhalb der Angebotskarte (► S. 550 ff.) das Getränkeangebot dem Speiseangebot an.

Da beim Partyservice bzw. Catering keine angefangenen Flaschen zurückgenommen werden dürfen, bietet es sich an, nur Preise für ganze Flaschen anzugeben. Das Getränkeangebot sollte sehr klein sein und nur die gängigsten Getränke umfassen (siehe Abb.). Im Einzelfall werden Weine und andere Getränke passend zu den jeweils bestellten Speisen mit den Kunden abgesprochen.
Hier kann eine enge Zusammenarbeit mit einem Getränkehändler in der Nähe der Fleischerei von Vorteil sein. Auf diese Weise können den Kunden Getränke auf **Kommissionsbasis** angeboten werden, das heißt, die Kunden bekommen zunächst eine größere Menge Getränke zur Verfügung gestellt, müssen aber nur die angebrochenen Flaschen bezahlen. Viele Kunden greifen gerne auf einen solchen Service zurück.

Dadurch, dass in der Getränkekarte die Preise abgedruckt sind, ist ein **direkter Preisvergleich** mit den Preisen eines Getränkehändlers möglich. Im Regelfall werden die Preise der Fleischerei aufgrund der anderen Kalkulation (Lagerhaltung, Transport usw. müssen einkalkuliert werden) höher sein als beim Getränkehändler. Diesen Aufpreis sind manche Kunden nicht bereit zu zahlen. Aus diesem Grund bietet es sich für einen Partyservice bzw. ein Catering an, **Pauschalangebote** zu machen, die das Getränkeangebot, z. B. bei einem Sektempfang, beinhalten. Hierbei sollten die Mengen genau angegeben werden, damit keine Missverständnisse entstehen (z. B. ein Glas Sekt pro Person oder ein Aperitif pro Person).

Eine Möglichkeit, **besondere Getränke** anzubieten, sind frisch gepresste Säfte, die eventuell in Kombination mit Rohkostsalaten als ein Büfett-Pauschalangebot in die Karte aufgenommen werden können. Auch hier muss der Fleischer prüfen, ob sich der Personaleinsatz und die Anschaffung einer Saftpressmaschine lohnen. Dies gilt ebenfalls für Mischgetränke wie z. B. Cocktails.

Getränkekarte

Biere	
Vom Fass (1 l):	
Kronen Bier	4,90
Warsteiner	4,90
Veltins	4,90
Diebels Alt	4,90
In Flaschen (0,33 l):	
Kronen Bier	2,20
Warsteiner	2,20
Veltins	2,20
Diebels Alt	2,20
Alkoholfreies Bier (0,33 l):	
Veltins	2,20
Vita Malz	2,20
Alkoholfreie Getränke	
1 Liter:	
Coca Cola	2,00
Fanta	2,00
Sprite	2,00
Apfel-/Orangensaft	2,50
0,7 Liter:	
Mineralwasser	1,70
Schweppes Bitter Lemon	1,90
Schweppes Tonic	1,90
Spirituosen	
0,75 Liter:	
Sherry Sandemann	11,00
0,7 Liter:	
Weizenkorn Steinhäger	8,20
Doppelwacholder	20,00
Ewersbusch	22,00
Fernet Branca	14,00
Jägermeister	11,30
Bessen Genever	12,50
Baileys	24,00
Kleiner Feigling	16,00
Malteser	26,00
Jubiläums Aquavit	26,50
Asbach Uralt	24,50
Remy Martin	48,00
Obstler	18,00
Ramazotti	25,80
Wodka Smirnoff	24,00
Campari	18,00
Pernod	22,00
0,5 Liter:	
Williams Birne	15,00
Grand Marnier	26,50
Grappa Julia	17,50
0,02 Liter:	
Kleiner Kümmerling	1,40
Sekt	
0,75 Liter:	
Fürst von Metternich	14,80
Mumm dry	12,70
Hausmarke trocken, halbtrocken	9,90
Asti Cinzano	12,70
Anderer Sekt auf Anfrage!	
Wein	
Rotwein (0,75 l):	
2012er Merlot DOC	10,50
2010er Pinot Noir	12,40
Weißwein (0,75 l):	
2009er Pinot Grigio	9,90
2011er Semillon Chardonnay	11,90
Rosé (0,75 l):	
2009er Kaiserstuhl	10,50
2011er Coteaux du Languedoc	9,40
Anderer Wein auf Anfrage	
Champagner auf Anfrage	

Alle Preise in € und inkl. Mehrwertsteuer

54.6 Preisgestaltung und Angebotserteilung

Am Ende des Beratungsgesprächs wünscht der Kunde den Preis für den nachgefragten Partyservice oder für das Catering.

Preisgestaltung

Bei der Preisgestaltung gibt es verschiedene Möglichkeiten:

- **Preis pro Person** (empfiehlt sich bei einzelnen Gerichten und Menüs)
- **Preis für eine bestimmte Menge,** z. B. pro Schüssel bei Salaten für ein Büfett. Hier bietet sich die Möglichkeit, kleine oder große Mengen/Schüsseln/Platten anzubieten. Dabei sollten größere Mengen immer im Verhältnis günstiger sein als kleinere sowie komplette Menüs günstiger als die angebotenen Einzelkomponenten.
- **Pauschalangebote,** z. B. Festpreis für Essen, Getränke und Geschirr oder Dekoration. Diese besonders hervorzuheben, ist für unentschlossene Kunden eine Entscheidungshilfe. Pauschalangebote können sich auch auf besondere Anlässe beziehen, z. B. das große Hochzeitsbüfett.
- **„Preise nach Absprache“:** Bei Gerichten mit Zutaten, die größeren Preisschwankungen unterliegen, z. B. frischer Spargel, frischer Fisch, ist es angeraten, Formulierungen zu wählen wie: „Preise nach Absprache“.

Angebote, besonders Pauschalangebote, die eine besonders hohe **Gewinnspanne** haben, sollten hervorgehoben werden. Dies kann durch eine detaillierte Beschreibung geschehen oder durch eine fett gedruckte Überschrift: „Unsere besonderen Angebote“ oder Ähnliches.

13

In einer Fleischerei wird aus betriebswirtschaftlichen Gründen immer eine **gleichmäßige Auslastung** angestrebt. Dies ist bei einem Partyservice nur sehr schwer zu erreichen, da die meisten Veranstaltungen am Wochenende oder an Feiertagen bestritten werden. Darum bietet es sich an, an Arbeitstagen den Kunden durch **Sonderangebote** finanziell entgegenzukommen, um die Fleischerei gleichmäßig auszulasten.

Bei kleinen Veranstaltungen mit Speisen, die wenig Aufwand hervorrufen, oder Speisen, die entweder abgeholt oder nur angeliefert werden müssen, sollten die Preise direkt vor Ort im Beratungsgespräch berechnet und genannt werden.

Bei größeren Veranstaltungen besteht die Gefahr, dass der Verkäufer bei einer Kalkulation im Beisein des Kunden Kostenstellen vergisst oder übersieht, die unbedingt in die Preisberechnung eingehen müssen. Aus diesem Grund sollte mit dem Käufer verabredet werden, dass das Angebot kurzfristig übermittelt wird. So kann der Verkäufer in aller Ruhe kalkulieren und alles berücksichtigen, was mitberechnet werden muss.

Eine Preiskalkulation ist absolut notwendig, soll das Zusatzgeschäft Partyservice und Catering nicht zu einem „Zusetzen“-Geschäft werden.

Wichtig!
Durch die Kalkulation wird der Preis ermittelt, der mindestens erzielt werden muss, um die anfallenden Kosten zu decken.
Durch die Marktbeobachtung wird aufgezeigt, welcher Preis höchstens zu realisieren ist.

Die Preiskalkulation kennt mehrere Wege von der reinen Marktbeobachtung (Welche Preise haben die Mitbewerber?) bis zur ausgereiften Vollkostenrechnung.

Wichtig ist eine an den tatsächlichen Kosten orientierte Kalkulation. Voraussetzung hierfür wiederum sind wie in allen anderen Bereichen der Fleischerei auch exakte Rezepturen und standardisierte Materialien.
Dieses wiederum gewährleistet auch beim Partyservice und Catering die notwendige **Qualitätssicherung.**

Die meisten Kunden schätzen die Zuverlässigkeit des Fleischers und die Qualität der Erzeugnisse viel höher ein als den Preis.

Als „Highlight“ des kalt-warmen Büfetts wird beim 70. Geburtstag „Rinderfilet Wellington“ (▸ S. 494) angeboten. Dieses wird im Folgenden als komplettes Hauptgericht für 10 Personen kalkuliert.

Ein häufiges Kalkulationsverfahren ist das Kalkulieren mit einem Rohaufschlagssatz.

Gewicht kg/ Menge	Materialbezeichnung	Preis je kg	Materialpreis €
1,600	Rinderfilet (2 Mittelstücke)	30,00	48,00
0,200	frischer fetter Speck (dünn)	3,00	0,60
1,200	Blätterteig – TK	5,00	6,00
0,100	Butter	6,80	0,68
2	Eier	0,20	0,40
0,300	Schalotten	1,20	0,36
1,500	Champignons, frisch	6,00	9,00
0,020	Tomatenmark	4,50	0,09
1,000	Bratensoße	3,00	3,00
1 Bd.	Petersilie	0,90	0,90
	Gewürze		0,50
0,800	Spargel - TK	4,00	3,20
0,600	Brokkoli	3,20	1,92
0,600	Erbsen/Möhren	2,20	1,32
Materialpreis für 10 Personen			**75,97**
Materialpreis für 1 Person			**7,60**

13

Kalkulation für das „Rinderfilet Wellington“

Materialpreis	x	Rohkostenaufschlagssatz	=	Nettoverkaufspreis
7,60	**x**	**225 %**	**=**	**17,10 €**

Kalkulieren mit einem Rohaufschlagssatz

Mehrwertsteuer

Auch die Mehrwertsteuer muss Berücksichtigung finden. Im Falle der Silberhochzeit, bei der Dienstleistungen erbracht werden, muss sie mit derzeit 19 % kalkuliert werden. Wird das „Rinderfilet Wellington" nur zum Kunden geliefert oder abgeholt, sind 7 % Mehrwertsteuer zu berechnen.

Der Fleischer wird möglicherweise bei der Preisfestlegung „runden", also z. B. den Preis für eine Portion „Rinderfilet Wellington" auf 17,90 € festlegen. Im Verkaufsgespräch hat der Verkäufer anschließend mehrere Möglichkeiten, die Kalkulation zu verändern. So kann er beispielsweise die Rezeptur dahingehend verändern, dass er Schweinefilet statt Rinderfilet oder Dosen-Champignons statt frische Champignons in seine Rezeptur hineinnimmt und entsprechend kalkuliert.

Produkte, die unrentabel sind, d. h., die eine geringe Gewinnspanne aufweisen, sollten aus dem Angebot genommen werden.

Wichtig ist für eine klare Kalkulation, dass der Rohaufschlagssatz überprüft wird. Wenn z. B. im Monat Mai 10 000 € Netto-Verkaufspreis erzielt worden und gleichzeitig 3 077 € Materialwert angefallen sind, lässt sich die Kalkulation wie folgt überprüfen:

	10 000 €	Netto-Verkaufspreis
–	3 077 €	Materialpreis
=	6 923 €	Rohaufschlag

3 077 € Materialpreis = 100 % Materialpreis
6 923 € Rohaufschlag = x % Rohaufschlag

$$\frac{6\,923\ € \cdot 100\,\%}{3\,077\ €} = 224{,}99\,\%\ \text{Rohaufschlag}$$

Nach der Kalkulation wird das Angebot (rechts oben) erstellt.

FLEISCHEREI nusse

ANGEBOT

Angebotsdatum: ______________

Name des Kunden ______________ Datum ______________

Anlass ______________

Leistung	Menge	Einzelpreis €	Netto-Verkaufspreis €
Büfett	150 Personen	35,00	5250,00
Begrüßungsgetränk	150 Personen	1,10	165,00
Digestif	4 Flaschen	32,00	128,00
Alle anderen Getränke werden nach der Veranstaltung abgerechnet			
Büfetttische	15	8,00	120,00
Geschirr, Besteck, Gläser	150	3,40	510,00
2-Personen-Band	1	1 200,00	1 200,00
Tischdekoration	17	15,00	255,00
Kühlbüfett	2	45,00	90,00
6 Servicekräfte à 12 Std.	72	21,50	1548,00
4 Büfettkräfte à 3 Std.	12	21,50	258,00
Netto-Verkaufspreis gesamt			**9524,00**
Mehrwertsteuer 19 %			1 809,56
Brutto-Verkaufspreis gesamt – ohne Getränke –			**11333,56**

Angebotserteilung

Nach der Angebotserteilung ist vor der Auftragserteilung, d. h., dass der Verkäufer unbedingt den Kunden im Blick behalten muss. Dem Kunden sollte das Angebot erklärt werden. Auch darf und sollte im Beisein des Kunden das Angebot verändert werden. Aber immer muss jetzt der Verkäufer den Abschluss des Geschäfts konsequent verfolgen. Nur eines sollte nicht passieren, den Preis reduzieren bei gleicher Leistung. Will der Kunde weniger bezahlen, erhält er auch weniger Leistung.

Die **Rechnungserstellung** sollte möglichst zügig nach Ende der Veranstaltung erfolgen. Bewährt hat sich im Partyservice und Catering der Tag nach der Veranstaltung. Die Rechnung entspricht grundsätzlich dem Angebot. Hinzu kommen lediglich die Getränke, die, wie vereinbart, nach Verbrauch berechnet werden.

Komplexe Aufgabe

Planen Sie eine Feier zum 50. Geburtstag mit 60 Personen.

a) Beschreiben Sie Ihr Beratungsgespräch, in dem Sie Ihre Verkaufsstrategie festlegen.
b) Erstellen Sie das Protokoll „Ihres Verkaufsgesprächs/Ihrer Bestellung".
c) Kalkulieren Sie eine Hauptspeise mit Rouladen, Gemüse und Kartoffeln.
d) Füllen Sie, sofern notwendig, den Temperaturkontrollbogen aus.
e) Erstellen Sie ein Angebot.

Aufgaben zur Wiederholung

1. Was zeichnet eine gute Verkaufsatmosphäre aus?
2. Nennen Sie die vier Phasen des Verkaufsgesprächs.
3. Was kennzeichnet jeweils die Phasen des Verkaufsgesprächs?
4. In welche Bereiche teilt sich das Speisenangebot auf? Nennen Sie jeweils zwei Beispiele.
5. Nennen Sie die Vorteile von Pauschalangeboten.
6. Auf Kaffee- und Teeverpackungen findet man häufig das Fairtrade-Güte-Siegel. Recherchieren Sie im Internet, wofür das Siegel steht.
7. Nennen Sie die drei Weinarten sowie die Farbe der Trauben, aus denen sie hergestellt werden.
8. Nennen Sie bekannte Rebsorten und unterteilen Sie diese nach Weiß- und Rotwein.
9. Recherchieren Sie im Internet und nennen Sie fünf der dreizehn anerkannten Weinanbaugebiete Deutschlands.
10. Erläutern Sie den Begriff Spirituosen.
11. Nennen Sie fünf landestypische Spezialitäten an Spirituosen unter Nennung des Ursprungslands.
12. Beschreiben Sie Besonderheiten der Liköre.
13. Aus welchen Zutaten werden Liköre hergestellt?
14. Aus welchen Zutaten wird Bier hergestellt?
15. Nennen Sie fünf Biersorten.

Ausgewählte Fachrechenaufgaben

1. Ein Karton mit 30 verschiedenen Grillsoßen kostet 26,25 €. Dazu kommen 2,65 € Bezugskosten.
   Wie teuer ist ein Fläschchen Grillsoße im Verkauf, wenn die Gemeinkosten 35 %, der Gewinn 12 % und die Mehrwertsteuer 19 % betragen?

2. Für einen Empfang sollen Cocktails gereicht werden. Dazu möchte der Fleischermeister Grönland-Shrimps in Avocadobirne mit Cocktailcreme herstellen. Pro Portion wurde ein Preis von 4,70 € vereinbart.
   Wie hoch dürfen die Materialkosten höchstens sein, wenn die Gemeinkosten mit 85 %, Risiko und Gewinn mit 12 % und die Mehrwertsteuer mit 7 % zu berücksichtigen sind?

3. Ein Partyservice bezieht 35 Hähnchen zu 1,95 €/Stück für Chicken-Wings und den selbst hergestellten Geflügelsalat.
   Wie viel berechnet der Partyservice für die 35 Hähnchen, wenn er einen Kalkulationszuschlag von 45 % zugrunde legt?

55 Veranstaltungen planen

FLEISCHEREI nusse

Nach dem Beratungsgespräch mit Sabrina ist sich Herr Weyer ganz sicher: Die Fleischerei Nusse soll seinen 70. Geburtstag ausrichten. Das unterbreitete Angebot hat er mit kleineren Änderungswünschen angenommen.
Gleich am nächsten Tag setzen sich Sabrina und Max Nusse zusammen, um einen Ablaufplan für das geplante Catering aufzustellen. Des Weiteren wollen sie eine genaue Zusammenstellung des gewünschten Büfetts erarbeiten und eine Mengenberechnung für eine spätere „Einkaufsliste“ ausarbeiten.

55.1 Ablaufplan erstellen

Um eine Veranstaltung erfolgreich zu planen, ist es sinnvoll, einen Ablaufplan zu erstellen, in dem festgelegt wird, wer aus dem Team welche Arbeiten zu welchem Zeitpunkt erledigen soll.
Des Weiteren muss geklärt werden, welche Materialien und Geräte für die einzelnen Aufgaben benötigt werden und ob im Team gearbeitet wird oder in Einzelarbeit.
Hilfreich ist es, die Angaben in ein Formular zu übertragen:

Arbeitsplan für den Aufbau eines Büfetts		
am: 30.9.20XX		
um: 14.00 Uhr		
Personenzahl: 80		
Besonderes:		
Was? (Tätigkeit)	Wer?	Wann?

Was ist zu tun, um z. B. ein Catering für eine bestimmte Veranstaltung erfolgreich zu planen?
Welche **Vorarbeiten** müssen geleistet werden?
- Speisen zusammenstellen
- Getränke auswählen
- Platten belegen und garnieren
- Büfetts zusammenstellen

Welche **Hauptarbeiten** müssen erledigt werden?
- Speisen und Getränke liefern
- Tische anordnen
- Büfett aufbauen
- Räume dekorieren

Welche **Nacharbeiten** müssen geleistet werden?
- Abräumen der Gästetische
- Abräumen des Büfetttisches
- Aufräumen der Räumlichkeiten

13

Frühstücksbüfett

Speisenzusammenstellung für ein kalt-warmes Büfett zur Geschäftseröffnung
Möglichst Fingerfood, da es keine Sitzgelegenheit gibt
Warme Speisen • Quiche Lorraine, Gemüsekuchen, Lauch/Champignon-Schinkentarte • Blätterteigtaschen • Schinkenhörnchen • Minispießchen, Satespießchen Lieferung: heiß im Wärmecontainer
Kalte Speisen • Kanapees • belegte Brötchen • Hackfleischpralinen, Fleischpflanzerl • Mettenden, paarweise am Holzständer mit Brezel • Laugenstangen mit Frischkäse
Salate sind bei den Garnituren dabei wahlweise: Nudelsalat, Reissalat, Kartoffelsalat (kleine Portionen im Glas)
Brot und Brötchen • nach Wahl des Kunden • Brotkonfekt zu Minifrikadellen (Fleischpflanzerl)
Sonstiges • Käsespieße, Käseigel mit Trauben
Getränke • Prosecco/Sekt/Kir royal • Orangensaft • Bier im Kasten (kleine Flaschen) • Mineralwasser • Cola/Fanta
Geschirr entfällt, Ausnahme: Gläser

55.2 Büfetts zusammenstellen

Bei einem Büfett werden verschiedene Speisen mit dazugehörigen Beilagen auf einem separaten Tisch ansprechend arrangiert. Der Gast kann sich seinen Vorlieben entsprechend bedienen. Eine große Anzahl von Gästen kann dadurch mit wenig Servicepersonal versorgt werden.

Es können unterschiedliche Arten von Büfetts unterschieden werden:

Restaurantbüfetts	Bankettbüfetts
Frühstücksbüfett	Stehbüfett
Brunchbüfett	Festbüfett
Lunchbüfett	Cocktailbüfett
Abendbüfett	
Imbissbüfett	
Salatbüfett	
Kuchenbüfett	

Des Weiteren können Büfetts unter einem bestimmten Motto stehen, z. B.:

Internationale Büfetts	Themenbezogene Büfetts
Italienisches Büfett	Karnevalbüfett
Orientalisches Büfett	Weihnachtsbüfett
Schwedisches Büfett	Silvesterbüfett
Russisches Büfett	See- oder
Amerikanisches Büfett	Karibikbüfett

Kanapees

55.3 Plattenservice

Aus eigener Herstellung sind diverse Platten, die zu einem guten Partyservice gehören. Platten können von der Fleischerei sowohl einzeln angeboten als auch zu einem Büfett aufgebaut werden. Die Anfertigung und das Ausliefern von Platten nennt man Plattenservice.

In der Tabelle (▸ S. 563) sind die wichtigsten Materialien und Formen der Platten mit ihren Vor- und Nachteilen sowie Einsatzmöglichkeiten genannt. Über die üblichen Plattenformen hinaus gibt es weitere Formen, die ein Büfett auflockern können, z. B.

- Kleeblatt
- Trapez
- Herzform
- Mehrecke
- Rauten

Wie dekorativ – mit welchen **Legetechniken und Garnierungen** – eine Platte vom Fleischer oder der Fachverkäuferin erstellt wird, entscheidet über die Professionalität des Partyservice.

Bei der Gestaltung einer Platte ist zu berücksichtigen,
a) für welchen Anlass,
b) für welche Art von Büfett
die Platte erstellt wird. Alle Mitarbeiter der Fleischerei sollten die vorgesehenen Platten so erstellen können, dass keine Qualitätsunterschiede im Aussehen der Platten entstehen. Das bedeutet, dass alle die gleichen Legetechniken beherrschen und über die Gestaltung der Platten den gleichen Wissensstand haben sollten.

55.3.1 Legetechniken

Bei den Legetechniken der einzelnen Wurst-, Schinken- und Käsescheiben wird hauptsächlich zwischen **Roll- und Falttechniken** unterschieden.

- **Kochschinkenscheiben** werden in der Regel gerollt, da sonst die Gefahr besteht, dass sie auseinanderfallen. Mit der Legegabel wird die Größe der Röllchen gleichmäßig. Sollen gerade Bahnen über eine Platte gelegt werden, so wird die Legegabel gleichmäßig über die Scheibe geführt, es entstehen gleichmäßige **Röllchen.**

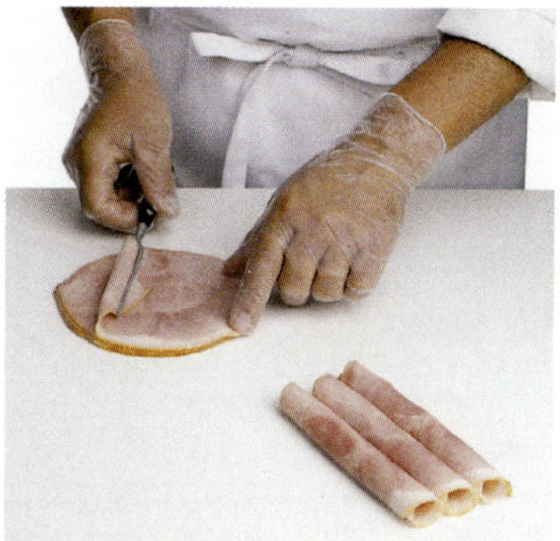

Kochschinkenröllchen

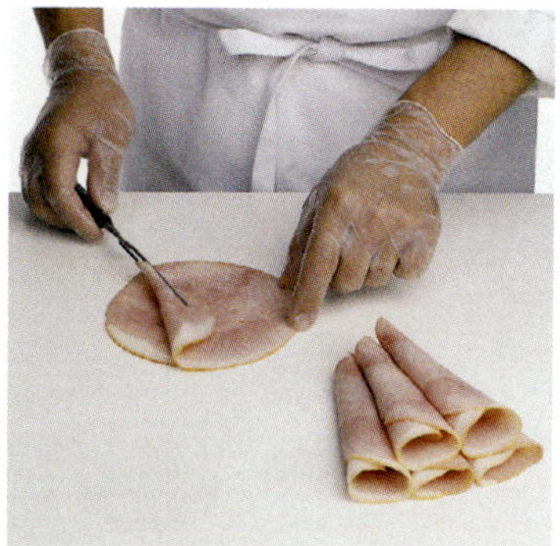

Kochschinken in Trichterform

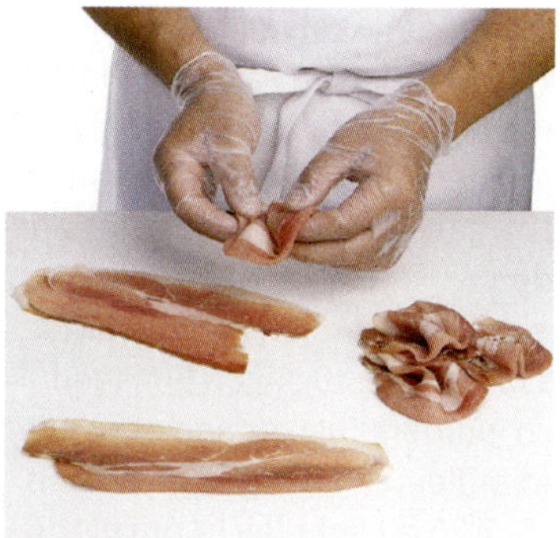

Röckchen aus großen Rohschinkenscheiben

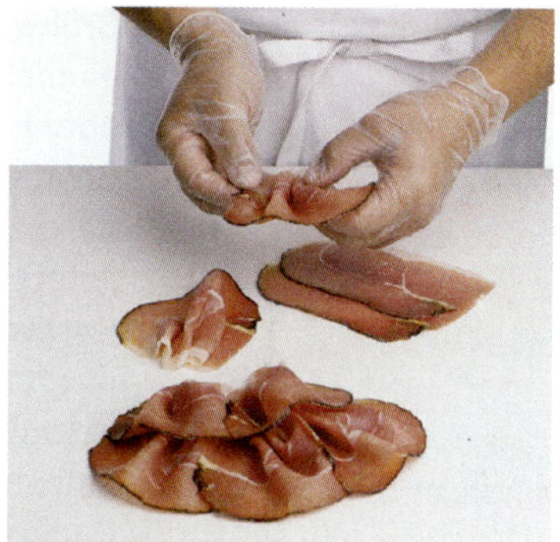

Röckchen aus kleinen Rohschinkenscheiben

- Wird die Legegabel so angesetzt, dass die Spitze der Gabel einen größeren Radius beschreibt als das zur Hand gewandte Ende, so entstehen **Trichter,** die oben einen größeren Durchmesser haben als unten. So lassen sich besser runde und ovale Platten belegen, denen der Radius der Röllchen angepasst wird.
- **Rohschinken** kann am besten zu **„Röckchen“** gefaltet werden. Hierzu werden schmale Scheiben ein- bis dreimal gefächert. Bei sehr großen Scheiben wird ein Drittel der Scheibe nach unten umgeschlagen und die Scheibe erst dann ein- bis dreimal gefächert. So ist sie leichter formbar und die entstandenen „Röckchen“ haben mehr Halt.
- Bei fein geschnittenen **Rohwurstscheiben** bietet sich das Falten zu Tüten an. Dabei wird die Scheibe zuerst einmal gefaltet und dann mit der Legegabel, die bis zur Mitte der Scheibe eingestochen wird, nach Belieben gedreht. Je nach Anzahl der Umdrehungen mit der Legegabel entstehen so im Umfang unterschiedliche Tütchen.

13

Salamitütchen

Falten von Brühwurst

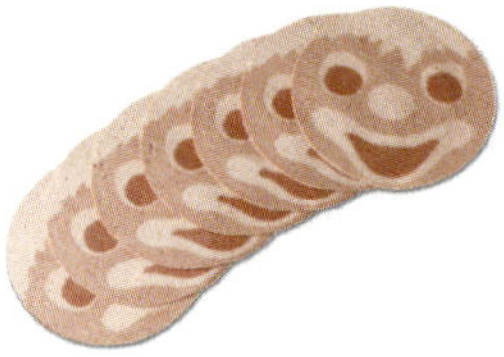

Legen von Brühwurst mit Muster

- **Brühwurst** ohne Einlagen wird am besten einmal gefaltet. Brühwurst mit Eieinlage oder anderen Mustern (z. B. Mortadella mit Gesicht oder kleinem Ferkel) sollte entweder gar nicht genutzt oder ungefaltet aufgelegt werden.
- **Kochwurstscheiben** können nicht gefaltet werden, da die meist stückigen Einlagen herausfallen würden. Sie können aber gut halbiert und auf eine Platte gelegt werden.
- Da **Käse** (▸ S. 490 ff.) sehr leicht bricht, bietet sich nur bei wenigen Sorten eine Falttechnik an. Ein halbfester Schnittkäse wird höchstens einmal gefaltet. Ansonsten können bei Käse verschiedene Formen ausgestochen werden (z. B. mit Plätzchenausstechern) oder es können Ecken sowie Viertel- und Halbkreise oder Rechtecke geschnitten und auf Platten gelegt werden. Weichkäse wie Camembert lässt sich in verschiedene Formen schneiden, am besten mit einem Buntmesser (mit gezackter Klinge). Frischkäse lässt sich auf Brot, Gemüsescheiben, Torteletts und in kleine Pastetenformen oder Ähnliches aufspritzen.

Vorbereiten von Käse

55.3.2 Plattenaufbau

Bei dem eigentlichen Plattenaufbau werden die **symmetrische** und die **asymmetrische** Form unterschieden. Bei der symmetrischen Form kann man mittig eine Linie ziehen; beide Seiten rechts und links von der Linie sind identisch.

Für die rein **symmetrische** Form eignen sich nur runde, ovale und eckige Platten, also keine Platten, die wie Wurzelholz oder Schiefer eine natürliche Form haben. Bei asymmetrischen Platten gibt es keine Mittellinie, nach der man die Platte halbieren könnte, linke und rechte Seite einer solchen Platte sind nicht identisch.

Symmetrische Form

Asymmetrische Form

In der Praxis mischen sich aber meist die beiden Formen, sodass – wenn eine Mittellinie gezogen wird – der Eindruck zwar symmetrisch ist, aber auf der rechten Seite der Linie z. B. Kochschinkenröllchen und auf der linken z. B. Salamischeiben angeordnet sind.

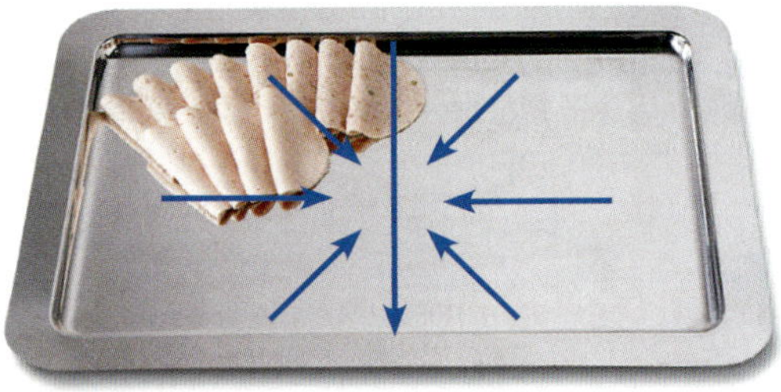

Reihenfolge beim Auflegen

Symmetrische Platten wirken harmonisch, ruhig und ausgeglichen; sie sind in der Regel einfacher zu legen. Beim Legen von asymmetrischen Formen ist Ideenreichtum erforderlich; trotzdem muss ein **Legekonzept** erkennbar sein. Asymmetrische Formen können deshalb ausdrucksstärker sein.

Grundsätzlich werden alle Platten von außen nach innen bzw. von oben nach unten gelegt.

Plattenmaterial (übliche Formen)	Vorteile	Nachteile	Einsatzmöglichkeiten
Holzplatten (alle Formen möglich: rund, eckig, oval ...) **Wurzelholzplatten** (naturbelassen, rund und oval)	bruchsicher, nicht sehr schwer, vielseitig einsetzbar	für edlere Speisen und Büfetts nur bedingt einsetzbar, nicht spülmaschinentauglich, werden mit der Zeit unansehnlich, bei Rissbildung auch unhygienisch	häufigster Einsatz bei rustikalen Büfetts, z. B. für Braten-, Schinken-, Vesper-,sonstige Aufschnitt- und Käseplatten
Edelstahlplatten (meist rund, eckig oder oval)	nicht bruchempfindlich, laufen nicht an, relativ leicht, spülmaschinenfest	zerkratzen mit der Zeit	für alle Speisen geeignet
Silberplatten (meist eckig)	bruchsicher, sehen sehr edel aus	laufen schnell an, deshalb erhöhter Pflegeaufwand, nicht für eiweißreiche Speisen geeignet (z. B. gefüllte Eier, Fisch), da diese einen metallenen Geschmack annehmen, sehr schwer, sehr teuer	Schinkenplatten, Kanapees, gefüllte Torteletts, Petits Fours usw.
Marmorplatten (alle Formen möglich, meist aber rund und eckig)	sehen sehr edel aus, gut gekühlter Marmor kann die niedrige Temperatur auch im Sommer lange halten	bruchempfindlich, sehr schwer, Säure (z. B. von Obst) hinterlassen eine fleckige Oberfläche	besonders geeignet für dunkle Aufschnittware (Schinken, Salami), da gute Kontraste entstehen
Schieferplatten (meist naturbelassen, dadurch ausgefallene Formen)	relativ leicht, wirken außergewöhnlich	sehr bruchempfindlich	besonders geeignet für helle Aufschnittware und Käse, da sich ein guter Kontrast ergibt
Spiegelplatten (meist rechteckig)	sehr große Platten in genormter Form erhältlich	Belegen erfordert einiges Geschick, um keine Fingerabdrücke zu hinterlassen	edle Speisen wie z. B. Hummer, besondere Kanapees, Parmaschinken, Lachs
Porzellanplatten (alle Formen möglich)	sehr leicht zu reinigen, nicht sehr schwer	bruchempfindlich, teurer als Keramik, begrenzt in der Größe	für alle Speisen geeignet
Keramikplatten (alle Formen möglich)	siehe Porzellan	begrenzt in der Größe, wirken nicht so edel wie Porzellan	für alle Speisen geeignet, meist Einsatz bei rustikalen Büfetts
Kunststoffplatten (alle Formen möglich)	sehr preiswert, sehr leicht, in verschiedenen Farben, deshalb vielseitig einsetzbar	wirken billig, verkratzen schnell, erwärmen sich leicht, deshalb im Sommer ohne Kühlung nur bedingt einsetzbar	durch unterschiedliche Farben und Formen für alle Speisen geeignet
Glasplatten (alle Formen möglich)	vielseitig einsetzbar, da unterschiedliche Farben und Formen, pflegeleicht	bruchempfindlich, relativ teuer, begrenzt in der Größe	für alle Speisen und Büfetttypen geeignet, besonders für hochwertigere Büfetts

Edelstahlplatten

Schieferplatte

Holzplatte

Spiegelplatte

Glasplatte

55.3.3 Garnierungen

Formkontrast

Farbkontrast

Garnierungen sollen einen **Kontrast** bilden zu dem, was auf den Platten dargeboten wird:

- Formkontrast
- Farbkontrast

Besonders zur Garnierung eignen sich verschiedene Obst- und Gemüsesorten. Laut EG-Verordnung 178/2002 ist davon auszugehen, dass die gesamte Garnierung essbar sein muss.

Folgende Garnierungen eignen sich besonders

- für deftige Platten: Gemüse, Salzgurken, Mixed Pickles und Garnierungen, die nicht süß sind
- für Käseplatten: reifes Obst, frische Basilikumblätter
- für Fischplatten: verschiedene Gemüsesorten, Äpfel
- für Wild: süße Garnierungen wie halbe Birnen oder Pfirsiche, Orangenscheiben, Preiselbeeren, aber auch Nüsse, Pilze, Kräuter und Gemüse

Die Garnierung sollte aber nicht „übertönen", also nicht stärker riechen und schmecken als die eigentlichen Speisen. So sind z. B. rohe Zwiebelringe für die meisten Platten ebenso ungeeignet wie verschiedene stark riechende Kräuter (z. B. Oregano- oder Rosmarinblätter). Petersilie, Dill und Basilikum lassen sich dagegen vielfach verwenden.

Stellen Sie eine Liste der von Ihrem Ausbildungsbetrieb angebotenen Platten auf und ordnen Sie entsprechend die Garnierungen zu.

Insgesamt sollte die Garnierung 20 % der Gesamtplatte nicht überschreiten.

Der Fleischer sollte dabei ebenfalls den **Kostenfaktor** berücksichtigen. Garnierungen aufzubereiten, ist sehr zeitintensiv und damit sehr teuer. Das Verhältnis zwischen der Garnierung und den eigentlichen Speisen muss stimmen: Sind teure Speisen auf der Platte angerichtet, so können sie mit einer aufwendigen Garnierung aufgewertet werden. Bei Bauern- und Aufschnittplatten sollten die Garnierungsmaterialien nicht zu teuer und auch nicht zu aufwendig gestaltet sein.

Tomaten lassen sich vielfältig und einfach gestalten und sind ganzjährig zu bekommen.

Gurken und **Radieschen** sind besonders fest und lassen sich deshalb sehr gut und schnell bearbeiten.

Eine Garnierung kann aber auch aus den eigentlichen Speisen bestehen, z. B. mit Salamitütchen auf einer Aufschnittplatte.

Garnierungen sollten in Menge und Art mit den Speisen auf der Platte harmonieren. Sie sollten einen Effekt erzielen ohne großen Aufwand.

Mögliche Garnierungen

Herstellen einer Tomatenrose

55.4 Menüs zusammenstellen

Die Kernfrage des Beratungs- und Verkaufsgesprächs (▸ S. 547 ff.) ist die Auswahl an Speisen und Getränken. Hierbei muss beraten und entschieden werden, ob ein Menü serviert oder ein Büfett aufgebaut werden soll.

Unter einem Menü versteht man ein Essen, das aus mehreren Gängen besteht.

Umfang von Menüs

Ein einfaches Menü besteht aus drei Gängen: Vorspeise, Hauptspeise und Dessert. Es gibt aber viele Möglichkeiten, ein einfaches Menü zu erweitern (▸ Tab. unten).

Die Anzahl der Gänge kann noch weiter erhöht werden (bei der klassischen Menüfolge können bis zu 14 Gänge serviert werden). Hierbei ist aber der Aufwand zu berücksichti-

Einfaches Menü 3 Gänge	Erweiterte Menüs			
	4 Gänge	5 Gänge	6 Gänge	7 Gänge
	Kalte Vorspeise Räucherlachstüte mit Frischkäse und Brunnenkresse	**Kalte Vorspeise** Avocado-Cocktail	**Kalte Vorspeise** Wacholdergeräuchertes Forellenfilet mit Sahnemeerrettich garniert	**Kalte Vorspeise** Austern mit Zitrone, Toast und Butterrosen
Suppe Rahmsuppe von gelben Paprikaschoten	**Suppe** Rinderkraftbrühe	**Suppe** Steinpilzsuppe mit Speck	**Suppe** Brokkolisuppe mit Fleischklößchen	**Warme Vorspeise** Ragout fin (feines Kalbsragout) in Blätterteig
		Warme Vorspeise Gemischte Gemüsescheiben vom Grill	**Warme Vorspeise** Champignonköpfe mit Paprikamousse gefüllt	**Fischgericht** Gedünsteter Lachs im Kräuterschaum mit Wildreis
				Sorbet Champagnersorbet
Hauptgericht Rinderbraten aus der Keule mit feinem Gartengemüse und Kroketten	**Hauptgericht** (Fisch oder Fleisch) Barbarie-Entenbrust mit Orangenscheiben, dazu Brokkoli in Mandelbutter und Kartoffelplätzchen	**Hauptgericht** (Fleisch) Rehrücken mit Williamsbirne, Preiselbeerschaum und Cumberlandsoße, dazu Kartoffelgratin	**Hauptgericht** (Fleisch) Schweinemedaillons mit feinen Gemüsen der Saison und Butterkartoffeln	**Hauptgericht** (Fleisch) Rinderfilet Toledo mit Keniaböhnchen und Strohkartoffeln
			Käsegericht Mascarpone, Curaçao-Mousse	**Käsegericht** Kleine Auswahl von Käsespezialitäten aus Südfrankreich
Dessert Zweierlei Schokoladenmousse	**Süßspeise** Hamburger Apfelsäckchen auf Vanillesoße	**Süßspeise** Coupe Danmark (Vanilleeis mit heißer Schokoladensoße)	**Süßspeise** Kleine Schokoladen-Törtchen mit marinierten Waldbeeren	**Süßspeise** Eistraum Tropicana (Fruchteis, garniert mit verschiedenen Südfrüchten)

13

Klare Fleischbrühe mit gefüllten Teigtäschchen

Lammkarree in Kräuterkruste

Bayrisch Krem

Stellen Sie ein 3-Gänge-Menü und ein 6-Gänge-Menü zusammen.
a) Überprüfen Sie, ob Sie alle Regeln zur Menügestaltung berücksichtigt haben.
b) Schreiben Sie getrennt auf, welche technischen Möglichkeiten für das 3- und für das 6-Gänge-Menü vorhanden sein müssen (Wärmebehälter, Kühlvorrichtungen usw.).
c) Welche Arbeitskräfte werden für die beiden unterschiedlichen Menüs benötigt?
d) Können die zusammengestellten Menüs von einer Fleischerei im Rahmen des Partyservice angeboten werden? Beurteilen Sie kritisch.

Erstellen Sie ein Menü zu einem Anlass Ihrer Wahl mit entsprechender Dekoration für 20 Personen bei einem Preis von 25 Euro pro Person. Berücksichtigen Sie dabei auch Fahrtkosten, Verpackung und das Aufstellen des Büfetts.

Diskutieren Sie, welchen Einfluss Anlass und Tageszeit auf das Essverhalten von Menschen haben.

gen. Vor allem, wenn Geschirr, Besteck, Gläser usw. mitgeliefert werden, ist zu überlegen, ab wie viel Gängen die **Kapazitäten** erschöpft sind. Zum Warmhalten der Speisen müssen in der Fleischerei entsprechend viele Spezialbehältnisse vorhanden sein.

Wenn Kunden über das Angebot der Fleischerei hinaus noch mehr Gänge verlangen, sollte ihnen im Verkaufsgespräch erklärt werden, dass es für alle zufriedenstellender ist, eine begrenzte Anzahl von Gängen zu servieren, diese dafür aber in einer einwandfreien Qualität.

Regeln für die Zusammenstellung der Menüs

Bei der Zusammenstellung von Menüs sind **ernährungsphysiologische Grundsätze** zu berücksichtigen (▸ Kap. 5.1). Die verwendeten Lebensmittel sollten
- Eiweiß, Fette, Kohlenhydrate und Ballaststoffe in einem ausgewogenen Verhältnis zueinander enthalten,
- über einen ausreichenden Gehalt an Mineralstoffen und Vitaminen verfügen.

Möglichst ist frisches Gemüse und Obst zu verwenden und auf Konserven zu verzichten. Eine Alternative zu frischem Gemüse ist Tiefkühlgemüse.
Gehaltvolle, fettreiche Speisen sind nicht mehr so gefragt wie vitalstoffreiche und leichter verdauliche Speisen, da sich aufgrund von weniger körperlicher Arbeit der Energieverbrauch verringert hat. Aber auch hier sind vor allem die **Kundenwünsche** zu berücksichtigen!

Bei mehreren Gängen sollte darauf geachtet werden, dass z. B. keine gebundenen Suppen oder andere sehr gehaltvolle Vorspeisen gereicht werden. Dies führt zu starker Sättigung und die Hauptspeise kann von den Gästen nicht mehr genossen werden.
Wiederholungen innerhalb einzelner Menügänge sind zu vermeiden. Abwechslung wird geboten bei
- Rohstoffen
- Garungsart
- Farben
- Zubereitungsart
- Geschmacksrichtung

55.5 Mengen berechnen

Ein großes Problem bei der Mengenberechnung ist die Erwartungshaltung der Kunden:
- Es darf nicht zu viel übrig bleiben, sonst hat der Kunde das Gefühl, zu viel bezahlt zu haben, da er offensichtlich einiges hätte sparen können.
- Bleibt nichts übrig, wird der Fleischerei bzw. dem Partyservice unterstellt, die Portionen pro Person zu klein bemessen zu haben.

Mit folgenden Mengen pro Person und Mahlzeit wird üblicherweise gerechnet:
- ca. 150 g Vorspeisen
- 200 bis 250 g Fleischwaren
- ca. 100 g Beilagen
- ca. 100 bis 150 g Dessert

Je größer die Personenanzahl, desto besser ist die gleichmäßige Auslastung eines Büfetts, denn nicht jeder Mensch isst Fleischprodukte, Salate usw. im genannten Verhältnis. Bei den verschiedenen Büfettmöglichkeiten wird mit folgenden **Mengen pro Person** gerechnet:

Kaltes Büfett

Fleisch und Wurst:	100–150 g
Fisch:	50–100 g
Käse:	80–125 g
Salat:	80–100 g
Brot:	70–100 g
Butter:	40– 50 g

Kalt-warmes Büfett

Vorspeise (z. B. Suppe):	80–100 g
Fleisch und Wurst:	100–125 g
Fisch:	40– 80 g
Käse:	50–100 g
Salat:	80–100 g
Brot:	50– 80 g
Butter:	30– 40 g
süße Nachspeise:	80–100 g

Bei einzeln angefertigten **Aufschnittplatten** kann die Fleischerei je nach Anlass mit 150 bis 200 g pro Person rechnen. Diese Mengen sollten in der Angebotskarte benannt werden, dabei kann angemerkt werden, für wie viele Personen etwa eine Platte ausreichend ist. Bei der Bestellannahme sollte nach Anlass und Tageszeit gefragt werden.

Komplexe Aufgabe

Sie werden vom ortsansässigen Reitverein angesprochen, den in zwei Monaten stattfindenden Reiterball mit einem entsprechenden Catering auszurichten. In einigen Tagen findet die erste Besprechung dazu statt, zu der Sie eingeladen wurden. Machen Sie sich im Vorfeld Gedanken über

a) Angebot und Menge der Speisen,
b) Angebot und Menge der Getränke,
c) Tisch- und Raumdekoration,
d) Personaleinsatz,
e) sonstige Dienstleistungen seitens des Partyservice (z. B. Einsatz eines Geschirrmobils).

Aufgaben zur Wiederholung

1. Was verstehen Sie unter dem Begriff „Plattenservice“?
2. Nennen Sie drei Plattenarten und beurteilen Sie deren Einsatzmöglichkeiten.
3. Beschreiben Sie mögliche Legetechniken für
   a) Brühwurstscheiben,
   b) Rohwurstscheiben,
   c) Kochschinken,
   d) Rohschinken.
4. Nennen Sie Möglichkeiten, um Käse dekorativ auf Platten anzurichten.
5. Welche zwei Arten des Plattenaufbaus (Legekonzept) gibt es?
6. Welche Garnierungen passen zu
   a) Aufschnittplatten,
   b) Fischplatten,
   c) Käseplatten?
7. Nennen Sie drei Faktoren, die das Essverhalten der Gäste beeinflussen können.
8. Erstellen Sie eine Getränkekarte für Ihren Partyservice bzw. Ihr Catering.
9. Beschreiben Sie die Regeln für die Zusammenstellung von Menüs.

Ausgewählte Fachrechenaufgaben

1. Ein Partyservice bezieht 12 kg Bündner Fleisch zu 38,25 €/kg. Da er sofort bezahlt, werden ihm 2 % Skonto gewährt. Die Gemeinkosten betragen 33 %, der Gewinn soll 9 % ausmachen, dazu kommt noch die Mehrwertsteuer.
   Wie teuer sind 100 g Bündner Fleisch, angerichtet auf einer Platte, wenn hierbei noch ein Aufschneideverlust von 5 % berechnet werden muss?
2. Sie bieten 2 Schinkenplatten zu einem Angebotspreis von 37,00 € an. Die Selbstkosten belaufen sich auf 29,90 €. Die Mehrwertsteuer beträgt 7 %.
   a) Berechnen Sie den Nettoverkaufspreis.
   b) Berechnen Sie den Risiko- und Gewinnanteil in Euro.
   c) Berechnen Sie den Risiko- und Gewinnanteil in % der Selbstkosten.

56 Leistungen im Servicebereich anbieten

FLEISCHEREI nusse

Der große Tag ist da! Herr Weyer ist kurz vor seiner Geburtstagsfeier sehr aufgeregt. Er erwartet viele Gäste und hofft, dass alles klappt. Er ist froh, dass die Fleischerei Nusse den kompletten Partyservice übernimmt und er sich unbeschwert um seine Gäste kümmern kann.
Am Vormittag war das Service-Personal schon in den gemieteten Räumlichkeiten und hat den Büfetttisch ausgestattet sowie die Gästetische angeordnet und dekoriert. Das Essen soll um 18.00 Uhr geliefert werden. Es verspricht, eine unvergessliche Geburtstagsfeier für Herrn Weyer zu werden.

Exkurs: 56.1 Regionale Produkte

Regionale Produkte können ein gutes Werbeargument für die Fleischerei sein, denn sie liefern einen Beitrag zum **Klimaschutz.** Der Transport der Tiere und Fleischprodukte wird minimiert. So können Kraftstoff und die daraus entstehenden Schadstoffe eingespart werden. Am besten ist es, wenn der Metzger die Erlaubnis zur eigenen Schlachtung im Betrieb hat. Dann können kleine landwirtschaftliche Betriebe aus der Region ihre Tiere zur Schlachtung bringen. Die Tiere leiden dann nicht unter einer weiten Anfahrt zu einem großen Schlachthaus und geraten auch nicht in Stress durch große Transportwagen, Massenabfertigung und Enge. Allein diese Stressvermeidung führt schon zu einer höheren Qualität des Fleisches. Auf diese Weise kann der Metzger auch garantieren, aus welcher Haltungsform die Tiere kommen.

Die Fleischerei leistet einen Beitrag zur **regionalen Unterstützung** (einer Unterstützung der Betriebe des eigenen Lebens- und Wohnumfeldes) durch den Verkauf von Fleisch und Fleischprodukten der umliegenden Bauernhöfe. In der Fleischerei sollten niemals Produkte aus der Massentierhaltung verkauft werden. Die Kunden erwarten eine hohe Fleischqualität und artgerechte Haltungsbedingungen für die Tiere. Diese Erwartungshaltung und das Vertrauen der Kundinnen und Kunden darf nicht enttäuscht werden.

Regionale Produkte haben dann einen **Nutzen für die Gesundheit,** wenn sie frisch verarbeitet werden können. Lange Transportwege erfordern eine Konservierung der Produkte. Diese kann durch Tiefkühlung, durch Vakuumieren oder andere chemische Konservierungsmethoden durchgeführt werden (► S. 116 ff). Hierdurch gehen Vitamine verloren.

Regionale Fleisch- und Wurstwaren

Chemische Konservierungsverfahren sind oft bedenklich für die Gesundheit, da hier Salze und andere Konservierungsstoffe eingesetzt werden. Ein weiterer Nutzen für die Gesundheit liegt in der Vermeidung von Arzneimitteln, die den Tieren in der Massentierhaltung verabreicht werden, da es hier häufiger zu Infektionskrankheiten kommt als in anderen Tierhaltungsformen. Hierbei geht es vor allen Dingen um Antibiotika, die bei den Infektionskrankheiten der Tiere eingesetzt werden. Durch den massiven Einsatz von Antibiotika können resistente Keime entstehen. Diese können dann durch den Verzehr von Fleisch in den menschlichen Organismus gelangen. Der Mensch kann sich infizieren mit diesen resistenten Keimen und im schlimmsten Fall mit keinen wirksamen Antibiotika behandelt werden.

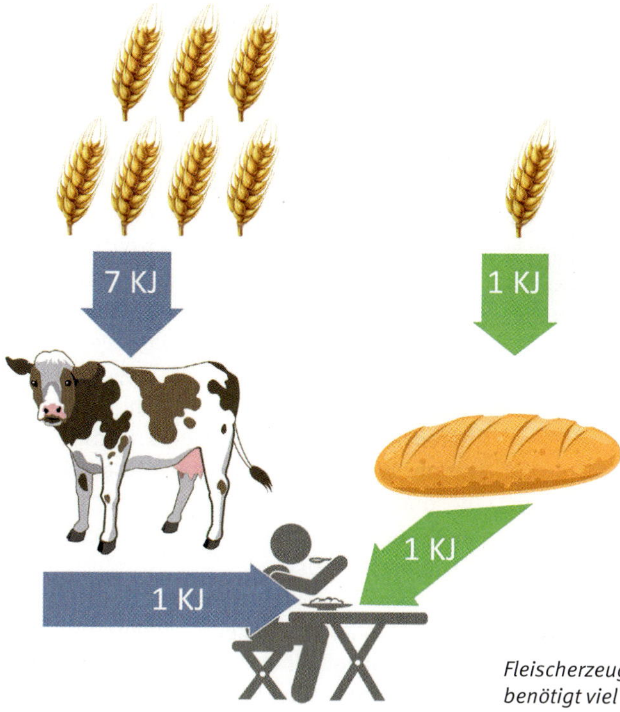

Fleischerzeugung benötigt viel Energie

Durch regionale Produkte kann ein weiterer Beitrag zum **Umweltschutz** geleistet werden. Es kann Verpackungsmaterial eingespart werden. Wenn die Produkte frisch verarbeitet werden, können Wurst und andere Produkte ohne Plastikverpackung im Papier an die Kundschaft abgegeben werden. Es fällt viel weniger Verpackungsmaterial an als im Supermarkt, wo alles einzeln in Plastikfolie eingeschweißt verkauft wird. Die Fleischerei hat die Möglichkeit, auf die individuellen Mengen- und Produktwünsche der Verbraucher einzugehen und dabei wenig Verpackungsmaterial zu verwenden. Manchmal können die Verbraucher auch ihre eigenen Gefäße mitbringen, in die die Waren gelegt werden können.

Tierische Produkte verursachen grundsätzlich mehr Treibhausgase als pflanzliche Produkte aufgrund des Veredelungsprozesses. Deshalb ist es unter dem Gesichtspunkt des Umweltschutzes besonders wichtig, **nachhaltig** mit tierischen Produkten umzugehen. Dazu gehört die Vermeidung von Abfällen. Noch im letzten Jahrhundert wurde viel mehr aus den Körpern der Schlachttiere verarbeitet als heute. Viele Innereien und auch Fett werden heute von Verbrauchern gemieden. Wohin also nun mit den schlecht zu vermarktenden Produkten? Eine Möglichkeit ist, dass der Fleischereibetrieb Knochen auskocht, um fertige Suppe zu vermarkten. Eine andere Möglichkeit ist, hochwertiges Hundefutter anzubieten. Viele Hundebesitzer **„barfen“** ihre Hunde, das heißt, sie füttern mit natürlichem, frischem Fleisch, das nicht aus der Dose kommt, und füttern auch nicht mit Trockenfutter. Das Fleisch zum Barfen wird noch mit Gemüse aufbereitet. Die Fleischerei kann hierzu das nicht zu verwertende, trotzdem hochwertige Fleisch an Barf-Shops abgeben, die es für die Hundehalter entsprechend aufbereiten.

Bleiben am Abend oft Produkte über, die nicht verkauft werden konnten und zu gut sind, um sie zu entsorgen, so kann die Fleischerei über soziale Medien versuchen, für kleines Geld die noch guten Produkte zu verkaufen. Apps wie „Too good to go“ bieten sich hier an. Mithilfe dieser App können übrig gebliebene Essen und Fleischprodukte als „Überraschungstüte“ oder „Überraschungsmahlzeit“ abgegeben werden. Solche Aktionen schonen die Umwelt und es werden Entsorgungsgebühren gespart. Zudem kann neue Kundschaft gewonnen werden. Natürlich können überzählige Produkte oder Produkte, die kurz vor Ablauf des Mindesthaltbarkeitsdatums stehen, kostenfrei bei der Tafel für Bedürftige abgegeben werden. Dies hilft nicht nur der Umwelt, sondern auch bei der Bewältigung sozialer Probleme.

Partyservice/ Catering-Mitarbeiter

Hordenwagen (Regalwagen)

56.2 Servicepersonal

Bevor eine Fleischerei einen Partyservice bzw. Catering anbietet, sollte auf jeden Fall geklärt sein, ob ausreichend **qualifiziertes Personal** zur Verfügung steht, um den zusätzlichen Arbeitsaufwand zu bewältigen.
Je nach Größe des Partyservice bzw. Caterings sollte es entsprechend **Personal** geben, das sich um bestimmte Bereiche des Partyservice bzw. Caterings kümmert und dafür Verantwortung übernimmt. Günstig ist es, wenn die Mitarbeiter der Fleischerei sich bestimmte Bereiche aussuchen können, z. B. die Dekoration. Wenn ein Mitarbeiter diese Arbeiten besonders gerne ausführt, eignet er sich auch bei speziellen Kundenwünschen als Ansprechpartner.

Wichtig ist, dass **Rezepte, Dekoration und andere Einzelheiten schriftlich festgehalten** werden, sodass bei Krankheit eines Mitarbeiters dessen Tätigkeit von anderen, bisher nicht damit betrauten Mitarbeitern ausgeführt werden kann.

Weiteres Personal sollte durch **Agenturen** je nach Bedarf angefordert werden können. Es ist wichtig, auch im Bereich der Aushilfen auf qualifiziertes Personal zurückgreifen zu können. Es gibt nichts Schlimmeres für einen Partyservice als Aushilfen, die im Gästekontakt (z. B. als Bedienung) versagen: durch ihre Unfähigkeit bei der Essensausgabe oder auch nur durch Probleme im Ausdruck oder im Erscheinungsbild.

Das Personal ist ein Aushängeschild für den Betrieb; das gilt nicht nur für den Stammbetrieb, sondern auch für den Partyservice bzw. das Catering.

Fähigkeiten (Kompetenzen) und Eigenschaften, die jeder haben sollte, der im Gästekontakt steht:

- positives Erscheinungsbild
- fachliche Kompetenz
- sprachliche Kompetenz
- soziale Kompetenz
- Gesundheit

56.3 Bestellung transportgerecht verpacken und liefern

Die fachgerechte Warm- und Kaltlagerung ist auf S. 450 f. beschrieben.

Die Lieferfahrzeuge, die für einen Partyservice eingesetzt werden, müssen den lebensmittelrechtlichen Bestimmungen entsprechen, was besonders die **Hygiene** betrifft. Eine **Kühlung im Ladebereich** ist unabdingbar für Lieferungen von Fleisch und Fleischerzeugnissen und somit auch für Lieferungen im Rahmen von Partyservice und Catering. Vor allem im Sommer und bei einem Kundenkreis im Umkreis über 20 km ist eine Kühlung im Laderaum unabdingbar, wenn kalte Büfetts angeboten werden.

Warmhaltegerät für den Transport

In die Lieferfahrzeuge sollten **Hordenwagen** passen, auf die die einzelnen Platten, Schüsseln usw. gestellt werden können. Die Hordenwagen müssen mit Gurten im Lieferwagen zu befestigen sein. Die Platten, Schüsseln und anderen Gefäße mit Lebensmitteln werden auf dem Hordenwagen fixiert. Dies erfolgt in der Praxis oftmals durch Frischhaltefolie, die um die Hordenwagen gewickelt wird.

Die warmen Speisen werden in geschlossenen **Warmhaltegeräten** transportiert.

Gerade beim Lieferfahrzeug kommt Corporate Identity (▸ S. 465) voll zum Tragen. Das Firmenlogo sollte groß und gut erkennbar am Fahrzeug zu sehen sein.

13

56.4 Bestellung beim Kunden präsentieren und servieren

56.4.1 Büfetts aufbauen

Beim **Büfettaufbau** muss der Fleischer die erstellten Platten vorteilhaft zu einem Ganzen zusammenfassen. Zwei Arten von Platten werden unterschieden:

- **Schauplatten,** diese dienen als Blickfänge für das Büfett und sind mit einem hohen Material- und Arbeitsaufwand gefertigt worden. Beispiele: spezielle Galantinen (▸ S. 507 f.), Pasteten mit Beilagen, angerichteter Hummer
- **einfache Platten,** auch „Füller" genannt. Dies sind Platten, die durchschnittliche Speisen enthalten. Beispiele: Käse-, Wurst- und Schinkenplatten

Weitere Elemente für die **Ausgestaltung** eines Büfetts sind:

- Salatschüsseln
- Saucieren (Soßenschüsseln)
- Brotkörbe

Büfett

- Blickfänge wie Eis- und Zuckerfiguren oder Blumenarrangements

Zeitliche Reihenfolge des Aufbaus:

- Anordnung der Schauplatten und des Blickfangs
- Ausrichten der einfachen Platten
- Auffüllen der Zwischenräume mit Salatschüsseln und Saucieren

▶ Sammeln Sie Vorschläge für Büfetttypen mit entsprechender Dekoration und Zusatzangeboten.

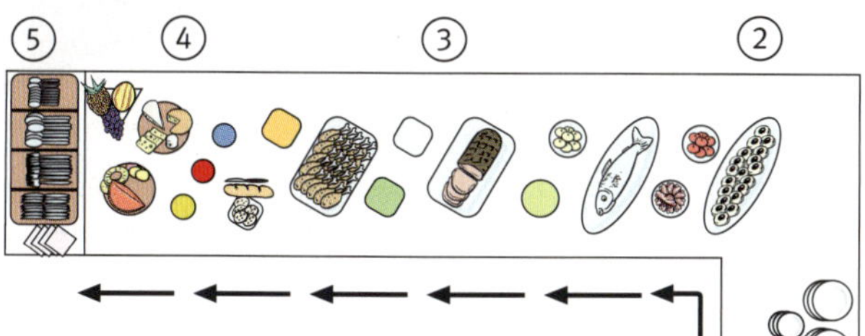

① *Teller* ③ *Hauptspeisen* ⑤ *Besteck, Servietten*
② *Vorspeisen* ④ *Dessert, Käse*

Einfacher Aufbau bei geringer Personenzahl

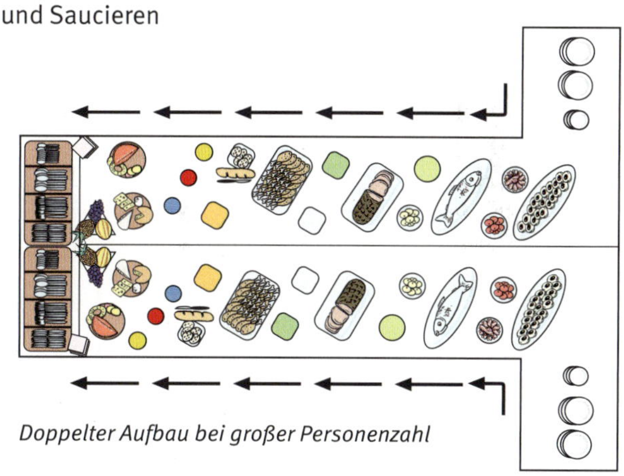

Doppelter Aufbau bei großer Personenzahl

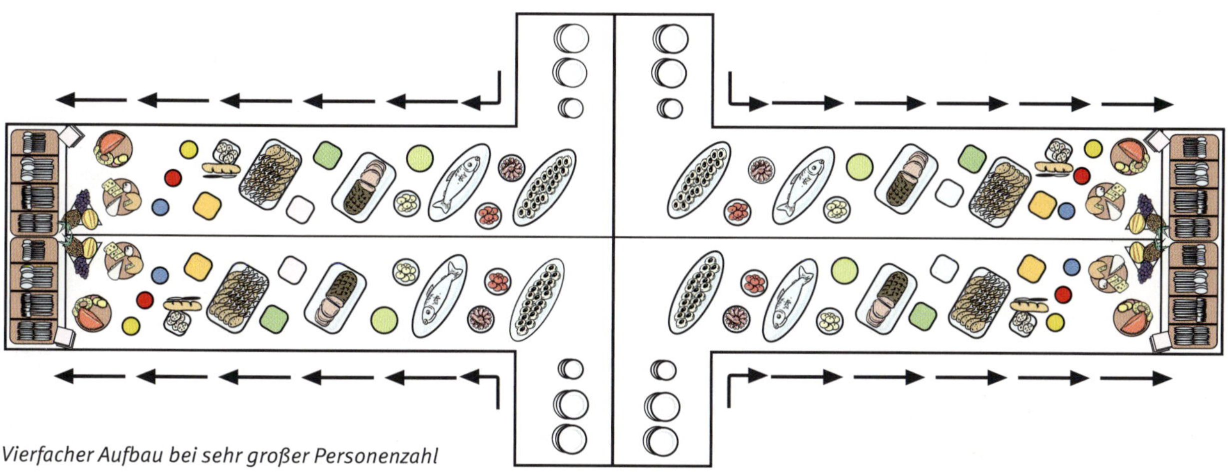

Vierfacher Aufbau bei sehr großer Personenzahl

Reihenfolge der Speisen:
Im Regelfall geht man hier von der klassischen Speisenfolge aus (▸ S. 565):
- Cocktails, Terrinen, Galantinen
- Fisch, Braten, Wild usw.
- Käse, Obst, süßes Dessert

Büfettinseln

Entsprechend der **Personenzahl** müssen die Platten in einfacher, doppelter oder vierfacher Ausführung gearbeitet werden, damit die Gäste nicht zu lange warten müssen. Günstig ist ein Aufbau, bei dem die Gäste von verschiedenen Seiten anstehen können.
Ist bei einer großen Personenzahl der Platz nicht ausreichend für die doppelte oder vierfache Ausführung, so können auch **„Büfettinseln“** aufgebaut werden (Abb. links). Diese nehmen aber meist den feierlichen Charakter eines Büfetts.

Welche **Form** ein Büfett hat, hängt von den räumlichen Gegebenheiten bei den Kunden bzw. in den angemieteten Räumen ab. Dies muss schon während des Verkaufsgesprächs in der Fleischerei geklärt werden. Am häufigsten ist eine gerade Form, aber auch eine L- oder U-Form ist möglich (siehe unten).

Wichtig ist, dass die Speisen **gut erreichbar** sind und dass die Gäste nicht über Speisen greifen müssen, an denen sie sich beschmutzen könnten. Platten können zur besseren Ansicht und zur besseren Erreichbarkeit **auf verschiedenen Ebenen** präsentiert werden. Dabei ist es meist ausreichend, das Abdeckmaterial (Alu- oder Frischhaltefolie) zu „knüllen“ und unter die Platten zu legen.

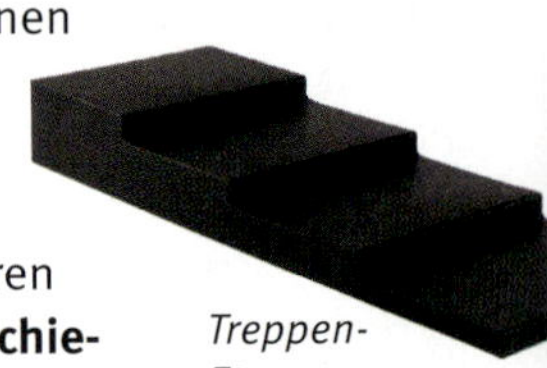

Treppen-Etagere

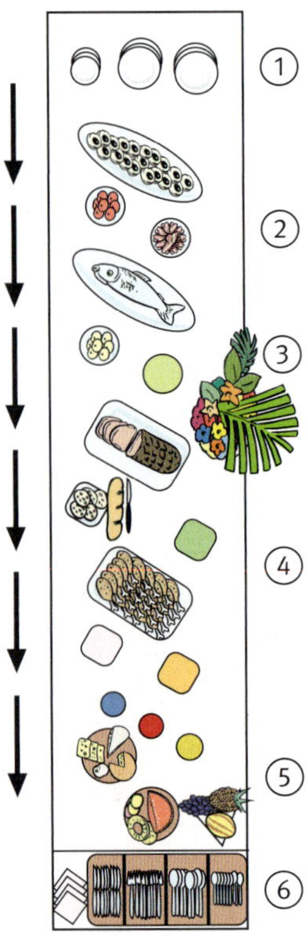

Gerades Büfett

① *Teller*
② *Vorspeisen*
③ *Blickfang*
④ *Hauptspeisen*
⑤ *Dessert, Käse*
⑥ *Besteck, Servietten*

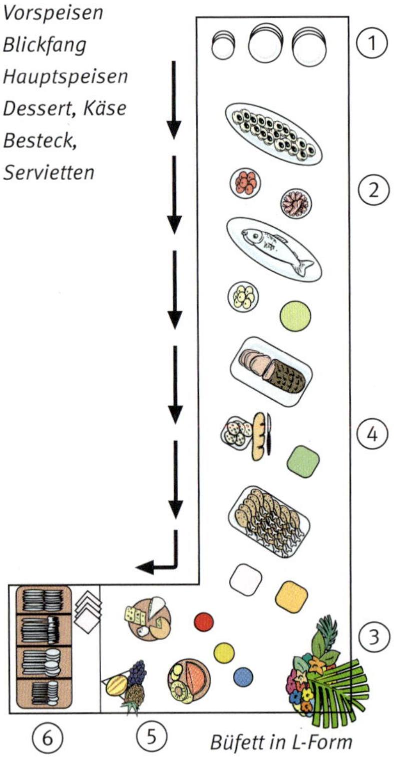

Büfett in L-Form

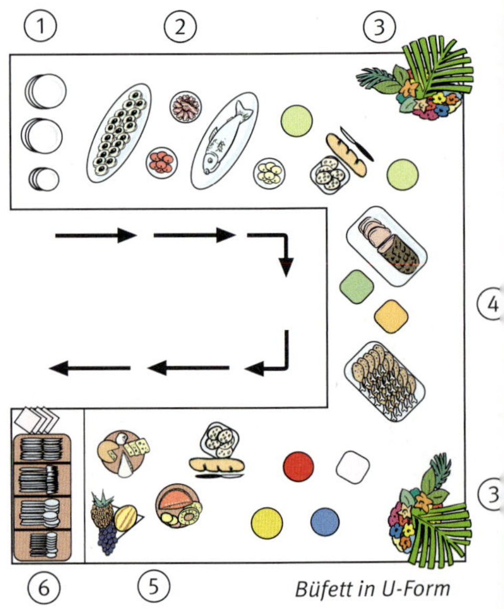

Büfett in U-Form

13

56.4.2 Gästetische eindecken

Da meist **Teller an dem Büfett** stehen, müssen diese nicht extra eingedeckt werden. Mit Tellern wird nur eingedeckt, wenn es einen Plattenservice am Tisch gibt. Ansonsten kann man sich auf **Messer** (rechts) und **Gabel** (links), die gebrochene **Serviette** und ein Weinglas über dem Messer beschränken. Je nach angebotenen Speisen kann das **Grundgedeck** durch weitere Grundbestecke (Löffel, Dessertbesteck), Spezialbestecke (Steakmesser, Fischbesteck) bzw. Brotteller mit Buttermesser **ergänzt werden.** Wassergläser werden meist gleich mit eingedeckt. Diese stehen dann rechts vom Weinglas.
Am Büfett sollte immer noch zusätzlich zu den Tellern weiteres Besteck vorrätig gehalten werden.

Beim **Eindecken** ist darauf zu achten, dass das Besteck akkurat gegenüber angelegt wird. Die Einhaltung von **gleichmäßigen Abständen** und einer **symmetrischen Gestaltung** ist für den optischen Eindruck des Tisches sehr wichtig. Die Bestecke und Geschirrteile der sich gegenüberliegenden Plätze müssen auf **einer Linie** liegen.

Der **Abstand** zwischen **Messer und Gabel** sollte so sein, dass der größte Teller des Services dazwischen gestellt werden kann und das Besteck nicht verdeckt wird.

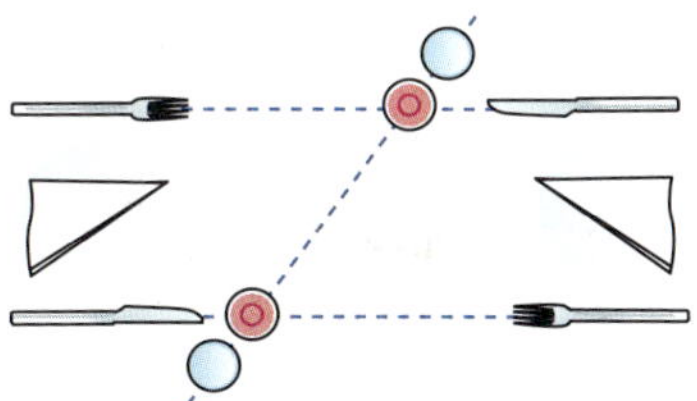

Grundgedeck

Es ist noch darauf zu achten, dass das Besteck einen Daumen breit vom Tischrand aufgelegt wird. Dies verhindert das Verrutschen des Bestecks beim Aufstehen oder Hinsetzen.

Auf jeden Tisch werden **Menagen** (= Tischgestell für Salz- und Pfefferstreuer) gesetzt – die Tischdekoration darf nicht fehlen. Auch die Speisenfolge oder das Büfettangebot sollte in Form von gerollten oder gestellten Karten erfolgen.

56.4.3 Spezielle Ausstattung für Partyservice und Catering

Die Ausstattung eines Partyservice geht über den Bedarf einer Fleischerei hinaus. Bei der Entscheidung, ob ein Partyservice angeboten wird, sollten die Kosten, die diese Ausstattung verursacht, einkalkuliert werden. Zur Ausstattung gehören:

- ein oder mehrere Lieferfahrzeuge
- Skirtingwagen
- Platten, Schüsseln und sonstige Gefäße zum Anrichten der Lebensmittel
- evtl. Riesenpfannen
- Grill u. Ä. für die Veranstaltungen, bei denen vor Ort zubereitet wird
- Warmhaltegeräte
- Kühlgeräte
- Vorlegebesteck, Aufschnittgabeln und -zangen
- Brotkörbe
- Skirtings (Büfettvorhänge)
- Hordenwagen

Verleihzubehör

Zu den Verleihmitteln gehören:

- Zelte
- Tische, Stühle
- WC-Anlagen
- Zapfanlagen
- Geschirr, Gläser
- Besteck
- sonstiges Zubehör wie Blumenvasen, Menagen (Gewürzständer), Tischwäsche usw.
- Kaffeemaschinen

Arrangement der Stehtische

PRAXISTIPPS:

Beim Eindecken einen Probeteller aufstellen, um den richtigen Abstand zu finden.

Skirting

13

Tische, Stühle, WC-Anlagen, Zapfanlagen usw. sind nur dann im Besitz eines Partyservice, wenn dieser entsprechend große Veranstaltungen sehr oft bestreitet.

Meistens werden **Geschirr und Besteck,** eventuell auch Gläser verliehen. Auf Pappteller und Plastikgeschirr sollte aus ökologischen Gründen verzichtet werden; auch wirken die besten und teuersten Speisen auf einem Pappteller billig.
Eine bestimmte Anzahl Besteck, Geschirr und Gläser sollte ein guter Partyservice selbst besitzen, um diese zu verleihen. Nur für größere Veranstaltungen oder mehrere parallel laufende Veranstaltungen sollte mit einer Verleihfirma zusammengearbeitet werden.
Bei größeren Veranstaltungen ist zu überlegen, ob nicht ein **Geschirrspülwagen** geliehen wird, um vor Ort das benutzte Geschirr zu reinigen. Damit lässt sich der Bedarf von Geschirr und Besteck minimieren.
Bei **Gläsern** ist der Schwund durch Glasbruch zu berücksichtigen. Dieser Schwund muss beim Verleih einkalkuliert werden. Hier ist es ebenfalls möglich, mit Firmen zusammenzuarbeiten, die Gläser verleihen, da bei verschiedenartigen Gläsern (Wein-, Likör-, Cocktail-, Schnaps-, Wasser-, Biergläser usw.) der Aufwand für Reinigung und Lagerung sehr hoch ist. Eigene Gläser des Partyservice bzw. Caterings sollten von einer leicht nachzukaufenden Serie sein.
In seltenen Fällen und meist nur bei einem Partyservice oder Catering mit gehobenem Standard wird **Tischwäsche** von den Kunden gewünscht. Diese sollte generell von Verleihfirmen bezogen werden, da Waschen und Mangeln die Möglichkeiten eines Partyservice übersteigen würden.

Verleihzubehör

Warm- und Kühlhaltegeräte

Für den Partyservice bedarf es spezieller Warmhaltegeräte, da aus lebensmittelrechtlicher Sicht vor allem für Fleisch- und Eierspeisen besondere Anforderungen an die Ausgabetemperaturen gestellt werden.
Zwei Arten der Warmhaltegeräte werden unterschieden:

- Warmhaltegeräte für den Transport
- Warmhaltegeräte, die auf dem Büfett aufgebaut werden (Chafing Dishes)

Chafing Dish

In beide Warmhaltegeräte können Gastronormbehälter eingesetzt werden; das sind in der Größe genormte Lager- und Zubereitungsbehälter für Lebensmittel.

Gastronomiebehälter

Viele Anbieter haben den Warmbereich im Blick, aber die Kühlung nicht. Der Kältebereich eines Büfetts muss aber über eine Kühlung verfügen. Es gibt zahlreiche Geräte und mobile Kühlvitrinen, die dies ermöglichen.

Weitere Ausstattung

Je nach Größe des Partyservice wird es verschiedene Platten geben, die je nach Büfetttyp und Aufschnittart ausgewählt werden (► S. 561 f., 571 f.).

Bei den **Riesenpfannen** handelt es sich um eine besondere Art von Service, da der Fleischer die Speisen in der Pfanne vor Ort herstellt. Hierdurch erreicht er einen **Show-Effekt,** den viele Gäste mögen. Die Bereitstellung dieser Pfannengerichte bedarf keiner großen Vorbereitung, aufwendig ist jedoch der Transport der Pfannen. Wenn die Pfannen nicht benutzt werden, sind entsprechende Lagerkapazitäten erforderlich. Die Veranstaltung sollte allerdings eine gewisse Größe haben, damit sich die Zubereitung von Speisen in der Riesenpfanne auch lohnt.

Während bei den Riesenpfannen immer ein Fleischer oder Koch die Speisen zubereiten muss, kann ein **Grill** auch ohne Servicepersonal verliehen werden. Ab einer gewissen Größe sollten die Kunden aber dahingehend beraten werden, eine Fachkraft vom Partyservice mit dem Grillen zu beauftragen.
Die Anschaffung von mehreren Grillgeräten ist gut zu überlegen, da sie im Winterhalbjahr nicht genutzt werden und Lagerkapazitäten in Anspruch nehmen. Zudem kann sich der Partyservice bei der Gestaltung von Grillfesten meist nur durch die mitgelieferten Salate profilieren.

Grill

56.4.4 Tische und Räume dekorieren

Die Tisch- und Raumdekoration sollte mit dem Auftraggeber schon im Beratungsgespräch intensiv besprochen werden, da eine aufwendige Dekoration entsprechend hohe Kosten verursachen kann. Den Wünschen des Kunden soll auch dann entsprochen werden, wenn diese ausgefallen und vielleicht sogar flippig sind. Hierauf kann der Verkäufer nur beratend mit Fingerspitzengefühl einwirken.

Servietten

Die Servietten haben nicht nur den Nutzen, sich damit den Mund abzuwischen, sondern auch einen hohen dekorativen Wert, wenn sie entsprechend gefaltet sind. Dabei ist zu berücksichtigen, dass besonders dekorative Formen einen hohen Arbeits- und damit Zeitaufwand erfordern, der für den Auftraggeber Kosten bedeutet. Auch ist die Hygiene bei aufwendigen Faltungen zu berücksichtigen, je öfter die Serviette gefaltet (in der Fachsprache „gebrochen“) werden muss, desto unhygienischer wird sie. Kostengünstige Papierservietten lassen sich nicht so gut brechen wie die teureren Stoffservietten.

Unterschiedlich gefaltete Servietten

Kerzen

Bei den zu verwendenden Kerzen ist darauf zu achten, dass sie sicher in einem Kerzenständer untergebracht sind, möglichst nicht tropfen und ab einem bestimmten Abbrennpunkt selbstlöschend sind, um Unfälle und Wachsflecken auf der Tischwäsche zu vermeiden. Findet die Veranstaltung im Freien statt, sollten nur Teelichter in entsprechenden Gefäßen verwendet werden. Bei längerer Dauer der Veranstaltung müssen Kerzen und Teelichter der gleichen Farbe und Art als Reserve in ausreichender Anzahl zur Verfügung stehen. Die Farbe der Kerzen sollte mit der weiteren Dekoration und der Tischwäsche harmonieren. Kerzen können nicht nur auf den Tischen untergebracht werden. Eine Ausleuchtung des Raums durch Kerzenlicht kann einen sehr feierlichen Effekt hervorrufen.

Kerze im Glasgefäß

13

Blumenschmuck

Der Blumenschmuck ist dem Anlass entsprechend zu wählen. Zum Beispiel können bei einer Hochzeitsgesellschaft Rosen verwendet werden – nach Absprache passend zu den Blumen im Brautstrauß. Bei einem Themenabend mit Landesbezug kann auf die Landesfarben Bezug genommen werden. Wichtig sind die **Farbkombinationen,** die für das Büfett prägend sind (z. B. Bayrisches Büfett mit blau-weißen Girlanden, Fähnchen und Tischdecken). Sie können durch Tischdekorationen mit blauen Kornblumen und weißen Margariten ergänzt werden.

Die Blumen können in **Vasen** oder **Gesteckformen** arrangiert werden. Es sollte auf Erde und Beigaben, die zu Verunreinigungen führen können, aus hygienischen Gründen verzichtet werden.

Auf den Tischen sollte eine gewisse Gesteckhöhe nicht überschritten werden, damit sich die Gegenübersitzenden noch sehen und miteinander kommunizieren können.

Auf dem Büfett kann ein größeres Blumenbukett angebracht werden.

Grundsätzlich ist auf sehr stark duftende oder giftige Blumen (z. B. Maiglöckchen, Flieder) zu verzichten. Ein besonderer Service wäre, ungespritzte Blumen von Biobetrieben anbieten zu können (oder **fair gehandelte Blumen**), die sich besonders für Tisch- und Büfett-Dekoration eignen, da sie nicht mit Schadstoffen belastet sind.

Raumdekoration

Die Blumendekoration kann durch **Dekorationssteine** anlassbezogen, z. B. in Herzform, ergänzt werden. Auch **Efeuranken** auf den Tischläufern sind eine willkommene Abwechslung. **Jahreszeitenbezogen** kann der Blumenschmuck (z. B. Tulpen) im Herbst auch durch Eicheln und Kastanien ergänzt werden. Bei einem **Themenbüfett** (▸ S. 560) der See oder Karibik kann die Tischdekoration aus Muscheln und Sand erstellt werden. Dazu passend kann ein Fischernetz an der Decke platziert werden mit Fischen und Meerestieren aus Plastik. Passend zur sonstigen Dekoration können gedruckte Tischkärtchen vorgesehen werden. Namensschilder allgemein können auch in die Dekoration integriert werden, indem z. B. auf Steine oder Muscheln die Namen geschrieben werden.

Im Raum können neben den angesprochenen Blumendekorationen anlassbezogene **Girlanden** oder andere **Deckenhänger** angebracht werden. Um eine feierliche Atmosphäre zu schaffen, können sowohl Decken als auch Wände mit Dekorationsstoff abgehängt werden. Dadurch kann dem Raum eine andere Grundfarbe gegeben werden, die dann besser mit der Tischdekoration harmoniert.

Wichtig ist es, dass der Gast am Tisch genügend Bewegungsfreiheit hat und weder Tisch noch Raum mit Dekoration überfrachtet werden. Im Zweifel gilt auch hier: Weniger ist oft mehr.

Blumenschmuck

Raumdekoration

Komplexe Aufgabe

Führen Sie in der Klasse ein Rollenspiel durch. Schicken Sie dazu einen Mitschüler für einige Minuten aus dem Raum.

- Überlegen Sie in der Zwischenzeit gemeinsam, welche Fähigkeiten und Eigenschaften ein Mitarbeiter Ihres Partyservice bzw. Caterings haben sollte. Halten Sie Ihre verschiedenen Anforderungen schriftlich fest.
- Führen Sie danach ein Vorstellungsgespräch durch. Bestimmen Sie einen Mitschüler aus der Klasse, der das Gespräch seitens der Fleischerei führt. Geben Sie ihm einige Minuten, sich auf das Gespräch vorzubereiten.
- Holen Sie Ihren „Bewerber" wieder ins Klassenzimmer.
- Verfolgen Sie das Gespräch und überlegen Sie, ob der Bewerber die von Ihnen notierten Anforderungen erfüllt.
- Besprechen Sie Ihre Eindrücke in der Klasse.
- Aus welchen Gründen würden Sie den Mitarbeiter einstellen oder nicht einstellen?

Aufgaben zur Wiederholung

1. Beschreiben Sie fünf Fähigkeiten, die Mitarbeiter eines Partyservice haben sollten.
2. Welche Serviceleistungen sollten bei Ihrem Partyservice unbedingt angeboten werden?
3. Skizzieren Sie den Aufbau eines kalt-warmen Büfetts für ca. 100 Personen. Berücksichtigen Sie dabei die klassische Speisenfolge und die Anordnung von Schauplatten.
4. Nennen Sie Vor- und Nachteile von Büfettinseln.
5. Zählen Sie auf, was Sie an spezieller Ausstattung für einen Partyservice bzw. ein Catering benötigen.

Ausgewählte Fachrechenaufgaben

1. Bei einem Partyservice wird eine Schinkenplatte für ca. acht Personen bestellt. Der Partyservice stellt die Platte mit folgenden Zutaten her:
   - 16 Scheiben gekochter Schinken mit zusammen 730 g (13,50 €/kg)
   - 12 Scheiben roher Schinken mit zusammen 560 g (17,50 €/kg)
   - 12 Scheiben Lachsschinken mit zusammen 320 g (16,50 E/kg)
   - 1 Dose Spargel mit 550 g Einwaage zu 3,45 €
   - 5 Gurken mit je 60 g zu 0,15 €/Stück
   - 1 Glas Mixed Pickles mit 150 g Einwaage zu 0,95 €
   - 300 g Salatblätter zu 2,10 €/kg
   - Petersilie zu 0,20 €

   Der Kalkulationsaufschlag beträgt 55 %.
   a) Wie hoch ist die Rechnung?
   b) Welches Materialgewicht hat die Platte?
   c) Was kosten 100 g der Platte?
   d) Wie hoch sind die Kosten pro Person, wenn acht Personen davon essen?
2. Material für eine Aufschnittplatte:
   - 14 Scheiben Bierwurst, 320 g (7,80 €/kg)
   - 14 Scheiben Schinkenwurst, 350 g (6,60 €/kg)
   - 14 Scheiben Bierschinken, 380 g (8,10 €/kg)
   - 14 Scheiben Zungenwurst, 490 g (7,40 €/kg)
   - 14 Scheiben Salami, 290 g (14,80 €/kg)

   Die Garnierung kostet insgesamt 5,80 €. Der Partyservice berechnet 51 % Kalkulationsaufschlag. Für die Zustellung werden 3,50 € verlangt. Kalkulieren Sie die Platte.
3. 23 kg französische Pfeffersalami zu 9,95 €/kg werden für drei Veranstaltungen eines Partyservice benötigt. Die Transportkosten von Frankreich nach Deutschland betragen 7 %. Bis zu den Veranstaltungen verliert die Wurst durch das Lagern 5 % ihres Gewichts. Der Aufschneideverlust beträgt ca. 4 %. Dazu kommen noch die Gemeinkosten von 31 %, der Gewinn von 8,5 % und die übliche Mehrwertsteuer. Wie viel muss der Fleischer für 100 g Pfeffersalami berechnen?

57 Verpacken von Produkten

FLEISCHEREI nusse

Tim: „Der Chef hat auf der IFFA ordentlich eingekauft. Gestern kam die neue Verpackungsmaschine. Schau mal."*

Björn: „Schon wieder eine neue Vakuum-Verpackungsmaschine? Wir haben doch erst letztes Jahr eine neue bekommen!"

Tim: „Ja, aber die neue Maschine ist ein sogenannter Schalensiegler."

Björn: „Wozu ist die denn notwendig?"

** Internationale Fleischerfachausstellung in Frankfurt, eine im 3-Jahres-Rhythmus stattfindende Fachmesse*

Fleischverpackungen

Die Verpackungstechnik bildet zurzeit eines der Wachstumssegmente in der gesamten Lebensmittelwirtschaft. Zum einen lässt der anhaltende Trend zu Halbfertig- und Fertigprodukten sowie Convenience Food die Nachfrage nach Verpackungsmaschinen und Verpackungsmitteln steigen. Zum anderen werden im deutschen Lebensmitteleinzelhandel zunehmend frisches Rind- und Schweinefleisch, aber auch Lamm- und Kalbfleisch in der Selbstbedienung angeboten.
Fleischwaren und Wurst sind eine der umsatzstärksten Kategorien des deutschen Lebensmitteleinzelhandels. Inzwischen entfallen mehr als drei Viertel der Einkaufsmenge der privaten Haushalte im Lebensmitteleinzelhandel auf SB-Ware. Der Ausbau der SB-Sortimente und die zunehmende Qualität der Ware sind die entscheidenden Faktoren. Ausgereifte Ideen und Erneuerungen in der Verpackungstechnik haben entscheidend die Qualität und Haltbarkeit der empfindlichen Rohware Fleisch beeinflusst.

Das Verpacken von Fleisch und Wurstwaren, unabhängig von Industrie und Handwerk, muss professionell erfolgen und ebenso gelernt sein, wie das Zerlegen eines Rinderhinterviertels. Denn die hochwertigen Fleischerzeugnisse können durch falsche Verpackung verderben und in ihrer Qualität so weit beeinträchtigt werden, dass sie ungenießbar werden, ohne dass der Verbraucher dies vor dem Öffnen der Packung bemerkt. Das hat für den Betrieb gravierende Folgen.

57.1 Rechtliche Vorschriften

Eine Reihe von Verordnungen bezieht sich direkt oder indirekt auf die Verpackung. So klärt die **EG-Verordnung 852/2004** in den Begriffsbestimmungen drei Begriffe, die sich auf das Verpacken beziehen.

Umhüllung ist das Platzieren eines Lebensmittels in einer Hülle oder in einem Behältnis, das die Lebensmittel unmittelbar umgibt, sowie diese Hülle oder dieses Behältnis selbst.
Verpackung ist das Platzieren eines oder mehrerer umhüllter Lebensmittel in ein zweites Behältnis sowie dieses Behältnis selbst.
Ein **luftdicht verschlossener Behälter** ist ein Behälter, der seiner Konzeption nach dazu bestimmt ist, seinen Inhalt gegen das Eindringen von Gefahren zu schützen.

Im Anhang zur gleichen Verordnung sind die Vorschriften für das Umhüllen und Verpacken von Lebensmitteln formuliert:

- Material, das der Umhüllung und Verpackung dient, darf keine Kontaminationsquelle für Lebensmittel darstellen.
- Umhüllungen müssen so gelagert werden, dass sie nicht kontaminiert werden können.
- Die Umhüllung und Verpackung der Erzeugnisse muss so erfolgen, dass diese nicht kontaminiert werden. Insbesondere wenn Metall- oder Glasbehältnisse verwendet werden, ist erforderlichenfalls sicherzustellen, dass das betreffende Behältnis sauber und nicht beschädigt ist.

- Umhüllungen und Verpackungen, die für Lebensmittel wiederverwendet werden, müssen leicht zu reinigen und erforderlichenfalls leicht zu desinfizieren sein.

In der **Fertigpackungsverordnung** geht es hauptsächlich um die Angaben der Füllmengen und die Füllmengenkennzeichnung. Die Fertigpackungen dürfen beispielsweise gewerbsmäßig nur in den Verkehr gebracht werden, wenn die Füllmenge nach Gewicht, Volumen oder Stückzahl oder in einer anderen Größe auf der Verpackung angegeben ist.

Müll am Strand

57.2 Hygiene und Umweltschutz im Verpackungsbereich

Hygiene und Umweltschutz haben fast immer auch einen rechtlichen Hintergrund. So gibt es seit 2019 das **Verpackungsgesetz**, welches die Verpackungsordnung abgelöst hat. Dieses Gesetz ist die deutsche Umsetzung der europäischen Verpackungsrichtlinie 94/62/EG.
Das Verpackungsgesetz soll helfen, Ressourcen zu schonen, indem Abfälle vermieden oder mehr und besser recycelt werden. Zudem sollen Unternehmen an den Kosten für das Recycling beteiligt werden.
Daher besteht seit Juli 2022 die Pflicht sich beim Verpackungsregister LUCID zu registrieren, wenn Unternehmen als Letztvertreiber verpackte Waren in den Verkehr bringen.

Umweltschutz geht alle an. Der Fleischereiinhaber muss beispielsweise abwägen, welche Verpackungen in seinem Betrieb notwendig sind, und er muss prüfen, ob es umweltverträglichere Alternativen gibt. Die Mitarbeiter müssen sparsam mit den Verpackungsmaterialien umgehen und Reststoffe ordnungsgemäß entsorgen.
Der Stellenwert der Hygiene wir bei der Beantwortung der Frage klar, warum Ware hauptsächlich verpackt wird. Einerseits soll die Ware geschützt werden, z. B. vor Berührungen, vor Austrocknung, davor, dass Keime aus Mund und Atemwegen auf die Ware gelangen. Auf der anderen Seite ist aus dem Kapitel 57.1 „Rechtliche Vorschriften" (►S. 578) bezüglich der EG-Hygiene-Verordnung 852/2004 herauszulesen, dass es um das **Verhindern von Kontamination** geht.

57.3 Verpackungsmaterialien

Verpackung ist an ganz verschiedenen Schnittstellen der Fabrikation bzw. des Verkaufs erforderlich:

- Vakuumverpacktes Fleisch wird geliefert und muss portioniert und umverpackt werden, z. B. für gastronomische Betriebe.

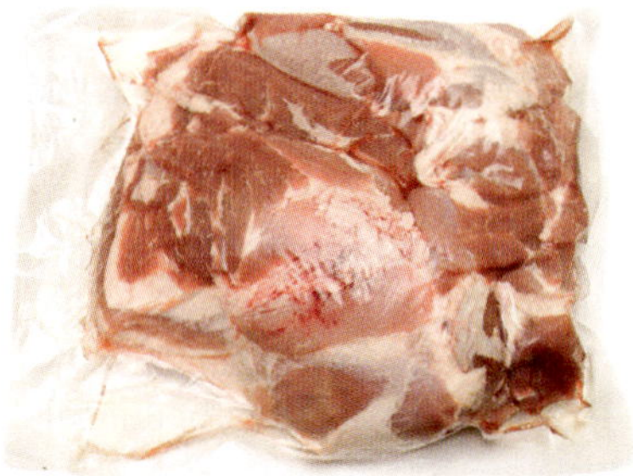

Vakuumverpackung

- Fleisch wird nach der Zerlegung verpackt und im Kühl- oder Gefrierhaus bis zur späteren Weiterverarbeitung bzw. Verkauf zwischengelagert und gereift.
- Fertiggerichte, Wurstwaren und Würstchen werden vom Hersteller in Dosen oder Gläsern verpackt und sterilisiert.
- Aufschnittware wird automatisch aufgeschnitten und maschinell als SB-Ware (zur Selbstbedienung) verpackt.
- Würstchen werden mit Lake in Vakuumfolien verpackt zwecks Lagerung oder zum direkten Verkauf an Wiederverkäufer.
- Fleisch und Wurstwaren werden an der Bedienungstheke für die Endverbraucher in Folien, Zellglasfolien, Pergamentersatzpapier, Folienbeuteln bzw. Einwickelpapier verpackt.

13

57.4 Funktionen der Verpackung

Die Auswahl der geeigneten Packstoffe ist zur Vermeidung von Qualitätsminderungen von wesentlicher Bedeutung.
Zu vermeiden sind:
- Gewichtsverluste (auf Wasserdampfdurchlässigkeit des Materials achten)
- oxidative Veränderungen: Fettranzigkeit, Farbveränderungen, Vitaminabbau
- mikrobiologische und enzymatische Einflüsse (Fleischreifung im Folienbeutel)
- die Aufnahme von Geruchs- und Geschmacksstoffen (das Eigenaroma des Fleisches darf nicht verloren gehen)

Weitere Vorteile von Verpackungen:
- Schutz vor Berührung
- Schutz des Füllguts vor Sauerstoffzutritt, mikrobiellem Befall, Wasserdampfzu- und austritt
- Qualitätserhaltung und -verbesserung, z. B. Fleischreifung von Rindfleisch in Folienbeuteln
- Gewährleistung der optimalen Lagerfähigkeit
- Möglichkeit des Selbstbedienungsverkaufs
- Werbungsmöglichkeiten

Bei der Verpackung lassen sich vier Bereiche unterscheiden:
- Vakuumverpackung von Frischfleisch nach dem Schlachten bis zur Verarbeitung im Betrieb
- Vakuumverpackung zur Vermeidung von Qualitäts- und Gewichtsverlusten innerhalb des Handwerksbetriebs
- Verpacken von verkaufsfertigem Frischfleisch in Handelspackungen unter ausgetauschter (modifizierter) Schutzatmosphäre
- Verpackung von Fleischerzeugnissen für den Handel und das Fachgeschäft

Moderne Schneid- und Verpackungslinie

Industrielle Verpackungen von Frischfleisch in Verkaufsverpackungen und Fleischverpackungen in **handwerklich** orientierten Fleischereien zur Aufbewahrung und Reifung im Vakuumbeutel sind zwei vollkommen unterschiedliche Anwendungsbereiche.
Im ersten Fall ist das Verpacken notwendig, weil die anschließende Logistik über das Kühlregal bis zum Kühlschrank des Verbrauchers ein hochwertiges Nahrungsmittel frisch und genießbar erhalten soll. Im zweiten Fall wird ein nicht sofort zu verarbeitendes hochwertiges Fleischstück während seiner bedingten Reifezeit vor schädlichen Keimen im Kühlraum geschützt und davor bewahrt, durch Austrocknung im Kühlraum zu viel Feuchtigkeit zu verlieren.

57.5 Eigenschaften der Verpackungsmaterialien

Zum Verpacken von Fleisch und Wurstwaren wird eine Vielzahl von unterschiedlichen Verpackungsmaterialien verwendet. Besonders wichtig sind die flexiblen bzw. halbflexiblen Materialien, vor allem die Verbundfolie. Alle Verpackungen für Fleisch und Fleischwaren sollten folgende Eigenschaften aufweisen:

Physiologische Unbedenklichkeit

Verpackungsfolien sind Bedarfsgegenstände im Sinne des Lebensmittel- und Bedarfsgegenständegesetzes. So dürfen aus Folien keine Stoffe auf das Lebensmittel übergehen, ausgenommen gesundheitlich, geruchlich und geschmacklich unbedenkliche Anteile, die technisch unvermeidbar sind.
Die Folien sollten keimfrei sein, damit eine Kontamination des Lebensmittels durch Mikroorganismen vermieden wird.

Undurchlässigkeit für Wasserdampf, Gase und Aromen

Eine niedrige Wasserdampfdurchlässigkeit dient der Vermeidung von Austrocknung und Gewichtsverlusten während der Lagerung.

Bei Undichtigkeiten im Verschluss, z.B. bei den Heißsiegel- und Schweißnähten, oder durch Poren im Packstoff kann es zur Durchlässigkeit für Gase und Aromen kommen. Besonders bei Vakuum- und Schutzgaspackungen muss auf Gasundurchlässigkeit geachtet werden.

Mechanische Eigenschaften
Reißfestigkeit, Dehnung, Einreiß- und Weiterreißfestigkeit charakterisieren die mechanischen Beanspruchungsmöglichkeiten von Folien. Durchstoßfestigkeit, Knickbruchbeständigkeit und Abriebfestigkeit spielen bei Transport, Lagerung und Versand von Packungen eine große Rolle.

Optische Eigenschaften
Die Verpackung von fetthaltigen Fleischwaren und Speck muss undurchlässig und beständig gegen Fette sein. Es darf kein Durchfetten auftreten und aus der Folie dürfen keine fremden Stoffe in das Fett eindringen, da dies unansehnlich wirkt und vom Kauf abhält. Bei bedruckten Folien ist auf fettechte Farben zu achten, da sonst der Druck verwischt.

Thermische Eigenschaften
Das Verhalten unter Wärmeeinwirkung muss bei der Auswahl von Folien für bestimmte Verpackungszwecke berücksichtigt werden. Der einwandfreie Verschluss der Packungen durch Schweiß- oder Heißsiegelnähte hängt davon ab. Die Eignung für spezielle Verpackungsformen, wie Schrumpfpackungen oder Sterilisierungspackungen, wird weitgehend von dem thermischen Verhalten beeinflusst.

57.6 Folienarten

Folgende Folienarten lassen sich bei der Verpackung von Fleisch und Wurstwaren unterscheiden:

Zellglasfolie wird hauptsächlich bei Frischwurst und Frischfleisch im Ladenverkauf eingesetzt. Sie ist heißsiegelfähig, d.h., sie lässt sich mit einem heißen Metallstreifen verkleben, wobei die Wasserdampfdurchlässigkeit sehr gering ist und sie daher nur für Lagerzeiten von bis zu drei Tagen im Kühlschrank des Verbraucherhaushalts infrage kommt.

Fleisch im Schrumpfbeutel

Zellglas-Polyethylen-Verbundfolien eignen sich besonders in Form von Beuteln für die Verpackung von vorgeschnittenen und portionierten Fleischteilen und Wurstwaren. Sie sind auch für die kombinierte Vakuum- und Schutzgasverpackung geeignet.
Das Fehlen einer Kühlkette, lange Umschlagzeiten und nicht kontrollierbare Klimaverhältnisse bei Transport und Lagerung der Waren verlangen ein besonders sorgfältig gearbeitetes Material. Diesen Anforderungen werden die Zellglas-Polyethylen-Folien gerecht, auch erhalten sie das Aroma.
Die Lagerung verbundfolienverpackter Waren ist nur begrenzt und nicht mit Konservendosen vergleichbar. Sie werden für alle Fleischteile und Wurstwaren, vor allem für Dauerwurst und Vakuumverpackungen, verwendet.

Polyethylenfolien werden hauptsächlich für Fleisch- und Wurstgefrierwaren eingesetzt. Sie sind fettdurchlässig, nicht sehr aromadicht und für viele Zwecke nicht genügend sichtdurchlässig, also für Sichtverpackungen wenig geeignet.

Verbundfolie

13

Warenart	Folien	Anforderungen an die Folien
Frischfleisch	Zellglasfolien	gas- und staubdicht, reißfest, durchsichtig, heißsiegelfähig
Frischwurst	Zellglasfolien	gas- und staubdicht, reißfest, durchsichtig, heißsiegelfähig
Fleischgefrierwaren, Wurstgefrierwaren	Polyethylenfolien	wasserdampfdicht, schmiegsam, reißfest, kältebeständig, heißsiegelfähig
Dauerwurst; sie muss so weit heruntergetrocknet sein, dass ein Bakterienwachstum unmöglich ist	Zellglas-Polyethylen-Verbundfolien, Polyamidfolien, vorzugsweise Vakuumverpackungen	staub-, gas-, aroma-, fettdicht, sauerstoff-, wasserdampf-, luftdicht
Schinkenwaren; aufgeschnitten und gut getrocknet	Zellglas-Polyethylen-Verbundfolien, Polyamidfolien, vorzugsweise Vakuumverpackungen	staub-, gas-, aroma-, fettdicht, sauerstoff-, wasserdampf-, lichtdicht
Würstchen (Wiener, Bockwürste, Frankfurter usw.)	Zellglas-Polyethylen-Verbundfolien, Polyamidfolien, vorzugsweise Vakuumverpackungen	sterilisierbar, wasserdampf-, fett-, öl-, sauerstoffdicht, reißfest

57.7 Verpackungsmaschinen

Vakuum-Kammermaschinen

Dies sind kompakte und leistungsfähige Maschinen. Sie dienen zum einen der Herstellung kleinerer Mengen von Verkaufsverpackungen mit verlängerter Haltbarkeit, etwa als Ladenmaschinen in Fleischereien. Zum anderen finden sie zur Steigerung von Effizienz und Rentabilität auch in der Gastronomie breite Verwendung. Das Maschinenprogramm reicht von kleinen Profi-Tischmodellen bis zu den besonders schnellen großen Doppelkammermaschinen.

Vakuum-Kammermaschine

Bei der Verpackung größerer Produktionsmengen werden **Vakuum-Bandmaschinen** eingesetzt, die durch eine zunehmende Automatisierung den Verpackungsvorgang beschleunigen. Automatische Be- und Entladung tragen hier ebenso wie starke Pumpensysteme und eine ausgeklügelte Vakuum-Technik zur Steigerung der Wirtschaftlichkeit bei.

Insbesondere beim Einsatz von Schrumpfbeuteln kommt es auf die gute Abstimmung ganzer Vakuum-Schrumpflinien inkl. Schrumpftanks und Trockner an.

Schalensiegler

Insbesondere der Trend zu kleineren Verkaufsmengen für Single-Haushalte und zu Fertiggerichten bzw. Convenience-Produkten haben den Markt für Schalensiegler geschaffen. Die portionsgerechte Verpackung in Schalen unter Einsatz von Schutzatmosphäre garantiert ansprechende Produkte mit langer Haltbarkeit. Kleinere und mittlere Fleischereien nutzen zunehmend kleinere Halbautomaten, um auf wenig Platz mit relativ niedrigen Kosten den Einstieg in diese Verpackungstechnik zu realisieren.

Im industriellen Bereich kommt es vor allem auf hohe Leistung, Prozessintegration und Zuverlässigkeit an. Hier wird mit **Inline-Automaten** gearbeitet. Diese großen Schalensiegelautomaten erreichen z. T. Kapazitäten von bis zu 6 000 Schalen pro Stunde unter Schutzatmosphäre. Bei der einspurigen Schalenführung ist die Integration von Füllern, Dosierern, Waagen, Etikettierern, Druckern usw. besonders leicht. Ob nur Siegeln, MAP, Folienverpackung oder Schrumpffolie, bedruckte Folie oder Etiketten, Standardschalen oder Sonderanfertigungen – die großen Verpackungsmaschinenhersteller bieten wirtschaftliche und flexible Lösungen für jedes Unternehmen.

Tiefziehmaschinen

Tiefziehautomaten kommen überall dort zum Einsatz, wo in einer Charge große Mengen von Produkten ähnlicher Form und Größe verpackt werden. Da die Verpackung aus **flexibler** Folie ab Rolle erst in der Maschine geformt wird, sind die Kosten für Verpackungsmaterial und Logistik besonders gering. Die Maschinen ermöglichen durch Verwendung von Mehrfachwerkzeugen und hohen Taktraten die Verpackung großer Produktionsmengen.
Ob nur Siegeln, MAP oder Folienverpackung, flexible Verpackungen oder formstabile Schalen – fast alle Hersteller bieten diese Technik nicht nur bei größeren Maschinen, sondern häufig auch schon bei Einstiegsmodellen.
Die Verwendung starrer Unterfolien ermöglicht stapelbare und **formstabile Packungen,** die auch den steigenden Anforderungen an ansprechende und sich selbst verkaufende Produkte gerecht werden. Je nach Bedarf lässt sich modulartig die richtige Maschinenauslegung ableiten, in Folienbreiten von 280 bis über 700 mm, mit der großen Vielfalt an Verpackungsformen, die für Tiefzieher charakteristisch sind. Auch das Einbeziehen von automatischen Dosierern, Füllern, Etikettierern, Druckern, bedruckten Folien usw. lässt sich einfach und wirtschaftlich gestalten.

57.8 Begasungstechnik

Das Verpacken von Lebensmitteln und vor allem Fleisch in modifizierter Atmosphäre hat in den letzten Jahren enorm an Bedeutung zugenommen. Produktabhängig werden natürliche Gase wie Kohlendioxid (CO_2) oder Luftgase wie Stickstoff (N_2) und Sauerstoff (O_2) eingesetzt. Sie verlängern die Haltbarkeit von Lebensmitteln um Tage oder Wochen.
Im Unterschied zu den Konservierungsstoffen, die als E-Nummern in der Zutatenliste aufgeführt werden müssen, werden Produkte, die unter Schutzgas verpackt werden, nur mit der Aufschrift „unter Schutzatmosphäre verpackt" gekennzeichnet. Für die Zugabe gilt die Höchstmenge „qs" (▸ S. 615 Zusatzstoffe – Packgase).
Da nahezu jedes Lebensmittel unterschiedliche Bestandteile aufweist, müssen die Verpackungsgase mit ihren individuellen Eigenschaften als Einzelgas oder als Gasgemisch

Schalensiegler

Tiefziehmaschine für flexible Verpackungen

genauestens auf das jeweilige Produkt abgestimmt werden, um das Ziel der Haltbarkeitsverlängerung zu erreichen.

Kohlendioxid (CO_2) – in geringen Konzentrationen in der Atemluft enthalten

Es ist das wichtigste Gas für die Schutzgasverpackung. Die meisten Mikroorganismen, z. B. Schimmel und die aeroben Bakterien (▸ S. 80 f.), werden in ihrer Vermehrung durch die bakteriostatische Wirkung von CO_2 stark beeinträchtigt. Die bakteriostatische Wirkung (Wachstum und Vermehrung von Bakterien hemmend) von CO_2 beruht zum einen darauf, dass Kohlendioxid den in der Verpackung befindlichen Sauerstoff verdrängt und zum anderen mit dem Produktwasser in Lösung geht, wobei Kohlensäure (H_2CO_2) entsteht, was an der Produktoberfläche zur pH-Wert-Senkung führt.

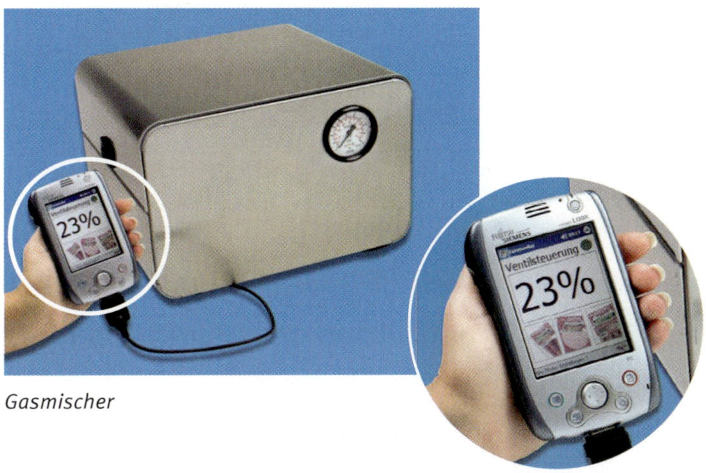

Gasmischer

Stickstoff (N_2) – natürlicher Bestandteil der Atemluft
Es ist ein reaktionsträges Gas und bewirkt, dass Sauerstoff verdrängt und damit die Oxidation verhindert wird. Aufgrund des geringen Teildruckunterschieds zwischen der Verpackung und der Umgebung bleibt das Verpackungsvolumen stabil.

Sauerstoff (O_2) – lebenswichtiges Atemgas
Sauerstoff fördert, bedingt durch seine oxidativen Eigenschaften (Vereinigung von Sauerstoff mit einem anderen Stoff), bei den meisten Lebensmitteln den Verderb. Der Sauerstoffgehalt in der Verpackung sollte daher so gering wie möglich sein. Es gibt jedoch Ausnahmen. Sauerstoff trägt z. B. zur Konservierung der oxidierten Form des Myoglobins (Oxymyoglobin) bei, das dem Fleisch die Rotfärbung verleiht.

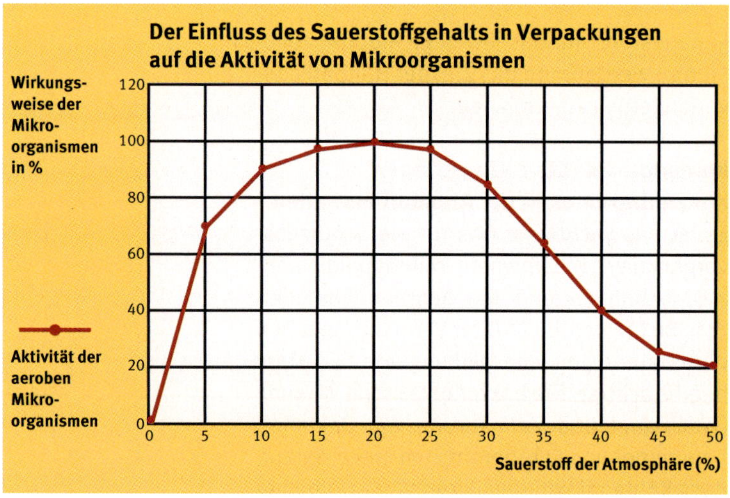

Erzeugnis	CO_2 in %	N_2 in %	O_2 in %
Spätzle	85	15	
Grüner Salat		50–25	50–75
Äpfel und Birnen	5–10	92–87	3
Käse	65–90	35–10	
Fertigmenüs	10–30	90–70	
Pizza	30–25	70–75	
Kaffee, Tee, Gewürze	unterschiedliche Gemische		
Schnittbrot	70–80	30–20	
Frischfleisch in Stücken	20	10	70
Frischfleisch, zerkleinert		40	60
Frischfleisch als Hack/Mett	20		80
Hamburger, roh	75 (und 2 % CO)	18	5
Schinken und Wurst, geräuchert	30	70	
Bratwurst	30	70	
Fleisch und Wurst, gegart und gebrüht	75	25	
Kochschinken	40	60	
Geflügel	25	25	50
Rotbarsch, Seezunge	60	19	21
Krabben	50	50	

Die richtige Auswahl der Schutzgase ist ein wesentliches Kriterium, um die Qualität von Produkten zu verlängern. Optimale Haltbarkeit für das zu verpackende Gut wird jedoch nur dann erzielt, wenn nach dem Hürdenprinzip vorgegangen wird (▸S. 413 ff.). Auch andere Faktoren haben Einfluss auf die Haltbarkeit. Dies sind neben der Hygiene spezielle Produktkenntnisse, das geeignete Verpackungsmaterial, die richtige Ausstattung wie Gasmischer und Analysegeräte und vor allem die Lagertemperatur.
Folgende Vorteile bieten die Schutzgase bei Einsatz in der Lebensmittelverpackung:

- längere Produkthaltbarkeit
- Entwesungseffekt (Abtöten von Schädlingen)
- CO_2-Komponente verstärkt den Keimhemmungseffekt
- verbesserter optischer Frischeeindruck
- beliebige Gasgemische mit Mischgerät am Einsatzort herstellbar
- geringer Installationsaufwand

Der Sauerstoffgehalt in Verpackungen hat einen meist stark unterschätzten Einfluss auf die Aktivität von Mikroorganismen.
Die Grafik links zeigt, dass die Mikroorganismen bei einem 20-prozentigen Anteil an Sauerstoff (unsere normale Atemluft) 100 % ihrer Aktivität entfalten. Bei 0 % Sauerstoff zeigen sie keine Aktivität und bei rund 2 % bzw. 50 % Sauerstoff besitzen aerobe Mikroorganismen eine Aktivität von 20 %.

Bei der Begasungstechnik sind auch noch andere Einflüsse von Bedeutung, die es in der Praxis zu beachten gilt:

- mögliche Veränderung der Gasanteile gerade unmittelbar nach dem Verpackungsvorgang,
- unterschiedliche Diffusionen bei unterschiedlichen Folien, erheblich schnellere CO_2-Entweichung aus einer Folienverpackung als N_2 eindringen kann.

Die Tabelle links soll einen kleinen Überblick über mögliche Misch-Gas-Zusammensetzungen für Deutschland vermitteln.

57.9 Etikettierung von Verpackungen

Die Etikettierung von Verpackungen zum Verkauf regelt die Lebensmittelinformations-Verordnung (LMIV). Mit der Etikettierung erfüllt der Fleischer einerseits eine **rechtliche Vorschrift,** andererseits bietet die **werbliche Gestaltung** von Etiketten eine nicht zu unterschätzende Werbung für den Fleischereibetrieb. Die LMIV gilt für die Kennzeichnung von Lebensmitteln in Fertigpackungen, die dazu bestimmt sind, an den Verbraucher abgegeben zu werden, und zwar:

- über die Ladentheke oder
- über die Selbstbedienung.

Lebensmittel in Fertigpackungen dürfen gewerbsmäßig nur in den Verkehr gebracht werden, wenn folgende Kennzeichnungselemente angegeben sind:

- Bezeichnung (Name der Ware)
- Name oder Firma und Anschrift des Herstellers, Verpackers oder Verkäufers
- Verzeichnis der Zutaten
- QUID-Kennzeichnung in Prozent nach den Zutaten
- Angaben allergener Zutaten
- Mindesthaltbarkeits- oder Verbrauchsdatum bei leicht verderblichen Lebensmitteln
- Gewicht der Ware bzw. Mengenangabe

Die **14 häufigsten Auslöser von Allergien** und Unverträglichkeiten müssen laut LMIV angegeben werden. Dass diese betreffenden Zutaten im Lebensmittel enthalten sind, muss entweder im Zutatenverzeichnis oder anhand der Bezeichnung des Lebensmittels erkennbar sein. Folgende Stoffe betrifft die Kennzeichnung (verkürzte Darstellung, ausführliche Darstellung vgl. Anhang II der LMIV):

1. Glutenhaltiges Getreide
2. Krebstiere
3. Eier
4. Fische
5. Erdnüsse
6. Sojabohnen
7. Milch (einschließlich Laktose)
8. Schalenfrüchte, namentlich Mandeln, Haselnüsse, Walnüsse, Kaschunüsse, Pecannüsse, Paranüsse, Pistazien, Macadamia- oder Queenslandnüsse
9. Sellerie
10. Senf
11. Sesamsamen
12. Schwefeldioxid und Sulfite in Konzentrationen von mehr als 10 mg/kg oder 10 mg/l als insgesamt vorhandenes Schwefeldioxid, die für verzehrfertige oder gemäß den Anweisungen des Herstellers in den ursprünglichen Zustand zurückgeführte Erzeugnisse zu berechnen sind
13. Lupinen
14. Weichtiere

Der **Geltungsbereich** der mengenmäßigen Angabe der Lebensmittelzutaten gilt grundsätzlich für alle Lebensmittel, die mehr als eine Zutat enthalten und vorverpackt an den Verbraucher abgegeben werden.

57.10 Qualitätsanforderungen an Fertigpackungen

Qualitätsanforderungen

- gutes und appetitliches Aussehen des Produkts
- keine Fehlfarben
- möglichst wenig Saftaustritt
- gut lesbares Etikett
- vollständige Etikettierung
- unbeschädigte Verpackung

Kennzeichnung

Bezeichnung

- Bezeichnung unzulässig ergänzt
- Bezeichnung durch zu kleine Schrift schwer lesbar
- Bezeichnung unrichtig

Füllmengenangabe

- Füllmengenangabe fehlt

Mindesthaltbarkeitsdatum

- Datum fehlt
- Datum schlecht lesbar
- bei Datum an anderer Stelle fehlt Hinweis darauf in der Mindesthaltbarkeitsformel
- Angabe der Aufbewahrungstemperatur fehlt

Sichtfeld
- Bezeichnung, Mindesthaltbarkeitsformel und Füllmengenangabe müssen im gleichen Sichtfeld stehen
- EU-Zulassungsnummer fehlt

Inverkehrbringen
- Herstellerangabe bzw. Angabe „hergestellt für ...“ fehlt
- Herstellerangabe schlecht lesbar

Verzeichnis der Zutaten
- Verzeichnis der Zutaten fehlt
- Verzeichnis der Zutaten unvollständig
- Reihenfolge der Zutaten nicht eingehalten
- Angabe der Schutzatmosphäre fehlt
- QUID-Angabe fehlt
- Kennzeichnung von Allergenen und Unverträglichkeiten fehlt

Nährwertkennzeichnung
- Brennwertbezogene Angaben:
  fehlt Angabe durchschnittlicher Brennwert/100 g in kJ und kcal
- Nährstoffbezogene Angaben (z. B. fettvermindert): fehlt Angabe des beworbenen durchschnittlichen Gehalts/100 g in g oder %, Art der Nährstoffveränderung und Art und Menge der nährstoffveränderten Bestandteile

Sonstiges
- Trotz Aufreißhinweis ist die Packung ohne Werkzeug nicht zu öffnen

Verpackung

Zustand des Behältnisses
- Korrosion innen
- Korrosion außen
- zu viel gefüllt
- zu wenig gefüllt

Zustand der Folienpackung
- Siegelnähte (Verschluss) mangelhaft
- Verpackung mechanisch beschädigt
- Verpackung unzureichend
- fadenziehend
- Flüssigkeitsansammlung stärker
- Packung überproportioniert
- beim Öffnen Packstoff-Geruch (intensiv)
- beim Öffnen Geruch säuerlich

57.11 Präsentation und Verkauf

Präsentation
- Bieten Sie Ihren Kunden zum Sommer das geniale Picknick. Eine kleine Auswahl Ihrer hervorragenden Rohwurstspezialitäten und das Wandern wird zum doppelten Vergnügen. Stellen Sie die Produkte z. B. in Kassennähe auf und dekorieren Sie dazu einen Rucksack.
- Durch Präsentation Ihres Frischwurstsortiments in einem SB-Kühlregal hat der Kunde die Möglichkeit, sich bei starkem Kundenandrang längere Wartezeiten zu ersparen.
- Durch erlesene Qualitätsprodukte in SB-Verpackungen können auch Stammkunden eine gewisse Vorratshaltung betreiben.

Verkaufsargumente
- **Münchener Weißwurst** unter Schutzatmosphäre verpackt, frisch wie aus dem Kessel
- **Rostbratwurst** in der großen Vorratspackung, „Selbst der größte Besucheransturm braucht Sie nicht vom Grillen abzuhalten“

- **Brühwurstaufschnitt** in der Folienverpackung mit dem praktischen Reißverschluss – und der Campingurlaub im Sommer ist gerettet
- Frisches **Rinderhack** in der Schutzgasatmosphäre und „Ihre Haltbarkeitssorgen für die nächsten sechs Tage sind vergessen“

- **Putenbrustfilet** aus der appetitlichen recycelbaren Verkaufsschale, frischer geht es kaum: „Vergessen Sie das Problem mit der Haltbarkeit und genießen Sie unbeschwert frisches Putenfilet“
- **Geschnetzeltes-Pfanne** „China“, Geschmack aus Fernost und Frische aus der Fleischerei
- **Kochschinken** aus der Schalensiegelverpackung, Scheiben leicht entnehmbar und von einer Farbe, die einen anlacht
- Zarte **Hüftsteaks** aus der Edelpackung: „Verwöhnen Sie sich mit dem Genuss besten Rindfleisches“

Verzehrempfehlungen
Durch das unter Schutzatmosphäre verpackte frische rohe Fleisch kann die Einkaufslogistik vereinfacht werden.
„Kaufen Sie auf Vorrat ein und bereiten Sie zu Hause das zu, worauf Sie gerade Appetit haben. Die Schutzatmosphären Sauerstoff, Stickstoff oder Kohlendioxid, sie befinden sich alle in unserer Atemluft, garantieren nicht nur bestes Aussehen und Haltbarkeit, sondern auch absolute Unbedenklichkeit."

& Komplexe Aufgaben

1. Nehmen Sie sich Zeit und besuchen Sie einen Discounter, einen Supermarkt, ein Einzelhandelsgeschäft und eine Fleischerei. Verschaffen Sie sich eine Übersicht über die angebotenen Verpackungsarten und verpackten Produkte und fertigen Sie eine Tabelle darüber an. Was fällt Ihnen auf?
   Diskutieren Sie Ihre Ergebnisse in der Klasse.
2. Lagern Sie im Kühlraum Teilstücke vom Schwein und Rind (unverpackt, in Folie, Peach Treat, Siegelrandbeutel, Schlauchbeutel, Schrumpfbeutel mit und ohne Wärme).
   a) Ermitteln Sie jeweils das aktuelle Gewicht und die Gewichtsverluste nach 3 Tagen, 8 Tagen und 14 Tagen. Legen Sie eine Tabelle an.
   b) Vergleichen Sie die Qualitätseigenschaften.
   c) Ermitteln Sie die optimale Reifelagerung für Rindfleisch.
   d) Bewerten Sie die Handhabbarkeit der Verpackungsarten.
   e) Diskutieren Sie Ihre Ergebnisse in der Klasse.

? Aufgaben zur Wiederholung

1. Welche rechtlichen Bestimmungen nehmen Bezug auf die Verpackungstechnologie?
2. Welches Ziel verfolgt das Verpackungsgesetz?
3. Welche Eigenschaften sollten alle Verpackungsmaterialien aufweisen?
4. Welche Folienarten werden unterschieden?
5. Welche Gase kommen bei der Begasungstechnik zum Einsatz?
6. Wo kommen Tiefziehmaschinen zum Einsatz?
7. Wie muss die Verwendung von Packgasen auf Fertigpackungen kenntlich gemacht werden?
8. Welche Möglichkeiten bieten sich dem Fleischer durch die Etikettierung?
9. Welche Kennzeichnungselemente schreibt die Lebensmittelinformations-Verordnung für Fertigverpackungen vor?
10. Nennen Sie Verkaufsargumente für Fertigpackungen.

% Ausgewählte Fachrechenaufgabe

Fleischermeister Nusse möchte in seiner Filiale im Einkaufszentrum eine kleine SB-Truhe mit abgepacktem Frischfleisch, Fertiggerichten und Convenience-Produkten für eilige Kunden aufstellen. Da er zurzeit aber nicht über ausreichend liquide Mittel verfügt, hat er mit seiner Hausbank einen Darlehensvertrag abgeschlossen.
Die Maschine kostet netto 17 983,19 €, zuzgl. MwSt.
Die vereinbarte Laufzeit beträgt 60 Monate.
Der Nominalzins (= Zins, der auf das Restdarlehen berechnet wird) beträgt 7,92 % p.a. (pro Jahr).
Die einmaligen Bearbeitungskosten liegen bei 2 % des Darlehens. Die monatliche Rate beträgt 442,00 €.

a) Wie hoch ist der gesamte Darlehensvertrag (inkl. Mehrwertsteuer)?
b) Wie hoch sind die Bearbeitungsgebühren (einmalige Kosten), die separat gezahlt werden?
c) Wie viel € beträgt das Gesamtdarlehen einschließlich der Bearbeitungsgebühr?
d) Der gesamte Zinsbetrag beträgt über 5 Jahre 4 675,00 €. Wie hoch wäre die monatliche Zinsbelastung, wenn sie monatlich gleich bliebe?
e) Wie hoch ist die letzte Monatsrate, wenn Fleischermeister Nusse über 59 Monate eine monatliche Rate von 442,00 € zahlt?

13

Catering

Taking an order

Mr. and Mrs. Smith booked a full service catering by "Fleischerei Nusse" for their silver wedding celebration. Nicole is one of the waitresses this evening and serves Mr. and Mrs. Smith.

Nicole: Good evening, Mr. and Mrs. Smith. I'm your waitress for this evening.
Mr. Smith: Good evening.
Nicole: Would you like an appetiser first?
Mr. Smith: Yes, please. A Prosecco would be great.
Nicole: Of course, here you are. And here is the menu. You can choose between three main courses, as you have booked.
Mr. Smith: Thank you.
Nicole: Are you ready to order?
Mr. Smith: Well, what would you recommend for the main course?
Nicole: I can recommend the Osso bucco. It's very good. It's from the veal shank and braised in fresh tomatoes.
Mr. Smith: Fine, that sounds delicious. I'll have the Osso bucco then.
Nicole: And what would you like to start with?
Mr. Smith: I'll have the melon with Serrano ham and then the tomato soup. What about you, Jane?
Mrs. Smith: I'll have the tomato soup and then the Crown lamb chop.
Nicole: Very good. And would you like any vegetables or salad with it?
Mr. Smith: I'll have beans and potatoes.
Mrs. Smith: Just salad for me, please.
Nicole: Thank you very much. Would you like anything to drink?
Mr. Smith: Red wine for both of us, please. ...

1. Read the dialogue and practice with your partner.

2. Read the dialogue once again and answer the questions.

1. *Why does Mr. Smith take the Osso bucco?*
2. *Which main course does Mrs. Smith order?*
3. *Which starters does Mr. Smith order?*
4. *Which side dishes do the guests choose?*
5. *Which drinks are ordered?*

3. Continue the conversation. The phrases below will help you.

INFORMATION:
Useful phrases for a waiter/waitress at a restaurant:

- *Are you ready to order, madam/sir?*
- *What would you like ... to start with/to drink/for dessert/to go with it?*
- *(And) do you want ...?*
- *How do you like it? Medium?*
- *It'll take about ... minutes.*
- *Is everything all right, madam/sir?*
- *Did you enjoy the meal?*
- *Can I get you anything else?*
- *Are you paying together or separately?*
- *I'll get the bill immediately.*
- *Your bill, madam/sir.*

Placing a food order

4. Nicole is working at the hot food counter. A customer is ordering food and drinks. Put the sentences in the right order and write down the full dialogue in your exercise book.

Here are your drinks, it's € 21.90 altogether, please. | *No, not yet. Could I order some food, please?*

Are you being served? | *Certainly, what would you like?* | *Over there, by the window.*

Yes, two coke and one ice tea, please. | *I'll bring you your food as soon as it is ready.*

Here are € 25. | *It will take a couple of minutes. Would you like anything to drink?*

One Schnitzel with French fries, one lasagna and one goulash with pasta, please.

Here is your change and your receipt. | *Where are you sitting?*

False friends

5. There are some words in the English language that sound like German words but they have a totally different meaning. Find the correct word for each sentence. If you need help use a dictionary.

Example: *I ~~become~~/get the beef steak.*

1. *This restaurant has got a new chef/boss. He cooks very well.*
2. *Coleslaw is a(n) kind/art of salad.*
3. *My sister has two kinds/children.*
4. *In Britain they are called biscuits/cakes. In the USA they are called cookies.*
5. *I hope to become/get my meal soon. I'm very hungry.*
6. *Can I borrow your handy/mobile phone, please? I need to call my mum.*
7. *We must not forget to buy Andrea a birthday poison/gift.*

GRAMMAR: Expressing the future

1. Your food will be here in a few minutes.
2. I hope you'll like the meal.
3. I think I'll have the sirloin steak then.
4. Will you have the fillet, too?
5. No, I won't (= will not) take the fillet today.
6. Anna is staying for another three days.

Das Futur mit will (= werden) verwendet man für zukünftige Ereignisse oder Situationen, die mit Sicherheit eintreten werden (siehe 1.), für Vermutungen oder Hoffnungen (siehe 2.) und für spontane Entscheidungen (siehe 3.).
In die Zukunft gerichtete Fragen bildet man durch die Veränderung der Satzstellung (siehe 4.), Verneinungen mit will not = won't (siehe 5.).
Das present continuous (–ing-Form) verwendet man, wenn etwas Zukünftiges bereits geplant oder verabredet wurde (siehe 6.).

VOCABULARY

bean	Bohne
bill	Rechnung
to book sth.	etwas buchen, reservieren
a couple of	einige
hot food counter	heiße Theke
immediately	unverzüglich, sofort
main course	Hauptgericht
menu	Speisekarte
order	Bestellung
to recommend sth.	etwas empfehlen, vorschlagen
receipt	Kassenbon
separately	getrennt
to serve	bedienen
side dish	Beilage
starter	Vorspeise

W Wissensspeicher

1 Naturwissenschaftliche Grundlagen

Die Naturwissenschaften befassen sich mit dem gesamten Bereich der toten und belebten Natur. Sie versuchen, **Gegebenheiten** zu **erforschen** und **Gesetzmäßigkeiten** zu **ergründen.** Eine der wichtigsten Aufgaben der Naturwissenschaften besteht darin, die gewonnenen Erkenntnisse dem Menschen nutzbar zu machen.

Fleisch, der Hauptwerkstoff des Fleischers, ist ein Naturprodukt. Es besteht wie alles, was die Natur geschaffen hat, aus chemischen Grundstoffen und Verbindungen. Nicht nur beim Umgang mit dem Rohstoff Fleisch, sondern auch bei der Veredelung laufen chemische, mikrobielle und physikalische Vorgänge ab.

Dies macht die absolute Notwendigkeit deutlich, dass der Fleischer sich mit naturwissenschaftlichen Grundlagen auseinandersetzen muss, um bestimmte Abläufe bei der Gewinnung, Bearbeitung und Verarbeitung zu verstehen, zu beeinflussen und zu steuern.

Werden **handwerkliche Kenntnisse,** gewonnen aus der Praxiserfahrung, kombiniert mit den gewonnenen **naturwissenschaftlichen Erkenntnissen,** so lässt sich **meisterliches Können** erwerben und für die Praxis nutzbar machen.

1.1 Grundbegriffe aus der Chemie

Die Chemie ist ein Zweig der Naturwissenschaften. Sie befasst sich mit den Stoffen, ihrer Zusammensetzung, ihren Eigenschaften und ihren Umwandlungen.

Verschiedene Zweige der Chemie befassen sich mit ganz spezifischen Teilbereichen. Einige dieser Bereiche sind:

Organische Chemie
Chemie der Kohlenstoffverbindungen

Anorganische Chemie
Chemie der Verbindungen ohne Kohlenstoff

Physikalische Chemie
Chemie der Kräfte in den Stoffen

Biochemie
Chemie der Lebensvorgänge in Organismen

Lebensmittelchemie
Chemie der Lebensmittel

1.1.1 Chemische Grundstoffe

Chemische Grundstoffe werden auch als Urstoffe oder Elemente bezeichnet. Sie sind Urbestandteile aller Stoffe, die in der belebten oder unbelebten Natur vorkommen. Sie sind selten in reiner Form vorhanden. Meist treten sie als Bestandteil einer chemischen Verbindung auf. Von diesen Grundstoffen sind nur 105 bekannt, von denen 92 in der Natur vorkommen und 13 von den Atomphysikern in den Laboratorien hergestellt werden können. Aus diesen Grundstoffen lassen sich mehrere hunderttausend Stoffe, die Verbindungen genannt werden, herstellen. Jeder der 105 Grundstoffe hat einen Namen und ein chemisches Kurzzeichen (Symbol), das meist vom lateinischen Namen des Elements abgeleitet ist. Der größte Teil der 105 Elemente kommt in fester Form vor. Gasförmig sind 11 Elemente, flüssig sind nur die beiden Elemente Brom (Br) und Quecksilber (Hg). Eine andere Unterteilungsmöglichkeit der Grundstoffe ist möglich in Metalle und Nichtmetalle.

Das kleinste Teilchen eines Grundstoffs ist das **Atom.** Das Wort kommt aus der griechischen Sprache (atomos = unteilbar). Ein **Atom** ist mit chemischen Mitteln nicht mehr teilbar.

Jedes Atom besteht aus einem **Atomkern,** der sich aus **Protonen** und **Neutronen** zusammensetzt und ähnlich wie bei Sonnensystemen im Weltall von Elektronen auf ganz bestimmten Bahnen umkreist wird. Die äußere Elektronenbahn ist gleichzeitig die Außenhülle des Atoms.

Von der Zusammensetzung des Atomkerns hängen die Anzahl der ihn umkreisenden Elektronen und die Eigenschaft des Atoms ab.

Bezeichnung einiger wichtiger Grundstoffe		
Deutsche Bezeichnung	**Wissenschaftliche Bezeichnung**	**Chemisches Symbol**
Wasserstoff	Hydrogenium	H
Sauerstoff	Oxygenium	O
Stickstoff	Nitrogenium	N
Kohlenstoff	Carboneum	C
Schwefel	Sulfur	S
Kalzium	Calcium	Ca
Kalium	Kalium	K
Eisen	Ferrum	Fe
Phosphor	Phosphor	P
Jod	Jodum	J
Fluor	Fluorum	F
Natrium	Natrium	Na
Chlor	Chlorum	Cl
Kupfer	Cuprum	Cu
Magnesium	Magnesium	Mg
Aluminium	Aluminium	Al
Silber	Argentum	Ag
Gold	Aurum	Au
Blei	Plumbum	Pb
Neon	Neon	Ne
Helium	Helium	He

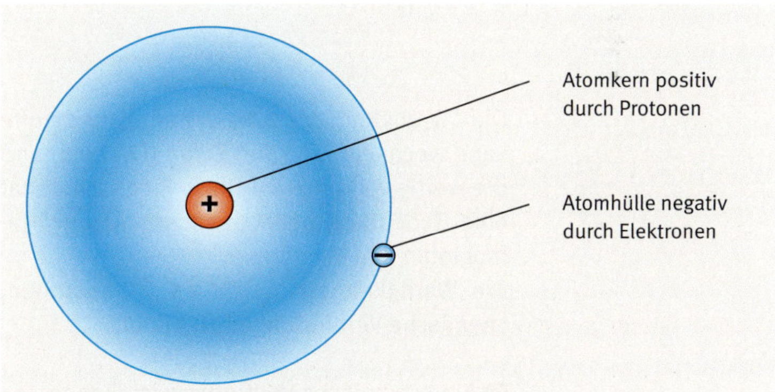

Allgemeiner Aufbau eines Atoms

1.1.2 Chemische Verbindungen

Atome sind in der Lage, Verbindungen miteinander einzugehen. Eine dazu notwendige Bindungskraft wird Wertigkeit oder Valenz genannt.

Maßstab ist die Wertigkeit des Wasserstoffs mit der Zahl 1. H ist einwertig, d. h. es kann ein anderes einwertiges Atom an sich binden.

Beispiele:

Na + Cl = NaCl (Kochsalz)

H + Cl = HCl (Salzsäure)

Es kann sich aber auch an eine freie Valenz eines Moleküls anhängen und dieses vervollständigen (sättigen). Gesättigte Moleküle

W

sind stabiler. Sie reagieren nicht so leicht mit anderen Stoffen.

Zweiwertige Atome, z. B. Sauerstoff, können zwei einwertige Valenzen an sich binden oder mit einem anderen zweiwertigen Atom eine Doppelbindung eingehen.

Beispiele:

H + H + O = 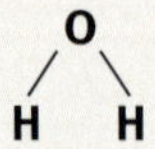 **= H_2O = Wasser**

O + O = O=O = O_2 = reiner Sauerstoff

O + O + O = 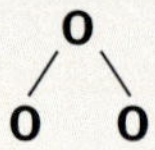 **= O_3 = Ozon**

Vierwertige Atome, z. B. Kohlenstoff, können 4 einwertige oder mit einer Doppelbindung 2 zweiwertige Atome an sich binden.

C + H + H + H + H = 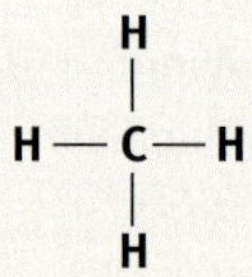 **= CH_4 (Methan)**

C + O + O = 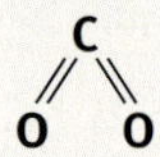 **= CO_2 (Kohlendioxid)**

Die Wertigkeit verschiedener Grundstoffe kann wechseln. So kann Eisen (Fe) zwei- und dreiwertig vorkommen. Diese Eigenschaft hat eine Bedeutung beim Gasaustausch im Hämoglobin und Myoglobin.
Die Wertigkeit ermöglicht es Grundstoffen, chemische Verbindungen zu bilden.

Eine chemische Verbindung ist eine feste Verbindung verschiedener Grundstoffe oder kleinerer Verbindungen. Sie hat fast immer andere Eigenschaften als die Stoffe, aus denen sie zusammengesetzt ist und lässt sich selten mit einfachen Mitteln trennen.

Die kleinste Atomgruppe einer chemischen Verbindung ist das **Molekül.** Wird es zerlegt, entstehen kleinere Moleküle, kleinere unvollständige Atomgruppen und/oder reine Grundstoffe.

Molekül wird es auch genannt, wenn Atome des gleichen Grundstoffs sich miteinander verbinden. Viele Grundstoffe kommen in reiner Form so vor.

1. Molekül
2. Atom + Atom = Molekül
3. Na + Cl = Na—Cl = NaCl
4. O + O = O=O = O_2

Einige wichtige Verbindungen:

H_2	=	reiner Wasserstoff
O_2	=	reiner Sauerstoff
O_3	=	Ozon
H_2O	=	Wasser
CO	=	Kohlenstoffmonoxid
CO_2	=	Kohlenstoffdioxid
N_2	=	Stickstoff
$C_6H_{12}O_6$	=	Traubenzucker
$C_3H_6O_3$	=	Milchsäure
NaCl	=	Kochsalz
$NaNO_2$	=	Natriumnitrit
KNO_3	=	Kaliumnitrat (Salpeter)
HCl	=	Salzsäure
$C_6H_7NaO_6$	=	Natriumascorbat

Das Eiweiß enthält die größten bekannten Moleküle. Die Moleküle verschiedener Eiweißarten enthalten mehrere tausend Atome.

Der Aggregatzustand, d. h. die Beschaffenheit eines Stoffes (fest, flüssig, gasförmig), hängt von der Anziehungskraft der Atome oder Moleküle ab. Sie ist bei festen Stoffen am größten. Bei gasförmigen Stoffen wird sie zur Abstoßungskraft.
Der Aggregatzustand lässt sich durch Umgebungseinflüsse (z. B. Temperatur) verändern. Wasser ist z. B. unter 0 °C fest, zwischen 0 °C und 100 °C flüssig und darüber gasförmig. Eisen schmilzt bei 1 530 °C und verdampft bei ca. 3 000 °C.

Die Veränderung chemischer Verbindungen geschieht entweder durch Einwirkung von anderen Stoffen (z. B. Fermenten bei der Verdauung) oder durch Umgebungseinflüsse (z. B. Hitze verändert viele Vitamine und Licht den Fleischfarbstoff Myoglobin.).

1.1.3 Gemenge

Als Gemenge werden Mischungen aus chemischen Verbindungen oder Grundstoffen bezeichnet, die sich jedoch nicht zu einer neuen chemischen Verbindung zusammengeschlossen haben. Die Eigenschaften eines Gemenges sind die Summe aus den Eigenschaften der Stoffe, die in dem Gemenge enthalten sind.
Bei einer Analyse im Labor lassen sich die in einem Gemenge enthaltenen Stoffe leicht voneinander trennen.
Beispiele: Brühwurst, Schweinemett, Brot

1.1.4 Lösungen

Lösungen sind flüssige Gemische aus löslichen Stoffen und Lösungsmitteln. In einer vollständigen Lösung sind die löslichen Stoffe restlos gelöst. Sie lassen sich durch Ausfällen mithilfe chemischer Substanzen oder durch Destillieren (Verdampfen und anschließendes Verflüssigen des verdampften Stoffes) trennen.
Beispiele: Zucker oder Salz in Wasser
Fett in Alkohol
Eiweiß in Wasser

1.1.5 Emulsionen

Emulsionen sind Gemenge aus flüssigem Fett (z. B. Öl) und Wasser oder wässrigen Lösungen. Zwei Stoffen, die sich im Normalfall schnell wieder entmischen (Fett setzt sich oben ab, Wasser unten). Durch die Anziehungskraft der Fettkügelchen entstehen Fetttropfen, die sich an der Oberfläche absetzen. Der Zusatz von Emulgatoren (Eiweiß, Mono- und Diglyceride von Speisefettsäuren) verhindern diese Tropfenbildung. Den Fettkügelchen fehlt nach gründlicher Durchmischung die Auftriebskraft. Sie schweben in der Emulsion.
Beispiele: Mayonnaise, Margarine, Leberwurstmasse, Brühwurstbrät

1.1.6 Legierungen

Legierungen sind Gemenge von festen Stoffen (Metalle, Kunststoffe), die im flüssigen Zustand gemischt wurden.
Beispiele: Kupfer + Zinn = Bronze
Kupfer + Zink = Messing

1.1.7 Säuren

Sie enthalten je nach ihrer Stärke einen mehr oder weniger großen Anteil an leicht austauschbarem, also gut reagierendem Wasserstoff (tiefer pH-Wert). Je stärker die Säure ist, umso leichter reagiert der Wasserstoffanteil.
Beispiele: Essigsäure, Milchsäure,
Salzsäure

1.1.8 Basen/Laugen

Basische Stoffe ergeben in Wasser gelöst eine Lauge. Sie reagieren alkalisch. Die Moleküle der Basen enthalten eine leicht austauschbare (gut reagierende) OH-Atomgruppe (Verbindung von je einem Atom Sauerstoff und Wasserstoff). Außerdem enthalten viele Basen in ihren Molekülen einen Metallanteil (es gibt Ausnahmen). Dieser ist der Träger der basischen Eigenschaften.
Beispiele: Natronlauge, Seife

1.1.9 Salze

Salze entstehen, wenn Säuren mit Basen chemisch reagieren. Bei dieser Reaktion wird der leicht reagierende Sauerstoff aus der Säure gegen ein Metallatom aus der Base ausgetauscht. Dabei wird Wasser abgespalten.
Beispiele: Kochsalz, Soda,
Kaliumpermanganat

1.1.10 Synthese

Das Herstellen, der Aufbau einer chemischen Verbindung aus Grundstoffen oder anderen chemischen Verbindungen, wird als Synthese bezeichnet.
Beispiele: Synthesefasern, Kunststoffe,
synthetisches Insulin

1.1.11 Analyse

Analyse ist das Zerlegen eines Gemenges oder einer chemischen Verbindung in ihre Grundstoffe oder in kleinere Verbindungen.
Beispiel: Untersuchung der bei den Lebensmittelkontrollen gezogenen Proben von z. B. Wiener Würstchen

1.1.12 Oxidation

Vom Wortursprung her ist Oxidation eine chemische Reaktion, bei der Sauerstoff (Oxygenium) aufgenommen wird; ein Stoff wird oxidiert. So ist z. B. jede Verbrennung eine Oxidation.

Oxidation ist auch jede chemische Reaktion, bei der Wasserstoff abgegeben wird.

Außerdem ist eine Oxidation eine chemische Reaktion, bei der von einem Atom Elektronen abgegeben werden. Das bedeutet eine Abnahme des negativen Ladungsanteils, während der positive Ladungsanteil zunimmt.
Beispiele:

2 CO	+	**O_2**	=	**2 CO_2**
Kohlenmonoxid		reiner Sauerstoff		Kohlendioxid
8 Fe	+	**6 O_2**	=	**4 Fe_2O_3**
Eisen		reiner Sauerstoff		Eisenoxid (Rost)

1.1.13 Reduktion

Reduktion ist die Umkehrung der Oxidation:
- Jede chemische Reaktion, bei der Sauerstoff abgegeben wird
- Eine Reaktion, die mit der Aufnahme von Wasserstoff verbunden ist
- Jede Aufnahme von Elektronen, d. h. jede Abnahme des positiven Ladungsanteils eines Atoms

Beispiele:

2 KNO_3	–	**O_2**	=	**2 KNO_2**
Nitrat (Salpeter)		reiner Sauerstoff		Nitrit
S	+	**H_2**	=	**H_2S**
Schwefel		reiner Wasserstoff		Schwefelwasserstoff

W

1.1.14 Diffusion

Grundsätzlich bewegen sich alle Teilchen wie Ionen, Molekülteilchen oder winzigste Gasteilchen, die mit dem bloßen Auge nicht erkennbar sind, unaufhörlich von selbst. Diese Eigenbewegung ermöglicht eine selbstständige und gleichmäßige Durchmischung aller in einer Lösung befindlichen kleinsten Teilchen.

**Alle Teilchen sind um einen ständigen Konzentrationsausgleich bemüht.
Diese Erscheinung wird Diffusion genannt.**

Die Diffusion ist eine selbstständig verlaufende Durchmischung verschiedener Stoffe infolge der Wärmebewegung kleinster Teilchen. Je höher die Temperatur ist, desto schneller verläuft die Diffusion, je niedriger die Temperatur, umso langsamer verläuft die Diffusion.

Zur Herstellung von z. B. Pökelwaren wird Salz verwendet, um dem Fleisch Wasser zu entziehen.
Der Vorgang der Wasserwanderung (Diffundieren) durch eine Zellmembran, die nur für kleinste Teilchen wie z. B. Wasser durchlässig ist, wird als **Osmose** bezeichnet.

Osmose ist die einseitige Verteilung (Diffusion) durch eine halbdurchlässige (semipermeable) Membran zum Ausgleich des Konzentrationsgefälles. Dabei stellt die Osmose einen Spezialfall der Diffusion dar.

Gedankenexperiment:
Würde man aus einem Fleischteil ein Stück herausschneiden und es vielfach vergrößern können, dann könnte man eine Vielzahl von Zellen beobachten. Diese Zellen besitzen jeweils ein „dünnes Häutchen", das als Membran bezeichnet wird. Die Membran ist in der Lage, Wasserteilchen durch kleine Poren durchzulassen, dagegen anderen gelösten Teilchen wie Zuckerteilchen oder Salzteilchen den Weg zu versperren. Dies ist darauf zurückzuführen, dass die Teilchen eine unterschiedliche Größe haben.
Aus diesem Grund bezeichnet man solche Membranen auch als halbdurchlässige (semipermeable) Membranen.

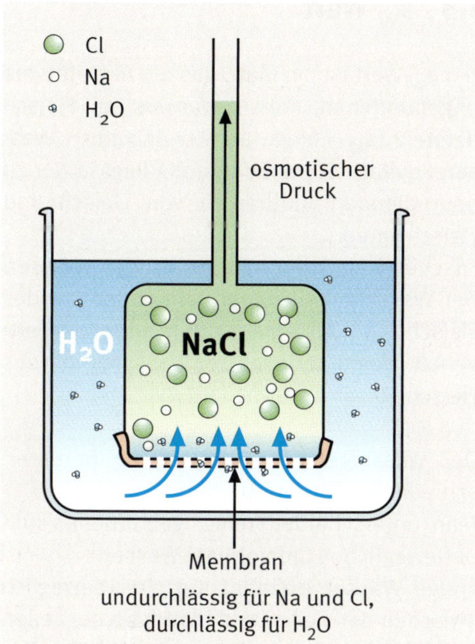

Das durch die Membran strömende Wasser verdünnt die Salzlösung. Diese vergrößert ihr Volumen und drückt auf die Wände.

Osmose – halbdurchlässige (semipermeable) Membran

Bei der Lösung von Salz in Wasser (Diffusion) kann der Konzentrationsausgleich ungehindert verlaufen. Dagegen kann der Konzentrationsausgleich bei dem Vorhandensein einer „Schranke" (semipermeable Membran) nicht ungehindert ablaufen.

Der Konzentrationsausgleich wird jetzt dadurch erreicht, dass die membrandurchlässigen Wasserteilchen zur Seite der höchsten Konzentration wandern und damit immer die Salz- oder Zuckerlösung verdünnen.

Auf das Eingangsbeispiel übertragen bedeutet dies: Die Konzentration an Salz außerhalb des Fleisches und damit der einzelnen Fleischzellen ist um einiges größer als im Inneren der Fleischzellen. Jetzt versuchen die Wasserteilchen, dieses Konzentrationsgefälle auszugleichen und wandern durch die semipermeable Membran aus der Fleischzelle in das Äußere; dem Fleisch wird also Wasser entzogen. Man erkennt diesen Vorgang bei der Herstellung einer Mutterlake beispielsweise daran, dass das Fleisch im eigenen Fleischsaft liegt.

1.2 pH-Wert

Der pH-Wert spielt in der Fleischerei eine besondere Rolle, weil vom pH-Wert des Fleisches oder des Fleischerzeugnisses dessen Qualität und Verwendungsfähigkeit abhängt.
In vielen Prozessen der Fleischerzeugnisherstellung sowie bei der Verwendung in der Küche ist es wichtig zu wissen, welchen pH-Wert ein Produkt hat.

Beispiel: Zum Kurzbraten geeignetes Rindfleisch (z. B. aus der Hüfte/Blume) lässt sich nur dann schmackhaft und zart zubereiten, wenn sich der pH-Wert nach etwa 21 Tagen der Reifung zwischen 6,0 und 6,4 eingependelt hat.
Der pH-Wert (lat.: pondus **➔ p** ≅ das Gewicht oder potentia **➔ p** ≅ die Kraft, lat.: **H** für Hydrogenium ➔ H_3O^+) bestimmt maßgeblich die Eigenschaften wie Haltbarkeit, Verwendbarkeit, Zartheit, Aroma, Wasserbindevermögen und Wasserabgabefähigkeit des Fleisches sowie die Qualität aller Fleischerzeugnisse. Er ist eine Maßeinheit, um feststellen zu können, wie sauer oder basisch (alkalisch) Fleisch bzw. ein Lebensmittel reagiert. Gemessen wird die Konzentration von in Wasser gelösten Hydronium-Ionen.
Die Hydronium-Ionen können auch als Säureteilchen, die Hydroxid-Ionen als Basenteilchen bezeichnet werden.

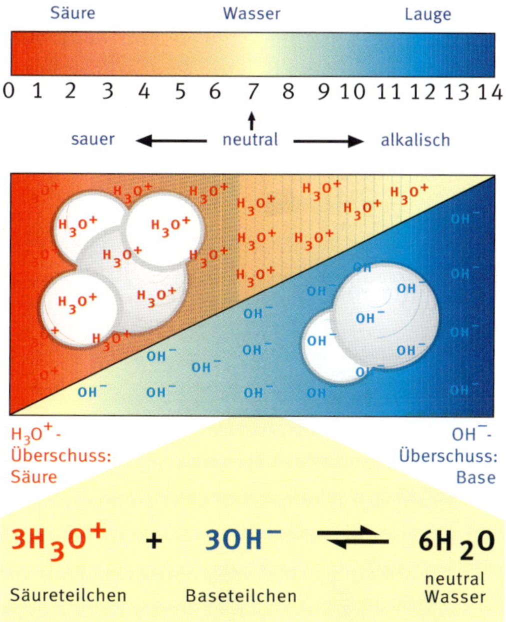

pH-Wert-Skala mit den entsprechenden Konzentrationen an H_3O^+ und OH^--Ionen

Bei einer sauren Reaktion ist die Konzentration von Säureteilchen größer als die der Basenteilchen. Bei basischer Reaktion ist die Konzentration von Säureteilchen kleiner als die der Basenteilchen. Sind die Konzentrationen von Säure- und Basenteilchen gleich groß, dann spricht man von einer neutralen Reaktion (z. B. destilliertes Wasser = reines Wasser).
Die pH-Messskala reicht von 0 bis 14. Alle pH-Werte unter 7 bezeichnet man als sauer, alle über 7 als basisch (alkalisch). Ein pH-Wert von 7 ist neutral.

Der Fleischer kann anhand des pH-Werts indirekt auf den Gehalt an **Milchsäure** im Fleisch und in Fleischerzeugnissen schließen. Ebenfalls kann er den **Zersetzungsgrad** der Eiweißstoffe im Fleisch beurteilen, da die Zersetzungsprodukte von Eiweiß (z. B. Ammoniak: NH_3) basisch reagieren. Die Konzentration von Hydronium-Ionen sinkt und die der Hydroxid-Ionen steigt, was an einem steigenden pH-Wert abzulesen ist. Für die Ermittlung des pH-Werts von Fleisch werden sogenannte Steckelektroden verwendet.
Dieses Verfahren bietet die größte Messgenauigkeit und die einfachste Handhabung in der Praxis. Der pH-Wert wird von einer Skala des pH-Meters abgelesen.
Beim Messen von pH-Werten sollte darauf geachtet werden, dass die Fleischproben fett-, blut- und bindegewebsarm sind. Alle drei Stoffe können den pH-Wert verfälschen.

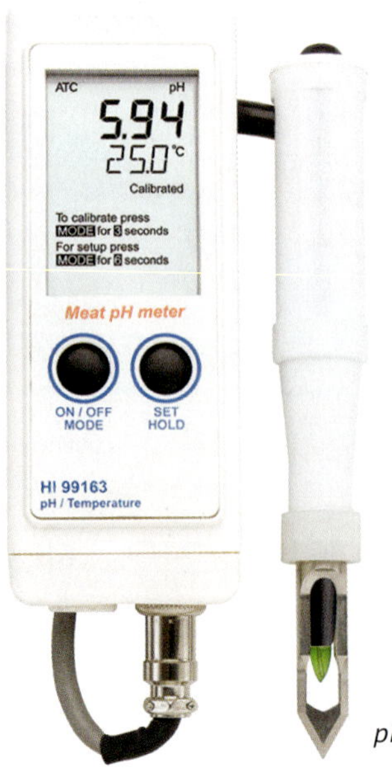

pH-Meter

1.3 a_W-Wert

Der a_W-Wert ist ein Maß, das die Aktivität des ungebundenen, freien Wassers im Fleisch darstellt (**a_W** = engl.: activity of water = Wasseraktivität). Seine Bedeutung liegt in der zu beurteilenden Haltbarkeit von Fleisch und Fleischwaren.
Frisches Fleisch enthält 50 bis 75 % Wasser. Der Wassergehalt hängt vom Fettgehalt des Fleisches ab. Allgemein gilt: je höher der Fettgehalt, desto geringer der Wassergehalt des Fleisches.

Der Wassergehalt im Fleisch ist in unterschiedlicher Form verfügbar:
Man unterscheidet freies, gebundenes und unbewegliches (immobiles) Wasser.
Freies Wasser befindet sich frei beweglich zwischen den Zellen und **innerhalb** der Zellen und wird als aktives Wasser bezeichnet. **Nur dieses wird vom a_W-Wert erfasst!**

Gebundenes Wasser ist im Fleisch an Nährstoffe wie Zucker und Salz usw. gebunden (durch elektrische Anziehung als Hydratationswasser). In einem anderen Fall ist das Wasser von anderen Stoffen eingeschlossen (Beispiel: Eiweißgerinnung und Stärkeverkleisterung) und damit **unbeweglich.**

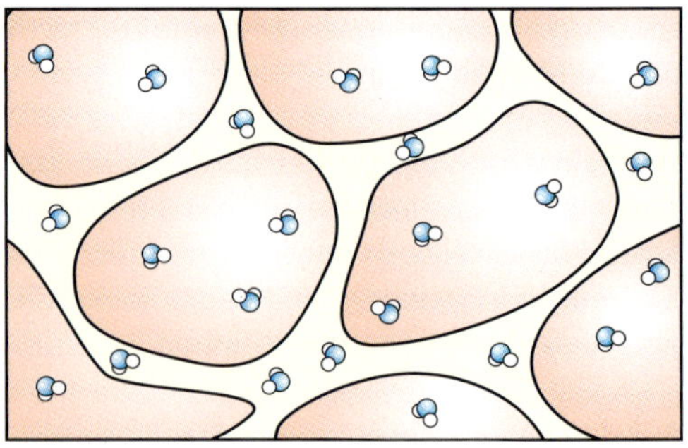
Wasser in Zellen

Freies Wasser im Fleisch wird vor allem für enzymatische Vorgänge und von Mikroorganismen (►S. 78 ff.) benötigt.
Die Aktivität sowohl der Enzyme als auch der Mikroorganismen kann erwünscht sein.
Beispiel: Bei der Fleischreifung tragen eiweißspaltende Enzyme dazu bei, dass Rindfleisch zart und aromatisch wird. Die Mikroorganismen (Lactobazillen und Mikrokokken) tragen bei der natürlichen Rohwurstreifung zur Sen-

kung des pH-Werts bei und fördern somit die Umrötungsprozesse.

Allerdings können die enzymatischen und mikrobiellen Vorgänge auch unerwünscht sein und zum Verderb (Fäulnis, Ranzigkeit und Säuerlichkeit) oder gar zur Vergiftung (Toxinbildung) des Fleisches führen.

Je höher der a_W-Wert ist, desto größer die Gefahr eines Fleisch- und Fleischwarenverderbs. Zur Messung und Beurteilung des a_W-Werts gibt es eine Messskala von 1 bis 0. Reines Wasser hat den a_W-Wert 1, während ein wasserfreies Pulver den a_W-Wert 0 hat. Alle dazwischen liegenden a_W-Wert-Angaben werden mit zwei Stellen nach dem Komma angegeben (z. B. 0,97).
Fleisch und Fleischerzeugnisse haben a_W-Werte zwischen 0,70 und 0,99.

Fleisch und Fleischerzeugnisse sind in der Regel sehr verderbsanfällig. Dabei kommt es nicht auf den absoluten Wassergehalt, sondern auf die a_W-Werte an. Die a_W-Werte von zwei Fleischwaren mit gleichem Wassergehalt können unterschiedlich sein.

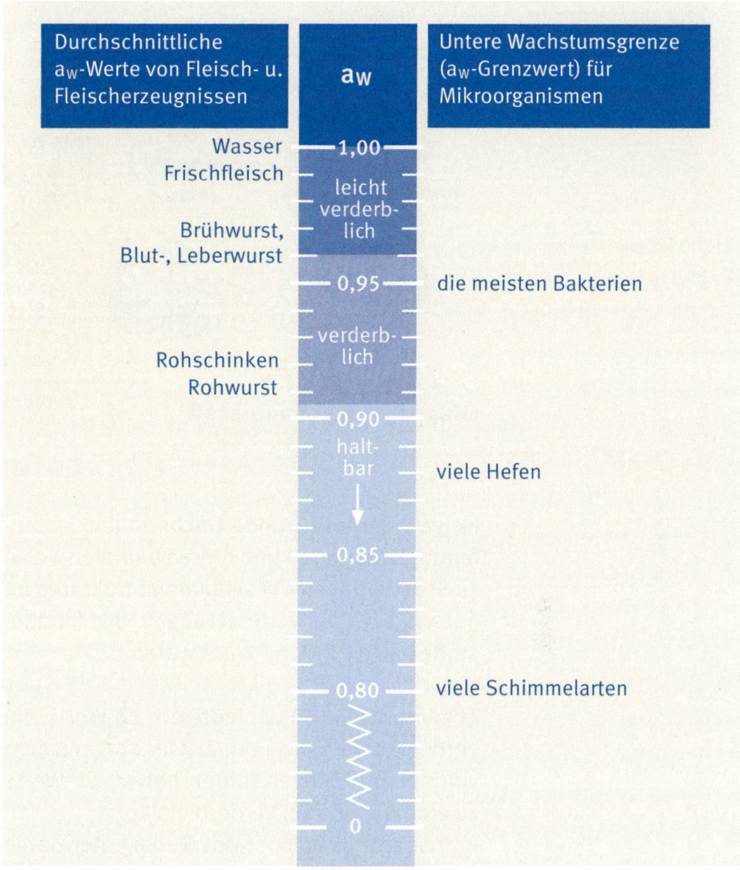

1.4 Eh-Wert

Der Eh-Wert ist ein Messwert, der Aussagen über die Fleisch- und Wurstwarenqualitäten zulässt, indem die elektrische Spannung (Redoxpotenzial) in einem Lebensmittel gemessen wird. Eine elektrische Spannung kommt dann zustande, wenn im Fleisch Oxidations- und Reduktionsprozesse ablaufen. Dies sind chemisch ausgedrückt Elektronenübertragungen (oder auch Elektronenwechsel) zwischen zwei Stoffen. Bei einer Oxidation werden Elektronen von einem Stoff abgegeben und von einem zweiten Reaktionspartner aufgenommen, der dann damit einer Reduktion unterliegt (Elektronenaufnahme).
Beide Prozesse laufen immer zusammen ab (deshalb „**Redox**reaktion“).

In der Fleisch und Wurstwarenproduktion will man verhindern, dass die produzierten Erzeugnisse zu schnell verderben und damit ihre Qualität verlieren.

Der Eh-Wert wird entscheidend durch den Zutritt des **Luftsauerstoffs** zu den Fleisch- und Wurstwaren beeinflusst. Die häufigsten Verderbnisprozesse stehen im Zusammenhang mit dem Vorhandensein von (Luft-)Sauerstoff (O_2). Der Sauerstoff verbindet sich sehr gerne mit Substanzen aller Art wie beispielsweise Eiweiß, Fett oder Öl (Ranzigwerden von Fett) und verschiedenen Vitaminen und Mineralstoffen (Natrium, Kalium, Magnesium, Calcium usw.) sowie Spurenelementen (Eisen, Zink, Kupfer, Selen usw.). Diese Stoffe werden von Sauerstoff oxidiert, das bedeutet: Der Sauerstoff lagert sich beispielsweise an Magnesium und entreißt dem Magnesium bei dieser Reaktion zwei Elektronen.

Damit hat der Sauerstoff zwei Elektronen dazubekommen, wird also reduziert, und Magnesium musste zwei Elektronen an den Sauerstoff abgeben, wird also oxidiert.
Solche Prozesse können von einer Messapparatur elektrochemisch erfasst werden. Viele Verderbnisprozesse im Lebensmittel

W

Prinzip der Elektronenübertragung
Beispiel: Redoxreaktion zwischen Magnesium und Sauerstoff

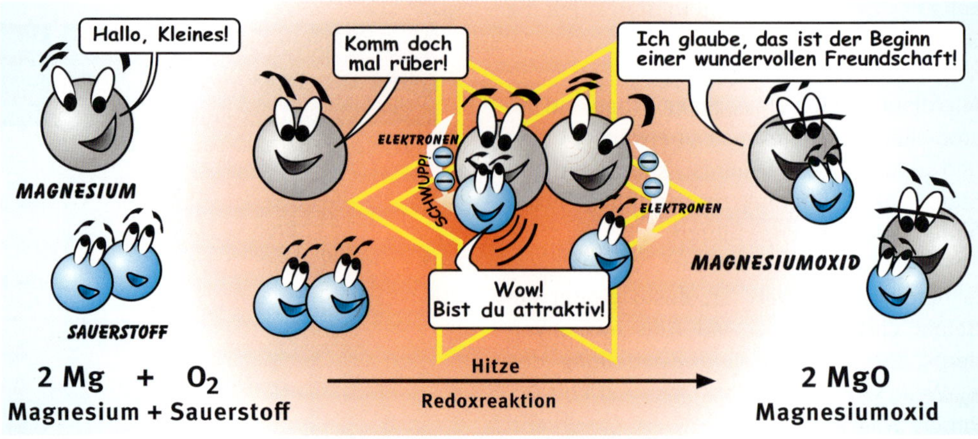

Fleisch sind im Grunde unkontrolliert ablaufende Oxidationen und führen beispielsweise zu Schädigungen der zellulären Strukturen im Fleisch bzw. zu Veränderungen der Inhaltsstoffe in Fleisch- und Wurstwaren.

Allgemein gilt, dass niedrigere Eh-Werte die Verderbsanfälligkeit durch Mikroorganismen verringern. Dagegen führen höhere Eh-Werte zu einem größeren Verderbsrisiko.
In frischem Fleisch ist das Redoxpotenzial je nach Zusammensetzung des Fleisches unterschiedlich. Rohe zerkleinerte Leber hat Werte von –200 mV (mV = Millivolt), gereiftes Muskelfleisch –150 mV. Rohes Hackfleisch hat ein hohes Verderbsrisiko mit einem positiven Eh-Wert von +225 mV (Achtung Hackfleischverordnung!). Während des enzymatischen und bakteriellen Abbaus der Fleischinhaltsstoffe wird Sauerstoff verbraucht, sodass die Eh-Werte steigen und dann ein erhöhtes Verderbsrisiko im Inneren des Fleisches besteht. Aufgrund des sauerstofffreien Raums können nun Bakterien, die für ihr Wachstum keinen Sauerstoff benötigen (Anaerobier, ▸ S. 82), ihr Wachstum beschleunigen.

Der Eh-Wert ist ein Bestandteil des Hürdenkonzepts (▸ S. 414), mit dem die mikrobielle Stabilität der Fleisch- und Wurstwaren gewährleistet bleiben soll.

Test: Vergleichen Sie einmal Ihre Wärmeempfindung, indem Sie zugleich eine Hand in heißes und die andere in kaltes Wasser halten, dann beide Hände in lauwarmes Wasser stecken.
Wichtig dabei ist, dass Sie sich ganz auf Ihre Wärmeempfindung konzentrieren und die Behältnisse für Sie nicht sichtbar sind.
Ein Mitschüler nimmt Ihre Aussagen zu Protokoll.

W

1.5 Temperatur

Jeder Mensch kann Zustände wie kalt, warm, heiß oder gar kochend an sich selbst und der Umgebung wahrnehmen. Der Mensch verfügt also über eine einigermaßen zutreffende Wärmeempfindung.

Am Ergebnis des Tests (unten links) wird deutlich, dass die eigene Wärmeempfindung auch trügerisch sein kann.
Aus diesem Grund ist eine genaue und zuverlässige Temperaturmessung erforderlich!

Die Temperatur ist eine Maßzahl und Messzahl, die den Wärmezustand eines Stoffes kennzeichnet (Wärmeenergiemessung).

Es gibt verschiedene Messskalen für die Temperatur wie z. B. Fahrenheit (°F/Grad Fahrenheit) und Kelvin (K). Die Messskala nach Fahrenheit ist in Großbritannien und Amerika geläufig, die nach Kelvin ist allgemein in der Naturwissenschaft von Bedeutung. In der Fleischerei ist die **„Celsius-Skala“** mit der Einheit **°C** (Grad Celsius) gebräuchlich (nach dem schwedischen Astronomen Anders Celsius).

Die Temperaturskala nach Celsius lehnt sich an den Schmelzpunkt und Siedepunkt von reinem Wasser an. Sie ist in 100 gleiche Teile (Celsius-Grade) unterteilt. Der Gefrierpunkt (Schmelzpunkt) von Wasser ist bei 0 °C, der Siedepunkt bei 100 °C festgelegt. Voraussetzung hierfür ist, dass der Luftdruck normal ist (1013 mbar oder hPa).

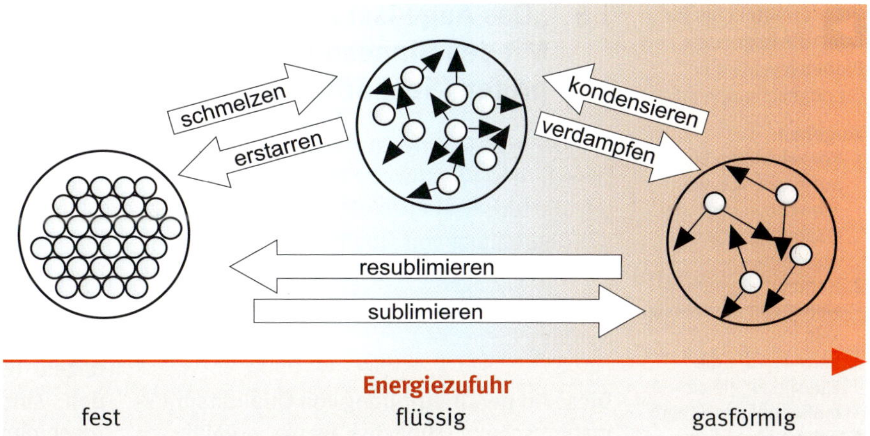

Temperaturskala

Wenn feste Stoffe direkt in den gasförmigen Zustand übergehen, spricht man vom Prozess der Sublimation. Beispiel: Gefrorenes Wasser (Eis) wird direkt zu Wasserdampf (Gefrierbrand ▸ S. 123).

Das **Prinzip** der Temperaturmessung beruht auf der Messung der Bewegung (Energie) der kleinsten Teilchen, aus denen die zu messenden Stoffe bestehen (Teilchenmodell).

Bei Zufuhr oder Entzug von Wärmeenergie kann jeweils der Grad der Bewegung von kleinsten Teilchen erhöht oder erniedrigt werden. Die frei werdende Energie wird in Form von Wärme an die Umgebung abgegeben oder aufgenommen.

Als Folge davon dehnen sich Stoffe bei Zufuhr von Wärmeenergie aus und ziehen sich bei entsprechendem Entzug von Wärmeenergie wieder zusammen (Volumenvergrößerung und -verkleinerung).

Ausnahmen hiervon bilden Gummi und Wasser: Gummi zieht sich bei Energiezufuhr zusammen und Wasser dehnt sich nur oberhalb und unterhalb von 4 °C aus (Anomalie des Wassers).

Die Temperaturmessung kann mit ganz unterschiedlichen Thermometern erfolgen. Die wesentlichen Prinzipien der Temperaturmessung sind:

- die nach dem **Ausdehnungsprinzip** (Flüssigkeitsthermometer und Bimetall-Thermometer). Die Temperaturanzeige kommt beim Flüssigkeitsthermometer durch die Volumenvergrößerung und -verminderung der alkoholischen Flüssigkeit (Quecksilber ist im Nahrungsgewerbe nicht erlaubt) zustande. Bei Bimetall-Thermometern wird die temperaturabhängige Metallausdehnung ausgenutzt.
- die nach dem Prinzip des **elektrischen Widerstands** (Widerstandsthermometer und Thermoelemente).

In der Fleischerei ist eine ordnungsgemäße Temperaturüberwachung dringend erforderlich.

Mangelhafte Temperaturführungen bei Fleischerzeugnissen führen zu Fehlfabrikaten oder zum Verderb bzw. zu Lebensmittelvergiftungen durch Mikroorganismen.

Daher müssen alle Produkte in der Fleischerei einer dauernden Kühlung unterliegen.

Flüssigkeitsthermometer

Digitales Thermometer

Ermitteln Sie für die folgenden Proben jeweils die Grundgeschmacksart.

Vorgehen:
1. Konzentrieren Sie sich auf dasjenige, was Sie schmecken, und lassen Sie sich nicht ablenken.
2. Nehmen Sie nur ein wenig von der Flüssigkeit.
3. Verteilen Sie die Flüssigkeit gleichmäßig auf der Zunge.
4. Schmecken Sie vor dem Runterschlucken noch einmal genau ab.

Geräte:
Probierbecher, Handtücher, Messkolben

Versuchssubstanzen:
wässrige Lösungen in unterschiedlichen Konzentrationen (von der Lehrkraft festzulegen) von
- Saccharose (= süß),
- Natriumchlorid (= salzig),
- Zitronensäure (= sauer),
- Koffein oder Chininhydrochlorid (= bitter).

Hinweis:
Für jede Geschmacksrichtung jeweils zwei unterschiedliche Konzentrationen vorbereiten.

1.6 „Das Auge isst mit!" Mit den Sinnesorganen prüfen (Sensorik)

Für die Herstellung qualitativ hochwertiger Fleisch- und Wurstwaren ist neben den Zutaten und technischen Fertigungsabläufen auch die Beurteilung von Qualitätsmerkmalen mit verschiedenen menschlichen Sinnen (z. B. Schmecken, Tasten, Riechen, Sehen) von Bedeutung (Sensorik).

Diese Art der Überprüfung von Qualitätsmerkmalen scheint zunächst wenig objektiv zu sein. Das Ziel der Sensorik ist es, die von mehreren Personen abgegebenen subjektiven Sinnesurteile durch die sensorische Analyse zu objektivieren. Die sensorische Analyse versucht, durchgeführte Sinnesprüfungen nach festgelegten Methoden auszuwerten und zu interpretieren. In der beruflichen Praxis können die sensorischen Überprüfungen aber auch zur subjektiven Sicherstellung der Qualität beitragen.
Mit folgenden Sinnen wird geprüft:
- Augen (visuelle Eindrücke)
- Gefühl (haptische Eindrücke)
- Gehör (auditive Eindrücke)
- Geruch (olfaktorische Eindrücke)
- Geschmack (gustatorische Eindrücke)

In der Fleischerei werden hauptsächlich die visuellen Eindrücke wie Fleischfarbe (Fleischreifungsgrad), Farbe des Bräts, Körnung der Rohwurst usw. beurteilt. Oder man tastet beispielsweise verschiedene Wurstsorten zur Überprüfung von Festigkeiten (Konsistenzen) ab. Der Geruch spielt eine wichtige Rolle bei der Auswahl bestimmter Gewürzzubereitungen für die Fleischwarenproduktion.

Grundgeschmacksart	Probenstoff in der Schwellenwertprüfung
sauer	Weinsäure: 0,05 bis 1 g/l Zitronensäure: 0,02 bis 0,5 g/l
bitter	Chininhydrochlorid: 0,0003 bis 0,01 g/l Koffein: 0,003 bis 0,1 g/l
salzig	Natriumchlorid: 0,1 bis 3 g/l
süß	Saccharose: 1 bis 16 g/l

Wichtig in der Sensorik ist auch die geschmackliche Prüfung. Hier geht es um die Einwirkung auf die Schleimhaut von Mundhöhle, Zunge und Rachen, die im Zusammenhang mit dem Geruch einen Sinneseindruck hinterlässt. Beim Menschen liegen die Geschmackssinnesorgane auf der Zunge und im Innern der Mundhöhle. Hier sind sie vor Austrocknung geschützt.

Der Mensch kann fünf Arten von Geschmacksreizen (Geschmacksqualitäten) unterscheiden: salzig, sauer, süß, bitter und umami (nach dem japanischen Forscher Ikeda; umami = wohlschmeckend).

Bei entsprechender Reizung der Geschmackssinneszellen nacheinander mit verschiedenen Schmeckstoffen lässt sich feststellen, dass nicht nur auf eine Geschmacksqualität reagiert wird, sondern auf alle fünf. Allerdings werden diese unterschiedlich intensiv geschmeckt. Beispielsweise können Bitterstoffe in der Nahrung wesentlich intensiver geschmeckt werden als süße Stoffe. Weiterhin spielt die Temperatur eine wichtige Rolle. Bei kühleren Temperaturen werden bevorzugt die säuerlichen Geschmacksempfindungen betont.

Der Mensch schmeckt mit der Zunge und seinem Geruchssinn. Dabei kann die Zunge nur fünf Geschmacksrichtungen wahrnehmen, die sogenannten Grundgeschmacksarten salzig, sauer, süß, bitter und umami. Alle anderen Eindrücke, die wir als Geschmack bezeichnen, sind eigentlich Gerüche und werden über Nase und Rachen aufgenommen.

Die neu erforschte Geschmacksrichtung umami kann vor allem bei eiweißreichen Lebensmitteln wie z. B. Fleisch, Sojabohnen und Käse wahrgenommen werden. Für den Eiweißgeschmack ist die Aminosäure Glutamat verantwortlich. Dieses Glutamat hat eine eigenständige Geschmacksqualität und verstärkt keine der vier geläufigen Geschmacksrichtungen und kann auch nicht aus ihnen kombiniert werden.
Umami als neue Geschmacksrichtung kann auch den Eigengeschmack der Nahrung verstärken.

W

2 Zutaten

2.1 Gewürze und würzende Mittel

Aus den Leitsätzen (▸ S. 625) für Gewürze und andere würzende Mittel zunächst die allgemeine Definition der Begriffe „Gewürze und Kräuter“: „Gewürze und Kräuter sind Pflanzenteile, die wegen ihres Gehalts an natürlichen Inhaltsstoffen als geschmacks- und/oder geruchsgebende Zutaten zu Lebensmitteln bestimmt sind.
Gewürze sind Blüten, Früchte, Knospen, Samen, Rinden, Wurzeln, Wurzelstöcke, Zwiebeln oder Teile davon, meist in getrockneter Form.
Kräuter sind frische oder getrocknete Blätter, Blüten, Sprosse oder Teile davon.“

2.1.1 Herkunft und Arten der Gewürze

Seit Urzeiten machen Menschen durch Gewürze ihre Speisen wohlschmeckender und bekömmlicher. In der Jungsteinzeit nutzte man verschiedene Samen und Kräuter zum Würzen. Europäische Funde in neolithischen Gräbern und Höhlen zeugen von der Verwendung von Kerbel und Kümmel. Ebenso beweisen Funde von Pflanzen und Pflanzenteilen in China, dass schon seit Jahrtausenden würzende Stoffe eingesetzt werden. Arabische Kaufleute brachten indische und hinterindische Gewürze nach Ägypten.

Durch Araber und Phönizier gelangten Nelken und Muskatnüsse in das antike Athen und Rom. Die edlen Raritäten erreichten während der Vorherrschaft Roms auch Nord- und Mitteleuropa.
Die aufblühenden Stadtstaaten Genua und Venedig sorgten nicht nur für die Verbreitung der Gewürze, sondern machten sie zum kostbarsten Handelsgut ihrer Zeit. Konstantinopel und Alexandrien wurden die wichtigsten Gewürzumschlagplätze.

Die starke Nachfrage nach Gewürzen war mit ein Grund für Entdeckungsreisen Ende des 15. Jahrhunderts. Kolumbus suchte den Seeweg nach Indien, dem Hauptanbaugebiet der kostbaren Gewürze.

Kupferstich zu James Cooks Weltumseglung (um 1774): Austausch von Gewürzen in der Südsee (Ausschnitt)

Die Blütezeit des Gewürzhandels begann mit der Entdeckung des Seewegs um das Kap der Guten Hoffnung. Portugiesische Kaufleute verstanden es, ein Gewürzmonopol aufzubauen. In den folgenden Jahrhunderten kämpften neben den Portugiesen auch die Holländer, Franzosen und Engländer um die Vorherrschaft im Gewürzhandel.

Marco Polos Reisebeschreibung (um 1298): Die Ernte des schwarzen Pfeffers in Coilum an der Malabar-Küste in Indien

W

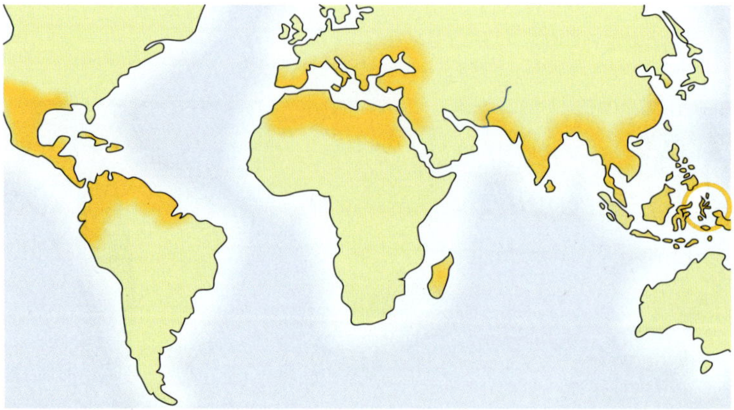

Gewürzanbaugebiete

Durch die Ausweitung der Anbaugebiete und des Welthandels besteht heute kein Mangel mehr an erlesenen exotischen Gewürzen.

Die vier größten Umschlagplätze im Gewürzhandel sind heute Singapur, New York, Rotterdam und Hamburg (in dieser Reihenfolge).

Inländische und überseeische Gewürze

Die in der Fleischerei und Küche verwendeten Gewürze lassen sich in inländische und überseeische Gewürze unterteilen.

Blüten und Blütenteile: Nelken, Kapern, Safran

Früchte: Pfeffer, Piment, Paprika, Koriander, Vanille, Kümmel, Wacholderbeeren
Samen: Muskatnuss, Mazis, Kardamom, Senfsaat

Blätter: Lorbeer, Majoran, Thymian, Basilikum

Rinden: Zimt

Wurzelstöcke: Ingwer

Zwiebeln: Zwiebel, Knoblauch

Gewürze nach Art der verwendeten Pflanzenteile

Für die als inländisch bezeichneten Gewürze gilt nur, dass sie in heimischen Gärten und Plantagen oder auf hiesigen Feldern angebaut werden können. Selbstverständlich orientieren sich die Gewürzhändler am offenen Weltmarkt und kaufen nach Möglichkeit dort ein, wo sie die besten Qualitäten zum günstigsten Preis erhalten. So stammt der beste und größte Anteil von Majoran aus Ungarn, Kümmel aus den Niederlanden und Osteuropa, Koriander aus Marokko und Ägypten, Basilikum aus Marokko, Spanien und Südfrankreich, Knoblauch aus Südeuropa und den Balkanländern.

Inland	Übersee
Basilikum	Chili
Knoblauch	Ingwer
Koriander	Kardamom
Kümmel	Lorbeer
Majoran	Mazis
Senfkörner	Muskatnuss
Thymian	Nelken
Wacholder	Paprika
Zwiebel	Pfeffer
	Piment
	Vanille
	Zimt

Arten der Gewürze und Kräuter

Gewürze und Kräuter lassen sich nach der Art der verwendeten Pflanzenteile einteilen (Abb. links).
Kochsalz, verschiedene andere Salze der Genusssäuren, wie Citrate und Acetate, sowie Zuckerstoffe und Natriumglutamat (Geschmacksverstärker) sind zwar „geschmacksgebende", aber keine „würzenden" Stoffe, da sie nicht von Pflanzen stammen (▸ Zusatzstoffe, S. 610).

2.1.2 Wirkungsweise der Gewürze

Vor und während des Verzehrs unserer täglichen Nahrung entscheiden wir, welche Speisen wir mögen, welche uns sogar ein besonderes Geschmackserlebnis bereiten und welche Speisen uns nicht schmecken.
Meist unbewusst bleibt uns die Tatsache, dass der Geschmack vieler Speisen unser Wohlbefinden beeinflusst. Viele der heute benutzten Gewürze wurden schon viel früher

als Heilkräuter benutzt, ehe man sie als würzende Stoffe einsetzte.

Der Wert der Gewürze wird nicht durch ihren primären (erstrangigen) Gehalt an Eiweiß, Fetten oder Kohlenhydraten bestimmt, sondern durch ihre sogenannten sekundären (zweitrangigen) Pflanzenstoffe (► S. 222).

Ein Beispiel dafür sind die Carotinoide. Sie besitzen fettlösliche gelbe bis rote Farbstoffe – darunter das als Provitamin A bekannte Beta-Carotin. So schützen die Carotinoide aufgrund ihrer lichtfilternden und entgiftenden Eigenschaften die Blätter vor den schädlichen Wirkungen des UV-Lichts. Daher wird dem Beta-Carotin auch ein UV-Schutz für die menschliche Haut nachgesagt.

Die ätherischen Öle gehören ebenfalls zu den sekundären Pflanzenstoffen. Sie sind im Wasserdampf flüchtig, d.h. leicht vergänglich. Ätherische Öle sind komplexe Gemische flüchtiger Verbindungen aus verschiedenen chemischen Stoffklassen.

Gewürze haben neben der Beeinflussung des Geschmacks weitere Wirkungen:

- Gewürze erhöhen den Speichelfluss und sorgen für eine vermehrte Abgabe der Verdauungsenzyme (Wirkstoffe) im Magen und Darm (► S. 224). Dadurch kommt es zu einem besseren Nahrungsaufschluss, einer schnelleren Verdauung und einer besseren Bekömmlichkeit.
- Viele Gewürze haben medizinische Bedeutung. Sie beeinflussen den Blutdruck und die Pulsfrequenz und führen zur Abnahme von Thromboseneigung (Blutpfropfbildung innerhalb der Blutgefäße), z.B. Knoblauch. Einige Gewürze, auch wiederum Knoblauch, unterstützen die Linderung bronchialer Leiden (Bronchien = Luftröhrenverästelungen) oder finden Verwendung bei Magen- und Darmleiden, z.B. Fenchel- und Kümmelsamen.
- Verschiedene Gewürze wirken bakterizid (keimtötend) und bakteriostatisch (Wachstum und Vermehrung von Bakterien hemmend). Es sind insbesondere Majoran, Piment, Koriander, Kardamom, Ingwer, Muskat und Pfeffer.
- Bei einigen Gewürzen konnte festgestellt werden, dass sie das Ranzigwerden von Fetten verzögern, z.B. Paprika, Piment, Nelken, Muskat und Knoblauch.
- Einige Gewürze verbessern das Aussehen von Fleisch und Wurstwaren (Majoran, Paprika, Pfefferkörner und Senfkörner).

2.1.3 Die wichtigsten Fleisch- und Wurstgewürze

Im Folgenden werden die in der Fleischerei wichtigsten Gewürze nach Herkunft, Aussehen, Handelsformen und Einsatzbereich beschrieben.

Handelsformen sind:

- ganz
- gemahlen
- gebrochen
- gerebelt (hierbei werden von den getrockneten Kräutern die Blätter und Blütenteile vom Stängel abgestreift)
- in Scheiben geschnitten
- gewalzt (Gewürze werden zwischen Walzen zerkleinert; feiner als gebrochene, aber gröber als gemahlene Gewürze)
- granuliert (Granulat besitzt eine körnige Beschaffenheit, meist aus Pulverteilchen „zusammengekittet")

▶ Zerreiben Sie fünf Gewürze (z.B. ganze Nelken, Senfkörner, schwarze Pfefferkörner, Kardamom und Kümmel) jeweils einzeln im Mörser, pressen Sie sie zwischen Filterpapier und Glasplatten.
a) Riechen Sie unmittelbar nach dem Zerreiben im Mörser.
b) Riechen Sie unmittelbar nach dem Pressen unter Glas.
c) Wie sieht das Filterpapier sofort nach der Pressung und wie am nächten Tag aus?

Wurstwaren mit sichtbaren Gewürzen

Wichtige Fleisch- und Wurstgewürze					
Bezeichnung	**Herkunft**	**Beschreibung**	**Handelsformen**	**Verwendung**	**Verhalten bei Erhitzung**
Gewürznelke 	Madagaskar, Sansibar, Indonesien, Brasilien	dunkelbraune, kurz vor dem Aufblühen geerntete, getrocknete,sehr aromatische Blütenknospen des immergrünen Gewürznelkenbaums	ganz, gemahlen, gebrochen	Blutwurst, Leberwurst	Geschmacksabbau, bitterer
Ingwer 	Indien, China, Indonesien	5 bis 10 cm lange geschälte oder ungeschälte Stücke bzw. geschnittene Scheiben aus dem Wurzelstock der Ingwerpflanze, eigentümlich scharfer und brennender Geschmack	gemahlen, in Scheiben geschnitten	Brühwurst, Leberwurst, Braten und Soßen	kaum Abweichung
Kardamom 	Indien, Guatemala, Neuguinea	getrocknete Kapselfrucht der wild wachsenden einjährigen Kardamompflanze, je nach Herkunft in Aussehen und Größe variierend. Die Samen sind Träger des eigentlichen brennend würzigen Aromas.	ganz, gemahlen (jeweils Saat ohne und mit Schale)	Brühwurst, Kochwurst, insbesondere Leberwurst	Geschmacksabbau, -veränderung
Koriander 	Marokko, Ägypten	2 bis 3 mm große, gelb bis braune getrocknete Spaltfrüchte der einjährigen Korianderpflanze mit einem angenehm würzigen Geschmack, ähnlich wie Kümmel	ganz, gemahlen	Brühwurst, schnittfeste Rohwurst	kaum Geschmacksabbau
Kümmel 	Niederlande, Osteuropa	braune, ca. 4 mm lange und 1 mm starke Samenkörner der Kümmelpflanze mit hellfarbigen Rillen	ganz, gemahlen, gebrochen	spezielle Brüh- und Rohwurstsorten, Sülzen	Aromaabbau
Mazis 	Indonesien, Westindien, Papua-Neuguinea	leuchtend roter, fleischiger, im Ursprungsland getrockneter Samenmantel der Frucht des Muskatnussbaums	ganz, gemahlen	Pasteten, Brühwurst (meist mit höheren Qualitäten)	Aromaabbau
Muskatnuss 	Indonesien, Westindien, Papua-Neuguinea	fleischige Steinfrucht des Muskatnussbaums, die einen etwa 10 g schweren getrockneten Samenkern, Muskatnuss genannt, enthält	ganz, gemahlen	Brühwurst, Leber- und Blutwurst, Mettenden	Aromaabbau, Bittergeschmack

Wichtige Fleisch- und Wurstgewürze					
Bezeichnung	**Herkunft**	**Beschreibung**	**Handelsformen**	**Verwendung**	**Verhalten bei Erhitzung**
Paprika 	Ungarn, Spanien, Balkanländer	dünnfleischige, lederartige Schoten des Gewürzpaprikas mit vollfruchtigem Geschmack. Paprikapulver unterscheidet man nach dem Schärfegrad in Delikatess- (dunkelrot, mild fruchtig), Edelsüß- (rot, mild mit leichter Schärfe) und Rosen-Paprika (rotbraun, scharf).	fein gemahlen, Granulat	Rohwurst (vor allem streichfähige), Brühwurst, Gulasch	Geschmacksabbau, Farbverlust
Pfeffer	Indonesien, Indien, Brasilien, Malaysia	zierliche Fruchtstände der Pfefferpflanze mit dünnem roten Fruchtfleisch, das je ein Pfefferkorn umschließt	gemahlen, in Scheiben geschnitten	alle Fleisch- und Wurstwaren, Braten und Soßen	Aromaabbau, schärfer
Pfeffer, schwarz 	Malabar (Indien), Lampong (Indonesien), Sarawak (Borneo)	aus noch nicht völlig reif geernteten, getrockneten Früchten, er ist runzelig, kleiner als weißer Pfeffer, würzig und scharf brennend	ganz, gemahlen, grob gemahlen, gewalzt, gebrochen	kräftig gewürzte Würste, vor allem Blutwürste	
Pfeffer, weiß 	Muntok (Indonesien), Sarawak (Borneo), Brasilpfeffer	aus den reifen Früchten; die glatte Oberfläche der vom äußeren Fruchtfleisch befreiten Früchte ist im Geschmack milder als schwarzer Pfeffer	ganz, gemahlen, grob gemahlen, gewalzt, gebrochen	alle Fleisch- und Wurstwaren, Braten und Soßen	
Pfeffer, grün 	Malabar (Indien), Madagaskar, Brasilien	rohe, unreif geerntete Körner, nach dem Pflücken konserviert in Dosen oder Kunststoffbehältern in Salzlake oder Essiglösung oder getrocknet bzw. gefriergetrocknet; milder als weißer Pfeffer	ganz	Pfeffersäckchen, Pasteten und spezielle Brühwürste	
Piment, Nelkenpfeffer 	Jamaika, Mexiko, Mittelamerika	4 bis 7 mm große kugelförmige Beeren des Nelkenpfefferbaums, die vor der vollständigen Reife geerntet werden. Unter der feinwarzigen Oberfläche befinden sich zwei dunkelbraune Samen. Geruch und Geschmack erinnern an Zimt, Nelken und Muskat.	ganz und gemahlen	Kochwürste, vor allem Blut- und Leberwurst	leichte Geschmacksabweichung, etwas bitterer
Senfkörner 	gemäßigte Zonen, u.a. Deutschland	1 bis 3 mm große getrocknete Samen des einjährigen Senfkrauts	ganz (Senfkörner), gemahlen (Senfmehl)	spezielle Brühwürste, z. B. Bierwurst, Rohwürste	keine Abweichung

W

Wichtige Fleisch- und Wurstgewürze					
Bezeichnung	**Herkunft**	**Beschreibung**	**Handelsformen**	**Verwendung**	**Verhalten bei Erhitzung**
Zimt 	Indonesien, Sri Lanka, China, Madagaskar	10 bis 15 cm lange Stangen der Rinde des Zimt-/Cassiabaums, enthält das ätherische Zimtöl	in Stangen, gemahlen	Leberwurst, Blutwurst	unangenehmer Nebengeschmack
Majoran 	Ungarn, Thüringen, Frankreich	30 bis 60 cm hohes Kraut; die flaumig filzig behaarten Sprossen tragen kurz gestielte, länglich eiförmige 5 bis 20 mm lange und 5 bis 10 mm breite Laubblätter	gerebelt, gemahlen	Blut- und Leberwürste; spezielle Brühwürste (Krakauer, Rostbratwurst Thüringer Art) und spezielle Fleischgerichte (Hackfleisch)	abweichender Geschmack
Thymian 	Südeuropa, Südfrankreich, Balkanländer, Deutschland	20 bis 40 cm hohe Pflanze; die verholzenden aufrechten Stängel tragen Büschel von graugrünen, sehr kurz gestielten, länglich lanzettartigen Laubblättern	gerebelt, gemahlen	Blut- und Leberwürste, spezielle Fleischgerichte (Lammfleisch)	heuartiger, strohiger Geschmack
Knoblauch 	Südeuropa, Balkanländer, Deutschland	ca. 70 cm hohe Pflanze; die im Erdreich verborgene Knolle setzt sich aus einzelnen, länglich eiförmigen Zwiebelschuppen zusammen; jede einzelne Zehe ist von einer zähfesten, silberweißen Zwiebelhaut umhüllt	frisch, flüssig, Granulat, Pulver, Paste	spezielle Brüh- und Rohwürste, spezielle Braten (Lammfleisch)	leichter Geschmacksabbau und -abweichung
Vanille 	tropisches Mittelamerika, Tahiti, Uganda	die in unreifem Zustand geernteten angetrockneten Früchte einer Kletterorchidee	als Fruchtkapseln in verkorkten Glasröhrchen	Leberwurst, fein zerkleinert	
Zwiebeln  **Granulat** 	weltweit, Spanien, Niederlande, Deutschland	die Knolle dient der Pflanze als Nahrungsspeicher; sie besteht außen aus trockenhäutigen, farbigen Schalen und im Innern aus fleischig verdickten Nieder- oder Laubblättern	frisch, flüssig, Granulat, Pulver, getrocknete Zwiebelringe bzw. -flocken	Zwiebelmettwurst, verschiedene Brühwürste, Blut-, Leber- und Sülzwürste	Pulver: brandig, stark abwegiger Geschmack

W

Verwendung der Gewürze für spezielle Wurstgruppen

Für die einzelnen Wurstgruppen lassen sich charakteristische Gewürze benennen.

Brühwürste:
- Pfeffer, weiß
- Mazis oder Muskatnuss
- Ingwer
- Koriander
- Paprika

zusätzlich je nach Sorte und Region Knoblauch, Zwiebeln, Chili, Senfkörner

Rohwurst, streichfähig:
- Pfeffer
- Paprika
- Muskatnuss

zusätzlich je nach Sorte und Region Kümmel, Zwiebeln, grüne Pfefferkörner

Rohwurst, schnittfest:
- Pfeffer, ganz, gebrochen oder gemahlen
- Koriander

zusätzlich je nach Sorte und Region Ingwer, Senfkörner, Pfefferkörner, Knoblauch, Paprika

Blutwurst:
- Pfeffer, schwarz
- Majoran
- Zwiebeln
- Nelken
- Thymian

zusätzlich je nach Sorte und Region Zimt, Piment, Muskatnuss, Basilikum

Leberwurst, fein zerkleinert:
- Pfeffer
- Ingwer
- Kardamom
- Mazis
- Vanille
- Zwiebeln

zusätzlich je nach Sorte und Region Zimt

Leberwurst, grob:
- Pfeffer
- Majoran
- Muskatnuss
- Kardamom
- Zwiebeln

zusätzlich je nach Sorte und Region Thymian, Piment, Ingwer

Sülzwurst:
- Pfeffer
- Ingwer
- Kümmel
- Zwiebeln

zusätzlich je nach Sorte und Region Piment, Mazis, Nelken

2.1.4 Andere würzende Mittel

In den Leitsätzen werden neben den „Gewürzen und Kräutern“ (► S. 601) weitere Begriffe und Beschaffenheitsmerkmale erklärt:

Gewürzmischungen

Diese Mischungen aus verschiedenen Gewürzen werden von Gewürzmühlen in den verschiedensten Geschmacksvariationen und für jede Wurstsorte und Speise angeboten und zeichnen sich durch eine hohe und gleichbleibende Qualität aus. Viele Gewürzfirmen stellen für Großkunden auch individuelle, auf den speziellen Bedarf abgestimmte Gewürzmischungen her.

Noch vor 20 bis 30 Jahren, als fast jeder Fleischereibetrieb nahezu alle Wurstsorten selbst produzierte, legten viele Fleischermeister größten Wert auf ihre eigenen Gewürzmischungen, um ihrer Wurst einen unverwechselbaren Geschmack zu verleihen. Auch heute ist es möglich, durch die Zugabe des einen oder anderen Einzelgewürzes den Wurstgeschmack zu variieren.

Gewürzzubereitungen, Gewürzpräparate

Sie bestehen aus Mischungen von einem Gewürz oder mehreren Gewürzen
- mit anderen geschmacksgebenden und/oder geschmacksbeeinflussenden Zutaten,
- mit technologisch notwendigen Stoffen. Sie enthalten mindestens 60 % Gewürze. Zusätzlich werden Gewürzaromen (► S. 608) verwendet.

Gewürzzubereitungen und Gewürzpräparate werden häufig bei Marinaden für Steaks, Ragouts oder für spezielle Pfannengerichte verwendet. Sie erleichtern dem Fleischer das Marinieren, da alle notwendigen Zutaten schon zusammengemischt sind. Bei der Wurstherstellung haben sie in den letzten

Brühwurst

Streichfähige Rohwurst

Schnittfeste Rohwurst

Blutwurst

Fein zerkleinerte Leberwurst

Grobe Leberwurst

Sülzwurst

Gewürzzubereitung

Gewürzmischung

Gewürzsalz

Curry

Jahren sehr stark an Bedeutung gewonnen und die Gewürzmischungen verdrängt.

Präparate mit würzenden Zutaten

Dies sind Mischungen von technologisch wirksamen Stoffen mit

- einem Gewürz oder mehreren Gewürzen,
- anderen geschmacksgebenden und/oder geschmacksbeeinflussenden Zutaten
- und/oder Gewürzzubereitungen
- und/oder Gewürzaromen.

„Präparate mit würzenden Zutaten" werden vor allem bei der Rohwurstherstellung eingesetzt. Bei der Reifung laufen komplexe Vorgänge ab, die durch genau abgestimmte Zusätze vor allem von Zuckerstoffen gesteuert werden können.

Gewürzaromen

„Gewürzaromen sind Erzeugnisse, die aus Gewürzen mit geeigneten Extraktionsmitteln gewonnen werden und nur Aromaextrakte und/oder natürliche Aromastoffe enthalten." (Leitsätze)

Gewürzsalze

„Gewürzsalze sind Mischungen von Speisesalz mit einem Gewürz oder mehreren Gewürzen und/oder Gewürzzubereitungen/Gewürzpräparaten, auch unter Verwendung von Würze. Sie enthalten mindestens 15 % Gewürze (außer bei Knoblauch) und mehr als 40 % Speisesalz." (Leitsätze)

Gewürzsalze finden immer mehr Anwendung in der Haushaltsküche, aber auch in der Gastronomie, und hier vor allem in der Gemeinschaftsverpflegung. Seit einigen Jahren sind „codierte" Gewürzsalze auf dem Markt. Sie werden bei Frischfleischspezialitäten eingesetzt. Hierbei sind das Salz und das Gewürz mit einem sehr feinen Fettfilm durch Übersprühen „versiegelt". Somit kann beim Vorwürzen von Steaks und Braten das Salz keinen Fleischsaft aus den Muskelfasern herausziehen und Gewürze können sich weder verfärben noch an Aroma verlieren. Erst beim Erhitzen entfalten sie ihre Wirkung durch das Flüssigwerden des Fettfilms.

W

Nehmen Sie aus dem Gewürzbord Ihrer Schule Gewürzgläser von acht verschiedenen Grundgewürzen. Umwickeln Sie die Gläser mit Alufolie und versehen Sie sie mit einer Zahl.
Nun können Sie in der Gruppe die Gewürze herumreichen. Jeder von Ihnen notiert das von ihm identifizierte Gewürz auf einem Blatt. Anschließend vergleichen Sie in der Gruppe Ihre Ergebnisse.

Curry-Powder

Curry, Curry-Pulver oder Curry-Powder ist eine gemahlene Mischung eigener Art aus Kurkuma, die gleichzeitig farbgebend wirkt, mit anderen Gewürzen wie Pfeffer, Paprika, Chili, Ingwer, Koriander, Kardamom, Nelken, Piment und weiteren Stoffen, wie z. B. Hülsenfruchtmehl, Stärke, Dextrose, Kochsalz.

Der Speisesalzanteil darf 5 % und der Anteil an anderen Stoffen 10 % nicht übersteigen.

Fehlten das Speisesalz und die anderen Stoffe, so könnte man Curry als eine Gewürzmischung bezeichnen, die aus 12 bis 20 Gewürzen zusammengestellt ist. Curry stammt aus der indischen Küche. Hier kennt man Hunderte von Curry-Pulvern, die für die verschiedensten Gerichte individuell zusammengestellt werden.

2.1.5 Bearbeitung von Gewürzen

Stark qualitätsbeeinflussend auf die Gewürze wirkt das Mahlverfahren. Die Kältevermahlung verhindert ein Erwärmen des Mahlguts und somit ein Entweichen der ätherischen Öle. Hierbei wird das zu vermahlende Gewürz tiefgefroren. Durch die Kältevermahlung verhindert man ferner ein „Verkleben" der gemahlenen Gewürze.

Um die heutigen Qualitätsanforderungen zu erfüllen und um spätere Fehlfabrikate bei der Wurstherstellung zu vermeiden, müssen Gewürze entkeimt werden.
Das **Entkeimen** geschieht durch Stickstoff, der eine keimtötende Wirkung hat. Das Gas wird in Gewürzkammern zur Keimabtötung eingeführt und anschließend wieder abgesaugt.

Ein entscheidender Nachteil bei der Verwendung gemahlener Rohgewürze ist ihr schwankender Gehalt an ätherischen Ölen und anderen Geschmacksstoffen, bedingt durch unterschiedliche Ernteverläufe. Bei Verwendung von **Gewürzextrakten** ist eine gleichbleibende Gewürzintensität gewährleistet.
Durch die Extraktion werden die ätherischen Öle und die anderen Geschmacksstoffe von den unwirksamen Bestandteilen wie Cellulose, Stärke und Holzsubstanz befreit.
Gewürzextrakte werden auf streufähige oder flüssige Trägerstoffe aufgetragen. Als streufähige Trägerstoffe werden u.a. Kochsalz und Dextrose (Traubenzucker/Glucose) und als flüssige Speiseöl und Essigsäure eingesetzt. Gewürzextrakte in flüssiger Form lassen sich gut im Wurstgut verteilen. Besonders bei klaren Aspikwaren bzw. Sülzwürsten ist das von großer Bedeutung, damit zum Beispiel gemahlene Pflanzenteile nicht das Schnittbild stören. So sind häufig bei der Verwendung von gemahlenem Pfeffer die einzelnen Partikel im unteren Bereich von Sülzen sichtbar, was nicht erwünscht ist.

2.1.6 Lagerung und Umgang mit Gewürzen

Ungemahlene Gewürze sind praktisch unbegrenzt haltbar, da die ätherischen Öle, die Mineralstoffe und die Spurenelemente von Natur aus schon sorgfältig in den Pflanzenzellen eingeschlossen sind. Erst durch die Vermahlung werden die Pflanzenzellen mechanisch geöffnet und die ätherischen Öle können sich verflüchtigen. Aber auch die Feinheit der vermahlenen Gewürze, die Luftfeuchtigkeit und die Temperatur des Lagerraums beeinflussen die Qualität.
Für die Aufbewahrung der Gewürze und für den Umgang mit ihnen lassen sich folgende Regeln aufstellen:

- Gewürze stets in einem kühlen und trockenen Raum lagern.
- Gewürze in ihrer Originalverpackung, dem aromadichten Folienbeutel, oder einem anderen luftdicht zu verschließenden Behältnis aufbewahren.
- Gewürzdosen oder -tüten nach der Gewürzentnahme sofort wieder verschließen.
- Gewürze nur mit Gewürzschaufeln entnehmen, niemals mit den Händen. Durch die Feuchtigkeit und die an den Händen haftenden Keime kommt es zu Schimmelbildung, Aromaverlust, Klumpenbildung und schließlich beim Wursterzeugnis leicht zu Fehlfabrikaten.
- Gewürzmengen unbedingt berechnen, denn nur eine stetig gleichbleibende Geschmacks- und Geruchsausbildung entspricht einem Qualitätsprodukt und der heutigen Verbrauchererwartung.
- Nur Qualitätsgewürze verarbeiten, um den gewünschten Standard und die notwendige Produktsicherheit zu gewährleisten. Gerade exotische Gewürze sind bedingt durch Witterung und einen anderen Hygienestandard als in Europa starken Qualitätsschwankungen unterworfen.
- Trotz genauen Berechnens und Abwiegens sollte das Wurstbrät abgeschmeckt werden, um eventuelle Abweichungen rechtzeitig feststellen zu können.
- Wurst, die vom Endverbraucher in heißem oder warmem Zustand verzehrt wird, muss milde gewürzt werden (z. B. Wiener, Fleischkäse, Leberwurst für die Schlachtplatte, Grützwurst).
- Wurst, die heiß bzw. warm abgeschmeckt wird und vom Konsumenten in dünneren Scheiben auf Brot verzehrt wird (z. B. Thüringer Rotwurst, Zungenwurst, Schweinskopfsülze), muss beim Abschmecken auf der Zunge „kräftig brennend“ sein, denn nur so erreicht man beim Endprodukt eine ausreichende Würzung.
  Auch bei Wurstgruppen mit der Würzung variieren, um seinen Kunden Geschmacksvielfalt zu bieten und nicht nur eine Geschmacksrichtung bei z. B. Bierschinken, Jagdwurst, Mortadella und Fleischkäse.

▶ Bei welchen Produkten werden in Ihrem Ausbildungsbetrieb Gewürzmischungen, bei welchen Einzelgewürze und bei welchen Gewürzpräparate eingesetzt?

Gewürze mit einer Gewürzschaufel entnehmen

W

2.2 Zusatzstoffe

Beimischung von Zusatzstoffen

Zusatzstoffe sind im Sinne des Lebensmittel- und Futtermittelgesetzbuchs (LFGB) Stoffe, die Lebensmitteln zur Beeinflussung ihrer Beschaffenheit oder zur Erzielung bestimmter Eigenschaften oder Wirkungen zugesetzt werden. Zusatzstoffe tragen zur Werterhaltung der Produkte bei, zum Beispiel

- zur Haltbarmachung,
- zur Verbesserung von Aussehen, Farbe, Geschmack, Geruch und Konsistenz der Produkte.

Für den Einsatz von Zusatzstoffen gibt es bestimmte gesetzlich festgelegte Grenzen. Diese dienen der Gesunderhaltung des menschlichen Körpers und dem Verbraucherschutz. Die festgelegten **Grenz- und Höchstwerte** müssen eingehalten werden.
Zusatzstoffe gehören zu den am besten geprüften Stoffen. Grundlage der Prüfungen sind Langzeitstudien über das Verhalten der zu untersuchenden Substanz im Organismus und die allergene Wirkung bei einer durchschnittlichen Aufnahmemenge.
Die verbreitete Auffassung, dass Zusatzstoffe **Allergien** auslösen, ist nur sehr begrenzt zutreffend. Dagegen sind naturbelassene Nahrungsmittel wie Nüsse, Getreide, Gewürze, Kuhmilch, Hühnereier, Früchte und Gemüse viel häufiger Allergieauslöser. Die Nahrungsmittelallergien insgesamt haben wiederum nur einen kleinen Anteil an den gesamten Allergien.

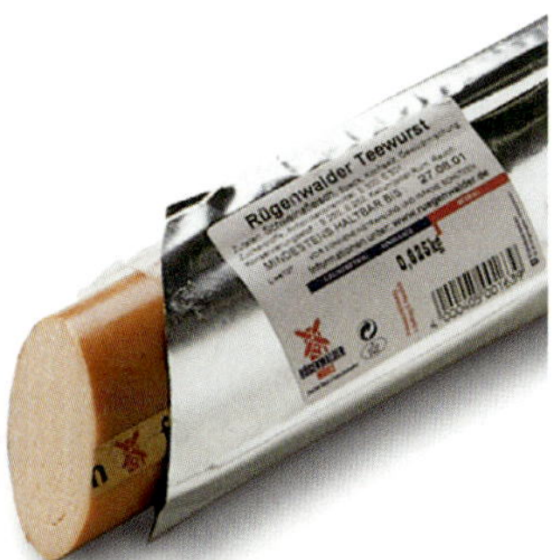

Fertigpackung mit Kenntlichmachung

In der Fleischerei verwendete Zusatzstoffe müssen gesetzlich **zugelassen** sein. Zugelassen wird ein Stoff nur, wenn

- eine technologische Notwendigkeit besteht,
- seine Verwendung gesundheitlich unbedenklich ist,
- die Verbraucher durch die Verwendung des Zusatzstoffs nicht getäuscht werden.

Die Verwendung von Zusatzstoffen sind in der **Verordnung (EG) Nr. 1333/2008** und **Lebensmittelzusatzstoff-Durchführungsverordnung** (LMZDV) geregelt. Weitere Stoffe, auch Zutaten genannt (z.B. Speisegelatine, Milcheiweißerzeugnisse, Milch, Sahne, Ei, Semmel, Grütze usw.), werden in der **Fleisch-Verordnung** erfasst. Die Verwendung von Rauch regelt die Verordnung (EG) Nr. 1334/2008.

Zulässige Höchstmenge

Es gibt grundsätzlich Verwendungshöchstmengen (Ausnahme: Nitrit).
Bei vielen Zusatzstoffen wurde auf die Festlegung einer exakten Höchstmenge verzichtet. Dafür hat der Gesetzgeber den lateinischen Begriff „Quantum satis" eingeführt. **„Quantum satis"** heißt „so viel wie genug ist". Zusatzstoffe sollten nur in der Menge zugesetzt werden, die erforderlich ist, um die gewünschte Wirkung zu erzielen.

Nach der **Lebensmittelinformations-Verordnung (LMIV)** gelten Zusatzstoffe als Zutaten. Alle Bestandteile, einschließlich der Zusatzstoffe, die bei der Herstellung eines Lebensmittels verwendet werden und unverändert oder verändert im Enderzeugnis vorhanden sind, unterliegen der LMIV.
Nach der LMIV sind bei Fertigpackungen alle Zutaten in einem Zutatenverzeichnis anzugeben. Bei der bildlichen oder textlichen Hervorhebung einer oder mehrerer Zutaten, die für die Merkmale eines Lebensmittels wichtig sind, sind diese in Prozenten anzugeben.

Kenntlichmachung

Die Kenntlichmachung muss

- gut sichtbar,
- in leicht lesbarer Schrift,
- unverwischbar

auf der Umverpackung erfolgen.

Bei **losem (unverpacktem) Verkauf** muss die Kenntlichmachung auf einem Schild auf oder neben dem Lebensmittel oder als Aushang im Laden erfolgen.

Lose Ware – gekennzeichnet

W

Bei **Fertigpackungen** (nicht SB!) muss die Kenntlichmachung ebenfalls auf einem Schild oder aber auf der Verpackung selbst erfolgen. Bei **SB-Fertigpackungen** muss die Kenntlichmachung auf der Verpackung erfolgen.

Die Kenntlichmachung ist nicht erforderlich, wenn die Zusatzstoffe nur den Zutaten eines Lebensmittels zugesetzt wurden und diese im Lebensmittel keine technologischen Wirkungen mehr ausüben (z. B. Isoascorbat im Fleischsalat).

2.2.1 Umrötungsstoffe – Konservierungsstoffe

Umrötungsstoffe werden auch als Pökelstoffe bezeichnet. Sie werden laut der Verordnung (EG) Nr. 1333/2008 den Konservierungsstoffen zugerechnet. Unterschieden werden

- Kalium- und Natriumnitrit ($NaNO_2$), kurz: Nitrit,
- Natrium- und Kaliumnitrat, kurz: Nitrat (Salpeter, $NaNO_3$).

Umrötungsstoffe besitzen die Eigenschaft, die Farbe von Fleischerzeugnissen zu erhalten. (▸ S. 293 f.)
Nitrit ist **hochgiftig:** Es behindert durch Blockierung der roten Blutkörperchen den Sauerstofftransport im Körper, es kommt zum inneren Erstickungstod.

Laut Verordnung (EG) Nr. 1333/2008 darf Nitrit daher nicht in reiner Form verwendet werden. Es gelangt nur in einer gleichmäßigen Mischung mit Kochsalz als **Nitritpökelsalz (NPS)** in den Handel und zur Verarbeitung. Der Anteil an Nitrit beträgt meistens 0,4 bis 0,5 % = 400 bis 500 g Nitrit auf 100 kg Kochsalz.

Entscheidend ist aber nicht das Mischungsverhältnis von Nitrit und Kochsalz, sondern

- die **zugesetzte Menge** (Richtwert) in mg je kg Erzeugnis und
- die **Höchstmenge** in mg je kg in den Lebensmitteln zum Zeitpunkt der Abgabe an den Endverbraucher.

Das Gleiche gilt für **Nitrat** (Salpeter), das während der Reifung im Produkt zu Nitrit abgebaut wird. Es hat in der Fleisch- und Wurstwarenherstellung kaum Bedeutung.

Kenntlichmachung: „mit Konservierungsstoff" oder „konserviert" oder „mit Nitritpökelsalz"
Wenn Nitrit auf Amine (Eiweißstoffe) trifft, die z. B. im Fleisch bei enzymatisch und bakteriell bedingten Reifungsvorgängen durch Eiweißabbau entstehen, können sich Nitrosamine bilden. Diese wirken krebserregend. In Untersuchungen wurde nachgewiesen, dass in gepökeltem Fleisch ab Temperaturen um 200 °C besonders viele Nitrosamine entstehen. Aus diesem Grund sollten Pökelwaren immer um 100 °C gegart und auf keinen Fall gegrillt werden.

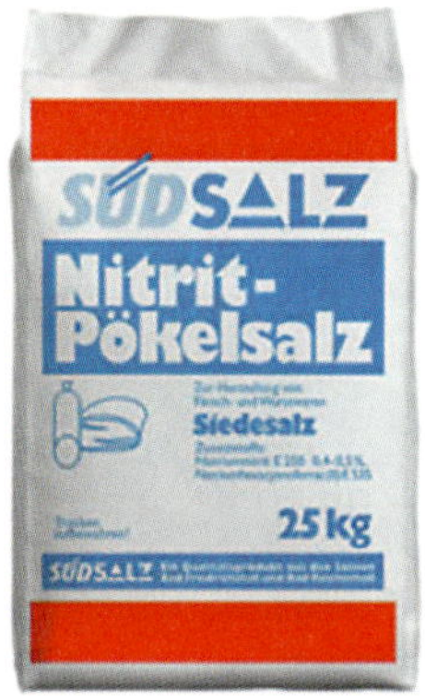

Nitritpökelsalz

Manche Kunden verzichten zunehmend auf Fleisch- und Wurstwaren, die mit NPS hergestellt wurden. Sicherlich kann man auf die Pökelfarbe und das Pökelaroma verzichten. Dennoch ist NPS nach wie vor unentbehrlich.

- Nehmen Sie hierzu Stellung. Beziehen Sie den europäischen Markt in Ihre Überlegungen mit ein.
- Welche Betriebe bzw. Vermarktungsformen von Fleisch- und Wurstwaren könnten auf NPS verzichten?

Grenzwerte für Nitrit und Nitrat

Zusatzstoff	Erzeugnis	Zugesetzte Menge (Richtwert)	Höchstmenge zum Zeitpunkt der Abgabe an den Endverbraucher
Nitrit (nur als NPS)	nicht hitzebehandelte, gepökelte und getrocknete Fleischerzeugnisse (z. B. Schinkenspeck, Rollschinken, Katenschinken, Salami)	150 mg/kg (entsprechen einer Mischung von 99,25 g (99,25%) Kochsalz und 0,75 g (0,75%) Nitrit)	50 mg/kg
	andere gepökelte Fleischerzeugnisse (z. B. Kochschinken, Brühwurst, Kochwurst, Kasseler); Fleischerzeugnisse in luftdicht verschlossenen Behältnissen		100 mg/kg
	gepökelter Bauchspeck		175 mg/kg
Nitrat (Salpeter)	gepökelte Fleischerzeugnisse (z. B. Knochenschinken, Sommermettwurst); Fleischerzeugnisse in luftdicht verschlossenen Behältnissen (z. B. Dosenschinken)	300 mg/kg (entsprechen einer Zugabe von 0,3 g je Kilo Fleisch/Fett bei der Herstellung)	250 mg/kg

Um die Entstehung von Nitrosaminen zu verhindern, ist die Verwendung von Nitritpökelsalz **verboten** bei:

- sämtlichen Hackfleischerzeugnissen mit Ausnahme von Leberkäse zum Selberbacken,
- Brühwursterzeugnissen, die zur Hocherhitzung (z. B. Braten, Grillen) bestimmt sind und entsprechend bezeichnet werden, wie z. B. Bratwurst, Grillwurst, Schinkengriller,
- Brühwursterzeugnissen, die als „weiße Ware" (nicht umgerötet) in den Verkehr gebracht werden, wie Weiß-, Well-, Gelbwurst, Kalbskäse.

2.2.2 Umrötungshilfsstoffe – Stabilisatoren

Umrötungshilfsstoffe – Anwendungsbeispiel: Kasseler

Umrötungshilfsstoffe werden auch als Pökelhilfsstoffe bezeichnet. Es lassen sich fünf Umrötungshilfsstoffe unterscheiden.

- **Ascorbinsäure** ist reines Vitamin C, das chemisch hergestellt wird.
- **Natrium-** und **Calciumascorbat** sind Salze der Ascorbinsäure. Beide Stoffe kommen besonders zur Geltung, wenn Nitritpökelsalz verarbeitet wird:
  - Sie bewirken die beschleunigte und vollständige Umsetzung von Nitrit zu Stickstoffoxid (NO) – Verringerung der Nitrosaminbildung.
  - Sie verzögern das Ranzigwerden tierischer Fette.
  - Sie stabilisieren die Farberhaltung der Erzeugnisse (gegen schnelles Verblassen des Anschnitts).
- **Isoascorbinsäure** und **Natriumisoascorbat** wirken
  - als Umrötungshilfsstoff,
  - als Schutzmittel gegen das Ranzigwerden tierischer Fette.

Umrötungs**hilfs**stoffe sind den Gewürzpräparaten vielfach schon zugefügt und erleichtern somit dem Fleischer die Dosierung.

2.2.3 Zuckerstoffe

Zucker wird bei der Fleisch- und Wurstwarenherstellung vielfältig eingesetzt:

- zur Abrundung des Geschmacks bei fast allen Fleisch- und Wurstwaren (Zucker mildert die Salzschärfe). In Mengen von 0,05 bis 0,5 % sind sie vielfach schon in den unterschiedlichen Gewürzpräparaten enthalten
- zur Aromaverbesserung durch die Zuckergärung
- bei der Rohwurstherstellung (► S. 400)

Süßungsmittel sind nicht zugelassen.

2.2.4 Kutterhilfsmittel – Stabilisatoren

Als Kutterhilfsmittel werden Phosphate (Salze der Phosphorsäure) und die Salze der Genusssäuren unterschieden:

- Zitronensäure – Citrate
- Essigsäure – Acetate
- Weinsäure – Tartrate
- Milchsäure – Lactate

Grenzwerte für Umrötungshilfsstoffe

Handelsbezeichnung	Zuordnung laut VO (EG) 1333/2008	Verwendung	Höchstmenge	Kennzeichnung bei: losem Inverkehrbringen	Kennzeichnung bei: Fertigpackungen
Ascorbinsäure Natriumascorbat Calciumascorbat	Stabilisatoren	für alle Fleischerzeugnisse	Quantum satis	keine	Stabilisator + Handelsname
		Zubereitungen aus frischem Hackfleisch, vorverpackt (z.B. Thüringer Mett)			
Isoascorbinsäure Natriumisoascorbat	Zusatzstoffe nur für bestimmte Lebensmittel	haltbar gemachte und teilweise haltbar gemachte Fleischerzeugnisse	500 mg/kg	„mit Antioxidationsmittel"	„mit Antioxidationsmittel" + Handelsname

Grenzwerte für Kutterhilfsstoffe				
Handelsbezeichnung	**Verwendung**	**Höchstmenge**	**Kennzeichnung bei:**	
			losem Inverkehrbringen	**Fertigpackungen**
Phosphorsäure Phosphate	für alle Fleischerzeugnisse (vor allem hitzebehandelte Fleischerzeugnisse wie Brühwürste, Kochpökelwaren) für Panaden, für Glasuren für Fleischerzeugnisse	5 g/kg 12 g/kg (Panaden) 4 g/kg Glasuren)	„mit Phosphat“	Stabilisator E-Nummer oder Handelsname
Kaliumacetat Natriumacetat Natriumlactat Natriumcitrat Kaliumcitrat Calciumcitrat Natriumtartrat		Quantum satis	keine	

Kutterhilfsmittel – Anwendungsbeispiel: Bockwurst

Kutterhilfsmittel verbessern in erster Linie die Quellung und das Inlösunggehen der Eiweiße bei der Brühwurstherstellung (▸ S. 366 ff.).
Die Wirkung der Salze von Genusssäuren ist nicht ganz so stark wie die der Phosphate. Die Salze der Genusssäuren dienen außerdem

- als Schutz gegen das Ranzigwerden tierischer Fette,
- als Säuerungsmittel bei Sülzen (▸ S. 345),
- zur Behandlung von Naturdärmen,
- zur Verhinderung der Blutgerinnung (Citrate) bei Rinder- und Schweineblut (▸ S. 341).
- Phosphate wirken außerdem konservierend, indem sie das Wachstum vieler Lebensmittelverderber verhindern.

Zusatzstoffe sollten nur in der Menge zugesetzt werden, die erforderlich ist, um die gewünschte Wirkung zu erzielen, und unter der Voraussetzung, dass sie den Verbraucher nicht irreführen.

2.2.5 Emulgatoren

Emulgatoren dienen sowohl der Herstellung als auch der Stabilisierung von Emulsionen (▸ S. 330 f. und S. 593). Sie wirken qualitätsfördernd, da einerseits Produktionssicherheit und andererseits eine Produktverbesserung eintritt.
Emulgatoren sind gesundheitlich vollkommen unbedenklich. Sie sind kein chemisches Erzeugnis, sondern werden aus Mono- und Diglyceriden von Fettsäuren durch Veresterung mit z. B. Wein- und Essigsäure gewonnen.
Als Emulgatoren werden u. a. verwendet:

- Lecithine
- Mono- und Diglyceride
- Ester der Mono- und Diglyceride von Speisefettsäuren

Anwendungsbeispiele:

- Leberwurst
- Leberpasteten, -pasten, -parfaits, -cremes
- streichfähige Rohwurst
- Brühwürste
- Erzeugnisse nach Brühwurstart

Höchstmenge:

- „Quantum satis“

Kenntlichmachung:

- bei loser Ware: keine
- bei Fertigpackungen: „Emulgator plus Name des Emulgators oder E-Nummer“

2.2.6 Weitere Konservierungsstoffe

Neben Nitrit und Salpeter erlaubt die Verordnung (EG) Nr. 1333/2008 weitere Konservierungsstoffe:

- Schwefeldioxid (Verwendung z. B. bei Zwiebelgranulat, Gelatine)
- Natamycin (Oberflächenbehandlung getrockneter, gepökelter Würste)
- Sorbinsäure, Benzoesäure, Ethyl-p-hydroxybenzoat (PHB)-Verwendung z. B. bei Panaden, Feinkostsalaten, Aspik)

Antioxidationsmittel – Anwendungsbeispiel: Schmalz

Säuerungsmittel – Anwendungsbeispiel: Sülze

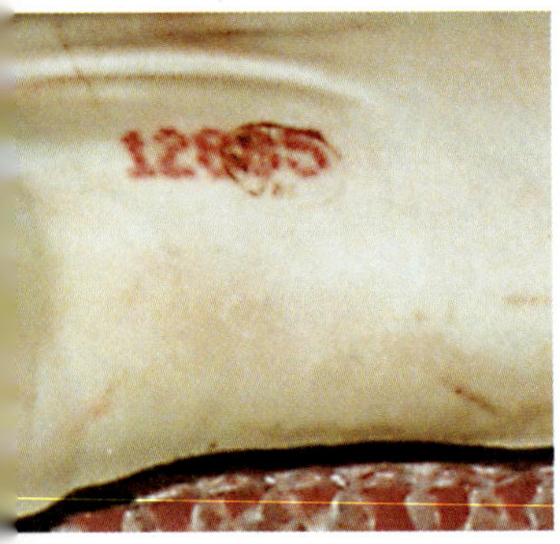

Farbstoffe – Anwendungsbeispiel: Fleischstempel

W

Sie dürfen nur zu technologischen Zwecken verwendet werden. Sie verlängern die Haltbarkeit von Lebensmitteln durch Schutz vor den schädlichen Auswirkungen von Mikroorganismen.

2.2.7 Antioxidationsmittel

Antioxidationsmittel schützen vor den schädlichen Auswirkungen der Oxidation, wie Ranzigwerden von Fett und Farbveränderungen, und verlängern dadurch die Haltbarkeit von Lebensmitteln.
Als Antioxidationsmittel gelten u. a. Tocopherol, Sorbinsäure, Benzoesäure und PHB.

- **Anwendungsbeispiele:** Schmalz, Rinder-, Geflügel-, Bratöl, Trockenfleisch
- **Kenntlichmachung:** „mit Antioxidationsmittel"

2.2.8 Geschmacksverstärker

Geschmacksverstärker verstärken den Geschmack und/oder Geruch von Produkten und können bei allen Lebensmitteln verwendet werden. Die bekanntesten sind:

- Glutaminsäure
- Mono-Na-Glutamat

Höchstmenge:

- 10 g/kg einzeln oder gemischt

Kenntlichmachung:

- bei loser Ware: „mit Geschmacksverstärker"
- bei Fertigpackungen: „Geschmacksverstärker", E-Nummer oder Handelsname

2.2.9 Säuerungsmittel

Die Säuerungsmittel erhöhen den Säuregrad eines Lebensmittels und/oder verleihen dem Lebensmittel einen sauren Geschmack.
Beispiele für Säuerungsmittel:

- Essigsäure
- Milchsäure
- Zitronensäure
- Gluconsäure
- Glucono-delta-Lacton

Verwendungsbeispiele:

- Sülzen
- Sauerbraten und ähnliche Erzeugnisse
- zur Behandlung von Därmen
- zur pH-Wert-Senkung bei Rohwurst

Höchstmenge:

- „Quantum satis"

Kenntlichmachung:

- bei loser Ware: keine
- Fertigpackungen: „Säuerungsmittel", E-Nummer oder Handelsname

2.2.10 Farbstoffe

Farbstoffe dienen dem technologischen Zweck, Lebensmittel zu färben oder Farbeffekte zu erzielen. Als Farbstoffe werden z. B. verwendet:

- Kurkumin
- echtes Karmin
- diverse Zuckercouleure (z. B. für Spritzpökellaken bei Braten)
- Carotine
- Allurarot AC (Stempelfarbe)
- Paprika-Extrakt und Beetenrot (Brühwürstchen)
- Brillantblau FCF und Braun HAT (Stempelfarbe)

Für folgende Produkte sind bestimmte Farbstoffe zugelassen:

- Breakfast Sausage mit mehr als 6 % Getreideanteil
- Hackfleisch mit mehr als 4 % pflanzlichem und/oder Getreideanteil
- Dekorationen, Überzüge, essbare Wursthüllen
- Gelatine
- zubereitete Mahlzeiten (Fertiggerichte)
- Wurst, Pâté, Schüsselpasteten
- Luncheon Meat
- Stempel bei Fleischuntersuchung, Handelsklassenkennzeichnung
- Kennzeichnung: „mit Farbstoff" (außer bei Stempelfarbe)

2.2.11 Geliermittel

Ihre Wirkung besteht darin, Lebensmitteln durch Gelbildung eine verfestigte Form zu geben. Geliermittel werden eingesetzt bei erhitzten Fleischerzeugnissen wie z. B. Kochschinken, um den austretenden Fleischsaft zu gelieren. Geliermittel sind z. B.:

- Agar-Agar
- Carrageen
- Pektine

Höchstmenge:
- „Quantum satis“

Kenntlichmachung:
- bei loser Ware: keine
- bei Fertigpackungen: „Geliermittel“, E-Nummer oder Handelsname

2.2.12 Verdickungsmittel

Sie quellen auf und erhöhen somit die Zähflüssigkeit des Lebensmittels.
Verdickungsmittel sind z. B.:
- Johannisbrotkernmehl
- Guarkernmehl

Anwendungsbeispiele:
- Suppen, Soßen

Höchstmenge:
- „Quantum satis“

Kenntlichmachung:
- bei loser Ware: keine
- bei Fertigpackungen: „Verdickungsmittel“, E-Nummer oder Handelsname

2.2.13 Packgase

Die Gase werden bei der Verpackung von Lebensmitteln zugegeben. Sie bewirken eine bessere Haltbarkeit und Farberhaltung.
Packgase sind z. B.:
- Argon
- Kohlenstoffdioxid
- Stickstoff
- Sauerstoff

Höchstmenge:
- „Quantum satis“

Kenntlichmachung:
- Kenntlichmachung: „unter Schutzatmosphäre verpackt“

Auszug aus den Anlagen zur Fleischverordnung

Zutat	Verwendungsbereich, Verwendungsbedingung	Höchstmenge*	Kenntlichmachung
Milcheiweißerzeugnisse	Fleischsalatgrundlage	2 %	keine
Flüssigei, flüssiges Eigelb, gefrorenes Vollei, gefrorenes Eigelb	Brühwurstpasteten und -rouladen, Grobe Bratwurst, Rheinische Bratwurst	3 %	keine
Trockenblutplasma	Brühwürste, Brühwurstpasteten und -rouladen als Konserven, sofern diese mit einer Kerntemperatur von mindestens +80 °C erhitzt wurden	2 %	keine
Blutplasma, Blutserum, im Verhältnis 1:10 aufgelöstes Blutplasma	Brühwürste, Brühwurstpasteten und -rouladen	10 %	keine
Pistazienkerne	Brühwürste, Brühwurstpasteten, -rouladen und Galantinen		keine
Trüffel	Brühwurstpasteten, -rouladen und Galantinen		keine
Trockenmilch-, Molke-, Milcheiweißerzeugnisse	Brühwürste, Brühwurstpasteten und -rouladen	3 %	Angabe „mit Milchpulver“, „mit Molkepulver“ oder „mit Milcheiweiß“
Eiklar, Gefriereiklar	Brühwürste	3 %	Angabe „mit Eiklar“
Milch, entrahmte oder teilentrahmte Milch	Feiner Fleisch-, Schweins-, Kalbs- und Leberkäse	5 %	Angabe „unter Verwendung von Milch“
Paprikaschoten, Peperoni, Tomaten, Edelpilze, Gurken, Rosinen, Mandeln, Nüsse und ähnliche Einlagen	Brühwürste, Brühwurstpasteten und -rouladen, ausgenommen tafelfertiges Frühstücksfleisch		Angabe der Einlagenart, sofern diese nicht erkennbar ist, auch deren Anteil in %
Käse, hart gekochte Eier, Eiprodukte	Brühwürste, Brühwurstpasteten und -rouladen, ausgenommen tafelfertiges Frühstücksfleisch		Angabe der Einlagenart, sofern diese nicht erkennbar ist, auch deren Anteil in %
Pflanzeneiweiß, Stärke	sämtliche Fleischsorten und Fleischerzeugnisse		Angabe „mit Pflanzeneiweiß“ oder „mit Stärke“. Angabe entfällt u. a. bei Fleischsalatgrundlage

* bezogen auf die Fleisch- und Fettmenge

W

3 Wursthüllen

„Als Hüllen für Fleischerzeugnisse werden neben künstlichen Hüllen auch unbeschränkt verarbeitungsfähige Tierkörperteile (Leitsatznummer 1.1.1.8) verwendet.“ (aus: Leitsätze für Fleisch und Fleischerzeugnisse)

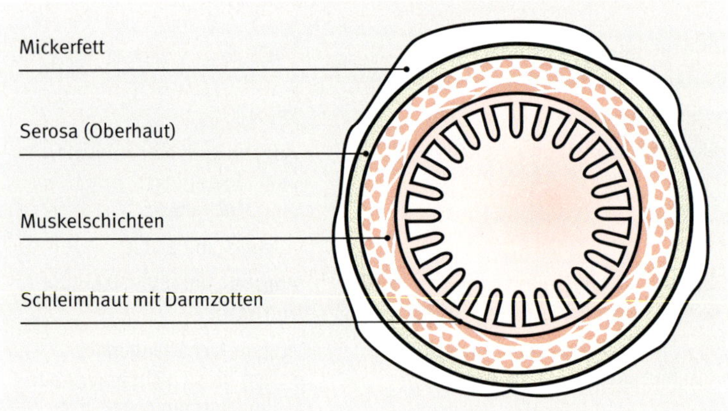

Querschnitt durch einen Naturdarm

3.1 Naturdärme

Naturdärme sind im weitesten Sinne Därme von Rind, Schwein, Schaf und Pferd sowie natürliche Hüllen wie z. B. die Speiseröhre.

Deutschland ist international der wichtigste Umschlagplatz für Naturdärme. Rund 20 % des Weltumsatzes an Naturdärmen wird von deutschen Firmen abgewickelt, in Europa liegt der Marktanteil sogar bei 50 %. Der Umsatz der deutschen Darmimporteure liegt bei etwa 450 Millionen €.
Betrachtet man den Darmumsatz von der Tonnage her, nehmen die Schweinedärme den ersten, Rinderdärme den zweiten und Schafsdärme den dritten Rang ein.

Als Lieferant für Schweinedärme steht China an erster Stelle, gefolgt von Dänemark und den Niederlanden.

3.1.1 Aufbau und Eigenschaften der Naturdärme

Mickerfett
Das Mickerfett besteht aus Fett und Bindegewebe. Das Bindegewebe „verknüpft“ die Därme miteinander und sorgt so dafür, dass sie sich nicht ineinander verdrehen und der Nahrungsfluss nicht gestaut wird. Das Fett des Mickerfetts dient als Polster und Wärmeschutz. Hygienisch einwandfrei erschlachtetes Mickerfett lässt sich zu einfacher Leberwurst oder zu Schmalz verarbeiten.

Serosa oder Bändel
So wird die Oberhaut (äußere Schicht) bezeichnet, sie ist glatt und dünn. Häufig wird sie ebenso wie die Schleimhaut beim Schleimen, also der Darmreinigung, mit entfernt.

Muskelschichten
Die beiden mittleren Schichten des Darms bestehen aus der Längs- und Ringmuskelschicht. Sie ermöglichen die Fortbewegung des Darminhalts bei der Verdauung. Diese beiden Schichten bilden den eigentlichen Naturdarm, die Wursthülle.

Schleimhaut mit Darmzotten

Die innere Schicht des Darms ist die Schleimhaut, die sich aus den Darmzotten und Darmdrüsen zusammensetzt. Sie wird beim Schleimen entfernt.
Naturdärme und natürliche Hüllen bestehen hauptsächlich aus Wasser und Bindegewebseiweiß. Durch Salzen und Trocknen der Naturdärme bleibt als Hauptbestandteil Bindegewebseiweiß übrig.

Der Naturdarm besitzt folgende Eigenschaften:

- Er ist ein reines, ursprüngliches Naturprodukt, für den Verzehr appetitlich und verträglich.
- Er ist bei richtiger und nicht zu langer Lagerung geschmacksneutral und lässt den Eigengeschmack des Wurstbräts voll zur Entfaltung kommen.
- Er ist ein Nebenprodukt, das bei der Schlachtung ohnehin anfällt, und somit eine preiswerte natürliche Hülle.
- Er fördert die geschmackliche Reifung von Spezialprodukten.
- Der Saitling vermittelt z.B. beim Wiener Würstchen die beliebte Knackigkeit des Bisses.
- Der Naturdarm ist grundsätzlich essbar. In der Regel werden nur Dünndärme mitgegessen, z.B. Saitlinge bei Wiener Würstchen, enge Schweinedärme bei Bockwurst, Kranzdärme bei luftgetrockneter Mettwurst.

3.1.2 Bezeichnung und Verwendung der Därme von Rind, Kalb, Schwein, Schaf und Pferd

Rind

Als natürliche Hüllen vom Rind werden unterschieden:

- Speiseröhre ohne Muskulatur, gewendet
  - für Rohwurst
- Pansenwand ohne Schleimhaut, gewendet
  - für saure Rolle
- Goldschlägerhäutchen (Serosa, Oberhaut) des Blinddarms (Rinderbutte)
  - für Lachsschinken
- Harnblase mit Schleimhaut, gewendet
  - für Bierwurst, Blasenwurst, Rohwurst

Kalb

- Harnblase mit Schleimhaut, gewendet
  - für Bierwurst, Blasenwurst, Rohwurst

Produkte in Naturdärmen

① *Speckrotwurst (Kranzdarm)*
② *Blut- und Leberwurst (Sauflaue)*
③ *Altländer Mettwurst (Rinderblase)*
④ *Regensburger Würstchen (Schweinedünndarm)*
⑤ *Sardellenwurst (Schweinebutte)*
⑥ *Mannheimer Blutwurst (Kranzdarm)*
⑦ *Bayrische Blutwurst (Mitteldarm)*
⑧ *Holsteiner Katenmettwurst, fein (genähtes Fettende)*
⑨ *Braunschweiger Blutwurst (Mitteldarm)*
⑩ *Hausmacher Leberwurst, grob (Mitteldarm)*
⑪ *Landrotwurst (Krauser Schweinedarm)*
⑫ *Schweinswürstl (Schweinedünndarm)*
⑬ *Weißwurst (Schweinedünndarm)*
⑭ *Thüringer Leberrotwurst (genähtes Fettende)*
⑮ *Nürnberger Rostbratwurst (Schweinedünndarm)*
⑯ *Roh-Polnische (Kranzdarm)*
⑰ *Braunschweiger Rotwurst, luftgetrocknet (Schweinenackenende, Fettende)*

Ende 2000 wurden alle Rinderdärme aus der EU (Europäische Union) als BSE-Risikomaterial eingestuft. Eine Liste der Europäischen Kommission sagt aus, aus welchen Ländern Rinderdärme eingeführt und verwendet werden dürfen. Das sind zurzeit: Argentinien, Neuseeland, Australien, Norwegen, Paraguay, Uruguay, Botswana und Namibia.

Schwein

Als natürliche Hüllen vom Schwein werden unterschieden:

- Magen mit Schleimhaut, gewendet
  - für Schwartenmagen, Presssack, Sülze, Thüringer Rotwurst

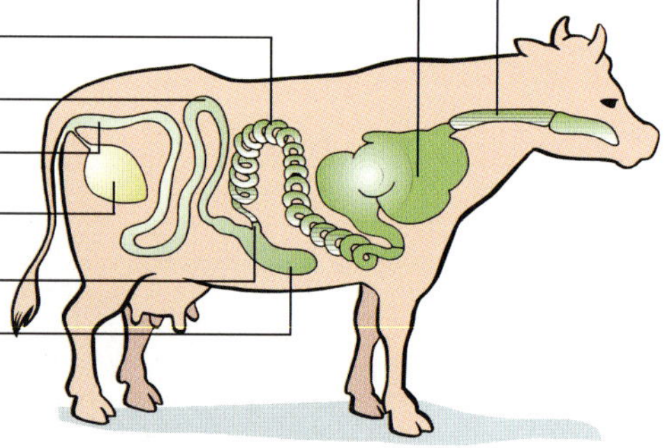

Wursthüllen vom Rind

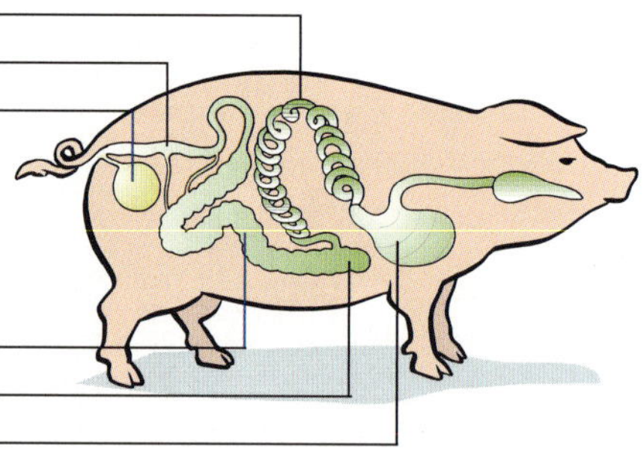

Wursthüllen vom Schwein

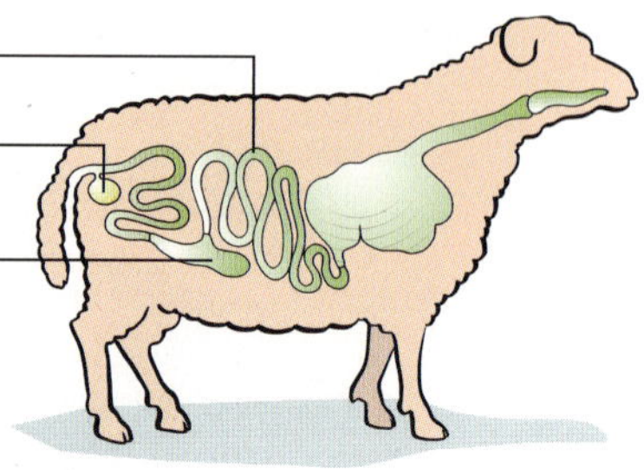

Wursthüllen vom Schaf

- Flomenhaut
  - für kleinere Lachsschinken, spezielle Braten
- Rippenfell
  - für kleinere Lachsschinken, spezielle Braten
- Harnblase mit Schleimhaut, gewendet
  - für Bierwurst, Blasenwurst, Rohwurst, Leberwurst

Schaf

Natürliche Hülle vom Schaf:

- Harnblase mit Schleimhaut, gewendet
  - für Bierwurst, Blasenwurst, Rohwurst, Leberwurst

Pferd

Vom Pferd ist nur der Dünndarm (Pferdekranzdarm) als Wursthülle geeignet.
Die Pferdekranzdärme sind im geschleimten Zustand von Rindermitteldärmen durch eine leichte Biegung (vgl. Kranzdarm) zu unterscheiden. Sie haben das Kaliber (Durchmesser in mm) 40 bis 90, sind sehr stabil und eignen sich somit gut für alle Wurstsorten.

3.1.3 Gewinnung, Lagerung und Füllen von Naturdärmen

Gewinnung

Das Gewinnen von Naturdärmen, vor allem aber von Dickdärmen (krauser Schweinedarm, Mitteldarm), ist arbeitsaufwendig und daher teuer. Aus diesem Grund ist es günstiger, Därme zu importieren.

Die Qualität der Naturdärme hängt ab von der Rasse, Zucht und Mast. Chinesische Schweine sowie Schafe aus Trockengebieten der Türkei und des Irans oder wild lebende Pampa-Rinder haben aufgrund schwerer verdaulicher Gras- und Pflanzennahrung festere Därme als ihre westeuropäischen Artgenossen aus Stallhaltung mit leicht verdaulichem, normiertem Kraftfutter.

An qualitativ hochwertige Därme (Qualitätsware) aus dem In- und Ausland werden folgende Ansprüche gestellt:

- gutes Aussehen
- genügende Festigkeit
- entsprechende Haltbarkeit

Rinder- und Kälberdärme			
Allgemeine Bezeichnung	**Fachbezeichnung**	**Länge**	**Verwendungsmöglichkeiten**
Dünndarm	Kranzdarm Kalb: nur von älteren Tieren verwendet	ca. 35 bis 40 m ca. 28 m	Mettwurst, luftgetrocknete Mettwurst, einfache Leberwurst, Fleischwurst, Krakauer, Polnische (enger Kranzdarm), Hamburger Gekochte, Grützwurst
Blinddarm	Rinderbutte, Butte, Kalbsbutte	ca. 1,5 m ca. 1 m	Aufschnittware, wie z. B. Mortadella, Sardellenwurst, Bauernschmaus, Saumagen
Dickdarm	Mitteldarm	ca. 7 m	Leberwurst, Blutwurst, Rohwurst, Schinkenwurst
Enddarm/Mastdarm	Rinderfettende	ca. 0,75 m	Cervelatwurst und andere Rohwürste

Der Dick- und Enddarm des Kalbs wird nicht verwendet.

Schweinedärme			
Allgemeine Bezeichnung	**Fachbezeichnung**	**Länge**	**Verwendungsmöglichkeiten**
Dünndarm	geschleimt: enger Schweinedarm, Schweinedünndarm ungeschleimt: Sauflaue	ca. 18 bis 20 m	geschleimt: Bratwurst, Bockwurst, Knacker, Mettenden (Kohlwurst), Weißwurst, Landjäger, Leber- und Blutwürstchen ungeschleimt: Landleberwurst
Blinddarm	Säckchen, Schweinekappe, Schweinebutte	ca. 0,35 m	Thüringer Rotwurst, Sülze, Zungenwurst
Dickdarm	Krausdarm, Krauser, krauser Schweinedarm	ca. 3,5 m	Hausmacher Leberwurst, Blutwurst
Enddarm/Mastdarm	Fettende/ Schlacke, Schlackdarm	ca. 0,80 m	Kalbsleberwurst, Kalbsfleischleberwurst, Schlackwurst, Cervelatwurst (häufig werden hierfür zwei aufgeblasene, getrocknete und gleichmäßig zugeschnittene Fettenden zusammengenäht)

Schafsdärme			
Allgemeine Bezeichnung	**Fachbezeichnung**	**Länge**	**Verwendungsmöglichkeiten**
Dünndarm	Schafssaitling	ca. 22 bis 28 m	Bratwurst Thüringer Art, Wiener, Pfefferbeißer, Debreziner, Frankfurter Würstchen
Blinddarm	Hammelkappe, Hammelbutte	ca. 1 m	Rohwurst, Brühwurst

Der Dick- und Enddarm des Schafs wird nicht verwendet.

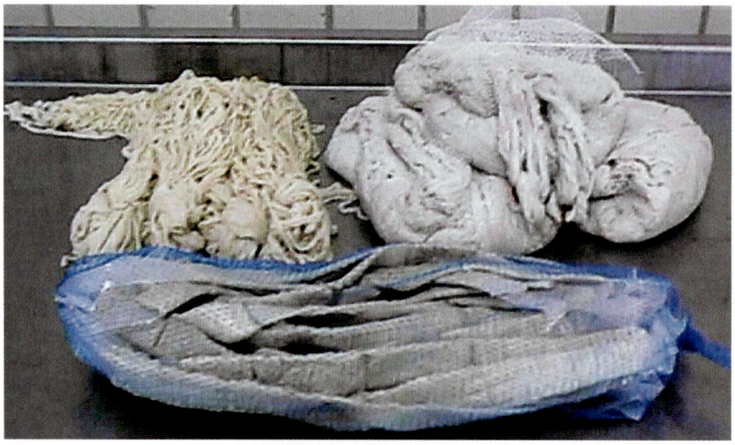

Schweinedärme, gesalzen (links), füllfertig im Netz (rechts), gerafft (vorn)

Um dies zu erreichen, werden sie unmittelbar nach der Schlachtung

- entfettet (abgefettet),
- geschleimt (entschleimt),
- gebündelt,
- gekühlt,
- gesalzen.

Die Darmbearbeitung erfordert große Sorgfalt. Beim Abfetten können die Därme leicht beschädigt werden. Dies kann dazu führen, dass die Wursthüllen an den dünnen, schwachen Stellen beim Füllen oder Garen leicht platzen. Das kann erhebliche Produktionsverluste zur Folge haben.

Lagerung von Därmen

Bei ungenügender Entfettung werden die Fettreste sehr leicht ranzig. Es entwickelt sich ein abartiger Geschmack, der zuerst den Darm und bei der Weiterverarbeitung das Wurstgut befällt. Somit kann eine gesamte Produktionscharge zum Fehlfabrikat werden. Die Fettreste wirken beim Anschnitt der Wurst nicht verkaufsfördernd.

Die **Rinderdärme** werden unmittelbar nach dem Entfetten gewendet und entschleimt. Nach dem Entschleimen müssen die Därme in kaltem Wasser gekühlt werden, um die Temperatur zu senken und somit das Keimwachstum zu verringern. Schweinedärme werden maschinell entschleimt, ohne sie zu wenden.

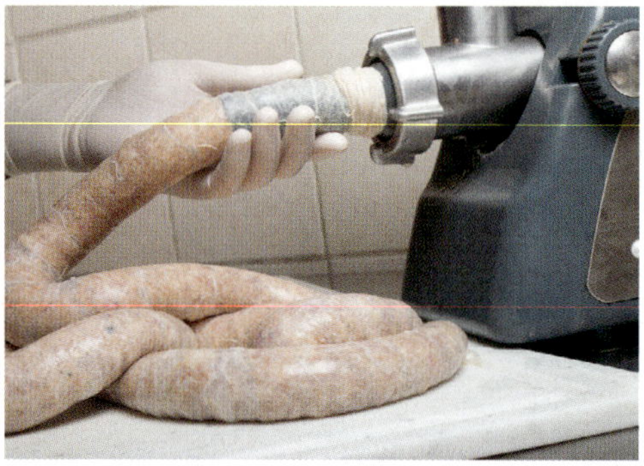

Füllen von Därmen

Rinder- und Schweinedärme werden nach dem Schleimen und Kühlen kräftig gesalzen, notfalls am nächsten Tag nachgesalzen und in Fässern verpackt.
Durch das Salzen erreicht man,

- dass den Fäulnisbakterien die optimalen Lebensbedingungen entzogen werden,
- dass die Darmwand sich durch den Entzug eines Großteils des Wassers verfestigt.

Die gesalzenen Därme sind am Tag nach der Salzung grundsätzlich verarbeitungsfähig, sollten aber aus hygienischen Gründen mindestens 14 Tage im Salz gelegen haben.

Lagerung und Füllen von Naturdärmen

Naturdärme werden im Kühlraum bei 6 bis 8 °C lichtgeschützt gelagert. Sie müssen immer mit Lake bedeckt sein.

W

Vor dem Füllen wird das Salz vom Naturdarm gut abgespült. Danach müssen die Därme 2 bis 3 Stunden in kaltem Wasser eingeweicht werden (Mittel- und Kranzdärme 12 Stunden). Unmittelbar vor dem Füllen werden sie in lauwarmes Wasser gelegt. Bei der Wässerung nimmt das Bindegewebseiweiß Wasser auf. Dabei quellen und dehnen sich die Bindegewebsfasern der Darmwand. Das Wässern in einer 2%igen Milchsäurelösung fördert das Aufquellen der Därme und macht sie für das Füllen geschmeidiger.
Die Fülltülle der Füllmaschine muss dem Kaliber (Durchmesser) des Naturdarms entsprechen.

Beachtet man obige Richtlinien, kann der Darm seine maximale Elastizität erreichen und das Volumen voll ausgenutzt werden; die erwarteten Eigenschaften, wie z. B. die Rauch- und Wasserdampfdurchlässigkeit, sind gegeben.
Unverbrauchte Naturdärme kann man erneut mit Kochsalz konservieren.

3.1.4 Handelsformen und Bundmaße

Die Därme werden nach Kaliber sortiert in den Handel gebracht.
Unter Kaliber versteht man den Durchmesser des gefüllten, frischen Naturdarms in mm.

Die Naturdärme haben vor der Salzung im frischen Zustand folgende Maße:

1 Bund Mittel- und Pferdedärme	9 m
1 Bund Kranzdärme, Saitlinge und enge Schweinedärme	18 m
1 Hank Schweinedärme	91 m
1 Hank Saitlinge	91 m

(Hank ist ein englisches Längenmaß; 1 Hank sind 100 Yards)

3.2 Kunstdärme

Die vielen verschiedenen Wurstsorten waren nahezu alle bis in die Zeit des Ersten Weltkriegs hinein in Därme und Hüllen tierischer Herkunft gefüllt oder gestopft.
Die Verknappung des Naturdarms durch die zunehmende Produktion von Wurstwaren führte insbesondere in den Zwanzigerjahren zur Entwicklung von „Naturdarmersatzprodukten“. Materialien wie Pergamentpapier, Kautschuk, Fischbein, Cellulose (Cellophan, Transparit), Viskose, Gelatine, Cellophan, Eiweißstoffe, Hautabfälle und Baumwollgewebe wurden benutzt und getestet. Aber nur einige Stoffe konnten die Ansprüche an einen guten Kunstdarm erfüllen.
Die Rohstoffe für die heute produzierten **Kunststoffdärme** entstammen fast vollständig der Erdöl verarbeitenden Industrie.

Es ging bei der Entwicklung der Kunstdärme zunächst nicht um einen „verbesserten“ Naturdarm, sondern um einen Ersatz des Naturdarms.

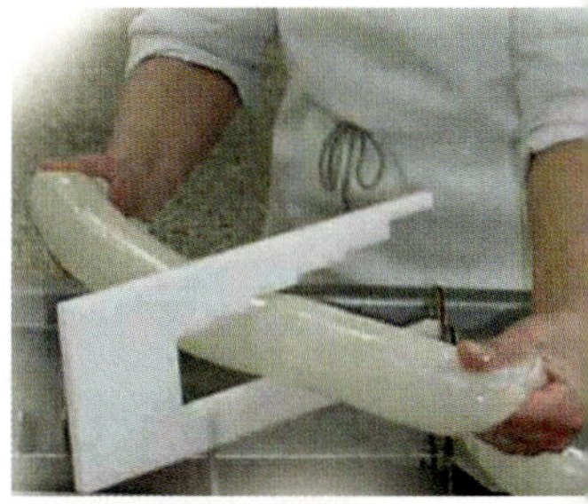

Luftsortierung

Farbabbindung und Kaliberzuordnung

Farbabbindung	Kennzeichnung	Kaliber in mm			
		Mitteldarm	Kranzdarm	Schweinedarm	Saitling
gelb	eng	unter 40	unter 30	unter 26	14/16
gelb-weiß	eng	40/45	30/32	26/28	16/18
blau	eng	45/50	32/35	28/30	18/20
blau-weiß	mittelweit	50/55	35/37	30/32	20/22
rot	mittelweit	55/60	37/40	32/34	22/24
rot-weiß	mittelweit	60/65	40/43	34/36	24/26
grün	extraweit	65/70	43/46	36/40	26/28
grün-weiß	extraweit	über 70	über 46	über 40	über 28

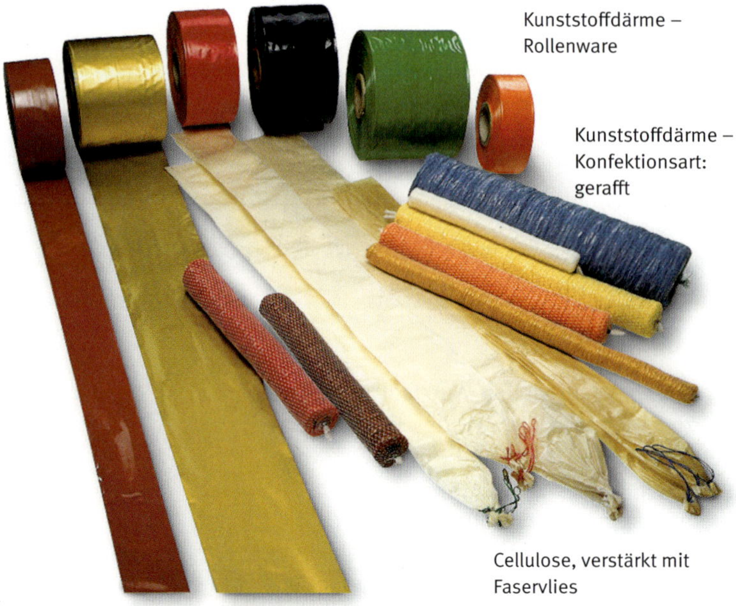

Kunstdärme

Dabei waren die Eigenschaften des Naturdarms Vorbild:

- das „Mitgehen" des Darms, hauptsächlich beim Abtrocknen der Rohwurst
- die Verbindung von Darmmuskeleiweiß mit dem Eiweiß des Bräts
- die hohe Wasserdampf- und Rauchdurchlässigkeit
- das appetitliche und verkaufsfördernde Aussehen
- seine Verzehrfähigkeit durch seinen Bindegewebsaufbau, besonders bei kleinkalibrigen Würstchen

Andererseits sollten die nachteiligen Eigenschaften ausgeschaltet werden:

- begrenzte Haltbarkeit der Naturdärme
- Lagerung unter Salz und in der Kühlung
- ungleichmäßiges Kaliber
- Verderb durch Befall von Mikroorganismen

3.2.1 Unterscheidung und Bezeichnung der Kunstdärme

Rohstoff	Eigenschaften	Verwendung	Handelsbezeichnungen
Ausgangsmaterial: natürliche Stoffe			
Leinen- und Cellulose	rauch- und wasserdampfdurchlässig und z. T. (mit Beschichtung) undurchlässig	Rohwurst, aber auch Brüh- und Kochwurst, besonders für ein traditionelles Erscheinungsbild	Rotex, Betex
Cellulose	rauch- und wasserdampfdurchlässig, hochtransparent	streichfähige und schnittfeste Rohwurst, Brühwurst	Nalo-Cellophan, Nalo-OJ, Walsroder HT
Cellulose verstärkt mit Faservlies	rauch- und wasserdampfdurchlässig	Brühwurst, Kochwurst, Rohwurst	Walsroder F, FR, FRO Nalo-Faser
Cellulose, verstärkt mit Faservlies, beschichtet mit PVDC	rauch- und wasserdampf-, undurchlässig, in verschiedenen Einfärbungen	Brühwurst, Kochwurst	Nalo Top, Walsroder F+, FVP
Hautfaser (Kollagen)	rauch- und wasserdampfdurchlässig, verdaulich (nur bei kleineren Kalibern)	Brühwurst, Kochwurst, Rohwurst	Naturin, Dermatin, Cutisin, ESC-Naturin für essbare Brühwürstchen
Seidengerüst mit Eiweiß	rauch- und wasserdampfdurchlässig	streichfähige und schnittfeste Rohwurst	Hukki, Sanipel
Ausgangsmaterial: künstliche Stoffe			
Polyester	gasundurchlässig, transparent oder eingefärbt, schrumpffähig	Kochwurst, Brühwurst	Nalophan
Polyamid (Nylon, Perlon)	gasundurchlässig, transparent oder eingefärbt	Kochwurst, Brühwurst	Polyamiddarm, Naloflex, Sterildarm
PVDC (Polyvinylidenchlorid)	gasundurchlässig, transparent oder eingefärbt, schrumpffähig	Brühwurst, Kochwurst, frische Zwiebelmettwurst	Rillsan, Krehalon, Walsroder KX
Mehrschichtdärme, u. a. aus Polyamid, Polyethylen, EVOH	wasser- und dampfundurchlässig, eingefärbt	Brühwurst und Kochwurst, aber auch streichfähige Rohwurst	Walsroder K+, K flex, K smok

3.2.2 Eigenschaften und Verwendung von Kunstdärmen

Cellulosedärme

Cellulose ist ein reines Naturprodukt. Sie wird aus Holz bzw. Baumwolle gewonnen. Dazu wendet man einen chemischen Prozess an: den Nassspinn- oder Viskoseprozess. Der Cellulosedarm ist also ein umgewandelter Naturstoff. Er wird auf Rollen gewickelt und nach Bedarf gebunden oder gerafft.
Der Cellulosedarm ist der ideale Kunstdarm für alle streichfähigen Rohwurstsorten:

- Die Transparenz wird für das Aussehen des Fertigprodukts gewünscht.
- Die Wasser- und Dampfdurchlässigkeit verhindert die Stickigkeit und Übersäuerung der streichfähigen Rohwurst.
- Dem Darm fehlt allerdings das konstante Füllkaliber, da die Cellulose beim Füllen nachgibt. Beim Füllen der streichfähigen Rohwurstmasse kann es deshalb leicht zu einem „Überfüllen" und somit auch zum Platzen des Darms kommen.

Weite Verbreitung findet dieser Darm als Cellulose-Saitling für Brat- und Brühwürstchen. Der Darm bildet zunächst eine feste Hülle und verleiht den Würstchen das gewünschte Aussehen und die glatte Oberfläche. Beim Brühen „kräuselt" sich der Darm und lässt sich danach per Hand oder mit eigens entwickelten Schälmaschinen entfernen („Schäldarm").
Diese Würstchen, die eine eigene „Haut" gebildet haben, kommen in der Regel als verpackte Würstchen in Glas, Dose oder Vakuumbeutel in den Handel. Sie sind gekennzeichnet als z.B. „Wiener Würstchen in Eigenhaut".

Cellulosedärme, verstärkt mit Faservlies

Das Papierfaservlies sorgt für eine verstärkte mechanische Festigkeit. Dies führt zu einer verbesserten Maschinengängigkeit, zu konstanten Füllkalibern und hoher Clipfestigkeit auch bei langen, schweren Würsten. Dieses ist besonders bei der Herstellung von schnittfester Rohwurst von großer Bedeutung. Die Rohwurstmasse kann stramm und luftarm eingefüllt werden, ohne dass der Darm ausgebeult bzw. zum Platzen gebracht werden kann. Andererseits hemmt das Papierfaservlies nur unwesentlich die hervorragende Wasser- und Dampfdurchlässigkeit des Cellulosedarms.

Cellulosedärme, verstärkt mit Faservlies

Eine innenseitige Imprägnierung kann gezielt die Bräthaftung beeinflussen. Eine verbesserte Schälbarkeit ist wünschenswert bei Hüllen für Kochschinken und für Aufschnittware im überlangen Darm, die anschließend geschnitten und verpackt in den Handel gelangt. Eine intensivere Verbindung zum Wurstbrät ist häufig bei Rohwürsten gewünscht. Hierbei soll sich die Hülle auch bei einer hohen Abtrocknung nicht ablösen. Bei der Brühwurst wirkt sie einem Gelee- und Fettabsatz entgegen. Inzwischen werden weitere Imprägnierstufen angeboten, damit z.B. bei Slicerware die Rohwurst leicht geschält werden kann.

Cellulose, verstärkt mit Faservlies und mit PVDC (Polyvinylidenchlorid) beschichtet

Für bestimmte Verwendungsbereiche wird der Cellulosedarm auf der Hülleninnenseite bzw. Hüllenaußenhaut beschichtet. PVDC wirkt als Hochbarriere zum Schutz vor Feuchte- und Aromaverlust. Die Hüllen werden bei Brüh- und Kochwürsten gern eingesetzt.

Cellulosedärme, verstärkt mit Faservlies und mit PVDC beschichtet

Hautfaserdärme

Die Hautfaserdärme oder Kollagendärme sind dem tierischen Darm in den Eigenschaften am ähnlichsten. Aufgrund der Porosität der

W

Kunststoffdärme aus Polyamid

Hautfaserdärme können Räucherstoffe in den Darm und in die Wurst eindringen, außerdem kann Feuchtigkeit aus der Wurst durch den Darm abgegeben werden. Hautfaserdärme müssen in der Regel vor der Verarbeitung gewässert werden, damit die getrockneten Faserschichten aufquellen.

PRAXISTIPP:

Durch Wässern der Hartfaserdärme in Kochsalzlake verhindert man ein Einreißen des Darms beim Clippen.

Hautfaserdärme werden heute zumeist für Brühwurst verwendet, sie eignen sich aber auch für die Kochwurst- und Rohwurstherstellung. Wie bei fast allen Kunstdärmen gibt es eine Fülle von Kaliberangeboten und Formen, wobei der künstliche Kranzdarm speziell für Fleischwurst weitverbreitet ist.

Seidengerüstdärme mit Eiweiß

Bei den Seidengerüstdärmen wird aus Naturseide ein Gewebe gesponnen, das mit einem aufgeschlossenen Eiweiß (Kollagen) imprägniert wird. Diese Därme haben eine sehr hohe Atmungsaktivität und eignen sich daher hervorragend für schnittfeste Rohwurst. In den letzten Jahren wurde die Naturseide zum Teil durch synthetische Garne ersetzt.

Kunststoffdärme aus Polyester

Die Kunststoffdärme aus Polyester zeichnen sich durch Formstabilität aus. Die Kunststoffhüllen sind nahtlos und eignen sich für Brüh- und Kochwürste und frische Zwiebelmettwurst, aber auch für Brat- und Kochfolien, da sie eine hohe Wärmebeständigkeit besitzen.

Kunststoffdärme aus Polyamid

Polyamiddärme sind Schlauchfolien, die einerseits elastisch, andererseits trotzdem formstabil sind. Sie werden vor allem für pastöses Wurstgut verwendet, wie z. B. Leberwürste, aber auch für Brühwürste. Polyamiddärme verfügen über eine gute Schrumpffähigkeit und eine gute Bräthaftung.

Kunststoffdärme aus PVDC

PVDC-Därme zeichnen sich durch eine hervorragende Wasserdampfsperre aus. Diese ermöglicht eine besonders lange Frischhaltung. Hier übernimmt der Darm die Funktion einer „Konserve“. Besonders für Brühwürste und Kochwürste mit einer langen Haltbarkeitsdauer ist diese Kunststoffhülle geeignet.

Mehrschichtdärme

Sogenannte Mehrschichtdärme besitzen bis zu fünf Schichten verschiedener Kunststoffe wie Polyamid, Polyethylen und EVOH (Ethylen-Vinylalkohol).
Hierbei werden die positiven Eigenschaften der einzelnen Rohstoffe in idealer Weise kombiniert. Die positiven Eigenschaften sind:

- mechanische Festigkeit,
- Wasserdampfbarriere und
- Sauerstoffbarriere.

Diese Därme haben die bekannten Kunststoff-Einschicht-Hüllen in vielen Bereichen verdrängt.

3.2.3 Naturdärme oder Kunstdärme?

Kunststoffdärme bestehen aus wertvollen Ressourcen. Aber auch für die Kunstdärme aus natürlichen Stoffen müssen die Materialien bereitgestellt werden.
Dagegen sind die Naturdärme ein natürliches Nebenprodukt, das bei jeder Schlachtung anfällt und nicht erst künstlich hergestellt werden muss. Die anderen Ressourcen können so geschont werden. Sowohl die Reinigung als auch die Konservierung erfolgen in natürlichen und umweltfreundlichen Verarbeitungsprozessen. Der Naturdarm entspricht vor allem dem Verbraucherwunsch nach naturbelassenen Lebensmitteln.

4 Rechtliche Vorschriften

4.1 Grundlagen des Lebensmittelrechts

Zu unterscheiden sind **EU-Verordnungen, nationale Gesetze** und **nationale Verordnungen.**

EU-Verordnungen haben in allen Mitgliedsstaaten unmittelbare Gesetzeswirkung. Sie bedürfen keiner Umsetzung in deutsches Recht, um in Deutschland unmittelbare Geltung zu erlangen. Dennoch können nationale Gesetze und Verordnungen erlassen werden, die sich im Rahmen der EU-Verordnungen bewegen, um die Vorgaben der EU-Verordnungen an deutsche Besonderheiten anzupassen.

Nationale Gesetze werden vom gesetzgebenden Organ, dem Deutschen Bundestag, im Zusammenwirken mit der Ländervertretung, dem Bundesrat, verabschiedet.

Nationale Verordnungen legen engere Rechtsnormen für bestimmte Arten von Lebensmitteln oder für bestimmte Bereiche fest, z.B. Lebensmittelzusatzstoff-Durchführungsverordnung (LMZDV). Sie werden von den zuständigen Ministerien nach Anhörung von Interessenvertretungen und von Fachwissenschaftlern, z.B. der Bundesforschungsanstalt für Ernährung und Lebensmittel, erlassen. Interessenvertretungen sind z.B. der Deutsche Fleischer-Verband, der Verband der Fleischwarenindustrie und Verbraucherorganisationen. Verordnungen werden auf der Grundlage von Gesetzen, z.B. Handelsklassengesetz – Handelsklassenverordnung, bzw. aufgrund von EG-Richtlinien erlassen.

Leitsätze dagegen sind keine verbindlichen Rechtsnormen, werden aber bei der Beurteilung von Lebensmitteln herangezogen. Sie werden gehandhabt wie Sachverständigengutachten, dienen also der Rechtsfindung. Sie geben die „allgemeine Verkehrsauffassung“ wieder, also das, was üblich ist.

Neben den Leitsätzen, die eine große nationale Bedeutung haben und deren Ergänzungen bzw. Erweiterungen auch im Bundesgesetzblatt veröffentlicht werden, gibt es verschiedene Arbeitsgruppen, z.B. die „Arbeitsgruppe Fleisch- und Geflügelfleischhygiene und

	EG-Vorschriften (Verordnungen und Richtlinien	**Nationale Gesetze**	**Nationale Verordnungen**		**Allgemeine Verkehrsauffassung (Üblichkeit)**
Gesetzgebendes Organ (bzw. festlegende Kreise bei Verkehrsauffassung	EU-Rat EU-Kommission EU-Parlament	Bundestag Bundresrat	aufgrund besonderer gesetzlicher Ermächtigung, i.d.R. Bundesministerium für Gesundheit oder das Bundesministerium für Ernährung und Landwirtschaft		alle am Verkehr mit Lebensmitteln beteiligten Kreise, wie Wirtschaft (Hersteller), Wissenschaft, Überwachung
Merkmale	Rahmenvorschriften, aber auch spezielle Produktverordnungen	• grundlegend • allgemein • Rahmengesetz (z.B. LFGB)	• speziell • für Einzelbereiche horizontal (gilt für eine Vielzahl von Fällen) z.B. Lebensmittelinformations-Durchführungsverordnung (LMIDV)	vertikal (gilt für spezielle Produkte) z.B. Fleisch-Verordnung	• Beschreibung der Beschaffenheit von LM • Erklärung zur Bezeichnung eines LM (z.B. Brühwurst) • Hinweise zum Verwendungszweck eines Organs (z.B. Schweinemagen) • Verkehrsauffassungen befinden sich u.a. in Rechtsvorschriften, Richtlinien und Leitsätzen des Deutschen Lebensmittelbuchs
Verbindlichkeit	bindendes Recht mit Veröffentlichung				gilt als Sachverständigengutachten

fachspezifische Fragen von Lebensmitteln tierischer Herkunft“ (AFFL). Diese und andere Arbeitsgruppen erarbeiten Stellungnahmen zu bestimmten Rechtsauffassungen, die nicht im Gesetz, nicht in der Verordnung und nicht in den Leitsätzen geregelt sind. Sie haben den Stellenwert von Sachverständigengutachten und werden in der Regel bei Beurteilungen, Beanstandungen oder bei Gerichtsverhandlungen als solche herangezogen. So hat die AFFL beispielsweise festgelegt, dass Betriebe, die weniger als ein Drittel ihrer Produktionsmenge nicht im eigenen Hauptgeschäft verkaufen, nicht der Verordnung 853/2004 entsprechen müssen, sondern noch der Verordnung 852/2004 unterliegen (zu 852/2004 und 853/2004 ▸ S. 633 f.).

4.1.1 EG-Verordnung 178/2002

Diese Verordnung ist seit dem 1. Januar 2005 in Kraft. Sie ist ein Rahmengesetz bzw. ein Grundlagengesetz für ein hohes Schutzniveau und eine umfassende Lebensmittelkontrolle in der EU. Hauptziel ist es, die

- Gesundheit des Menschen und
- Verbraucherinteressen

bei Lebensmitteln unter besonderer Berücksichtigung der Vielfalt des Nahrungsmittelangebots einschließlich traditioneller Erzeugnisse zu schützen.

EG-Verordnung 178/2002 – Allgemeine Lebensmittelverordnung	
EU-Verordnungen	• EG-Verordnung 852/2004 • EG-Verordnung 853/2004 • EG-Verordnung 854/2004 • EG-Verordnung 1169/2011 (LMIV) ...
Nationale Gesetze	• Lebensmittel- und Futtermittelgesetzbuch (LFGB) • Infektionsschutzgesetz • Handelsklassengesetz ...
Nationale Verordnungen	• Verordnungen über gesetzliche Handelsklassen für Schweinehälften • Fleisch-Verordnung • Lebensmittelinformations-Verordnung ...
Leitsätze	• für Fleisch- und Fleischerzeugnisse • für Feinkostsalate • für Gewürze und andere würzende Mittel ...

Der **Leitgedanke** der neuen Verordnung zum EU-Lebensmittelrecht lautet:
Lebensmittelsicherheit fängt auf den Bauernhöfen an.
Der **Leitslogan** lautet: **„From farm to fork“ (vom Bauernhof bis zur Gabel).**

In der EG-Verordnung 178/2002 finden sich auch Begriffsbestimmungen, z. B. für Lebensmittel:
Lebensmittel sind alle Stoffe oder Erzeugnisse, die dazu bestimmt sind oder von denen nach vernünftigem Ermessen erwartet werden kann, dass sie in verarbeitetem, teilweise verarbeitetem oder unverarbeitetem Zustand von Menschen aufgenommen werden.
Zu Lebensmitteln zählen auch Getränke sowie alle Stoffe, einschließlich Wasser, die dem Lebensmittel bei seiner Herstellung, Ver- oder Bearbeitung absichtlich zugesetzt werden.

Keine Lebensmittel sind u. a.: Futtermittel, lebende Tiere, Pflanzen vor dem Ernten, Arzneimittel.

4.1.2 Lebensmittel-, Bedarfsgegenstände- und Futtermittelgesetzbuch (LFGB)

Der EG-Verordnung 178/2002 untergeordnet ist das deutsche Rahmengesetz bzw. Grundlagengesetz, das LFGB.
Das LFGB erfasst Lebensmittel, Lebensmittelzusatzstoffe, Futtermittel, kosmetische Mittel und Bedarfsgegenstände.

Es hat das Lebensmittel- und Bedarfsgegenständegesetz (LMBG) abgelöst. Das LFGB ist ein Rahmengesetz, ein Grundlagengesetz des deutschen Lebensmittelrechts, aber dem EU-Rahmengesetz, der EG-Verordnung 178/2002, untergeordnet.

Zweck des LFGB im Bereich der Lebensmittel ist

- die Sicherstellung des Gesundheitsschutzes beim Menschen durch Vorbeugung und Gefahrenabwehr,
- der Täuschungsschutz und
- die Unterrichtung der Wirtschaftsbeteiligten
  - Verbraucher und
  - Verwender von Futtermitteln.

Verbraucherschutz im LFGB

Ein Schwerpunkt des LFGB liegt auf dem Verbraucherschutz, z. B. durch **Verbote zum Schutz der Gesundheit:**

- Es dürfen keine Lebensmittel für andere Personen hergestellt werden, die zu Gesundheitsschäden führen.
- Es dürfen keine Erzeugnisse, die mit Lebensmitteln verwechselt werden können, aber keine Lebensmittel sind, in den Verkehr gebracht werden.
- Zusatzstoffe dürfen nur verwendet werden, wenn sie laut Verordnung (EG) Nr. 1333/2008 zugelassen worden sind.

Neben den Verboten zum Schutz der Gesundheit beinhaltet das LFGB **Verbote zum Schutz vor Täuschung:**

- Es dürfen keine Lebensmittel unter irreführender Bezeichnung, Angabe oder Aufmachung in den Verkehr gebracht werden.
- Bezeichnungen, Angaben, Aufmachungen und Darstellungen über Eigenschaften wie Art, Beschaffenheit, Zusammensetzung, Menge, Haltbarkeit, Ursprung, Herkunft oder Art der Herstellung oder Gewinnung, die nicht geeignet sind, dürfen nicht verwendet werden.
- Es dürfen einem Lebensmittel keine Wirkungen zugeschrieben werden, die nach Erkenntnissen der Wissenschaft nicht zutreffend sind.
- Lebensmittel, die hinsichtlich ihrer Beschaffenheit von der Verkehrsauffassung abweichen und dadurch in ihrem Nähr- oder Genusswert oder in ihrer Brauchbarkeit nicht unerheblich gemindert sind, dürfen nicht in den Verkehr gebracht werden.

Überwachung des Verkehrs mit Lebensmitteln

Neben dem Verbraucherschutz regelt das LFGB die Überwachung des Verkehrs mit Lebensmitteln.

Betriebskontrollen
Die zuständigen Behörden haben sich durch regelmäßige Überprüfungen und Probennahmen davon zu überzeugen, dass die lebensmittelrechtlichen Vorschriften eingehalten werden. Die Kontrollen werden meistens von einem Lebensmittelkontrolleur der örtlichen Gewerbeaufsicht und einem Sachverständigen, in der Regel ein Amtstierarzt, vorgenommen. Sie überwachen zusätzlich die Einhaltung der gesetzlichen Vorschriften für den Verkauf (Werbung, Preisauszeichnung ...).

Rechte der Lebensmittelkontrolleure
Die mit der Kontrolle beauftragten Personen haben u. a. das Recht,

- sämtliche Verkaufs- und Betriebsräume (auch Kühlräume, Lagerräume, Markthallen, ggf. sogar Wohnräume) zu betreten und zu besichtigen,
- Herstellung, Behandlung und Verkauf von Lebensmitteln zu überprüfen,
- Fahrzeuge und Gegenstände zur Beförderung von Lebensmitteln zu kontrollieren,
- in verschlossene Behälter und Schränke Einblick zu nehmen,
- geschäftliche Aufzeichnungen und Unterlagen über verwendete Stoffe einzusehen,
- Auskünfte über die Herstellung von Lebensmitteln und die dabei verwendeten Stoffe einzuholen,
- Proben von Lebensmitteln und Bedarfsgegenständen zu entnehmen,
- beanstandete Lebensmittel und Bedarfsgegenstände vorläufig zu beschlagnahmen,
- verbindliche Anordnungen bei Beanstandungen auszusprechen.

Pflichten der Lebensmittelkontrolleure
Die mit der Kontrolle beauftragten Personen sind verpflichtet,

- die Kontrollen während der Betriebs- und Geschäftszeit durchzuführen, es sei denn, es besteht „Gefahr im Verzug“,
- die Schweigepflicht über sämtliche Tatsachen zu wahren, die sie bei der Überwachungstätigkeit erfahren.

Pflichten des Betriebsinhabers
Betriebsinhaber oder Betriebsleiter sind u. a. verpflichtet,

- den Lebensmittelkontrolleuren Zutritt zu allen Betriebs- und Verkaufsräumen zu gewähren,
- die Überwachungsmaßnahmen zu dulden und die Kontrolleure bei ihrer Arbeit zu unterstützen,

Ein Fleischdiscounter annonciert in der Stadtteilzeitung:

Überlegen Sie, welche Erwartungen Sie an das Produkt aufgrund der Anzeige haben. Schlagen Sie in den Leitsätzen für Fleisch und Fleischerzeugnisse unter Punkt 2.501 nach und korrigieren Sie in Ihrem Arbeitsheft die Anzeige. Beurteilen Sie die Annonce aus der Sicht des LFGB.

Proben

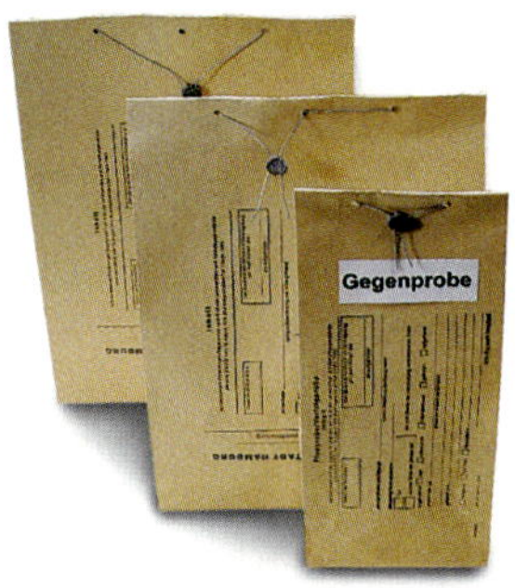

Gegenprobe

- erforderliche Auskünfte zu geben,
- auf Verlangen Räume, Einrichtungen und Geräte zu bezeichnen sowie Räume und Behältnisse zu öffnen,
- den Kontrolleuren die Entnahme der Proben zu ermöglichen.

Probenentnahme

Die Lebensmittelkontrolleure sind befugt, Proben nach ihrer Auswahl zum Zweck der Untersuchung zu fordern oder zu entnehmen – gegen Empfangsbescheinigung.

Gegenprobe

Soweit der Hersteller oder Einführer nicht ausdrücklich darauf verzichtet, ist ein Teil der Probe oder ein zweites Stück gleicher Art (z. B. bei Konserven) zurückzulassen.
Diese Proben sind amtlich zu verschließen oder zu versiegeln.
Die Gegenprobe dient der Nachkontrolle für den Hersteller. Er kann sie bei einer Beanstandung der Erstprobe auf seine eigenen Kosten untersuchen lassen.

4.1.3 Leitsätze für Fleisch und Fleischerzeugnisse

Die Leitsätze für Fleisch und Fleischerzeugnisse befinden sich im **Deutschen Lebensmittelbuch**. Im LFGB, dem deutschen Grundlagengesetz, ist das Deutsche Lebensmittelbuch verankert. Das Lebensmittelbuch ist eine Sammlung von Leitsätzen, in denen die

- Herstellung,
- Beschaffenheit oder
- sonstigen Merkmale von Lebensmitteln, die für die Verkehrsfähigkeit der Lebensmittel von Bedeutung sind, beschrieben werden.

z. B. Gemischtes Hackfleisch

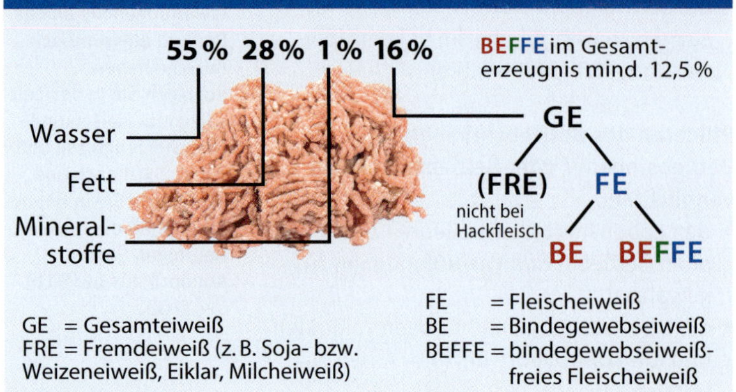

Die Leitsätze werden von der Lebensmittelbuchkommission erarbeitet.
Diese setzt sich zusammen aus Vertretern der Wissenschaft, der Lebensmittelüberwachung, der Verbraucher und der Wirtschaft – darunter auch Vertreter des Fleischerhandwerks und der Fleischwarenindustrie.
Die Lebensmittelbuchkommission lässt sich bei der Erarbeitung der Leitsätze von drei Grundprinzipien leiten:

- der Verkehrsauffassung,
- dem redlichen Handwerkerbrauch und
- der Verbrauchererwartung.

In den einzelnen Lernfeldern wird immer wieder auf die Leitsätze verwiesen. Um diese Verweise besser verstehen zu können, folgen hier einige grundlegende Erläuterungen.

BEFFE

In den Leitsätzen wird der Begriff BEFFE – bindegewebseiweißfreies Fleischeiweiß – als wertbestimmender Bestandteil der Wurst und bei Hackfleisch eingeführt. Für Wurstsorten aus der Gruppe der Blut- und Sülzwürste gelten als wertbestimmender Anteil auch „Muskelfleischeinlagen“ und „Muskeltrockensubstanz“.
Für jede einzelne Wurst- und Hackfleischsorte ist der entsprechende BEFFE-Wert, Muskelfleischeinlagenanteil oder der Wert an Muskeltrockensubstanz festgeschrieben. So ist der BEFFE-Wert für Schweinehack 11,5 %, für Wiener Würstchen 8 %, für Salami 13 % und für Kalbfleisch-Leberwurst 10 %. Die Muskelfleischeinlage für Schinkensülze darf 50 % und die Muskeltrockensubstanz bei Corned Beef 14 % nicht unterschreiten. Die angegebenen Werte sind Mindestgehalte und müssen eingehalten werden, es gibt somit bei den BEFFE-, Muskelfleischeinlagen- und Muskeltrockensubstanzwerten keine Toleranzgrenzen.

Die Nichteinhaltung der Werte führt zur Beanstandung durch die zuständigen Behörden und kann mit einem Bußgeld belegt werden.

Warum ist BEFFE der wertbestimmende Bestandteil der Wurst bzw. des Fleisches?

- Wasser ist für die Ernährung absolut notwendig, lässt sich aber auf einfachste Weise (Wasserhahn) dem Menschen zuführen.
- Die Mineralstoffe im Fleisch üben eine wichtige Funktion im menschlichen Organismus aus, können aber relativ einfach mit anderen Nahrungsmitteln wie Obst und Gemüse aufgenommen werden.
- Tierische Fette sind ein wichtiger Nährstoff, doch lassen sie sich durch pflanzliche Fette austauschen.
- Tierisches Eiweiß dagegen besteht aus lebensnotwendigen (essenziellen) Aminosäuren. Diese Aminosäuren können vom menschlichen Körper nicht aufgebaut und müssen deshalb durch die Nahrung zugeführt werden (► S. 213 f.). Pflanzliche Eiweiße können nur schwer tierische Eiweiße ersetzen. Es bedarf einer sehr genauen Nahrungsauswahl, um auf tierisches Eiweiß zu verzichten. Bei falscher Lebensmittelauswahl kann es zu Mangelerscheinungen kommen.
- Bei der Wurstherstellung kommt ein weiterer wichtiger Grund hinzu: BEFFE, also Eiweiß, führt die erwünschte Bindung (► S. 363, Brühwursttechnologie) bzw. Emulsion von Fettgewebe, Wasser (Eis) und Magerfleisch (► S. 332, Kochwursttechnologie) herbei.

Der Gehalt an BEFFE bestimmt auch den finanziellen Wert und damit den Preis eines Produkts. Dazu ein Beispiel: Tatar (Beefsteakhack, Schabefleisch) besteht aus sehr magerem und entsehntem Rindfleisch. Es enthält in etwa

- Wasser 74 %
- Fett 4 %
- Mineralstoffe 1 %
- Bindegewebseiweiß 1 %
- bindegewebseiweißfreies Fleischeiweiß 20 %

Als Selbstkostenpreis pro kg wird Beefsteakhack mit 5,00 € angenommen. Bei einem Anteil von 20 % BEFFE in dem Beefsteakhack werden 5 kg benötigt, um 1 kg reines BEFFE zu erhalten. Somit kann ein Preis von 25,00 € für 1 kg BEFFE angesetzt werden!

BEFFE und BE

Im Fleisch und in der Wurst ist BEFFE nicht zu isolieren, es lässt sich nicht allein betrachten. Jede Zelle ist von einer Zellmembran umhüllt. Die Zellen bilden Eiweißfäden, Filamente genannt, die Filamente bilden die Muskelfibrillen. Diese wiederum sind zu Muskelfasern zusammengefasst. Die Muskelfasern sind zu Muskelpartien (Fleischteilen) zusammengefügt. Letztere sind umhüllt mit Vliesen und werden im Tierkörper durch Knochen und Sehnen (beim Schwein zusätzlich durch Schwarten) zusammengehalten. Die Zellmembranen, die Umhüllungen der Filamente und Muskelfibrillen, die Außenhäute der Muskelfasern, Vliese, Sehnen und Schwarten, sie alle bestehen in der Hauptsache aus Bindegewebseiweiß. Hierdurch wird deutlich, dass Fleisch zwar bindegewebsarm (Beefsteakhack, Filet, Schweineschnitzel aus der Oberschale), aber niemals bindegewebsfrei sein kann (► S. 236). Umgekehrt gibt es Fleischteile, die durch die Anatomie bedingt sehnenreich sind, so z. B. Bauchmuskulatur, Beinfleisch, Kopffleisch, Zwerchfellmuskulatur.

Aus diesen Gründen hat die Lebensmittelbuchkommission in den Leitsätzen neben dem BEFFE-Wert im Gesamterzeugnis, also im verkaufsfertigen Produkt, noch zwei weitere Beurteilungskriterien eingeführt.

Wurde beim ersten Wert BEFFE auf das gesamte Erzeugnis bezogen, so wird bei den beiden anderen Werten Fleischeiweiß (FE) als Ganzes (gleich 100 Prozent) gesetzt.
Die Lebensmittelbuchkommission will dadurch verhindern, dass bei einer Wurst der Mindest-BEFFE-Wert durch größere Mengen an sehnenreichem Fleisch erzielt wird.
Bindegewebseiweiß (BE) ist im Gegensatz zum bindegewebseiweißfreien Fleischeiweiß in der menschlichen Ernährung zum Körperaufbau nicht nutzbar und somit nicht so wertvoll. Es wird vom Organismus in einem vorverdauten Zustand ausgeschieden.

z. B. Gemischtes Hackfleisch

FE (100 %)

BE	BEFFE
höchstens 25 %	mindestens 75 %

Die Leitsätze für Fleisch und Fleischerzeugnisse legen der Beurteilung für jede Wurst drei Werte zugrunde:

1. den Mindest-BEFFE-Gehalt in Prozent im Gesamterzeugnis
2. den Mindest-BEFFE-Gehalt in Prozent im Fleischeiweiß
3. den Höchstgehalt an BE in Prozent im Fleischeiweiß

Fettgehaltsstufen

Die Lebensmittelbuchkommission geht davon aus, dass sich bei Einhaltung der BEFFE-Werte die Fettgehaltsstufen automatisch regulieren. Bei Rinderhackfleisch lässt sich dies im Verhältnis zum Beefsteakhack verdeutlichen.

	Beefsteak-hack	Rinderhack-fleisch
Wasser	75 %	62 %
Fett	3 %	18 %
Mineralstoffe	1 %	1 %
BE	1 %	3 %
BEFFE	20 %	16 %

Ein Vergleich zeigt: Steigt der Fettgehalt, so nehmen der BEFFE-Gehalt und der Wassergehalt ab. Umgekehrt: Sinkt der Fettgehalt, so steigen der BEFFE-Gehalt und der Wassergehalt.

Unabhängig von den Leitsätzen gibt es in der Bundesrepublik Deutschland für jedes einzelne Bundesland Fettgehaltsstufen für Wurstsorten. Diese sind von den einzelnen Landesinnungsverbänden des Fleischerhandwerks erarbeitet worden und dienen der Verbraucherinformation.
Die Fettgehaltsstufen für die einzelnen Wurstsorten sind, sortiert nach Koch-, Brüh- und Rohwurst, in den entsprechenden Lernfeldern dieses Buchs aufgeführt.

Es gibt mehrere Arbeitsgruppen, die sich zu verschiedenen Beurteilungskriterien u. a. von Fleisch und Wurstwaren äußern. So hat sich die Arbeitsgruppe Fleischwaren der Lebensmittelchemischen Gesellschaft in der Gesellschaft deutscher Chemiker verstärkt auch mit den Fettgehaltsstufen auseinandergesetzt.
In einer Veröffentlichung aus dem Jahr 2022 „Beurteilungskriterien für Fleischerzeugnisse“ sind u. a. die Fettgehalte der verschiedenen Wurstsorten als Ergebnis der einzelnen Untersuchungsämter deutschlandweit aufgelistet.

Aufgrund dieser Ergebnisse ist wiederum eine Liste über fettreduzierte Erzeugnisse entstanden. Danach müssen Fleischerzeugnisse, die als fettreduziert in den Handel kommen, 30 % weniger Fett aufweisen, als in der nachstehenden Tabelle.

Bezeichnung	Durchschnittlicher Fettgehalt in g/100g
KOCHWURST	
Kalbfleischleberwurst, Delikatessleberwurst	32
Grobe Leberwurst	30
Zungenwurst	24
BRÜHWURST	
Wiener	26
Bockwurst	24
Rindswurst	21
Knacker	27
Weißwurst	27
Münchner Weißwurst	26
Schinkenwurst, fein zerkleinert, Lyoner, Kalbswurst	25
Fleischwurst, Fleischkäse, Leberkäse	27
Fleischwurst, einfach	26
Gelbwurst	27
Jagdwurst	19
Kochsalami	25
Krakauer	24
Göttinger	23
Grober Fleischkäse, grober Leberkäse	24
Bierschinken	12
ROHWURST	
Salami und Mittelqualität	34
Cervelatwurst und Mittelqualität	34
Schlackwurst	34
Mettwurst, grob	26
Mettwurst, luftgetrocknet	36
Aalrauchmettwurst	34
Plockwurst	34
Mettwurst in Enden	30
Bauernbratwurst	29
Landjäger	43
Teewurst, Teewurst Rügenwalder Art, Mettwurst	37
Mettwurst	37
Zwiebelmettwurst	17
Frische Mettwurst, Frühstückswurst	19
Schmierwurst	40

W

Erläutern Sie, aus welchen Gründen in den Leitsätzen auf die Vorgabe von Fettgehalten verzichtet wurde. Halten Sie das für angemessen?

Fremdwassergehalt

Die Ausführungen zum Verhältnis Leitsätze und Fettgehalte lassen sich exakt übertragen auf den Bereich Leitsätze und Fremdwassergehalte. Noch undurchsichtiger als die Fettgehalte bzw. Fettgehaltsstufen bei Wurstsorten sind die Fremdwassergehalte speziell bei Brühwursterzeugnissen.

Die Federsche Zahl besaß bislang eine entscheidende Bedeutung. Dr. Feder hat in den 20er-Jahren des letzten Jahrhunderts ermittelt, dass zwischen Wasser und Eiweiß bei **Frischfleisch** ein durchschnittliches Verhältnis von 3,6 : 1 besteht. Also auf 3,6 Teile Wasser fällt ein Teil Eiweiß. Der Gesetzgeber hat rechnerisch diesen Wert auf 4 aufgerundet und seitdem ist die Zahl „4“ als die sogenannte Federsche Zahl in die Fleischanalytik eingegangen. Die oben beim Thema „Fettgehaltsstufen“ erwähnte AG der Lebensmittelchemiker hat sich auf die Erkenntnisse des Dr. Feder besonnen und ist zu der Verhältniszahl von 3,6 (Wasser-Eiweißquotient) zurückgekehrt. (Die AG stellt fest: „Die Federsche Zahl 4 trifft nicht den realen Wert im Fleisch und bringt zu viel Spielraum für Fremdwasser.“)

Zudem wird für die Berechnung des Fleischanteils (QUID) ebenfalls die Verhältniszahl 3,6 zugrunde gelegt. Die AG empfiehlt dringend, nicht mehr vom „Fremdwasser“ zu sprechen, da diese Bezeichnung eng mit der „Federschen Zahl“ verbunden ist, sondern den Begriff **„zugesetztes Wasser“** zu benutzen.

Da in der Berechnung des „zugesetzten Wassers“ nach Feder (Federsche Zahl = 4) zu der Verhältniszahl 3,6 ein Nachteil für die Hersteller auftreten würde, empfiehlt die AG 5 % höhere Grenzwerte zuzulassen.

Die erlaubte Menge zugesetzten Wassers ist ebenfalls in den „Beurteilungskriterien für Fleischerzeugnisse“ festgelegt.

4.2 Rechtliche Hygienebestimmungen

Die Ausführungen zum Verderb im Lernfeld 2 machen deutlich, welche gewaltigen – zum Teil tödliche! – Gefahren von einer mangelnden Hygiene ausgehen können.
Aus diesem Grund hat die EU und unser Staat, der sich als „Fürsorgestaat“ versteht, zum Schutz der Menschen Gesetze und Verordnungen erlassen, die Hygienemaßnahmen und -vorschriften beinhalten.

Für den Fleischbereich von entscheidender Bedeutung sind:
- Infektionsschutzgesetz
- EG-Verordnung 178/2002
- EG-Verordnung 852/2004
- EG-Verordnung 853/2004

4.2.1 Infektionsschutzgesetz

Das Gesetz heißt in seinem vollen Wortlaut: „Gesetz zur Verhütung und Bekämpfung von Infektionskrankheiten beim Menschen“.
Es soll verhindern, dass Personen mit übertragbaren Krankheiten in Lebensmittelbetrieben tätig sind und damit zu einer Übertragungsquelle werden können.

Zu diesem Personenkreis zählen:
- Personen, die beim gewerbsmäßigen Herstellen, Behandeln oder Inverkehrbringen von Lebensmitteln tätig sind und dabei mit diesen in Berührung kommen
- Personen, die in Küchen von Gaststätten, Kantinen, Krankenhäusern, Säuglings- oder Kinderheimen oder sonstigen Einrichtungen zur Gemeinschaftsverpflegung tätig sind

Tätigkeits- und Beschäftigungsverbote

Sie gelten u. a. für:
- Personen, die an Salmonellose, einer anderen infektiösen Gastroenteritis (Magen-Darm-Entzündung), Virushepatitis, Paratyphus, Cholera oder Shigellenruhr erkrankt oder dessen verdächtig sind (Enteritis ist eine Dünndarmentzündung, die u. a. durch Salmonellen – Salmonellenenteritis –, aber auch durch andere Mikroorganismen hervorgerufen werden kann),

W

Wie beurteilen Sie
- die strengen Vorschriften des Infektionsschutzgesetzes bezüglich der Bescheinigung vor der erstmaligen Aufnahme einer Tätigkeit im Lebensmittelbereich einerseits und
- die sehr liberale Handhabung bei Wiederholungsuntersuchungen andererseits?

Diskutieren Sie in der Klasse darüber.

Bescheinigung über die Belehrung

- Personen mit infizierten Wunden oder übertragbaren Hautkrankheiten, die Krankheitserreger übertragen können,
- Personen, die Salmonellen, Shigellen oder Choleravibrionen ausscheiden, ohne erkrankt zu sein.

Amtliche Bescheinigung

In Lebensmittelbetrieben dürfen Personen erstmalig nur tätig sein oder beschäftigt werden, wenn sie eine nicht mehr als drei Monate alte Bescheinigung des Gesundheitsamts oder eines vom Gesundheitsamt beauftragten Arztes vorlegen können.
Ärztliche Untersuchungen können u.a. von den Gesundheitsämtern angeordnet werden. Die Kosten für diese Bescheinigung sind vom Arbeitnehmer zu tragen.
Die Bescheinigung des Gesundheitsamts und die letzte Dokumentation der Belehrung sind beim Arbeitgeber aufzubewahren. Er hat beides z.B. bei Betriebskontrollen auf Verlangen vorzulegen.
Verstöße gegen die Vorschriften des Infektionsschutzgesetzes werden bei Ordnungswidrigkeiten mit einem Bußgeld bis zu 25 000 € und bei Straftaten mit Freiheitsstrafe bis zu fünf Jahren geahndet.
Mit der Bescheinigung muss u.a. nachgewiesen werden, dass die betroffene Person über folgende Punkte belehrt wurde:

- bei welchen Erkrankungen bzw. bei welchen ausgeschiedenen Krankheitserregern ein Tätigkeitsverbot besteht,
- welche Lebensmittel zum Risikobereich gerechnet werden, mit denen die erkrankte Person bzw. die Person, die Krankheitserreger ausscheidet, nicht in Berührung kommen darf,
- welche Ausnahmen vom Tätigkeitsverbot zulässig sind, sofern eine Übertragung der aufgeführten Erkrankungen und Krankheitserreger verhütet werden kann.

Nach der Belehrung müssen die betroffenen Personen schriftlich erklären, ob sie bekanntermaßen an einer Krankheit leiden, die ein Tätigkeitsverbot nach sich zieht.

Pflichten des Arbeitgebers

- Der Arbeitgeber muss seine Mitarbeiter zu Beginn der Tätigkeitsaufnahme und im Weiteren jährlich über die genannten Tätigkeitsverbote im Umgang mit den entsprechenden Lebensmitteln belehren,
- er muss, wenn ihm Erkrankungen seiner Mitarbeiter bekannt werden, unverzüglich alle erforderlichen Maßnahmen einleiten, um eine Weiterverbreitung der Krankheitserreger zu verhindern.

Die EG-Verordnung 178/2002 legt die allgemeinen Grundsätze und Anforderungen der Lebensmittelgesetzgebung fest, errichtet die Europäische Behörde für Lebensmittelsicherheit und legt die Verfahren bezüglich der Lebensmittelsicherheit fest.

Lebensmittelunternehmer

EG-Verordnung 852/2004 über Lebensmittelhygiene

EG-Verordnung 853/2004 mit spezifischen Hygienevorschriften für Lebensmittel tierischen Ursprungs

Durchführungsverordnung der Kommission über mikrobiologische Kriterien für Lebensmittel

Generaldirektion Gesundheit und Lebensmittelsicherheit (kurz GD SANTE, bis 2014 GD SANCO)

Zuständige Behörden – Überwachung

EG-Verordnung 882/2004 über amtliche Futter- und Lebensmittelkontrollen zur Überprüfung der Einhaltung des Lebensmittel- und Futtermittelrechts sowie der Bestimmungen über Tiergesundheit und Tierschutz

EG-Verordnung 854/2004 mit spezifischen Vorschriften für die amtliche Überwachung von zum menschlichen Verzehr bestimmten Erzeugnissen tierischen Ursprungs

DIN-Norm – Empfehlung 10514. Diese deutsche Norm ist entstanden, um die in der EG-Richtlinie 93/43 im § 5 geforderte staatliche Unterstützung zur Ausarbeitung der GMP-Richtlinien zu vollziehen.
GMP = good management praxis

Richtlinie 41/2004/EG zur Aufhebung bestimmter Richtlinien über Lebensmittelhygiene und Hygienevorschriften für die Herstellung und das Inverkehrbringen von bestimmten, zum menschlichen Verzehr bestimmten Erzeugnissen tierischen Ursprungs.

Pflichten des Arbeitnehmers

Treten bei den Arbeitnehmern Erkrankungen auf, die eine Beschäftigung untersagen, so ist dies dem Arbeitgeber unverzüglich mitzuteilen.

4.2.2 EG-Verordnung 852/2004 und EG-Verordnung 853/2004

Am 1. Januar 2006 traten die Hygienevorschriften der EU in Kraft. Es handelt sich um drei Lebensmittelhygieneregelungen, die auch als **„EU-Hygienepaket“** bezeichnet werden.

- Hiervon bildet die **EG-Verordnung 178/2002** das Rahmengesetz bzw. das Grundlagengesetz, nicht nur für die Hygiene, sondern für das gesamte Lebensmittelrecht.
- Die **EG-Verordnung 852/2004** ist die Basis-Hygieneverordnung, die absolute Grundlage aller hygienisch relevanten Rechtsbestimmungen in allen EU-Staaten.
- Die **EG-Verordnung 853/2004** regelt spezifische Hygienevorschriften für Lebensmittel tierischen Ursprungs.

Zwei weitere Verordnungen gehören zum „Umfeld“ des EU-Hygienepakets (854/2004 und 882/2004). Alle diese Verordnungen besitzen in den Mitgliedsstaaten unmittelbare Gültigkeit. Die beiden EG-Verordnungen 852/2004 und 853/2004 sind für das Fleischergewerbe von entscheidender Bedeutung. So ist die EG-Verordnung 852/2004 die Nachfolgeverordnung der deutschen Lebensmittelhygiene-Verordnung aus dem Jahr 1997, die zum Beispiel für den Verkaufsbereich der Fleischereien einschließlich des Vorbereitungsraums Geltung hatte. Die neue EG-Verordnung 852/2004 gilt genau wie die außer Kraft gesetzte Lebensmittelhygiene-Verordnung **für alle Lebensmittel.** Die EG-Verordnung 853/2004 ist dagegen eine spezifische Hygienevorschrift für **Lebensmittel tierischen Ursprungs** und hat das Fleischhygienegesetz und die Fleischhygiene-Verordnung abgelöst.
Das untere Schaubild soll den Geltungsbereich der beiden EG-Verordnungen verdeutlichen.

Einerseits besitzen die EG-Verordnungen unmittelbare Gültigkeit, andererseits werden zurzeit sowohl auf europäischer Ebene als auch auf nationaler Ebene Durchführungsverordnungen beraten. Diese sind gerade für das Fleischerhandwerk von größter Bedeutung. In der Durchführungsverordnung sollen die Herstellung und der Verkauf von Hackfleisch auf nationaler Ebene geregelt werden. Bisher gibt es nur die Vorschriften der EG-Verordnung 853/2004 mit dem Anhang „Hackfleisch, Fleischzubereitungen und Separatorenfleisch“ für den EU-Bereich (▸ S. 130 f.).

Anwendungsbereich der EG-Verordnungen 852/2004 und 853/2004

gelten nicht

- Primärproduktion für den privaten häuslichen Gebrauch, die häusliche Verarbeitung, Handhabung oder Lagerung von Lebensmitteln zum häuslichen privaten Verbrauch
- Mitgliedsstaaten erlassen einzelstaatliche Vorschriften, die gewährleisten, dass die Ziele dieser Verordnung erreicht werden
- Direkte Abgabe kleiner Mengen durch den Erzeuger an den Endverbraucher oder an örtliche Einzelhandelsgeschäfte, die die Erzeugnisse direkt an den Endverbraucher abgeben
  - alle Primärerzeugnisse
  - Fleisch von Geflügel und Hasentieren
  - Wild und Wildfleisch

gelten

- 852/2004: Einzelhandelsgeschäfte — Registrierung
- 853/2004: Betriebe, die Lebensmittel tierischen Ursprungs gewinnen und behandeln — Zulassung

<table>
<tr><th>EG-Verordnung 852/2004</th><th>EG-Verordnung 853/2004</th></tr>
<tr><th colspan="2">Anwendungs- bzw. Geltungsbereich</th></tr>
<tr><td>• Allgemeine Lebensmittelhygiene-Vorschriften
• Die Hauptverantwortung für die Sicherheit eines Lebensmittels liegt beim Unternehmer.
• Diese Verordnung gilt für alle Produktions-, Verarbeitungs- und Vertriebsstufen von Lebensmitteln, unabhängig von pflanzlichem oder tierischem Ursprung (Ausnahme: die private häusliche Tätigkeit).
• Diese Verordnung ist ausreichend für den Einzelhandel.
• Die Sicherheit der Lebensmittel muss auf allen Stufen der Lebensmittelkette gewährleistet sein, d.h. von der Erzeugung (z. B. Stall) über die Gewinnung (z. B. Schlachten), Bearbeitung (z. B. Zerlegung), Herstellung (z. B. Wurstproduktion), Verpackung (z. B. Konservenherstellung, Vakuumverpackung) bis zum Inverkehrbringen (Verkauf).</td><td>• Spezifische Hygienevorschriften für Lebensmittel tierischen Ursprungs
• Diese Verordnung ist nicht isoliert zu sehen, sondern immer nur als Ergänzung zu den Regelungen in 852/2004.
• Sie gilt generell für den Großhandel mit angeschlossener Produktion und für Einzelhandelstätigkeiten, die zur Deckung des Bedarfs eines anderen Betriebs (auch Filiale) an Lebensmitteln tierischen Ursprungs ausgeübt werden, sofern die Abgabe mehr als ein Drittel der Gesamtproduktionsmenge umfasst.
• Ebenso gilt sie für die Belieferung von Betrieben der Gastronomie oder Gemeinschaftsverpflegung.</td></tr>
<tr><th colspan="2">Aufgaben und Ziele</th></tr>
<tr><td>• Die Verordnung fordert die Ausarbeitung von einzelstaatlichen Leitlinien für eine gute Hygienepraxis und für die Anwendung der Grundsätze des HACCP-Systems.
• Des Weiteren werden in der Verordnung u. a. folgende Vorschriften festgelegt:
– allgemeine Vorschriften für Betriebsstätten, in denen mit Lebensmitteln umgegangen wird
– besondere Vorschriften für Räume, in denen Lebensmittel zubereitet, behandelt oder verarbeitet werden
– Beförderung von Lebensmitteln
– Vorschriften für Ausrüstungen und andere Gegenstände, die mit Lebensmitteln in Berührung kommen
– Lebensmittelabfälle
– Wasserversorgung
– persönliche Hygiene</td><td>• Regelung der Zulassung von Betrieben, u. a. von:
– Schlachthöfen
– Zerlegungsbetrieben
– Wildbearbeitungsbetrieben
– Herstellungsbetrieben für Hackfleisch, Fleischzubereitungen und Separatorenfleisch
• Genusstauglichkeits- und Identitätskennzeichnung (Stempel) von Fleisch
• Besondere Vorschriften für Schlachthofbetreiber in Bezug auf:
– HACCP-Verfahren
– Informationen zur Lebensmittelkette
• Vorschriften für Schlachthöfe, die Fleisch von als Haustiere gehaltenen Huftieren gewinnen
• Schlachthygiene
• Vorschriften für Zerlegungsbetriebe
• Zerlegungs- und Entbeinungshygiene
• Vorschriften für Fleisch von Geflügel und Hasentieren
• Vorschriften für Hackfleisch, Fleischzubereitungen und Separatorenfleisch</td></tr>
<tr><th colspan="2">Betriebseigene Kontrollen</th></tr>
<tr><td colspan="2">Alle Betriebe sind aufgrund der EG-Verordnungen 852/2004 und 853/2004 verpflichtet:
• Verfahren nach den HACCP-Grundsätzen zur Gefahrenanalyse und Beherrschung der kritischen Kontrollpunkte einzurichten, durchzuführen und aufrechtzuerhalten,
• gegenüber der zuständigen Behörde den Nachweis zu erbringen, dass sie den Vorgaben der HACCP-Grundsätze entsprechen.</td></tr>
</table>

W

Allgemeine Hygienegrundsätze

- ✔ **Fleisch** darf auf keinen Fall beinflusst werden durch Mikroorganismen, tierische Schädlinge, menschliche oder tierische Ausscheidungen, Reinigungsmittel oder dergleichen mehr. Die Betriebe müssen so beschaffen sein, dass dies gewährleistet ist.
- ✔ **Fußböden** müssen wasserundurchlässig, leicht zu reinigen und zu desinfizieren sein. Das Abwasser muss ablaufen können.
- ✔ **Wände** müssen glatt, hell, abwaschbar und wasserundurchlässig sein, und zwar bis zu einer für die entsprechenden Arbeitsvorgänge angemessenen Höhe. In Produktionsräumen ist eine Höhe von 2 m festgeschrieben.
- ✔ **Decken** müssen hell, leicht zu reinigen und glatt sein.
- ✔ **Einrichtungen zur Reinigung und Desinfektion der Hände** müssen in größtmöglicher Nähe des Arbeitsplatzes mit handwarmem, fließendem Wasser, Reinigungs- und Desinfektionsmitteln sowie Einweghandtüchern ausgestattet sein. Die Wasserventile dürfen nicht von Hand zu betätigen sein.
- ✔ **Toilettenanlagen** müssen ebenfalls mit solchen Handwaschgelegenheiten ausgestattet sein. Sie dürfen keinen direkten Zugang zu Betriebsräumen haben.
- ✔ Es müssen **Vorrichtungen zur ausreichenden Be- und Entlüftung** vorhanden sein, um Kondenswasser an Wänden und Decken möglichst zu verhindern. Mechanische Luftströmungen aus einem unreinen zu einem reinen Bereich sind zu vermeiden.
- ✔ Die **Beleuchtung** muss Abweichungen des Fleisches erkennen lassen.
- ✔ Für ausreichende **Umkleidemöglichkeiten** für das Personal ist zu sorgen, d.h. auch für eine getrennte Aufbewahrung von Arbeits- und Straßenkleidung.
- ✔ Die **Berufskleidung** muss leicht waschbar, sauber und hell sein. Dazu gehören auch Kopfbedeckung und erforderlichenfalls ein Nackenschutz (Arbeits- bzw. Schutzkleidung gilt auch für Besucher).
- ✔ Einrichtungen zur **Reinigung und Desinfektion** der Arbeitsgeräte mit Wasser von mindestens +82 °C müssen vorhanden sein.
- ✔ **Einrichtungsgegenstände und Arbeitsgeräte** müssen korrosionsbeständig sowie leicht zu reinigen und zu desinfizieren sein.
- ✔ **Reinigungsbecken für das Reinigen von Lebensmitteln** müssen über eine angemessene Zufuhr von warmem oder kaltem Wasser verfügen und sauber gehalten werden. Sie müssen von Handwaschbecken getrennt sein.
- ✔ **Konfiskatbehältnisse** (Konfiskate = nicht zum Verzehr geeignete Teile von Schlachttieren) müssen wasserdicht und korrosionsbeständig sein. Sie dürfen nicht in Produktionsräumen aufbewahrt werden; eine unbefugte Entnahme des Inhalts muss ausgeschlossen sein.

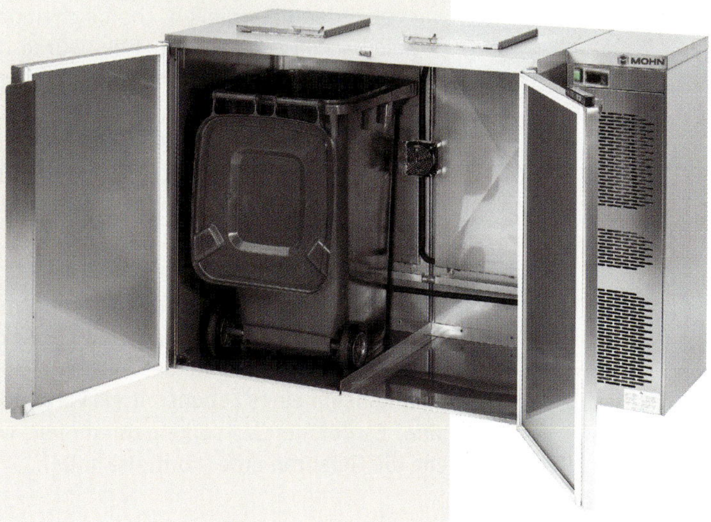

Konfiskatbehältnisse

W

4.2.3 Hygienemaßnahmen (HACCP)

Die gesundheitlichen Gefahren durch Mikroorganismen und anderen Verderb von Lebensmitteln wurden im Lernfeld 2 (▸ S. 76 ff.) beschrieben. Um die Gesundheit der Menschen zu schützen, hat der Gesetzgeber Gesetze und Verordnungen erlassen, die in Kapitel 4.1 auszugsweise dargestellt wurden. Als Konsequenz wurden betriebliche Eigenkontrollen nach dem HACCP-Konzept entwickelt.

Weshalb sind betriebliche Eigenkontrollen nötig?

Eigenkontrollen sind nach EG-Verordnungen 852/2004 und 853/2004 für alle Betriebe vorgeschrieben.
Sie sollen
- gesundheitsgefährdende Fehler bei Lebensmitteln verhüten,
- kritische Steuerungspunkte bei der Produkt- und Prozessentwicklung aufzeigen,
- zu Maßnahmen führen, um die erkannten Gefahren sicher zu beherrschen.

HACCP-Konzept

Den betrieblichen Eigenkontrollen liegt das HACCP-Konzept zugrunde.
Es wurde in den USA unter Mitwirkung der NASA entwickelt. Ziel war es sicherzustellen, dass die Astronautennahrung garantiert frei war von jeder mikrobiellen, chemischen oder physikalischen Gefährdung. 1985 wurde das HACCP-Konzept in den USA auf die gesamte Lebensmittelindustrie ausgeweitet. In der EU wurde 1993 durch die EG-Hygienerichtlinie die Anwendung der Kernprinzipien des HACCP-Konzepts innerhalb jedes Lebensmittelbetriebs festgeschrieben.

HACCP ist ein Konzept zur systematischen Bewertung der Gefährdungen und Risiken, die mit der Herstellung, der Verteilung und dem Konsum eines Lebensmittels verbunden sind. Es definiert Vorsorgemaßnahmen, welche die Gefahren unter Kontrolle halten.

HACCP heißt: Risikoanalyse und Festlegung von kritischen Kontroll- (bzw. Steuerungs-) punkten.

H	Hazard
A	Analysis
C	Critical
C	Control
P	Point

Das HACCP-Konzept umfasst die folgenden Elemente:
- Erkennen der Gefährdungen und Bewertung ihrer Gewichtigkeit und Risiken, die sie beinhalten (Gefährdungsanalyse)
  ➔ z. B. Erkennen möglicher Temperaturschwankungen beim Garprozess, da die Auswirkungen einer eventuell veränderten Kerntemperatur nicht genau bekannt sind
- Festlegung der notwendigen kritischen Kontrollpunkte zur Beherrschung der erkannten Gefährdungen
  ➔ z. B. Kerntemperaturmessung während des Garprozesses
- Festlegung von kritischen Grenzwerten, die anzeigen, ob ein Vorgang an einem bestimmten kritischen Kontrollpunkt „unter Kontrolle" ist
  ➔ z. B. Kerntemperatur in der Brühwurst nicht unter 72 °C
- Einrichtung und Einführung eines Überwachungssystems (Monitoring)
  ➔ z. B. regelmäßige Kerntemperaturmessung mit Eintragung in vorbereitete Listen
- Durchführung von Korrekturmaßnahmen, sobald die kritischen Grenzwerte nicht eingehalten werden
  ➔ z. B. Garzeit verlängern bzw. wenn diese Korrektur nicht mehr möglich ist, Brühwurst nicht in den Verkehr bringen
- regelmäßige Überprüfung des Systems
  ➔ z. B. Überprüfung der geführten Listen und der Mitarbeiter, ob die Temperaturkontrollen regelmäßig und mit geeichten Messgeräten durchgeführt wurden
- regelmäßige Führung von Aufzeichnungen (Protokolle)
  ➔ z. B., welche Kerntemperatur erreicht worden ist bzw. welche Fehler beim Garprozess aufgetreten sind.

HACCP und Qualitätssicherung

Das HACCP-Konzept ist der Grundpfeiler für das Qualitätssicherungssystem jeder Fleischerei.
Jeder Fleischereibetrieb, auch der kleinste, kann für seinen Betrieb den Herstellungsablauf in einem sogenannten Flussdiagramm darstellen (▸ Produktionsstufen, S. 32).

Anhand dieses einfachen Herstellungsablaufs lassen sich die kritischen Kontrollpunkte leicht aufzeigen. Im Allgemeinen sind es vom Wareneingang bis zum Verkauf die Kühl- bzw. Gartemperaturen. Hierbei sind festzulegen:
- Temperaturmesspunkte
- ebenso die Temperaturgrenzwerte, die einzuhalten sind
- wie, wo und wann die Temperaturen gemessen werden sollen

Die gemessenen Temperaturen müssen ebenso wie die allgemeinen Hygienemaßnahmen in einen Protokollbogen eingetragen werden.

Mit diesem Kontrollverfahren und den allgemeinen Hygienemaßnahmen erfüllt jeder Betrieb die gesetzlichen Anforderungen.

Sinnvoll ergänzen und erweitern lassen sich die Eigenkontrollen durch **Hygienechecklisten,** die u.a. vom Deutschen Fleischer-Verband entwickelt worden sind.

Hygiene am Arbeitsplatz

Betrieb:

verantwortlich:
Prüfer:
Datum Rückgabe:
Datum Prüfung:

Kontrollpunkte	Zustand/ Richtwert	i.O.	Mängel	Maßnahmen
Händewaschen vor Betreten des Arbeitsplatzes	angewiesen			
Zwischenreinigung der Hände	angewiesen			
Regelmäßiges Wechseln von Arbeitskleidung und Kopfbedeckung	angewiesen			
Kein Tragen von Ringen, Armbändern, Armbanduhren	angewiesen			
Keine lackierten Fingernägel	angewiesen			
Betreten der Arbeitsräume nur mit Arbeitskleidung	angewiesen			
Betreten der Arbeitsräume durch Besucher nur in Schutzkleidung	angewiesen			
Ordnung und Sauberkeit am Arbeitsplatz	angewiesen			
Kein Essen, Rauchen, keine alkoholischen Getränke am Arbeitsplatz	angewiesen			
Reinigen und Desinfizieren nach Kontakt mit infiziertem Fleisch oder mit stark verunreinigten Gegenständen	angewiesen			
Gesundheitszeugnis	vorhanden			

Wareneingangskontrolle Fleisch/Därme*

Betrieb:

verantwortlich:
Prüfer:
Datum Rückgabe:
Datum Prüfung:

Prüfkriterien	i.O.	Mängel	Maßnahmen
Arbeitskleidung Fahrer			
Zustand Lieferfahrzeug			
Zustand Behältnisse			
Geruch			
Keine Bodenberührung Fleisch, Fleischerzeugnisse			
Aussehen			
Oberflächenbeschaffenheit			
Temperatur Fleisch/Fettgewebe +7 °C; Geflügel/Wild +4 °C; Innereien/Blut/Plasma +3 °C			
Wässrigkeit			
Blasses Aussehen			
Dunkles Aussehen			
Sonstiges			

*z.B. Fleisch, Geflügelfleisch, Speck, Innereien, Blut, Plasma, Naturdärme

W

5 Zusatzsortiment

Der Verkauf von Waren aus dem Zusatzsortiment erfordert Fingerspitzengefühl der Verkaufskraft sowie eine gute Kundeneinschätzung (▸ S. 536 ff.), um nicht eilige Kunden aufzuhalten oder sparsame Kunden in Bedrängnis zu bringen. In nur wenigen Fällen kaufen die Kunden Waren aus dem Zusatzsortiment, weil sie mit dieser Zielsetzung in das Geschäft gekommen sind. Vielmehr kaufen sie zusätzliche Waren, weil ihnen gerade diese in Kombination mit den Fleischwaren empfohlen werden. Nur durch solche Empfehlungen, die Kenntnisse über das Zusatzsortiment voraussetzen, lässt sich der Umsatz steigern.

W

Umfang und Zusammensetzung des Zusatzsortiments hängt stark vom Kundenkreis ab. Die Anschaffung einer Tiefkühltheke ist zu überlegen, wenn z. B. Fisch, Wild, Obst und Gemüse nicht frisch verkauft werden.

5.1 Backwaren

Brot und Brötchen befinden sich im Zusatzsortiment z. B. für belegte Brötchen, Kanapees und Sandwiches (▸ S. 440 ff.). Auf Feingebäck wird in der Fleischerei verzichtet, da es selten mit Fleisch und Fleischwaren kombinierbar ist.

In Deutschland gibt es ca. 400 Sorten Brot und ca. 1200 Sorten Brötchen. Die große Vielfalt ergibt sich aus

- der Getreideart,
- der Mahltechnik des Getreides,
- der Mischung der Getreidesorten,
- den Beimischungen, z. B. Ölsamen,
- der Teigbereitung,
- den Backformen,
- den Backverfahren.

In der Fleischerei empfiehlt es sich, mindestens drei bis vier Brötchensorten und etwa drei Brotsorten anzubieten, je nach Kundenkreis auch mehr. Vor allem Brötchen sind für den Imbissbereich in ausreichender Menge bereitzuhalten.

Getreideart

Die Grundsubstanz der meisten Brote/Brötchen sind die Getreidesorten Roggen und Weizen.

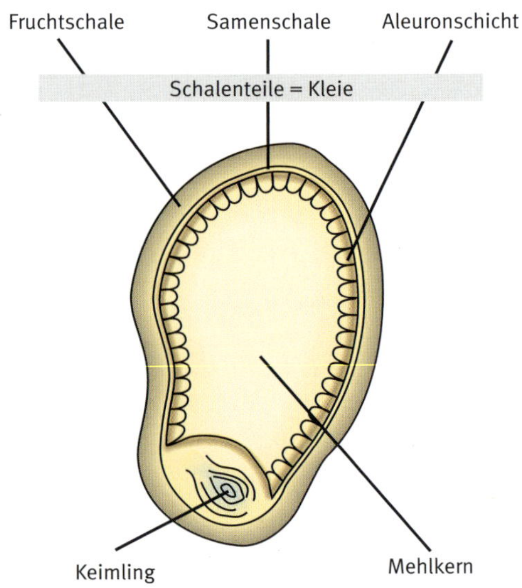

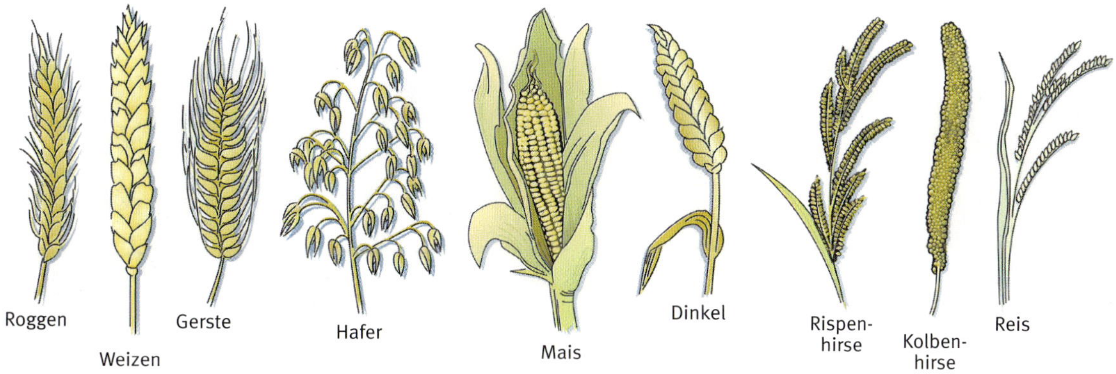

Verschiedene Getreidesorten

Mahltechnik

Bei der Vermahlung von Getreide entstehen folgende Produkte:

- **Weizen- und Roggenschrot**
  Schrot ist grob gemahlen und enthält die meisten Bestandteile der vitamin- und ballaststoffhaltigen Randschichten eines Getreidekorns.
- **Weizen- und Roggenmehl**
  Mehl ist am feinsten ausgemahlen und enthält keine Schalenteile.
- **Weizen- und Roggenvollkornmehl**
  Vollkornmehl und -schrot enthält alle Bestandteile des Getreidekorns einschließlich des Keimlings.
- **Kleie** besteht aus den Schalenteilen des Getreides. Da sie wertvolle Ballaststoffe, Vitamine und Mineralstoffe enthält (▸ S. 218 ff.), werden Kleiebrot und -brötchen mit mindestens 10 % Kleie angeboten.

Zusätzlich können andere Getreidesorten wie Gerste, Hafer, Mais, Reis, Hirse und Buchweizen beigefügt werden. Bei der Bezeichnung „Mehrkornbrot“ müssen je 5 % jeder namengebenden Getreideart enthalten sein.

Beimischungen

Ölsamen bieten Abwechslung in Aussehen und Geschmack von Brot und Brötchen. Sie enthalten viel Fett.

Mindestanteile der Zutaten, nach denen die Backware bezeichnet wird:

- 8 % Ölsamen
- 10 % Soja- oder Weizenkeime
- 15 % Rosinen
- Bei Gewürz-, Kümmel-, Zwiebel-, Pfeffer- oder Paprikabrot müssen die namengebenden Zutaten optisch und geschmacklich deutlich wahrnehmbar sein.

Mohn

Leinsamen

Sesam

Sonnenblumenkerne

Kürbiskerne

<table>
<tr><th colspan="7">Brotsorten nach den verwendeten Mahlerzeugnissen</th></tr>
<tr><th></th><th>Roggenmehl</th><th>Roggenschrot</th><th>Roggenvollkornmehl/-schrot</th><th>Weizenvollkornmehl/-schrot</th><th>Weizenschrot</th><th>Weizenmehl</th></tr>
<tr><td>Roggenbrot</td><td>90 %</td><td></td><td></td><td></td><td></td><td></td></tr>
<tr><td>Roggenmischbrot</td><td>› 50–89 %</td><td></td><td></td><td></td><td></td><td></td></tr>
<tr><td>Roggenschrotbrot</td><td></td><td>90 %</td><td></td><td></td><td></td><td></td></tr>
<tr><td>Roggenvollkornbrot</td><td></td><td></td><td>90 %</td><td></td><td></td><td></td></tr>
<tr><td>Mischbrot</td><td>50 %</td><td></td><td></td><td></td><td></td><td>50 %</td></tr>
<tr><td>Vollkornbrot</td><td></td><td></td><td colspan="2">90 %</td><td></td><td></td></tr>
<tr><td>Weizenvollkornbrot</td><td></td><td></td><td></td><td>90 %</td><td></td><td></td></tr>
<tr><td>Weizenschrotbrot</td><td></td><td></td><td></td><td></td><td>90 %</td><td></td></tr>
<tr><td>Weizenmischbrot</td><td></td><td></td><td></td><td></td><td></td><td>› 50–89 %</td></tr>
<tr><td>Weizenbrot</td><td></td><td></td><td></td><td></td><td></td><td>90 %</td></tr>
</table>

W

Verschiedene Backformen

▶ Überlegen Sie, wie viele Sorten Brot Sie kennen und worin sich diese unterscheiden.

▶ Welche Aufschnittsorten würden Sie zu den Ihnen bekannten Brotsorten empfehlen?

Teigbereitung

Brot- und Brötchenteige bestehen aus Mehl, Wasser, Salz und einem Lockerungs- oder Triebmittel. Wasser kann durch andere Flüssigkeiten (Milch, Buttermilch usw.) ersetzt werden.
Teige, die mit Hefe als Lockerungsmittel erstellt werden, sind meistens Weizenteige. Hefe gibt den Backwaren einen feinen, süßlichen Geschmack. Diese Backwaren können daher zu feinen Wurstwaren, z. B. Pasteten, empfohlen werden.
Backwaren mit hohem Roggenanteil werden mit einem Sauerteig hergestellt, der zusätzlich zu dem herberen Geschmack des Roggens einen typisch säuerlichen Geschmack hat hat. Diese Brote passen daher gut zu kräftig schmeckenden Produkten wie Salami oder Schinken.

Backformen

Freigeschobene Brote haben rundherum eine knusprige Kruste, da sie ohne Backform mit Abstand zueinander gebacken werden. Die Hitze kann von allen Seiten einwirken (z. B. Land- und Bauernbrote, Kasseler Brot).
Angeschobene Brote werden dicht aneinander in den Ofen geschoben. Sie besitzen nur oben eine feste Kruste. An den Seiten bleiben sie weich und krumenfarbig (z. B. Doppelback, Paderborner Bauernbrot).
Kastenbrote werden in einer Form gebacken und haben je nach Isolierung der Form eine mehr oder weniger ausgeprägte Kruste (z.B. Graham- oder Toastbrot).

Besondere Backverfahren

Holzofenbrot wird in einem Steinofen gebacken, der mit Holz beheizt wird.
Steinofenbrot wird in einem gemauerten Ofen auf Natur-, Kunststein oder Schamotte gebacken.
Dampfkammerbrot (Pumpernickel) wird ca. 16 Stunden lang bei nur 100 °C mit Wasserdampf gebacken. Hierbei entsteht keine Kruste.
Knäckebrot ist ein getrocknetes Flachbrot und wird meist aus Roggen- oder Weizenschrot hergestellt.

Regeln für die Kundenberatung

Je heller ein Brot ist,
- desto höher ist der Weizenanteil,
- desto milder ist sein Geschmack,
- desto lockerer ist seine Krume,
- desto weniger Ballaststoffe, Vitamine und Mineralstoffe enthält es.

Helle Brote schmecken am besten zu feinen Wurstwaren und Feinkostsalaten.

Je dunkler ein Brot ist,
- desto mehr Roggenmehl enthält es,
- desto würziger und kräftiger ist es im Geschmack,
- desto länger bleibt es frisch,
- desto mehr Ballaststoffe, Vitamine und Mineralstoffe enthält es.

Dunkle Brote schmecken am besten zu deftigen und würzigen Fleischwaren wie Hausmacherwurst, Salami und Schinken.

5.2 Teigwaren – Nudeln

Mindestens einmal pro Woche verzehren 55 % der Bundesbürger Teigwaren bzw. Nudeln; sie sind daher ein sinnvoller Bestandteil des Zusatzsortiments.

Nudelformen

- **Langware:** Spaghetti, Makkaroni, Bandnudeln, Lasagnefladen
  Verwendung: zu Ragouts, verschiedenen Gemüsegerichten, Gulasch und weiteren soßenreichen Gerichten
- **Kurzware:** Hörnchen, Öhrchen, Spiralen, Muscheln, Schleifen, Spätzle usw.
  Verwendung: als Hauptgericht mit z. B. Schinkensahnesoße, als Beilage zu verschiedenen Fleischgerichten, als Aufläufe, in Eintöpfen und Salaten
- **Suppennudeln:** z. B. Sternchen, Buchstaben, Fadennudeln, Muscheln
  Verwendung: als Suppeneinlage

Teigwaren besonderer Art

Sie enthalten weitere Zutaten wie Gewürze, Kräuter oder Gemüse, die das Aussehen oder den Geschmack beeinflussen. Oder Mehl bzw. Grieß werden ausgetauscht: z. B. Glasnudeln mit Mungobohnenstärke anstelle von Weizen.

- **Vollkornteigwaren:** aus Vollkornmehl oder -grieß; aus ernährungsphysiologischer Sicht besonders empfehlenswert, da sie den höchsten Anteil an Vitaminen, Mineralstoffen und Ballaststoffen haben.

Teigwaren nach den Rohstoffen

Nudeln bestehen aus Mehl oder Grieß, Wasser und evtl. Eiern. 80 % der in Deutschland verzehrten Nudeln sind Eiernudeln.

- **Grießteigwaren:** einfache Qualität aus Weizengrieß und Wasser; blassgelb.
  Die beste Qualität mit ausgezeichneten Kocheigenschaften besteht aus Hartweizengrieß und Wasser und ist bräunlich gelb.
- **Mehlteigwaren:** aus Weizenmehl oder Mehl-Grieß-Mischungen und Eiern:
  - Eiernudeln: mind. 3 Eier pro kg Grieß
  - Eiernudeln mit hohem Eigehalt: mind. 4 Eier pro kg Grieß
  - Eiernudeln mit sehr hohem Eigehalt: mind. 6 Eier pro kg Grieß
- **Frischeinudeln:** mit frischen Eiern hergestellt; wie bei den Mehlteigwaren mit normalem, hohem oder sehr hohem Eigehalt
- **Eifreie Teigwaren:** mit sehr wenig oder gar keinem Ei

Spaghetti

Makkaroni

Bandnudeln

Tortiglioni

Hörnchennudeln

Muscheln

Fadennudeln

Gemüseteigwaren

5.3 Obst

Frisches Obst wird in der Fleischerei selten angeboten. Konserven oder Trockenobst gehören jedoch zum Zusatzsortiment, da sie für verschiedene Gerichte mit Fleisch oder Fleischprodukten benötigt werden, z. B. Ananas für Toast Hawaii oder für Reissalat, Pfirsiche für Putengeschnetzeltes, getrocknete Früchte für Geflügelfüllungen.

Obst ist im Gegensatz zu Gemüse das Produkt von mehrjährigen Pflanzen.

Einteilung von Obst

- **Kernobst** (z. B. Apfel, Birne, Quitte)
  Diese Früchte haben ein Kerngehäuse, das die Samen (Kerne) umschließt.
  Zum direkten Verzehr werden meist die süßen Apfel- und Birnensorten angeboten, zum Kochen eher säuerliche Arten, z. B. Boskop oder Cox Orange im Rotkohl und Sauerkraut.
  Verwendungsbeispiele:
  - Äpfel für Waldorfsalat, zum Füllen von Gans und Ente
  - Birnen zu Wildgerichten, zu Grünkohl, Kompott als Beilage
  - Quitten als Gelee/Kompott zu Wildgerichten
- **Steinobst** (z. B. Kirsche, Pflaume; Zwetschge, Aprikose, Pfirsich, Nektarine)
  Steinobst hat im Inneren je einen Stein, der als Samen dient und vom essbaren Fruchtfleisch umschlossen wird.
  Verwendungsbeispiele:
  - Kirschen als Konfitüre, Kompott oder Bestandteil der Roten Grütze
  - Zwetschgen für Zwetschgenkuchen
  - Pfirsiche zu Wildgerichten, zu Käsegerichten (z. B. gebackener Camembert), zum Cordon bleu
  - Aprikosen als Trockenfrüchte
- **Beerenobst** (z. B. Stachelbeere, Rote Johannisbeere, Heidelbeere, Preiselbeere, Weinbeere)
  Beerenobst wächst meist an Sträuchern. Die Kerne als Samen sind im Fruchtfleisch verteilt. Beeren zerfallen sehr schnell unter Hitzeeinwirkung und werden deshalb vorwiegend roh gegessen. Verarbeitet werden sie meist zu Gelee oder Konfitüre.
  Verwendungsbeispiele:
  - Preiselbeeren (können nicht roh verzehrt werden, sie entfalten ihren Geschmack erst beim Kochen) zu Wildgerichten, oft als Kompott in gedünsteten Pfirsich- oder Birnenhälften
  - Weinbeeren als Dekorationsmaterial auf Aufschnitt- und Käseplatten

Quitten

Sauerkirschen

Preiselbeeren

Kaki

Litschi

Kumquats

Granatapfel

Limetten

- **Südfrüchte** (z. B. Zitrone, Orange, Grapefruit, Kumquat, Limette, Ananas, Kaki, Litschi, Granatapfel, Kiwi, Mango, Kaktusfeige, Papaya, Maracuja = Passionsfrucht) Südfrüchte werden aufgrund ihrer Herkunft aus südlichen, sehr warmen Ländern als solche bezeichnet. Sie werden unterteilt in die säuerlich schmeckenden Zitrusfrüchte und die aus tropischen und subtropischen Gebieten stammenden Exoten.
  Verwendungsbeispiele:
  - Zitronen für Salatsoßen, zur Verfeinerung anderer Soßen
  - andere Südfrüchte als Dekorationsmaterial im Partyservice

- **Samen- oder Schalenobst** (z. B. Macadamianuss, Paranuss, Mandel, Walnuss, Pekannuss, Pistazie, Haselnuss, Erdnuss, Litchipflaume = chinesische Haselnuss): Nüsse sind fettreich und enthalten wenig Wasser; vor dem Genuss muss die harte Schale geknackt werden.
  Verwendungsbeispiele:
  - in Cremespeisen, als Marzipan (aus Mandeln hergestellt), in Schokolade
  - gesalzen, geröstet, im Teigmantel als herzhafter Snack. In dieser verarbeiteten Form werden sie auch im Zusatzsortiment angeboten.

- **Trockenobst** (z. B. Rosine, Sultanine, Korinthe, Dattel, Feige, Backpflaume, Apfelringe): Unter Rosinen versteht man alle Arten getrockneter Weinbeeren. Sind sie geschwefelt, ist dies kennzeichnungspflichtig. Sultaninen sind kernlos, großbeerig, hell, Korinthen kernlos, kleinbeerig, dunkel, Traubenrosinen kernhaltig, großbeerig, dunkler als Sultaninen.
  Verwendungsbeispiele:
  - Rosinen in der Soße zum Rheinischen Sauerbraten
  - Pflaumen als Füllung für Enten und anderes Geflügel
  - Trockenfrüchte allgemein in Soßen, die leichte Süße hebt den deftigen Geschmack (besonders von Wildgerichten) hervor

Kaktusfeige

Korinthen

Rosinen

Sultaninen

Mandeln

Pistazien

Datteln

Getrocknete Feigen

W

Überlegen Sie, welche Gemüsearten Sie in Ihr Zusatzsortiment aufnehmen würden.
Zu welchen Fleischgerichten empfehlen Sie diese besonders?

5.4 Gemüse

Gemüse wird wie Obst in der Fleischerei selten frisch angeboten. Gemüsekonserven oder Salate (z. B. Krautsalat, Gurkensalat) sollten im Zusatzsortiment jedoch nicht fehlen, da sie sehr gut als Beilage zu Fleischgerichten angeboten werden können.

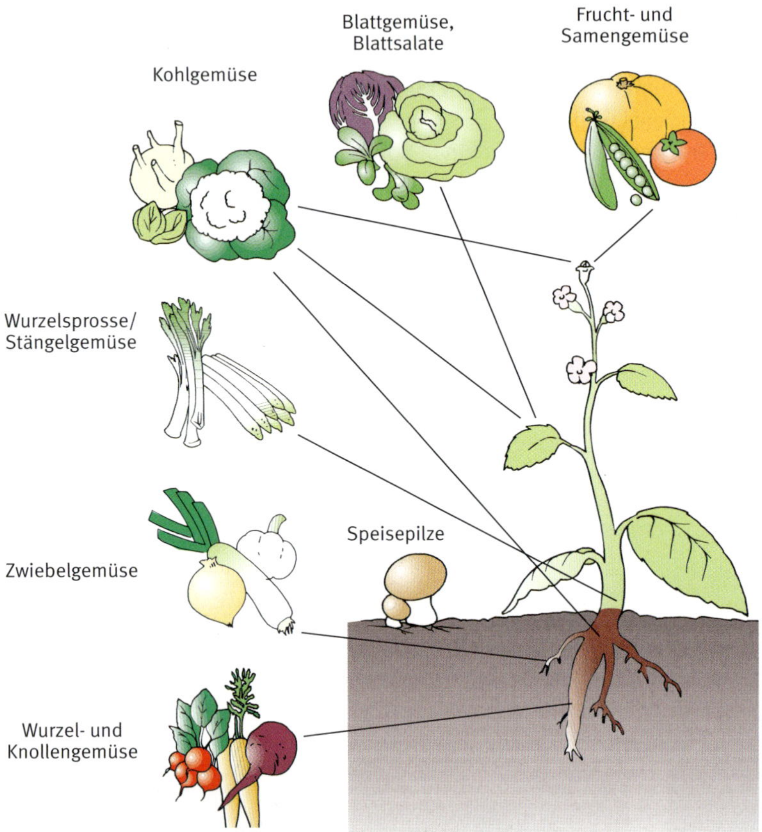

Einteilung von Gemüse

Einteilung von Gemüse

Bei Gemüse werden vier EU-Güteklassen unterschieden (allerdings müssen nicht bei jeder Gemüseart alle Güteklassen vorkommen):

- Extra – auserlesene Ware
- Klasse I – hochwertige Ware
- Klasse II – gute Ware
- Klasse III – Haushalts- und Industrieware

Als Gemüse werden die essbaren Teile von Pflanzen bezeichnet. Je nach Pflanzenteil (Wurzel, Blätter, Stiel, Frucht usw.) werden die Gemüsesorten in Produktgruppen eingeteilt.

- **Frucht- und Samengemüse** (z. B. Tomate, Gurke, Paprika, Zucchini, Erbse, Bohne, Kürbis, Melone)
- **Blattgemüse, Blattsalate** (z. B. Spinat, Mangold, Kopfsalat, Lollo rosso, Kraussalat, Eisbergsalat, Feldsalat, Endiviensalat, Chicorée, Radicchio)
- **Kohlgemüse** = Pflanzenfamilie, die größtenteils zum Blattgemüse gehört (z. B. Wirsing, Weiß-, Rot-, Grünkohl, Spitzkohl, Blumenkohl, Romanesco, Kohlrabi, Rosenkohl, Chinakohl)
- **Wurzel- und Knollengemüse** (z. B. Möhre/Karotte, Rettich, Rote Bete, Sellerie, Radieschen, Schwarzwurzel, Pastinake, Fenchel, Kartoffel)
- **Zwiebelgemüse** (z. B. Zwiebel, Porree, Knoblauch)
- **Wurzelsprosse/Stängelgemüse** (z. B. Spargel, Bleichsellerie)
- **Speisepilze** (z. B. Austernseitling, Braunkappe, Champignon, Morchel, Steinpilz, Pfifferling, Trüffel)

Gemüse

W

5.5 Milch und Milchprodukte (Käse)

5.5.1 Milch

Haltbarkeit von Milch

- **Roh- oder Vorzugsmilch** (unbehandelt) gekühlt ca. 2 Tage haltbar
- **ESL-Milch** (extended shelf live) wird durch Erhitzen für ein bis drei Sekunden auf 127 °C dreimal so lange haltbar wie Frischmilch, ca. 3 Wochen.
- **Pasteurisierte Milch,** Frischmilch (ca. 40 Sek. auf 62 bis 75 °C erhitzt) gekühlt ca. 1 Woche haltbar, kaum Vitaminverluste
- **Ultrahocherhitzte Milch, H-Milch** (3 bis 6 Sek. auf 135 bis 150 °C erhitzt) ca. 12 Wochen haltbar, stärkere Vitaminverluste, Kochgeschmack
- **Sterilisierte Milch** (15 bis 20 Min. auf 115 bis 120 °C erhitzt) ca. 1 Jahr haltbar, sehr hohe Vitaminverluste, Eiweißstoffe werden in ihrer Wertigkeit (▸ S. 215) gemindert, Kochgeschmack

Kondensmilch wird durch Kochen Wasser entzogen, dabei wird sie sterilisiert.

Homogenisieren

Homogenisieren bedeutet eine gleichmäßige Verteilung des Milchfetts in der Milch, indem große Fettklumpen mit starkem Druck durch ein Sieb gepresst werden.

Fettgehaltsstufen der Milch	
Bezeichnung	**Fettgehalt**
Rohmilch	3,8 bis 4,5% natürlicher Fettgehalt
Vollmilch	3,5 %
teilentrahmte Milch	1,5 bis 1,8 %
entrahmte Milch (Magermilch)	max. 0,3 %
Kondensmilch	7,5 oder 10 %
Sahne/Rahm	30 bis 35 %

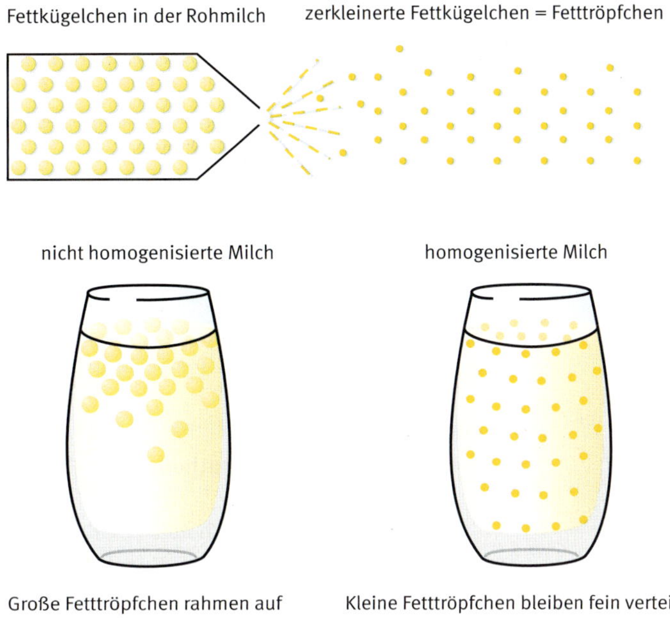

Prinzip der Homogenisierung

Sauermilchprodukte

Sauermilchprodukte werden mit den gleichen Fettgehaltsstufen wie Milch angeboten. Der Geschmack kann von mild bis kräftig säuerlich variieren, je nach Art der verwendeten Milchsäurebakterien. Es gibt sämig-flüssige Sauermilcherzeugnisse, die trinkbar sind, und stichfeste Erzeugnisse, die gelöffelt werden können.

Beispiele:

- Trinksauermilch, Schwedenmilch (milder als Sauermilch)
- Dickmilch (stichfest)
- Buttermilch (bleibt bei der Herstellung von Butter zurück)
- Trinkmolke (Nebenprodukt der Käseherstellung)
- Kefir (durch Milchsäurebakterien und Kefirpilz hergestellt)
- Joghurt, Bioghurt (mit Milchsäurebakterien, die eine positive Wirkung auf die Darmflora ausüben)
- saure Sahne (Fettgehalt 10 bis 30 %)
- Crème fraîche (wie saure Sahne, aber 30 bis 40 % Fett; gut für Verfeinerung von heißen Speisen, da sie nicht so schnell gerinnt)
- Sauermilch mit Fruchtzusätzen

① *Molkerei*
② *Milchsorte*
③ *Inhalt*
④ *Fettgehalt*
⑤ *Wärmebehandlungsverfahren*
⑥ *Mindesthaltbarkeitsdatum*

W

5.5.2 Käse

Käse als Füllung von Fleischteilen (Cordon bleu) oder zum Überbacken (Lasagne) sind wichtige Bestandteile von Speisen.
Käse ist ein wichtiger Bestandteil des Zusatzsortiments, da viele Kunden beim Einkauf von Wurstaufschnittware auch gleich den Käseaufschnitt mitnehmen. Er wird entweder abgepackt neben Milch und anderen Milcherzeugnissen angeboten oder als lose Ware in der Theke präsentiert.

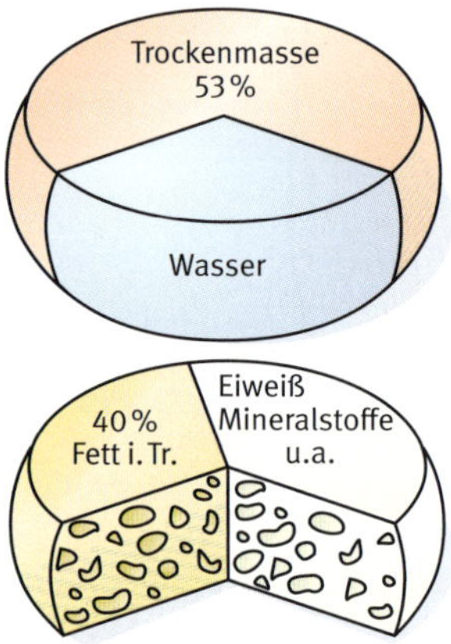

Bestandteile von Käse

Einteilung von Käse

- nach der **Gerinnungsmethode** des Eiweißes:
  - Sauermilchkäse (durch Zusatz von Milchsäurebakterien)
  - Süßmilchkäse (durch Zusatz von Enzymen)
- nach den **Schimmelpilzkulturen:**
  - Weiß-, Rot-, Blauschimmel
- nach der **Milchart:**
  - Kuh-, Schaf-, Ziegen-, Büffelmilch
- nach der **Konsistenz** bzw. der Reifungszeit:
  - Frisch-, Weich-, halbfester Schnitt-, Schnitt-, Hartkäse
- nach dem **Fettgehalt:**
  - Magerstufe (unter 10 % Fett i. Tr.)
  - Viertelfettstufe (mind. 10 % Fett i. Tr.)
  - Halbfettstufe (mind. 20 % Fett i. Tr.)
  - Dreiviertelfettstufe (mind. 30 % Fett i. Tr.)
  - Fettstufe (mind. 40 % Fett i. Tr.)
  - Vollfettstufe (mind. 45 % Fett i. Tr.)
  - Rahmstufe (mind. 50 % Fett i. Tr.)
  - Doppelrahmstufe (60 bis 87 % Fett i. Tr.)

Fett i. Tr. = Fett in der Trockenmasse (= Milchzucker, Eiweiß, Fett, Mineralstoffe, Vitamine), also nach Entzug des gesamten Wassers. Je nach Reifegrad verliert ein Käse immer mehr Wasser, bleibt aber in der gleichen Fettgehaltsstufe, da sich der Fettgehalt der Trockenmasse nicht ändert, sondern nur der Gesamtfettgehalt des Käses.

Schmelzkäse wird aus einer Sorte Frischkäse oder gereiftem Käse hergestellt. Der zerkleinerte Käse wird unter Druck durch heißen Dampf geschmolzen. Schmelzsalze ermöglichen die Verarbeitung der Käsemasse zu einem geschmeidigen Teig. Durch das Erhitzen werden Mikroorganismen abgetötet; so ist Schmelzkäse gekühlt einige Monate haltbar.

W

① Obatzter (angemachter Camembert) (Weichkäse)
② Allgäuer Emmentaler (Hartkäse)
③ Bayrischer Edamer (Schnittkäse)
④ Rottaler (Hartkäse)
⑤ Tilsiter (Schnittkäse)
⑥ Regina Blue, Edelpilzkäse (halbf. Schnittkäse)
⑦ Romadur (Weichkäse)
⑧ Butterkäse (halbf. Schnittkäse)
⑨ Weinkäse (Weichkäse)
⑩ Schmelzkäse (Käsezubereitung)
⑪ Camembert (Weichkäse)
⑫ Bayrischer Brie (Weichkäse)
⑬ Limburger (Weichkäse)
⑭ Frischkäse
⑮ Weißlacker (halbf. Schnittkäse)
⑯ Bayrischer Räucherkäse (Käsezubereitung)
⑰ Tilsiterscheiben (Schnittkäse)

5.6 Speisefette und -öle

Bei den Speisefetten und -ölen werden vier Gruppen unterschieden:

Feste Pflanzenfette (Plattenfette)

Im Gegensatz zu den flüssigen Ölen eignen sich die festen Pflanzenfette besonders zum Braten und Frittieren, da sie kaum ungesättigte Fettsäuren enthalten. Dadurch haben sie einen deutlich höheren Schmelz- und Rauchpunkt und sind relativ unempfindlich gegen den Verderb durch Luftsauerstoff. Sie enthalten kein Wasser. Durch den neutralen Geschmack bleibt das Aroma der gegarten Lebensmittel erhalten.

Kokos- und **Palmfett** sind naturbelassen in festem Zustand. Bei **künstlich gehärteten Fetten** werden die Doppelbindungen der ungesättigten Fettsäuren „gehärtet", also in gesättigte Fettsäuren mit Einfachbindungen verwandelt (▸ S. 210 f.).

Schlachtfette (Schmalz, Talg)

Schlachtfette sind tierische Fette, in denen Fleisch und andere Speisen aus geschmacklichen Gründen gebraten werden können. Gänse- und Schweineschmalz (auch Schweineschmalz mit Grieben) werden auf Brot gegessen. Zum Braten und Backen eignen sich besonders Rindernierenfett und Flomenschmalz vom Schwein. Rindertalg wird heute nur noch selten für Pasteten- und Blätterteig verwendet.

Streichfette (Butter, Margarine)

Butter ist ein tierisches Fett. Nachdem bei der Milch die Molke vom Rahm getrennt ist, wird der Rahm so lange geschlagen, bis sich die Fettkügelchen zusammenballen (Süßrahmbutter). Buttermilch läuft ab; das verbleibende Fett wird maschinell geknetet, bis eine gleichförmige Masse entsteht.

Bei **Sauerrahmbutter** wird der Rahm mit Milchsäurebakterien versetzt; während der etwa 20-stündigen Reifezeit entsteht eine leicht säuerliche Butter mit frischem Geschmack.

Der **mild gesäuerten Butter** wird Milchsäure oder Milchsäurekonzentrat beigemischt. Ohne Reifezeit entsteht eine leicht säuerliche Butter.

Weitere Sorten sind gesalzene Butter sowie Butterzubereitungen mit Kräutern, Knoblauch und anderen Zutaten.

Butterfett (Butterschmalz) ist „geklärte" Butter, der man das Milcheiweiß entzogen hat. Es kann zum Braten verwendet werden.

Margarine wird aus teilweise gehärteten Ölen hergestellt. Durch Zusatz von Emulgatoren wird das zugegebene Wasser oder die zugegebene Milch mit dem Fett verbunden. So entsteht ein streichfähiges Fett, das im Gegensatz zur Butter kein Cholesterin enthält (▸ S. 212).

Bedingt kann Margarine auch zum Kurzbraten verwendet werden. Margarine wird in verschiedenen Fettstufen angeboten.

Speiseöle (flüssig)

Hochwertige Speiseöle (möglichst kalt gepresst aus Ölfrüchten, Ölsaaten oder Keimen) sind naturbelassen flüssig und eignen sich besonders für Salatsoßen, kalte Gerichte und Marinaden. Sie sollten nicht erhitzt werden, da sonst die empfindlichen Vitamine zerstört und wichtige Fettsäuren verändert werden.

Sorten:

- **Maiskeimöl:** neutraler Geschmack, enthält sehr viel wertvolle ungesättigte Fettsäuren (▸ S. 210)
- **Olivenöl:** sehr ausgeprägter Geschmack, besonders geeignet für italienische Gerichte, z. B. Mozzarella mit Tomaten, mariniertes Gemüse
- **Sonnenblumenöl:** mit besonders hohem Anteil an lebensnotwendigen Fettsäuren; milder Eigengeschmack; für Rohkostsalate und Salatsoßen, auch zum Kurzbraten und Kochen, wenn es nicht lange erhitzt wird
- **Distelöl oder Safloröl:** es hat den höchsten Anteil an Linolsäure, eine wichtige ungesättigte Fettsäure; daher besonders geeignet für Salatsoßen; milder Eigengeschmack

W

5.7 Geflügel

Geflügel kann als Produkt des Zusatzsortiments betrachtet werden, wird aber häufig auch frisch im Hauptsortiment angeboten.

Unter **„Schlachtgeflügel“** versteht man das Haus- und Mastgeflügel (mit weißem Fleisch):

- Suppenhuhn
- Hähnchen
- Kapaun
- Stubenküken
- Ente
- Gans
- Truthahn und -henne (Puter, Pute)
- Perlhuhn

Wildgeflügel hat dunkles Fleisch:

- Fasan
- Rebhuhn
- Wildente
- Wildtaube
- Schnepfe
- Wachtel

(1) Poularden
(2) Putenoberkeulen
(3) Chicken wings
(4) Wildenten
(5) Barbarie-Enten
(6) Hähnchenkeulen, mariniert
(7) Hähnchenkeulen
(8) Hähnchenbrüste m. Haut u. Knochen
(9) Suppenhuhn
(10) Flugentenbrüste
(11) Perlhühner
(12) Hähnchen
(13) Putenschnitzel, mariniert
(14) Perlhuhnbrüste
(15) Putenbrüste
(16) Putenschnitzel
(17) Wachteln
(18) Hähnchenbrüste o. Haut u. Knochen

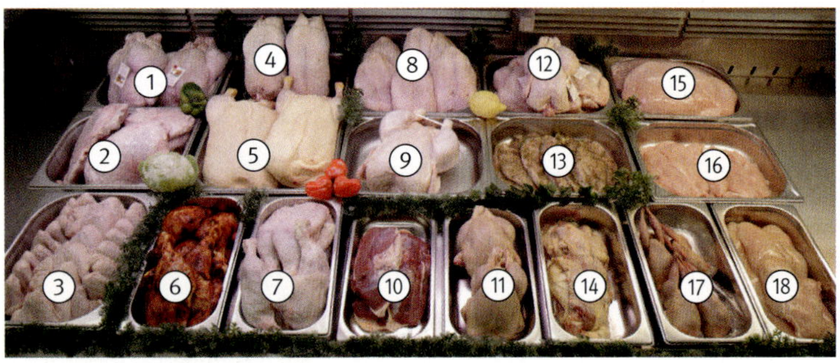

Frischgeflügeltheke

SB-Regal

Durch die Feinfaserigkeit und den geringen Gehalt an Bindegewebe (Kollagen) eignet sich fettarmes Geflügelfleisch gut als Diätkost.

Angebotsformen:

- frisch, Lagerung bei 0 bis 4 °C
- gefroren, Lagerung bei –15 °C
- tiefgefroren, Lagerung bei max. –18 °C (Geflügel mit CMA-Gütezeichen ist aus Qualitätsgründen bei –40 °C schockgefrostet)

Qualitätsstufen (▸ S. 96):

- Handelsklasse A: vollfleischig, einwandfrei gerupft mit nur leichten Verletzungen/Verfärbungen
- Handelsklasse B: fleischig, unregelmäßiger Fettansatz, kleine Hautrisse und Rötungen möglich

Herrichtungsform:

- „mit Innereien“ oder „bratfertig“ (Beutel mit Innereien im Tierkörper)
- „ohne Innereien“ oder „grillfertig“ (können direkt zubereitet werden)

Kennzeichnung:

- Handelsklasse (A oder B)
- Verkehrsbezeichnung der Geflügelart
- Angebotszustand (frisch oder gefroren)
- Herrichtungsform (mit oder ohne Innereien)
- Preis pro kg

zusätzlich bei Verkauf in der Selbstbedienungstheke:

- Name und Anschrift des Herstellers
- Handelsklasse
- Gewicht
- Grundpreis
- Gesamtpreis
- letztes Verbrauchsdatum
- Zulassungsnummer des Schlacht- und Zerlegebetriebs
- empfohlene Lagertemperatur

Hygiene

Da Geflügel häufig Salmonellen enthält, die sich bei unzureichender Hygiene und schlechten Lagerbedingungen schnell vermehren können, muss Geflügelfleisch von anderen Fleischarten getrennt werden (▸ S. 535 f.).

5.8 Fisch

Wenn Frischfisch angeboten wird, muss er separat und auf Roheis gelagert werden. Manchmal gibt es Tiefgefrierfisch oder Fischdauerware im Zusatzsortiment.

Fisch kann sehr gut als Vorspeise vor einem Hauptgang aus Fleisch empfohlen werden. Darüber hinaus lassen sich Salate aus Fisch und anderen Meerestieren herstellen (z. B. Thunfischsalat, Krabbencocktail).

Einteilung von Fisch

Handelsform

- Lebendfisch (Karpfen, Forelle, Aal, Hecht, Wels)
- Frischfisch (alle Fische)
- Gefrierfisch (alle Sorten; Convenience-Produkte: Fischstäbchen, Lachs in Blätterteig, verschiedene Fischfilets)
- Fischdauerwaren (Räucherfisch, z. B. Aal, Forelle; Fischfilet in Tomaten- oder Senfsoße, Rollmops, Thunfischfleisch in Öl, Bratheringe, Ölsardinen)

Qualität

- Edelfisch (Seezunge, Steinbutt, Salm/Lachs, Hecht, Zander, Heilbutt, Karpfen, Forelle)
- Konsumfisch (Rot-, Goldbarsch, Kabeljau, Seelachs, Schellfisch, Scholle, Flunder)

Fettgehalt

- Magerfisch, ca. 1 % Fett (Hecht, Forelle, Kabeljau, Schellfisch, Barsch, Seelachs, Seehecht, Merlan, Zander, Schleie)
- Fettfisch, über 10 % Fett (Aal, Lachs, Thunfisch, (Matjes-)Hering, Makrele, Schwarzer Heilbutt)

Körperform

- Rundfisch, ergibt zwei Filets (Dornhai, Hering, Dorsch, Leng, Makrele, Meeraal, Petersfisch, Rot-/Goldbarsch, Sardelle, Sardine, Schellfisch, Seehecht, Seelachs, Seeteufel, Thunfisch, alle Süßwasserfische)
- Plattfisch, ergibt vier Filets (Flunder, Glatt-, Heil-, Steinbutt, Rot-, Seezunge, Scholle)

Herkunft:

- Salzwasserfisch (Dornhai, Flunder, Glatt-, Heilbutt, Hering, Dorsch, Leng, Makrele, Meeraal, Meerbrasse, Rot-, Goldbarsch)
- Seefisch, Süßwasserfisch (Forelle, Regenbogenforelle, Hecht, Karpfen, Lachs, Schleie, Stör, Zander)

Rot-/Gold-/Seebarsch (Salzwasser-, Konsum-, Mager-, Rundfisch)

Karpfen (Süßwasser-, Edel-, Mager-, Rundfisch)

Schwarzer Heilbutt (Salzwasser-, Edel-, Fett-, Plattfisch)

Seelachs (Salzwasser-, Konsum-, Mager-, Rundfisch)

①

②

③

⑤

④

⑥

⑦

Räucherfisch

① Makrele
② Aal
③ Bückling
④ Forelle
⑤ Sprotte
⑥ Heilbutt
⑦ Schillerlocke (geräucherter Bauchlappen des Dornhais)

W

Fischkopf mit klarem Auge

Fischkopf mit trübem Auge

Leuchtend rote Kiemen

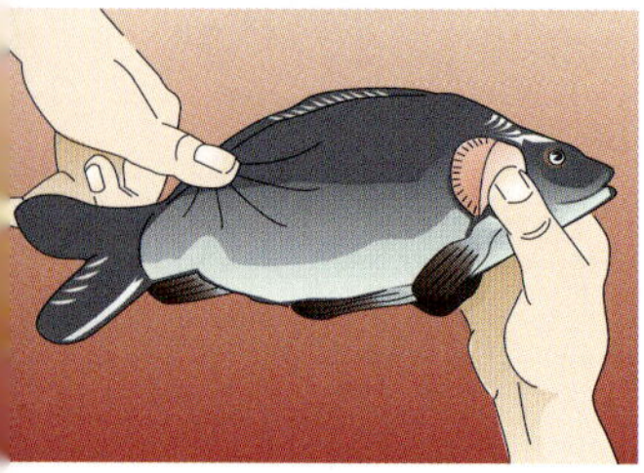
Kiemenfarbe und Elastizität

Frischfisch

Die Frische bleibt bei Fisch nur sehr kurze Zeit erhalten; bei der Eiweißzersetzung entstehen Giftstoffe. Schon bei der Anlieferung von Frischfisch sollte auf die **Frischemerkmale** geachtet werden:

- glänzende, etwas nach außen gewölbte Augen
- leuchtende hellrötlich bis rote Kiemenfarbe
- fest anliegende Schuppen und Kiemen
- Schleimhaut nicht schmierig
- elastisches Fischfleisch (muss nach Daumendruck in die ursprüngliche Form zurückgehen)
- kaum Geruch

Garnelen gefroren

Kaviar

Kaviar ist der Rogen, die noch nicht abgelaichten Eier des weiblichen Fisches. Echter Kaviar ist teuer und stammt von Störarten aus dem Schwarzen oder Kaspischen Meer. Kaviar kann frisch bezogen werden, für das Zusatzsortiment bietet sich allerdings die pasteurisierte Form oder die Konserve an, um den Verderb zu minimieren. Kaviar eignet sich zur Dekoration von Vorspeisen oder auf edlen Kanapees.

Schwarzer Kaviar

Andere Meerestiere

Zu den Krebs- und Weichtieren gehören Muscheln (Miesmuscheln, Jakobsmuscheln, Austern), Hummer, Langusten, Garnelen, Krabben, Krebse, Tintenfische. Sie werden meist als Gefrierprodukte im Zusatzsortiment von Fleischereien mit entsprechend edler Produktauswahl geführt.

Flusskrebs

Nordseekrabbe

Austern

5.9 Konserven

Im Zusatzsortiment bilden die Konserven eine wichtige Säule, da sie sehr lange haltbar sind und daher kaum Verluste bei der Lagerhaltung entstehen.

Nach der Haltbarkeit unterscheidet man hauptsächlich Voll- und Halbkonserven (▸S. 523). Vollkonserven sind sterilisiert und ohne Kühlung lange haltbar. **Halbkonserven** oder Präserven sind pasteurisierte Fisch- und Fleischerzeugnisse, die gekühlt gelagert werden müssen und nur begrenzt haltbar sind.

Aufgeblähte Konservendosen (Bombagen) müssen sofort ungeöffnet entsorgt werden (▸S. 526).

Durch das Erhitzen verlieren die Lebensmittel viele Vitamine. Durch Lagerung in dem zugegebenen Sud aus Wasser und Salz oder Zucker gehen Mineralstoffe aus den Lebensmitteln in den Sud über. Vom Sud gehen Salz und Zucker in die Lebensmittel über – ein weiterer Nachteil gegenüber frischen Lebensmitteln.

Konservenarten

Es gibt rund 350 unterschiedliche Konservenartikel, die nahezu die ganze Bandbreite an Lebensmitteln bieten.

- **Gemüsekonserven**
  Da das Gemüse bei der Konservierung bereits erhitzt wurde, muss es bei der Verarbeitung im Haushalt nur noch kurz erwärmt und nicht mehr gekocht werden. Der vitamin- und mineralstoffhaltige Sud kann gebunden oder zu einer Soße verarbeitet mit verzehrt werden.
  Beispiele:
  Erbsen, Möhren, Bohnen, Spargel, Pilze, Gemüsemischungen wie Leipziger Allerlei oder Erbsen mit Möhren

- **Obstkonserven**
  Bei Obstkonserven wird zwischen „sehr leicht gezuckerten", „leicht gezuckerten", „gezuckerten" und „stark gezuckerten" Konserven unterschieden (zwischen 9 und über 20 % Zuckergehalt). Manche Früchte dürfen mit Farbstoffen behandelt werden. Das Obst kann in ganzen Früchten (Beeren, Kirschen) oder halbiert und zerkleinert angeboten werden (halbe Pfirsiche, Zwetschgen, Birnen, Fruchtcocktail).

- **Sauerkonserven**
  Unter Sauerkonserven versteht man Gemüsekonserven, die mit Essig oder Milchsäure haltbar gemacht werden. Da sich Bakterien wegen der Säure nicht vermehren können (▸S. 74), werden Sauerkonserven meist nur pasteurisiert, nicht sterilisiert. Die Sauerkonserven enthalten wenig Kalorien, dafür aber viele Mineralstoffe und Vitamine, die durch die schonende Erhitzung weitgehend erhalten bleiben.
  Beispiele:
  – einzelne Gemüsesorten (Sauerkraut, Gurken, Bohnen, Tomatenpaprika, Peperoni, Silberzwiebeln, Sellerie, Kürbis, Rote Bete)
  – Salate aus einem Gemüse (Karotten-, Bohnen-, Weißkrautsalat)
  – Kompositionen aus mehreren Gemüsen (Mexiko-Salat (Maiskörner, Tomatenpaprika), Puszta-Salat (Gurken und Paprikastreifen), Mixed Pickles (Cornichons, Blumenkohlröschen, Silberzwiebeln, Maiskölbchen)

- **Fischkonserven**
  Fischkonserven werden als Voll- oder Halbkonserven angeboten; Letztere sollten kühl gelagert werden.
  Beispiele für Halbkonserven (meist Fischfeinkost): marinierte Fischfilets, Rollmops, Bratfischwaren
  Beispiele für Vollkonserven: Thunfisch, Makrelenfilets, Sardinen

Gemüsekonserve

Sauerkonserve

Fischkonserven

① Heringssülze
② Matjes
③ Rollmops
④ Bismarkhering
⑤ Sardinen
⑥ Sardellenfilets und -röllchen

- **Fleisch- und Wurstkonserven**
  Fleisch- und Wurstkonserven werden meistens gekauft, wenn Kunden sich bevorraten möchten. Ebenso werden diese Konserven wegen des landestypischen Geschmacks von Touristen gekauft.

- **Fertiggerichte**
  Fertiggerichte bieten Zeitersparnis und werden vor allem in Single-Haushalten gern verwendet. Da die Qualität dieser Produkte im Laufe der Zeit verbessert wurde, ist die Nachfrage nach Fertiggerichten immer noch steigend.
  Man unterscheidet:
  - **Fertige Teilgerichte**
    Dies sind Hauptbestandteile eines Menüs, die nur noch um Beilagen ergänzt werden müssen. Sie werden sehr oft in der Fleischerei angeboten, z. B. paniertes Kotelett, Kasseler, gefüllte Paprikaschoten, Hackfleischbällchen (▸S. 155 ff., 535).
  - **Fertiggerichte mit wesentlichen Bestandteilen**
    Sie stellen eine fertige Mahlzeit – mit Beilagen – dar, z. B. gefüllte Paprika mit Reis, Lachs mit Brokkoliröschen und Nudeln, Sauerbraten mit Rotkohl und Klößen. Ravioli in Tomatensoße.

Fertiggericht

- **Dosensuppen**
  Folgende Arten werden unterschieden:
  - Eintöpfe (Linsen-, Erbsen-, Bohnen-, Kartoffelsuppe)
  - Cremesuppen (Spargelcreme-, Champignoncreme-, Kräutercreme-, Brokkolicremesuppe)
  - klare Suppen (klare Ochsenschwanzsuppe, Kraftbrühe vom Rind, Wild, Geflügel oder Fisch mit verschiedenen Einlagen, z. B. Nudeln, Grießklößchen, Eierstich, Gemüsestreifen, Gemüsewürfel, Fleischwürfel)
  - Spezialitätensuppen (Hamburger Aalsuppe, bayerische Fleckerlsuppe = Leberknödelsuppe, Bremer Hühnersuppe, Nationalsuppen wie Zwiebelsuppe, Blumenkohlsuppe)
  - ausgewählte europäische Suppen (französische Zwiebelsuppe, Irish Stew, polnische Rote-Bete-Suppe, ungarische Gulaschsuppe)

5.10 Würzmittel

Neben den rein pflanzlichen Gewürzen, Gewürzmischungen, Kräutern und Streuwürzmitteln (▸S. 601 ff.), die meist während der Herstellung von Speisen verwendet werden, gibt es weitere Würzmittel, die zu Fleisch- und anderen Speisen gereicht oder bei der Herstellung eingesetzt werden:

Würzsoßen

Würzsoßen bestehen aus einer pflanzlichen Basis (Tomate, Sojabohne, Früchte) und sind mit Gewürzen abgeschmeckt. Sie werden zu kalten und warmen Fleischgerichten, Suppen, Vorspeisen und Salaten gereicht.

- **Ketchup:** auf Tomatenbasis mit Zucker, Essig und Spezialgewürzen; in vielen Varianten (Curry-, Hot-, Chili-, Gewürzketchup usw.) erhältlich; es darf bei keiner Grillfeier fehlen. Bei anderen Soßen auf Tomatenbasis stehen einzelne Gewürze im Vordergrund (z. B. Grüne-Pfeffer-Soße, Steaksoße, Knoblauchsoße).
- **Emulgierte Soßen auf Fruchtbasis** (z. B. Mangosoße süßsauer gewürzt oder Cumberland-Soße aus Johannisbeeren mit Südwein, Ingwer und Orangenschale): Sie passen gut zu kaltem Braten, Wild- und Reisgerichten.
- **Mayonnaisesoßen:** Mayonnaise (▸S. 653) mit Verdickungsmitteln (Weizenmehl, andere Stärkearten oder Gelatine), Säuerungsmitteln (Essig, Zitronensaft) und Gewürzen; wird auch als Salatcreme verkauft

- **Tabasco-Soße:** aus dem Extrakt mexikanischer Chilis; sehr scharf, daher nur tropfenweise Verwendung für Salate, Suppen, Eintöpfe, Ragouts und Soßen
- **Worcestershire-Soße:** aus Malzessig, Sojabohnen, Zucker, Tamarindenmus, Sirup, Salz, Chilis, Nelken, Sherry und weiteren Zutaten; tropfenweise Verwendung in Ragout fin, Suppen, Soßen usw.
- **Sojasoße:** aus Sojabohnen, von salzig bis süß gewürzt; Einsatz hauptsächlich in fernöstlichen Gerichten

Mayonnaise

Mayonnaise wird aus Pflanzenöl und Hühnereigelb hergestellt. Weitere Zutaten können sein: Kochsalz, Zucker, Gewürze, Essig, Zitronensaft, Hühnerklar. Reine Mayonnaise hat einen Mindestfettgehalt von 80 %, Salatmayonnaise von 50 % und Salatcreme (siehe Mayonnaisesoßen) von 25 %. Remoulade ist Mayonnaise mit Kräutern, Gurken, Kapern usw. Dips aus Mayonnaise mit Ketchup, Senf, Curry, Knoblauch usw. werden auf Büfetts zu kalten Braten, Salaten, Kartoffelecken usw. gereicht.

Würzpasten

Zu den Würzpasten zählt
- **Tomatenmark** (ungewürzt, zwei- bis dreifach konzentriert)
- **Suppenpasten** (eingedickte Brühen aus Fleisch oder Geflügel, vegetarische auf Hefebasis, die mit Gewürzen, Gemüse, Kräutern, Fett usw. versetzt sind; auch als Instantbrühe oder Brühwürfel erhältlich)
- **Sambal:** aus spanischem Pfeffer mit Kochsalz konserviert, von sehr scharf (Sambal Olek und Brandal) bis mild (Sambal Manis und Badjak)

Würzflüssigkeiten

Zu den Würzflüssigkeiten zählen
- **Salatmarinaden** aus Essig und Gewürzen
- **Salataufgüsse** aus Essig, Zucker, Salz und verschiedenen Kräuterauszügen
- **Gurkenaufguss** speziell für das Einlegen von Gurken

Essig

Durch Essigsäurebakterien werden alkoholische Getränke zu Essig umgewandelt. Essig wird zur Herstellung von Salatsoßen und Marinaden sowie zum Einlegen von Gemüse und Fleisch (Essiggurken, Sauerbraten) genutzt. Sorten:
- **Weinessig** (aus weißen oder roten Weinen)
- **Aceto Balsamico** (aus einer bestimmten roten Traubensorte aus Modena/Italien)
- **Branntweinessig** (aus Branntwein mit der Grundsubstanz Kartoffel, Getreide oder Zuckerrübe; mit Kräutern, Zitrone, Himbeere o. Ä. erhältlich)
- **Wein-Branntwein-Essig** (Essigverschnitt aus Wein- und Branntweinessig)
- **Obstessig** (meist aus Apfelwein, besonders bekömmlich)
- **Malzessig** (aus vergorener Malzmaische)
- **Essigessenz** (künstlich hergestellt mit 15,5 bis 25 % Säure, die unverdünnt zu Gesundheitsschäden führt)

Verschiedene Würzmittel

Senf

Senf gibt es in vielen Geschmacksrichtungen von extrascharf bis süß. Die Schärfe hängt von der Art der Senfkörner ab, die mit Wein- oder Branntweinessig angesetzt werden und durch Kräuter, Salz und Zucker eine bestimmte Geschmacksrichtung erhalten.
- **Milder Senf (Delikatesssenf):** aus gelber Senfsaat, eignet sich für Senfsoßen und zu Wiener Würstchen oder Bratwurst
- **Mittelscharfer Senf:** aus brauner und gelber Senfsaat, zu Soßen, Dips, Braten, Füllungen usw.
- **Scharfer und extrascharfer Senf:** hoher Anteil an brauner Senfsaat, zu fettem Fleisch, würzigem Käse und verschiedenen Marinaden
- **Düsseldorfer Senf:** scharfer Senf, nach Spezialrezept hergestellt
- **Dijon-Senf:** extrascharfer Senf, nach traditionellem Rezept hergestellt; für feine Fleischgerichte und Soßen
- **Kräuter-, Estragon- und Meerrettich-Senf:** zu Hackbraten, Wurst- und Schlachtplatten sowie anderen kalten Platten, zum Verfeinern von Soßen

Stellen Sie Mayonnaise her, indem Sie gleich temperiertes Speiseöl und Eigelb miteinander verrühren. Würzen Sie die Mayonnaise mit Essig, Salz und Pfeffer und vergleichen Sie sie mit einer gekauften Mayonnaise. Warum sollten Sie so hergestellte Mayonnaise niemals für einen Salat verwenden, der länger in der Verkaufstheke oder auf einem Büfett stehen soll?

Rezeptverzeichnis

Sachwortverzeichnis

F

G

P

Q

R

S

T

Internetadressen

Allgemeine Fleischer Zeitung afz
www.fleischwirtschaft.de

Berufsgenossenschaft Nahrungsmittel und Gastgewerbe
www.bgn.de

Lebensmittelverband Deutschland
www.lebensmittelverband.de

Bundesanstalt für Landwirtschaft und Ernährung
www.ble.de

Verband der Fleischwirtschaft e. V.
www.v-d-f.de

Bundesministerium für Ernährung und Landwirtschaft
www.bmel.de

Bundesverband Deutscher Wurst- und Schinkenproduzenten e. V.
www.wurstproduzenten.de

Bundeszentrum für Ernährung (BZfE)
www.bzfe.de

Deutsche Gesellschaft für Ernährung e.V.
www.dge.de

Deutsche Landwirtschafts-Gesellschaft e.V.
www.dlg.org

Deutscher Fleischer-Verband e.V.
www.fleischerhandwerk.de

Lebensmittellexikon.de, Frank Massholder
www.lebensmittellexikon.de

Stiftung Ökologie & Landbau
www.soel.de

fokusfleisch
Eine Initiative der Fleischwirtschaft
www.fokus-fleisch.de

Zentralverband Naturdarm e.V.
www.naturdarm.de

Zusammenfassung der Analysenwerte für weitere Fleischstandards

Berechnungsbogen zur Rezepturkontrolle

Wurstsorte: ____________________

Leitsatz-Kennziffer: ____________________

Anforderungen der Leitsätze an dieses Erzeugnis:

BEFFE nicht unter: ________%

BEFFE im FE (chemisch) nicht unter: ________%

Gewicht (kg)	Materialarten	Wasser (%)	Wasser (kg)	Fett (%)	Fett (kg)	Fleischeiweiß (%)	Fleischeiweiß (kg)	BEFFE (%)	BEFFE (kg)
	Schweinefleisch-Standards								
	S I	75,0		5,0		20,0		19,0	
	S II	73,0		8,0		19,0		17,5	
	S III	70,0		11,0		19,0		16,0	
	S IV	53,0		33,0		14,0		12,0	
	S V	32,0		60,0		8,0		6,8	
	S VI	40,0		50,0		10,0		7,0	
	S VII	17,0		78,0		5,0		2,5	
	S VIII	8,0		90,0		2,0		0,3	
	S IX	25,0		70,0		5,0		2,5	
	S X	40,0		50,0		10,0		7,0	
	S XI	20,0		75,0		5,0		3,2	
	S XII	55,0		30,0		15,0		9,7	
	Rindfleisch-Standards								
	R I	75,0		4,0		21,0		19,5	
	R II	72,0		8,0		20,0		17,0	
	R III	69,0		12,0		19,0		15,6	
	R IV	64,0		18,0		18,0		13,5	
	R V	50,0		35,0		15,0		11,2	
	Kuh I	75,0		4,0		21,0		19,5	
	Kuh II	73,0		5,0		22,0		16,5	
	Kalb I	76,0		4,0		20,0		18,6	
	Kalb II	73,0		8,0		19,0		16,1	
	Kalb III	67,0		15,0		18,0		14,4	
	Kalb IV	60,0		24,0		16,0		12,0	
	Innereien und sonstige Materialien								
	Rinderherz, roh	78,0		6,0		16,0		14,4	
	Rinderleber, roh	77,0		3,0		20,0		19,0	
	Rinderzunge, gepökelt	68,0		16,0		16,0		12,8	
	Rinderkopffleisch	58,0		25,0		17,0		12,7	
	Schweineherz, roh	78,0		5,0		17,0		15,3	
	Schweineleber, roh	76,0		5,0		19,0		18,0	
	Schweinezunge, gepökelt	67,0		17,0		16,0		13,1	
	Schwarten, roh, ungesalzen	55,0		15,0		30,0		0,0	
	Blut	81,0		0,5				18,5*	
	Eis, Eisschnee, Wasser	100,0		0,0		0,0		0,0	
	Zutaten auf Fleisch und Fett								
	Zutaten auf Gesamtmasse								
0,000	Rohmaterialgesamtgewicht	Wasser:	0,000 kg						
0,000	– Schwund %	→	0,000 kg						
0,000	Verkaufsgewicht	Wasser:	0,000 kg	Fett:	0,000 kg	FE:	0,000 kg	BEFFE:	0,000 kg
		Gesamtwasser:		**Fett:**		**BEFFE:**		**BEFFE im FE:**	

* Bluteiweiß

Für die Fleischverarbeitung wichtige E-Nummern und Handelsbezeichnungen

Umrötungsstoffe

E 249 Kaliumnitrit
E 250 Natriumnitrit
E 251 Natriumnitrat
E 252 Kaliumnitrat

Umrötungshilfsstoffe

E 300 Ascorbinsäure
E 301 Natriumascorbat
E 302 Calciumascorbat
E 315 Isoascorbinsäure
E 316 Natriumisoascorbat

Kutterhilfsmittel

E 338 Phosphorsäure
E 339 Natriumphosphate
E 340 Kaliumphosphate
E 341 Calciumphosphate
E 450 Diphosphate
E 451 Triphosphate
E 452 Polyphosphate
E 261 Kaliumacetate
E 262 Natriumacetate
E 325 Natriumlactat
E 331 Natriumcitrate
E 332 Kaliumcitrate
E 333 Calciumcitrate
E 335 Natriumtartrate

Emulgatoren

E 322 Lecithine
E 471 Mono- und Diglyceride
E 472 a bis E 472 f verschiedene Ester der Mono- und Diglyceride von Speisefettsäuren

Konservierungsstoffe

E 220 Schwefeldioxid
E 235 Natamycin
E 200 Sorbinsäure (Ss)
E 210 Benzoesäure (Bs)
E 214 Ethyl-p-hydroxybenzoat (PHB)

Antioxidationsmittel

E 309 Tocopherol
E 200 Sorbinsäure
E 210 Benzoesäure
E 214 PHB

Geschmacksverstärker

E 620 Glutaminsäure
E 621 Mono-Na-Glutamat

Säuerungsmittel

E 260 Essigsäure
E 270 Milchsäure
E 330 Zitronensäure
E 574 Gluconsäure
E 575 Glucono-delta-Lacton

Farbstoffe

E 100 Kurkumin
E 120 Echtes Karmin
E 150 a–d diverse Zuckerkulöre
E 160 a Carotine
E 129 Allurarot AC
E 160 c Paprika-Extrakt
E 162 Beetenrot
E 133 Brillantblau FCF
E 155 Braun HAT

Geliermittel

E 406 Agar-Agar
E 407 Carrageen
E 440 Pektine

Verdickungsmittel

E 410 Johannisbrotkernmehl
E 412 Guarkernmehl

Packgase

E 938 Argon
E 290 Kohlendioxid
E 941 Stickstoff
E 948 Sauerstoff

Bildquellenverzeichnis

5 am Tag e.V., Bonn: S. 194/2
Abele Stegmaier GmbH, Neuler: S. 476/1
Aichinger MP, Wendelstein: S. 532/2; 533/1,2; 638/1
akg-images GmbH, Berlin: S. 16/1 (Werner Forman); 85/1 (Electa); 457/2; 458/1; 601/1,2
Alamy Ltd., Oxon, Großbritannien: S. 16/2 (GRANGER – Historical Picture Archive); 17 (Wolfgang Diederich); 358 (imageBROKER)
ALD Vacuum Technologies GmbH, High Tech is our Business, Hanau: S. 120/2
Amarell GmbH, Kreuzwertheim: S. 599/3
as-illustration, Rimpar: S. 255/3-12; 256/1-5
B&L MedienGesellschaft mbH & Co. KG, Hilden (aus: „Besser anbieten – Mehr verkaufen“, Autor: Horst Lehmann): S. 8/2; 156/1-4; 167/1; 185/2,3; 326/1-3; 353/1,2; 354; 368; 380; 382; 388/2; 390/1,2; 394; 416; 423; 426/2; 427; 428; 431/2; 452/2,3
BaKon Bayreuther Berufsmode, Bayreuth: S. 4/1; 14; 31
Barthau GmbH, Untermünkheim-Brachbach: S. 119/2
Bartscher GmbH, Salzkotten: S. 493/2; 574/3; 575/1
Batania Direkt GmbH, Kulmbach: S. 562/4,5; 563/1,3-5; 564/1,2
Bayerisches Staatsministerium für Ernährung, Landwirtschaft und Forsten, München: S. 97/5
Bell Deutschland GmbH & Co. KG, Seevetal: S. 291/2,4; 309/4; 405
Berufsgenossenschaft Nahrungsmittel und Gastgewerbe (BGN), Mannheim: S. 54; 56
Billy the Butcher GmbH, Hamburg: S. 532/1
Bioland e.V., Esslingen: S. 98/3
Bizerba SE & Co. KG, Ballingen: S. 36; 37; 38/1-4; 39/1
BLANCO Professional GmbH + Co KG, Oberderdingen: S. 570/2,3
Boss Verpackungsmaschinen GmbH & Co. KG, Bad Homburg: S. 578/2-4; 582; 583/1-3; 586/1,2; 587
Bundesanstalt für Landwirtschaft und Ernährung, Bonn: S. 98/2; 232/4
Bundesministerium für Ernährung und Landwirtschaft (BMEL), Berlin: S. 98/1
Camping Gaz GmbH, Hungen-Inheiden: S. 575/6
CaseTech GmbH & Co. KG, Walsrode: S. 623/2
Cohn Spiralfedern + Gerätebau GmbH, Göttingen: S. 67/4
Convotherm Elektrogeräte GmbH, Eglfing: S. 501
Demeter e.V., Darmstadt: S. 98/7
Deutscher Fleischer-Verband e.V., Frankfurt am Main: S. 22; 87/1-6; 88/1-3,6,7; 104/1-5; 106/1-12; 107/1-6; 108/1-7; 113/1-7; 248; 259/1-11; 260/1-9; 261/2-8; 263/1-9; 272/1-19; 278/1; 289/1-7; 329/2
Deutscher Tierschutzbund e.V., Bonn: S. 97/4
DGE-Ernährungskreis®, Copyright: Deutsche Gesellschaft für Ernährung e.V., Bonn: S. 194/1
DIN Deutsches Institut für Normung e.V., Berlin: S. 58/1-5; 59/2
DLG e.V., Frankfurt am Main: S. 144/2; 171; 284; 335; 343; 349/1; 351; 481/1
DMS Daten Messen Software Waagen, Wassenberg: S. 101/3
dpa-Picture-Alliance GmbH, Frankfurt am Main: S. 465 (Frank May)
Dr. Reinhard Fries, Freie Universität/Institut für Fleischhygiene und -technologie, Berlin: S. 463/3; 479
DREISTERN Konserven GmbH & Co. KG, Neuruppin: S. 525/1,2
DSD – Duales System Holding GmbH & Co. KG, Köln: S. 67/7
Duni GmbH, Bramsche: S. 573/1
Ecoland – Verband für Ökologische Land- und Ernährungswirtschaft e.V., Wolpertshausen: S. 98/4
Edelman GmbH, Hamburg: S. 123/2
EGO Schlachthof Georgsmarienhütte GmbH & Co.KG, Georgsmarienhütte: S. 97/2
EUREKA GmbH & Co. KG, Emsdetten: S. 123/3
Europäische Kommission, Brüssel, Belgien: S. 232/2
Europlast H. Mudder GmbH, Osnabrück: S. 613; 622; 623/1; 624
Feldhues Fleischwarenbetriebe GmbH, Metelen/Westf: S. 377/2; 379; 381; 383; 389
FESSMANN GmbH und Co KG, Winnenden: S. 320/1
Foto-Studio-Strauß, Altötting: S. 166/3,5; 170/1,2
Friedrich Dick GmbH & Co. KG, Deizisau: S. 50/3
FRUTAROM Savory Solutions Austria GmbH, Salzburg, Österreich: S. 109/1-6; 110/1-4; 115/1-3; 359/2
Fuchs Foodservice GmbH, Dissen a. T. W.: S. 346/1
Gäa e.V. – Vereinigung ökologischer Landbau, Dresden: S. 98/6
Gewerkschaft Nahrung-Genuss-Gaststätten (NGG), Hamburg: S. 23
Günther Maschinenbau, Dieburg: S. 286; 299/5
H. KLÜMPER GmbH & Co. KG Schinkenräucherei u. Fleischwarenfabrik, Schüttorf: S. 580/2
H. Vossmann & Co. GmbH, Wildeshausen: S. 620/1,2; 621
Hanna Instruments Deutschland GmbH, Kehl am Rhein: S. 101/2; 596/1
Hans Petersen & Söhne OHG, Bad Malente: S. 301/1-6
Heimann, Klaus, Neustadt/Holstein: S. 521/9
Heinen Freezing GmbH & Co. KG, Varel: S. 123/1
Helmut Boss Verpackungsmaschinen KG, Bad Homburg: S. 502
Hofmeister, Viehhandel, Bubach: S. 468
Honeywell Safety Products Deutschland GmbH & Co. KG, Lübeck: S. 67/1-3
Initiative Tierwohl – Gesellschaft zur Förderung des Tierwohls in der Nutztierhaltung mbH, Bonn: S. 65/1-4
iStockphoto, Berlin: S. 27/2 (Scharvik); 32/2 (Kohlerphoto); 44/3 (Goxi); 152/2 (Manuela Weschke); 220/1 (dcdr); 231/2 (NoDerog); 232/3 (Eric Hood); 271/2 (Goxi); 435 (Claudia Dewald); 443 (Kondor83); 447 (martinturzak); 454/1 (Floortje); 454/2 (nhattienphoto); 454/7 (Katiko); 492 (Kaktusfactory, Ninprapha Lippert); 497/4 (Eising Studio – Food Photo & Video); 552/6 (Magone); 642/4 (Roman Samokhin); 642/6 (Viktar); 650/8 (Frankhuang); 653/5 (FotografiaBasica)
Jung, Anja, einfach machen Unternehmenskommunikation, Hamburg: S. 6/1; 101/1; 128/2; 144/1; 190; 239/2; 241/1; 245/1,2; 246; 247; 312; 352/2; 495/2; 504; 542/1; 648/1
JWE-BANSS GmbH, Biedenkopf: S. 472/6; 477/1,2; 482

Kaaden, Prof. Oskar-Rüger, München: S. 463/1,2
Kleiber, Susanne, Hamburg: S. 35/2; 59/1,3,5-7; 66/5; 602/2
KORIMAT Metallwarenfabrik GmbH, Haiger: S. 500
Krausen, Scott, Mönchengladbach: S. 25/2-20; 34/1,2; 50/1,2,4,5; 51/1-10; 52/1-4; 53/1,2; 55/5-9; 61/1-4; 64; 67/6; 68/1-3; 69; 70; 75/2 (Icons); 76/1-4; 77/1a-e; 78/1a-d,2,3; 79/1; 81/1-5; 82; 118/1,2; 119/1; 121/1-3; 125; 126/1-3; 179/1-8; 180/1-5; 188/1-9; 199/1-3; 200; 202/6; 207; 212/1-4; 216/1-3; 223; 224; 235; 236; 237; 239/3; 240/1-3; 241/2-6; 242/1-6; 243/1,2; 258/3; 263/10; 277/1-4; 293/3,4; 294/1; 297; 316; 317; 364/1-4; 366/2,3; 367/1,2; 410/1,2; 414/1-6; 466; 467/1,2; 470/2; 471/2,4; 472/5; 473/1; 475/1,2; 476/2,3; 485; 510/1-5; 518; 519/1-3; 520/1-4; 521/1-8; 537/1,2; 538/1-7; 539/1-3; 542/2; 546/1,2; 547/1,2; 549/1,2; 571/2,3,4; 572/1-3,5; 573/2; 591; 595/1,2; 596/2; 598; 599/1,2; 616/2; 618/1-3; 625; 632; 638/2; 639/1; 644/1; 645/1-4; 646/1,2; 650/4
Kunstmühle Simon Kraus GmbH, Dachau: S. 230/3
laif Agentur für Photos & Reportagen GmbH, Köln: S. 464 (ROBERTO ARCARI/CONTRASTO)
Landesvereinigung der Bayerischen Milchwirtschaft e.V. (LVBM), München: S. 646/3
Lanico – Maschinenbau, Otto Niemsch GmbH, Braunschweig: S. 520/5
Loderbauer, Josef, Deggendorf: S. 602/1
Luchs GmbH, Bönen: S. 572/4
Maschinenfabrik Seydelmann KG, Stuttgart: S. 371/6
mauritius images GmbH, Mittenwald: S. 446/2 (foodcollection); 461/1 (Jo Katanigra/Alamy); 473/3 (ADDICTIVE STOCK CREATIVES/Alamy); 614/3 (Alamy Stock Photos/ Bernd Jürgens)
Max-Rubner-Institut, Bundesforschungsinstitut für Ernährung und Lebensmittel, Kulmbach: S. 94; 281/6; 417/1-4; 526
Minimax Mobile Services GmbH & Co. KG, Glinde: S. 57
Mohn GmbH, Meinerzhagen: S. 635
Naturland Zeichen GmbH, Gräfelfing: S. 98/5
Ness & Co. GmbH, Remshalden: S. 318/6
NEULAND Verein für tiergerechte und umweltschonende Nutztierhaltung, Bonn: S. 97/3
OKAPIA KG Michael Grzimek & Co., Frankfurt am Main: S. 79/2 (Nano Creative/Science Source)
QS Qualität und Sicherheit GmbH, Bonn: S. 97/1
Red Arrow Handels-GmbH, Bremen: S. 320/2
Ristow, Bianca, Hamburg: S. 43/1,2; 44/1,2; 105/4; 112/2; 126/4; 258/2; 288
Rühle GmbH, Grafenhausen: S. 292/4; 308/2,3; 309/3,5
SanderDesign – Gero Sander, Hamburg: S. 267/1,2
Schmid, Rudolf, Hamburg: S. 5/2; 7/1; 8/1; 19/1,2; 27/1; 28; 47/2; 48; 49/1,2; 53/3; 55/1; 77/2a-f; 79/3; 92; 93/1,2; 95/1,2; 105/1-3; 116/2; 128/1; 130; 131; 132/1,2; 136/2; 141/2,3; 148/2; 149/1-5; 150/1,2; 157/2; 160/2-4; 162/1; 164/2; 165/1; 166/1,4; 176/2; 197; 201/1,3,6-9,13; 202/2,5; 211; 214; 254/1-4; 255/1,2; 261/1; 281/1-5; 283; 290; 293/1,5; 294/2,3; 298/1,2; 315/2; 331/1,2; 332/1,2; 338/2; 339; 341/2; 360; 361; 365; 366/1; 369/1,2; 371/1-5,7; 372; 375/1-5; 399/1-4; 437/2; 489; 491/2; 505/2,3; 507/1-5; 508/1-3; 509/1-3; 512/1-4; 513/1; 519/4; 523/1-9; 534/1,2; 535/1-5; 541; 550; 551/1,2; 561/1-4; 562/1-3,6,7; 564/3,4; 603; 604/1-7; 605/1-5; 606/1-3; 609; 610/1-3
Schmidt & Wezel GmbH & Co. KG, Maulbronn: S. 471/1,3; 472/1-4; 473/2; 474
SCHRÖDER Maschinenbau GmbH, Werther/Westf.: S. 299/1-4
Schrutka-Peukert GmbH, Kulmbach: S. 536
Schülke & Mayr GmbH, Norderstedt: S. 66/1-4
Schutzverband der Schwarzwälder Schinkenhersteller e.V., Villingen-Schwenningen: S. 293/2; 295; 302/1-3; 304/2; 318/5
seasons.agency – Ein Unternehmensbereich der StockFood GmbH, München: S. 165/2; 650/1,2,4
Shutterstock Images LLC, New York, USA: S. 7/2 (Racamani); 15 (Pixel-Shot); 30/1 (Andrey_Popov); 30/2 (Maria1988); 35/1 (Tyler Olson); 39/2a (Vlad Klok); 39/2d (Kojin); 40 (industryviews); 44/4 (Tramp57); 72/2 (monkey business images); 79/4 (Tatiana Shepeleva); 85/2 (Elena Pyatkova); 86/(Niall F); 88/4 (Kritchai7752); 88/9 (SHOHANA ONE); 89 (Food Impressions); 127 (stockfour); 138/1 (M. Schuppich); 138/2 (Le Do); 138/3 (Reika); 142 (Elena Veselova); 157/1 (hlphoto); 157/3 (Sergii Koval); 161/1 (Stuart Monk); 161/2 (photocrew1); 166/2 (hlphoto); 167/2 (Italian Food Production); 168 (hlphoto); 181 (Rawpixel.com); 193/1 (Hurst Photo); 195/2 (kubais); 195/3 (Monkey Business Images); 196/2 (Jacek Chabraszewski); 201/5 (Nattika); 201/12 (Madlen); 204/1 (farbled); 204/2 (Viktor1); 205/1 (Y Photo Studio); 205/2 (Leena Robinson); 215/1 (Wirestock Creators); 215/3 (manulito); 217/3 (Pavlo Loushkin); 217/4 (MaraZe); 217/6 (Africa Studio); 220/2 (bitt24); 221 (Sergey Chirkov); 225 (Lightspring); 228/2 (Maks Narodenko); 229 (Magone); 230/2a (AlenKadr); 230/2b (Borja Andreu); 231/3 (Valentina Razumova); 234/2 (acceptphoto); 234/3 (Robert Marktl); 274 (Sergii Koval); 280/1 (Simon Kadula); 280/2 (VanderWolf Images); 305/1 (GSDesign); 305/2 (Kojin); 333 (photocrew1); 346/2 (Surasak_Photo); 373 (Volkova); 413 (Kristi Blokhin); 431/1 (MakroBetz); 431/3 (New Africa); 437/1 (koss13); 438/2 (Luyten, Joris); 439/2 (stockcreations); 440/1 (Olga Nayashkova); 440/2 (stockcreations); 441/3 (margouillat photo); 444 (GooDween123); 445 (Simon Booth); 450/2 (Serghei Starus); 451 (FOTOGRIN); 454/3 (margouillat photo); 458/2 (Worldpics); 458/3 (smereka); 459/1 (kzww); 459/3 (Werner Spiess); 459/5 (Ignacy Sedlak); 459/6 (Lazarov); 459/7 (hans engbers); 459/8 (Thomas Dekiere); 460/2 (acceptphoto); 460/3 (galitsin); 460/5 (acceptphoto); 461/2 (Graham R Prentice); 461/3 (ChiccoDodiFC); 461/4 (Shaokang Li); 470/1 (Berto Ordieres); 478 (zblaster); 481/2 (ASA studio); 486 (Oksana Mizina); 488/1 (FoodAndPhoto); 488/2 (Sergii Koval); 490 (stockcreations); 493/1 (Brauner, M.); 494/3 (KarepaStock); 495/3 (focal point); 497/2 (Eising Studio – Food Photo & Video); 503/1 (Marian Weyo); 503/2 (Poetra.RH); 511/3 (Eising Studio – Food Photo & Video); 548/1,2 (Anastasia_Panait); 552/1 (YKTR); 552/3 (Valentyn Volkov); 552/4 (gresei); 552/5 (Elena Elisseeva); 553/1 (biletshiy); 553/2 (Christian Drahici); 554 (Christian Drahici); 565/1 (Bernd Juergens); 565/2 (svry); 565/3 (CKP100); 568/2 (Ann in the uk); 568/3 (Artisticco); 568/4 (Sensvector); 569/1a (Natykach Nataliia); 569/1b (Basheera Designs); 569/1c (Reamolko); 569/1d (Leremy);

570/1 (Candy Box Images); 574/1 (oneshot1); 579/1 (Larina Marina); 581/1 (ChiccoDodiFC); 581/2 (Philip Kinsey); 588 (9MOT); 608/1-4 (marilyn barbone); 620/3 (aboikis); 627/1 (Stuart Monk); 628/3 (M. Schuppich); 639/2-6 (Elena Schweitzer); 640/1 (MaraZe); 640/2 (Christian Schwier); 640/3 (AndreySkat); 642/2 (Anest); 642/3 (Tamara Kulikova); 642/7 (Anna Sedneva); 643/2 (New Africa); 643/3 (tristan tan); 643/4 (Scisetti Alfio); 643/5 (Tim UR); 643/7 (siriratsavett); 643/8 (jiangdi); 645/5a (Betacam-SP); 645/5b (VanderWolf Images); 647 (JPC-PROD); 649/3 (Jessmine); 649/6 (Severe); 649/7 (picturepartners); 649/8 (valzan); 649/9 (Cebas); 649/10 (Bjoern Wylezich); 650/3 (hodim); 650/5 (Lisovskaya Natalia); 650/7 (Soyka); 650/9 (Eising Studio – Food Photo & Video); 651/1 (Ivaschenko Roman); 651/2 (Ivaschenko Roman); 652/a (amasterphotographer); 652/b (juefraphoto); 653/1 (AlenKadr); 653/2 (Ivan Danik); 653/3 (Tomas Jasinskis); 653/4 (Sergiy Kuzmin)

Slow Food Deutschland e.V., Berlin: S. 230/4 (Foto: Lena Nauland)

Sopexa, Förderungsgesellschaft für französische Nahrungs- und Genussmittel, Düsseldorf: S. 100/2

SP Spezialitäten Partner Nord GmbH, Bremen: S. 291/3; 292/1-3; 300; 306; 309/1,2; 334; 341/1; 345/2; 348; 349/2; 406; 409; 412; 422/1,2; 511/1,2; 513/2; 607/1-7; 612; 614/1,2

Spehzies Illustration, Hamburg: S. 12/1-4; 25/1; 42; 47/1; 63; 72/1a-d; 75/1; 84; 91/1; 100/1; 103; 112/1; 116/1; 129; 136/1; 141/1; 148/1; 152/1; 155; 159; 164/1; 174/1; 178/1; 185/1; 191/1; 234/1; 239/1; 249; 253/1; 258/1; 271/1; 276; 291/1; 308/1; 315/1; 322; 325/1; 329/1; 338/1; 345/1; 352/1; 359/1; 363/1; 377/1; 388/1; 395/1; 421; 426/1; 433; 436/1; 450/1; 452/1; 457/1; 484/1; 505/1; 531; 545; 559/1; 568/1; 578/1

stock.adobe.com: S. 6/2 (contrastwerkstatt); 9/1 (senkaya); 9/2 (Printemps); 10 (ikonoklast_hh); 29 (Tiler84); 39/2b (contrastwerkstatt); 39/2c (Thomas Francois); 88/8 (indigolotos); 117/3 (viktor_kozliakov); 138/4 (emuck); 145 (Thomas Francois); 153 (ExQuisine); 165/3 (Joerg Lantelme); 191/2 (Monkey Business); 192 (Kzenon); 193/2 (Maren Wischnewski); 193/3 (monticello); 193/4 (sugar0607); 195/1 (PhotoSG); 196/1 (Teamarbeit); 201/2 (bajinda); 201/4 (spinetta); 201/10 (kab-vision); 201/11 (gradt); 202/1 (womue); 202/3 (draganica); 202/4 (Sukharevskyy Dmytro); 213/1 (jeehyun); 213/2 (Christian Jung); 213/3 (Teamarbeit); 215/2 (Joe Gough); 217/1 (Fons Laure); 217/2 (photocrew); 217/5 (Afrika Studio); 218 (sbp321); 222 (Serghei Velusceac); 227/1-6 (Guiseppe Porzani); 228/1 (K.U. Häßler); 230/1 (kzenon); 231/1 (Erika); 232/1a (scorcom); 232/1b (Rudie); 244 (auremar); 250/1,7,8,9,12,17 (eAlisa); 250/2-6,10,11,13-16,18,19 (Giuseppe Porzani); 252/1 (contrastwerkstatt); 253/2 (contrastwerkstatt); 273 (Jörg Lantelme); 304/1 (contrastwerkstatt); 324 (Racamani); 325/2 (Racamani); 330 (fineart-collection); 347 (Racamani); 356 (contrastwerkstatt); 357/1,2 (photocrew); 378 (rdnzl); 392/1 (photocrew); 392/2 (Christian Jung); 392/3 (manulito); 392/4 (ExQuisine); 393/1 (margo55); 393/2 (robynmac); 393/3 (Dmitrus); 393/4,5 (Barbara Pheby); 393/6 (fotogal); 393/7,8 (Barbara Pheby); 393/9 (Tomboy2290); 393/10 (Irina Belousa); 393/11 (Scisetti Alfio); 393/12 (IrisArt); 393/13 (ExQuisine); 393/14 (Vitas); 430 (bit24); 432 (Printemps); 434 (bit24); 436/2 (Svenja98); 438/1 (Andrea Wilhelm); 439/1 (Fertmedia Martin R.); 441/1 (bildwerk7); 441/2 (Maren Wischnewski); 442 (Quade); 454/4 (Maren Wischnewski); 454/5 (Printemps); 454/6 (Giuseppe Porzani); 454/8 (Giuseppe Porzani); 455 (juniart); 456 (senkaya); 460/1 (runzelkorn); 484/2 (manla); 494/1 (bit24); 494/2 (Stefan Redel); 495/1 (Yvonne Bogdanski); 497/3 (Teubner Foodfoto GmbH); 528/1 (Lilyana Vynogradova); 528/2 (Elzbieta Sekowska); 528/3 (Mara Zemgaliete); 528/4 (photocrew); 529 (Darius Dzinnik); 530 (ikonoklast_hh); 552/2 (PRILL Mediendesign); 553/3 (HLPhoto); 553/4 (Taffi); 559/2 (contrastwerkstatt); 560/1 (Yuri Arcurs); 560/2 (withGod); 563/2 (rrrob); 571/1 (uwimages); 573/3 (chiliflow); 574/2 (Miredi); 575/2 (Brigitte Bonaposta); 575/3 (Esther Hildebrandt); 575/4 (bilderstoeckchen); 575/5 (Christian Schwier); 576/1 (bildstoeckchen); 576/2 (TASPP); 579/2 (bayshev); 590 (michaeljayberlin); 605/6 (wsf-f-); 606/4 (Sailorr); 606/5 (valery121283); 606/6 (EM Art); 606/7 (Nika Novak); 616/1 (yamix); 641/1 (Popova Olga); 641/2 (Richard Oechsner); 641/3 (kornienko); 641/4 (kathrinm); 641/5 (andreas.didion); 641/6 (Martina Chmielewski); 641/7 (Schliemer); 641/8 (Knipserin); 642/1 (Giuseppe Porzani); 642/5 (silencefoto); 642/8 (Thomas Francois); 643/1 (silencefoto); 643/6 (pixstock); 644/2 (Okea); 648/2 (lightpoet); 649/1 (Picturefoods.com); 649/2 (Kapu); 649/4 (Picture Partners); 649/5 (rdnzl); 649/11 (Lucky Dragon)

StockFood GmbH, München: S. 161/3 (Eising Studio – Food Photo & Video); 189/1 (Jan Peter Westermann); 446/1 (Poplis, Paul); 491/1 (Paul, Michael); 497/1 (Bischof, Harry); 513/3; 515 (Lindeblad, Matilda)

Süddeutsche Zeitung Photo, München: S. 459/2,4 (Sambraus Hans Hinrich)

Südwestdeutsche Salzwerke AG, Heilbronn (www.suedsalz.de): S. 611

Testo SE & Co. KGaA, Titisee-Neustadt: S. 599/4

Thumser, Klaus, Hamburg: S. 4/2; 5/1; 74; 91/2; 143; 154; 162/2,3; 167/3; 169/1,2; 170/3; 174/2; 175/1-3; 176/1; 186/1,2

Umweltbundesamt, Dessau: S. 67/5

UN Economic Commission for Europe, Genf, Schweiz (www.unece.org): S. 55/2-4

Unilever Deutschland GmbH, Hamburg: S. 313

VARIOVAC PS SystemPack GmbH, Zarrentin am Schaalsee: S. 285

Verlag Handwerk und Technik GmbH, Hamburg: S. 110/5; 651/3

wikisource.org/H Hoffmann Struwwel/gemeinfrei: S. 26/2

Yakeba Natural Products, Augsburg (www.yakeba.com): S. 120/1

Zentralverband Naturdarm e.V. (ZVN), Hamburg: S. 617